物理学核心课程习题精讲系列

1000 Solved Problems of Electromagnetics

电磁学千题解

（第二版）

（Second Edition）

张之翔　编著

Zhang Zhixiang

Professor of Physics, Peking University, Beijing

科学出版社

北京

内 容 简 介

本书是根据作者多年在北京大学的教学经验和心得体会,在前版基础上,查漏补缺修订而成. 全书共1000道题,分为十二章,内容基本涵盖电磁学课程的各个领域,从库仑定律到麦克斯韦方程和电磁波. 每道题均给出详细解答,部分题给出多种解法,一些题附有讨论或说明. 书中所收题目以基本题为主,即电磁学基本内容的题,题型包括概念题、计算题、推理题和判断题等,有些同一类型题,作者还从不同侧面或不同角度,收入多道题;除基本题外,书中也收入一些较难的、较深入的、联系实际的和反映新成就的题,以满足不同需求. 同时为满足考研和竞赛的需要,书中还收入不少研究生入学试题和各种物理竞赛题. 为激发学生兴趣,本次修订在每章均增加了有关电磁学史的知识.

本书可作为物理类专业电磁学课程的学习辅导书,也可作为大学或高中物理竞赛、研究生入学考试复习参考用书. 对普通高等学校物理教师的电磁学教学,本书亦有参考价值.

图书在版编目(CIP)数据

电磁学千题解/张之翔编著. —2版. —北京:科学出版社,2018.5
物理学核心课程习题精讲系列
ISBN 978-7-03-057118-2

Ⅰ.①电… Ⅱ.①张… Ⅲ.①电磁学-高等学校-题解 Ⅳ.①O441-44

中国版本图书馆CIP数据核字(2018)第071819号

责任编辑:罗 吉 / 责任校对:张凤琴
责任印制:赵 博 / 封面设计:华路天然工作室

科学出版社 出版
北京东黄城根北街16号
邮政编码:100717
http://www.sciencep.com
三河市春园印刷有限公司印刷
科学出版社发行 各地新华书店经销
*
2002年8月第 一 版 开本:720×1000 1/16
2018年5月第 二 版 印张:48
2024年12月第十六次印刷 字数:968 000

定价:98.00元
(如有印装质量问题,我社负责调换)

第二版说明

本书第二版对第一版作了些修订，改正了四处题解算式中的笔误，修改了两题的解答，改正了三处图中的不妥之处，还补充了一些题解后的讨论. 此外，增加了一些有关电磁学史的知识，希望读者在学习题解之外，还能有所收获.

钟锡华教授对跳环题解提出了宝贵意见，谨此致谢.

张之翔

2018 年 2 月 2 日

于北京大学畅春园

第一版前言

电磁学是现代科学技术的基础，在物理学中占有重要地位. 当今世界各国，凡学习科学技术的人，或多或少都要学习它. 这本《电磁学千题解》作为一种教学用书，主要是为目前我国高校理科物理类专业电磁学课程的教学编写的，同时也考虑了理科其他专业以及工科和师范院校等物理课程中电磁学部分教学的需要. 作者根据在北京大学教电磁学实验、讲授电磁学和电动力学等课程多年的教学经验，收集和整理的资料，编成此书，共收入一千题；其中很多题都是作者在教学中使用过的例题、习题或考题，有一些题是在教学过程中学生提出来的问题，也有些题是作者在教学研究中得出的结果，还有些题是与同事们切磋交流的心得. 这些题根据其内容，分别编入十二章，从最基本的库仑定律到麦克斯韦方程和电磁波，基本上涵盖了电磁学的各个领域. 其中每道题，都作出了详细解答，有些题还给出了不同的解法，甚至几种解法. 在一些题后面，附有讨论或说明，以阐明有关的方方面面. 这一千题中，主要是基本题，即电磁学基本内容的题，也是学习电磁学的高校理工科学生都应能独立地作出正确解答的题. 这些题包括概念题、计算题、推理题和判断题等. 有些同一类型的题，从不同侧面或不同角度，收入了多道题. 除基本题外，也收入了一些较难的题、较深入的题、演算较多的题、联系实际的题、反映新成就的题等，以满足各种不同的需要. 此外，还收入了一些研究生入学试题和各种物理竞赛题，以照顾考研究生和参加物理竞赛的需要；对于好学的人来说，这类题是很有吸引力的.

作者希望为教电磁学的教师，特别是青年教师，提供一本内容较多的参考书，所以除了收题多以外，还在许多题解和讨论里，将多年的教学经验和心得体会以及有关的参考文献，都写了进去. 对于阅读本书的广大青年学生，作者希望他们注重物理概念和数学计算. 首先是物理概念，通常不会做的题，多半是没有掌握解决该题的正确物理概念. 其次是数学计算，解决很多电磁学问题，除了要熟练地掌握初等数学外，还要求能自如地运用一些高等数学的内容，如微积分、微分方程和矢量分析等. 一旦有了正确的物理概念，会运用有关的数学计算，则问题便可迎刃而解，很容易求出正确的解答.

附带提一下，电荷作加速运动时，会发出辐射，辐射反过来要对电荷产生阻力（辐射反作用力）. 这个问题比较复杂，其内容超出了电磁学的范围. 因此，本书中所有有关电荷作加速运动的题，除极个别题外，都将辐射略去不计.

国际物理教育委员会（ICPE）前主席、美国俄亥俄州立大学 E. L. Jossem 教授为本书取的英文名称为"1000 Solved Problems of Electromagnetics"，谨向他表示感谢.

最后，由于作者学识所限，书中错误和不妥之处，自知不免，热诚地欢迎读者指教.

张之翔

2001 年春

于北京大学畅春园

目　　录

第一章　静　电　学

1.1　库仑定律

【关于库仑定律】　电荷之间的相互作用力与它们之间的距离的平方成反比，这个规律是法国科学家库仑(C. A. Coulomb，1736—1806)于1785年(我国清代乾隆五十年)用扭秤实验测定出来的，是电磁学历史上第一个定量的定律，后人称之为库仑定律，它是电磁学的基础之一. 有关资料可参看张之翔《电磁学教学参考》(北京大学出版社，2015)，§5.4，232—236页；§10，282—287页.

1.1.1　电荷量分别为 q_1 和 q_2 的两个静止的点电荷，相距为 r，试求下列情况下它们之间的相互作用力，即 q_1 作用在 q_2 上的力 $\boldsymbol{F}_{21}$ 和 q_2 作用在 q_1 上的力 $\boldsymbol{F}_{12}$：(1) q_1 和 q_2 都在真空中；(2) q_1 和 q_2 都在均匀介质中；(3) q_2 在导体空腔内，q_1 则在导体外.

【解】　在上述三种情况下，q_1 作用在 q_2 上的力都是

$$\boldsymbol{F}_{21}=\frac{1}{4\pi\varepsilon_0}\frac{q_1q_2}{r^2}\boldsymbol{e}_{12} \tag{1}$$

式中 $\boldsymbol{e}_{12}$ 是从 q_1 到 q_2 方向上的单位矢量. q_2 作用在 q_1 上的力都是

$$\boldsymbol{F}_{12}=-\boldsymbol{F}_{21}=-\frac{1}{4\pi\varepsilon_0}\frac{q_1q_2}{r^2}\boldsymbol{e}_{12} \tag{2}$$

【讨论】　一、两个静止的点电荷之间的相互作用力称为静电力或库仑力，这种力与其他电荷或物质是否存在无关. 因此，在本题所述的三种情况下，q_1 作用在 q_2 上的力(或 q_2 受 q_1 的作用力) $\boldsymbol{F}_{21}$ 都由式(1)表示；同样，q_2 作用在 q_1 上的力(或 q_1 受 q_2 的作用力) $\boldsymbol{F}_{12}$ 都由式(2)表示.

二、注意：q_1 作用在 q_2 上的力 $\boldsymbol{F}_{21}$ 与 q_2 所受的力 $\boldsymbol{F}_2$ 不同. 在(1)的情况下，因为没有其他电荷或物质，这时 $\boldsymbol{F}_2=\boldsymbol{F}_{21}$. 在(2)的情况下，$q_2$ 所受的力除 $\boldsymbol{F}_{21}$ 外，还包括介质极化产生的电荷作用在 q_2 上的力. 在(3)的情况下，q_2 所受的力除 $\boldsymbol{F}_{21}$ 外，还包括导体壳上的电荷作用在 q_2 上的力.

三、关于(2)的情况，可参看后面的2.2.1题；关于(3)的情况，可参看后面的2.1.1题和2.1.2题.

1.1.2　有两个静止的点电荷，它们的电荷量都是1C，试分别求它们相距为

1m 和 1km 时，它们之间相互作用力的大小.

【解】 相距 1m 时，相互作用力的大小为

$$F=\frac{1}{4\pi\varepsilon_0}\frac{q_1q_2}{r^2}=9.0\times10^9\times\frac{1\times1}{1^2}=9.0\times10^9(\mathrm{N})$$

这个力相当于 90 万吨物体的重量.

相距一千米时，相互作用力的大小为

$$F=\frac{1}{4\pi\varepsilon_0}\frac{q_1q_2}{r^2}=9.0\times10^9\times\frac{1\times1}{(10^3)^2}=9.0\times10^3(\mathrm{N})$$

这个力相当于 900kg 物体的重量.

【讨论】 本题是使我们对于 1C 电荷量之间作用力的大小有一个概念. 由算出的值可知，从力的角度看，库仑是一个非常大的单位.

另一方面，6.242×10^{18} 个电子（或质子）的电荷加在一起，才有 1C 的电荷量. 所以，从粒子所带电荷量的角度看，库仑也是一个非常大的单位.

1.1.3 铁原子核里两质子相距为 4.0×10^{-15} m，每个质子的电荷量都是 1.6×10^{-19}C. 实验证明，库仑定律在这个距离上仍然成立. 试求这两个质子间库仑力的大小.

【解】 这两个质子间库仑力的大小为

$$F=\frac{1}{4\pi\varepsilon_0}\frac{q_1q_2}{r^2}=9.0\times10^9\times\left(\frac{1.60\times10^{-19}}{4.0\times10^{-15}}\right)^2=14(\mathrm{N})$$

1.1.4 真空中两个点电荷静止时相距 10cm，它们间的相互作用力为 9.0×10^{-4}N；当它们合在一起时，就成为 3.0×10^{-8}C 的一个点电荷. 试问原来两电荷的电荷量各是多少？

【解】 设两电荷的电荷量分别为 q_1 和 q_2，则由题意得

$$q_1+q_2=3.0\times10^{-8} \tag{1}$$

$$\begin{aligned}q_1q_2&=4\pi\varepsilon_0r^2F=\frac{1}{9.0\times10^9}\times(10\times10^{-2})^2\times(\pm9.0\times10^{-4})\\&=\pm1.0\times10^{-15}\end{aligned} \tag{2}$$

式中正号为 q_1 与 q_2 同号（即 $q_1q_2>0$）时用，负号为 q_1 与 q_2 异号（即 $q_1q_2<0$）时用. 当式(2)右边取正号时，便有

$$\begin{aligned}(q_1-q_2)^2&=(q_1+q_2)^2-4q_1q_2\\&=(3.0\times10^{-8})^2-4\times1.0\times10^{-15}<0\end{aligned} \tag{3}$$

这不可能. 所以，式(2)右边只能取负号. 这时

$$\begin{aligned}q_1-q_2&=\sqrt{(q_1+q_2)^2-4q_1q_2}\\&=\sqrt{(3.0\times10^{-8})^2+4\times1.0\times10^{-15}}\\&=\pm7.0\times10^{-8}\end{aligned} \tag{4}$$

由式(1)、(4)解得

$$q_1=5.0\times10^{-8}\mathrm{C},\quad q_2=-2.0\times10^{-8}\mathrm{C} \tag{5}$$

1.1.5 质量都是 m 的两小球，带有相同的电荷量 q，用长度都是 l 的细丝线

挂在同一点,静止时两线夹角为 2θ[图 1.1.5(1)]. 设小球的半径和线的质量都可略去不计,试求 q 的值.

【解】 小球静止时,作用在它上面的库仑力 $\boldsymbol{F}_c$ 和重力 $\boldsymbol{F}_g$ 两者在垂直于悬线方向上的分量必定相等[图 1.1.5(2)],即

$$F_c\cos\theta=F_g\sin\theta \tag{1}$$

所以

$$F_c=F_g\tan\theta \tag{2}$$

故

$$\frac{1}{4\pi\varepsilon_0}\frac{q^2}{(2l\sin\theta)^2}=mg\tan\theta \tag{3}$$

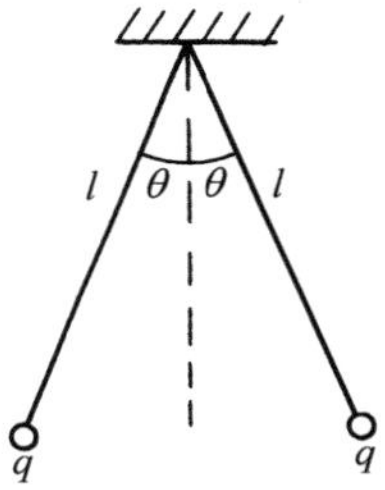

图 1.1.5(1)

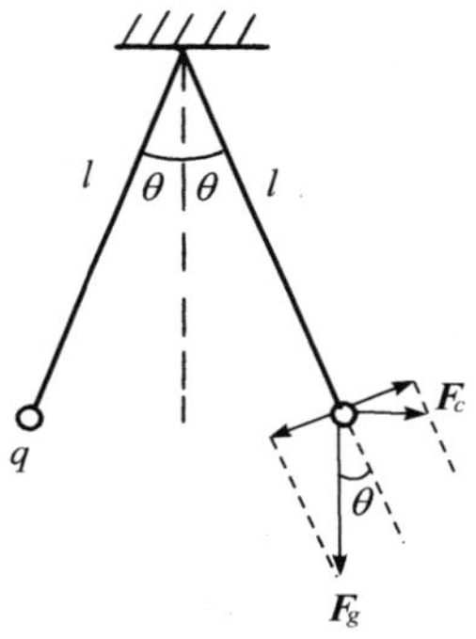

图 1.1.5(2)

解得

$$q=\pm 2l\sin\theta\sqrt{4\pi\varepsilon_0 mg\tan\theta} \tag{4}$$

正号用于 $q>0$,负号用于 $q<0$.

1.1.6 A、B 两个带电小球,所带电荷量都是 q,用等长的两根丝线悬于同一点,线长为 l,B 球靠在绝缘墙上,它的悬线竖直,如图 1.1.6(1)所示. 当 A 球的质量为 m 时,因静电斥力使两球相距为 x,达到静止. 试问在 A、B 两球所带电荷量不变的情况下,A 球的质量增为多大时,A、B 间的静止距离缩短为 $x/2$? 设小球的半径和丝线的质量都可略去不计.

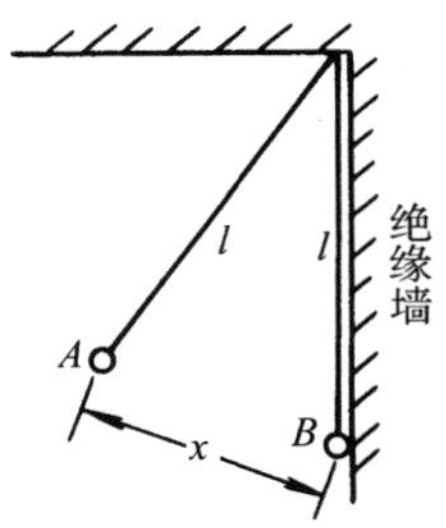

图 1.1.6(1)

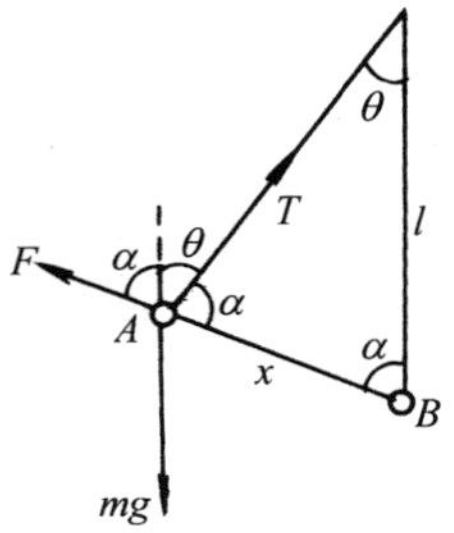

图 1.1.6(2)

【解】 A受到B作用的库仑力的大小为

$$F=\frac{1}{4\pi\varepsilon_0}\frac{q^2}{x^2} \tag{1}$$

设A线中的张力为T[图 1.1.6(2)]，则A的平衡方程为

竖直方向：$$T\cos\theta+F\cos\alpha=mg \tag{2}$$

水平方向：$$T\sin\theta=F\sin\alpha \tag{3}$$

三角形正弦定律：$$\sin\theta/x=\sin\alpha/l \tag{4}$$

由式(3)、(4)得

$$T=\frac{l}{x}F \tag{5}$$

因为

$$\cos\theta=\cos(\pi-2\alpha)=-\cos2\alpha=1-2\cos^2\alpha$$

$$=1-\frac{x^2}{2l^2} \tag{6}$$

将式(1)、(5)、(6)代入式(2)得

$$\frac{l}{x}\frac{1}{4\pi\varepsilon_0}\frac{q^2}{x^2}\left(1-\frac{x^2}{2l^2}\right)+\frac{1}{4\pi\varepsilon_0}\frac{q^2}{x^2}\frac{x}{2l}=mg$$

所以

$$m=\frac{lq^2}{4\pi\varepsilon_0 gx^3} \tag{7}$$

由此得出，当A的质量为m'时，静止时A、B间的距离为x'，便有

$$m'=\frac{lq^2}{4\pi\varepsilon_0 gx'^3} \tag{8}$$

由式(7)、(8)得

$$m'/m=(x/x')^3 \tag{9}$$

令$x'=x/2$，便得所求的质量为

$$m'=8m \tag{10}$$

1.1.7 两个固定的点电荷，电荷量分别为q和$4q$，相距为l.(1)试问在什么地方放一个什么样的点电荷，可以使这三个电荷都达到平衡(即每个电荷受另外两个电荷的库仑力之和都等于零)？(2)这种平衡是稳定平衡还是不稳定平衡？

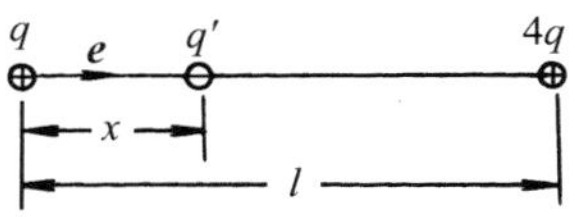

图 1.1.7

【解】 (1)设所放的点电荷其电荷量为q'.若q'与q同号，则三者互相排斥，不可能达到平衡，故q'只能与q异号.若q'在q和$4q$连线之外的任何地方，也不可能达到平衡.由此得知，只有q'与q异号(即$q'q<0$)且q'在q和$4q$的连线上，才有可能达到所要求的平衡.设这时q'到q的距离为x，$\boldsymbol{e}$为从q到$4q$方向上的单位矢量(图 1.1.7)，则q'所受的力为

$$\boldsymbol{F}'=\frac{1}{4\pi\varepsilon_0}\frac{qq'}{x^2}\boldsymbol{e}+\frac{1}{4\pi\varepsilon_0}\frac{4qq'}{(l-x)^2}(-\boldsymbol{e})$$

$$=\frac{qq'}{4\pi\varepsilon_0}\left[\frac{1}{x^2}-\frac{4}{(l-x)^2}\right]\boldsymbol{e} \tag{1}$$

平衡时$\boldsymbol{F}'=0$，所以$(l-x)^2=4x^2$，解得

$$x=l/3 \quad 和 \quad x=-l \tag{2}$$

其中 $x=-l$ 是 q' 在 q 和 $4q$ 的连线之外，故舍去. 于是得所求的值为 $x=l/3$.

这时 q 所受的力为

$$\boldsymbol{F}=\frac{1}{4\pi\varepsilon_0}\frac{qq'}{(l/3)^2}(-\boldsymbol{e})+\frac{1}{4\pi\varepsilon_0}\frac{4q^2}{l^2}(-\boldsymbol{e})$$

$$=\frac{q}{4\pi\varepsilon_0 l^2}[9q'+4q](-\boldsymbol{e}) \tag{3}$$

平衡时 $\boldsymbol{F}=0$，故得

$$q'=-\frac{4}{9}q \tag{4}$$

很容易验证，这时 $4q$ 所受力的力也是零. 即三个电荷都达到平衡.

(2)这种平衡是不稳定平衡，因三者中任何一个稍微移动一点，它们受的力并不都指向平衡点.

1.1.8 电荷量都是 q 的三个点电荷，分别放在正三角形的三个顶点. 试问：(1)在这三角形中心放一个什么样的点电荷，就可以使这四个电荷都达到平衡(即每个电荷受其他三个电荷的库仑力之和均为零)？(2)这种平衡与三角形的边长有无关系？(3)这样的平衡是稳定平衡还是不稳定平衡？

【解】 (1)设所放的电荷量为 q'，要达到平衡，q' 必须与 q 异号. 因三个 q 在三角形中心产生的电场强度为 $\boldsymbol{E}=0$，故 q' 不论为何值，它所受的力总是零. 所以只需考虑任一个角上的 q 所受的力. 如图 1.1.8，设三角形的边长为 a，则 q 所受的合力的大小为

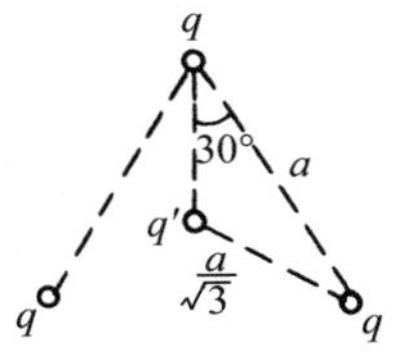

图 1.1.8

$$F=2\cdot\frac{1}{4\pi\varepsilon_0}\frac{q^2}{a^2}\cos 30°+\frac{1}{4\pi\varepsilon_0}\frac{qq'}{(a/\sqrt{3})^2}$$

$$=\frac{q}{4\pi\varepsilon_0 a^2}(\sqrt{3}q+3q')$$

达到平衡时，$F=0$. 于是得

$$q'=-q/\sqrt{3}$$

(2)由上式可以看出，这种平衡与三角形的边长 a 无关.

(3)这种平衡是不稳定平衡. 因其中任一电荷稍有任何位移，每个电荷所受的力并不都指向平衡点.

1.1.9 电荷量都是 $q=1.6\times10^{-19}$ C 的三个点电荷，分别固定在边长为 $a=3.0\times10^{-10}$ m 的正三角形的三个顶点；在这三角形的中心 O，有一个质量为 $m=2.3\times10^{-26}$ kg、电荷量为 $Q=-4.8\times10^{-19}$ C 的粒子. (1)试论证这个粒子处在平衡位置；(2)设这粒子以 O 为中心，沿垂直于三角形平面的轴线作微小振动，试求振动频率.

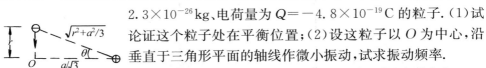

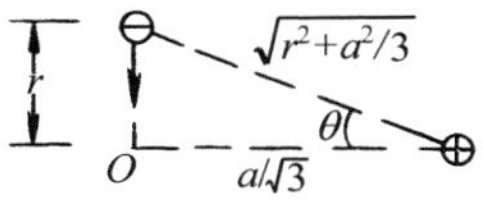

图 1.1.9

【解】 (1)由于对称性，三个 q 在中心 O 产生的电场强度为 $\boldsymbol{E}=0$，故这个粒子所受的合力为零，所以它处在平衡位置.

(2)设 Q 离开平衡位置 O，到 O 的距离为 r，如图 1.1.9 所示，则 Q 所受的力的方向指向 O，其大小为

$$F=3\cdot\frac{1}{4\pi\varepsilon_0}\frac{qQ}{r^2+a^2/3}\sin\theta=\frac{3qQ}{4\pi\varepsilon_0}\frac{r}{(r^2+a^2/3)^{3/2}} \tag{1}$$

在这个力的作用下，粒子的运动方程为

$$m\frac{\mathrm{d}^2r}{\mathrm{d}t^2}=\frac{3qQ}{4\pi\varepsilon_0}\frac{r}{(r^2+a^2/3)^{3/2}} \tag{2}$$

当 $r\ll a$ 时，$(r^2+a^2/3)^{-3/2}\approx(a^2/3)^{-3/2}=\frac{3\sqrt{3}}{a^3}$. 这时式(2)化为

$$\frac{\mathrm{d}^2r}{\mathrm{d}t^2}=\frac{9\sqrt{3}qQ}{4\pi\varepsilon_0 ma^3}r \tag{3}$$

因为 $qQ<0$，故上式是一个简谐振动的方程，振动频率为

$$\begin{aligned}\nu&=\frac{\omega}{2\pi}=\frac{1}{2\pi}\sqrt{\frac{-9\sqrt{3}qQ}{4\pi\varepsilon_0 ma^3}}\\&=\frac{1}{2\pi}\sqrt{\frac{(-9\sqrt{3})\times(-4.8\times10^{-19})\times1.6\times10^{-19}\times9.0\times10^9}{2.3\times10^{-26}\times(3.0\times10^{-10})^3}}\\&=2.1\times10^{13}(\mathrm{Hz})\end{aligned}$$

1.1.10　电荷量都是 q 的四个点电荷，分别处在正方形的四个顶点，如图 1.1.10(1)所示.(1)在这正方形中心放一个什么样的点电荷，就可以使每个电荷都达到平衡？(2)这样的平衡是稳定平衡还是不稳定平衡？

【解】　(1)设所放的电荷量为 q'，要达到平衡，q' 必须与 q 异号. 由于对称性，四个 q 在正方形中心产生的电场强度为 $\boldsymbol{E}=0$，故 q' 不论为何值，它所受的力总是零. 所以只需考虑任一个角上的 q 所受的力.

设正方形边长为 a，则另外三个角上的电荷作用在 q 上的库仑力之和为

$$\begin{aligned}\boldsymbol{F}&=2\cdot\frac{1}{4\pi\varepsilon_0}\frac{q^2}{a^2}\cos45°\boldsymbol{e}+\frac{1}{4\pi\varepsilon_0}\frac{q^2}{(\sqrt{2}a)^2}\boldsymbol{e}\\&=\frac{1}{4\pi\varepsilon_0}\left(\frac{2\sqrt{2}+1}{2}\right)\frac{q^2}{a^2}\boldsymbol{e}\end{aligned} \tag{1}$$

图 1.1.10(1)

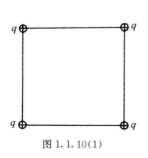

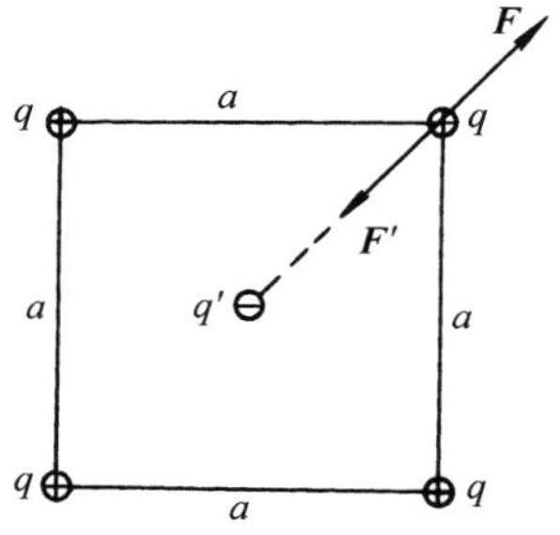

图 1.1.10(2)

式中 $\boldsymbol{e}$ 是沿对角线方向上的单位矢量，$\boldsymbol{F}$ 的方向如图 1.1.10(2)所示. q'作用在 q 上的库仑力为

$$\boldsymbol{F}'=\frac{1}{4\pi\varepsilon_0}\frac{qq'}{(a/\sqrt{2})^2}\boldsymbol{e}=\frac{1}{4\pi\varepsilon_0}\frac{2qq'}{a^2}\boldsymbol{e} \tag{2}$$

由于 $qq'<0$，故 $\boldsymbol{F}'$的方向如图 1.1.10(2)所示. 由式(1)、(2)得，q 所受的库仑力的合力为

$$\boldsymbol{F}+\boldsymbol{F}'=\frac{1}{4\pi\varepsilon_0}\left(\frac{2\sqrt{2}+1}{2}q+2q'\right)\frac{q}{a^2}\boldsymbol{e} \tag{3}$$

当 $\boldsymbol{F}+\boldsymbol{F}'=0$ 时，便达到平衡. 这时由式(3)得

$$q'=-\frac{2\sqrt{2}+1}{4}q \tag{4}$$

(2)因五个电荷中任一电荷稍有任何位移，每个电荷所受的力并不都指向平衡点，故这样的平衡是不稳定平衡.

1.1.11　两个固定的点电荷，电荷量都是 Q，相距为 l，连线中点为 O；另一点电荷，电荷量为 q，在连线的中垂面上距离 O 为 r 处，如图 1.1.11 所示. (1)求 q 受的力；(2)若开始时 q 是静止的，然后让它自己运动，问它将如何运动？试分别就 q 与 Q 同号和异号两种情况加以讨论.

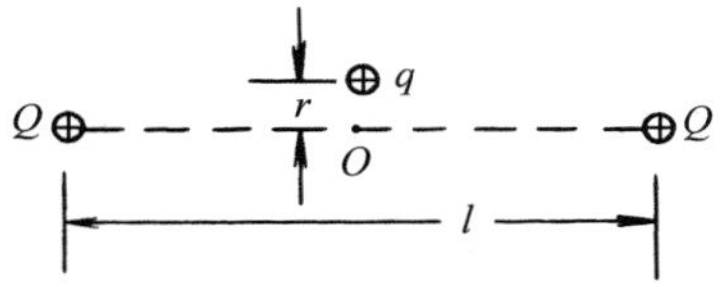

图 1.1.11

【解】 (1)q 所受的力为

$$\boldsymbol{F}=2\cdot\frac{1}{4\pi\varepsilon_0}\frac{qQ}{(l/2)^2+r^2}\frac{r}{\sqrt{(l/2)^2+r^2}}\frac{\boldsymbol{r}}{r}$$

$$=\frac{qQ}{2\pi\varepsilon_0}\frac{\boldsymbol{r}}{[(l/2)^2+r^2]^{3/2}} \tag{1}$$

式中 $\boldsymbol{r}$ 是从 O 到 q 的位矢.

(2)q 与 Q 同号时，$\boldsymbol{F}$ 背向 O 点，故 q 将沿两 Q 的中垂线加速地趋向无穷远. q 与 Q 异号时，$\boldsymbol{F}$ 指向 O 点，故 q 将以 O 为中心作周期性振动，振幅为 r.

【讨论】　设 q 是质量为 m 的粒子，则这粒子的加速度为

$$\boldsymbol{a}=\frac{\mathrm{d}^2\boldsymbol{r}}{\mathrm{d}t^2}=\frac{qQ}{2\pi\varepsilon_0 m}\frac{\boldsymbol{r}}{[(l/2)^2+r^2]^{3/2}} \tag{2}$$

当 $r\ll l$ 时，略去上式分母中的 r^2，便得

$$\frac{\mathrm{d}^2\boldsymbol{r}}{\mathrm{d}t^2}=\frac{4qQ}{\pi\varepsilon_0 ml^3}\boldsymbol{r} \tag{3}$$

这时若 q 与 Q 异号(即 $qQ<0$)，则式(3)便是简谐振动的方程，其振动的角频率为

$$\omega=\sqrt{-\frac{4qQ}{\pi\varepsilon_0 ml^3}} \tag{4}$$

因此，在 $r\ll l$ 和 q 与 Q 异号的情况下，m 的运动近似于角频率为 ω 的简谐振动.

1.1.12　卢瑟福实验证明：当两个原子核之间的距离小到 10^{-15} m 时，它们之

间的排斥力仍遵守库仑定律.金的原子核中有 79 个质子,氦的原子核(即 α 粒子)中有 2 个质子.已知每个质子的电荷量为 1.60×10^{-19}C,α 粒子的质量为 6.68×10^{-27}kg.当 α 粒子与金核相距为 6.9×10^{-15}m 时,设它们都可当作点电荷,试求金核作用在 α 粒子上的库仑力和 α 粒子因此而产生的加速度.

【解】 金核作用在 α 粒子上的库仑力的大小为

$$F=\frac{1}{4\pi\varepsilon_0}\frac{q_1q_2}{r^2}$$
$$=8.99\times10^9\times\frac{2\times79\times(1.60\times10^{-19})^2}{(6.9\times10^{-15})^2}$$
$$=7.6\times10^2(\text{N})$$

α 粒子的加速度为

$$a=\frac{F}{m}=\frac{7.6\times10^2}{6.68\times10^{-27}}=1.1\times10^{29}(\text{m/s}^2)$$

1.1.13 真空中有一个质子和一个电子,相距为 1m,开始时都静止,然后在它们之间的库仑力的作用下,相向运动.已知质子质量为 $m_p=1.673\times10^{-27}$kg,电荷量为 $e=1.602\times10^{-19}$C,电子质量为 $m=9.109\times10^{-31}$kg,电荷量为 $-e$.试求它们相碰的时间.

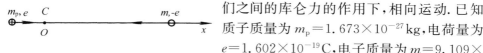

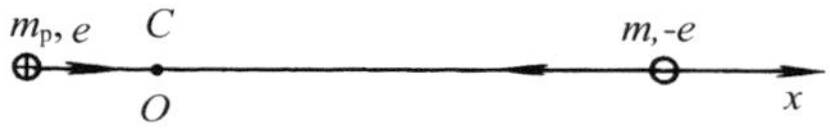

图 1.1.13

【解】 因无外力,故它们的质心 C 不动.以 C 为原点取 x 轴,使质子和电子都在 x 轴上,如图 1.1.13 所示.设开始($t=0$)时,质子与电子相距为 l,电子的坐标为 $x_0(>0)$;t 时刻,电子的坐标为 $x(>0)$,质子的坐标为 $x_p(<0)$,则有

$$mx=m_p|x_p| \tag{1}$$

电子的运动方程为

$$m\frac{\mathrm{d}^2x}{\mathrm{d}t^2}=-\frac{e^2}{4\pi\varepsilon_0}\frac{1}{(x+|x_p|)^2} \tag{2}$$

将式(1)代入式(2)消去 x_p 得

$$\frac{\mathrm{d}^2x}{\mathrm{d}t^2}=-\frac{e^2m_p^2}{4\pi\varepsilon_0m(m_p+m)^2}\frac{1}{x^2} \tag{3}$$

为求解上式,将它乘以 $2\dfrac{\mathrm{d}x}{\mathrm{d}t}$ 得

$$2\frac{\mathrm{d}x}{\mathrm{d}t}\frac{\mathrm{d}^2x}{\mathrm{d}t^2}=-\frac{e^2m_p^2}{2\pi\varepsilon_0m(m_p+m)^2}\frac{1}{x^2}\frac{\mathrm{d}x}{\mathrm{d}t} \tag{4}$$

所以

$$\frac{\mathrm{d}}{\mathrm{d}t}\left(\frac{\mathrm{d}x}{\mathrm{d}t}\right)^2=\frac{e^2m_p^2}{2\pi\varepsilon_0m(m_p+m)^2}\frac{\mathrm{d}}{\mathrm{d}t}\left(\frac{1}{x}\right) \tag{5}$$

积分得

$$\left(\frac{\mathrm{d}x}{\mathrm{d}t}\right)^2-\left(\frac{\mathrm{d}x}{\mathrm{d}t}\right)_0^2=\frac{e^2m_p^2}{2\pi\varepsilon_0m(m_p+m)^2}\left(\frac{1}{x}-\frac{1}{x_0}\right) \tag{6}$$

式中 x_0 和 $\left(\frac{\mathrm{d}x}{\mathrm{d}t}\right)_0$ 分别是开始($t=0$)时电子的坐标和速度. 因题给

$$\left(\frac{\mathrm{d}x}{\mathrm{d}t}\right)_0=0 \tag{7}$$

故式(6)化为

$$\left(\frac{\mathrm{d}x}{\mathrm{d}t}\right)^2=\frac{e^2m_\mathrm{p}^2}{2\pi\varepsilon_0 m(m_\mathrm{p}+m)^2}\frac{x_0-x}{x_0x} \tag{8}$$

开方,因 e、m、x、x_0 均为正,且 $x_0>x$,$\frac{\mathrm{d}x}{\mathrm{d}t}<0$,故得

$$-\frac{\mathrm{d}x}{\mathrm{d}t}=\frac{1}{\sqrt{2\pi\varepsilon_0 m}}\frac{em_\mathrm{p}}{m_\mathrm{p}+m}\sqrt{\frac{x_0-x}{x_0x}} \tag{9}$$

积分

$$\begin{aligned}-\int_{x_0}^{x}\sqrt{\frac{x_0x}{x_0-x}}\mathrm{d}x&=-\sqrt{x_0}\left[x_0\arcsin\sqrt{\frac{x}{x_0}}-\sqrt{x(x_0-x)}\right]_{x_0}^{x}\\&=\sqrt{x_0}\left[\frac{\pi}{2}x_0-x_0\arcsin\sqrt{\frac{x}{x_0}}+\sqrt{x(x_0-x)}\right]\\&=\frac{1}{\sqrt{2\pi\varepsilon_0 m}}\frac{em_\mathrm{p}}{m_\mathrm{p}+m}t\end{aligned} \tag{10}$$

所以

$$t=\sqrt{2\pi\varepsilon_0 m}\frac{m_\mathrm{p}+m}{em_\mathrm{p}}\sqrt{x_0}\left[\frac{\pi}{2}x_0-x_0\arcsin\sqrt{\frac{x}{x_0}}+\sqrt{x(x_0-x)}\right] \tag{11}$$

这便是电子的坐标 x 与时间 t 的关系. 相碰时,$x=0$,故由上式得

$$t=\frac{\pi}{2}\frac{m_\mathrm{p}+m}{em_\mathrm{p}}x_0\sqrt{2\pi\varepsilon_0 mx_0} \tag{12}$$

因开始($t=0$)时质子与电子相距为 l,故由式(1)得

$$x_0=\frac{m_\mathrm{p}}{m_\mathrm{p}+m}l \tag{13}$$

代入式(12)得

$$t=\frac{\pi l}{2e}\sqrt{\frac{2\pi\varepsilon_0 m_\mathrm{p}ml}{m_\mathrm{p}+m}} \tag{14}$$

代入数值得

$$\begin{aligned}t&=\frac{\pi}{2\times1.602\times10^{-19}}\times\sqrt{\frac{2\pi\times8.854\times10^{-12}\times1.673\times10^{-27}\times9.109\times10^{-31}\times1}{1.673\times10^{-27}+9.109\times10^{-31}}}\\&=6.978\times10^{-2}(\mathrm{s})\end{aligned} \tag{15}$$

【讨论】 因电子与质子之间的万有引力远小于它们之间的库仑力(参看 1.1.14 题),故万有引力可略去不计.

1.1.14 氢原子由一个质子(即氢原子核)和一个电子组成. 根据经典模型,在

正常状态下，电子绕核运动，轨道半径是 5.29×10^{-11}m. 电子带负电，质子带正电，它们的电荷量大小相等，都是 1.60×10^{-19}C，电子质量 $m=9.11\times10^{-31}$kg，质子质量 $M=1.67\times10^{-27}$kg，万有引力常量 $G=6.67\times10^{-11}\text{m}^3/\text{kg}\cdot\text{s}^{-2}$. 试求：(1)电子受质子作用的库仑力；(2)电子受质子作用的库仑力是万有引力的多少倍？(3)电子绕核运动的速率和频率.

【解】 (1)电子受质子作用的库仑力为

$$F_e=\frac{1}{4\pi\varepsilon_0}\frac{e^2}{r^2}=8.99\times10^9\times\left(\frac{1.60\times10^{-19}}{5.29\times10^{-11}}\right)^2=8.22\times10^{-8}(\text{N})$$

(2)电子受质子作用的万有引力为

$$F_g=G\frac{mM}{r^2}=6.67\times10^{-11}\times\frac{9.11\times10^{-31}\times1.67\times10^{-27}}{(5.29\times10^{-11})^2}$$
$$=3.63\times10^{-47}(\text{N})$$
$$F_e/F_g=8.22\times10^{-8}/3.63\times10^{-47}=2.26\times10^{39}$$

(3)电子的运动方程为

$$m\frac{v^2}{r}=\frac{1}{4\pi\varepsilon_0}\frac{e^2}{r^2}$$

由此得电子绕核运动的速率为

$$v=\sqrt{\frac{1}{4\pi\varepsilon_0}\frac{e^2}{mr}}=\sqrt{8.99\times10^9\times\frac{(1.60\times10^{-19})^2}{9.11\times10^{-31}\times5.29\times10^{-11}}}$$
$$=2.19\times10^6(\text{m/s})$$

频率为

$$f=\frac{v}{2\pi r}=\frac{2.19\times10^6}{2\pi\times5.29\times10^{-11}}=6.59\times10^{15}(\text{Hz})$$

【讨论】 由 $F_e/F_g=2.26\times10^{39}$ 可见，在原子范围内，与库仑力相比，万有引力完全可以略去不计.

1.1.15 氢原子由一个质子(即氢原子核)和一个电子组成. 根据经典模型，电子环绕质子作匀速圆周运动. 假定电子环绕质子运动的角动量只能是 $\hbar=1.054\times10^{-34}\text{J}\cdot\text{s}$ 的整数倍，即 $mr^2\omega=n\hbar$，$n=1,2,3,\cdots$. 已知质子带正电，电子带负电，它们的电荷量的大小都是 1.602×10^{-19}C，电子质量为 9.11×10^{-31}kg. 试求 $n=1$(基态)时电子轨道半径的值(这个值通常称为玻尔半径).

【解】 电子的运动方程为

$$m\frac{v^2}{r}=\frac{1}{4\pi\varepsilon_0}\frac{e^2}{r^2} \tag{1}$$

量子条件为

$$mr^2\omega=n\hbar,\quad n=1,2,3,\cdots \tag{2}$$

因 $v=\omega r$，故由以上两式得

$$r_n=\frac{4\pi\varepsilon_0 n^2\hbar^2}{me^2} \tag{3}$$

基态 $n=1$，故得

$$r_1=\frac{4\pi\varepsilon_0\hbar^2}{me^2}=\frac{(1.054\times10^{-34})^2}{8.99\times10^9\times9.11\times10^{-31}\times(1.602\times10^{-19})^2}$$
$$=5.29\times10^{-11}(\text{m}) \tag{4}$$

1.1.16　真空中有一固定的点电荷，其电荷量为 Q；另一质量为 m、电荷量为 q 的质点，因 $qQ<0$，它们之间的库仑力是吸引力. 在这力的作用下，m 绕 Q 作匀速圆周运动，半径为 r，周期为 T. 试证：

$$r^3/T^2=-qQ/16\pi^3\varepsilon_0 m$$

【证】　m 的运动方程为

$$m\frac{v^2}{r}=-\frac{1}{4\pi\varepsilon_0}\frac{qQ}{r^2} \tag{1}$$

因为

$$v=\omega r=\frac{2\pi r}{T} \tag{2}$$

所以

$$m\left(\frac{2\pi r}{T}\right)^2\frac{1}{r}=4\pi^2\frac{mr}{T^2}=-\frac{1}{4\pi\varepsilon_0}\frac{qQ}{r^2}$$

故得

$$r^3/T^2=-qQ/16\pi^3\varepsilon_0 m \tag{3}$$

【讨论】　由理论力学得出，在万有引力作用下，行星环绕太阳运行时，遵守下列规律：

$$a^3/T^2=GM/4\pi^2 \tag{4}$$

式中 a 和 T 分别是行星轨道的半长轴和绕太阳公转的周期，G 是万有引力常量，M 是太阳质量. 由此得出，任何两个行星的公转周期 T_1 和 T_2 与它们的轨道半长轴 a_1 和 a_2 满足

$$T_1^2/T_2^2=a_1^3/a_2^3 \tag{5}$$

这就是开普勒第三定律.

比较式(3)、(4)可以看出：仅就圆轨道来说，由式(3)不可能得出式(5). 因此，我们可以得出结论：维持行星环绕太阳运行的力不是库仑力.

1.1.17　真空中有一固定的点电荷，其电荷量为 Q；另一质量为 m、电荷量为 q 的质点，因 $qQ<0$，q 与 Q 间的库仑力是吸引力. 试证明，在这力的作用下，m 的轨迹是以 Q 为焦点的圆锥曲线.

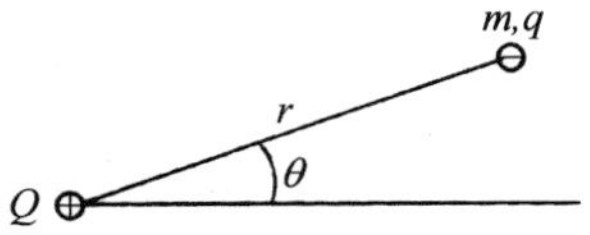

图 1.1.17

【证】　以 Q 为原点，取极坐标如图 1.1.17，由牛顿运动定律得

$$m(\ddot{r}-r\dot{\theta}^2)=F_r=\frac{1}{4\pi\varepsilon_0}\frac{qQ}{r^2} \tag{1}$$

$$m(r\ddot{\theta}+2\dot{r}\dot{\theta})=m\frac{1}{r}\frac{\mathrm{d}}{\mathrm{d}t}(r^2\dot{\theta})=F_\theta=0 \tag{2}$$

式中 $\dot{r}=\frac{\mathrm{d}r}{\mathrm{d}t}$，$\ddot{r}=\frac{\mathrm{d}^2r}{\mathrm{d}t^2}$，$\dot{\theta}=\frac{\mathrm{d}\theta}{\mathrm{d}t}$，$\ddot{\theta}=\frac{\mathrm{d}^2\theta}{\mathrm{d}t^2}$. 由式(2)得

$$r^2\dot{\theta}=h\ (\text{常量}) \tag{3}$$

又因

$$\dot{r}=\frac{\mathrm{d}r}{\mathrm{d}t}=\frac{\mathrm{d}r}{\mathrm{d}\theta}\frac{\mathrm{d}\theta}{\mathrm{d}t}=\frac{\mathrm{d}r}{\mathrm{d}\theta}\dot{\theta}=\frac{\mathrm{d}r}{\mathrm{d}\theta}\frac{h}{r^2}=-h\frac{\mathrm{d}}{\mathrm{d}\theta}\left(\frac{1}{r}\right) \tag{4}$$

$$\ddot{r}=\frac{\mathrm{d}\dot{r}}{\mathrm{d}t}=\frac{\mathrm{d}\dot{r}}{\mathrm{d}\theta}\frac{\mathrm{d}\theta}{\mathrm{d}t}=-h\frac{\mathrm{d}^2}{\mathrm{d}\theta^2}\left(\frac{1}{r}\right)\dot{\theta}=-\frac{h^2}{r^2}\frac{\mathrm{d}^2}{\mathrm{d}\theta^2}\left(\frac{1}{r}\right) \tag{5}$$

将式(3)、(5)代入式(1)得

$$-m\frac{h^2}{r^2}\frac{\mathrm{d}^2}{\mathrm{d}\theta^2}\left(\frac{1}{r}\right)-mr\left(\frac{h}{r^2}\right)^2=\frac{1}{4\pi\varepsilon_0}\frac{qQ}{r^2}$$

所以

$$\frac{\mathrm{d}^2}{\mathrm{d}\theta^2}\left(\frac{1}{r}\right)+\frac{1}{r}=-\frac{qQ}{4\pi\varepsilon_0 mh^2} \tag{6}$$

解得

$$\frac{1}{r}+\frac{qQ}{4\pi\varepsilon_0 mh^2}=A\cos\theta \tag{7}$$

式中 A 为积分常数. 式(7)可化为

$$r=\frac{-4\pi\varepsilon_0 mh^2/qQ}{1-\dfrac{4\pi\varepsilon_0 mh^2A}{qQ}\cos\theta} \tag{8}$$

因 $qQ<0$，故式(8)的分子和分母都是正数，与圆锥曲线的标准式

$$r=\frac{p}{1+e\cos\theta} \tag{9}$$

比较，可见式(8)是以 Q 为焦点的圆锥曲线.

1.1.18　把总电荷量为 Q 的同一种电荷分成两部分，一部分均匀分布在地球上，另一部分均匀分布在月球上，使它们之间的库仑力正好抵消万有引力. 已知 $\frac{1}{4\pi\varepsilon_0}=8.99\times10^9\,\mathrm{N\cdot m^2/C^2}$，万有引力常量 $G=6.67\times10^{-11}\,\mathrm{N\cdot m^2/kg^2}$，地球质量 $M=5.98\times10^{24}\,\mathrm{kg}$，月球质量 $m=7.34\times10^{22}\,\mathrm{kg}$. (1)试求 Q 的最小值；(2)如果电荷量的分配与质量成正比，试求 Q 的值.

【解】　(1)设放到月球上的电荷量为 x，则地球上的电荷量便为 $Q-x$. 依题意有

$$F_c=\frac{1}{4\pi\varepsilon_0}\frac{x(Q-x)}{r^2}=G\frac{mM}{r^2} \tag{1}$$

所以

$$x(Q-x)=4\pi\varepsilon_0 GmM \tag{2}$$

要使电荷量 Q 为最小，就是在给定 Q 值下，如何分配电荷量，使 F_c 为极大. 由式(1)得

$$\frac{dF_c}{dx}=\frac{1}{4\pi\varepsilon_0 r^2}\frac{d}{dx}[x(Q-x)]=\frac{1}{4\pi\varepsilon_0 r^2}[Q-2x]=0 \tag{3}$$

所以

$$x=\frac{Q}{2} \tag{4}$$

即把电荷量的一半放在月球上，另一半放在地球上，产生的库仑力 F_c 为最大，这时所需的电荷量为最小. 将式(4)代入式(2)得

$$Q_{\min}=\sqrt{16\pi\varepsilon_0 GmM} \tag{5}$$

代入数值得

$$\begin{aligned}Q_{\min}&=\sqrt{\frac{4}{8.99\times10^9}\times6.67\times10^{-11}\times7.34\times10^{22}\times5.98\times10^{24}}\\&=1.14\times10^{14}\,(\mathrm{C})\end{aligned} \tag{6}$$

(2)若电荷量的分配与质量成正比，则

$$x=km,\quad Q-x=kM \tag{7}$$

所以

$$x/(Q-x)=m/M \tag{8}$$

解得

$$x=\frac{m}{m+M}Q,\quad Q-x=\frac{M}{m+M}Q \tag{9}$$

令库仑力等于万有引力，便得

$$\frac{1}{4\pi\varepsilon_0}\frac{mMQ^2}{(m+M)^2r^2}=G\frac{mM}{r^2} \tag{10}$$

所以

$$Q=(m+M)\sqrt{4\pi\varepsilon_0 G} \tag{11}$$

代入数值得

$$\begin{aligned}Q&=(7.34\times10^{22}+5.98\times10^{24})\sqrt{\frac{6.67\times10^{-11}}{8.99\times10^9}}\\&=5.21\times10^{14}\,(\mathrm{C})\end{aligned} \tag{12}$$

1.1.19　电荷量 Q 均匀分布在半径为 R 的金属圆环上，现在环中心放一个电荷量为 q 的点电荷. 试求由于 q 的出现而在环中产生的张力.

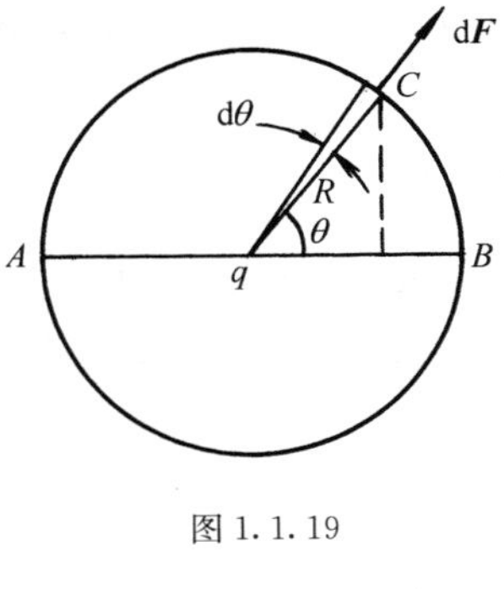

图 1.1.19

【解】　如图 1.1.19 所示，取环的一条直径 AB，q 作用在环上 C 处的电荷元 $dQ=\frac{Q}{2\pi}d\theta$ 上的力为

$$d\boldsymbol{F}=\frac{q\,dQ}{4\pi\varepsilon_0 R^2}\boldsymbol{e}_r=\frac{qQ\boldsymbol{e}_r}{8\pi^2\varepsilon_0 R^2}d\theta \tag{1}$$

式中 $\boldsymbol{e}_r$ 为从 q 到 C 的方向上的单位矢量. 由对称性可知，上半圆环 ACB 上的电荷受 q 的作用力其方向必定垂直于 AB 并向

上(设 $qQ>0$). 因此,这个力的大小为

$$F=\int_{\theta=0}^{\theta=\pi}(\mathrm{d}F)\cos\left(\frac{\pi}{2}-\theta\right)=\frac{qQ}{8\pi^2\varepsilon_0 R^2}\int_0^{\pi}\cos\left(\frac{\pi}{2}-\theta\right)\mathrm{d}\theta=\frac{qQ}{4\pi^2\varepsilon_0 R^2} \tag{2}$$

于是得 A、B 两处的张力均为

$$T=\frac{F}{2}=\frac{qQ}{8\pi^2\varepsilon_0 R^2} \tag{3}$$

这便是由于 q 的出现而在环中产生的张力.

【讨论】 当 $qQ>0$ 时,$T>0$,是张力;当 $qQ<0$ 时,$T<0$,便是压力.

1.1.20 电荷量 q 均匀分布在半径为 R 的圆环上,在环的轴线上有一条均匀带电的直线,单位长度的电荷量为 λ,直线的一端在环心,另一端趋向无穷远. 试求它们之间的相互作用力.

【解】 如图 1.1.20,环上的电荷元 $\mathrm{d}q=\frac{q}{2\pi}\mathrm{d}\phi$ 作用在直线上 P 处电荷元 $\lambda\mathrm{d}x$ 上的库仑力其大小为

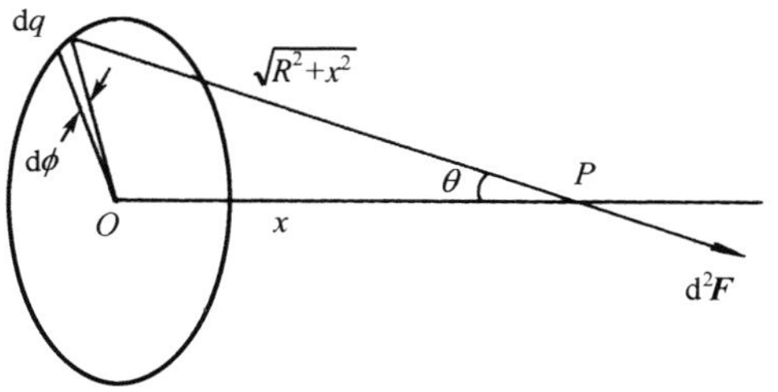

图 1.1.20

$$\mathrm{d}^2F=\frac{\lambda\mathrm{d}x\mathrm{d}q}{4\pi\varepsilon_0(R^2+x^2)}=\frac{q\lambda}{8\pi^2\varepsilon_0}\frac{\mathrm{d}x\mathrm{d}\phi}{R^2+x^2} \tag{1}$$

根据对称性,整个圆环上的电荷作用在 $\lambda\mathrm{d}x$ 上的力其大小为

$$\mathrm{d}F=\oint(\mathrm{d}^2F)\cos\theta=\frac{q\lambda}{8\pi^2\varepsilon_0}\frac{\mathrm{d}x}{R^2+x^2}\cos\theta\oint\mathrm{d}\phi=\frac{q\lambda}{4\pi\varepsilon_0}\frac{x\mathrm{d}x}{(R^2+x^2)^{3/2}} \tag{2}$$

其方向沿轴线向外(当 $q\lambda>0$ 时)或向内(当 $q\lambda<0$ 时).

于是得圆环上的电荷作用在直线电荷上的力其大小为

$$F=\frac{q\lambda}{4\pi\varepsilon_0}\int_0^{\infty}\frac{x\mathrm{d}x}{(R^2+x^2)^{3/2}}=\frac{q\lambda}{4\pi\varepsilon_0}\left[-\frac{1}{\sqrt{R^2+x^2}}\right]_0^{\infty}=\frac{q\lambda}{4\pi\varepsilon_0 R} \tag{3}$$

力的方向沿轴线向外(当 $q\lambda>0$ 时)或向内(当 $q\lambda<0$ 时).

1.2　电场强度

【关于场】　场是现代物理学中的一个重要概念，它是英国科学家法拉第(M. Faraday，1791—1867)于 1845 年(我国清代道光二十五年)提出来的. 有关资料可参看张之翔《电磁学教学参考》(北京大学出版社，2015)，315—317 页. 描述场的量也可称为场量，电场强度 $\boldsymbol{E}$ 便是电场的场量.

1.2.1　电场强度的物理意义是单位正电荷量所受的力. 因为电荷量的单位是库仑，故某点的电场强度等于在该点放一个电荷量为一库仑的点电荷所受的力. 你认为对吗?

【解答】　不对. 因为电场强度的定义式

$$\boldsymbol{E}=\boldsymbol{F}/q$$

中，要求试验电荷的电荷量 q 必须充分小，使得它的出现所引起的原来电场的变化可以略去不计. 而库仑是一个非常大的单位，需要 6.242×10^{18} 个质子的电荷加在一起，才够一库仑的电荷量. 这样大的电荷量必然使原来电场发生非常大的变化，因而不符合试验电荷的要求. 而且，要使这样大的电荷量集中在一个"点"的范围内，目前在技术上也不可能办到.

1.2.2　氢原子由一个质子(氢原子核)和一个电子组成. 根据经典模型，在正常状态下，电子绕核作匀速圆周运动，轨道半径是 5.29×10^{-11}m. 已知质子的电荷量为 1.60×10^{-19}C，试求质子在电子轨道上产生的电场强度的大小.

【解】　所求的电场强度的大小为

$$E=\frac{1}{4\pi\varepsilon_0}\frac{e}{r^2}=8.99\times10^9\times\frac{1.60\times10^{-19}}{(5.29\times10^{-11})^2}$$
$$=5.14\times10^{11}\,(\mathrm{V/m})$$

1.2.3　两个点电荷，电荷量分别为 $q_1=8.0\mu\mathrm{C}$，$q_2=-16.0\mu\mathrm{C}$，相距20cm. 试求这两个电荷在离它们都是 20cm 处产生的电场强度 $\boldsymbol{E}$.

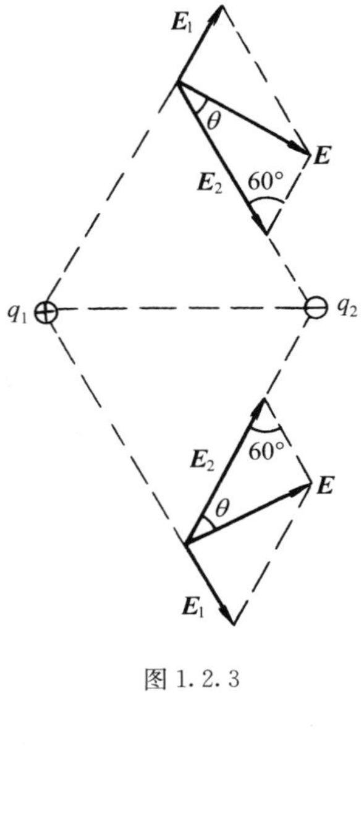

图 1.2.3

【解】　设 q_1 和 q_2 所产生的电场强度分别为 $\boldsymbol{E}_1$ 和 $\boldsymbol{E}_2$，如图 1.2.3 所示，它们的大小分别为

$$E_1=\frac{1}{4\pi\varepsilon_0}\frac{q_1}{r_1^2}=9.0\times10^9\times\frac{8.0\times10^{-6}}{(20\times10^{-2})^2}$$
$$=1.8\times10^6\,(\mathrm{V/m})$$

$$E_2=\frac{1}{4\pi\varepsilon_0}\frac{q_2}{r_2^2}=9.0\times10^9\times\frac{16.0\times10^{-6}}{(20\times10^{-2})^2}$$
$$=3.6\times10^6\,(\mathrm{V/m})$$

所求的电场强度为

$$\boldsymbol{E}=\boldsymbol{E}_1+\boldsymbol{E}_2$$

$\boldsymbol{E}$ 的大小为

$$E=\sqrt{E_1^2+E_2^2-2E_1E_2\cos60^\circ}=\sqrt{1+2^2-2\times2\times\frac{1}{2}}E_1$$
$$=\sqrt{3}E_1=1.73\times1.8\times10^6=3.1\times10^6(\text{V/m})$$

$\boldsymbol{E}$ 的方向如图 1.2.3 所示，其中

$$\theta=\arcsin\left(\frac{E_1}{E}\sin60^\circ\right)=\arcsin\left(\frac{1}{\sqrt{3}}\cdot\frac{\sqrt{3}}{2}\right)=30^\circ$$

【讨论】 与 q_1 和 q_2 相距 20cm 的点都在一个圆周上，q_1 和 q_2 的连线就是这圆周的轴线；在这圆周上各点，$\boldsymbol{E}$ 的大小都相等，它们的方向都在以 q_1、q_2 的连线为轴线的圆锥面上.

1.2.4 电荷量都是 q 的两个点电荷，相距为 l，连线的中点为 O. 试求它们在连线的中垂面上离 O 为 r 处产生的电场强度.

【解】 由对称性可知，两 q 所产生的电场强度 $\boldsymbol{E}=\boldsymbol{E}_1+\boldsymbol{E}_2$，其方向沿 OP（当 $q>0$ 时），如图 1.2.4 所示，其大小为

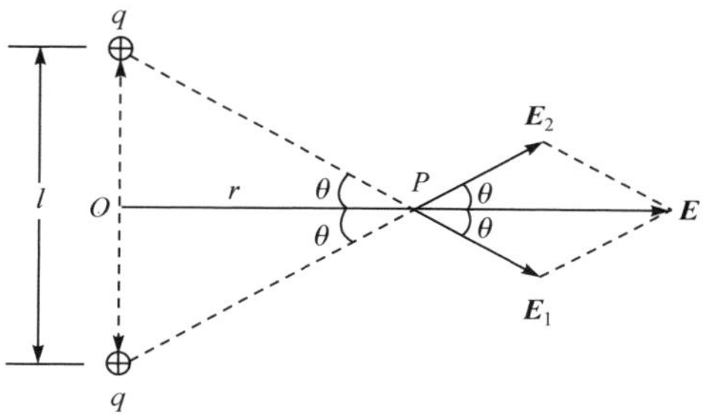

图 1.2.4

$$E=2E_1\cos\theta=\frac{1}{4\pi\varepsilon_0}\frac{2q}{r^2+(l/2)^2}\frac{r}{\sqrt{r^2+(l/2)^2}}=\frac{1}{2\pi\varepsilon_0}\frac{qr}{(r^2+l^2/4)^{3/2}}$$

【讨论】 图 1.2.4 是 $q>0$ 的情况. 若 $q<0$，则 $\boldsymbol{E}$ 的方向沿 PO 方向，其大小仍为上式. 如果令 $\boldsymbol{r}=\overrightarrow{OP}$，则

$$\boldsymbol{E}=\frac{1}{2\pi\varepsilon_0}\frac{q\boldsymbol{r}}{(r^2+l^2/4)^{3/2}}$$

可以包括以上两种情况.

1.2.5 相距为 l 的两个点电荷，电荷量分别为 q 和 $-q$，它们间连线的中点为 O，如图 1.2.5(1)所示.（1）试求它们在下列两处所产生的电场强度：(i)在连线的

延长线上离 O 为 r 处;(ii)在连线的中垂面上离 O 为 r 处.(2)对于 $r \gg l$ 的区域来说,这两个电荷构成的系统称为电偶极子.试求电偶极子在上述两处产生的电场强度.

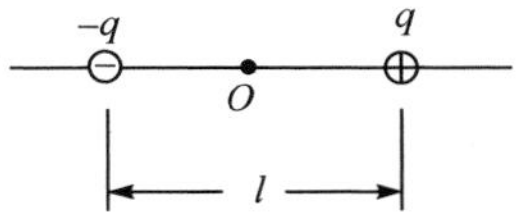

图 1.2.5(1)

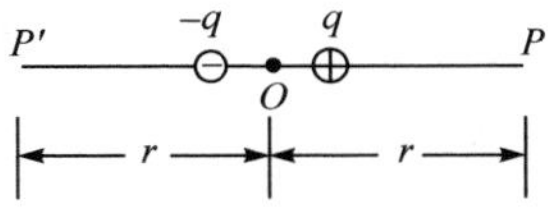

图 1.2.5(2)

【解】 (1)(i)如图 1.2.5(2),P 点的电场强度为 q 和 $-q$ 所产生的电场强度 $\boldsymbol{E}_+$ 和 $\boldsymbol{E}_-$ 之和,即

$$\boldsymbol{E}=\boldsymbol{E}_++\boldsymbol{E}_-=\frac{1}{4\pi\varepsilon_0}\frac{q}{\left(r-\frac{l}{2}\right)^2}\boldsymbol{e}+\frac{1}{4\pi\varepsilon_0}\frac{-q}{\left(r+\frac{l}{2}\right)^2}\boldsymbol{e}$$

$$=\frac{q}{4\pi\varepsilon_0}\left[\frac{1}{\left(r-\frac{l}{2}\right)^2}-\frac{1}{\left(r+\frac{l}{2}\right)^2}\right]\boldsymbol{e}=\frac{q}{4\pi\varepsilon_0}\frac{2lr}{\left[r^2-\left(\frac{l}{2}\right)^2\right]^2}\boldsymbol{e} \tag{1}$$

式中 $\boldsymbol{e}$ 是从 $-q$ 到 q 方向上的单位矢量. P' 点的电场强度为

$$\boldsymbol{E}'=\boldsymbol{E}'_++\boldsymbol{E}'_-=\frac{1}{4\pi\varepsilon_0}\frac{q}{\left(r+\frac{l}{2}\right)^2}(-\boldsymbol{e})+\frac{1}{4\pi\varepsilon_0}\frac{-q}{\left(r-\frac{l}{2}\right)^2}(-\boldsymbol{e})$$

$$=\frac{q}{4\pi\varepsilon_0}\left[\frac{1}{\left(r-\frac{l}{2}\right)^2}-\frac{1}{\left(r+\frac{l}{2}\right)^2}\right]\boldsymbol{e}=\frac{1}{4\pi\varepsilon_0}\frac{2qlr}{\left[r^2-\left(\frac{l}{2}\right)^2\right]^2}\boldsymbol{e} \tag{2}$$

由以上两式可见 $\boldsymbol{E}'=\boldsymbol{E}$.

(ii)如图 1.2.5(3),根据距离相等,可知 q 和 $-q$ 所产生的电场强度 $\boldsymbol{E}_+$ 和 $\boldsymbol{E}_-$ 大小相等,故 P 点的电场强度 $\boldsymbol{E}=\boldsymbol{E}_++\boldsymbol{E}_-$ 的方向与 $\boldsymbol{e}$ 相反,$\boldsymbol{E}$ 的大小为

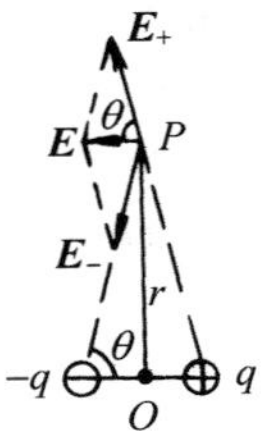

图 1.2.5(3)

$$E=2\cdot\frac{1}{4\pi\varepsilon_0}\frac{q}{r^2+\left(\frac{l}{2}\right)^2}\cos\theta$$

$$=2\cdot\frac{q}{4\pi\varepsilon_0}\frac{1}{r^2+\left(\frac{l}{2}\right)^2}\frac{l/2}{\sqrt{r^2+\left(\frac{l}{2}\right)^2}}$$

$$=\frac{1}{4\pi\varepsilon_0}\frac{ql}{\left[r^2+\left(\frac{l}{2}\right)^2\right]^{3/2}} \tag{3}$$

所以

$$\boldsymbol{E}=-\frac{1}{4\pi\varepsilon_0}\frac{ql}{\left[r^2+\left(\frac{l}{2}\right)^2\right]^{3/2}}\boldsymbol{e} \tag{4}$$

(2)电偶极子的电场强度　根据电偶极子的定义，$r \gg l$，故式(1)、(2)和(4)分母中的$\left(\frac{l}{2}\right)^2$与$r^2$相比，可以略去. 于是得延长线上的电场强度为

$$\boldsymbol{E}'=\boldsymbol{E}=\frac{\boldsymbol{p}}{2\pi\varepsilon_0 r^3} \tag{5}$$

中垂面上的电场强度为

$$\boldsymbol{E}=-\frac{\boldsymbol{p}}{4\pi\varepsilon_0 r^3} \tag{6}$$

式中

$$\boldsymbol{p}=ql\boldsymbol{e}=p\boldsymbol{e} \tag{7}$$

是电偶极子的电偶极矩.

【讨论】 计算电偶极子的电场强度时的近似问题.　根据电偶极子的定义，场点到电偶极子中心的距离 r 应比电偶极子的长度 l 大很多，即 $r \gg l$. 在计算电偶极子的 $\boldsymbol{E}$ 时要注意：$\left(\frac{l}{r}\right)^2$ 项可以略去，但$\frac{l}{r}$项不能略去. 例如，q 和 $-q$ 在延长线上产生的电场强度的准确式为

$$\boldsymbol{E}=\boldsymbol{E}_+ + \boldsymbol{E}_- = \frac{q}{4\pi\varepsilon_0}\left[\frac{1}{\left(r-\frac{l}{2}\right)^2}-\frac{1}{\left(r+\frac{l}{2}\right)^2}\right]\boldsymbol{e} \tag{8}$$

如果略去$\frac{l}{r}$项，上式便得出 $\boldsymbol{E}=0$. 这显然是不对的. 只有将式(8)化成式(1)或式(2)的最后结果，再略去$\left(\frac{l}{r}\right)^2$ 项，才能得出正确的式(5).

1.2.6　相距为 l 的两个点电荷，电荷量分别为 q 和 $-q$，它们连线的中点为 O，如图 1.2.6(1)所示. $\boldsymbol{e}$ 是从 $-q$ 到 q 方向上的单位矢量，$\boldsymbol{r}$ 是 O 到 P 点的位矢，θ 是 $\boldsymbol{r}$ 与 $\boldsymbol{l}(\boldsymbol{l}=l\boldsymbol{e})$的夹角. (1)试求它们在 P 点产生的电场强度 $\boldsymbol{E}$ 在 $\boldsymbol{r}$ 方向上的分量 E_r 和在 θ 方向上的分量 E_θ. (2)对于 $r \gg l$ 的区域来说，这两个电荷构成的系统称为电偶极子. 试求电偶极子在 P 点产生的 E_r 和 E_θ.

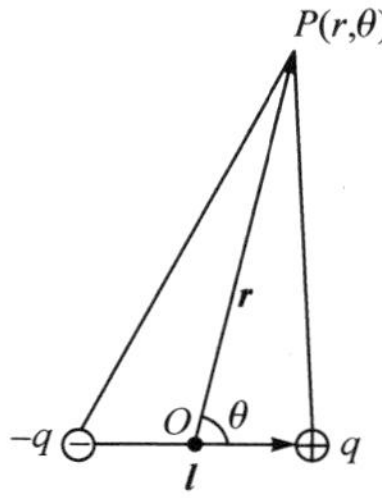

图 1.2.6(1)

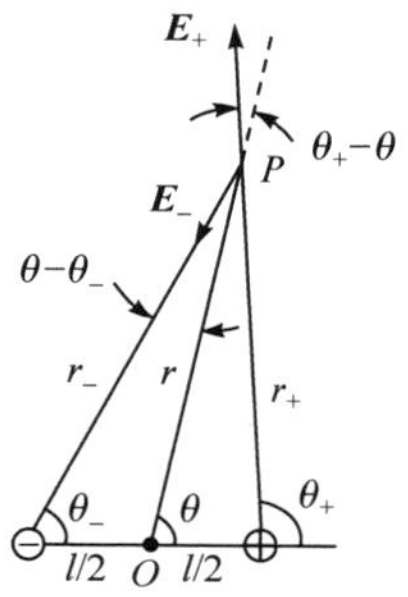

图 1.2.6(2)

【解】 (1)如图 1.2.6(2),q 和 $-q$ 在 P 点产生的电场强度分别为 $\boldsymbol{E}_+$ 和 $\boldsymbol{E}_-$,其大小分别为

$$E_+=\frac{1}{4\pi\varepsilon_0}\frac{q}{r_+^2},\quad E_-=\frac{1}{4\pi\varepsilon_0}\frac{q}{r_-^2} \tag{1}$$

式中

$$r_+^2=r^2+\left(\frac{l}{2}\right)^2-rl\cos\theta,\quad r_-^2=r^2+\left(\frac{l}{2}\right)^2+rl\cos\theta \tag{2}$$

由图 1.2.6(2)可见,P 点的电场强度 $\boldsymbol{E}=\boldsymbol{E}_++\boldsymbol{E}_-$ 在 $\boldsymbol{r}$ 方向上的分量为

$$E_r=E_+\cos(\theta_+-\theta)-E_-\cos(\theta-\theta_-) \tag{3}$$

$\boldsymbol{E}$ 在 θ 方向上的分量为

$$E_\theta=E_+\sin(\theta_+-\theta)+E_-\sin(\theta-\theta_-) \tag{4}$$

式中 θ_+ 和 θ_- 分别为 $\boldsymbol{r}_+$ 和 $\boldsymbol{r}_-$ 与 $\boldsymbol{l}$ 的夹角. 由图 1.2.6(2)可见

$$\cos(\theta_+-\theta)=\frac{r^2+r_+^2-l^2/4}{2rr_+},\quad \cos(\theta-\theta_-)=\frac{r^2+r_-^2-l^2/4}{2rr_-} \tag{5}$$

$$\sin(\theta_+-\theta)=\frac{l}{2r_+}\sin\theta,\quad \sin(\theta-\theta_-)=\frac{l}{2r_-}\sin\theta \tag{6}$$

将式(1)、(2)、(5)、(6)分别代入式(3)和式(4),便得出用 r 和 θ 表示的 E_r 和 E_θ 如下:

$$\begin{aligned}
E_r&=\frac{q}{4\pi\varepsilon_0}\frac{1}{r_+^2}\cos(\theta_+-\theta)-\frac{q}{4\pi\varepsilon_0}\frac{1}{r_-^2}\cos(\theta-\theta_-)\\
&=\frac{q}{4\pi\varepsilon_0}\left\{\frac{1}{r_+^2}\frac{r^2+r_+^2-l^2/4}{2rr_+}-\frac{1}{r_-^2}\frac{r^2+r_-^2-l^2/4}{2rr_-}\right\}\\
&=\frac{q}{4\pi\varepsilon_0}\left\{\frac{r-\frac{l}{2}\cos\theta}{(r^2+l^2/4-rl\cos\theta)^{3/2}}-\frac{r+\frac{l}{2}\cos\theta}{(r^2+l^2/4+rl\cos\theta)^{3/2}}\right\}\\
&=\frac{q}{4\pi\varepsilon_0}\left\{r\left[\frac{1}{(r^2+l^2/4-rl\cos\theta)^{3/2}}-\frac{1}{(r^2+l^2/4+rl\cos\theta)^{3/2}}\right]\right.\\
&\quad\left.-\frac{l}{2}\cos\theta\left[\frac{1}{(r^2+l^2/4-rl\cos\theta)^{3/2}}+\frac{1}{(r^2+l^2/4+rl\cos\theta)^{3/2}}\right]\right\}
\end{aligned} \tag{7}$$

$$\begin{aligned}
E_\theta&=\frac{q}{4\pi\varepsilon_0}\frac{1}{r_+^2}\sin(\theta_+-\theta)+\frac{q}{4\pi\varepsilon_0}\frac{1}{r_-^2}\sin(\theta-\theta_-)\\
&=\frac{q}{4\pi\varepsilon_0}\left\{\frac{1}{r_+^2}\frac{l\sin\theta}{2r_+}+\frac{1}{r_-^2}\frac{l\sin\theta}{2r_-}\right\}\\
&=\frac{ql\sin\theta}{8\pi\varepsilon_0}\left\{\frac{1}{(r^2+l^2/4-rl\cos\theta)^{3/2}}+\frac{1}{(r^2+l^2/4+rl\cos\theta)^{3/2}}\right\}
\end{aligned} \tag{8}$$

(2)上面式(7)、(8)都是准确表达式. 当 $r\gg l$ 时,可取近似如下:

$$\frac{1}{(r^2+l^2/4-rl\cos\theta)^{3/2}}-\frac{1}{(r^2+l^2/4+rl\cos\theta)^{3/2}}$$

$$\approx\frac{1}{r^3\left(1-\frac{l\cos\theta}{r}\right)^{3/2}}-\frac{1}{r^3\left(1+\frac{l\cos\theta}{r}\right)^{3/2}}$$

$$\approx\frac{1}{r^3}\left[1+\frac{3}{2}\frac{l}{r}\cos\theta-1+\frac{3}{2}\frac{l}{r}\cos\theta\right]=\frac{3l}{r^4}\cos\theta \tag{9}$$

$$\frac{1}{(r^2+l^2/4-rl\cos\theta)^{3/2}}+\frac{1}{(r^2+l^2/4+rl\cos\theta)^{3/2}}$$

$$\approx\frac{1}{r^3}\left[1+\frac{3}{2}\frac{l}{r}\cos\theta+1-\frac{3}{2}\frac{l}{r}\cos\theta\right]=\frac{2}{r^3} \tag{10}$$

将以上两式分别代入式(7)、(8)便得

$$E_r=\frac{2ql\cos\theta}{4\pi\varepsilon_0 r^3}=\frac{2p\cos\theta}{4\pi\varepsilon_0 r^3} \tag{11}$$

$$E_\theta=\frac{ql\sin\theta}{4\pi\varepsilon_0 r^3}=\frac{p\sin\theta}{4\pi\varepsilon_0 r^3} \tag{12}$$

式中 $p=ql$ 是这电偶极子的电偶极矩 $\boldsymbol{p}=q\boldsymbol{l}$ 的大小.

1.2.7 相距为 l 的两个点电荷,电荷量分别为 q 和 $-q$,以它们的连线为 x 轴,连线的中点为原点,取笛卡儿坐标系如图 1.2.7(1)所示.(1)$P(x,y)$为 x,y 平面上任一点,试求它们在 P 点产生的电场强度 $\boldsymbol{E}$;(2)对于 $r\gg l$ 的区域来说,这两个电荷构成的系统称为电偶极子.试求电偶极子在 P 点产生的电场强度.

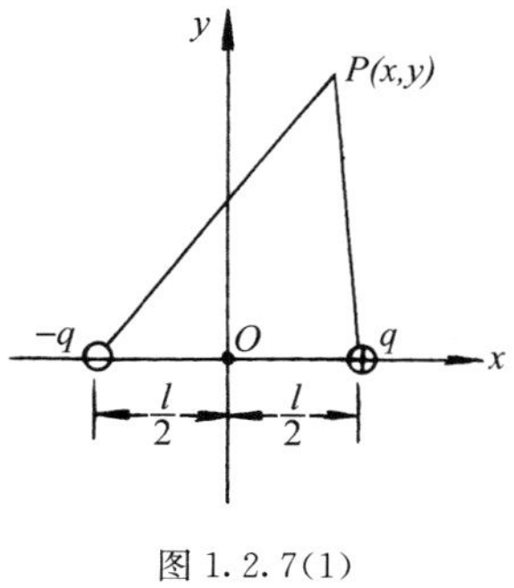

图 1.2.7(1)

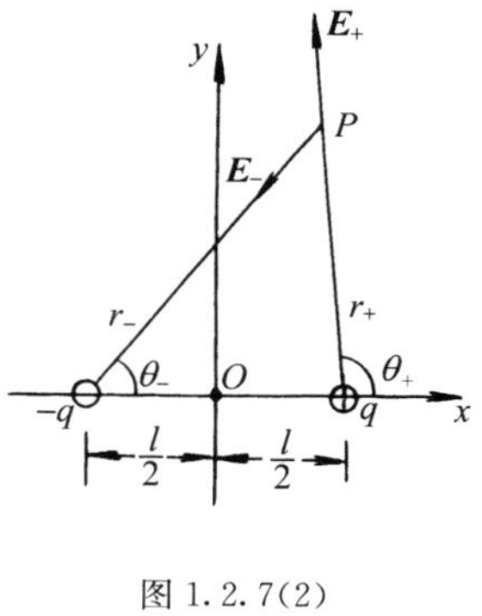

图 1.2.7(2)

【解】 (1)如图 1.2.7(1),q 和 $-q$ 在 P 点产生的电场强度分别为 $\boldsymbol{E}_+$ 和 $\boldsymbol{E}_-$,其大小分别为

$$E_+=\frac{q}{4\pi\varepsilon_0}\frac{1}{r_+^2},\quad E_-=\frac{q}{4\pi\varepsilon_0}\frac{1}{r_-^2} \tag{1}$$

式中

$$r_+^2=\left(x-\frac{l}{2}\right)^2+y^2,\quad r_-^2=\left(x+\frac{l}{2}\right)^2+y^2 \tag{2}$$

由图 1.2.7(2)可见，P 点的电场强度 $\boldsymbol{E}=\boldsymbol{E}_+ +\boldsymbol{E}_-$ 在 x 方向上的分量为

$$\begin{aligned}E_x&=E_+\cos\theta_+-E_-\cos\theta_-=E_+\frac{x-l/2}{r_+}-E_-\frac{x+l/2}{r_-}\\&=\frac{q}{4\pi\varepsilon_0}\left\{\frac{x-l/2}{r_+^3}-\frac{x+l/2}{r_-^3}\right\}\\&=\frac{q}{4\pi\varepsilon_0}\left\{\frac{x-l/2}{[(x-l/2)^2+y^2]^{3/2}}-\frac{x+l/2}{[(x+l/2)^2+y^2]^{3/2}}\right\}\end{aligned} \tag{3}$$

在 y 方向的分量为

$$\begin{aligned}E_y&=E_+\sin\theta_+-E_-\sin\theta_-=E_+\frac{y}{r_+}-E_-\frac{y}{r_-}\\&=\frac{q}{4\pi\varepsilon_0}\left\{\frac{y}{[(x-l/2)^2+y^2]^{3/2}}-\frac{y}{[(x+l/2)^2+y^2]^{3/2}}\right\}\end{aligned} \tag{4}$$

于是得所求的电场强度为

$$\boldsymbol{E}=\frac{q}{4\pi\varepsilon_0}\left\{\frac{(x-l/2)\boldsymbol{i}+y\boldsymbol{j}}{[(x-l/2)^2+y^2]^{3/2}}-\frac{(x+l/2)\boldsymbol{i}+y\boldsymbol{j}}{[(x+l/2)^2+y^2]^{3/2}}\right\} \tag{5}$$

(2)上面式(5)是准确表达式. 当 $r=\sqrt{x^2+y^2}\gg l$ 时，可近似如下：

$$\begin{aligned}\frac{1}{[(x-l/2)^2+y^2]^{3/2}}&\approx\frac{1}{[x^2+y^2-xl]^{3/2}}\\&=\frac{1}{(x^2+y^2)^{3/2}}\left[1-\frac{xl}{x^2+y^2}\right]^{-3/2}\approx\frac{1}{(x^2+y^2)^{3/2}}\left[1+\frac{3xl}{2(x^2+y^2)}\right]\end{aligned} \tag{6}$$

$$\frac{1}{[(x+l/2)^2+y^2]^{3/2}}\approx\frac{1}{(x^2+y^2)^{3/2}}\left[1-\frac{3xl}{2(x^2+y^2)}\right] \tag{7}$$

所以

$$\begin{aligned}&\frac{x-l/2}{[(x-l/2)^2+y^2]^{3/2}}-\frac{x+l/2}{[(x+l/2)^2+y^2]^{3/2}}\\&\approx\frac{1}{(x^2+y^2)^{3/2}}\left\{(x-l/2)\left[1+\frac{3xl}{2(x^2+y^2)}\right]-(x+l/2)\left[1-\frac{3xl}{2(x^2+y^2)}\right]\right\}\\&=\frac{(2x^2-y^2)l}{(x^2+y^2)^{5/2}}\end{aligned} \tag{8}$$

$$\frac{1}{[(x-l/2)^2+y^2]^{3/2}}-\frac{1}{[(x+l/2)^2+y^2]^{3/2}}\approx\frac{3xl}{(x^2+y^2)^{5/2}} \tag{9}$$

将式(8)、(9)代入式(5)，便得所求的电场强度为

$$\boldsymbol{E}=\frac{p}{4\pi\varepsilon_0(x^2+y^2)^{5/2}}[(2x^2-y^2)\boldsymbol{i}+3xy\boldsymbol{j}] \tag{10}$$

式中 $p=ql$ 是这电偶极子的电偶极矩 $\boldsymbol{p}=q\boldsymbol{l}$ 的大小，$\boldsymbol{l}$ 是从 $-q$ 到 q 的位矢.

1.2.8 一电偶极子的电偶极矩为 $\boldsymbol{p}=q\boldsymbol{l}$，以它的中心 O 为原点，沿 $\boldsymbol{l}$ 取极轴或 x 轴，如图 1.2.8(1)所示. P 为空间任一点，其位矢为 $\boldsymbol{r}$. 以 $\boldsymbol{l}$ 和 $\boldsymbol{r}$ 构成的平面为 x-y 平面. 试证明：$\boldsymbol{p}$ 在 P 点产生的电场强度 $\boldsymbol{E}$，(1)用极坐标表示为

$$\boldsymbol{E}=\frac{1}{4\pi\varepsilon_0 r^3}\left[\frac{3(\boldsymbol{p}\cdot\boldsymbol{r})}{r^2}\boldsymbol{r}-\boldsymbol{p}\right]$$

(2)用笛卡儿坐标表示为

$$\boldsymbol{E}=\frac{p}{4\pi\varepsilon_0(x^2+y^2)^{5/2}}[(2x^2-y^2)\boldsymbol{i}+3xy\boldsymbol{j}]$$

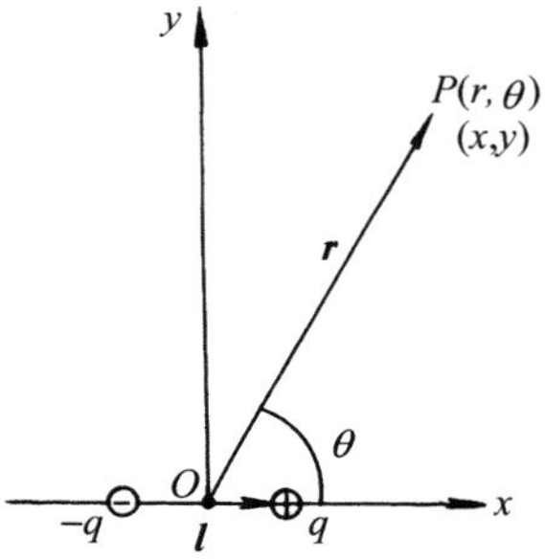

图 1.2.8(1)

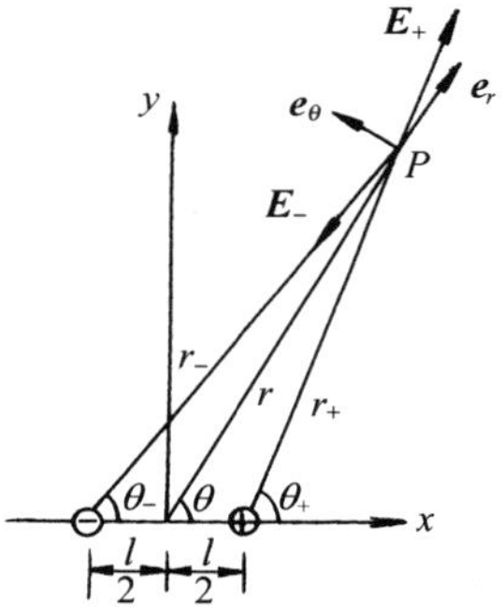

图 1.2.8(2)

【证】 (1)设电偶极子的正负电荷在 P 点产生的电场强度分别为 $\boldsymbol{E}_+$ 和 $\boldsymbol{E}_-$，其大小分别为

$$E_+=\frac{q}{4\pi\varepsilon_0}\frac{1}{r_+^2},\quad E_-=\frac{q}{4\pi\varepsilon_0}\frac{1}{r_-} \tag{1}$$

由图 1.2.8(2)可见，P 点的电场强度 $\boldsymbol{E}=\boldsymbol{E}_++\boldsymbol{E}_-$ 在 $\boldsymbol{e}_r$ 方向和 $\boldsymbol{e}_\theta$ 方向的分量分别为

$$E_r=E_+\cos(\theta_+-\theta)-E_-\cos(\theta-\theta_-) \tag{2}$$

$$E_\theta=E_+\sin(\theta_+-\theta)+E_-\sin(\theta-\theta_-) \tag{3}$$

取近似

$$r_+^{-2}=\frac{1}{r^2+(l/2)^2-rl\cos\theta}$$

$$\approx\frac{1}{r^2-rl\cos\theta}=\frac{1}{r^2}\frac{1}{1-\frac{l}{r}\cos\theta}$$

$$\approx\frac{1}{r^2}\left(1+\frac{l}{r}\cos\theta\right) \tag{4}$$

$$r_-^{-2}\approx\frac{1}{r^2}\frac{1}{1+\dfrac{l}{r}\cos\theta}\approx\frac{1}{r^2}\left(1-\frac{l}{r}\cos\theta\right) \tag{5}$$

因

$$\left(\frac{l}{2}\right)^2=r^2+r_+^2-2rr_+\cos(\theta_+-\theta) \tag{6}$$

略去$\left(\dfrac{l}{r}\right)^2$项便得

$$\cos(\theta_+-\theta)=\frac{r^2+r_+^2}{2rr_+}=\frac{r^2+r^2-rl\cos\theta}{2r^2\sqrt{1-\dfrac{l}{r}\cos\theta}}$$

$$=\frac{2r-l\cos\theta}{2r}\left(1+\frac{l}{2r}\cos\theta\right)=\left(1-\frac{l}{2r}\cos\theta\right)\left(1+\frac{l}{2r}\cos\theta\right)$$

$$=1-\frac{l^2}{4r^2}\cos^2\theta=1 \tag{7}$$

同样有

$$\cos(\theta-\theta_-)=\frac{r^2+r_-^2}{2rr_-}=\frac{r^2+r^2+rl\cos\theta}{2r^2\sqrt{1+\dfrac{l}{r}\cos\theta}}$$

$$=\left(1+\frac{l}{2r}\cos\theta\right)\left(1-\frac{l}{2r}\cos\theta\right)=1 \tag{8}$$

将以上两式代入式(2)得

$$E_r=\frac{q}{4\pi r_+^2}\cos(\theta_+-\theta)-\frac{q}{4\pi\varepsilon_0 r_-^2}\cos(\theta-\theta_-)$$

$$=\frac{q}{4\pi\varepsilon_0}\left[\frac{1}{r_+^2}-\frac{1}{r_-^2}\right]=\frac{q}{4\pi\varepsilon_0 r^2}\left[1+\frac{l}{r}\cos\theta-\left(1-\frac{l}{r}\cos\theta\right)\right]$$

$$=\frac{2ql\cos\theta}{4\pi\varepsilon_0 r^3}=\frac{2p\cos\theta}{4\pi\varepsilon_0 r^3} \tag{9}$$

又由正弦定理有

$$\sin(\theta_+-\theta)=\frac{l}{2r_+}\sin\theta,\quad \sin(\theta-\theta_-)=\frac{l}{2r_-}\sin\theta \tag{10}$$

将上式代入式(3)得

$$E_\theta=\frac{q}{4\pi\varepsilon_0 r_+^2}\sin(\theta_+-\theta)+\frac{q}{4\pi\varepsilon_0 r_-^2}\sin(\theta-\theta_-)$$

$$=\frac{q}{4\pi\varepsilon_0}\left[\frac{1}{r_+^2}\left(\frac{l}{2r_+}\sin\theta\right)+\frac{1}{r_-^2}\left(\frac{l}{2r_-}\sin\theta\right)\right]$$

$$=\frac{ql\sin\theta}{8\pi\varepsilon_0}\left(\frac{1}{r_+^3}+\frac{1}{r_-^3}\right)$$

$$=\frac{ql\sin\theta}{8\pi\varepsilon_0}\left[\frac{1}{r^3}\left(1+\frac{3l}{2r}\cos\theta\right)+\frac{1}{r^3}\left(1-\frac{3l}{2r}\cos\theta\right)\right]$$

$$=\frac{ql\sin\theta}{4\pi\varepsilon_0 r^3}=\frac{p\sin\theta}{4\pi\varepsilon_0 r^3} \tag{11}$$

于是得

$$\boldsymbol{E}=E_r\boldsymbol{e}_r+E_\theta\boldsymbol{e}_\theta=\frac{2p\cos\theta}{4\pi\varepsilon_0 r^3}\boldsymbol{e}_r+\frac{p\sin\theta}{4\pi\varepsilon_0 r^3}\boldsymbol{e}_\theta$$

$$=\frac{1}{4\pi\varepsilon_0 r^3}[2p\cos\theta\boldsymbol{e}_r+p\sin\theta\boldsymbol{e}_\theta]$$

$$=\frac{1}{4\pi\varepsilon_0 r^3}[3p\cos\theta\boldsymbol{e}_r-(p\cos\theta\boldsymbol{e}_r-p\sin\theta\boldsymbol{e}_\theta)] \tag{12}$$

因为

$$\boldsymbol{p}=p\cos\theta\boldsymbol{e}_r-p\sin\theta\boldsymbol{e}_\theta \tag{13}$$

故得

$$\boldsymbol{E}=\frac{1}{4\pi\varepsilon_0 r^3}[3p\cos\theta\boldsymbol{e}_r-\boldsymbol{p}]=\frac{1}{4\pi\varepsilon_0 r^3}\left[\frac{3(\boldsymbol{p}\cdot\boldsymbol{r})\boldsymbol{r}}{r^2}-\boldsymbol{p}\right] \tag{14}$$

(2)由图 1.2.8(2)可见，$\boldsymbol{E}=\boldsymbol{E}_++\boldsymbol{E}_-$ 在 x 方向上的分量为

$$E_x=E_+\cos\theta_+-E_-\cos\theta_-$$

$$=\frac{q}{4\pi\varepsilon_0 r_+^2}\frac{x-l/2}{r_+}-\frac{q}{4\pi\varepsilon_0 r_-^2}\frac{x+l/2}{r_-}$$

$$=\frac{q}{4\pi\varepsilon_0}\left[\frac{1}{r_+^3}\left(x-\frac{l}{2}\right)-\frac{1}{r_-^3}\left(x+\frac{l}{2}\right)\right] \tag{15}$$

其中

$$r_+^2=r^2+\left(\frac{l}{2}\right)^2-rl\cos\theta\approx r^2\left(1-\frac{l}{r}\cos\theta\right) \tag{16}$$

$$r_+^{-3}=r^{-3}\left(1-\frac{l}{r}\cos\theta\right)^{-3/2}=r^{-3}\left(1+\frac{3l}{2r}\cos\theta\right) \tag{17}$$

$$r_-^2=r^2+\left(\frac{l}{2}\right)^2+rl\cos\theta\approx r^2\left(1+\frac{l}{r}\cos\theta\right) \tag{18}$$

$$r_-^{-3}=r^{-3}\left(1+\frac{l}{r}\cos\theta\right)^{-3/2}=r^{-3}\left(1-\frac{3l}{2r}\cos\theta\right) \tag{19}$$

所以

$$E_x=\frac{q}{4\pi\varepsilon_0 r^3}\left[\left(1+\frac{3l}{2r}\cos\theta\right)\left(x-\frac{l}{2}\right)-\left(1-\frac{3l}{2r}\cos\theta\right)\left(x+\frac{l}{2}\right)\right]$$

$$=\frac{q}{4\pi\varepsilon_0 r^3}\left[x+\frac{3xl}{2r}\cos\theta-\frac{l}{2}-x+\frac{3xl}{2r}\cos\theta-\frac{l}{2}\right]$$

$$=\frac{q}{4\pi\varepsilon_0 r^3}\left[\frac{3xl}{r}\cos\theta-l\right]=\frac{ql}{4\pi\varepsilon_0 r^3}\left[\frac{3x}{r}\frac{x}{r}-1\right]$$

$$=\frac{p}{4\pi\varepsilon_0 r^3}\left[\frac{3x^2-r^2}{r^2}\right]=\frac{p}{4\pi\varepsilon_0 r^5}[2x^2-y^2]$$

$$=\frac{p}{4\pi\varepsilon_0}\frac{2x^2-y^2}{(x^2+y^2)^{5/2}} \tag{20}$$

$\boldsymbol{E}$ 在 y 方向上的分量为

$$E_y=E_+\sin\theta_+-E_-\sin\theta_-=\frac{q}{4\pi\varepsilon_0 r_+^2}\frac{y}{r_+}-\frac{q}{4\pi\varepsilon_0 r_-^2}\frac{y}{r_-}$$

$$=\frac{qy}{4\pi\varepsilon_0}\left[\frac{1}{r_+^3}-\frac{1}{r_-^3}\right]$$

$$=\frac{qy}{4\pi\varepsilon_0}\left[\frac{1}{r^3}\left(1+\frac{3l}{2r}\cos\theta\right)-\frac{1}{r^3}\left(1-\frac{3l}{2r}\cos\theta\right)\right]$$

$$=\frac{qy}{4\pi\varepsilon_0 r^3}\left[3\,\frac{l}{r}\cos\theta\right]=\frac{qy}{4\pi\varepsilon_0 r^3}\left[3\,\frac{l}{r}\,\frac{x}{r}\right]$$

$$=\frac{3pxy}{4\pi\varepsilon_0 r^5}=\frac{3pxy}{4\pi\varepsilon_0 (x^2+y^2)^{5/2}} \tag{21}$$

于是得

$$\boldsymbol{E}=E_x\boldsymbol{i}+E_y\boldsymbol{j}=\frac{p}{4\pi\varepsilon_0 (x^2+y^2)^{5/2}}[(2x^2-y^2)\boldsymbol{i}+3xy\boldsymbol{j}] \tag{22}$$

【讨论】 电偶极子的电场强度的表达式

$$\boldsymbol{E}=\frac{1}{4\pi\varepsilon_0 r^5}[3(\boldsymbol{p}\cdot\boldsymbol{r})\boldsymbol{r}-r^2\boldsymbol{p}] \tag{23}$$

只与 $\boldsymbol{p}$ 和场点的位矢 $\boldsymbol{r}$ 有关，而与所用的坐标系无关，是一个很方便的表达式.

1.2.9 如图 1.2.9(1)，$\boldsymbol{p}$ 是一电偶极子的电偶极矩. 试证明：在 $\theta=\arccos\left(\frac{1}{\sqrt{3}}\right)$ 处，$\boldsymbol{p}$ 所产生的电场强度 $\boldsymbol{E}$ 与 $\boldsymbol{p}$ 垂直.

【证】 由 1.2.6 题的式(11)和式(12)，$\boldsymbol{p}$ 在 $P(r,\theta)$ 点产生的电场强度 $\boldsymbol{E}$ 的分量为

$$E_r=\frac{p\cos\theta}{2\pi\varepsilon_0 r^3} \tag{1}$$

$$E_\theta=\frac{p\sin\theta}{4\pi\varepsilon_0 r^3} \tag{2}$$

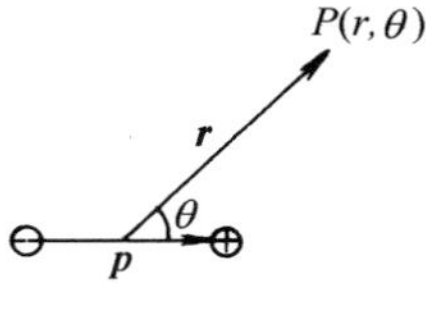

图 1.2.9(1)

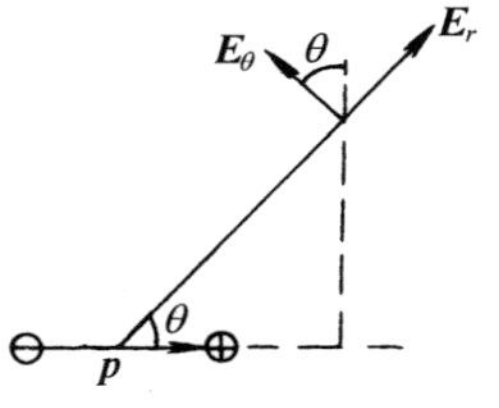

图 1.2.9(2)

如图 1.2.9(2),当

$$E_\theta\sin\theta=E_r\cos\theta \tag{3}$$

时,$\boldsymbol{E}$ 便垂直于 $\boldsymbol{p}$. 由以上三式得

$$2\cos^2\theta=\sin^2\theta=1-\cos^2\theta \tag{4}$$

所以

$$\cos\theta=\frac{1}{\sqrt{3}} \tag{5}$$

即在 $\theta=\arccos\left(\frac{1}{\sqrt{3}}\right)$处,$\boldsymbol{E}$ 垂直于 $\boldsymbol{p}$.

1.2.10 电荷量都是 q 的两个点电荷,相距为 $2l$,另一点电荷的电荷量为 $-2q$,处在它们连线的中点,如图 1.2.10 所示. P 是它们延长线上的一点,P 到 $-2q$ 的距离为 r. (1)试求这三个点电荷在 P 点产生的电场强度;(2)对于 $r\gg l$ 的区域来说,这个电荷系统称为线性电四极子. 试求这线性电四极子在 P 点产生的电场强度.

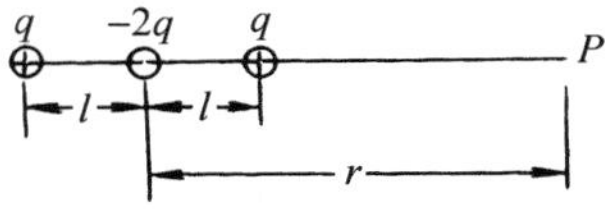

图 1.2.10

【解】 (1)如图 1.2.10,令 $\boldsymbol{e}$ 表示从 $-2q$ 到 P 的方向上的单位矢量,则三个点电荷在 P 点产生的电场强度为

$$\begin{aligned}\boldsymbol{E}&=\frac{1}{4\pi\varepsilon_0}\frac{q}{(r-l)^2}\boldsymbol{e}+\frac{1}{4\pi\varepsilon_0}\frac{-2q}{r^2}\boldsymbol{e}+\frac{1}{4\pi\varepsilon_0}\frac{q}{(r+l)^2}\boldsymbol{e}\\&=\frac{q}{4\pi\varepsilon_0}\left[\frac{1}{(r-l)^2}+\frac{1}{(r+l)^2}-\frac{2}{r^2}\right]\boldsymbol{e}=\frac{q}{4\pi\varepsilon_0}\left[\frac{2r^2+2l^2}{(r^2-l^2)^2}-\frac{2}{r^2}\right]\boldsymbol{e}\\&=\frac{2q}{4\pi\varepsilon_0 r^2}\left[\frac{r^2+l^2}{r^2\left(1-\frac{l^2}{r^2}\right)^2}-1\right]\boldsymbol{e}\end{aligned} \tag{1}$$

(2)当 $r\gg l$ 时,上式方括号内可化为

$$\begin{aligned}\frac{r^2+l^2}{r^2\left(1-\frac{l^2}{r^2}\right)^2}-1&=\frac{1+\frac{l^2}{r^2}}{\left(1-\frac{l^2}{r^2}\right)^2}-1\approx\left(1+\frac{l^2}{r^2}\right)\left(1+2\frac{l^2}{r^2}\right)-1\\&=1+3\frac{l^2}{r^2}+2\frac{l^4}{r^4}-1\approx3\frac{l^2}{r^2}\end{aligned} \tag{2}$$

于是得这时

$$\boldsymbol{E}=\frac{2q}{4\pi\varepsilon_0 r^2}\cdot3\frac{l^2}{r^2}\boldsymbol{e}=\frac{1}{4\pi\varepsilon_0}\frac{3Q}{r^4}\boldsymbol{e} \tag{3}$$

式中

$$Q=2ql^2 \tag{4}$$

称为这电四极子的电四极矩.

【讨论】 注意,在式(2)的计算中,不能略去 $\left(\frac{l}{r}\right)^2$ 项,否则 $\boldsymbol{E}=0$. 一般地,在

求电偶极子的电场强度 $\boldsymbol{E}$ 的计算中，可略去 $\left(\frac{l}{r}\right)^2$ 项及更高次项；而在求电四极子的电场强度 $\boldsymbol{E}$ 的计算中，要保留 $\left(\frac{l}{r}\right)^2$ 项，略去 $\left(\frac{l}{r}\right)^4$ 项及更高次项.

1.2.11 四个点电荷分别处在一个边长为 l 的正方形的四个角上，它们的电荷量分别为 $-q$、q、$-q$ 和 q，如图 1.2.11(1)所示. P 是与正方形在同一平面内的一点，P 到正方形中心 O 的距离为 r，且 OP 连线平行于正方形的两边. (1)试求四个电荷在 P 点产生的电场强度；(2)对于 $r\gg l$ 的区域来说，这四个电荷构成的系统称为平面电四极子. 试求这平面电四极子在 P 点产生的电场强度.

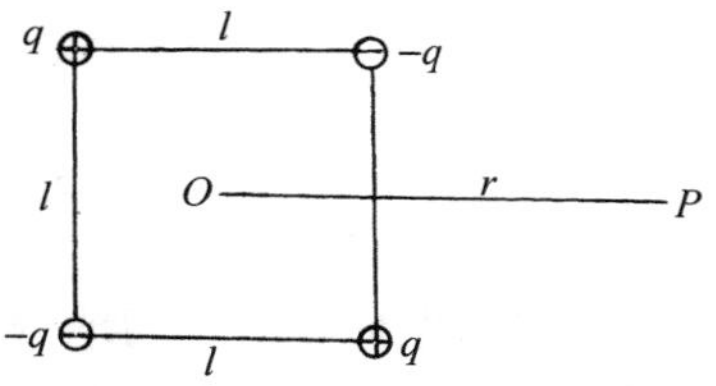

图 1.2.11(1)

【解】 (1)以 O 为原点，OP 为 x 轴取笛卡儿坐标系，如图 1.2.11(2)所示. 由对称性可见

$$E_x=E_{1x}+E_{2x}+E_{3x}+E_{4x}=0 \tag{1}$$

$$\begin{aligned}E_y&=E_{1y}+E_{2y}+E_{3y}+E_{4y}=2E_{1y}+2E_{2y}=\frac{2q}{4\pi\varepsilon_0 r_1^2}\sin\theta_1-\frac{2q}{4\pi\varepsilon_0 r_2^2}\sin\theta_2\\&=\frac{2q}{4\pi\varepsilon_0}\left\{\frac{1}{r_1^2}\frac{l/2}{r_1}-\frac{1}{r_2^2}\frac{l/2}{r_2}\right\}=\frac{ql}{4\pi\varepsilon_0}\left\{\frac{1}{r_1^3}-\frac{1}{r_2^3}\right\}\\&=\frac{ql}{4\pi\varepsilon_0}\left\{\frac{1}{[(r-l/2)^2+(l/2)^2]^{3/2}}-\frac{1}{[(r+l/2)^2+(l/2)^2]^{3/2}}\right\}\\&=\frac{ql}{4\pi\varepsilon_0}\left\{\frac{1}{(r^2-rl+l^2/2)^{3/2}}-\frac{1}{(r^2+rl+l^2/2)^{3/2}}\right\}\end{aligned} \tag{2}$$

于是得 P 点的电场强度为

$$\boldsymbol{E}_P=E_x\boldsymbol{i}+E_y\boldsymbol{j}=\frac{ql}{4\pi\varepsilon_0}\left\{\frac{1}{(r^2-rl+l^2/2)^{3/2}}-\frac{1}{(r^2+rl+l^2/2)^{3/2}}\right\}\boldsymbol{j} \tag{3}$$

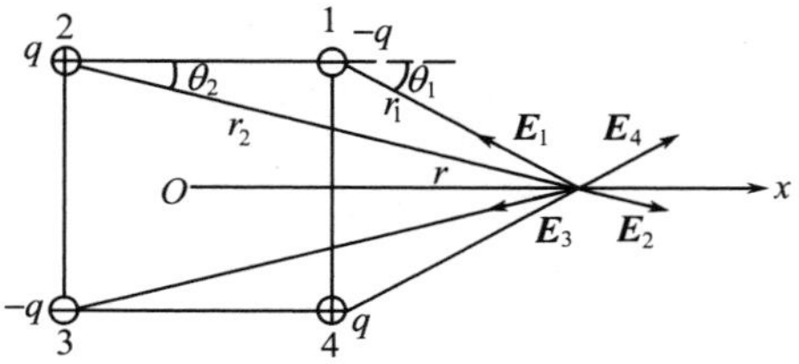

图 1.2.11(2)

(2)当 $r\gg l$ 时，式(3)中花括号内可化为

$$\frac{1}{(r^2-rl+l^2/2)^{3/2}}-\frac{1}{(r^2+rl+l^2/2)^{3/2}}$$

$$\approx\frac{1}{(r^2-rl)^{3/2}}-\frac{1}{(r^2+rl)^{3/2}}=\frac{1}{r^3}\left[\frac{1}{(1-l/r)^{3/2}}-\frac{1}{(1+l/r)^{3/2}}\right]$$

$$\approx\frac{1}{r^3}\left[1+\frac{3}{2}\frac{l}{r}-\left(1-\frac{3}{2}\frac{l}{r}\right)\right]=\frac{3l}{r^4} \tag{4}$$

所以

$$\boldsymbol{E}_P=\frac{ql}{4\pi\varepsilon_0}\cdot\frac{3l}{r^4}\boldsymbol{j}=\frac{3ql^2}{4\pi\varepsilon_0 r^4}\boldsymbol{j} \tag{5}$$

1.2.12 电荷量 q 均匀地分布在长为 $2l$ 的一段直线上，线的中点为 O. 试求这电荷在下列各处产生的电场强度：(1)线的延长线上离 O 为 r 处；(2)线的中垂面上离 O 为 r 处；(3)通过一端的垂面上离该端为 r 处.

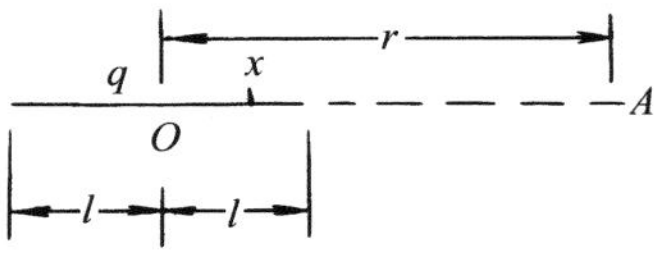

图 1.2.12(1)

【解】 (1)延长线上离 O 为 r 处的 A 点. 由对称性可知，所求的电场强度 $\boldsymbol{E}_A$ 沿 OA 方向(设 $q>0$). 电荷线上 x 处[图 1.2.12(1)]$\mathrm{d}x$ 段上的电荷量 $\mathrm{d}q=\frac{q}{2l}\mathrm{d}x$ 在 A 点产生的电场强度为

$$\mathrm{d}\boldsymbol{E}_A=\frac{\mathrm{d}q}{4\pi\varepsilon_0(r-x)^2}\boldsymbol{e}_A=\frac{q}{8\pi\varepsilon_0 l}\frac{\mathrm{d}x}{(r-x)^2}\boldsymbol{e}_A \tag{1}$$

式中 $\boldsymbol{e}_A$ 为 OA 方向上的单位矢量. 积分得

$$\boldsymbol{E}_A=\frac{q\boldsymbol{e}_A}{8\pi\varepsilon_0 l}\int_{-l}^{l}\frac{\mathrm{d}x}{(r-x)^2}=\frac{q\boldsymbol{e}_A}{8\pi\varepsilon_0 l}\frac{1}{r-x}\Bigg|_{-l}^{l}$$

$$=\frac{q\boldsymbol{e}_A}{8\pi\varepsilon_0 l}\left[\frac{1}{r-l}-\frac{1}{r+l}\right]=\frac{q}{4\pi\varepsilon_0}\frac{1}{r^2-l^2}\boldsymbol{e}_A,\quad r>l \tag{2}$$

(2)中垂面上离 O 为 r 处的 B 点. 由对称性可知，所求的电场强度 $\boldsymbol{E}_B$ 沿 OB 方向(设 $q>0$). 如图 1.2.12(2)，电荷线上 x 处 $\mathrm{d}x$ 段上的电荷量 $\mathrm{d}q=\frac{q}{2l}\mathrm{d}x$ 在 B 点产生的电场强度 $\mathrm{d}\boldsymbol{E}_B$ 的大小为

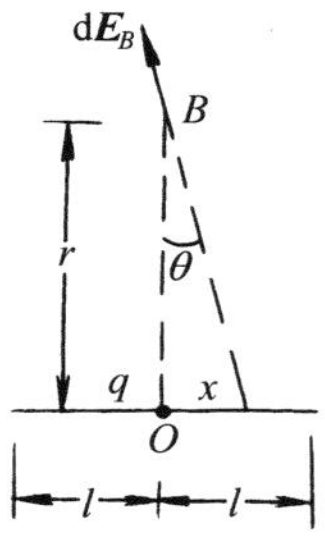

图 1.2.12(2)

$$\mathrm{d}E_B=\frac{\mathrm{d}q}{4\pi\varepsilon_0(r^2+x^2)}=\frac{q}{8\pi\varepsilon_0 l}\frac{\mathrm{d}x}{r^2+x^2} \tag{3}$$

于是得 $\boldsymbol{E}_B$ 的大小为

$$E_B=\int(\mathrm{d}E_B)\cos\theta=\int(\mathrm{d}E_B)\frac{r}{\sqrt{r^2+x^2}}$$

$$=\frac{qr}{8\pi\varepsilon_0 l}\int_{-l}^{l}\frac{\mathrm{d}x}{(r^2+x^2)^{3/2}}$$

$$=\frac{qr}{8\pi\varepsilon_0 l}\left[\frac{x}{r^2\sqrt{r^2+x^2}}\right]_{-l}^{l}=\frac{q}{4\pi\varepsilon_0 r\sqrt{r^2+l^2}} \tag{4}$$

所以

$$\boldsymbol{E}_B=\frac{q}{4\pi\varepsilon_0}\frac{1}{r\sqrt{r^2+l^2}}\boldsymbol{e}_B, \quad r>0 \tag{5}$$

式中 $\boldsymbol{e}_B$ 为 OB 方向上的单位矢量.

(3)一端的垂面上离该端为 r 处的 C 点. 由对称性可知,所求的电场强度 $\boldsymbol{E}_C$ 其方向在 C 点与带电线所构成的平面内. $\boldsymbol{E}_C$ 可表示为

$$\boldsymbol{E}_C=\boldsymbol{E}_{\parallel}+\boldsymbol{E}_{\perp} \tag{6}$$

式中 $\boldsymbol{E}_{\parallel}$ 为平行于带电线的分量,$\boldsymbol{E}_{\perp}$ 为垂直于带电线的分量. 如图 1.2.12(3),电荷线上 x 处 $\mathrm{d}x$ 段上的电荷量 $\mathrm{d}q=\frac{q}{2l}\mathrm{d}x$ 在 C 点产生的电场强度 $\mathrm{d}\boldsymbol{E}_C$,其平行于带电线的分量为

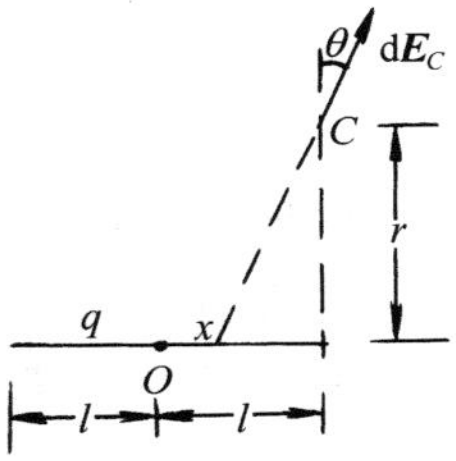

图 1.2.12(3)

$$\begin{aligned}\mathrm{d}E_{\parallel}&=\frac{\mathrm{d}q}{4\pi\varepsilon_0}\frac{1}{(l-x)^2+r^2}\sin\theta\\&=\frac{q}{8\pi\varepsilon_0 l}\frac{\mathrm{d}x}{(l-x)^2+r^2}\frac{l-x}{\sqrt{(l-x)^2+r^2}}\\&=\frac{q}{8\pi\varepsilon_0 l}\frac{(l-x)\mathrm{d}x}{[(l-x)^2+r^2]^{3/2}}\end{aligned} \tag{7}$$

积分得

$$\begin{aligned}E_{\parallel}&=\frac{q}{8\pi\varepsilon_0 l}\int_{-l}^{l}\frac{(l-x)\mathrm{d}x}{[(l-x)^2+r^2]^{3/2}}=\frac{q}{8\pi\varepsilon_0 l}\left[\frac{1}{\sqrt{(l-x)^2+r^2}}\right]_{-l}^{l}\\&=\frac{q}{8\pi\varepsilon_0 l}\left[\frac{1}{r}-\frac{1}{\sqrt{r^2+4l^2}}\right], \quad r>0\end{aligned} \tag{8}$$

$\mathrm{d}\boldsymbol{E}_C$ 垂直于带电线的分量为

$$\begin{aligned}\mathrm{d}E_{\perp}&=\frac{\mathrm{d}q}{4\pi\varepsilon_0}\frac{1}{(l-x)^2+r^2}\cos\theta=\frac{q}{8\pi\varepsilon_0 l}\frac{\mathrm{d}x}{(l-x)^2+r^2}\frac{r}{\sqrt{(l-x)^2+r^2}}\\&=\frac{qr}{8\pi\varepsilon_0 l}\frac{\mathrm{d}x}{[(l-x)^2+r^2]^{3/2}}\end{aligned} \tag{9}$$

积分得

$$\begin{aligned}E_{\perp}&=\frac{qr}{8\pi\varepsilon_0 l}\int_{-l}^{l}\frac{\mathrm{d}x}{[(l-x)^2+r^2]^{3/2}}=-\frac{q}{8\pi\varepsilon_0 l}\left[\frac{l-x}{r\sqrt{(l-x)^2+r^2}}\right]_{-l}^{l}\\&=\frac{q}{4\pi\varepsilon_0}\frac{1}{r\sqrt{r^2+4l^2}}, \quad r>0\end{aligned} \tag{10}$$

于是得 $\boldsymbol{E}_C$ 的大小为

$$\begin{aligned}E_C&=\sqrt{E_{\parallel}^2+E_{\perp}^2}\\&=\frac{q}{4\pi\varepsilon_0}\left\{\left[\frac{1}{2l}\left(\frac{1}{r}-\frac{1}{\sqrt{r^2+4l^2}}\right)\right]^2+\left[\frac{1}{r\sqrt{r^2+4l^2}}\right]^2\right\}^{1/2}\end{aligned}$$

$$=\frac{q}{4\pi\varepsilon_0}\left\{\frac{1}{4l^2r^2}-\frac{1}{2rl^2\sqrt{r^2+4l^2}}+\frac{1}{4l^2(r^2+4l^2)}+\frac{1}{r^2(r^2+4l^2)}\right\}^{1/2}$$

$$=\frac{q}{4\pi\varepsilon_0}\left\{\frac{1}{2r^2l^2}-\frac{1}{2rl^2\sqrt{r^2+4l^2}}\right\}^{1/2}=\frac{q}{4\pi\varepsilon_0}\left\{\frac{1}{2l^2r^2}\left(1-\frac{r}{\sqrt{r^2+4l^2}}\right)\right\}^{1/2}$$

$$=\frac{q}{4\pi\varepsilon_0}\sqrt{\frac{\sqrt{r^2+4l^2}-r}{2r^2l^2\sqrt{r^2+4l^2}}},\quad r>0 \tag{11}$$

$\boldsymbol{E}_C$ 的方向与该端垂面的夹角为

$$\theta_C=\arctan\frac{E_{\parallel}}{E_{\perp}}=\arctan\left\{\frac{1}{2l}\left[\frac{1}{r}-\frac{1}{\sqrt{r^2+4l^2}}\right]r\sqrt{r^2+4l^2}\right\}$$

$$=\arctan\left(\frac{\sqrt{r^2+4l^2}-r}{2l}\right),\quad r>0 \tag{12}$$

【讨论】 对于延长线上的 $\boldsymbol{E}_A$ 的表达式(2)，我们标明 $r>l$. 这是因为，当 $r<l$ 时，A 点在带电线上，而线电荷所在处的电场强度是没有意义的. 同样，对于 $\boldsymbol{E}_B$ 和 $\boldsymbol{E}_C$ 的表达式，我们都标明 $r>0$，因为 $r=0$ 的点都在线电荷所在处.

1.2.13 电荷量 q 均匀地分布在长为 l 的一段直线上.(1)试求这直线的中垂面上离线的中点为 r 处 q 所产生的电场强度 $\boldsymbol{E}$；(2)当 $l\to0$ 时，$\boldsymbol{E}=$？(3)当 $l\to\infty$ 且使 $\frac{q}{l}=\lambda$ 保持为常数时，$\boldsymbol{E}=$？

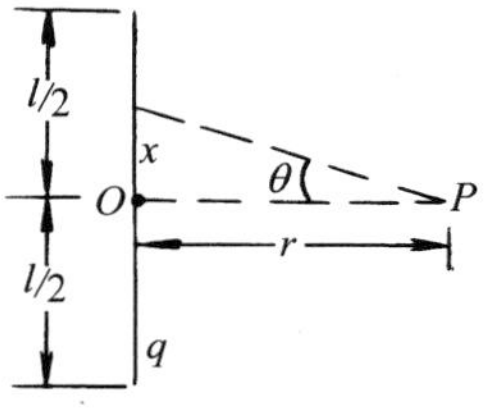

图 1.2.13

【解】 (1)设带电线的中点为 O，中垂面上的场点为 P，如图 1.2.13 所示. 由对称性可知，q 在 P 点产生的电场强度 $\boldsymbol{E}$ 的方向必沿 OP 方向(设 $q>0$). 带电线上 x 处 $\mathrm{d}x$ 段的电荷量 $\mathrm{d}q=\frac{q}{l}\mathrm{d}x$ 在 P 点产生 $\mathrm{d}\boldsymbol{E}$，其大小为

$$\mathrm{d}E=\frac{\mathrm{d}q}{4\pi\varepsilon_0(r^2+x^2)}=\frac{q}{4\pi\varepsilon_0 l}\frac{\mathrm{d}x}{r^2+x^2} \tag{1}$$

$\mathrm{d}\boldsymbol{E}$ 在 OP 方向上的分量为

$$(\mathrm{d}E)\cos\theta=(\mathrm{d}E)\frac{r}{\sqrt{r^2+x^2}}=\frac{qr}{4\pi\varepsilon_0 l}\frac{\mathrm{d}x}{(r^2+x^2)^{3/2}} \tag{2}$$

积分得

$$E=\frac{qr}{4\pi\varepsilon_0 l}\int_{-l/2}^{l/2}\frac{\mathrm{d}x}{(r^2+x^2)^{3/2}}=\frac{qr}{4\pi\varepsilon_0 l}\left[\frac{x}{r^2\sqrt{r^2+x^2}}\right]_{-l/2}^{l/2}$$

$$=\frac{q}{4\pi\varepsilon_0}\frac{1}{r\sqrt{r^2+l^2/4}},\quad r>0 \tag{3}$$

所以

$$\boldsymbol{E}=\frac{q}{4\pi\varepsilon_0}\frac{\boldsymbol{r}}{r^2\sqrt{r^2+l^2/4}},\quad r>0 \tag{4}$$

式中 $\boldsymbol{r}=\overrightarrow{OP}$.

(2)当 $l\to 0$ 时,q 即成为点电荷.这时式(4)化为

$$\boldsymbol{E}=\frac{q}{4\pi\varepsilon_0}\frac{\boldsymbol{r}}{r^3},\quad r>0 \tag{5}$$

(3)当 $l\to\infty$ 且使 $\frac{q}{l}=\lambda$ 保持常数时,先将式(4)化为

$$\boldsymbol{E}=\frac{q}{4\pi\varepsilon_0}\frac{\boldsymbol{r}}{r^2}\frac{2/l}{\sqrt{1+4(r/l)^2}}=\frac{\lambda}{2\pi\varepsilon_0}\frac{\boldsymbol{r}}{r^2}\frac{1}{\sqrt{1+4(r/l)^2}} \tag{6}$$

于是得

$$\boldsymbol{E}=\frac{\lambda}{2\pi\varepsilon_0}\frac{\boldsymbol{r}}{r^2}\lim_{l\to\infty}\frac{1}{\sqrt{1+4(r/l)^2}}=\frac{\lambda}{2\pi\varepsilon_0}\frac{\boldsymbol{r}}{r^2},\quad r>0 \tag{7}$$

1.2.14　半无限长的直线均匀带电,单位长度的电荷量为 λ. 试证明:端垂面(即过端点并与这直线垂直的平面)上除端点外,其他任何一点,电场强度 $\boldsymbol{E}$ 的方向都与这直线成 45°角.

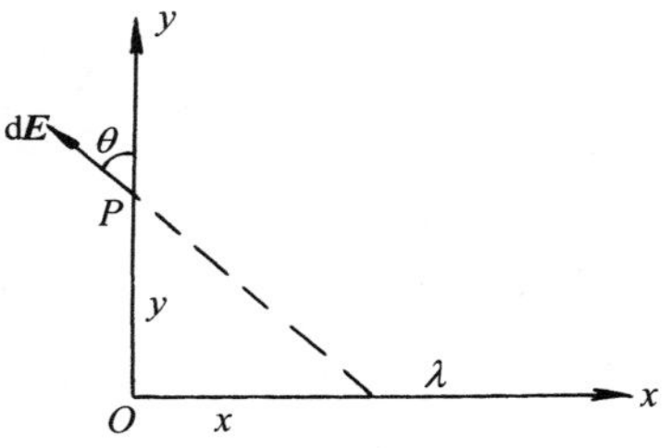

图 1.2.14(1)

【证】　以带电线的端点 O 为原点,带电线为 x 轴,取笛卡儿坐标系如图 1.2.14(1). 带电线上 $\mathrm{d}x$ 段的电荷量 $\mathrm{d}q=\lambda\mathrm{d}x$ 在端垂面上离端点 O 为 y 处的 P 点产生电场强度 $\mathrm{d}\boldsymbol{E}$,其方向在 x-y 平面内,其大小为

$$\mathrm{d}E=\frac{1}{4\pi\varepsilon_0}\frac{\lambda\mathrm{d}x}{x^2+y^2} \tag{1}$$

$\mathrm{d}\boldsymbol{E}$ 在 x 方向和 y 方向的分量的大小分别为

$$\mathrm{d}E_x=(\mathrm{d}E)\sin\theta=\frac{\lambda}{4\pi\varepsilon_0}\frac{x\mathrm{d}x}{(x^2+y^2)^{3/2}} \tag{2}$$

$$\mathrm{d}E_y=(\mathrm{d}E)\cos\theta=\frac{\lambda y}{4\pi\varepsilon_0}\frac{\mathrm{d}x}{(x^2+y^2)^{3/2}} \tag{3}$$

积分便得整个带电线上的电荷在 P 点产生的电场强度 $\boldsymbol{E}$ 的两个分量

$$E_x=\frac{\lambda}{4\pi\varepsilon_0}\int_0^\infty\frac{x\mathrm{d}x}{(x^2+y^2)^{3/2}}=\frac{\lambda}{4\pi\varepsilon_0}\left[-\frac{1}{\sqrt{x^2+y^2}}\right]_0^\infty=\frac{\lambda}{4\pi\varepsilon_0 y} \tag{4}$$

$$E_y=\frac{\lambda y}{4\pi\varepsilon_0}\int_0^\infty\frac{\mathrm{d}x}{(x^2+y^2)^{3/2}}=\frac{\lambda y}{4\pi\varepsilon_0}\frac{x}{y^2\sqrt{x^2+y^2}}\bigg|_0^\infty$$

$$=-\frac{\lambda}{4\pi\varepsilon_0 y} \tag{5}$$

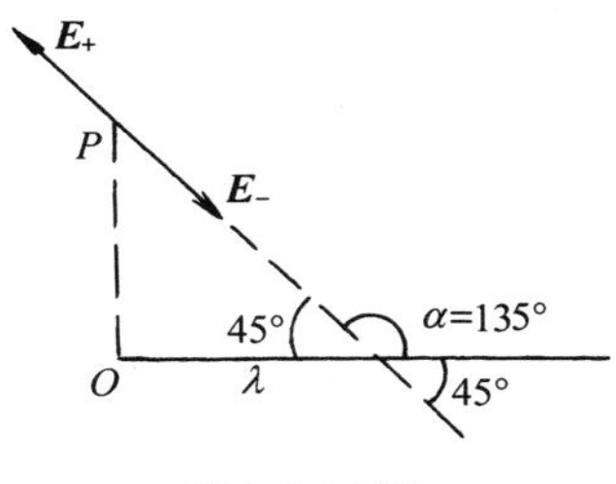

图 1.2.14(2)

$\boldsymbol{E}$ 与 x 轴(带电线)的夹角为

$$\alpha=\arctan\left(-\frac{E_y}{E_x}\right)=\arctan(-1)=135° \tag{6}$$

$\boldsymbol{E}$ 与带电线的夹角如图 1.2.14(2)所示,图中 $\boldsymbol{E}_+$ 是 $\lambda>0$ 的情

况,$\boldsymbol{E}_-$ 是 $\lambda<0$ 的情况.由图可见,不论哪种情况,$\boldsymbol{E}$ 与带电线的夹角都是 45°.

1.2.15 电荷量 q 均匀分布在边长为 l 的正方形的四边上.(1)试求这正方形轴线上离中心为 r 处的电场强度 $\boldsymbol{E}$;(2)试证明:在 $r\gg l$ 处,$\boldsymbol{E}$ 相当于 q 集中在正方形中心所产生的电场强度.

【解】 (1)根据对称性,知所求的 $\boldsymbol{E}$ 沿正方形的轴线;$q>0$ 时 $\boldsymbol{E}$ 向外,$q<0$ 时 $\boldsymbol{E}$ 向内.先求一段长为 l 的直线均匀带电,单位长度的电荷量为 $\lambda=\dfrac{q}{4l}$,在它的中垂面上离中点为 a 处产生的电场强度 $\boldsymbol{E}_1$,其大小为

$$E_1=\frac{\lambda}{4\pi\varepsilon_0}\int_{-l/2}^{l/2}\frac{\mathrm{d}x}{x^2+a^2}\frac{a}{\sqrt{x^2+a^2}}=\frac{\lambda a}{4\pi\varepsilon_0}\int_{-l/2}^{l/2}\frac{\mathrm{d}x}{(x^2+a^2)^{3/2}}$$

$$=\frac{\lambda a}{4\pi\varepsilon_0}\left[\frac{1}{a^2}\frac{x}{\sqrt{x^2+a^2}}\right]_{-l/2}^{l/2}=\frac{\lambda l}{4\pi\varepsilon_0 a\sqrt{a^2+l^2/4}} \tag{1}$$

今正方形有四边,如图 1.2.15 所示,由对称性可知,所求的电场强度 $\boldsymbol{E}$ 的大小为

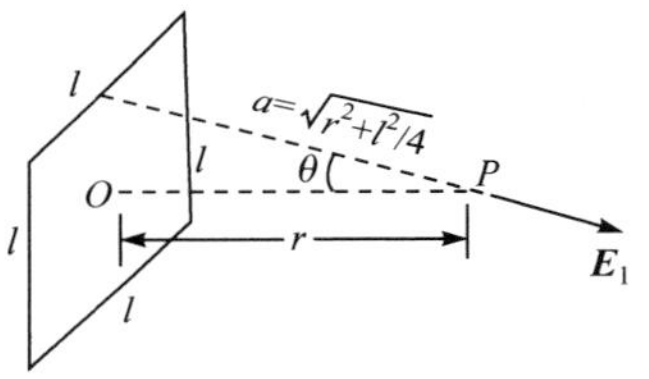

图 1.2.15

$$E=4E_1\cos\theta=\frac{4\lambda l}{4\pi\varepsilon_0}\frac{1}{a\sqrt{a^2+l^2/4}}\frac{r}{a}$$

$$=\frac{q}{4\pi\varepsilon_0}\frac{r}{(r^2+l^2/4)\sqrt{r^2+l^2/2}} \tag{2}$$

令 $\boldsymbol{r}=\overrightarrow{OP}$,便得

$$\boldsymbol{E}=\frac{q}{4\pi\varepsilon_0}\frac{\boldsymbol{r}}{(r^2+l^2/4)\sqrt{r^2+l^2/2}} \tag{3}$$

(2)当 $r\gg l$ 时,略去 l^2 项,便得

$$\boldsymbol{E}=\frac{q}{4\pi\varepsilon_0}\frac{\boldsymbol{r}}{r^3} \tag{4}$$

这就是 q 集中在正方形中心所产生的电场强度.

1.2.16 电荷量 q 均匀分布在半径为 R 的圆环上.(1)试求这电荷在轴线上离环心为 r 处的电场强度 $\boldsymbol{E}$;(2)画出 E-r 曲线(即以 r 为横坐标,以 $\boldsymbol{E}$ 的大小 E 为纵坐标的 E 与 r 的关系曲线);(3)轴线上什么地方 E 最大?其值是多少?(4)试证明:当 $r\gg R$ 时,$\boldsymbol{E}$ 趋于 q 集中在环心所产生的电场强度.

【解】 (1)由对称性可知,所求的电场强度 $\boldsymbol{E}$ 的方向平行于圆环的轴线.如图 1.2.16(1),圆环上弧元 $R\mathrm{d}\phi$ 上的电荷量 $\mathrm{d}q=\dfrac{q}{2\pi R}R\mathrm{d}\phi=\dfrac{q}{2\pi}\mathrm{d}\phi$ 在轴线上的 P 点产生的电场强度 $\mathrm{d}\boldsymbol{E}$ 的大小为

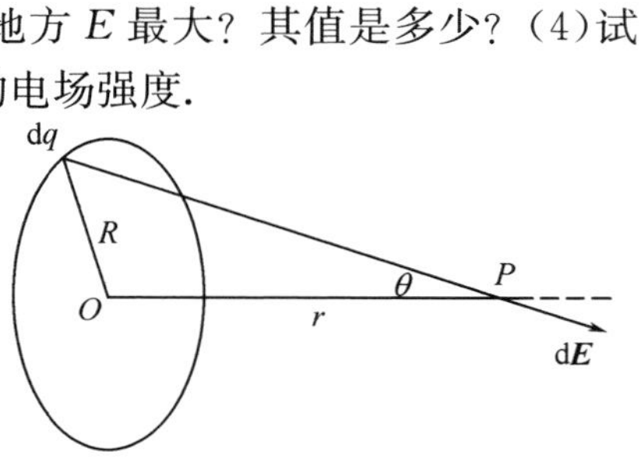

图 1.2.16(1)

$$dE=\frac{dq}{4\pi\varepsilon_0}\frac{1}{r^2+R^2}=\frac{q}{8\pi^2\varepsilon_0}\frac{d\phi}{r^2+R^2} \tag{1}$$

整个圆环上的电荷在 P 点产生的电场强度 $\boldsymbol{E}$ 的大小为

$$\begin{aligned}E&=\oint(dE)\cos\theta=\oint\frac{q}{8\pi^2\varepsilon_0}\frac{d\phi}{r^2+R^2}\frac{r}{\sqrt{r^2+R^2}}\\&=\frac{qr}{8\pi^2\varepsilon_0(r^2+R^2)^{3/2}}\int_0^{2\pi}d\phi=\frac{q}{4\pi\varepsilon_0}\frac{r}{(r^2+R^2)^{3/2}}\end{aligned} \tag{2}$$

令 $\boldsymbol{r}=\overrightarrow{OP}$,便得所求的电场强度为

$$\boldsymbol{E}=\frac{q}{4\pi\varepsilon_0}\frac{\boldsymbol{r}}{(r^2+R^2)^{3/2}} \tag{3}$$

(2)由式(2)画出的 E-r 曲线如图 1.2.16(2)所示

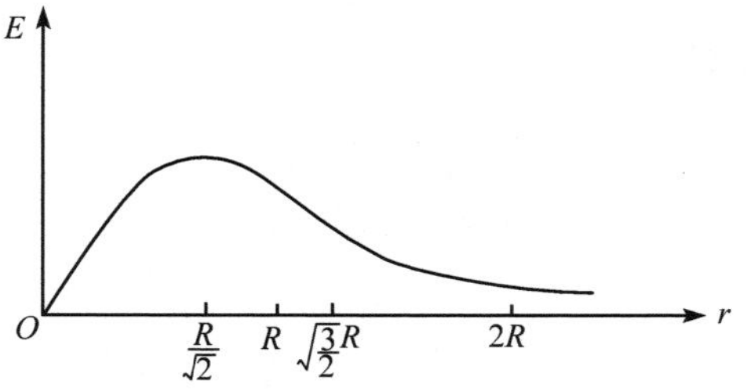

图 1.2.16(2)

(3)由式(2)得

$$\frac{dE}{dr}=\frac{q}{4\pi\varepsilon_0}\frac{d}{dr}\left[\frac{r}{(r^2+R^2)^{3/2}}\right]=\frac{q}{4\pi\varepsilon_0}\frac{R^2-2r^2}{(r^2+R^2)^{5/2}} \tag{4}$$

可见在 $r=R/\sqrt{2}$处有极值,其值为

$$E_m=\frac{qR/\sqrt{2}}{4\pi\varepsilon_0(R^2/2+R^2)^{3/2}}=\frac{\sqrt{3}q}{18\pi\varepsilon_0R^2} \tag{5}$$

由式(4)得

$$\frac{d^2E}{dr^2}=\frac{q}{4\pi\varepsilon_0}\frac{d}{dr}\left[\frac{R^2-2r^2}{(r^2+R^2)^{5/2}}\right]=-\frac{3qr(3R^2-2r^2)}{4\pi\varepsilon_0(r^2+R^2)^{7/2}} \tag{6}$$

当 $r=R/\sqrt{2}$时,$\frac{d^2E}{dr^2}<0$,故 E_m 为极大值.

(4)当 $r\gg R$ 时,由式(3)略去分母中的 R^2 项便得

$$\boldsymbol{E}=\frac{q}{4\pi\varepsilon_0}\frac{\boldsymbol{r}}{r^3} \tag{7}$$

这就是 q 集中在环心 O 所产生的电场强度.

1.2.17　两个共轴的均匀带电圆环,半径都是 R,相距为 l,所带电荷量分别为 q 和 $-q$;以两环间轴线的中点 O 为原点,沿轴线取 x 轴,如图 1.2.17 所示. 已知 $l \ll R$,试求轴线上 x 处的电场强度.

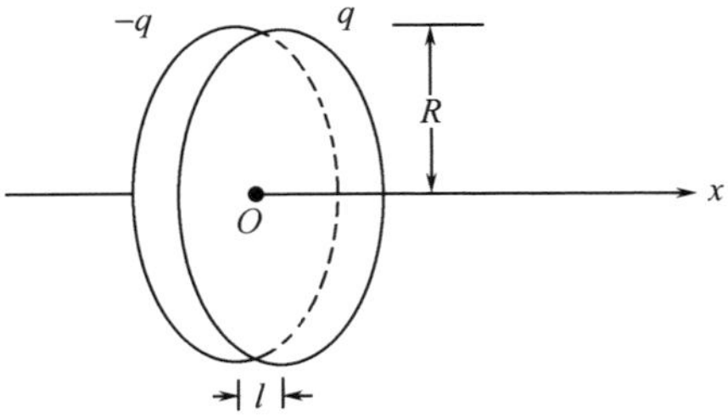

图 1.2.17

【解】　根据 1.2.16 题的式(3),均匀带电圆环在轴线上产生的电场强度为

$$\boldsymbol{E}=\frac{q}{4\pi\varepsilon_0}\frac{\boldsymbol{r}}{(r^2+R^2)^{3/2}} \tag{1}$$

由此式得图 1.2.17 中轴线上 $x>l/2$ 处的电场强度为

$$\begin{aligned}\boldsymbol{E}&=\boldsymbol{E}_+ +\boldsymbol{E}_-\\&=\frac{q}{4\pi\varepsilon_0}\frac{x-l/2}{[(x-l/2)^2+R^2]^{3/2}}\boldsymbol{e}_x-\frac{q}{4\pi\varepsilon_0}\frac{x+l/2}{[(x+l/2)^2+R^2]^{3/2}}\boldsymbol{e}_x\\&=\frac{q}{4\pi\varepsilon_0}\left\{\frac{x-l/2}{[(x-l/2)^2+R^2]^{3/2}}-\frac{x+l/2}{[(x+l/2)^2+R^2]^{3/2}}\right\}\boldsymbol{e}_x\end{aligned} \tag{2}$$

式中 $\boldsymbol{e}_x$ 为 x 轴线方向上的单位矢量.

因 $l \ll R$,故上式可以简化如下:

$$\begin{aligned}&\frac{x-l/2}{[(x-l/2)^2+R^2]^{3/2}}-\frac{x+l/2}{[(x+l/2)^2+R^2]^{3/2}}\\&\approx\frac{x-l/2}{[x^2+R^2-xl]^{3/2}}-\frac{x+l/2}{[x^2+R^2+xl]^{3/2}}\\&=\frac{1}{(x^2+R^2)^{3/2}}\left[(x-l/2)\left(1-\frac{xl}{x^2+R^2}\right)^{-3/2}-(x+l/2)\left(1+\frac{xl}{x^2+R^2}\right)^{-3/2}\right]\\&\approx\frac{1}{(x^2+R^2)^{3/2}}\left[(x-l/2)\left(1+\frac{3}{2}\frac{xl}{x^2+R^2}\right)-(x+l/2)\left(1-\frac{3}{2}\frac{xl}{x^2+R^2}\right)\right]\\&=\frac{l(2x^2-R^2)}{(x^2+R^2)^{5/2}}\end{aligned} \tag{3}$$

故得

$$\boldsymbol{E}=\frac{ql}{4\pi\varepsilon_0}\frac{2x^2-R^2}{(x^2+R^2)^{5/2}}\boldsymbol{e}_x,\quad x>l/2 \tag{4}$$

在轴线上 $x<-l/2$ 处，电场强度为

$$\boldsymbol{E}=\boldsymbol{E}_+ +\boldsymbol{E}_- =\frac{q}{4\pi\varepsilon_0}\frac{x-l/2}{[(x-l/2)^2+R^2]^{3/2}}\boldsymbol{e}_x-\frac{q}{4\pi\varepsilon_0}\frac{x+l/2}{[(x+l/2)^2+R^2]^{3/2}}\boldsymbol{e}_x \tag{5}$$

因 $l\ll R$，故利用式(3)，式(5)可化为

$$\boldsymbol{E}=\frac{ql}{4\pi\varepsilon_0}\frac{2x^2-R^2}{(x^2+R^2)^{5/2}}\boldsymbol{e}_x,\quad x<-l/2 \tag{6}$$

可见在 $x<-l/2$ 处与在 $x>l/2$ 处，电场表达式的形式相同.

再考虑两圆环之间轴线上的电场强度，这时由式(1)和式(3)得

$$\begin{aligned}\boldsymbol{E}&=\frac{q}{4\pi\varepsilon_0}\frac{x-l/2}{[(x-l/2)^2+R^2]^{3/2}}\boldsymbol{e}_x-\frac{q}{4\pi\varepsilon_0}\frac{x+l/2}{[(x+l/2)^2+R^2]^{3/2}}\boldsymbol{e}_x\\&=\frac{ql}{4\pi\varepsilon_0}\frac{2x^2-R^2}{(x^2+R^2)^{5/2}}\boldsymbol{e}_x,\quad l/2>x>-l/2\end{aligned} \tag{7}$$

因现在 $|x|\leqslant l\ll R$，故上式可简化为

$$\boldsymbol{E}=-\frac{ql}{4\pi\varepsilon_0 R^3}\boldsymbol{e}_x,\quad l/2>x>-l/2 \tag{8}$$

这个结果表明，在两圆环之间的轴线上，电场近似为均匀电场.

【别解】 本题也可以先求出轴线上 x 处的电势 U(参见后面 1.4.45 题)，然后由电场强度 $\boldsymbol{E}$ 与电势 U 的关系式 $\boldsymbol{E}=-\nabla U$ 求 $\boldsymbol{E}$.

1.2.18 电荷量 q 均匀分布在半径为 R 的半圆环上，试求环心的电场强度.

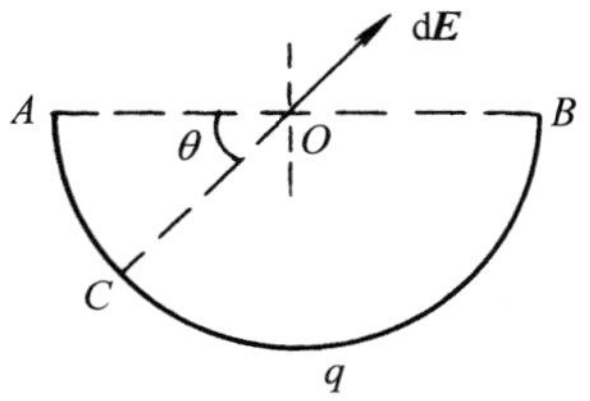

图 1.2.18

【解】 如图 1.2.18，半圆环 ACB 上 C 处的电荷量 $\mathrm{d}q=\frac{q}{\pi R}R\,\mathrm{d}\theta=\frac{q}{\pi}\mathrm{d}\theta$ 在环心 O 产生的电场强度 $\mathrm{d}\boldsymbol{E}$，其大小为

$$\mathrm{d}E=\frac{\mathrm{d}q}{4\pi\varepsilon_0 R^2}=\frac{q}{4\pi^2\varepsilon_0 R^2}\mathrm{d}\theta \tag{1}$$

由对称性可知，半圆环上的电荷在 O 点产生的电场强度 $\boldsymbol{E}$ 其方向必定垂直于直径 AB，其大小为

$$E=\int(\mathrm{d}E)\sin\theta=\frac{q}{4\pi^2\varepsilon_0 R^2}\int_0^{\pi}\sin\theta\mathrm{d}\theta=\frac{q}{2\pi^2\varepsilon_0 R^2} \tag{2}$$

于是得

$$\boldsymbol{E}=\frac{q}{2\pi^2\varepsilon_0 R^2}\boldsymbol{e} \tag{3}$$

式中 $\boldsymbol{e}$ 为垂直于 AB 并向上的单位矢量.

1.2.19 电荷分布在半圆环 ABC 上,单位长度的电荷量为 $\lambda=\lambda_0\sin\theta$,式中 λ_0 为常量,θ 为通过环两端 A、C 的直径与环的半径 OB 之间的夹角,如图 1.2.19(1)所示.试证明:环上的电荷在直径 AC 上任何一点产生的电场强度 $\boldsymbol{E}$ 都与直径 AC 垂直.

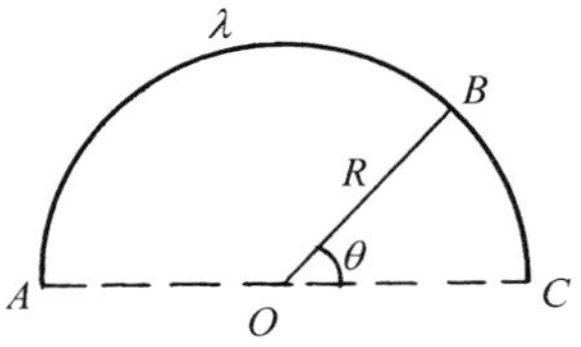

图 1.2.19(1)

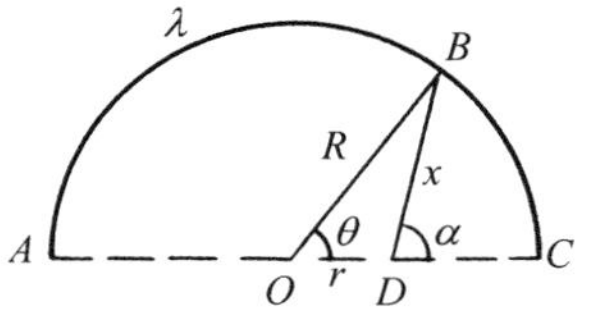

图 1.2.19(2)

【证】 设 D 为直径 AC 上任一点,D 到环心 O 的距离为 r,如图 1.2.19(2)所示.要证明 D 点的 $\boldsymbol{E}$ 垂直于 AC,只须证明 $\boldsymbol{E}$ 沿 AC 方向的分量为零即可.

设环的半径为 R,则 B 处弧元 $R\mathrm{d}\theta$ 上的电荷量 $\mathrm{d}q=\lambda_0\sin\theta R\mathrm{d}\theta$ 在 D 点产生的电场强度 $\mathrm{d}\boldsymbol{E}$ 的大小为

$$\mathrm{d}E=\frac{\mathrm{d}q}{4\pi\varepsilon_0 x^2}=\frac{\lambda_0 R}{4\pi\varepsilon_0}\frac{\sin\theta\mathrm{d}\theta}{x^2} \tag{1}$$

式中 x 是 B 到 D 的距离,其值为

$$x=\sqrt{R^2+r^2-2Rr\cos\theta} \tag{2}$$

$\mathrm{d}\boldsymbol{E}$ 沿 AC 方向的分量为

$$\begin{aligned}\mathrm{d}E_{\parallel}&=(\mathrm{d}E)\cos\alpha=\frac{\lambda_0 R}{4\pi\varepsilon_0}\frac{\sin\theta\mathrm{d}\theta}{x^2}\frac{R\cos\theta-r}{x}\\&=\frac{\lambda_0 R}{4\pi\varepsilon_0}\frac{R\sin\theta\cos\theta-r\sin\theta}{(R^2+r^2-2Rr\cos\theta)^{3/2}}\mathrm{d}\theta\end{aligned} \tag{3}$$

积分便得

$$E_{\parallel}=\frac{\lambda_0 R}{4\pi\varepsilon_0}\int_0^{\pi}\frac{R\sin\theta\cos\theta-r\sin\theta}{(R^2+r^2-2Rr\cos\theta)^{3/2}}\mathrm{d}\theta \tag{4}$$

其中积分

$$\begin{aligned}I_1&=R\int_0^{\pi}\frac{\sin\theta\cos\theta\mathrm{d}\theta}{(R^2+r^2-2Rr\cos\theta)^{3/2}}=-R\int_1^{-1}\frac{\cos\theta\mathrm{d}\cos\theta}{(R^2+r^2-2Rr\cos\theta)^{3/2}}\\&=-R\frac{2}{(-2Rr)^2}\left[\sqrt{R^2+r^2-2Rr\cos\theta}+\frac{R^2+r^2}{\sqrt{R^2+r^2-2Rr\cos\theta}}\right]_{\theta=0}^{\theta=\pi}\\&=\frac{2r}{R(R^2-r^2)}\end{aligned} \tag{5}$$

$$I_2 = -r\int_0^{\pi}\frac{\sin\theta d\theta}{(R^2+r^2-2Rr\cos\theta)^{3/2}} = r\int_1^{-1}\frac{d\cos\theta}{(R^2+r^2-2Rr\cos\theta)^{3/2}}$$

$$= \frac{2r}{2Rr}\left[\frac{1}{\sqrt{R^2+r^2-2Rr\cos\theta}}\right]_{\theta=0}^{\theta=\pi} = -\frac{2r}{R(R^2-r^2)} \tag{6}$$

代入式(4)得

$$E_{\parallel} = \frac{\lambda_0 R}{4\pi\varepsilon_0}[I_1+I_2]=0 \tag{7}$$

这就证明了 $\boldsymbol{E}$ 垂直于 AC.

【讨论】 一、若为一圆环,环上单位长度的电荷量为 $\lambda=\lambda_0|\sin\theta|$,式中 θ 为环的直径 AC 与半径 OB 之间的夹角,如图 1.2.19(3)所示,则根据本题的结果和对称性可知,圆环的直径 AC 上任一点的电场强度均为零.

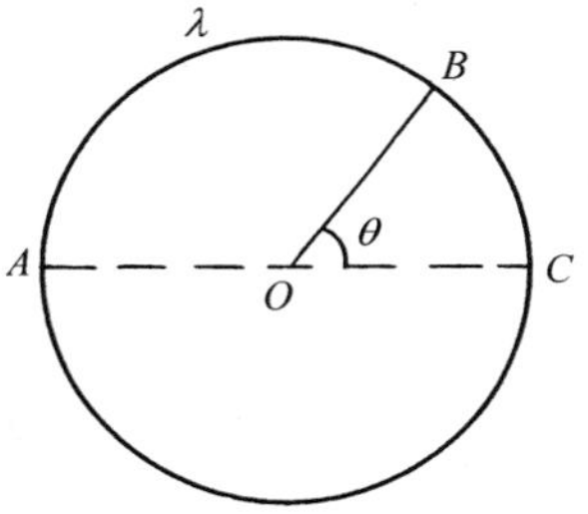

图 1.2.19(3)

二、若圆环上单位长度的电荷量为 $\lambda=\lambda_0\sin\theta$,则环上 $\pi<\theta<2\pi$ 间的电荷与 $0<\theta<\pi$ 间的电荷反号. 这时由本题结果可知,直径 AC 上任一点的电场强度 $\boldsymbol{E}$ 均垂直于 AC,且 $\boldsymbol{E}$ 的大小为半圆环的 2 倍.

1.2.20 一无穷长均匀带电线,有一部分弯成半圆形,其余部分则为两条无穷长的平行直线,两直线都与半圆的直径 AB 垂直,且它们都在同一平面内,如图 1.2.20(1)所示. 试求圆心 O 的电场强度.

【解】 用电场强度叠加原理求解. 先求半圆上的电荷在圆心 O 产生的电场强度 $\boldsymbol{E}_1$. 设圆的半径为 R,单位长度的电荷量为 λ,则如图 1.2.20(2)所示,圆上 C 处的电荷量 $dq=\lambda R d\theta$ 在 O 点产生的电场强度 $d\boldsymbol{E}_1$ 其大小为

$$dE_1 = \frac{\lambda R d\theta}{4\pi\varepsilon_0 R^2} = \frac{\lambda d\theta}{4\pi\varepsilon_0 R} \tag{1}$$

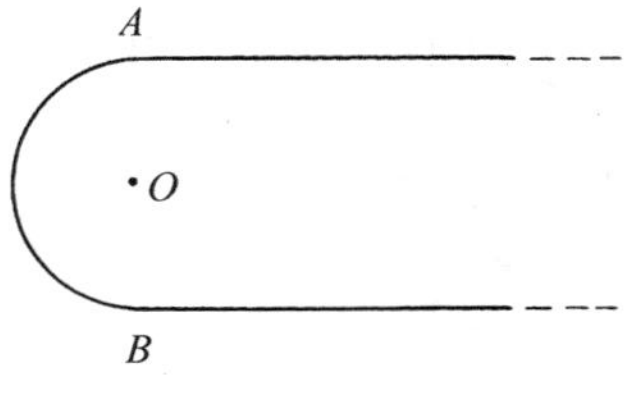

图 1.2.20(1)

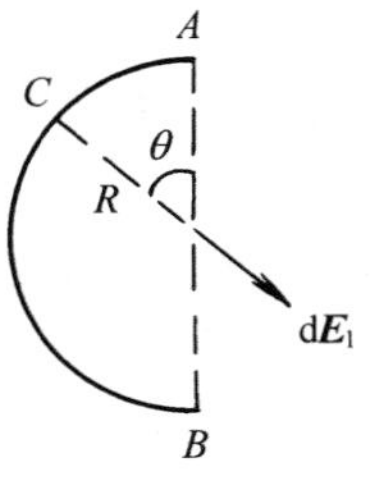

图 1.2.20(2)

$d\boldsymbol{E}_1$ 平行于两直线的分量为

$$(\mathrm{d}E_1)\sin\theta=\frac{\lambda}{4\pi\varepsilon_0 R}\sin\theta\mathrm{d}\theta \tag{2}$$

根据对称性，半圆上的电荷在 O 点产生的电场强度 $\boldsymbol{E}_1$ 应平行于两直线. 因此，$\boldsymbol{E}_1$ 的大小应为

$$E_1=\int_{\theta=0}^{\theta=\pi}(\mathrm{d}E_1)\sin\theta=\frac{\lambda}{4\pi\varepsilon_0 R}\int_0^{\pi}\sin\theta\mathrm{d}\theta=\frac{\lambda}{2\pi\varepsilon_0 R} \tag{3}$$

于是得

$$\boldsymbol{E}_1=\frac{\lambda}{2\pi\varepsilon_0 R}\boldsymbol{e} \tag{4}$$

式中 $\boldsymbol{e}$ 是图 1.2.20(2)中垂直于直径 AB 并指向右边的单位矢量.

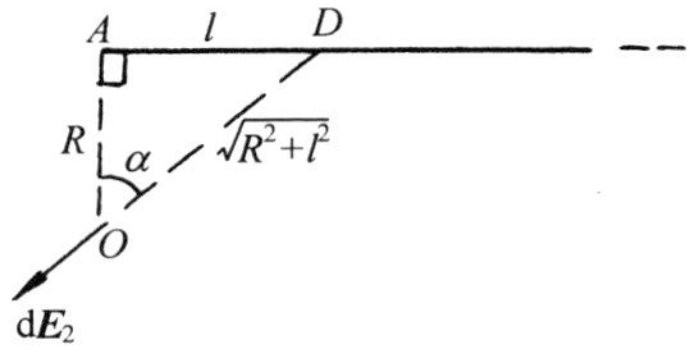

图 1.2.20(3)

再求两条半无穷长直线电荷在 O 点产生的电场强度 $\boldsymbol{E}_2$. 如图 1.2.20(3)，一条半无穷长直线上 D 处的电荷量 $\mathrm{d}q=\lambda\mathrm{d}l$ 在 O 点产生的电场强度 $\mathrm{d}\boldsymbol{E}_2$ 的大小为

$$\mathrm{d}E_2=\frac{\lambda\mathrm{d}l}{4\pi\varepsilon_0(R^2+l^2)} \tag{5}$$

这 $\mathrm{d}\boldsymbol{E}_2$ 的平行于直线的分量为

$$(\mathrm{d}E_2)\sin\alpha=\frac{\lambda\mathrm{d}l}{4\pi\varepsilon_0(R^2+l^2)}\frac{l}{\sqrt{R^2+l^2}}=\frac{\lambda}{4\pi\varepsilon_0}\frac{l\mathrm{d}l}{(R^2+l^2)^{3/2}} \tag{6}$$

根据对称性，这两条半无穷长带电直线在 O 点产生的 $\boldsymbol{E}_2$ 应平行于两直线. 于是由式(6)得 $\boldsymbol{E}_2$ 的大小应为

$$\begin{aligned}E_2&=2\cdot\frac{\lambda}{4\pi\varepsilon_0}\int_0^{\infty}\frac{l\mathrm{d}l}{(R^2+l^2)^{3/2}}=\frac{\lambda}{2\pi\varepsilon_0}\left[-\frac{1}{\sqrt{R^2+l^2}}\right]_0^{\infty}\\&=\frac{\lambda}{2\pi\varepsilon_0 R}\end{aligned} \tag{7}$$

因为两直线上的电荷与半圆上的电荷是同一种电荷，故由对称性可知，$\boldsymbol{E}_2$ 必定与 $\boldsymbol{E}_1$ 方向相反，于是得

$$\boldsymbol{E}_2=-\frac{\lambda}{2\pi\varepsilon_0 R}\boldsymbol{e} \tag{8}$$

由式(4)、(8)得 O 点的电场强度为

$$\boldsymbol{E}=\boldsymbol{E}_1+\boldsymbol{E}_2=0 \tag{9}$$

【别解】 用圆周上的电荷与直线上相应的电荷在 O 点产生的电场强度互相抵消来求解. 如图 1.2.20(4)所示，圆周上 C 处的电荷量 $\mathrm{d}q=\lambda R\mathrm{d}\theta$ 在 O 点产生的电场强度 $\mathrm{d}\boldsymbol{E}$ 的大小为

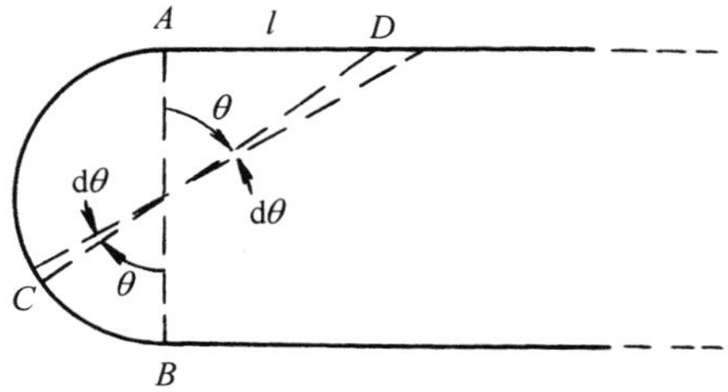

图 1.2.20(4)

$$\mathrm{d}E=\frac{\lambda R\mathrm{d}\theta}{4\pi\varepsilon_0 R^2}=\frac{\lambda\mathrm{d}\theta}{4\pi\varepsilon_0 R} \tag{10}$$

直线上 D 处相应的电荷量为

$$\mathrm{d}q' = \lambda \mathrm{d}l = \lambda \mathrm{d}(R\mathrm{tg}\theta) = \lambda R\sec^2\theta \mathrm{d}\theta$$

$$= \lambda R\frac{R^2+l^2}{R^2}\mathrm{d}\theta = \lambda\frac{R^2+l^2}{R}\mathrm{d}\theta \tag{11}$$

这 $\mathrm{d}q'$在 O 点产生的电场强度 $\mathrm{d}\boldsymbol{E}'$的大小为

$$\mathrm{d}E' = \frac{\mathrm{d}q'}{4\pi\varepsilon_0(R^2+l^2)} = \frac{\lambda \mathrm{d}\theta}{4\pi\varepsilon_0 R} \tag{12}$$

可见 $\mathrm{d}\boldsymbol{E}'$与 $\mathrm{d}\boldsymbol{E}$ 大小相等,而它们的方向正好相反.因此,半圆周上的电荷与两条半无穷长直线上的电荷在 O 点产生的电场强度正好互相抵消.所以 O 点的电场强度为零.

【讨论】 本题只要半圆和两直线上均匀带电以及单位长度上的电荷量相同,而不要求电荷量是多少,也不要求圆的半径是多少.换句话说,只要它们同样地均匀带电,不论单位长度的电荷量是多少、半圆的半径是多少,圆心 O 的电场强度总是零.

1.2.21 半径为 R 的圆面均匀带电,电荷量的面密度为 σ.(1)试求这圆面电荷在轴线上离圆心为 r 处产生的电场强度 $\boldsymbol{E}$;(2)在保持 σ 不变的情况下,当 $R\to 0$ 和 $R\to\infty$时结果各如何?(3)在保持总电荷量 $Q=\pi R^2\sigma$ 不变的情况下,当 $R\to 0$ 和 $R\to\infty$时结果各如何?

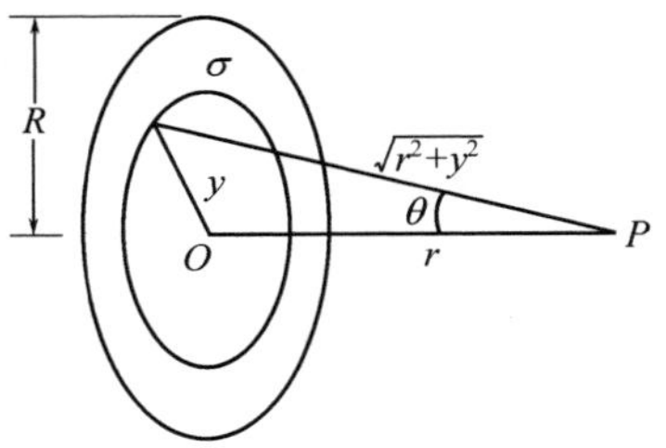

图 1.2.21

【解】 (1)由对称性可知,所求的电场强度 $\boldsymbol{E}$ 沿 OP 方向.如图 1.2.21,圆面上面积元 $\mathrm{d}S=2\pi y\mathrm{d}y$ 的电荷量为

$$\mathrm{d}q = \sigma \mathrm{d}S = 2\pi\sigma y\mathrm{d}y \tag{1}$$

这 $\mathrm{d}q$ 在 P 点产生的电场强度的大小为[参见前面 1.2.16 题的式(2)]

$$\mathrm{d}E = \frac{\mathrm{d}q}{4\pi\varepsilon_0}\frac{r}{(r^2+y^2)^{3/2}} = \frac{2\pi\sigma r y\mathrm{d}y}{4\pi\varepsilon_0(r^2+y^2)^{3/2}} = \frac{\sigma r}{4\varepsilon_0}\frac{2y\mathrm{d}y}{(r^2+y^2)^{3/2}} \tag{2}$$

所以

$$E = \frac{\sigma r}{4\varepsilon_0}\int_0^R \frac{2y\mathrm{d}y}{(r^2+y^2)^{3/2}} = \frac{\sigma r}{4\varepsilon_0}\left[-\frac{2}{\sqrt{r^2+y^2}}\right]_0^R = \frac{\sigma}{2\varepsilon_0}\left[1-\frac{r}{\sqrt{r^2+R^2}}\right] \tag{3}$$

令 $\boldsymbol{r}=\overrightarrow{OP}$,便得所求的电场强度为

$$\boldsymbol{E} = \frac{\sigma}{2\varepsilon_0}\left[\frac{\boldsymbol{r}}{r}-\frac{\boldsymbol{r}}{\sqrt{r^2+R^2}}\right],\quad r>0 \tag{4}$$

(2)保持 σ 不变,由式(4)得

$$R\to 0\text{ 时},\quad \boldsymbol{E}=0 \tag{5}$$

$$R\to\infty\text{时},\quad \boldsymbol{E}=\frac{\sigma}{2\varepsilon_0}\frac{\boldsymbol{r}}{r} \tag{6}$$

(3)保持总电荷量不变,即 $Q=\pi R^2\sigma$ 不变时,由式(4)得

$$\boldsymbol{E}=\frac{Q}{2\pi\varepsilon_0 R^2}\left[\frac{\boldsymbol{r}}{r}-\frac{\boldsymbol{r}}{\sqrt{r^2+R^2}}\right] \tag{7}$$

其大小为

$$E=\frac{Q}{2\pi\varepsilon_0 R^2}\left[1-\frac{r}{\sqrt{r^2+R^2}}\right] \tag{8}$$

当 R 很小时,其中

$$\begin{aligned}1-\frac{r}{\sqrt{R^2+r^2}}&=1-\frac{1}{\sqrt{1+\left(\frac{R}{r}\right)^2}}\\&=1-\left[1-\frac{1}{2}\left(\frac{R}{r}\right)^2+\frac{1\cdot 3}{2\cdot 4}\left(\frac{R}{r}\right)^4-\frac{1\cdot 3\cdot 5}{2\cdot 4\cdot 6}\left(\frac{R}{r}\right)^6+\cdots\right]\\&=\frac{1}{2}\left(\frac{R}{r}\right)^2-\frac{3}{8}\left(\frac{R}{r}\right)^4+\frac{5}{16}\left(\frac{R}{r}\right)^6-\cdots\end{aligned} \tag{9}$$

故当 $R\to 0$ 时,便得

$$E=\lim_{R\to 0}\frac{Q}{2\pi\varepsilon_0 R^2}\left[\frac{1}{2}\left(\frac{R}{r}\right)^2-\frac{3}{8}\left(\frac{R}{r}\right)^4+\frac{5}{16}\left(\frac{R}{r}\right)^6-\cdots\right]=\frac{Q}{4\pi\varepsilon_0 r^2} \tag{10}$$

$$\boldsymbol{E}=\frac{Q}{4\pi\varepsilon_0}\frac{\boldsymbol{r}}{r^3} \tag{11}$$

当 $R\to\infty$ 时

$$E=\lim_{R\to\infty}\frac{Q}{2\pi\varepsilon_0 R^2}\left[1-\frac{r}{\sqrt{r^2+R^2}}\right]=0 \tag{12}$$

所以

$$\boldsymbol{E}=0 \tag{13}$$

1.2.22　两个共轴线的圆面,半径都是 R,相距为 l,它们上面都均匀分布着电荷,电荷量的面密度分别为 σ 和 $-\sigma$;以它们间轴线的中点 O 为原点,沿轴线取 x 轴,如图 1.2.22(1)和图 1.2.22(2)所示. 已知 $l\ll R$,试求轴线上 x 处的电场强度.

【解】 根据前面 1.2.21 题的结果,均匀圆面电荷在轴线上产生的电场强度为

$$\boldsymbol{E}=\frac{\sigma}{2\varepsilon_0}\left[1-\frac{r}{\sqrt{r^2+R^2}}\right]\boldsymbol{e}_r \tag{1}$$

式中 $\boldsymbol{e}_r=\boldsymbol{r}/r$ 是沿轴线方向的单位矢量.

根据式(1),这两个圆面电荷在轴线上 $x>l/2$ 处产生的电场强度为

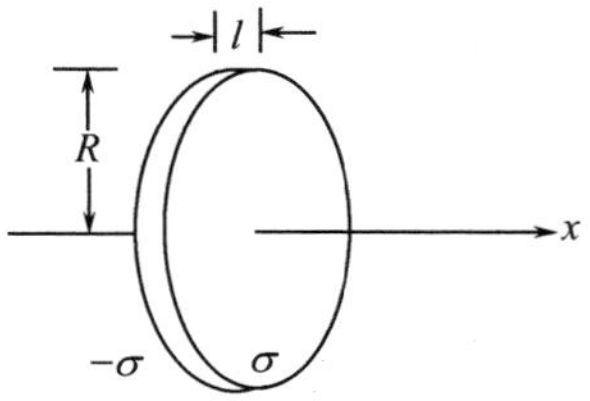

图 1.2.22(1)

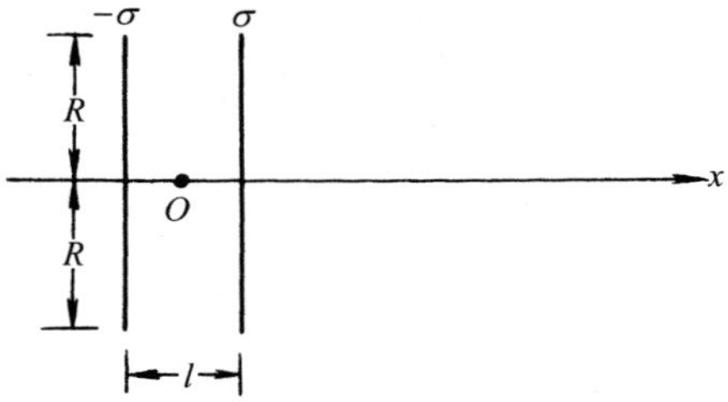

图 1.2.22(2)

$$\begin{aligned}\boldsymbol{E}&=\boldsymbol{E}_{+}+\boldsymbol{E}_{-}\\&=\frac{\sigma}{2\varepsilon_0}\left[1-\frac{x-l/2}{\sqrt{(x-l/2)^2+R^2}}\right]\boldsymbol{e}_x+\frac{-\sigma}{2\varepsilon_0}\left[1-\frac{x+l/2}{\sqrt{(x+l/2)^2+R^2}}\right]\boldsymbol{e}_x\\&=\frac{\sigma}{2\varepsilon_0}\left[\frac{x+l/2}{\sqrt{(x+l/2)^2+R^2}}-\frac{x-l/2}{\sqrt{(x-l/2)^2+R^2}}\right]\boldsymbol{e}_x\end{aligned}\tag{2}$$

式中 $\boldsymbol{e}_x$ 为沿 x 轴方向的单位矢量.

因 $l\ll R$,故式(2)中方括号内可简化如下:

$$\begin{aligned}&\frac{x+l/2}{\sqrt{(x+l/2)^2+R^2}}-\frac{x-l/2}{\sqrt{(x-l/2)^2+R^2}}\\&\approx\frac{x+l/2}{\sqrt{x^2+xl+R^2}}-\frac{x-l/2}{\sqrt{x^2-xl+R^2}}\\&=\frac{1}{\sqrt{x^2+R^2}}\left[\left(x+\frac{l}{2}\right)\left(1+\frac{xl}{x^2+R^2}\right)^{-1/2}-\left(x-\frac{l}{2}\right)\left(1-\frac{xl}{x^2+R^2}\right)^{-1/2}\right]\\&\approx\frac{1}{\sqrt{x^2+R^2}}\left[\left(x+\frac{l}{2}\right)\left\{1-\frac{xl}{2(x^2+R^2)}\right\}-\left(x-\frac{l}{2}\right)\left\{1+\frac{xl}{2(x^2+R^2)}\right\}\right]\\&=\frac{1}{\sqrt{x^2+R^2}}\left[l-\frac{x^2l}{x^2+R^2}\right]=\frac{lR^2}{(x^2+R^2)^{3/2}}\end{aligned}\tag{3}$$

于是得

$$\boldsymbol{E}=\frac{\sigma lR^2}{2\varepsilon_0(x^2+R^2)^{3/2}}\boldsymbol{e}_x\tag{4}$$

在轴线上 $x<-l/2$ 处,由式(1)得两圆面电荷产生的电场强度为

$$\begin{aligned}\boldsymbol{E}&=\frac{\sigma}{2\varepsilon_0}\left[1+\frac{x-l/2}{\sqrt{(x-l/2)^2+R^2}}\right](-\boldsymbol{e}_x)+\frac{-\sigma}{2\varepsilon_0}\left[1+\frac{x+l/2}{\sqrt{(x+l/2)^2+R^2}}\right](-\boldsymbol{e}_x)\\&=\frac{\sigma}{2\varepsilon_0}\left[\frac{x+l/2}{\sqrt{(x+l/2)^2+R^2}}-\frac{x-l/2}{\sqrt{(x-l/2)^2+R^2}}\right]\boldsymbol{e}_x\end{aligned}\tag{5}$$

在形式上与 $x>l/2$ 处的式(2)相同. 于是得两圆面之外轴线上 x 处的电场强度为

$$\boldsymbol{E}=\frac{\sigma}{2\varepsilon_0}\left[\frac{x+l/2}{\sqrt{(x+l/2)^2+R^2}}-\frac{x-l/2}{\sqrt{(x-l/2)^2+R^2}}\right]\boldsymbol{e}_x,\quad |x|>l/2 \tag{6}$$

利用 $l\ll R$ 条件,便得

$$\boldsymbol{E}=\frac{\sigma lR^2}{2\varepsilon_0(x^2+R^2)^{3/2}}\boldsymbol{e}_x,\quad |x|>l/2 \tag{7}$$

在两圆面之间,$|x|<l/2$,由式(1)得到所求的电场强度为

$$\begin{aligned}\boldsymbol{E}&=\boldsymbol{E}_++\boldsymbol{E}_-\\&=\frac{\sigma}{2\varepsilon_0}\left[1-\frac{l/2-x}{\sqrt{(l/2-x)^2+R^2}}\right](-\boldsymbol{e}_x)+\frac{-\sigma}{2\varepsilon_0}\left[1-\frac{x+l/2}{\sqrt{(x+l/2)^2+R^2}}\right]\boldsymbol{e}_x\\&=-\frac{\sigma}{2\varepsilon_0}\left[2+\frac{x-l/2}{\sqrt{(x-l/2)^2+R^2}}-\frac{x+l/2}{\sqrt{(x+l/2)^2+R^2}}\right]\boldsymbol{e}_x\end{aligned} \tag{8}$$

因这时 $|x|\leqslant l\leqslant R$,故上式可简化成

$$\boldsymbol{E}\approx-\frac{\sigma}{\varepsilon_0}\boldsymbol{e}_x,\quad |x|<\frac{l}{2} \tag{9}$$

可见两圆面间轴线上的电场近似为均匀电场.

1.2.23 一无限大平面均匀带电,电荷量的面密度为 σ,但这面上有一半径为 R 的圆洞. 试求这圆洞轴线上离洞心为 r 处的电场强度.

【解】 根据前面 1.2.21 题的式(2),带电的圆环带在轴线上离环心为 r 处产生的电场强度的大小为

$$\mathrm{d}E=\frac{\sigma r}{4\varepsilon_0}\frac{2y\mathrm{d}y}{(r^2+y^2)^{3/2}} \tag{1}$$

积分便得

$$E=\frac{\sigma r}{4\varepsilon_0}\int_R^\infty\frac{2y\mathrm{d}y}{(r^2+y^2)^{3/2}}=\frac{\sigma r}{4\varepsilon_0}\left[-\frac{2}{\sqrt{r^2+y^2}}\right]_R^\infty=\frac{\sigma}{2\varepsilon_0}\frac{r}{\sqrt{r^2+R^2}} \tag{2}$$

于是得所求的电场强度为

$$\boldsymbol{E}=\frac{\sigma}{2\varepsilon_0}\frac{\boldsymbol{r}}{\sqrt{r^2+R^2}} \tag{3}$$

式中 $\boldsymbol{r}$ 是洞心到场点的位矢.

【别解】 本题等于无限大的均匀带电平面,加上一个半径为 R 的异号电荷圆片. 根据前面 1.2.21 题的式(6)和式(4),便得所求的电场强度为

$$\boldsymbol{E}=\frac{\sigma}{2\varepsilon_0}\frac{\boldsymbol{r}}{r}+\frac{-\sigma}{2\varepsilon_0}\left[\frac{\boldsymbol{r}}{r}-\frac{\boldsymbol{r}}{\sqrt{r^2+R^2}}\right]=\frac{\sigma}{2\varepsilon_0}\frac{\boldsymbol{r}}{\sqrt{r^2+R^2}} \tag{4}$$

1.2.24 一无限大平面均匀带电，电荷量的面密度为 σ，它所产生的电场强度的大小为 $\frac{\sigma}{2\varepsilon_0}$. 试证明：在离该面为 r 处的 P 点(图 1.2.24)，电场强度有一半是到 P 的距离为 $2r$ 以内的电荷产生的.

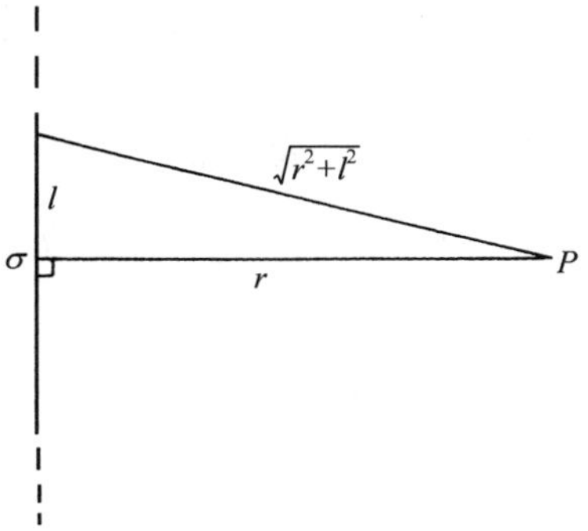

图 1.2.24

【证】 根据前面 1.2.21 题的式(6)，无限大的均匀带电平面(电荷量的面密度为 σ)所产生的电场强度的大小为

$$E=\frac{\sigma}{2\varepsilon_0} \tag{1}$$

又根据该题的式(3)，半径为 l 的均匀带电圆面(电荷量的面密度为 σ)在轴线上离圆心为 r 处产生的电场强度的大小为

$$E_l=\frac{\sigma}{2\varepsilon_0}\left[1-\frac{r}{\sqrt{r^2+l^2}}\right] \tag{2}$$

由以上两式得出，当

$$\sqrt{r^2+l^2}=2r \tag{3}$$

此时

$$E_l=\frac{\sigma}{4\varepsilon_0}=\frac{1}{2}E \tag{4}$$

于是得证.

1.2.25 电荷量 q 均匀分布在半径为 R 的球面上，试求距离球心为 r 处的电场强度：(1) $r<R$；(2) $r>R$.

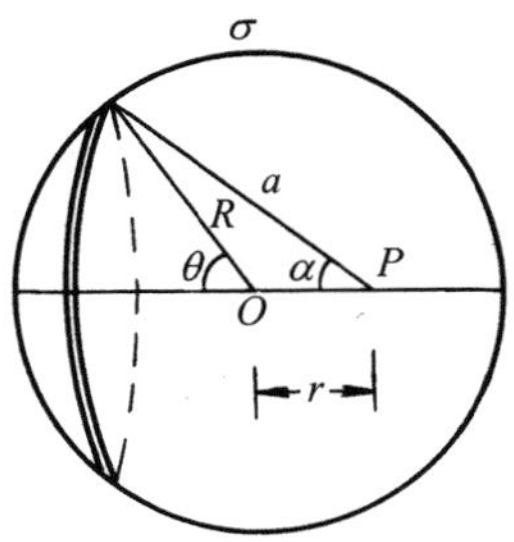

图 1.2.25(1)

【解】 (1)球内的电场强度 $\boldsymbol{E}_i$ ($r<R$). 设 O 为球心，P 为球内任一点，P 到 O 的距离为 r，如图 1.2.25(1)所示. 以过 O、P 两点的直径为轴线，把球面分成许多环带；在 θ 处宽为 $R\mathrm{d}\theta$ 的环带，其面积为 $\mathrm{d}S=2\pi R^2\sin\theta\mathrm{d}\theta$，其上的电荷量为

$$\mathrm{d}q=2\pi\sigma R^2\sin\theta\mathrm{d}\theta \tag{1}$$

式中 $\sigma=\frac{q}{4\pi R^2}$ 是球面上电荷量的面密度. 根据对称性，这电荷在 P 点产生的电场强度 $\mathrm{d}\boldsymbol{E}_i$ 的方向沿 OP，其大小为

$$\mathrm{d}E_i=\frac{1}{4\pi\varepsilon_0}\frac{\mathrm{d}q}{a^2}\cos\alpha=\frac{\sigma R^2}{2\varepsilon_0}\frac{\sin\theta\cos\alpha\mathrm{d}\theta}{a^2} \tag{2}$$

对 θ 积分便得所求 $\boldsymbol{E}_i$ 的大小 E_i. 为便于积分，把 a 和 α 都表成 θ 的函数. 由图 1.2.25(1)可见

$$a=\sqrt{(R\sin\theta)^2+(R\cos\theta+r)^2}=\sqrt{R^2+r^2+2rR\cos\theta} \tag{3}$$

$$\cos\alpha=\frac{r+R\cos\theta}{a}=\frac{r+R\cos\theta}{\sqrt{R^2+r^2+2rR\cos\theta}} \tag{4}$$

将式(3)、(4)代入式(2)得

$$\mathrm{d}E_i=\frac{\sigma R^2}{2\varepsilon_0}\frac{(r+R\cos\theta)\sin\theta\mathrm{d}\theta}{(R^2+r^2+2rR\cos\theta)^{3/2}} \tag{5}$$

所以

$$E_i=\frac{\sigma R^2}{2\varepsilon_0}\int_0^{\pi}\frac{(r+R\cos\theta)\sin\theta\mathrm{d}\theta}{(R^2+r^2+2rR\cos\theta)^{3/2}} \tag{6}$$

利用积分公式

$$\int\frac{(r+Rx)\mathrm{d}x}{(R^2+r^2+2rRx)^{3/2}}=\frac{R+rx}{r^2\sqrt{R^2+r^2+2rRx}} \tag{7}$$

得

$$\begin{aligned}E_i&=-\frac{\sigma R^2}{2\varepsilon_0}\int_{\theta=0}^{\theta=\pi}\frac{(r+R\cos\theta)\mathrm{d}(\cos\theta)}{(R^2+r^2+2rR\cos\theta)^{3/2}}\\&=-\frac{\sigma R^2}{2\varepsilon_0}\left[\frac{R+r\cos\theta}{r^2\sqrt{R^2+r^2+2rR\cos\theta}}\right]_0^{\pi}\\&=-\frac{\sigma R^2}{2\varepsilon_0 r^2}\left[\frac{R-r}{\sqrt{R^2+r^2-2rR}}-\frac{R+r}{\sqrt{R^2+r^2+2rR}}\right]\\&=-\frac{\sigma R^2}{2\varepsilon_0 r^2}\left[\frac{R-r}{R-r}-\frac{R+r}{R+r}\right]=0\end{aligned} \tag{8}$$

所以

$$\boldsymbol{E}_i=0 \tag{9}$$

这个结果表明:均匀球面电荷在球内产生的电场强度为零.

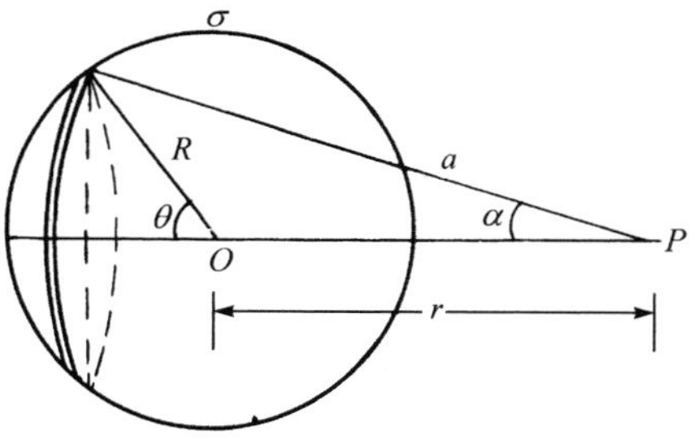

图 1.2.25(2)

(2)球外的电场强度 $\boldsymbol{E}_0(r>R)$. 设 P 为球外任一点,到球心 O 的距离为 r,如图 1.2.25(2)所示.这时,仍考虑球面上 θ 处的环带,它上面的电荷量仍由式(1)表示,这电荷在球外 P 点产生的电场强度 $\mathrm{d}\boldsymbol{E}_0$ 的大小仍如式(2)所示

$$\mathrm{d}E_0=\frac{\sigma R^2}{2\varepsilon_0}\frac{\sin\theta\cos\alpha\mathrm{d}\theta}{a^2} \tag{10}$$

这时关系式(3)和(4)仍然成立,故得

$$E_0=\frac{\sigma R^2}{2\varepsilon_0}\int_0^{\pi}\frac{(r+R\cos\theta)\sin\theta\mathrm{d}\theta}{(R^2+r^2+2rR\cos\theta)^{3/2}} \tag{11}$$

利用积分公式(7)得

$$
\begin{aligned}
E_0 &= -\frac{\sigma R^2}{2\varepsilon_0}\int_{\theta=0}^{\theta=\pi}\frac{(r+R\cos\theta)\mathrm{d}(\cos\theta)}{(R^2+r^2+2rR\cos\theta)^{3/2}} \\
&= -\frac{\sigma R^2}{2\varepsilon_0}\left[\frac{R+r\cos\theta}{r^2\sqrt{R^2+r^2+2rR\cos\theta}}\right]_0^{\pi} \\
&= -\frac{\sigma R^2}{2\varepsilon_0 r^2}\left[\frac{R-r}{\sqrt{R^2+r^2-2rR}}-\frac{R+r}{\sqrt{R^2+r^2+2rR}}\right] \\
&= -\frac{\sigma R^2}{2\varepsilon_0 r^2}\left[\frac{R-r}{r-R}-\frac{R+r}{r+R}\right]=\frac{\sigma R^2}{\varepsilon_0 r^2} \qquad (12)
\end{aligned}
$$

所以

$$\boldsymbol{E}_0=\frac{\sigma R^2}{\varepsilon_0 r^2}\boldsymbol{n} \qquad (13)$$

式中 $\boldsymbol{n}$ 为 OP 方向上的单位矢量. 因 $q=4\pi R^2\sigma$，故

$$\boldsymbol{E}_0=\frac{q}{4\pi\varepsilon_0}\frac{\boldsymbol{n}}{r^2} \qquad (14)$$

这个结果表明：均匀球面电荷在球外产生的电场强度等于球面上所有电荷都集中在球心所产生的电场强度.

【讨论】 本题要注意的是：因 $a=\sqrt{R^2+r^2+2rR\cos\theta}$ 代表距离，故应取 $\sqrt{R^2+r^2+2rR\cos\theta}>0$ 的值. 在球内，$r<R$，故在式(8)的计算过程中，应取 $\sqrt{R^2+r^2-2rR}=R-r$；而在球外，$r>R$，故在式(12)的计算过程中，则应取 $\sqrt{R^2+r^2-2rR}=r-R$.

1.2.26 电荷量 q 均匀分布在半径为 R 的球面上，试求这球面上电荷所在处的电场强度.

【解】 如图 1.2.26 所示，P 为球面上任一点，取过 P、O(球心)的直径，把球面分成许多环带，使它们的轴线都与 OP 直径重合. 其中在 θ 处宽为 $R\mathrm{d}\theta$ 的环带上的电荷量为

$$\mathrm{d}q=\sigma\mathrm{d}S=\frac{q}{4\pi R^2}\cdot 2\pi R^2\sin\theta\mathrm{d}\theta=\frac{q}{2}\sin\theta\mathrm{d}\theta \qquad (1)$$

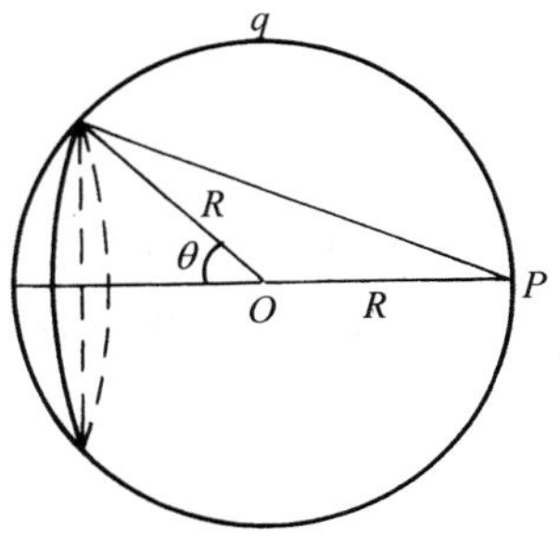

图 1.2.26

根据前面 1.2.16 题的式(3)，半径为 R 的圆环电荷在其轴线上离环心为 r 处产生的电场强度为

$$\boldsymbol{E}=\frac{q}{4\pi\varepsilon_0}\frac{\boldsymbol{r}}{(r^2+R^2)^{3/2}} \qquad (2)$$

故环带上的电荷 $\mathrm{d}q$ 在 P 点产生的电场强度为

$$\begin{aligned}d\boldsymbol{E}&=\frac{dq}{4\pi\varepsilon_0}\frac{R+R\cos\theta}{[(R+R\cos\theta)^2+(R\sin\theta)^2]^{3/2}}\boldsymbol{n}\\&=\frac{q}{8\pi\varepsilon_0}\frac{(R+R\cos\theta)\sin\theta d\theta}{[(R+R\cos\theta)^2+(R\sin\theta)^2]^{3/2}}\boldsymbol{n}\\&=\frac{q}{16\sqrt{2}\pi\varepsilon_0 R^2}\frac{\sin\theta d\theta}{\sqrt{1+\cos\theta}}\boldsymbol{n}\end{aligned}\tag{3}$$

式中 $\boldsymbol{n}$ 为 OP 方向上(即球面外法线方向上)的单位矢量. 积分便得

$$\begin{aligned}\boldsymbol{E}&=\frac{q\boldsymbol{n}}{16\sqrt{2}\pi\varepsilon_0 R^2}\int_0^{\pi}\frac{\sin\theta d\theta}{\sqrt{1+\cos\theta}}\\&=\frac{-q\boldsymbol{n}}{8\sqrt{2}\pi\varepsilon_0 R^2}\sqrt{1+\cos\theta}\Big|_0^{\pi}=\frac{q}{8\pi\varepsilon_0 R^2}\boldsymbol{n}\end{aligned}\tag{4}$$

这便是 P 点(球面上电荷所在处)的电场强度.

【讨论】 前面 1.2.25 题得出,电荷 q 均匀分布在半径为 R 的球面上,球内的电场强度为

$$\boldsymbol{E}_i=0\tag{5}$$

球外的电场强度为

$$\boldsymbol{E}_0=\frac{q}{4\pi\varepsilon_0}\frac{1}{r^2}\boldsymbol{n}\tag{6}$$

当从球外趋近球面,$\boldsymbol{E}_0$ 的极限值为

$$\boldsymbol{E}_R=\lim_{r\to R}\boldsymbol{E}_0=\frac{q}{4\pi\varepsilon_0}\frac{1}{R^2}\boldsymbol{n}\tag{7}$$

由式(4)、(5)、(7)可以看出,球面电荷所在处的电场强度 $\boldsymbol{E}$ 等于球面内外两边趋于球面的电场强度极限 $\boldsymbol{E}_i$ 和 $\boldsymbol{E}_R$ 的平均,即

$$\boldsymbol{E}=\frac{1}{2}(\boldsymbol{E}_i+\boldsymbol{E}_R)\tag{8}$$

一般地,设在面分布电荷上某一点电荷量的面密度为 σ,从该面两边趋于该点时,电场强度的极限分别为 $\boldsymbol{E}_-$ 和 $\boldsymbol{E}_+$,则该点的电场强度便为

$$\boldsymbol{E}=\frac{1}{2}(\boldsymbol{E}_-+\boldsymbol{E}_+)\tag{9}$$

[参见张之翔,《电磁学教学札记》(高等教育出版社,1987),§7,20—34 页;或《电磁学教学参考》(北京大学出版社,2015),§1.6,20—31 页.].

1.2.27 电荷量 Q 均匀分布在半径为 R 的球面上,试求这球面由于电荷而产生的张力系数 α.

【解】 考虑球面上一个宽为 $R\mathrm{d}\theta$ 的环带,如图 1.2.27 所示.这环带上的电荷量为

$$\mathrm{d}Q=\frac{Q}{4\pi R^2}\mathrm{d}S=\frac{Q}{4\pi R^2}2\pi R^2\sin\theta\mathrm{d}\theta=\frac{Q}{2}\sin\theta\mathrm{d}\theta \tag{1}$$

这面电荷所在处的电场强度,由前面 1.2.26 题的式(4),为

$$\boldsymbol{E}=\frac{Q}{8\pi\varepsilon_0 R^2}\boldsymbol{n} \tag{2}$$

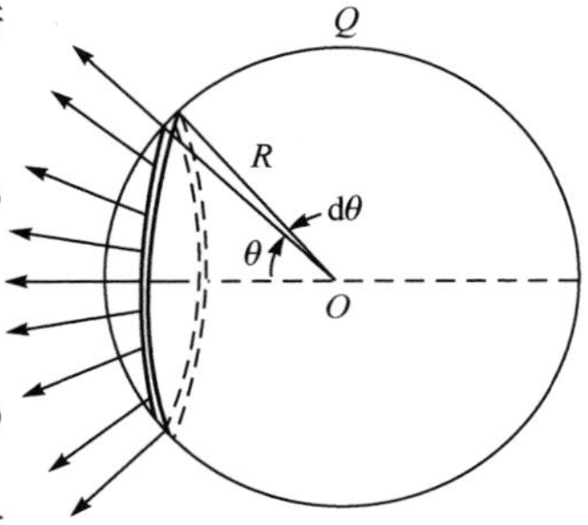

图 1.2.27

由于环带上各处的 $\boldsymbol{E}$ 都在该处球面的外法线 $\boldsymbol{n}$ 的方向上,故各处的电荷所受的力也都在该处 $\boldsymbol{n}$ 的方向上,即它们都在一个圆锥面上,如图 1.2.27 所示.因此,整个环带所受的力其大小便为

$$\mathrm{d}F=E(\mathrm{d}Q)\cos\theta=\frac{Q}{8\pi\varepsilon_0 R^2}\cdot\frac{Q}{2}\sin\theta\cos\theta\mathrm{d}\theta$$

$$=\frac{Q^2}{16\pi\varepsilon_0 R^2}\sin\theta\cos\theta\mathrm{d}\theta \tag{3}$$

半个球面所受的力的大小为

$$F=\frac{Q^2}{16\pi\varepsilon_0 R^2}\int_0^{\pi/2}\sin\theta\cos\theta\mathrm{d}\theta=\frac{Q^2}{32\pi\varepsilon_0 R^2} \tag{4}$$

根据对称性,知这力的方向沿 $\theta=0$ 的方向.这个力是使球面张开的力,即张力.为了维持球面平衡,另一半球面必定以同样大小的力拉住这半个球面;根据对称性,这个力必定均匀分布在两半球面长为 $2\pi R$ 的边界上.于是得出,球面由于带电荷量 Q 而产生的张力系数为

$$\alpha=\frac{F}{2\pi R}=\frac{Q^2}{64\pi^2\varepsilon_0 R^3} \tag{5}$$

1.2.28 电荷分布在半径为 R 的球面上,电荷量的面密度为 $\sigma=\boldsymbol{a}\cdot\boldsymbol{R}$,式中 $\boldsymbol{a}$ 是一个常矢量,$\boldsymbol{R}$ 是球心到球面上一点的矢径.试求球心的电场强度.

【解】 如图 1.2.28 所示,以 $\boldsymbol{a}$ 为轴线,球面与 $\boldsymbol{a}$ 夹角为 θ 的环带上的电荷量为

$$\mathrm{d}q=\sigma\cdot 2\pi R^2\sin\theta\mathrm{d}\theta=2\pi aR^3\sin\theta\cos\theta\mathrm{d}\theta \tag{1}$$

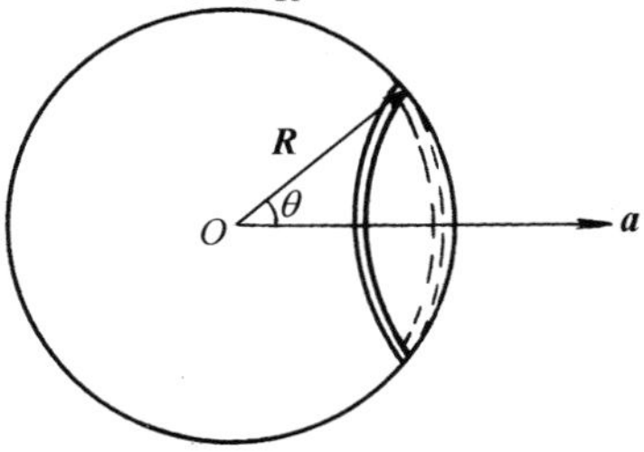

图 1.2.28

根据对称性,这电荷在球心 O 所产生的电场强度其大小为

$$(\mathrm{d}E)\cos\theta=\frac{\mathrm{d}q}{4\pi\varepsilon_0 R^2}\cos\theta=\frac{aR}{2\varepsilon_0}\sin\theta\cos^2\theta\mathrm{d}\theta \tag{2}$$

电场强度的方向与 $\boldsymbol{a}$ 的方向相反.将上式积分,便得整个球面电荷在球心产生的电场强度 $\boldsymbol{E}$ 的大小为

$$E=\int_{\theta=0}^{\theta=\pi}(\mathrm{d}E)\cos\theta=\frac{aR}{2\varepsilon_0}\int_0^{\pi}\sin\theta\cos^2\theta\mathrm{d}\theta=\frac{aR}{3\varepsilon_0} \tag{3}$$

于是得

$$\boldsymbol{E}=-\frac{R}{3\varepsilon_0}\boldsymbol{a} \tag{4}$$

1.2.29 电荷分布在半径为 R 的球面上，电荷量的面密度为 $\sigma=\boldsymbol{a}\cdot\boldsymbol{R}$，式中 $\boldsymbol{a}$ 是一个常矢量，$\boldsymbol{R}$ 是球心到球面上一点的矢径. 试证明：球内电场是均匀电场.

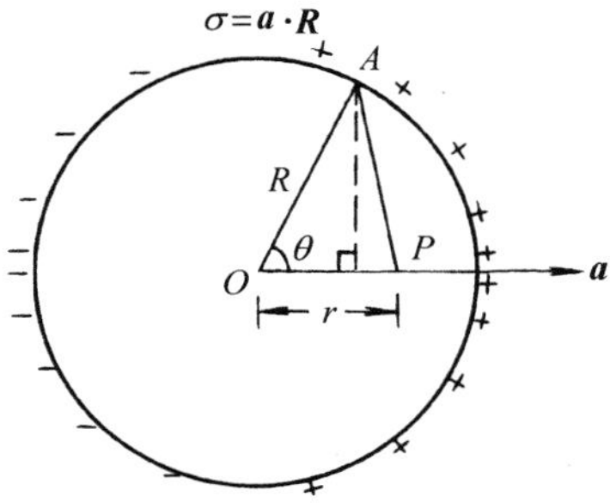

图 1.2.29(1)

【证】 先求球面内 $\boldsymbol{a}$ 线上任一点 P 的电场强度 $\boldsymbol{E}_P$.

如图 1.2.29(1)，P 到球心的距离为 $r(<R)$. 根据对称性可知，$\boldsymbol{E}_P$ 的方向必定在 OP 直线上. 在球面上 θ 处，宽为 $R\mathrm{d}\theta$ 的环带上的电荷量为

$$\mathrm{d}q=\sigma\cdot 2\pi R^2\sin\theta\mathrm{d}\theta=2\pi aR^3\sin\theta\cos\theta\mathrm{d}\theta \tag{1}$$

由圆环电荷在轴线上离环心为 r 处产生的电场强度公式[参见 1.2.16 题的式(3)]

$$\boldsymbol{E}=\frac{q}{4\pi\varepsilon_0}\frac{\boldsymbol{r}}{(r^2+R^2)^{3/2}} \tag{2}$$

可知，这 $\mathrm{d}q$ 在 P 点产生的电场强度 $\mathrm{d}\boldsymbol{E}_P$ 的大小为

$$\begin{aligned}\mathrm{d}E_P&=\frac{\mathrm{d}q}{4\pi\varepsilon_0}\frac{r-R\cos\theta}{(r^2+R^2-2rR\cos\theta)^{3/2}}=\frac{aR^3}{2\varepsilon_0}\frac{(r-R\cos\theta)\sin\theta\cos\theta\mathrm{d}\theta}{(r^2+R^2-2rR\cos\theta)^{3/2}}\\&=\frac{aR^3}{2\varepsilon_0}\left[r\frac{\sin\theta\cos\theta\mathrm{d}\theta}{(r^2+R^2-2rR\cos\theta)^{3/2}}-R\frac{\sin\theta\cos^2\theta\mathrm{d}\theta}{(r^2+R^2-2rR\cos\theta)^{3/2}}\right]\end{aligned} \tag{3}$$

积分得整个球面电荷在 P 点产生的电场强度 $\boldsymbol{E}_P$ 的大小为

$$E_P=\frac{aR^3}{2\varepsilon_0}\left[r\int_0^\pi\frac{\sin\theta\cos\theta\mathrm{d}\theta}{(r^2+R^2-2rR\cos\theta)^{3/2}}-R\int_0^\pi\frac{\sin\theta\cos^2\theta\mathrm{d}\theta}{(r^2+R^2-2rR\cos\theta)^{3/2}}\right] \tag{4}$$

其中积分

$$\begin{aligned}I_1&=\int_0^\pi\frac{\sin\theta\cos\theta\mathrm{d}\theta}{(r^2+R^2-2rR\cos\theta)^{3/2}}\\&=-\frac{1}{2r^2R^2}\left[\sqrt{r^2+R^2-2rR\cos\theta}+\frac{r^2+R^2}{\sqrt{r^2+R^2-2rR\cos\theta}}\right]_0^\pi\\&=\frac{2r}{R^2(R^2-r^2)}\end{aligned} \tag{5}$$

$$\begin{aligned}I_2&=\int_0^\pi\frac{\sin\theta\cos^2\theta\mathrm{d}\theta}{(r^2+R^2-2rR\cos\theta)^{3/2}}\\&=\left[\frac{r^2R^2\cos^2\theta+2rR(r^2+R^2)\cos\theta-2(r^2+R^2)^2}{3r^3R^3\sqrt{r^2+R^2-2rR\cos\theta}}\right]_0^\pi\\&=\frac{2(R^2+2r^2)}{3R^3(R^2-r^2)}\end{aligned} \tag{6}$$

将式(5)、(6)代入式(4)便得

$$E_P=\frac{aR^3}{2\varepsilon_0}\left[r\cdot\frac{2r}{R^2(R^2-r^2)}-R\cdot\frac{2(R^2+2r^2)}{3R^3(R^2-r^2)}\right]=-\frac{aR}{3\varepsilon_0} \tag{7}$$

式中负号表示 $\boldsymbol{E}_P$ 的方向与 $\boldsymbol{a}$ 相反. 于是得

$$\boldsymbol{E}_P=-\frac{R}{3\varepsilon_0}\boldsymbol{a} \tag{8}$$

式(8)表明，P 点的电场强度与它的位置 r 无关，换句话说，在球面内 $\boldsymbol{a}$ 方向的直径上的任何一点，电场强度都相同. 下面就根据这一点来论证球内电场是均匀电场.

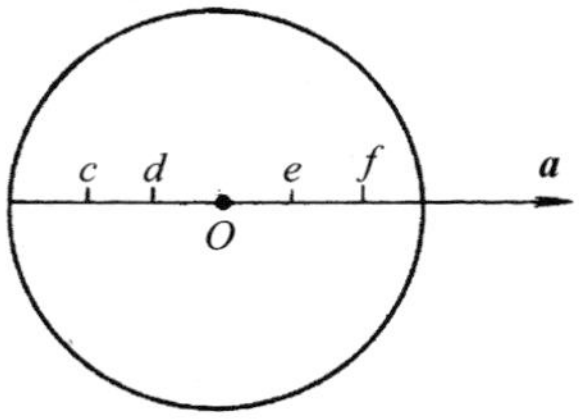

图 1.2.29(2)

设 c、d、O、e、f 为该直径上的几点，如图 1.2.29(2)所示，其中 O 为球心，则有

$$\boldsymbol{E}_c=\boldsymbol{E}_d=\boldsymbol{E}_o=\boldsymbol{E}_e=\boldsymbol{E}_f \tag{9}$$

根据式(9)，由对称性可知，球内的电场线只有三种可能性，分别如图 1.2.29 的(3)、(4)和(5)所示. 先看图 1.2.29 中的图(3)，电场线在球心处最密集，故直径上各点的电场强度的大小应有

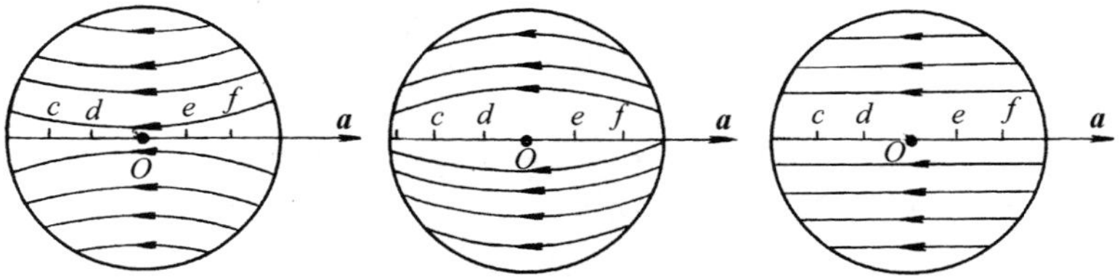

图 1.2.29(3)(4)(5)

$$E_c<E_d<E_O,\qquad E_O>E_e>E_f \tag{10}$$

这不符合式(9)，可见球内的电场线不能是图中(3)的形状. 再看图 1.2.29 中的图(4)，电场线在球心处最松散，故直径上各点的电场强度的大小应有

$$E_c>E_d>E_O,\qquad E_O<E_e<E_f \tag{11}$$

这也不符合式(9). 可见球内的电场线不能是图(4)的形状. 于是我们得出结论：球内的电场线只能是平行于该直径的直线，如图 1.2.29(5)所示. 再看球内任一点 B 的电场强度. 根据静电场的性质

$$\oint_L \boldsymbol{E}\cdot d\boldsymbol{l}=0 \tag{12}$$

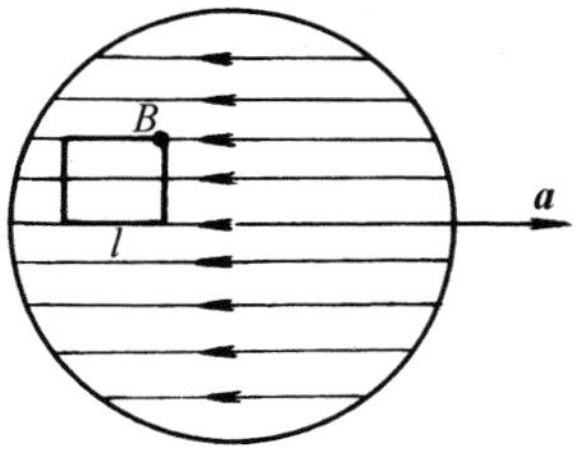

图 1.2.29(6)

在球内取积分环路为长方形，边长为 l，一边通过 B 点，另一边则在该直径上，如图 1.2.29(6)所示，于是由式(12)得

$$\oint_L \boldsymbol{E}\cdot d\boldsymbol{l}=E_O l-E_B l=0 \tag{13}$$

所以

$$E_B=E_O \tag{14}$$

式中 E_O 为球心电场强度的大小. 这就证明了球内电场是均匀电场.

【讨论】 本题也可以由电荷求电势，再由电势求电场强度. 但在求电势时，要用到分离变数法解拉普拉斯方程. 由于一般在学习电磁学时，数学上还未学到这一步，所以我们就不在此介绍了. 有兴趣的读者，可以参看林璇英、张之翔《电动力学题解(第二版)》(科学出版社，2009)，2.16 题，127—128 页；或该书 2018 年第三版，2.18 题，139—140 页.

1.2.30 电荷量 q 均匀分布在半径为 R 的球冠(球缺)面上，球冠边缘对球心 O 的张角为 2θ，如图 1.2.30(1)所示. 试求这电荷在球心产生的电场强度.

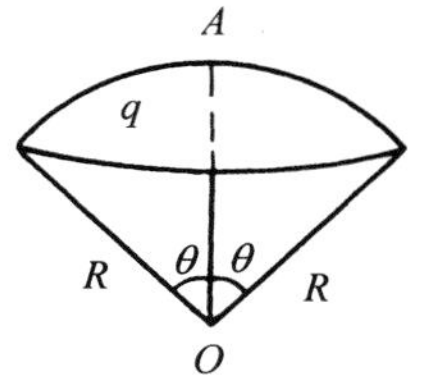

图 1.2.30(1)

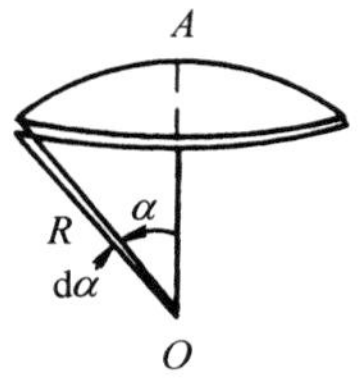

图 1.2.30(2)

【解】 在球冠上取一宽为 $R\mathrm{d}\alpha$ 的环带，使其轴线与球冠的轴线 OA 重合，其边缘与 OA 的夹角为 α，如图 1.2.30(2)所示. 这环带的面积为

$$\mathrm{d}S=2\pi R^2\sin\alpha\mathrm{d}\alpha \tag{1}$$

积分便得球冠的面积为

$$S=2\pi R^2\int_0^\theta\sin\alpha\mathrm{d}\alpha=2\pi R^2(1-\cos\theta)=4\pi R^2\sin^2\frac{\theta}{2} \tag{2}$$

于是得球冠上电荷量的面密度为

$$\sigma=\frac{q}{S}=\frac{q}{4\pi R^2\sin^2\frac{\theta}{2}} \tag{3}$$

上述环带上的电荷量为

$$\mathrm{d}q=\sigma\mathrm{d}S=\frac{q}{2\sin^2\frac{\theta}{2}}\sin\alpha\mathrm{d}\alpha \tag{4}$$

根据圆环电荷 q 在其轴线上离环心为 r 处产生电场强度的大小的公式[参见前面 1.2.16 题的式(2)]

$$E=\frac{q}{4\pi\varepsilon_0}\frac{r}{(r^2+R^2)^{3/2}} \tag{5}$$

这 $\mathrm{d}q$ 在球心 O 产生的电场强度 $\mathrm{d}\boldsymbol{E}$ 的大小为

$$\mathrm{d}E=\frac{\mathrm{d}q}{4\pi\varepsilon_0}\frac{R\cos\alpha}{[(R\cos\alpha)^2+(R\sin\alpha)^2]^{3/2}}=\frac{q}{8\pi\varepsilon_0R^2\sin^2\frac{\theta}{2}}\sin\alpha\cos\alpha\mathrm{d}\alpha \tag{6}$$

积分便得整个球冠上的电荷在球心 O 产生的电场强度 $\boldsymbol{E}$ 的大小为

$$E=\frac{q}{8\pi\varepsilon_0R^2\sin^2\frac{\theta}{2}}\int_0^{\theta}\sin\alpha\cos\alpha\mathrm{d}\alpha=\frac{q}{4\pi\varepsilon_0R^2}\cos^2\frac{\theta}{2}\tag{7}$$

所以

$$\boldsymbol{E}=\frac{q}{4\pi\varepsilon_0R^2}\cos^2\frac{\theta}{2}\boldsymbol{e}\tag{8}$$

式中 $\boldsymbol{e}$ 是 AO 方向上的单位矢量.

【讨论】 一、若所给的不是球冠上的电荷量 q，而是电荷量的面密度 σ，则由式(3)可得，所求的电场强度为

$$\boldsymbol{E}=\frac{\sigma}{4\varepsilon_0}\sin^2\theta\boldsymbol{e}\tag{9}$$

二、若为半球面，则 $\theta=\frac{\pi}{2}$，这时式(8)化为

$$\boldsymbol{E}=\frac{\sigma}{4\varepsilon_0}\boldsymbol{e}=\frac{q}{8\pi\varepsilon_0R^2}\boldsymbol{e}\tag{10}$$

若为整个球面，则 $\theta=\pi$，这时式(8)化为

$$\boldsymbol{E}=0\tag{11}$$

这就是前面 1.2.25 题得出的结果.

1.2.31 电荷分布在一无穷长的直圆柱面上，电荷量的面密度为 $\sigma=\sigma_0\cos\phi$，式中 σ_0 是常量，ϕ 是圆柱横截面内，半径 OC 与直径 AOB 的夹角，如图 1.2.31 所示. 试求圆柱轴线上 O 点的电场强度.

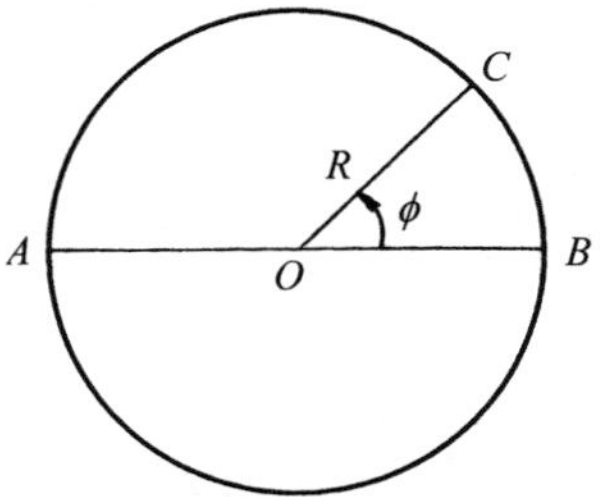

图 1.2.31

【解】 把圆柱面分成许多平行于轴线的条带，其中通过 C 点的一条宽为 $R\mathrm{d}\phi$，它上面单位长度的电荷量为

$$\mathrm{d}\lambda=\sigma_0R\cos\phi\mathrm{d}\phi\tag{1}$$

由前面的 1.2.13 题的式(7)，单位长度电荷量为 λ 的无穷长直线，在距离 r 处产生的电场强度为

$$\boldsymbol{E}=\frac{\lambda}{2\pi\varepsilon_0}\frac{\boldsymbol{r}}{r^2}\tag{2}$$

式中 $\boldsymbol{r}$ 垂直于带电线，是从带电线到场点的位矢，$r=|\boldsymbol{r}|$. 因此，C 处的条带电荷在 O 点产生的电场强度 $\mathrm{d}\boldsymbol{E}$ 其大小为

$$\mathrm{d}E=\frac{\mathrm{d}\lambda}{2\pi\varepsilon_0R}=\frac{\sigma_0}{2\pi\varepsilon_0}\cos\phi\mathrm{d}\phi\tag{3}$$

由对称性可知，整个圆柱面电荷在 O 点产生的电场强度 $\boldsymbol{E}$ 的大小为

$$E=2\int(\mathrm{d}E)\cos\phi=\frac{\sigma_0}{\pi\varepsilon_0}\int_0^{\pi}\cos^2\phi\mathrm{d}\phi=\frac{\sigma_0}{2\varepsilon_0} \tag{4}$$

$\boldsymbol{E}$ 的方向从 O 指向 A.

1.2.32　电荷分布在半径为 R 的球体内,电荷量的密度为 $\rho=\boldsymbol{a}\cdot\boldsymbol{r}$,式中 $\boldsymbol{a}$ 是常矢量,$\boldsymbol{r}$ 是从球心到球内一点的矢径. 试求球心的电场强度.

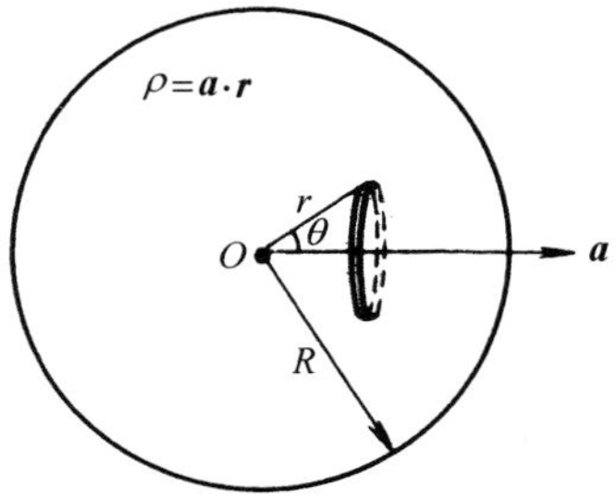

图 1.2.32

【解】 以 $\boldsymbol{a}$ 为轴线,在球内取一圆环,如图 1.2.32 所示. 这圆环体积为

$$\begin{aligned}\mathrm{d}V&=(2\pi r\sin\theta)\mathrm{d}r(r\mathrm{d}\theta)\\&=2\pi r^2\sin\theta\mathrm{d}r\mathrm{d}\theta\end{aligned} \tag{1}$$

这圆环的电荷量为

$$\mathrm{d}q=\rho\mathrm{d}V=2\pi ar^3\sin\theta\cos\theta\mathrm{d}r\mathrm{d}\theta \tag{2}$$

根据对称性,这 $\mathrm{d}q$ 在轴线上 O 点(球心)产生的电场强度其方向必定与 $\boldsymbol{a}$ 相反,其大小为

$$\frac{\mathrm{d}q}{4\pi\varepsilon_0 r^2}\cos\theta=\frac{a}{2\varepsilon_0}r\sin\theta\cos^2\theta\mathrm{d}r\mathrm{d}\theta \tag{3}$$

对 θ 积分,便得半径为 r、厚为 $\mathrm{d}r$ 的球壳在球心产生的电场强度的大小为

$$\mathrm{d}E=\frac{a}{2\varepsilon_0}r\mathrm{d}r\int_0^{\pi}\sin\theta\cos^2\theta\mathrm{d}\theta=\frac{a}{3\varepsilon_0}r\mathrm{d}r \tag{4}$$

考虑方向便得

$$\mathrm{d}\boldsymbol{E}=-\frac{\boldsymbol{a}}{3\varepsilon_0}r\mathrm{d}r \tag{5}$$

对 r 积分,便得整个球体电荷在球心 O 产生的电场强度为

$$\boldsymbol{E}=-\frac{\boldsymbol{a}}{3\varepsilon_0}\int_0^{R}r\mathrm{d}r=-\frac{R^2}{6\varepsilon_0}\boldsymbol{a} \tag{6}$$

1.2.33　用长为 l 的细丝线系一个质量为 m 的小球,作成单摆,如图 1.2.33(1). 令小球带电荷量 q 后,放在一个匀强电场 $\boldsymbol{E}$ 中,$\boldsymbol{E}$ 的方向在竖直方向. (1)试分别求 $\boldsymbol{E}$ 向下和向上时,这单摆的周期;(2)在什么情况下周期比不带电时长?

【解】 (1)小球 m 的运动方程为

$$m\frac{\mathrm{d}\boldsymbol{v}}{\mathrm{d}t}=m\left(\frac{\mathrm{d}v}{\mathrm{d}t}\boldsymbol{\tau}+\frac{v^2}{l}\boldsymbol{n}\right)=\boldsymbol{T}+m\boldsymbol{g}+q\boldsymbol{E} \tag{1}$$

式中 $\boldsymbol{\tau}$ 为 m 的速度 $\boldsymbol{v}$ 方向(切线方向)上的单位矢量,$\boldsymbol{T}$ 是线中的张力,$\boldsymbol{n}$ 是 $\boldsymbol{T}$ 方向(法线方向)上的单位矢量,如图 1.2.33(2)所示. 以 $\boldsymbol{\tau}$ 点乘上式得

$$m\frac{\mathrm{d}v}{\mathrm{d}t}=\boldsymbol{T}\cdot\boldsymbol{\tau}+m\boldsymbol{g}\cdot\boldsymbol{\tau}+q\boldsymbol{E}\cdot\boldsymbol{\tau}=-(mg\pm|q|E)\sin\theta \tag{2}$$

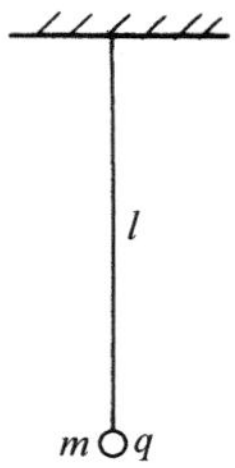

图 1.2.33(1)

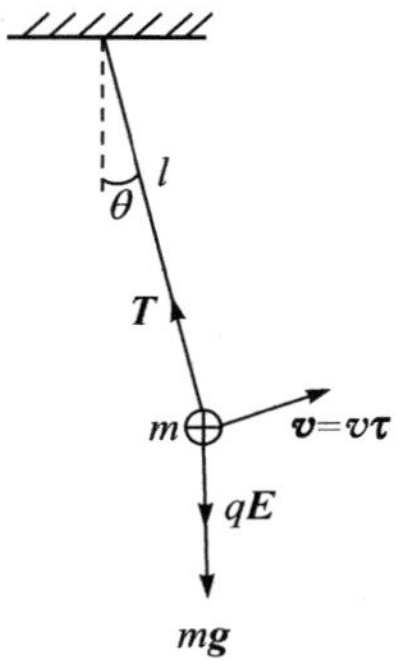

图 1.2.33(2)

当 qE 向下时，如图 1.2.33(2)所示，用正号；当 qE 向上时，用负号.

因为
$$v=l\frac{\mathrm{d}\theta}{\mathrm{d}t},\quad \frac{\mathrm{d}v}{\mathrm{d}t}=l\frac{\mathrm{d}^2\theta}{\mathrm{d}t^2} \tag{3}$$

所以
$$\frac{\mathrm{d}^2\theta}{\mathrm{d}t^2}+\frac{mg\pm|q|E}{ml}\sin\theta=0 \tag{4}$$

当 θ 很小时，$\sin\theta\approx\theta$，上式化为
$$\frac{\mathrm{d}^2\theta}{\mathrm{d}t^2}+\frac{mg\pm|q|E}{ml}\theta=0 \tag{5}$$

这是简谐振动的微分方程，其振动周期为
$$T=\frac{2\pi}{\omega}=\frac{2\pi}{\sqrt{(mg\pm|q|E)/ml}}=2\pi\sqrt{\frac{l}{g\pm|q|E/m}} \tag{6}$$

(2)由 T 的表达式可见，当 qE 向上时，振动周期为 $T=2\pi\frac{l}{\sqrt{g-|q|E/m}}$，比不带电时的周期 $T_0=2\pi\sqrt{l/g}$ 长.

1.2.34 一根均匀的刚体绝缘细杆，质量为 m，用丝线拴住一端吊着，并让它的两端分别带上电荷量 q 和 $-q$，如图 1.2.34(1)所示. 现在加上电场强度为 $\boldsymbol{E}$ 的均匀电场，$\boldsymbol{E}$ 沿水平方向. 试求静止时，丝线与竖直方向的夹角 α；细杆与竖直方向的夹角 β.

【解】 静止时，因细杆受力平衡[图 1.2.34(2)]，故有

竖直方向：$T\cos\alpha=mg$ (1)

水平方向：$T\sin\alpha+qE=qE$ (2)

由式(2)得
$$\alpha=0 \tag{3}$$

图 1.2.34(1)

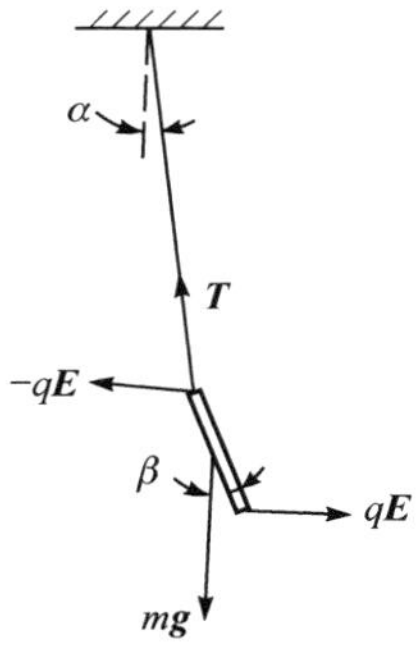

图 1.2.34(2)

又对杆的上端，力矩平衡，设杆长为 l，便有

$$mg\,\frac{l}{2}\sin\beta=qEl\cos\beta \tag{4}$$

于是得

$$\beta=\arctan\left(\frac{2qE}{mg}\right) \tag{5}$$

1.2.35 把电偶极矩为 $\boldsymbol{p}=q\boldsymbol{l}$ 的电偶极子放在电荷量为 Q 的点电荷的电场里，$\boldsymbol{p}$ 的中心点 O 到 Q 的距离为 r. 试分别求下列情况下它所受的力 $\boldsymbol{F}$ 和力矩 $\boldsymbol{M}$：(1) $\boldsymbol{p}\parallel\overrightarrow{QO}$；(2) $\boldsymbol{p}\perp\overrightarrow{QO}$.

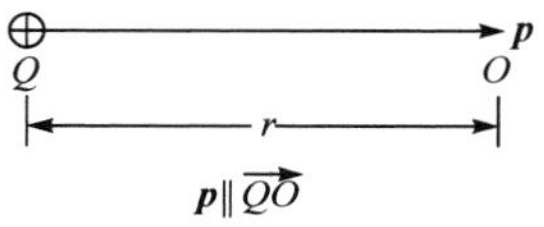

图 1.2.35(1)

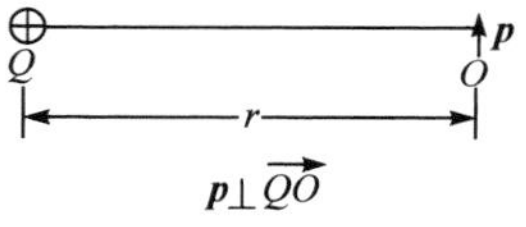

图 1.2.35(2)

【解】 原始算法

(1)如图 1.2.35(1)，$\boldsymbol{p}\parallel\overrightarrow{QO}$. $\boldsymbol{p}$ 所受的力为

$$\boldsymbol{F}=\boldsymbol{F}_{+}+\boldsymbol{F}_{-}=q(\boldsymbol{E}_{+}-\boldsymbol{E}_{-})$$

$$=q\,\frac{Q}{4\pi\varepsilon_0}\left[\frac{1}{(r+l/2)^2}-\frac{1}{(r-l/2)^2}\right]\boldsymbol{e}_r$$

$$=\frac{qQ}{4\pi\varepsilon_0}\left[\frac{-2rl}{(r^2-l^2/4)^2}\right]\boldsymbol{e}_r \tag{1}$$

因为是电偶极子，$l\ll r$，故与 r^2 比较，$l^2/4$ 项可以略去. 又因这时 $\boldsymbol{e}_r$ 与 $\boldsymbol{p}$ 同方向，故得

$$\boldsymbol{F}=-\frac{Q\boldsymbol{p}}{2\pi\varepsilon_0 r^3} \tag{2}$$

$\boldsymbol{p}$ 所受的力矩为

$$\boldsymbol{M}=\boldsymbol{p}\times\boldsymbol{E}=\boldsymbol{p}\times\left(\frac{Q\boldsymbol{e}_r}{4\pi\varepsilon_0 r^2}\right)=0 \tag{3}$$

(2)如图 1.2.35(2)，$\boldsymbol{p}\perp\overrightarrow{QO}$. 由于这时 $\boldsymbol{p}$ 的正负电荷到 Q 的距离相等，故正负电荷所受的力 $\boldsymbol{F}_{+}$ 和 $\boldsymbol{F}_{-}$ 大小相等，$\boldsymbol{F}_{+}$ 背向 Q，而 $\boldsymbol{F}_{-}$ 则指向 Q. 因此 $\boldsymbol{p}$ 所受的力

$$\boldsymbol{F}=\boldsymbol{F}_{+}+\boldsymbol{F}_{-} \tag{4}$$

在 $\boldsymbol{e}_r$ 方向的分量为零，故 $\boldsymbol{F}$ 只有沿 $\boldsymbol{p}$ 方向的分量. 令 $\boldsymbol{e}_p$ 表示 $\boldsymbol{p}$ 方向上的单位矢量，便得

$$\boldsymbol{F}=2F_{+}\frac{l/2}{\sqrt{r^2+(l/2)^2}}\boldsymbol{e}_p=2\frac{qQ}{4\pi\varepsilon_0}\frac{l/2}{[r^2+(l/2)^2]^{3/2}}\boldsymbol{e}_p \tag{5}$$

因 l^2 与 r^2 相比可以略去，故得

$$\boldsymbol{F}=\frac{Q\boldsymbol{p}}{4\pi\varepsilon_0 r^3} \tag{6}$$

$\boldsymbol{p}$ 所受的力矩为

$$\boldsymbol{M}=\boldsymbol{p}\times\boldsymbol{E}=\boldsymbol{p}\times\left(\frac{Q\boldsymbol{e}_r}{4\pi\varepsilon_0 r^2}\right)=\frac{Q\boldsymbol{p}\times\boldsymbol{e}_r}{4\pi\varepsilon_0 r^2} \tag{7}$$

【别解】 用公式计算　电偶极矩 $\boldsymbol{p}$ 在非均匀外电场 $\boldsymbol{E}$ 中受力的公式为

$$\boldsymbol{F}=(\boldsymbol{p}\cdot\nabla)\boldsymbol{E} \tag{8}$$

式中 $\boldsymbol{E}$ 是 $\boldsymbol{p}$ 的中心 O 处的外电场强度.

当 $\boldsymbol{p}\parallel\overrightarrow{QO}$ 时，由式(8)得

$$\boldsymbol{F}=p\frac{\partial}{\partial r}\left(\frac{Q\boldsymbol{e}_r}{4\pi\varepsilon_0 r^2}\right)=-\frac{pQ\boldsymbol{e}_r}{2\pi\varepsilon_0 r^3}=-\frac{Q\boldsymbol{p}}{2\pi\varepsilon_0 r^3} \tag{9}$$

当 $\boldsymbol{p}\perp\overrightarrow{QO}$ 时，由式(8)得

$$\boldsymbol{F}=\frac{p}{r}\frac{\partial}{\partial\theta}\left(\frac{Q\boldsymbol{e}_r}{4\pi\varepsilon_0 r^2}\right)=\frac{pQ}{4\pi\varepsilon_0 r^3}\frac{\partial\boldsymbol{e}_r}{\partial\theta}=\frac{pQ}{4\pi\varepsilon_0 r^3}\boldsymbol{e}_\theta=\frac{Q\boldsymbol{p}}{4\pi\varepsilon_0 r^3} \tag{10}$$

电偶极矩 $\boldsymbol{p}$ 在非均外电场中受力矩的公式为

$$\boldsymbol{M}=\boldsymbol{r}\times[(\boldsymbol{p}\cdot\nabla)\boldsymbol{E}]+\boldsymbol{p}\times\boldsymbol{E} \tag{11}$$

式中 $\boldsymbol{r}$ 是 $\boldsymbol{p}$ 的中心点 O 的位矢，$\boldsymbol{E}$ 则是外电场在 O 点的电场强度. 以 O 为参考点，$\boldsymbol{r}=0$，故得

$$\boldsymbol{M}=\boldsymbol{p}\times\boldsymbol{E} \tag{12}$$

这便是式(3)和(7)中所用的公式.

1.2.36 电偶极矩为 $\boldsymbol{p}$ 的电偶极子，处在电场强度为 $\boldsymbol{E}$ 的外电场中，$\boldsymbol{p}$ 与 $\boldsymbol{E}$ 的夹角为 θ，如图 1.2.36 所示. (1)如果 $\boldsymbol{E}$ 是均匀电场，θ 为什么值时 $\boldsymbol{p}$ 达到平衡？是稳定平衡还是不稳定平衡？(2)如果 $\boldsymbol{E}$ 不是均匀电场，试求 $\boldsymbol{p}$ 所受的力的公式.

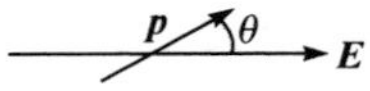

图 1.2.36

【解】 (1)$\boldsymbol{E}$ 为均匀电场时，$\boldsymbol{p}$ 所受的力为

$$\boldsymbol{F}=\boldsymbol{F}_{+}+\boldsymbol{F}_{-}=0 \tag{1}$$

$\boldsymbol{p}$ 所受的力矩为

$$\boldsymbol{M}=\boldsymbol{p}\times\boldsymbol{E} \tag{2}$$

$\boldsymbol{M}$ 的大小为

$$M=pE\sin\theta \tag{3}$$

平衡时，$M=0$，故得 $\theta=0$ 或 $\theta=\pi$. 其中 $\theta=0$ 是稳定平衡点，因为这时当 $\boldsymbol{p}$ 稍离开 $\theta=0$ 的位置，$\boldsymbol{M}$ 便使它回到 $\theta=0$. $\theta=\pi$ 则是不稳定平衡，因为这时当 $\boldsymbol{p}$ 稍离开 $\theta=\pi$ 的位置，$\boldsymbol{M}$ 不是使它回到

$\theta=\pi$,而是要它离开 $\theta=\pi$.

(2)在非均匀电场中,设 $\boldsymbol{p}=q\boldsymbol{l}$ 中心处的外电场强度为 $\boldsymbol{E}$,它的正负电荷所在处的外电场强度分别为 $\boldsymbol{E}_+$ 和 $\boldsymbol{E}_-$,则

$$\boldsymbol{E}_+=\boldsymbol{E}+\frac{1}{2}(\boldsymbol{l}\cdot\nabla)\boldsymbol{E},\quad \boldsymbol{E}_-=\boldsymbol{E}+\frac{1}{2}(-\boldsymbol{l}\cdot\nabla)\boldsymbol{E} \tag{4}$$

于是得 $\boldsymbol{p}$ 所受的力为

$$\begin{aligned}\boldsymbol{F}&=q\boldsymbol{E}_++(-q\boldsymbol{E}_-)=q(\boldsymbol{E}_+-\boldsymbol{E}_-)\\&=q(\boldsymbol{l}\cdot\nabla)\boldsymbol{E}=(\boldsymbol{p}\cdot\nabla)\boldsymbol{E}\end{aligned} \tag{5}$$

这便是 $\boldsymbol{p}$ 在外电场中受力的公式.

1.2.37　电偶极矩为 $\boldsymbol{p}$ 的电偶极子处在电场强度为 $\boldsymbol{E}$ 的均匀外电场中,当 $\boldsymbol{p}$ 平行于 $\boldsymbol{E}$ 时达到平衡. 如果让 $\boldsymbol{p}$ 稍微偏离 $\boldsymbol{E}$ 的方向,然后放手,则在 $\boldsymbol{E}$ 的作用下,它便会作微小振动. 已知它作这种振动的转动惯量为 I,试求振动频率.

【解】　这电偶极子的振动方程为

$$I\frac{\mathrm{d}\omega}{\mathrm{d}t}=I\frac{\mathrm{d}^2\theta}{\mathrm{d}t^2}=-pE\sin\theta \tag{1}$$

因 θ 很小,故 $\sin\theta\approx\theta$,于是上式化为

$$\frac{\mathrm{d}^2\theta}{\mathrm{d}t^2}+\frac{pE}{I}\theta=0 \tag{2}$$

这是标准的简谐振动方程,其振动频率为

$$\nu=\frac{\omega}{2\pi}=\frac{1}{2\pi}\sqrt{\frac{pE}{I}} \tag{3}$$

1.2.38　在球坐标系中,原点有一电荷量为 Q 的点电荷,$P(r,\theta,\phi)$ 点有一电偶极子,其电偶极矩为 $\boldsymbol{p}=p(\cos\alpha\boldsymbol{e}_r+\sin\alpha\boldsymbol{e}_\theta)$,式中 $\boldsymbol{e}_r$ 和 $\boldsymbol{e}_\theta$ 分别是 $\boldsymbol{r}$ 方向的单位矢量和 θ 方向(即垂直于 $\boldsymbol{r}$ 并指向 θ 增大的方向)的单位矢量,如图 1.2.38(1)所示. 试求 Q 作用在这电偶极子上的力.

【解】　根据前面 1.2.36 题的式(5),电偶极子 $\boldsymbol{p}$ 在外电场中所受的力为

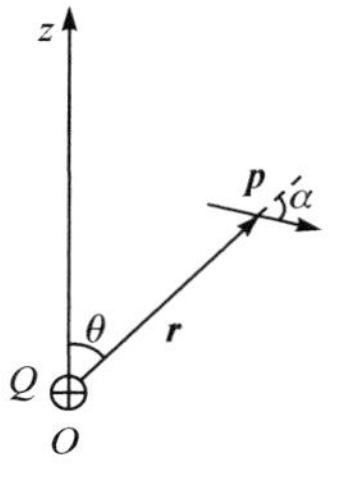

图 1.2.38(1)

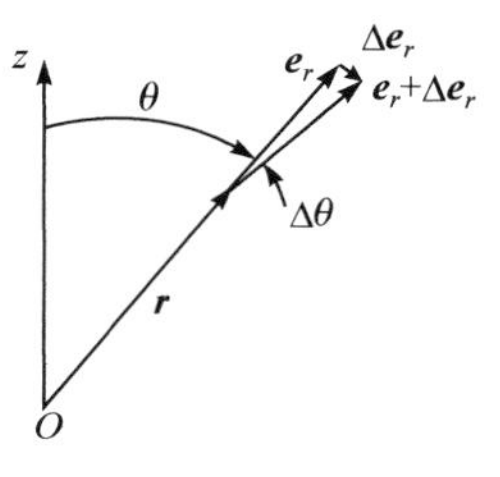

图 1.2.38(2)

$$\begin{aligned}\boldsymbol{F}&=(\boldsymbol{p}\cdot\nabla)\boldsymbol{E}\\&=p(\cos\alpha\boldsymbol{e}_r+\sin\alpha\boldsymbol{e}_\theta)\cdot\left(\boldsymbol{e}_r\frac{\partial}{\partial r}+\boldsymbol{e}_\theta\frac{1}{r}\frac{\partial}{\partial\theta}+\boldsymbol{e}_\phi\frac{1}{r\sin\theta\partial\phi}\right)\boldsymbol{E}\\&=\left(p\cos\alpha\frac{\partial}{\partial r}+p\sin\alpha\frac{1}{r}\frac{\partial}{\partial\theta}\right)\boldsymbol{E}=\left(p\cos\alpha\frac{\partial}{\partial r}+p\sin\alpha\frac{1}{r}\frac{\partial}{\partial\theta}\right)\frac{Q\boldsymbol{e}_r}{4\pi\varepsilon_0 r^2}\\&=\frac{pQ}{4\pi\varepsilon_0}\left(\cos\alpha\frac{\partial}{\partial r}+\sin\alpha\frac{1}{r}\frac{\partial}{\partial\theta}\right)\frac{\boldsymbol{e}_r}{r^2}\\&=\frac{pQ}{4\pi\varepsilon_0}\left[\cos\alpha\frac{\partial}{\partial r}\left(\frac{\boldsymbol{e}_r}{r^2}\right)+\sin\alpha\frac{1}{r}\frac{\partial}{\partial\theta}\left(\frac{\boldsymbol{e}_r}{r^2}\right)\right]\end{aligned}\tag{1}$$

由图 1.2.38(2)可见

$$\frac{\partial\boldsymbol{e}_r}{\partial r}=0,\quad \frac{\partial\boldsymbol{e}_r}{\partial\theta}=\boldsymbol{e}_\theta\tag{2}$$

故得

$$\boldsymbol{F}=\frac{pQ}{4\pi\varepsilon_0}\left[-\frac{2\boldsymbol{e}_r}{r^3}\cos\alpha+\frac{1}{r^3}\sin\alpha\boldsymbol{e}_\theta\right]=\frac{pQ}{4\pi\varepsilon_0 r^3}[-2\cos\alpha\boldsymbol{e}_r+\sin\alpha\boldsymbol{e}_\theta]\tag{3}$$

上式可化成用 $\boldsymbol{p}$ 表达的形式

$$\begin{aligned}\boldsymbol{F}&=\frac{pQ}{4\pi\varepsilon_0 r^3}[-2\cos\alpha\boldsymbol{e}_r+\sin\alpha\boldsymbol{e}_\theta]\\&=\frac{Q}{4\pi\varepsilon_0 r^3}[-3p\cos\alpha\boldsymbol{e}_r+p\cos\alpha\boldsymbol{e}_r+p\sin\alpha\boldsymbol{e}_\theta]\\&=\frac{Q}{4\pi\varepsilon_0 r^3}[-3p\cos\alpha\boldsymbol{e}_r+\boldsymbol{p}]=\frac{Q}{4\pi\varepsilon_0 r^3}[-3(\boldsymbol{p}\cdot\boldsymbol{e}_r)\boldsymbol{e}_r+\boldsymbol{p}]\\&=\frac{Q}{4\pi\varepsilon_0 r^3}\left[-\frac{3(\boldsymbol{p}\cdot\boldsymbol{r})\boldsymbol{r}}{r^2}+\boldsymbol{p}\right]\end{aligned}\tag{4}$$

1.2.39 如图 1.2.39(1)所示，电偶极矩分别为 $\boldsymbol{p}_1$ 和 $\boldsymbol{p}_2$ 的两个电偶极子，在同一直线上，方向相同，相距为 r.(1)试证明：它们之间相互作用力的大小为 $F=\dfrac{3p_1p_2}{2\pi\varepsilon_0 r^4}$，力的方向是，$\boldsymbol{p}_1$ 与 $\boldsymbol{p}_2$ 同方向时互相吸引；若 $\boldsymbol{p}_1$ 与 $\boldsymbol{p}_2$ 反方向，则互相排斥.(2)如果 $\boldsymbol{p}_1$ 和 $\boldsymbol{p}_2$ 是两个水分子的电偶极矩，它们的值为 $p_1=p_2=6.2\times10^{-30}\text{C}\cdot\text{m}$，它们间的距离为 10nm，试计算它们间相互作用力的值.

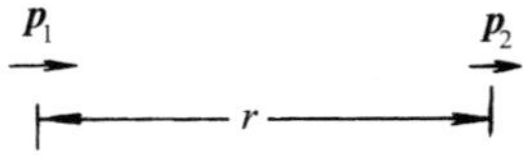

图 1.2.39(1)

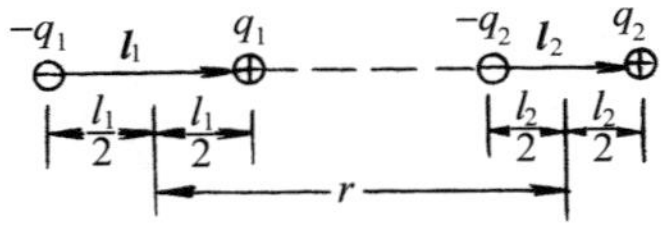

图 1.2.39(2)

【解】 (1)原始算法

设 $\boldsymbol{p}_1=q_1\boldsymbol{l}_1$，$\boldsymbol{p}_2=q_2\boldsymbol{l}_2$，它们的中心相距为 r，如图 1.2.39(2)所示，则 $\boldsymbol{p}_2$ 受 $\boldsymbol{p}_1$ 的作用力为

$$\boldsymbol{F}_2=q_2\boldsymbol{E}_+ +(-q_2)\boldsymbol{E}_- =q_2(\boldsymbol{E}_+ -\boldsymbol{E}_-)$$

$$=q_2\left\{\left[\frac{q_1}{4\pi\varepsilon_0}\frac{\boldsymbol{e}_{12}}{\left(r+\frac{l_2}{2}-\frac{l_1}{2}\right)^2}+\frac{-q_1}{4\pi\varepsilon_0}\frac{\boldsymbol{e}_{12}}{\left(r+\frac{l_2}{2}+\frac{l_1}{2}\right)^2}\right]\right.$$

$$\left.-\left[\frac{q_1}{4\pi\varepsilon_0}\frac{\boldsymbol{e}_{12}}{\left(r-\frac{l_2}{2}-\frac{l_1}{2}\right)^2}+\frac{-q_1}{4\pi\varepsilon_0}\frac{\boldsymbol{e}_{12}}{\left(r-\frac{l_2}{2}+\frac{l_1}{2}\right)^2}\right]\right\}$$

$$=\frac{q_1q_2\boldsymbol{e}_{12}}{4\pi\varepsilon_0 r^2}\left\{\left(1+\frac{l_2-l_1}{2r}\right)^{-2}-\left(1+\frac{l_2+l_1}{2r}\right)^{-2}\right.$$

$$\left.-\left(1-\frac{l_2+l_1}{2r}\right)^{-2}+\left(1-\frac{l_2-l_1}{2r}\right)^{-2}\right\} \tag{1}$$

式中 $\boldsymbol{e}_{12}$是 $\boldsymbol{p}_1$ 到 $\boldsymbol{p}_2$ 方向上的单位矢量. 因 l_1，$l_2\ll r$，故可用展开式

$$(1\pm x)^{-2}=1\mp 2x+3x^2\mp 4x^3+\cdots,\quad (x^2<1) \tag{2}$$

将式(1)大括号内的四项展开，略去$\left(\frac{l_2\pm l_1}{2r}\right)^3$项和更高次项，便得

$$\boldsymbol{F}_2=\frac{q_1q_2\boldsymbol{e}_{12}}{4\pi\varepsilon_0 r^2}\left\{\left[1-2\left(\frac{l_2-l_1}{2r}\right)+3\left(\frac{l_2-l_1}{2r}\right)^2\right]-\left[1-2\left(\frac{l_2+l_1}{2r}\right)+3\left(\frac{l_2+l_1}{2r}\right)^2\right]\right.$$

$$\left.-\left[1+2\left(\frac{l_2+l_1}{2r}\right)+3\left(\frac{l_2+l_1}{2r}\right)^2\right]+\left[1+2\left(\frac{l_2-l_1}{2r}\right)+3\left(\frac{l_2-l_1}{2}\right)^2\right]\right\}$$

$$=\frac{q_1q_2\boldsymbol{e}_{12}}{4\pi\varepsilon_0 r^2}\left\{-\frac{6l_1l_2}{r^2}\right\}=-\frac{3p_1p_2\boldsymbol{e}_{12}}{2\pi\varepsilon_0 r^4} \tag{3}$$

负号表示 $\boldsymbol{F}_2$ 的方向与 $\boldsymbol{e}_{12}$相反，即 $\boldsymbol{p}_1$ 和 $\boldsymbol{p}_2$ 间的相互作用力是吸引力. 若 $\boldsymbol{p}_1$ 与 $\boldsymbol{p}_2$ 反向，例如 $\boldsymbol{p}_2$ 向着 $\boldsymbol{p}_1$，则只须将(1)式中的 q_2 换成$-q_2$ 即得，这时算出的结果便为

$$\boldsymbol{F}_2=\frac{3p_1p_2\boldsymbol{e}_{12}}{2\pi\varepsilon_0 r^4},\quad (\boldsymbol{p}_1 \text{ 与 } \boldsymbol{p}_2 \text{ 反向}) \tag{4}$$

(2)两个水分子的电偶极矩之间相互作用力的大小为

$$F=\frac{3p^2}{2\pi\varepsilon_0 r^4}=\frac{2\times 9.0\times 10^9\times 3\times(6.2\times 10^{-30})^2}{(10\times 10^{-9})^4}=2.0\times 10^{-16}(\text{N}) \tag{5}$$

【别解】 用电偶极矩在外电场中受力的公式计算. 由前面 1.2.36 题的式(5)，电偶极矩 $\boldsymbol{p}$ 在外电场 $\boldsymbol{E}$ 中所受的力为

$$\boldsymbol{F}=(\boldsymbol{p}\cdot\nabla)\boldsymbol{E} \tag{6}$$

由前面 1.2.8 题的式(14)，$\boldsymbol{p}_1$ 在 $\boldsymbol{p}_2$ 处产生的电场强度为

$$\boldsymbol{E}=\frac{1}{4\pi\varepsilon_0 r^3}[3(\boldsymbol{p}_1\cdot\boldsymbol{e}_{12})\boldsymbol{e}_{12}-p_1\boldsymbol{e}_{12}]=\frac{\boldsymbol{p}_1}{2\pi\varepsilon_0}\frac{1}{r^3} \tag{7}$$

代入式(6)得

$$\boldsymbol{F}=(\boldsymbol{p}_2\cdot\nabla)\frac{\boldsymbol{p}_1}{2\pi\varepsilon_0}\frac{1}{r^3}=p_2\frac{\partial}{\partial r}\left(\frac{\boldsymbol{p}_1}{2\pi\varepsilon_0}\frac{1}{r^3}\right)$$

$$=-\frac{3p_2\boldsymbol{p}_1}{2\pi\varepsilon_0 r^4}=-\frac{3p_1p_2}{2\pi\varepsilon_0 r^4}\boldsymbol{e}_{12} \tag{8}$$

1.2.40 带电粒子在均匀外电场中运动时,它的轨迹是抛物线;试问这抛物线在什么情况下化为直线?

【解答】 当粒子的初速 $\boldsymbol{v}_0=0$ 时,或 $\boldsymbol{v}_0$ 平行于外电场的电场强度 $\boldsymbol{E}$ 时,即 $\boldsymbol{v}_0$ 没有垂直于 $\boldsymbol{E}$ 的分量时,它的轨迹便是直线.

1.2.41 质量为 m、电荷量为 q 的粒子在电场强度为 $\boldsymbol{E}$ 的均匀电场中运动,开始($t=0$)时位矢为 $\boldsymbol{r}_0$,速度为 $\boldsymbol{v}_0$,试证明,t 时刻它的位矢为 $\boldsymbol{r}=\frac{q}{2m}\boldsymbol{E}t^2+\boldsymbol{v}_0t+\boldsymbol{r}_0$.

【证】 粒子的运动方程为

$$m\frac{\mathrm{d}^2\boldsymbol{r}}{\mathrm{d}t^2}=q\boldsymbol{E} \tag{1}$$

对时间 t 积分并利用初始条件得

$$m\frac{\mathrm{d}\boldsymbol{r}}{\mathrm{d}t}=q\boldsymbol{E}t+m\boldsymbol{v}_0 \tag{2}$$

再对时间 t 积分并利用初始条件得

$$\boldsymbol{r}=\frac{q}{2m}\boldsymbol{E}t^2+\boldsymbol{v}_0t+\boldsymbol{r}_0 \tag{3}$$

其轨迹是抛物线.

1.2.42 静质量为 m、电荷量为 q 的粒子在电场强度为 $\boldsymbol{E}$ 的均匀电场中由静止开始沿 $\boldsymbol{E}$ 的方向运动,考虑狭义相对论,其运动方程为

$$\frac{\mathrm{d}}{\mathrm{d}t}\left(\frac{m\boldsymbol{v}}{\sqrt{1-\frac{v^2}{c^2}}}\right)=q\boldsymbol{E}$$

式中 $\boldsymbol{v}$ 是粒子的速度,c 是真空中光速. 设以出发点为原点,沿 $\boldsymbol{E}$ 的方向取 x 轴,则 $v=\frac{\mathrm{d}x}{\mathrm{d}t}$. (1)试求粒子的坐标 x 与时间 t 的关系;(2)试证明,当 $t\to\infty$ 时,粒子的速度趋于 c;(3)试验证,当 $\frac{qE}{mc}t\ll1$ 时,所得结果趋于非相对论的情况.

【解】 (1)因 $\boldsymbol{E}$ 沿 x 方向,故运动方程化为

$$\frac{\mathrm{d}}{\mathrm{d}t}\left(\frac{mv}{\sqrt{1-\frac{v^2}{c^2}}}\right)=qE \tag{1}$$

对时间 t 积分并利用初始条件 $v_0=0$ 得

$$\frac{mv}{\sqrt{1-\frac{v^2}{c^2}}}=qEt \tag{2}$$

所以

$$(mv)^2=(qEt)^2\left(1-\frac{v^2}{c^2}\right)$$

解得

$$v=\frac{\mathrm{d}x}{\mathrm{d}t}=\frac{qEct}{\sqrt{m^2c^2+q^2E^2t^2}} \tag{3}$$

对 t 积分并利用初始条件 $x_0=0$ 得

$$\begin{aligned}x&=\int_0^t\frac{qEct\,\mathrm{d}t}{\sqrt{m^2c^2+q^2E^2t^2}}=\frac{c}{qE}\sqrt{m^2c^2+q^2E^2t^2}-\frac{mc^2}{qE}\\&=\frac{mc^2}{qE}\left[\sqrt{1+\left(\frac{qEt}{mc}\right)^2}-1\right]\end{aligned} \tag{4}$$

(2)由式(3)得

$$\lim_{t\to\infty}v=\lim_{t\to\infty}\frac{qEct}{\sqrt{m^2c^2+q^2E^2t^2}}=c \tag{5}$$

(3)当$\frac{qE}{mc}t\ll1$时，由展开式

$$\sqrt{1+x^2}=1+\frac{1}{2}x^2-\frac{1}{8}x^4+\cdots,\quad x^2<1 \tag{6}$$

将式(4)中的根号展开，略去高次项便得

$$x=\frac{mc^2}{qE}\left[1+\frac{1}{2}\left(\frac{qEt}{mc}\right)^2-1\right]=\frac{qE}{2m}t^2 \tag{7}$$

这正是非相对论的情况.

1.2.43 一示波管用电场使电子偏转，如图 1.2.43 所示，偏转电极长为 $l=1.5\text{cm}$，两极间是均匀电场，电场强度 $\boldsymbol{E}$ 的大小为 $E=1.2\times10^4\text{V/m}$. 一电子以初速度 $\boldsymbol{v}_0$ 进入这个电场，$\boldsymbol{v}_0$ 与 $\boldsymbol{E}$ 垂直. 已知电子质量为 $m=9.1\times10^{-31}\text{kg}$，电荷量的大小为 $e=1.6\times10^{-19}\text{C}$，初速度为 $v_0=2.6\times10^7\text{m/s}$，试求电子经过电极所发生的偏转 y.

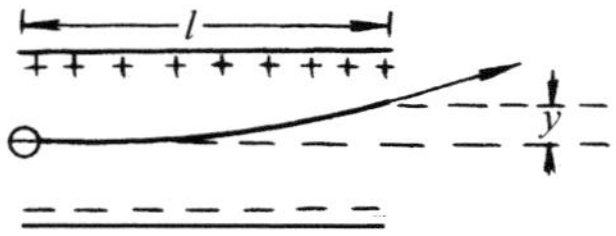

图 1.2.43

【解】 由电子的运动方程得

$$m\frac{\mathrm{d}v_x}{\mathrm{d}t}=0 \tag{1}$$

$$m\frac{\mathrm{d}v_y}{\mathrm{d}t}=eE \tag{2}$$

由式(1)得

$$v_x=v_0 \tag{3}$$

由式(2)和初始条件得

$$v_y=\frac{\mathrm{d}y}{\mathrm{d}t}=\frac{eE}{m}t \tag{4}$$

所以

$$y=\frac{eE}{2m}t^2$$

因为

$$l=v_x t=v_0 t \tag{5}$$

于是得所求的偏转为

$$y=\frac{eE}{2m}\left(\frac{l}{v_0}\right)^2=\frac{1.6\times10^{-19}\times1.2\times10^4}{2\times9.1\times10^{-31}}\times\left(\frac{1.5\times10^{-2}}{2.6\times10^7}\right)^2$$

$$=3.5\times10^{-4}(\mathrm{m}) \tag{6}$$

1.2.44　一电子以 $v_0=5.0\times10^7\,\mathrm{m/s}$ 的初速度射入电场强度为 $\boldsymbol{E}$ 的均匀电场中，$E=2.5\times10^5\,\mathrm{V/m}$. 因 $\boldsymbol{v}_0$ 与 $\boldsymbol{E}$ 的方向相同，电子因受电场力而减速. 已知电子的质量为 $m=9.1\times10^{-31}\,\mathrm{kg}$，电荷量的大小为 $e=1.6\times10^{-19}\,\mathrm{C}$，试问这电子能穿入电场多少距离？以后它会怎样？它处在电场中的时间有多长？

【解】　以电子进入电场处为原点，沿电场强度 $\boldsymbol{E}$ 的方向取 x 轴，则电子的运动方程为

$$m\frac{\mathrm{d}^2x}{\mathrm{d}t^2}=-eE \tag{1}$$

积分并利用初始条件 $t=0$ 时，$x_0=0$，$v=v_0$，便得

$$v=\frac{\mathrm{d}x}{\mathrm{d}t}=-\frac{eE}{m}t+v_0 \tag{2}$$

所以

$$x=-\frac{eE}{2m}t^2+v_0 t \tag{3}$$

由式(2)得，电子速度 $v=0$ 时

$$t_d=\frac{mv_0}{eE} \tag{4}$$

代入式(3)，得电子穿入电场的距离为

$$x_d=-\frac{eE}{2m}\left(\frac{mv_0}{eE}\right)^2+v_0\frac{mv_0}{eE}=\frac{1}{2}\frac{mv_0^2}{eE} \tag{5}$$

代入数值得

$$x_d=\frac{1}{2}\times\frac{9.1\times10^{-31}\times(5.0\times10^7)^2}{1.6\times10^{-19}\times2.5\times10^5}=2.8\times10^{-2}(\mathrm{m}) \tag{6}$$

以后电子将沿原路退出电场，离开电场时的速度为 $-\boldsymbol{v}_0$.

电子处在电场中的时间为

$$t=2t_d=\frac{2mv_0}{eE}=\frac{2\times9.1\times10^{-31}\times5.0\times10^{7}}{1.6\times10^{-19}\times2.5\times10^{5}}$$

$$=2.3\times10^{-9}(\mathrm{s}) \tag{7}$$

1.2.45 竖直放置的两块平行金属板 A、B 间有均匀电场,电场强度 $\boldsymbol{E}$ 的方向与板面垂直并由 A 指向 B,已知板长为 l[图 1.2.45(1)].有一正离子以初速度 $\boldsymbol{v}_0$ 沿 A 板边缘竖直向下飞入电场中.试问这离子在电场中运动多长时间,突然使电场反向(即 $\boldsymbol{E}$ 突然变为 $-\boldsymbol{E}$),就能使它恰好从 A 板的下边缘飞出?重力比电场力小很多,可以略去不计.

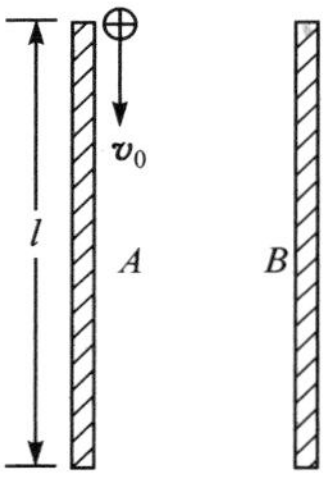

图 1.2.45(1)

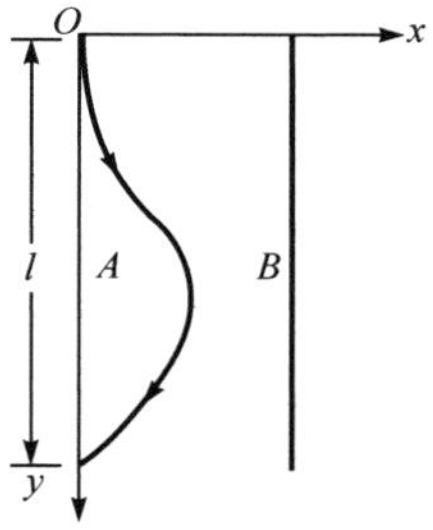

图 1.2.45(2)

【解】 以离子进入电场处为原点 O,沿水平方向取 x 轴,竖直向下取 y 轴,如图 1.2.45(2)所示.设离子在 $t=0$ 时进入电场,电场在 t_1 时反向,离子的电荷量为 q,质量为 m,则有

$$x_1=\frac{1}{2}at_1^2=\frac{qE}{2m}t_1^2 \tag{1}$$

$$y_1=v_0t_1 \tag{2}$$

电场反向后,则在 $t\geqslant t_1$ 时有

$$x=\frac{1}{2}(-a)(t-t_1)^2+v_1(t-t_1)+x_1$$

$$=-\frac{qE}{2m}(t-t_1)^2+\frac{qE}{m}t_1(t-t_1)+\frac{qE}{2m}t_1^2 \tag{3}$$

$$y=v_0t \tag{4}$$

离子恰好从 A 板的下边缘飞出的条件为 $y=l$,$x=0$.于是式(3)给出

$$-(t-t_1)^2+2t_1(t-t_1)+t_1^2=0 \tag{5}$$

所以

$$2t_1^2-4tt_1+t^2=0 \tag{6}$$

式(4)给出

$$t=\frac{l}{v_0} \tag{7}$$

将式(7)代入式(6)解出 t_1 得

$$t_1=\left(1\pm\frac{\sqrt{2}}{2}\right)\frac{l}{v_0} \tag{8}$$

因为 $t_1<l/v_0$，故上式只能取负号. 于是得到所求的时间为

$$t_1=\left(1-\frac{\sqrt{2}}{2}\right)\frac{l}{v_0} \tag{9}$$

1.2.46　电场线是带单位正电荷量的粒子运动的轨迹吗？带电粒子会沿电场线运动吗？为什么？

【解答】　电场线是物理学上假想的曲线，用它来描述电场强度在空间分布的大致轮廓，而不是带单位正电荷量的粒子运动的轨迹. 因为电场线的方向是带正电荷的粒子受力的方向，根据力学定律，粒子受力的方向不一定是粒子运动（速度）的方向. 带电粒子在电场强度为 $\boldsymbol{E}$ 的电场中运动时，只有在特殊情况下，才会沿电场线运动，例如在 $\boldsymbol{E}$ 为均匀电场且粒子的初速 $\boldsymbol{v}_0$ 平行于 $\boldsymbol{E}$ 的条件下，带电粒子便会沿电场线运动.

1.2.47　两个相同的点电荷，在它们连线的中点，电场线是否相交？为什么？

【解答】　不相交. 因为在这一点，$\boldsymbol{E}=0$，所以这一点不能有电场线通过. 请参看张之翔《电磁学教学参考》（北京大学出版社，2015），4—5 页.

1.2.48　两个等量异号的点电荷，相距为 l，以它们连线的中点为原点，连线为 x 轴，取笛卡儿坐标系，如图 1.2.48(1)所示. 试证明：在 xy 平面内，它们的过 $(0,a)$ 点的电场线方程为

$$\frac{x+l/2}{\sqrt{(x+l/2)^2+y^2}}-\frac{x-l/2}{\sqrt{(x-l/2)^2+y^2}}=\frac{2l}{\sqrt{l^2+4a^2}}$$

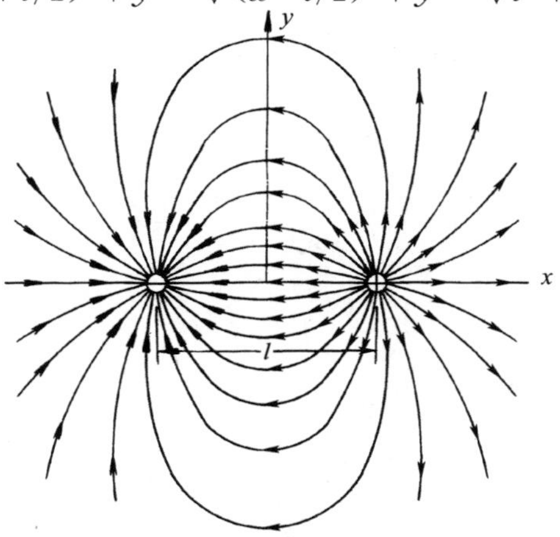

图 1.2.48(1)

【证】 根据电场强度叠加原理，xy 平面内 $P(x,y)$ 点的电场强度为

$$\boldsymbol{E}=\boldsymbol{E}_{+}+\boldsymbol{E}_{-} \tag{1}$$

式中 $\boldsymbol{E}_{+}$ 和 $\boldsymbol{E}_{-}$ 分别为点电荷 q 和 $-q$ 所产生的电场强度. 由图 1.2.48(2)可见，$\boldsymbol{E}$ 的 x 分量和 y 分量分别为

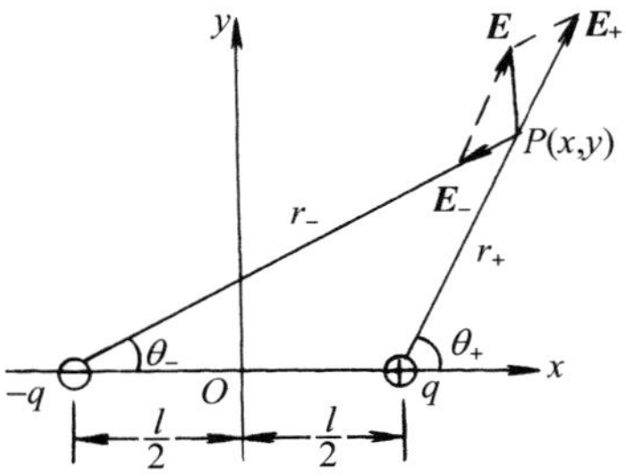

图 1.2.48(2)

$$\begin{aligned}E_x&=E_{+x}-E_{-x}=E_{+}\cos\theta_{+}-E_{-}\cos\theta_{-}\\&=\frac{q}{4\pi\varepsilon_0 r_{+}^2}\frac{x-l/2}{r_{+}}-\frac{q}{4\pi\varepsilon_0 r_{-}^2}\frac{x+l/2}{r_{-}}\\&=\frac{q}{4\pi\varepsilon_0}\left[\frac{x-l/2}{r_{+}^3}-\frac{x+l/2}{r_{-}^3}\right]\end{aligned} \tag{2}$$

$$\begin{aligned}E_y&=E_{+y}-E_{-y}=E_{+}\sin\theta_{+}-E_{-}\sin\theta_{-}\\&=\frac{q}{4\pi\varepsilon_0 r_{+}^2}\frac{y}{r_{+}}-\frac{q}{4\pi\varepsilon_0 r_{-}^2}\frac{y}{r_{-}}\\&=\frac{q}{4\pi\varepsilon_0}\left[\frac{y}{r_{+}^3}-\frac{y}{r_{-}^3}\right]\end{aligned} \tag{3}$$

式中

$$r_{+}=\sqrt{(x-l/2)^2+y^2},\quad r_{-}=\sqrt{(x+l/2)^2+y^2} \tag{4}$$

$\boldsymbol{E}$ 的方向就是电场线的切线方向，故电场线满足方程

$$\frac{\mathrm{d}y}{\mathrm{d}x}=\frac{E_y}{E_x}=\frac{\dfrac{y}{r_{+}^3}-\dfrac{y}{r_{-}^3}}{\dfrac{x-l/2}{r_{+}^3}-\dfrac{x+l/2}{r_{-}^3}} \tag{5}$$

由上式得

$$\frac{1}{r_{+}^3}\left[y-\left(x-\frac{l}{2}\right)\frac{\mathrm{d}y}{\mathrm{d}x}\right]=\frac{1}{r_{-}^3}\left[y-\left(x+\frac{l}{2}\right)\frac{\mathrm{d}y}{\mathrm{d}x}\right] \tag{6}$$

下面就来解这个微分方程. 两边乘以 y 得

$$\frac{1}{r_{+}^3}\left[y^2-\left(x-\frac{l}{2}\right)y\frac{\mathrm{d}y}{\mathrm{d}x}\right]=\frac{1}{r_{-}^3}\left[y^2-\left(x+\frac{l}{2}\right)y\frac{\mathrm{d}y}{\mathrm{d}x}\right] \tag{7}$$

此式左边可化为

$$\begin{aligned}&\frac{1}{r_{+}^3}\left[y^2-\left(x-\frac{l}{2}\right)y\frac{\mathrm{d}y}{\mathrm{d}x}\right]\\=&\frac{1}{r_{+}^3}\left[\left(x-\frac{l}{2}\right)^2+y^2-\left(x-\frac{l}{2}\right)^2-\left(x-\frac{l}{2}\right)y\frac{\mathrm{d}y}{\mathrm{d}x}\right]\end{aligned}$$

$$=\frac{1}{r_+^3}\left[r_+^2-\left(x-\frac{l}{2}\right)^2-\left(x-\frac{l}{2}\right)y\frac{\mathrm{d}y}{\mathrm{d}x}\right]$$

$$=\frac{1}{r_+}-\frac{x-\frac{l}{2}}{r_+^3}\left[\left(x-\frac{l}{2}\right)+y\frac{\mathrm{d}y}{\mathrm{d}x}\right]$$

$$=\frac{1}{r_+}-\frac{x-\frac{l}{2}}{r_+^3}\frac{1}{2}\frac{\mathrm{d}}{\mathrm{d}x}\left[\left(x-\frac{l}{2}\right)^2+y^2\right]$$

$$=\frac{1}{r_+}-\frac{x-\frac{l}{2}}{r_+^3}\frac{1}{2}\frac{\mathrm{d}r_+^2}{\mathrm{d}x}=\frac{1}{r_+}-\frac{x-\frac{l}{2}}{r_+^2}\frac{\mathrm{d}r_+}{\mathrm{d}x}$$

$$=\frac{1}{r_+}+\left(x-\frac{l}{2}\right)\frac{\mathrm{d}}{\mathrm{d}x}\left(\frac{1}{r_+}\right)=\frac{\mathrm{d}}{\mathrm{d}x}\left(\frac{x-\frac{l}{2}}{r_+}\right) \tag{8}$$

同样,式(7)右边可化为

$$\frac{1}{r_-^3}\left[y^2-\left(x+\frac{l}{2}\right)y\frac{\mathrm{d}y}{\mathrm{d}x}\right]=\frac{\mathrm{d}}{\mathrm{d}x}\left(\frac{x+\frac{l}{2}}{r_-}\right) \tag{9}$$

将式(8)、(9)代入式(6)便得

$$\frac{\mathrm{d}}{\mathrm{d}x}\left[\frac{x+\frac{l}{2}}{r_-}-\frac{x-\frac{l}{2}}{r_+}\right]=0 \tag{10}$$

积分便得

$$\frac{x+l/2}{r_-}-\frac{x-l/2}{r_+}=\frac{x+l/2}{\sqrt{(x+l/2)^2+y^2}}-\frac{x-l/2}{\sqrt{(x-l/2)^2+y^2}}=C \tag{11}$$

因 $x=0$ 时 $y=a$,故得积分常数为

$$C=2\frac{l/2}{\sqrt{(l/2)^2+a^2}}=\frac{2l}{\sqrt{l^2+4a^2}} \tag{12}$$

最后便得所求的电场线方程为

$$\frac{x+l/2}{\sqrt{(x+l/2)^2+y^2}}-\frac{x-l/2}{\sqrt{(x-l/2)^2+y2}}=\frac{2l}{\sqrt{l^2+4a^2}} \tag{13}$$

【讨论】 与 x 轴重合的电场线.

一、式(13)中 $a=0$ 的电场线与两电荷之间的那段 x 轴重合. 令式(13)中的 $a=0$,便得

$$\frac{x+l/2}{\sqrt{(x+l/2)^2+y^2}}-\frac{x-l/2}{\sqrt{(x-l/2)^2+y^2}}=2 \tag{14}$$

上式经过两次平方，消去根式后，便得出

$$y=0 \tag{15}$$

这正是 x 轴的方程. 这表明，$a=0$ 的式(13)便是两电荷之间与 x 轴重合的那条电场线.

有人指出，式(13)中令 $y=0$ 会出现矛盾. 因为这时式(13)右边等于 2(因为 $a=0$)，而左边则为

$$\frac{x+l/2}{\sqrt{(x+l/2)^2}}-\frac{x-l/2}{\sqrt{(x-l/2)^2}}=\frac{x+l/2}{x+l/2}-\frac{x-l/2}{x-l/2}=1-1=0$$

这是不对的. 因为 $\sqrt{(x+l/2)^2+y^2}=r_+$ 和 $\sqrt{(x-l/2)^2+y^2}=r_-$ 都代表距离，它们都应是正值，即 $\sqrt{(x+l/2)^2+y^2}\geqslant 0$，$\sqrt{(x-l/2)^2+y^2}\geqslant 0$. 对两电荷之间的那段 x 轴来说，$y=0$，$-l/2\leqslant x\leqslant l/2$，故 $\sqrt{(x-l/2)^2+y^2}=-(x-l/2)\geqslant 0$. 所以 $y=0$ 时，式(14)左边应为

$$\frac{x+l/2}{\sqrt{(x+l/2)^2}}-\frac{x-l/2}{\sqrt{(x-l/2)^2}}=\frac{x+l/2}{x+l/2}-\frac{x-l/2}{-(x-l/2)}$$

$$=1+1=2 \tag{16}$$

二、式(13)中 $a\to\infty$ 的电场线与两电荷之外的 x 轴重合. 令式(13)中的 $a\to\infty$，便得

$$\frac{x+l/2}{\sqrt{(x+l/2)^2+y^2}}-\frac{x-l/2}{\sqrt{(x-l/2)^2+y^2}}=0 \tag{17}$$

平方，消去根号便得

$$y=0 \tag{18}$$

这正是 x 轴的方程.

1.2.49 两个等量同号的点电荷，相距为 l，以它们连线的中点为原点，连线为 x 轴，取笛卡儿坐标系，如图 1.2.49(1)所示. 试证明：在 xy 平面内，它们的电场线的方程为

$$\frac{x+l/2}{\sqrt{(x+l/2)^2+y^2}}+\frac{x-l/2}{\sqrt{(x-l/2)^2+y^2}}=C$$

式中 C 为常数.

【证】 根据电场强度叠加原理，xy 平面内 $P(x,y)$ 点的电场强度为

$$\boldsymbol{E}=\boldsymbol{E}_++\boldsymbol{E}_- \tag{1}$$

式中 $\boldsymbol{E}_+$ 和 $\boldsymbol{E}_-$ 分别是在 $x=l/2$ 和 $-l/2$ 处的点电荷所产生的电场强度. 由 1.2.49(2)可见，$\boldsymbol{E}$ 的

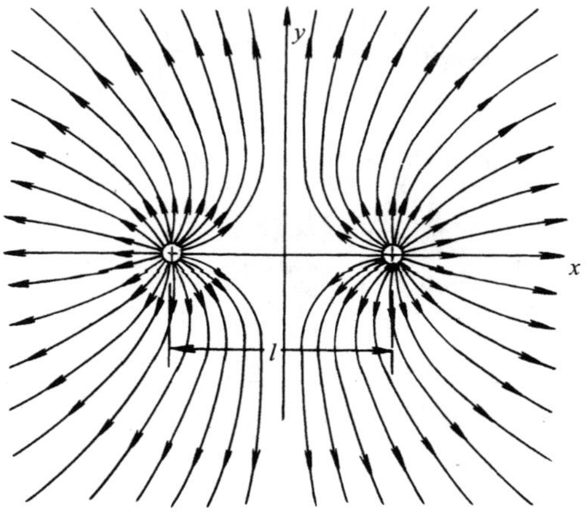

图 1.2.49(1)

x 分量和 y 分量分别为

$$E_x = E_{+x} + E_{-x} = E_+ \cos\theta_+ + E_- \cos\theta_-$$
$$= \frac{q}{4\pi\varepsilon_0}\frac{1}{r_+^2}\frac{x-l/2}{r_+} + \frac{q}{4\pi\varepsilon_0}\frac{1}{r_-^2}\frac{x+l/2}{r_-}$$
$$= \frac{q}{4\pi\varepsilon_0}\left[\frac{x-l/2}{r_+^3} + \frac{x+l/2}{r_-^3}\right] \tag{2}$$

$$E_y = E_{+y} + E_{-y} = E_+ \sin\theta_+ + E_- \sin\theta_-$$
$$= \frac{q}{4\pi\varepsilon_0}\left[\frac{1}{r_+^2}\frac{y}{r_+} + \frac{1}{r_-^3}\frac{y}{r_-}\right]$$
$$= \frac{q}{4\pi\varepsilon_0}\left[\frac{y}{r_+^3} + \frac{y}{r_-^3}\right] \tag{3}$$

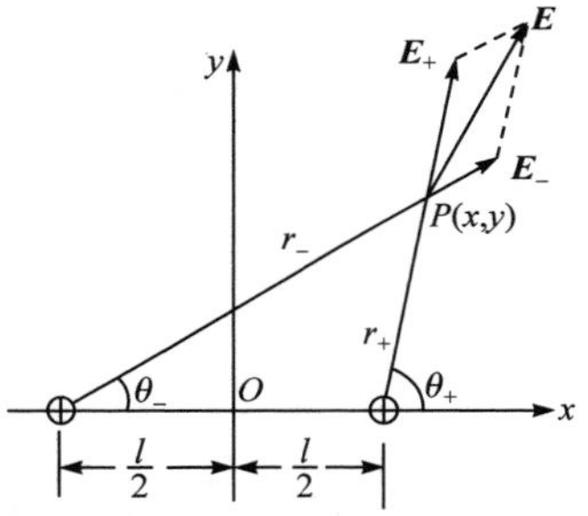

图 1.2.49(2)

式中

$$r_+ = \sqrt{(x-l/2)^2 + y^2}, \quad r_- = \sqrt{(x+l/2)^2 + y^2} \tag{4}$$

$\boldsymbol{E}$ 的方向就是电场线的切线方向,故电场线满足方程

$$\frac{\mathrm{d}y}{\mathrm{d}x} = \frac{E_y}{E_x} = \frac{\dfrac{y}{r_+^3} + \dfrac{y}{r_-^3}}{\dfrac{x-l/2}{r_+^3} + \dfrac{x+l/2}{r_-^3}} \tag{5}$$

所以

$$\frac{y}{r_+^3} + \frac{y}{r_-^3} = \left[\frac{x-l/2}{r_+^3} + \frac{x+l/2}{r_-^3}\right]\frac{\mathrm{d}y}{\mathrm{d}x}$$

将 r_+ 和 r_- 分开得

$$\frac{1}{r_+^3}\left[y-(x-l/2)\frac{\mathrm{d}y}{\mathrm{d}x}\right]=-\frac{1}{r_-^3}\left[y-(x+l/2)\frac{\mathrm{d}y}{\mathrm{d}x}\right] \tag{6}$$

乘以 y 得

$$\frac{1}{r_+^3}\left[y^2-(x-l/2)y\frac{\mathrm{d}y}{\mathrm{d}x}\right]=-\frac{1}{r_-^3}\left[y^2-(x+l/2)y\frac{\mathrm{d}y}{\mathrm{d}x}\right] \tag{7}$$

此式右边可化为[参见前面 1.2.48 题的式(8)]

$$\frac{1}{r_+^3}\left[y^2-(x-l/2)y\frac{\mathrm{d}y}{\mathrm{d}x}\right]=\frac{\mathrm{d}}{\mathrm{d}x}\left(\frac{x-l/2}{r_+}\right) \tag{8}$$

右边可化为

$$-\frac{1}{r^3}\left[y^2-(x+l/2)y\frac{\mathrm{d}y}{\mathrm{d}x}\right]=-\frac{\mathrm{d}}{\mathrm{d}x}\left(\frac{x+l/2}{r_-}\right) \tag{9}$$

将式(8)、(9)代入式(6)便得

$$\frac{\mathrm{d}}{\mathrm{d}x}\left[\frac{x+l/2}{r_-}+\frac{x-l/2}{r_+}\right]=0 \tag{10}$$

积分便得

$$\frac{x+l/2}{r_-}+\frac{x-l/2}{r_+}=C \tag{11}$$

代入 r_+ 和 r_- 的值,最后便得

$$\frac{x+l/2}{\sqrt{(x+l/2)^2+y^2}}+\frac{x-l/2}{\sqrt{(x-l/2)^2+y^2}}=C \tag{12}$$

1.3　高斯定理

【关于高斯定理】 1840 年(我国清代道光二十年),德国著名数学家高斯(J. C. F. Gauss,1777—1855)发表论文《关于与距离的平方成反比的吸引力和排斥力的普遍定理》,由与距离的平方成反比的定律出发,推出了著名的普遍定理(现在通称为高斯定理),把库仑定律提到了新的高度,成为后来麦克斯韦方程组的基础之一. 在求静电场的电场强度方面,应用高斯定理,很容易求出一些有对称分布的电荷所产生的电场强度.

1.3.1　高斯定理的表达式为 $\oiint_S \boldsymbol{E}\cdot\mathrm{d}\boldsymbol{S}=\frac{1}{\varepsilon_0}Q$. 为什么此式左边的 $\boldsymbol{E}$ 是高斯面 S 内外所有电荷产生的电场强度,而右边的 Q 却只是 S 内的电荷而不包括 S 外的电荷呢?

【解答】 因为 S 外任何电荷产生的电场强度 $\boldsymbol{E}$,其积分 $\oiint_S \boldsymbol{E}\cdot\mathrm{d}\boldsymbol{S}=0$.

1.3.2　有人认为:(1)如果高斯面上处处 $\boldsymbol{E}$ 为零,则该面内必无电荷;(2)如果高斯面内无电荷,则高斯面上处处 $\boldsymbol{E}$ 为零;(3)如果高斯面上处处 $\boldsymbol{E}$ 不为零,则

高斯面内必有电荷；(4)如果高斯面内有电荷，则高斯面上处处 $\boldsymbol{E}$ 不为零. 你认为以上这些说法是否正确？试分别举例说明.

【解答】 (1)不一定. 例如电荷量 Q 均匀分布在半径为 R_1 的球面上，电荷量 $-Q$ 均分布在半径为 $R_2(\neq R_1)$ 的同心球面上，则在两球面外作任何高斯面 S，S 上处处 $\boldsymbol{E}$ 为零，但 S 内有电荷.

(2)不一定. 例如空间有一点电荷，作一高斯面 S 不包住这个电荷，这时 S 面内无电荷，但 S 上处处 $\boldsymbol{E}$ 不为零.

(3)不一定. 例如空间有一点电荷，作一高斯面 S 不包住这个电荷，这时 S 上处处 $\boldsymbol{E}$ 不为零，但 S 内无电荷.

(4)不一定. 如上面(1)的例子，高斯面 S 内有电荷，但 S 上处处 $\boldsymbol{E}$ 为零.

1.3.3　电荷量 Q 均匀分布在一个球面上，在球心有一电荷量为 q 的点电荷. 由对称性和高斯定理可知：球面上的电荷量 Q 在球心产生的电场强度为零，因此，Q 作用在 q 上的力为零. 但 q 在球面上产生的电场强度不为零，因而 q 有力作用在 Q 上. 你认为这有矛盾吗？

【解答】 没有矛盾. Q 作用在 q 上的力为零，是指球面上各处的电荷作用在 q 上的合力为零；反过来，由对称性可知，球面上所有电荷受 q 作用的力之和也是零，这一点从对称性很容易明白. 至于局部，q 对球面上某处的电荷有作用力，该处的电荷对 q 也有作用力，而且这两个力大小相等，方向相反，遵守牛顿第三定律.

1.3.4　为了使电场线不仅表示电场强度 $\boldsymbol{E}$ 的方向，而且也表示 $\boldsymbol{E}$ 的大小，有人对电场线作如下规定：在电场中任一点，通过垂直于电场强度 $\boldsymbol{E}$ 的单位面积的电场线数目，等于该点 $\boldsymbol{E}$ 的量值. 根据这个规定，一个质子发出多少条电场线？

【解答】 根据这个规定，由高斯定理得出：电荷量为 $e=1.6\times10^{-19}\,\text{C}$ 的质子所发出的电场线数目为

$$N=\oint\!\!\!\oint_S \boldsymbol{E}\cdot \mathrm{d}\boldsymbol{S}=\frac{e}{\varepsilon_0}=\frac{1.6\times10^{-19}}{8.854\times10^{-12}}=1.8\times10^{-8}$$

这个结果显然是没有意义的. 这表明，想用电场线定量地描述电场强度是不恰当的. 电场线只能描述电场的大致轮廓，而不能据以确定某点电场强度的准确值. 费曼说："场线只不过是描写场的一种草率办法，要用场线直接给出那些正确而又定量的定律来，那是很困难的."[《费曼物理学讲义》，第二卷(上海科学技术出版社，1981)，9 页]

1.3.5　电荷量 Q_1 均匀分布在半径为 R_1 的球面上，电荷量 Q_2 均匀分布在半径为 R_2 的同心球面上，如图 1.3.5 所示. (1)试求离球心为 r 处的电场强度 $\boldsymbol{E}$；(2)当 $Q_2=-Q_1$ 时各处的 $\boldsymbol{E}$ 如何？

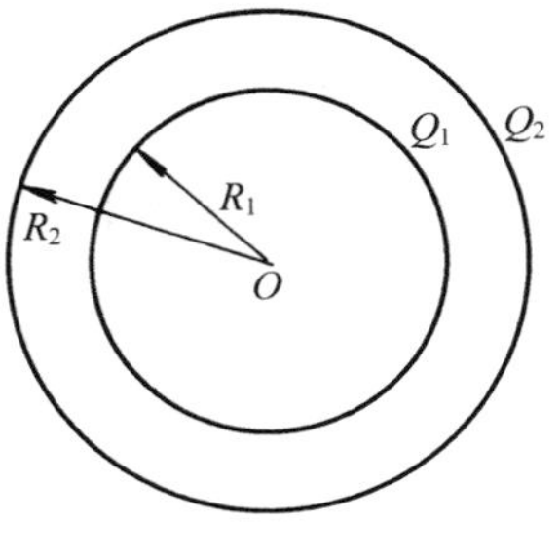

图 1.3.5

【解】 (1)以球心为心，r 为半径作球面(高斯面)S，根据对称

性可知，S 上各点的电场强度 $\boldsymbol{E}$ 大小相等，故 $\boldsymbol{E}$ 对 S 的面积分为

$$\oint\!\!\!\oint_S \boldsymbol{E}\cdot d\boldsymbol{S}=\oint\!\!\!\oint_S E\,dS=E\oint\!\!\!\oint_S dS=E\cdot 4\pi r^2=4\pi r^2 E \tag{1}$$

于是由高斯定理得

$$\oint\!\!\!\oint_S \boldsymbol{E}\cdot d\boldsymbol{S}=4\pi r^2 E=\frac{1}{\varepsilon_0}Q=\begin{cases}0,\ r<R_1\\ \dfrac{1}{\varepsilon_0}Q_1,\ R_1<r<R_2\\ \dfrac{1}{\varepsilon_0}(Q_1+Q_2),\ r>R_2\end{cases} \tag{2}$$

令 $\boldsymbol{r}$ 表示从球心到场点的位矢，则由上式得

$$\boldsymbol{E}=0,\qquad r<R_1 \tag{3}$$

$$\boldsymbol{E}=\frac{Q_1}{4\pi\varepsilon_0}\frac{\boldsymbol{r}}{r^3},\qquad R_1<r<R_2 \tag{4}$$

$$\boldsymbol{E}=\frac{Q_1+Q_2}{4\pi\varepsilon_0}\frac{\boldsymbol{r}}{r^3},\qquad r>R_2 \tag{5}$$

(2)当 $Q_2=-Q_1$ 时，各处的 $\boldsymbol{E}$ 如下：

$$\boldsymbol{E}=0,\qquad r<R_1 \text{ 和 } r>R_2 \tag{6}$$

$$\boldsymbol{E}=\frac{Q_1}{4\pi\varepsilon_0}\frac{\boldsymbol{r}}{r^3},\qquad R_1<r<R_2 \tag{7}$$

1.3.6 半径分别为 R_1 和 R_2 的两个同心球面都均匀带电，已知大球面上电荷量的面密度为 σ（图 1.3.6），大球面以外的电场强度为零.试求(1)小球面上电荷量的面密度；(2)两球面间离球心为 r 处的电场强度 $\boldsymbol{E}$；(3)小球面内的电场强度 $\boldsymbol{E}_i$.

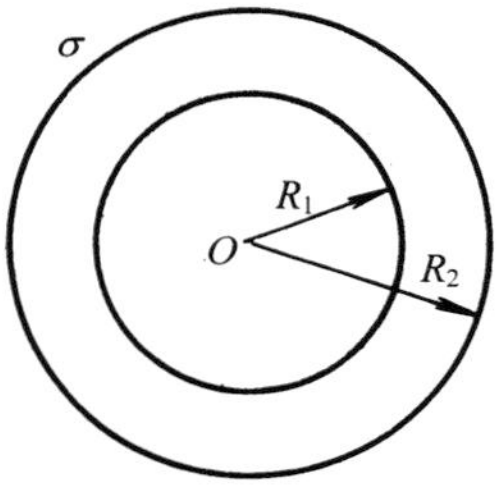

图 1.3.6

【解】(1)设小球面上电荷量的面密度为 σ'，则以球心为心，$r(>R_2)$为半径作球面（高斯面）S，由对称性和高斯定理得

$$\oint\!\!\!\oint_S \boldsymbol{E}\cdot d\boldsymbol{S}=4\pi r^2 E=\frac{1}{\varepsilon_0}(4\pi R_1^2\sigma'+4\pi R_2^2\sigma) \tag{1}$$

因 $E=0$，故得

$$\sigma'=-\left(\frac{R_2}{R_1}\right)^2\sigma \tag{2}$$

(2)在两球面间取半径为 r 的同心球面 S 作为高斯面，由对称性和高斯定理得

$$\oint\!\!\!\oint_S \boldsymbol{E}\cdot d\boldsymbol{S}=4\pi r^2 E=\frac{1}{\varepsilon_0}4\pi R_1^2\sigma'=-\frac{1}{\varepsilon_0}4\pi R_2^2\sigma \tag{3}$$

所以

$$\boldsymbol{E}=-\frac{\sigma R_2^2}{\varepsilon_0}\frac{\boldsymbol{r}}{r^3} \tag{4}$$

式中 $\boldsymbol{r}$ 是球心到场点的位矢.

(3)在小球面内取半径为 r 的同心球面,由对称性和高斯定理得

$$\oiint_S \boldsymbol{E}_i \cdot \mathrm{d}\boldsymbol{S} = 4\pi r^2 E_i = 0 \tag{5}$$

所以

$$\boldsymbol{E}_i = 0 \tag{6}$$

1.3.7 一球壳体的内外半径分别为 a 和 b,壳体中均匀分布着电荷,电荷量密度为 ρ[图 1.3.7(1)].试求离球心为 r 处的电场强度 $\boldsymbol{E}$,并画出 E-r 曲线(以 r 为横坐标、$\boldsymbol{E}$ 的大小 E 为纵坐标的 E 与 r 的关系曲线).

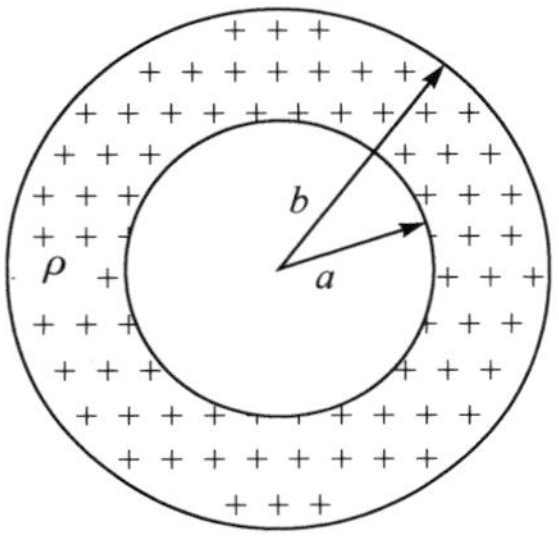

图 1.3.7(1)

【解】 以球壳心为心、r 为半径作球面(高斯面)S,由对称性和高斯定理得

$$\oiint_S \boldsymbol{E} \cdot \mathrm{d}\boldsymbol{S} = 4\pi r^2 E = \frac{1}{\varepsilon_0} Q \tag{1}$$

式中 Q 是 S 所包住的电荷量的代数和.

$r<a$(壳体腔内):$Q=0$,故 $E=0$,所以

$$\boldsymbol{E}=0 \tag{2}$$

$a<r<b$(壳体中):$Q=\rho \cdot \frac{4\pi}{3}(r^3-a^3)=\frac{4\pi}{3}\rho(r^3-a^3)$,所以

$$\boldsymbol{E}=\frac{\rho}{3\varepsilon_0}(r^3-a^3)\frac{\boldsymbol{r}}{r^3} \tag{3}$$

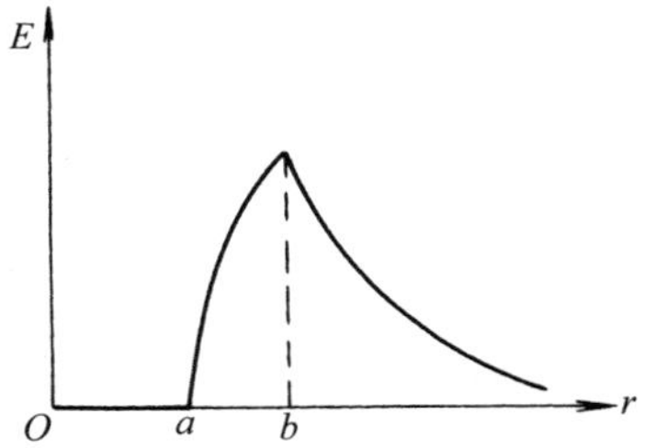

图 1.3.7(2)

$r>b$(壳体外):$Q=\rho \cdot \frac{4\pi}{3}(b^3-a^3)=\frac{4\pi}{3}\rho(b^3-a^3)$,所以

$$\boldsymbol{E}=\frac{\rho}{3\varepsilon_0}(b^3-a^3)\frac{\boldsymbol{r}}{r^3} \tag{4}$$

式中 $\boldsymbol{r}$ 为从球壳心到场点的位矢.

根据式(2)、(3)、(4)画出的 E-r 曲线如图 1.3.7(2)所示,其中 0 至 a 间是 $E=0$.

1.3.8 电荷量 q 均匀地分布在半径为 R 的球体内,试求离球心为 r 处的电场强度 $\boldsymbol{E}$,并画出 $\boldsymbol{E}$ 的大小 E 与 r 的关系曲线.

【解】 以球心为心、r 为半径作球面(高斯面)S,由对称性和高斯定理得

$$\oiint_S \boldsymbol{E} \cdot \mathrm{d}\boldsymbol{S} = 4\pi r^2 E = \frac{1}{\varepsilon_0} Q \tag{1}$$

式中 Q 是 S 所包住的电荷量的代数和. 当 $r<R$ 时

$$Q=\rho\cdot\frac{4\pi}{3}r^3=\frac{3q}{4\pi R^3}\cdot\frac{4\pi}{3}r^3=\frac{q}{R^3}r^3 \tag{2}$$

所以

$$E=\frac{qr}{4\pi\varepsilon_0 R^3} \tag{3}$$

$$\boldsymbol{E}=\frac{q\boldsymbol{r}}{4\pi\varepsilon_0 R^3} \tag{4}$$

当 $r>R$ 时,$Q=q$,故

$$\boldsymbol{E}=\frac{q\boldsymbol{r}}{4\pi\varepsilon_0 r^3} \tag{5}$$

式中 $\boldsymbol{r}$ 为球心到场点的位矢.

根据式(3)、(5)画出的 E-r 曲线如图 1.3.8 所示.

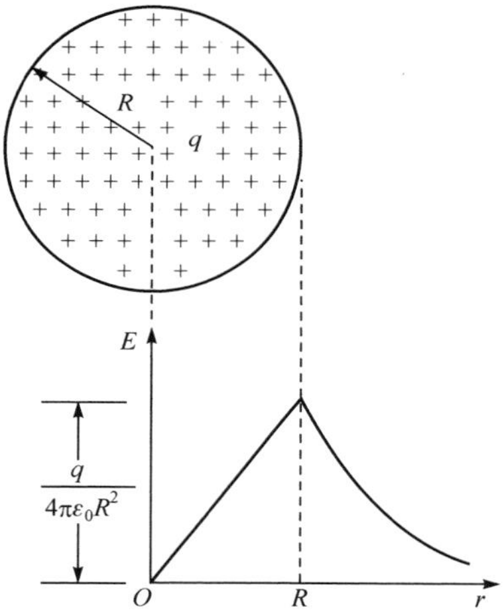

图 1.3.8

1.3.9 当电荷是球对称分布时,在这电荷外面任一点的电场强度,等于把这电荷都集中到球心时所产生的电场强度. 试证明上述论断. 在这电荷内部,上述论断是否适用? 如果电荷不是球对称分布,上述论断是否适用?

【证】 因电荷是球对称分布的,根据对称性,电场强度 $\boldsymbol{E}$ 也应是球对称分布的,即 $\boldsymbol{E}$ 的方向指向中心或背向中心,$\boldsymbol{E}$ 的大小在以中心为心的球面上处处相等. 以中心为心,r 为半径,在这电荷外面作一球面(高斯面)S,于是由高斯定理得

$$\oiint_S \boldsymbol{E}\cdot d\boldsymbol{S}=\oiint_S E dS=4\pi r^2 E=\frac{1}{\varepsilon_0}Q \tag{1}$$

式中 Q 是所有电荷量的代数和. 由式(1)得

$$E=\frac{Q}{4\pi\varepsilon_0 r^2} \tag{2}$$

$$\boldsymbol{E}=\frac{Q\boldsymbol{r}}{4\pi\varepsilon_0 r^3} \tag{3}$$

这个结果表明,电荷外面的电场强度等于把所有电荷量都集中到中心时所产生的电场强度.

在电荷内部,以中心为心,r 为半径作球面(高斯面)S',由对称性得

$$\oint\!\!\!\oint_{S'}\boldsymbol{E}\cdot \mathrm{d}\boldsymbol{S}' = 4\pi r^2 E' = \frac{1}{\varepsilon_0}Q' \tag{4}$$

式中 Q' 是 S' 所包住的电荷量的代数和. 因 S' 外还有电荷,故 $Q'\neq Q$. 故由式(4)可见,上述论断不适用.

如果电荷不是球对称分布,则 $\boldsymbol{E}$ 便不是球对称分布. 这时

$$\oint\!\!\!\oint_{S'}\boldsymbol{E}\cdot \mathrm{d}\boldsymbol{S} \neq 4\pi r^2 E \tag{5}$$

故上述论断也不适用.

1.3.10　电荷分布在球体内,凡是到球心距离相等的地方,电荷量密度都相同,这样分布的电荷简称为球对称分布电荷. 设有两个球对称分布电荷,它们的电荷量和半径分别为 Q_1, R_1 和 Q_2, R_2,两球心之间的距离为 $r(>R_1+R_2)$,如图 1.3.10(1)所示. 试求它们之间的相互作用力.

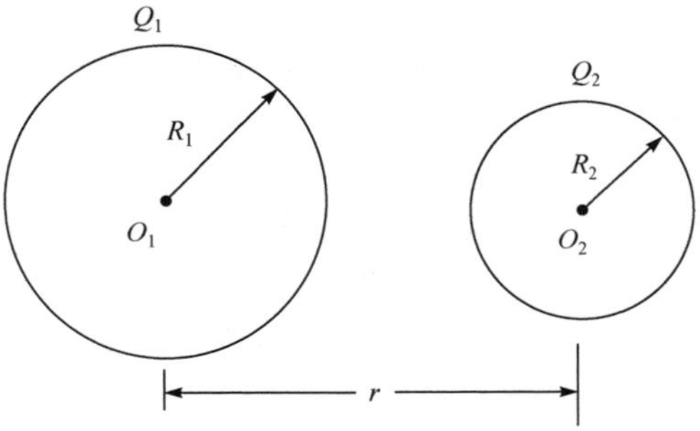

图 1.3.10(1)

【解法一】　论证

(1)先考虑点电荷与球对称分布电荷之间的相互作用力.

设有一球对称分布电荷,其电荷量和半径分别为 Q 和 R;在球外距离球心为 $r(>R)$处,有一电荷量为 q 的点电荷,如图 1.3.10(2)所示. 根据对称性的高斯定理,球对称分布电荷 Q 在点电荷 q 处产生的电场强度,等于 Q 全部集中在球心 O 处所产生的电场强度. 因此,整个球对称分布电荷 Q 作用在 q 上的力,便等于球心的点电荷 Q 作用在 q 上的力,即

$$\boldsymbol{F}=\frac{1}{4\pi\varepsilon_0}\frac{qQ}{r^2}\boldsymbol{e} \tag{1}$$

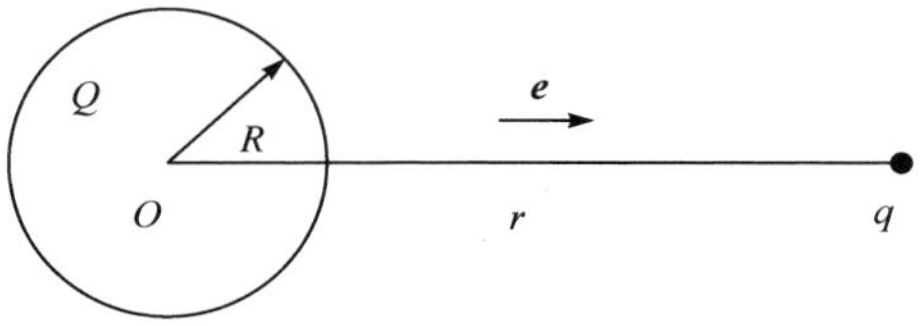

图 1.3.10(2)

式中，$\boldsymbol{e}$ 是从 O 到 q 方向上的单位矢量.

因为静电荷之间的相互作用力遵守牛顿运动第三定律，故 q 作用在球对称分布电荷 Q 上的力便为

$$\boldsymbol{f}=-\boldsymbol{F}=-\frac{1}{4\pi\varepsilon_0}\frac{qQ}{r^2}\boldsymbol{e} \tag{2}$$

于是我们得出结论：点电荷与球对称分布电荷之间的相互作用力，等于球对称分布电荷集中到球心时它们之间的相互作用力.

(2)再考虑两个球对称分布电荷之间的相互作用力.

设两个球对称分布电荷如图 1.3.10(3)所示. 根据对称性和高斯定理，球对称分布电荷 Q_1 在 Q_2 球中的每一点所产生的电场强度，都等于 Q_1 集中到球心 O_1 所产生的电场强度. 因此，整个 Q_1 作用在 Q_2 上的力，便等于 Q_1 集中到球心 O_1 时作用在 Q_2 上的力. 换句话说，Q_1 作用在整个 Q_2 上的力，等于在球心 O_1 处电荷量为 Q_1 的点电荷作用在 Q_2 上的力. 前面已经得出：点电荷与球对称分布电荷之间的相互作用力，等于球对称分布电荷集中到球心时它们之间的相互作用力. 所以 O_1 处的点电荷 Q_1 作用在球对称分布电荷 Q_2 上的力，便等于 Q_1 处电荷量为 Q_1 的点电荷作用在 O_2 处电荷量为 O_2 的点电荷上的力. 这就是说，球对称分布电荷 Q_1 对球对称分布电荷 Q_2 的作用力为

$$\boldsymbol{F}_{12}=\frac{1}{4\pi\varepsilon_0}\frac{Q_1Q_2}{r^2}\boldsymbol{e} \tag{3}$$

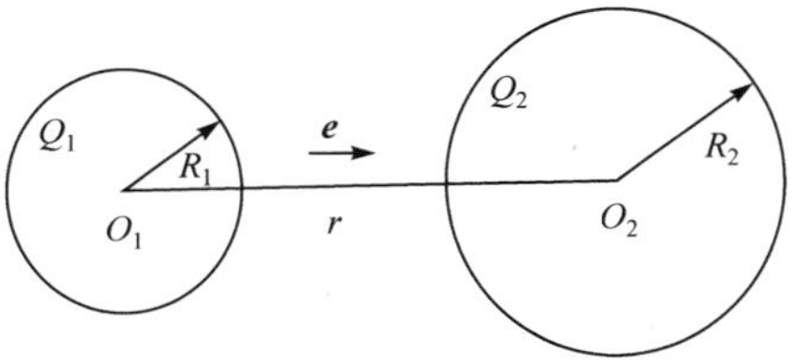

图 1.3.10(3)

同样，球对称分布电荷 Q_2 对球对称分布电荷 Q_1 的作用力为

$$\boldsymbol{F}_{21}=-\frac{1}{4\pi\varepsilon_0}\frac{Q_1Q_2}{r^2}\boldsymbol{e} \tag{4}$$

最后我们得出结论：两个球对称分布电荷之间的相互作用力等于两个电荷各自集中到球心(成为两个点电荷)时的相互作用力.

【解法二】 计算

用点电荷之间的库仑定律进行计算. 为方便,以 Q_1 的球心 O_1 为原点,取笛卡儿坐标系,并使 Q_2 的球心 O_2 在 z 轴上,如图 1.3.10(4)所示. 我们来计算 Q_1 作用在整个 Q_2 球上的力.

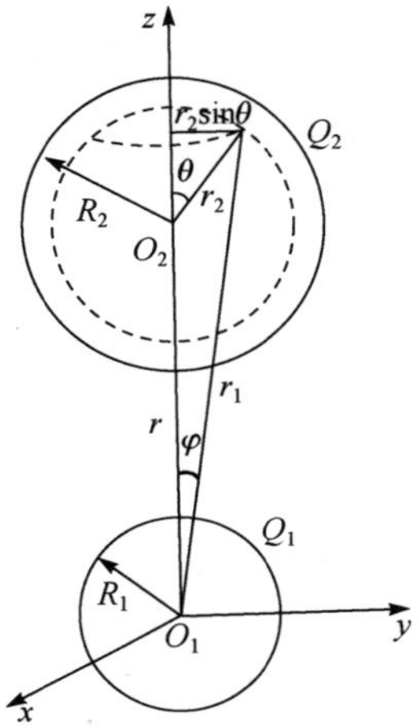

图 1.3.10(4)

根据对称性和高斯定理,球对称分布电荷 Q_1 在球外产生的电场强度 $\boldsymbol{E}$,等于整个电荷 Q_1 都集中到球心 O_1 所产生的电场强度,即

$$\boldsymbol{E}_1=\frac{Q_1}{4\pi\varepsilon_0 r_1^2}\boldsymbol{e}_r \tag{5}$$

式中 $\boldsymbol{e}_r$ 是自球心 O_1 指向场点的单位矢量.

考虑 Q_2 球体内半径为 r_2、厚为 $\mathrm{d}r_2$ 的一个球壳. 在这球壳上取半径为 $r_2\sin\theta$ 的一个环带,带宽为 $r_2\mathrm{d}\theta$,带厚为 $\mathrm{d}r_2$. 这个环带的电荷量为

$$\mathrm{d}^2Q_2=2\pi r_2^2\rho_2(r_2)\sin\theta\,\mathrm{d}r_2\,\mathrm{d}\theta \tag{6}$$

式中 $\rho_2(r_2)$ 是球对称分布电荷 Q_2 的电荷密度. 这个环带上的电荷到 O_1 的距离都是 r_1 [图 1.3.10(4)].

这个环带上各部分的电荷受 Q_1 的作用力其方向都不同,我们可以将它们分解为平行于 z 轴的分量和垂直于 z 轴的分量. 对于整个环带来说,由于对称性,垂直于 z 轴的分量互相抵消. 因此,整个环带的电荷受 Q_1 的作用力 $\mathrm{d}^2\boldsymbol{F}_{12}$ 便等于平行于 z 轴的分量之和. 设 $\boldsymbol{e}$ 为从 O_1 到 O_2 方向上的单位矢量,则根据(5)式,这个力便为

$$\mathrm{d}^2\boldsymbol{F}_{12}=[E_1\mathrm{d}^2Q_2]\cos\varphi\boldsymbol{e}=\left[\frac{Q_1}{4\pi\varepsilon_0 r_1^2}2\pi r_2^2\rho_2(r_2)\sin\theta\mathrm{d}r_2\,\mathrm{d}\theta\right]\cos\varphi\boldsymbol{e} \tag{7}$$

式中 φ 是圆环的半径 $r_2\sin\theta$ 对 O_1 的张角. 由图 1.3.10(4)可见

$$r_1=\sqrt{r^2+r_2^2+2rr_2\cos\theta}, \tag{8}$$

$$\cos\varphi=(r+r_2\cos\theta)/r_1, \tag{9}$$

将(8)、(9)两式代入(7)式,即得

$$d^2\boldsymbol{F}_{12}=\frac{Q_1}{4\pi\varepsilon_0}\frac{2\pi r_2^2\rho_2(r_2)(r+r_2\cos\theta)\sin\theta dr_2 d\theta}{(r^2+r_2^2+2rr_2\cos\theta)^{3/2}}\boldsymbol{e} \tag{10}$$

这便是 Q_2 球体内,半径为 r_2 的一个球壳上,一个环带的电荷受球对称分布电荷 Q_1 的作用力.

将(10)式对 θ 积分,便得出半径为 r_2 的球壳上的电荷所受 Q_1 的作用力,即

$$d\boldsymbol{F}_{12}=\frac{Q_1}{4\pi\varepsilon_0}2\pi r_2^2\rho_2(r_2)dr_2\int_0^\pi\frac{(r+r_2\cos\theta)\sin\theta d\theta}{(r^2+r_2^2+2rr_2\cos\theta)^{3/2}}\boldsymbol{e} \tag{11}$$

上式中两个积分的值分别为

$$\int_0^\pi\frac{\sin\theta d\theta}{(r^2+r_2^2+2rr_2\cos\theta)^{3/2}}=\frac{1}{rr_2}\frac{1}{\sqrt{r^2+r_2^2+2rr_2\cos\theta}}\Bigg|_{\theta=0}^{\theta=\pi}=\frac{2}{r}\frac{1}{r^2-r_2^2} \tag{12}$$

$$\begin{aligned}\int_0^\pi\frac{\cos\theta\sin\theta d\theta}{(r^2+r_2^2+2rr_2\cos\theta)^{3/2}}&=-\frac{1}{2r^2r_2^2}\left[\sqrt{r^2+r_2^2+2rr_2\cos\theta}+\frac{r^2+r_2^2}{\sqrt{r^2+r_2^2+2rr_2\cos\theta}}\right]\Bigg|_{\theta=0}^{\theta=\pi}\\&=-\frac{2r_2}{r^2}\frac{1}{r^2-r_2^2}\end{aligned} \tag{13}$$

在上面的计算中,有一点应注意:因(8)式的 r_1 代表距离,故

$$r_1=\sqrt{r^2+r_2^2+2rr_2\cos\theta}\geqslant 0 \tag{14}$$

又根据题给,$r>r_2$,所以在 $\theta=\pi$ 时,应取 $r_1=\sqrt{r^2+r_2^2-2rr_2}=r-r_2$,而不取 r_2-r.

将(12)、(13)两式代入(11)式,即得

$$\begin{aligned}d\boldsymbol{F}_{12}&=\frac{Q_1}{4\pi\varepsilon_0}2\pi r_2^2\rho_2(r_2)dr_2\left[r\left(\frac{2}{r}\frac{1}{r^2-r_2^2}\right)+r_2\left(-\frac{2r_2}{r^2}\frac{1}{r^2-r_2^2}\right)\right]\boldsymbol{e}\\&=\frac{Q_1}{4\pi\varepsilon_0}\frac{4\pi r_2^2\rho_2(r_2)dr_2}{r^2}\boldsymbol{e}\end{aligned} \tag{15}$$

这便是 Q_2 球内,半径为 r_2、厚为 dr_2 的球壳电荷所受 Q_1 的作用力. 对 r_2 积分便得,整个 Q_2 所受 Q_1 的作用力为

$$\boldsymbol{F}_{12}=\frac{Q_1}{4\pi\varepsilon_0}\int_0^{R_2}\frac{4\pi r_2^2\rho_2(r_2)dr_2}{r^2}\boldsymbol{e}=\frac{Q_1}{4\pi\varepsilon_0 r^2}\int_0^{R_2}4\pi r_2^2\rho_2(r_2)dr_2\boldsymbol{e}=\frac{Q_1Q_2}{4\pi\varepsilon_0 r^2}\boldsymbol{e} \tag{16}$$

这便是我们所要求的结果.

这个结果表明:两个球对称分布电荷 Q_1 和 Q_2 之间的相互作用力等于 Q_1 和 Q_2 分别集中于各自球心时的相互作用力.

1.3.11 电荷均匀分布在一球体内,电荷量密度为 ρ.(1)试求球内离球心为 r 处的电场强度;(2)若在这球内挖去一部分电荷,挖去的体积是一个小球体,试求挖去电荷后空腔内的电场强度.

【解】 (1)以球心为心,r 为半径,在球内作一同心球面(高斯面)S,由对称性和高斯定理得

$$\oint\!\!\!\oint_S\boldsymbol{E}\cdot d\boldsymbol{S}=4\pi r^2E=\frac{1}{\varepsilon_0}\rho\cdot\frac{4\pi}{3}r^3 \tag{1}$$

所以

$$E=\frac{\rho}{3\varepsilon_0}r \tag{2}$$

$$\boldsymbol{E}=\frac{\rho}{3\varepsilon_0}\boldsymbol{r} \tag{3}$$

式中 $\boldsymbol{r}$ 是从球心到场点的位矢.

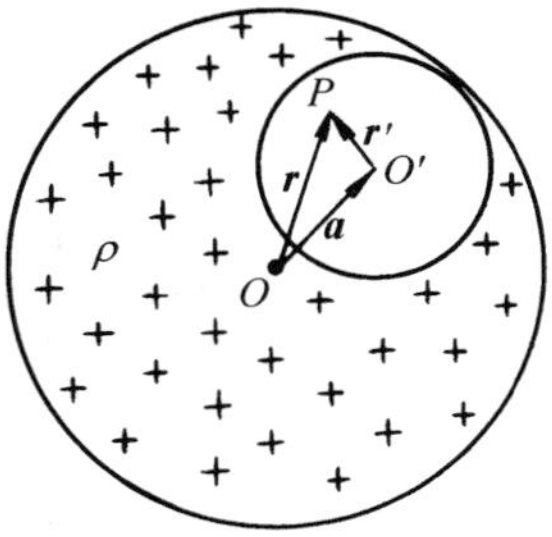

图 1.3.11

(2)设球心为 O,空腔中心为 O',令 $\boldsymbol{a}=\overrightarrow{OO'}$,如图 1.3.11 所示.把空腔看作是一个均匀分布着电荷量密度为 $-\rho$ 的小球叠加在原来的球上而成.这样,空腔内任一点 P 的电场强度 $\boldsymbol{E}_p$ 便由式(3)的 $\boldsymbol{E}$ 和 $-\rho$ 产生的 $\boldsymbol{E}'$ 叠加而成.由式(3)知

$$\boldsymbol{E}'=\frac{-\rho}{3\varepsilon_0}\boldsymbol{r}'=-\frac{\rho}{3\varepsilon_0}\boldsymbol{r}' \tag{4}$$

式中 $\boldsymbol{r}'=\overrightarrow{O'P}$.于是得

$$\begin{aligned}\boldsymbol{E}_P&=\boldsymbol{E}+\boldsymbol{E}'=\frac{\rho}{3\varepsilon_0}\boldsymbol{r}-\frac{\rho}{3\varepsilon_0}\boldsymbol{r}'\\&=\frac{\rho}{3\varepsilon_0}(\boldsymbol{r}-\boldsymbol{r}')=\frac{\rho}{3\varepsilon_0}\boldsymbol{a}\end{aligned} \tag{5}$$

这个结果表明:空腔内的电场是均匀电场.

1.3.12　空间有两个球,球心间的距离小于它们的半径之和,因此两球有一部分重叠,如图 1.3.12 所示.现在让两个球都充满均匀电荷,电荷量密度分别为 ρ 和 $-\rho$.重叠部分由于正负电荷互相中和而无电荷.试求重叠区域内的电场强度.

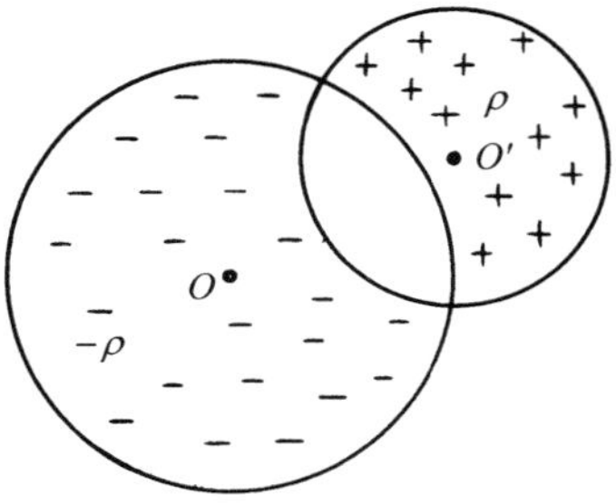

图 1.3.12

【解】　设 O 和 O' 分别为两球的球心,P 为重叠区域内任一点,令 $\overrightarrow{OO'}=\boldsymbol{a}$,$\overrightarrow{OP}=\boldsymbol{r}$,$\overrightarrow{O'P}=\boldsymbol{r}'$,则由前面 1.3.11 题的式(3)得出,两球体电荷在 P 点产生的电场强度分别为

$$\boldsymbol{E}=\frac{-\rho}{3\varepsilon_0}\boldsymbol{r}=-\frac{\rho}{3\varepsilon_0}\boldsymbol{r} \tag{1}$$

$$\boldsymbol{E}'=\frac{\rho}{3\varepsilon_0}\boldsymbol{r}' \tag{2}$$

根据电场强度叠加原理得 P 点的电场强度为

$$\boldsymbol{E}_P=\boldsymbol{E}+\boldsymbol{E}'=\frac{\rho}{3\varepsilon_0}(\boldsymbol{r}'-\boldsymbol{r})=-\frac{\rho}{3\varepsilon_0}\boldsymbol{a} \tag{3}$$

这个结果表明,重叠区域内的电场是均匀电场,电场强度的方向是正电荷球心 O' 到负电荷球心 O 的方向.

1.3.13　在半径为 R 的球体内,挖一个半径为 $\dfrac{R}{2}$ 的球形空腔,空腔的直径一端在球心 O,另一端在球面上 A 点,如图 1.3.13 所示,把电荷量 q 均匀分布在未挖去的部分.试求 OA 延长线上距球心为 r 处的 P 点的电场强度.

【解】　把这个带电系统看作是电荷量密度为 ρ 的均匀带电球和电荷量密度为 $-\rho$ 的均匀

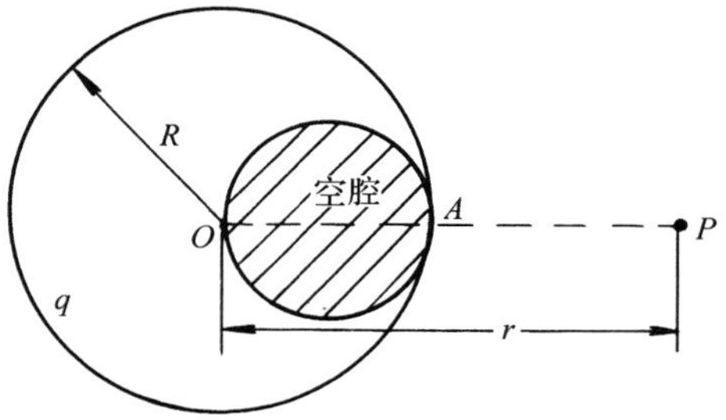

图 1.3.13

带电小球叠加而成. 根据对称性和高斯定理，便得 P 点的电场强度为

$$\boldsymbol{E}=\frac{1}{4\pi\varepsilon_0}\frac{4\pi}{3}R^3\ \rho\frac{\boldsymbol{e}}{r^2}+\frac{1}{4\pi\varepsilon_0}\frac{4\pi}{3}\left(\frac{R}{2}\right)^3(-\rho)\frac{\boldsymbol{e}}{\left(r-\frac{R}{2}\right)^2} \tag{1}$$

式中 $\boldsymbol{e}$ 为$\overrightarrow{OP}$方向上的单位矢量.

下面求 ρ. 空腔体积为

$$V=\frac{4\pi}{3}\left(\frac{R}{2}\right)^3=\frac{1}{8}\cdot\frac{4\pi}{3}R^3=\frac{1}{8}(\text{球体积}) \tag{2}$$

故挖去空腔后，剩下部分的体积便为$\frac{7}{8}\cdot\frac{4\pi}{3}R^3$. 于是得电荷量密度为

$$\rho=\frac{q}{\frac{7}{8}\cdot\frac{4\pi}{3}R^3}=\frac{8}{7}\frac{3q}{4\pi R^3} \tag{3}$$

代入式(1)便得

$$\boldsymbol{E}=\frac{1}{4\pi\varepsilon_0}\frac{8q}{7}\frac{\boldsymbol{e}}{r^2}-\frac{q}{7}\frac{\boldsymbol{e}}{\left(r-\frac{R}{2}\right)^2}=\frac{q}{7\pi\varepsilon_0 r^2}\left[2-\frac{r^2}{(2r-R)^2}\right]\boldsymbol{e} \tag{4}$$

【讨论】 式(4)只适用于空腔外，即只适用于 $r>R$ 处. 若在空腔内，$r<R$，则由前面 1.3.11 题的式(5)得

$$\boldsymbol{E}=\frac{\rho}{3\varepsilon_0}\boldsymbol{a}=\frac{1}{3\varepsilon_0}\frac{8}{7}\frac{3q}{4\pi R^3}\frac{R}{2}\boldsymbol{e}=\frac{q}{7\pi\varepsilon_0 R^2}\boldsymbol{e} \tag{5}$$

1.3.14 在内外半径分别为 a 和 b 的球壳体内分布着电荷，电荷量密度为 $\rho=\frac{A}{r}$，式中 A 是常数，r 是壳体内某一点到球心的距离. 现在球心放一电荷量为 Q 的点电荷，如图 1.3.14 所示. 要使壳体内各处电场强度的大小都相等，试求 A 的值.

【解】 以球壳的中心为心、r 为半径作球面(高斯面)S,根据对称性和高斯定理得

$$\oiint_S \boldsymbol{E}\cdot\mathrm{d}\boldsymbol{S} = 4\pi r^2 E = \frac{1}{\varepsilon_0}\left[Q+\int_a^r \frac{A}{r}\cdot 4\pi r^2\,\mathrm{d}r\right]$$

$$= \frac{1}{\varepsilon_0}[Q+2\pi A(r^2-a^2)] \quad (1)$$

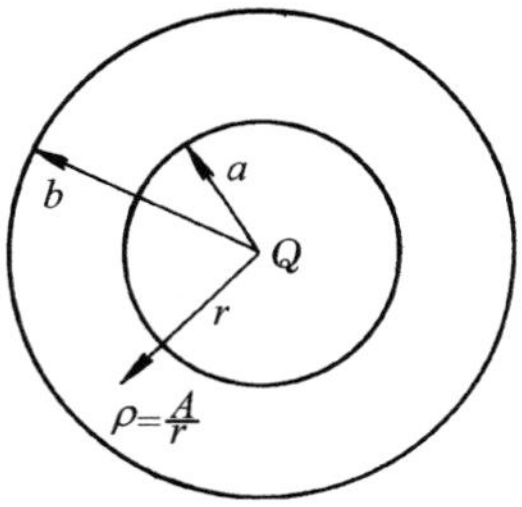

图 1.3.14

所以

$$E=\frac{1}{4\pi\varepsilon_0 r^2}[Q+2\pi A(r^2-a^2)]=\frac{1}{4\pi\varepsilon_0}\left[\frac{Q}{r^2}+2\pi A\left(1-\frac{a^2}{r^2}\right)\right]$$

$$=\frac{1}{4\pi\varepsilon_0}\left[2\pi A+\frac{Q-2\pi A a^2}{r^2}\right] \quad (2)$$

因 E 与 r 无关,故由上式得

$$A=\frac{Q}{2\pi a^2} \quad (3)$$

1.3.15 电荷分布在半径为 R 的球体内,电荷量密度为 $\rho=\rho_0\left(1-\frac{r}{R}\right)$,式中 ρ_0 为常数,r 为球心到球内一点的距离. 试求:(1)球内外离球心为 r 处的电场强度;(2)电场强度的最大值.

【解】 (1)根据对称性和高斯定理得:球内离球心为 r 处有

$$\oiint_S \boldsymbol{E}\cdot\mathrm{d}\boldsymbol{S} = 4\pi r^2 E = \frac{1}{\varepsilon_0}\iiint \rho\mathrm{d}V$$

$$= \frac{1}{\varepsilon_0}\int_0^r \rho_0\left(1-\frac{r}{R}\right)\cdot 4\pi r^2\,\mathrm{d}r$$

$$= \frac{4\pi\rho_0}{3\varepsilon_0}\left(r^3-\frac{3r^4}{4R}\right) \quad (1)$$

所以

$$\boldsymbol{E}=\frac{\rho_0}{3\varepsilon_0}\left(1-\frac{3r}{4R}\right)\boldsymbol{r},\quad r<R \quad (2)$$

式中 $\boldsymbol{r}$ 是从球心到场点的位矢,$|\boldsymbol{r}|=r$.

球外离球心为 r 处有

$$\oiint_S \boldsymbol{E}\cdot\mathrm{d}\boldsymbol{S} = 4\pi r^2 E = \frac{1}{\varepsilon_0}\iiint \rho\mathrm{d}V$$

$$= \frac{1}{\varepsilon_0}\int_0^R \rho_0\left(1-\frac{r}{R}\right)\cdot 4\pi r^2\,\mathrm{d}r = \frac{4\pi\rho_0 R^3}{12\varepsilon_0} \quad (3)$$

所以

$$\boldsymbol{E}=\frac{\rho_0 R^3}{12\varepsilon_0 r^3}\boldsymbol{r},\quad r>R \tag{4}$$

(2)由式(2)、(4)可见,电场强度 $\boldsymbol{E}$ 在球内有极大值.由式(2)得

$$\frac{\mathrm{d}E}{\mathrm{d}r}=\frac{\rho_0}{3\varepsilon_0}\frac{\mathrm{d}}{\mathrm{d}r}\left(r-\frac{3r^2}{4R}\right)=\frac{\rho}{3\varepsilon_0}\left(1-\frac{6r}{4R}\right)=0 \tag{5}$$

所以

$$r=\frac{2}{3}R \tag{6}$$

即 $\boldsymbol{E}$ 在 $r=\frac{2}{3}R$ 处有极大值,其值为

$$E_{\max}=\frac{\rho}{3\varepsilon_0}\left(1-\frac{3}{4}\times\frac{2}{3}\right)\times\frac{2}{3}R=\frac{\rho_0 R}{9\varepsilon_0} \tag{7}$$

由式(2)和式(4)可见,从 $r=0$ 到∞,E 只有这一极大值,故 $E_{\max}$ 即是所求的最大值.

1.3.16 根据量子力学,氢原子处在基态时,核外电荷的分布为 $\rho(r)=-\frac{q}{\pi a^3}\cdot \mathrm{e}^{-\frac{2r}{a}}$,式中 $q=1.60\times10^{-19}\,\mathrm{C}$,$a=5.29\times10^{-11}\,\mathrm{m}$,$r$ 是到原子核的距离.试求:(1)核外电荷的总电荷量;(2)核外电荷在 r 处产生的电场强度.

【解】 (1)因 $\rho=-\frac{q}{\pi a^3}\mathrm{e}^{-\frac{2r}{a}}$ 是球对称分布,故核外总电荷量为

$$Q=\iiint_V \rho \mathrm{d}V=-\frac{q}{\pi a^3}\int_0^\infty \mathrm{e}^{-\frac{2r}{a}}\cdot 4\pi r^2\mathrm{d}r=-\frac{4q}{a^3}\int_0^\infty r^2\mathrm{e}^{-\frac{2r}{a}}\mathrm{d}r \tag{1}$$

由积分公式

$$\int_0^\infty x^n \mathrm{e}^{-bx}\mathrm{d}x=\frac{n!}{b^{n+1}} \tag{2}$$

得

$$Q=-\frac{4q}{a^3}\frac{2}{\left(\frac{2}{a}\right)^3}=-q=-1.60\times10^{-19}\,\mathrm{C} \tag{3}$$

可见核外电荷的总电荷量等于电子的电荷量.

(2)由对称性和高斯定理得

$$\oint\!\!\!\oint_S \boldsymbol{E}\cdot\mathrm{d}\boldsymbol{S}=4\pi r^2E=-\frac{q}{\pi\varepsilon_0 a^3}\int_0^r \mathrm{e}^{-\frac{2r}{a}}\cdot 4\pi r^2\mathrm{d}r$$

$$=-\frac{4q}{\varepsilon_0 a^3}\left\{-\frac{r^2\mathrm{e}^{-\frac{2r}{a}}}{\left(-\frac{2}{a}\right)}\Bigg|_0^r-\frac{2}{\left(-\frac{2}{a}\right)}\int_0^r \mathrm{e}^{-\frac{2r}{a}}r\mathrm{d}r\right\}$$

$$=-\frac{4q}{\varepsilon_0 a^3}\left\{-\frac{1}{2}ar^2\mathrm{e}^{-\frac{2r}{a}}+a\int_0^r \mathrm{e}^{-\frac{2r}{a}}r\mathrm{d}r\right\}$$

$$=-\frac{4q}{\varepsilon_0 a^3}\left\{-\frac{1}{2}ar^2\mathrm{e}^{-\frac{2r}{a}}+a\left[-\frac{a^2}{4}\left(2\frac{r}{a}+1\right)\mathrm{e}^{-\frac{2r}{a}}+\frac{a^2}{4}\right]\right\}$$

$$=\frac{q}{\varepsilon_0}\left(2\frac{r^2}{a^2}+2\frac{r}{a}+1\right)\mathrm{e}^{-\frac{2r}{a}}-\frac{q}{\varepsilon_0} \tag{4}$$

于是得核外电荷在 r 处产生的电场强度为

$$\boldsymbol{E}=\frac{q}{4\pi\varepsilon_0}\left[\left(\frac{2}{a^2}+\frac{2}{ar}+\frac{1}{r^2}\right)\mathrm{e}^{-\frac{2r}{a}}-\frac{1}{r^2}\right]\boldsymbol{e}_r \tag{5}$$

式中 $\boldsymbol{e}_r$ 是从氢核指向场点的单位矢量.

1.3.17 1903 年，英国物理学家汤姆孙(J. J. Thomson)根据实验，提出“果子面包”型的原子模型：原子的正电荷均匀分布在半径约为 1.0×10^{-10} m 的球体内，原子的负电荷(即电子)则在正电荷球内运动. 1911 年，汤姆孙的学生卢瑟福(E. Rutherford)根据金核对 α 粒子的散射实验，提出原子的核模型：原子的正电荷集中在很小(约 10^{-15} m)的范围内，电子则在核外运动. 在原子范围内，这两种原子模型的正电荷所产生的电场强度是不相同的. 以金原子为例，它的正电荷量为 $Ze=79\times1.6\times10^{-19}$ C $=1.26\times10^{-17}$ C，它的原子核的半径为 6.9×10^{-15} m. (1)试求金原子核在它的表面上产生的电场强度的值；(2)按汤姆孙模型计算，金原子的正电荷所能产生的电场强度的值最大是多少？

【解】 (1)假定金原子核的正电荷球对称地分布在半径为 6.9×10^{-15} m 的球体内，则金原子核表面上电场强度的值为

$$E=\frac{Ze}{4\pi\varepsilon_0 r^2}=\frac{9.0\times10^9\times1.26\times10^{-17}}{(6.9\times10^{-15})^2}=2.4\times10^{21}\ (\mathrm{V/m})$$

(2)按汤姆孙模型计算，根据前面 1.3.8 题的结果，金原子的正电荷所产生的电场强度的最大值在它的表面上，其值为

$$E_{\max}=\frac{1}{4\pi\varepsilon_0}\frac{q}{R^2}=9.0\times10^9\times\frac{1.26\times10^{-17}}{(1.0\times10^{-10})^2}=1.1\times10^{13}\ (\mathrm{V/m})$$

【讨论】 比较这两种结果可见，卢瑟福原子模型的正电荷能产生较大的电场强度. α 粒子的散射实验表明，汤姆孙模型是不对的，卢瑟福模型是正确的. 事实上，卢瑟福正是根据金核对 α 粒子的散射实验提出他的原子模型的.

1.3.18 汤姆孙的氢原子模型是：原子的正电荷量 e 均匀分布在半径为 R 的球体内，原子的负电荷量 $-e$ 集中成一个点电荷(即电子)，在正电荷的球体内运动. 设电子质量为 m，某时刻的位矢为 $\boldsymbol{r}$(从球心到电子的位置矢量). (1)试求电子所受的力；(2)若电子的初速度为零，试证明它将作简谐振动，并求振动频率；(3)已

知 $e=1.6\times10^{-19}$C，$m=9.1\times10^{-31}$kg，$R=5.3\times10^{-11}$m，计算频率的值.

【解】 (1)设电子所在处的电场强度为 $\boldsymbol{E}$，则由对称性和高斯定理得

$$\oiint_S \boldsymbol{E}\cdot d\boldsymbol{S}=4\pi r^2E=\frac{1}{\varepsilon_0}\frac{e}{\frac{4\pi}{3}R^3}\cdot\frac{4\pi}{3}r^3=\frac{e}{\varepsilon_0R^3}r^3$$

所以

$$\boldsymbol{E}=\frac{e}{4\pi\varepsilon_0R^3}\boldsymbol{r} \tag{1}$$

故电子所受的力为

$$\boldsymbol{F}=-e\boldsymbol{E}=-\frac{e^2}{4\pi\varepsilon_0R^3}\boldsymbol{r} \tag{2}$$

(2)电子的运动方程为

$$m\frac{d^2\boldsymbol{r}}{dt^2}=\boldsymbol{F}=-\frac{e^2}{4\pi\varepsilon_0R^3}\boldsymbol{r} \tag{3}$$

所以

$$\frac{d^2\boldsymbol{r}}{dt^2}+\frac{e^2}{4\pi\varepsilon_0mR^3}\boldsymbol{r}=0 \tag{4}$$

这是简谐振动的方程.它表明电子将以 $\boldsymbol{r}=0$ 的球心为平衡点作简谐振动.振动频率为

$$\nu=\frac{\omega}{2\pi}=\frac{1}{2\pi}\sqrt{\frac{e^2}{4\pi\varepsilon_0mR^3}} \tag{5}$$

(3)频率的值为

$$\nu=\frac{1}{2\pi}\sqrt{\frac{9.0\times10^9\times(1.6\times10^{-19})^2}{9.1\times10^{-31}\times(5.3\times10^{-11})^3}}$$

$$=6.6\times10^{15}(\text{Hz}) \tag{6}$$

1.3.19 一无穷长直线均匀带电，单位长度的电荷量为 λ，在它的电场的作用下，一质量为 m、电荷量为 q 的质点，以它为轴线作匀速圆周运动.试求质点的速率 v 和周期 T.

【解】 设质点到带电直线的距离为 r，带电直线在此处产生的电场强度为 $\boldsymbol{E}$，则由对称性和高斯定理得

$$\oiint_S \boldsymbol{E}\cdot d\boldsymbol{S}=2\pi rlE=\lambda l/\varepsilon_0$$

所以

$$\boldsymbol{E}=\frac{\lambda}{2\pi\varepsilon_0r^2}\boldsymbol{r} \tag{1}$$

式中 $\boldsymbol{r}$ 是从带电直线到质点的位矢.质点所受的力为

$$\boldsymbol{F}=q\boldsymbol{E}=\frac{q\lambda}{2\pi\varepsilon_0 r^2}\boldsymbol{r} \tag{2}$$

今质点作匀速圆周运动,它受的力应是向心力,因此 $q\lambda<0$. 质点的运动方程为

$$m\frac{v^2}{r}=\frac{-q\lambda}{2\pi\varepsilon_0 r} \tag{3}$$

故得质点的速率为

$$v=\sqrt{\frac{-q\lambda}{2\pi\varepsilon_0 m}} \tag{4}$$

周期为

$$T=\frac{2\pi r}{v}=2\pi r\sqrt{\frac{2\pi\varepsilon_0 m}{-q\lambda}} \tag{5}$$

1.3.20 两条平行的无穷长直线都均匀带电,单位长度的电荷量分别为 λ 和 $-\lambda$,两线相距为 a. (1) P 为两线构成的平面内一点,P 到中线(两带电线中间的平行线)的距离为 r,试求 P 点的电场强度;(2)试求 $-\lambda$ 线单位长度所受的力.

【解】 (1)由对称性和高斯定理得出,无穷长均匀带电($\pm\lambda$)直线所产生的电场强度为[参见前面 1.3.19 题的式(1)]

$$\boldsymbol{E}_{\pm}=\frac{\pm\lambda}{2\pi\varepsilon_0 r^2}\boldsymbol{r} \tag{1}$$

式中 $\boldsymbol{r}$ 是从带电直线到场点的位矢. 下面分几种情况计算 $\boldsymbol{E}$. 令 $\boldsymbol{e}$ 代表从 λ 指向 $-\lambda$ 方向的单位矢量,如图 1.3.20 所示.

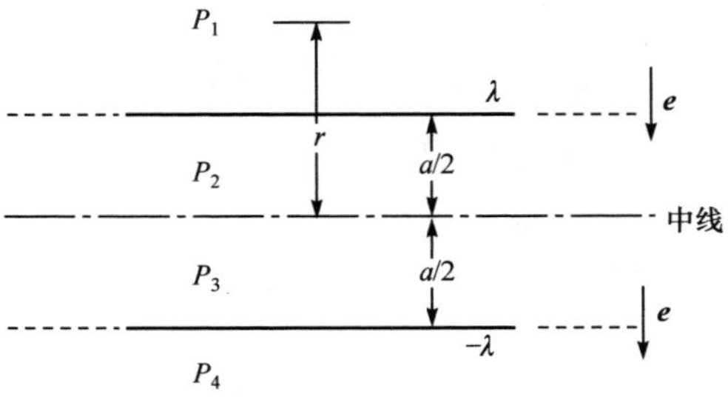

图 1.3.20

(i) P 在 λ 外(P_1)

$$\boldsymbol{E}_1=\boldsymbol{E}_{1+}+\boldsymbol{E}_{1-}=\frac{\lambda(-\boldsymbol{e})}{2\pi\varepsilon_0\left(r-\frac{a}{2}\right)}+\frac{-\lambda(-\boldsymbol{e})}{2\pi\varepsilon_0\left(r+\frac{a}{2}\right)}$$

$$=\frac{\lambda\boldsymbol{e}}{2\pi\varepsilon_0}\left(\frac{1}{r+\frac{a}{2}}-\frac{1}{r-\frac{a}{2}}\right)$$

$$=-\frac{\lambda a \boldsymbol{e}}{2\pi\varepsilon_0(r^2-a^2/4)} \tag{2}$$

(ii)P 在 λ 与中线间(P_2)

$$\boldsymbol{E}_2=E_{2+}+\boldsymbol{E}_{2-}=\frac{\lambda \boldsymbol{e}}{2\pi\varepsilon_0(a/2-r)}+\frac{-\lambda(-\boldsymbol{e})}{2\pi\varepsilon_0(a/2+r)}$$

$$=\frac{\lambda a \boldsymbol{e}}{2\pi\varepsilon_0(a^2/4-r^2)} \tag{3}$$

(iii)P 在中线与 $-\lambda$ 间(P_3)

$$\boldsymbol{E}_3=\boldsymbol{E}_{3+}+\boldsymbol{E}_{3-}=\frac{\lambda \boldsymbol{e}}{2\pi\varepsilon_0(a/2+r)}+\frac{-\lambda(-\boldsymbol{e})}{2\pi\varepsilon_0(a/2-r)}$$

$$=\frac{\lambda a \boldsymbol{e}}{2\pi\varepsilon_0(a^2/4-r^2)} \tag{4}$$

(iv)P 在 $-\lambda$ 外(P_4)

$$\boldsymbol{E}_4=\boldsymbol{E}_{4+}+\boldsymbol{E}_{4-}=\frac{\lambda \boldsymbol{e}}{2\pi\varepsilon_0(r+a/2)}+\frac{-\lambda \boldsymbol{e}}{2\pi\varepsilon_0(r-a/2)}$$

$$=-\frac{\lambda a \boldsymbol{e}}{2\pi\varepsilon_0(r^2-a^2/4)} \tag{5}$$

由以上四式可见:$\boldsymbol{E}_1=\boldsymbol{E}_4$,$\boldsymbol{E}_2=\boldsymbol{E}_3$. 这由对称性也可以看出.

(2)λ 线上的电荷在 $-\lambda$ 线处产生的电场强度为 $\boldsymbol{E}_+=\frac{\lambda \boldsymbol{e}}{2\pi\varepsilon_0 a}$,故 $-\lambda$ 线单位长度所受的力为

$$\boldsymbol{f}=-\lambda\boldsymbol{E}_+=-\frac{\lambda^2 \boldsymbol{e}}{2\pi\varepsilon_0 a} \tag{6}$$

1.3.21 半径为 a 的无穷长直圆筒面均匀带电,沿轴线单位长度的电荷量为 η. 试求离轴线为 r 处的电场强度 $\boldsymbol{E}$,并画出 E-r 曲线(即以 r 为横坐标,以 $\boldsymbol{E}$ 的大小 E 为纵坐标的 E 与 r 的关系曲线).

【解】 以圆筒的轴线为轴线,半径为 r 作长为 l 的圆柱面(高斯面)S,由对称性和高斯定理得

$$\oint\!\!\!\oint_S \boldsymbol{E}\cdot d\boldsymbol{S}=2\pi rlE=\frac{1}{\varepsilon_0}Q \tag{1}$$

式中 Q 是 S 所包住的电荷量的代数和. 当 $r<a$ 时,$Q=0$,故得筒内

$$\boldsymbol{E}=0,\quad r<a \tag{2}$$

当 $r>a$ 时,$Q=l\eta$, 代入式(1)得

$$E=\frac{\eta}{2\pi\varepsilon_0 r} \tag{3}$$

所以

$$\boldsymbol{E}=\frac{\eta}{2\pi\varepsilon_0 r^2}\boldsymbol{r} \tag{4}$$

式中 $\boldsymbol{r}$ 是从轴线到场点的位矢.

按式(2)、(3)画出的 E-r 曲线如图 1.3.21 所示.

【讨论】 圆筒面上(即面电荷所在处)的电场强度不能由高斯定理求出,但可以由无穷长直线电荷产生的电场强度经积分算出,或由前面 1.2.26 题的式(9)算出,结果为

$$\boldsymbol{E}=\frac{\eta}{4\pi\varepsilon_0 a}\boldsymbol{n} \tag{5}$$

式中 $\boldsymbol{n}$ 为圆筒面外法线方向上的单位矢量.[参见张之翔,《电磁学教学札记》,高等教育出版社(1987),§7,20—34 页;或《电磁学教学参考》(北京大学出版社,2015),§1.6,20—31 页.]

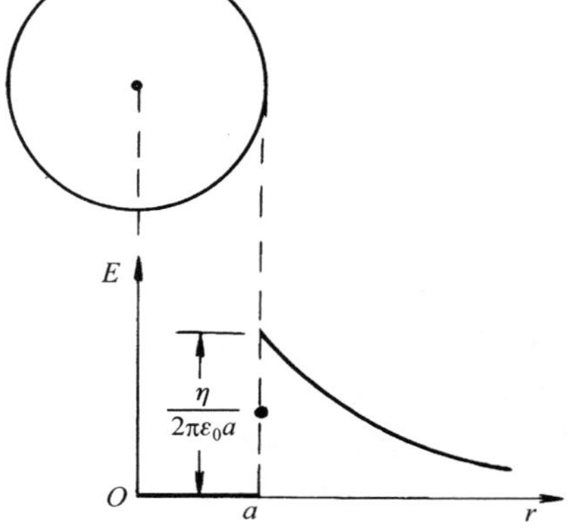

图 1.3.21

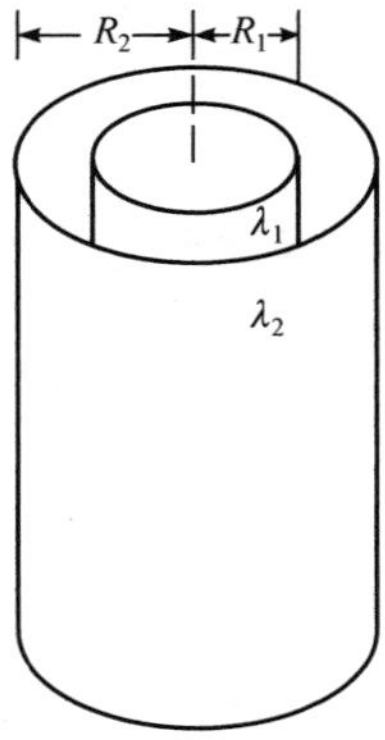

图 1.3.22

1.3.22 半径分别为 R_1 和 $R_2(>R_1)$的两无穷长直共轴圆筒,筒面上都均匀带电,沿轴线单位长度的电荷量分别为 λ_1 和 λ_2,其中一段如图 1.3.22 所示.(1)试求(i)内筒内,(ii)两筒间和(iii)外筒外的电场强度;(2)当 $\lambda_2=-\lambda_1$ 时,各处的 $\boldsymbol{E}$ 如何?

【解】 (1)以公共轴线为轴线,半径为 r 作长为 l 的圆柱面(高斯面)S,由对称性和高斯定理得

$$\oiint_S \boldsymbol{E}\cdot \mathrm{d}\boldsymbol{S}=2\pi rlE=\frac{1}{\varepsilon_0}Q \tag{1}$$

式中 Q 是 S 所包住的电荷量的代数和.

(i)内筒内($r<R_1$)$Q=0$,故得

$$\boldsymbol{E}=0 \tag{2}$$

(ii)两筒间($R_1<r<R_2$)$Q=\lambda_1 l$,故得

$$E=\frac{\lambda_1}{2\pi\varepsilon_0 r} \tag{3}$$

所以

$$\boldsymbol{E}=\frac{\lambda_1}{2\pi\varepsilon_0 r^2}\boldsymbol{r} \tag{4}$$

式中 $\boldsymbol{r}$ 是从轴线到场点的位矢.

(iii)外筒外($r>R_2$)$Q=(\lambda_1+\lambda_2)l$,故得

$$E=\frac{\lambda_1+\lambda_2}{2\pi\varepsilon_0 r} \tag{5}$$

所以

$$\boldsymbol{E}=\frac{\lambda_1+\lambda_2}{2\pi\varepsilon_0 r^2}\boldsymbol{r} \tag{6}$$

(2)当 $\lambda_2=-\lambda_1$ 时,由式(2)、(4)、(6)得各处的电场强度如下:

内筒内:　$\boldsymbol{E}=0$　　(7)

两筒间:　$\boldsymbol{E}=\frac{\lambda_1}{2\pi\varepsilon_0 r^2}\boldsymbol{r}$　　(8)

外筒外:　$\boldsymbol{E}=0$　　(9)

1.3.23　半径为 R 的无限长直圆柱体内均匀地分布着电荷,电荷量密度为 ρ. 试求离轴线为 r 处的电场强度 $\boldsymbol{E}$,并画出 E-r 曲线.

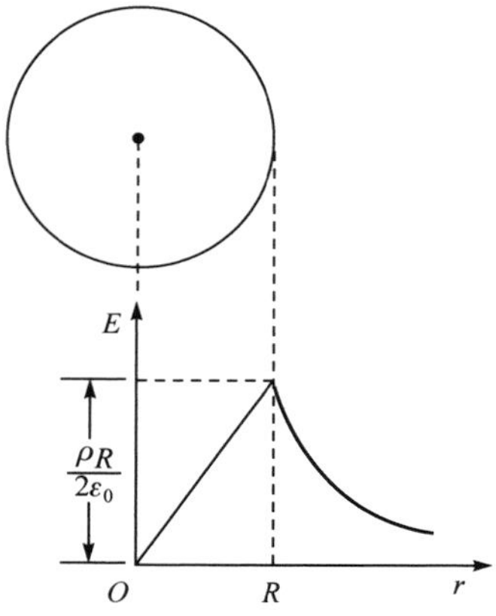

图 1.3.23

【解】　以圆柱的轴线为轴线,半径为 r 作长为 l 的圆柱面(高斯面)S,由对称性和高斯定理得

$$\oiint_S \boldsymbol{E}\cdot d\boldsymbol{S}=2\pi rlE=\frac{1}{\varepsilon_0}Q \tag{1}$$

式中 Q 是 S 所包住的电荷量的代数和. 在圆柱体内,$r\leqslant R$,$Q=\pi r^2 l\rho$,故得

$$E=\frac{\rho}{2\varepsilon_0}r \tag{2}$$

所以

$$\boldsymbol{E}=\frac{\rho}{2\varepsilon_0}\boldsymbol{r} \tag{3}$$

式中 $\boldsymbol{r}$ 为从轴线到场点的位矢. 在圆柱体外,$Q=\pi R^2 l\rho$,故得

$$E=\frac{\rho R^2}{2\varepsilon_0 r} \tag{4}$$

所以

$$\boldsymbol{E}=\frac{\rho R^2}{2\varepsilon_0 r^2}\boldsymbol{r} \tag{5}$$

根据式(2)、(4)画出的 E-r 曲线如图 1.3.23 所示.

1.3.24　电荷均匀分布在一无穷长直圆柱体内,电荷量密度为 ρ. 在这圆柱内挖出一无穷长直圆柱形空腔,空腔的轴线与圆柱的轴线平行,相距为 a,横截面如图 1.3.24 所示. 已知空腔内无电荷,试求空腔内的电场强度.

【解】　把这个电荷系统看作是一个电荷量密度为 ρ 的均匀带电圆柱,与一个电荷量密度为 $-\rho$ 的均匀带电小圆柱叠加而成,结果在小圆柱内,正负电荷互相抵消,便形成没有电荷的空腔. 设从圆柱轴线 O 到空腔内一点的位矢为 $\boldsymbol{r}$,从空腔轴线 O' 到该点的位矢为 $\boldsymbol{r}'$,则根据叠加原理,由前面 1.3.23 题的式(3),便得该点的电场强度为

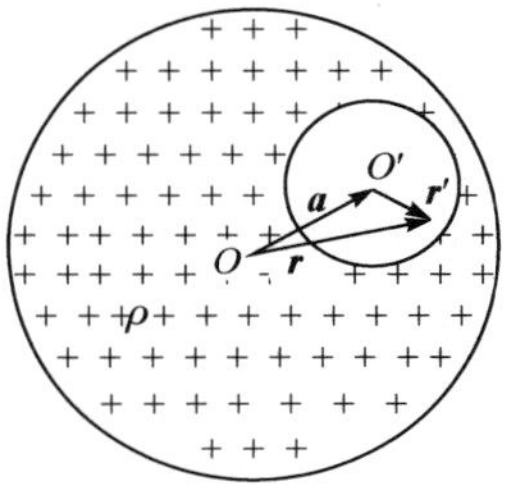

图 1.3.24

$$\boldsymbol{E}=\frac{\rho}{2\varepsilon_0}\boldsymbol{r}+\frac{-\rho}{2\varepsilon_0}\boldsymbol{r}'$$

$$=\frac{\rho}{2\varepsilon_0}(\boldsymbol{r}-\boldsymbol{r}')=\frac{\rho}{2\varepsilon_0}\boldsymbol{a}$$

式中 $\boldsymbol{a}=\overrightarrow{OO'}$. 可见空腔内的电场是均匀电场,电场强度 $\boldsymbol{E}$ 的方向平行于从 O 到 O' 的方向.

1.3.25　一无穷大平面均匀带电,电荷量的面密度为 σ,离这平面为 a 处,有一质量为 m、电荷量为 q 的粒子,由于 $q\sigma<0$,粒子受到带电平面的吸引. 设在开始($t=0$)时,粒子由静止因受平面电荷的吸引力而运动,并且可以无阻碍地穿过电荷平面. 不考虑重力. 试求粒子的运动周期.

【解】　先求平面电荷所产生的电场强度 $\boldsymbol{E}$. 根据对称性,无限大均匀平面电荷产生的 $\boldsymbol{E}$ 应与该平面垂直. 作一底面积为 A 的鼓形高斯面,使两底面对称地处在该面两边,由高斯定理得

$$\oint\!\!\!\oint_S \boldsymbol{E}\cdot \mathrm{d}\boldsymbol{S}=E\cdot 2A=\frac{1}{\varepsilon_0}\sigma A \tag{1}$$

所以

$$\boldsymbol{E}=\frac{\sigma}{2\varepsilon_0}\boldsymbol{n} \tag{2}$$

式中 $\boldsymbol{n}$ 是带电平面法线方向上的单位矢量,方向向外. 由式(2)可见,无限大均匀带电平面所产生的电场是均匀电场.

再求粒子的运动周期. 粒子的运动方程为

$$m\frac{\mathrm{d}^2\boldsymbol{r}}{\mathrm{d}t^2}=q\boldsymbol{E}=\frac{q\sigma}{2\varepsilon_0}\boldsymbol{n} \tag{3}$$

式中 $\boldsymbol{r}=r\boldsymbol{n}$,$r$ 是粒子到带电平面的距离. 积分并利用初始条件得

$$\boldsymbol{v}=\frac{\mathrm{d}\boldsymbol{r}}{\mathrm{d}t}=\frac{q\sigma t}{2\varepsilon_0 m}\boldsymbol{n} \tag{4}$$

$$\boldsymbol{r}=\frac{q\sigma t^2}{4\varepsilon_0 m}\boldsymbol{n}+a\boldsymbol{n} \tag{5}$$

$\boldsymbol{r}=0$ 时粒子到达带电平面. 由式(5)得这时

$$t_1=\sqrt{-\frac{4\varepsilon_0 ma}{q\sigma}} \tag{6}$$

代入式(4)得粒子穿过带电平面时的速度为

$$\boldsymbol{v}_1=\frac{q\sigma}{2\varepsilon_0 m}\sqrt{\frac{-4\varepsilon_0 ma}{q\sigma}}\boldsymbol{n}=-\sqrt{-\frac{q\sigma a}{\varepsilon_0 m}}\boldsymbol{n} \tag{7}$$

穿过带电平面后，粒子的运动方程为

$$m\frac{\mathrm{d}^2\boldsymbol{r}}{\mathrm{d}t^2}=q\boldsymbol{E}=-\frac{q\sigma}{2\varepsilon_0}\boldsymbol{n} \tag{8}$$

积分得

$$\boldsymbol{v}=\frac{\mathrm{d}\boldsymbol{r}}{\mathrm{d}t}=-\frac{q\sigma t}{2\varepsilon_0 m}\boldsymbol{n}+\boldsymbol{v}_1 \tag{9}$$

穿过带电平面后，粒子的速率越来越小；从穿过带电平面到速率为零所经历的时间为 t_2，由式(9)得

$$\begin{aligned} t_2&=\frac{2\varepsilon_0 m}{q\sigma}v_1=\frac{2\varepsilon_0 m}{q\sigma}\left(-\sqrt{-\frac{q\sigma a}{\varepsilon_0 m}}\right)\\ &=\sqrt{\left(-\frac{2\varepsilon_0 m}{q\sigma}\right)^2\left(-\frac{q\sigma a}{\varepsilon_0 m}\right)}=\sqrt{-\frac{4\varepsilon_0 ma}{q\sigma}}=t_1 \end{aligned} \tag{10}$$

此后粒子因受带电平面的吸引而向带电平面运动，穿过带电平面后到达距离为 a 处又回头，如此循环下去. 它的周期为

$$T=2(t_1+t_2)=8\sqrt{-\frac{\varepsilon_0 ma}{q\sigma}} \tag{11}$$

【讨论】 这种周期性运动不是简谐振动，从运动方程式(3)可以看出这一点.

1.3.26 两个无限大的平行平面都均匀带电，电荷量的面密度分别为 σ 和 $-\sigma$. 试求各处的电场强度.

【解】 由对称性和高斯定理得出，无限大均匀带电平面(电荷量的面密度为 σ)所产生的电场强度为[参见前面 1.3.25 题的式(2)]

$$\boldsymbol{E}=\frac{\sigma}{2\varepsilon_0}\boldsymbol{n} \tag{1}$$

式中 $\boldsymbol{n}$ 是该面法线方向上的单位矢量，方向向外.

由式(1)和电场强度叠加原理，便可求得各处的电场强度. 如图 1.3.26，设 $\boldsymbol{e}$ 为从 σ 指向 $-\sigma$ 方向上的单位矢量，则 P_1 点的电场强度为

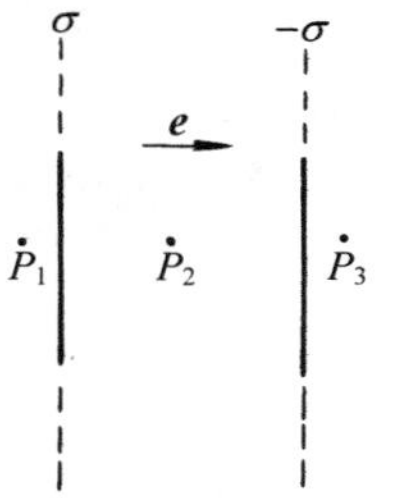

图 1.3.26

$$\begin{aligned}\boldsymbol{E}_1 &= \boldsymbol{E}_+ + \boldsymbol{E}_- \\ &= \frac{\sigma}{2\varepsilon_0}(-\boldsymbol{e}) + \frac{-\sigma}{2\varepsilon_0}(-\boldsymbol{e}) = 0\end{aligned} \tag{2}$$

P_2 点的电场强度为

$$\boldsymbol{E}_2 = \frac{\sigma}{2\varepsilon_0}\boldsymbol{e} + \frac{-\sigma}{2\varepsilon_0}(-\boldsymbol{e}) = \frac{\sigma}{\varepsilon_0}\boldsymbol{e} \tag{3}$$

P_3 点的电场强度为

$$\boldsymbol{E}_3 = \frac{\sigma}{2\varepsilon_0}\boldsymbol{e} + \frac{-\sigma}{2\varepsilon_0}\boldsymbol{e} = 0 \tag{4}$$

【讨论】 可见两面外电场强度为零，两面间的电场是均匀电场. 平行板电容器充电后，略去边缘效应，其电场就是这种分布.

1.3.27 两个无限大的平行平面都均匀带电，电荷量的面密度相同，都是 σ. 试求各处的电场强度.

【解】 一个无限大平面均匀带电，电荷量的面密度为 σ，所产生的电场强度为[参见前面 1.3.25 题的式(2)]

$$\boldsymbol{E} = \frac{\sigma}{2\varepsilon_0}\boldsymbol{n} \tag{1}$$

式中 $\boldsymbol{n}$ 是该面法线方向上的单位矢量，方向向外.

由式(1)和电场强度叠加原理，便可求得各处的电场强度. 如图 1.3.27，设 $\boldsymbol{e}$ 为从左向右并垂直于两平面的单位矢量，则 P_1 点的电场强度为

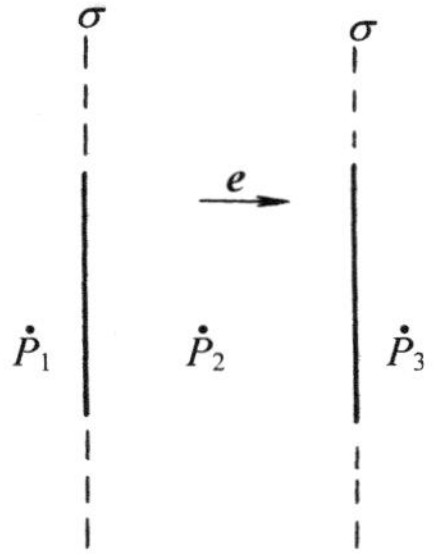

图 1.3.27

$$\boldsymbol{E}_1 = \frac{\sigma}{2\varepsilon_0}(-\boldsymbol{e}) + \frac{\sigma}{2\varepsilon_0}(-\boldsymbol{e}) = -\frac{\sigma}{\varepsilon_0}\boldsymbol{e} \tag{2}$$

P_2 点的电场强度为

$$\boldsymbol{E}_2 = \frac{\sigma}{2\varepsilon_0}\boldsymbol{e} + \frac{\sigma}{2\varepsilon_0}(-\boldsymbol{e}) = 0 \tag{3}$$

P_3 点的电场强度为

$$\boldsymbol{E}_3 = \frac{\sigma}{2\varepsilon_0}\boldsymbol{e} + \frac{\sigma}{2\varepsilon_0}\boldsymbol{e} = \frac{\sigma}{\varepsilon_0}\boldsymbol{e} \tag{4}$$

【讨论】 可见两面间电场强度为零，两面外的电场都是均匀电场，电场强度的

大小相等,而方向则相反.

1.3.28 两个无限大的平行平面都均匀带电,电荷量的面密度分别为 σ_1 和 σ_2. 试求各处的电场强度.

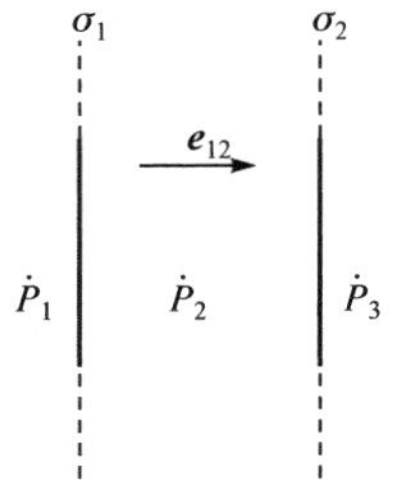

图 1.3.28

【解】 一个无限大平面均匀带电,电荷量的面密度为 σ,所产生的电场强度为[参见前面 1.3.25 题的式(2)]

$$\boldsymbol{E}=\frac{\sigma}{2\varepsilon_0}\boldsymbol{n} \tag{1}$$

式中 $\boldsymbol{n}$ 是该面法线方向上的单位矢量,方向向外.

由式(1)和电场强度叠加原理,便可求得各处的电场强度. 如图 1.3.28,设 $\boldsymbol{e}_{12}$ 为垂直于两平面的单位矢量,方向从 σ_1 指向 σ_2,则 P_1 点的电场强度为

$$\begin{aligned}\boldsymbol{E}_1&=\frac{\sigma_1}{2\varepsilon_0}(-\boldsymbol{e}_{12})+\frac{\sigma_2}{2\varepsilon_0}(-\boldsymbol{e}_{12})\\&=-\frac{\sigma_1+\sigma_2}{2\varepsilon_0}\boldsymbol{e}_{12}\end{aligned} \tag{2}$$

P_2 点的电场强度为

$$\boldsymbol{E}_2=\frac{\sigma_1}{2\varepsilon_0}\boldsymbol{e}_{12}+\frac{\sigma_2}{2\varepsilon_0}(-\boldsymbol{e}_{12})=\frac{\sigma_1-\sigma_2}{2\varepsilon_0}\boldsymbol{e}_{12} \tag{3}$$

P_3 点的电场强度为

$$\boldsymbol{E}_3=\frac{\sigma_1}{2\varepsilon_0}\boldsymbol{e}_{12}+\frac{\sigma_2}{2\varepsilon_0}\boldsymbol{e}_{12}=\frac{\sigma_1+\sigma_2}{2\varepsilon_0}\boldsymbol{e}_{12} \tag{4}$$

【讨论】 一、各处都是均匀电场,两面外电场强度大小相等而方向相反.

二、若 $\sigma_2=-\sigma_1$,便是前面的 1.3.26 题. 若 $\sigma_2=\sigma_1$,便是前面的 1.3.27 题.

1.3.29 一厚度为 d 的无限大平板,板内均匀地分布着电荷,电荷量密度为 ρ. 试求板内外离板中心为 r 处的电场强度.

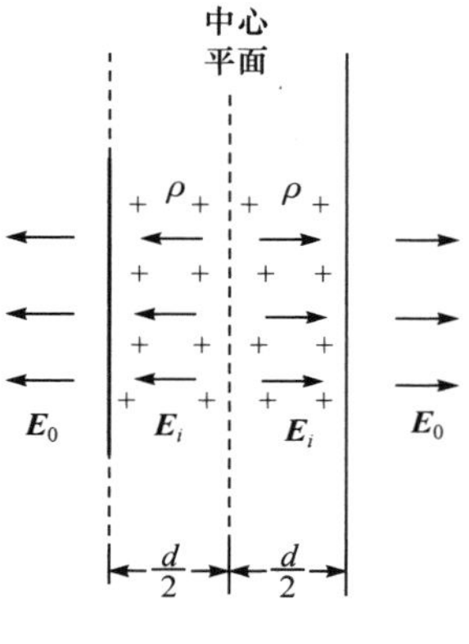

图 1.3.29

【解】 根据对称性,板内外的电场强度都应垂直于板面,并且对于中心平面是对称的,如图 1.3.29 所示. 据此,作轴线垂直于板面的圆柱形高斯面 S,两底面(面积都是 A)对称地处在中心平面两边,由高斯定理得

$$\text{板内}(r<d/2):\oiint_S \boldsymbol{E}_i\cdot \mathrm{d}\boldsymbol{S}=2E_i\cdot A=\frac{1}{\varepsilon_0}2rA\rho$$

所以

$$\boldsymbol{E}_i=\frac{\rho}{\varepsilon_0}\boldsymbol{r} \tag{1}$$

式中 $\boldsymbol{r}$ 是从中心平面到场点的位矢,其大小为 r.

$$板外(r>d/2):\oiint_S \boldsymbol{E}_0 \cdot d\boldsymbol{S} = 2E_0 A = \frac{1}{\varepsilon_0}Ad\rho$$

所以
$$\boldsymbol{E}_0 = \frac{\rho d}{2\varepsilon_0}\frac{\boldsymbol{r}}{r} \tag{2}$$

可见板外是均匀电场.

1.3.30 厚度都是 a 的两块无限大平行平板,板内都均匀地分布着电荷,电荷量密度分别为 ρ 和 $-\rho$,两板间距离为 b,如图 1.3.30(1)所示.(1)试求两板内外各处的电场强度 $\boldsymbol{E}$.(2)如果两板有一部分重叠,重叠部分的厚度为 b,如图 1.3.30(2)所示,结果如何?

【解】 (1)一个无限大平板均匀带电所产生的电场强度为[参见前面 1.3.29 题的式(1)和式(2)]

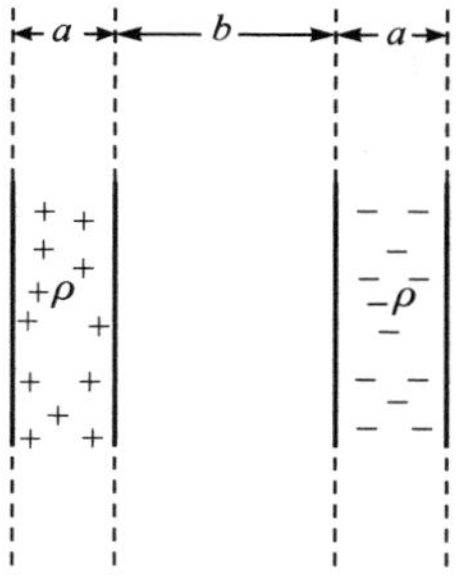

图 1.3.30(1)

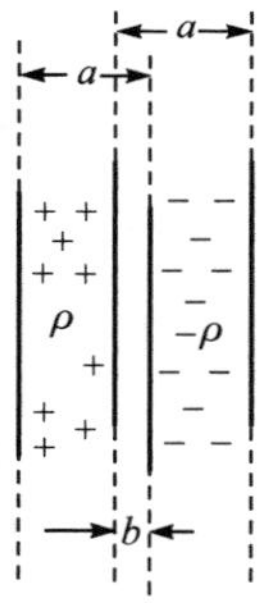

图 1.3.30(2)

板内:
$$\boldsymbol{E}_i = \frac{\rho}{\varepsilon_0}\boldsymbol{r} \tag{1}$$

板外:
$$\boldsymbol{E}_0 = \frac{\rho d}{2\varepsilon_0}\frac{\boldsymbol{r}}{r} \tag{2}$$

式中 ρ 是电荷量密度,d 是板厚,$\boldsymbol{r}$ 是从板的中心平面到场点的位矢.

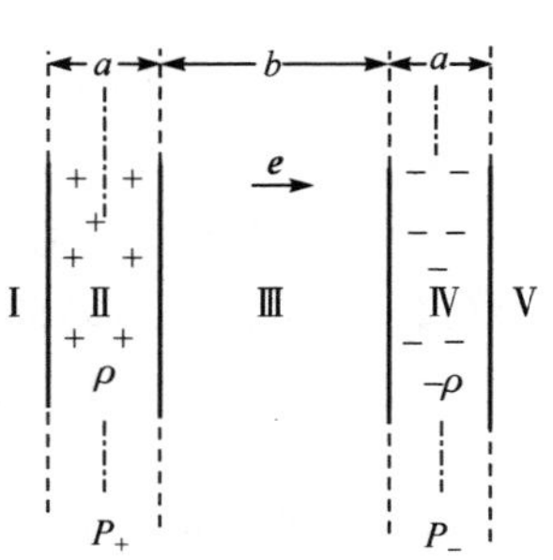

图 1.3.30(3)

利用上述两式和电场强度叠加原理求各处的电场强度.把两板内外分成Ⅰ至Ⅴ五个区域,如图 1.3.30(3)所示,其中 P_+ 和 P_- 分别是正负电荷板的中心平面,$\boldsymbol{e}$ 是垂直于板面的单位矢量,从正电荷指向负电荷.各区的电场强度如下:

$$Ⅰ:\boldsymbol{E}_{Ⅰ} = \boldsymbol{E}_+ + \boldsymbol{E}_- = \frac{\rho a}{2\varepsilon_0}(-\boldsymbol{e}) + \frac{-\rho a}{2\varepsilon_0}(-\boldsymbol{e}) = 0 \tag{3}$$

Ⅱ:P_+ 左边,到 P_+ 为 r 处($0 \leqslant r \leqslant a/2$):

$$\boldsymbol{E}_{Ⅱ左} = \boldsymbol{E}_+ + \boldsymbol{E}_- = \frac{\rho}{\varepsilon_0}r(-\boldsymbol{e}) + \frac{-\rho a}{2\varepsilon_0}(-\boldsymbol{e}) = \frac{\rho}{\varepsilon_0}\left(\frac{a}{2} - r\right)\boldsymbol{e} \tag{4}$$

P_+ 右边，到 P_+ 为 r 处（$0\leqslant r\leqslant a/2$）：

$$\boldsymbol{E}_{\text{Ⅱ右}}=\boldsymbol{E}_+ +\boldsymbol{E}_- =\frac{\rho}{\varepsilon_0}r\boldsymbol{e}+\frac{-\rho a}{2\varepsilon_0}(-\boldsymbol{e})=\frac{\rho}{\varepsilon_0}\left(\frac{a}{2}+r\right)\boldsymbol{e} \tag{5}$$

Ⅲ：$\boldsymbol{E}_{\text{Ⅲ}}=\dfrac{\rho a}{2\varepsilon_0}\boldsymbol{e}+\dfrac{-\rho a}{2\varepsilon_0}(-\boldsymbol{e})=\dfrac{\rho a}{\varepsilon_0}\boldsymbol{e}$　　(6)

Ⅳ：P_- 左边，到 P_- 为 r 处（$0\leqslant r\leqslant a/2$）：

$$\boldsymbol{E}_{\text{Ⅳ左}}=\frac{\rho a}{2\varepsilon_0}\boldsymbol{e}+\frac{-\rho}{\varepsilon_0}r(-\boldsymbol{e})=\frac{\rho}{\varepsilon_0}\left(\frac{a}{2}+r\right)\boldsymbol{e} \tag{7}$$

P_- 右边，到 P_- 为 r 处（$0\leqslant r\leqslant a/2$）：

$$\boldsymbol{E}_{\text{Ⅳ右}}=\frac{\rho a}{2\varepsilon_0}\boldsymbol{e}+\frac{-\rho}{\varepsilon_0}r\boldsymbol{e}=\frac{\rho}{\varepsilon_0}\left(\frac{a}{2}-r\right)\boldsymbol{e} \tag{8}$$

Ⅴ：$\boldsymbol{E}_{\text{Ⅴ}}=\dfrac{\rho a}{2\varepsilon_0}\boldsymbol{e}+\dfrac{-\rho a}{2\varepsilon_0}\boldsymbol{e}=0$　　(9)

如果以两板间的中点 O 为原点，取横坐标 x 垂直于板面，以 $\boldsymbol{E}$ 的大小 E 为纵坐标，则根据式(3)至(9)画出的 E-x 曲线如图 1.3.30(4)所示.

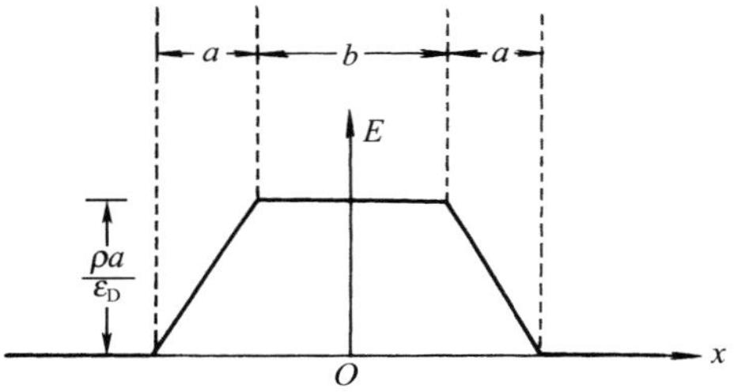

图 1.3.30(4)

(2)如果两板有一部分重叠，重叠部分的厚度为 b，则重叠部分正负电荷互相抵消，便等于厚度都是 $a-b$ 的正负电荷板，相距为 b 的情况. 因此，只须将式(4)至(8)中的 a 都换成 $a-b$，便得到所求的电场强度.

1.3.31　实验表明，在靠近地面处有相当强的电场，电场强度 $\boldsymbol{E}$ 垂直于地面向下，大小约为 100V/m；在离地面 1.5km 高的地方，$\boldsymbol{E}$ 也是垂直于地面向下，大小约为 25V/m. 试求地面附近大气中电荷量的平均密度.

【解】　以地心为心作球形高斯面 S_1 恰好包住地面，由对称性和高斯定理得

$$\oiint_{S_1}\boldsymbol{E}\cdot \mathrm{d}\boldsymbol{S}=\oiint_{S_1}E_1\cdot\cos\pi \mathrm{d}S=-4\pi R^2E_1=\frac{1}{\varepsilon_0}Q_1 \tag{1}$$

式中 R 是地球半径，Q_1 是地球上电荷的代数和.

再以 $R+h$ 为半径作一同心球形高斯面 S_2，由对称性和高斯定理得

$$\oiint_{S_2}\boldsymbol{E}\cdot \mathrm{d}\boldsymbol{S}=\oiint_{S_2}E_2\cdot\cos\pi \mathrm{d}S=-4\pi(R+h)^2E_2=\frac{1}{\varepsilon_0}Q_2 \tag{2}$$

式中 Q_2 是 S_2 所包住电荷量的代数和.

两式相减得

$$4\pi[R^2(E_1-E_2)-h(2R+h)E_2]=\frac{1}{\varepsilon_0}(Q_2-Q_1) \tag{3}$$

因地球半径 $R=6370\text{km}$，$h=1.5\text{km}\ll R$，故上式中含 h 的项可以略去，于是得

$$Q_2-Q_1=4\pi\varepsilon_0R^2(E_1-E_2) \tag{4}$$

所求电荷量的平均密度为

$$\begin{aligned}\overline{\rho}&=\frac{Q_2-Q_1}{4\pi R^2h}=\frac{\varepsilon_0(E_1-E_2)}{h}=\frac{8.854\times10^{-12}\times(100-25)}{1.5\times10^3}\\&=4.4\times10^{-13}(\text{C/m}^3)\end{aligned} \tag{5}$$

【别解】 由于 $R\gg h$，故在地面上的 $\boldsymbol{E}_1$ 和高度为 h 处的 $\boldsymbol{E}_2$，在小范围内都可看作是均匀电场. 于是可以作一高为 h 的圆柱形高斯面 S，两底面面积为 A，如图 1.3.31 所示，由高斯定理得

$$\oint\!\!\!\oint_S \boldsymbol{E}\cdot d\boldsymbol{S}=E_1A-E_2A=\frac{1}{\varepsilon_0}Q \tag{6}$$

式中 Q 是 S 所包住的电荷量的代数和. 于是

$$Q=\varepsilon_0(E_1-E_2)A \tag{7}$$

所以

$$\overline{\rho}=\frac{Q}{V}=\frac{\varepsilon_0(E_1-E_2)A}{Ah}=\frac{\varepsilon_0(E_1-E_2)}{h} \tag{8}$$

【讨论】 $\boldsymbol{E}_1$ 向下表明地面带负电荷，$\overline{\rho}>0$ 表明近地面的空气里有正电荷(带有正电荷的粒子).

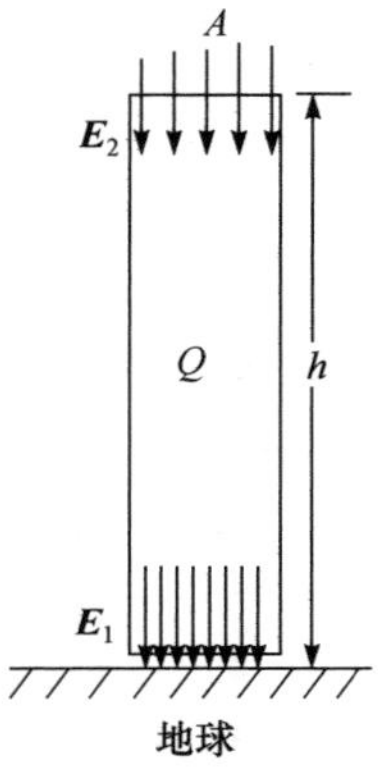

图 1.3.31

1.4 电　　势

【关于电势】 静电场的电场强度 $\boldsymbol{E}$ 与电势 U 的关系为 $\boldsymbol{E}=-\nabla U$. 因此，知道了 U 也就可以求得 $\boldsymbol{E}$. 所以静电场也可以用电势 U 来描述. 对于一般的电磁场，既可以用电场强度 $\boldsymbol{E}$ 和磁感强度 $\boldsymbol{B}$ 描述，也可以用标势 φ 和矢势 $\boldsymbol{A}$ 描述. 关于标势 φ 和矢势 $\boldsymbol{A}$，可参看张之翔《电磁学教学参考》(北京大学出版社，2015)，§3.11，175—184 页.

1.4.1 试用你自己的语言分别给(1)重力势能，(2)弹性势能(3)静电势能下定义. 你能否从此得出一个统一的势能定义，使它对上述三种情况都适用?

【解答】 (1)重力势能：物体在某处的重力势能等于它由该处移到重力势能为零处(如地面)重力(地球作用于它的万有引力)所做的功.

(2)弹性势能：物体在某处的弹性势能等于它由该处移到弹性势能为零处(如弹性力为零处)弹性力所做的功.

(3)静电势能:电荷在某处的静电势能等于它由该处移到静电势能为零处(如无穷远处)静电力所做的功.

统一的势能定义:物体(或带电体)在某处的势能等于它由该处移到势能为零处保守力(如重力、弹性力、静电力等)所做的功.

【讨论】 物体在保守力场中移动时,若保守力做正功,物体的势能便减少,势能减少的值等于保守力做的功.

1.4.2 在理论上,通常都把无穷远处的电势当作零;在实用上,通常都把地球的电势当作零.实验指出,如果把无穷远处的电势当作零,则地球的电势约为-8.2×10^8V.理论与实验不一致,你认为这矛盾如何解决?

【解答】 某处电势为零,是人为规定的,不是自然规律.在具体问题中,为处理问题方便,可以根据情况,规定某处电势为零.但一经规定后,各处的电势便随之而定.在不同的问题里,可以规定不同的地方为电势零点.但在同一问题里,规定某个地方的电势为零,就不能再规定别的地方电势为零了.所以在处理理论问题时取无穷远处为电势零点,与在处理实用问题(如无线电电路问题或电工问题)时取地球为电势零点,并无矛盾.

从物理意义上讲,起作用的是电势差,而不是电势.某一点电势的值与规定何处为电势零点有关,但两点电势差的值则与规定何处电势为零无关.所以在处理一个问题时,人为地规定某个地方电势为零,并不影响物理实质.

1.4.3 试回答下列问题:(1)电势高的地方电场强度是否大?电场强度大的地方电势是否高?(2)电场强度为零的地方,电势是否为零?电势为零的地方,电场强度是否为零?(3)电场强度大小相等的地方,电势是否相等?等势面上的电场强度是否相等?(4)电势为零的物体是否不带电?带正电的物体其电势是否是正的?

【解答】 (1)不一定.不一定.(2)不一定.不一定.(3)不一定相等.不一定相等.(4)不一定.不一定.

在同一点,电势U与电场强度$\boldsymbol{E}$之间没有直接关系,它们之间的关系是空间导数之间的关系,即

$$\boldsymbol{E}=-\nabla U$$

因此,U高的地方$\boldsymbol{E}$不一定大,$\boldsymbol{E}$大的地方U不一定高;$\boldsymbol{E}=0$的地方U不一定为零,$U=0$的地方$\boldsymbol{E}$不一定为零;$\boldsymbol{E}$相等的地方U不一定相等,等势面上$\boldsymbol{E}$不一定相等.

一个物体的电势不仅与它所带的电荷有关,也与周围物体所带的电荷有关,而且还与人为规定的电势零点有关.因此,不能由物体的电势确定它是否带电,也不能由它所带的电荷来确定它的电势.

1.4.4 有人说:"在静电情况下,空间某一点的电势U已定,该点电场强度$\boldsymbol{E}$的大小E可以是任何值,方向可以是任何方向;反过来,该点的$\boldsymbol{E}$已定,该点的电势可以是任何值.因此,空间同一点的$\boldsymbol{E}$和U没有直接关系."你认为这种说法怎样?

【解答】 这种说法是对的.空间同一点的 U 和 $\boldsymbol{E}$ 的关系是空间导数之间的关系,即 $\boldsymbol{E}=-\nabla U$的关系,它们本身没有直接关系.

1.4.5 试证明下述论断:在静电场中,凡是电力线都是平行直线的地方,电场强度的大小必定处处相等.或者换句话说:凡是电场强度的方向处处相同的地方,电场强度的大小必定处处相等.

【证】 在这样的电场中取一长方形环路 $abcd$,使其长为 l 的边平行于电场的 $\boldsymbol{E}$,如图 1.4.5 所示.设 $\boldsymbol{E}$ 在 ab 处的大小为 E_1,在 cd 处的大小为 E_2,则由静电场的基本性质

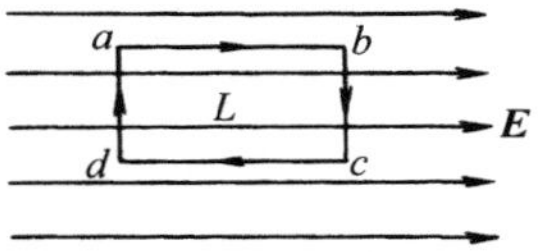

图 1.4.5

$$\oint_L \boldsymbol{E}\cdot d\boldsymbol{l}=0 \tag{1}$$

得

$$\oint_L \boldsymbol{E}\cdot d\boldsymbol{l}=E_1\cos 0\cdot l+E_2\cos\pi\cdot l=E_1 l-E_2 l=0$$

所以

$$E_1=E_2 \tag{2}$$

因长方形的宽度 bc 可以任意取,故 E_2 可以是上述电场中任何地方的电场强度的大小.于是上述论断得证.

1.4.6 一个点电荷,电荷量为 q,在离它 10cm 处产生的电势为 100V,试求 q 的值.

【解】 由点电荷产生的电势

$$U=\frac{q}{4\pi\varepsilon_0 r}$$

得

$$q=4\pi\varepsilon_0 rU=\frac{1}{9.0\times10^9}\times10\times10^{-2}\times100=1.1\times10^{-9}(\text{C})$$

1.4.7 质子的电荷量为 1.60×10^{-19}C,质量为 1.67×10^{-27}kg,金的原子核含有 79 个质子,把它当做一个均匀带电的圆球,半径为 6.9×10^{-15}m.假定金原子核固定.(1)一个质子以 1.2×10^7m/s 的初速从很远处直射向金原子核,试求它能达到金原子核的最近距离.(2)α 粒子的质量为 6.7×10^{-27}kg,电荷量是质子的两倍,它以 1.6×10^7m/s 的初速从很远处直射向金原子核,试求它能达到金原子核的最近距离.

【解】 设入射粒子的质量为 m,电荷量为 Ze,初速度为 v_0,能达到金原子核的最近距离为 $r_{\min}$,则由能量守恒定律得

$$\frac{1}{2}mv_0^2=\frac{79e(Ze)}{4\pi\varepsilon_0 r_{\min}} \tag{1}$$

所以

$$r_{\min}=\frac{2\times79Ze^2}{4\pi\varepsilon_0 mv_0^2} \tag{2}$$

(1)对于质子

$$r_{\min}=\frac{2\times79\times1\times(1.60\times10^{-19})^2}{4\pi\times8.854\times10^{-12}\times1.67\times10^{-27}\times(1.2\times10^7)^2}$$

$$=1.5\times10^{-13}(\mathrm{m}) \tag{3}$$

(2)对于 α 粒子

$$r_{\min}=\frac{2\times79\times2\times(1.60\times10^{-19})^2}{4\pi\times8.854\times10^{-12}\times6.7\times10^{-27}\times(1.6\times10^7)^2}$$

$$=4.2\times10^{-14}(\mathrm{m}) \tag{4}$$

【讨论】 如果金原子核并不是固定的，而是开始时静止，以后在入射粒子的库仑力的作用下发生运动，则可取实验室坐标系计算如下：设金原子核的质量为 M，速度为 V，入射粒子的速度为 v，则由动量守恒定律得

$$MV+mv=mv_0 \tag{5}$$

当达到最近距离 $r_{\min}$ 时

$$V=v \tag{6}$$

由以上两式得这时

$$V=v=\frac{m}{M+m}v_0 \tag{7}$$

又由能量守恒定律得

$$\frac{1}{2}MV^2+\frac{1}{2}mv^2+\frac{79e(Ze)}{4\pi\varepsilon_0 r_{\min}}=\frac{1}{2}mv_0^2 \tag{8}$$

将式(7)代入式(8)解得

$$r_{\min}=\frac{2\times79Ze^2}{4\pi\varepsilon_0 mv_0^2}\left(1+\frac{m}{M}\right) \tag{9}$$

1.4.8 一电子质量为 m，电荷量为 $-e$，以初速 v_0 自很远处直射向一个固定的质子，质子的电荷量为 e.(1)试求电子的速度 v 与它们之间距离 r 的关系；(2)已知 $m=9.11\times10^{-31}\,\mathrm{kg}$，$e=1.60\times10^{-19}\,\mathrm{C}$，$v_0=3.24\times10^5\,\mathrm{m/s}$，试计算 $v=2v_0$ 时 r 的值.

【解】 (1)由能量守恒定律得

$$\frac{1}{2}mv^2+\frac{(-e)e}{4\pi\varepsilon_0 r}=\frac{1}{2}mv_0^2 \tag{1}$$

解得

$$v=\sqrt{\frac{e^2}{2\pi\varepsilon_0 mr}+v_0^2} \tag{2}$$

(2)当 $v=2v_0$ 时,由式(2)得

$$r=\frac{e^2}{6\pi\varepsilon_0 m v_0^2}$$

$$=\frac{(1.60\times10^{-19})^2}{6\pi\times8.854\times10^{-12}\times9.11\times10^{-31}\times(3.24\times10^5)^2}$$

$$=1.60\times10^{-9}(\mathrm{m}) \tag{3}$$

1.4.9 已知电子的静质量为 $m_0=9.11\times10^{-31}\mathrm{kg}$,电荷量为 $q=-1.60\times10^{-19}\mathrm{C}$.(1)设电子的质量不随速度变化,要把静止的电子加速到真空中光速 $c=2.9979\times10^8\mathrm{m/s}$,试问它要经过多高的电压?(2)对于高速运动的物体来说,上面的算法不对.因为根据狭义相对论,物体的质量 m 与它的速度 v 有关,关系为 $m=\frac{m_0}{\sqrt{1-v^2/c^2}}$,物体的动能不是 $\frac{1}{2}mv^2$,而是

$$T=(m-m_0)c^2=m_0c^2\left(\frac{1}{\sqrt{1-v^2/c^2}}-1\right)$$

按照这个公式,静止的电子经过上述电压加速后,速度是多少?是光速 c 的百分之几?(3)按照狭义相对论,要把带电粒子(静质量为 m_0,电荷量为 q)从静止加速到光速 c,需要经过多高的电压?

【解】 (1)根据能量守恒定律有

$$\frac{1}{2}m_0v^2+qU=\frac{1}{2}m_0v_0^2+qU_0 \tag{1}$$

今 $v_0=0$,$v=c$,故得所需电压为

$$U-U_0=-\frac{m_0v^2}{2q}$$

$$=-\frac{9.11\times10^{-31}\times(2.9979\times10^8)^2}{2\times(-1.60\times10^{-19})}=2.56\times10^5(\mathrm{V}) \tag{2}$$

(2)这时根据能量守恒定律有

$$m_0c^2\left(\frac{1}{\sqrt{1-v^2/c^2}}-1\right)+qU=qU_0 \tag{3}$$

其中 $U-U_0$ 由式(2)为

$$U-U_0=-\frac{m_0c^2}{2q} \tag{4}$$

将式(4)代入式(3)得

$$\sqrt{1-\frac{v^2}{c^2}}=\frac{2}{3} \tag{5}$$

所以

$$\frac{v}{c}=\frac{\sqrt{5}}{3}=0.745=74.5\% \tag{6}$$

$$v=0.745\times2.9979\times10^8=2.23\times10^8(\mathrm{m/s}) \tag{7}$$

(3)根据式(3),所需电压为

$$U_0-U=\frac{m_0c^2}{q}\left(\frac{1}{\sqrt{1-v^2/c^2}}-1\right) \tag{8}$$

当 $v\to c$ 时,由上式得出所需电压为无穷大.因此,根据狭义相对论,不可能把带电粒子加速到光速 c.

1.4.10 一电子二极管由半径为 $a=5.0\times10^{-4}$m 的圆柱形阴极 K,和套在 K 外面的同轴圆筒形阳极 A 构成,A 的半径为 $b=4.5\times10^{-3}$m. A 的电势比 K 高 300V. 电子从 K 出来时速度很小,可略去不计.已知电子质量为 9.1×10^{-31}kg,电荷量为 -1.6×10^{-19}C. 试求:(1)电子从 K 向 A 走过 2.0mm 时的速度值;(2)电子到达 A 时的速度值.

【解】 设离阴极 K 的轴线为 r 处的电势为 U,则

$$\begin{aligned}U-U_K&=\int_r^a \boldsymbol{E}\cdot \mathrm{d}\boldsymbol{r}\\&=\int_r^a\frac{\lambda\,\mathrm{d}r}{2\pi\varepsilon_0 r}=\frac{\lambda}{2\pi\varepsilon_0}\ln\frac{a}{r}\end{aligned} \tag{1}$$

式中 λ 是阴极 K 上沿轴线上单位长度的电荷量.由式(1)得阳极 A 与阴极 K 的电势差为

$$U_A-U_K=\frac{\lambda}{2\pi\varepsilon_0}\ln\frac{a}{b} \tag{2}$$

将式(2)代入式(1)消去未知的 λ 便得

$$U-U_K=(U_A-U_K)\frac{\ln(a/r)}{\ln(a/b)} \tag{3}$$

设电子的质量为 m,电荷量为 $-e$,离 K 的轴线为 r 时速度为 v,则由能量守恒定律得

$$\frac{1}{2}mv^2+(-e)U=\frac{1}{2}mv_0^2+(-e)U_K=-eU_K \tag{4}$$

所以

$$\begin{aligned}v&=\sqrt{\frac{2e(U-U_K)}{m}}\\&=\sqrt{\frac{2e(U_A-U_K)}{m}\frac{\ln(a/r)}{\ln(a/b)}}\end{aligned} \tag{5}$$

(1)当 $r=2.0$mm 时

$$\begin{aligned}v&=\sqrt{\frac{2\times1.6\times10^{-19}\times300}{9.1\times10^{-31}}\times\frac{\ln(5.0\times10^{-4}/2.0\times10^{-3})}{\ln(5.0\times10^{-4}/4.5\times10^{-3})}}\\&=8.2\times10^6\,(\mathrm{m/s})\end{aligned} \tag{6}$$

(2)当 $r=b=4.5\times10^{-3}$m 时

$$\begin{aligned}v&=\sqrt{\frac{2e(U_A-U_K)}{m}}=\sqrt{\frac{2\times1.6\times10^{-19}\times300}{9.1\times10^{-31}}}\\&=1.0\times10^7\,(\mathrm{m/s})\end{aligned} \tag{7}$$

1.4.11　一示波管如图 1.4.11 所示，电子以 $v_0=2.4\times10^7\text{m/s}$ 的速度沿水平方向射入偏转电极间的均匀电场，在这电场力的作用下向下偏转，最后射到荧光屏上的 P 点. 已知偏转电极两金属板相距为 $b=1.0\text{cm}$，长为 $l=4.0\text{cm}$，偏转电极到荧光屏的距离为 $L=18\text{cm}$；偏转电极两板间电压为 160V；电子质量为 $9.1\times10^{-31}\text{kg}$，电荷量为 $-e=-1.6\times10^{-19}\text{C}$. 试求电子(1)在偏转电极间所受的力和产生的加速度；(2)射出偏转电极时速度在水平方向和竖直方向上的分量；(3)在荧光屏上的偏转距离.

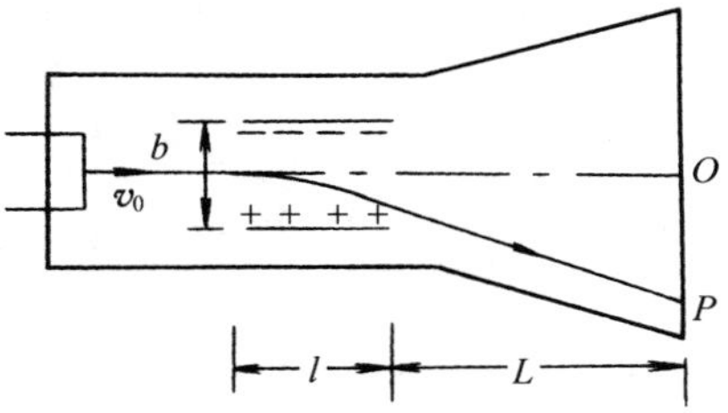

图 1.4.11

【解】 (1)电子在偏转电极间所受的力 F 和产生的加速度 a 分别为

$$F=-eE=-e\frac{U}{b}=-1.6\times10^{-19}\times\frac{160}{1.0\times10^{-2}}$$

$$=-2.6\times10^{-15}(\text{N})\tag{1}$$

$$a=\frac{F}{m}=-\frac{eU}{mb}=-\frac{1.6\times10^{-19}\times160}{9.1\times10^{-31}\times1.0\times10^{-2}}$$

$$=-2.8\times10^{15}(\text{m/s}^2)\tag{2}$$

两式中的负号都表示方向向下.

(2)电子的速度在水平方向和竖直方向上的分量分别为

$$v_{\parallel}=v_0=2.4\times10^7\text{m/s}\tag{3}$$

$$v_{\perp}=at=-\frac{eU}{mb}\frac{l}{v_0}$$

$$=-\frac{1.6\times10^{-19}\times160\times4.0\times10^{-2}}{9.1\times10^{-31}\times1.0\times10^{-2}\times2.4\times10^7}$$

$$=-4.7\times10^6(\text{m/s})\tag{4}$$

式中负号表示方向向下.

(3)荧光屏上的偏转距离为

$$y=y_1+y_2=\frac{1}{2}at_1^2+v_{\perp}t_2$$

$$=-\frac{1}{2}\frac{eU}{mb}\left(\frac{l}{v_0}\right)^2-\frac{eUl}{mbv_0}\frac{L}{v_0}=-\frac{eUl}{mbv_0^2}\left(\frac{l}{2}+L\right)$$

$$=-\frac{1.6\times10^{-19}\times160\times4.0\times10^{-2}}{9.1\times10^{-31}\times1.0\times10^{-2}\times(2.4\times10^7)^2}\times\left(\frac{4.0\times10^{-2}}{2}+18\times10^{-2}\right)$$

$$=-3.9\times10^{-2}(\text{m})\tag{5}$$

式中负号表示向下偏转.

1.4.12 一示波管中电子以速度 $\boldsymbol{v}_0$ 进入偏转极，$\boldsymbol{v}_0$ 与偏转极中的电场强度垂直；已知电子质量为 m，电荷量的大小为 e，偏转极两板间的电压为 U，两板相距为 d，长都是 l，板中心到荧光屏的距离为 L，如图 1.4.12 所示. 试求电子的偏转距离 $y=y_1+y_2$.

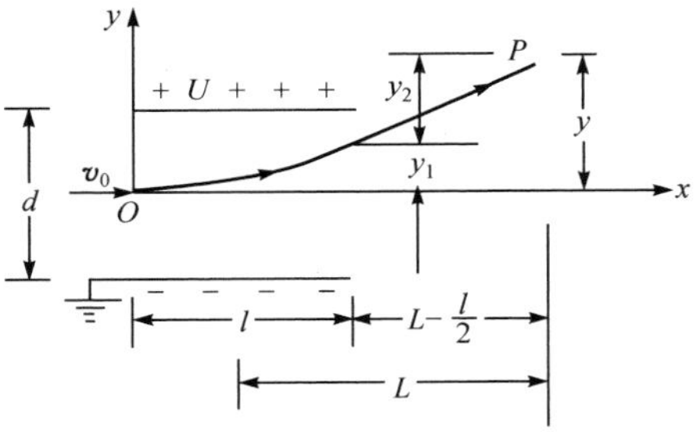

图 1.4.12

【解】 由图 1.4.12 可见，电子的偏转距离为

$$y=y_1+y_2=\frac{1}{2}at_1^2+v_yt_2$$
$$=\frac{1}{2}\frac{eU}{md}\left(\frac{l}{v_0}\right)^2+\frac{eU}{md}\frac{l}{v_0}\frac{L-l/2}{v_0}$$
$$=\frac{eUlL}{mv_0^2d}$$

1.4.13 半径为 R 的光滑绝缘圆环，固定在光滑绝缘的水平桌面上；空间有水平方向的均匀电场，电场强度为 $\boldsymbol{E}$，如图 1.4.13(1)所示，图中纸面代表水平面. 在圆环内侧有一质量为 m、带有电荷量 q 的质点，它从 P_1 位置以初速 $\boldsymbol{v}_0$（$\boldsymbol{v}_0\perp\boldsymbol{E}$）出发，贴着圆环内侧作圆周运动. 为了使这质点经过图中 P_2 位置（P_2 与 P_1 在同一直经的两端）继续贴着圆环运动，试求 v_0 的取值范围.

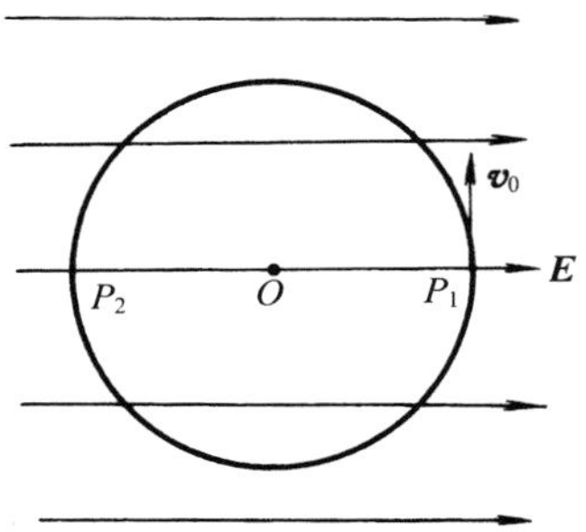

图 1.4.13(1)

【解】 如图 1.4.13(1)，设 P_1 和 P_2 处的电势分别为 U_1 和 U_2，质点在 P_2 处的速度为 $\boldsymbol{v}$，则由能量守恒定律得

$$\frac{1}{2}mv^2+qU_2=\frac{1}{2}mv_0^2+qU_1 \tag{1}$$

因电场为均匀电场，故

$$U_2-U_1=2RE \tag{2}$$

质点的运动方程为

$$m\frac{v^2}{R}=N+qE \tag{3}$$

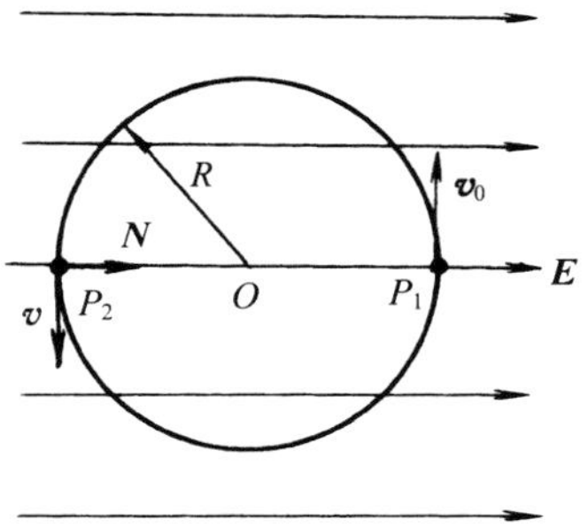

图 1.4.13(2)

式中 N 是圆环作用在 m 上的力，如图 1.4.13(2)所示. m 贴着圆环运动的条件为

$$N\geqslant 0 \tag{4}$$

由式(2)、(3)、(4)得

$$mv^2\geqslant RqE \tag{5}$$

由式(1)、(2)得

$$mv^2=mv_0^2-4RqE \tag{6}$$

由式(5)、(6)解得

$$v_0\geqslant\sqrt{\frac{5RqE}{m}} \tag{7}$$

1.4.14 一长为 l 的丝线一端固定在 O 点，另一端系有质量为 m、电荷量为 $q(<0)$ 的小球，开始时，丝线处于水平的伸直状态；空间有电场强度为 $\boldsymbol{E}$ 的均匀电场，$\boldsymbol{E}$ 沿水平方向，如图 1.4.14(1)所示. 然后将小球自静止释放，让它在重力和电场力的作用下摆动. 设丝线的质量和空气的阻力均可略去不计，$\boldsymbol{E}$ 的大小为 $E=mg/|q|$. (1)试求 m 第一次到达最低点所需的时间 t；(2)设 m 经过最低点后，丝线一直处于伸直状态，试求它达到左边水平位置时速度的大小 v.

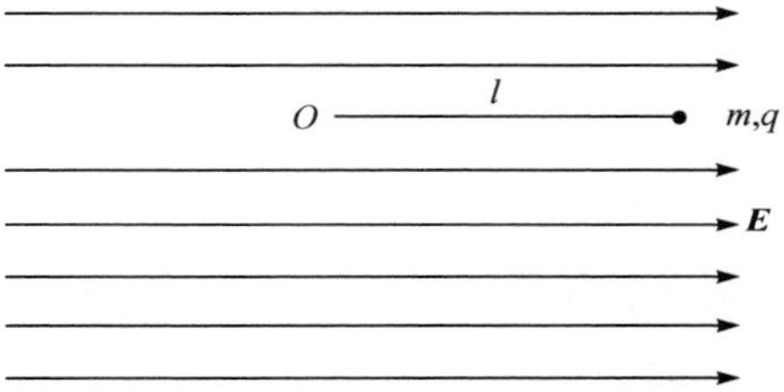

图 1.4.14(1)

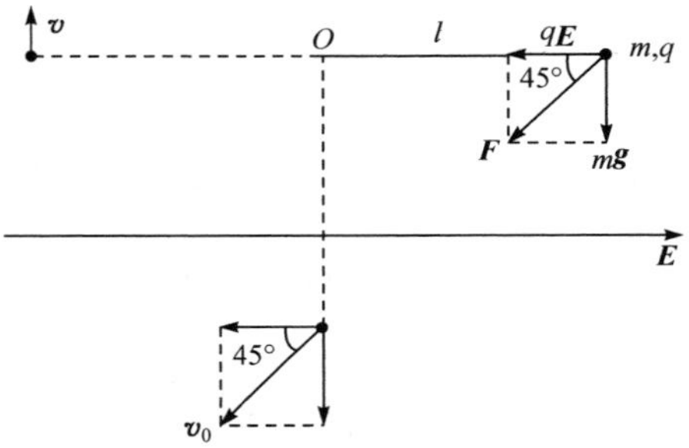

图 1.4.14(2)

【解】 (1)因 $q<0$，故静电力 $\boldsymbol{F}_e=q\boldsymbol{E}$ 与 $\boldsymbol{E}$ 的方向相反，如图 1.4.14(2)所示. 因此，小球 m 被释放后，丝线便没有受到张力，即丝线中的张力 $T=0$. 小球受电场力的大小为

$$F_e=qE=q\frac{mg}{q}=mg \tag{1}$$

小球所受合力 $\boldsymbol{F}$ 的大小为

$$F=\sqrt{F_e^{\ 2}+(mg)^2}=\sqrt{2}mg \tag{2}$$

$\boldsymbol{F}$ 的方向向左下方 45°方向，如图 1.4.14(2)所示. 在小球到达最低点以前，$\boldsymbol{F}$ 的大小和方向都不变，故小球便沿直线作匀加速运动，直向最低点. 加速度的大小为

$$a=F/m=\sqrt{2}g \tag{3}$$

因丝线长为 l，故得所求的时间为

$$t=\sqrt{\frac{2s}{a}}=\sqrt{\frac{2\sqrt{2}l}{\sqrt{2}g}}=\sqrt{\frac{2l}{g}} \tag{4}$$

(2)小球达到最低点时，速度的大小为

$$v_0=at=\sqrt{2}g\sqrt{\frac{2l}{g}}=2\sqrt{lg} \tag{5}$$

小球到达最低点，丝线即被拉直. 此后，它便以

$$v_i = v_0\cos 45° = 2\sqrt{lg}\cdot\frac{1}{\sqrt{2}} = \sqrt{2lg} \tag{6}$$

的初速度向左摆动. 设摆到左边水平位置时，m 的速度大小为 v，则由能量守恒定律得

$$\begin{aligned}\frac{1}{2}mv^2 - \frac{1}{2}mv_i^2 &= |q|El - mgl \\ &= mgl - mgl = 0\end{aligned} \tag{7}$$

所以
$$v = v_i = \sqrt{2lg} \tag{8}$$

【讨论】 在小球到达最低点时，因拉直丝线，消耗了一部分能量 $\frac{1}{2}m\cdot(v_0\sin 45°)^2 = \frac{1}{4}mv_0^2$，即损失了动能的一半.

1.4.15 氢原子由一个质子(即氢原子核)和一个电子组成，根据经典模型，氢原子在基态时，电子环绕质子作匀速圆周运动，轨道的半径为 $a = 5.29\times10^{-11}$ m. 已知电子和质子的电荷量的大小都是 $e = 1.60\times10^{-19}$ C. 把基态氢原子的电子和质子分开到相距无穷远所需的最小能量叫做氢原子的电离能量，试求这个能量的值. 1mol 氢原子(即 6.02×10^{23} 个氢原子)的电离能量是多少?

【解】 设电子的质量为 m，速度为 v，则氢原子基态的能量为

$$\begin{aligned}W &= \frac{1}{2}mv^2 + \frac{(-e)e}{4\pi\varepsilon_0 a} \\ &= \frac{1}{2}mv^2 - \frac{e^2}{4\pi\varepsilon_0 a}\end{aligned} \tag{1}$$

电子的运动方程为

$$m\frac{v^2}{a} = \frac{e^2}{4\pi\varepsilon_0 a^2} \tag{2}$$

将式(2)代入式(1)消去 mv^2，便得

$$W = \frac{e^2}{8\pi\varepsilon_0 a} - \frac{e^2}{4\pi\varepsilon_0 a} = -\frac{e^2}{8\pi\varepsilon_0 a} \tag{3}$$

代入数值便得

$$\begin{aligned}W &= -\frac{9.00\times10^9\times(1.60\times10^{-19})^2}{2\times5.29\times10^{-11}} \\ &= -2.18\times10^{-18}\,(\text{J}) \\ &= -13.6\,(\text{eV})\end{aligned} \tag{4}$$

负号是因为，我们以电子和质子相距无穷远时为电势能的零点. 因此，要把基态氢原子的电子和质子分开到相距无穷远，需要外力做功，这功的最小值便等于氢原子的电离能量 E. 于是得

$$E = -W = 13.6\text{eV} \tag{5}$$

一摩尔氢原子的电离能量为

$$E_{mol}=6.02\times10^{23}\times13.6=8.19\times10^{24}(\text{eV})$$
$$=1.31\times10^{6}(\text{J}) \tag{6}$$

1.4.16 实验表明,轻原子核结合成为较重的原子核时(称为核聚变),能放出大量的能量.例如,四个氢原子核(质子)结合成一个氦原子核(α 粒子)时,可放出28MeV 的能量.这种核聚变就是太阳发光发热的能量来源.近五十年来,人们一直在研究如何在地球上实现受控的核聚变,以便解决人类的能源问题.实现核聚变的困难在于原子核都带正电,互相排斥,在一般情况下不能互相靠近而发生结合.只有在温度非常高时,原子核热运动的速度非常快,才能冲破斥力而碰到一起,发生结合(称为热核聚变).根据统计物理学,温度为 T 时,粒子的平均平动能为$\frac{1}{2}m\overline{v^2}=\frac{3}{2}kT$,式中 $k=1.38\times10^{-23}$J/K,称为玻耳兹曼常量.已知质子的电荷量为 $e=1.60\times10^{-19}$C,半径约为 $r=1\times10^{-15}$m.试计算两个质子因热运动而达到互相接触时所需的最低温度.

【解】 如图 1.4.16,设两个质子迎头相碰,故碰撞时两者中心相距为 $2r$,这时

$$2\times\frac{1}{2}m\overline{v^2}=2\times\frac{3}{2}kT=\frac{e^2}{4\pi\varepsilon_0\times2r}$$

故得所求的温度为

$$T=\frac{e^2}{3k\times4\pi\varepsilon_0\times2r}$$
$$=\frac{9.0\times10^9\times(1.6\times10^{-19})^2}{3\times1.38\times10^{-23}\times2\times1\times10^{-15}}$$
$$=3\times10^9(\text{K})$$

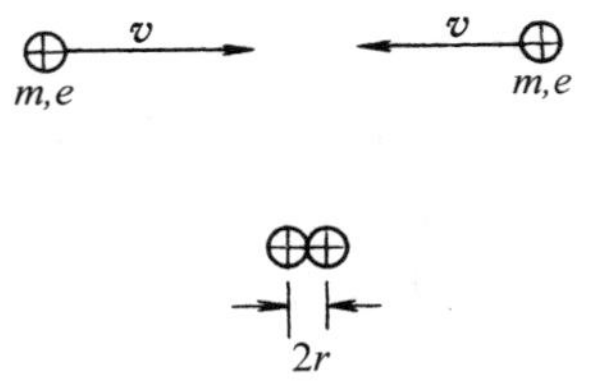

图 1.4.16

【讨论】 实际上,由于量子力学的隧道效应,使质子不需要那么大的动能就可穿过静电势垒而达到互相接触,故发生热核聚变所需的温度可以低一些,据估算,10^8K 即可.

1.4.17 当空气中的电场强度达到 2×10^6V/m 时,空气便会被击穿而发生火花放电.测得某次雷电的火花长 100m,试求这次闪电时两端的电势差.

【解】 这次闪电两端的电势差为

$$U=2\times10^6\times100=2\times10^8(\text{V})$$

1.4.18 在夏季雷雨时,通常一次闪电里两端的电势差约为十亿伏特,通过的电量约为 30C.试问一次闪电消耗的能量是多少?如果这些能量用来烧水,试问能把多少水从 0℃加热到 100℃?

【解】 一次闪电消耗的能量为

$$W=QU=30\times10^9=3\times10^{10}(\text{J})$$

所求的水的质量为

$$M=\frac{3\times10^{10}}{4.18\times100}=7.2\times10^{7}(\mathrm{g})$$
$$=7.2\times10^{4}(\mathrm{kg})=72(\mathrm{t})$$

1.4.19　一个电子经过 1V 的电势差时，它的电势能之差称为电子伏，以 eV 表示，是原子物理学中常用的能量单位；在原子核物理学中，能量较高，常用兆电子伏(MeV)作单位，$1\mathrm{MeV}=10^{6}\mathrm{eV}$；在高能物理学中，能量更高，常用吉电子伏(GeV)作单位，$1\mathrm{GeV}=10^{9}\mathrm{eV}$. 已知电子电荷量的大小为 $1.602\times10^{-19}\mathrm{C}$，试分别求 1eV、1MeV 和 1GeV 各等于多少焦耳？一盏 40W 电灯点一小时，所用的电能等于多少 eV？

【解】　$1\mathrm{eV}=1.602\times10^{-19}\times1\mathrm{J}=1.602\times10^{-19}\mathrm{J}$

$1\mathrm{MeV}=10^{6}\mathrm{eV}=1.602\times10^{-13}\mathrm{J}$

$1\mathrm{GeV}=10^{9}\mathrm{eV}=1.602\times10^{-10}\mathrm{J}$

40W 电灯一小时用的电能为

$$W=\frac{40\times60\times60}{1.602\times10^{-19}}=9.0\times10^{23}(\mathrm{eV})$$

1.4.20　由统计物理学得出，当热力学温度为 T 时，微观粒子热运动能量的数量级为 kT，其中 $k=1.38\times10^{-23}\mathrm{J/K}$ 是玻耳兹曼常量. 因此，可以用能量表示温度. 当 kT 的值为多少 eV 时，就说它的温度 T 等于多少 eV. 试问：(1) $T=1\mathrm{eV}$ 时是多少 K？(2) $T=50\mathrm{keV}$ 时是多少 K？(3)室温($T=300\mathrm{K}$)时 T 是多少 eV？(4)太阳表面温度约 6000K，T 是多少 eV？(5)热核反应时温度高达 $10^{8}\mathrm{K}$，T 是多少 eV？

【解】　(1) $T_{1\mathrm{eV}}=\frac{1\mathrm{eV}}{k}=\frac{1.60\times10^{-19}}{1.38\times10^{-23}}=1.16\times10^{4}(\mathrm{K})$

(2) $T_{50\mathrm{keV}}=\frac{50\times10^{3}\times1.60\times10^{-19}}{1.38\times10^{-23}}=5.8\times10^{8}(\mathrm{K})$

(3) $T_{300\mathrm{K}}=\frac{300\mathrm{K}}{1.16\times10^{4}\mathrm{K/eV}}=2.6\times10^{-2}\mathrm{eV}$

(4) $T_{6000\mathrm{K}}=\frac{6000\mathrm{K}}{1.16\times10^{4}\mathrm{K/eV}}=0.52\mathrm{eV}$

(5) $T_{10^{8}\mathrm{K}}=\frac{10^{8}\mathrm{K}}{1.16\times10^{4}\mathrm{K/eV}}=8.6\times10^{3}\mathrm{eV}=8.6\mathrm{keV}$

1.4.21　图 1.4.21 的(1)、(2)、(3)中两点电荷的电荷量都已标明是 Q 或 $-Q$，它们相距都是 l，P 都是连线的中点. 试分别求三种情况下 P 点的电场强度 $\boldsymbol{E}$ 和电势 U.

【解】　(1)令 $\boldsymbol{e}$ 代表从左边电荷指向右边电荷的单位矢量，则 P 点的 $\boldsymbol{E}$ 和 U 分别为

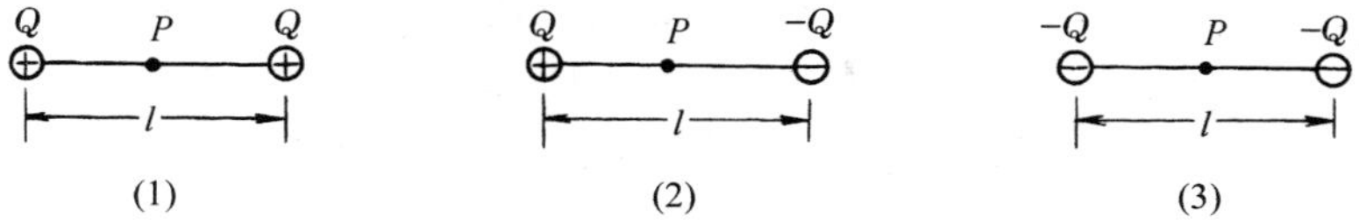

图 1.4.21

$$\boldsymbol{E}=\frac{Q}{4\pi\varepsilon_0(l/2)^2}\boldsymbol{e}+\frac{Q}{4\pi\varepsilon_0(l/2)^2}(-\boldsymbol{e})=0 \tag{1}$$

$$U=\frac{Q}{4\pi\varepsilon_0 l/2}+\frac{Q}{4\pi\varepsilon_0 l/2}=\frac{Q}{\pi\varepsilon_0 l} \tag{2}$$

(2) $$\boldsymbol{E}=\frac{Q}{4\pi\varepsilon_0(l/2)^2}\boldsymbol{e}+\frac{-Q}{4\pi\varepsilon_0(l/2)^2}(-\boldsymbol{e})=\frac{2Q}{\pi\varepsilon_0 l^2}\boldsymbol{e} \tag{3}$$

$$U=\frac{Q}{4\pi\varepsilon_0 l/2}+\frac{-Q}{4\pi\varepsilon_0 l/2}=0 \tag{4}$$

(3) $$\boldsymbol{E}=\frac{-Q}{4\pi\varepsilon_0(l/2)^2}\boldsymbol{e}+\frac{-Q}{4\pi\varepsilon_0(l/2)^2}(-\boldsymbol{e})=0 \tag{5}$$

$$U=\frac{-Q}{4\pi\varepsilon_0 l/2}+\frac{-Q}{4\pi\varepsilon_0 l/2}=-\frac{Q}{\pi\varepsilon_0 l} \tag{6}$$

1.4.22 在电荷量为 Q 的点电荷所产生的电场中有 A、B、C 三点，A 点离 Q 为 r，B、C 两点离 Q 均为 $2r$，如图 1.4.22 所示. 现将电荷量为 q 的点电荷从 A 移到 B，试求电场力做的功 W_{AB}；将 q 从 A 移到 C，试求电场力做的功 W_{AC}. 若将 q 从 B 移到 C，电场力做的功是多少？

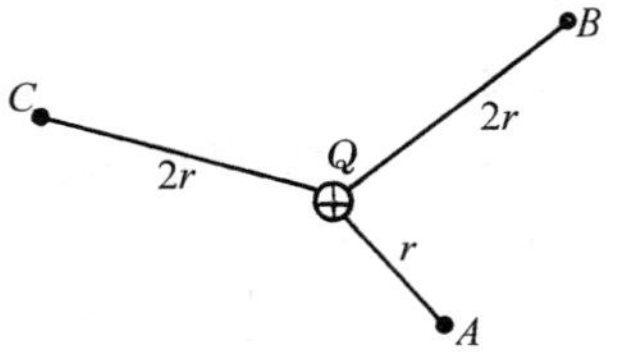

图 1.4.22

【解】 电荷量 q 在静电场中从 A 点移动到 B 点，电场力做的功 W_{AB} 等于它的电势能降低的值，即

$$W_{AB}=\int_A^B q\boldsymbol{E}\cdot \mathrm{d}\boldsymbol{l}=q(U_A-U_B)=qU_A-qU_B \tag{1}$$

根据上式得：q 从 A 到 B，电场力做的功为

$$W_{AB}=qU_A-qU_B=\frac{qQ}{4\pi\varepsilon_0 r}-\frac{qQ}{4\pi\varepsilon_0(2r)}=\frac{qQ}{8\pi\varepsilon_0 r} \tag{2}$$

q 从 A 到 C，电场力做的功为

$$W_{AC}=qU_A-qU_C=\frac{qQ}{4\pi\varepsilon_0 r}-\frac{qQ}{4\pi\varepsilon_0(2r)}=\frac{qQ}{8\pi\varepsilon_0 r} \tag{3}$$

q 从 B 到 C，电场力做的功为

$$W_{BC}=qU_B-qU_C=\frac{qQ}{4\pi\varepsilon_0(2r)}-\frac{qQ}{4\pi\varepsilon_0(2r)}=0 \tag{4}$$

1.4.23　图 1.4.23 中 A、O、B、D 四点在一直线上，其间距离如图所示，$\overset{\frown}{OCD}$ 是半径为 l 的半圆；A 点和 B 点分别有电荷量为 q 和 $-q$ 的点电荷. 试求：(1)把单位正电荷量从 O 点沿半圆弧 $\overset{\frown}{OCD}$ 移到 D 点，电场力做的功；(2)把单位负电荷量从 D 点沿 AD 的延长线移到无穷远去，电场力做的功.

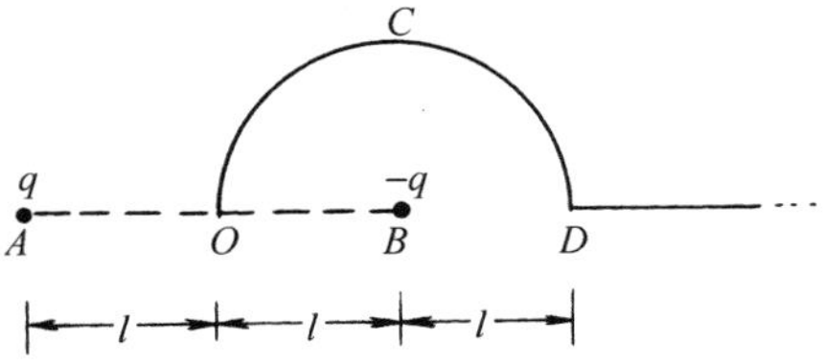

图 1.4.23

【解】　电荷量 q 在静电场中移动时，电场力做的功等于它的电势能减少的值. (1)单位正电荷量从 O 移到 D，电场力做的功为

$$W=\int_O^D \boldsymbol{F}\cdot \mathrm{d}\boldsymbol{l}=\int_O^D \boldsymbol{E}\cdot \mathrm{d}\boldsymbol{l}=U_O-U_D=-U_D$$

$$=-\left[\frac{q}{4\pi\varepsilon_0(3l)}+\frac{-q}{4\pi\varepsilon_0 l}\right]=\frac{q}{6\pi\varepsilon_0 l} \tag{1}$$

(2)单位负电荷量从 D 沿 AD 的延长线移到无穷远去，电场力做的功为

$$W=\int_D^\infty \boldsymbol{F}\cdot \mathrm{d}\boldsymbol{l}=-\int_D^\infty \boldsymbol{E}\cdot \mathrm{d}\boldsymbol{l}=-(U_D-U_\infty)=-U_D$$

$$=-\left[\frac{q}{4\pi\varepsilon_0(3l)}+\frac{-q}{4\pi\varepsilon_0 l}\right]=\frac{q}{6\pi\varepsilon_0 l} \tag{2}$$

1.4.24　在边长为 a 的正方形顶点，各有一个固定的点电荷，它们的电荷量分别为 Q、$-Q$、Q 和 $-Q$，如图 1.4.24 所示. 现将电荷量为 q 的点电荷从中心 O 移到右边的中点 P，试求电场力对它做的功. 如果四个点电荷的电荷量都是 Q，则 q 从 O 移到 P，电场力对它做的功又是多少？

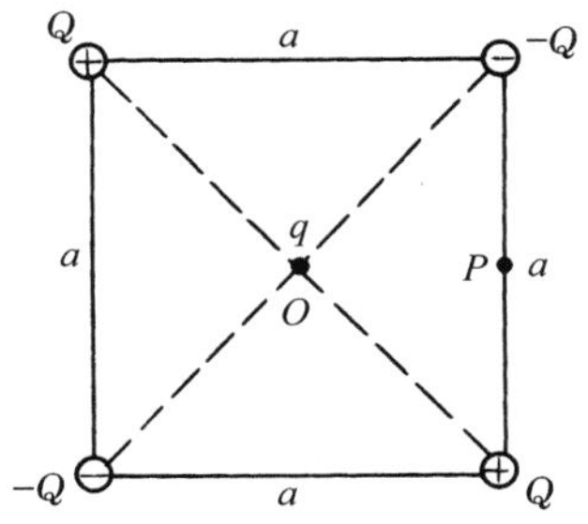

图 1.4.24

【解】　q 从 O 移到 P，电场力对它做的功为

$$W=\int_O^P \boldsymbol{F}\cdot \mathrm{d}\boldsymbol{l}=q\int_O^P \boldsymbol{E}\cdot \mathrm{d}\boldsymbol{l}$$

$$=q(U_O-U_P)=qU_O-qU_P \tag{1}$$

根据对称性和电势叠加原理，由图 1.2.24 很容易看出

$$U_O=0,\quad U_P=0 \tag{2}$$

故得

$$W=0 \tag{3}$$

如果四角的电荷量都是 Q，则

$$U'_O=4\frac{Q}{4\pi\varepsilon_0 a/\sqrt{2}}=\frac{\sqrt{2}Q}{\pi\varepsilon_0 a} \tag{4}$$

$$U'_P = 2\frac{Q}{4\pi\varepsilon_0\sqrt{a^2+(a/2)^2}} + 2\frac{Q}{4\pi\varepsilon_0 a/2}$$

$$= \left(1+\frac{\sqrt{5}}{5}\right)\frac{Q}{\pi\varepsilon_0 a} \tag{5}$$

故 q 从 O 移到 P,电场力对它做的功为

$$W' = q(U'_O - U'_P) = \left(\sqrt{2}-1-\frac{\sqrt{5}}{5}\right)\frac{qQ}{\pi\varepsilon_0 a} \tag{6}$$

1.4.25 电荷量分别为 q 和 $-q$ 的两个点电荷,相距为 l,以它们连线的中点 O 为原点,连线为极轴,取极坐标系,如图 1.4.25(1)所示,试求 q 和 $-q$ 在 $P(r,\theta)$ 点产生的电势.当 $r \gg l$ 时,结果如何?

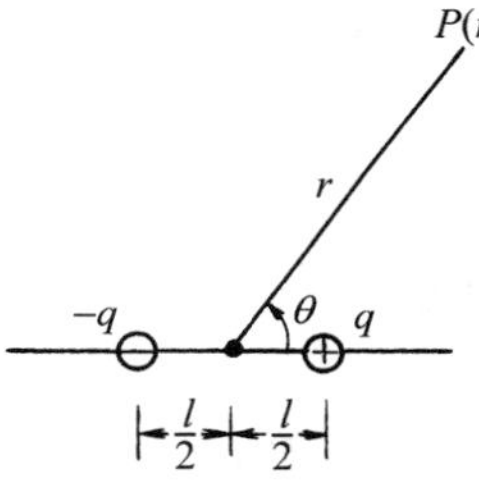

图 1.4.25(1)

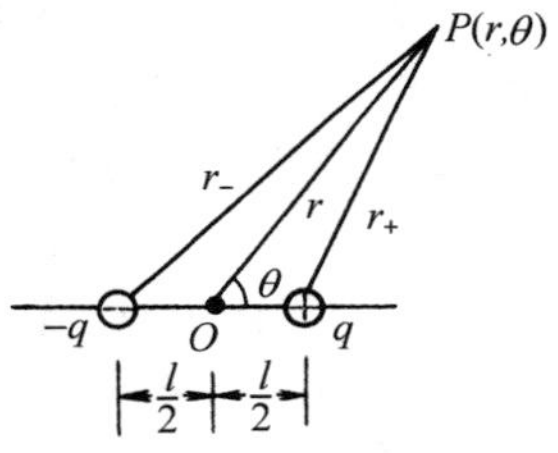

图 1.4.25(2)

【解】 根据电势叠加原理,$P(r,\theta)$ 点的电势为

$$U = \frac{q}{4\pi\varepsilon_0 r_+} + \frac{-q}{4\pi\varepsilon_0 r_-}$$

$$= \frac{q}{4\pi\varepsilon_0}\left[\frac{1}{r_+} - \frac{1}{r_-}\right] \tag{1}$$

式中 r_+ 和 r_- 如图 1.4.25(2)所示,分别为

$$r_+ = \sqrt{r^2 - rl\cos\theta + l^2/4} \tag{2}$$

$$r_- = \sqrt{r^2 + rl\cos\theta + l^2/4} \tag{3}$$

代入式(1)便得所求的电势为

$$U = \frac{q}{4\pi\varepsilon_0}\left[\frac{1}{\sqrt{r^2 - rl\cos\theta + l^2/4}} - \frac{1}{\sqrt{r^2 + rl\cos\theta + l^2/4}}\right] \tag{4}$$

当 $r \gg l$ 时,先将上式化为

$$U = \frac{q}{4\pi\varepsilon_0 r}\left[\left(1+\frac{l^2}{4r^2}-\frac{l}{r}\cos\theta\right)^{-1/2} - \left(1+\frac{l^2}{4r^2}+\frac{l}{r}\cos\theta\right)^{-1/2}\right] \tag{5}$$

再利用公式

$$(1\pm x)^{-1/2}=1\mp\frac{1}{2}x+\frac{3}{8}x^2\mp\frac{5}{16}x^3+\cdots,(x^2<1) \tag{6}$$

把式(5)的方括号内展开，略去高次项，便得

$$\left(1+\frac{l^2}{4r^2}-\frac{l}{r}\cos\theta\right)^{-1/2}-\left(1+\frac{l^2}{4r^2}+\frac{l}{r}\cos\theta\right)^{-1/2}$$

$$\approx\left(1-\frac{l^2}{8r^2}+\frac{l}{2r}\cos\theta\right)-\left(1-\frac{l^2}{8r^2}-\frac{l}{2r}\cos\theta\right)=\frac{l}{r}\cos\theta \tag{7}$$

代入式(5)便得

$$U=\frac{ql\cos\theta}{4\pi\varepsilon_0 r^2} \tag{8}$$

【讨论】 对于 $r\gg l$ 的区域来说，q 和 $-q$ 的电荷系统称为电偶极子，式(8)便是电偶极子产生的电势的表达式.

1.4.26 电荷量分别为 q 和 $-q$ 的两个点电荷，相距为 l，以它们连线的中点 O 为原点，连线为 x 轴，取笛卡儿坐标系，如图 1.4.26 所示，试求 q 和 $-q$ 在 $P(x,y)$ 点产生的电势. 当 $\sqrt{x^2+y^2}\gg l$ 时，结果如何？

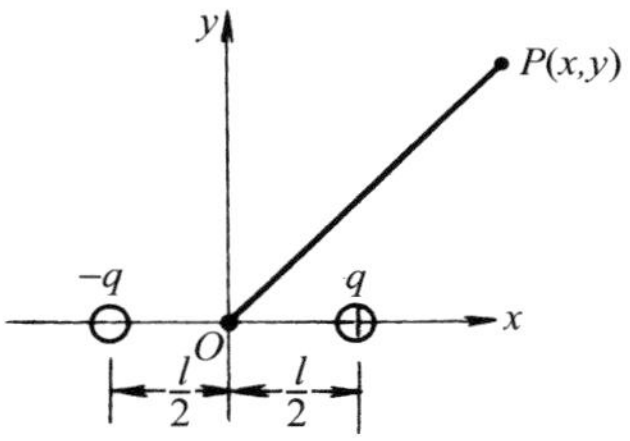

图 1.4.26

【解】 根据电势叠加原理，$P(x,y)$ 点的电势为

$$U=\frac{q}{4\pi\varepsilon_0 r_+}+\frac{-q}{4\pi\varepsilon_0 r_-}=\frac{q}{4\pi\varepsilon_0}\left(\frac{1}{r_+}-\frac{1}{r_-}\right)$$

$$=\frac{q}{4\pi\varepsilon_0}\left[\frac{1}{\sqrt{(x-l/2)^2+y^2}}-\frac{1}{\sqrt{(x+l/2)^2+y^2}}\right] \tag{1}$$

当 $\sqrt{x^2+y^2}\gg l$ 时，上式方括号内可化为

$$\frac{1}{\sqrt{(x-l/2)^2+y^2}}-\frac{1}{\sqrt{(x+l/2)^2+y^2}}$$

$$=\frac{1}{\sqrt{x^2-xl+l^2/4+y^2}}-\frac{1}{\sqrt{x^2+xl+l^2/4+y^2}}$$

$$=\frac{1}{\sqrt{x^2+y^2}}\left[\left(1+\frac{l^2/4-xl}{x^2+y^2}\right)^{-1/2}-\left(1+\frac{l^2/4+xl}{x^2+y^2}\right)^{-1/2}\right]$$

$$\approx\frac{1}{\sqrt{x^2+y^2}}\left[1-\frac{l^2/4-xl}{2(x^2+y^2)}-1+\frac{l^2/4+xl}{2(x^2+y^2)}\right]$$

$$=\frac{xl}{(x^2+y^2)^{3/2}} \tag{2}$$

其中用到了前面 1.4.25 题中的公式(6). 将式(2)代入式(1)便得

$$U=\frac{qlx}{4\pi\varepsilon_0(x^2+y^2)^{3/2}} \tag{3}$$

【讨论】 式(3)可以和前面 1.4.25 题的式(8)互推.

1.4.27 电荷量分别为 q 和 $-q$ 的两个点电荷，相距为 l；对于离它们很远（即到它们的距离比 l 大很多）的区域来说，这两个电荷构成的系统称为电偶极子，$\boldsymbol{p}=q\boldsymbol{l}$ 称为它的电偶极矩，式中 $\boldsymbol{l}$ 是从 $-q$ 到 q 的位矢. 以电偶极子的中心 O 为原点，$\boldsymbol{l}$ 为极轴，取极坐标系，如图 1.4.27 所示. 试求它在 $P(r,\theta)$ 点产生的电势 U，并由 U 求电场强度 $\boldsymbol{E}$.

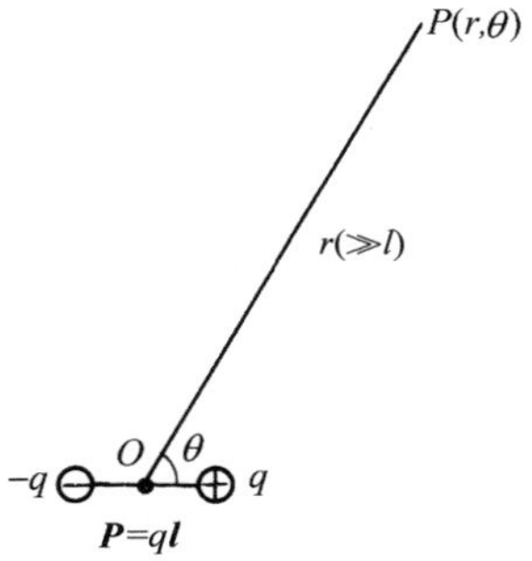

图 1.4.27

【解】 根据电势叠加原理，电偶极子在 P 点产生的电势就是它的正负电荷在该点产生的电势之和，即

$$U=\frac{q}{4\pi\varepsilon_0 r_+}+\frac{-q}{4\pi\varepsilon_0 r_-}=\frac{q}{4\pi\varepsilon_0}\left[\frac{1}{r_+}-\frac{1}{r_-}\right]$$

$$=\frac{q}{4\pi\varepsilon_0}\left[\frac{1}{\sqrt{r^2+\frac{l^2}{4}-rl\cos\theta}}-\frac{1}{\sqrt{r^2+\frac{l^2}{4}+rl\cos\theta}}\right]$$

$$=\frac{q}{4\pi\varepsilon_0 r}\left[\left(1+\frac{l^2}{4r^2}-\frac{l}{r}\cos\theta\right)^{-1/2}-\left(1+\frac{l^2}{4r^2}+\frac{l}{r}\cos\theta\right)^{-1/2}\right]$$

$$\approx\frac{q}{4\pi\varepsilon_0 r}\left[\left(1-\frac{l^2}{8r^2}+\frac{l}{2r}\cos\theta\right)-\left(1-\frac{l^2}{8r^2}-\frac{l}{2r}\cos\theta\right)\right]$$

$$=\frac{ql\cos\theta}{4\pi\varepsilon_0 r^2} \tag{1}$$

其中用到了前面 1.4.25 题中的公式(6).

令 $\boldsymbol{r}=\overrightarrow{OP}$，则 $\boldsymbol{p}\cdot\boldsymbol{r}=pr\cos\theta=qlr\cos\theta$，故上式可写作

$$U=\frac{\boldsymbol{p}\cdot\boldsymbol{r}}{4\pi\varepsilon_0 r^3} \tag{2}$$

这就是电偶极子所产生的电势的标准形式.

下面由 U 求电场强度. 根据电场强度 $\boldsymbol{E}$ 与 U 的关系

$$\boldsymbol{E}=-\nabla U \tag{3}$$

得 $\boldsymbol{E}$ 的分量分别为

$$E_r=-\frac{\partial U}{\partial r}=\frac{ql\cos\theta}{2\pi\varepsilon_0 r^3}=\frac{p\cos\theta}{2\pi\varepsilon_0 r^3} \tag{4}$$

$$E_\theta=-\frac{1}{r}\frac{\partial U}{\partial\theta}=\frac{ql\sin\theta}{4\pi\varepsilon_0 r^3}=\frac{p\sin\theta}{4\pi\varepsilon_0 r^3}\tag{5}$$

令 $\boldsymbol{e}_r$ 和 $\boldsymbol{e}_\theta$ 表示极坐标的两个基矢，则得

$$\boldsymbol{E}=E_r\boldsymbol{e}_r+E_\theta\boldsymbol{e}_\theta=\frac{p}{4\pi\varepsilon_0 r^3}[2\cos\theta\boldsymbol{e}_r+\sin\theta\boldsymbol{e}_\theta]\tag{6}$$

因

$$\boldsymbol{p}=p\cos\theta\boldsymbol{e}_r-p\sin\theta\boldsymbol{e}_\theta\tag{7}$$

故式(6)可化为

$$\begin{aligned}\boldsymbol{E}&=\frac{1}{4\pi\varepsilon_0 r^3}[3p\cos\theta\boldsymbol{e}_r-(p\cos\theta\boldsymbol{e}_r-p\sin\theta\boldsymbol{e}_\theta)]\\&=\frac{1}{4\pi\varepsilon_0 r^3}\left[\frac{3\boldsymbol{p}\cdot\boldsymbol{r}}{r}\frac{\boldsymbol{r}}{r}-\boldsymbol{p}\right]\\&=\frac{1}{4\pi\varepsilon_0 r^5}[3(\boldsymbol{p}\cdot\boldsymbol{r})\boldsymbol{r}-r^2\boldsymbol{p}]\end{aligned}\tag{8}$$

这便是前面 1.2.8 题的式(23).

【讨论】 一、有人根据本题的计算，认为电偶极子电势的表达式

$$U=\frac{\boldsymbol{p}\cdot\boldsymbol{r}}{4\pi\varepsilon_0 r^3}\tag{9}$$

是近似式，而点电荷电势的表达式

$$U=\frac{q}{4\pi\varepsilon_0 r}\tag{10}$$

则是准确式. 实际上，式(10)并不比式(9)准确. 因为物理学里的点并不是数学意义上的点，物理客体总是有大小的，所谓点电荷，也是指该电荷的线度比 r 小很多时的情况. 所以，从这个意义上讲，式(10)和式(9)都是近似式. 但在实际物理问题里，只要满足条件 $r\gg l$(电荷的线度)，则式(9)、(10)都可算是准确表达式，而且 r 比 l 大得越多，就越准确.

二、本题只用平面极坐标系，看起来所得结果只适用于图 1.4.27 的平面. 但实际上，由于问题的对称性，所得结果已反映了三维空间的情况. 如果把图 1.4.27 的平面极坐标系加上一维，成为球极坐标系，以描述三维空间的情况，则本题的所有计算仍然都成立. 只是在计算电场强度 $\boldsymbol{E}$ 的分量时，要考虑第三个分量 E_ϕ；但由于

$$E_\phi=-\frac{1}{r\sin\theta}\frac{\partial U}{\partial\phi}=0\tag{11}$$

故 $\boldsymbol{E}$ 仍然由式(8)表示. 所以我们说，本题的结果已反映了三维空间的情况.

1.4.28 电荷量分别为 q 和 $-q$ 的两个点电荷，相距为 l，以它们连线的中点 O 为原点，连线为 x 轴，取笛卡儿坐标系，如图 1.4.28 所示. 试求这两个点电荷的等势面方程. 当它们可以当作电偶极子时，结果如何？

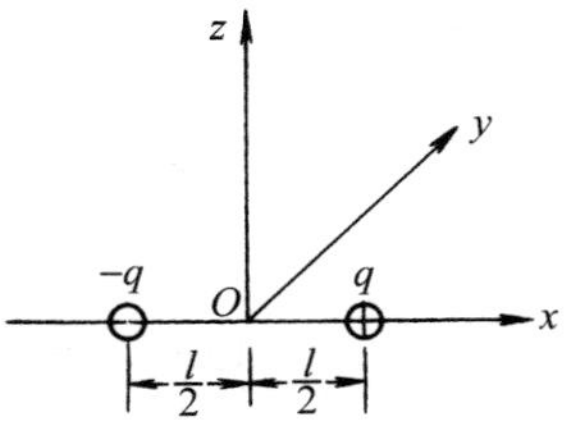

图 1.4.28

【解】 这两个点电荷在空间任一点 $P(x,y,z)$ 产生的电势为

$$U=\frac{q}{4\pi\varepsilon_0 r_+}+\frac{-q}{4\pi\varepsilon_0 r_-}$$

$$=\frac{q}{4\pi\varepsilon_0}\left[\frac{1}{\sqrt{(x-l/2)^2+y^2+z^2}}-\frac{1}{\sqrt{(x+l/2)^2+y^2+z^2}}\right] \tag{1}$$

故得等势面方程为

$$\frac{1}{\sqrt{(x-l/2)^2+y^2+z^2}}-\frac{1}{\sqrt{(x+l/2)^2+y^2+z^2}}$$

$$=\frac{4\pi\varepsilon_0 U}{q}=C(\text{常数}) \tag{2}$$

当这两个点电荷可以当作电偶极子时，即 $\sqrt{x^2+y^2+z^2}\gg l$ 时，上式左边可化为

$$\frac{1}{\sqrt{(x-l/2)^2+y^2+z^2}}-\frac{1}{\sqrt{(x+l/2)^2+y^2+z^2}}$$

$$=\frac{1}{\sqrt{x^2+l^2/4-xl+y^2+z^2}}-\frac{1}{\sqrt{x^2+l^2/4+xl+y^2+z^2}}$$

$$=\frac{1}{\sqrt{x^2+y^2+z^2}}\left[\left(1+\frac{l^2/4-xl}{x^2+y^2+z^2}\right)^{-1/2}-\left(1+\frac{l^2/4+xl}{x^2+y^2+z^2}\right)^{-1/2}\right]$$

$$\approx\frac{1}{\sqrt{x^2+y^2+z^2}}\left[1-\frac{l^2/4-xl}{2(x^2+y^2+z^2)}-1+\frac{l^2/4+xl}{2(x^2+y^2+z^2)}\right]$$

$$=\frac{xl}{(x^2+y^2+z^2)^{3/2}} \tag{3}$$

于是得这时的等势面方程为

$$\frac{x}{(x^2+y^2+z^2)^{3/2}}=\text{常数} \tag{4}$$

或

$$\frac{x^2}{(x^2+y^2+z^2)^3}=\text{常数} \tag{5}$$

1.4.29 有两个异号的点电荷，电荷量分别为 $ne(n>1)$ 和 $-e$，相距为 a. 试证明：电势为零的等势面是一个球面，球心在它们间连线的延长线上 $-e$ 的外边.

【解】 以 $-e$ 为原点 O，两电荷的连线为 x 轴，取笛卡儿坐标系如图 1.4.29 所示. 根据电势

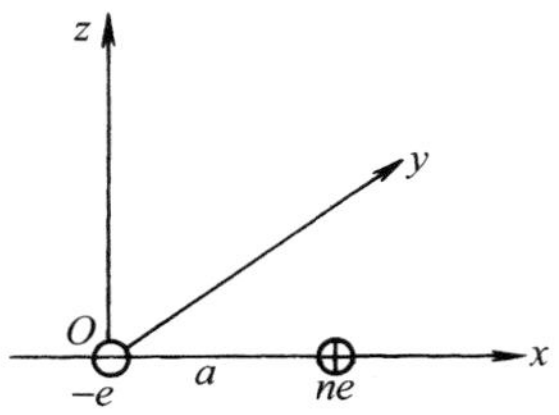

图 1.4.29

叠加原理,空间任一点 $P(x,y,z)$ 的电势为

$$U=\frac{-e}{4\pi\varepsilon_0\sqrt{x^2+y^2+z^2}}+\frac{ne}{4\pi\varepsilon_0\sqrt{(x-a)^2+y^2+z^2}} \tag{1}$$

令 $U=0$,便得

$$(x-a)^2+y^2+z^2=n^2(x^2+y^2+z^2) \tag{2}$$

所以 $$(n^2-1)(x^2+y^2+z^2)+2ax-a^2=0$$

$$x^2+y^2+z^2+\frac{2ax}{n^2-1}-\frac{a^2}{n^2-1}=0$$

$$\left(x+\frac{a}{n^2-1}\right)^2+y^2+z^2=\left(\frac{na}{n^2-1}\right)^2 \tag{3}$$

这是一个球面,球心在 $\left(-\frac{a}{n^2-1},0,0\right)$ 点,半径为 $R=\frac{na}{n^2-1}$. 因 $n>1$,故 $-\frac{a}{n^2-1}<0$,即球心在 $-e$ 的外边.

1.4.30 如图 1.4.30(1),在 x 轴上有两个点电荷,电荷量为 q 的点电荷在 $x=a$ 处,电荷量为 $-\frac{R}{a}q$ 的点电荷在 $x=\frac{R^2}{a}$ 处. 试证明:以原点 O 为心、R 为半径的球面是电势为零的等势面.

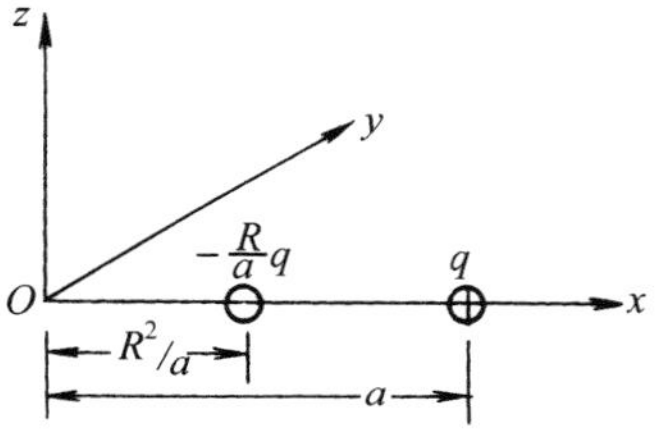

图 1.4.30(1)

【证】 根据电势叠加原理,这两个点电荷在空间任一点 $P(x,y,z)$ 产生的电势为

$$U=\frac{q}{4\pi\varepsilon_0\sqrt{(x-a)^2+y^2+z^2}}+\frac{-Rq/a}{4\pi\varepsilon_0\sqrt{(x-R^2/a)^2+y^2+z^2}}$$

$$=\frac{q}{4\pi\varepsilon_0}\left[\frac{1}{\sqrt{x^2+y^2+z^2-2ax+a^2}}-\frac{R}{a}\frac{1}{\sqrt{x^2+y^2+z^2-2R^2x/a+R^4/a^2}}\right] \tag{1}$$

以原点 O 为心、R 为半径的球面为

$$x^2+y^2+z^2=R^2 \tag{2}$$

将式(2)代入式(1)得球面上的电势为

$$U=\frac{q}{4\pi\varepsilon_0}\left[\frac{1}{\sqrt{R^2-2ax+a^2}}-\frac{R}{a}\frac{1}{\sqrt{R^2-2R^2x/a+R^4/a^2}}\right]$$

$$=\frac{q}{4\pi\varepsilon_0}\left[\frac{1}{\sqrt{R^2-2ax+a^2}}-\frac{1}{\sqrt{a^2-2ax+R^2}}\right]=0 \tag{3}$$

可见球面式(2)是电势为零的等势面.

【别证】 根据式(1),令

$$U=0 \tag{4}$$

便得

$$R^2(x^2+y^2+z^2-2ax+a^2)=a^2(x^2+y^2+z^2-2R^2x/a+R^4/a^2)$$
$$=a^2(x^2+y^2+z^2)-2R^2ax+R^4$$

所以
$$(a^2-R^2)(x^2+y^2+z^2)=(a^2-R^2)R^2 \tag{5}$$

由图 1.4.30(1)可见,$a>R$,故得

$$x^2+y^2+z^2=R^2 \tag{6}$$

【讨论】 本题是由电像法得来的,说明如下:如图 1.4.30(2),将电荷量为 q 的点电荷放在半径为 R 的导体球外离球心为 a 处,若导体球的电势为零,则球外空间任一点的电势便等于导体不存在时,q 和它的像电荷 q' 在该点所产生的电势;像电荷为 $q'=-\dfrac{R}{a}q$,处在 q 与球心 O 的连线上离 O 为 R^2/a 处.[参见张之翔等的《电动力学》(气象出版社,1988),344 页,例 2.14.]

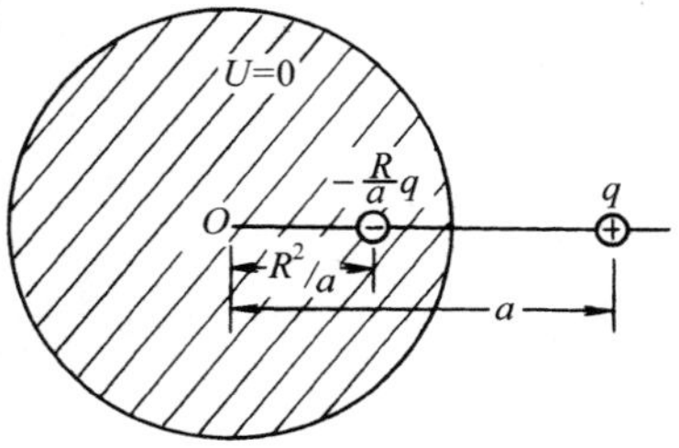

图 1.4.30(2)

1.4.31 电荷量分别为$-\dfrac{a}{b}q$、q、q 和$-\dfrac{a}{b}q$ 的四个点电荷,对称地分布在 x 轴上,它们的坐标分别为$-\dfrac{a^2}{b}$、$-b$、b 和$\dfrac{a^2}{b}$,如图 1.4.31 所示($a,b>0$).试证明:以 a 为半径的球面(球心在原点 O)是电势为零的等势面.

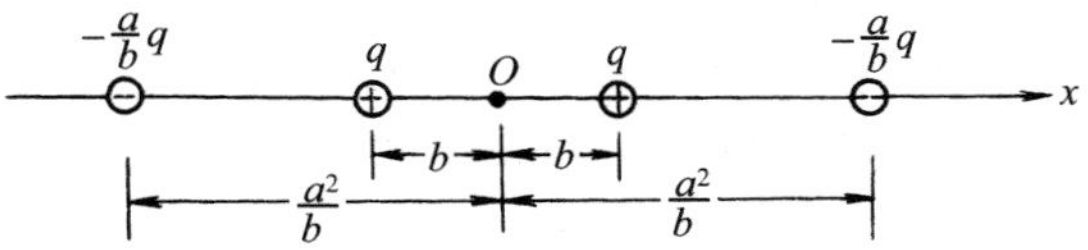

图 1.4.31

【证】 根据电势叠加原理,这四个点电荷在空间任一点 $P(x,y,z)$产生的电势为

$$U=\frac{q}{4\pi\varepsilon_0[(x-b)^2+y^2+z^2]^{1/2}}+\frac{q}{4\pi\varepsilon_0[(x+b)^2+y^2+z^2]^{1/2}}$$
$$+\frac{-aq/b}{4\pi\varepsilon_0[(x-a^2/b)^2+y^2+z^2]^{1/2}}+\frac{-aq/b}{4\pi\varepsilon_0[(x+a^2/b)^2+y^2+z^2]^{1/2}}$$
$$=\frac{q}{4\pi\varepsilon_0}\left\{\frac{1}{\sqrt{x^2+y^2+z^2-2bx+b^2}}+\frac{1}{\sqrt{x^2+y^2+z^2+2bx+b^2}}\right.$$
$$\left.-\frac{a}{b}\frac{1}{\sqrt{x^2+y^2+z^2-2a^2x/b+a^4/b^2}}-\frac{a}{b}\frac{1}{\sqrt{x^2+y^2+z^2+2a^2x/b+a^4/b^2}}\right\} \tag{1}$$

以半径为 a 的球面(球心在原点)的球面方程为

$$x^2+y^2+z^2=a^2 \tag{2}$$

将式(2)代入式(1)得

$$\begin{aligned}U&=\frac{q}{4\pi\varepsilon_0}\left\{\frac{1}{\sqrt{a^2-2bx+b^2}}+\frac{1}{\sqrt{a^2+2bx+b^2}}\right.\\&\quad\left.-\frac{a}{b}\frac{1}{\sqrt{a^2-2a^2x/b+a^4/b^2}}-\frac{a}{b}\frac{1}{\sqrt{a^2+2a^2x/b+a^4/b^2}}\right\}\\&=\frac{q}{4\pi\varepsilon_0}\left\{\frac{1}{\sqrt{a^2-2bx+b^2}}+\frac{1}{\sqrt{a^2+2bx+b^2}}\right.\\&\quad\left.-\frac{1}{\sqrt{b^2-2bx+a^2}}-\frac{1}{\sqrt{b^2+2bx+a^2}}\right\}\\&=0\end{aligned} \tag{3}$$

可见半径为 a 的球面(球心在原点)是电势为零的等势面.

【别证】 根据式(1),令

$$U=0 \tag{4}$$

便得

$$x^2+y^2+z^2-2bx+b^2=\frac{b^2}{a^2}(x^2+y^2+z^2-2a^2x/b+a^4/b^2) \tag{5}$$

$$x^2+y^2+z^2+2bx+b^2=\frac{b^2}{a^2}(x^2+y^2+z^2+2a^2x/b+a^4/b^2) \tag{6}$$

式(5)、(6)均得出

$$(a^2-b^2)(x^2+y^2+z^2)=a^2(a^2-b^2) \tag{7}$$

因 $a\neq b$,故得

$$x^2+y^2+z^2=a^2 \tag{8}$$

1.4.32 一电偶极矩为 $\boldsymbol{p}$ 的电偶极子处在外电场中,它所在处的外电场强度为 $\boldsymbol{E}$. (1)试求它的电势能 W;(2)在什么情况下 W 最小,其值是多少?(3)在什么情况下 W 最大,其值是多少?

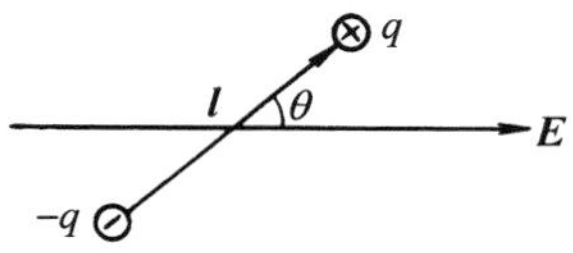

图 1.4.32

【解】 (1)设电偶极矩为 $\boldsymbol{p}=q\boldsymbol{l}$,如图 1.4.32 所示,则依定义,$\boldsymbol{p}$ 在外电场中的电势能为

$$W=qU_+ +(-q)U_- =q(U_+ -U_-) \tag{1}$$

式中 U_+ 和 U_- 分别是外电场在 $\boldsymbol{p}$ 的 q 和 $-q$ 处的电势. 因 $\boldsymbol{l}$ 很小,故

$$U_+ -U_- =\nabla U\cdot\boldsymbol{l} \tag{2}$$

电场强度 $\boldsymbol{E}$ 与电势 U 的关系为

$$\boldsymbol{E}=-\nabla U \tag{3}$$

由式(2)、(3)得

$$U_+-U_-=-\boldsymbol{E}\cdot\boldsymbol{l} \tag{4}$$

代入式(1)便得：电偶极子在外电场中的电势能为

$$W=q(-\boldsymbol{E}\cdot\boldsymbol{l})=-\boldsymbol{p}\cdot\boldsymbol{E} \tag{5}$$

(2)由式(5)可见，当 $\boldsymbol{p}$ 与 $\boldsymbol{E}$ 同方向时，W 为最小，其值为

$$W_{\min}=-pE \tag{6}$$

(3)当 $\boldsymbol{p}$ 与 $\boldsymbol{E}$ 反方向时，W 为最大，其值为

$$W_{\max}=pE \tag{7}$$

【讨论】 电偶极子 $\boldsymbol{p}$ 在外电场 $\boldsymbol{E}$ 中的电势能表达式 $W=-\boldsymbol{p}\cdot\boldsymbol{E}$ 是一个重要公式，在很多实际问题中用到.

1.4.33 电偶极矩为 $\boldsymbol{p}$ 的电偶极子处在电场强度为 $\boldsymbol{E}$ 的均匀外电场中，试证明：要将它的 $\boldsymbol{p}$ 翻转 180°，外力须做功 $2\boldsymbol{p}\cdot\boldsymbol{E}$.

【证】 电偶极子在外电场 $\boldsymbol{E}$ 中的电势能为

$$W=-\boldsymbol{p}\cdot\boldsymbol{E} \tag{1}$$

它的 $\boldsymbol{p}$ 翻转 180°后，电势能便为

$$W'=\boldsymbol{p}\cdot\boldsymbol{E} \tag{2}$$

故翻转它的外力所做的功为

$$\Delta W=W'-W=\boldsymbol{p}\cdot\boldsymbol{E}-(-\boldsymbol{p}\cdot\boldsymbol{E})=2\boldsymbol{p}\cdot\boldsymbol{E} \tag{3}$$

【讨论】 若 $\boldsymbol{p}\cdot\boldsymbol{E}>0$，则 $\Delta W>0$，即外力做的功为正. 若 $\boldsymbol{p}\cdot\boldsymbol{E}<0$，则 $\Delta W<0$，即外力做的功为负.

1.4.34 四个点电荷在同一直线上，电荷量为 q 的两个点电荷相距为 $2l$，在它们的连线中点，电荷量为 $-q$ 的两个点电荷重合在一起，如图 1.4.34 所示. 对于 $r\gg l$ 处的 $P(r,\theta)$ 点来说，这个电荷系统称为线性电四极子. 试证明：这线性电四极子在 $P(r,\theta)$ 点产生的电势和电场强度分别为

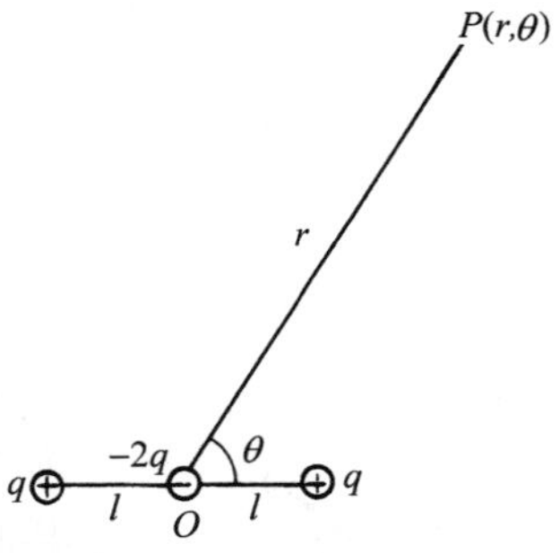

图 1.4.34

$$U=\frac{ql^2}{4\pi\varepsilon_0 r^3}(3\cos^2\theta-1)$$

$$\boldsymbol{E}=\frac{3ql^2}{4\pi\varepsilon_0 r^4}\left[(3\cos^2\theta-1)\boldsymbol{e}_r+2\sin\theta\cos\theta\boldsymbol{e}_r\right]$$

【证】 由图 1.4.34 可见，$P(r,\theta)$ 点的电势为

$$U=\frac{-2q}{4\pi\varepsilon_0 r}+\frac{q}{4\pi\varepsilon_0\sqrt{r^2+l^2-2rl\cos\theta}}+\frac{q}{4\pi\varepsilon_0\sqrt{r^2+l^2+2rl\cos\theta}}$$

$$=\frac{q}{4\pi\varepsilon_0 r}\left[-2+\frac{1}{\sqrt{1+\frac{l^2}{r^2}-2\frac{l}{r}\cos\theta}}+\frac{1}{\sqrt{1+\frac{l^2}{r^2}+2\frac{l}{r}\cos\theta}}\right] \tag{1}$$

式中两根号项可以利用公式

$$(1+x)^{-1/2}=1-\frac{1}{2}x+\frac{3}{8}x^2-\frac{5}{16}x^3+\cdots,\quad (x^2<1) \tag{2}$$

展开，取近似如下：

$$\left(1+\frac{l^2}{r^2}-2\frac{l}{r}\cos\theta\right)^{-1/2}+\left(1+\frac{l^2}{r^2}+2\frac{l}{r}\cos\theta\right)^{-1/2}$$

$$\approx 1-\frac{1}{2}\left(\frac{l^2}{r^2}-2\frac{l}{r}\cos\theta\right)+\frac{3}{8}\left(\frac{l^2}{r^2}-2\frac{l}{r}\cos\theta\right)^2$$

$$+1-\frac{1}{2}\left(\frac{l^2}{r^2}+2\frac{l}{r}\cos\theta\right)+\frac{3}{8}\left(\frac{l^2}{r^2}+2\frac{l}{r}\cos\theta\right)^2$$

$$=2-\frac{l^2}{r^2}+3\frac{l^2}{r^2}\cos^2\theta \tag{3}$$

代入式(1)便得

$$U=\frac{q}{4\pi\varepsilon_0 r}\left[-\frac{l^2}{r^2}+3\frac{l^2}{r^2}\cos^2\theta\right]=\frac{ql^2}{4\pi\varepsilon_0 r^3}(3\cos^2\theta-1) \tag{4}$$

电场强度为

$$\boldsymbol{E}=-\nabla U=-\frac{\partial U}{\partial r}\boldsymbol{e}_r-\frac{1}{r}\frac{\partial U}{\partial\theta}\boldsymbol{e}_\theta$$

$$=-\frac{ql^2(3\cos^2\theta-1)}{4\pi\varepsilon_0}\left(\frac{\partial}{\partial r}\frac{1}{r^3}\right)\boldsymbol{e}_r-\frac{ql^2}{4\pi\varepsilon_0 r^4}\left[\frac{\partial}{\partial\theta}(3\cos^2\theta-1)\right]\boldsymbol{e}_\theta$$

$$=\frac{3ql^2(3\cos^2\theta-1)}{4\pi\varepsilon_0 r^4}\boldsymbol{e}_r+\frac{6ql^2}{4\pi\varepsilon_0 r^4}\sin\theta\cos\theta\boldsymbol{e}_\theta$$

$$=\frac{3ql^2}{4\pi\varepsilon_0 r^4}\left[(3\cos^2\theta-1)\boldsymbol{e}_r+2\sin\theta\cos\theta\boldsymbol{e}_\theta\right] \tag{5}$$

【讨论】 在式(3)中取近似时要注意两点：第一，要取到$\frac{l^2}{r^2}$项，略去更高次项；如果连$\frac{l^2}{r^2}$项也略去，则得$U=0$，显然不对. 第二，在展开式中，不仅一次项$\left(\frac{l^2}{r^2}\pm 2\frac{l}{r}\cos\theta\right)$中有$\frac{l^2}{r^2}$项，二次项$\left(\frac{l^2}{r^2}\pm 2\frac{l}{r}\cos\theta\right)^2$中也有$\frac{l^2}{r^2}$项，都要保留.

1.4.35 四个点电荷分别处在边长为l的正方形的四个顶点，电荷量分别为q和$-q$，如图 1.4.35(1)所示. 以正方形中心O为原点，取极坐标系，使极轴平行于两边；空间一点$P(r,\theta)$与电荷在同一平面内. 对于$r\gg l$的区域来说，这四个点电荷构成的电荷系统称为平面电四极子. (1)试证明：这个平面电四极子在$P(r,\theta)$点产

生的电势为

$$U=-\frac{3ql^2\sin\theta\cos\theta}{4\pi\varepsilon_0 r^3}$$

(2)由 U 求该点的电场强度 $\boldsymbol{E}$.

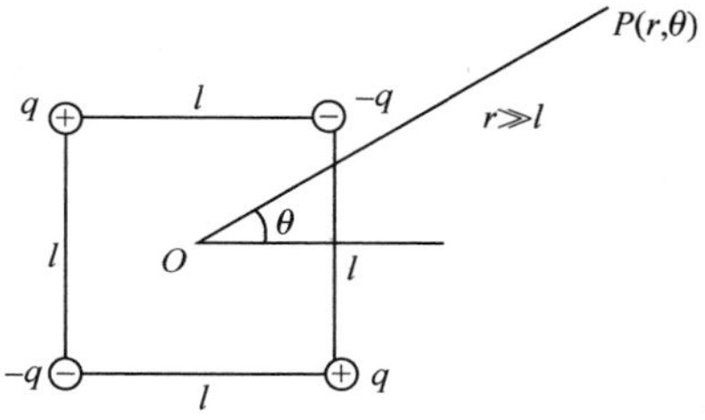

图 1.4.35(1)

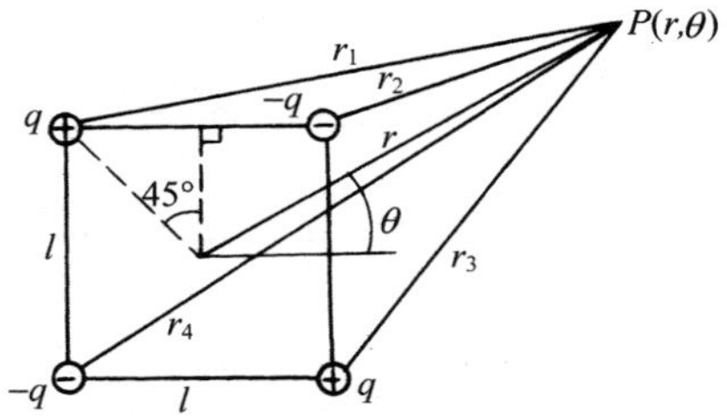

图 1.4.35(2)

【解】 (1)四个点电荷在 $P(r,\theta)$ 点产生的电势为

$$U=\frac{q}{4\pi\varepsilon_0 r_1}+\frac{-q}{4\pi\varepsilon_0 r_2}+\frac{q}{4\pi\varepsilon_0 r_3}+\frac{-q}{4\pi\varepsilon_0 r_4}$$

$$=\frac{q}{4\pi\varepsilon_0}\left[\frac{1}{r_1}-\frac{1}{r_2}+\frac{1}{r_3}-\frac{1}{r_4}\right] \tag{1}$$

式中[参见图 1.4.35(2)]

$$r_1=\sqrt{r^2+\left(\frac{l}{\sqrt{2}}\right)^2-2r\frac{l}{\sqrt{2}}\cos(135°-\theta)}$$

$$=r\sqrt{1+\frac{1}{2}\left(\frac{l}{r}\right)^2-\frac{l}{r}(\sin\theta-\cos\theta)} \tag{2}$$

$$r_2=\sqrt{r^2+\left(\frac{l}{\sqrt{2}}\right)^2-2r\frac{l}{\sqrt{2}}\cos(45°-\theta)}$$

$$=r\sqrt{1+\frac{1}{2}\left(\frac{l}{r}\right)^2-\frac{l}{r}(\sin\theta+\cos\theta)} \tag{3}$$

$$r_3=\sqrt{r^2+\left(\frac{l}{\sqrt{2}}\right)^2-2r\frac{l}{\sqrt{2}}\cos(45°+\theta)}$$

$$=r\sqrt{1+\frac{1}{2}\left(\frac{l}{r}\right)^2+\frac{l}{r}(\sin\theta-\cos\theta)} \tag{4}$$

$$r_4=\sqrt{r^2+\left(\frac{l}{\sqrt{2}}\right)^2-2r\frac{l}{\sqrt{2}}\cos(135°+\theta)}$$

$$=r\sqrt{1+\frac{1}{2}\left(\frac{l}{r}\right)^{2}+\frac{l}{r}(\sin\theta+\cos\theta)} \tag{5}$$

为了求出 $r\gg l$ 时式(1)方括号内的值，利用公式

$$(1+x)^{-1/2}=1-\frac{1}{2}x+\frac{3}{8}x^{2}-\frac{5}{16}x^{3}+\cdots,\qquad (x^{2}<1) \tag{6}$$

把$\frac{1}{r_1}$、$\frac{1}{r_2}$、$\frac{1}{r_3}$和$\frac{1}{r_4}$等展开，取近似到$\left(\frac{l}{r}\right)^2$项如下：

$$\frac{1}{r_1}=\frac{1}{r}\left\{1+\frac{1}{2}\left(\frac{l}{r}\right)^{2}-\frac{l}{r}(\sin\theta-\cos\theta)\right\}^{-1/2}$$

$$\approx\frac{1}{r}\left\{1-\frac{1}{2}\left[\frac{1}{2}\left(\frac{l}{r}\right)^{2}-\frac{l}{r}(\sin\theta-\cos\theta)\right]+\frac{3}{8}\left[\frac{1}{2}\left(\frac{l}{r}\right)^{2}-\frac{l}{r}(\sin\theta-\cos\theta)\right]^{2}\right\}$$

$$\approx\frac{1}{r}\left\{1-\frac{1}{4}\frac{l^{2}}{r^{2}}+\frac{l}{2r}(\sin\theta-\cos\theta)+\frac{3}{8}\frac{l^{2}}{r^{2}}-\frac{3}{4}\frac{l^{2}}{r^{2}}\sin\theta\cos\theta\right\} \tag{7}$$

$$\frac{1}{r_2}=\frac{1}{r}\left\{1+\frac{1}{2}\left(\frac{l}{r}\right)^{2}-\frac{l}{r}(\sin\theta+\cos\theta)\right\}^{-1/2}$$

$$\approx\frac{1}{r}\left\{1-\frac{1}{2}\left[\frac{1}{2}\left(\frac{l}{r}\right)^{2}-\frac{l}{r}(\sin\theta+\cos\theta)\right]+\frac{3}{8}\left[\frac{1}{2}\left(\frac{l}{r}\right)^{2}-\frac{l}{r}(\sin\theta+\cos\theta)\right]^{2}\right\}$$

$$\approx\frac{1}{r}\left\{1-\frac{1}{4}\frac{l^{2}}{r^{2}}+\frac{l}{2r}(\sin\theta+\cos\theta)+\frac{3}{8}\frac{l^{2}}{r^{2}}+\frac{3}{4}\frac{l^{2}}{r^{2}}\sin\theta\cos\theta\right\} \tag{8}$$

$$\frac{1}{r_3}=\frac{1}{r}\left\{1+\frac{1}{2}\left(\frac{l}{r}\right)^{2}+\frac{l}{r}(\sin\theta-\cos\theta)\right\}^{-1/2}$$

$$\approx\frac{1}{r}\left\{1-\frac{1}{2}\left[\frac{1}{2}\left(\frac{l}{r}\right)^{2}+\frac{l}{r}(\sin\theta-\cos\theta)\right]+\frac{3}{8}\left[\frac{1}{2}\left(\frac{l}{r}\right)^{2}+\frac{l}{r}(\sin\theta-\cos\theta)\right]^{2}\right\}$$

$$\approx\frac{1}{r}\left\{1-\frac{1}{4}\frac{l^{2}}{r^{2}}-\frac{l}{2r}(\sin\theta-\cos\theta)+\frac{3}{8}\frac{l^{2}}{r^{2}}-\frac{3}{4}\frac{l^{2}}{r^{2}}\sin\theta\cos\theta\right\} \tag{9}$$

$$\frac{1}{r_4}=\frac{1}{r}\left\{1+\frac{1}{2}\left(\frac{l}{r}\right)^{2}+\frac{l}{r}(\sin\theta+\cos\theta)\right\}^{-1/2}$$

$$\approx\frac{1}{r}\left\{1-\frac{1}{2}\left[\frac{1}{2}\left(\frac{l}{r}\right)^{2}+\frac{l}{r}(\sin\theta+\cos\theta)\right]+\frac{3}{8}\left[\frac{1}{2}\left(\frac{l}{r}\right)^{2}+\frac{l}{r}(\sin\theta+\cos\theta)\right]^{2}\right\}$$

$$\approx\frac{1}{r}\left\{1-\frac{1}{4}\frac{l^{2}}{r^{2}}-\frac{l}{2r}(\sin\theta+\cos\theta)+\frac{3}{8}\frac{l^{2}}{r^{2}}+\frac{3}{4}\frac{l^{2}}{r^{2}}\sin\theta\cos\theta\right\} \tag{10}$$

相加便得

$$\frac{1}{r_1}-\frac{1}{r_2}+\frac{1}{r_3}-\frac{1}{r_4}=\frac{1}{r}\left\{\frac{l}{2r}(\sin\theta-\cos\theta)-\frac{3}{4}\frac{l^2}{r^2}\sin\theta\cos\theta\right.$$

$$-\frac{l}{2r}(\sin\theta+\cos\theta)-\frac{3}{4}\frac{l^2}{r^2}\sin\theta\cos\theta$$

$$-\frac{l}{2r}(\sin\theta-\cos\theta)-\frac{3}{4}\frac{l^2}{r^2}\sin\theta\cos\theta$$

$$\left.+\frac{l}{2r}(\sin\theta+\cos\theta)-\frac{3}{4}\frac{l^2}{r^2}\sin\theta\cos\theta\right\}$$

$$=\frac{1}{r}\left\{-3\frac{l^2}{r^2}\sin\theta\cos\theta\right\} \tag{11}$$

代入式(1)便得

$$U=\frac{q}{4\pi\varepsilon_0}\frac{1}{r}\left\{-3\frac{l^2}{r^2}\sin\theta\cos\theta\right\}=-\frac{3ql^2\sin\theta\cos\theta}{4\pi\varepsilon_0 r^3} \tag{12}$$

(2)由 U 求电场强度如下:

$$\boldsymbol{E}=-\nabla U=-\frac{\partial U}{\partial r}\boldsymbol{e}_r-\frac{1}{r}\frac{\partial U}{\partial r}\boldsymbol{e}_\theta$$

$$=\frac{3ql^2\sin\theta\cos\theta}{4\pi\varepsilon_0}\left(\frac{\partial}{\partial r}\frac{1}{r^3}\right)\boldsymbol{e}_r+\frac{3ql^2}{4\pi\varepsilon_0 r^4}\left(\frac{\partial}{\partial\theta}\sin\theta\cos\theta\right)\boldsymbol{e}_\theta$$

$$=\frac{3ql^2}{4\pi\varepsilon_0 r^4}\left[-3\sin\theta\cos\theta\boldsymbol{e}_r+(2\cos^2\theta-1)\boldsymbol{e}_\theta\right] \tag{13}$$

【讨论】 一、上面是用电势叠加原理直接计算四个点电荷在 P 点产生的电势. 此外,也可以把这平面电四极子当作两个电偶极子,由电偶极子产生的电势叠加求 U;还可以用电四极矩产生电势的公式直接计算 U. [参见张之翔《电磁学教学札记》(高等教育出版社,1988),§14,73—80 页;或《电磁学教学参考》(北京大学出版社,2015),§1.10,48—53 页.]

二、关于展开取近似时的注意事项,参见前面 1.4.34 题的[讨论]

1.4.36 电荷量 q 均匀地分布在长为 $2l$ 的一段直线上,以这线段的中心 O 为原点取笛卡儿坐标系,使这线段在 x 轴上,如图 1.4.36(1)所示. $P(x,y,z)$ 为这线段外的空间任一点,试求 q 在 $P(x,y,z)$ 点产生的电势.

【解】 如图 1.4.36(2),在这带电的线段上离原点 O 为 s 处,线元 $\mathrm{d}s$ 上的电荷量为

$$\mathrm{d}q=\frac{q}{2l}\mathrm{d}s \tag{1}$$

这 $\mathrm{d}q$ 在 $P(x,y,z)$ 点产生的电势为

$$\mathrm{d}U=\frac{\mathrm{d}q}{4\pi\varepsilon_0 r}=\frac{q}{8\pi\varepsilon_0 l}\frac{\mathrm{d}s}{\sqrt{(x-s)^2+y^2+z^2}} \tag{2}$$

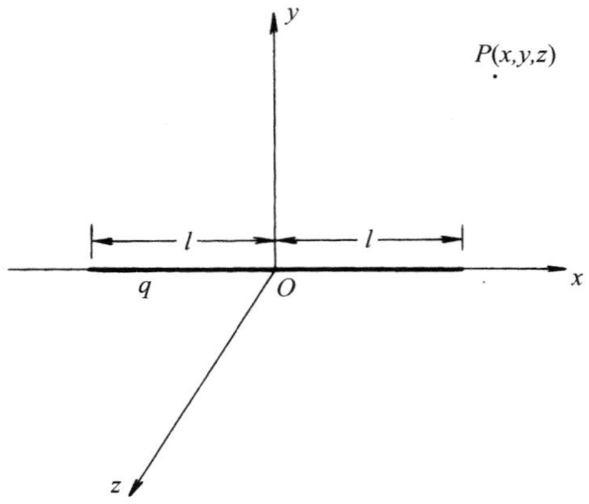

图 1.4.36(1)

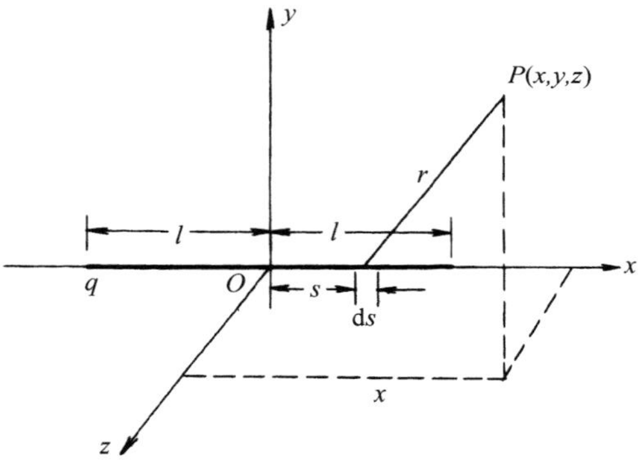

图 1.4.36(2)

于是整个线段上的电荷在 $P(x,y,z)$点产生的电势便为

$$U(x,y,z)=\frac{q}{8\pi\varepsilon_0 l}\int_{-l}^{l}\frac{\mathrm{d}s}{\sqrt{(x-s)^2+y^2+z^2}} \tag{3}$$

根据积分公式

$$\int\frac{\mathrm{d}z}{\sqrt{z^2+a^2}}=\ln(z+\sqrt{z^2+a^2})+C(\text{积分常数}) \tag{4}$$

式(3)的积分为

$$\int\frac{\mathrm{d}s}{\sqrt{(x-s)^2+y^2+z^2}}=-\int\frac{\mathrm{d}(x-s)}{\sqrt{(x-s)^2+y^2+z^2}}$$

$$=-\ln\left[x-s+\sqrt{(x-s)^2+y^2+z^2}\right]+C \tag{5}$$

于是得

$$U(x,y,z)=-\frac{q}{8\pi\varepsilon_0 l}\ln\left[x-s+\sqrt{(x-s)^2+y^2+z^2}\right]_{s=-l}^{s=l}$$

$$=\frac{q}{8\pi\varepsilon_0 l}\ln\left[\frac{\sqrt{(x+l)^2+y^2+z^2}+x+l}{\sqrt{(x-l)^2+y^2+z^2}+x-l}\right] \tag{6}$$

这便是所求的 $P(x,y,z)$ 点电势的表达式.

此外,式(3)中的积分可以化成

$$\int\frac{\mathrm{d}s}{\sqrt{(x-s)^2+y^2+z^2}}=\int\frac{\mathrm{d}s}{\sqrt{s^2-2xs+x^2+y^2+z^2}} \tag{7}$$

根据积分公式

$$\int\frac{\mathrm{d}s}{\sqrt{as^2+bs+c}}=\frac{1}{\sqrt{a}}\ln\left[\sqrt{as^2+bs+c}+\sqrt{a}\,s+\frac{b}{2\sqrt{a}}\right]+C'(\text{积分常数}) \tag{8}$$

这个积分公式的条件是

$$a>0,\quad b^2-4ac<0 \tag{9}$$

式(7)与式(8)比较,$a=1$, $b=-2x$, $c=x^2+y^2+z^2$,故$a>0$,$b^2-4ac=(-2x)^2-4(x^2+y^2+z^2)=-4(y^2+z^2)<0$. 可见式(7)满足式(8)的条件式(9),故得

$$\int_{-l}^{l}\frac{\mathrm{d}s}{\sqrt{(x-s)^2+y^2+z^2}}=\ln\left[\sqrt{(x-s)^2+y^2+z^2}+s-x\right]_{s=-l}^{s=l}$$

$$=\ln\left[\frac{\sqrt{(x-l)^2+y^2+z^2}-x+l}{\sqrt{(x+l)^2+y^2+z^2}-x-l}\right] \tag{10}$$

代入式(3)便得

$$U(x,y,z)=\frac{q}{8\pi\varepsilon_0 l}\ln\left[\frac{\sqrt{(x-l)^2+y^2+z^2}-x+l}{\sqrt{(x+l)^2+y^2+z^2}-x-l}\right] \tag{11}$$

这是 $P(x,y,z)$ 点电势的又一表达式.

式(6)与式(11)在形式上虽不相同,但实际上是相等的. 现在就来证明这一点. 由于

$$\left[\sqrt{(x+l)^2+y^2+z^2}+x+l\right]\left[\sqrt{(x+l)^2+y^2+z^2}-x-l\right]=y^2+z^2 \tag{12}$$

$$\left[\sqrt{(x-l)^2+y^2+z^2}+x-l\right]\left[\sqrt{(x-l)^2+y^2+z^2}-x+l\right]=y^2+z^2 \tag{13}$$

所以

$$\left[\sqrt{(x+l)^2+y^2+z^2}+x+l\right]\times\left[\sqrt{(x+l)^2+y^2+z^2}-x-l\right]$$

$$=\left[\sqrt{(x-l)^2+y^2+z^2}+x-l\right]\times\left[\sqrt{(x-l)^2+y^2+z^2}-x+l\right] \tag{14}$$

故有

$$\frac{\sqrt{(x+l)^2+y^2+z^2}+x+l}{\sqrt{(x-l)^2+y^2+z^2}+x-l}=\frac{\sqrt{(x-l)^2+y^2+z^2}-x+l}{\sqrt{(x+l)^2+y^2+z^2}-x-l} \tag{15}$$

这个等式对电荷线以外的任何点 $P(x,y,z)$ 都成立. 这就证明了式(11)与式(6)是相等的.

【讨论】 一、电势的表达式问题　本题的电势有两个形式不同的表达式,即式

(6)和式(11),上面已证明了这两个表达式是相等的.另外,根据对称性考虑,本题的电势对于坐标原点 O 应是对称的,因此,应有

$$U(-x,y,z)=U(x,y,z) \tag{16}$$

$$U(x,-y,z)=U(x,y,z) \tag{17}$$

$$U(x,y,-z)=U(x,y,z) \tag{18}$$

显然,式(6)、(11)都满足式(17)和(18).由于有式(15),故式(6)、(11)也都满足式(16).这就证明了,式(6)、(11)都满足物理上所要求的全部对称性.

二、积分公式问题　前面用积分公式(8)求出了式(11),也可以用它求出式(6),为此,须将式(8)化为另一种形式,方法如下:

$$\left(\sqrt{as^2+bs+c}+\sqrt{a}s+\frac{b}{2\sqrt{a}}\right)\left(\sqrt{as^2+bs+c}-\sqrt{a}s-\frac{b}{2\sqrt{a}}\right)=\frac{4ac-b^2}{4a} \tag{19}$$

所以

$$\sqrt{as^2+bs+c}+\sqrt{a}s+\frac{b}{2\sqrt{a}}=\frac{(4ac-b^2)/4a}{\sqrt{as^2+bs+c}-\sqrt{a}s-\frac{b}{2\sqrt{a}}} \tag{20}$$

故

$$\begin{aligned}&\ln\left(\sqrt{as^2+bs+c}+\sqrt{a}s+\frac{b}{2\sqrt{a}}\right)\\&=\ln\left(\frac{4ac-b^2}{4a}\right)-\ln\left(\sqrt{as^2+bs+c}-\sqrt{a}s-\frac{b}{2\sqrt{a}}\right)\end{aligned} \tag{21}$$

其中 $\ln\left(\frac{4ac-b^2}{4a}\right)$ 为常数,故式(8)在满足式(9)的条件下,可化为下列积分公式

$$\int\frac{ds}{\sqrt{as^2+bs+c}}=-\frac{1}{\sqrt{a}}\ln\left(\sqrt{as^2+bs+c}-\sqrt{a}s-\frac{b}{2\sqrt{a}}\right)+C''(\text{积分常数}) \tag{22}$$

把式(22)代入式(3)即得

$$\begin{aligned}U(x,y,z)&=-\frac{q}{8\pi\varepsilon_0 l}\ln\left[\sqrt{s^2-2xs+x^2+y^2+z^2}-s+x\right]_{s=-l}^{s=l}\\&=\frac{q}{8\pi\varepsilon_0 l}\ln\left[\frac{\sqrt{(x+l)^2+y^2+z^2}+x+l}{\sqrt{(x-l)^2+y^2+z^2}+x-l}\right]\end{aligned} \tag{23}$$

这便是式(6).

三、$r=\sqrt{x^2+y^2+z^2}\gg l$ 时的情况　这时式(6)中的根号内 l^2 项可去掉,令 $r=\sqrt{x^2+y^2+z^2}$,便得

$$\frac{\sqrt{(x+l)^2+y^2+z^2}+x+l}{\sqrt{(x-l)^2+y^2+z^2}+x-l}\approx\frac{\sqrt{r^2+2xl}+x+l}{\sqrt{r^2-2xl}+x-l}$$

$$=\frac{r\sqrt{1+\frac{2xl}{r^2}}+x+l}{r\sqrt{1-\frac{2xl}{r^2}}+x-l}\approx\frac{r\left(1+\frac{xl}{r^2}\right)+x+l}{r\left(1-\frac{xl}{r^2}\right)+x-l}$$

$$=\frac{r+x+l\left(\frac{x}{r}+1\right)}{r+x-l\left(\frac{x}{r}+1\right)}=\frac{1+\frac{l}{r}}{1-\frac{l}{r}} \tag{24}$$

代入式(6)得 $r\gg l$ 时

$$U(x,y,z)=\frac{q}{8\pi\varepsilon_0 l}\ln\frac{1+\frac{l}{r}}{1-\frac{l}{r}} \tag{25}$$

利用公式

$$\ln\left(\frac{1+x}{1-x}\right)=2\left(x+\frac{1}{3}x^3+\frac{1}{5}x^5+\cdots\right),\quad (x^2<1) \tag{26}$$

便得

$$U(x,y,z)=\frac{q}{8\pi\varepsilon_0 l}\cdot 2\frac{l}{r}=\frac{q}{4\pi\varepsilon_0 r} \tag{27}$$

可见在 $r\gg l$ 处，这段线电荷所产生的电势趋于点电荷产生的电势，正应如此.

1.4.37　电荷量 q 均匀地分布在长为 $2l$ 的一段直线上，如图 1.4.37(1)和图 1.4.37(2)所示，试求下列各处的电势 U，并由 U 求电场强度 $\boldsymbol{E}$：(1)中垂面上离中心 O 为 r_1 处；(2)延长线上离 O 为 r_2 处；(3)端垂面(通过一端并垂直于直线段的平面)上离该端为 r_3 处.

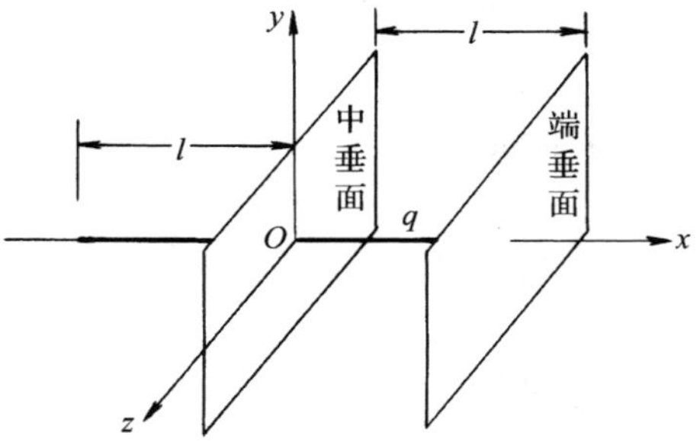

图 1.4.37(1)

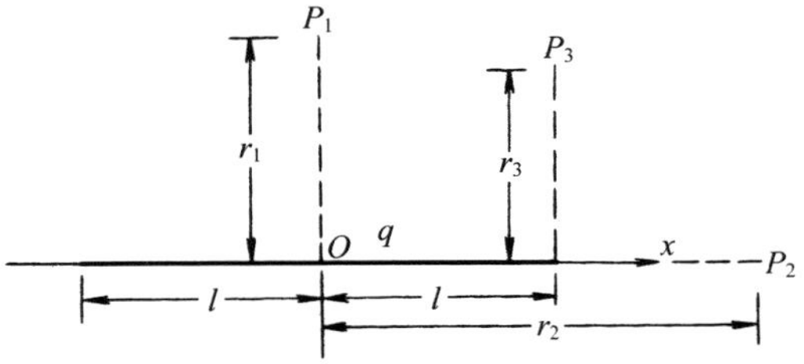

图 1.4.37(2)

【解】 (1)中垂面上离中心 O 为 r_1 处,电势为

$$U_1=\frac{q}{8\pi\varepsilon_0 l}\int_{-l}^{l}\frac{\mathrm{d}x}{\sqrt{x^2+r_1^2}}=\frac{q}{8\pi\varepsilon_0 l}\ln\left(\frac{x+\sqrt{x^2+r_1^2}}{r_1}\right)\Bigg|_{x=-l}^{x=l}$$

$$=\frac{q}{8\pi\varepsilon_0 l}\ln\left[\frac{\sqrt{l^2+r_1^2}+l}{\sqrt{l^2+r_1^2}-l}\right]=\frac{q}{4\pi\varepsilon_0 l}\ln\left[\frac{\sqrt{r_1^2+l^2}+l}{r_1}\right] \tag{1}$$

电场强度 $\boldsymbol{E}_1$ 的分量:因 U_1 和 $\boldsymbol{E}_1$ 对于 x 轴是对称的,可以取 $r_1=y$,于是得

$$E_{1x}=-\frac{\partial U_1}{\partial x}=0,\ E_{1z}=-\frac{\partial U_1}{\partial z}=0 \tag{2}$$

$$E_{1y}=-\frac{\partial U_1}{\partial y}=-\frac{\partial U_1}{\partial r_1}=-\frac{q}{4\pi\varepsilon_0 l}\frac{\partial}{\partial r_1}\left[\ln(\sqrt{r_1^2+l^2}+l)-\ln r_1\right]$$

$$=\frac{q}{4\pi\varepsilon_0 l}\left[\frac{1}{r_1}-\frac{r_1}{\sqrt{r_1^2+l^2}(\sqrt{r_1^2+l^2}+l)}\right]$$

$$=\frac{q}{4\pi\varepsilon_0}\frac{1}{r_1\sqrt{r_1^2+l^2}} \tag{3}$$

故得所求的电场强度为

$$\boldsymbol{E}=E_{1y}\boldsymbol{j}=\frac{q}{4\pi\varepsilon_0}\frac{1}{r_1\sqrt{r_1^2+l^2}}\boldsymbol{j}=\frac{q}{4\pi\varepsilon_0}\frac{\boldsymbol{r}_1}{r_1^2\sqrt{r_1^2+l^2}} \tag{4}$$

式中 $\boldsymbol{r}_1=\overrightarrow{OP_1}$.

(2)延长线上离中心为 r_2 处,电势为

$$U_2=\frac{q}{8\pi\varepsilon_0 l}\int_{-l}^{l}\frac{\mathrm{d}x}{r_2-x}=-\frac{q}{8\pi\varepsilon_0 l}\ln(r_2-x)\Big|_{x=-l}^{x=l}$$

$$=\frac{q}{8\pi\varepsilon_0 l}\ln\left(\frac{r_2+l}{r_2-l}\right) \tag{5}$$

电场强度 $\boldsymbol{E}_2$ 的分量:这时

$$E_{2x}=-\frac{\partial U_2}{\partial x}=-\frac{\partial U_2}{\partial r_2}=\frac{q}{8\pi\varepsilon_0 l}\frac{\partial}{\partial r_2}[\ln(r_2-l)-\ln(r_2+l)]$$

$$=\frac{q}{4\pi\varepsilon_0}\frac{1}{r_2^2-l^2} \tag{6}$$

$$E_{2y}=-\frac{\partial U_2}{\partial y}=0,\quad E_{2z}=-\frac{\partial U_2}{\partial z}=0 \tag{7}$$

故得所求的电场强度为

$$\boldsymbol{E}_2=E_{2x}\boldsymbol{i}=\frac{q}{4\pi\varepsilon_0}\frac{\boldsymbol{r}_2}{r_2(r_2^2-l^2)} \tag{8}$$

式中 $\boldsymbol{r}_2=\overrightarrow{OP_2}$.

(3)端垂面上离该端为 r_3 处,电势为

$$U_3=\frac{q}{8\pi\varepsilon_0 l}\int_{-l}^{l}\frac{\mathrm{d}x}{\sqrt{(l-x)^2+r_3^2}}$$

$$=-\frac{q}{8\pi\varepsilon_0 l}\ln\left[\frac{l-x+\sqrt{(l-x)^2+r_3^2}}{r_3}\right]_{x=-l}^{x=l}$$

$$=\frac{q}{8\pi\varepsilon_0 l}\ln\left[\frac{\sqrt{r_3^2+4l^2}+2l}{r_3}\right] \tag{9}$$

这个形式的 U_3 不能用来求 $\boldsymbol{E}_3$ 的 x 分量.因为在积分后,P_3 点的横坐标 l 已与带电线的半长度 l 合而为一,故无法仅对 P_3 的横坐标 l 求导.为了解决问题,我们先求一个横坐标为 a 的点 $P(a,r_3,0)$ 的电势 $U(a,r_3,0)$,再对 a 求导,然后令 $a=l$,即可得出 $\boldsymbol{E}_3$ 的 x 分量来.

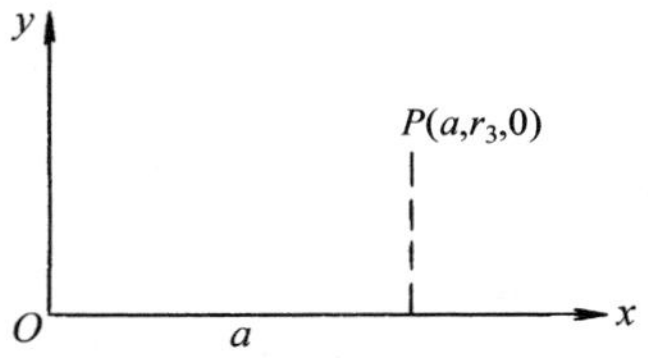

图 1.4.37(3)

如图 1.4.37(3),$P(a,r_3,0)$点的电势为

$$U(a,r_3,0)=\frac{q}{8\pi\varepsilon_0 l}\int_{-l}^{l}\frac{\mathrm{d}x}{\sqrt{(a-x)^2+r_3^2}}$$

$$=-\frac{q}{8\pi\varepsilon_0 l}\ln\left[\frac{a-x+\sqrt{(a-x)^2+r_3^2}}{r_3}\right]_{x=-l}^{x=l}$$

$$=\frac{q}{8\pi\varepsilon_0 l}\ln\left[\frac{a+l+\sqrt{(a+l)^2+r_3^2}}{a-l+\sqrt{(a-l)^2+r_3^2}}\right] \tag{10}$$

由于

$$\frac{\partial}{\partial a}\ln\left[\frac{a+l+\sqrt{(a+l)^2+r_3^2}}{a-l+\sqrt{(a-l)^2+r_3^2}}\right]$$

$$=\frac{\partial}{\partial a}\left\{\ln\left[a+l+\sqrt{(a+l)^2+r_3^2}\right]-\ln\left[a-l+\sqrt{(a-l)^2+r_3^2}\right]\right\}$$

$$=\frac{1}{a+l+\sqrt{(a+l)^2+r_3^2}}\left[1+\frac{a+l}{\sqrt{(a+l)^2+r_3^2}}\right]$$

$$-\frac{1}{a-l+\sqrt{(a-l)^2+r_3^2}}\left[1+\frac{a-l}{\sqrt{(a-l)^2+r_3^2}}\right]$$

$$=\frac{1}{\sqrt{(a+l)^2+r_3^2}}-\frac{1}{\sqrt{(a-l)^2+r_3^2}} \tag{11}$$

故得

$$E_{3x}=-\frac{\partial U}{\partial a}\bigg|_{a=l}=\frac{q}{8\pi\varepsilon_0 l}\left[\frac{1}{\sqrt{(a-l)^2+r_3^2}}-\frac{1}{\sqrt{(a+l)^2+r_3^2}}\right]_{a=l}$$

$$=\frac{q}{8\pi\varepsilon_0 l}\left[\frac{1}{r_3}-\frac{1}{\sqrt{r_3^2+4l^2}}\right] \tag{12}$$

$$E_{3y}=-\frac{\partial U_3}{\partial y}=\frac{q}{8\pi\varepsilon_0 l}\frac{\partial}{\partial r_3}\left[\ln r_3-\ln\left(\sqrt{r_3^2+4l^2}+2l\right)\right]$$

$$=\frac{q}{8\pi\varepsilon_0 l}\left[\frac{1}{r_3}-\frac{1}{\sqrt{r_3^2+4l^2}+2l}\frac{r_3}{\sqrt{r_3^2+4l^2}}\right]$$

$$=\frac{q}{4\pi\varepsilon_0}\frac{1}{r_3\sqrt{r_3^2+4l^2}} \tag{13}$$

$$E_{3z}=-\frac{\partial U_3}{\partial z}=0 \tag{14}$$

故得所求的电场强度为

$$\boldsymbol{E}_3=E_{3x}\boldsymbol{i}+E_{3y}\boldsymbol{j}=\frac{q}{4\pi\varepsilon_0}\left[\frac{1}{2l}\left(\frac{1}{r_3}-\frac{1}{\sqrt{r_3^2+4l^2}}\right)\boldsymbol{i}+\frac{1}{r_3\sqrt{r_3^2+4l^2}}\boldsymbol{j}\right] \tag{15}$$

1.4.38　一段直线均匀带电，试证明：其等势面是以该直线两端为焦点、并以该直线为轴的旋转椭球面.

【证】　设这段直线长为 $2l$，电荷量 q 均匀分布在它上面；以这段直线的中点为原点，取笛卡儿坐标系，使这段直线与 x 轴重合，则由前面 1.4.36 题的结果式(6)，这段直线外空间任一点 $P(x,y,z)$ 的电势为

$$U(x,y,z)=\frac{q}{8\pi\varepsilon_0 l}\ln\left[\frac{\sqrt{(x+l)^2+y^2+z^2}+x+l}{\sqrt{(x-l)^2+y^2+z^2}+x-l}\right] \tag{1}$$

以带电线(x 轴)为旋转轴，以$(-l,0,0)$点和$(l,0,0)$点为焦点的旋转椭球面为

$$\frac{x^2}{a^2}+\frac{y^2+z^2}{b^2}=1 \tag{2}$$

因

$$c^2=a^2-b^2=l^2 \tag{3}$$

故由式(2)得

$$\begin{aligned} y^2+z^2 &= b^2-\frac{b^2}{a^2}x^2=a^2-l^2-\frac{a^2-l^2}{a^2}x^2 \\ &= a^2-l^2-x^2+\frac{l^2}{a^2}x^2 \end{aligned} \tag{4}$$

所以

$$\begin{aligned} &\sqrt{(x\pm l)^2+y^2+z^2}+x\pm l \\ &= \sqrt{x^2\pm 2xl+l^2+a^2-l^2-x^2+\frac{l^2}{a^2}x^2}+x\pm l \\ &= \sqrt{a^2+\frac{l^2}{a^2}x^2\pm 2xl}+x\pm l \\ &= a\pm\frac{l}{a}x+x\pm l \\ &= a+x\pm l\left(\frac{x}{a}+1\right) \\ &= \frac{1}{a}(a+x)(a\pm l) \end{aligned} \tag{5}$$

代入式(1)便得

$$\begin{aligned} U(x,y,z) &= \frac{q}{8\pi\varepsilon_0 l}\ln\left[\frac{(a+x)(a+l)}{(a+x)(a-l)}\right] \\ &= \frac{q}{8\pi\varepsilon_0 l}\ln\left[\frac{a+l}{a-l}\right] \\ &= 常数 \end{aligned} \tag{6}$$

可见以带电线为轴线,它的两端为焦点的旋转椭球面式(2)是等势面.

【讨论】 在式(5)的计算过程中,我们取了

$$\sqrt{a^2-2lx+\frac{l^2}{a^2}x^2}=\sqrt{\left(a-\frac{l}{a}x\right)^2}=a-\frac{l}{a}x \tag{7}$$

若取

$$\sqrt{a^2-2lx+\frac{l_2}{a^2}x^2}=\sqrt{\left(a-\frac{l}{a}x\right)^2}=\frac{l}{a}x-a \tag{8}$$

便得出

$$\begin{aligned} U(x,y,z) &= \frac{q}{8\pi\varepsilon_0 l}\ln\left[\frac{\sqrt{(x+l)^2+y^2+z^2}+x+l}{\sqrt{(x-l)^2+y^2+z^2}+x-l}\right] \\ &= \frac{q}{4\pi\varepsilon_0 l}\ln\left[\frac{a+\frac{l}{a}x+x+l}{\frac{l}{a}x-a+x-l}\right] \end{aligned}$$

$$=\frac{q}{8\pi\varepsilon_0 l}\ln\left[\frac{a^2+lx+ax+al}{lx-a^2+ax-al}\right]$$

$$=\frac{q}{8\pi\varepsilon_0 l}\ln\left[\frac{(a+l)(a+x)}{(a+l)(x-a)}\right]$$

$$=\frac{q}{8\pi\varepsilon_0 l}\ln\left[\frac{a+x}{x-a}\right] \tag{9}$$

这个 U 便不是常数，而是 x 的函数. 为什么不能用式(8)呢？这是因为，根据式(2)，椭球面上的 $|x|<a$，故 $a+x>0$，$x-a<0$，这时 $\ln\left[\frac{a+x}{x-a}\right]$ 便无意义，故不能用式(8).

1.4.39　一条无穷长直线均匀带电，单位长度的电荷量为 λ. 试求离这直线分别为 r_1 和 r_2 的两点的电势差.

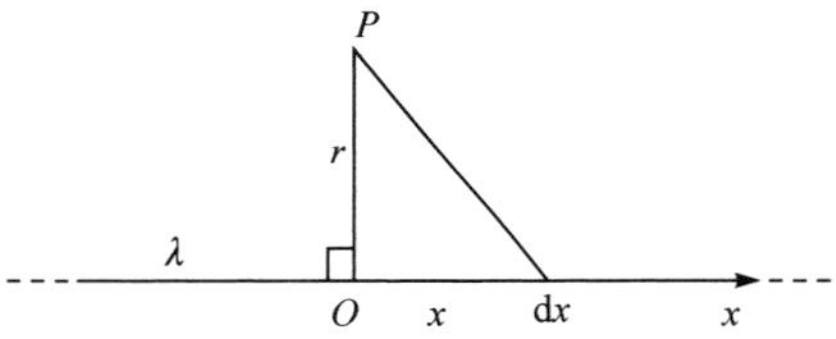

图 1.4.39

【解】　以带电线为 x 轴，P 为空间任一点，到该线的距离为 r，如图 1.4.39 所示. 线上 dx 段的电荷量 $dq=\lambda dx$ 在 P 点产生的电势为

$$dU=\frac{\lambda dx}{4\pi\varepsilon_0\sqrt{x^2+r^2}} \tag{1}$$

积分便得 P 点的电势为

$$U=\frac{\lambda}{4\pi\varepsilon_0}\int_{-\infty}^{\infty}\frac{dx}{\sqrt{x^2+r^2}}=\frac{\lambda}{4\pi\varepsilon_0}\ln(\sqrt{x^2+r^2}+x)\Big|_{x=-\infty}^{x=\infty}$$

$$=\frac{\lambda}{4\pi\varepsilon_0}\lim_{x\to\infty}\ln\left[\frac{\sqrt{x^2+r^2}+x}{\sqrt{x^2+r^2}-x}\right] \tag{2}$$

由式(2)得离该直线分别为 r_1 和 r_2 的两点的电势差为

$$U_1-U_2=\frac{\lambda}{4\pi\varepsilon_0}\lim_{x\to\infty}\left[\ln\frac{\sqrt{x^2+r_1^2}+x}{\sqrt{x^2+r_1^2}-x}-\ln\frac{\sqrt{x^2+r_2^2}+x}{\sqrt{x^2+r_2^2}-x}\right]$$

$$=\frac{\lambda}{4\pi\varepsilon_0}\lim_{x\to\infty}\ln\left[\frac{\sqrt{x^2+r_1^2}+x}{\sqrt{x^2+r_1^2}-x}\frac{\sqrt{x^2+r_2^2}-x}{\sqrt{x^2+r_2^2}+x}\right]$$

$$=\frac{\lambda}{4\pi\varepsilon_0}\lim_{x\to\infty}\ln\left[\frac{\sqrt{1+\left(\frac{r_1}{x}\right)^2}+1}{\sqrt{1+\left(\frac{r_2}{x}\right)^2}+1}\frac{\sqrt{1+\left(\frac{r_2}{x}\right)^2}-1}{\sqrt{1+\left(\frac{r_1}{x}\right)^2}-1}\right]$$

$$=\frac{\lambda}{4\pi\varepsilon_0}\lim_{x\to\infty}\ln\left[\frac{\sqrt{1+\left(\frac{r_2}{x}\right)^2}-1}{\sqrt{1+\left(\frac{r_1}{x}\right)^2}-1}\right]$$

$$=\frac{\lambda}{4\pi\varepsilon_0}\lim_{x\to\infty}\ln\left[\frac{1+\frac{1}{2}\left(\frac{r_2}{x}\right)^2-1}{1+\frac{1}{2}\left(\frac{r_1}{x}\right)^2-1}\right]$$

$$=\frac{\lambda}{4\pi\varepsilon_0}\lim_{x\to\infty}\ln\frac{\frac{1}{2}\left(\frac{r_2}{x}\right)^2}{\frac{1}{2}\left(\frac{r_1}{x}\right)^2}$$

$$=\frac{\lambda}{4\pi\varepsilon_0}\ln\left(\frac{r_2}{r_1}\right)^2$$

$$=\frac{\lambda}{2\pi\varepsilon_0}\ln\frac{r_2}{r_1} \tag{3}$$

【别解】 根据前面 1.2.13 题的式(7)或 1.3.19 题的式(1),无穷长均匀直线电荷的电场强度为

$$\boldsymbol{E}=\frac{\lambda}{2\pi\varepsilon_0}\frac{\boldsymbol{r}}{r^2} \tag{4}$$

故所求的电势差为

$$U_1-U_2=\int_1^2\boldsymbol{E}\cdot\mathrm{d}\boldsymbol{l}=\frac{\lambda}{2\pi\varepsilon_0}\int_1^2\frac{\boldsymbol{r}\cdot\mathrm{d}\boldsymbol{r}}{r^2}$$

$$=\frac{\lambda}{2\pi\varepsilon_0}\int_1^2\frac{\mathrm{d}r}{r}=\frac{\lambda}{2\pi\varepsilon_0}\ln\frac{r_2}{r_1} \tag{5}$$

【讨论】 无穷长均匀带电直线的电势问题

前面式(2)中的极限为

$$\lim_{x\to\infty}\ln\left[\frac{\sqrt{x^2+r^2}+x}{\sqrt{x^2+r^2}-x}\right]=\lim_{x\to\infty}\ln\left[\frac{\sqrt{1+\left(\frac{r}{x}\right)^2}+1}{\sqrt{1+\left(\frac{r}{x}\right)^2}-1}\right]\to\infty \tag{6}$$

这表明,无穷长均匀带电直线所产生的电势为无穷大. 每一点的电势都是无穷大,这是没有意义的. 之所以出现这种情况,是由于规定了无穷远处电势为零. 如果不规定无穷远处电势为零,而规定某个地方电势为零,就不会出现上述情况. 例如,规定离带电线为 R 处电势为零,则由式(4)得出,离带电线为 r 处的电势为

$$U=\int_r^R \boldsymbol{E}\cdot \mathrm{d}\boldsymbol{l}=\frac{\lambda}{2\pi\varepsilon_0}\int_r^R \frac{\boldsymbol{r}\cdot \mathrm{d}\boldsymbol{r}}{r^2}$$

$$=\frac{\lambda}{2\pi\varepsilon_0}\int_r^R \frac{\mathrm{d}r}{r}=\frac{\lambda}{2\pi\varepsilon_0}\ln\frac{R}{r} \tag{7}$$

这样,每点的电势就都有意义了.

既然式(2)没有意义,为什么还能用它算出有意义的式(3)来呢?这是因为某点电势的值受人为规定电势零点的影响,零点不同,电势的值便不同.但任何两点电势差的值却与电势零点无关,因为在相减时去掉了电势零点的影响.所以我们可以用式(2)的形式,求出正确的式(3)来.

在物理上,有意义的是电势差,而不是电势.

1.4.40 两条都均匀带电的无穷长平行直线,单位长度的电荷量分别为 λ 和 $-\lambda$,相距为 $2a$,如图 1.4.40 所示(图中两带电直线都与纸面垂直),试求空间任一点 $P(x,y)$ 的电势.

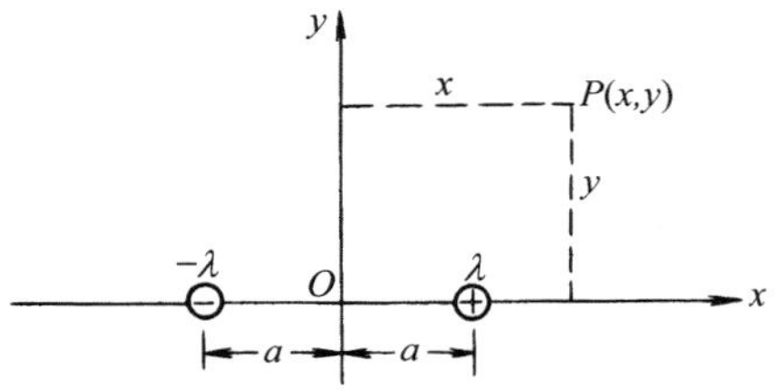

图 1.4.40

【解】 z 轴(与纸面垂直,图 1.4.40 中未画出)上坐标为 z 处,两带电线上的电荷元 $\lambda\mathrm{d}z$ 和 $-\lambda\mathrm{d}z$ 在 $P(x,y)$ 点产生的电势为

$$\mathrm{d}U=\mathrm{d}U_+ +\mathrm{d}U_-$$

$$=\frac{\lambda\mathrm{d}z}{4\pi\varepsilon_0\sqrt{(x-a)^2+y^2+z^2}}+\frac{-\lambda\mathrm{d}z}{4\pi\varepsilon_0\sqrt{(x+a)^2+y^2+z^2}}$$

$$=\frac{\lambda}{4\pi\varepsilon_0}\left[\frac{\mathrm{d}z}{\sqrt{(x-a)^2+y^2+z^2}}-\frac{\mathrm{d}z}{\sqrt{(x+a)^2+y^2+z^2}}\right] \tag{1}$$

积分便得 $P(x,y)$ 点的电势为

$$U=\frac{\lambda}{4\pi\varepsilon_0}\left[\int_{-\infty}^{\infty}\frac{\mathrm{d}z}{\sqrt{(x-a)^2+y^2+z^2}}-\int_{-\infty}^{\infty}\frac{\mathrm{d}z}{\sqrt{(x+a)^2+y^2+z^2}}\right]$$

$$=\frac{\lambda}{4\pi\varepsilon_0}\lim_{z\to\infty}\left\{\ln\left[\sqrt{z^2+(x-a)^2+y^2}+z\right]_{-z}^{z}\right.$$

$$\left.-\ln\left[\sqrt{z^2+(x+a)^2+y^2}+z\right]_{-z}^{z}\right\}$$

$$=\frac{\lambda}{4\pi\varepsilon_0}\lim_{z\to\infty}\ln\left[\frac{\sqrt{z^2+(x-a)^2+y^2}+z}{\sqrt{z^2+(x-a)^2+y^2}-z}\times\frac{\sqrt{z^2+(x+a)^2+y^2}-z}{\sqrt{z^2+(x+a)^2+y^2}+z}\right]$$

$$=\frac{\lambda}{4\pi\varepsilon_0}\lim_{z\to\infty}\ln\left[\frac{\sqrt{1+\dfrac{(x-a)^2+y^2}{z^2}}+1}{\sqrt{1+\dfrac{(x-a)^2+y^2}{z^2}}-1}\times\frac{\sqrt{1+\dfrac{(x+a)^2+y^2}{z^2}}-1}{\sqrt{1+\dfrac{(x+a)^2+y^2}{z^2}}+1}\right]$$

$$=\frac{\lambda}{4\pi\varepsilon_0}\lim_{z\to\infty}\ln\left[\frac{1+\frac{1}{2}\frac{(x-a)^2+y^2}{z^2}+1}{1+\frac{1}{2}\frac{(x-a)^2+y^2}{z^2}-1}\times\frac{1+\frac{1}{2}\frac{(x+a)^2+y^2}{z^2}-1}{1+\frac{1}{2}\frac{(x+a)^2+y^2}{z^2}+1}\right]$$

$$=\frac{\lambda}{4\pi\varepsilon_0}\ln\left[\frac{(x+a)^2+y^2}{(x-a)^2+y^2}\right] \tag{2}$$

【别解】 规定图 1.4.40 中 z 轴上的电势为零，则由前面 1.4.39 题的式(7)，$P(x,y)$点的电势为

$$U=U_+ + U_- =\frac{\lambda}{2\pi\varepsilon_0}\ln\left[\frac{a}{\sqrt{(x-a)^2+y^2}}\right]+\frac{-\lambda}{2\pi\varepsilon_0}\ln\left[\frac{a}{\sqrt{(x+a)^2+y^2}}\right]$$

$$=\frac{\lambda}{2\pi\varepsilon_0}\ln\sqrt{\frac{(x+a)^2+y^2}{(x-a)^2+y^2}}$$

$$=\frac{\lambda}{4\pi\varepsilon_0}\ln\left[\frac{(x+a)^2+y^2}{(x-a)^2+y^2}\right] \tag{3}$$

【讨论】 以无穷远处为电势零点，一条无穷长的均匀带电直线所产生的电势为无穷大，但两条无穷长的均匀带电直线(单位长度的电荷量分别为 λ 和 $-\lambda$)所产生的电势却为有限值. 这是因为，尽管两条带电线中的每一条所产生的电势都是无穷大，但由于它们单位长度的电荷量大小相等而符号相反，结果它们的电势在相加时，便消去了无穷大，而成为有限值，式(2)便是这样来的.

1.4.41 两条均匀带电的无穷长平行直线，相距为 $2a$，单位长度的电荷量分别为 λ 和 $-\lambda$；以两带电线构成的平面为 z-x 平面，使 z 轴与两线平行且距离相等，取笛卡儿坐标系如图 1.4.41(1)所示. 试证明：(1)电势为 U 的等势面是半径为 $r=\left|\frac{2ka}{k^2-1}\right|$ 的圆柱面，其中 $k=e^{2\pi\varepsilon_0 U/\lambda}$，圆柱的轴线与两带电的直线平行且共面，位置在 x 轴上 $x_0=\frac{k^2+1}{k^2-1}a$ 处；(2)在 x-y 平面内，电场线的方程为 $x^2+y^2-by-a^2=0$，

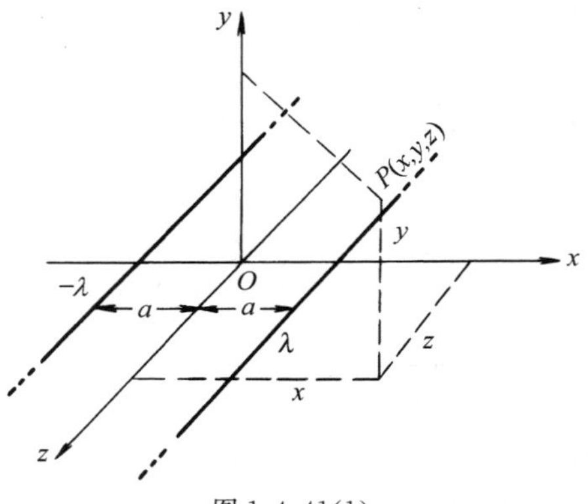

图 1.4.41(1)

即圆心在 y 轴上的圆,其中 b 为常数.

【证】 (1)如图 1.4.41(1),$P(x,y,z)$点的电势为[参见前 1.4.40 题的式(2)或式(3)]

$$U=\frac{\lambda}{4\pi\varepsilon_0}\ln\left[\frac{(x+a)^2+y^2}{(x-a)^2+y^2}\right] \tag{1}$$

由于对称性,U 与 z 无关.为方便,令

$$k=e^{\frac{2\pi\varepsilon_0 U}{\lambda}} \tag{2}$$

则得

$$\frac{(x+a)^2+y^2}{(x-a)^2+y^2}=k^2 \tag{3}$$

此式可化为

$$\left(x-\frac{k^2+1}{k^2-1}a\right)^2+y^2=\left(\frac{2ka}{k^2-1}\right)^2 \tag{4}$$

在三维空间,这是一个圆柱面,它的轴线在 z-x 平面内并与 z 轴平行,位置在 $x=\frac{k^2-1}{k^2+1}a$ 处,它的半径为 $r=\left|\frac{2ka}{k^2-1}\right|$.

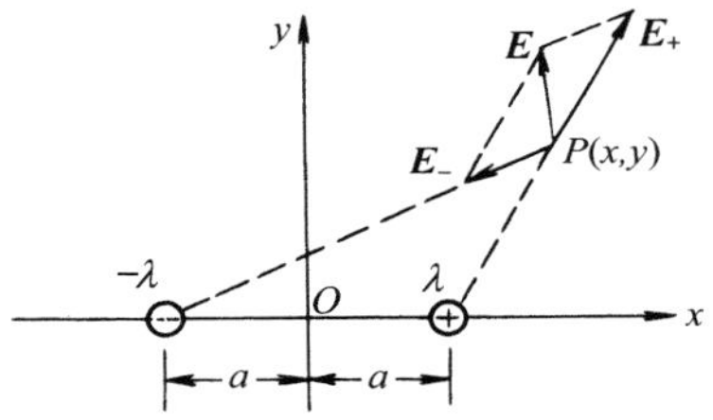

图 1.4.41(2)

(2)在 x-y 平面内,如图 1.4.41(2),$P(x,y)$点的电场强度为

$$\boldsymbol{E}=\boldsymbol{E}_++\boldsymbol{E}_- \tag{5}$$

根据无穷长均匀直线电荷的电场强度的公式[参见前 1.2.13 题的式(7)或 1.3.19 题的式(1)],$\boldsymbol{E}$ 的两个分量分别为

$$\begin{aligned}E_x&=E_{+x}+E_{-x}\\&=\frac{\lambda}{2\pi\varepsilon_0}\frac{1}{\sqrt{(x-a)^2+y^2}}\frac{x-a}{\sqrt{(x-a)^2+y^2}}\\&\quad+\frac{-\lambda}{2\pi\varepsilon_0}\frac{1}{\sqrt{(x+a)^2+y^2}}\frac{x+a}{\sqrt{(x+a)^2+y^2}}\\&=\frac{\lambda}{2\pi\varepsilon_0}\left[\frac{x-a}{(x-a)^2+y^2}-\frac{x+a}{(x+a)^2+y^2}\right]\end{aligned} \tag{6}$$

$$\begin{aligned}E_y&=E_{+y}+E_{-y}\\&=\frac{\lambda}{2\pi\varepsilon_0}\frac{1}{\sqrt{(x-a)^2+y^2}}\frac{y}{\sqrt{(x-a)^2+y^2}}\\&\quad+\frac{-\lambda}{2\pi\varepsilon_0}\frac{1}{\sqrt{(x+a)^2+y^2}}\frac{y}{\sqrt{(x+a)^2+y^2}}\\&=\frac{\lambda y}{2\pi\varepsilon_0}\left[\frac{1}{(x-a)^2+y^2}-\frac{1}{(x+a)^2+y^2}\right]\end{aligned} \tag{7}$$

电场强度 $\boldsymbol{E}$ 的方向就是电场线的切线方向，故电场线的微分方程为

$$\frac{\mathrm{d}y}{\mathrm{d}x}=\frac{E_y}{E_x}=\frac{\dfrac{y}{(x-a)^2+y^2}-\dfrac{y}{(x+a)^2+y^2}}{\dfrac{x-a}{(x-a)^2+y^2}-\dfrac{x+a}{(x+a)^2+y^2}}$$

$$=\frac{2xy}{x^2-y^2-a^2} \tag{8}$$

所以

$$2xy\mathrm{d}x-(x^2-y^2-a^2)\mathrm{d}y=0$$

$$2xy\mathrm{d}x-x^2\mathrm{d}y+(y^2+a^2)\mathrm{d}y=0 \tag{9}$$

以 $\frac{1}{y^2}$ 乘式(9)得

$$\frac{2xy\mathrm{d}x-x^2\mathrm{d}y}{y^2}+\left(1+\frac{a^2}{y^2}\right)\mathrm{d}y=0$$

所以

$$\mathrm{d}\left(\frac{x^2}{y}\right)+\mathrm{d}y-a^2\mathrm{d}\left(\frac{1}{y}\right)=0$$

$$\mathrm{d}\left(\frac{x^2}{y}+y-\frac{a^2}{y}\right)=0 \tag{10}$$

积分得

$$\frac{x^2}{y}+y-\frac{a^2}{y}=b(\text{常数}) \tag{11}$$

所以

$$x^2+y^2-by-a^2=0 \tag{12}$$

1.4.42　电荷量 q 均匀分布在长为 $4l$ 的一段直线上，在电荷分布不变的情况下，把这段直线弯成边长为 l 的正方形.(1)试求这正方形轴线上离中心为 r 处的电势；(2)试证明：在 $r\gg l$ 处，这电势相当于点电荷 q 产生的电势.

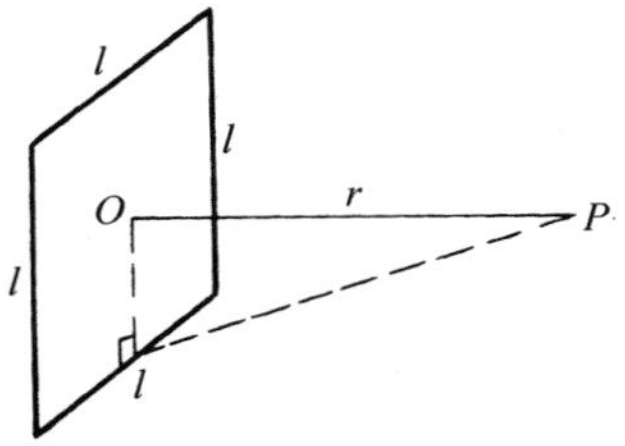

图 1.4.42

【解】　(1)如图 1.4.42，P 点的电势为

$$U=4\frac{1}{4\pi\varepsilon_0}\frac{q}{4l}\int_{-l/2}^{l/2}\frac{\mathrm{d}x}{\sqrt{r^2+l^2/4+x^2}}$$

$$=\frac{q}{4\pi\varepsilon_0 l}\ln\left[\sqrt{r^2+l^2/4+x^2}+x\right]_{x=-l/2}^{x=l/2}$$

$$=\frac{q}{4\pi\varepsilon_0 l}\ln\left[\frac{\sqrt{r^2+l^2/2}+l/2}{\sqrt{r^2+l^2/2}-l/2}\right] \tag{1}$$

此式也可以化成

$$U=\frac{q}{2\pi\varepsilon_0 l}\ln\left[\frac{\sqrt{r^2+l^2/2}+l/2}{\sqrt{r^2+l^2/4}}\right] \tag{2}$$

(2)在 $r\gg l$ 处，$\sqrt{r^2+l^2/2}\approx r$，故式(1)化为

$$U\approx\frac{q}{4\pi\varepsilon_0 l}\ln\frac{r+l/2}{r-l/2}=\frac{q}{4\pi\varepsilon_0 l}\ln\left(\frac{1+l/2r}{1-l/2r}\right) \tag{3}$$

利用公式

$$\ln\left(\frac{1+x}{1-x}\right)=2\left(x+\frac{1}{3}x^3+\frac{1}{5}x^5+\cdots\right),\quad x^2<1 \tag{4}$$

便得

$$U\approx\frac{q}{4\pi\varepsilon_0 l}\cdot 2\left(\frac{l}{2r}\right)=\frac{q}{4\pi\varepsilon_0 r} \tag{5}$$

这便是点电荷 q 在距离为 r 处产生的电势.

1.4.43　电荷量 q 均匀地分布在半径为 R 的圆环上，P 为圆环轴线上离环心为 r 的一点，如图 1.4.43(1)所示.(1)试求 P 点的电势 U，并由 U 求电场强度 $\boldsymbol{E}$；(2)试求 P 点的电场强度 $\boldsymbol{E}$，并由 $\boldsymbol{E}$ 求电势 U；(3)以 r 为横坐标，U 为纵坐标，画出 U-r 曲线.

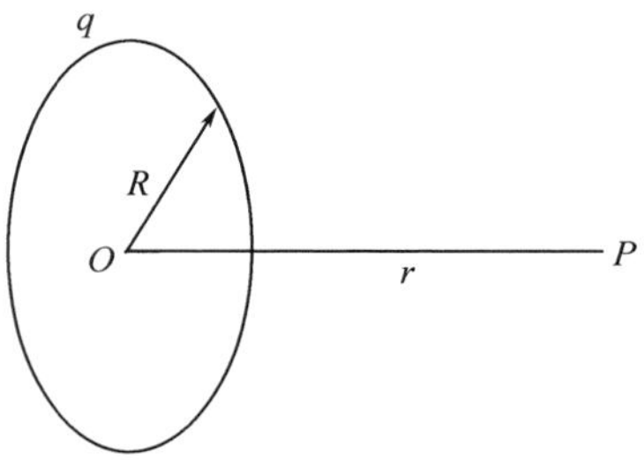

图 1.4.43(1)

【解】　(1)P 点的电势为

$$U=\int_q\frac{\mathrm{d}q}{4\pi\varepsilon_0\sqrt{r^2+R^2}}=\frac{q}{4\pi\varepsilon_0}\frac{1}{\sqrt{r^2+R^2}} \tag{1}$$

电场强度为

$$\begin{aligned}\boldsymbol{E}&=-\nabla U=-\frac{\partial U}{\partial r}\boldsymbol{e}_r=-\frac{q\boldsymbol{e}_r}{4\pi\varepsilon_0}\left[-\frac{1}{2}\frac{2r}{(r^2+R^2)^{3/2}}\right]\\&=\frac{q}{4\pi\varepsilon_0}\frac{\boldsymbol{r}}{(r^2+R^2)^{3/2}}\end{aligned} \tag{2}$$

式中 $\boldsymbol{r}=r\boldsymbol{e}_r=\overrightarrow{OP}$.

(2)P 点的电场强度为

$$\begin{aligned}\boldsymbol{E}&=\int_q\frac{\mathrm{d}q}{4\pi\varepsilon_0(r^2+R^2)}\frac{r}{\sqrt{r^2+R^2}}\boldsymbol{e}_r\\&=\frac{q}{4\pi\varepsilon_0}\frac{\boldsymbol{r}}{(r^2+R^2)^{3/2}}\end{aligned} \tag{3}$$

电势为

$$\begin{aligned}U&=\int_r^\infty\boldsymbol{E}\cdot\mathrm{d}\boldsymbol{l}=\frac{q}{4\pi\varepsilon_0}\int_r^\infty\frac{\boldsymbol{r}\cdot\mathrm{d}\boldsymbol{l}}{(r^2+R^2)^{3/2}}\\&=\frac{q}{4\pi\varepsilon_0}\int_r^\infty\frac{r\mathrm{d}r}{(r^2+R^2)^{3/2}}=\frac{q}{4\pi\varepsilon_0}\left[-\frac{1}{\sqrt{r^2+R^2}}\right]_r^\infty\\&=\frac{q}{4\pi\varepsilon_0}\frac{1}{\sqrt{r^2+R^2}}\end{aligned} \tag{4}$$

(3)由式(1)得

$$\frac{\mathrm{d}U}{\mathrm{d}r}=-\frac{q}{4\pi\varepsilon_0}\frac{r}{(r^2+R^2)^{3/2}} \tag{5}$$

$$\frac{\mathrm{d}^2U}{\mathrm{d}r^2}=-\frac{q}{4\pi\varepsilon_0}\frac{R^2-2r^2}{(r^2+R^2)^{5/2}} \tag{6}$$

故知 $r=0$ 时 $U=\frac{q}{4\pi\varepsilon_0 R}$为极大值;$U$-$r$ 曲线在 $r=R/\sqrt{2}$处是拐点.依照式(1)画出的 U-r 曲线如图 1.4.43(2)所示.

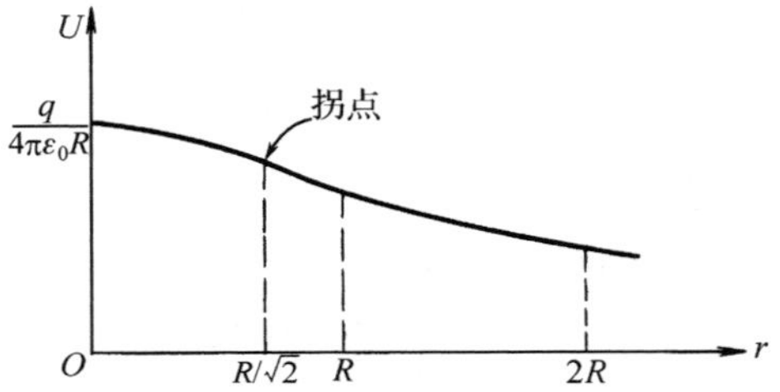

图 1.4.43(2)

1.4.44　电荷量 q 均匀分布在半径为 R 的圆环上,如图 1.4.44(1)所示.试证明:轴线外任一点 $P(r,\theta)$的电势 U 的准确表达式是一个椭圆积分.

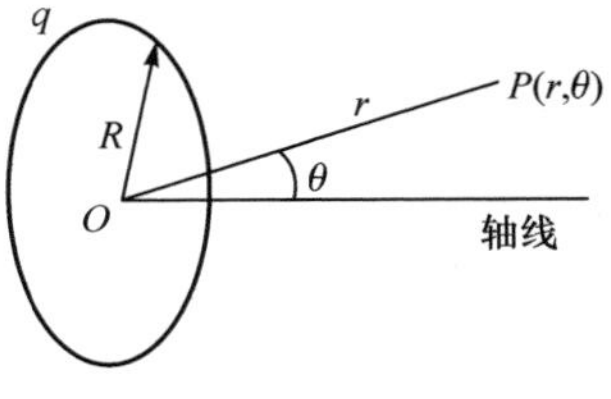

图 1.4.44(1)

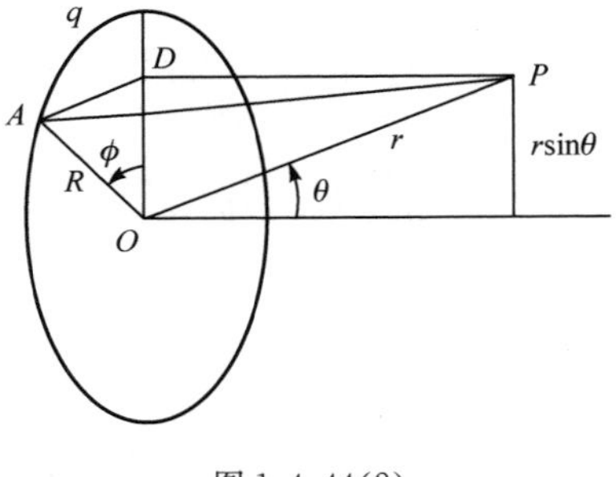

图 1.4.44(2)

【证】　如图 1.4.44(2),过 P 点作直线 PD 平行于轴线,交圆环面于 D 点.以 OD 为方位角 ϕ 的起始线,即 $\phi=\angle DOA$,则

$$\begin{aligned}\overline{AP}&=\sqrt{\overline{AD}^2+\overline{DP}^2}\\&=\sqrt{R^2+r^2\sin^2\theta-2Rr\sin\theta\cos\phi+r^2\cos^2\theta}\\&=\sqrt{R^2+r^2-2Rr\sin\theta\cos\phi}\end{aligned} \tag{1}$$

A 处的电荷量 $\mathrm{d}q=\frac{q}{2\pi R}R\,\mathrm{d}\phi=\frac{q}{2\pi}\mathrm{d}\phi$ 在 P 点产生的电势为

$$dU=\frac{dq}{4\pi\varepsilon_0\overline{AP}}=\frac{q}{8\pi^2\varepsilon_0}\frac{d\phi}{\sqrt{R^2+r^2-2Rr\sin\theta\cos\phi}} \tag{2}$$

于是得整个圆环电荷在 P 点产生的电势为

$$U=\frac{q}{8\pi^2\varepsilon_0}\int_0^{2\pi}\frac{d\phi}{\sqrt{R^2+r^2-2Rr\sin\theta\cos\phi}}$$

$$=\frac{q}{4\pi^2\varepsilon_0}\int_0^{\pi}\frac{d\phi}{\sqrt{R^2+r^2-2Rr\sin\theta\cos\phi}} \tag{3}$$

这是一个椭圆积分,它不能用初等函数的有限项表示出来.

下面我们把式(3)化成用全椭圆积分表示.令

$$\phi=2\alpha-\pi \tag{4}$$

则 $d\phi=2d\alpha$

$$\cos\phi=\cos(2\alpha-\pi)=-\cos2\alpha=-1+2\sin^2\alpha \tag{5}$$

$$\begin{aligned}R^2+r^2-2Rr\sin\theta\cos\phi&=R^2+r^2-2Rr\sin\theta(-1+2\sin^2\alpha)\\&=R^2+r^2+2Rr\sin\theta-4Rr\sin\theta\sin^2\alpha\\&=(R^2+r^2+2Rr\sin\theta)(1-k^2\sin^2\alpha)\end{aligned} \tag{6}$$

式中

$$k^2=\frac{4Rr\sin\theta}{R^2+r^2+2Rr\sin\theta} \tag{7}$$

于是得

$$\begin{aligned}U&=\frac{q}{4\pi^2\varepsilon_0}\int_0^{\pi}\frac{d\phi}{\sqrt{R^2+r^2-2Rr\sin\theta\cos\phi}}\\&=\frac{q}{4\pi^2\varepsilon_0}\int_{\pi/2}^{\pi}\frac{1}{\sqrt{R^2+r^2+2Rr\sin\theta}}\frac{2d\alpha}{\sqrt{1-k^2\sin^2\alpha}}\\&=\frac{q}{4\pi^2\varepsilon_0}\frac{2}{\sqrt{R^2+r^2+2Rr\sin\theta}}\int_{\pi/2}^{\pi}\frac{d\alpha}{\sqrt{1-k^2\sin^2\alpha}}\\&=\frac{q}{4\pi\varepsilon_0}\frac{2}{\pi\sqrt{R^2+r^2+2Rr\sin\theta}}\int_0^{\pi/2}\frac{d\alpha}{\sqrt{1-k^2\sin^2\alpha}}\end{aligned} \tag{8}$$

式中

$$\int_0^{\pi/2}\frac{d\alpha}{\sqrt{1-k^2\sin^2\alpha}}=\mathrm{K}$$

$$=\frac{\pi}{2}\left[1+\left(\frac{1}{2}\right)^2k^2+\left(\frac{1\cdot3}{2\cdot4}\right)^2k^4+\left(\frac{1\cdot3\cdot5}{2\cdot4\cdot6}\right)^2k^6+\cdots\right] \tag{9}$$

称为第一类椭圆积分.

于是得所求的电势为

$$U=\frac{q}{4\pi\varepsilon_0}\frac{2}{\pi\sqrt{R^2+r^2+2Rr\sin\theta}}\text{K}$$

$$=\frac{q}{4\pi\varepsilon_0}\frac{1}{\sqrt{R^2+r^2+2Rr\sin\theta}}\left[1+\left(\frac{1}{2}\right)^2k^2+\left(\frac{1\cdot3}{2\cdot4}\right)^2k^4+\left(\frac{1\cdot3\cdot5}{2\cdot4\cdot6}\right)^2k^6+\cdots\right] \tag{10}$$

当 $\theta=0$ 时，P 点在轴线上，这时 $k=0$，便得

$$U=\frac{q}{4\pi\varepsilon_0}\frac{1}{\sqrt{R^2+r^2}} \tag{11}$$

这正是前面 1.4.43 题的式(1).

1.4.45　两个共轴线的均匀带电圆环，半径都是 R，相距为 l，所带电荷量分别为 q 和 $-q$. 以两环间轴线的中点 O 为原点，沿轴线取 x 轴，如图 1.4.45 所示. 已知 $l\ll R$，试求轴线上 x 处的电势.

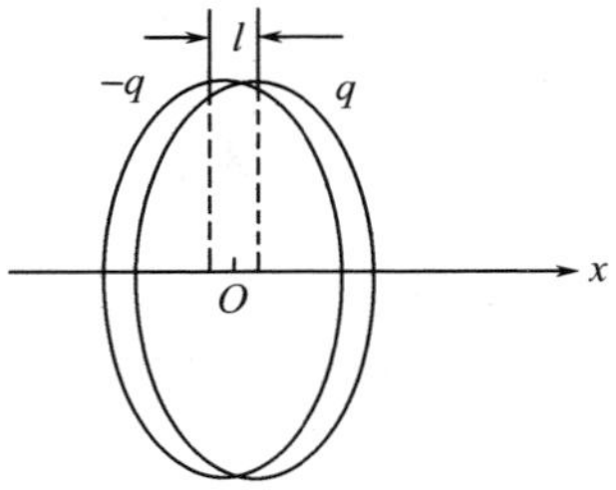

图 1.4.45

【解】　均匀带电圆环在轴线上产生的电势为[参见前 1.4.43 题的式(1)]

$$U=\frac{q}{4\pi\varepsilon_0}\frac{1}{\sqrt{r^2+R^2}} \tag{1}$$

由此得出，图 1.4.45 中轴线上 x 处的电势为

$$\begin{aligned}U&=U_++U_-\\&=\frac{q}{4\pi\varepsilon_0}\frac{1}{\sqrt{(x-l/2)^2+R^2}}+\frac{-q}{4\pi\varepsilon_0}\frac{1}{\sqrt{(x+l/2)^2+R^2}}\\&=\frac{q}{4\pi\varepsilon_0}\left[\frac{1}{\sqrt{(x-l/2)^2+R^2}}-\frac{1}{\sqrt{(x+l/2)^2+R^2}}\right]\end{aligned} \tag{2}$$

因 $l\ll R$，故上式可以化简，其中

$$\begin{aligned}&\frac{1}{\sqrt{(x-l/2)^2+R^2}}-\frac{1}{\sqrt{(x+l/2)^2+R^2}}\\&\approx\frac{1}{\sqrt{x^2+R^2-xl}}-\frac{1}{\sqrt{x^2+R^2+xl}}\\&=\frac{1}{\sqrt{x^2+R^2}}\left[\left(1-\frac{xl}{x^2+R^2}\right)^{-1/2}-\left(1+\frac{xl}{x^2+R^2}\right)^{-1/2}\right]\\&\approx\frac{1}{\sqrt{x^2+R^2}}\left[1+\frac{1}{2}\frac{xl}{x^2+R^2}-1+\frac{1}{2}\frac{xl}{x^2+R^2}\right]\\&=\frac{xl}{(x^2+R^2)^{3/2}}\end{aligned} \tag{3}$$

故得

$$U=\frac{q}{4\pi\varepsilon_0}\frac{lx}{(x^2+R^2)^{3/2}} \tag{4}$$

因 x 可正可负，故上式可用于轴线上任何地方.

1.4.46　半径为 R 的圆面上均匀带电，电荷量的面密度为 σ. 试求轴线上离圆心为 r 处的电势 U，并由 U 求电场强度 $\boldsymbol{E}$.

【解】　以圆心为心、x 为半径，在圆面上取宽为 $\mathrm{d}x$ 的环带，这环带上的电荷量为

$$\mathrm{d}q=\sigma\cdot 2\pi x\mathrm{d}x=2\pi\sigma x\mathrm{d}x \tag{1}$$

$\mathrm{d}q$ 在轴线上离圆心为 r 处产生的电势为

$$\mathrm{d}U=\frac{\mathrm{d}q}{4\pi\varepsilon_0}\frac{1}{\sqrt{r^2+x^2}}=\frac{\sigma}{2\varepsilon_0}\frac{x\mathrm{d}x}{\sqrt{r^2+x^2}} \tag{2}$$

积分便得所求的电势为

$$U=\frac{\sigma}{2\varepsilon_0}\int_0^R\frac{x\mathrm{d}x}{\sqrt{r^2+x^2}}=\frac{\sigma}{2\varepsilon_0}\left(\sqrt{r^2+R^2}-r\right) \tag{3}$$

若给圆面上的电荷量为 q，则 $q=\pi R^2\sigma$，结果便为

$$U=\frac{q}{2\pi\varepsilon_0}\left(\frac{\sqrt{r^2+R^2}-r}{R^2}\right) \tag{4}$$

所求的电场强度为

$$\begin{aligned}\boldsymbol{E}&=-\nabla U=-\frac{\partial U}{\partial r}\boldsymbol{e}_r\\&=-\frac{q\boldsymbol{e}_r}{2\pi\varepsilon_0 R^2}\left(\frac{r}{\sqrt{r^2+R^2}}-1\right)\\&=\frac{q}{2\pi\varepsilon_0 R^2}\left(\frac{\boldsymbol{r}}{r}-\frac{\boldsymbol{r}}{\sqrt{r^2+R^2}}\right)\end{aligned} \tag{5}$$

或用 σ 表示为

$$\boldsymbol{E}=\frac{\sigma}{2\varepsilon_0}\left(\frac{\boldsymbol{r}}{r}-\frac{\boldsymbol{r}}{\sqrt{r^2+R^2}}\right) \tag{6}$$

式中 $\boldsymbol{r}$ 为从圆心到场点的位矢.

1.4.47　两个均匀带电的圆面共轴线，半径都是 R，相距为 l，电荷量的面密度分别为 σ 和 $-\sigma$. 以它们间轴线的中点为原点 O，沿轴线取 x 轴，如图 1.4.47(1)所示. 已知 $l\ll R$，试求轴线上 x 处的(1)电场强度 $\boldsymbol{E}$ 和(2)电势 U.

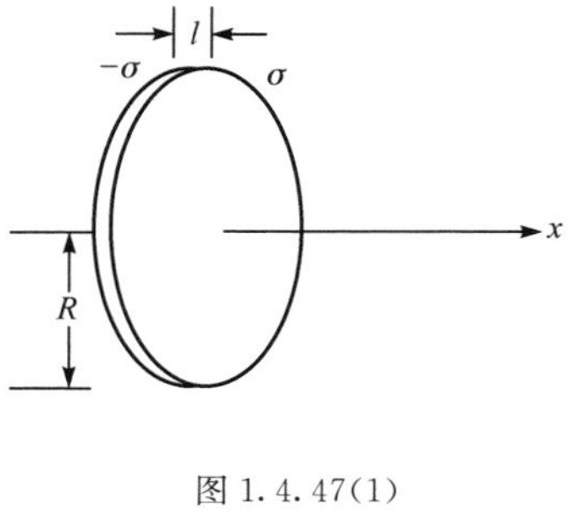

图 1.4.47(1)

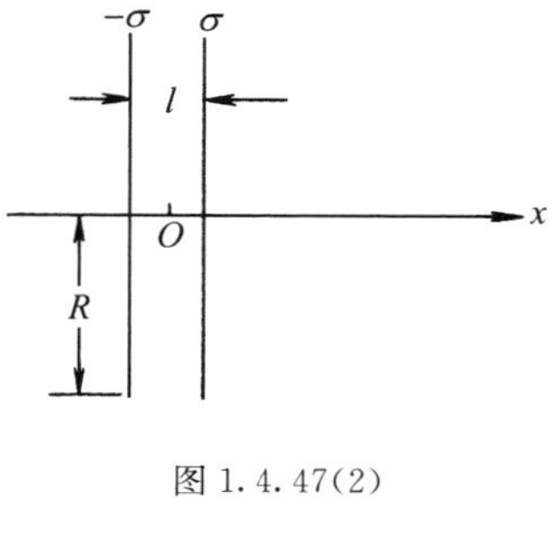

图 1.4.47(2)

【解】 (1)根据前面 1.4.46 题的式(6),均匀带电的圆面在轴线上离圆心为 r 处产生的电场强度为

$$\boldsymbol{E}=\frac{\sigma}{2\varepsilon_0}\left(1-\frac{r}{\sqrt{r^2+R^2}}\right)\boldsymbol{e}_r \tag{1}$$

式中 $\boldsymbol{e}_r=\boldsymbol{r}/r$ 是沿轴线向外的单位矢量. 如图 1.4.47(2),这两个圆面电荷在轴线上 $x>l/2$ 处产生的电场强度为

$$\begin{aligned}\boldsymbol{E}&=\boldsymbol{E}_++\boldsymbol{E}_-\\&=\frac{\sigma}{2\varepsilon_0}\left(1-\frac{x-l/2}{\sqrt{(x-l/2)^2+R^2}}\right)\boldsymbol{e}_x+\frac{-\sigma}{2\varepsilon_0}\left(1-\frac{x+l/2}{\sqrt{(x+l/2)^2+R^2}}\right)\boldsymbol{e}_x\\&=\frac{\sigma}{2\varepsilon_0}\left[\frac{x+l/2}{\sqrt{(x+l/2)^2+R^2}}-\frac{x-l/2}{\sqrt{(x-l/2)^2+R^2}}\right]\boldsymbol{e}_x\end{aligned} \tag{2}$$

式中 $\boldsymbol{e}_x$ 为 x 轴方向上的单位矢量.

因 $l\ll R$,故式(2)方括号内可简化如下:

$$\begin{aligned}&\frac{x+l/2}{\sqrt{(x+l/2)^2+R^2}}-\frac{x-l/2}{\sqrt{(x-l/2)^2+R^2}}\\&\approx\frac{x+l/2}{\sqrt{x^2+xl+R^2}}-\frac{x-l/2}{\sqrt{x^2-xl+R^2}}\\&=\frac{1}{\sqrt{x^2+R^2}}\left[(x+l/2)\left(1+\frac{xl}{x^2+R^2}\right)^{-1/2}-(x-l/2)\left(1-\frac{xl}{x^2+R^2}\right)^{-1/2}\right]\\&\approx\frac{1}{\sqrt{x^2+R^2}}\left[(x+l/2)\left(1-\frac{1}{2}\frac{xl}{x^2+R^2}\right)-(x-l/2)\left(1+\frac{1}{2}\frac{xl}{x^2+R^2}\right)\right]\\&=\frac{1}{\sqrt{x^2+R^2}}\left[l-\frac{x^2l}{x^2+R^2}\right]\\&=\frac{lR^2}{(x^2+R^2)^{3/2}}\end{aligned} \tag{3}$$

所以

$$\boldsymbol{E}=\frac{\sigma lR^2}{2\varepsilon_0(x^2+R^2)^{3/2}}\boldsymbol{e}_x \tag{4}$$

在 $x<-l/2$ 处,轴线上 x 处的电场强度为

$$\begin{aligned}\boldsymbol{E}&=\boldsymbol{E}_++\boldsymbol{E}_-\\&=\frac{\sigma}{2\varepsilon_0}\left[1+\frac{x-l/2}{\sqrt{(x-l/2)^2+R^2}}\right](-\boldsymbol{e}_x)+\frac{-\sigma}{2\varepsilon_0}\left[1+\frac{x+l/2}{\sqrt{(x+l/2)^2+R^2}}\right](-\boldsymbol{e}_x)\\&=\frac{\sigma}{2\varepsilon_0}\left[\frac{x+l/2}{\sqrt{(x+l/2)^2+R^2}}-\frac{x-l/2}{\sqrt{(x-l/2)^2+R^2}}\right]\boldsymbol{e}_x\end{aligned} \tag{5}$$

式(5)在形式上与 $x>l/2$ 处的式(2)相同,于是得出:两圆面之外的电场强度为

$$\boldsymbol{E}=\frac{\sigma lR^2}{2\varepsilon_0(x^2+R^2)^{3/2}}\boldsymbol{e}_x,\quad |x|>l/2 \tag{6}$$

在两圆面之间，$|x|<l/2$，由式(1)，轴线上的电场强度为

$$\begin{aligned}\boldsymbol{E} &= \boldsymbol{E}_+ + \boldsymbol{E}_- \\ &= \frac{\sigma}{2\varepsilon_0}\left[1-\frac{l/2-x}{\sqrt{(l/2-x)^2+R^2}}\right](-\boldsymbol{e}_x)+\frac{-\sigma}{2\varepsilon_0}\left[1-\frac{x+l/2}{\sqrt{(x+l/2)^2+R^2}}\right]\boldsymbol{e}_x \\ &= -\frac{\sigma}{2\varepsilon_0}\left[1+\frac{x-l/2}{\sqrt{(x-l/2)^2+R^2}}+1-\frac{x+l/2}{\sqrt{(x+l/2)^2+R^2}}\right]\boldsymbol{e}_x \\ &= -\frac{\sigma}{2\varepsilon_0}\left[2+\frac{x-l/2}{\sqrt{(x-l/2)^2+R^2}}-\frac{x+l/2}{\sqrt{(x+l/2)^2+R^2}}\right]\boldsymbol{e}_x \\ &\approx -\frac{\sigma}{2\varepsilon_0}\left[2-\frac{lR^2}{(x^2+R^2)^{3/2}}\right]\boldsymbol{e}_x \end{aligned} \tag{7}$$

因 $l \ll R$，故得

$$\boldsymbol{E} \approx -\frac{\sigma}{\varepsilon_0}\boldsymbol{e}_x, \quad l/2>x>-l/2 \tag{8}$$

这个结果表明，两圆面间轴线上的电场近似为均匀电场.

(2)根据前面 1.4.46 题的式(3)，均匀带电的圆面在轴线上离圆心为 r 处产生的电势为

$$U=\frac{\sigma}{2\varepsilon_0}\left(\sqrt{r^2+R^2}-r\right) \tag{9}$$

如图 1.4.47(1)，这两个圆面电荷在轴线上 $x>l/2$ 处产生的电势为

$$\begin{aligned} U &= U_+ + U_- \\ &= \frac{\sigma}{2\varepsilon_0}\left[\sqrt{(x-l/2)^2+R^2}-(x-l/2)\right]+\frac{-\sigma}{2\varepsilon_0}\left[\sqrt{(x+l/2)^2+R^2}-(x+l/2)\right] \\ &= \frac{\sigma}{2\varepsilon_0}\left[\sqrt{(x-l/2)^2+R^2}-x+l/2-\sqrt{(x+l/2)^2+R^2}+x+l/2\right] \\ &= \frac{\sigma}{2\varepsilon_0}\left[l+\sqrt{(x-l/2)^2+R^2}-\sqrt{(x+l/2)^2+R^2}\right] \end{aligned} \tag{10}$$

因 $l \ll R$，故上式中两根号项可化简如下：

$$\begin{aligned} &\sqrt{(x-l/2)^2+R^2}-\sqrt{(x+l/2)^2+R^2} \\ &\approx \sqrt{x^2-xl+R^2}-\sqrt{x^2+xl+R^2} \\ &= \sqrt{x^2+R^2}\left[\left(1-\frac{xl}{x^2+R^2}\right)^{1/2}-\left(1+\frac{xl}{x^2+R^2}\right)^{1/2}\right] \\ &\approx \sqrt{x^2+R^2}\left[1-\frac{1}{2}\frac{xl}{x^2+R^2}-1-\frac{1}{2}\frac{xl}{x^2+R^2}\right] \\ &= -\frac{xl}{\sqrt{x^2+R^2}} \end{aligned} \tag{11}$$

故得

$$U=\frac{\sigma}{2\varepsilon_0}\left[l-\frac{xl}{\sqrt{x^2+R^2}}\right]=\frac{\sigma l}{2\varepsilon_0}\left(1-\frac{x}{\sqrt{x^2+R^2}}\right), \quad x>l/2 \tag{12}$$

在轴线上 $x<-l/2$ 处,两圆面电荷产生的电势为

$$U=U_{+}+U_{-}$$

$$=\frac{\sigma}{2\varepsilon_0}\left[\sqrt{(x-l/2)^2+R^2}+x-l/2\right]+\frac{-\sigma}{2\varepsilon_0}\left[\sqrt{(x+l/2)^2+R^2}+x+l/2\right]$$

$$=\frac{\sigma}{2\varepsilon_0}\left[\sqrt{(x-l/2)^2+R^2}-\sqrt{(x+l/2)^2+R^2}-l\right]$$

$$\approx-\frac{\sigma l}{2\varepsilon_0}\left[1+\frac{x}{\sqrt{x^2+R^2}}\right],\quad x<-l/2 \tag{13}$$

注意,式(13)因 $x<0$,故与式(12)仅差一负号.这一点从对称性的角度考虑,也应如此.

在两圆面之间,轴线上的电势为

$$U=U_{+}+U_{-}$$

$$=\frac{\sigma}{2\varepsilon_0}\left[\sqrt{(x-l/2)^2+R^2}+(x-l/2)\right]+\frac{-\sigma}{2\varepsilon_0}\left[\sqrt{(x+l/2)^2+R^2}-(x+l/2)\right]$$

$$=\frac{\sigma}{2\varepsilon_0}\left[\sqrt{(x-l/2)^2+R^2}-\sqrt{(x+l/2)^2+R^2}+2x\right]$$

$$\approx\frac{\sigma}{2\varepsilon_0}\left[-\frac{xl}{\sqrt{x^2+R^2}}+2x\right]$$

$$=\frac{\sigma x}{2\varepsilon_0}\left[2-\frac{l}{\sqrt{x^2+R^2}}\right] \tag{14}$$

因 $l\ll R$,故得

$$U\approx\frac{\sigma x}{\varepsilon_0},\quad l/2>x>-l/2 \tag{15}$$

【讨论】 也可以先求出电势 U,再由

$$\boldsymbol{E}=-\nabla U \tag{16}$$

求电场强度 $\boldsymbol{E}$,如下:由式(12)得

$$\boldsymbol{E}=-\frac{\partial U}{\partial x}\boldsymbol{e}_x=-\frac{\partial}{\partial x}\frac{\sigma l}{2\varepsilon_0}\left(1-\frac{x}{\sqrt{x^2+R^2}}\right)\boldsymbol{e}_x$$

$$=\frac{\sigma lR^2}{2\varepsilon_0}\frac{\boldsymbol{e}_x}{(x^2+R^2)^{3/2}},\quad x>l/2 \tag{17}$$

由式(13)得

$$\boldsymbol{E}=-\frac{\partial U}{\partial x}\boldsymbol{e}_x=\frac{\partial}{\partial x}\frac{\sigma l}{2\varepsilon_0}\left(1+\frac{x}{\sqrt{x^2+R^2}}\right)$$

$$=\frac{\sigma lR^2}{2\varepsilon_0}\frac{\boldsymbol{e}_x}{(x^2+R^2)^{3/2}},\quad x<-l/2 \tag{18}$$

由式(15)得

$$E=-\frac{\partial U}{\partial x}e_x=-\frac{\partial}{\partial x}\left(\frac{\sigma x}{\varepsilon_0}\right)e_x$$

$$=-\frac{\sigma}{\varepsilon_0}e_x,\quad l/2>x>-l/2 \tag{19}$$

1.4.48 电荷均匀分布在半径为 R 的圆面上，电荷量的面密度为 σ. 试求这圆面边缘的电势.

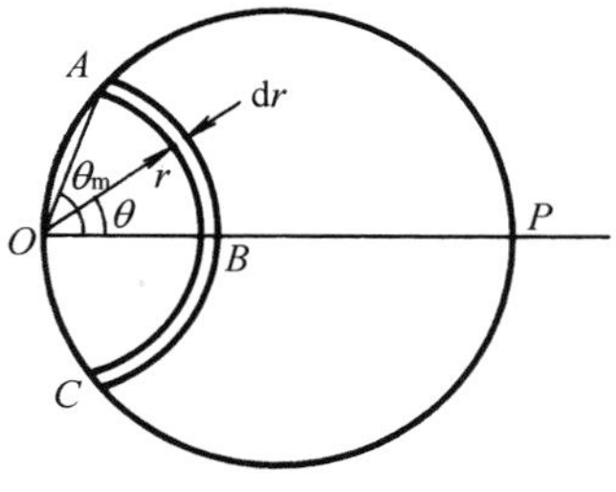

图 1.4.48

【解】 以圆面边缘上的一点 O 为原点，通过圆心的直径 OP 为极轴，取平面极坐标系，使圆面在平面内，如图 1.4.48 所示，则圆的方程为

$$\rho=2R\cos\theta \tag{1}$$

式中 ρ 为极径，θ 为极角. 以 O 为心，r 为半径，在圆面上取一宽为 $\mathrm{d}r$ 的弧带 ABC. 这弧带上面积元 $\mathrm{d}s=(\mathrm{d}r)(r\mathrm{d}\theta)=r\mathrm{d}r\mathrm{d}\theta$ 上的电荷量为

$$\mathrm{d}q=\sigma\mathrm{d}s=\sigma r\mathrm{d}r\mathrm{d}\theta \tag{2}$$

这电荷在 O 点产生的电势为

$$\mathrm{d}U=\frac{\mathrm{d}q}{4\pi\varepsilon_0 r}=\frac{\sigma}{4\pi\varepsilon_0}\mathrm{d}r\mathrm{d}\theta \tag{3}$$

利用对称性，积分便得

$$\begin{aligned}U&=2\cdot\frac{\sigma}{4\pi\varepsilon_0}\int_0^{2R}\mathrm{d}r\int_0^{\theta_m}\mathrm{d}\theta\\&=\frac{\sigma}{2\pi\varepsilon_0}\int_0^{2R}\arccos\left(\frac{r}{2R}\right)\mathrm{d}r\\&=\frac{\sigma R}{\pi\varepsilon_0}\left[\frac{r}{2R}\arccos\left(\frac{r}{2R}\right)-\sqrt{1-\left(\frac{r}{2R}\right)^2}\,\right]_{r=0}^{r=2R}\\&=\frac{\sigma R}{\pi\varepsilon_0}\end{aligned} \tag{4}$$

其中利用了积分公式

$$\int\arccos x\mathrm{d}x=x\arccos x-\sqrt{1-x^2} \tag{5}$$

1.4.49 电荷量 q 均匀地分布在半径为 R 的球面上.(1)试求离球心为 r 处的电势 U，并由 U 求电场强度 $\boldsymbol{E}$;(2)试求离球心为 r 处的电场强度 $\boldsymbol{E}$，并由 $\boldsymbol{E}$ 求电势 U;(3)以 r 为横坐标，U 为纵坐标，画出 U-r 曲线.

【解】 (1)设 P 是离球心为 r 处的一点，当 $r<R$ 时，P 在球内，如图 1.4.49(1)所示. 以 P 到球心 O 的连线所在的直径为轴线，在球面上取一个宽为 $R\mathrm{d}\theta$ 的环带，环带上的电荷量为

$$\mathrm{d}q=\frac{q}{4\pi R^2}\cdot 2\pi R^2\sin\theta\mathrm{d}\theta=\frac{q}{2}\sin\theta\mathrm{d}\theta \tag{1}$$

这电荷在 P 点产生的电势为

$$dU=\frac{dq}{4\pi\varepsilon_0 s}=\frac{q}{8\pi\varepsilon_0}\frac{\sin\theta d\theta}{\sqrt{(R\sin\theta)^2+(R\cos\theta+r)^2}}$$

$$=\frac{q}{8\pi\varepsilon_0}\frac{\sin\theta d\theta}{\sqrt{R^2+r^2+2Rr\cos\theta}} \quad (2)$$

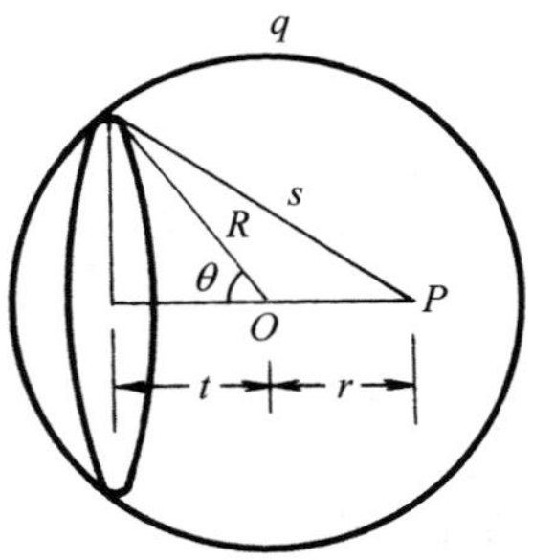

图 1.4.49(1)

对 θ 积分便得整个球面电荷在 P 点产生的电势为

$$U=\frac{q}{8\pi\varepsilon_0}\int_0^{\pi}\frac{\sin\theta d\theta}{\sqrt{R^2+r^2+2Rr\cos\theta}}$$

$$=-\frac{q}{8\pi\varepsilon_0 Rr}\sqrt{R^2+r^2+2Rr\cos\theta}\Bigg|_{\theta=0}^{\theta=\pi}$$

$$=\frac{q}{4\pi\varepsilon_0 R},\quad r<R \quad (3)$$

可见球内是一个等势体.由此得球内的电场强度为

$$\mathbf{E}=-\nabla U=-\nabla\left(\frac{q}{4\pi\varepsilon_0 R}\right)=0 \quad (4)$$

当 $r>R$ 时,P 点在球外,如图 1.4.49(2)所示.这时,球面上以 O 到 P 的连线为轴线的环带电荷在 P 点产生的电势仍由式(2)表示.对 θ 积分便得整个球面电荷在 P 点产生的电势为

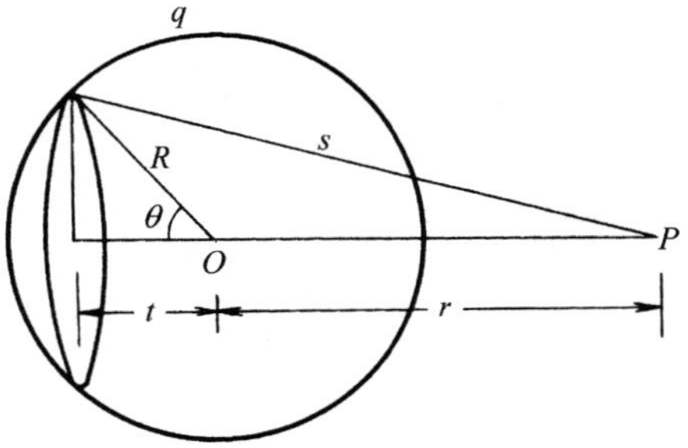

图 1.4.49(2)

$$U=\frac{q}{8\pi\varepsilon_0}\int_0^{\pi}\frac{\sin\theta d\theta}{\sqrt{R^2+r^2+2Rr\cos\theta}}$$

$$=-\frac{q}{8\pi\varepsilon_0 Rr}\sqrt{R^2+r^2+2Rr\cos\theta}\Bigg|_{\theta=0}^{\theta=\pi}$$

$$=\frac{q}{8\pi\varepsilon_0 Rr}\left[\sqrt{(R+r)^2}-\sqrt{(r-R)^2}\right]$$

$$=\frac{q}{8\pi\varepsilon_0 Rr}[R+r-(r-R)]$$

$$=\frac{q}{4\pi\varepsilon_0 r},\quad r>R \quad (5)$$

由此得球外的电场强度为

$$\boldsymbol{E}=-\nabla U=-\frac{\partial U}{\partial r}\boldsymbol{e}_r=-\frac{q\boldsymbol{e}_r}{4\pi\varepsilon_0}\frac{\mathrm{d}}{\mathrm{d}r}\frac{1}{r}$$

$$=\frac{q\boldsymbol{e}_r}{4\pi\varepsilon_0 r^2}=\frac{q}{4\pi\varepsilon_0}\frac{\boldsymbol{r}}{r^3},\quad r>R \tag{6}$$

式中 $\boldsymbol{r}=r\boldsymbol{e}_r=\overrightarrow{OP}$.

(2)先求电场强度 $\boldsymbol{E}$,再由 $\boldsymbol{E}$ 求电势 U. 以球心为心、r 为半径作球面(高斯面)S,由对称性和高斯定理得

$$\oiint_S \boldsymbol{E}\cdot\mathrm{d}\boldsymbol{S}=\oiint_S E\mathrm{d}S=E\oiint_S \mathrm{d}S$$

$$=E\cdot 4\pi r^2=\frac{q_i}{\varepsilon_0} \tag{7}$$

式中 q_i 是 S 所包住的电荷量的代数和. 当 $r<R$ 时,S 在电荷球面内,故 $q_i=0$;当 $r>R$ 时,S 在电荷球面外,$q_i=q$. 于是得所求的电场强度为

$$\boldsymbol{E}=0,\quad r<R \tag{8}$$

$$\boldsymbol{E}=\frac{q}{4\pi\varepsilon_0}\frac{\boldsymbol{r}}{r^3},\quad r>R \tag{9}$$

由 $\boldsymbol{E}$ 求电势 U 得

$$U=\int_r^\infty \boldsymbol{E}\cdot\mathrm{d}\boldsymbol{l}=\int_r^R \boldsymbol{E}\cdot\mathrm{d}\boldsymbol{l}+\int_R^\infty \boldsymbol{E}\cdot\mathrm{d}\boldsymbol{l}$$

$$=\frac{q}{4\pi\varepsilon_0}\int_R^\infty\frac{\boldsymbol{r}\cdot\mathrm{d}\boldsymbol{r}}{r^3}=\frac{q}{4\pi\varepsilon_0 R},\quad r<R \tag{10}$$

$$U=\int_r^\infty \boldsymbol{E}\cdot\mathrm{d}\boldsymbol{l}=\frac{q}{4\pi\varepsilon_0}\int_r^\infty\frac{\boldsymbol{r}\cdot\mathrm{d}\boldsymbol{r}}{r^3}$$

$$=\frac{q}{4\pi\varepsilon_0 r},\quad r>R \tag{11}$$

(3)按式(3)或式(10)和式(5)或式(11)画出的 U-r 图如图 1.4.49(3)所示.

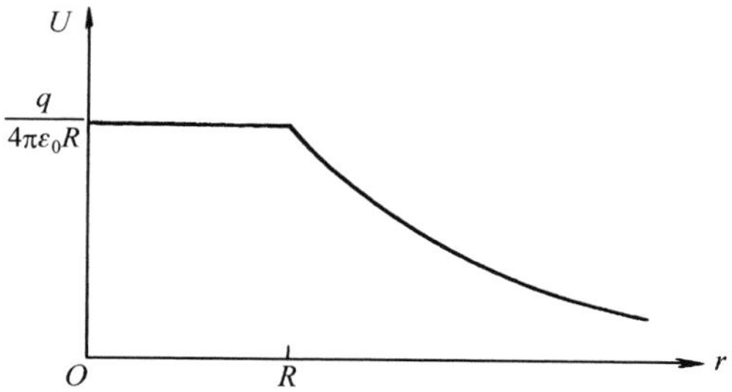

图 1.4.49(3)

【讨论】 一、在式(5)的计算过程中,我们取$\sqrt{R^2+r^2-2Rr}=r-R$,而不取$R-r$,这是因为,式(5)中$\sqrt{R^2+r^2+2Rr\cos\theta}=s$,是球面上环带到$P$点的距离,故$s>0$,所以根号应取正值.

二、由前面的计算可以看出,由于对称性,本题以先用高斯定理求$\boldsymbol{E}$,再由$\boldsymbol{E}$求U比较简单.

1.4.50 电荷均匀地分布在半径为R的球冠(球缺)面上,电荷量的面密度为σ,球冠边缘对球心O的张角为2θ,如图1.4.50所示.试求球心O的电势.

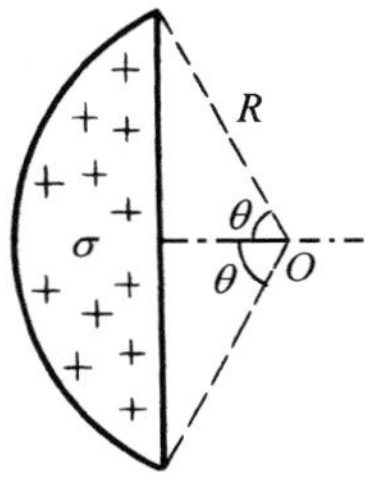

图 1.4.50

【解】 以球冠的轴线为轴线,在球冠上取宽为$R\mathrm{d}\alpha$的环带,这环带上的电荷在球心O产生的电势为

$$U=\int_0^\theta\frac{\sigma\cdot2\pi R^2\sin\alpha\mathrm{d}\alpha}{4\pi\varepsilon_0R}=\frac{\sigma R}{2\varepsilon_0}\int_0^\theta\sin\alpha\mathrm{d}\alpha$$

$$=\frac{\sigma R}{2\varepsilon_0}(1-\cos\theta)=\frac{\sigma R}{\varepsilon_0}\sin^2\frac{\theta}{2}\tag{1}$$

若给定球冠面上的电荷量为q,则不论q在球冠面上如何分布,球心的电势总是

$$U=\frac{q}{4\pi\varepsilon_0R}\tag{2}$$

1.4.51 电荷量q均匀地分布在半径为R的半球面上.试论证:这半球的底面上每一点的电势都是$\frac{q}{4\pi\varepsilon_0R}$.

【论证】 对于均匀分布的球面电荷,由对称性和高斯定理得出,球内处处电势相等.设想这球面分为两个半球面,由对称性可知,每个半球面上的电荷在它们的公共底面上任何两点A、B产生的电势U_A和U_B必定相等.因为若$U_A\neq U_B$,则两个半球面合起来成为一个球面时,A、B两点的电势便不可能相等.因此,我们得出结论:每个半球面上的电荷在其底面上任何一点所产生的电势都相等.由于半球面上的电荷量q在球心产生的电势为$\frac{q}{4\pi\varepsilon_0R}$,故得半球底面上每一点的电势都是$\frac{q}{4\pi\varepsilon_0R}$.

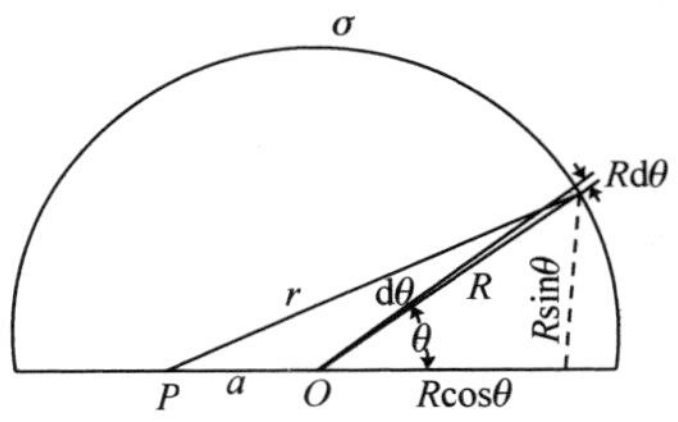

图 1.4.51

【讨论】 本题也可用计算求解.设半球面的半径为R,面电荷密度为σ;P为半球底面上任一点,到球心O的距离为a.包含P和O且与底面垂直的平面,将半球面分成两半,如图1.4.51所示.以PO为轴线,在半球面上取宽为$R\mathrm{d}\theta$的环带,环带到球心O的连线与轴线的夹角为θ.这环带上的电荷量为

$$dq = \sigma R d\theta \cdot \pi R \sin\theta = \pi\sigma R^2 \sin\theta d\theta \tag{1}$$

环带到 P 点的距离为

$$r = \sqrt{(a + R\cos\theta)^2 + (R\sin\theta)^2} = \sqrt{a^2 + R^2 + 2aR\cos\theta} \tag{2}$$

所以环带上的电荷 dq 在 P 点产生的电势为

$$dU = \frac{dq}{4\pi\varepsilon_0 r} = \frac{\pi\sigma R^2 \sin\theta d\theta}{4\pi\varepsilon_0 r} = \frac{\sigma R^2}{4\varepsilon_0}\frac{\sin\theta d\theta}{\sqrt{a^2 + R^2 + 2aR\cos\theta}} \tag{3}$$

积分便得,整个半球面上的电荷在 P 点产生的电势为

$$U = \frac{\sigma R^2}{4\varepsilon_0}\int_0^{\pi} \frac{\sin\theta d\theta}{\sqrt{a^2 + R^2 + 2aR\cos\theta}} = -\frac{\sigma R^2}{4\varepsilon_0}\left.\frac{\sqrt{a^2 + R^2 + 2aR\cos\theta}}{aR}\right|_{\theta=0}^{\theta=\pi}$$

$$= -\frac{\sigma R}{4\varepsilon_0 a}[R - a - (R + a)] = \frac{\sigma R}{2\varepsilon_0} \tag{4}$$

因

$$\sigma = \frac{q}{2\pi R^2} \tag{5}$$

故得

$$U = \frac{q}{4\pi\varepsilon_0 R} \tag{6}$$

1.4.52　电荷均匀分布在半球面上,你能否用对称性和叠加原理论证,这半球的底面上每点的电场强度都与底面垂直?

【论证】 根据前面 1.4.51 题的结论,电荷均匀分布在半球面上,这半球面的底面便是一个等势面.因为电场强度垂直于等势面,所以均匀带电的半球面的底面上每一点,电场强度都与底面垂直.

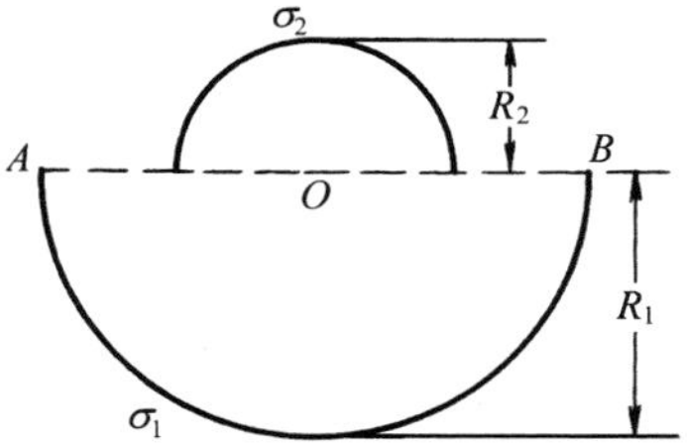

图 1.4.53

1.4.53　半径分别为 R_1 和 R_2 的两个半球面都均匀带电,电荷量的面密度分别为 σ_1 和 σ_2;这两个半球面的底面重合,球心也重合,如图 1.4.53 所示.试求公共底面上离球心为 r 处的电势.

【解】 由前面 1.4.51 题的结果,每个均匀带电半球面的底面都是等势面,其电势为

$$U = \frac{q}{4\pi\varepsilon_0 R} = \frac{\sigma \cdot 2\pi R^2}{4\pi\varepsilon_0 R} = \frac{\sigma R}{2\varepsilon_0} \tag{1}$$

故两个半球面电荷 σ_1 和 σ_2 在它们的底面上产生的电势分别为

$$U_1 = \frac{\sigma_1 R_1}{2\varepsilon_0}, \qquad U_2 = \frac{\sigma_2 R_2}{2\varepsilon_0} \tag{2}$$

根据电势叠加原理，在它们的公共底面上离球心为 r 处，电势为

$$U=U_1+U_2=\frac{1}{2\varepsilon_0}(\sigma_1R_1+\sigma_2R_2),\quad r<R_2 \tag{3}$$

当 $r>R_2$ 时，根据对称性，σ_2 半球面产生的电势为

$$U_2=\frac{q_2}{4\pi\varepsilon_0 r}=\frac{\sigma_2\cdot 2\pi R_2^2}{4\pi\varepsilon_0 r}=\frac{\sigma_2R_2^2}{2\varepsilon_0 r} \tag{4}$$

于是得

$$\begin{aligned}U&=U_1+U_2=\frac{\sigma_1R_1}{2\varepsilon_0}+\frac{\sigma_2R_2^2}{2\varepsilon_0 r}\\&=\frac{1}{2\varepsilon_0}\left(\sigma_1R_1+\frac{\sigma_2R_2^2}{r}\right),\quad R_2<r<R_1\end{aligned} \tag{5}$$

1.4.54 电荷均匀分布在边长为 a 的正方形平面上，电荷量的面密度为 σ. 试求这正方形中心的电势.

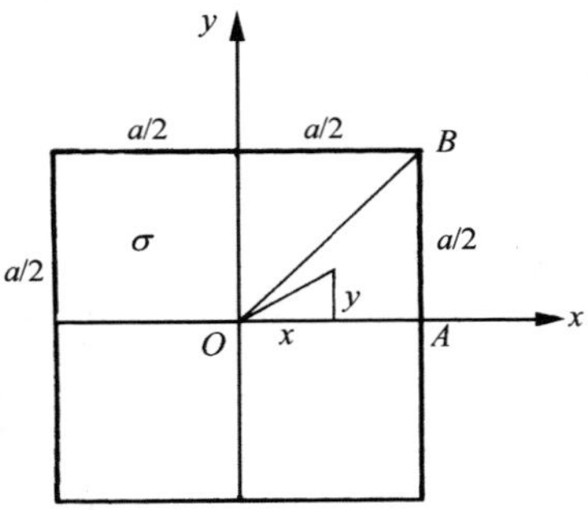

图 1.4.54

【解】 以正方形的中心 O 为原点，正方形的平面为 x-y 平面，取笛卡儿坐标系，使 x、y 轴各平行于两边，如图 1.4.54 所示. 由图可见，正方形由 x、y 轴和对角线分成八个相等的三角形；由对称性可知，每一个三角形上的电荷在中心 O 产生的电势相等，因此，只须计算其中一个三角形，如 OAB，所产生的电势即可.

由图可见，x、y 处的面积元 $\mathrm{d}S=\mathrm{d}x\mathrm{d}y$ 上电荷量为 $\mathrm{d}q=\sigma\mathrm{d}x\mathrm{d}y$，它在 O 点产生的电势为

$$\mathrm{d}U_1=\frac{\sigma\mathrm{d}x\mathrm{d}y}{4\pi\varepsilon_0\sqrt{x^2+y^2}} \tag{1}$$

所以

$$\begin{aligned}U_1&=\frac{\sigma}{4\pi\varepsilon_0}\int_0^{a/2}\int_0^x\frac{\mathrm{d}x\mathrm{d}y}{\sqrt{x^2+y^2}}=\frac{\sigma}{4\pi\varepsilon_0}\int_0^{a/2}\left[\int_0^x\frac{\mathrm{d}y}{\sqrt{x^2+y^2}}\right]\mathrm{d}x\\&=\frac{\sigma}{4\pi\varepsilon_0}\int_0^{a/2}\left[\ln(y+\sqrt{x^2+y^2})\right]_{y=0}^{y=x}\mathrm{d}x\\&=\frac{\sigma}{4\pi\varepsilon_0}\int_0^{a/2}\ln\left(\frac{x+\sqrt{x^2+x^2}}{x}\right)\mathrm{d}x\\&=\frac{\sigma}{4\pi\varepsilon_0}\ln(1+\sqrt{2})\int_0^{a/2}\mathrm{d}x\\&=\frac{\ln(1+\sqrt{2})}{8\pi}\frac{\sigma a}{\varepsilon_0}\end{aligned} \tag{2}$$

于是得整个正方形上的电荷在中心产生的电势为

$$U=8U_1=\frac{\ln(1+\sqrt{2})}{\pi}\frac{\sigma a}{\varepsilon_0} \tag{3}$$

1.4.55 一球壳体的内外半径分别为 R_1 和 R_2，电荷均匀地分布在壳体内，电荷量密度为 ρ，如图 1.4.55(1)所示.(1)试求离球心为 r 处的电势 U；(2)以 r 为横坐标，U 为纵坐标，画出 U-r 曲线.

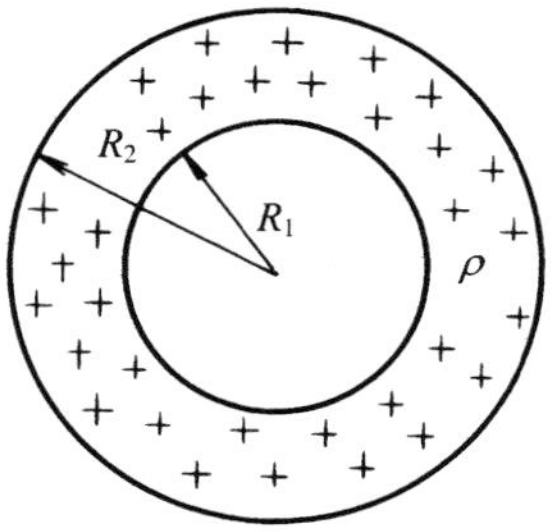

图 1.4.55(1)

【解】 (1)先求电场强度 $\boldsymbol{E}$，再由 $\boldsymbol{E}$ 求电势 U. 根据对称性和高斯定理，以球心为心、r 为半径作球面(高斯面)S，便有

$$\oint_S \boldsymbol{E}\cdot d\boldsymbol{S}=E\cdot 4\pi r^2=\frac{q_i}{\varepsilon_0} \tag{1}$$

式中 q_i 是 S 所包住的电荷量的代数和，其值如下：

$$r<R_1:\quad q_i=0 \tag{2}$$

$$R_1<r<R_2:\quad q_i=\frac{4\pi}{3}(r^3-R_1^3)\rho \tag{3}$$

$$r>R_2:\quad q_i=\frac{4\pi}{3}(R_2^3-R_1^3)\rho \tag{4}$$

代入式(1)便得

$$\boldsymbol{E}_1=0,\qquad r<R_1 \tag{5}$$

$$\boldsymbol{E}_2=\frac{\rho}{3\varepsilon_0}\left(1-\frac{R_1^3}{r^3}\right)\boldsymbol{r},\qquad R_1<r<R_2 \tag{6}$$

$$\boldsymbol{E}_3=\frac{\rho}{3\varepsilon_0}\frac{R_2^3-R_1^3}{r^3}\boldsymbol{r},\qquad r>R_2 \tag{7}$$

由 $\boldsymbol{E}$ 求电势如下：

$$U_3=\int_r^\infty \boldsymbol{E}_3\cdot d\boldsymbol{r}=\frac{\rho(R_2^3-R_1^3)}{3\varepsilon_0}\int_r^\infty\frac{\boldsymbol{r}\cdot d\boldsymbol{r}}{r^3}$$

$$=\frac{\rho}{3\varepsilon_0}\frac{R_2^3-R_1^3}{r},\quad r>R_2 \tag{8}$$

$$U_2=\int_r^\infty \boldsymbol{E}\cdot d\boldsymbol{r}=\int_r^{R_2}\boldsymbol{E}_2\cdot d\boldsymbol{r}+\int_{R_2}^\infty E_3\cdot d\boldsymbol{r}$$

$$=\frac{\rho}{3\varepsilon_0}\int_r^{R_2}\left(1-\frac{R_1^3}{r^3}\right)\boldsymbol{r}\cdot d\boldsymbol{r}+\frac{\rho}{3\varepsilon_0}(R_2^3-R_1^3)\int_{R_2}^\infty\frac{\boldsymbol{r}\cdot d\boldsymbol{r}}{r^3}$$

$$=\frac{\rho}{3\varepsilon_0}\left(\frac{1}{2}r^2+\frac{R_1^3}{r}\right)\Bigg|_r^{R_2}+\frac{\rho}{3\varepsilon_0}(R_2^3-R_1^3)\left(-\frac{1}{r}\right)_{R_2}^\infty$$

$$=\frac{\rho}{6\varepsilon_0}\left(3R_2^2-r^2-2\frac{R_1^3}{r}\right),\quad R_1<r<R_2 \tag{9}$$

$$U_1=\int_r^\infty \boldsymbol{E}\cdot d\boldsymbol{r}=\int_r^{R_1}\boldsymbol{E}_1\cdot d\boldsymbol{r}+\int_{R_1}^{R_2}\boldsymbol{E}_2\cdot d\boldsymbol{r}+\int_{R_2}^\infty \boldsymbol{E}_3\cdot d\boldsymbol{r}$$

$$= \frac{\rho}{3\varepsilon_0}\int_{R_1}^{R_2}\left(1-\frac{R_1^3}{r^3}\right)\boldsymbol{r}\cdot \mathrm{d}\boldsymbol{r}+\frac{\rho}{3\varepsilon_0}(R_2^3-R_1^3)\int_{R_2}^{\infty}\frac{\boldsymbol{r}\cdot \mathrm{d}\boldsymbol{r}}{r^3}$$

$$= \frac{\rho}{3\varepsilon_0}\left(\frac{1}{2}r^2+\frac{R_1^3}{r}\right)_{R_1}^{R_2}+\frac{\rho}{3\varepsilon_0}(R_2^3-R_1^3)\left(-\frac{1}{r}\right)_{R_2}^{\infty}$$

$$= \frac{\rho}{2\varepsilon_0}(R_2^2-R_1^2),\quad r<R_1 \tag{10}$$

(2)根据式(8)、(9)、(10)画出的 U-r 曲线如图 1.4.55(2)所示.

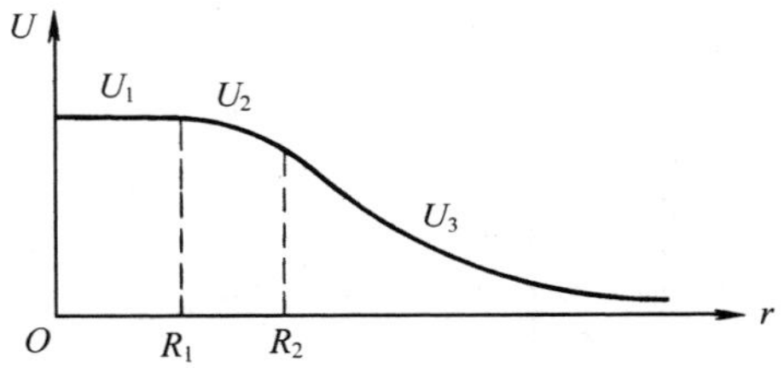

图 1.4.55(2)

【讨论】 本题也可以用公式

$$U=\frac{1}{4\pi\varepsilon_0}\int_V\frac{\rho \mathrm{d}V}{s}$$

求电势,式中 s 是 $\rho \mathrm{d}V$ 到场点的距离. 但这样做,计算要复杂些.

1.4.56 电荷量 q 均匀地分布在半径为 R 的球体内. (1)试求离球心为 r 处的电势 U;(2)以 r 为横坐标,U 为纵坐标,画出 U-r 曲线.

【解】 (1)本题先求电场强度 $\boldsymbol{E}$,再由 $\boldsymbol{E}$ 求 U 比较容易. 根据对称性和高斯定理,以球心为心、r 为半径作球面(高斯面)S,便有

$$\oiint_S \boldsymbol{E}\cdot \mathrm{d}\boldsymbol{S}=E\cdot 4\pi r^2=\frac{q_i}{\varepsilon_0} \tag{1}$$

式中 q_i 是 S 所包住的电荷的代数和,其值如下:

$$r\leqslant R: q_i=\frac{4\pi}{3}r^3\rho=\frac{4\pi}{3}r^3\cdot\frac{3q}{4\pi R^3}=\frac{q}{R^3}r^3 \tag{2}$$

$$r\geqslant R: q_i=q \tag{3}$$

代入式(1)便得

$$\boldsymbol{E}_1=\frac{\rho}{3\varepsilon_0}\boldsymbol{r}=\frac{q}{4\pi\varepsilon_0 R^3}\boldsymbol{r},\quad r\leqslant R \tag{4}$$

$$\boldsymbol{E}_2=\frac{q}{4\pi\varepsilon_0 r^3}\boldsymbol{r},\quad r\geqslant R \tag{5}$$

由 $\boldsymbol{E}$ 求电势如下:

$$U_2=\int_r^{\infty}\boldsymbol{E}\cdot \mathrm{d}\boldsymbol{r}=\frac{q}{4\pi\varepsilon_0}\int_r^{\infty}\frac{\boldsymbol{r}\cdot \mathrm{d}\boldsymbol{r}}{r^3}=\frac{q}{4\pi\varepsilon_0 r},\quad r\geqslant R \tag{6}$$

$$
\begin{aligned}
U_1 &= \int_r^{\infty} \boldsymbol{E} \cdot \mathrm{d}\boldsymbol{r} = \int_r^R \boldsymbol{E}_1 \cdot \mathrm{d}\boldsymbol{r} + \int_R^{\infty} \boldsymbol{E}_2 \cdot \mathrm{d}\boldsymbol{r} \\
&= \frac{q}{4\pi\varepsilon_0 R^3}\int_r^R \boldsymbol{r} \cdot \mathrm{d}\boldsymbol{r} + \frac{q}{4\pi\varepsilon_0}\int_R^{\infty} \frac{\boldsymbol{r} \cdot \mathrm{d}\boldsymbol{r}}{r^3} \\
&= \frac{q}{8\pi\varepsilon_0 R}\left(3 - \frac{r^2}{R^2}\right), \quad r \leqslant R
\end{aligned} \tag{7}
$$

(2)根据式(6)、(7)画出的 U-r 曲线,如图 1.4.56 所示.

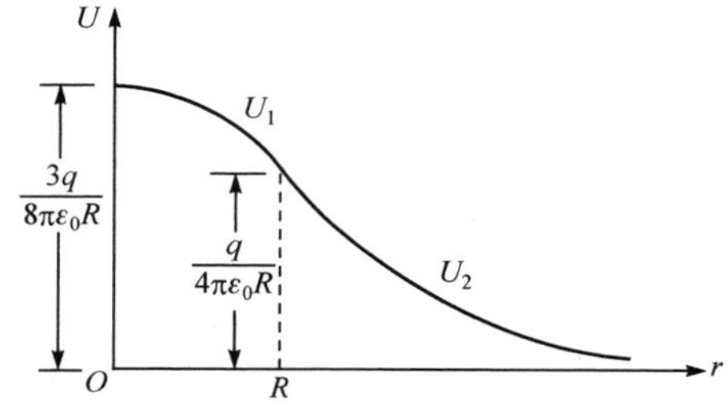

图 1.4.56

【讨论】 在前面 1.4.55 题中,令 $R_1=0, R_2=R, \rho=\dfrac{3q}{4\pi R^3}$,即为本题.

1.4.57 氢原子处在基态时,核外电荷分布如下:在距离核为 r 处,电荷量密度为 $\rho(r)=-\dfrac{q}{\pi a^3}\mathrm{e}^{-\frac{2r}{a}}$,式中 q 是电子电荷量的大小,a 是玻尔半径. 试求 r 处(1)核外电荷所产生的电势;(2)所有电荷产生的电势.

【解】 (1)以氢核 O 为心、R 和 $R+\mathrm{d}R$ 为半径作一球壳,如图 1.4.57 所示,P 点到 O 的距离为 r. 球壳上的体积元

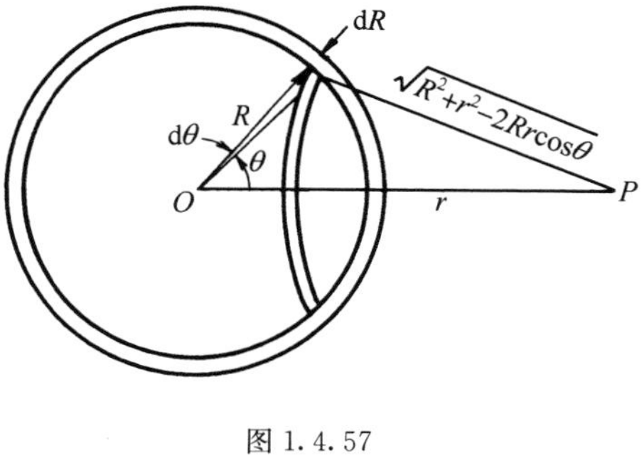

图 1.4.57

$$
\mathrm{d}V = 2\pi R^2 \sin\theta \mathrm{d}R \mathrm{d}\theta \tag{1}
$$

内的电荷量为

$$dq=\rho(R)dV=2\pi\rho(R)R^2\sin\theta dRd\theta \tag{2}$$

它在 P 点产生的电势为

$$\frac{dq}{4\pi\varepsilon_0\sqrt{R^2+r^2-2Rr\cos\theta}}=\frac{1}{2\varepsilon_0}\frac{\rho(R)R^2\sin\theta dRd\theta}{\sqrt{R^2+r^2-2Rr\cos\theta}} \tag{3}$$

对 θ 积分得

$$dU_c=\frac{1}{2\varepsilon_0}\rho(R)R^2dR\int_0^\pi\frac{\sin\theta d\theta}{\sqrt{R^2+r^2-2Rr\cos\theta}} \tag{4}$$

式中积分

$$\int_0^\pi\frac{\sin\theta d\theta}{\sqrt{R^2+r^2-2Rr\cos\theta}}=\frac{1}{Rr}\sqrt{R^2+r^2-2Rr\cos\theta}\Big|_0^\pi$$

$$=\begin{cases}\dfrac{1}{Rr}(2R)=\dfrac{2}{r},\ R<r\\[2mm]\dfrac{1}{Rr}(2r)=\dfrac{2}{R},\ R>r\end{cases} \tag{5}$$

代入式(4)积分，便得核外电荷在 r 处产生的电势为

$$\begin{aligned}U_c&=\frac{1}{\varepsilon_0 r}\int_0^r\rho(R)R^2dR+\frac{1}{\varepsilon_0}\int_r^\infty\rho(R)RdR\\&=-\frac{q}{\pi\varepsilon_0a^3r}\int_0^r e^{-\frac{2R}{a}}R^2dR-\frac{q}{\pi\varepsilon_0a^3}\int_r^\infty e^{-\frac{2R}{a}}RdR\\&=-\frac{q}{\pi\varepsilon_0a^3r}\left[-\frac{a^3}{4}\left(2\frac{r^2}{a^2}+2\frac{r}{a}+1\right)e^{-\frac{2r}{a}}+\frac{a^3}{4}\right]\\&\quad-\frac{q}{\pi\varepsilon_0a^3}\left[\frac{a^2}{4}\left(2\frac{r}{a}+1\right)e^{-\frac{2r}{a}}\right]\\&=\frac{q}{4\pi\varepsilon_0}\left[\left(\frac{1}{a}+\frac{1}{r}\right)e^{-\frac{2r}{a}}-\frac{1}{r}\right]\end{aligned} \tag{6}$$

(2)所有电荷在 r 处产生的电势为

$$\begin{aligned}U&=U_c+\frac{q}{4\pi\varepsilon_0}\frac{1}{r}\\&=\frac{q}{4\pi\varepsilon_0}\left[\left(\frac{1}{a}+\frac{1}{r}\right)e^{-\frac{2r}{a}}-\frac{1}{r}\right]+\frac{q}{4\pi\varepsilon_0}\frac{1}{r}\\&=\frac{q}{4\pi\varepsilon_0}\left(\frac{1}{a}+\frac{1}{r}\right)e^{-\frac{2r}{a}}\end{aligned} \tag{7}$$

【别解】 由电场强度 $\boldsymbol{E}$ 求电势. 根据前面 1.3.16 题的式(5)，核外电荷在 r 处产生的电场强度为

$$\boldsymbol{E}_c=\frac{q}{4\pi\varepsilon_0}\left[\left(\frac{2}{a^2}+\frac{2}{ar}+\frac{1}{r^2}\right)\mathrm{e}^{-\frac{2r}{a}}-\frac{1}{r^2}\right]\boldsymbol{e}_r \tag{8}$$

式中 $\boldsymbol{e}_r$ 是从 O 指向场点的单位矢量. 由此得

$$\begin{aligned}U_c&=\int_r^{\infty}\boldsymbol{E}_c\cdot\mathrm{d}\boldsymbol{r}\\&=\frac{q}{4\pi\varepsilon_0}\int_r^{\infty}\left[\left(\frac{2}{a^2}+\frac{2}{ar}+\frac{1}{r^2}\right)\mathrm{e}^{-\frac{2r}{a}}-\frac{1}{r^2}\right]\mathrm{d}r\\&=\frac{q}{4\pi\varepsilon_0}\left[\left(\frac{1}{a}+\frac{1}{r}\right)\mathrm{e}^{-\frac{2r}{a}}-\frac{1}{r}\right]\end{aligned} \tag{9}$$

所有电荷在 r 处产生的电场强度为

$$\boldsymbol{E}=\frac{q}{4\pi\varepsilon_0}\left(\frac{2}{a^2}+\frac{2}{ar}+\frac{1}{r^2}\right)\mathrm{e}^{-\frac{2r}{a}}\boldsymbol{e}_r \tag{10}$$

故得

$$\begin{aligned}U&=\int_r^{\infty}\boldsymbol{E}\cdot\mathrm{d}\boldsymbol{r}=\frac{q}{4\pi\varepsilon_0}\int_r^{\infty}\left(\frac{2}{a^2}+\frac{2}{ar}+\frac{1}{r^2}\right)\mathrm{e}^{-\frac{2r}{a}}\mathrm{d}r\\&=\frac{q}{4\pi\varepsilon_0}\left(\frac{1}{a}+\frac{1}{r}\right)\mathrm{e}^{-\frac{2r}{a}}\end{aligned} \tag{11}$$

1.4.58 两个均匀带电的无限长直共轴圆筒,内筒半径为 a,沿轴线单位长度的电荷量为 λ,外筒半径为 b,沿轴线单位长度的电荷量为 $-\lambda$. 试求:(1)离轴线为 r 处的电势;(2)两筒的电势差.

【解】 (1)本题由电场强度求电势比较容易. 以轴线为轴、r 为半径,作一长为 l 的圆柱面,由对称性和高斯定理得

$$\oint\!\!\!\oint_S \boldsymbol{E}\cdot\mathrm{d}\boldsymbol{S}=E\cdot 2\pi rl=\frac{q_i}{\varepsilon_0} \tag{1}$$

式中 q_i 是 S 所包住的电荷量的代数和,其值为

$$q_i=\begin{cases}0, & r<a\\ l\lambda, & a<r<b\\ 0, & r>b\end{cases} \tag{2}$$

于是电场强度为

$$\boldsymbol{E}_1=0,\quad r<a \tag{3}$$

$$\boldsymbol{E}_2=\frac{\lambda}{2\pi\varepsilon_0}\frac{\boldsymbol{r}}{r^2},\quad a<r<b \tag{4}$$

$$\boldsymbol{E}_3=0,\quad r>b \tag{5}$$

所求的电势为

$$U_3=\int_r^{\infty}\boldsymbol{E}_3\cdot \mathrm{d}\boldsymbol{r}=0,\quad r>b \tag{6}$$

$$\begin{aligned}U_2&=\int_r^{\infty}\boldsymbol{E}\cdot \mathrm{d}\boldsymbol{r}=\int_r^b\boldsymbol{E}_2\cdot \mathrm{d}\boldsymbol{r}+\int_b^{\infty}\boldsymbol{E}_3\cdot \mathrm{d}\boldsymbol{r}\\&=\frac{\lambda}{2\pi\varepsilon_0}\int_r^b\frac{\boldsymbol{r}\cdot \mathrm{d}\boldsymbol{r}}{r^2}=\frac{\lambda}{2\pi\varepsilon_0}\int_r^b\frac{\mathrm{d}r}{r}\\&=\frac{\lambda}{2\pi\varepsilon_0}\ln\frac{b}{r},\quad a<r<b\end{aligned} \tag{7}$$

$$\begin{aligned}U_1&=\int_r^{\infty}\boldsymbol{E}\cdot \mathrm{d}\boldsymbol{r}=\int_r^a\boldsymbol{E}_1\cdot \mathrm{d}\boldsymbol{r}+\int_a^b\boldsymbol{E}_2\cdot \mathrm{d}\boldsymbol{r}+\int_b^{\infty}\boldsymbol{E}_3\cdot \mathrm{d}\boldsymbol{r}\\&=\frac{\lambda}{2\pi\varepsilon_0}\int_a^b\frac{\mathrm{d}r}{r}=\frac{\lambda}{2\pi\varepsilon_0}\ln\frac{b}{a},\quad r<a\end{aligned} \tag{8}$$

(2)两筒的电势差为

$$U_a-U_b=\int_a^b\boldsymbol{E}_2\cdot \mathrm{d}\boldsymbol{r}=\frac{\lambda}{2\pi\varepsilon_0}\int_a^b\frac{\mathrm{d}r}{r}=\frac{\lambda}{2\pi\varepsilon_0}\ln\frac{b}{a} \tag{9}$$

1.4.59 两个长直薄圆筒共轴，它们的半径分别为 1.5cm 和3.0cm，两筒面上都均匀带电，沿轴线单位长度的电荷量大小相等而符号相反，已知内筒电势比外筒电势高 5000V. 试问何处电场强度最大？其值是多少？

【解】 根据对称性和高斯定理，得内筒内和外筒外电场强度均为零，两筒间的电场强度为[参见前面 1.4.58 题的式(4)]

$$\boldsymbol{E}=\frac{\lambda\boldsymbol{r}}{2\pi\varepsilon_0 r^2} \tag{1}$$

故知内筒外表面附近的电场强度为最大，

$$E_{\max}=\frac{\lambda}{2\pi\varepsilon_0 a} \tag{2}$$

两筒的电势差为[参见 1.4.58 题的式(9)]

$$U_a-U_b=\frac{\lambda}{2\pi\varepsilon_0}\ln\frac{b}{a} \tag{3}$$

代入式(2)，得电场强度的最大值为

$$\begin{aligned}E_{\max}&=\frac{U_a-U_b}{a\ln(b/a)}=\frac{5000}{1.5\times10^{-2}\ln(3.0/1.5)}\\&=4.8\times10^5(\mathrm{V/m})\end{aligned} \tag{4}$$

1.4.60 根据电场强度 $\boldsymbol{E}$ 与电势 U 的关系 $\boldsymbol{E}=-\nabla U$，试由下列三种情况的 U 求相应的 $\boldsymbol{E}$：(1)点电荷 q：$U=\frac{q}{4\pi\varepsilon_0}\frac{1}{r}$；(2)圆环电荷 q 的轴线上：$U=\frac{q}{4\pi\varepsilon_0}\times\frac{1}{\sqrt{r^2+R^2}}$，式中 R 是圆环半径，r 是到环心的距离；(3)电偶极子 $\boldsymbol{p}$：$U=\frac{p}{4\pi\varepsilon_0}\times\frac{\cos\theta}{r^2}$.

【解】 (1)点电荷的电场强度

$$\boldsymbol{E}=-\nabla\left(\frac{q}{4\pi\varepsilon_0}\frac{1}{r}\right)=-\frac{q}{4\pi\varepsilon_0}\nabla\left(\frac{1}{r}\right)$$

$$=-\frac{q}{4\pi\varepsilon_0}\frac{\partial}{\partial r}\left(\frac{1}{r}\right)\boldsymbol{e}_r=\frac{q}{4\pi\varepsilon_0}\frac{\boldsymbol{e}_r}{r^2}$$

$$=\frac{q}{4\pi\varepsilon_0}\frac{\boldsymbol{r}}{r^3} \tag{1}$$

(2)圆环电荷轴线上的电场强度

$$\boldsymbol{E}=-\nabla\left(\frac{q}{4\pi\varepsilon_0}\frac{1}{\sqrt{r^2+R^2}}\right)=-\frac{q}{4\pi\varepsilon_0}\nabla\left(\frac{1}{\sqrt{r^2+R^2}}\right)$$

$$=-\frac{q}{4\pi\varepsilon_0}\frac{\partial}{\partial r}\left(\frac{1}{\sqrt{r^2+R^2}}\right)\boldsymbol{e}_r=\frac{q}{4\pi\varepsilon_0}\frac{r}{(r^2+R^2)^{3/2}}\boldsymbol{e}_r$$

$$=\frac{q}{4\pi\varepsilon_0}\frac{\boldsymbol{r}}{(r^2+R^2)^{3/2}} \tag{2}$$

(3)电偶极子的电场强度

$$\boldsymbol{E}=-\nabla\left(\frac{p}{4\pi\varepsilon_0}\frac{\cos\theta}{r^2}\right)$$

$$=-\frac{p}{4\pi\varepsilon_0}\left[\frac{\partial}{\partial r}\left(\frac{\cos\theta}{r^2}\right)\boldsymbol{e}_r+\frac{1}{r}\frac{\partial}{\partial\theta}\left(\frac{\cos\theta}{r^2}\right)\boldsymbol{e}_\theta\right]$$

$$=\frac{p}{4\pi\varepsilon_0}\left[\frac{2\cos\theta}{r^3}\boldsymbol{e}_r+\frac{\sin\theta}{r^3}\boldsymbol{e}_\theta\right]$$

$$=\frac{p}{4\pi\varepsilon_0 r^3}[2\cos\theta\boldsymbol{e}_r+\sin\theta\boldsymbol{e}_\theta] \tag{3}$$

利用

$$\boldsymbol{p}=p\cos\theta\boldsymbol{e}_r-p\sin\theta\boldsymbol{e}_\theta \tag{4}$$

上式可化为

$$\boldsymbol{E}=\frac{1}{4\pi\varepsilon_0 r^5}[3(\boldsymbol{p}\cdot\boldsymbol{r})\boldsymbol{r}-r^2\boldsymbol{p}] \tag{5}$$

第二章　导体和电介质

2.1　导　　体

2.1.1　一导体球壳内是球形空腔，空腔的中心有一电荷量为 q_2 的点电荷，球壳外离球心为 r 处有一电荷量为 q_1 的点电荷，如图 2.1.1 所示. 已知导体球壳上所有电荷量的代数和为零. 试求：(1)q_1 作用在 q_2 上的力；(2)q_2 所受的力.

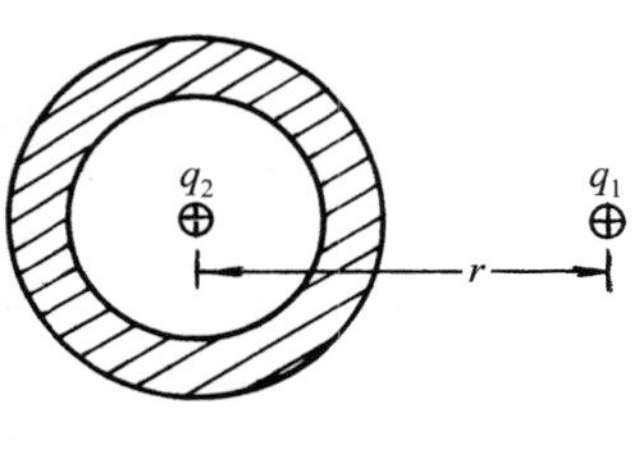

图 2.1.1

【解】　(1)因电荷之间的相互作用力(库仑力)与其他物质或电荷是否存在无关，故 q_1 作用在 q_2 上的力为

$$\boldsymbol{F}_{21}=\frac{1}{4\pi\varepsilon_0}\frac{q_1q_2}{r^2}\boldsymbol{e}_{12}\tag{1}$$

式中 $\boldsymbol{e}_{12}$ 是从 q_1 到 q_2 方向上的单位矢量.

(2)q_2 所受的力包括三部分：q_1 作用在 q_2 上的力 $\boldsymbol{F}_{21}$，球壳内表面上的电荷量 q_3 作用在 q_2 上的力 $\boldsymbol{F}_{23}$，和球壳外表面上的电荷量 q_4 作用在 q_2 上的力 $\boldsymbol{F}_{24}$. 根据对称性和高斯定理可知，$q_3=-q_2$，它均匀分布在空腔的内表面上，由于均匀分布的球面电荷在球内产生的电场强度为零，故 q_3 作用在 q_2 上的力为

$$\boldsymbol{F}_{23}=0\tag{2}$$

q_4 有两部分，$q_4=q_4'+q_4''$，其中 q_4' 是由于空腔内表面上有 $-q_2$，而球壳上所有电荷量的代数和为零，故在外表面上出现的电荷，$q_4'=q_2$，它均匀分布在外表面上，所以 q_4' 作用在 q_2 上的力为零. q_4'' 是壳外的 q_1 在外表面上引起的感应电荷，虽然 $q_4''=0$，但由于它不是均匀分布在外表面上，故它对 q_2 的作用力不为零. 这个力可以从如下的考虑得出：导体外表面上感应电荷的分布规律是，它在导体内产生的电场强度，正好与引起它的电荷(此处即 q_1)在导体内产生的电场强度互相抵消，使得导体内的电场强度处处为零. 因此，q_4'' 作用在 q_2 上的力便等于 q_1 作用在 q_2 上的力的负值，即

$$\boldsymbol{F}_{24}=-\boldsymbol{F}_{21}\tag{3}$$

最后便得 q_2 所受的力为

$$\boldsymbol{F}_2=\boldsymbol{F}_{21}+\boldsymbol{F}_{23}+\boldsymbol{F}_{24}=\boldsymbol{F}_{21}-\boldsymbol{F}_{21}=0\tag{4}$$

【讨论】　q_1 与 q_4''(q_1 引起的感应电荷)之间的相互作用力可用电像法求得. 例如，参见张之翔等《电动力学》(气象出版社，1988)，349 页.

2.1.2　一金属球内有两个球形空腔，两空腔中心相距为 a，它们的连线通过球心；在两腔中心各有一个点电荷，电荷量分别为 q_1 和 q_2. 球外有一电荷量为 q 的点电荷，处在 q_2 到 q_1 的延长线上，到 q_1 的距离为 b，如图 2.1.2 所示. 已知金属

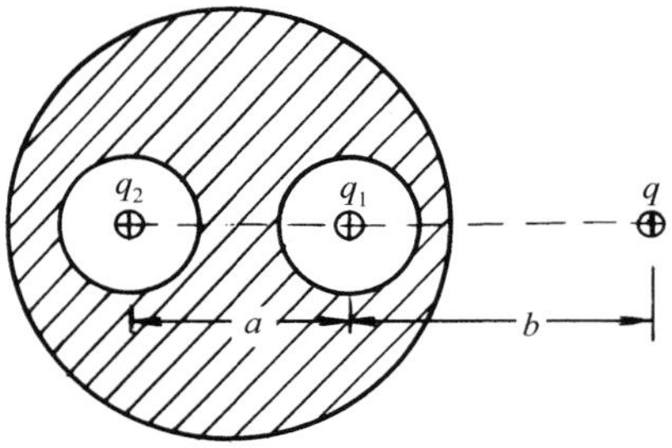

图 2.1.2

球上所有电荷量的代数和为零．试求金属球上的电荷作用在 q_2 上的力．

【解】 金属球上的电荷包括金属球外表面上的电荷和两腔内表面上的电荷．根据对称性和高斯定理，两腔内表面上的电荷量分别为 $-q_1$ 和 $-q_2$，它们都均匀分布在各自腔内表面上．因此，$-q_1$ 作用在 q_2 上的力为

$$\boldsymbol{F}_{21}=\frac{1}{4\pi\varepsilon_0}\frac{q_2(-q_1)}{a^2}\boldsymbol{e}_{12}=-\frac{1}{4\pi\varepsilon_0}\frac{q_1q_2}{a^2}\boldsymbol{e}_{12}\qquad(1)$$

式中 $\boldsymbol{e}_{12}$ 是从 q_1 指向 q_2 的单位矢量．$-q_2$ 由于是均匀分布在球面上，故它作用在里面 q_2 上的力为

$$\boldsymbol{F}_{22}=0\qquad(2)$$

由于金属球上所有电荷量的代数和为零，故它的外表面上的电荷量便为 q_1+q_2+q'．其中 q_1 和 q_2 都均匀分布在外表面上，故作用在 q_2 上的力为零．q' 是 q 所引起的感应电荷，q' 与 q 在导体内产生的电场强度互相抵消，处处为零，故 q' 作用在 q_2 上的力便等于 q 作用在 q_2 上的力的负值，即

$$\boldsymbol{F}'_2=-\frac{1}{4\pi\varepsilon_0}\frac{q_2q}{(a+b)^2}\boldsymbol{e}_{12}\qquad(3)$$

于是得出，金属球上的电荷作用在 q_2 上的力为

$$\boldsymbol{F}_2=\boldsymbol{F}_{21}+\boldsymbol{F}_{22}+\boldsymbol{F}'_2=-\frac{q_2}{4\pi\varepsilon_0}\left[\frac{q_1}{a^2}+\frac{q}{(a+b)^2}\right]\boldsymbol{e}_{12}\qquad(4)$$

2.1.3 两金属球壳 A 和 B 中心相距为 r，A 和 B 原来都不带电．现在 A、B 的中心各放一个点电荷，电荷量分别为 q_1 和 q_2，如图 2.1.3 所示．(1)试求 q_1 作用在 q_2 上的力．q_2 有加速度吗？(2)去掉金属壳 B，试求 q_1 作用在 q_2 上的力．这时 q_2 有加速度吗？

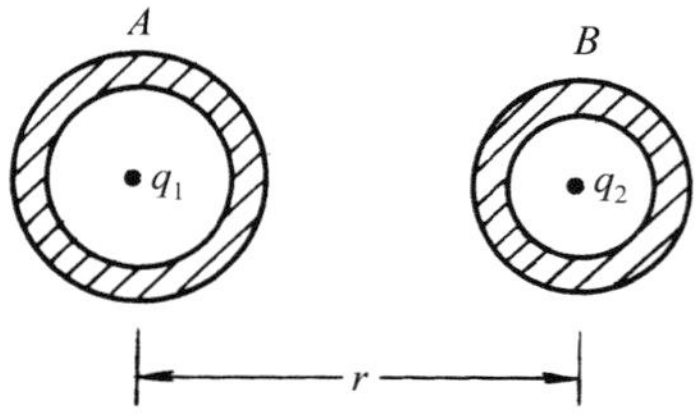

图 2.1.3

【解】 (1)q_1 作用在 q_2 上的力为

$$\boldsymbol{F}=\frac{1}{4\pi\varepsilon_0}\frac{q_2q_1}{r^2}\boldsymbol{e}_{12}\qquad(1)$$

式中 $\boldsymbol{e}_{12}$ 是从 q_1 指向 q_2 的单位矢量．

q_2 没有加速度．因为 A、B 上的感应电荷和 q_1 一起，作用在 q_2 上的合力为零，故 q_2 的加速度为零．

(2)去掉金属壳 B 后，q_1 作用在 q_2 上的力仍为

$$\boldsymbol{F}=\frac{1}{4\pi\varepsilon_0}\frac{q_2q_1}{r^2}\boldsymbol{e}_{12}\qquad(2)$$

这时 q_2 没有屏蔽，q_1 和 A 上的感应电荷作用在 q_2 上的合力一般地不为零，故 q_2 有加速度．(关

于这时 q_2 受力的问题，可参看后面 2.1.46 题.）

2.1.4 我们通常说，在静电平衡时，导体内部的电场强度处处为零. 但是，由于导体是由原子核和电子构成的，而原子核是不连续的，因此，在靠近原子核的地方，必然存在很强的电场. 你怎样看待这个矛盾？

【解答】 在电磁学里，我们所涉及的量如电荷量密度 ρ、电场强度 $\boldsymbol{E}$、电势 U 等，除特别指明者外，一般都是宏观量，它们都是对宏观小而微观大的区域统计平均的结果. 通常说导体内部电场强度处处为零，指的是宏观电场；而"靠近原子核的地方有很强的电场"，则指的是微观电场. 一个不带电的导体，在静电平衡时，从微观上看，其中有原子核，核外有电子，显然，各点的电荷量密度和电场强度彼此相差很大；但对于一个宏观小而微观大的区域（例如线度小于 10^{-5}m 和大于 10^{-8}m 的区域）来说，平均起来，则处处电荷量密度 $\rho=0$，电场强度 $\boldsymbol{E}=0$. 关于这些，可参看 J. D. 杰克逊著（朱培豫译）《经典电动力学》上册（人民教育出版社，1979），250 页.

2.1.5 有人说："在静电情况下，导体带电有两条规律：(1)电荷只分布在外表面上，内表面上无电荷；(2)电荷量的面密度与该处表面的曲率半径成反比."你认为他说的这两点对不对？为什么？

【解答】 (1)不一定对. 在导体里面的空腔里如果有电荷，则空腔的表面（即导体的内表面）上便有电荷. 只有在空腔内无电荷时，空腔的表面上才无电荷.

(2)不对. 导体表面某处的曲率半径越小，则该处电荷量的面密度就越大，但不一定是反比关系. 还有，导体表面某处电荷量的面密度不仅与该处的曲率半径有关，还与周围环境有关，关系是很复杂的.

【讨论】 带电导体椭球的面电荷密度与主曲率半径的关系，可参看张之翔《电磁学教学参考》（北京大学出版社，2015），§1.16，82—85 页.

2.1.6 一个有厚度的金属球壳带有电荷量 q，现在它的中心放一个电荷量为 $-q$ 的点电荷，试问：(1)金属球壳上电荷如何分布？(2)这与"导体上的电荷只分布在外表面上"的结论有无矛盾？(3)导体带电时，在什么情况下电荷才完全分布在外表面上？

【解答】 (1)由对称性、高斯定理和电荷量守恒得出：球壳的外表面上无电荷，内表面上均匀地分着电荷量为 q 的电荷.

(2)无矛盾. "导体上的电荷只分布在外表面上"的结论是有条件的，这条件是：导体空腔内无电荷.

(3)导体的空腔内没有电荷.

2.1.7 一导体球壳 A 带有电荷量 $q_A=-1\times10^{-6}$C，导体小球 B 带有电荷量 $q_B=2\times10^{-6}$C. 用丝线吊着小球 B，经 A 上的小孔放入 A 内. (1)B 不与 A 接触，令 A 瞬时接地，如图 2.1.7(1)所示，然后断开接地，再把 B 取出. 问 A、B 的带电情况各如何？(2)如图 2.1.7(2)所示，B 与 A 的内壁接触，A 不接地，然后把 B 取出. 问这时 A、B 的带电情况各如何？

【解答】 (1)A 带的电荷量为 $q'_A=-q_B=-2\times10^{-6}$C,分布在外表面上;$B$ 带的电荷量 $q'_B=q_B=2\times10^{-6}$C.

(2)A 带的电荷量为 $q''_A=q_A+q_B=1\times10^{-6}$C,分布在外表面上;$B$ 带的电荷量为 $q''_B=0$.

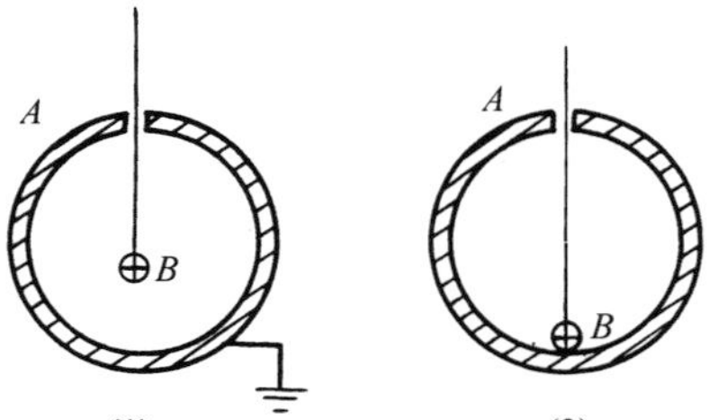

图 2.1.7

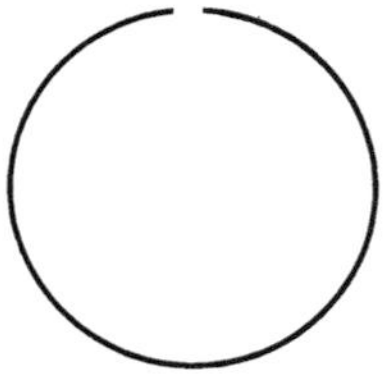

图 2.1.8

【讨论】 以上解答是小孔的大小可略去不计的情况. 如小孔的大小不能略去不计,请看下面的 2.1.8 题.

2.1.8 金属薄球壳上有一小孔(图 2.1.8),当它带电时,在静电平衡的情况下,内表面上有电荷吗?

【解答】 内表面上有电荷,但很少;孔越小,内表面上的电荷越少. 汤姆孙(W. Thomson,即开尔文)曾计算过电荷分布的情况,参见 J. H. Jeans, The Mathematical Theory of Electricity and Magnetism, 5th ed., 1951, pp. 250—251.

2.1.9 在静电情况下,为什么一条电场线的两端不能在同一导体上?

【解答】 在静电情况下,导体是等势体,它上面任何两点的电势都相等. 电场线是沿电场强度 $\boldsymbol{E}$ 的方向画出的曲线,它从高电势走向低电势,所以它上面任何两点的电势都不相等. 因此,在静电情况下,一条电场线的两端不可能在同一导体上.

2.1.10 真空中有一组彼此不接触的带电导体,试论证:电势的极大值或极小值只能出现在这些导体上.

【论证】 由高斯定理得出

$$\nabla\cdot\boldsymbol{E}=\frac{\rho}{\varepsilon_0} \tag{1}$$

式中 ρ 是电荷量密度.

因为

$$\boldsymbol{E}=-\nabla U \tag{2}$$

所以

$$\nabla^2 U=-\frac{\rho}{\varepsilon_0} \tag{3}$$

用笛卡儿坐标系表示,即

$$\frac{\partial^2 U}{\partial x^2}+\frac{\partial^2 U}{\partial y^2}+\frac{\partial^2 U}{\partial z^2}=-\frac{\rho}{\varepsilon_0} \tag{4}$$

电势的极大值 $U_{\max}$ 出现的地方必须是

$$\frac{\partial^2 U}{\partial x^2}<0,\quad \frac{\partial^2 U}{\partial y^2}<0,\quad \frac{\partial^2 U}{\partial z^2}<0 \tag{5}$$

电势的极小值 $U_{\min}$ 出现的地方必须是

$$\frac{\partial^2 U}{\partial x^2}>0,\quad \frac{\partial^2 U}{\partial y^2}>0,\quad \frac{\partial^2 U}{\partial z^2}>0 \tag{6}$$

现在在导体外没有电荷，故由式(4)得出：在导体以外的空间里有

$$\frac{\partial^2 U}{\partial x^2}+\frac{\partial^2 U}{\partial y^2}+\frac{\partial^2 U}{\partial z^2}=0 \tag{7}$$

式(7)既不满足式(5)，也不满足式(6). 这就表明：在导体以外的空间里，电势既不可能有极大值，也不可能有极小值. 换句话说，电势的极大值或极小值只能出现在导体上.

【讨论】 进一步可由式(4)、(5)、(6)推知，电势的极大值 $U_{\max}$ 出现在 $\rho>0$(带正电荷)的导体上，而电势的极小值 $U_{\min}$ 则出现在 $\rho<0$(带负电荷)的导体上. 这一点，也可由电场线直观地看出. 电场线出自正电荷，从高电势走向低电势，终于负电荷. 带正电荷的导体发出电场线，故电势比周围的电势高，即它的电势是极大值. 带负电荷的导体是电场线的终点，故电势比周围的电势低，即它的电势是极小值.

2.1.11 有一些互相绝缘的不带电导体 $A,B,C,\cdots$，它们的电势都是零. 现在使其中任一个导体 A 带正电荷，试论证：(1)所有这些导体的电势都高于零；(2)其他导体的电势都低于 A 的电势.

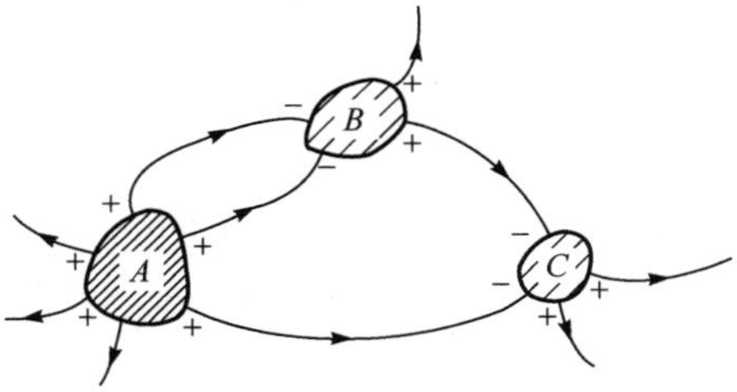

图 2.1.11

【论证】 如图 2.1.11，A 带正电荷，$B,C,\cdots$ 必都因静电感应而出现感应电荷. 这时，必有电场线从 A 出发，有的到达 $B,C,\cdots$ 上，有的去向无穷远. 故 A 的电势高于零(以无穷远处电势为零)，A 的电势高于 $B,C,\cdots$. 而 $B,C,\cdots$ 上因感应而出现的正电荷，也会有电场线从它们出发，这些电场线只能到达电势较低的导体上或去向无穷远. 从电势最低的导体上发出的电场线，便只能去向无穷远了；所以电势最低的导体其电势也高于零，因而所有导体的电势都高于零.

2.1.12 两导体上分别带有电荷量 $2q$ 和 $-q$，$q>0$，它们都处在一个封闭的金属壳内. 试论证：电荷量为 $2q$ 的导体其电势高于金属壳的电势.

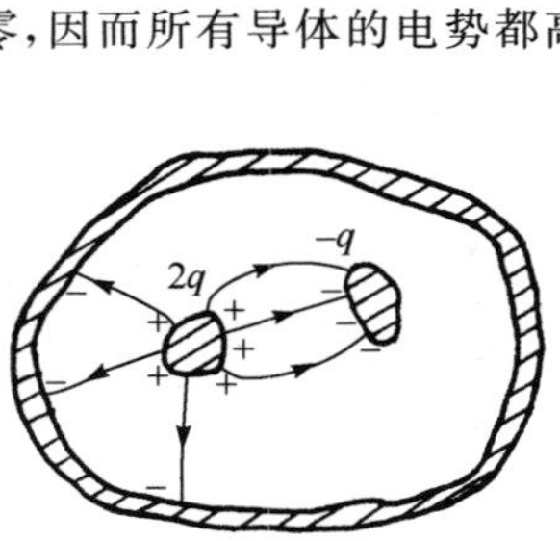

图 2.1.12

【论证】 设电荷量 q 发出 N 条电场线，则 $2q$ 的导体便要发出 $2N$ 条电场线，而 $-q$ 的导体则应有净 N 条电场线终止在它上面. 因此，$2q$ 的导体上必有电场线直到金属壳的内表面上，如图 2.1.12 所示. 故知 $2q$ 的导体的电势高于金属壳的电势.

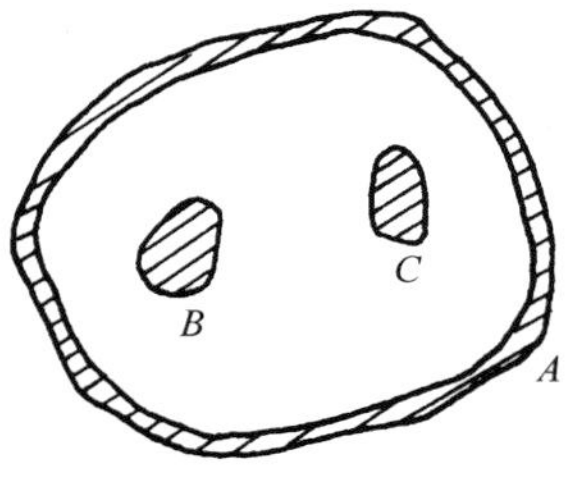

图 2.1.13

2.1.13 如图 2.1.13，一封闭的导体壳 A 内有两个导体 B 和 C，它们都不带电. 现在设法让 B 带上正电荷. 试论证：B 的电势 U_B 高于 C 的电势 U_C，C 的电势又高于 A 的电势 U_A，而 $U_A>0$，即 $U_B>U_C>U_A>0$.

【论证】 B 带正电，A 和 C 上必因感应而出现负电荷和正电荷，必定有电场线从 B 到达 C 和从 B 到达 A. 故知 $U_B>U_C$，$U_B>U_A$. 又 C 上的正电荷要发出电场线，这些电场线既不能到达 B 上，又不能在空间中断，只能到达导体壳 A 上. 故知 $U_C>U_A$. 又因为 A 原来不带电，现在它的空腔里 B 带正电荷，故 A 的外表面上必有正电荷，因而有电场线从 A 出发，直向无穷远去，故知 $U_A>0$(以无穷远处电势为零). 于是得 $U_B>U_C>U_A>0$.

2.1.14 真空中有一个不带电的导体球，现在把电荷量为 q 的点电荷放在球外离球心为 a 处，试求这时导体球的电势.

【解】 因为是导体，故球是一个等势体，球的电势就等于球心的电势. 根据叠加原理，球心的电势等于 q 在球心产生的电势 U_1 与球上电荷在球心产生的电势 U_2 之和.

$$U_1=\frac{1}{4\pi\varepsilon_0}\frac{q}{a} \tag{1}$$

$$U_2=\frac{1}{4\pi\varepsilon_0}\int_{q'}\frac{\mathrm{d}q'}{R}=\frac{1}{4\pi\varepsilon_0 R}\int_{q'}\mathrm{d}q' \tag{2}$$

式中 R 是球的半径，q' 是 q 在球上引起的感应电荷量. 由于 q' 全分布在球面上，故上式中距离用 R. 因感应电荷有

$$\int_{q'}\mathrm{d}q'=0 \tag{3}$$

故

$$U_2=0 \tag{4}$$

于是得球的电势为

$$U=U_1+U_2=U_1=\frac{q}{4\pi\varepsilon_0 a} \tag{5}$$

【讨论】 一、本题球的电势与球的半径无关.

二、本题也可用电像法求解，但麻烦一些.

2.1.15 半径为 R 的导体球带有电荷量 Q，现将一些点电荷放在球外，它们的电荷量分别为 $q_1,q_2,\cdots,q_n$，到球心的距离分别为 $r_1,r_2,\cdots,r_n$. 试求这时导体球的电势.

【解】 因导体是等势体，故球心的电势便是球的电势 U. 根据电势叠加原理，球心的电势等于所有电荷在球心产生的电势之和，即

$$U=\frac{Q}{4\pi\varepsilon_0 R}+\frac{1}{4\pi\varepsilon_0}\frac{\sum_{i=1}^{n}q'_i}{R}+\frac{1}{4\pi\varepsilon_0}\sum_{i=1}^{n}\frac{q_n}{r_n} \quad (1)$$

式中 q'_i 是 q_i 在球面上引起的感应电荷. 因 $q'_i=0$，故 $\sum_{i=1}^{n}q'_i=0$. 于是得所求的电势为

$$U=\frac{1}{4\pi\varepsilon_0}\left(\frac{Q}{R}+\sum_{i=1}^{n}\frac{q_i}{r_i}\right) \quad (2)$$

2.1.16 电荷量为 q 的点电荷，放在半径为 R 的导体球外离球心为 a 处，测得这时导体球的电势为零（即等于无穷远处的电势）. 试求导体球上的电荷量.

【解】 因导体球是等势体，其电势就是球心的电势. q 在球心产生的电势为

$$U_1=\frac{q}{4\pi\varepsilon_0 a} \quad (1)$$

q 在球面上引起的感应电荷 $q'=0$，故感应电荷在球心产生的电势为

$$U_2=\frac{q'}{4\pi\varepsilon_0 R}=0 \quad (2)$$

除感应电荷外，球面上必定还有电荷，否则球的电势不可能为零. 设这电荷的电荷量为 Q，则它在球心产生的电势为

$$U_3=\frac{Q}{4\pi\varepsilon_0 R} \quad (3)$$

依题意有

$$U=U_1+U_2+U_3=\frac{q}{4\pi\varepsilon_0 a}+\frac{Q}{4\pi\varepsilon_0 R}=0 \quad (4)$$

故得所求的电荷量为

$$Q=-\frac{R}{a}q \quad (5)$$

2.1.17 带有电荷量 Q 的导体球壳，内外半径分别为 R_1 和 R_2，现将电荷量为 q_1 的点电荷放在壳内离球心 O 为 r_1 处，电荷量为 q_2 的点电荷放在壳外离球心 O 为 r_2 处，如图 2.1.17 所示. 试求球心 O 的电势.

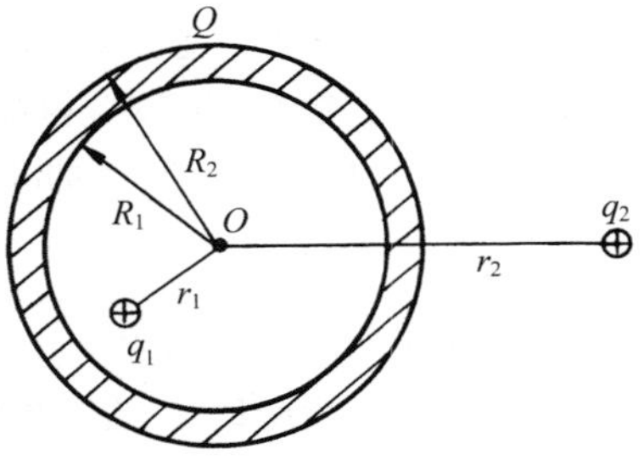

图 2.1.17

【解】 根据电势叠加原理，球心 O 的电势等于所有电荷在 O 点产生的电势之和，即

$$U=\frac{q_1}{4\pi\varepsilon_0 r_1}+\frac{q_2}{4\pi\varepsilon_0 r_2}+\frac{q'}{4\pi\varepsilon_0 R_1}+\frac{q''}{4\pi\varepsilon_0 R_2} \quad (1)$$

式中 q' 是球壳内表面上的电荷量，q'' 是球壳外表面上的电荷量. 由高斯定理知

$$q' = -q_1 \tag{2}$$

由电荷守恒定律知

$$q'' = q_1 + Q + q'_2 \tag{3}$$

式中 q'_2 是 q_2 在球壳外表面上引起的感应电荷. 因 $q'_2=0$,于是得所求的电势为

$$U = \frac{1}{4\pi\varepsilon_0}\left(\frac{q_1}{r_1} + \frac{q_2}{r_2} - \frac{q_1}{R_1} + \frac{q_1+Q}{R_2}\right) \tag{4}$$

2.1.18　一半径为 a 的导体球带有电荷量 Q,现将一半径为 b 的均匀带电圆环放在球旁边,圆环的轴线通过球心,环心到球心的距离为 r,环上的电荷量为 q,如图 2.1.18 所示. 试求导体球的电势.

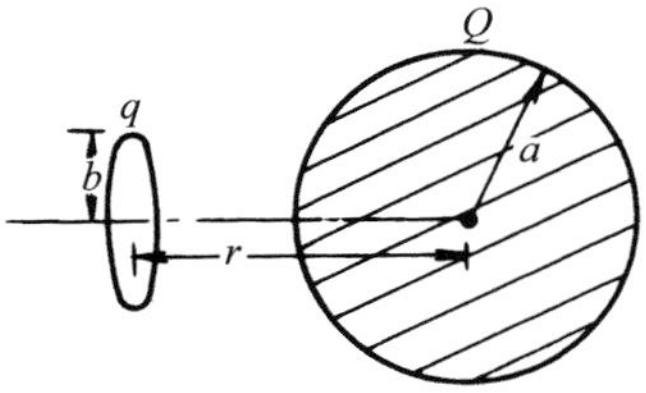

图 2.1.18

【解】　因导体是等势体,故球心的电势便是球的电势 U. 根据电势叠加原理,球心的电势等于所有电荷在球心产生的电势之和,即

$$U = \frac{Q+q'}{4\pi\varepsilon_0 a} + \frac{q}{4\pi\varepsilon_0\sqrt{r^2+b^2}} \tag{1}$$

式中 q' 是圆环上的电荷在球面上产生的感应电荷量. 因

$$q' = 0 \tag{2}$$

故得所求的电势为

$$U = \frac{1}{4\pi\varepsilon_0}\left[\frac{Q}{a} + \frac{q}{\sqrt{r^2+b^2}}\right] \tag{3}$$

2.1.19　平行板电容器充电后,两极板 A 和 B 上电荷量的面密度分别为 σ 和 $-\sigma$,如图 2.1.19 所示. 设 P 为两板间任一点,略去两极板的边缘效应. (1)试求 A 板上的电荷在 P 点产生的电场强度 $\boldsymbol{E}_A$;(2)试求 B 板上的电荷在 P 点产生的电场强度 $\boldsymbol{E}_B$;(3)试求 A、B 两板上的电荷在 P 点产生的电场强度 $\boldsymbol{E}$;(4)若把 B 板拿走,试求 A 板上的电荷在 P 点产生的电场强度.

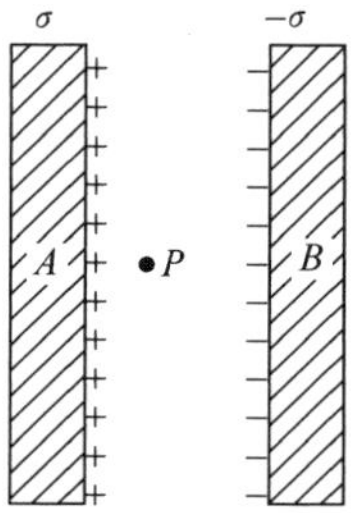

图 2.1.19

【解】　略去边缘效应,两极板上的电荷便可当作是均匀分布的电荷,两板间的电场便是均匀电场. 于是由对称性和高斯定理得出:

(1) A 板上的电荷在 P 点产生的电场强度为

$$\boldsymbol{E}_A = \frac{\sigma}{2\varepsilon_0}\boldsymbol{e} \tag{1}$$

式中 $\boldsymbol{e}$ 为 A 板法线方向上的单位矢量,指向 B 板.

(2) B 板上的电荷在 P 点产生的电场强度为

$$E_B = \frac{\sigma}{2\varepsilon_0}e \tag{2}$$

(3)A、B 两板上的电荷在 P 点产生的电场强度，由电场强度叠加原理得

$$E = E_A + E_B = \frac{\sigma}{\varepsilon_0}e \tag{3}$$

(4)B 板拿走后，A 板上的电荷在 P 点产生的电场强度为

$$E_A = \frac{\sigma}{2\varepsilon_0}e \tag{4}$$

2.1.20 试证明：对于两个无限大的平行平面带电导体板(图 2.1.20(1))来说，(1)相向的两面(图中 2 和 3)上，电荷量的面密度总是大小相等而符号相反；(2)相背的两面(图中 1 和 4)上，电荷量的面密度总是大小相等而符号相同.

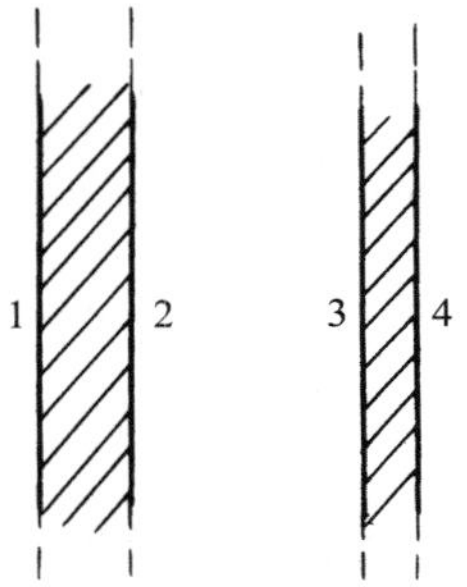

图 2.1.20(1)

【证】 由对称性可知，在每个面上，电荷必定都是均匀分布的，因此，在两板间和两板外的电场必定都是均匀电场，电场强度的方向都与板面垂直.

(1)根据电场的特点，取圆柱形高斯面如图 2.1.20(2)所示，轴线与导体板面垂直，两底面分别处在两导体板内，面积都是 S，由高斯定理得

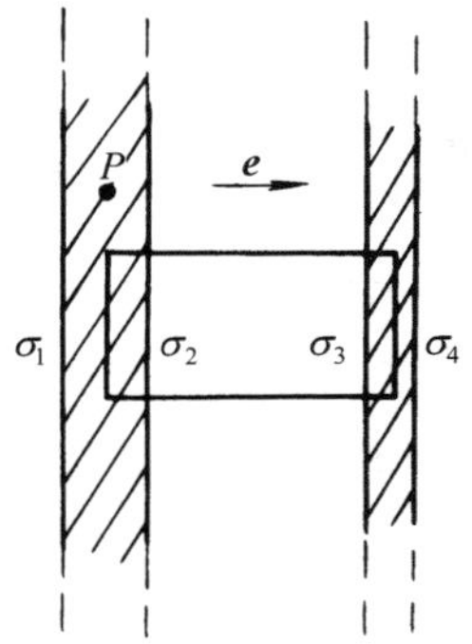

图 2.1.20(2)

$$\oiint_S E \cdot dS = 0 = \frac{1}{\varepsilon_0}(\sigma_2 + \sigma_3)S \tag{1}$$

所以

$$\sigma_3 = -\sigma_2 \tag{2}$$

(2)令 e 代表垂直于板面的单位矢量，方向如图 2.1.20(2)所示，根据无穷大平面均匀电荷产生电场强度的公式和电场强度叠加原理，导体内任一点 P 的电场强度为

$$\begin{aligned} E_P &= \frac{\sigma_1}{2\varepsilon_0}e + \frac{\sigma_2}{2\varepsilon_0}(-e) + \frac{\sigma_3}{2\varepsilon_0}(-e) + \frac{\sigma_4}{2\varepsilon_0}(-e) \\ &= \frac{1}{2\varepsilon_0}(\sigma_1 - \sigma_2 - \sigma_3 - \sigma_4)e = 0 \end{aligned} \tag{3}$$

由式(2)、(3)得

$$\sigma_4 = \sigma_1 \tag{4}$$

2.1.21 两块大小相同的平行金属板，带有相同的电荷量，略去边缘效应. 试证明：(1)若它们的电荷同号，则电荷便只分布在相背的两面上；(2)若它们的电荷异号，则电荷便只分布在相向的两面上.

【证】 因略去边缘效应，故各面上的电荷都是均匀分布的，因而两板间和两板外的电场都是均匀电场，电场强度都与板面垂直. 根据这个特点，取圆柱形高斯面，如图 2.1.21 所示，轴线与板面垂直，两底面分别处在两导体板内，面积都是 S，由高斯定理得

$$\oiint_S E \cdot dS = 0 = \frac{1}{\varepsilon_0}(\sigma_2 + \sigma_3)S \tag{1}$$

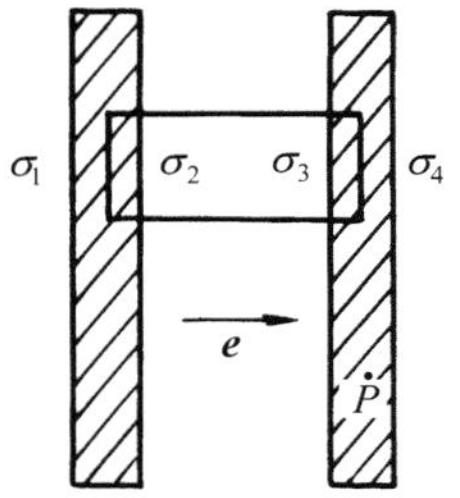

图 2.1.21

所以

$$\sigma_2+\sigma_3=0 \tag{2}$$

令 $\boldsymbol{e}$ 代表垂直于板面的单位矢量，方向从 σ_2 指向 σ_3，根据高斯定理和电场强度叠加原理，导体内任一点P的电场强度为

$$\begin{aligned}\boldsymbol{E}_P&=\frac{\sigma_1}{2\varepsilon_0}\boldsymbol{e}+\frac{\sigma_2}{2\varepsilon_0}\boldsymbol{e}+\frac{\sigma_3}{2\varepsilon_0}\boldsymbol{e}+\frac{\sigma_4}{2\varepsilon_0}(-\boldsymbol{e})\\&=\frac{1}{2\varepsilon_0}(\sigma_1+\sigma_2+\sigma_3-\sigma_4)=0\end{aligned} \tag{3}$$

所以

$$\sigma_1+\sigma_2+\sigma_3-\sigma_4=0 \tag{4}$$

将式(2)代入式(4)得

$$\sigma_1-\sigma_4=0 \tag{5}$$

(1)若 σ_2 与 σ_3 同号，则由式(2)得

$$\sigma_2=\sigma_3=0 \tag{6}$$

即相向的两面上无电荷，所以电荷只分布在相背的两面上.

(2)若 σ_1 与 σ_4 异号，则由式(5)得

$$\sigma_1=\sigma_4=0 \tag{7}$$

即相背的两面上无电荷，所以电荷只分布在相向的两面上.

2.1.22　两块大小相同的平行金属板，所带的电荷量不相等，如 $Q_1>Q_2$(图 2.1.22). 略去边缘效应，试证明：(1)相向的两面上，电荷量的面密度大小相等而符号相反；相背的两面上，电荷量的面密度大小相等而符号相同；(2)相向面上的电荷量分别为$\frac{1}{2}(Q_1-Q_2)$和$\frac{1}{2}(Q_2-Q_1)$，相背面上的电荷量均为$\frac{1}{2}(Q_1+Q_2)$.

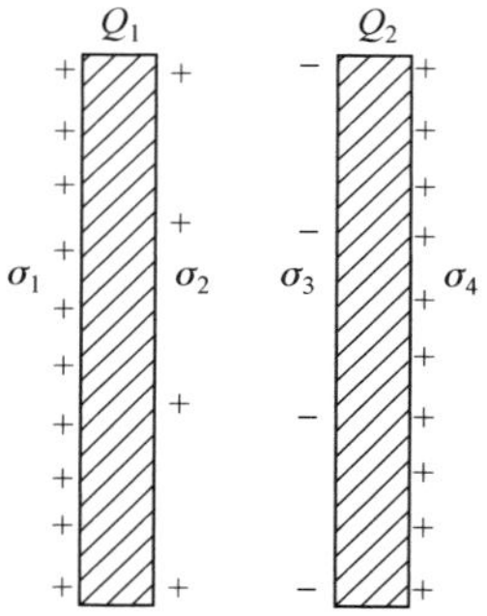

图 2.1.22

【证】(1)由高斯定理和电场强度叠加原理，即可得出(参见前面 2.1.21 题)

$$\sigma_2=-\sigma_3 \tag{1}$$

$$\sigma_1=\sigma_4 \tag{2}$$

这个结果表明：相向的两面上，电荷量的面密度(即 σ_2 和 σ_3)大小相等而符号相反；相背的两面上，电荷量的面密度(即 σ_1 和 σ_4)大小相等而符号相同.

(2)设板的面积为 S，则有

$$Q_1=(\sigma_1+\sigma_2)S \tag{3}$$

$$Q_2=(\sigma_3+\sigma_4)S \tag{4}$$

由以上四式解得

$$\sigma_2 S=-\sigma_3 S=\frac{1}{2}(Q_1-Q_2) \tag{5}$$

$$\sigma_1 S=\sigma_4 S=\frac{1}{2}(Q_1+Q_2) \tag{6}$$

这个结果表明：相向两面上的电荷量分别为$\frac{1}{2}(Q_1-Q_2)$和$\frac{1}{2}(Q_2-Q_1)$，相背两面上的电荷量均为$\frac{1}{2}(Q_1+Q_2)$.

2.1.23　两带电的金属平行板所带电荷量大小相等，但符号相反. 已知两板的面积都是 3.6cm^2，相距为 1.6mm，电势差为 120V. 略去边缘效应，试求两板间的电场强度和各板上所带的电荷量.

【解】　因略去边缘效应，故两板间的电场便可当作均匀电场，故两板的电势差为

$$U_+-U_-=\int_-^+\boldsymbol{E}\cdot d\boldsymbol{l}=Ed \tag{1}$$

所以

$$E=\frac{U_+-U_-}{d}=\frac{120}{1.6\times10^{-3}}=7.5\times10^4(\text{V/m}) \tag{2}$$

$\boldsymbol{E}$ 的方向由电势高的板指向电势低的板.

由高斯定理和电场强度叠加原理，即可得出(参见前面 2.1.21 题)，相背的两面上没有电荷，相向的两面上电荷量的面密度大小相等而符号相反. 于是得板上的电荷量为

$$\begin{aligned}Q&=\sigma S=\pm\varepsilon_0 ES=\pm8.854\times10^{-12}\times7.5\times10^4\times3.6\times10^{-4}\\&=\pm2.4\times10^{-10}(\text{C})\end{aligned}$$

式中正负号分别用于电势高低的两板.

2.1.24　两平行金属板 A、B 带有等量异号电荷，相距为 5.0mm，两板的面积都是 150cm^2，电荷量的大小都是 2.66×10^{-8}C，A 板带正电并接地，如图 2.1.24 所示. 以地的电势为零，并略去边缘效应，试问：B 板的电势是多少？A、B 间离 A 板 1.0mm 处的电势是多少？

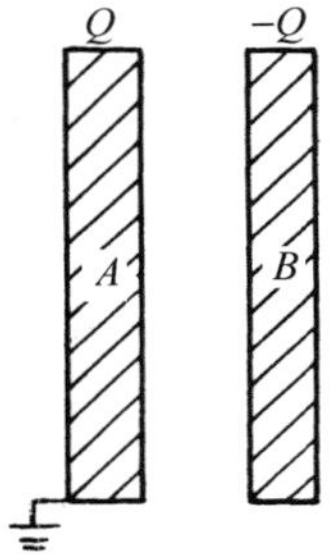

图 2.1.24

【解答】　根据前面 2.1.21 题的结果，A、B 两板上的电荷都均匀分布在相向的两面上. 由高斯定理得出，两板间的电场强度为

$$\boldsymbol{E}=\frac{\sigma}{\varepsilon_0}\boldsymbol{e}=\frac{Q}{\varepsilon_0 S}\boldsymbol{e} \tag{1}$$

式中 Q 是每个板上电荷量的大小，S 是板的面积，$\boldsymbol{e}$ 是垂直于板面的单位矢量，方向从A 到 B. 由式(1)得 B 板的电势为

$$\begin{aligned}U_B&=U_A-\int_A^B\boldsymbol{E}\cdot d\boldsymbol{l}=0-\int_A^B E\,dl=-\frac{Ql}{\varepsilon_0 S}\\&=-\frac{2.66\times10^{-8}\times5.0\times10^{-3}}{8.854\times10^{-12}\times150\times10^{-4}}\\&=-1.0\times10^3(\text{V})\end{aligned} \tag{2}$$

A、B 间离 A 板 1.0mm 处的电势为

$$\begin{aligned}U&=-\int_A^P E\,dl=-El_P=-U_B\frac{l_P}{l}=-1.0\times10^3\times\frac{1.0}{5.0}\\&=-2.0\times10^2(\text{V})\end{aligned}$$

2.1.25　三块平行的金属板 A、B 和 C，面积都是 200cm^2，A、B 相距 4.0mm，

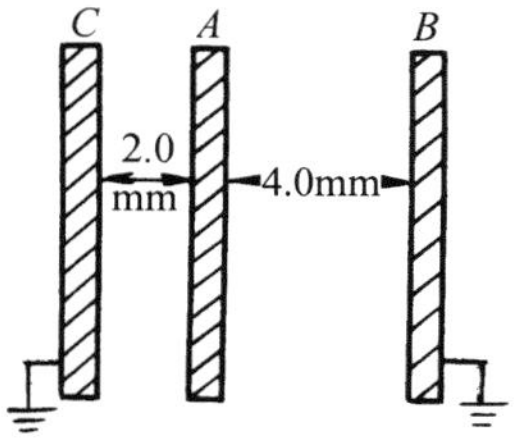

图 2.1.25

A、C 相距 2.0mm，B 和 C 都接地，如图 2.1.25 所示. 如果使 A 板带 3.0×10^{-7}C 的正电荷量，在略去边缘效应时，试问 B、C 两板上的感应电荷量各是多少？以地的电势为零，A 板的电势是多少？

【解】 因 B、C 两板都接地，故知 B、C 两板上只有向着 A 的那一面有感应电荷，设电荷量的面密度分别为 σ_B 和 σ_C，A 板向着 B 和 C 的两面上电荷量的面密度分别为 σ_{AB} 和 σ_{AC}，则由对称性和高斯定理得

$$\sigma_C+\sigma_{AC}=0 \tag{1}$$

$$\sigma_B+\sigma_{AB}=0 \tag{2}$$

所以

$$\sigma_B+\sigma_C=-\sigma_{AB}-\sigma_{AC} \tag{3}$$

乘以板的面积，便得三块板上电荷量间的关系为

$$Q_B+Q_C=-Q_A \tag{4}$$

由高斯定理得 A、B 间的电场强度为

$$\boldsymbol{E}_{AB}=\frac{\sigma_{AB}}{\varepsilon_0}\boldsymbol{e} \tag{5}$$

式中 $\boldsymbol{e}$ 为垂直于板面的单位矢量，从 A 指向 B. A、C 间的电场强度为

$$\boldsymbol{E}_{AC}=\frac{\sigma_{AC}}{\varepsilon_0}(-\boldsymbol{e})=\frac{\sigma_C}{\varepsilon_0}\boldsymbol{e} \tag{6}$$

设 A、B 间距离为 d_{AB}，A、C 间距离为 d_{AC}，则由

$$U_B=U_C \tag{7}$$

得

$$-\frac{\sigma_C}{\varepsilon_0}d_{AC}=\frac{\sigma_{AB}}{\varepsilon_0}d_{AB}=-\frac{\sigma_B}{\varepsilon_0}d_{AB} \tag{8}$$

所以

$$\sigma_C=\frac{d_{AB}}{d_{AC}}\sigma_B \tag{9}$$

乘以板的面积即得

$$Q_C=\frac{d_{AB}}{d_{AC}}Q_B \tag{10}$$

由式(4)、(10)联立解得

$$Q_B=-\frac{d_{AC}}{d_{AB}+d_{AC}}Q_A=-\frac{2}{4+2}\times3.0\times10^{-7}$$
$$=-1.0\times10^{-7}(\mathrm{C}) \tag{11}$$

$$Q_C=\frac{4}{2}\times(-1.0\times10^{-7})=-2.0\times10^{-7}(\mathrm{C}) \tag{12}$$

A 板的电势为

$$U_A=E_{AB}d_{AB}=\frac{-\sigma_B}{\varepsilon_0}d_{AB}=\frac{-Q_B}{\varepsilon_0 S}d_{AB}$$

$$=\frac{1.0\times10^{-7}\times4.0\times10^{-3}}{8.854\times10^{-12}\times200\times10^{-4}}$$

$$=2.3\times10^{3}(\text{V}) \tag{13}$$

2.1.26 一平行板电容器两极板的面积都是 S，相距为 d，分别维持电势 $U_A=U$ 和 $U_B=0$ 不变. 现将一块带有电荷量 q 的导体薄片(其厚度可略去不计)放在两极板的正中间，薄片的面积也是 S，如图 2.1.26 所示. 略去边缘效应，试求薄片的电势.

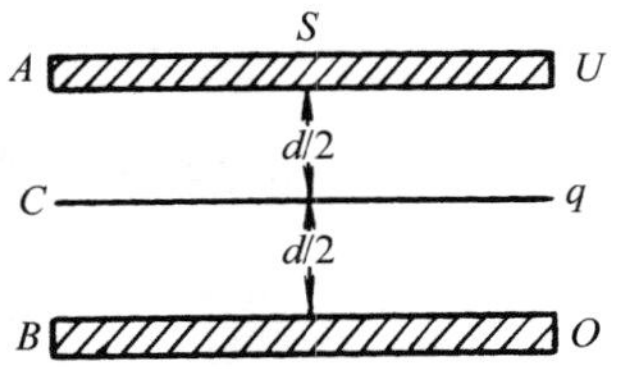

图 2.1.26

【解】 为了求 C 的电势，需要知道 A、C 间的电场强度 $\boldsymbol{E}_{AC}$ 和 C、B 间的电场强度 $\boldsymbol{E}_{CB}$；而为了求电场强度，需要知道电荷量的面密度. 设 A、C、B 三个板相向面上的电荷量的面密度分别为 σ_A、σ_{CA}、σ_{CB} 和 σ_B，则由高斯定理得

$$\sigma_A+\sigma_{CA}=0 \tag{1}$$

$$\sigma_B+\sigma_{CB}=0 \tag{2}$$

所以

$$\sigma_A+\sigma_B=-(\sigma_{CA}+\sigma_{CB})=-\frac{q}{S} \tag{3}$$

根据无穷大平面均匀电荷产生电场强度的公式得

$$\boldsymbol{E}_{AC}=\frac{\sigma_A}{\varepsilon_0}\boldsymbol{e} \tag{4}$$

$$\boldsymbol{E}_{CB}=-\frac{\sigma_B}{\varepsilon_0}\boldsymbol{e} \tag{5}$$

式中 $\boldsymbol{e}$ 为垂直于板面的单位矢量，由 A 向 B. 于是得

$$U_A-U_B=U=\int_A^B\boldsymbol{E}\cdot\mathrm{d}\boldsymbol{l}=\int_A^C\boldsymbol{E}_{AC}\cdot\mathrm{d}\boldsymbol{l}+\int_C^B\boldsymbol{E}_{CB}\cdot\mathrm{d}\boldsymbol{l}$$

$$=\frac{\sigma_A}{\varepsilon_0}\ \frac{d}{2}-\frac{\sigma_B}{\varepsilon_0}\ \frac{d}{2}=(\sigma_A-\sigma_B)\frac{d}{2\varepsilon_0} \tag{6}$$

所以
$$\sigma_A-\sigma_B=\frac{2\varepsilon_0U}{d} \tag{7}$$

由式(3)、(7)解得

$$\sigma_B=-\frac{q}{2S}-\frac{\varepsilon_0U}{d} \tag{8}$$

所以
$$U_C-U_B=U_C=\int_C^B\boldsymbol{E}_{CB}\cdot\mathrm{d}\boldsymbol{l}=-\frac{\sigma_B}{\varepsilon_0}\ \frac{d}{2} \tag{9}$$

将式(8)代入式(9)便得所求的电势为

$$U_C=\frac{d}{2\varepsilon_0}\left(\frac{q}{2S}+\frac{\varepsilon_0U}{d}\right)=\frac{1}{2}\left(U+\frac{qd}{2\varepsilon_0S}\right) \tag{10}$$

【别解】 C 片放入之前，电容器单独存在时，A、B 中间的电势为

$$U_1 = \frac{1}{2}(U_A - U_B) = \frac{1}{2}U \tag{11}$$

C 片单独存在时，它上面的电荷产生的电场强度为

$$\boldsymbol{E} = \frac{q}{2\varepsilon_0 S}\boldsymbol{n} \tag{12}$$

$\boldsymbol{n}$ 是它外法线方向上的单位矢量. 因此，它的电势比离它为 $\frac{d}{2}$ 处的电势高

$$U_2 = \boldsymbol{E} \cdot \left(\frac{d}{2}\boldsymbol{n}\right) = \frac{qd}{4\varepsilon_0 S} \tag{13}$$

根据电势叠加原理，C 片放入后，C 片的电势便为

$$U_C = U_1 + U_2 = \frac{1}{2}U + \frac{qd}{4\varepsilon_0 S} = \frac{1}{2}\left(U + \frac{qd}{2\varepsilon_0 S}\right) \tag{14}$$

2.1.27　半径为 a 的导体球带有电荷量 q，q 均匀分布在球面上. 试求离球心为 r 处的电场强度和电势.

【解】　以球心为心、r 为半径作球形高斯面 S，由对称性和高斯定理得

$$\oiint_S \boldsymbol{E} \cdot \mathrm{d}\boldsymbol{S} = E \cdot 4\pi r^2 = \begin{cases} 0, & r < a \\ \dfrac{q}{\varepsilon_0}, & r > a \end{cases} \tag{1}$$

故得所求的电场强度为

$$\boldsymbol{E} = 0, \qquad r < a \tag{2}$$

$$\boldsymbol{E} = \frac{q}{4\pi\varepsilon_0}\frac{\boldsymbol{r}}{r^3}, \qquad r > a \tag{3}$$

所求的电势为

$$U = \int_r^{\infty} \boldsymbol{E} \cdot \mathrm{d}\boldsymbol{r} = \frac{q}{4\pi\varepsilon_0}\int_r^{\infty}\frac{\boldsymbol{r} \cdot \mathrm{d}\boldsymbol{r}}{r^3} = \frac{q}{4\pi\varepsilon_0}\int_r^{\infty}\frac{\mathrm{d}r}{r^2}$$

$$= \frac{q}{4\pi\varepsilon_0 r}, \qquad r \geqslant a \tag{4}$$

$$U = \int_r^{\infty} \boldsymbol{E} \cdot \mathrm{d}\boldsymbol{r} = \int_0^a \boldsymbol{E} \cdot \mathrm{d}\boldsymbol{r} + \int_a^{\infty} \boldsymbol{E} \cdot \mathrm{d}\boldsymbol{r} = \frac{q}{4\pi\varepsilon_0}\int_a^{\infty}\frac{\mathrm{d}r}{r^2}$$

$$= \frac{q}{4\pi\varepsilon_0 a}, \qquad r \leqslant a \tag{5}$$

【讨论】　当 $r=a$ 时，电场强度为

$$\boldsymbol{E} = \frac{1}{2}\left(0 + \frac{q}{4\pi\varepsilon_0 a^2}\right)\boldsymbol{e}_r = \frac{q}{8\pi\varepsilon_0 a^2}\boldsymbol{e}_r, \quad r = a \tag{6}$$

式中 $\boldsymbol{e}_r$ 是球面外法线方向上的单位矢量. 关于式(6)的来源，参见前面 1.2.26 题后的讨论.

2.1.28　直径为 1.0m 的金属球带有正电荷量 1.0μC. 试求球面上和离球面 1.0m 处的电势.

【解】 球面上的电势为

$$U=\frac{q}{4\pi\varepsilon_0 a}=\frac{9.0\times10^9\times1.0\times10^{-6}}{1.0/2}=1.8\times10^4(\mathrm{V})$$

离球面 1.0m 处的电势为

$$U=\frac{q}{4\pi\varepsilon_0 r}=\frac{9.0\times10^9\times1.0\times10^{-6}}{1.0/2+1.0}=6.0\times10^3(\mathrm{V})$$

2.1.29 一导体球半径为 R，电势为 U.（1）试求它上面电荷量的面密度 σ；（2）计算 $R=0.15\mathrm{m}$，$U=200\mathrm{V}$ 时 σ 的值.

【解】（1）球的电势与电荷量的关系为

$$U=\frac{q}{4\pi\varepsilon_0 R}$$

故电荷量的面密度为

$$\sigma=\frac{q}{4\pi R^2}=\frac{\varepsilon_0 U}{R}$$

（2）σ 的值为

$$\sigma=\frac{\varepsilon_0 U}{R}=\frac{8.854\times10^{-12}\times200}{0.15}=1.2\times10^{-8}(\mathrm{C/m^2})$$

2.1.30 内外半径分别为 R_2 和 R_3 的金属球壳 B 带有电荷量 Q，在它里面放一个带有电荷量 q、半径为 R_1 的同心金属球 A，如图 2.1.30 所示.（1）试求离球心为 r 处的电场强度 $\boldsymbol{E}$ 和电势 U 以及球与壳的电势差；（2）试画出 E-r 曲线和 U-r 曲线；（3）当 $q=-Q$ 时各处的 $\boldsymbol{E}$ 和 U 如何？

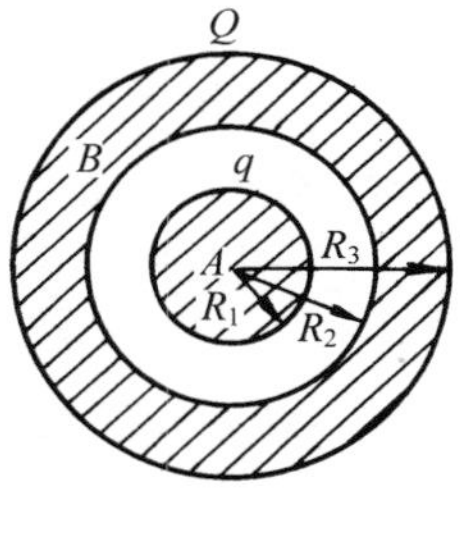

图 2.1.30

【解】（1）以球心为心、r 为半径作球面（高斯面）S，由对称性和高斯定理得

$$\oint\!\!\!\oint_S \boldsymbol{E}\cdot\mathrm{d}\boldsymbol{S}=4\pi r^2E$$

$$=\begin{cases}0, & r<R_1\\ q/\varepsilon_0, & R_1<r<R_2\\ 0, & R_2<r<R_3\\ (q+Q)/\varepsilon_0, & r>R_3\end{cases}\tag{1}$$

于是得各处的电场强度如下：

$$\boldsymbol{E}_1=0,\qquad r<R_1\tag{2}$$

$$\boldsymbol{E}_2=\frac{q\boldsymbol{r}}{4\pi\varepsilon_0 r^3},\quad R_1<r<R_2\tag{3}$$

$$\boldsymbol{E}_3=0,\quad R_2<r<R_3\tag{4}$$

$$\boldsymbol{E}_4=\frac{(q+Q)\boldsymbol{r}}{4\pi\varepsilon_0 r^3},\quad r>R_3 \tag{5}$$

各处的电势如下：

$$\begin{aligned}U_1&=\int_r^{\infty}\boldsymbol{E}\cdot\mathrm{d}\boldsymbol{r}\\&=\int_r^{R_1}\boldsymbol{E}_1\cdot\mathrm{d}\boldsymbol{r}+\int_{R_1}^{R_2}\boldsymbol{E}_2\cdot\mathrm{d}\boldsymbol{r}+\int_{R_2}^{R_3}\boldsymbol{E}_3\cdot\mathrm{d}\boldsymbol{r}+\int_{R_3}^{\infty}\boldsymbol{E}_4\cdot\mathrm{d}\boldsymbol{r}\\&=\int_{R_1}^{R_2}\frac{q\boldsymbol{r}\cdot\mathrm{d}\boldsymbol{r}}{4\pi\varepsilon_0 r^3}+\int_{R_3}^{\infty}\frac{(q+Q)\boldsymbol{r}\cdot\mathrm{d}\boldsymbol{r}}{4\pi\varepsilon_0 r^3}\\&=\frac{q}{4\pi\varepsilon_0}\left(\frac{1}{R_1}-\frac{1}{R_2}\right)+\frac{q+Q}{4\pi\varepsilon_0 R_3}\\&=\frac{q}{4\pi\varepsilon_0}\left(\frac{1}{R_1}-\frac{1}{R_2}+\frac{1}{R_3}\right)+\frac{Q}{4\pi\varepsilon_0 R_3},\quad r\leqslant R_1\end{aligned} \tag{6}$$

$$\begin{aligned}U_2&=\int_r^{\infty}\boldsymbol{E}\cdot\mathrm{d}\boldsymbol{r}=\int_r^{R_2}\boldsymbol{E}_2\cdot\mathrm{d}\boldsymbol{r}+\int_{R_3}^{\infty}\boldsymbol{E}_4\cdot\mathrm{d}\boldsymbol{r}\\&=\frac{q}{4\pi\varepsilon_0}\left(\frac{1}{r}-\frac{1}{R_2}+\frac{1}{R_3}\right)+\frac{Q}{4\pi\varepsilon_0 R_3},\quad R_1\leqslant r\leqslant R_2\end{aligned} \tag{7}$$

$$U_3=\int_r^{\infty}\boldsymbol{E}\cdot\mathrm{d}\boldsymbol{r}=\int_{R_3}^{\infty}\boldsymbol{E}_4\cdot\mathrm{d}\boldsymbol{r}=\frac{q+Q}{4\pi\varepsilon_0 R_3},\quad R_2\leqslant r\leqslant R_3 \tag{8}$$

$$U_4=\int_r^{\infty}\boldsymbol{E}\cdot\mathrm{d}\boldsymbol{r}=\frac{q+Q}{4\pi\varepsilon_0 r},\quad r\geqslant R_3 \tag{9}$$

球与壳的电势差为

$$U_A-U_B=\int_{R_1}^{R_2}\boldsymbol{E}_2\cdot\mathrm{d}\boldsymbol{r}=\frac{q}{4\pi\varepsilon_0}\int_{R_1}^{R_2}\frac{\boldsymbol{r}\cdot\mathrm{d}\boldsymbol{r}}{r^3}=\frac{q}{4\pi\varepsilon_0}\left(\frac{1}{R_1}-\frac{1}{R_2}\right) \tag{10}$$

(2)根据式(2)、(3)、(4)、(5)等画出的E-r曲线如图 2.1.30 (1)所示；根据式(6)、(7)、(8)、(9)等画出的 U-r 曲线如图 2.1.30(2)所示.

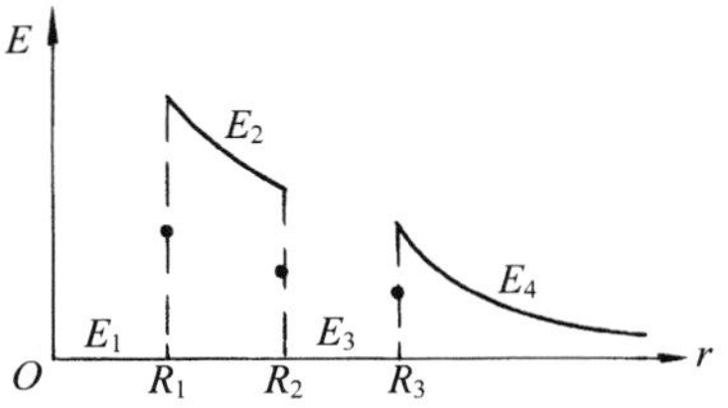

图 2.1.30(1)

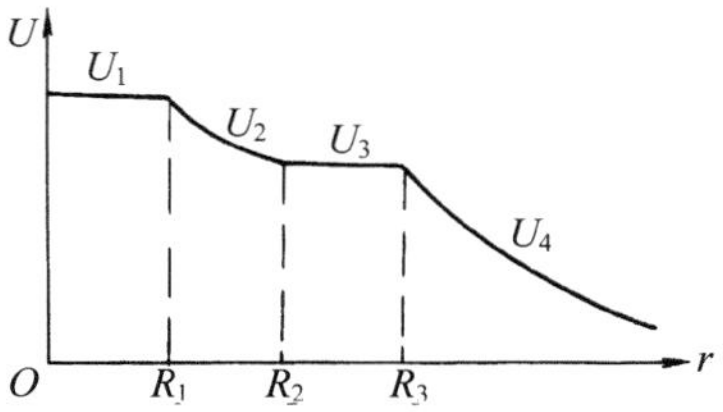

图 2.1.30(2)

(3)当 $q=-Q$ 时，各处的 $\boldsymbol{E}$ 和 U 如下：

$$\boldsymbol{E}_1=\boldsymbol{E}_3=\boldsymbol{E}_4=0 \tag{11}$$

$$\boldsymbol{E}_2=-\frac{Q\boldsymbol{r}}{4\pi\varepsilon_0 r^3},\quad R_1<r<R_2 \tag{12}$$

$$U_1 = -\frac{Q}{4\pi\varepsilon_0}\left(\frac{1}{R_1}-\frac{1}{R_2}\right),\quad r\leqslant R_1 \tag{13}$$

$$U_2 = -\frac{Q}{4\pi\varepsilon_0}\left(\frac{1}{r}-\frac{1}{R_2}\right),\quad R_1\leqslant r\leqslant R_2 \tag{14}$$

$$U_3 = U_4 = 0,\quad r\geqslant R_2 \tag{15}$$

【讨论】 电势 U 是 r 的连续函数，电场强度 $\boldsymbol{E}$ 在面电荷所在处不连续，其值等于该面两边趋于该面时电场强度极限值的平均值，即

$$\boldsymbol{E}_{R_1} = \frac{1}{2}\left(0+\frac{q}{4\pi\varepsilon_0 R_1^2}\right)\boldsymbol{e}_r = \frac{q}{8\pi\varepsilon_0 R_1^2}\boldsymbol{e}_r,\quad r=R_1 \tag{16}$$

$$\boldsymbol{E}_{R_2} = \frac{1}{2}\left(\frac{q}{4\pi\varepsilon_0 R_2^2}+0\right)\boldsymbol{e}_r = \frac{q}{8\pi\varepsilon_0 R_2^2}\boldsymbol{e}_r,\quad r=R_2 \tag{17}$$

$$\boldsymbol{E}_{R_3} = \frac{1}{2}\left(0+\frac{q+Q}{4\pi\varepsilon_0 R_3^2}\right)\boldsymbol{e}_r = \frac{q+Q}{8\pi\varepsilon_0 R_3^2}\boldsymbol{e}_r, r=R_3 \tag{18}$$

式中 $\boldsymbol{e}_r$ 为从球心向外方向上的单位矢量. 关于面电荷所在处的电场强度，参见前面 1.2.26 题.

2.1.31　三个不带电的同心导体薄球壳，它们的厚度都可略去不计，它们的半径分别为 $2r$、$4r$ 和 $6r$；现在球心放一个电荷量为 Q 的点电荷，如图 2.1.31 所示. 图中 A、B、C 三点到球心的距离分别为 r、$3r$ 和 $5r$. 试问在三个导体球壳上分别放上多少电荷量，能够使 A、B、C 三点的电场强度的大小都相等？

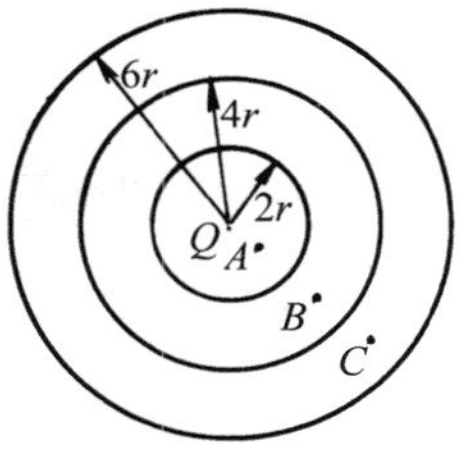

图 2.1.31

【解】 设在半径为 $2r$ 的导体球壳上放电荷量 Q_2，在半径为 $4r$ 的导体球壳上放电荷量 Q_4. 在静电平衡时，根据对称性，它们都均匀分布在各自的球壳上. 由高斯定理得出：均匀球面电荷在球面内产生的电场强度为零，在球面外产生的电场强度等于电荷都集中在球心时所产生的电场强度. 于是便得 A、B、C 三点电场强度的大小为

$$E_A = \frac{Q}{4\pi\varepsilon_0}\frac{1}{r^2} \tag{1}$$

$$E_B = \frac{Q+Q_2}{4\pi\varepsilon_0}\frac{1}{(3r)^2} = \frac{Q+Q_2}{4\pi\varepsilon_0}\frac{1}{9r^2} \tag{2}$$

$$E_C = \frac{Q+Q_2+Q_4}{4\pi\varepsilon_0}\frac{1}{(5r)^2} = \frac{Q+Q_2+Q_4}{4\pi\varepsilon_0}\frac{1}{25r^2} \tag{3}$$

由 $E_A=E_B$ 得

$$Q_2 = 8Q \tag{4}$$

由 $E_A=E_C$ 得

$$\frac{Q+Q_2+Q_4}{25}=Q \tag{5}$$

将式(4)代入式(5)得

$$Q_4=16Q \tag{6}$$

至于半径为 $6r$ 的球壳上放多少电荷量，因为它在球壳内产生的电场强度为零，故对以上结果无影响.

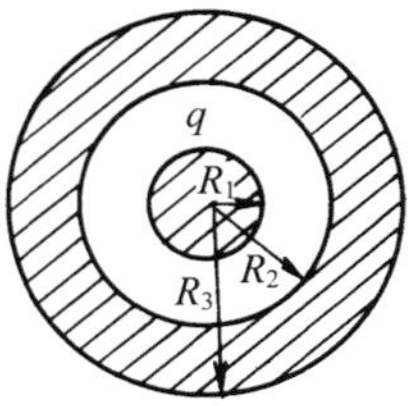

图 2.1.32(1)

2.1.32　半径为 R_1 的金属球带有电荷量 q，它外面有一个和它同心的金属球壳，壳的内外半径分别为 R_2 和 R_3，如图 2.1.32(1)所示. 已知球壳的电势为零. (1)试求离球心为 r 处的电场强度 $\boldsymbol{E}$ 和电势 U 以及球与壳的电势差；(2)画出 E-r 和 U-r 曲线.

【解】 (1)球壳的电势为零，即球壳的电势等于无穷远处的电势. 由此得知，球壳上除 q 引起的感应电荷外，必定还有电荷，否则它的电势不可能为零. 设球壳上的电荷量为 Q，则由对称性和高斯定理得

$$\oint\!\!\!\oint_S \boldsymbol{E}\cdot \mathrm{d}\boldsymbol{S}=4\pi r^2 E=\begin{cases}0, & r<R_1\\ q/\varepsilon_0, & R_1<r<R_2\\ 0, & R_2<r<R_3\\ (q+Q)/\varepsilon_0, & r>R_3\end{cases} \tag{1}$$

于是得各处的电场强度如下：

$$\boldsymbol{E}_1=0,\qquad r<R_1 \tag{2}$$

$$\boldsymbol{E}_2=\frac{q\boldsymbol{r}}{4\pi\varepsilon_0 r^3},\quad R_1<r<R_2 \tag{3}$$

$$\boldsymbol{E}_3=0,\qquad R_2<r<R_3 \tag{4}$$

$$\boldsymbol{E}_4=\frac{(q+Q)\boldsymbol{r}}{4\pi\varepsilon_0 r^3},\quad r>R_3 \tag{5}$$

球壳的电势为

$$U_{R_3}=\int_{R_3}^{\infty}\boldsymbol{E}\cdot \mathrm{d}\boldsymbol{r}=\frac{(q+Q)}{4\pi\varepsilon_0}\int_{R_3}^{\infty}\frac{\boldsymbol{r}\cdot \mathrm{d}\boldsymbol{r}}{r^3}=\frac{q+Q}{4\pi\varepsilon_0 R_3}=0 \tag{6}$$

所以

$$Q=-q \tag{7}$$

故得

$$\boldsymbol{E}_4=0,\qquad r>R_3 \tag{8}$$

各处的电势为

$$U_1=\int_r^{\infty}\boldsymbol{E}\cdot \mathrm{d}\boldsymbol{r}=\int_r^{R_2}\boldsymbol{E}\cdot \mathrm{d}\boldsymbol{r}=\int_{R_1}^{R_2}\boldsymbol{E}_2\cdot \mathrm{d}\boldsymbol{r}=\frac{q}{4\pi\varepsilon_0}\int_{R_1}^{R_2}\frac{\boldsymbol{r}\cdot \mathrm{d}\boldsymbol{r}}{r^3}$$

$$=\frac{q}{4\pi\varepsilon_0}\left(\frac{1}{R_1}-\frac{1}{R_2}\right),\qquad r\leqslant R_1 \tag{9}$$

$$U_2 = \int_r^{\infty} \boldsymbol{E} \cdot d\boldsymbol{r} = \int_r^{R_2} \boldsymbol{E} \cdot d\boldsymbol{r} = \int_r^{R_2} \boldsymbol{E}_2 \cdot d\boldsymbol{r} = \frac{q}{4\pi\varepsilon_0}\int_r^{R_2} \frac{\boldsymbol{r} \cdot d\boldsymbol{r}}{r^3}$$

$$= \frac{q}{4\pi\varepsilon_0}\left(\frac{1}{r} - \frac{1}{R_2}\right), \qquad R_1 \leqslant r \leqslant R_2 \tag{10}$$

球与壳的电势差为

$$U_{R_1} - U_{R_2} = \int_{R_1}^{R_2} \boldsymbol{E}_2 \cdot d\boldsymbol{r} = \frac{q}{4\pi\varepsilon_0}\left(\frac{1}{R_1} - \frac{1}{R_2}\right) \tag{11}$$

(2)根据式(2)、(3)、(4)、(8)等画出的 E-r 曲线如图 2.1.32(2)所示；根据式(9)、(10)等画出的 U-r 曲线如图 2.1.32(3)所示.

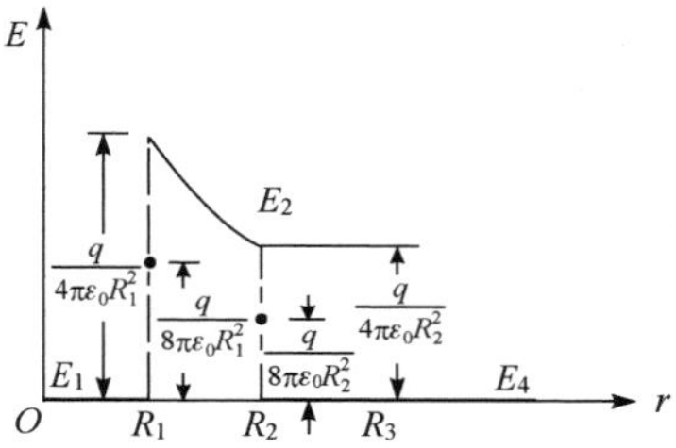

图 2.1.32(2)

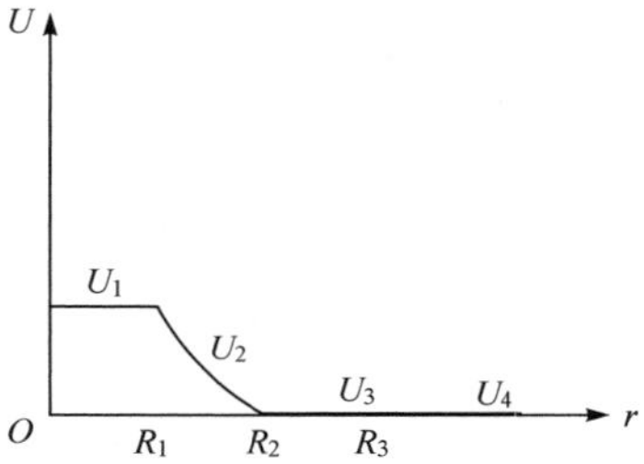

图 2.1.32(3)

【讨论】 球面上和球壳内表面上的面电荷所在处电场强度的值，等于该面两边趋于该面时电场强度极限值的平均值，即

$$\boldsymbol{E}_{R_1} = \frac{1}{2}\left(0 + \frac{q\boldsymbol{e}_r}{4\pi\varepsilon_0 R_1^2}\right) = \frac{q}{8\pi\varepsilon_0 R_1^2}\boldsymbol{e}_r \tag{12}$$

$$\boldsymbol{E}_{R_2} = \frac{1}{2}\left(\frac{q\boldsymbol{e}_r}{4\pi\varepsilon_0 R_2^2} + 0\right) = \frac{q}{8\pi\varepsilon_0 R_2^2}\boldsymbol{e}_r \tag{13}$$

式中 $\boldsymbol{e}_r$ 为从球心向外方向上的单位矢量. 关于面电荷所在处的电场强度，参见前面 1.2.26 题.

2.1.33 半径为 R_1 的导体球外有同心的导体球壳，壳的内外半径分别为 R_2 和 R_3，如图 2.1.33 所示；已知球壳带有电荷量 Q，球的电势为零. 试求球上的电荷量和球壳的电势.

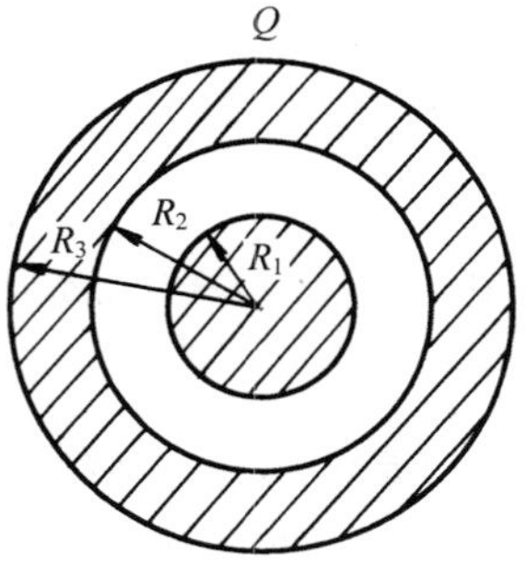

图 2.1.33

【解】 球的电势为零，即球的电势等于无穷远处的电势. 由此得知，球上必定带有电荷，否则它的电势不可能为零. 设球上的电荷量为 q，则由对称性和高斯定理得出，各处电场强度如下：

$$\boldsymbol{E}_1 = 0, \qquad r < R_1 \tag{1}$$

$$\boldsymbol{E}_2=\frac{q}{4\pi\varepsilon_0}\frac{\boldsymbol{r}}{r^3},\qquad R_1<r<R_2 \tag{2}$$

$$\boldsymbol{E}_3=0,\qquad R_2<r<R_3 \tag{3}$$

$$\boldsymbol{E}_4=\frac{q+Q}{4\pi\varepsilon_0}\frac{\boldsymbol{r}}{r^3},\qquad r>R_3 \tag{4}$$

球的电势为

$$U_1=\int_{R_1}^{\infty}\boldsymbol{E}\cdot\mathrm{d}\boldsymbol{r}=\int_{R_1}^{R_2}\boldsymbol{E}_2\cdot\mathrm{d}\boldsymbol{r}+\int_{R_3}^{\infty}\boldsymbol{E}_4\cdot\mathrm{d}\boldsymbol{r}$$
$$=\frac{q}{4\pi\varepsilon_0}\left(\frac{1}{R_1}-\frac{1}{R_2}\right)+\frac{q+Q}{4\pi\varepsilon_0 R_3} \tag{5}$$

令 $U_1=0$,便得

$$q\left(\frac{1}{R_1}-\frac{1}{R_2}\right)=-\frac{q+Q}{R_3} \tag{6}$$

解得球上的电荷量为

$$q=\frac{R_1R_2Q}{R_3R_1-R_1R_2-R_2R_3} \tag{7}$$

球壳的电势为

$$U_2=\int_{R_3}^{\infty}\boldsymbol{E}_4\cdot\mathrm{d}\boldsymbol{r}=\frac{q+Q}{4\pi\varepsilon_0 R_3} \tag{8}$$

将式(7)代入式(8)得球壳的电势为

$$U_2=\frac{Q}{4\pi\varepsilon_0}\frac{R_1-R_2}{R_3R_1-R_1R_2-R_2R_3} \tag{9}$$

2.1.34 同轴传输线由很长的圆柱形长直导线和套在它外面的同轴导体圆管构成,导线的半径为 R_1,电势为 U_1,圆管的内半径为 R_2,电势为 U_2,如图 2.1.34 所示.试求它们之间离轴线为 r 处($R_1<r<R_2$)的电势.

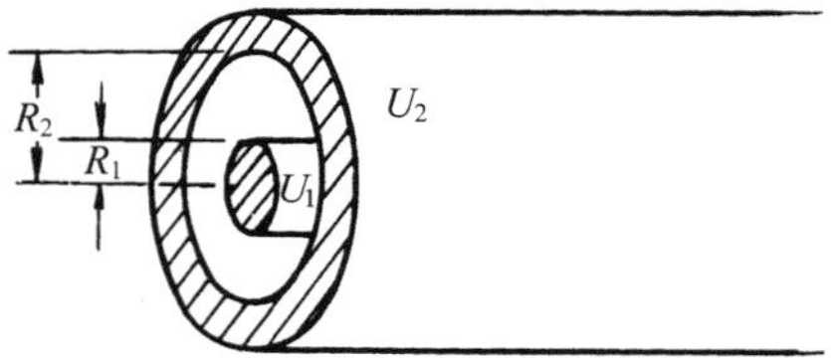

图 2.1.34

【解】 以同轴传输线的轴线为轴线、r($R_1<r<R_2$)为半径作长为 l 的圆柱形高斯面 S,由对称性和高斯定理得

$$\oint\!\!\!\oint_S \boldsymbol{E}\cdot\mathrm{d}\boldsymbol{S}=E\cdot 2\pi rl=\frac{1}{\varepsilon_0}\lambda l \tag{1}$$

式中 λ 是导线上单位长度的电荷量. 于是得导线与圆管间的电场强度为

$$\boldsymbol{E}=\frac{\lambda}{2\pi\varepsilon_0 r}\boldsymbol{e}_r \tag{2}$$

式中 $\boldsymbol{e}_r$ 是导线表面外法线方向上的单位矢量.

设 r 处的电势为 U,则

$$U_1 - U = \int_{R_1}^{r} \boldsymbol{E} \cdot \mathrm{d}\boldsymbol{r} = \frac{\lambda}{2\pi\varepsilon_0}\int_{R_1}^{r} \frac{\boldsymbol{e}_r \cdot \mathrm{d}\boldsymbol{r}}{r} = \frac{\lambda}{2\pi\varepsilon_0}\int_{R_1}^{r} \frac{\mathrm{d}r}{r}$$

$$= \frac{\lambda}{2\pi\varepsilon_0}\ln\frac{r}{R_1} \tag{3}$$

因

$$U_1 - U_2 = \int_{R_1}^{R_2} \boldsymbol{E} \cdot \mathrm{d}\boldsymbol{r} = \frac{\lambda}{2\pi\varepsilon_0}\int_{R_1}^{R_2} \frac{\boldsymbol{e}_r \cdot \mathrm{d}\boldsymbol{r}}{r} = \frac{\lambda}{2\pi\varepsilon_0}\ln\frac{R_2}{R_1} \tag{4}$$

由式(4)解出 λ，代入式(3)，便得所求的电势为

$$U = U_1 - \frac{\lambda}{2\pi\varepsilon_0}\ln\frac{r}{R_1} = U_1 - (U_1 - U_2)\frac{\ln(r/R_1)}{\ln(R_2/R_1)} \tag{5}$$

2.1.35　一很长的直导线横截面的半径为 a，它外面套有内半径为 b 的同轴导体圆筒，两者互相绝缘. 已知导线的电势为 U，圆筒接地，以地的电势为零，试求导线与圆筒间的电场强度以及圆筒上的电荷量的面密度.

【解】　设导线单位长度的电荷量为 λ，以导线的轴线为轴线、r 为半径，作长为 l 的圆筒形高斯面 S，则由对称性和高斯定理得

$$\oint\!\!\!\oint_S \boldsymbol{E} \cdot \mathrm{d}\boldsymbol{S} = E \cdot 2\pi r l = \frac{1}{\varepsilon_0}\lambda l \tag{1}$$

所以

$$\boldsymbol{E} = \frac{\lambda}{2\pi\varepsilon_0 r}\boldsymbol{e}_r, \qquad a < r < b \tag{2}$$

式中 $\boldsymbol{e}_r$ 是导线表面外法线方向上的单位矢量.

因为

$$U = \int_a^b \boldsymbol{E} \cdot \mathrm{d}\boldsymbol{r} = \frac{\lambda}{2\pi\varepsilon_0}\int_a^b \frac{\boldsymbol{e}_r \cdot \mathrm{d}\boldsymbol{r}}{r} = \frac{\lambda}{2\pi\varepsilon_0}\int_a^b \frac{\mathrm{d}r}{r} = \frac{\lambda}{2\pi\varepsilon_0}\ln\frac{b}{a} \tag{3}$$

所以

$$\lambda = \frac{2\pi\varepsilon_0 U}{\ln(b/a)} \tag{4}$$

代入式(2)便得所求的电场强度为

$$\boldsymbol{E} = \frac{U}{\ln(b/a)}\frac{\boldsymbol{e}_r}{r} = \frac{U}{\ln(b/a)}\frac{\boldsymbol{r}}{r^2} \tag{5}$$

因圆筒接地，故它的外表面无电荷. 由高斯定理得出，它的内表面上沿轴线单位长度的电荷量为 $-\lambda$，故电荷量的面密度为

$$\sigma = \frac{-\lambda l}{2\pi b l} = -\frac{\lambda}{2\pi b} = -\frac{\varepsilon_0 U}{b\ln(b/a)} \tag{6}$$

2.1.36　电子二极管由两个同轴的金属直圆筒构成，内筒是发射电子的阴极 K，它的外半径为 1.0mm；外筒是接收电子的阳极 A，它的内半径为 1.0cm，板压(即阳极与阴极的电势差)为 300V，如图 2.1.36 所示. 略去边缘效应. 试求：(1)阴极外表面上电荷量的面密度；(2)电子刚离开阴极时所受的力；(3)电子到达阳极时的速度. 已知电子的质量为 9.11×10^{-31}kg，电荷的大小为 1.60×10^{-19}C，电子离开阴极时速度可当作是零.

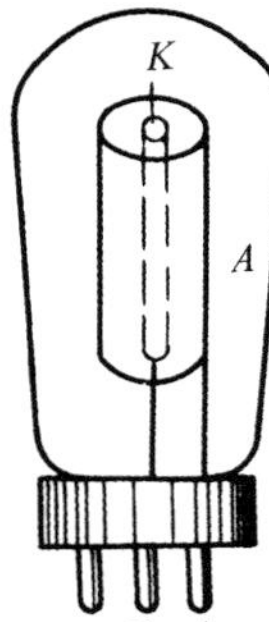

图 2.1.36

【解】 (1)设阴极单位长度上的电荷量为 λ，以阴极的轴线为轴线、r 为半径，在两极间作长为 l 的圆柱形高斯面 S，则由对称性和高斯定理得

$$\oiint_S \boldsymbol{E}\cdot d\boldsymbol{S}=E\cdot 2\pi rl=\frac{1}{\varepsilon_0}\lambda l \tag{1}$$

故得电场强度为

$$\boldsymbol{E}=\frac{\lambda}{2\pi\varepsilon_0 r}\boldsymbol{e}_r,\quad a<r<b \tag{2}$$

式中 $\boldsymbol{e}_r$ 是阴极表面外法线方向上的单位矢量. 两极的电势差为

$$U_a-U_b=\int_a^b \boldsymbol{E}\cdot d\boldsymbol{r}=\frac{\lambda}{2\pi\varepsilon_0}\int_a^b\frac{\boldsymbol{e}_r\cdot d\boldsymbol{r}}{r}=\frac{\lambda}{2\pi\varepsilon_0}\ln\frac{b}{a} \tag{3}$$

于是得阴极表面上的电荷量的面密度为

$$\begin{aligned}\sigma&=\frac{\lambda l}{2\pi al}=\frac{\lambda}{2\pi a}=\frac{\varepsilon_0(U_a-U_b)}{a\ln(b/a)}\\&=\frac{8.854\times10^{-12}\times(-300)}{1.0\times10^{-3}\ln(10.0/1.0)}=-1.2\times10^{-6}(\text{C/m}^2)\end{aligned} \tag{4}$$

(2)电子离开阴极时所受的力为

$$\begin{aligned}\boldsymbol{F}&=-e\boldsymbol{E}=-e\frac{\lambda}{2\pi\varepsilon_0 a}\boldsymbol{e}_r=-\frac{e(U_a-U_b)}{a\ln(b/a)}\boldsymbol{e}_r\\&=-\frac{1.60\times10^{-19}\times(-300)}{1.0\times10^{-3}\ln(10.0/1.0)}\boldsymbol{e}_r=2.1\times10^{-14}\boldsymbol{e}_r(\text{N})\end{aligned} \tag{5}$$

(3)设电子到达阳极时的速度为 v，则由能量守恒定律有

$$\frac{1}{2}mv^2=-e(U_a-U_b) \tag{6}$$

所以

$$\begin{aligned}v&=\sqrt{\frac{-2e(U_a-U_b)}{m}}=\sqrt{\frac{-2\times1.6\times10^{-19}\times(-300)}{9.11\times10^{-31}}}\\&=1.0\times10^7(\text{m/s})\end{aligned} \tag{7}$$

2.1.37 试证明：若导体表面上某处电荷量的面密度为 σ，则在该导体外很靠近 σ 处，电场强度为 $\boldsymbol{E}=\frac{\sigma}{\varepsilon_0}\boldsymbol{n}$，式中 $\boldsymbol{n}$ 是 σ 处导体外法线方向上的单位矢量.

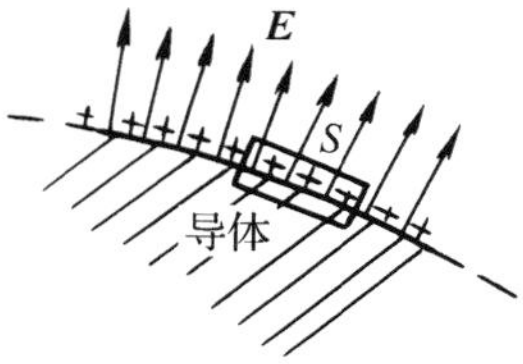

图 2.1.37

【证】 在 σ 处作一扁鼓形小高斯面，使两个底面一个刚好在导体外，一个刚好在导体内，并都与导体表面平行，如图 2.1.37 所示. 因导体内电场强度为零，导体外表面附近电场强度 $\boldsymbol{E}$ 与表面垂直，故由高斯定理得

$$\oiint_S \boldsymbol{E}\cdot d\boldsymbol{S}=\boldsymbol{E}\cdot S\boldsymbol{n}=ES=\frac{1}{\varepsilon_0}\sigma S \tag{1}$$

所以

$$E=\frac{\sigma}{\varepsilon_0} \tag{2}$$

考虑到方向，便得

$$\boldsymbol{E}=\frac{\sigma}{\varepsilon_0}\boldsymbol{n} \tag{3}$$

2.1.38　试证明：导体表面上某处电荷量的面密度为 σ 时，该处导体单位面积所受的力为 $\frac{\sigma^2}{2\varepsilon_0}\boldsymbol{n}$，$\boldsymbol{n}$ 是该处导体表面外法线方向上的单位矢量.

【证】　先证明面电荷 σ 所在处的电场强度为

$$\boldsymbol{E}=\frac{\sigma}{2\varepsilon_0}\boldsymbol{n}$$

为此，把导体表面分为两部分，第一部分为 σ 所在处的小圆面 ΔS，如图 2.1.38 中的(2)所示；第二部分为其余部分，即刨去 ΔS 后的其他部分，如图 2.1.38 中的(3)所示. 设 P_+ 为导体外靠近 ΔS 中心的一点，P_- 为导体内靠近 ΔS 中心的一点. 因 P_+ 和 P_- 都靠近 ΔS 的中心，故 ΔS 上的电荷在这两点产生的电场强度便可当作很大的均匀平面电荷所产生的电场强度，即

$$\boldsymbol{E}_{1+}=\frac{\sigma}{2\varepsilon_0}\boldsymbol{n} \tag{1}$$

$$\boldsymbol{E}_{1-}=-\frac{\sigma}{2\varepsilon_0}\boldsymbol{n} \tag{2}$$

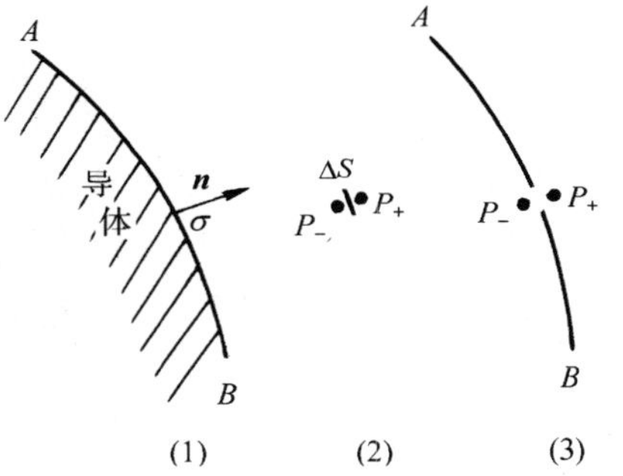

图 2.1.38

设其余部分的电荷在 P_+ 和 P_- 两点产生的电场强度分别为 $\boldsymbol{E}_{2+}$ 和 $\boldsymbol{E}_{2-}$，则 P_+ 和 P_- 两点的电场强度便分别为

$$P_+:\quad \boldsymbol{E}_+=\boldsymbol{E}_{1+}+\boldsymbol{E}_{2+}=\frac{\sigma}{2\varepsilon_0}\boldsymbol{n}+\boldsymbol{E}_{2+} \tag{3}$$

$$P_-:\quad \boldsymbol{E}_-=\boldsymbol{E}_{1-}+\boldsymbol{E}_{2-}=-\frac{\sigma}{2\varepsilon_0}\boldsymbol{n}+\boldsymbol{E}_{2-} \tag{4}$$

因 P_- 点在导体内，故

$$\boldsymbol{E}_-=0 \tag{5}$$

由式(4)、(5)得

$$\boldsymbol{E}_{2-}=\frac{\sigma}{2\varepsilon_0}\boldsymbol{n} \tag{6}$$

因 $\boldsymbol{E}_2$ 在从 P_- 穿过 ΔS 中心到 P_+ 是连续的，故有

$$\boldsymbol{E}_{2+}=\boldsymbol{E}_{2-}=\frac{\sigma}{2\varepsilon_0}\boldsymbol{n}$$

代入式(3)便得

$$\boldsymbol{E}_+=\frac{\sigma}{\varepsilon_0}\boldsymbol{n} \tag{7}$$

这便是导体外靠近导体表面(σ)处的电场强度公式.

在 ΔS 中心(即面电荷 σ 所在处)，ΔS 上的电荷所产生的电场强度为

$$\boldsymbol{E}_1 = 0 \tag{8}$$

其余部分的电荷所产生的电场强度为

$$\boldsymbol{E}_2 = \boldsymbol{E}_{2+} = \boldsymbol{E}_{2-} = \frac{\sigma}{2\varepsilon_0}\boldsymbol{n} \tag{9}$$

故得

$$\boldsymbol{E} = \boldsymbol{E}_1 + \boldsymbol{E}_2 = \frac{\sigma}{2\varepsilon_0}\boldsymbol{n} \tag{10}$$

这便是导体表面上面电荷 σ 所在处的电场强度公式.

再看导体上单位面积所受的力. 因导体单位面积上的电荷量为 σ，σ 所在处的电场强度为 $\boldsymbol{E}$，故导体上单位面积所受的力便为

$$\boldsymbol{f} = \sigma\boldsymbol{E} = \frac{\sigma^2}{2\varepsilon_0}\boldsymbol{n} \tag{11}$$

【讨论】 本题的论证方法源于库仑，他在 1788 年发表的论文中，已讲到划分出 ΔS 这种考虑方法. 后来拉普拉斯也向泊松讲过这种方法.

2.1.39 实验表明，在靠地面处有相当强的静电场，$\boldsymbol{E}$ 垂直于地面向下，其大小约为 100V/m. 试求：(1)地面上电荷量的面密度；(2)地面每平方米所受的静电力.

【解】 (1)地球是导体，故根据导体表面附近的电场强度公式[参见前面 2.1.37 题的式(3)，或 2.1.38 题的式(7)]得地面附近的电场强度为

$$\boldsymbol{E} = -\frac{\sigma}{\varepsilon_0}\boldsymbol{n} \tag{1}$$

式中 $\boldsymbol{n}$ 是地面法线方向上的单位矢量，方向向上. 以 $\boldsymbol{n}$ 点乘上式，便得地面上电荷量的面密度为

$$\begin{aligned}\sigma &= -\varepsilon_0 E = -8.854\times10^{-12}\times100\\ &= -8.9\times10^{-10}(\mathrm{C/m^2})\end{aligned} \tag{2}$$

(2)根据前面 2.1.38 题的式(11)，地面每平方米所受的静电力为

$$\begin{aligned}\boldsymbol{f} &= \frac{\sigma^2}{2\varepsilon_0}\boldsymbol{n} = \frac{(-\varepsilon_0 E)^2}{2\varepsilon_0}\boldsymbol{n} = \frac{1}{2}\varepsilon_0 E^2\boldsymbol{n}\\ &= \frac{1}{2}\times8.854\times10^{-12}\times100^2\boldsymbol{n} = 4.4\times10^{-8}\boldsymbol{n}(\mathrm{N/m^2})\end{aligned} \tag{3}$$

$\boldsymbol{n}$ 表示 $\boldsymbol{f}$ 的方向向上.

2.1.40 一带电的肥皂泡半径为 R，电势为 U，肥皂水的表面张力系数为 α. 当吹肥皂泡的小管与大气相通时，泡内外的空气压强相同，设这时肥皂泡处于稳定状态，略去小管的影响，把肥皂泡当作一个带电的球壳，试求 R、U 和 α 之间的关系.

【解】 设肥皂泡所带电荷量为 q，则由

$$U = \frac{q}{4\pi\varepsilon_0 R} \tag{1}$$

得电荷量的面密度为

$$\sigma = \frac{q}{4\pi R^2} = \frac{\varepsilon_0 U}{R} \tag{2}$$

当肥皂泡不带电时，里面气体压强 p_i 与外面气体压强 p_o 的关系为

$$p_i - p_o = \frac{4\alpha}{R} \tag{3}$$

由于带电，肥皂泡上单位面积所受的力为[参见前面 2.1.38 题的式(11)]

$$\boldsymbol{f} = \frac{\sigma^2}{2\varepsilon_0}\boldsymbol{n} \tag{4}$$

式中 $\boldsymbol{n}$ 是肥皂泡表面外法线方向上的单位矢量. 表面张力要使肥皂泡缩小，而 $\boldsymbol{f}$ 则要使肥皂泡膨胀，故带电后，肥皂泡内外的压强差便为

$$p_i - p_o = \frac{4\alpha}{R} - \frac{\sigma^2}{2\varepsilon_0} \tag{5}$$

因有小管使内外相通，故

$$p_i = p_o \tag{6}$$

于是得

$$\frac{4\alpha}{R} = \frac{\sigma^2}{2\varepsilon_0} \tag{7}$$

将式(2)的 σ 代入式(7)，便得所求的关系为

$$8\alpha R = \varepsilon_0 U^2 \tag{8}$$

2.1.41　一肥皂泡的半径为 r，肥皂水的表面张力系数为 α，外部空气的压强为 p. 使这肥皂泡带上电荷量 q 后，它的半径增大为 R. 试证明

$$(R^3 - r^3)p + 4\alpha(R^2 - r^2) = \frac{q^2}{32\pi^2\varepsilon_0 R}$$

【证】　弯曲液面两边的压强差为

$$p_i - p_o = \frac{2\alpha}{R} \tag{1}$$

式中 p_i 为凹面一边的压强，p_o 为凸面一边的压强，α 是液体的表面张力系数，R 是液面的曲率半径. 对于未带电的肥皂泡来说，设泡内气体的压强为 p_i，泡的液体内压强为 p_o，则有

$$\text{内表面：}\quad p_i - p_o = \frac{2\alpha}{r} \tag{2}$$

$$\text{外表面：}\quad p_o - p = \frac{2\alpha}{r} \tag{3}$$

相加便得

$$p_i - p = \frac{4\alpha}{r} \tag{4}$$

肥皂泡带电后，单位面积由于电荷而受的力为[参见前面 2.1.38 题的式(11)]

$$\boldsymbol{f}=\frac{\sigma^2}{2\varepsilon_0}\boldsymbol{n} \tag{5}$$

表面张力要使肥皂泡缩小，而 $\boldsymbol{f}$ 则要使肥皂泡膨胀，故带电后，肥皂泡内外的压强差便为

$$p_i'-p=\frac{4\alpha}{R}-\frac{\sigma^2}{2\varepsilon_0} \tag{6}$$

因为

$$\sigma=\frac{q}{4\pi R^2} \tag{7}$$

所以

$$p_i'-p=\frac{4\alpha}{R}-\frac{q^2}{32\pi^2\varepsilon_0 R^4} \tag{8}$$

设温度不变，则对泡内气体有

$$p_i'V'=p_iV \tag{9}$$

所以

$$p_i'R^3=p_ir^3 \tag{10}$$

由式(4)、(8)、(10)消去 p_i 和 p_i'，便得

$$(R^3-r^3)p+4\alpha(R^2-r^2)=\frac{q^2}{32\pi^2\varepsilon_0 R} \tag{11}$$

2.1.42 一不带电的肥皂泡半径为 R，肥皂水的表面张力系数为 α，外面大气压强为 p. 试证明：要使这肥皂泡的半径增大一倍，它需要带的电荷量为 $Q=8\pi\sqrt{\varepsilon_0 R^3(7pR+12\alpha)}$.

【证】 肥皂泡不带电时，泡内外的压强差为

$$p_i-p=\frac{4\alpha}{R} \tag{1}$$

肥皂泡带电荷量 Q 后，它的半径增大为 $2R$，这时泡内外的压强差为[参见前面 2.1.40 题的式(5)]

$$\begin{aligned}p_i'-p&=\frac{4\alpha}{2R}-\frac{\sigma^2}{2\varepsilon_0}=\frac{2\alpha}{R}-\frac{1}{2\varepsilon_0}\left[\frac{Q}{4\pi(2R)^2}\right]^2\\&=\frac{2\alpha}{R}-\frac{Q^2}{8^3\pi^2\varepsilon_0 R^4}\end{aligned} \tag{2}$$

因温度不变，故对泡内气体有

$$p_i'V'=p_iV \tag{3}$$

所以

$$p_i'(2R)^3=p_iR^3 \tag{4}$$

$$p_i=8p_i' \tag{5}$$

由式(1)、(2)、(5)消去 p_i 和 p_i'，便得

$$Q=8\pi\sqrt{\varepsilon_0 R^3(7pR+12\alpha)} \tag{6}$$

【讨论】 在前面 2.1.41 题的式(11)中，将 q 换成 Q、r 换成 R、R 换成 $2R$，亦得本题式(6).

2.1.43 在一金属球外，有一同心的金属球壳，壳的内外半径分别为 a 和 b，

这壳由互相密切接触的两部分 A 和 B 组成，它们的交界面是一个平面，这平面到球心的距离为 c，如图 2.1.43(1)所示. 球和壳原来都不带电，现在让球带电. 试证明：当 $c<\dfrac{ab}{\sqrt{a^2+b^2}}$ 时，B 所受的静电力是吸引力.

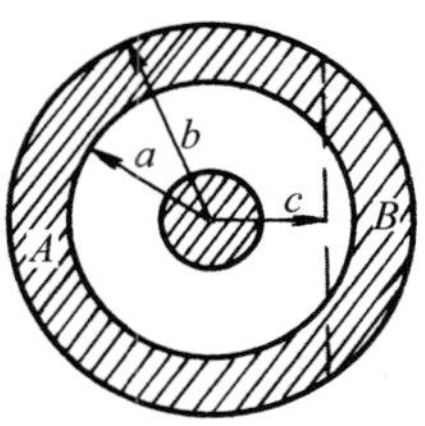

图 2.1.43(1)

【证】 B 是导体，它所受的静电力便是它的内外表面上的电荷所受的静电力之和. 为了求力，先要求面电荷所在处的电场强度.

设球所带的电荷量为 q，则由对称性、高斯定理和电荷守恒定律得出，壳的内表面上均匀分布着电荷量为 $-q$ 的电荷，电荷量的面密度为

$$\sigma_i=-\frac{q}{4\pi a^2}\tag{1}$$

壳的外表面上分布着电荷量为 q 的电荷，电荷量的面密度为

$$\sigma_o=\frac{q}{4\pi b^2}\tag{2}$$

根据前面 1.2.26 题的式(4)，或 2.1.38 题的式(10)，σ_i 和 σ_o 所在处的电场强度分别为

$$\boldsymbol{E}_i=\frac{q}{8\pi\varepsilon_0 a^2}\boldsymbol{e}_r\tag{3}$$

$$\boldsymbol{E}_o=\frac{q}{8\pi\varepsilon_0 b^2}\boldsymbol{e}_r\tag{4}$$

式中 $\boldsymbol{e}_r$ 为球的表面外法线方向上的单位矢量.

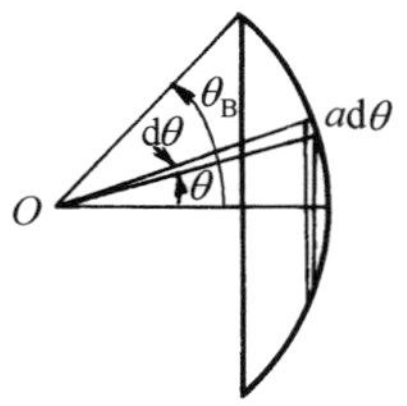

图 2.1.43(2)

有了电场强度，便可以求力. 先求 B 的内表面受的力. 以球心 O 到 A、B 分界面上的垂线为轴线，在 B 的内表面上取宽为 $a\mathrm{d}\theta$ 的环带，如图 2.1.43(2)所示. 这环带上的电荷量为

$$\mathrm{d}q=\sigma_i\cdot 2\pi a^2\sin\theta\mathrm{d}\theta\tag{5}$$

它所受的力为

$$\begin{aligned}\mathrm{d}\boldsymbol{F}_i&=(\mathrm{d}q)\boldsymbol{E}_i\cos\theta=\left(\frac{q}{8\pi\varepsilon_0 a^2}\boldsymbol{e}_r\right)\sigma_i\cdot 2\pi a^2\sin\theta\cos\theta\mathrm{d}\theta\\&=-\frac{q^2\boldsymbol{e}_r}{16\pi\varepsilon_0 a^2}\sin\theta\cos\theta\mathrm{d}\theta\end{aligned}\tag{6}$$

积分便得

$$\begin{aligned}\boldsymbol{F}_i&=-\frac{q^2\boldsymbol{e}_r}{16\pi\varepsilon_0 a^2}\int_0^{\theta_B}\sin\theta\cos\theta\mathrm{d}\theta=-\frac{q^2\boldsymbol{e}_r}{32\pi\varepsilon_0 a^2}\sin^2\theta_B\\&=-\frac{q^2}{32\pi\varepsilon_0 a^2}\,\frac{a^2-c^2}{a^2}\boldsymbol{e}_r\end{aligned}\tag{7}$$

对 B 的外表面作同样的考虑，便得外表面所受的力为

$$\boldsymbol{F}_0=\frac{q^2}{32\pi\varepsilon_0 b^2}\,\frac{b^2-c^2}{b^2}\boldsymbol{e}_r\tag{8}$$

于是得 B 所受的静电力为

$$\boldsymbol{F}=\boldsymbol{F}_i+\boldsymbol{F}_o=\frac{q^2}{32\pi\varepsilon_0}\left[\frac{b^2-c^2}{b^4}-\frac{a^2-c^2}{a^4}\right]\boldsymbol{e}_r \tag{9}$$

当

$$\frac{b^2-c^2}{b^4}<\frac{a^2-c^2}{a^4} \tag{10}$$

时，$\boldsymbol{F}$ 与 $\boldsymbol{e}_r$ 方向相反，B 受的静电力便是吸引力. 由式(10)得

$$c<\sqrt{\frac{ab}{a^2+b^2}} \tag{11}$$

2.1.44　电荷量为 q 的点电荷，到一无穷大导体平面的距离为 l，如图 2.1.44(1)所示. 已知导体的电势为零，试求导体表面上的电荷量分布.

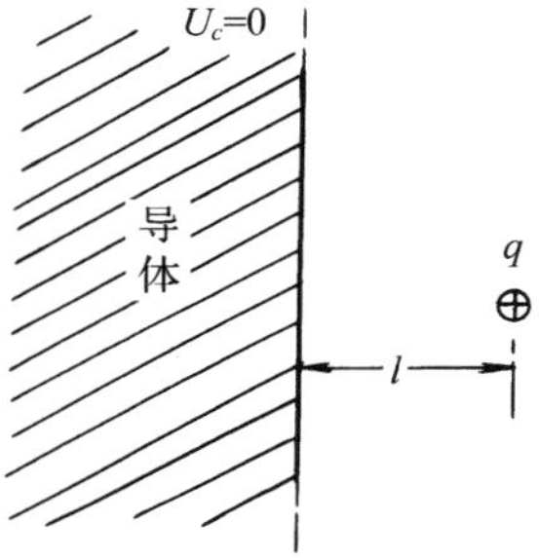

图 2.1.44(1)

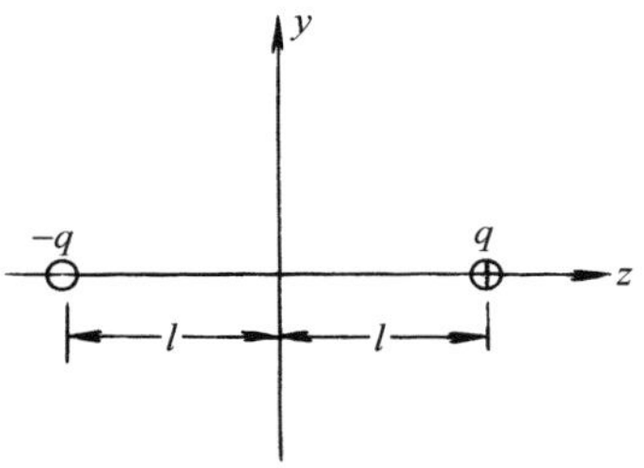

图 2.1.44(2)

【解】 用电像法求解　设想导体不存在，而有一电荷量为 $-q$ 的点电荷(称为 q 的电像)，与 q 对称地分布在原导体表面的两侧，如图 2.1.44(2)所示. 由对称性可知，这两个点电荷在原导体表面处产生的电势为零. 对 q 来说，导体表面是边界，边界上 $U_c=0$ 是边界条件. 设想导体不存在而代以 $-q$，便满足了本题的边界条件. 根据静电学的惟一性定理，一个区域内的电势由该区域内的电荷分布和边界上的电势惟一地确定. 因此，导体外的区域里的电势便等于图 2.1.44(2)中 q 和 $-q$ 所产生的电势.

以导体表面为 x-y 平面，沿 $-q$、q 取 z 轴，则在 $z>0$ 的空间里任一点 $P(x,y,z)$ 的电势便为

$$\begin{aligned}U&=\frac{q}{4\pi\varepsilon_0}\frac{1}{\sqrt{x^2+y^2+(z-l)^2}}+\frac{-q}{4\pi\varepsilon_0}\frac{1}{\sqrt{x^2+y^2+(z+l)^2}}\\&=\frac{q}{4\pi\varepsilon_0}\left[\frac{1}{\sqrt{x^2+y^2+(z-l)^2}}-\frac{1}{\sqrt{x^2+y^2+(z+l)^2}}\right],\\&\qquad z\geqslant 0\end{aligned} \tag{1}$$

电场强度为

$$\boldsymbol{E}=-\nabla U=-\frac{\partial U}{\partial x}\boldsymbol{e}_x-\frac{\partial U}{\partial y}\boldsymbol{e}_y-\frac{\partial U}{\partial z}\boldsymbol{e}_z$$

$$=\frac{q}{4\pi\varepsilon_0}\left\{\frac{x\boldsymbol{e}_x+y\boldsymbol{e}_y+(z-l)\boldsymbol{e}_z}{[x^2+y^2+(z-l)^2]^{3/2}}-\right.$$

$$\left.\frac{x\boldsymbol{e}_x+y\boldsymbol{e}_y+(z+l)\boldsymbol{e}_z}{[x^2+y^2+(z+l)^2]^{3/2}}\right\},\quad z>0 \tag{2}$$

在靠近导体表面时，$z\to 0$，由式(2)得

$$\boldsymbol{E}=-\frac{q}{2\pi\varepsilon_0}\frac{l}{(x^2+y^2+l^2)^{3/2}}\boldsymbol{e}_z \tag{3}$$

导体表面上电荷量的面密度σ与导体外靠近σ处的电场强度$\boldsymbol{E}$之间的关系为[参见前面 2.1.37 题的式(3)，或 2.1.38 题的式(7)]

$$\boldsymbol{E}=\frac{\sigma}{\varepsilon_0}\boldsymbol{n} \tag{4}$$

式中$\boldsymbol{n}$是σ处导体外法线方向上的矢量．比较式(3)、(4)便得：导体表面上的电荷量分布为

$$\sigma=-\frac{q}{2\pi}\frac{l}{(x^2+y^2+l^2)^{3/2}} \tag{5}$$

【讨论】 由式(5)可见：导体表面上的电荷与q符号相反；q到导体表面的垂足处(即坐标原点)电荷量的面密度最大，离垂足越远，电荷量的面密度越小．令$r=\sqrt{x^2+y^2}$代表导体表面上到垂足的距离，则式(5)便为

$$\sigma=-\frac{q}{2\pi}\frac{l}{(r^2+l^2)^{3/2}} \tag{6}$$

将式(6)对r积分，便得导体表面上的电荷量为

$$q'=\int_0^\infty \sigma\cdot 2\pi r\mathrm{d}r=-ql\int_0^\infty\frac{r\mathrm{d}r}{(r^2+l^2)^{3/2}}$$

$$=-ql\left[-\frac{1}{\sqrt{r^2+l^2}}\right]_{r=0}^{r=\infty}=-q \tag{7}$$

即导体表面上的全部电荷量q'等于q的电像的电荷量$-q$.

2.1.45 电荷量为q的点电荷到一无穷大导体平面的距离为l，已知导体的电势为零．电场线从q发出时，有些是与导体平面平行的，试问这些电场线在何处碰到导体表面？

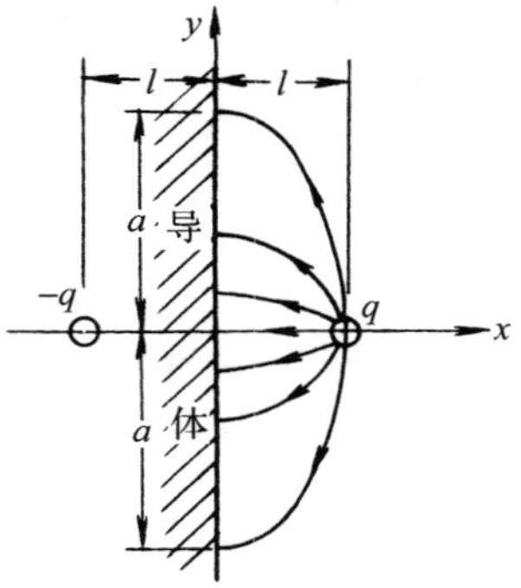

图 2.1.45

【解】 如图 2.1.45，以导体表面为y-z平面取笛卡儿坐标系，使q在x轴上．根据电像法(参见前面 2.1.44 题)，导体外的电场可看作是q和它的电像$-q$所产生的电场的叠加．q的电像是电荷量为$-q$、位于$x=-l$处的一个点电荷．从q发出的电场线，就是q和$-q$所构成的系统的电场线．根据前面 1.2.48 题的结果，这个系统的电场线(在x-y平面内)的方程为

$$\frac{x+l}{\sqrt{(x+l)^2+y^2}}-\frac{x-l}{\sqrt{(x-l)^2+y^2}}=\frac{2l}{\sqrt{a^2+l^2}} \tag{1}$$

式中 a 是导体表面上到原点 O 的距离，也就是电场线与导体表面的交点.

由式(1)得，电场线的斜率为

$$\frac{\mathrm{d}y}{\mathrm{d}x}=y\frac{[(x+l)^2+y^2]^{3/2}-[(x-l)^2+y^2]^{3/2}}{(x-l)[(x+l)^2+y^2]^{3/2}-(x+l)[(x-l)^2+y^2]^{3/2}} \tag{2}$$

电场线在 q 处(即 $x=l,y=0$ 处)与导体表面平行，即

$$\frac{\mathrm{d}y}{\mathrm{d}x}=\infty \tag{3}$$

故得

$$(x-l)[(x+l)^2+y^2]^{3/2}-(x+l)[(x-l)^2+y^2]^{3/2}=0 \tag{4}$$

所以

$$\frac{x+l}{[(x+l)^2+y^2]^{3/2}}[(x-l)^2+y^2]=\frac{x-l}{\sqrt{(x-l)^2+y^2}} \tag{5}$$

由式(1)得

$$\begin{aligned}\lim_{\substack{x\to l\\ y\to 0}}\frac{x-l}{\sqrt{(x-l)^2+y^2}}&=\lim_{\substack{x\to l\\ y\to 0}}\left\{\frac{x+l}{\sqrt{(x+l)^2+y^2}}-\frac{2l}{\sqrt{a^2+l^2}}\right\}\\&=1-\frac{2l}{\sqrt{a^2+l^2}}\end{aligned} \tag{6}$$

故当 $x\to l,y\to 0$ 时，式(5)可化为

$$\begin{aligned}\lim_{\substack{x\to l\\ y\to 0}}\frac{x+l}{[(x+l)^2+y^2]^{3/2}}[(x-l)^2+y^2]&=\frac{2l}{(2l)^3}\cdot 0\\&=1-\frac{2l}{\sqrt{a^2+l^2}}\end{aligned} \tag{7}$$

$$\sqrt{a^2+l^2}=2l$$

所以

$$a=\sqrt{3}l \tag{8}$$

于是最后得出，从 q 发出时平行于导体表面的电场线在 $y=\sqrt{3}l$ 处与导体表面相交.

【别解】 从 q 出发时平行于导体表面的那些电场线，构成一个立体形罩子，扣在导体表面上. 以这罩子为高斯面的侧面，高斯面的底面则取在导体内. 由于这高斯面的侧面上电场线是沿着侧面，而底面上 $\boldsymbol{E}=0$，故

$$\oint\!\!\!\oint_S \boldsymbol{E}\cdot\mathrm{d}\boldsymbol{S}=0 \tag{9}$$

于是由高斯定理得知，这高斯面内电荷量的代数和为零. 由于这高斯面经过 q 时，是与导体表面平行的光滑曲面，q 的电场线应有一半在这高斯面内，所以我们把 q 的一半算在这高斯面内，于是便得

$$\frac{q}{2}+\iint_S\sigma\mathrm{d}S=0 \tag{10}$$

式中 σ 是导体表面上电荷量的面密度，由前面 2.1.44 题的式(5)

$$\sigma = -\frac{q}{2\pi} \frac{l}{(y^2 + z^2 + l^2)^{3/2}} \tag{11}$$

令 $r = \sqrt{y^2 + z^2}$,则得

$$\iint_S \sigma \mathrm{d}S = \int_0^a \sigma \cdot 2\pi r \mathrm{d}r = -ql \int_0^a \frac{r\mathrm{d}r}{(r^2 + l^2)^{3/2}} \tag{12}$$

式中 a 就是高斯面底面的半径,也就是所求的、电场线碰到导体表面的地方. 积分得

$$\int_0^a \frac{r\mathrm{d}r}{(r^2 + l^2)^{3/2}} = \left[-\frac{1}{\sqrt{r^2 + l^2}} \right]_{r=0}^{r=a} = \frac{1}{l} - \frac{1}{\sqrt{a^2 + l^2}} \tag{13}$$

将式(12)和式(13)代入式(10)得

$$\frac{q}{2} - ql \left(\frac{1}{l} - \frac{1}{\sqrt{a^2 + l^2}} \right) = 0 \tag{14}$$

解得

$$a = \sqrt{3} l \tag{15}$$

2.1.46　半径为 R 的金属球带有电荷量 Q,将电荷量为 q 的一个点电荷放在离球心为 a 处,如图 2.1.46(1)所示. 试求球上电荷作用在 q 上的力.

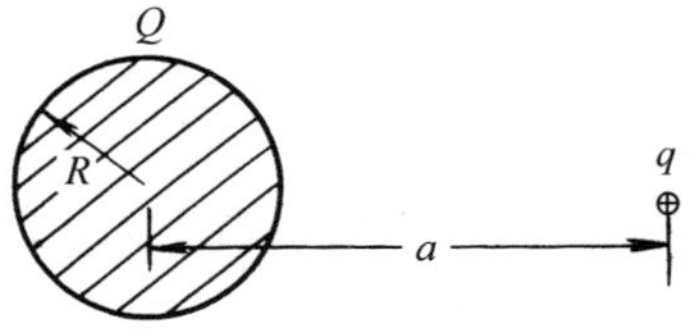

图 2.1.46(1)

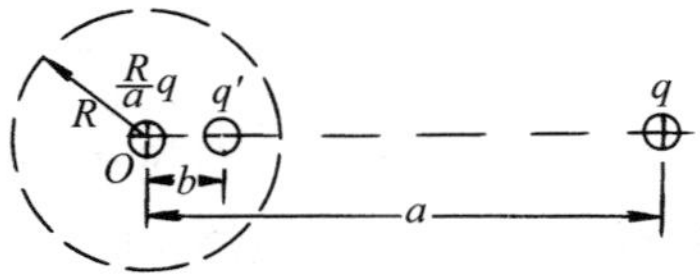

图 2.1.46(2)

【解】　在 q 未出现前,Q 均匀分布在球面上. q 出现后,球面上出现感应电荷;感应电荷虽然电荷量为零,但并不是均匀分布在球面上. 根据电像法[①],对于球外的区域来说,这感应电荷所产生的电场等于将导体球去掉后两个点电荷所产生的电场:一个点电荷的电荷量为 $\frac{R}{a}q$,它处在原来的球心;另一个点电荷的电荷量为

$$q' = -\frac{R}{a} q \tag{1}$$

它的位置在 q 与球心的连线上离球心为 b 处,

$$b = \frac{R^2}{a} \tag{2}$$

如图 2.1.46(2)所示.

于是得出:球上电荷在 q 处产生的电场强度为

① 参见张之翔等,《电动力学》(气象出版社,1988),344—351 页,例 2.14.

$$E = \frac{1}{4\pi\varepsilon_0}\frac{Q+\frac{R}{a}q}{a^2}n + \frac{1}{4\pi\varepsilon_0}\frac{q'}{(a-b)^2}n$$
$$= \frac{1}{4\pi\varepsilon_0}\left[\frac{Q+\frac{R}{a}q}{a^2} - \frac{\frac{R}{a}q}{(a-R^2/a)^2}\right]n$$
$$= \frac{1}{4\pi\varepsilon_0 a^2}\left[Q - \frac{R^3(2a^2-R^2)}{a(a^2-R^2)^2}q\right]n \tag{3}$$

式中 $\boldsymbol{n}$ 是从球心到 q 方向上的单位矢量. 故球上电荷作用在 q 上的力便为

$$F = qE = \frac{q}{4\pi\varepsilon_0 a^2}\left[Q - \frac{R^3(2a^2-R^2)}{a(a^2-R^2)^2}q\right]n \tag{4}$$

【讨论】 由式(4)可见,在 Q 和 q 是同种电荷的情况下,若

$$Q < \frac{R^3(2a^2-R^2)}{a(a^2-R^2)^2}q \tag{5}$$

则 $\boldsymbol{F}$ 的方向与 $\boldsymbol{n}$ 的方向相反,即 q 受到的是吸引力. 这种现象会在两种情况下发生:(i)Q 很小;(ii)$a-R$ 很小,即 q 离球面很近.

2.2 电　介　质

2.2.1 将电荷量分别为 q_1 和 q_2 的两个自由点电荷,放在电容率为 ε 的无穷大均匀介质中,当它们都静止时,相距为 r. 试求:(1)q_1 作用在 q_2 上的力;(2)q_2 所受的力.

【解】 (1) 根据库仑定律,q_1 作用在 q_2 上的力为

$$F_{21} = \frac{1}{4\pi\varepsilon_0}\frac{q_1 q_2}{r^3}r_{12} \tag{1}$$

式中 $\boldsymbol{r}_{12}$ 是从 q_1 到 q_2 的位矢,$|\boldsymbol{r}_{12}|=r$.

(2) q_2 所受的力除 q_1 作用在它上面的力 $\boldsymbol{F}_{21}$ 外,还受到介质极化所产生的电荷作用在它上面的力. 由于是无穷大的均匀介质,故除了 q_1 和 q_2 所在处外,没有极化电荷. 根据极化电荷出现的规律,q_1 在它所在处产生的极化电荷其电荷量为

$$q_1' = \left(\frac{\varepsilon_0}{\varepsilon}-1\right)q_1 \tag{2}$$

这电荷可看作是紧紧包围着 q_1 的一层均匀球面电荷. 对于 q_2 来说,q_1' 可看作是点电荷,故由库仑定律,q_1' 作用在 q_2 上的力便为

$$F_{21}' = \frac{1}{4\pi\varepsilon_0}\frac{q_1' q_2}{r^3}r_{12} \tag{3}$$

同样,q_2 在它所在处也产生极化电荷,其电荷量为

$$q_2' = \left(\frac{\varepsilon_0}{\varepsilon}-1\right)q_2 \tag{4}$$

q'_2也是紧紧包围着 q_2 的一层均匀球面电荷,因而 q'_2作用在 q_2 上的力为零.

于是得 q_2 所受的力为

$$\boldsymbol{F}_2 = \boldsymbol{F}_{21} + \boldsymbol{F}'_{21} = \frac{1}{4\pi\varepsilon_0}\frac{q_1 q_2}{r^3}\boldsymbol{r}_{12} + \frac{1}{4\pi\varepsilon_0}\frac{q'_1 q_2}{r^3}\boldsymbol{r}_{12}$$

$$= \frac{1}{4\pi\varepsilon}\frac{q_1 q_2}{r^3}\boldsymbol{r}_{12} \tag{5}$$

2.2.2 将电荷量为 q 的自由点电荷放在电容率为 ε 的无穷大均匀介质中,试求 $\boldsymbol{r}$ 处 P 点(图 2.2.2)的电场强度.

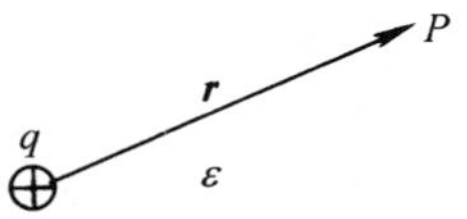

图 2.2.2

【解】 根据库仑定律,q 在 P 点产生的电场强度为

$$\boldsymbol{E}_0 = \frac{1}{4\pi\varepsilon_0}\frac{q}{r^3}\boldsymbol{r} \tag{1}$$

此外,介质由于 q 而发生极化,由于是无穷大均匀介质,故只有 q 处有极化电荷,其电荷量为

$$q' = \left(\frac{\varepsilon_0}{\varepsilon} - 1\right)q \tag{2}$$

q'可看作是包围着 q 的均匀球面电荷,根据对称性和高斯定理,q'在 P 点产生的电场强度为

$$\boldsymbol{E}' = \frac{1}{4\pi\varepsilon_0}\frac{q'}{r^3}\boldsymbol{r} \tag{3}$$

根据电场强度叠加原理,得 P 点的电场强度为

$$\boldsymbol{E} = \boldsymbol{E}_0 + \boldsymbol{E}' = \frac{1}{4\pi\varepsilon_0}\frac{q}{r^3}\boldsymbol{r} + \frac{1}{4\pi\varepsilon_0}\frac{q'}{r^3}\boldsymbol{r}$$

$$= \frac{1}{4\pi\varepsilon}\frac{q}{r^3}\boldsymbol{r} \tag{4}$$

【别解】 以 q 为心、r 为半径作球面,根据对称性和高斯定理得

$$\oiint_S \boldsymbol{D}\cdot d\boldsymbol{S} = 4\pi r^2 D = q \tag{5}$$

所以

$$\boldsymbol{D} = \frac{1}{4\pi}\frac{q}{r^3}\boldsymbol{r} \tag{6}$$

由

$$\boldsymbol{D} = \varepsilon\boldsymbol{E} \tag{7}$$

得 P 点的电场强度为

$$\boldsymbol{E} = \frac{\boldsymbol{D}}{\varepsilon} = \frac{1}{4\pi\varepsilon}\frac{q}{r^3}\boldsymbol{r} \tag{8}$$

2.2.3 一平行板电容器两极板间充满了电容率为 ε 的均匀介质,已知两极板上电荷量的面密度分别为 σ 和 $-\sigma$,如图 2.2.3(1)所示. 略去边缘效应. 试求介质中的电场强度 $\boldsymbol{E}$、极化强度 $\boldsymbol{P}$、电位移 $\boldsymbol{D}$、极化电荷量密度 ρ'和极化电荷量的面密度 σ'.

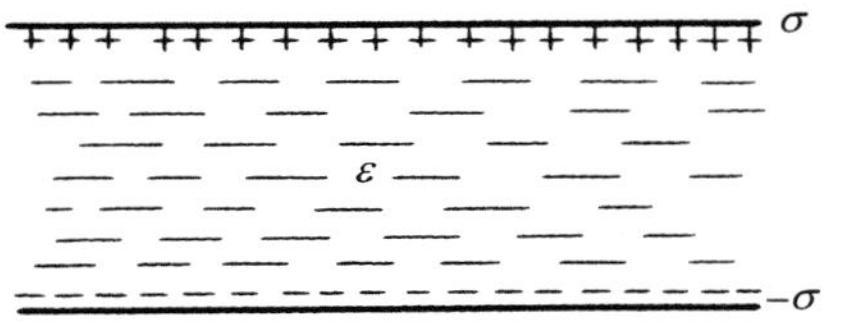

图 2.2.3(1)

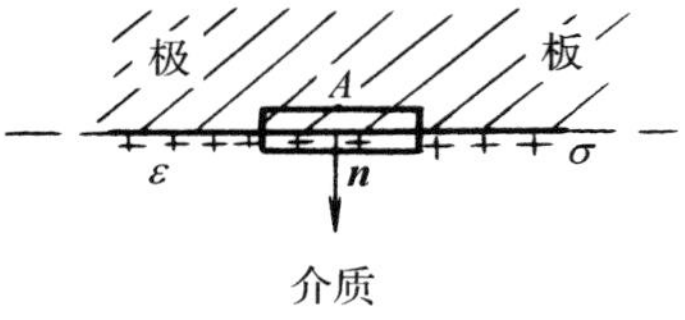

图 2.2.3(2)

【解】 作一扁鼓形高斯面 S,两底面面积均为 A,一面在极板内,一面在介质内,两面都与极板表面平行,如图 2.2.3(2)所示. 由于极板是导体,导体内电场强度和电位移均为零,而在导体表面外靠近导体处,电场强度和电位移都与导体表面垂直. 于是由电位移的高斯定理得

$$\oiint_S \boldsymbol{D} \cdot \mathrm{d}\boldsymbol{S} = DA = \sigma A \tag{1}$$

所以
$$\boldsymbol{D} = \sigma \boldsymbol{n} \tag{2}$$

式中 $\boldsymbol{n}$ 为正极板外法线方向上的单位矢量,指向负极板.

因为
$$\boldsymbol{D} = \varepsilon \boldsymbol{E} \tag{3}$$

所以
$$\boldsymbol{E} = \frac{\sigma}{\varepsilon}\boldsymbol{n} \tag{4}$$

依定义得

$$\boldsymbol{P} = \boldsymbol{D} - \varepsilon_0 \boldsymbol{E} = \sigma\left(1 - \frac{\varepsilon_0}{\varepsilon}\right)\boldsymbol{n} \tag{5}$$

又由电场强度的高斯定理得

$$\oiint_S \boldsymbol{E} \cdot \mathrm{d}\boldsymbol{S} = EA = \frac{1}{\varepsilon_0}(\sigma + \sigma')A \tag{6}$$

由式(4)、(6)得

$$\sigma' = \left(\frac{\varepsilon_0}{\varepsilon} - 1\right)\sigma \tag{7}$$

这是与正极板接触的介质表面上极化电荷量的面密度,与负极板接触的介质表面上极化电荷量的面密度则为 $-\sigma'$.

因介质是均匀介质,介质内的电场是均匀电场,故 $\boldsymbol{P}$ 为常矢量,即介质是均匀极化的,因而介质内的极化电荷量密度 $\rho' = 0$. 或者,在介质内作一高为 d 的扁鼓形高斯面,使其两底面垂直于 $\boldsymbol{E}$,则由 $\boldsymbol{E}$ 的高斯定理得

$$\oiint_S \boldsymbol{E} \cdot \mathrm{d}\boldsymbol{S} = EA - EA = \frac{1}{\varepsilon_0}(\rho + \rho')Ad \tag{8}$$

式中 ρ 为自由电荷量密度. 今 $\rho = 0$,故得

$$\rho' = 0 \tag{9}$$

2.2.4 一平行板电容器两极板相距为 2.0mm,电势差为 400V,两极板间是介电常量为 $\varepsilon_r = 5.0$ 的均匀玻璃片. 略去边缘效应,试求玻璃表面上极化电荷量的面密度.

【解】 作一扁鼓形高斯面 S,两底面面积均为 A,一面在极板内,一面在介质内,两面都与极板表面平行,由 $\boldsymbol{D}$ 的高斯定理得

$$\oint\!\!\!\oint_S \boldsymbol{D}\cdot d\boldsymbol{S} = DA = \sigma A \tag{1}$$

所以

$$D=\sigma \tag{2}$$

又由 $\boldsymbol{E}$ 的高斯定理得

$$\oint\!\!\!\oint_S \boldsymbol{E}\cdot d\boldsymbol{S} = EA = \frac{1}{\varepsilon_0}(\sigma+\sigma')A \tag{3}$$

所以

$$E=\frac{1}{\varepsilon_0}(\sigma+\sigma') \tag{4}$$

因为

$$\boldsymbol{D}=\varepsilon\boldsymbol{E}=\varepsilon_r\varepsilon_0\boldsymbol{E} \tag{5}$$

由式(2)、(4)、(5)得

$$\begin{aligned}\sigma' &= \varepsilon_0(1-\varepsilon_r)E=\varepsilon_0(1-\varepsilon_r)\frac{U}{d}\\ &=8.854\times10^{-12}(1-5.0)\times\frac{400}{2.0\times10^{-3}}\\ &=-7.1\times10^{-6}(\mathrm{C/m^2})\end{aligned} \tag{6}$$

这是与正极板接触的玻璃表面上极化电荷量的面密度,与负极板接触的玻璃表面上则为$-\sigma'$.

【别解】 介质表面上极化电荷量的面密度 σ' 与极化强度 $\boldsymbol{P}$ 的关系为

$$\sigma'=\boldsymbol{n}\cdot\boldsymbol{P} \tag{7}$$

式中 $\boldsymbol{n}$ 是介质表面外法线方向上的单位矢量.

极化强度 $\boldsymbol{P}$ 与电场强度 $\boldsymbol{E}$ 的关系为

$$\boldsymbol{P}=(\varepsilon-\varepsilon_0)\boldsymbol{E}=(\varepsilon_r-1)\varepsilon_0\boldsymbol{E} \tag{8}$$

略去边缘效应,平行板电容器两极板间的电势差 U 与电场强度 $\boldsymbol{E}$ 的关系为

$$E=\frac{U}{d} \tag{9}$$

式中 d 是两极板间的距离.

由式(7)、(8)、(9)得

$$\sigma'=\pm(1-\varepsilon_r)\varepsilon_0\frac{U}{d} \tag{10}$$

式中正负号分别用于靠近正负极板的介质表面.

2.2.5 一平行板电容器由面积都是 $50\mathrm{cm^2}$ 的两金属薄片贴在石蜡纸上构成,已知石蜡纸厚为 0.10mm,介电常量为 2.0. 略去边缘效应,试问这电容器加上 100V 的电压时,每个极板上的电荷量是多少?

【解】 由电位移的高斯定理得介质中的 $\boldsymbol{D}$ 与极板上电荷量的面密度 σ 的关系为

$$D=\sigma \tag{1}$$

$\boldsymbol{D}$ 与电场强度的关系为

$$\boldsymbol{D}=\varepsilon_r\varepsilon_0\boldsymbol{E} \tag{2}$$

$\boldsymbol{E}$ 与两极板的电势差(电压)U 和两极板间的距离 d 的关系为

$$E=\frac{U}{d} \tag{3}$$

由以上三式得所求的电荷量为

$$Q=\sigma S=\varepsilon_r\varepsilon_0\frac{US}{d}=2.0\times 8.854\times 10^{-12}\times\frac{100\times 50\times 10^{-4}}{0.10\times 10^{-3}}$$

$$=8.9\times 10^{-8}(\mathrm{C}) \tag{4}$$

【别解】 由平行板电容器的公式得

$$Q=CU=\frac{\varepsilon_r\varepsilon_0 S}{d}U=\varepsilon_r\varepsilon_0\frac{US}{d} \tag{5}$$

2.2.6 在静电场中,导体处在介质里. 试证明:(1)导体表面上电荷量的面密度 σ 与该处介质中的电位移 $\boldsymbol{D}$ 的关系为 $\sigma=\boldsymbol{n}\cdot\boldsymbol{D}$,式中 $\boldsymbol{n}$ 是导体表面在该处外法线方向上的单位矢量;(2)该处介质表面上极化电荷量的面密度为 $\sigma'=-\left(1-\frac{1}{\varepsilon_r}\right)\sigma$,式中 ε_r 是介质的介电常量.

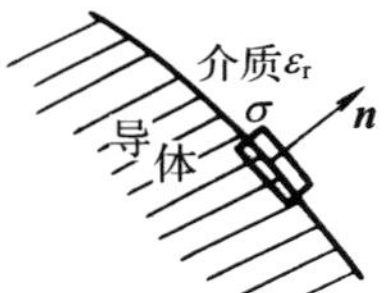

图 2.2.6

【证】 (1)作一小鼓形高斯面 S,两底面一在介质内,一在导体内,面积均为 A,且都与导体表面平行,如图 2.2.6 所示. 在导体内,电场强度和电位移均为零;在导体表面外靠近导体表面处,电场强度 $\boldsymbol{E}$ 和电位移 $\boldsymbol{D}$ 都与导体表面垂直. 于是由 $\boldsymbol{D}$ 的高斯定理得

$$\oint\!\!\!\oint_S \boldsymbol{D}\cdot d\boldsymbol{S}=\boldsymbol{D}\cdot\boldsymbol{n}A=\sigma A \tag{1}$$

所以

$$\sigma=\boldsymbol{n}\cdot\boldsymbol{D} \tag{2}$$

(2)由 $\boldsymbol{E}$ 的高斯定理得

$$\oint\!\!\!\oint_S \boldsymbol{E}\cdot d\boldsymbol{S}=\boldsymbol{E}\cdot\boldsymbol{n}A=\frac{1}{\varepsilon_0}(\sigma+\sigma')A \tag{3}$$

所以

$$\boldsymbol{n}\cdot\boldsymbol{E}=\frac{1}{\varepsilon_0}(\sigma+\sigma') \tag{4}$$

因为

$$\boldsymbol{D}=\varepsilon_r\varepsilon_0\boldsymbol{E} \tag{5}$$

故得

$$\sigma=\boldsymbol{n}\cdot\boldsymbol{D}=\varepsilon_r\varepsilon_0\boldsymbol{n}\cdot\boldsymbol{E}=\varepsilon_r(\sigma+\sigma') \tag{6}$$

所以

$$\sigma'=-\left(1-\frac{1}{\varepsilon_r}\right)\sigma \tag{7}$$

2.2.7 一平行板电容器两极板相距为 d,接到电压为 U 的电源上,在其间插入厚为 t、介电常量为 ε_r 的玻璃平板,如图 2.2.7 所示. 略去边缘效应,试求空隙中和玻璃中的电场强度.

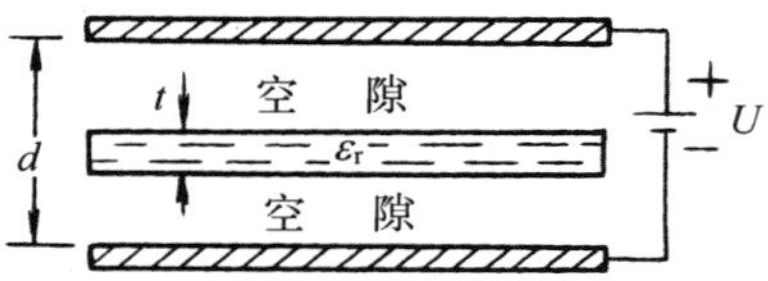

图 2.2.7

【解】 设空隙中和玻璃中的电场强度分别为 $\boldsymbol{E}_0$ 和 $\boldsymbol{E}$,电位移分别为 $\boldsymbol{D}_0$ 和 $\boldsymbol{D}$,则有

$$\int_{+}^{-} \boldsymbol{E} \cdot \mathrm{d}\boldsymbol{l} = E_0(d-t) + Et = U \tag{1}$$

$$\varepsilon_0 \boldsymbol{E}_0 = \boldsymbol{D}_0 = \boldsymbol{D} = \varepsilon_r \varepsilon_0 \boldsymbol{E} \tag{2}$$

所以
$$E_0 = \varepsilon_r E \tag{3}$$

由式(1)、(3)解得

$$E_0 = \frac{\varepsilon_r U}{\varepsilon_r(d-t)+t} \tag{4}$$

$$E = \frac{U}{\varepsilon_r(d-t)+t} \tag{5}$$

【讨论】 因 $\varepsilon_r > 1$，故 $E_0 > E$. 其原因是介质极化电荷在介质中产生的电场强度与两极板上的自由电荷产生的电场强度方向相反.

2.2.8 用两片面积都是 A 的金属片夹住两层均匀介质，它们的厚度分别为 d_1 和 d_2，电容率分别为 ε_1 和 ε_2，如图 2.2.8 所示. 设两金属片上所带电荷量分别为 Q 和 $-Q$，略去边缘效应，试求两介质表面上极化电荷量的面密度和两金属片的电势差.

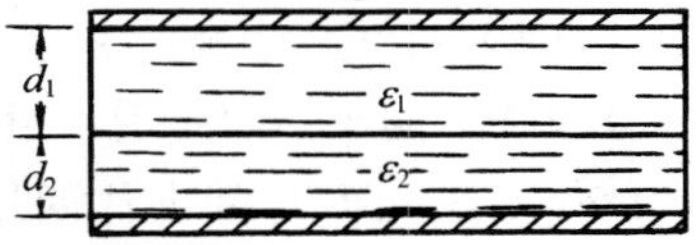

图 2.2.8

【解】 设介质 ε_1 和 ε_2 中的电位移分别为 $\boldsymbol{D}_1$ 和 $\boldsymbol{D}_2$，电场强度分别为 $\boldsymbol{E}_1$ 和 $\boldsymbol{E}_2$，表面上极化电荷量的面密度分别为 $\pm\sigma'_1$ 和 $\pm\sigma'_2$，则由 $\boldsymbol{D}$ 的高斯定理得

$$D_1 = D_2 = \sigma = \frac{Q}{A} \tag{1}$$

因为
$$\boldsymbol{D} = \varepsilon \boldsymbol{E} \tag{2}$$

所以
$$E_1 = \frac{D_1}{\varepsilon_1} = \frac{Q}{\varepsilon_1 A} \tag{3}$$

$$E_2 = \frac{D_2}{\varepsilon_2} = \frac{Q}{\varepsilon_2 A} \tag{4}$$

作一扁鼓形高斯面，使其两底面一个在 Q 的金属片内，一个在介质 ε_1 内，两底面都与金属片表面平行，则由 $\boldsymbol{E}$ 的高斯定理得

$$E_1 = \frac{1}{\varepsilon_0}(\sigma + \sigma'_1) = \frac{1}{\varepsilon_0}\left(\frac{Q}{A} + \sigma'_1\right) \tag{5}$$

由式(3)、(5)得

$$\sigma'_1 = -\left(1 - \frac{\varepsilon_0}{\varepsilon_1}\right)\frac{Q}{A} \tag{6}$$

这是介质 ε_1 与 Q 接触的表面上极化电荷量的面密度，与介质 ε_2 接触的表面上极化电荷量的面密度则为 $-\sigma'_1$.

如果扁鼓形高斯面的两底面分别在 $-Q$ 的金属片内和介质 ε_2 内，则由 $\boldsymbol{E}$ 的高斯定理得

$$-E_2 = \frac{1}{\varepsilon_0}\left(-\frac{Q}{A} + \sigma'_2\right) \tag{7}$$

由式(4)、(7)得

$$\sigma_2' = \left(1-\frac{\varepsilon_0}{\varepsilon_2}\right)\frac{Q}{A} \tag{8}$$

这是介质 ε_2 与 $-Q$ 接触的表面上极化电荷量的面密度，与介质 ε_1 接触的表面上极化电荷量的面密度则为 $-\sigma_2'$.

由式(3)、(4)得，两金属片的电势差为

$$U = E_1 d_1 + E_2 d_2 = \left(\frac{d_1}{\varepsilon_1}+\frac{d_2}{\varepsilon_2}\right)\frac{Q}{A} \tag{9}$$

【别解】 导体表面上电荷量的面密度为 σ 处，与之接触的介质表面上极化电荷量的面密度 σ' 为(参见前面 2.2.6 题)

$$\sigma' = -\left(1-\frac{1}{\varepsilon_r}\right)\sigma \tag{10}$$

由此式可直接得出式(6)和式(8).

2.2.9 两平行金属片相距为 5.0mm，带有等量异号电荷，电荷量的面密度大小为 $20\mu C/m^2$；两片间夹住两层平行的均匀介质片，介电常量分别为 $\varepsilon_{r1}=3.0$ 和 $\varepsilon_{r2}=4.0$. 略去边缘效应，试求各介质内的电场强度、电位移和介质表面上极化电荷量的面密度.

【解】 由电位移的高斯定理得，两介质中电位移的大小为

$$D_1 = D_2 = \sigma = 20\ \mu C/m^2 = 2.0\times10^{-5}C/m^2$$

$\boldsymbol{D}$ 的方向由正极板指向负极板.

由 $\boldsymbol{D}=\varepsilon\boldsymbol{E}$ 知 $\boldsymbol{E}$ 与 $\boldsymbol{D}$ 同方向，$\boldsymbol{E}$ 的大小分别为

$$E_1 = \frac{D_1}{\varepsilon_1} = \frac{D_1}{\varepsilon_{r1}\varepsilon_0} = \frac{20\times10^{-6}}{3.0\times8.854\times10^{-12}} = 7.5\times10^5(V/m)$$

$$E_2 = \frac{D_2}{\varepsilon_2} = \frac{D_2}{\varepsilon_{r2}\varepsilon_0} = \frac{20\times10^{-6}}{4.0\times8.854\times10^{-12}} = 5.6\times10^5(V/m)$$

根据前面 2.2.6 题的式(7)，两介质表面上极化电荷量的面密度分别为

$$\sigma_1' = \pm\left(1-\frac{1}{\varepsilon_{r1}}\right)\sigma = \pm\left(1-\frac{1}{3.0}\right)\times20\times10^{-6}$$
$$= \pm1.3\times10^{-5}(C/m^2)$$

$$\sigma_2' = \pm\left(1-\frac{1}{\varepsilon_{r2}}\right)\sigma = \pm\left(1-\frac{1}{4.0}\right)\times20\times10^{-6}$$
$$= \pm1.5\times10^{-5}(C/m^2)$$

其中负号用于向着正极板的那面，而正号则用于向着负极板的那面.

2.2.10 一平行板电容器两极板的面积都是 $2.0m^2$，相距为 5.0mm，两板加上 10000V 电压后，断开电源，再在其间充满两层平行的均匀介质，一层厚 2.0mm，介电常量为 5.0；另一层厚 3.0mm，介电常量为 2.0. 略去边缘效应. (1)试求各介质中极化强度的大小；(2)若与介电常量为 2.0 接触的极板接地(即电势为零)，另一极板(正极板)的电势是多少？两介质接触面上的电势是多少？

【解】 (1)未放入介质时,加上电压U后,设极板面积为A,两极板相距为d,则正极板上的电荷量为

$$Q=\sigma A=DA=\varepsilon_0 EA=\frac{\varepsilon_0 UA}{d} \tag{1}$$

断开电源后,Q不变,σ也不变. 这时两介质中的电位移为

$$\boldsymbol{D}_1=\boldsymbol{D}_2=\sigma\boldsymbol{n}=\frac{\varepsilon_0 U}{d}\boldsymbol{n} \tag{2}$$

式中$\boldsymbol{n}$为极板法线方向上的单位矢量,从正极板指向负极板. 两介质中的电场强度为

$$\boldsymbol{E}_1=\frac{\boldsymbol{D}_1}{\varepsilon_1}=\frac{U}{\varepsilon_{r1}d}\boldsymbol{n} \tag{3}$$

$$\boldsymbol{E}_2=\frac{\boldsymbol{D}_2}{\varepsilon_2}=\frac{U}{\varepsilon_{r2}d}\boldsymbol{n} \tag{4}$$

两介质中的极化强度为

$$\boldsymbol{P}_1=\boldsymbol{D}_1-\varepsilon_0\boldsymbol{E}_1=\left(1-\frac{1}{\varepsilon_{r1}}\right)\frac{\varepsilon_0 U}{d}\boldsymbol{n} \tag{5}$$

$$\boldsymbol{P}_2=\boldsymbol{D}_2-\varepsilon_0\boldsymbol{E}_2=\left(1-\frac{1}{\varepsilon_{r2}}\right)\frac{\varepsilon_0 U}{d}\boldsymbol{n} \tag{6}$$

故所求的极化强度的大小为

$$\begin{aligned}P_1&=\left(1-\frac{1}{5.0}\right)\times\frac{8.854\times10^{-12}\times10000}{5.0\times10^{-3}}\\&=1.4\times10^{-5}(\text{C/m}^2)\end{aligned} \tag{7}$$

$$\begin{aligned}P_2&=\left(1-\frac{1}{2.0}\right)\times\frac{8.854\times10^{-12}\times10000}{5.0\times10^{-3}}\\&=8.9\times10^{-6}(\text{C/m}^2)\end{aligned} \tag{8}$$

(2)正极板的电势为

$$\begin{aligned}U_+&=E_1d_1+E_2d_2=\frac{Ud_1}{\varepsilon_{r1}d}+\frac{Ud_2}{\varepsilon_{r2}d}=\left(\frac{d_1}{\varepsilon_{r1}}+\frac{d_2}{\varepsilon_{r2}}\right)\frac{U}{d}\\&=\left(\frac{2.0\times10^{-3}}{5.0}+\frac{3.0\times10^{-3}}{2.0}\right)\times\frac{10000}{5.0\times10^{-3}}=3.8\times10^3(\text{V})\end{aligned} \tag{9}$$

两介质接触面上的电势为

$$U=E_2d_2=\frac{Ud_2}{\varepsilon_{r2}d}=\frac{10000\times3.0}{2.0\times5.0}=3.0\times10^3(\text{V}) \tag{10}$$

2.2.11 两块相同的平行金属片,相距为$d=1.0$cm,每片的面积都是200cm^2,两片间有一块面积相同的、厚为$t=5.0$mm的平行石蜡板,如图2.2.11(1)所示. 给一金属片带上电荷量$Q_1=1.2\times10^{-10}$C,另一金属片带上电荷量$Q_2=2.4\times10^{-10}$C. 已知石蜡的介电常量为$\varepsilon_r=2.0$. 略去边缘效应. 试求:(1)金属片上电荷量的面密度;(2)石蜡内的电场强度;(3)两金属片的电势差;(4)石蜡板表面极化电荷量的面密度.

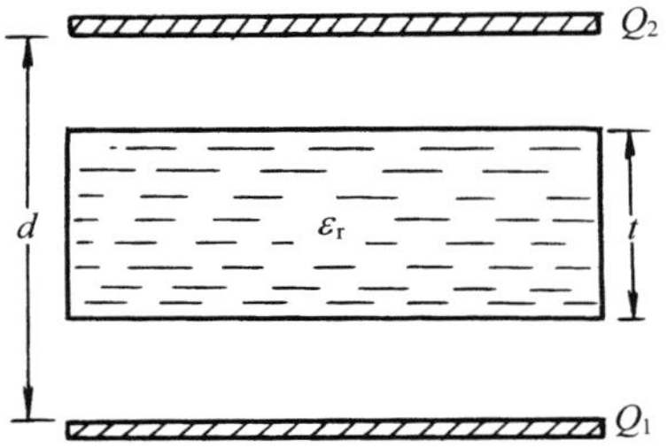

图 2.2.11(1)

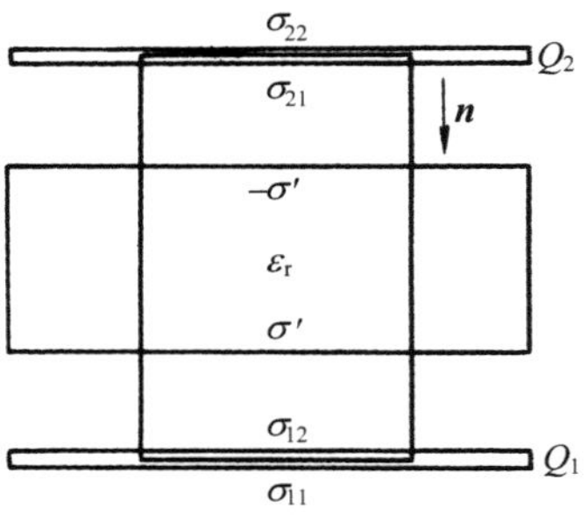

图 2.2.11(2)

【解】 (1)因为略去边缘效应,故根据对称性可知,两金属片的每个表面上,电荷都是均匀分布的;金属片与石蜡板间的电场(电场强度为 $\boldsymbol{E}_0$)是均匀电场,石蜡板内的电场(电场强度为 $\boldsymbol{E}$)也是均匀电场. 设电荷量为 Q_1 的金属片两面电荷量的面密度分别为 σ_{11} 和 σ_{12},电荷量为 Q_2 的金属片两面上电荷量的面密度分别为 σ_{21} 和 σ_{22},石蜡表面极化电荷量的面密度分别为 σ' 和 $-\sigma'$,如图 2.2.11(2)所示. 作一圆筒形高斯面 S,两底面的面积均为 A,分别处在两金属片内,由 $\boldsymbol{D}$ 的高斯定理得

$$\oint\!\!\!\oint_S \boldsymbol{D}\cdot \mathrm{d}\boldsymbol{S} = 0 = (\sigma_{12}+\sigma_{21})A \tag{1}$$

所以

$$\sigma_{21} = -\sigma_{12} \tag{2}$$

根据无限大均匀平面电荷产生电场强度的公式[参见前面 1.2.21 题式(6),或 1.3.26 题式(1)]和电场强度叠加原理,Q_2 金属片内任一点 P 的电场强度为($\boldsymbol{n}$ 为金属片法线方向单位矢量,从 Q_2 指向 Q_1)

$$\begin{aligned}\boldsymbol{E}_P &= \frac{1}{2\varepsilon_0}(\sigma_{22}-\sigma_{21}+\sigma'-\sigma'-\sigma_{12}-\sigma_{11})\boldsymbol{n}\\ &= \frac{1}{2\varepsilon_0}(\sigma_{22}-\sigma_{11})\boldsymbol{n} = 0\end{aligned} \tag{3}$$

所以

$$\sigma_{11} = \sigma_{22} \tag{4}$$

设金属片的面积为 S_M,则有

$$\sigma_{11}+\sigma_{12} = Q_1/S_M \tag{5}$$

$$\sigma_{21}+\sigma_{22} = Q_2/S_M \tag{6}$$

由式(2)、(4)、(5)、(6)解得

$$\begin{aligned}\sigma_{11} = \sigma_{22} &= \frac{1}{2}(Q_1+Q_2)/S_M = \frac{(1.2+2.4)\times 10^{-10}}{2\times 200\times 10^{-4}}\\ &= 9.0\times 10^{-9}(\mathrm{C/m^2})\end{aligned} \tag{7}$$

$$\begin{aligned}\sigma_{12} = -\sigma_{21} &= \frac{1}{2}(Q_1-Q_2)/S_M = \frac{(1.2-2.4)\times 10^{-10}}{2\times 200\times 10^{-4}}\\ &= -3.0\times 10^{-9}(\mathrm{C/m^2})\end{aligned} \tag{8}$$

(2)石蜡内的电场强度为

$$\boldsymbol{E}=\frac{\boldsymbol{D}}{\varepsilon_r\varepsilon_0}=\frac{\sigma_{21}\boldsymbol{n}}{\varepsilon_r\varepsilon_0}=\frac{3.0\times10^{-9}}{2.0\times8.854\times10^{-12}}\boldsymbol{n}$$
$$=1.7\times10^{2}\boldsymbol{n}(\mathrm{V/m}) \tag{9}$$

(3)两金属片的电势差为

$$U=Et+E_0(d-t)=Et+\varepsilon_r E(d-t)$$
$$=E[t+\varepsilon_r(d-t)]$$
$$=1.7\times10^{2}\times[5.0\times10^{-3}+2.0\times(10-5.0)\times10^{-3}]$$
$$=2.6(\mathrm{V}) \tag{10}$$

(4)石蜡板向着 Q_1 的表面上极化电荷量的面密度为

$$\sigma'=\boldsymbol{n}\cdot\boldsymbol{P}=\boldsymbol{n}\cdot(\varepsilon_r\varepsilon_0-\varepsilon_0)\boldsymbol{E}=(\varepsilon_r-1)\varepsilon_0 E$$
$$=(2.0-1)\times8.854\times10^{-12}\times1.7\times10^{2}$$
$$=1.5\times10^{-9}(\mathrm{C/m^2}) \tag{11}$$

2.2.12 平行板电容器两极板 A、B 相距为 3.0cm,两板间有一层 $\varepsilon_r=2.0$ 的均匀介质,其位置和厚度如图 2.2.12(1)所示.两极板带有等量异号电荷,电荷量的面密度大小为 $\sigma=8.9\times10^{-10}\mathrm{C/m^2}$. 略去边缘效应.(1)试求两极板间各处 $\boldsymbol{E}$、$\boldsymbol{D}$ 和 $\boldsymbol{P}$ 的值以及极板间各处的电势(设 A 板电势为零);(2)画出 E-x,D-x 和 U-x 曲线.

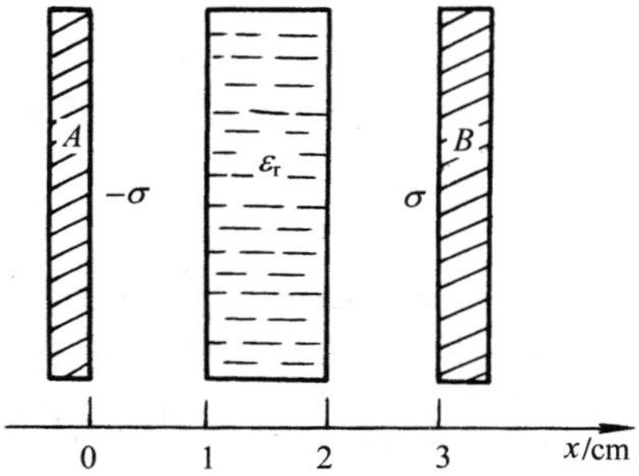

图 2.2.12(1)

【解】 (1)设电场强度、电位移和极化强度在极板与介质间分别为 $\boldsymbol{E}_0$、$\boldsymbol{D}_0$ 和 $\boldsymbol{P}_0$,在介质内分别为 $\boldsymbol{E}$、$\boldsymbol{D}$ 和 $\boldsymbol{P}$,则由电位移的高斯定理得

$$D_0=D=\sigma=8.9\times10^{-10}(\mathrm{C/m^2}) \tag{1}$$

$$E_0=\frac{D_0}{\varepsilon_0}=\frac{8.9\times10^{-10}}{8.9\times10^{-12}}=1.0\times10^{2}(\mathrm{V/m}) \tag{2}$$

$$E=\frac{D}{\varepsilon_r\varepsilon_0}=\frac{8.9\times10^{-10}}{2.0\times8.9\times10^{-12}}=50(\mathrm{V/m}) \tag{3}$$

$$P_0=D_0-\varepsilon_0E_0=0 \tag{4}$$

$$P=D-\varepsilon_0E=8.9\times10^{-10}-\frac{8.9\times10^{-10}}{2.0}$$
$$=4.5\times10^{-10}(\mathrm{C/m^2}) \tag{5}$$

各处的电势为(x 以米为单位,U 以伏为单位)

$$U_x=\int_x^0\boldsymbol{E}_0\cdot\mathrm{d}\boldsymbol{r}=E_0x=1.0\times10^{2}x,\quad 0\leqslant x\leqslant0.01 \tag{6}$$

$$U_x=\int_x^{0.01}\boldsymbol{E}\cdot\mathrm{d}\boldsymbol{r}+\int_{0.01}^{0}\boldsymbol{E}_0\cdot\mathrm{d}\boldsymbol{r}$$

$$=E(x-0.01)+E_0(0.01-0)$$
$$=50(x-0.01)+1.0\times10^2\times0.01$$
$$=50x+0.5,\quad 0.01\leqslant x\leqslant 0.02 \tag{7}$$

$$U_x=\int_x^{0.02}\boldsymbol{E}_0\cdot\mathrm{d}\boldsymbol{r}+\int_{0.02}^{0.01}\boldsymbol{E}\cdot\mathrm{d}\boldsymbol{r}+\int_{0.01}^{0}\boldsymbol{E}_0\cdot\mathrm{d}\boldsymbol{r}$$
$$=E_0(x-0.02)+E(0.02-0.01)+E_0(0.01)$$
$$=E_0x-0.01E_0+0.01E$$
$$=100x-0.01\times100+0.01\times50$$
$$=100x-0.5,\qquad 0.02\leqslant x\leqslant 0.03 \tag{8}$$

(2)按式(2)、(3)画出的 E-x 曲线,按式(1)画出的 D-x 曲线和按式(6)、(7)、(8)画出的 U-x 曲线如图 2.2.12(2)所示.

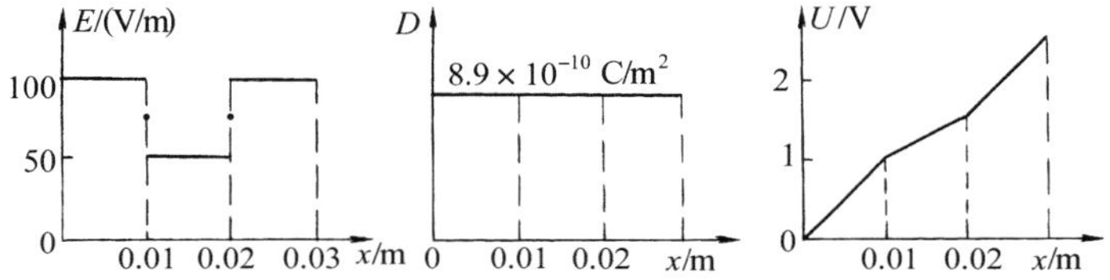

图 2.2.12(2)

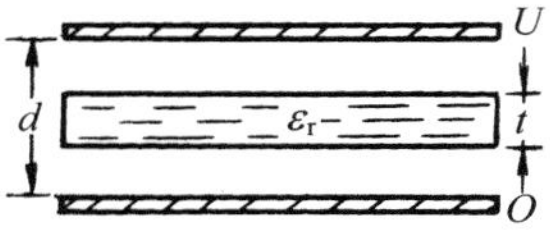

图 2.2.13

2.2.13 平行板电容器两极板相距为 d,电势差为 U,其中有一层厚为 t 的均匀介质平行板,介电常量为 ε_r,介质两边都是空气,如图 2.2.13 所示. 略去边缘效应. 试求:(1)介质中的电场强度、电位移和极化强度;(2)极板与介质间的电场强度和电位移;(3)极板上电荷量的面密度 σ;介质表面极化电荷量的面密度 σ'.

【解】 设电场强度和电位移在介质中分别为 $\boldsymbol{E}$ 和 $\boldsymbol{D}$,在极板与介质间分别为 $\boldsymbol{E}_0$ 和 $\boldsymbol{D}_0$,它们的方向都与正极板的法线平行,指向负极板. 由 $\boldsymbol{D}$ 的高斯定理得

$$D_0=D=\sigma \tag{1}$$

式中 σ 为正极板上电荷量的面密度.

由

$$\boldsymbol{D}=\varepsilon_r\varepsilon_0\boldsymbol{E} \tag{2}$$

得

$$E_0=\frac{\sigma}{\varepsilon_0} \tag{3}$$

$$E=\frac{\sigma}{\varepsilon_r\varepsilon_0} \tag{4}$$

两极板的电势差为

$$U = E_0(d-t) + Et = \frac{\sigma}{\varepsilon_0}(d-t) + \frac{\sigma}{\varepsilon_r\varepsilon_0}t$$
$$= \frac{\sigma}{\varepsilon_r\varepsilon_0}[\varepsilon_r(d-t)+t] \tag{5}$$

于是得

$$\sigma = \frac{\varepsilon_r\varepsilon_0 U}{\varepsilon_r(d-t)+t} \tag{6}$$

代入式(3)、(4)分别得

$$E_0 = \frac{\varepsilon_r U}{\varepsilon_r(d-t)+t} \tag{7}$$

$$E = \frac{U}{\varepsilon_r(d-t)+t} \tag{8}$$

介质的极化强度 $\boldsymbol{P}$ 与 $\boldsymbol{E}$ 同方向，其大小为

$$P = (\varepsilon_r - 1)\varepsilon_0 E = \frac{(\varepsilon_r-1)\varepsilon_0 U}{\varepsilon_r(d-t)+t} \tag{9}$$

由 $\sigma' = \boldsymbol{n}\cdot\boldsymbol{P}$ 得介质表面上极化电荷量的面密度为

$$\sigma' = \pm P = \pm\frac{(\varepsilon_r-1)\varepsilon_0 U}{\varepsilon_r(d-t)+t} \tag{10}$$

其中正负号分别用于向着和背着负极板的表面.

2.2.14　一平行板电容器两极板间左半边是空气，右半边是 $\varepsilon_r = 3.0$ 的均匀介质，如图 2.2.14 所示. 两极板相距为 10mm，电势差为 100V. 略去边缘效应. 试分别求两极板间空气中和介质中的电场强度、电位移和极化强度的值.

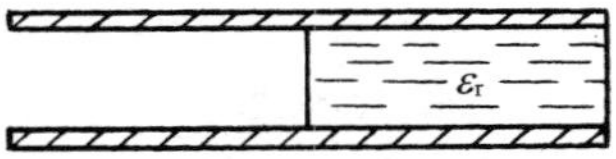

图 2.2.14

【解】 空气中电场强度、电位移和极化强度的值分别为

$$E_0 = \frac{U}{d} = \frac{100}{10\times10^{-3}} = 1.0\times10^4\,(\text{V/m})$$

$$D_0 = \varepsilon_0 E_0 = 8.854\times10^{-12}\times1.0\times10^4$$
$$= 8.9\times10^{-8}\,(\text{C/m}^2)$$

$$P_0 = D_0 - \varepsilon_0 E_0 = 0$$

介质中电场强度、电位移和极化强度的值分别为

$$E = \frac{U}{d} = \frac{100}{10\times10^{-3}} = 1.0\times10^4\,(\text{V/m})$$

$$D = \varepsilon E = \varepsilon_r\varepsilon_0 E = 3.0\times8.854\times10^{-12}\times1.0\times10^4$$
$$= 2.7\times10^{-7}\,(\text{C/m}^2)$$

$$P = D - \varepsilon_0 E = 2.7\times10^{-7} - 8.854\times10^{-12}\times1.0\times10^4$$
$$= 1.8\times10^{-7}\,(\text{C/m}^2)$$

【讨论】 介质中与空气中的电强度相等，表明电容器两极板上左右两边电荷

量的面密度是不相等的.

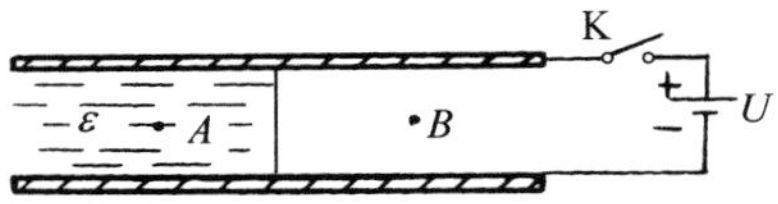

图 2.2.15

2.2.15 将平行板电容器两极板接到电压为U的电源上(接通 K),然后在两极板间的一半放入电容率为ε的均匀介质,如图 2.2.15 所示. 略去边缘效应. (1)试问A、B两点的电场强度哪个大?各为未放入介质时的多少倍?(2)如果在充电后,先将电源断开,再在两极板间的一半放入介质,则结果如何?

【解】 (1)设两极板间相距为d,则A、B两点的电场强度分别为

$$E_A=\frac{U}{d},\quad E_B=\frac{U}{d} \tag{1}$$

所以

$$E_A=E_B \tag{2}$$

未放入介质时,两极板间的电场强度为

$$E_0=\frac{U}{d} \tag{3}$$

所以

$$E_A=E_B=E_0 \tag{4}$$

(2)设极板面积为S,则充电后,极板上的电荷量为

$$Q=\sigma S=DS=\varepsilon_0 ES=\frac{\varepsilon_0 US}{d} \tag{5}$$

断开电源后,Q不变.

放入介质后,Q仍不变,但将在极板的两半上重新分布. 设极板上电荷量的面密度在有介质部分为σ_A,在无介质部分为σ_B,则

$$(\sigma_A+\sigma_B)\frac{S}{2}=Q \tag{6}$$

由于每个极板都是等势体,设这时两极板的电势差为U',则A、B两点电场强度的大小分别为

$$E'_A=\frac{U'}{d},\quad E'_B=\frac{U'}{d} \tag{7}$$

所以

$$E'_A=E'_B \tag{8}$$

即这时A、B两点的电场强度仍然相等. 下面考虑E'_A和E'_B与未放入介质时的电场强度E_0的关系. 放入介质后,电位移为

$$D'_A=\varepsilon E'_A=\sigma_A \tag{9}$$

$$D'_B=\varepsilon_0 E'_B=\sigma_B \tag{10}$$

由式(8)、(9)、(10)得

$$\varepsilon\sigma_B=\varepsilon_0\sigma_A \tag{11}$$

由式(5)、(6)、(11)解得

$$\sigma_A=\frac{2\varepsilon\varepsilon_0 U}{(\varepsilon+\varepsilon_0)d} \tag{12}$$

$$\sigma_B = \frac{2\varepsilon_0^2 U}{(\varepsilon + \varepsilon_0)d} \tag{13}$$

最后得

$$E'_A = E'_B = \frac{\sigma_B}{\varepsilon_0} = \frac{2\varepsilon_0 U}{(\varepsilon+\varepsilon_0)d} = \frac{2\varepsilon_0}{\varepsilon+\varepsilon_0}E_0 \tag{14}$$

2.2.16　在 100℃和 1.0atm 时，饱和水蒸气的密度为 598g/m^3. 水的分子量为 18，水分子的电偶极矩为 $6.2\times10^{-30}\text{C}\cdot\text{m}$. 试求这时水蒸气的极化强度的最大值.

【解】　所有水分子的电偶极矩都沿同一方向排列时，水蒸气的极化强度便达到最大值，这时

$$P_{\max} = \frac{m}{\mu}N_A p = \frac{598}{18}\times 6.022\times10^{23}\times6.2\times10^{-30}$$
$$=1.2\times10^{-4}(\text{C/m}^2)$$

2.2.17　一均匀介质球在均匀极化后，极化强度为 $\boldsymbol{P}$. 试求：(1)它表面上极化电荷量的面密度；(2)这极化面电荷在球心产生的电场强度.

【解】　(1)介质表面极化电荷量的面密度 σ' 与极化强度 $\boldsymbol{P}$ 的关系为

$$\sigma' = \boldsymbol{n}\cdot\boldsymbol{P} = P\cos\theta \tag{1}$$

式中 $\boldsymbol{n}$ 为介质表面外法线方向上的单位矢量，θ 是 $\boldsymbol{n}$ 与 $\boldsymbol{P}$ 之间的夹角，如图 2.2.17 所示.

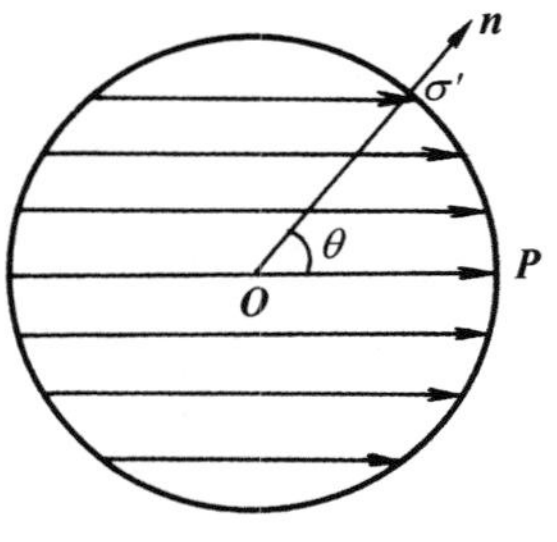

图 2.2.17

(2)求极化面电荷在球心 O 产生的电场强度 $\boldsymbol{E}'$. 设球的半径为 R，在球面上 θ 处取宽为 $R\text{d}\theta$ 的环带，这环带上的电荷量为

$$\text{d}q' = \sigma'\text{d}S = 2\pi R^2 P\sin\theta\cos\theta\text{d}\theta \tag{2}$$

这 $\text{d}q'$ 在球心 O 产生的电场强度 $\text{d}\boldsymbol{E}'$ 的方向与 $\boldsymbol{P}$ 相反，其大小为

$$\text{d}E' = \frac{1}{4\pi\varepsilon_0}\frac{\text{d}q'}{R^2}\cos\theta = \frac{P}{2\varepsilon_0}\sin\theta\cos^2\theta\text{d}\theta \tag{3}$$

积分便得

$$E' = \frac{P}{2\varepsilon_0}\int_0^{\pi}\sin\theta\cos^2\theta\text{d}\theta = \frac{P}{2\varepsilon_0}\left[-\frac{1}{3}\cos^3\theta\right]_0^{\pi}$$
$$=\frac{P}{3\varepsilon_0} \tag{4}$$

于是得所求的电场强度为

$$\boldsymbol{E}' = -\frac{1}{3\varepsilon_0}\boldsymbol{P} \tag{5}$$

【讨论】　可以证明，球内电场是均匀电场，参见前面 1.2.29 题.

2.2.18　在 $\varepsilon_r=6.0$ 的瓷体表面附近，空气里的电场强度 $\boldsymbol{E}$ 的大小为 $6.0\times10^4\text{V/m}$，$\boldsymbol{E}$ 的方向与瓷体表面的外法线成 45°角，试求该处瓷体内电位移 $\boldsymbol{D}$ 的大小和方向以及瓷体表面上极化电荷量的面密度 σ'.

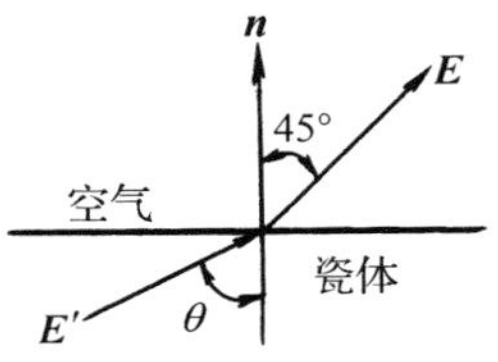

图 2.2.18

【解】 用电场强度和电位移的边值关系求解. 如图 2.2.18,设瓷体内该处表面附近的电场强度和电位移分别为 $\boldsymbol{E}'$ 和 $\boldsymbol{D}'$,则由电场强度的边值关系(交界面两边电场强度平行于交界面的分量相等)得

$$E'\sin\theta = E\sin 45^\circ = \frac{1}{\sqrt{2}}E \tag{1}$$

由电位移的边值关系(交界面两边电位移垂直于交界面的分量相等)得

$$D'\cos\theta = \varepsilon_r\varepsilon_0 E'\cos\theta = D\cos 45^\circ = \frac{1}{\sqrt{2}}\varepsilon_0 E \tag{2}$$

所以

$$6.0E'\cos\theta = \frac{1}{\sqrt{2}}E \tag{3}$$

由以上三式得

$$\tan\theta = 6.0 \tag{4}$$

所以

$$\theta = \arctan 6.0 = 80^\circ 32' \tag{5}$$

因 $\boldsymbol{D}'$ 与 $\boldsymbol{E}'$ 同方向,故 $\boldsymbol{D}'$ 与交界面法线的夹角也是 $\theta=80^\circ32'$,如图 2.2.18 所示. $\boldsymbol{D}'$ 的大小为

$$\begin{aligned} D' &= \varepsilon_r\varepsilon_0 E' = \varepsilon_r\varepsilon_0\sqrt{\frac{1}{2}\left(1+\frac{1}{6.0^2}\right)}E \\ &= 6.0\times 8.854\times 10^{-12}\times\sqrt{\frac{37}{72}}\times 6.0\times 10^4 \\ &= 2.3\times 10^{-6}\,(\mathrm{C/m^2}) \end{aligned} \tag{6}$$

极化电荷量的面密度为

$$\begin{aligned} \sigma' &= \boldsymbol{n}\cdot\boldsymbol{P} = P\cos\theta = (\varepsilon_r-1)\varepsilon_0 E'\cos\theta \\ &= (\varepsilon_r-1)\varepsilon_0\sqrt{\frac{1}{2}\left(1+\frac{1}{6.0^2}\right)}E\cos\theta \\ &= (6.0-1)\times 8.854\times 10^{-12}\times\sqrt{\frac{37}{72}}\times 6.0\times 10^4\times\cos 80^\circ 32' \\ &= 3.1\times 10^{-7}\,(\mathrm{C/m^2}) \end{aligned} \tag{7}$$

2.2.19 两块平行金属板间充满电容率为 ε_1 的均匀介质,在这介质内有一个电容率为 ε_2 的均匀介质球. 当两金属板加上电压后,两种情况下的电位移线分别如图 2.2.19 的(1)和(2)所示. 试判定各图中 ε_1 和 ε_2 哪个大.

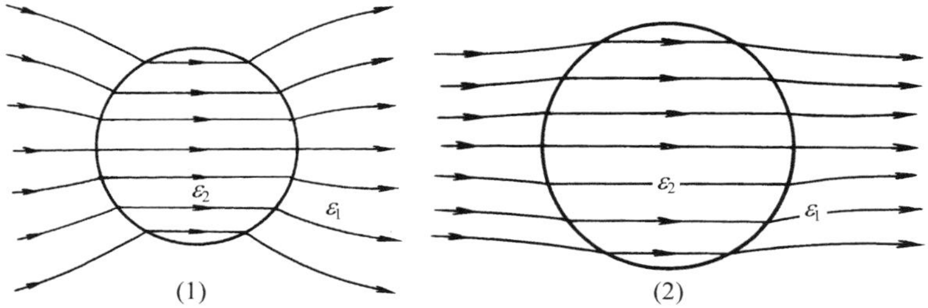

图 2.2.19

【解】 在电容率分别为 ε_1 与 ε_2 的两介质交界面两边，电位移和电场强度的边值关系为：$\boldsymbol{D}$ 的法向分量相等，即

$$D_{2n}=D_{1n} \tag{1}$$

$\boldsymbol{E}$ 的切向分量相等，即

$$E_{2t}=E_{1t} \tag{2}$$

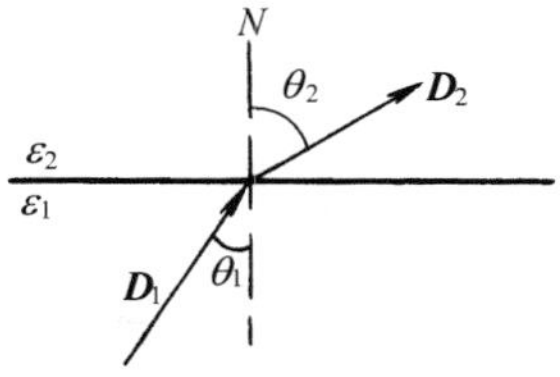

图 2.2.19(3)

由图 2.2.19(3)和式(1)、(2)得

$$D_2\cos\theta_2=D_1\cos\theta_1 \tag{3}$$

$$E_2\sin\theta_2=E_1\sin\theta_1 \tag{4}$$

因为
$$\boldsymbol{D}=\varepsilon\boldsymbol{E} \tag{5}$$
故得

$$\frac{\tan\theta_2}{\tan\theta_1}=\frac{\varepsilon_2}{\varepsilon_1} \tag{6}$$

由此式可见，$\boldsymbol{D}$ 与法线夹角 θ 大的，其电容率 ε 也大. 于是得出结论：图 2.2.19(1)中 $\varepsilon_2>\varepsilon_1$，图 2.2.19(2)中 $\varepsilon_2<\varepsilon_1$.

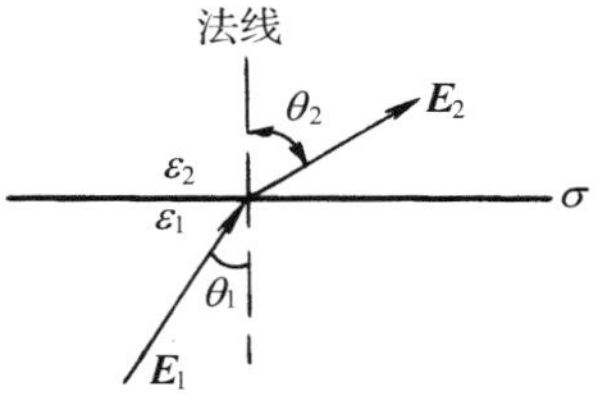

图 2.2.20

2.2.20 两介质的电容率分别为 ε_1 和 ε_2，在它们的交界面上有一层电荷量的面密度为 σ 的自由电荷；这面两边的电场强度分别为 $\boldsymbol{E}_1$ 和 $\boldsymbol{E}_2$，它们与交界面法线的夹角分别为 θ_1 和 θ_2，如图 2.2.20 所示. 试证明：$\varepsilon_2\cot\theta_2=\varepsilon_1\cot\theta_1\left(1+\dfrac{\sigma}{\varepsilon_1E_1\cos\theta_1}\right)$.

【证】 作一扁鼓形高斯面 S，两底面都与交界面平行，面积均为 A，分别处在两介质中. 由 $\boldsymbol{D}$ 的高斯定理得

$$\oint\!\!\!\oint_S\boldsymbol{D}\cdot d\boldsymbol{S}=D_2A\cos\theta_2-D_1A\cos\theta_1=\sigma A \tag{1}$$

所以
$$D_2\cos\theta_2-D_1\cos\theta_1=\sigma \tag{2}$$

又由 $\boldsymbol{E}$ 的边值关系

$$E_{2t}=E_{1t} \tag{3}$$

得

$$E_2\sin\theta_2=E_1\sin\theta_1 \tag{4}$$

因为
$$\boldsymbol{D}=\varepsilon\boldsymbol{E} \tag{5}$$
故得

$$\varepsilon_2\cot\theta_2=\varepsilon_1\cot\theta_1+\frac{\sigma}{E_1\sin\theta_1}=\varepsilon_1\cot\theta_1\left(1+\frac{\sigma}{\varepsilon_1E_1\cos\theta_1}\right) \tag{6}$$

2.2.21 在有介质时，高斯定理为 $\oint\!\!\!\oint_S\boldsymbol{D}\cdot d\boldsymbol{S}=Q$，式中 Q 是高斯面 S 内自由电荷量的代数和. 如果把介质都去掉，而让自由电荷的分布和数量都保持原样，这时

便有 $\varepsilon_0 \oint\!\!\!\oint_S \boldsymbol{E}_0 \cdot \mathrm{d}\boldsymbol{S} = Q$. (1) 有人据此得出结论：$\boldsymbol{D}$ 只由自由电荷决定，而与介质无关；$\boldsymbol{D}$ 等于介质不存在时的电场强度 $\boldsymbol{E}_0$ 乘以 ε_0. 你认为他这两个结论是否正确？为什么？(2) 假定均匀介质充满一半空间，另一半是真空，介质与真空的交界面是平面，在介质外面的真空中，有一个电荷量为 q 的点电荷，如图 2.2.21(1) 所示. 试将交界面两边的 $\boldsymbol{D}$ 与介质不存在时这电荷产生的 $\varepsilon_0\boldsymbol{E}_0$ 作比较，再评价上述结论.

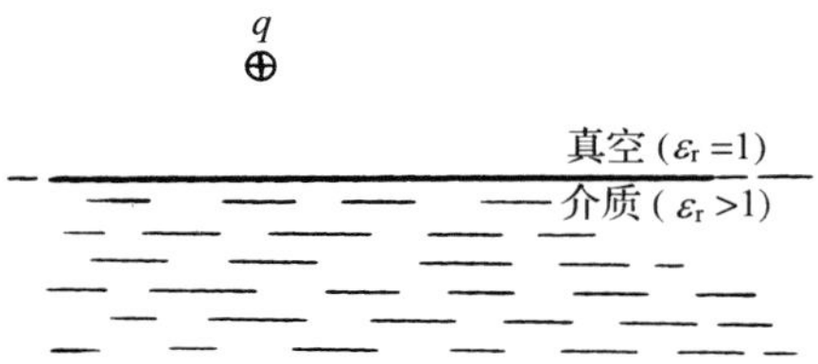

图 2.2.21(1)

【解】 (1)在一般情况下，这两个结论都不正确. 根据 $\boldsymbol{D}$ 的定义：$\boldsymbol{D}=\varepsilon_0\boldsymbol{E}+\boldsymbol{P}$，$\boldsymbol{P}$ 是介质的极化强度，所以 $\boldsymbol{D}$ 是一个与介质有关的量. 再者，由

$$\oint\!\!\!\oint_S \boldsymbol{D} \cdot \mathrm{d}\boldsymbol{S} = Q \tag{1}$$

和

$$\varepsilon_0 \oint\!\!\!\oint_S \boldsymbol{E}_0 \cdot \mathrm{d}\boldsymbol{S} = Q \tag{2}$$

可以得出

$$\oint\!\!\!\oint_S (\boldsymbol{D} - \varepsilon_0\boldsymbol{E}_0) \cdot \mathrm{d}\boldsymbol{S} = 0 \tag{3}$$

但不能由此得出 $\boldsymbol{D}=\varepsilon_0\boldsymbol{E}_0$ 的结论. 因为一个矢量场对封闭曲面的积分为零，不能得出该矢量场处处为零的结论.

(2)图 2.2.21(1)中的点电荷 q 在真空中和介质中产生的 $\boldsymbol{D}$ 线如图 2.2.21(2)所示，由这图可见，在真空中，$\boldsymbol{D}$ 线一般是曲线；在交界面上，$\boldsymbol{D}$ 线发生“折射”. 若介质不存在，则 q 产生的 $\varepsilon_0\boldsymbol{E}_0$ 线都是从 q 发出的直线，如图 2.2.21(3)所示. 比较两图可见，$\boldsymbol{D}$ 不仅由自由决定，$\boldsymbol{D}$ 还与介质有关；$\boldsymbol{D}\neq\varepsilon_0\boldsymbol{E}_0$.

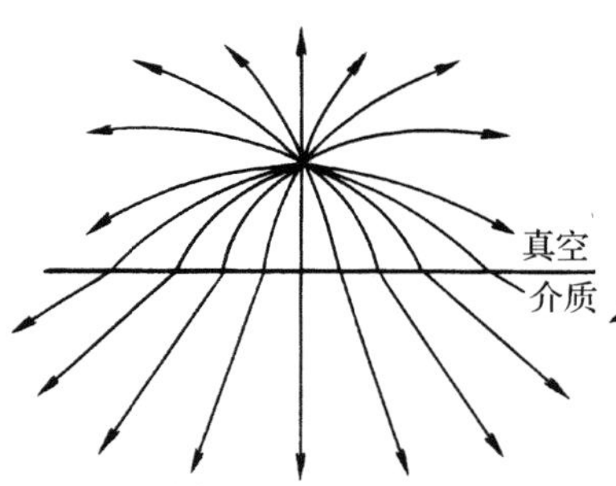

图 2.2.21(2)

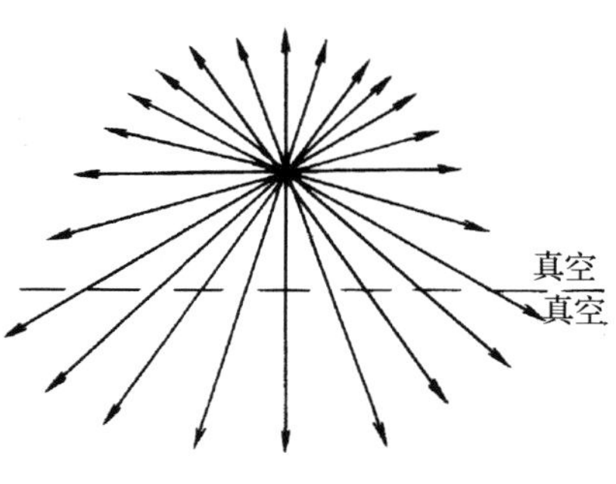

图 2.2.21(3)

【讨论】 设图 2.2.21(4)中的 q 到交界面的距离为 a，以交界面为 $x-y$ 平面，

取笛卡儿坐标系，使 q 在 z 轴上，如图 2.2.21(4)所示，则由电像法得出：真空中的电势为

$$U(x,y,z)=\frac{q}{4\pi\varepsilon_0}\left[\frac{1}{\sqrt{x^2+y^2+(z-a^2)}}-\frac{\varepsilon_r-1}{\varepsilon_r+1}\frac{1}{\sqrt{x^2+y^2+(z+a)^2}}\right],\quad z\geqslant 0 \tag{4}$$

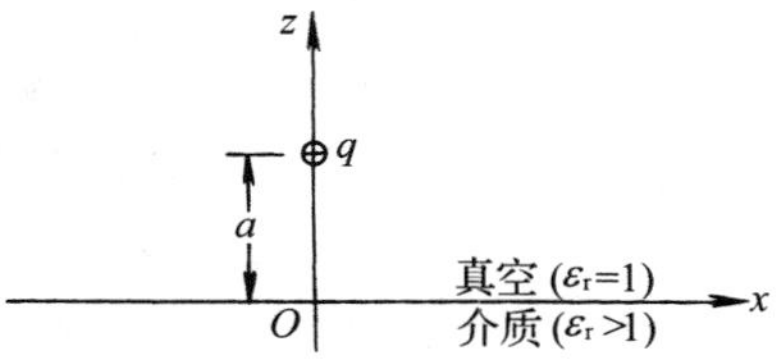

图 2.2.21(4)

介质中的电势为

$$U(x,y,z)=\frac{q}{2\pi(\varepsilon_r+1)\varepsilon_0}\frac{1}{\sqrt{x^2+y^2+(z-a)^2}},\quad z\leqslant 0 \tag{5}$$

[参见张之翔等，《电动力学》(气象出版社，1988)，351—355 页，例 2.15]

由式(4)可见，真空中的电场等于 q(在 $z=a$ 处)所产生的电场加上没有介质时在 $z=-a$ 处的一个点电荷所产生的电场，这个点电荷的电荷量为

$$q'=-\frac{\varepsilon_r-1}{\varepsilon_r+1}q \tag{6}$$

实际上，q' 所产生的电场就是介质极化电荷所产生的电场.

由式(5)可见，介质中的电场等于整个空间都充满 ε_r 的介质时，在 $z=a$ 处的一个点电荷产生的电场，这个点电荷的电荷量为

$$q''=\frac{2\varepsilon_r}{\varepsilon_r+1}q \tag{7}$$

2.2.22　设极化电荷产生的电场强度为 $\boldsymbol{E}'$，则在介质中取高斯面 S，便有 $\oint\!\!\!\oint_S \boldsymbol{E}'\cdot \mathrm{d}\boldsymbol{S}=\frac{1}{\varepsilon_0}q'$，式中 q' 是 S 所包住的极化电荷量的代数和. 又由极化电荷量密度 ρ' 与极化强度的关系 $\rho'=-\nabla\cdot\boldsymbol{P}$ 得：$q'=\int_V\rho'\mathrm{d}V=\int_V(-\nabla\cdot\boldsymbol{P})\mathrm{d}V=-\oint\!\!\!\oint_S\boldsymbol{P}\cdot\mathrm{d}\boldsymbol{S}$. 于是有$\oint\!\!\!\oint_S\varepsilon_0\boldsymbol{E}'\cdot\mathrm{d}\boldsymbol{S}=-\oint\!\!\!\oint_S\boldsymbol{P}\cdot\mathrm{d}\boldsymbol{S}$. 由此得出：$\varepsilon_0\boldsymbol{E}'=-\boldsymbol{P}$. 这个结果对吗？为什么？

【解答】　不对. 由

$$\oint\!\!\!\oint_S\varepsilon_0\boldsymbol{E}'\cdot\mathrm{d}\boldsymbol{S}=-\oint\!\!\!\oint_S\boldsymbol{P}\cdot\mathrm{d}\boldsymbol{S}$$

可以得出

$$\oint\!\!\!\oint_S(\varepsilon_0\boldsymbol{E}'+\boldsymbol{P})\cdot\mathrm{d}\boldsymbol{S}=0$$

但不能由此得出 $\varepsilon_0\boldsymbol{E}'=-\boldsymbol{P}$ 的结论. 因为一个矢量场对封闭曲面的积分为零，不能得出该矢量场处处为零的结论.

2.2.23 试证明下述两条关于静电场的定理：(1)凡是没有电荷的地方，该点的电势既不可能是极大值也不可能是极小值. 换句话说，电势的极值只能出现在有电荷的地方；(2)凡是电势有极大值的地方，该点必定有正电荷；凡是电势有极小值的地方，该点必定有负电荷.

【证】 (1)在静电情况下，电场强度 $\boldsymbol{E}$ 与电势 U 的关系为

$$\boldsymbol{E} = -\nabla U \tag{1}$$

电位移 $\boldsymbol{D}$ 与 $\boldsymbol{E}$ 的关系为

$$\boldsymbol{D} = \varepsilon \boldsymbol{E} \tag{2}$$

式中 ε 是介质的电容率. $\boldsymbol{D}$ 满足

$$\nabla \cdot \boldsymbol{D} = \rho \tag{3}$$

式中 ρ 是自由电荷量密度. 由以上三式得

$$\begin{aligned}\nabla \cdot \boldsymbol{D} &= \nabla \cdot (\varepsilon \boldsymbol{E}) = -\nabla \cdot (\varepsilon \nabla U) \\ &= -\nabla\varepsilon \cdot \nabla U - \varepsilon \nabla^2 U = \rho\end{aligned}$$

所以

$$\nabla^2 U + \frac{1}{\varepsilon}\nabla\varepsilon \cdot \nabla U = -\frac{\rho}{\varepsilon} \tag{4}$$

又极化电荷量密度 ρ' 与 $\boldsymbol{E}$ 的关系为

$$\begin{aligned}\rho' &= -\nabla \cdot \boldsymbol{P} = -\nabla \cdot (\varepsilon - \varepsilon_0)\boldsymbol{E} = \nabla \cdot [(\varepsilon - \varepsilon_0)\nabla U] \\ &= \nabla\varepsilon \cdot \nabla U + (\varepsilon - \varepsilon_0)\nabla^2 U\end{aligned} \tag{5}$$

由式(4)、(5)消去 $\nabla\varepsilon \cdot \nabla U$ 得

$$\nabla^2 U = -\frac{\rho + \rho'}{\varepsilon_0} \tag{6}$$

用笛卡儿坐标系表示为

$$\frac{\partial^2 U}{\partial x^2} + \frac{\partial^2 U}{\partial y^2} + \frac{\partial^2 U}{\partial z^2} = -\frac{\rho + \rho'}{\varepsilon_0} \tag{7}$$

在没有电荷的地方，$\rho + \rho' = 0$，上式化为

$$\frac{\partial^2 U}{\partial x^2} + \frac{\partial^2 U}{\partial y^2} + \frac{\partial^2 U}{\partial z^2} = 0 \tag{8}$$

在电势 U 有极大值的地方，应有

$$\frac{\partial^2 U}{\partial x^2} < 0, \quad \frac{\partial^2 U}{\partial y^2} < 0, \quad \frac{\partial^2 U}{\partial z^2} < 0 \tag{9}$$

在电势 U 有极小值的地方，应有

$$\frac{\partial^2 U}{\partial x^2} > 0, \quad \frac{\partial^2 U}{\partial y^2} > 0, \quad \frac{\partial^2 U}{\partial z^2} > 0 \tag{10}$$

式(8)不满足式(9)，也不满足式(10). 可见在没有电荷的地方，电势 U 既不能有极大值，也不能有极小值.

(2)在电势有极大值的地方，由式(9)和式(7)得出

$$\rho + \rho' > 0 \tag{11}$$

这表明，该点必有正电荷.

在电势有极小值的地方，由式(10)和式(7)得出

$$\rho+\rho'<0 \tag{12}$$

这表明，该点必有负电荷.

2.2.24　真空中有一无限大的均匀介质平板，厚为 d，电容率为 ε，其中分布着电荷量密度为 ρ 的均匀自由电荷. 试求板内外的电场强度 $\boldsymbol{E}$、电位移 $\boldsymbol{D}$、极化强度 $\boldsymbol{P}$、极化电荷量密度 ρ' 和极化电荷量的面密度 σ' 等.

【解】 根据对称性可知，板内外的 $\boldsymbol{E}$ 和 $\boldsymbol{D}$ 必定都与板面垂直，且到中面（板的中心平面）距离相等处，$\boldsymbol{E}$ 必定相等，$\boldsymbol{D}$ 也必定相等. 据此，在板内作一长方形高斯面 S，两底面面积均为 A，到中面的距离均为 r，如图 2.2.24 所示. 由 $\boldsymbol{D}$ 的高斯定理得

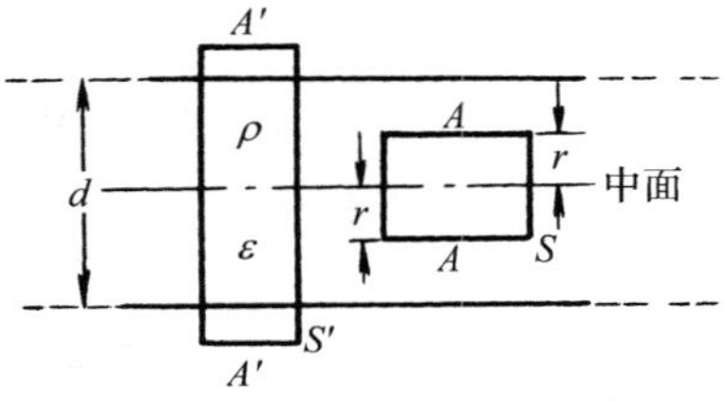

图 2.2.24

$$\oint\!\!\!\oint_S \boldsymbol{D}\cdot \mathrm{d}\boldsymbol{S}=2DA=2rA\rho \tag{1}$$

所以

$$\boldsymbol{D}=\rho\boldsymbol{r} \tag{2}$$

$\boldsymbol{r}$ 为从中面到场点的位矢，$r=|\boldsymbol{r}|$.

$$\boldsymbol{E}=\frac{\boldsymbol{D}}{\varepsilon}=\frac{\rho}{\varepsilon}\boldsymbol{r} \tag{3}$$

$$\boldsymbol{P}=(\varepsilon-\varepsilon_0)\boldsymbol{E}=\left(\frac{\varepsilon-\varepsilon_0}{\varepsilon}\right)\rho\boldsymbol{r}=\left(1-\frac{\varepsilon_0}{\varepsilon}\right)\rho\boldsymbol{r} \tag{4}$$

由 $\boldsymbol{E}$ 的高斯定理得

$$\oint\!\!\!\oint_S \boldsymbol{E}\cdot \mathrm{d}\boldsymbol{S}=2\,\frac{\rho}{\varepsilon}rA=\frac{1}{\varepsilon_0}(\rho+\rho')(2r)A,$$

所以

$$\rho'=-\left(1-\frac{\varepsilon_0}{\varepsilon}\right)\rho \tag{5}$$

$$\sigma'=\boldsymbol{n}\cdot\boldsymbol{P}_{d/2}=\left(1-\frac{\varepsilon_0}{\varepsilon}\right)\frac{\rho d}{2} \tag{6}$$

在板外，作一长方形高斯面 S'，两底面面积均为 A'，分别处在板外两边到中面相等处，如图 2.2.24 所示. 由 $\boldsymbol{D}$ 的高斯定理得

$$\oint\!\!\!\oint_{S'} \boldsymbol{D}\cdot \mathrm{d}\boldsymbol{S}=2DA'=\rho dA' \tag{7}$$

所以

$$\boldsymbol{D}=\frac{1}{2}\rho d\boldsymbol{n} \tag{8}$$

式中 $\boldsymbol{n}$ 为板面外法线方向上的单位矢量.

$$\boldsymbol{E}=\frac{\boldsymbol{D}}{\varepsilon_0}=\frac{1}{2\varepsilon_0}\rho d\boldsymbol{n} \tag{9}$$

$$\boldsymbol{P}=\boldsymbol{D}-\varepsilon_0\boldsymbol{E}=0 \tag{10}$$

$$\rho'=-\nabla\cdot\boldsymbol{P}=0 \tag{11}$$

$$\sigma'=-\boldsymbol{n}\cdot\boldsymbol{P}=0 \tag{12}$$

2.2.25　一块硫磺平板，$\varepsilon_r=4.0$，放在均匀外电场中被均匀极化，板面的法线

与外电场的方向平行. 已知它的表面上极化电荷量的面密度为 $5.0\mu C/m^2$. 试求它里面的极化强度、电场强度、电位移等的值和它外面靠近板面处的电场强度和电位移的值.

【解】 极化强度的值为

$$P=\sigma'=5.0\mu C/m^2$$

板内电场强度和电位移的值分别为

$$E=\frac{P}{(\varepsilon_r-1)\varepsilon_0}=\frac{5.0\times10^{-6}}{(4.0-1)\times8.854\times10^{-12}}$$
$$=1.9\times10^5(V/m)$$

$$D=\varepsilon_r\varepsilon_0E=\frac{\varepsilon_r}{\varepsilon_r-1}\sigma'=\frac{4.0}{4.0-1}\times5.0\times10^{-6}$$
$$=6.7\times10^{-6}(C/m^2)$$

根据 $\boldsymbol{D}$ 的边值关系,板外靠近板面处 $\boldsymbol{D}$ 的值与板内 D 的值相等,即

$$D=6.7\times10^{-6}C/m^2$$

板外靠近板面处电场强度的值为

$$E=\frac{D}{\varepsilon_0}=\frac{6.7\times10^{-6}}{8.854\times10^{-12}}=7.5\times10^5(V/m)$$

2.2.26 一无限大的均匀介质平板,电容率为 ε. 放在电场强度为 $\boldsymbol{E}_0$ 的均匀外电场中,板面法线与 $\boldsymbol{E}_0$ 成 θ 角. 试求板面上极化电荷量的面密度.

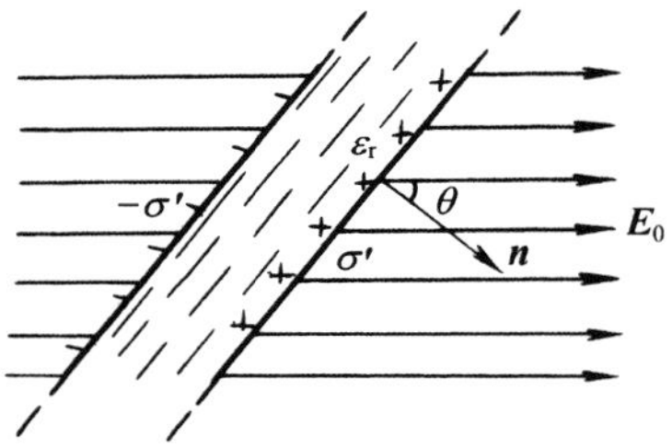

图 2.2.26

【解】 由于对称性,介质板内的极化电荷量密度为零,故极化电荷只出现在板的表面上;每个表面上极化电荷量的面密度处处相同. 设两个表面上极化电荷量的面密度分别为 σ' 和 $-\sigma'$,如图 2.2.26 所示,则在板内,极化电荷所产生的电场强度为

$$\boldsymbol{E}'=-\frac{\sigma'}{\varepsilon_0}\boldsymbol{n}\tag{1}$$

式中 $\boldsymbol{n}$ 为 σ' 表面外法线方向上的单位矢量.

根据电场强度叠加原理,板内的电场强度为

$$\boldsymbol{E}=\boldsymbol{E}_0+\boldsymbol{E}'=\boldsymbol{E}_0-\frac{\sigma'}{\varepsilon_0}\boldsymbol{n}\tag{2}$$

板的极化强度为

$$\boldsymbol{P}=(\varepsilon-\varepsilon_0)\boldsymbol{E}=(\varepsilon-\varepsilon_0)(\boldsymbol{E}_0+\boldsymbol{E}')$$
$$=(\varepsilon-\varepsilon_0)\boldsymbol{E}_0-(\varepsilon-\varepsilon_0)\frac{\sigma'}{\varepsilon_0}\boldsymbol{n}\tag{3}$$

由公式

$$\sigma'=\boldsymbol{n}\cdot\boldsymbol{P}\tag{4}$$

得

$$\sigma'=(\varepsilon-\varepsilon_0)\boldsymbol{n}\cdot\boldsymbol{E}_0-(\varepsilon-\varepsilon_0)\frac{\sigma'}{\varepsilon_0}\boldsymbol{n}\cdot\boldsymbol{n}$$

$$=(\varepsilon-\varepsilon_0)E_0\cos\theta-(\varepsilon-\varepsilon_0)\frac{\sigma'}{\varepsilon_0} \tag{5}$$

解得

$$\sigma'=\left(1-\frac{\varepsilon_0}{\varepsilon}\right)\varepsilon_0E_0\cos\theta \tag{6}$$

2.2.27　一细长的均匀圆柱体，电容率为 ε，放在电场强度为 $\boldsymbol{E}_0$ 的均匀外电场中，被均匀极化，柱体的轴线与 $\boldsymbol{E}_0$ 平行. 试求圆柱体中心 C 处的电场强度 $\boldsymbol{E}_C$ 和电位移 $\boldsymbol{D}_C$ 以及表面上的极化电荷量的面密度 σ'.

【解】 因沿轴线方向均匀极化，故只有两端面上有极化电荷；又由于圆柱体细长，极化电荷对中心 C 处圆柱体外的电场影响很小，可略去不计. 取一长方形积分环路，使长为 l 的一边沿轴线并通过中心 C，其对边则在圆柱体外，由静电场的性质得

$$\oint_L \boldsymbol{E}\cdot d\boldsymbol{l}=E_Cl-E_0l=0 \tag{1}$$

于是得

$$\boldsymbol{E}_C=\boldsymbol{E}_0 \tag{2}$$

$$\boldsymbol{D}_C=\varepsilon\boldsymbol{E}_C=\varepsilon\boldsymbol{E}_0 \tag{3}$$

极化强度为

$$\boldsymbol{P}=\boldsymbol{P}_C=\boldsymbol{D}_C-\varepsilon_0\boldsymbol{E}_C=(\varepsilon-\varepsilon_0)\boldsymbol{E}_0 \tag{4}$$

故得极化电荷量的面密度为

$$\sigma'=\boldsymbol{n}\cdot\boldsymbol{P}=(\varepsilon-\varepsilon_0)E_0 \tag{5}$$

这是外法线方向 $\boldsymbol{n}$ 与 $\boldsymbol{E}_0$ 同方向的端面上极化电荷量的面密度，另一端面上则为 $-\sigma'$.

2.2.28　将一个介电常量为 ε_r 的均匀介质球，放在电场强度为 $\boldsymbol{E}_0$ 的均匀外电场中，被均匀极化. 试求球的极化强度 $\boldsymbol{P}$ 和球心的电场强度 $\boldsymbol{E}_C$.

【解】 由于均匀极化，故只有球面上有极化电荷，设极化电荷量的面密度为 σ'，在球心产生的电场强度为 $\boldsymbol{E}'$，则球心的电场强度便为

$$\boldsymbol{E}_C=\boldsymbol{E}_0+\boldsymbol{E}' \tag{1}$$

如图 2.2.28，因

$$\sigma'=\boldsymbol{n}\cdot\boldsymbol{P}=P\cos\theta \tag{2}$$

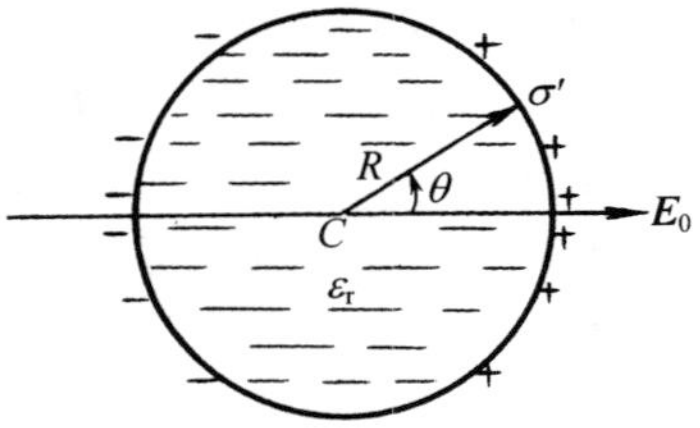

图 2.2.28

令 $\boldsymbol{e}$ 表示 $\boldsymbol{E}_0$ 方向的单位矢量，根据对称性，便有

$$\begin{aligned}\boldsymbol{E}'&=\int_{q'}\frac{dq'}{4\pi\varepsilon_0R^2}\cos\theta(-\boldsymbol{e})\\&=-\frac{\boldsymbol{e}}{4\pi\varepsilon_0R^2}\int_0^{\pi}\sigma'\cdot2\pi R^2\sin\theta\cos\theta d\theta\\&=-\frac{\boldsymbol{P}}{2\varepsilon_0}\int_0^{\pi}\sin\theta\cos^2\theta d\theta=-\frac{\boldsymbol{P}}{3\varepsilon_0}\end{aligned} \tag{3}$$

所以

$$\boldsymbol{E}_C=\boldsymbol{E}_0-\frac{1}{3\varepsilon_0}\boldsymbol{P} \tag{4}$$

根据 $\boldsymbol{P}$ 与 $\boldsymbol{E}$ 的关系

$$\boldsymbol{P}=\boldsymbol{P}_C=(\varepsilon_r-1)\varepsilon_0\boldsymbol{E}_C \tag{5}$$

由式(4)、(5)解得

$$\boldsymbol{P}=\frac{3(\varepsilon_r-1)\varepsilon_0}{\varepsilon_r+2}\boldsymbol{E}_0 \tag{6}$$

$$\boldsymbol{E}_C=\frac{3}{\varepsilon_r+2}\boldsymbol{E}_0 \tag{7}$$

2.2.29 在介电常量为 $\varepsilon_r=3.0$ 的均匀介质内存在电场强度为 $E_0=2.0\times10^6\,\mathrm{V/m}$ 的均匀电场，这介质内有一扁鼓形空穴，其两底面与 $\boldsymbol{E}_0$ 垂直. 试求这空穴中心的电场强度 $\boldsymbol{E}_C$ 和两底面上极化电荷量的面密度 σ'.

【解】 根据对称性，由 $\boldsymbol{D}$ 的边值关系 $D_{2n}=D_{1n}$ 得，空穴中心的电位移为

$$\boldsymbol{D}_C=\boldsymbol{D}_0=\varepsilon_r\varepsilon_0\boldsymbol{E}_0 \tag{1}$$

故得空穴中心的电场强度为

$$\boldsymbol{E}_C=\frac{\boldsymbol{D}_C}{\varepsilon_0}=\varepsilon_r\boldsymbol{E}_0 \tag{2}$$

其值为

$$E_C=\varepsilon_r E_0=3.0\times2.0\times10^6=6.0\times10^6\,(\mathrm{V/m}) \tag{3}$$

极化电荷量的面密度为

$$\begin{aligned}\sigma'&=\boldsymbol{n}\cdot\boldsymbol{P}=\boldsymbol{n}\cdot(\varepsilon_r-1)\varepsilon_0\boldsymbol{E}\\&=\pm(\varepsilon_r-1)\varepsilon_0E_0\\&=\pm(3.0-1)\times8.854\times10^{-12}\times2.0\times10^6\\&=\pm3.5\times10^{-5}\,(\mathrm{C/m^2})\end{aligned} \tag{4}$$

其中正号用于介质表面外法线方向与 $\boldsymbol{E}_0$ 方向相同的一面，负号用于另一面.

2.2.30 在介电常量为 $\varepsilon_r=5.0$ 的均匀介质内，有两个相距很远的空穴，一个是薄扁鼓形，两底面垂直于介质内的电位移 $\boldsymbol{D}$；另一个是细长圆柱形，轴线平行于 $\boldsymbol{D}$. 空穴内都是空气. 已知 $\boldsymbol{D}$ 的值为 $D=1.0\times10^{-8}\,\mathrm{C/m^2}$. 试求两空穴中心电场强度 $\boldsymbol{E}$ 的值.

【解】 根据 $\boldsymbol{D}$ 的边值关系，交界面两边 $\boldsymbol{D}$ 的法向分量相等，对于薄扁鼓形空穴来说，其两底面与 $\boldsymbol{D}$ 垂直，故中心的 $\boldsymbol{D}_C$ 等于介质中的 $\boldsymbol{D}$. 于是得空穴中心的电场强度为

$$\boldsymbol{E}_C=\frac{\boldsymbol{D}_C}{\varepsilon_0}=\frac{\boldsymbol{D}}{\varepsilon_0} \tag{1}$$

所以

$$E_C=\frac{D}{\varepsilon_0}=\frac{1.0\times10^{-8}}{8.854\times10^{-12}}=1.1\times10^3\,(\mathrm{V/m}) \tag{2}$$

根据 $\boldsymbol{E}$ 的边值关系，交界面两边 $\boldsymbol{E}$ 的切向分量相等，对于细长圆柱形空穴来说，其轴线与 $\boldsymbol{D}$ 平行，亦即与 $\boldsymbol{E}$ 平行，故中心的 $\boldsymbol{E}_C$ 等于介质中的 $\boldsymbol{E}$. 于是得

$$\boldsymbol{E}_C=\boldsymbol{E}=\frac{\boldsymbol{D}}{\varepsilon_r\varepsilon_0} \tag{3}$$

所以

$$E_C=\frac{D}{\varepsilon_r\varepsilon_0}=\frac{1.0\times10^{-8}}{5.0\times8.854\times10^{-12}}$$

$$=2.3\times 10^2 (\text{V/m}) \tag{4}$$

2.2.31　一半径为 a 的金属球外有一同心的金属球壳，壳的内半径为 b，球与壳间充满一种球对称的介质，它的电容率与到球心距离 r 的 n 次方成正比，即 $\varepsilon\propto r^n$，如图 2.2.31 所示. 已知球的电势为 U_a，壳的电势为 U_b. 试证明：在球与壳间离球心为 r 处的电势为

$$U_r=\frac{a^{n+1}U_a-b^{n+1}U_b}{a^{n+1}-b^{n+1}}-\frac{U_a-U_b}{a^{n+1}-b^{n+1}}\left(\frac{ab}{r}\right)^{n+1}$$

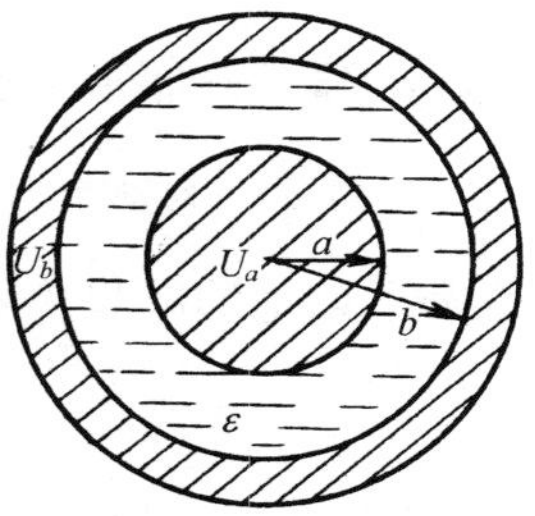

图 2.2.31

【证】 设球上的电荷量为 q,以球心为心、r 为半径,在球与壳间的介质内,作球面(高斯面)S,则由对称性和 $\boldsymbol{D}$ 的高斯定理得

$$\oiint_S \boldsymbol{D}\cdot \mathrm{d}\boldsymbol{S}=D\cdot 4\pi r^2=q \tag{1}$$

所以
$$\boldsymbol{D}=\frac{q}{4\pi}\frac{\boldsymbol{r}}{r^3} \tag{2}$$

电场强度为

$$\boldsymbol{E}=\frac{\boldsymbol{D}}{\varepsilon}=\frac{\boldsymbol{D}}{Cr^n}=\frac{q}{4\pi C}\frac{\boldsymbol{r}}{r^{n+3}} \tag{3}$$

式中 C 为比例系数.

根据电势差的定义,球与壳的电势差为

$$U_a-U_b=\int_a^b \boldsymbol{E}\cdot \mathrm{d}\boldsymbol{r}=\frac{q}{4\pi C}\int_a^b\frac{\boldsymbol{r}\cdot \mathrm{d}\boldsymbol{r}}{r^{n+3}}=\frac{q}{4\pi C}\int_a^b\frac{\mathrm{d}r}{r^{n+2}}$$

$$=\frac{q}{4\pi(n+1)C}\frac{b^{n+1}-a^{n+1}}{(ab)^{n+1}} \tag{4}$$

设 r 处的电势为 U_r,则有

$$U_a-U_r=\int_a^r \boldsymbol{E}\cdot \mathrm{d}\boldsymbol{r}=\frac{q}{4\pi C}\int_a^r\frac{\mathrm{d}r}{r^{n+2}}$$

$$=\frac{q}{4\pi(n+1)C}\frac{r^{n+1}-a^{n+1}}{(ar)^{n+1}} \tag{5}$$

式(5)除以式(4)得

$$\frac{U_a-U_r}{U_a-U_b}=\left(\frac{b}{r}\right)^{n+1}\frac{r^{n+1}-a^{n+1}}{b^{n+1}-a^{n+1}} \tag{6}$$

所以
$$U_a-U_r=\frac{b^{n+1}(U_a-U_b)}{b^{n+1}-a^{n+1}}-\left(\frac{ab}{r}\right)^{n+1}\frac{U_a-U_b}{b^{n+1}-a^{n+1}} \tag{7}$$

于是得

$$U_r=U_a-\frac{b^{n+1}(U_a-U_b)}{b^{n+1}-a^{n+1}}+\left(\frac{ab}{r}\right)^{n+1}\frac{U_a-U_b}{b^{n+1}-a^{n+1}}$$

$$= \frac{a^{n+1}U_a - b^{n+1}U_b}{a^{n+1} - b^{n+1}} - \frac{U_a - U_b}{a^{n+1} - b^{n+1}}\left(\frac{ab}{r}\right)^{n+1} \tag{8}$$

2.2.32　一金属球带有电荷量 Q，球外有一内半径为 b 的同心金属球壳，球壳接地，球与壳间充满介质，其介电常量与到球心的距离 r 的关系为 $\varepsilon_r = \frac{c+r}{r}$，式中 c 是常数. 以地的电势为零. 试证明：离球心为 r 处的电势为

$$U_r = \frac{Q}{4\pi\varepsilon_0 c}\ln\frac{b(r+c)}{(b+c)r}$$

【证】 根据对称性，以球心为心、r 为半径在介质内作球面(高斯面)S，由 $\boldsymbol{D}$ 的高斯定理得

$$\oint\!\!\!\oint_S \boldsymbol{D}\cdot d\boldsymbol{S} = D\cdot 4\pi r^2 \tag{1}$$

所以

$$\boldsymbol{D} = \frac{Q}{4\pi}\frac{\boldsymbol{r}}{r^3} \tag{2}$$

$$\boldsymbol{E} = \frac{\boldsymbol{D}}{\varepsilon} = \frac{Q}{4\pi\varepsilon}\frac{\boldsymbol{r}}{r^3} = \frac{Q}{4\pi\varepsilon_0}\frac{\boldsymbol{r}}{\left(\frac{c+r}{r}\right)r^3} = \frac{Q}{4\pi\varepsilon_0}\frac{\boldsymbol{r}}{r^2(r+c)} \tag{3}$$

因球壳的电势为零，故得

$$U_r = \int_r^b \boldsymbol{E}\cdot d\boldsymbol{r} = \frac{Q}{4\pi\varepsilon_0}\int_r^b \frac{\boldsymbol{r}\cdot d\boldsymbol{r}}{r^2(r+c)} = \frac{Q}{4\pi\varepsilon_0}\int_r^b \frac{dr}{r(r+c)}$$

$$= \frac{Q}{4\pi\varepsilon_0 c}\int_r^b\left(\frac{1}{r} - \frac{1}{r+c}\right)dr = \frac{Q}{4\pi\varepsilon_0 c}\left(\ln\frac{b}{r} - \ln\frac{b+c}{r+c}\right)$$

$$= \frac{Q}{4\pi\varepsilon_0 c}\ln\frac{b(r+c)}{(b+c)r} \tag{4}$$

2.2.33　半径为 R、电容率为 ε 的均匀介质球中心，放有电荷量为 Q 的点电荷，球外是空气. (1)试求球内外的电场强度 $\boldsymbol{E}$ 和电势 U；(2)如果要使球外的电场强度为零而球内的电场强度不变，则球面上应放的电荷量为多少？这电荷量如何分布？

【解】 (1)以球心为心、r 为半径作球面(高斯面)S，根据对称性和 $\boldsymbol{D}$ 的高斯定理得

$$\boldsymbol{D} = \frac{Q}{4\pi}\frac{\boldsymbol{r}}{r^3} \tag{1}$$

所以

$$\boldsymbol{E} = \frac{\boldsymbol{D}}{\varepsilon} = \frac{Q}{4\pi\varepsilon}\frac{\boldsymbol{r}}{r^3},\quad r<R \tag{2}$$

$$\boldsymbol{E} = \frac{\boldsymbol{D}}{\varepsilon_0} = \frac{Q}{4\pi\varepsilon_0}\frac{\boldsymbol{r}}{r^3},\quad r>R \tag{3}$$

由电势的定义得

$$U = \int_r^\infty \boldsymbol{E}\cdot d\boldsymbol{r} = \frac{Q}{4\pi\varepsilon_0}\int_r^\infty \frac{\boldsymbol{r}\cdot d\boldsymbol{r}}{r^3} = \frac{Q}{4\pi\varepsilon_0}\int_r^\infty \frac{dr}{r^2}$$

$$= \frac{Q}{4\pi\varepsilon_0 r},\quad r>R \tag{4}$$

$$U = \int_r^\infty \boldsymbol{E}\cdot d\boldsymbol{r} = \frac{Q}{4\pi\varepsilon}\int_r^R \frac{\boldsymbol{r}\cdot d\boldsymbol{r}}{r^3} + \frac{Q}{4\pi\varepsilon_0}\int_R^\infty \frac{\boldsymbol{r}\cdot d\boldsymbol{r}}{r^3}$$

$$=\frac{Q}{4\pi\varepsilon}\left(\frac{1}{r}-\frac{1}{R}\right)+\frac{Q}{4\pi\varepsilon_0 R},\quad r>R \tag{5}$$

(2)要使球外的电场强度为零而球内的电场强度不变，由式(3)可见，球面上必须放电荷量为$-Q$的电荷，而且要均匀分布在球面上.

2.2.34　半径为R的金属球带有电荷量Q，处在电容率为ε的无限大均匀介质中. 试求介质内离球心为r处的电场强度$\boldsymbol{E}$、电位移$\boldsymbol{D}$、极化强度$\boldsymbol{P}$、极化电荷量密度ρ'和介质表面上极化电荷量的面密度σ'.

【解】　以球心为心、r为半径作球面(高斯面)S，由对称性和$\boldsymbol{D}$的高斯定理得

$$\oint\!\!\!\oint_S \boldsymbol{D}\cdot d\boldsymbol{S}=D\cdot 4\pi r^2=Q \tag{1}$$

所以

$$\boldsymbol{D}=\frac{Q}{4\pi}\frac{\boldsymbol{r}}{r^3},\quad r>R \tag{2}$$

$$\boldsymbol{E}=\frac{\boldsymbol{D}}{\varepsilon}=\frac{Q}{4\pi\varepsilon}\frac{\boldsymbol{r}}{r^3},\quad r>R \tag{3}$$

$$\boldsymbol{P}=(\varepsilon-\varepsilon_0)\boldsymbol{E}=\frac{(\varepsilon-\varepsilon_0)Q}{4\pi\varepsilon}\frac{\boldsymbol{r}}{r^3},\quad r>R \tag{4}$$

$$\rho'=-\nabla\cdot\boldsymbol{P}=-\frac{(\varepsilon-\varepsilon_0)Q}{4\pi\varepsilon}\nabla\cdot\left(\frac{\boldsymbol{r}}{r^3}\right) \tag{5}$$

由矢量分析公式

$$\nabla\cdot\left(\frac{\boldsymbol{r}}{r^3}\right)=-\nabla^2\frac{1}{r}=4\pi\delta(\boldsymbol{r})=0,\text{当}\ \boldsymbol{r}\neq 0 \tag{6}$$

得

$$\rho'=-\frac{(\varepsilon-\varepsilon_0)Q}{4\pi\varepsilon}\nabla^2\frac{1}{r}=0,\quad r>R \tag{7}$$

$$\sigma'=\boldsymbol{n}\cdot\boldsymbol{P}_R=-\frac{\boldsymbol{r}}{r}\cdot\left[\frac{(\varepsilon-\varepsilon_0)Q}{4\pi\varepsilon}\frac{\boldsymbol{r}}{r^3}\right]_{r=R}=-\frac{(\varepsilon-\varepsilon_0)Q}{4\pi\varepsilon_0 R^2} \tag{8}$$

【讨论】　一、也可以不用公式$\rho'=-\nabla\cdot\boldsymbol{P}$而用下面的方法求$\rho'$：以球心为心、分别以$r_1$和$r_2$为半径，在介质内作球面$S_1$和$S_2$，则两球面内极化电荷量的代数和分别为

$$Q_1'=-\oint\!\!\!\oint_{S_1}\boldsymbol{P}\cdot d\boldsymbol{S}=-\frac{(\varepsilon-\varepsilon_0)Q}{4\pi\varepsilon}\oint\!\!\!\oint_{S_1}\frac{\boldsymbol{r}\cdot d\boldsymbol{S}}{r^3}$$

$$=-\frac{(\varepsilon-\varepsilon_0)Q}{4\pi\varepsilon}\cdot 4\pi=-\frac{\varepsilon-\varepsilon_0}{\varepsilon}Q \tag{9}$$

$$Q_2'=-\oint\!\!\!\oint_{S_2}\boldsymbol{P}\cdot d\boldsymbol{S}=-\frac{(\varepsilon-\varepsilon_0)Q}{4\pi\varepsilon}\oint\!\!\!\oint_{S_1}\frac{\boldsymbol{r}\cdot d\boldsymbol{S}}{r^3}$$

$$=-\frac{\varepsilon-\varepsilon_0}{\varepsilon}Q \tag{10}$$

这两面之间的极化电荷量的代数和为

$$Q' = Q'_2 - Q'_1 = 0 \tag{11}$$

由于 r_1 和 r_2 是任意的，且电荷分布具有球对称性，故得

$$\rho' = \frac{Q'}{\frac{4\pi}{3}(r_2^3 - r_1^3)} = 0 \tag{12}$$

二、也可以根据极化电荷量密度 ρ' 与同一点自由电荷量密度 ρ 之间的关系

$$\rho' = -\left(1 - \frac{\varepsilon_0}{\varepsilon}\right)\rho \tag{13}$$

求 ρ'. 因现在 $\rho=0$，故 $\rho'=0$.

2.2.35　半径为 R 的金属球带有电荷量 Q，球外有一同心的介质球壳，其内外半径分别为 a 和 b，电容率为 ε，如图 2.2.35 所示，球与壳间以及壳外都是空气. 试求：(1)各处的电场强度 $\boldsymbol{E}$ 和电位移 $\boldsymbol{D}$；(2)介质的极化强度 $\boldsymbol{P}$ 和极化电荷量密度 ρ' 以及表面上极化电荷量的面密度 σ'；(3)各处的电势 U.

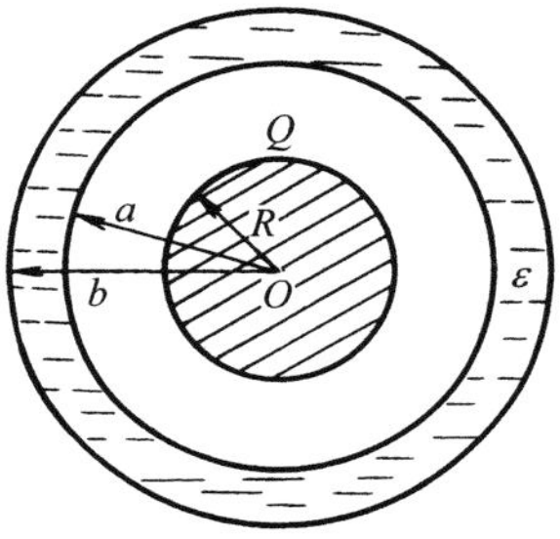

图 2.2.35

【解】　(1)根据对称性，以球心为心、r 为半径作球面(高斯面)S，由 $\boldsymbol{D}$ 的高斯定理得

$$\oiint_S \boldsymbol{D}\cdot \mathrm{d}\boldsymbol{S} = D\cdot 4\pi r^2 = \begin{cases} 0, & r<R \\ Q, & r>R \end{cases} \tag{1}$$

由此得

$$\boldsymbol{D} = 0,\quad r<R \tag{2}$$

$$\boldsymbol{D} = \frac{Q}{4\pi}\frac{\boldsymbol{r}}{r^3},\quad r>R \tag{3}$$

由 $\boldsymbol{D}=\varepsilon\boldsymbol{E}$ 得

$$\boldsymbol{E} = 0,\quad r<R \tag{4}$$

$$\boldsymbol{E} = \frac{Q}{4\pi\varepsilon_0}\frac{\boldsymbol{r}}{r^3},\quad R<r<a \tag{5}$$

$$\boldsymbol{E} = \frac{Q}{4\pi\varepsilon}\frac{\boldsymbol{r}}{r^3},\quad a<r<b \tag{6}$$

$$\boldsymbol{E} = \frac{Q}{4\pi\varepsilon_0}\frac{\boldsymbol{r}}{r^3},\quad r>b \tag{7}$$

(2)介质的极化强度为

$$\boldsymbol{P} = (\varepsilon-\varepsilon_0)\boldsymbol{E} = \frac{(\varepsilon-\varepsilon_0)Q}{4\pi\varepsilon}\frac{\boldsymbol{r}}{r^3} \tag{8}$$

极化电荷量密度为

$$\rho' = -\nabla\cdot\boldsymbol{P} = -\frac{(\varepsilon-\varepsilon_0)Q}{4\pi\varepsilon}\nabla\cdot\left(\frac{\boldsymbol{r}}{r^3}\right) \tag{9}$$

由矢量分析公式

$$\nabla\cdot\left(\frac{\boldsymbol{r}}{r^3}\right)=-\nabla^2\frac{1}{r}=4\pi\delta(\boldsymbol{r})=0,\text{当}\ \boldsymbol{r}\neq 0 \tag{10}$$

得

$$\rho'=\frac{(\varepsilon-\varepsilon_0)Q}{4\pi\varepsilon}\cdot 4\pi\delta(\boldsymbol{r})=0,\quad a<r<b \tag{11}$$

介质内外表面上极化电荷量的面密度分别为

$$\sigma'_a=\boldsymbol{n}_a\cdot\boldsymbol{P}_a=\frac{(\varepsilon-\varepsilon_0)Q}{4\pi\varepsilon}\left.\frac{\boldsymbol{n}_a\cdot\boldsymbol{r}}{r^3}\right|_{r=a}=-\frac{(\varepsilon-\varepsilon_0)Q}{4\pi\varepsilon a^2} \tag{12}$$

$$\sigma'_b=\boldsymbol{n}_b\cdot\boldsymbol{P}_b=\frac{(\varepsilon-\varepsilon_0)Q}{4\pi\varepsilon}\left.\frac{\boldsymbol{n}_b\cdot\boldsymbol{r}}{r^3}\right|_{r=b}=\frac{(\varepsilon-\varepsilon_0)Q}{4\pi\varepsilon b^2} \tag{13}$$

(3)各处的电势分别为

$$\begin{aligned}U&=\int_r^\infty\boldsymbol{E}\cdot\mathrm{d}\boldsymbol{r}=\int_r^R\boldsymbol{E}\cdot\mathrm{d}\boldsymbol{r}+\int_R^a\boldsymbol{E}\cdot\mathrm{d}\boldsymbol{r}+\int_a^b\boldsymbol{E}\cdot\mathrm{d}\boldsymbol{r}+\int_b^\infty\boldsymbol{E}\cdot\mathrm{d}\boldsymbol{r}\\&=\frac{Q}{4\pi\varepsilon_0}\int_R^a\frac{\boldsymbol{r}\cdot\mathrm{d}\boldsymbol{r}}{r^3}+\frac{Q}{4\pi\varepsilon}\int_a^b\frac{\boldsymbol{r}\cdot\mathrm{d}\boldsymbol{r}}{r^3}+\frac{Q}{4\pi\varepsilon_0}\int_b^\infty\frac{\boldsymbol{r}\cdot\mathrm{d}\boldsymbol{r}}{r^3}\\&=\frac{Q}{4\pi}\left(\frac{1}{\varepsilon_0R}-\frac{1}{\varepsilon_0a}+\frac{1}{\varepsilon a}-\frac{1}{\varepsilon b}+\frac{1}{\varepsilon_0b}\right),\quad r\leqslant R\end{aligned} \tag{14}$$

$$\begin{aligned}U&=\int_r^a\boldsymbol{E}\cdot\mathrm{d}\boldsymbol{r}+\int_a^b\boldsymbol{E}\cdot\mathrm{d}\boldsymbol{r}+\int_b^\infty\boldsymbol{E}\cdot\mathrm{d}\boldsymbol{r}\\&=\frac{Q}{4\pi\varepsilon_0}\int_r^a\frac{\boldsymbol{r}\cdot\mathrm{d}\boldsymbol{r}}{r^3}+\frac{Q}{4\pi\varepsilon}\int_a^b\frac{\boldsymbol{r}\cdot\mathrm{d}\boldsymbol{r}}{r^3}+\frac{Q}{4\pi\varepsilon_0}\int_b^\infty\frac{\boldsymbol{r}\cdot\mathrm{d}\boldsymbol{r}}{r^3}\\&=\frac{Q}{4\pi}\left(\frac{1}{\varepsilon_0r}-\frac{1}{\varepsilon_0a}+\frac{1}{\varepsilon a}-\frac{1}{\varepsilon b}+\frac{1}{\varepsilon_0b}\right),\quad R\leqslant r\leqslant a\end{aligned} \tag{15}$$

$$\begin{aligned}U&=\int_r^b\boldsymbol{E}\cdot\mathrm{d}\boldsymbol{r}+\int_b^\infty\boldsymbol{E}\cdot\mathrm{d}\boldsymbol{r}=\frac{Q}{4\pi\varepsilon}\int_r^b\frac{\boldsymbol{r}\cdot\mathrm{d}\boldsymbol{r}}{r^3}+\frac{Q}{4\pi\varepsilon_0}\int_b^\infty\frac{\boldsymbol{r}\cdot\mathrm{d}\boldsymbol{r}}{r^3}\\&=\frac{Q}{4\pi}\left(\frac{1}{\varepsilon r}-\frac{1}{\varepsilon b}+\frac{1}{\varepsilon_0b}\right),\quad a\leqslant r\leqslant b\end{aligned} \tag{16}$$

$$U=\int_r^\infty\boldsymbol{E}\cdot\mathrm{d}\boldsymbol{r}=\frac{Q}{4\pi\varepsilon_0}\int_r^\infty\frac{\boldsymbol{r}\cdot\mathrm{d}\boldsymbol{r}}{r^3}=\frac{Q}{4\pi\varepsilon_0r},\quad r\geqslant b \tag{17}$$

2.2.36　半径为 R 的金属球外包着一层厚为 R 的介质球壳，壳的介电常量为 $\varepsilon_r=2$，壳外是真空，如图 2.2.36 所示. 现将电荷量为 Q 的自由电荷均匀分布在介质壳体内. 在金属球的电势为零的情况下，试求介质壳的外表面上的电势.

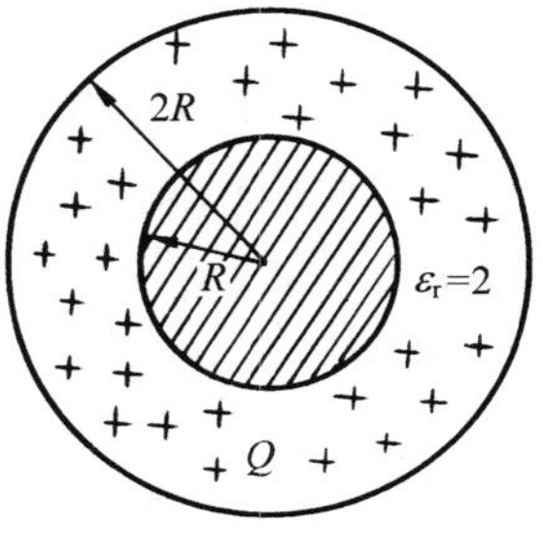

图 2.2.36

【解】　本题的关键在金属球的电势为零，它暗含了金属球带有电荷，否则它的电势不会为零.

设金属球带有电荷量 q，则根据对称性和高斯定理得，介质壳外离球心为 r 处的电场强度为

$$\boldsymbol{E}=\frac{Q+q}{4\pi\varepsilon_0}\frac{\boldsymbol{r}}{r^3},\quad r>2R \tag{1}$$

于是得壳的外表面上的电势为

$$U=\int_{2R}^{\infty}\boldsymbol{E}\cdot\mathrm{d}\boldsymbol{r}=\frac{Q+q}{4\pi\varepsilon_0}\int_{2R}^{\infty}\frac{\boldsymbol{r}\cdot\mathrm{d}\boldsymbol{r}}{r^3}=\frac{Q+q}{4\pi\varepsilon_0}\int_{2R}^{\infty}\frac{\mathrm{d}r}{r^2}$$

$$=\frac{Q+q}{8\pi\varepsilon_0 R} \tag{2}$$

下面求 q. 电荷量 Q 均匀分布在介质壳体内,电荷量密度为

$$\rho=\frac{3Q}{4\pi[(2R)^3-R^3]}=\frac{3Q}{28\pi R^3} \tag{3}$$

以球心为心、r 为半径,在介质内作球面(高斯面)S,由对称性和 $\boldsymbol{D}$ 的高斯定理得

$$\oint\!\!\!\oint_S\boldsymbol{D}\cdot\mathrm{d}\boldsymbol{S}=D\cdot4\pi r^2=\rho\cdot\frac{4\pi}{3}(r^3-R^3)+q$$

$$=\frac{Q}{7}\left(\frac{r^3}{R^3}-1\right)+q \tag{4}$$

所以

$$\boldsymbol{D}=\frac{Q}{28\pi}\left(\frac{r}{R^3}-\frac{1}{r^2}\right)\frac{\boldsymbol{r}}{r}+\frac{q}{4\pi}\frac{\boldsymbol{r}}{r^3} \tag{5}$$

电场强度为

$$\boldsymbol{E}=\frac{\boldsymbol{D}}{\varepsilon_r\varepsilon_0}=\frac{\boldsymbol{D}}{2\varepsilon_0}=\frac{Q}{56\pi\varepsilon_0}\left(\frac{r}{R^3}-\frac{1}{r^2}\right)\frac{\boldsymbol{r}}{r}+\frac{q}{8\pi\varepsilon_0}\frac{\boldsymbol{r}}{r^3} \tag{6}$$

因金属球的电势为零,故得介质壳的外表面上的电势为

$$U=\int_{2R}^{R}\boldsymbol{E}\cdot\mathrm{d}\boldsymbol{r}=\frac{Q}{56\pi\varepsilon_0}\int_{2R}^{R}\left(\frac{r}{R^3}-\frac{1}{r^2}\right)dr+\frac{q}{8\pi\varepsilon_0}\int_{2R}^{R}\frac{\mathrm{d}r}{r^2}$$

$$=\frac{Q}{56\pi\varepsilon_0}\left[\frac{r^2}{2R^3}+\frac{1}{r}\right]_{2R}^{R}+\frac{q}{8\pi\varepsilon_0}\left[-\frac{1}{r}\right]_{2R}^{R}$$

$$=-\frac{Q}{56\pi\varepsilon_0 R}-\frac{q}{16\pi\varepsilon_0 R} \tag{7}$$

由式(2)、(7)解得

$$q=-\frac{16}{21}Q \tag{8}$$

将 q 代入式(2)或式(7),便得所求的电势为

$$U=\frac{5Q}{168\pi\varepsilon_0 R} \tag{9}$$

2.2.37 电介质强度是指电介质能经受的最大电场强度而不被击穿,迄今所知道的电介质强度的最大值约为 $1\times10^9\,\mathrm{V/m}$,介电常量约为 2. 当金属处在这种介质中时,试问:(1)它的表面上电荷量的面密度最大不能超过多少?(2)该金属原子的直径约为 $2\times10^{-10}\,\mathrm{m}$,它表面一层原子中,缺少或多出一个电子的原子数,最多不超过百分之几?

【解答】 (1)电荷量的面密度的最大值为

$$\sigma_{\max}=D_{\max}=\varepsilon_r\varepsilon_0E_{\max}=2\times8.854\times10^{-12}\times1\times10^9$$

$$=1.8\times10^{-2}(\mathrm{C/m^2}) \tag{1}$$

(2)设原子的直径为 d,电子电荷的大小为 e,则该金属表面单位面积上最多缺少或多出的

电子数为

$$n_{max}=\frac{\sigma_{max}}{e}=\frac{\varepsilon_r\varepsilon_0 E_{max}}{e} \tag{2}$$

单位面积上表面一层的原子数为

$$N=\frac{1}{d^2} \tag{3}$$

故该金属带电时，表面一层原子中缺少或多出一个电子的原子数所占的百分比最多为

$$\begin{aligned}\frac{n_{max}}{N}&=\frac{\varepsilon_r\varepsilon_0 E_{max}d^2}{e}\\&=\frac{2\times 8.854\times 10^{-12}\times 1\times 10^9\times(2\times 10^{-10})^2}{1.6\times 10^{-19}}\\&=4\times 10^{-3}=0.4\%\end{aligned} \tag{4}$$

2.2.38　空气的电介质强度为 $E_{max}=3000\text{kV/m}$，问直径为 1.0cm 和 1.0mm 的金属球，在空气中最多能带多少电荷量？

【解】　最多能带的电荷量为

$$q_{max}=4\pi\varepsilon_0 r^2 E_{max}=4\pi\varepsilon_0\left(\frac{d}{2}\right)^2 E_{max} \tag{1}$$

直径 $d=1.0\text{cm}$ 时，

$$\begin{aligned}q_{max}&=\frac{1}{9.0\times 10^9}\times\left(\frac{1.0\times 10^{-2}}{2}\right)^2\times 3000\times 10^3\\&=8.3\times 10^{-9}(\text{C})\end{aligned} \tag{2}$$

直径 $d=1.0\text{mm}$ 时，

$$\begin{aligned}q_{max}&=\frac{1}{9.0\times 10^9}\times\left(\frac{1.0\times 10^{-3}}{2}\right)^2\times 3000\times 10^3\\&=8.3\times 10^{-11}(\text{C})\end{aligned} \tag{3}$$

2.2.39　空气的电介质强度为 3000kV/m，铜的密度为 8.9g/cm^3，铜的原子量为每摩尔 63.75g，阿伏伽德罗常量为 $6.022\times 10^{23}\text{mol}^{-1}$，金属铜里每个铜原子有一个自由电子，每个电子电荷量的大小为 1.60×10^{-19}C. (1)试问半径为 1.0cm 的铜球在空气中最多能带多少电荷量？(2)这铜球带电最多时，试求它所缺少或多出的电子数与自由电子总数之比；(3)因导体球带电时电荷都在表面上，当铜球带电最多时，试求它所缺少或多出的电子数与表面一层铜原子所具有的自由电子数之比.

【解】　(1)最多能带的电荷量为

$$\begin{aligned}q_{max}&=4\pi\varepsilon_0 r^2 E_{max}=\frac{1}{9.0\times 10^9}\times(1.0\times 10^{-2})^2\times 3000\times 10^3\\&=3.3\times 10^{-8}(\text{C})\end{aligned} \tag{1}$$

(2)这时缺少或多出的电子数为

$$N_e=\frac{q_{max}}{e}=\frac{3.3\times 10^{-8}}{1.6\times 10^{-19}}=2.1\times 10^{11}(\text{个}) \tag{2}$$

铜球里的自由电子总数为

$$N=\frac{m}{\mu}N_A=\frac{4\pi}{3}r^3\rho\frac{N_A}{\mu}=\frac{4\pi r^3\rho N_A}{3\mu}$$

$$=\frac{4\pi\times1.0^3\times8.9\times6.022\times10^{23}}{3\times63.75}=3.5\times10^{23}(\text{个})\tag{3}$$

N_e 与 N 之比为

$$\frac{N_e}{N}=\frac{2.1\times10^{11}}{3.5\times10^{23}}=6.0\times10^{-13}\tag{4}$$

(3)因每个铜原子有一个自由电子,故须先求表面一层的铜原子数 N_S. 铜球的体积为

$$V=\frac{4\pi}{3}r^3\tag{5}$$

每个铜原子的体积为

$$v=\frac{V}{N}=\frac{4\pi}{3}r^3\bigg/\frac{4\pi r^3\rho N_A}{3\mu}=\frac{\mu}{\rho N_A}\tag{6}$$

每个原子的线度为

$$l=v^{1/3}=\left(\frac{\mu}{\rho N_4}\right)^{1/3}\tag{7}$$

铜球表面一层原子的体积为

$$V_S=4\pi r^2 l=4\pi r^2\left(\frac{\mu}{\rho N_A}\right)^{1/3}\tag{8}$$

表面一层的铜原子数为

$$N_S=\frac{V_S}{v}=4\pi r^2\left(\frac{\mu}{\rho N_A}\right)^{1/3}\bigg/\left(\frac{\mu}{\rho N_A}\right)=4\pi r^2\left(\frac{\rho N_A}{\mu}\right)^{2/3}\tag{9}$$

最后得出,缺少或多出的电子数 N_e 与表面一层铜原子所具有的自由电子数 N_S 之比为

$$\frac{N_e}{N_S}=\frac{q_{\max}}{e}\bigg/4\pi r^2\left(\frac{\rho N_A}{\mu}\right)^{2/3}=\frac{\varepsilon_0 E_{\max}}{e}\left(\frac{\mu}{\rho N_A}\right)^{2/3}$$

$$=\frac{8.854\times10^{-12}\times3000\times10^3}{1.6\times10^{-19}}$$

$$\times\left(\frac{63.75}{8.9\times10^6\times6.022\times10^{23}}\right)^{2/3}$$

$$=8.7\times10^{-6}\tag{10}$$

这个结果表明,空气中的铜球带电最多时,它所缺少或多出的电子数不到表面一层铜原子所具有的自由电子数的十万分之一.

【讨论】 单位制问题　题目给的 ρ 和 μ 的值都是用非法定计量单位表示的值,而我们在本书中用的是我国法定的国际单位制,因此,在计算时,要把它换算成用国际单位制表示的值. 这在式(10)中遇到,其中

$$\frac{\mu}{\rho N_A}=\frac{63.75\text{g/mol}^{-1}}{8.9\text{g/cm}^3\times6.022\times10^{23}\text{mol}^{-1}}$$

$$=\frac{63.75}{8.9\times6.022\times10^{23}}\ \text{cm}^3$$

$$= \frac{63.75}{8.9\times10^{6}\times6.022\times10^{23}}\ \mathrm{m}^3 \tag{11}$$

2.2.40 空气的电介质强度为 3.0×10^6 V/m. 试问空气中半径为 20cm 的金属球，最高能维持多高的电势？某范德格拉夫起电机上金属球壳的外直径为 1.0m，壳外是空气，试问它的电势最高能达到多少？

【解】 空气中带电导体球的电势与表面附近电场强度的关系为

$$U = \frac{q}{4\pi\varepsilon_0 r} = r\frac{q}{4\pi\varepsilon_0 r^2} = rE \tag{1}$$

故得所求的最高电势为

$$U_{\max} = rE_{\max} \tag{2}$$

当 $r=20$cm 时，

$$U_{\max} = 20\times10^{-2}\times3.0\times10^{6} = 6.0\times10^{5}(\mathrm{V}) \tag{3}$$

当 $r=\frac{1.0}{2}=0.5$m 时，

$$U_{\max} = 0.5\times3\times10^{6} = 1.5\times10^{6}(\mathrm{V}) \tag{4}$$

2.2.41 用细玻璃管吹肥皂泡，如果停止吹气并让玻璃管直通大气，则由于表面张力，肥皂泡将会收缩而消失. 现在让这肥皂泡带电，使它不致收缩(图 2.2.41). (1)试证明：肥皂泡要维持半径为 R 所需的电荷量为 $Q=\sqrt{128\pi^2\varepsilon_0\alpha R^3}$，式中 α 是肥皂水的表面张力系数；(2)当 $\alpha=5.0\times10^{-2}$N/m，$R=1.0$cm 时，求 Q 的值；(3)试证明：设空气的电介质强度为 E_m，则当 $R<\frac{8\alpha}{\varepsilon_0 E_m^2}$ 时，就不可能用带电的方法维持肥皂泡而不使它消失；(4)设 $E_m=3.0\times10^6$ V/m，试计算用带电的方法能维持肥皂泡的半径 R 的极小值.

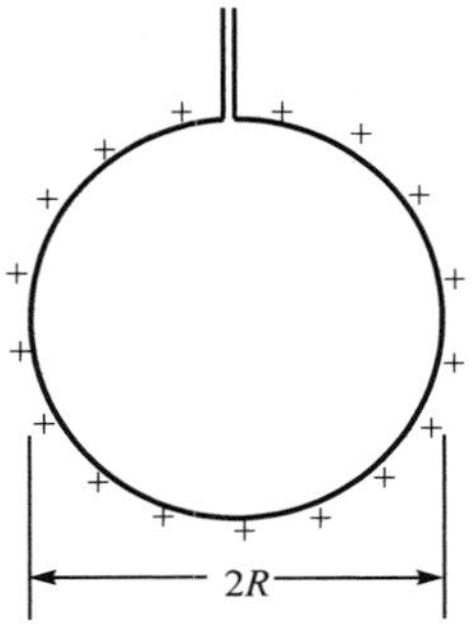

图 2.2.41

【解】 (1)本题是在前面 2.1.40 题的基础上前进一步，其基础部分，请参阅该题的解，这里不再赘述. 根据该题解的式(8)，肥皂泡上电荷所受的力与表面张力平衡时，肥皂泡的电势 U 与半径 R 的关系为

$$8\alpha R = \varepsilon_0 U^2 \tag{1}$$

因为

$$U = \frac{Q}{4\pi\varepsilon_0 R} \tag{2}$$

故由以上两式得

$$Q = \sqrt{128\pi^2\varepsilon_0\alpha R^3} \tag{3}$$

(2)Q 的值为

$$Q = \sqrt{128\pi^2\times8.854\times10^{-12}\times5.0\times10^{-2}\times(1.0\times10^{-2})^3}$$
$$=2.4\times10^{-8}(\mathrm{C}) \tag{4}$$

(3)当空气中肥皂泡表面附近的电场强度为 E_m 时，肥皂泡表面上电荷所在处的电场强度为 $\frac{1}{2}E_m$. 在

$$P_i - P_o = \frac{4\alpha}{R} - \frac{\sigma^2}{2\varepsilon_0} > 0 \tag{5}$$

的情况下，肥皂泡便要收缩. 令

$$\sigma = \frac{Q}{4\pi R^2} = \varepsilon_0 E_m \tag{6}$$

代入式(5)便得

$$R < \frac{8\alpha}{\varepsilon_0 E_m^2} \tag{7}$$

(4)用带电的方法能维持肥皂泡半径的极小值为

$$R_{\min} = \frac{8 \times 5.0 \times 10^{-2}}{8.854 \times 10^{-12} \times (3.0 \times 10^6)^2} = 5.0(\text{mm}) \tag{8}$$

2.2.42　空气的电介质强度为 $E_m = 3000\text{kV/m}$，试问空气中半径为 1.0cm、1.0mm 和 0.10mm 的长直导线上单位长度最多各能带多少电荷量?

【解】 设单位长度的电荷量为 λ，则由对称性和高斯定理得出，离导线的轴线为 r 处，电场强度的大小为

$$E = \frac{\lambda}{2\pi\varepsilon_0 r} \tag{1}$$

所以

$$\begin{aligned}\lambda_{\max} &= 2\pi\varepsilon_0 E_m r = \frac{3000 \times 10^3}{2 \times 9.0 \times 10^9} r \\ &= 1.7 \times 10^{-4} r\end{aligned} \tag{2}$$

于是得：

$$\begin{aligned} r = 1.0\text{cm},\quad \lambda_{\max} &= 1.7 \times 10^{-4} \times 1.0 \times 10^{-2} \\ &= 1.7 \times 10^{-6}(\text{C/m})\end{aligned} \tag{3}$$

$$\begin{aligned} r = 1.0\text{mm},\quad \lambda_{\max} &= 1.7 \times 10^{-4} \times 1.0 \times 10^{-3} \\ &= 1.7 \times 10^{-7}(\text{C/m})\end{aligned} \tag{4}$$

$$\begin{aligned} r = 0.10\text{mm},\quad \lambda_{\max} &= 1.7 \times 10^{-4} \times 1.0 \times 10^{-4} \\ &= 1.7 \times 10^{-8}(\text{C/m})\end{aligned} \tag{5}$$

2.2.43　一盏革-米勒计数管，由直径为 0.2mm 的长直金属丝和套在它外面的同轴金属圆筒构成，圆筒的直径为 20mm，金属丝与圆筒间充以氩气和乙醇蒸气，其电介质强度为 $4.3 \times 10^6\text{V/m}$. 略去边缘效应，试问金属丝与圆筒间的电压最大不能超过多少?

【解】 由对称性和高斯定理得，离轴线为 r 处电场强度的大小为

$$E = \frac{\lambda}{2\pi\varepsilon r} \tag{1}$$

式中 λ 为金属丝单位长度上的电荷量. 金属丝与圆筒的电势差为

$$U = \int_a^b E\,\mathrm{d}r = \frac{\lambda}{2\pi\varepsilon} \ln\frac{b}{a} = rE\ln\frac{b}{a} \tag{2}$$

式中 a 和 b 分别为金属丝的半径和圆筒的半径. E 的最大值为

$$E_{\max}=\frac{\lambda_{\max}}{2\pi\varepsilon a} \tag{3}$$

于是得 U 的最大值为

$$\begin{aligned}U_{\max}&=aE_{\max}\ln\frac{b}{a}=\frac{0.2\times10^{-3}}{2}\times4.3\times10^{6}\times\ln\frac{20}{0.2}\\&=2\times10^{3}(\mathrm{V})\end{aligned} \tag{4}$$

2.3 电　　容

【关于电学量单位的名称】 1881 年，第一届国际电学会议在法国巴黎召开，会议决定，以对电学有重大贡献的人的姓氏作电学量单位的名称，即以安培为电流单位的名称，伏特（伏打姓氏的简称）为电势差单位的名称，欧姆为电阻单位的名称，库仑为电荷单位的名称，法拉（法拉第姓氏的简称）为电容单位的名称. 这些名称一直沿用至今.

2.3.1 平行板电容器的两个极板 A 和 B 都是金属片，充电时，把 A 板接到电源正极，B 板接到电源负极；充电后，断开电源. 这时 A、B 两板外的电荷和电场线，有人画成图 2.3.1(1)的样子，也有人画成图 2.3.1(2)的样子. 你认为哪个对？为什么？

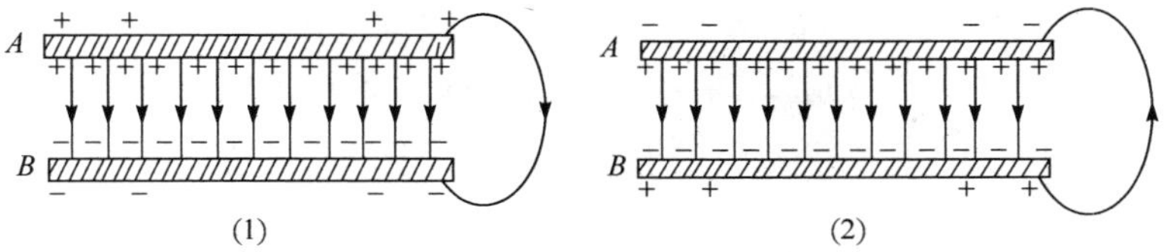

图 2.3.1

【解答】 因为 A 板曾接过电源正极，B 板曾接过电源负极，故 A 板带正电，B 板带负电，A 板电势高于 B 板；电源断开后，仍然如此. 根据电势差的定义得

$$U_A-U_B=\int_A^B\boldsymbol{E}\cdot\mathrm{d}\boldsymbol{l}>0 \tag{1}$$

因电场线是从高电势走向低电势，故沿着它的箭头方向走，电势便越来越低. 若按图 2.3.1(1)的极板外那条电场线从 A 到 B 积分，则有

$$\int_A^B\boldsymbol{E}\cdot\mathrm{d}\boldsymbol{l}=\int_A^B E\cos0\mathrm{d}l=\int_A^B E\mathrm{d}l>0 \tag{2}$$

结果得 $U_A>U_B$. 这是对的. 若按图 2.3.1(2)的极板外那条电场线积分，则有

$$\int_A^B\boldsymbol{E}\cdot\mathrm{d}\boldsymbol{l}=\int_A^B E\cos\pi\mathrm{d}l=-\int_A^B E\mathrm{d}l<0 \tag{3}$$

结果得 $U_A<U_B$. 这显然不对. 因此，对 A、B 两极板外的电场线来说，图 2.3.1(1)是对的，而图 2.3.1(2)则是错的.

2.3.2 一平行板电容器的两极板相距为 1.0mm，两极板都是正方形，面积相等，两板间是空气. 当它的电容为(1) 1.0F，(2)10μF 和(3)100pF 时，略去边缘效应，试求相应的边长.

【解】 由平行板电容器的电容公式

$$C=\frac{\varepsilon_0 S}{d} \tag{1}$$

得正方形边长为

$$l=\sqrt{S}=\sqrt{\frac{Cd}{\varepsilon_0}}=\sqrt{\frac{1.0\times10^{-3}C}{8.854\times10^{-12}}}=10^4\sqrt{\frac{10C}{8.854}} \tag{2}$$

(1)$C=1.0\text{F}$

$$l=10^4\sqrt{\frac{10\times1.0}{8.854}}=1.1\times10^4(\text{m})=11(\text{km}) \tag{3}$$

(2)$C=10\mu\text{F}$

$$l=10^4\sqrt{\frac{10\times10\times10^{-6}}{8.854}}=34(\text{m}) \tag{4}$$

(3)$C=100\text{pF}$

$$l=10^4\sqrt{\frac{10\times100\times10^{-12}}{8.854}}=0.11(\text{m})=11(\text{cm}) \tag{5}$$

2.3.3 面积都是 2.0m^2 的两平行金属片放在空气中相距 5.0mm，两片的电势差为 1000V. 略去边缘效应，试求：(1)电容 C；(2)各片上的电荷量 Q 和电荷量的面密度 σ；(3)两片间电场强度 $\boldsymbol{E}$ 的值.

【解】 (1)电容

$$C=\frac{\varepsilon_0 S}{d}=\frac{8.854\times10^{-12}\times2.0}{5.0\times10^{-3}}=3.5\times10^{-9}(\text{F})=3.5(\text{nF}) \tag{1}$$

(2)电荷量的大小

$$Q=CU=3.5\times10^{-9}\times1000=3.5\times10^{-6}(\text{C})=3.5(\mu\text{C}) \tag{2}$$

电荷量的面密度的大小

$$\sigma=\frac{Q}{S}=\frac{3.5\times10^{-6}}{2.0}=1.8\times10^{-6}(\text{C/m}^2)=1.8(\mu\text{C/m}^2) \tag{3}$$

(3)电场强度的大小

$$E=\frac{U}{d}=\frac{1000}{5.0\times10^{-3}}=2.0\times10^5(\text{V/m}) \tag{4}$$

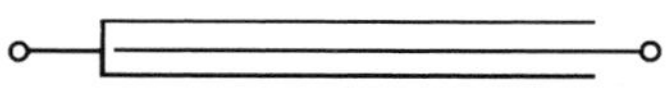

图 2.3.4

2.3.4 电容器由三片面积都是 6.0cm^2 的锡箔构成，箔间是空气，相邻两箔间的距离都是 0.10mm，外边两片联在一起成为一极，中间一片作为另一极，如图 2.3.4 所示. 略去边缘效应. (1)试求电容 C；(2)若在这电容器两极加上 220V 的电压，问三箔上电荷量的面密度各是多少？

【解】 (1)这是两个平行板电容器并联，故

$$C=2\frac{\varepsilon_0 S}{d}=2\times\frac{8.854\times10^{-12}\times6.0\times10^{-4}}{0.10\times10^{-3}}$$
$$=1.1\times10^{-10}(\mathrm{F})=1.1\times10^{2}(\mathrm{pF})$$

(2)每个面上电荷量的面密度的大小为

$$\sigma=\frac{Q}{2S}=\frac{CU}{2S}=\frac{1.1\times10^{-10}\times220}{2\times6.0\times10^{-4}}=2.0\times10^{-5}(\mathrm{C/m^2})$$
$$=20(\mu\mathrm{C/m^2})$$

2.3.5 11 张金属箔平行排列，奇数箔联在一起作为电容器的一极，偶数箔联在一起作为另一极，如图 2.3.5 所示，已知每张箔的面积都是 $1.0\mathrm{m}^2$，相邻两箔间的距离都是 5.0mm，箔间都是空气. 略去边缘效应. 试求电容 C.

图 2.3.5

【解】 这是 11－1＝10 个平行板电容器并联而成的一个电容器，故所求的电容为

$$C=n\frac{\varepsilon_0 S}{d}=10\times\frac{8.854\times10^{-12}\times1.0}{5.0\times10^{-3}}=1.8\times10^{-8}(\mathrm{F})$$
$$=1.8\times10^{-2}(\mu\mathrm{F})$$

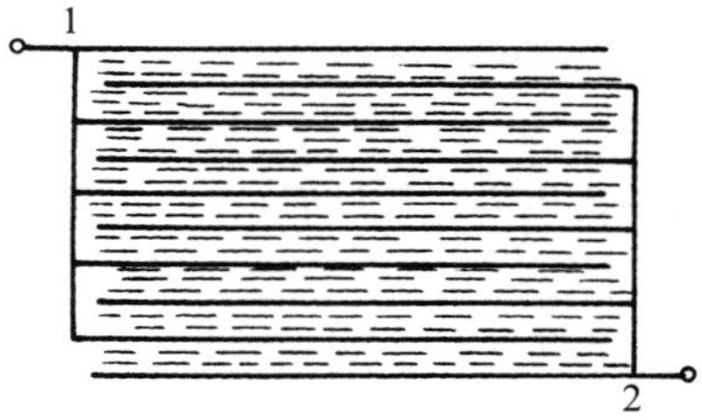

图 2.3.6

2.3.6 一云母电容器由 10 张铝箔和 9 片云母片相间平行叠放而成，奇数铝箔接在一起作为一极，偶数铝箔接在一起作为另一极，如图 2.3.6 所示. 每张铝箔和每片云母的面积都是 $2.5\mathrm{cm}^2$，每片云母片的介电常量都是 7.0，厚度都是 0.15mm. 略去边缘效应，试求电容 C.

【解】 这是 9 个平行板电容器并联而成的一个电容器，其电容为

$$C=9\frac{\varepsilon_r\varepsilon_0 S}{d}=9\times\frac{7.0\times8.854\times10^{-12}\times2.5\times10^{-4}}{0.15\times10^{-3}}$$
$$=9.3\times10^{-10}(\mathrm{F})=9.3\times10^{2}(\mathrm{pF})$$

2.3.7 平行板电容器两极板的面积都是 S，相距为 d，其间有一厚为 t 的平行金属片，如图 2.3.7 所示. 略去边缘效应. (1)试求电容 C；(2)试问金属片离极板的远近有无影响？(3)当 $t\to0$ 和 $t\to d$ 时 C 各为多少？

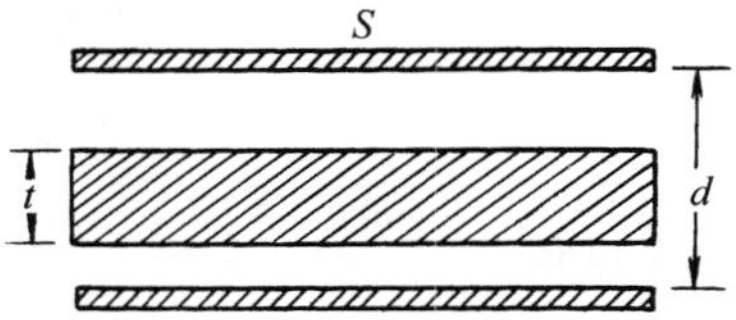

图 2.3.7

【解】 (1)设极板上所带电荷量为Q,两极板的电势差为U,则

$$U=\int_0^{d-t}\boldsymbol{E}\cdot\mathrm{d}\boldsymbol{l}=E(d-t)=\frac{\sigma}{\varepsilon_0}(d-t)=\frac{Q}{\varepsilon_0 S}(d-t)$$

所以

$$C=\frac{Q}{U}=\frac{\varepsilon_0 S}{d-t} \tag{1}$$

(2)没有影响.

(3)$t\to0$ 时

$$C=\lim_{t\to0}\frac{\varepsilon_0 S}{d-t}=\frac{\varepsilon_0 S}{d} \tag{2}$$

$t\to d$ 时

$$C=\lim_{t\to d}\frac{\varepsilon_0 S}{d-t}\Rightarrow\infty \tag{3}$$

【别解】 可以看作是两个电容器串联而成,其中$C_1=\frac{\varepsilon_0 S}{d_1}$, $C_2=\frac{\varepsilon_0 S}{d_2}$, $d_1+d_2=d-t$,于是得

$$C=\frac{C_1C_2}{C_1+C_2}=\frac{\frac{\varepsilon_0 S}{d_1}\cdot\frac{\varepsilon_0 S}{d_2}}{\frac{\varepsilon_0 S}{d_1}+\frac{\varepsilon_0 S}{d_2}}=\frac{\varepsilon_0 S}{d_1+d_2}=\frac{\varepsilon_0 S}{d-t} \tag{4}$$

2.3.8 一平行板电容器的极板面积为S,两极板相距为d,其间有一层电容率为ε、厚为t的介质,如图 2.3.8 所示. 略去边缘效应. (1)试求它的电容C;(2)当$S=500\text{mm}\times500\text{mm}$,$d=10\text{mm}$,$t=6.0\text{mm}$,$\varepsilon=4.0\varepsilon_0$ 时,计算C的值.

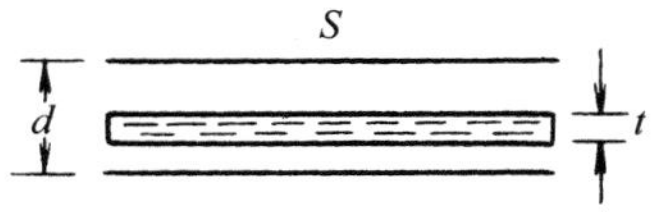

图 2.3.8

【解】 (1)设两极板的电势差为U时,极板上的电荷量为Q,则由$\boldsymbol{D}$的高斯定理得

$$\boldsymbol{D}=\frac{Q\boldsymbol{n}}{S} \tag{1}$$

式中$\boldsymbol{n}$为极板法线方向上的单位矢量,指向负极板. 于是得电场强度为

$$\boldsymbol{E}=\frac{\boldsymbol{D}}{\varepsilon_0}=\frac{Q\boldsymbol{n}}{\varepsilon_0 S}\quad(\text{介质外}) \tag{2}$$

$$\boldsymbol{E}=\frac{\boldsymbol{D}}{\varepsilon}=\frac{Q\boldsymbol{n}}{\varepsilon S}\quad(\text{介质内}) \tag{3}$$

所以

$$U=\int_+^-\boldsymbol{E}\cdot\mathrm{d}\boldsymbol{l}=\int_+^-E\mathrm{d}l=\frac{Q}{\varepsilon_0 S}(d-t)+\frac{Q}{\varepsilon S}t$$

$$=\frac{Q}{S}\left[\frac{d-t}{\varepsilon_0}+\frac{t}{\varepsilon}\right]=\frac{Q}{S}\frac{\varepsilon(d-t)+\varepsilon_0 t}{\varepsilon\varepsilon_0} \tag{4}$$

所求的电容为

$$C=\frac{Q}{U}=\frac{\varepsilon\varepsilon_0 S}{\varepsilon(d-t)+\varepsilon_0 t} \tag{5}$$

(2)电容的值为

$$C=\frac{4.0\times 8.854\times 10^{-12}\times 500\times 500\times 10^{-6}}{4.0\times(10-6.0)\times 10^{-3}+6.0\times 10^{-3}}$$
$$=4.0\times 10^{-10}(\mathrm{F})$$
$$=4.0\times 10^{2}(\mathrm{pF}) \tag{6}$$

2.3.9　一平行板电容器两极板的面积都是 $S=100\mathrm{cm}^2$，相距为 $d=1.0\mathrm{cm}$. 将两极板接到 100V 的电源上充电后，断开电源，再在两极板间放入一层 $\varepsilon_r=7.0$ 的电介质，其厚为 $t=0.50\mathrm{cm}$. 略去边缘效应. 试求：(1)未放入介质前的电容 C_0；(2)极板上的电荷量；(3)介质内外的电场强度；(4)放入介质后两极板的电势差；(5)放入介质后的电容 C.

【解】 (1)未放入介质时的电容

$$C_0=\frac{\varepsilon_0 S}{d}=\frac{8.854\times 10^{-12}\times 100\times 10^{-4}}{1.0\times 10^{-2}}=8.9\times 10^{-12}(\mathrm{F})$$
$$=8.9(\mathrm{pF})$$

(2)充电后两极板上电荷量的大小为

$$Q=C_0U_0=8.9\times 10^{-12}\times 100=8.9\times 10^{-10}(\mathrm{C})$$

(3)放入介质后，介质内电场强度的大小为

$$E=\frac{D}{\varepsilon}=\frac{\sigma}{\varepsilon}=\frac{Q}{\varepsilon_r\varepsilon_0 S}=\frac{C_0U_0}{\varepsilon_r\varepsilon_0 S}=\frac{U_0}{\varepsilon_r d}$$
$$=\frac{100}{7.0\times 1.0\times 10^{-2}}=1.4\times 10^{3}(\mathrm{V/m})$$

介质与极板间电场强度的大小为

$$E_0=\frac{D}{\varepsilon_0}=\frac{\sigma}{\varepsilon_0}=\frac{Q}{\varepsilon_0 S}=\frac{C_0U_0}{\varepsilon_0 S}=\frac{U_0}{d}$$
$$=\frac{100}{1.0\times 10^{-2}}=1.0\times 10^{4}(\mathrm{V/m})$$

(4)放入介质后两极板的电势差为

$$U=E_0(d-t)+Et=1.0\times 10^{4}\times(1.0-0.50)\times 10^{-2}$$
$$+1.4\times 10^{3}\times 0.50\times 10^{-2}$$
$$=57(\mathrm{V})$$

(5)放入介质后的电容为[参见前面 2.3.8 题的式(5)]

$$C=\frac{\varepsilon_r\varepsilon_0 S}{\varepsilon_r(d-t)+t}=\frac{7.0\times 8.854\times 10^{-12}\times 100\times 10^{-4}}{7.0\times(1.0-0.50)\times 10^{-2}+0.50\times 10^{-2}}$$
$$=1.5\times 10^{-11}(\mathrm{F})=15(\mathrm{pF})$$

2.3.10　一空气平行板电容器的电容为 $C_0=9.8\mathrm{pF}$，极板间的距离为 $d=1.0\mathrm{cm}$，现将介电常量为 $\varepsilon_r=2.0$ 的橡皮膜平行地放在极板间，如图 2.3.10 所示，测得这时电容为 $C=10\mathrm{pF}$. 略去边缘效应，试求橡皮膜的厚度 x.

【解】 设在两极板加上电压 U 后，极板上电荷量的大小为 Q，则有

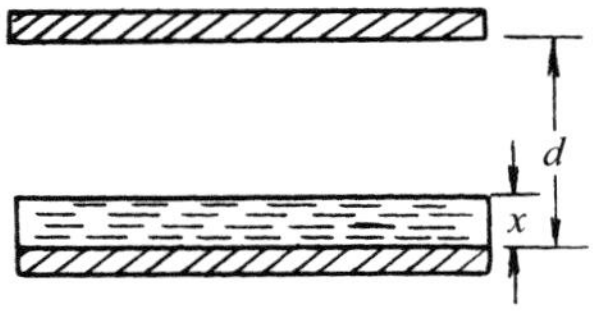

图 2.3.10

$$U=\int_{+}^{-}\boldsymbol{E}\cdot\mathrm{d}\boldsymbol{l}=\int_{+}^{-}E\mathrm{d}l=\frac{\sigma}{\varepsilon_0}(d-x)+\frac{\sigma}{\varepsilon}x$$

$$=\frac{Q}{\varepsilon\varepsilon_0 S}[\varepsilon(d-x)+\varepsilon_0 x] \tag{1}$$

所以

$$C=\frac{Q}{U}=\frac{\varepsilon\varepsilon_0 S}{\varepsilon(d-x)+\varepsilon_0 x}=\frac{\varepsilon_r\varepsilon_0 S}{\varepsilon_r(d-x)+x} \tag{2}$$

解得

$$x=\frac{\varepsilon_r(Cd-\varepsilon_0 S)}{(\varepsilon_r-1)C}=\frac{\varepsilon_r d(C-C_0)}{(\varepsilon_r-1)C}$$

$$=\frac{2.0\times1.0\times10^{-2}\times(10-9.8)\times10^{-12}}{(2.0-1)\times10\times10^{-12}}$$

$$=4.0\times10^{-4}(\mathrm{m})=0.40(\mathrm{mm}) \tag{3}$$

【讨论】 若记得式(2),便可直接引用,而不必推导.

2.3.11 一平行板电容器两极板的面积均为 S,相距为 d,其间充满介质,介质的电容率是变化的,在一极板处为 ε_1,在另一极板处为 ε_2,其他处的电容率与到 ε_1 处的距离成线性关系.略去边缘效应.(1)试求这电容器的电容,并检验你的结果在 $\varepsilon_2=\varepsilon_1$ 时是否正确;(2)当两极板上的电荷量分别为 Q 和 $-Q$ 时,试求介质内的极化电荷量密度 ρ' 和表面上极化电荷量的面密度 σ'.

【解】 (1)为了求电容 C,须先求电容率 ε 的表达式.按题意有

$$\varepsilon=kx+\varepsilon_1,\qquad 0\leqslant x\leqslant d \tag{1}$$

式中 k 是比例常数,x 是到 ε_1 处的距离.因 $\varepsilon_2=kd+\varepsilon_1$,故

$$k=\frac{\varepsilon_2-\varepsilon_1}{d} \tag{2}$$

所以

$$\varepsilon=\frac{\varepsilon_2-\varepsilon_1}{d}x+\varepsilon_1 \tag{3}$$

设在两极板上加电压 U,正极板上的电荷量为 Q,则有

$$U=\int_{+}^{-}\boldsymbol{E}\cdot\mathrm{d}\boldsymbol{l}=\int_{+}^{-}E\mathrm{d}l=\int_0^d\frac{\sigma}{\varepsilon}\mathrm{d}x=\frac{Q}{S}\int_0^d\frac{\mathrm{d}x}{\varepsilon}$$

$$=\frac{Qd}{S}\int_0^d\frac{\mathrm{d}x}{(\varepsilon_2-\varepsilon_1)x+\varepsilon_1 d}$$

$$=\frac{Qd}{(\varepsilon_2-\varepsilon_1)S}\ln\Big[(\varepsilon_2-\varepsilon_1)x+\varepsilon_1 d\Big]_{x=0}^{x=d}$$

$$=\frac{Qd}{(\varepsilon_2-\varepsilon_1)S}\ln\frac{\varepsilon_2}{\varepsilon_1} \tag{4}$$

故得所求的电容为

$$C=\frac{Q}{U}=\frac{\varepsilon_2-\varepsilon_1}{\ln(\varepsilon_2/\varepsilon_1)}\frac{S}{d} \tag{5}$$

现在检验式上在 $\varepsilon_2=\varepsilon_1$ 时是否正确.在 $\varepsilon_2=\varepsilon_1$ 时,介质是电容率为 ε_1 的均匀介质,故电容应为

$$C=\frac{\varepsilon_1 S}{d} \tag{6}$$

令式(5)中的 $\varepsilon_2\to\varepsilon_1$，则其中

$$\lim_{\varepsilon_2\to\varepsilon_1}\frac{\varepsilon_2-\varepsilon_1}{\ln(\varepsilon_2/\varepsilon_1)}=\lim_{\varepsilon_2\to\varepsilon_1}\frac{\frac{\mathrm{d}}{\mathrm{d}\varepsilon_1}(\varepsilon_2-\varepsilon_1)}{\frac{\mathrm{d}}{\mathrm{d}\varepsilon_1}\ln(\varepsilon_2/\varepsilon_1)}$$

$$=\lim_{\varepsilon_2\to\varepsilon_1}\frac{\frac{\mathrm{d}\varepsilon_2}{\mathrm{d}\varepsilon_1}-1}{\frac{1}{\varepsilon_2}\frac{\mathrm{d}\varepsilon_2}{\mathrm{d}\varepsilon_1}-\frac{1}{\varepsilon_1}}=\varepsilon_1 \tag{7}$$

代入式(5)即得式(6). 可见式(5)在 $\varepsilon_2=\varepsilon_1$ 时是正确的.

(2)设与 ε_1 接触的极板带正电荷，$\boldsymbol{n}$ 为极板法线方向上的单位矢量，指向负极板，则极化强度为

$$\boldsymbol{P}=\boldsymbol{D}-\varepsilon_0\boldsymbol{E}=\frac{Q}{S}\boldsymbol{n}-\frac{\varepsilon_0}{\varepsilon}\frac{Q}{S}\boldsymbol{n}=\left(1-\frac{\varepsilon_0}{\varepsilon}\right)\frac{Q}{S}\boldsymbol{n} \tag{8}$$

极化电荷量密度为

$$\rho'=-\nabla\cdot\boldsymbol{P}=-\frac{\partial P}{\partial x}=-\frac{\partial}{\partial x}\left(1-\frac{\varepsilon_0}{\varepsilon}\right)\frac{Q}{S}$$

$$=\frac{\varepsilon_0 Q}{S}\frac{\partial}{\partial x}\frac{1}{\varepsilon}=-\frac{\varepsilon_0 Q}{S}\frac{1}{\varepsilon^2}\frac{\partial\varepsilon}{\partial x}$$

$$=-\frac{\varepsilon_0 Q}{S}\frac{d}{[(\varepsilon_2-\varepsilon_1)x+\varepsilon_1 d]^2}\frac{\mathrm{d}}{\mathrm{d}x}[(\varepsilon_2-\varepsilon_1)x+\varepsilon_1 d]$$

$$=-\frac{(\varepsilon_2-\varepsilon_1)\varepsilon_0 Qd}{[(\varepsilon_2-\varepsilon_1)x+\varepsilon_1 d]^2 S} \tag{9}$$

ε_1 处极化电荷量的面密度为

$$\sigma_1'=\boldsymbol{n}_1\cdot\boldsymbol{P}_1=-\boldsymbol{n}\cdot\boldsymbol{P}_1=-P_1=-\left(1-\frac{\varepsilon_0}{\varepsilon_1}\right)\frac{Q}{S} \tag{10}$$

ε_2 处极化电荷量的面密度为

$$\sigma_2'=\boldsymbol{n}_2\cdot\boldsymbol{P}_2=\boldsymbol{n}\cdot\boldsymbol{P}_2=P_2=\left(1-\frac{\varepsilon_0}{\varepsilon_2}\right)\frac{Q}{S} \tag{11}$$

【讨论】 若与 ε_2 接触的极板带正电荷，$\boldsymbol{n}$ 为极板法线方向上的单位矢量，指向负极板，如图 2.3.11 所示，则极化强度仍为式(8). 这时极化电荷量密度为

$$\rho'=-\nabla\cdot\boldsymbol{P}=\frac{\partial P}{\partial x}=\frac{\partial}{\partial x}\left(1-\frac{\varepsilon_0}{\varepsilon}\right)\frac{Q}{S}$$

$$=-\frac{\varepsilon_0 Q}{S}\frac{\partial}{\partial x}\frac{1}{\varepsilon}=\frac{\varepsilon_0 Q}{S}\frac{1}{\varepsilon^2}\frac{\partial\varepsilon}{\partial x}$$

$$=\frac{(\varepsilon_2-\varepsilon_1)\varepsilon_0 Qd}{[(\varepsilon_2-\varepsilon_1)x+\varepsilon_1 d]^2 S} \tag{12}$$

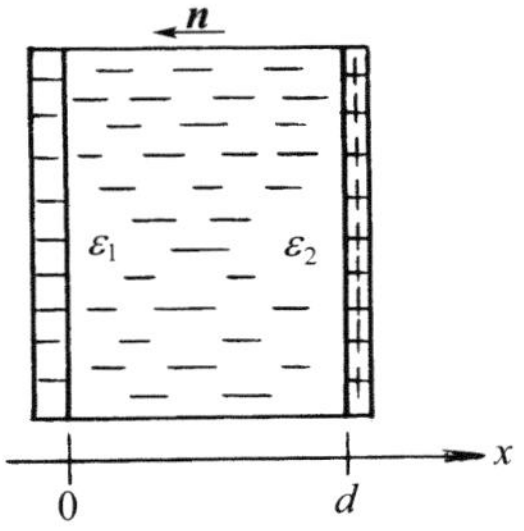

图 2.3.11

ε_1 处极化电荷量的面密度为

$$\sigma_1' = \boldsymbol{n}_1 \cdot \boldsymbol{P}_1 = P_1 = \left(1 - \frac{\varepsilon_0}{\varepsilon_1}\right)\frac{Q}{S} \tag{13}$$

σ_2 处极化电荷量的面密度为

$$\sigma_2' = \boldsymbol{n}_2 \cdot \boldsymbol{P}_2 = -P_2 = -\left(1 - \frac{\varepsilon_0}{\varepsilon}\right)\frac{Q}{S} \tag{14}$$

式(12)、(13)、(14)分别与式(9)、(10)、(11)差一负号.

2.3.12　一平行板电容器两极板的面积都是 S,其间夹住两层电介质,厚度分别为 d_1 和 d_2,电容率分别为 ε_1 和 ε_2,如图 2.3.12 所示. 略去边缘效应. 试求这电容器的电容 C,并用 $\varepsilon_2=\varepsilon_1$ 检验一下你的结果.

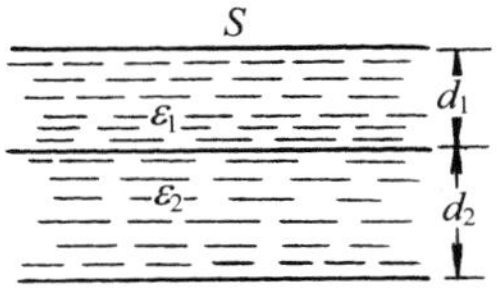

图 2.3.12

【解】　设在两极板加上电压 U,正极板上的电荷量为 Q,则有

$$U = \int_+^- \boldsymbol{E} \cdot \mathrm{d}\boldsymbol{l} = \int_+^- E\mathrm{d}l = E_1 d_1 + E_2 d_2$$

$$= \frac{\sigma}{\varepsilon_1} d_1 + \frac{\sigma}{\varepsilon_2} d_2 = \frac{Q}{S}\left(\frac{d_1}{\varepsilon_1} + \frac{d_2}{\varepsilon_2}\right)$$

所以

$$C = \frac{Q}{U} = \frac{S}{\dfrac{d_1}{\varepsilon_1} + \dfrac{d_2}{\varepsilon_2}} = \frac{\varepsilon_1 \varepsilon_2 S}{\varepsilon_2 d_1 + \varepsilon_1 d_2}$$

当 $\varepsilon_2=\varepsilon_1$ 时,上式便化为

$$C = \frac{\varepsilon_1 S}{d_1 + d_2}$$

正应如此.

2.3.13　一平行板电容器两极板的面积都是 S,其间有 n 层平行介质层,它们的电容率分别为 ε_1, ε_2, $\cdots$, ε_n,厚度分别为 d_1, d_2, $\cdots$, d_n,如图 2.3.13 所示. 略去边缘效应. 试求这电容器的电容.

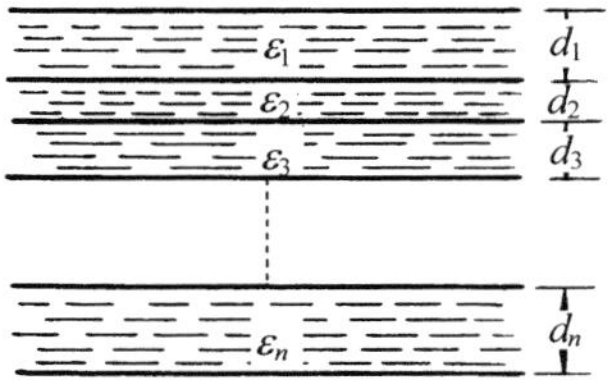

图 2.3.13

【解】　设在两极板加上电压 U,正极板上的电荷量为 Q,则根据对称性和高斯定理得,第 i 层内电场强度的大小为

$$E_i = \frac{D_i}{\varepsilon_i} = \frac{\sigma}{\varepsilon_i} = \frac{Q}{\varepsilon_i S} \tag{1}$$

两极板的电势差为

$$U = \int_+^- \boldsymbol{E} \cdot \mathrm{d}\boldsymbol{l} = \int_+^- E\mathrm{d}l = \sum_{i=1}^{n} E_i d_i = \frac{Q}{S}\sum_{i=1}^{n}\frac{d_i}{\varepsilon_i} \tag{2}$$

于是得所求电容为

$$C = \frac{Q}{U} = \frac{S}{\sum\limits_{i=1}^{n} \frac{d_i}{\varepsilon_i}} \tag{3}$$

2.3.14　一平行板电容器两极板的面积都是 200mm²，两板间夹住一块两面都涂有石蜡的玻璃片，玻璃片厚为 1.0mm，介电常量为 $\varepsilon_{r1}=7.0$；两层石蜡的厚度都是 0.2mm，介电常量为 $\varepsilon_{r2}=2.0$. 略去边缘效应，试求这电容器的电容.

【解】　设在两极板加上电压 U，正极板上的电荷量为 Q，则有

$$\begin{aligned} U &= \int_{+}^{-} \boldsymbol{E} \cdot \mathrm{d}\boldsymbol{l} = \int_{+}^{-} E\mathrm{d}l = E_1 d_1 + E_2 d_2 + E_3 d_3 \\ &= E_1 d_1 + 2E_2 d_2 = \frac{\sigma}{\varepsilon_1} d_1 + 2\frac{\sigma}{\varepsilon_2} d_2 \\ &= \frac{Q}{S}\left(\frac{d_1}{\varepsilon_1} + 2\frac{d_2}{\varepsilon_2}\right) \end{aligned} \tag{1}$$

所以

$$\begin{aligned} C &= \frac{Q}{U} = \frac{S}{\frac{d_1}{\varepsilon_1} + 2\frac{d_2}{\varepsilon_2}} = \frac{\varepsilon_{r1}\varepsilon_{r2}\varepsilon_0 S}{\varepsilon_{r2} d_1 + 2\varepsilon_{r1} d_2} \\ &= \frac{2.0 \times 7.0 \times 8.854 \times 10^{-12} \times 200 \times 10^{-6}}{2.0 \times 1.0 \times 10^{-3} + 2 \times 7.0 \times 0.2 \times 10^{-3}} \\ &= 5.2 \times 10^{-12}(\mathrm{F}) \\ &= 5.2(\mathrm{pF}) \end{aligned} \tag{2}$$

2.3.15　一平行板电容器两极板的面积都是 2.0m²，相距为 5.0mm. 当两板之间是空气时，加上一万伏电压后，断开电源，再在其间插入两平行介质层，一层介电常量为 5.0，厚为 2.0mm；另一层介电常量为 2.0，厚为 3.0mm. 略去边缘效应. 试求：(1)介质中 $\boldsymbol{E}$ 和 $\boldsymbol{D}$ 的值；(2)两极板的电势差 U；(3)电容 C.

【解】　(1)正极板上电荷量的面密度为

$$\sigma = D = \varepsilon_0 E = \varepsilon_0 \frac{U_0}{d} \tag{1}$$

断开电源后，插入介质，σ 不变. 设 $\boldsymbol{n}$ 为极板法线方向上的单位矢量，指向负极板，则有

$$\boldsymbol{D} = \sigma \boldsymbol{n} \tag{2}$$

$$\boldsymbol{E} = \frac{\boldsymbol{D}}{\varepsilon} = \frac{\sigma}{\varepsilon_r \varepsilon_0} \boldsymbol{n} \tag{3}$$

于是得

$$\begin{aligned} D_1 = D_2 = \sigma = \varepsilon_0 \frac{U_0}{d} &= 8.854 \times 10^{-12} \times \frac{1.0 \times 10^4}{5.0 \times 10^{-3}} \\ &= 1.8 \times 10^{-5}(\mathrm{C/m^2}) \end{aligned} \tag{4}$$

$$\begin{aligned} E_1 = \frac{\sigma}{\varepsilon_{r1}\varepsilon_0} = \frac{U_0}{\varepsilon_{r1} d} &= \frac{1.0 \times 10^4}{5.0 \times 5.0 \times 10^{-3}} \\ &= 4.0 \times 10^5(\mathrm{V/m}) \end{aligned} \tag{5}$$

$$E_2 = \frac{U_0}{\varepsilon_{r2} d} = \frac{1.0 \times 10^4}{2.0 \times 5.0 \times 10^{-3}}$$
$$= 1.0 \times 10^6 (\mathrm{V/m}) \tag{6}$$

(2)两极板的电势差为

$$U = E_1 d_1 + E_2 d_2$$
$$= 4.0 \times 10^5 \times 2.0 \times 10^{-3} + 1.0 \times 10^6 \times 3.0 \times 10^{-3}$$
$$= 3.8 \times 10^3 (\mathrm{V}) \tag{7}$$

(3)电容为

$$C = \frac{Q}{U} = \frac{\sigma S}{U} = \frac{1.8 \times 10^{-5} \times 2.0}{3.8 \times 10^3}$$
$$= 9.4 \times 10^{-9} (\mathrm{F}) = 9.4 (\mathrm{nF}) \tag{8}$$

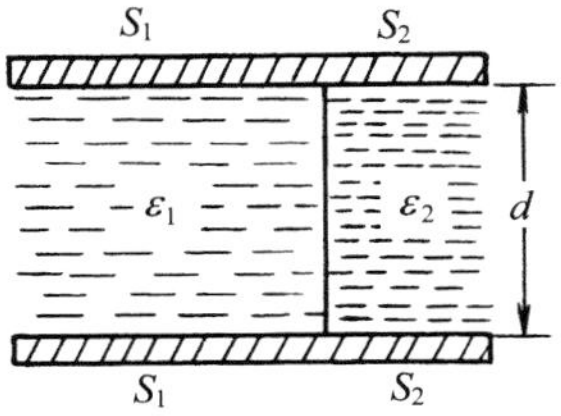

图 2.3.16

2.3.16 一平行板电容器两极板相距为 d,其间充满了两部分均匀介质,电容率为 ε_1 的介质所占的面积为 S_1,电容率为 ε_2 的介质所占的面积为 S_2,如图 2.3.16 所示. 略去边缘效应. 试求这电容器的电容.

【解】 设在两极板加上电压 U,正极板上 ε_1 部分的电荷量为 Q_1,ε_2 部分的电荷量为 Q_2,则整个正极板上的电荷量为

$$Q = Q_1 + Q_2 \tag{1}$$

设 ε_1 和 ε_2 内的电场强度分别为 $\boldsymbol{E}_1$ 和 $\boldsymbol{E}_2$,则

$$U = \int_+^- \boldsymbol{E}_1 \cdot \mathrm{d}\boldsymbol{l} = \int_+^- E_1 \mathrm{d}l = E_1 d = \frac{D_1}{\varepsilon_1} d = \frac{\sigma_1}{\varepsilon_1} d = \frac{Q_1}{\varepsilon_1 S_1} d \tag{2}$$

$$U = \int_+^- \boldsymbol{E}_2 \cdot \mathrm{d}\boldsymbol{l} = \int_+^- E_2 \mathrm{d}l = E_2 d = \frac{D_2}{\varepsilon_2} d = \frac{\sigma_2}{\varepsilon_2} d = \frac{Q_2}{\varepsilon_2 S_2} d \tag{3}$$

由式(2)、(3)得

$$\frac{Q_2}{\varepsilon_2 S_2} = \frac{Q_1}{\varepsilon_1 S_1} \tag{4}$$

所以

$$Q = Q_1 + Q_2 = Q_1 + \frac{\varepsilon_2 S_2}{\varepsilon_1 S_1} Q_1 = \frac{\varepsilon_1 S_1 + \varepsilon_2 S_2}{\varepsilon_1 S_1} Q_1 \tag{5}$$

于是得所求电容为

$$C = \frac{Q}{U} = \frac{\varepsilon_1 S_1 + \varepsilon_2 S_2}{\varepsilon_1 S_1} Q_1 \Big/ \frac{Q_1}{\varepsilon_1 S_1} d = \frac{\varepsilon_1 S_1 + \varepsilon_2 S_2}{d} \tag{6}$$

【别解】 把这个电容器看作两个电容器并联而成,便得

$$C = C_1 + C_2 = \frac{\varepsilon_1 S_1}{d} + \frac{\varepsilon_2 S_2}{d} = \frac{\varepsilon_1 S_1 + \varepsilon_2 S_2}{d}$$

2.3.17 一平行板电容器两极板的面积都是 S,相距为 d,今在其间平行地插入厚为 t、电容率为 ε 的均匀介质片,其面积为 $S/2$,如图 2.3.17 所示. 设两极板分别带有电荷量 Q 和 $-Q$. 略去边缘效应. 试求:(1)两极板的电势差;(2)电容 C;(3)介质片表面上极化电荷量的面密度.

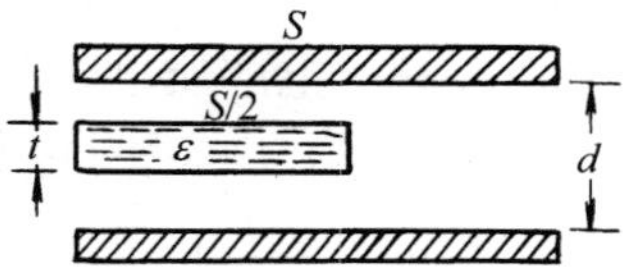

图 2.3.17

【解】 (1)设有介质部分极板上的电荷量为 Q_1，无介质部分极板上的电荷量为 Q_2，则有

$$Q_1 + Q_2 = Q \tag{1}$$

两极板的电势差为

$$U = \int_+^- \boldsymbol{E}_1 \cdot \mathrm{d}\boldsymbol{l} = \int_+^- E\mathrm{d}l = \frac{\sigma_1}{\varepsilon_0}(d-t) + \frac{\sigma_1}{\varepsilon}t$$

$$= \frac{2Q_1}{S}\left(\frac{d-t}{\varepsilon_0} + \frac{t}{\varepsilon}\right) \tag{2}$$

$$U = \int_+^- \boldsymbol{E} \cdot \mathrm{d}\boldsymbol{l} = \int_+^- E\mathrm{d}l = \frac{\sigma_2}{\varepsilon_0}d = \frac{2Q_2}{\varepsilon_0 S}d \tag{3}$$

由式(2)、(3)得

$$Q_2 = \frac{\varepsilon_0 Q_1}{d}\left(\frac{d-t}{\varepsilon_0} + \frac{t}{\varepsilon}\right) \tag{4}$$

将式(4)代入式(1)得

$$Q = Q_1 + Q_2 = \frac{Q_1}{\varepsilon d}[\varepsilon(2d-t) + \varepsilon_0 t] \tag{5}$$

将式(5)代入式(2)，得两极板的电势差为

$$U = \frac{2}{S}\frac{\varepsilon Q d}{[\varepsilon(2d-t)+\varepsilon_0 t]}\left(\frac{d-t}{\varepsilon_0} + \frac{t}{\varepsilon}\right)$$

$$= \frac{2Qd}{\varepsilon_0 S}\frac{\varepsilon(d-t)+\varepsilon_0 t}{\varepsilon(2d-t)+\varepsilon_0 t} \tag{6}$$

(2)电容　由式(6)得

$$C = \frac{Q}{U} = \frac{\varepsilon_0 S}{2d}\frac{\varepsilon(2d-t)+\varepsilon_0 t}{\varepsilon(d-t)+\varepsilon_0 t} \tag{7}$$

(3)极化电荷量的面密度　设向着负极板的介质表面上电荷量的面密度为 σ'，则有

$$\sigma' = P = (\varepsilon - \varepsilon_0)E = (\varepsilon - \varepsilon_0)\frac{D}{\varepsilon} = \left(1 - \frac{\varepsilon_0}{\varepsilon}\right)\sigma$$

$$= \left(1 - \frac{\varepsilon_0}{\varepsilon}\right)\frac{2Q_1}{S} \tag{8}$$

将式(5)代入式(8)消去 Q_1，便得

$$\sigma' = \frac{2(\varepsilon - \varepsilon_0)Qd}{[\varepsilon(2d-t)+\varepsilon_0 t]S} \tag{9}$$

【别解】 这电容器可看作是两个电容器并联而成，其电容为

$$C = C_1 + C_2 = \frac{\varepsilon_0 S}{2d} + \frac{S}{2\left(\frac{d-t}{\varepsilon_0} + \frac{t}{\varepsilon}\right)}$$

$$= \frac{\varepsilon_0 S}{2d}\left[1 + \frac{\varepsilon d}{\varepsilon(d-t)+\varepsilon_0 t}\right]$$

$$= \frac{\varepsilon_0 S}{2d}\frac{\varepsilon(2d-t)+\varepsilon_0 t}{\varepsilon(d-t)+\varepsilon_0 t} \tag{10}$$

再由 $Q=CU$ 即可求得电势差 U.

2.3.18 电解质电容器有两个特点：一是电容 C 比较大；二是有正负极(在使用时不能接错). 试说明它为什么有这两个特点.

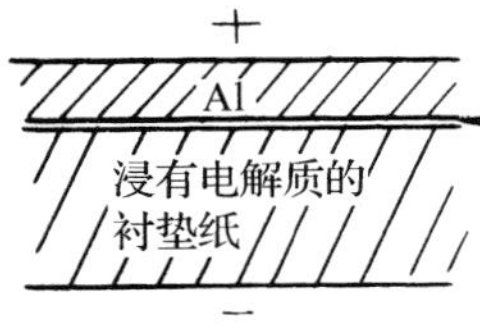

图 2.3.18

【解】 电解质电容器(图 2.3.18 是电解质电容器的一种)是以金属作正极，在金属表面生成一层氧化膜(如图中的 Al_2O_3)作为介质的电容器，其负极是液体电解质或固体电解质(如图中浸有电解质的衬垫纸). 由于氧化膜极薄，介电常量又很大(如 Al_2O_3 的 $\varepsilon_r=7$ 至 10)，所以电容就很大.

因为氧化膜具有单向导电性，电流只能从金属流向氧化膜；如果电流反向，氧化膜就会遭到破坏. 因此电解质电容器就有正负极.

2.3.19 收音机里用的一种可变电容器如图 2.3.19 所示，其中共有 n 个面积均为 S 的金属片，相邻两片的距离都是 d，奇数片联在一起作为一极，它固定不动(称为定片)；偶数片联在一起作为另一极，它可以绕轴转动(称为动片). (1)为什么动片转动时电容 C 会变？转到什么位置时 C 最大？转到什么位置时 C 最小？(2)试证明：略去边缘效应时，C 的最大值为 $C_{\max}=\dfrac{(n-1)\varepsilon_0 S}{d}$.

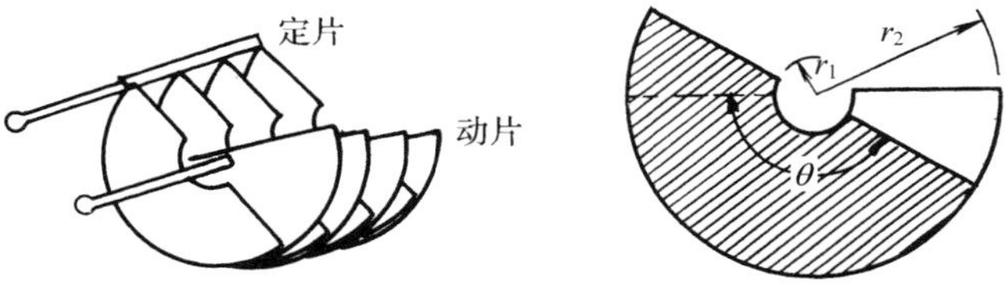

图 2.3.19

【解】 (1)电容 C 由定片和动片间正对着的那部分面积 S_e 决定. 当动片转动时，S_e 跟着变化，故 C 就变化. 当动片完全转到定片间时，S_e 达到最大，C 就达到最大；当动完全转出定片时，S_e 等于零，C 就达到最小.

(2)当 $S_e=S$ 时，C 最大，这时相当于 $n-1$ 个空气电容器并联，其电容为

$$C_{\max}=\frac{(n-1)\varepsilon_0 S}{d}$$

2.3.20 收音机里用的一种可变电容器如图 2.3.19 所示，其中共有 n 个面积均为 S 的金属片，相邻两片间的距离都是 d，奇数片联在一起作为一极，它固定不动(称为定片)；偶数片联在一起作为另一极，它可以绕轴转动(称为动片). 当动片转到两组片之间夹角为 θ 时，如图 2.3.19 的(2)所示，试证明：在 θ 较大的情况下，略去边缘效应，这电容器的电容为

$$C=\frac{(n-1)\pi\varepsilon_0(r_2^2-r_1^2)\theta}{360d}$$

式中 r_1 和 r_2 分别为金属片内外缘的半径，θ 以度为单位.

【证】 由扇形面积的公式

$$A=\frac{1}{2}r^2\theta \tag{1}$$

得两组片对着的面积为

$$S=\frac{1}{2}r_2^2\theta-\frac{1}{2}r_1^2\theta=\frac{1}{2}(r_2^2-r_1^2)\theta \tag{2}$$

式中 θ 以弧度为单位，若改成以度为单位，则因 $360°=2\pi$ 弧度，故得

$$S=\frac{1}{2}(r_2^2-r_1^2)\theta\cdot\frac{2\pi}{360}=\frac{\pi(r_2^2-r_1^2)\theta}{360} \tag{3}$$

这个电容器可看作是 $n-1$ 个空气电容器并联而成，故所求的电容为

$$C=\frac{(n-1)\varepsilon_0 S}{d}=\frac{(n-1)\pi\varepsilon_0(r_2^2-r_1^2)\theta}{360d} \tag{4}$$

2.3.21 圆柱电容器由半径为 a 的一段直导线和套在它外面的同轴导体圆筒构成，圆筒的内半径为 b，导线与圆筒间是空气，导线和圆筒的长度都是 L. 略去边缘效应. 试求这电容器的电容.

【解】 设在导线与圆筒间加上电压 U，导线单位长度上的电荷量为 λ，则由对称性和高斯定理得

$$\oint\!\!\!\oint_S \boldsymbol{E}\cdot d\boldsymbol{s}=E\cdot 2\pi rl=\frac{1}{\varepsilon_0}\lambda l \tag{1}$$

所以

$$E=\frac{\lambda}{2\pi\varepsilon_0 r} \tag{2}$$

电势差(电压)为

$$U=\int_a^b \boldsymbol{E}\cdot d\boldsymbol{l}=\int_a^b E\mathrm{d}r=\frac{\lambda}{2\pi\varepsilon_0}\int_a^b\frac{\mathrm{d}r}{r}=\frac{\lambda}{2\pi\varepsilon_0}\ln\frac{b}{a} \tag{3}$$

于是得所求电容为

$$C=\frac{Q}{U}=\frac{\lambda L}{U}=\frac{2\pi\varepsilon_0 L}{\ln(b/a)} \tag{4}$$

2.3.22 试证明：当圆柱电容器(见前面 2.3.21 题)两极的半径相差很小(即 $b-a\ll a$)时，它的电容 C 的公式趋于平行板电容器的公式.

【证】 根据前面 2.3.21 题的式(4)，圆柱电容器的电容为

$$C=\frac{2\pi\varepsilon_0 L}{\ln(b/a)} \tag{1}$$

令 $b=a+d$，则其中

$$\ln(b/a)=\ln\left(1+\frac{d}{a}\right) \tag{2}$$

令 $d=b-a\ll a$，故可用公式

$$\ln(1+x)=x-\frac{1}{2}x^2+\frac{1}{3}x^3-\frac{1}{4}x^4+\cdots,\quad x^2<1 \tag{3}$$

得

$$\ln\left(1+\frac{d}{a}\right)=\frac{d}{a}-\frac{1}{2}\left(\frac{d}{a}\right)^2+\cdots\approx\frac{d}{a} \tag{4}$$

代入(1)式便得

$$C=\frac{2\pi\varepsilon_0 L}{\ln\left(1+\dfrac{d}{a}\right)}=\frac{2\pi\varepsilon_0 La}{d}=\frac{\varepsilon_0 S}{d} \tag{5}$$

式中 $S=2\pi aL$ 为导线(极板)面积. 这正是平行板电容器的电容公式.

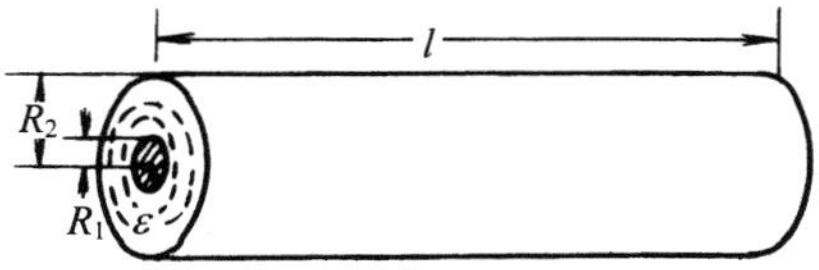

图 2.3.23

2.3.23 圆柱电容器是由半径为 R_1 的直导线和与它同轴的导体圆筒构成,圆筒长为 l,内半径为 R_2,圆筒与导线间充满电容率为 ε 的均匀介质,如图 2.3.23 所示. 设导线上沿轴线单位长度的电荷量为 λ,圆筒上沿轴线单位长度的电荷量为 $-\lambda$,略去边缘效应,试求:(1)介质中的电场强度 $\boldsymbol{E}$、电位移 $\boldsymbol{D}$、极化强度 $\boldsymbol{P}$、极化电荷量密度 ρ' 和表面极化电荷量的面密度 σ';(2)导线与圆筒的电势差 U;(3)电容 C.

【解】 (1)以轴线为轴、r 为半径,在介质内作长为 l 的圆柱面(高斯面)S,根据对称性和 $\boldsymbol{D}$ 的高斯定理得

$$\oiint_S \boldsymbol{D}\cdot \mathrm{d}\boldsymbol{S}=D\cdot 2\pi rl=\lambda l \tag{1}$$

所以

$$\boldsymbol{D}=\frac{\lambda}{2\pi r}\boldsymbol{e}_r \tag{2}$$

式中 $\boldsymbol{e}_r=\dfrac{\boldsymbol{r}}{r}$,$\boldsymbol{r}$ 是从轴线到场点的位矢.

$$\boldsymbol{E}=\frac{\boldsymbol{D}}{\varepsilon}=\frac{\lambda}{2\pi\varepsilon r}\boldsymbol{e}_r \tag{3}$$

$$\boldsymbol{P}=\boldsymbol{D}-\varepsilon_0\boldsymbol{E}=\frac{(\varepsilon-\varepsilon_0)\lambda}{2\pi\varepsilon r}\boldsymbol{e}_r \tag{4}$$

$$\rho'=-\nabla\cdot\boldsymbol{P} \tag{5}$$

由柱坐标系的散度公式

$$\nabla\cdot\boldsymbol{A}=\frac{1}{r}\frac{\partial}{\partial r}(rA_r)+\frac{1}{r}\frac{\partial A_\phi}{\partial\phi}+\frac{\partial Az}{\partial z} \tag{6}$$

得

$$\rho'=-\frac{1}{r}\frac{\partial}{\partial r}\left[r\cdot\frac{(\varepsilon-\varepsilon_0)\lambda}{2\pi\varepsilon r}\right]=-\frac{1}{r}\frac{\partial}{\partial r}\left[\frac{(\varepsilon-\varepsilon_0)\lambda}{2\pi\varepsilon}\right]=0 \tag{7}$$

$$\sigma'_1=\boldsymbol{n}_1\cdot\boldsymbol{P}_1=\boldsymbol{n}_1\cdot\frac{(\varepsilon-\varepsilon_0)\lambda}{2\pi\varepsilon R_1}\boldsymbol{e}_r=-\frac{(\varepsilon-\varepsilon_0)\lambda}{2\pi\varepsilon R_1} \tag{8}$$

$$\sigma'_2 = \boldsymbol{n}_2 \cdot \boldsymbol{P}_2 = \boldsymbol{n}_2 \cdot \frac{(\varepsilon-\varepsilon_0)\lambda}{2\pi\varepsilon R_2}\boldsymbol{e}_r = \frac{(\varepsilon-\varepsilon_0)\lambda}{2\pi\varepsilon R_2} \tag{9}$$

(2)电势差

$$U = \int_{R_1}^{R_2} \boldsymbol{E}\cdot \mathrm{d}\boldsymbol{l} = \frac{\lambda}{2\pi\varepsilon}\int_{R_1}^{R_2} \frac{\boldsymbol{e}_r \cdot \mathrm{d}\boldsymbol{r}}{r} = \frac{\lambda}{2\pi\varepsilon}\ln\frac{R_2}{R_1} \tag{10}$$

(3)电容

$$C = \frac{Q}{U} = \frac{\lambda l}{\frac{\lambda}{2\pi\varepsilon}\ln\frac{R_2}{R_1}} = \frac{2\pi\varepsilon l}{\ln(R_2/R_1)} \tag{11}$$

【讨论】 一、也可以不用公式(6)而用下面的方法求 ρ'. 以轴线为轴，分别以 r_1 和 r_2 为半径作长为 l 的圆柱面 S_1 和 S_2，这两圆柱面内的极化电荷量分别为

$$Q'_1 = \oint_{S_1} \boldsymbol{P}\cdot \mathrm{d}\boldsymbol{S} = \frac{(\varepsilon-\varepsilon_0)\lambda}{2\pi\varepsilon r_1}\cdot 2\pi r_1 l = \frac{(\varepsilon-\varepsilon_0)\lambda l}{\varepsilon} \tag{12}$$

$$Q'_2 = \oint_{S_2} \boldsymbol{P}\cdot \mathrm{d}\boldsymbol{S} = \frac{(\varepsilon-\varepsilon_0)\lambda}{2\pi\varepsilon r_2}\cdot 2\pi r_2 l = \frac{(\varepsilon-\varepsilon_0)\lambda l}{\varepsilon} \tag{13}$$

这两面之间的圆筒体积内的极化电荷量密度为

$$\rho' = \frac{Q'}{V} = \frac{Q'_2 - Q'_1}{\pi(r_2^2 - r_1^2)l} = 0 \tag{14}$$

二、最简单的方法是利用均匀介质内极化电荷量密度 ρ' 与同一点的自由电荷量密度 ρ 的关系式

$$\rho' = -\left(1-\frac{\varepsilon_0}{\varepsilon}\right)\rho \tag{15}$$

因 $\rho=0$，故得 $\rho'=0$.

2.3.24　一圆柱电容器由半径为 a 的直导线和与它同轴的导体圆筒构成，圆筒的半径为 b，长为 l，导线与圆筒间充满了两层同轴圆筒形的均匀介质，交界面的半径为 r，电容率分别为 ε_1(在内)和 ε_2，如图 2.3.24 所示. 略去边缘效应，试求这电容器的电容.

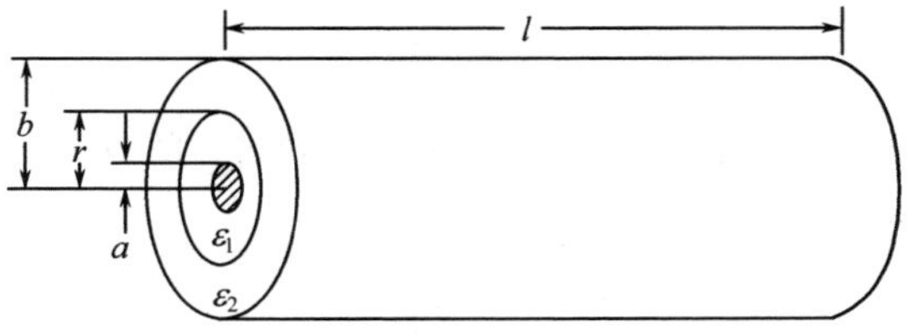

图 2.3.24

【解】 设这电容器充电后，导线上沿轴线单位长度的电荷量为 λ，以轴线为轴、r 为半径作长为 l 的圆柱面(高斯面)S，则由对称性和 $\boldsymbol{D}$ 的高斯定理得

$$\oint_S \boldsymbol{D} \cdot \mathrm{d}\boldsymbol{S} = D \cdot 2\pi r l = \lambda l \tag{1}$$

所以
$$\boldsymbol{D} = \frac{\lambda}{2\pi r}\boldsymbol{e}_r \tag{2}$$

式中 $\boldsymbol{e}_r = \frac{\boldsymbol{r}}{r}$，$\boldsymbol{r}$ 是从轴线到场点的位矢.

$$\boldsymbol{E} = \frac{\lambda}{2\pi\varepsilon r}\boldsymbol{e}_r \tag{3}$$

于是得导线与圆筒的电势差为

$$\begin{aligned} U &= \int_a^b \boldsymbol{E} \cdot \mathrm{d}\boldsymbol{l} = \int_a^r \boldsymbol{E}_1 \cdot \mathrm{d}\boldsymbol{r} + \int_r^b \boldsymbol{E}_2 \cdot \mathrm{d}\boldsymbol{r} \\ &= \frac{\lambda}{2\pi\varepsilon_1}\int_a^r \frac{\boldsymbol{e}_r \cdot \mathrm{d}\boldsymbol{r}}{r} + \frac{\lambda}{2\pi\varepsilon_2}\int_r^b \frac{\boldsymbol{e}_r \cdot \mathrm{d}\boldsymbol{r}}{r} \\ &= \frac{\lambda}{2\pi\varepsilon_1}\ln\frac{r}{a} + \frac{\lambda}{2\pi\varepsilon_2}\ln\frac{b}{r} \\ &= \frac{\lambda}{2\pi\varepsilon_1\varepsilon_2}\left(\varepsilon_2 \ln\frac{r}{a} + \varepsilon_1 \ln\frac{b}{r}\right) \end{aligned} \tag{4}$$

所求的电容为

$$C = \frac{Q}{U} = \frac{\lambda l}{U} = \frac{2\pi\varepsilon_1\varepsilon_2 l}{\varepsilon_2 \ln(r/a) + \varepsilon_1 \ln(b/r)} \tag{5}$$

2.3.25　三个共轴的金属圆筒，长度都是 l，半径分别为 a、b 和 c，它们的厚度都可略去不计，如图 2.3.25 所示. 三圆筒间都是空气. 现将内外两圆筒联在一起作为电容器的一极，中间圆筒作为另一极，略去边缘效应. (1)试求这电容器的电容 C；(2)当 $l=10\text{cm}$，$a=3.9\text{mm}$，$b=4.0\text{mm}$，$c=4.1\text{mm}$ 时，计算 C 的值.

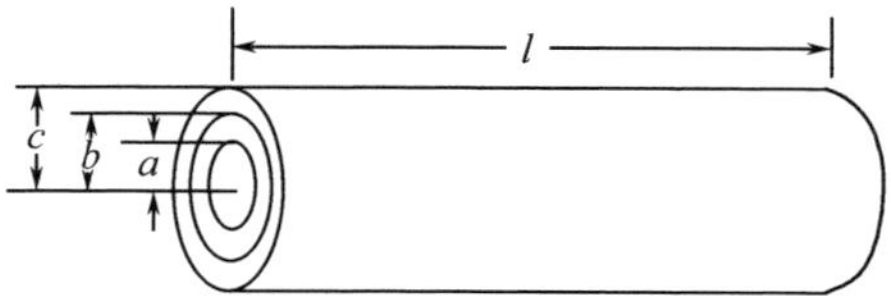

图 2.3.25

【解】 (1)这是两个圆柱电容器的并联. 根据圆柱电容器的公式[参见前面 2.3.21 题的式(4)]

$$C = \frac{2\pi\varepsilon_0 L}{\ln(b/a)} \tag{1}$$

所求的电容为

$$\begin{aligned} C &= C_1 + C_2 = \frac{2\pi\varepsilon_0 l}{\ln(b/a)} + \frac{2\pi\varepsilon_0 l}{\ln(c/b)} \\ &= 2\pi\varepsilon_0 l\left[\frac{1}{\ln(b/a)} + \frac{1}{\ln(c/b)}\right] \end{aligned}$$

$$=2\pi\varepsilon_0 l\frac{\ln(c/a)}{\ln(b/a)\ln(c/b)} \tag{2}$$

(2)C 的值为

$$C=2\pi\times 8.854\times 10^{-12}\times 10\times 10^{-2}\times\frac{\ln(4.1/3.9)}{\ln(4.0/3.9)\ln(4.1/4.0)}$$

$$=4.4\times 10^{-10}(\mathrm{F})=4.4\times 10^{2}(\mathrm{pF}) \tag{3}$$

2.3.26 球形电容器是由两个同心的导体球壳构成，内壳的外半径为 a，外壳的内半径为 b，两壳间是空气.(1)试求这电容器的电容 C；(2)试证明：当两球壳相距很近(即 $b-a\ll a$)时，C 趋于平行板电容器的电容公式；(3)试证明：当两球壳相距很远(即 $b\gg a$)时，C 趋于一个孤立导体球的电容公式.

【解】(1)设内壳带有电荷量 Q，以球壳的心为心、r 为半径，在两壳间作同心球面(高斯面)S，则由对称性和高斯定理得

$$\oint\!\!\!\oint_S \boldsymbol{E}\cdot \mathrm{d}\boldsymbol{S}=E\cdot 4\pi r^2=\frac{1}{\varepsilon_0}Q \tag{1}$$

所以

$$E=\frac{Q}{4\pi\varepsilon_0 r^2} \tag{2}$$

两壳的电势差为

$$U=\int_a^b \boldsymbol{E}\cdot \mathrm{d}\boldsymbol{l}=\int_a^b E\mathrm{d}r=\frac{Q}{4\pi\varepsilon_0}\int_a^b\frac{\mathrm{d}r}{r^2}=\frac{Q}{4\pi\varepsilon_0}\left(\frac{1}{a}-\frac{1}{b}\right) \tag{3}$$

所以

$$C=\frac{Q}{U}=\frac{4\pi\varepsilon_0}{\dfrac{1}{a}-\dfrac{1}{b}}=\frac{4\pi\varepsilon_0 ab}{b-a} \tag{4}$$

(2)当 $b-a\ll a$ 时，令 $b-a=d$，则

$$\frac{ab}{b-a}=\frac{a(a+d)}{d}=\frac{a^2}{d}+a\approx\frac{a^2}{d} \tag{5}$$

所以

$$C=\frac{4\pi\varepsilon_0 ab}{b-a}\approx\frac{4\pi\varepsilon_0 a^2}{d}=\frac{\varepsilon_0 S}{d} \tag{6}$$

这就是平行板电容器的电容公式.

(3)当 $b\gg a$ 时，$b-a\approx b$，故

$$C=\frac{4\pi\varepsilon_0 ab}{b-a}\approx\frac{4\pi\varepsilon_0 ab}{b}=4\pi\varepsilon_0 a \tag{7}$$

这就是半径为 a 的孤立导体球的电容公式.(关于孤立导体球的电容公式，参见 2.3.34 题).

2.3.27 一球形电容器由两个同心的薄导体球壳构成，它们的半径分别为 R_1 和 R_4，它们是电容器的两极，在这两极之间有一个同心的不带电导体球壳，其内外半径分别为 R_2 和 R_3，如图 2.3.27 所示.(1)给内壳(R_1)以电荷量 Q，求 R_1 和 R_4 两壳的电势差；(2)求这电容器的电容.

【解】(1)以球心为心、r 为半径作球面(高斯面)S，由对称性和 $\boldsymbol{E}$ 的高斯定理得

$$\oint\!\!\!\oint_S \boldsymbol{E}\cdot \mathrm{d}\boldsymbol{S}=E\cdot 4\pi r^2=\frac{1}{\varepsilon_0}Q \tag{1}$$

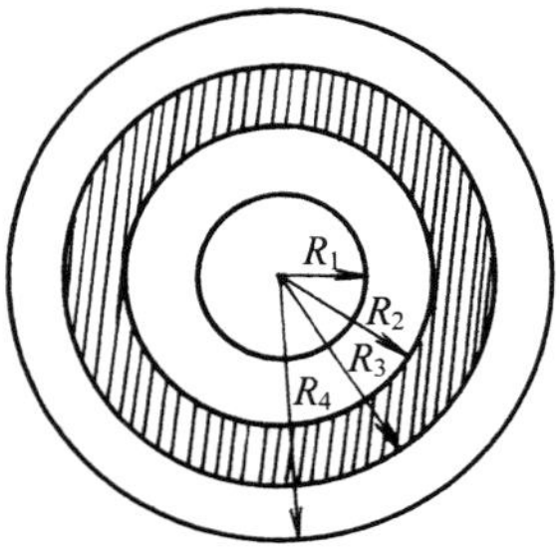

图 2.3.27

所以
$$\boldsymbol{E}_1=\frac{Q}{4\pi\varepsilon_0 r^2}\boldsymbol{e}_r,\quad R_1<r<R_2 \tag{2}$$

式中 $\boldsymbol{e}_r=\frac{\boldsymbol{r}}{r}$，$\boldsymbol{r}$ 为从球心到场点的位矢.

$$\boldsymbol{E}_2=0,\qquad R_2<r<R_3 \tag{3}$$

$$\boldsymbol{E}_3=\frac{Q}{4\pi\varepsilon_0 r^2}\boldsymbol{e}_r,\qquad R_3<r<R_4 \tag{4}$$

R_1 和 R_4 两壳的电势差为

$$\begin{aligned}U&=\int_{R_1}^{R_4}\boldsymbol{E}\cdot\mathrm{d}\boldsymbol{r}=\int_{R_1}^{R_2}\boldsymbol{E}_1\cdot\mathrm{d}\boldsymbol{r}+\int_{R_3}^{R_4}\boldsymbol{E}_3\cdot\mathrm{d}\boldsymbol{r}\\&=\frac{Q}{4\pi\varepsilon_0}\left(\int_{R_1}^{R_2}\frac{\boldsymbol{e}_r\cdot\mathrm{d}\boldsymbol{r}}{r^2}+\int_{R_3}^{R_4}\frac{\boldsymbol{e}_r\cdot\mathrm{d}\boldsymbol{r}}{r^2}\right)\\&=\frac{Q}{4\pi\varepsilon_0}\left(\frac{1}{R_1}-\frac{1}{R_2}+\frac{1}{R_3}-\frac{1}{R_4}\right)\end{aligned} \tag{5}$$

(2)所求的电容为

$$\begin{aligned}C=\frac{Q}{U}&=\frac{4\pi\varepsilon_0}{\dfrac{1}{R_1}-\dfrac{1}{R_2}+\dfrac{1}{R_3}-\dfrac{1}{R_4}}\\&=\frac{4\pi\varepsilon_0 R_1R_2R_3R_4}{(R_2-R_1)R_3R_4+(R_4-R_3)R_1R_2}\end{aligned} \tag{6}$$

2.3.28　一球形电容器由两个同心的薄金属球壳构成，两壳的半径分别为 R_1 和 R_2，两壳间充满电容率为 ε 的均匀介质，内壳带有电荷量 Q，如图 2.3.28 所示. 试求：(1)两壳的电势差；(2)介质表面极化电荷量的面密度；(3)电容.

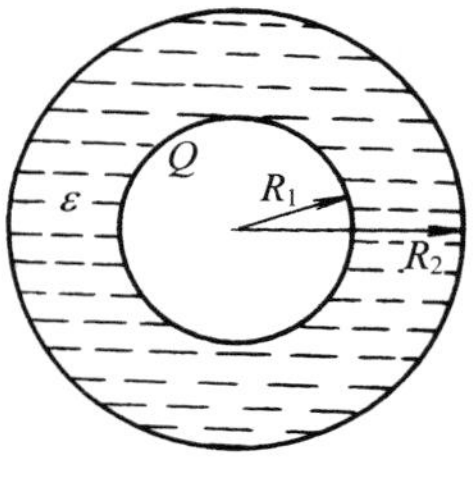

图 2.3.28

【解】　(1)由对称性和高斯定理得，介质内的电场强度为

$$\boldsymbol{E}=\frac{Q}{4\pi\varepsilon r^2}\boldsymbol{e}_r \tag{1}$$

式中 $\boldsymbol{e}_r=\frac{\boldsymbol{r}}{r}$，$\boldsymbol{r}$ 是从球心到场点的位矢，$r=|\boldsymbol{r}|$. 两壳的电势差为

$$U=\int_{R_1}^{R_2}\boldsymbol{E}\cdot\mathrm{d}\boldsymbol{r}=\frac{Q}{4\pi\varepsilon}\int_{R_1}^{R_2}\frac{\boldsymbol{e}_r\cdot\mathrm{d}\boldsymbol{r}}{r^2}=\frac{Q}{4\pi\varepsilon}\left(\frac{1}{R_1}-\frac{1}{R_2}\right) \tag{2}$$

(2)介质的极化强度为

$$\boldsymbol{P}=(\varepsilon-\varepsilon_0)\boldsymbol{E}=\frac{(\varepsilon-\varepsilon_0)Q}{4\pi\varepsilon r^2}\boldsymbol{e}_r \tag{3}$$

于是得介质的内外两表面上极化电荷量的面密度分别为

$$\sigma_1'=\boldsymbol{n}_1\cdot\boldsymbol{P}_1=\frac{(\varepsilon-\varepsilon_0)Q}{4\pi\varepsilon R_1^2}\boldsymbol{n}_1\cdot\boldsymbol{e}_r=-\frac{(\varepsilon-\varepsilon_0)Q}{4\pi\varepsilon R_1^2} \tag{4}$$

$$\sigma_2'=\boldsymbol{n}_2\cdot\boldsymbol{P}_2=\frac{(\varepsilon-\varepsilon_0)Q}{4\pi\varepsilon R_2^2}\boldsymbol{n}_2\cdot\boldsymbol{e}_r=\frac{(\varepsilon-\varepsilon_0)Q}{4\pi\varepsilon R_2^2} \tag{5}$$

(3)由式(2)得所求的电容为

$$C=\frac{Q}{U}=\frac{4\pi\varepsilon R_1R_2}{R_2-R_1} \tag{6}$$

2.3.29　一球形电容器由半径为 R_1 的导体球和与它同心的导体球壳构成,壳的内半径为 R_2,球与壳间有一层同心的均匀介质球壳,其内外半径分别为 a 和 b,电容率为 ε,如图 2.3.29 所示.(1)试求这电容器的电容;(2)当内球带有电荷量 Q 时,介质内外表面上的极化电荷量的面密度各是多少?

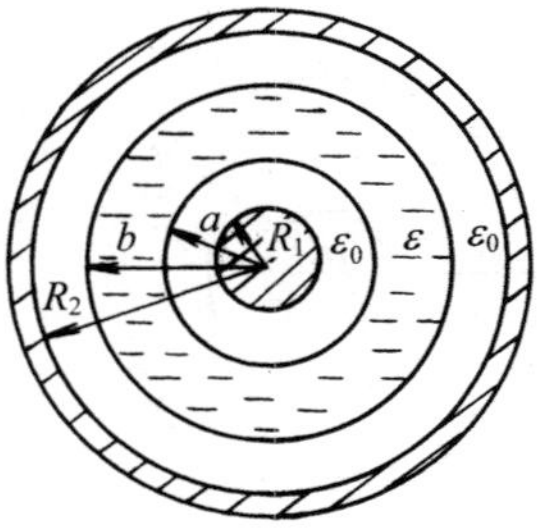

图 2.3.29

【解】　(1)设内球上的电荷量为 Q,以球心为心、r 为半径作球面(高斯面)S,则由对称性和 $\boldsymbol{D}$ 的高斯定理得

$$\oiint_S \boldsymbol{D}\cdot \mathrm{d}\boldsymbol{S}=D\cdot 4\pi r^2=Q \tag{1}$$

所以

$$\boldsymbol{D}=\frac{Q}{4\pi r^2}\boldsymbol{e}_r \tag{2}$$

式中 $\boldsymbol{e}_r=\frac{\boldsymbol{r}}{r}$,$\boldsymbol{r}$ 是从球心到场点的位矢.由 $\boldsymbol{D}=\varepsilon\boldsymbol{E}$ 得

$$\boldsymbol{E}_1=\frac{Q}{4\pi\varepsilon_0 r^2}\boldsymbol{e}_r,\qquad R_1<r<a \tag{3}$$

$$\boldsymbol{E}_2=\frac{Q}{4\pi\varepsilon r^2}\boldsymbol{e}_r,\qquad a<r<b \tag{4}$$

$$\boldsymbol{E}_3=\frac{Q}{4\pi\varepsilon_0 r^2}\boldsymbol{e}_r,\qquad b<r<R_2 \tag{5}$$

球与外壳的电势差为

$$\begin{aligned}U&=\int_{R_1}^{R_2}\boldsymbol{E}\cdot\mathrm{d}\boldsymbol{r}=\int_{R_1}^{a}\boldsymbol{E}_1\cdot\mathrm{d}\boldsymbol{r}+\int_a^b\boldsymbol{E}_2\cdot\mathrm{d}\boldsymbol{r}+\int_b^{R_2}\boldsymbol{E}_3\cdot\mathrm{d}\boldsymbol{r}\\&=\frac{Q}{4\pi\varepsilon_0}\left(\frac{1}{R_1}-\frac{1}{a}\right)+\frac{Q}{4\pi\varepsilon}\left(\frac{1}{a}-\frac{1}{b}\right)+\frac{Q}{4\pi\varepsilon_0}\left(\frac{1}{b}-\frac{1}{R_2}\right)\end{aligned} \tag{6}$$

故得所求的电容为

$$\begin{aligned}C=\frac{Q}{U}&=\frac{4\pi}{\frac{1}{\varepsilon_0}\left(\frac{1}{R_1}-\frac{1}{a}\right)+\frac{1}{\varepsilon}\left(\frac{1}{a}-\frac{1}{b}\right)+\frac{1}{\varepsilon_0}\left(\frac{1}{b}-\frac{1}{R_2}\right)}\\&=\frac{4\pi\varepsilon\varepsilon_0 abR_1R_2}{\varepsilon(a-R_1)bR_2+\varepsilon_0(b-a)R_1R_2+\varepsilon(R_2-b)aR_1}\\&=\frac{4\pi\varepsilon\varepsilon_0 abR_1R_2}{\varepsilon ab(R_2-R_1)+(\varepsilon_0-\varepsilon)(b-a)R_1R_2}\end{aligned} \tag{7}$$

(2)介质的极化强度为

$$\boldsymbol{P}=\boldsymbol{D}-\varepsilon_0\boldsymbol{E}=(\varepsilon-\varepsilon_0)\boldsymbol{E}=\frac{(\varepsilon-\varepsilon_0)Q}{4\pi\varepsilon r^2}\boldsymbol{e}_r \tag{8}$$

由此得介质内外表面上极化电荷量的面密度分别为

$$\sigma_a' = \boldsymbol{n}_a \cdot \boldsymbol{P}_a = \frac{(\varepsilon - \varepsilon_0)Q}{4\pi\varepsilon a^2}\boldsymbol{n}_a \cdot \boldsymbol{e}_r = -\frac{(\varepsilon - \varepsilon_0)Q}{4\pi\varepsilon a^2} \tag{9}$$

$$\sigma_b' = \boldsymbol{n}_b \cdot \boldsymbol{P}_b = \frac{(\varepsilon - \varepsilon_0)Q}{4\pi\varepsilon b^2}\boldsymbol{n}_b \cdot \boldsymbol{e}_r = \frac{(\varepsilon - \varepsilon_0)Q}{4\pi\varepsilon b^2} \tag{10}$$

2.3.30　一球形电容器由半径为 R_1 的导体球和与它同心的导体球壳构成，壳的内半径为 R_2，球与壳间有两层均匀介质，电容率分别为 ε_1 和 ε_2，它们的交界面是半径为 r 的同心球面，如图 2.3.30 所示. (1)试求这电容器的电容；(2)当内球带有电荷量 Q 时，试求介质表面上极化电荷量的面密度.

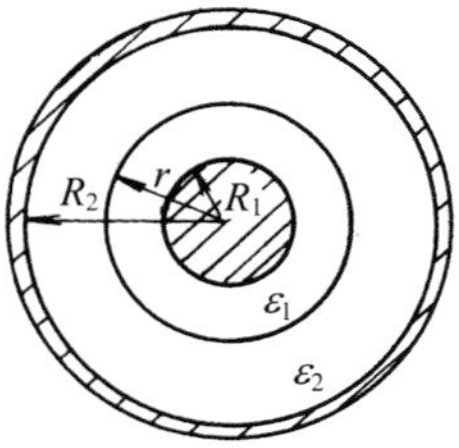

图 2.3.30

【解】　(1)设内球上的电荷量为 Q，以球心为心、r 为半径作球面(高斯面)S，则由对称性和高斯定理得

$$\oiint_S \boldsymbol{D} \cdot \mathrm{d}\boldsymbol{S} = D \cdot 4\pi r^2 = Q \tag{1}$$

所以

$$\boldsymbol{D} = \frac{Q}{4\pi r^2}\boldsymbol{e}_r \tag{2}$$

式中 $\boldsymbol{e}_r = \frac{\boldsymbol{r}}{r}$，$\boldsymbol{r}$ 是从球心到场点的位矢. 由 $\boldsymbol{D}=\varepsilon\boldsymbol{E}$ 得两介质中的电场强度分别为

$$\boldsymbol{E}_1 = \frac{Q}{4\pi\varepsilon_1 r^2}\boldsymbol{e}_r \tag{3}$$

$$\boldsymbol{E}_2 = \frac{Q}{4\pi\varepsilon_2 r^2}\boldsymbol{e}_r \tag{4}$$

球与壳的电势差为

$$\begin{aligned} U &= \int_{R_1}^{R_2} \boldsymbol{E} \cdot \mathrm{d}\boldsymbol{r} = \int_{R_1}^{r} \boldsymbol{E}_1 \cdot \mathrm{d}\boldsymbol{r} + \int_{r}^{R_2} \boldsymbol{E}_2 \cdot \mathrm{d}\boldsymbol{r} \\ &= \frac{Q}{4\pi\varepsilon_1}\int_{R_1}^{r} \frac{\boldsymbol{e}_r \cdot \mathrm{d}\boldsymbol{r}}{r^2} + \frac{Q}{4\pi\varepsilon_2}\int_{r}^{R_2} \frac{\boldsymbol{e}_r \cdot \mathrm{d}\boldsymbol{r}}{r^2} \\ &= \frac{Q}{4\pi\varepsilon_1}\left(\frac{1}{R_1} - \frac{1}{r}\right) + \frac{Q}{4\pi\varepsilon_2}\left(\frac{1}{r} - \frac{1}{R_2}\right) \end{aligned} \tag{5}$$

于是得所求电容为

$$\begin{aligned} C = \frac{Q}{U} &= \frac{4\pi}{\frac{1}{\varepsilon_1}\left(\frac{1}{R_1} - \frac{1}{r}\right) + \frac{1}{\varepsilon_2}\left(\frac{1}{r} - \frac{1}{R_2}\right)} \\ &= \frac{4\pi\varepsilon_1\varepsilon_2 R_1 R_2 r}{(\varepsilon_1 - \varepsilon_2)R_1 R_2 + (\varepsilon_2 R_2 - \varepsilon_1 R_1)r} \end{aligned} \tag{6}$$

(2)介质的极化强度为

$$\boldsymbol{P}_i = (\varepsilon_i - \varepsilon_o)\boldsymbol{E}_i = \frac{(\varepsilon_i - \varepsilon_o)Q}{4\pi\varepsilon_i r^2}\boldsymbol{e}_r, \quad i = 1,2 \tag{7}$$

介质表面上极化电荷量的面密度分别为

$$\sigma_1' = \boldsymbol{n}_1 \cdot \boldsymbol{P}_1 = \frac{(\varepsilon_1 - \varepsilon_0)Q}{4\pi\varepsilon_1 R_1^2}\boldsymbol{n}_1 \cdot \boldsymbol{e}_r = -\frac{(\varepsilon_1 - \varepsilon_0)Q}{4\pi\varepsilon_1 R_1^2} \tag{8}$$

$$\sigma_{r1}' = \boldsymbol{n}_{r1} \cdot \boldsymbol{P}_{r1} = \frac{(\varepsilon_1 - \varepsilon_0)Q}{4\pi\varepsilon_1 r^2}\boldsymbol{n}_{r1} \cdot \boldsymbol{e}_r = \frac{(\varepsilon_1 - \varepsilon_0)Q}{4\pi\varepsilon_1 r^2} \tag{9}$$

$$\sigma_{r2}' = \boldsymbol{n}_{r2} \cdot \boldsymbol{P}_{r2} = \frac{(\varepsilon_2 - \varepsilon_0)Q}{4\pi\varepsilon_2 r^2}\boldsymbol{n}_{r2} \cdot \boldsymbol{e}_r = -\frac{(\varepsilon_2 - \varepsilon_0)Q}{4\pi\varepsilon_2 r^2} \tag{10}$$

$$\sigma_2' = \boldsymbol{n}_2 \cdot \boldsymbol{P}_2 = \frac{(\varepsilon_2 - \varepsilon_0)Q}{4\pi\varepsilon_2 R_2^2}\boldsymbol{n}_2 \cdot \boldsymbol{e}_r = \frac{(\varepsilon_2 - \varepsilon_0)Q}{4\pi\varepsilon_2 R_2^2} \tag{11}$$

2.3.31　一球形电容器由半径为 R_1 的导体球和与它同心的导体球壳构成，壳的内半径为 R_2，球与壳间的一半充满电容率为 ε 的均匀介质，另一半是空气，如图 2.3.31(1)所示. 试求这电容器的电容.

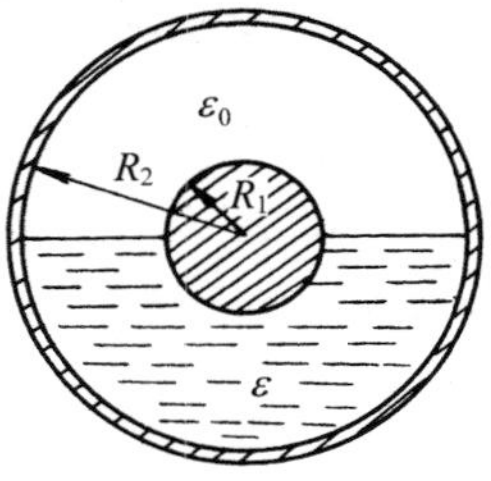

图 2.3.31(1)

【解】 球形电容器的电容为[参见前面 2.3.28 题的式(6)]

$$C = \frac{4\pi\varepsilon R_1 R_2}{R_2 - R_1} \tag{1}$$

设想通过球心的平面把图 2.3.28 的球形电容器一分为二，成为两个半球形电容器；于是一个球形电容器可看作是这样的两个半球形电容器并联而成的电容器. 因此，半球形电容器的电容便为

$$C' = \frac{2\pi\varepsilon R_1 R_2}{R_2 - R_1} \tag{2}$$

本题图 2.3.31(1)的球形电容器可看作是两个半球形电容器并联而成，其中一个是空气，另一个是介质，它们的电容分别为

$$C_\varepsilon' = \frac{2\pi\varepsilon R_1 R_2}{R_2 - R_1} \tag{3}$$

$$C_0' = \frac{2\pi\varepsilon_0 R_1 R_2}{R_2 - R_1} \tag{4}$$

于是得所求的电容为

$$C = C_\varepsilon' + C_0' = \frac{2\pi\varepsilon R_1 R_2}{R_2 - R_1} + \frac{2\pi\varepsilon_0 R_1 R_2}{R_2 - R_1} = \frac{2\pi(\varepsilon + \varepsilon_0)R_1 R_2}{R_2 - R_1} \tag{5}$$

【讨论】 为了印证式(5)，下面用分离变数法解本题. 设球上带有电荷量 Q，球与壳间的电场强度为 $\boldsymbol{E}$、电位移为 $\boldsymbol{D}$、电势为 U，则由

$$\nabla \cdot \boldsymbol{D} = 0 \tag{6}$$

得

$$\nabla \cdot \boldsymbol{D} = \nabla \cdot (\varepsilon \boldsymbol{E}) = -\varepsilon \nabla \cdot (\nabla U) = -\varepsilon \nabla^2 U = 0$$

所以

$$\nabla^2 U = 0 \tag{7}$$

这是 U 的拉普拉斯方程. 为了求解，以球心为心、空气与介质的交界面为 $\theta = \pi/2$

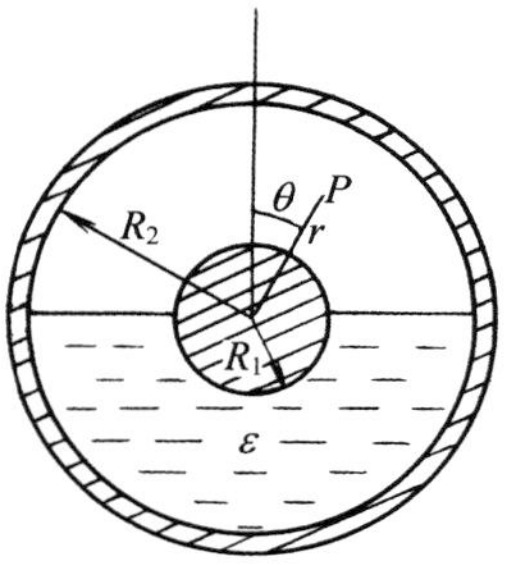

图 2.3.31(2)

平面，取球坐标系如图 2.3.31(2)所示. 根据对称性，知球与壳间的电势 U 只与 r 和 θ 有关，而与方位角 ϕ 无关，即 $U=U(r,\theta)$. 这时式(7)的通解可写作①

$$U(r,\theta)=\sum_{n=0}^{\infty}\left(a_nr^n+\frac{b_n}{r^{n+1}}\right)\mathrm{P}_n(\cos\theta) \tag{8}$$

式中 $\mathrm{P}_n(\cos\theta)$ 为勒让德多项式，前几个多项式为

$$\mathrm{P}_0(\cos\theta)=1,\quad \mathrm{P}_1(\cos\theta)=\cos\theta$$

$$\mathrm{P}_2(\cos\theta)=\frac{1}{2}(3\cos^2\theta-1) \tag{9}$$

式(8)中的系数 a_n 和 b_n 由边界条件决定. 本题的边界条件为

$$r=R_1,\quad U=U_1(\text{球的电势，为常数}) \tag{10}$$

$$r=R_2,\quad U=U_2(\text{壳的电势，为常数}) \tag{11}$$

由式(8)、(9)、(10)得

$$U=(R_1,\theta)=\sum_{n=0}^{\infty}\left(a_nR_1^n+\frac{b_n}{R_1^{n+1}}\right)\mathrm{P}_n(\cos\theta)=U_1 \tag{12}$$

因 $\mathrm{P}_n(\cos\theta)$，$n=0,1,2,\cdots$，是一个完备的正交函数组，故式(12)两边 $\mathrm{P}_n(\cos\theta)$ 项的系数应相等，于是得

$$a_0+\frac{b_0}{R_1}=U_1 \tag{13}$$

$$a_1=a_2=\cdots=0,\quad b_1=b_2=\cdots=0 \tag{14}$$

于是式(8)化为

$$U(r,\theta)=a_0+\frac{b_0}{r} \tag{15}$$

又由式(11)得

$$U(R_2,\theta)=a_0+\frac{b_0}{R_2}=U_2 \tag{16}$$

由式(13)、(16)联立解得

$$a_0=\frac{R_2U_2-R_1U_1}{R_2-R_1},\quad b_0=\frac{R_1R_2(U_1-U_2)}{R_2-R_1} \tag{17}$$

将式(17)代入式(15)，便得所求的电势为

$$U(r,\theta)=U(r)$$

---

① 可参阅一般电动力学书，例如，张之翔等，《电动力学》(气象出版社，1988)，21—22 页.

$$=\frac{1}{R_2-R_1}\left[R_2U_2-R_1U_1+(U_1-U_2)\frac{R_1R_2}{r}\right] \tag{18}$$

可见 $U(r,\theta)$ 只是 r 的函数，而与 θ 无关. 因而 $\boldsymbol{D}$ 和 $\boldsymbol{E}$ 也都只是 r 的函数. 由式(18)得

$$\boldsymbol{E}=-\nabla U(r)=-\frac{\partial U(r)}{\partial r}\boldsymbol{e}_r=\frac{U_1-U_2}{R_2-R_1}\frac{R_1R_2}{r^2}\boldsymbol{e}_r \tag{19}$$

于是得球与壳间的电位移为

$$\text{空气内：}\boldsymbol{D}_1=\varepsilon_0\boldsymbol{E}=\frac{\varepsilon_0(U_1-U_2)}{R_2-R_1}\frac{R_1R_2}{r^2}\boldsymbol{e}_r \tag{20}$$

$$\text{介质内：}\boldsymbol{D}_2=\varepsilon\boldsymbol{E}=\frac{\varepsilon(U_1-U_2)}{R_2-R_1}\frac{R_1R_2}{r^2}\boldsymbol{e}_r \tag{21}$$

由 $\boldsymbol{D}$ 的高斯定理得

$$\begin{aligned}\oint\!\!\!\oint_S\boldsymbol{D}\cdot\mathrm{d}\boldsymbol{S}&=\iint_{S_1}\boldsymbol{D}_1\cdot\mathrm{d}\boldsymbol{S}+\iint_{S_2}\boldsymbol{D}_2\cdot\mathrm{d}\boldsymbol{S}\\&=\frac{\varepsilon_0(U_1-U_2)}{R_2-R_1}\frac{R_1R_2}{r^2}\cdot2\pi r^2\\&\quad+\frac{\varepsilon(U_1-U_2)}{R_2-R_1}\frac{R_1R_2}{r^2}\cdot2\pi r^2\\&=\frac{2\pi(\varepsilon+\varepsilon_0)(U_1-U_2)R_1R_2}{R_2-R_1}=Q\end{aligned} \tag{22}$$

最后由式(17)得所求电容为

$$C=\frac{Q}{U_1-U_2}=\frac{2\pi(\varepsilon+\varepsilon_0)R_1R_2}{R_2-R_1} \tag{23}$$

这正是式(5).

2.3.32　一同心球电容器由两个同心的导体球壳构成，两壳间一半充满电容率为 ε 的均匀介质，另一半是空气，如图 2.3.32 所示. 试证明，这电容器的电容等于两壳间充满电容率为 $\frac{\varepsilon+\varepsilon_0}{2}$ 的均匀介质的电容.

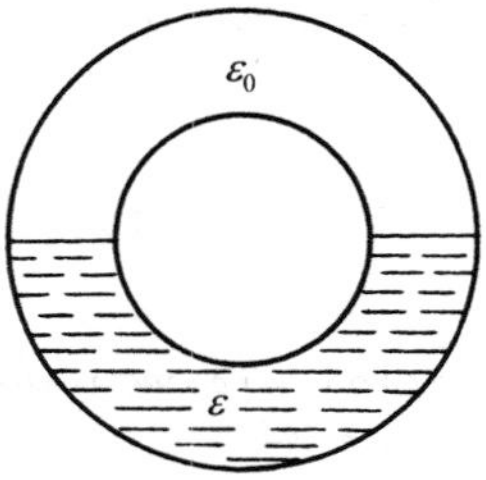

图 2.3.32

【证】　设内外球壳的半径分别为 R_1 和 R_2，则由前面 2.3.31 题的式(5)，这球形电容器的电容为

$$C=\frac{2\pi(\varepsilon+\varepsilon_0)R_1R_2}{R_2-R_1} \tag{1}$$

又由前面 2.3.28 题的式(6)，两壳间充满电容率为 ε 的均匀介质时，电容为

$$C=\frac{4\pi\varepsilon R_1R_2}{R_2-R_1} \tag{2}$$

比较式(1)、(2)可见，本题电容器的电容等于两壳间充满电容率为$\frac{\varepsilon+\varepsilon_0}{2}$的均匀介质的电容.

2.3.33　空气中半径分别为a和b的两个金属球，球心相距为d，在d比a和b都大相当多的情况下，可以这样来估算它们之间的电容：把两个球上的电荷在球外产生的电场，近似地当作每个球上的电荷都集中在各自的球心时所产生的电场.(1)试估算两球间的电容；(2)当$d\gg a$和b时，C的值如何？

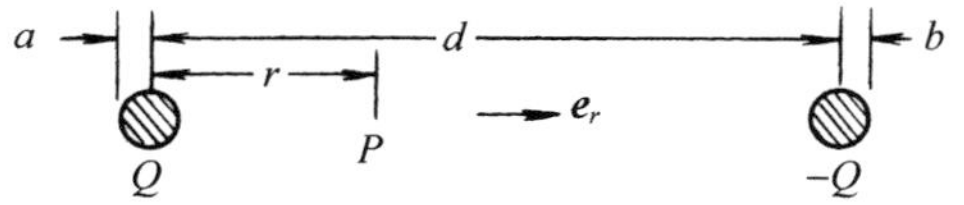

图 2.3.33

【解】　(1)设半径为a的球带有电荷量Q，半径为b的球带有电荷量$-Q$，P为两球心连线上的一点，到a球心的距离为r，如图2.3.33所示，则按题意，P点的电场强度为

$$\boldsymbol{E}=\boldsymbol{E}_{+}+\boldsymbol{E}_{-}=\frac{Q}{4\pi\varepsilon_0 r^2}\boldsymbol{e}_r+\frac{-Q}{4\pi\varepsilon_0(d-r)^2}(-\boldsymbol{e}_r)$$

$$=\frac{Q}{4\pi\varepsilon_0}\left[\frac{1}{r^2}+\frac{1}{(d-r)^2}\right]\boldsymbol{e}_r \tag{1}$$

式中$\boldsymbol{e}_r$为从a球心指向b球心的单位矢量. 两球的电势差为

$$U=U_a-U_b=\int_a^{d-b}\boldsymbol{E}\cdot \mathrm{d}\boldsymbol{r}=\frac{Q}{4\pi\varepsilon_0}\int_a^{d-b}\left[\frac{1}{r^2}+\frac{1}{(d-r)^2}\right]\mathrm{d}r$$

$$=\frac{Q}{4\pi\varepsilon_0}\left[\frac{1}{a}-\frac{1}{d-b}+\frac{1}{b}-\frac{1}{d-a}\right]$$

$$=\frac{Q}{4\pi\varepsilon_0}\frac{(d-a-b)[(a+b)d-2ab]}{ab(d-a)(d-b)} \tag{2}$$

于是得所求的电容为

$$C=\frac{Q}{U}=\frac{4\pi\varepsilon_0 ab(d-a)(d-b)}{(d-a-b)[(a+b)d-2ab]} \tag{3}$$

(2)当$d\gg a$和b时，$d-a\approx d$，$d-b\approx d$，由式(3)得

$$C\approx\frac{4\pi\varepsilon_0 abd^2}{d(a+b)d}=\frac{4\pi\varepsilon_0 ab}{a+b} \tag{4}$$

2.3.34　一个导体球(孤立导体球)的电容是指它所带的电荷量与它的电势(以无穷远处电势为零)的比值.(1)试求半径为R的孤立导体球的电容；(2)地球的半径为6370千米，把地球当作真空中的孤立导体球，试计算它的电容的值.

【解】　(1)设这导体球带有电荷量Q，则它的电势为

$$U=\frac{Q}{4\pi\varepsilon_0 R} \tag{1}$$

依定义，它的电容为

$$C=\frac{Q}{U}=4\pi\varepsilon_0 R \tag{2}$$

(2)地球的电容为

$$C=4\pi\varepsilon_0 R=\frac{6370\times10^3}{8.99\times10^9}=7.09\times10^{-4}(\mathrm{F})$$

$$=709(\mu\mathrm{F}) \tag{3}$$

2.3.35 空气中有两根半径都是 a 的平行长直导线,中心相距为 d,已知 $d\gg a$. 试求它们间单位长度的电容.

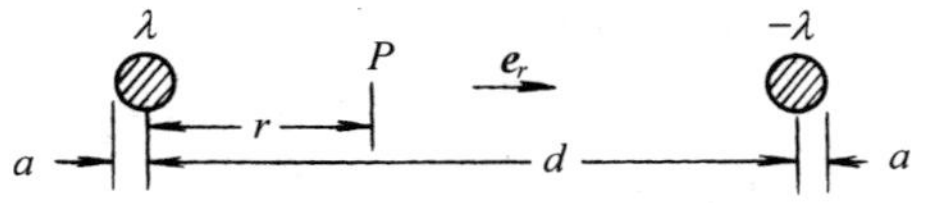

图 2.3.35

【解】 设单位长度上,两条导线上的电荷量分别为 λ 和 $-\lambda$,它们的横截面如图 2.3.35 所示. 因 $d\gg a$,故空间各处的电场可近似地看成是两条导线分别带有单位长度电荷量 λ 和 $-\lambda$ 所产生的电场之和. 在两导线的联心线上距 λ 为 r 处的 P 点,电场强度为

$$\boldsymbol{E}=\boldsymbol{E}_+ +\boldsymbol{E}_- =\frac{\lambda}{2\pi\varepsilon_0 r}\boldsymbol{e}_r+\frac{-\lambda}{2\pi\varepsilon_0(d-r)}(-\boldsymbol{e}_r)$$

$$=\frac{\lambda}{2\pi\varepsilon_0}\left[\frac{1}{r}+\frac{1}{d-r}\right]\boldsymbol{e}_r \tag{1}$$

式中 $\boldsymbol{e}_r$ 是从 λ 导线中心指向 $-\lambda$ 导线中心的单位矢量. 两导线的电势差为

$$U=\int_a^{d-a}\boldsymbol{E}\cdot\mathrm{d}\boldsymbol{r}=\int_a^{d-a}E\mathrm{d}r=\frac{\lambda}{2\pi\varepsilon_0}\int_a^{d-a}\left[\frac{1}{r}+\frac{1}{d-r}\right]\mathrm{d}r$$

$$=\frac{\lambda}{2\pi\varepsilon_0}\left[\ln\frac{d-a}{a}-\ln\frac{a}{d-a}\right]=\frac{\lambda}{\pi\varepsilon_0}\ln\left(\frac{d-a}{a}\right)$$

$$\approx\frac{\lambda}{\pi\varepsilon_0}\ln\frac{d}{a} \tag{2}$$

故得长为 l 一段的电容为

$$C=\frac{Q}{U}=\frac{\lambda l}{U}=\frac{\pi\varepsilon_0 l}{\ln(d/a)} \tag{3}$$

单位长度的电容为

$$C/l=\frac{\pi\varepsilon_0}{\ln(d/a)} \tag{4}$$

【讨论】 前面得出的 $\boldsymbol{E}$、U 和 C 的表达式,都是 $d\gg a$ 时的近似式. 本题的准确结果为

$$C/l=\frac{\pi\varepsilon_0}{\ln\left(\frac{d}{2a}+\sqrt{\frac{d^2}{4a^2}-1}\right)} \tag{5}$$

[参见张之翔的《电磁学教学札记》,高等教育出版社(1988),§17,98—105页;或《电磁学教学参考》(北京大学出版社,2015),§1.17,85—91页.]

2.3.36 某仪器中有两条长都是10cm的平行直导线,半径都是0.1mm,中心相距为1.0cm,试估算它们之间的电容.

【解】 因距离$d=1.0\text{cm}$比半径$a=0.1\text{mm}$大很多,故可用前面2.3.35题的结果式(3),得所求电容为

$$C=\frac{\pi\varepsilon_0 l}{\ln(d/a)}=\frac{\pi\times 8.854\times10^{-12}\times 10\times10^{-2}}{\ln(1.0/0.01)}$$
$$=6\times10^{-13}(\text{F})=0.6(\text{pF})$$

2.3.37 四个电容器的电容分别为C_1、C_2、C_3和C_4,连接如图2.3.37所示.试求:(1)A、B间的电容C_{AB};(2)D、E间的电容C_{DE};(3)A、E间的电容C_{AE}.

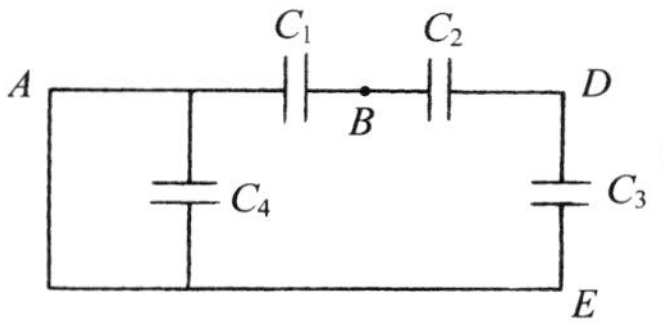

图2.3.37

【解】 (1)由图2.3.37可见,$C_{AB}=C_{EB}$,它等于C_2和C_3串联后再与C_1并联而成的电容,故得

$$C_{AB}=C_1+\frac{C_2C_3}{C_2+C_3}=\frac{C_1C_2+C_2C_3+C_3C_1}{C_2+C_3}\tag{1}$$

(2)C_{DE}等于C_1和C_2串联后再与C_3并联而成的电容,故得

$$C_{DE}=C_3+\frac{C_1C_2}{C_1+C_2}=\frac{C_1C_2+C_2C_3+C_3C_1}{C_1+C_2}\tag{2}$$

(3)A、E有导线接通,相当于无穷大的电容,故

$$C_{AE}\Rightarrow\infty\tag{3}$$

2.3.38 四个电容器的电容都是C,分别连接成图2.3.38的(1)和(2).试分别求两图中A、B间的电容.

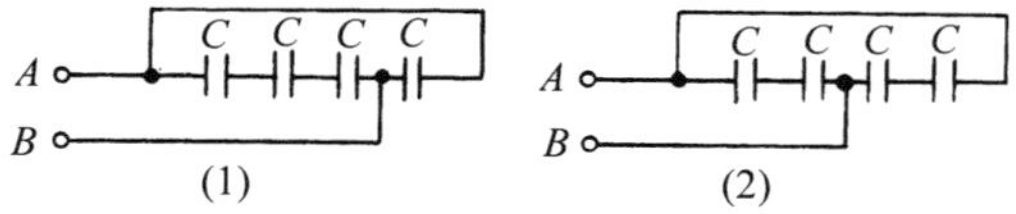

图2.3.38

【解】 (1)$C_{AB}=C+\dfrac{1}{\dfrac{1}{C}+\dfrac{1}{C}+\dfrac{1}{C}}=C+\dfrac{1}{3}C=\dfrac{4}{3}C.$

(2)$C_{AB}=\dfrac{C}{2}+\dfrac{C}{2}=C.$

2.3.39 四个电容C_1、C_2、C_3和C_4都已知,试分别求图2.3.39中两种联法时(1)A、B间的电容C_{AB}和(2)E、D间的电容C_{ED}.

【解】 (1)$C_{AB}=\dfrac{C_1C_3}{C_1+C_3}+\dfrac{C_2C_4}{C_2+C_4}$

$$=\frac{C_1C_3(C_2+C_4)+C_2C_4(C_1+C_3)}{(C_1+C_3)(C_2+C_4)}.$$

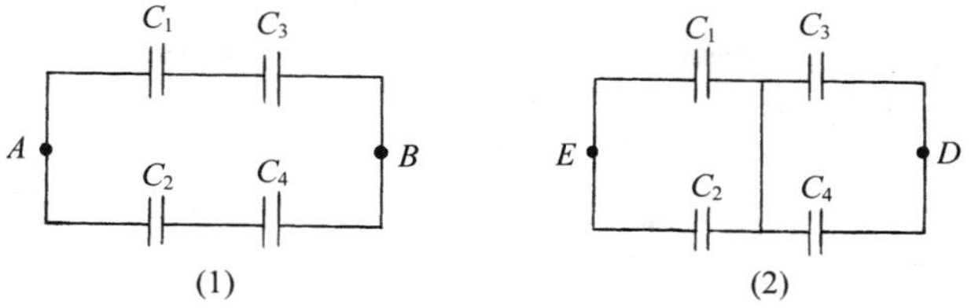

图 2.3.39

(2)$C_{ED}=\dfrac{(C_1+C_2)(C_3+C_4)}{C_1+C_2+C_3+C_4}$.

2.3.40　一标准电容箱内有六个标准电容,其连接线路如图 2.3.40 所示. 图中数字是电容的值,单位是微法(μF);K_1 至 K_7 是七个单刀双掷开关,每个都可接到上边,也可以接到下边,还可以上下都不接. 利用这些开关的不同接法,就可以在 A、B 间得到各种数值的标准电容. (1)当 K_4 和 K_6 都接到上边,K_5 和 K_7 都接到下边,而其他 K 上下都不接时,A、B 间的电容是多少? (2)K_1 接到上边,K_3 接到下边,其余 K 上下都不接时,A、B 间的电容是多少? (3)要得 0.4μF 的电容,各 K 如何接? (4)能得到的最大电容是多少? 如何接? (5)能得到的最小电容是多少? 如何接?

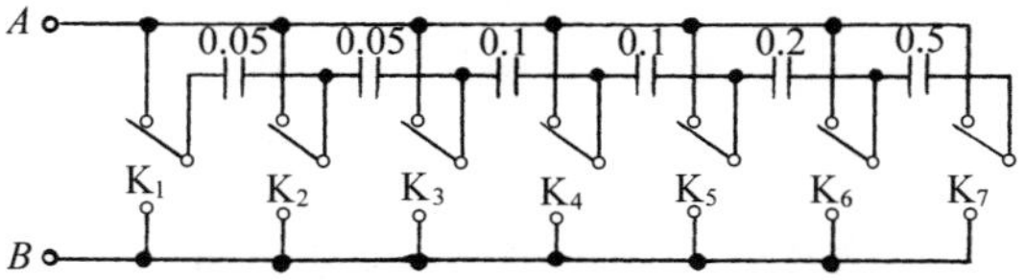

图 2.3.40

【解】　(1)$C_{AB}=0.1+0.2+0.5=0.8(\mu\text{F})$.

(2)$C_{AB}=\dfrac{0.05\times0.05}{0.05+0.05}=0.025(\mu\text{F})$.

(3)K_3 和 K_5 接到一边,K_4 和 K_6 接到另一边,其余 K 上下都不接.

(4)K_1、K_3、K_5、K_7 接到一边,K_2、K_4、K_6 接到另一边. $C_{max}=1.0(\mu\text{F})$.

(5)所有的 K 上下都不接,$C_{min}=0$. 如果 $C_{min}=0$ 不算,则将 K_1 接到一边,K_7 接到另一边,其余 K 上下都不接,所有的 C 串联,这时 C_{AB} 便是不为零的最小值,其值为 $\dfrac{1}{67}\mu$F.

2.3.41　五个电容连接如图 2.3.41(1),已知 $C_1=C_3=C_4=C_5=4.0\mu$F,$C_2=1.0\mu$F,试求 A、B 间的电容.

【解】　图 2.3.41(1)是桥路电容,把它画成图 2.3.41(2)就明白了;因 $C_1=C_3=C_4=C_5$,故为对称的桥路电容. 若在 A、B 间加上电压,则 E、D 两点的电势相等. 因此,C_2 可以去掉,即让

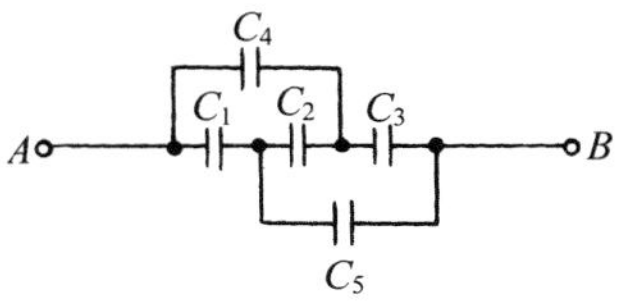

图 2.3.41(1)

$C_2=0$,而不影响 C_{AB} 的值. 这样便得

$$C_{AB}=\frac{C_3C_4}{C_3+C_4}+\frac{C_1C_5}{C_1+C_5}=\frac{C_1}{2}+\frac{C_1}{2}=C_1=4.0\mu\text{F}$$

或者,把 C_2 短路,即让 $C_2=\infty$,也不影响 C_{AB} 的值. 这样便得

$$C_{AB}=\frac{(C_1+C_4)(C_3+C_5)}{C_1+C_4+C_3+C_5}=\frac{(2C_1)(2C_1)}{4C_1}=C_1=4.0\mu\text{F}$$

【别解】 如图 2.3.41(2),设在 A、B 间加上电压 U 后,C_1、C_3、C_4、C_5 上的电压分别为 U_1、U_3、U_4、U_5,电荷量分别为 Q_1、Q_3、Q_4、Q_5,则有

$$U=U_1+U_5=U_4+U_3 \tag{1}$$

$$Q=Q_1+Q_4=Q_3+Q_5 \tag{2}$$

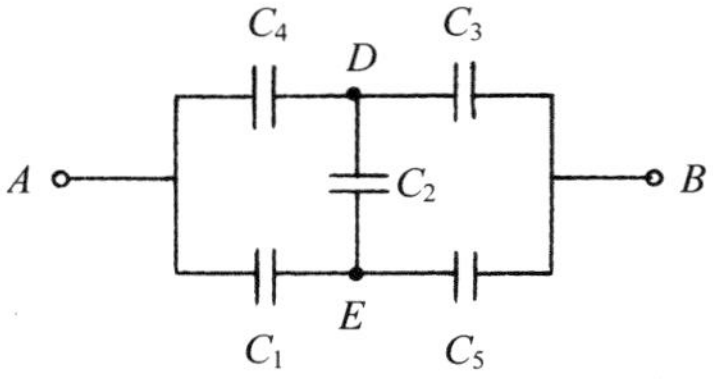

图 2.3.41(2)

由式(1)得

$$\frac{Q_1}{C_1}+\frac{Q_5}{C_5}=\frac{Q_4}{C_4}+\frac{Q_3}{C_3} \tag{3}$$

因为　　$C_1=C_5=C_4=C_3$　　(4)

所以　　$Q_1+Q_5=Q_4+Q_3$　　(5)

由式(2)、(5)得

$$Q_1=Q_5=Q_4=Q_3=\frac{Q}{2} \tag{6}$$

所以

$$U=U_1+U_5=\frac{Q}{2C_1}+\frac{Q}{2C_1}=\frac{Q}{C_1} \tag{7}$$

于是得所求电容为

$$C_{AB}=\frac{Q}{U}=C_1=4.0\mu\text{F} \tag{8}$$

【讨论】 本题还可以由桥路电容的公式[参见下面 2.3.42 题的式(17)]直接算出 C_{AB}.

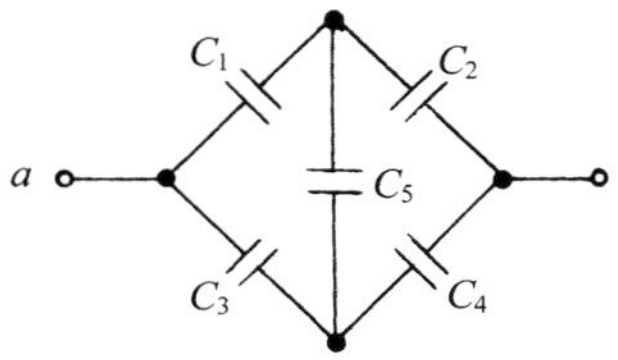

图 2.3.42

2.3.42 五个电容连接如图 2.3.42,它们的电容 C_1、C_2、C_3、C_4 和 C_5 都已知,试求 a、b 间的电容 C_{ab}.

【解】 设在 a、b 间加上电压 U 后,C_1、C_2、C_3、C_4、C_5 上的电压分别为 U_1、U_2、U_3、U_4、U_5,电荷量分别为 Q_1、Q_2、Q_3、Q_4、Q_5,则依定义,a、b 间的电容为

$$C_{ab}=\frac{Q}{U}=\frac{Q_1+Q_3}{U} \tag{1}$$

因此,只需求出 Q_1 和 Q_3 即可.

由图 2.3.42 可见,

$$U=U_1+U_2=\frac{Q_1}{C_1}+\frac{Q_2}{C_2} \tag{2}$$

$$U=U_3+U_4=\frac{Q_3}{C_3}+\frac{Q_4}{C_4} \tag{3}$$

此外还有

$$Q_1+Q_3=Q_2+Q_4 \tag{4}$$

$$U_1+U_5=U_3 \tag{5}$$

因为

$$Q_5=Q_1-Q_2 \tag{6}$$

故由式(5)、(6)得

$$\frac{Q_1}{C_1}+\frac{Q_1-Q_2}{C_5}=\frac{Q_3}{C_3} \tag{7}$$

由式(3)、(4)消去 Q_4 得

$$U=\frac{Q_3}{C_3}+\frac{Q_1+Q_3-Q_2}{C_4} \tag{8}$$

式(2)、(7)、(8)是 Q_1、Q_2、Q_3 的联立方程,解出 Q_1 和 Q_3 即得. 为了便于求解,把式(2)、(7)、(8)分别化为

$$C_2Q_1+C_1Q_2=C_1C_2U \tag{9}$$

$$C_3(C_1+C_5)Q_1-C_1C_3Q_2=C_1C_5Q_3 \tag{10}$$

$$C_3Q_1-C_3Q_2+(C_3+C_4)Q_3=C_3C_4U \tag{11}$$

以 C_3 乘式(9)再加式(10)以消去 Q_2 得

$$C_3(C_1+C_2+C_5)Q_1-C_1C_5Q_3=C_1C_2C_3U \tag{12}$$

再由式(10)减 C_1 乘式(11)以消去 Q_2 得

$$C_3C_5Q_1-C_1(C_3+C_4+C_5)Q_3=-C_1C_3C_4U \tag{13}$$

式(12)、(13)联立解得

$$Q_1=\frac{C_1[(C_3+C_4+C_5)C_2+C_4C_5]U}{(C_1+C_2)(C_3+C_4)+(C_1+C_2+C_3+C_4)C_5} \tag{14}$$

$$Q_3=\frac{C_3[(C_1+C_2+C_5)C_4+C_2C_5]U}{(C_1+C_2)(C_3+C_4)+(C_1+C_2+C_3+C_4)C_5} \tag{15}$$

相加即得

$$\begin{aligned}Q&=Q_1+Q_3\\&=\frac{[(C_1+C_3)C_2C_4+(C_2+C_4)C_1C_3+(C_1+C_3)(C_2+C_4)C_5]U}{(C_1+C_2)(C_3+C_4)+(C_1+C_2+C_3+C_4)C_5}\end{aligned} \tag{16}$$

最后得所求的电容为

$$\begin{aligned}C_{ab}&=\frac{Q}{U}\\&=\frac{(C_1+C_3)C_2C_4+(C_2+C_4)C_1C_3+(C_1+C_3)(C_2+C_4)C_5}{(C_1+C_2)(C_3+C_4)+(C_1+C_2+C_3+C_4)C_5}\end{aligned} \tag{17}$$

【讨论】 参见后面 4.1.15 题后的讨论.

2.3.43 三个电容连接如图 2.3.43(1),已知 $C_1=0.25\mu F$,$C_2=0.15\mu F$,$C_3=0.20\mu F$,C_1 上的电压为 50V,试求 A、B 间的电压 U_{AB}.

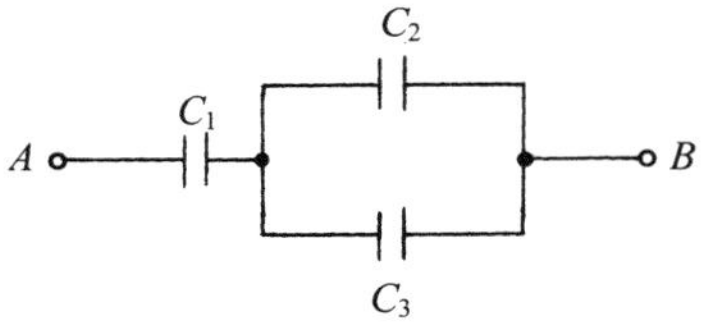

图 2.3.43(1)

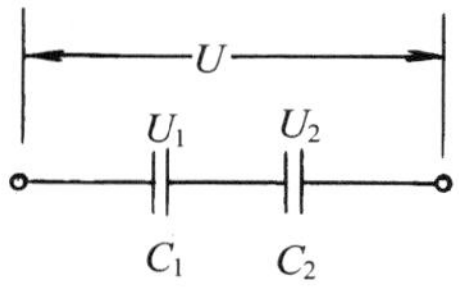

图 2.3.43(2)

【解】 两电容 C_1 和 C_2 串联,加上电压 U,如图 2.3.43(2)所示,这两电容上的电压分别为

$$U_1 = \frac{C_2}{C_1 + C_2}U \text{ 和 } U_2 = \frac{C_1}{C_1 + C_2}U$$

图 2.3.41(1)中 C_2 与 C_3 并联,故由上式得

$$U_{AB} = \frac{C_1 + C_2 + C_3}{C_2 + C_3}U_1 = \frac{0.25 + 0.15 + 0.20}{0.15 + 0.20} \times 50$$
$$= 86(\text{V})$$

2.3.44 $C_1 = 0.50\mu\text{F}$ 和 $C_2 = 0.20\mu\text{F}$ 的两电容串联后,加上 220V 的电压,试求每个电容上的电荷量和电压.

【解】 设 C_1 和 C_2 上的电荷量和电压分别为 Q_1、U_1 和 Q_2、U_2,则有

$$U_1 + U_2 = U \quad (1)$$

$$Q_1 = C_1U_1 \quad (2)$$

$$Q_2 = C_2U_2 \quad (3)$$

$$Q_1 = Q_2 \quad (4)$$

由以上四式解得

$$Q_1 = Q_2 = \frac{C_1C_2}{C_1 + C_2}U = \frac{0.50 \times 0.20}{0.50 + 0.20} \times 220 = 3.1 \times 10^{-5}(\text{C}) \quad (5)$$

$$U_1 = \frac{C_2}{C_1 + C_2}U = \frac{0.20}{0.50 + 0.20} \times 220 = 63(\text{V}) \quad (6)$$

$$U_2 = \frac{C_1}{C_1 + C_2}U = \frac{0.50}{0.50 + 0.20} \times 220 = 157(\text{V}) \quad (7)$$

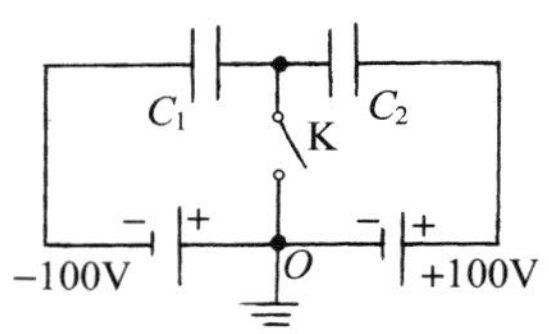

图 2.3.45

2.3.45 两个电容器,$C_1 = 1.0\mu\text{F}$,$C_2 = 10\mu\text{F}$,原来都不带电,串联后接到电池上,电池的两极对于地的电势分别为 -100V 和 $+100$V,如图 2.3.45 所示. 现在接通电键 K,使连接 C_1 和 C_2 的导线接地,试求通过 K 的电荷量.

【解】 未接通 K 前,C_1 和 C_2 与 K 连接的两极板上电荷量的代数和为零. 接通 K 后,C_1 与 K 连接的极板带正电荷,电荷量为 $Q_1 = C_1U_1$;C_2 与 K 连接的极板带负电荷,电荷量为 $-Q_2 = -C_2U_2$. 两者电荷量的代数和为

$$Q = Q_1 - Q_2 = C_1U_1 - C_2U_2$$
$$= 1.0 \times 10^{-6} \times 100 - 10 \times 10^{-6} \times 100$$
$$= -9.0 \times 10^{-4}(\mathrm{C})$$

这表明，K 接通后，有 -9.0×10^{-4}C 的电荷量经 K 流向电容器；或者，有 9.0×10^{-4}C 的电荷量经 K 流向电池.

2.3.46 三个已知的电容 C_1、C_2 和 C_3 都不带电，连接如图 2.3.46 所示. 先将 K 接到 a，使 C_1 充电到电压为 U；然后将 K 拨到 b，试求最后各电容器上的电荷量.

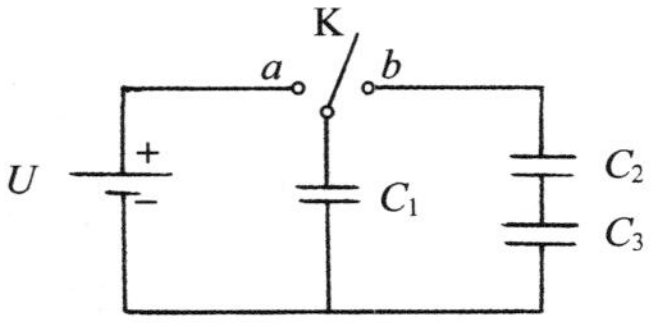

图 2.3.46

【解】 C_1 充电后，其电荷量为

$$Q = C_1U \tag{1}$$

K 接到 b 后，C_1 上的电压便与 C_2、C_3 两端的电压相等，即

$$U_1 = U_{23} \tag{2}$$

所以

$$\frac{Q_1}{C_1} = \frac{Q_{23}}{C_2C_3/(C_2+C_3)} = \frac{C_2+C_3}{C_2C_3}Q_{23} \tag{3}$$

其中

$$Q_{23} = Q_2 = Q_3 \tag{4}$$

式中 Q_2 和 Q_3 分别是所求的、C_2 和 C_3 上的电荷量. 因

$$Q_1 + Q_2 = Q \tag{5}$$

故由式(3)、(4)、(5)解得

$$Q_1 = \frac{(C_2+C_3)C_1^2U}{C_1C_2+C_2C_3+C_3C_1} \tag{6}$$

$$Q_2 = Q_3 = \frac{C_1C_2C_3U}{C_1C_2+C_2C_3+C_3C_1} \tag{7}$$

2.3.47 四个电容器，$C_1 = C_4 = 0.20\mu\mathrm{F}$，$C_2 = C_3 = 0.60\mu\mathrm{F}$，连接如图 2.3.47 所示. (1)试分别求 K 断开和接通时的 C_{ab}；(2)当 $U_{ab} = 100\mathrm{V}$ 时，试分别求 K 断开和接通时各电容上的电压.

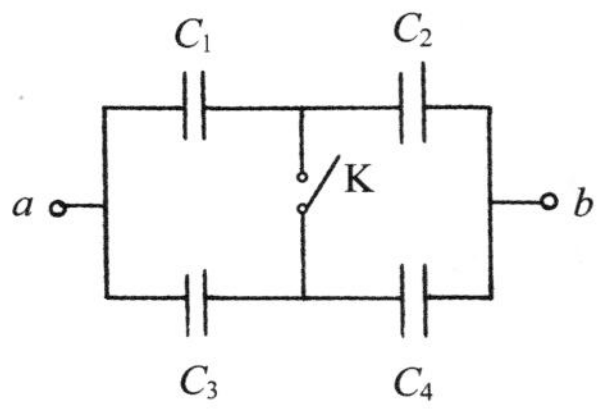

图 2.3.47

【解】 (1)K 断开时，

$$C_{ab} = \frac{C_1C_2}{C_1+C_2} + \frac{C_3C_4}{C_3+C_4}$$
$$= \frac{0.20\times0.60}{0.20+0.60}\times10^{-6} + \frac{0.20\times0.60}{0.20+0.60}\times10^{-6}$$
$$= 3.0\times10^{-7}(\mathrm{F}) = 0.30(\mu\mathrm{F})$$

K 接通时，

$$C'_{ab}=\frac{(C_1+C_3)(C_2+C_4)}{C_1+C_3+C_2+C_4}$$
$$=\frac{(0.20+0.60)\times(0.20+0.60)}{2\times(0.20+0.60)}\times10^{-6}$$
$$=4.0\times10^{-7}(\mathrm{F})=0.40(\mu\mathrm{F})$$

(2)K 断开时，

$$U_1+U_2=U_3+U_4=100 \tag{1}$$

因为
$$Q_1=C_1U_1=Q_2=C_2U_2 \tag{2}$$

解得

$$U_1=\frac{C_2}{C_1+C_2}U=\frac{0.60}{0.20+0.60}\times100=75(\mathrm{V}) \tag{3}$$

$$U_2=\frac{C_1}{C_1+C_2}U=\frac{0.20}{0.20+0.60}\times100=25(\mathrm{V}) \tag{4}$$

K 接通时，

$$U'_1=U'_3 \tag{5}$$
$$U'_2=U'_4 \tag{6}$$
$$Q'_1+Q'_3=Q'_2+Q'_4 \tag{7}$$

所以
$$C_1U'_1+C_3U'_3=C_2U'_2+C_4U'_4 \tag{8}$$

因为
$$C_1+C_3=C_2+C_4 \tag{9}$$
$$U'_1+U'_2=U \tag{10}$$

解以上诸式得

$$U'_1=U'_2=U'_3=U'_4=\frac{U}{2}=\frac{100}{2}=50(\mathrm{V}) \tag{11}$$

2.3.48 如图 2.3.48，$C_1=20\mu\mathrm{F}$，$C_2=5\mu\mathrm{F}$，先用 $U=1000\mathrm{V}$ 使 C_1 充电，然后将 K 拨到另一侧使 C_1 与 C_2 连接. 试求：(1)C_1 和 C_2 各带的电荷量 Q_1 和 Q_2；(2)C_1 和 C_2 各自的电压 U_1 和 U_2.

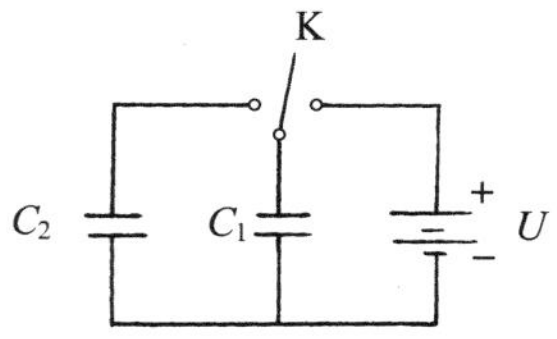

图 2.3.48

【解】 (1)C_1 充电后，它的电荷量为

$$Q=C_1U \tag{1}$$

K 接到 C_2 后，便有

$$Q_1+Q_2=Q=C_1U \tag{2}$$

因为
$$U_1=U_2 \tag{3}$$

所以
$$\frac{Q_1}{C_1}=\frac{Q_2}{C_2} \tag{4}$$

解得

$$Q_1=\frac{C_1^2U}{C_1+C_2}=\frac{(20\times10^{-6})^2\times1000}{(20+5)\times10^{-6}}=1.6\times10^{-2}(\mathrm{C}) \tag{5}$$

$$Q_2=\frac{C_1C_2U}{C_1+C_2}=\frac{(20\times10^{-6})\times(5\times10^{-6})\times1000}{(20+5)\times10^{-6}}$$
$$=4.0\times10^{-3}(\text{C}) \tag{6}$$

(2)这时 C_1 和 C_2 上的电压为

$$U_1=U_2=\frac{Q_1}{C_1}=\frac{C_1U}{C_1+C_2}=\frac{20\times10^{-6}\times1000}{(20+5)\times10^{-6}}$$
$$=8.0\times10^{2}(\text{V}) \tag{7}$$

2.3.49　如图 2.3.49，$C_1=3.0\mu\text{F}$，$C_2=4.0\mu\text{F}$，$C_3=2.0\mu\text{F}$，$U_a=120\text{V}$，c 点接地(电势为零). 试求各电容上的电荷量和 b 点的电势 U_b.

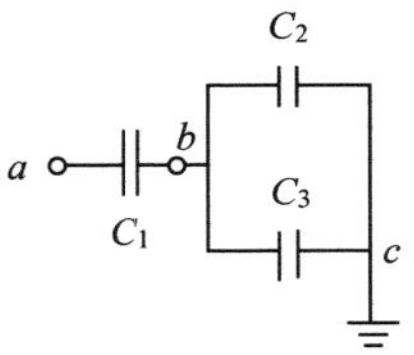

图 2.3.49

【解】　设 C_1、C_2 和 C_3 上的电荷量分别为 Q_1、Q_2 和 Q_3，电压分别为 U_1、U_2 和 U_3，则由图 2.3.49 得

$$U_1+U_2=U=120 \tag{1}$$

所以

$$\frac{Q_1}{C_1}+\frac{Q_2}{C_2}=U \tag{2}$$

因

$$U_2=U_3 \tag{3}$$

所以

$$\frac{Q_2}{C_2}=\frac{Q_3}{C_3} \tag{4}$$

还有

$$Q_2+Q_3=Q_1 \tag{5}$$

式(2)、(4)、(5)联立，解得

$$Q_1=\frac{(C_2+C_3)C_1U}{C_1+C_2+C_3}=\frac{(4.0+2.0)\times3.0\times10^{-6}\times120}{3.0+4.0+2.0}$$
$$=2.4\times10^{-4}(\text{C})$$
$$Q_2=\frac{C_2}{C_2+C_3}Q_1=\frac{4.0}{4.0+2.0}\times2.4\times10^{-4}=1.6\times10^{-4}(\text{C})$$
$$Q_3=Q_1-Q_2=2.4\times10^{-4}-1.6\times10^{-4}=8\times10^{-5}(\text{C})$$
$$U_b=\frac{Q_2}{C_2}=\frac{1.6\times10^{-4}}{4.0\times10^{-6}}=40(\text{V})$$

2.3.50　图 2.3.50 中 $C_1=C_2=C_3=C_4$，电源的电动势为 9.0V. 试求下列两种情况下各电容器上的电压：(1)K_2 先是断开的，接通 K_1，使电容器充完电，然后断开 K_1，再接通 K_2；(2)先接通 K_1，再接通 K_2，使电容器都充完电，然后断开 K_1.

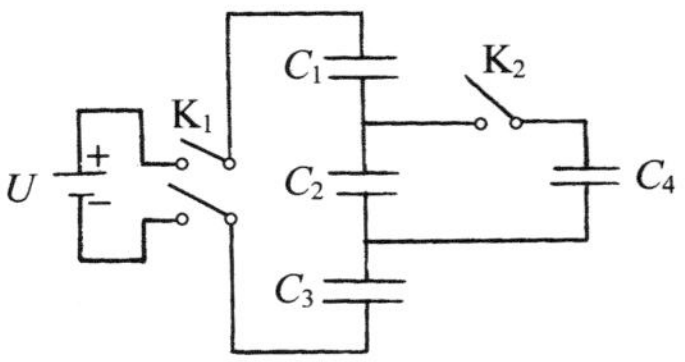

图 2.3.50

【解】　(1)接通 K_1 后，C_1、C_2 和 C_3 串联充电，因

$C_1=C_2=C_3$，故三个电容器上的电压相等，即

$$U_1=U_2=U_3=\frac{U}{3}=\frac{9.0}{3}=3.0(\mathrm{V})$$

这时每个电容器上的电荷量都是$Q_1=Q_2=Q_3=3.0C_1$.

断开K_1，再接通K_2. 这时C_1和C_3上的电荷量都不变，因而它们上的电压也不变，即

$$U_1'=U_3'=3.0\mathrm{V}$$

而C_2和C_4并联，作为一个电容，电荷量不变，由于电容增大一倍，故电压便为

$$U_2'=U_4'=\frac{Q}{C_2+C_4}=\frac{Q}{2C_1}=\frac{3.0}{2}=1.5(\mathrm{V})$$

(2)先接通K_1，再接通K_2. 这时C_2和C_4并联后，再与C_1和C_3串联，接上9.0V的电压. 这时

$$U_1+U_2+U_3=U=9.0 \tag{1}$$

所以
$$\frac{Q_1}{C_1}+\frac{Q_2}{C_2}+\frac{Q_3}{C_3}=9.0 \tag{2}$$

因为
$$Q_1=Q_3=Q_2+Q_4=2Q_2 \tag{3}$$

由式(2)、(3)解得

$$\frac{Q_1}{C_1}=\frac{2U}{5}=\frac{2\times 9.0}{5}=3.6(\mathrm{V}) \tag{4}$$

所以
$$U_1=U_3=\frac{Q_1}{C_1}=3.6\mathrm{V} \tag{5}$$

$$U_2=U_4=U-U_2-U_3=9.0-2\times 3.6=1.8(\mathrm{V}) \tag{6}$$

断开K_1后，各电容器上的电压不变.

2.3.51 两个电容器分别充电到不同的电压，已知$C_1=2.0\mu\mathrm{F}$，$U_1=400\mathrm{V}$；$C_2=1.0\mu\mathrm{F}$，$U_2=500\mathrm{V}$. 断开电源后，将C_1的正极板与C_2的负极板连接，C_1的负极板与C_2的正极板连接. 试求：(1)C_1和C_2上的电荷量；(2)C_1和C_2上的电压.

【解】 (1)充电后，两电容器上的电荷量分别为

$$Q_1=C_1U_1=2.0\times 10^{-6}\times 400=8.0\times 10^{-4}(\mathrm{C})$$

$$Q_2=C_2U_2=1.0\times 10^{-6}\times 500=5.0\times 10^{-4}(\mathrm{C})$$

断开电源，电荷量都不变.

C_1和C_2按题述的连接后，设它们上的电荷量分别为Q_1'和Q_2'，则有

$$Q_1'+Q_2'=Q_1-Q_2=8.0\times 10^{-4}-5.0\times 10^{-4}$$
$$=3.0\times 10^{-4}(\mathrm{C})$$

由于它们这时的电压相等，故有

$$\frac{Q_1'}{C_1}=\frac{Q_2'}{C_2}$$

解以上两式得

$$Q'_1=\frac{3.0\times10^{-4}C_1}{C_1+C_2}=\frac{3.0\times10^{-4}\times2.0}{2.0+1.0}=2.0\times10^{-4}(\text{C})$$

$$Q'_2=\frac{3.0\times10^{-4}C_2}{C_1+C_2}=\frac{3.0\times10^{-4}\times1.0}{2.0+1.0}=1.0\times10^{-4}(\text{C})$$

(2)它们的电压为

$$U'_1=U'_2=\frac{Q'_2}{C_2}=\frac{1.0\times10^{-4}}{1.0\times10^{-6}}=1.0\times10^{2}(\text{V})$$

2.3.52　图 2.3.52 中的电容 C_1、C_2、C_3 都是已知，电容 C_4 的值是可以调节的. 问当 C_4 调节到 A、B 两点的电势相等时，C_4 的值是多少？

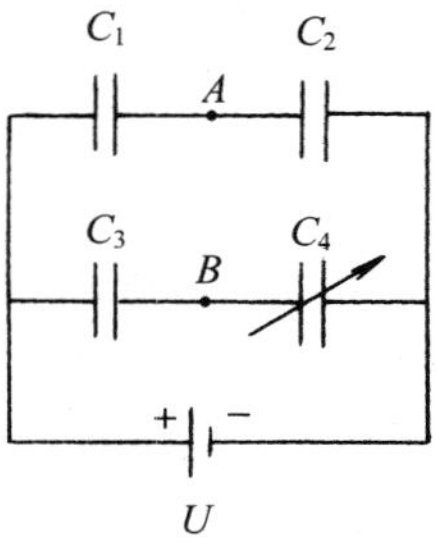

图 2.3.52

【解】　在 $U_A=U_B$ 时，设 C_1、C_2、C_3、C_4 上的电荷量分别为 Q_1、Q_2、Q_3、Q_4，则因 C_1 和 C_3 上的电压相等，C_2 和 C_4 上的电压相等，故有

$$Q_1/C_1=Q_3/C_3,\qquad Q_2/C_2=Q_4/C_4$$

由于 C_1 和 C_2 串联，C_3 和 C_4 串联，故有

$$Q_1=Q_2,\qquad Q_3=Q_4$$

由以上诸式解得

$$C_4=\frac{C_2C_3}{C_1}$$

2.3.53　两个相同的空气电容器并联后，加上电压 $U_{ab}=U$. 断开电源后，在其中一个电容器的两极板间充满电容率为 ε 的均匀介质，如图 2.3.53 所示. 试求这时的 U_{ab}.

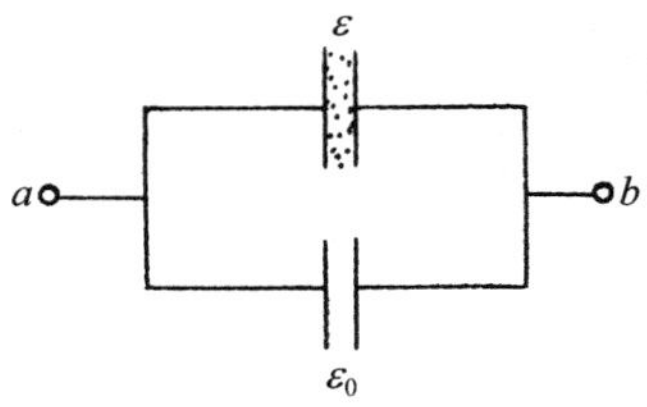

图 2.3.53

【解】　设未放入介质时，两电容器的电容都是 C，则充电后，它们的电荷量之和为

$$Q=CU+CU=2CU$$

断开电源后，Q 不变；其中一个放入介质后，Q 重新分配. 这时放入介质的电容为$\frac{\varepsilon}{\varepsilon_0}C$. 因为是两电容并联，故总电容便为

$$C_p=C+\frac{\varepsilon}{\varepsilon_0}C=\frac{\varepsilon+\varepsilon_0}{\varepsilon_0}C$$

于是得这时 a、b 间的电压为

$$U_{ab}=\frac{Q}{C_p}=\frac{2\varepsilon_0}{\varepsilon+\varepsilon_0}U$$

2.3.54　两个相同的空气电容器，串联后接到电压为 U 的电源上，再将其中一个电容器两极板间充满电容率为 ε 的均匀介质，如图 2.3.54 所示，电源的负极接地(电势为零). 试求放入介质前后两电容器间连线 a 的电势变化.

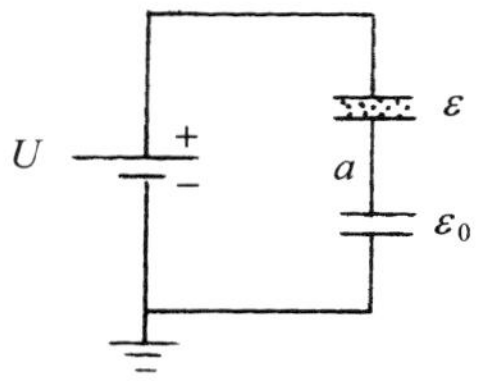

图 2.3.54

【解】 因未放入介质前，两电容器相同，故连线 a 的电势为

$$U_a=\frac{U}{2} \tag{1}$$

放入介质后，设连线 a 的电势为 U'_a，未放介质的电容为 C_0，放介质的电容为 $C=\varepsilon_r C_0=\frac{\varepsilon}{\varepsilon_0}C_0$，则 C_0 两端的电势差为

$$U'_a-0=\frac{C}{C_0+C}U=\frac{\varepsilon}{\varepsilon+\varepsilon_0}U \tag{2}$$

故所求的电势变化为

$$\Delta U_a=U'_a-U_a=\frac{\varepsilon}{\varepsilon+\varepsilon_0}U-\frac{U}{2}=\frac{\varepsilon-\varepsilon_0}{\varepsilon+\varepsilon_0}\frac{U}{2} \tag{3}$$

2.3.55 将 $C_1=1.0\mu F$ 和 $C_2=2.0\mu F$ 的两个电容器并联后接到 900V 的直流电源上.（1）试求每个电容器上的电压和电荷量；（2）断开电源，并将 C_1 和 C_2 彼此断开，然后再将它们带异号电荷的极板分别接在一起，试求每个电容器上的电压和电荷量.

【解】（1）因为是并联，故两电容器上的电压为

$$U_1=U_2=U=900V \tag{1}$$

它们的电荷量分别为

$$Q_1=C_1U_1=1.0\times10^{-6}\times900=9.0\times10^{-4}(C) \tag{2}$$

$$Q_2=C_2U_2=2.0\times10^{-6}\times900=1.8\times10^{-3}(C) \tag{3}$$

（2）按题述的连接后，设 C_1 和 C_2 上的电压和电荷量分别为 U'_1、Q'_1 和 U'_2、Q'_2，则有

$$Q'_1+Q'_2=Q_2-Q_1 \tag{4}$$

$$U'_1=U'_2 \tag{5}$$

即

$$Q'_1/C_1=Q'_2/C_2 \tag{6}$$

由式(4)、(6)解得

$$Q'_1=\frac{C_1(Q_2-Q_1)}{C_1+C_2}=\frac{1.0\times10^{-6}\times(1.8\times10^{-3}-9.0\times10^{-4})}{1.0\times10^{-6}+2.0\times10^{-6}}$$

$$=3.0\times10^{-4}(C) \tag{7}$$

$$Q'_2=\frac{C_2}{C_1}Q'_1=\frac{2.0}{1.0}\times3.0\times10^{-4}=6.0\times10^{-4}(C) \tag{8}$$

$$U'_1=U'_2=\frac{Q'_1}{C_1}=\frac{3.0\times10^{-4}}{1.0\times10^{-6}}=3.0\times10^{2}(V) \tag{9}$$

2.3.56 将 $C_1=2.0\mu F$ 和 $C_2=8.0\mu F$ 的两个电容器串联后，在两端加上 300V 的直流电压.（1）试求每个电容器上的电荷量和电压；（2）断开电源，并将 C_1 和 C_2 彼此断开，然后再将它们带正电荷的两极板接在一起，带负电荷的两极板也接在一起，试求每个电容器上的电荷量和电压；（3）如果断开电源并彼此断开后，再

将它们带异号电荷的极板分别接在一起，试求每个电容器上的电荷量和电压.

【解】 (1)因为是串联，故两电容器上的电荷量相等，即

$$Q_1 = Q_2 \tag{1}$$

它们上的电压 U_1 和 U_2 满足

$$U_1 + U_2 = U = 300 \tag{2}$$

所以

$$\frac{Q_1}{C_1} + \frac{Q_2}{C_2} = U \tag{3}$$

式(1)、(3)联立解得

$$Q_1 = Q_2 = \frac{C_1C_2}{C_1+C_2}U = \frac{2.0\times 8.0\times 10^{-6}}{2.0+8.0}\times 300$$

$$=4.8\times 10^{-4}(\text{C}) \tag{4}$$

$$U_1 = \frac{C_2}{C_1+C_2}U = \frac{8.0}{2.0+8.0}\times 300 = 240(\text{V}) \tag{5}$$

$$U_2 = \frac{C_1}{C_1+C_2}U = \frac{2.0}{2.0+8.0}\times 300 = 60(\text{V}) \tag{6}$$

(2)带同号电荷的两极板接在一起，设 C_1 和 C_2 上的电荷量和电压分别为 Q'_1、U'_1 和 Q'_2、U'_2，则

$$Q'_1 + Q'_2 = Q_1 + Q_2 = 2\times 4.8\times 10^{-4} = 9.6\times 10^{-4}(\text{C}) \tag{7}$$

$$\frac{Q'_2}{C_2} = U'_2 = U'_1 = \frac{Q'_1}{C_1} \tag{8}$$

式(7)、(8)联立解得

$$Q'_1 = \frac{C_1}{C_1+C_2}(Q_1+Q_2) = \frac{2.0}{2.0+8.0}\times 9.6\times 10^{-4}$$

$$=1.9\times 10^{-4}(\text{C}) \tag{9}$$

$$Q'_2 = \frac{C_2}{C_1+C_2}(Q_1+Q_2) = \frac{8.0}{2.0+8.0}\times 9.6\times 10^{-4}$$

$$=7.7\times 10^{-4}(\text{C}) \tag{10}$$

所以

$$U'_1 = U'_2 = \frac{Q'_2}{C_2} = \frac{7.7\times 10^{-4}}{8.0\times 10^{-6}} = 96(\text{V}) \tag{11}$$

(3)带异号电荷的两极板接在一起，设 C_1 和 C_2 上的电荷量和电压分别为 Q''_1、U''_1 和 Q''_2、U''_2，则

$$Q''_1 + Q''_2 = Q_1 - Q_2 = 0 \tag{12}$$

这时电荷量完全中和掉，两电容器均不带电. 于是得

$$Q''_1 = Q''_2 = 0 \tag{13}$$

$$U''_1 = U''_2 = 0 \tag{14}$$

【别解】 (2)带同号电荷的两极板接在一起时，也可以用两电容器并联的公式计算，即

$$U'_1 = U'_2 = \frac{Q_1+Q_2}{C_1+C_2} = \frac{9.6\times 10^{-4}}{(2.0+8.0)\times 10^{-6}} = 96(\text{V}) \tag{15}$$

2.3.57　$C_1=100\text{pF}$ 的电容器充电到 50V 后断开电源，再将它的两极板分别接到另一电容器 C_2 的两极板上，C_2 原来不带电．接好测得 C_1 上的电压降低为 35V．试求 C_2 的值．

【解】 充电后，C_1 上的电荷量为

$$Q=C_1U=100\times10^{-12}\times50=5.0\times10^{-9}(\text{C})$$

与 C_2 连接后，设 C_1 和 C_2 上的电荷量和电压分别为 Q_1、U_1 和 Q_2、U_2，则有

$$Q_1+Q_2=Q=5.0\times10^{-9}(\text{C})$$

$$Q_1=C_1U_1=100\times10^{-12}\times35=3.5\times10^{-9}(\text{C})$$

因为

$$\frac{Q_1}{C_1}=U_1=U_2=\frac{Q_2}{C_2}$$

所以

$$C_2=\frac{Q_2}{U_1}=\frac{Q-Q_1}{U_1}=\frac{(5.0-3.5)\times10^{-9}}{35}$$

$$=4.3\times10^{-11}(\text{F})=43(\text{pF})$$

2.3.58　有一些相同的电容器，每个的电容都是 2.0μF，耐压都是 200V．现在要用它们连接成能耐压 1000V 的(1) $C=0.40\mu\text{F}$ 和(2) $C'=1.2\mu\text{F}$ 的电容器，问各需这种电容器多少个？怎样联法？

【解答】 (1)五个串联，可耐压 $5\times200=1000(\text{V})$；电容为 $C=\frac{2.0}{5}=0.40(\mu\text{F})$，符合要求．

(2)要耐压 1000V，必须五个串联；同时要求 $C'=1.2\mu\text{F}$，故须将三个串联再并联起来，才能达到 1.2μF．因此，用 15 个这种电容器，每五个串联后，三个串联再并联，便符合要求．

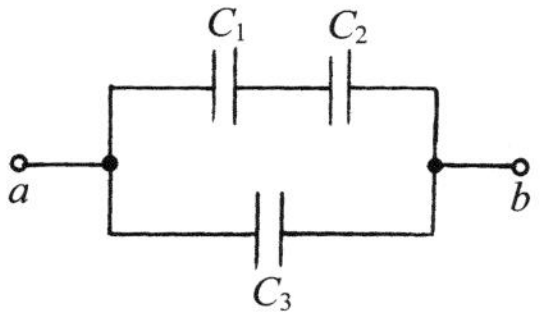

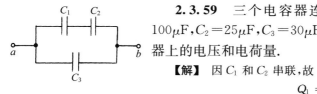

图 2.3.59

2.3.59　三个电容器连接如图 2.3.59，已知 $C_1=100\mu\text{F}$，$C_2=25\mu\text{F}$，$C_3=30\mu\text{F}$，$U_{ab}=100\text{V}$．试求每个电容器上的电压和电荷量．

【解】 因 C_1 和 C_2 串联，故

$$Q_1=Q_2 \tag{1}$$

$$U_1+U_2=\frac{Q_1}{C_1}+\frac{Q_2}{C_2}=U_{ab} \tag{2}$$

解得三个电容器上的电压分别为

$$U_1=\frac{C_2}{C_1+C_2}U_{ab}=\frac{25}{100+25}\times100=20(\text{V}) \tag{3}$$

$$U_2=\frac{C_1}{C_1+C_2}U_{ab}=\frac{100}{100+25}\times100=80(\text{V}) \tag{4}$$

$$U_3=U_{ab}=100\text{V} \tag{5}$$

三个电容器上的电荷量分别为

$$Q_1=Q_2=C_1U_1=100\times10^{-6}\times20=2.0\times10^{-3}(\text{C}) \tag{6}$$

$$Q_3=C_3U_{ab}=30\times10^{-6}\times100=3.0\times10^{-3}(\text{C}) \tag{7}$$

2.3.60　一空气平行板电容器两极板的面积都是 S，相距为 d，电容便为 $C=$

$\frac{\varepsilon_0 S}{d}$. 当在两极板加上电压 U 时,略去边缘效应,两极板间电场强度 $\boldsymbol{E}$ 的大小便为 $E=U/d$. 其中一板上的电荷量为 $Q=CU$,故它所受的力的大小为

$$F = QE = CU\left(\frac{U}{d}\right) = \frac{CU^2}{d}$$

你认为这个结果对不对？为什么？

【解答】 不对. 因为 $E=U/d$ 是两极板间的电场强度,而不是面电荷 Q 所在处的电场强度. Q 所在处的电场强度的大小为

$$E_Q = \frac{1}{2}E = \frac{U}{2d}$$

故正确的结果应为

$$F = QE_Q = \frac{QU}{2d} = \frac{CU^2}{2d}$$

【讨论】 一、面电荷所在处的电场强度为

$$\boldsymbol{E} = \frac{1}{2}(\boldsymbol{E}_+ + \boldsymbol{E}_-)$$

式中 $\boldsymbol{E}_+$ 和 $\boldsymbol{E}_-$ 分别是从两边趋于该面时电场强度的极限值. [参见张之翔,《电磁学教学札记》(高等教育出版社,1987),§7,20—34 页;或《电磁学教学参考》(北京大学出版社,2015),§1.6,20—31 页.]. 现在 Q 的一边是导体,电场强度为零,另一边电场强度为 E,故 Q 所在处的电场强度为

$$E_Q = \frac{1}{2}(0+E) = \frac{1}{2}E$$

二、从电势能的角度,也可以导出 F 的正确结果. 参见后面 3.37 题.

2.3.61 一平行板电容器两极板的面积都是 S,相距为 d,两板间是空气. 略去边缘效应. (1)当两极板的电压为 U 时,试求它们之间相互作用的静电力 $\boldsymbol{F}$ 的大小 F;(2)当 $S=100\text{mm}^2$,$d=1.0\text{mm}$,$U=2000\text{V}$ 时,计算 F 的值.

【解】 (1)根据前面 2.3.60 题的结果,两极板相互作用的静电力的大小为

$$F = QE_Q = Q\cdot\frac{1}{2}\frac{U}{d} = \frac{1}{2}CU\cdot\frac{U}{d} = \frac{1}{2}\frac{\varepsilon_0 SU^2}{d^2}$$

(2)F 的值为

$$F = \frac{1}{2}\times 8.854\times 10^{-12}\times 100\times 10^{-6}\times\left(\frac{2000}{1.0\times 10^{-3}}\right)^2$$
$$=1.8\times 10^{-3}(\text{N})$$

2.3.62 一平行板电容器两极板间充满均匀介质，其介电常量为 $\varepsilon_r=2.0$，电介质强度为 $E_m=1.0\times 10^9\,\text{V/m}$. 略去边缘效应. 试求介质在将要击穿时所受的静电压强(静电力所产生的压强).

【解】 设电容器极板的面积为 S,所带电荷量为 Q,则介质内的电场强度的大小为

$$E = \frac{D}{\varepsilon} = \frac{\sigma}{\varepsilon} = \frac{Q}{\varepsilon_r\varepsilon_0 S} \tag{1}$$

面电荷 Q 所在处的电场强度的大小为(参见前面 2.3.60 题的讨论)

$$E_Q = \frac{1}{2}E = \frac{Q}{2\varepsilon_r\varepsilon_0 S} \tag{2}$$

极板上的电荷所受的静电力为

$$F = QE_Q = \frac{1}{2}QE = \frac{\varepsilon_r\varepsilon_0 S}{2}E^2 \tag{3}$$

故所求的压强为

$$p_{max} = \frac{F_{max}}{S} = \frac{\varepsilon_r\varepsilon_0}{2}E_m^2 = \frac{2.0\times 8.854\times 10^{-12}}{2}\times(1.0\times 10^9)^2$$
$$=8.9\times 10^6(\text{Pa}) \tag{4}$$

因为
$$1\text{atm} = 1.013\times 10^5\,\text{Pa} \tag{5}$$
所以
$$p_{max} = 87\text{atm} \tag{6}$$

2.3.63 静电天平的原理如图 2.3.63 所示，一空气平行板电容器两极板的面积都是 S，相距为 x，下板固定，上板接到天平的一端. 当电容器不带电时，天平正好平衡. 然后在电容器的两极板上加电压 U，则天平的另一端必须加上质量为 m 的砝码，才能达到平衡. 略去边缘效应. 试求所加的电压 U.

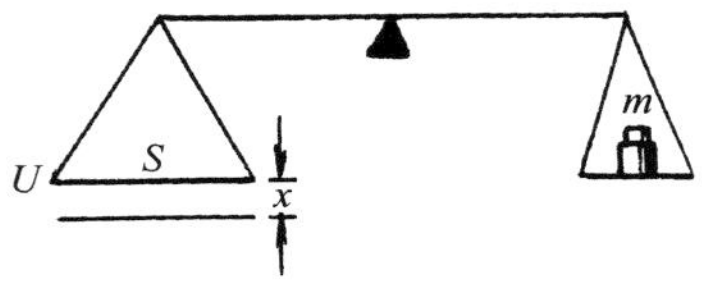

图 2.3.63

【解】 加上电压 U 后，极板所受的静电力为

$$F = QE_Q = Q\left(\frac{1}{2}E\right) = \frac{1}{2}Q\frac{U}{x} = \frac{1}{2}C\frac{U^2}{x}$$
$$= \frac{1}{2}\varepsilon_0 S\left(\frac{U}{x}\right)^2 \tag{1}$$

当天平平衡时

$$F = mg \tag{2}$$

由式(1)、(2)得所求的电压为

$$U = \sqrt{\frac{2mgx^2}{\varepsilon_0 S}} \tag{3}$$

【讨论】 极板上的面电荷 Q 所在处的电场强度为 $E_Q=\frac{1}{2}E=\frac{1}{2}\frac{U}{x}$，参见前面 2.3.60 题的讨论.

2.3.64 空气能承受电场强度的最大值(称为电介质强度)为 E_m=30kV/cm，超过这个数值，空气就要被击穿，发生火花放电. 今有一平行板电容器，两极板相距为 0.50cm，极板间是空气. 略去边缘效应. 试问它能耐多高的电压?

【解】 能耐的最高电压为

$$U_{max} = E_m d = 30\times 10^3\times 0.5$$
$$=1.5\times 10^4(\text{V})$$

2.3.65 空气的电介质强度为 E_m=3000kV/m，当空气平行板电容器两极板的电势差为 50kV 时，略去边缘效应，试问单位面积上的电容最大是多少？

【解】 极板间的最小距离为

$$d_{\min}=\frac{U}{E_m}$$

故单位面积上的最大电容为

$$\frac{C_{\max}}{S}=\frac{\varepsilon_0}{d_{\min}}=\frac{\varepsilon_0 E_m}{U}=\frac{8.854\times10^{-12}\times3000\times10^3}{50\times10^3}$$
$$=5.3\times10^{-10}(\mathrm{F/m^2})$$

2.3.66 两个电容器上分别标明：C_1：200pF500V；C_2：300pF900V. 将它们串联后，加上 1000V 电压，是否会被击穿？

【解】 设 C_1 和 C_2 串联后加上电压 U，它们上的电荷量和电压分别为 Q_1、U_1 和 Q_2、U_2，则有

$$Q_1=Q_2$$
$$U_1+U_2=U$$

所以

$$\frac{Q_1}{C_1}+\frac{Q_2}{C_2}=U$$

解得

$$U_1=\frac{C_2}{C_1+C_2}U=\frac{300}{200+300}\times1000=600(\mathrm{V})$$
$$U_2=\frac{C_1}{C_1+C_2}U=\frac{200}{200+300}\times1000=400(\mathrm{V})$$

U_1=600V>500V，故 C_1 立即被击穿. C_1 被击穿后，1000V 电压全加在 C_2 上面，超过了 C_2 的耐压 900V，故接着 C_2 也被击穿.

2.3.67 两个电容器上分别标明：C_1 耐压 V_1，C_2 耐压 V_2. 现将它们串联后，加上电压 U，如图 2.3.67 所示. 使 U 逐渐升高，问哪个电容先被击穿？为什么？

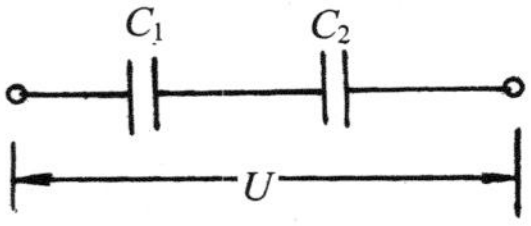

图 2.3.67

【解】 设 C_1 和 C_2 上的电荷量和电压分别为 Q_1、U_1 和 Q_2、U_2，则有

$$Q_1=Q_2$$
$$U_1+U_2=U$$

所以

$$\frac{Q_1}{C_1}+\frac{Q_2}{C_2}=U$$

解得

$$U_1=\frac{C_2}{C_1+C_2}U,\quad U_2=\frac{C_1}{C_1+C_2}U$$

当 U 逐渐升高时，U_1 和 U_2 也都随着升高，若 U_1 先超过 V_1，则 C_1 先被击穿；若 U_2 先超过 V_2，则 C_2 先被击穿. 若 U_1 和 U_2 同时分别超 V_1 和 V_2，则 C_1 和 C_2 同时被击穿.

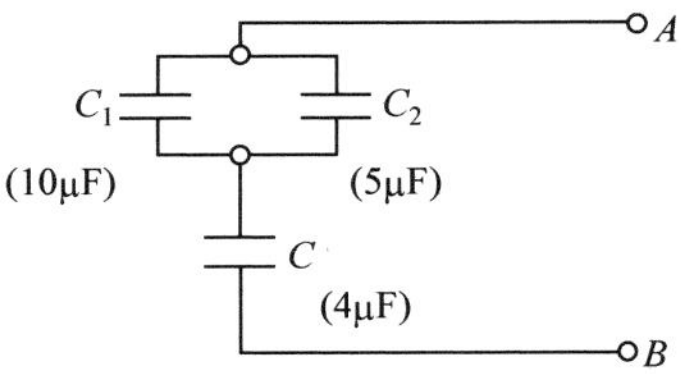

图 2.3.68

2.3.68 三个电容器连接如图 2.3.68 所示，它们的电容值已在图中标出.（1）试求 A、B 间的电容 C_{AB}；（2）在 A、B 间加上 100V 的电压，试求 C_1 上的电荷量 Q_1 和电压 U_1；（3）如果这时 C 被击穿（即变成通路），问 C_1 上的电荷量和电压各是多少？

【解】 (1) $C_{AB}=\dfrac{C(C_1+C_2)}{C+C_1+C_2}=\dfrac{4\times(10+5)}{4+10+5}=3.2(\mu\text{F})$.

(2) $U_1=\dfrac{C}{C_1+C_2+C}U=\dfrac{4}{10+5+4}\times 100=21(\text{V})$

$Q_1=C_1U_1=10\times10^{-6}\times21=2.1\times10^{-4}(\text{C})$

(3) C 被击穿，即变成通路，这时 100V 的电压便都加在 C_1 和 C_2 的并联上，故 C_1 上的电压和电荷量分别为

$$U_1'=U=100\text{V}$$

$$Q_1'=C_1U_1'=10\times10^{-6}\times100=1.0\times10^{-3}(\text{C})$$

2.3.69 一圆柱电容器由直径为 5.0mm 的直导线和与它共轴的直圆筒构成，圆筒内直径为 5.0cm，导线与圆筒间是空气. 已知空气的电介质强度为 30kV/cm，试问这电容器能耐多高的电压？

【解】 设导线的直径为 a，单位长度的电荷量为 λ，圆筒的内直径为 b，则导线与圆筒间电场强度的最大值为

$$E_m=\frac{\lambda_{\max}}{\pi\varepsilon_0 a} \tag{1}$$

这电容器的电容为

$$C=\frac{2\pi\varepsilon_0 l}{\ln(b/a)} \tag{2}$$

式中 l 是导线和圆筒的长度. 导线上电荷量的最大值为

$$Q_{\max}=CU_{\max}=\lambda_{\max} l \tag{3}$$

由以上三式解得电压的最大值为

$$U_{\max}=\frac{a}{2}E_m\ln\left(\frac{b}{a}\right)=\frac{5.0\times10^{-3}}{2}\times30\times10^5\times\ln\left(\frac{5.0}{0.50}\right)$$

$$=1.7\times10^4(\text{V})$$

2.3.70 共轴的两导体圆筒，内筒的外半径为 R_1，外筒的内半径为 R_2（$R_2<2R_1$），其间有两层均匀介质，内层的电容率为 ε_1，外层的电容率为 $\varepsilon_2=\varepsilon_1/2$，它们的交界面是半径为 R 的圆柱面. 已知这两介质的电介质强度都是 E_m. 试证明：两筒间的最大电势差为 $U_m=\dfrac{1}{2}RE_m\ln(R_2^2/RR_1)$.

【证】 设内筒上沿轴线单位长度的电荷量为 λ，则由对称性和高斯定理得，两介质内电场强

度的表达式分别为

$$\boldsymbol{E}_1=\frac{\lambda}{2\pi\varepsilon_1 r}\boldsymbol{e}_r,\quad \boldsymbol{E}_2=\frac{\lambda}{2\pi\varepsilon_2 r}\boldsymbol{e}_r \tag{1}$$

式中 $\boldsymbol{e}_r=\dfrac{\boldsymbol{r}}{r}$，$\boldsymbol{r}$ 是从轴线到场点的位矢．由式(1)可见，电场强度的最大值出现在 r 最小的地方，即离轴线最近的地方，也就是出现在每层介质的最里边，它们分别为

$$E_{1\max}=\frac{\lambda}{2\pi\varepsilon_1 R_1},\quad E_{2\max}=\frac{\lambda}{2\pi\varepsilon_2 R}=\frac{\lambda}{\pi\varepsilon_1 R} \tag{2}$$

所以

$$\frac{E_{2\max}}{E_{1\max}}=\frac{2R_1}{R} \tag{3}$$

因 $R<R_2<2R_1$，故由上式得

$$E_{2\max}>E_{1\max} \tag{4}$$

这个结果表明，ε_2 最里边的电场强度要比 ε_1 最里边的电场强度大．由于两介质的电介质强度相等(都是 E_m)，故 ε_2 先被击穿．在将要击穿时，两筒的电势差为

$$\begin{aligned}U_m&=\int_{R_1}^{R_2}\boldsymbol{E}\cdot \mathrm{d}\boldsymbol{r}=\int_{R_1}^{R}\boldsymbol{E}_1\cdot \mathrm{d}\boldsymbol{r}+\int_{R}^{R_2}\boldsymbol{E}_2\cdot \mathrm{d}\boldsymbol{r}\\&=\frac{\lambda}{2\pi\varepsilon_1}\ln\frac{R}{R_1}+\frac{\lambda}{2\pi\varepsilon_2}\ln\frac{R_2}{R}=\frac{\lambda}{2\pi\varepsilon_1}\left(\ln\frac{R}{R_1}+2\ln\frac{R_2}{R}\right)\\&=\frac{\lambda}{2\pi\varepsilon_1}\ln\left(\frac{R_2^2}{RR_1}\right)\end{aligned} \tag{5}$$

由式(2)的第二式得

$$\lambda=\pi\varepsilon_1 RE_m \tag{6}$$

代入式(5)即得所求的电势差为

$$U_m=\frac{1}{2}RE_m\ln\left(\frac{R_2^2}{RR_1}\right) \tag{7}$$

2.3.71　一圆柱电容器内充满两层均匀介质，内层是 $\varepsilon_{r1}=4.0$ 的油纸，其内半径为 2.0cm，外半径为 2.3cm；外层是 $\varepsilon_{r2}=7.0$ 的玻璃，其外半径为 2.5cm．已知油纸的电介质强度为 120kV/cm，玻璃的电介质强度为 100kV/cm，试问这电容器能耐多高的电压？当电压逐渐升高时，哪层介质先被击穿？

【解】 设电容器里面一极沿轴线单位长度的电荷量为 λ，则由对称性和高斯定理得，两介质内电场强度的表达式分别为

$$\boldsymbol{E}_1=\frac{\lambda}{2\pi\varepsilon_{r1}\varepsilon_0 r}\boldsymbol{e}_r,\quad \boldsymbol{E}_2=\frac{\lambda}{2\pi\varepsilon_{r2}\varepsilon_0 r}\boldsymbol{e}_r \tag{1}$$

式中 $\boldsymbol{e}_r=\dfrac{\boldsymbol{r}}{r}$，$\boldsymbol{r}$ 是从轴线到场点的位矢．设 ε_1 的内半径为 a，外半径为 R，ε_2 的外半径为 b，则由式(1)得

$$\lambda_{1\max}=2\pi\varepsilon_1 aE_{1\max} \tag{2}$$

$$\lambda_{2\max}=2\pi\varepsilon_2 RE_{2\max} \tag{3}$$

所以
$$\frac{\lambda_{1\max}}{\lambda_{2\max}}=\frac{\varepsilon_{r1}aE_{1\max}}{\varepsilon_{r2}RE_{2\max}}=\frac{4.0\times2.0\times120}{7.0\times2.3\times100}$$
$$=0.596<1 \tag{4}$$

即油纸先被击穿.

由式(1)得电容器的电压为

$$U=\int_a^b \boldsymbol{E}\cdot \mathrm{d}\boldsymbol{r}=\int_a^R \boldsymbol{E}_1\cdot \mathrm{d}\boldsymbol{r}+\int_R^b \boldsymbol{E}\cdot \mathrm{d}\boldsymbol{r}=\frac{\lambda}{2\pi\varepsilon_1}\ln\frac{R}{a}+\frac{\lambda}{2\pi\varepsilon_2}\ln\frac{b}{R} \tag{5}$$

将式(2)代入式(5)得

$$U_{\max}=aE_{1\max}\ln\frac{R}{a}+\frac{\varepsilon_1}{\varepsilon_2}aE_{1\max}\ln\frac{b}{R}$$
$$=aE_{1\max}\left(\ln\frac{R}{a}+\frac{\varepsilon_{r1}}{\varepsilon_{r2}}\ln\frac{b}{R}\right)$$
$$=2.0\times10^{-2}\times120\times10^5\times\left(\ln\frac{2.3}{2.0}+\frac{4}{7}\times\ln\frac{2.5}{2.3}\right)$$
$$=4.5\times10^4(\mathrm{V}) \tag{6}$$

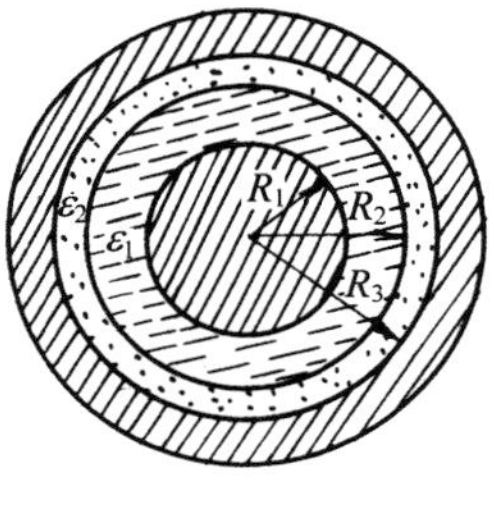

图 2.3.72

2.3.72 一同轴电缆里面导体的半径为 R_1,外面导体的内半径为 R_3,两导体间充满了两层均匀介质,它们的交界面是 R_2,内外两层介质的电容率分别为 ε_1 和 ε_2,其横截面如图 2.3.72 所示. 已知两介质的电介质强度分别为 E_1 和 E_2. 试证明:当两极(即内外两导体)间的电压逐渐升高时,在 $\varepsilon_1R_1E_1>\varepsilon_2R_2E_2$ 的条件下,首先被击穿的是外层电介质.

【证】 设里面导体沿轴线单位长度的电荷量为 λ,则由对称性和高斯定理得,两介质内电场强度的表达式分别为

$$\boldsymbol{E}_1=\frac{\lambda}{2\pi\varepsilon_1 r}\boldsymbol{e}_r,\quad \boldsymbol{E}_2=\frac{\lambda}{2\pi\varepsilon_2 r}\boldsymbol{e}_r \tag{1}$$

式中 $\boldsymbol{e}_r=\frac{\boldsymbol{r}}{r}$,$\boldsymbol{r}$ 是从轴线到场点的位矢. 由式(1)得每个介质能承受的 $\lambda_{\max}$ 分别为

$$\lambda_{1\max}=2\pi\varepsilon_1R_1E_{1\max}=2\pi\varepsilon_1R_1E_1 \tag{2}$$
$$\lambda_{2\max}=2\pi\varepsilon_2R_2E_{2\max}=2\pi\varepsilon_2R_2E_2 \tag{3}$$

若

$$\lambda_{2\max}<\lambda_{1\max} \tag{4}$$

则 ε_2(外层介质)首先被击穿,将式(2)、(3)代入式(4)即得

$$\varepsilon_1R_1E_1>\varepsilon_2R_2E_2 \tag{5}$$

第三章　静电能量

3.1　三个点电荷分别位于边长为 a 的正三角形的顶点，它们的电荷量分别为 q、$2q$ 和 $-4q$，如图 3.1 所示. 试求这个系统的静电能(各电荷之间相互作用能的总和).

【解】　这个系统的静电能为

$$W = \frac{1}{2}\sum_{i=1}^{3} q_i U_i$$

$$= \frac{1}{2}\left[q\left(\frac{2q}{4\pi\varepsilon_0 a}+\frac{-4q}{4\pi\varepsilon_0 a}\right)+2q\left(\frac{-4q}{4\pi\varepsilon_0 a}+\frac{q}{4\pi\varepsilon_0 a}\right)+(-4q)\left(\frac{q}{4\pi\varepsilon_0 a}+\frac{2q}{4\pi\varepsilon_0 a}\right)\right]$$

$$=-\frac{5q^2}{2\pi\varepsilon_0 a}$$

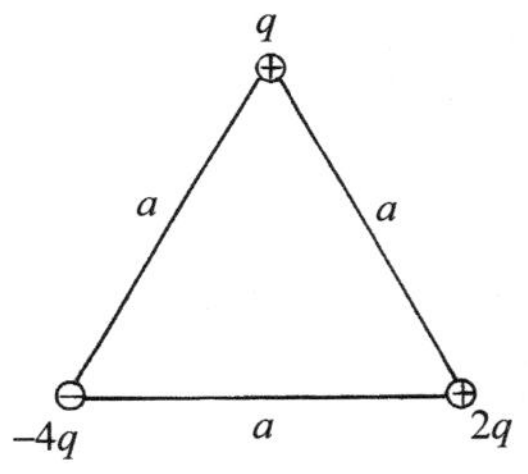

图 3.1

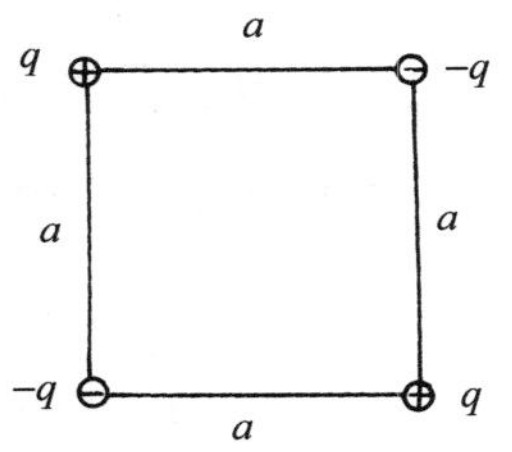

图 3.2

3.2　四个点电荷分别位于边长为 a 的正方形的四个顶点，电荷量分别为 q 和 $-q$，如图 3.2 所示. 试求这个系统的静电能(各电荷之间相互作用能的总和).

【解】　这个系统的静电能为

$$W = \frac{1}{2}\sum_{i=1}^{4} q_i U_i$$

$$= q\left(\frac{-2q}{4\pi\varepsilon_0 a}+\frac{q}{4\pi\varepsilon_0 \sqrt{2}a}\right)+(-q)\left(\frac{2q}{4\pi\varepsilon_0 a}+\frac{-q}{4\pi\varepsilon_0 \sqrt{2}a}\right)$$

$$=-\frac{4q^2}{4\pi\varepsilon_0 a}+\frac{\sqrt{2}q^2}{4\pi\varepsilon_0 a}=-\left(1-\frac{1}{2\sqrt{2}}\right)\frac{q^2}{\pi\varepsilon_0 a}$$

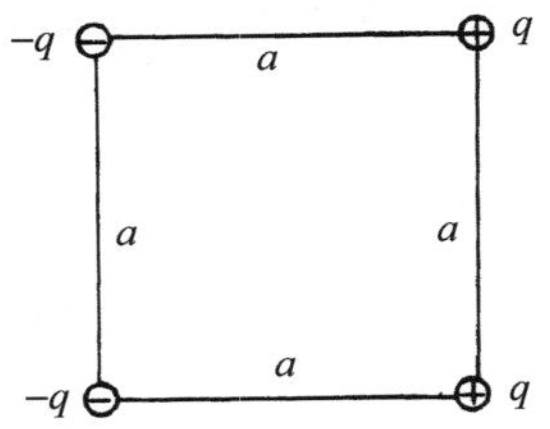

图 3.3

3.3　四个点电荷分别位于边长为 a 的正方形的四个顶点，电荷量分别为 q 和 $-q$，如图 3.3 所示. 试求这个系统的静电能(各电荷之间相互作用能的总和).

【解】　这个系统的静电能为

$$W=\frac{1}{2}\sum_{i=1}^{4}q_iU_i$$
$$=q\left(\frac{q}{4\pi\varepsilon_0 a}+\frac{-q}{4\pi\varepsilon_0 a}+\frac{-q}{4\pi\varepsilon_0\sqrt{2}a}\right)+(-q)\left(\frac{q}{4\pi\varepsilon_0 a}+\frac{-q}{4\pi\varepsilon_0 a}+\frac{q}{4\pi\varepsilon_0\sqrt{2}a}\right)$$
$$=-\frac{\sqrt{2}q^2}{4\pi\varepsilon_0 a}$$

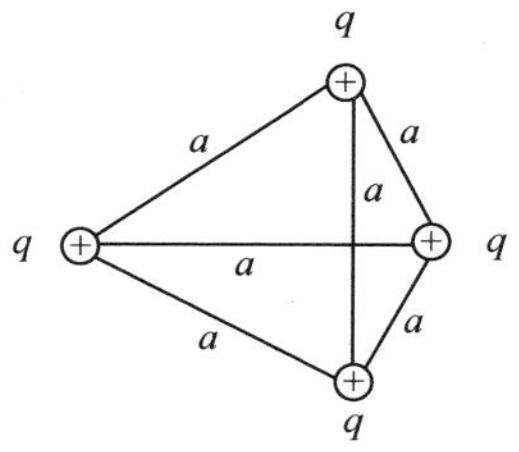

图 3.4

3.4　电荷量都是 q 的四个点电荷，分别处在棱长为 a 的正四面体的四个顶点，如图 3.4 所示. 试求这个系统的静电能(各电荷之间相互作用能的总和).

【解】　这个系统的静电能为

$$W=\frac{1}{2}\sum_{i=1}^{4}q_iU_i$$
$$=\frac{1}{2}\times 4\times q\left(\frac{3q}{4\pi\varepsilon_0 a}\right)$$
$$=\frac{6q^2}{4\pi\varepsilon_0 a}$$

3.5　正负离子相间排列成一条无穷长直线，相邻两离子间的距离都是 a，已知正离子的电荷量为 q，负离子的电荷量为 $-q$，如图 3.5 所示. 试证明：每个离子与所有其他离子间的相互作用能为 $W=-\frac{\ln 2}{2\pi\varepsilon_0}\frac{q^2}{a}$.

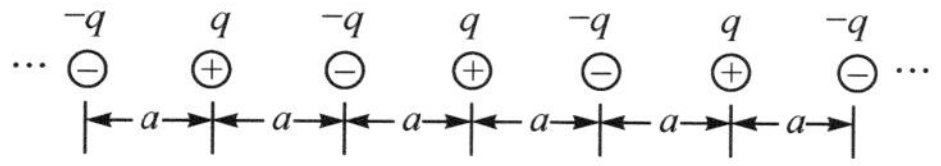

图 3.5

【证】　在一个正离子处，所有其他正离子产生的电势为

$$U_+=2\left[\frac{q}{4\pi\varepsilon_0}\left(\frac{1}{2a}+\frac{1}{4a}+\frac{1}{6a}+\cdots\right)\right]=\frac{q}{2\pi\varepsilon_0 a}\left[\frac{1}{2}+\frac{1}{4}+\frac{1}{6}+\cdots\right] \tag{1}$$

所有其他负离子产生的电势为

$$U_-=2\left[\frac{-q}{4\pi\varepsilon_0}\left(\frac{1}{a}+\frac{1}{3a}+\frac{1}{5a}+\cdots\right)\right]=\frac{q}{2\pi\varepsilon_0 a}\left[-1-\frac{1}{3}-\frac{1}{5}-\cdots\right] \tag{2}$$

故一个正离子处，所有其他离子产生的电势为

$$U=U_++U_-=-\frac{q}{2\pi\varepsilon_0 a}\left[1-\frac{1}{2}+\frac{1}{3}-\frac{1}{4}+\frac{1}{5}-\frac{1}{6}+\cdots\right] \tag{3}$$

由级数公式

$$\sum_{n=1}^{\infty}(-1)^{n+1}\frac{1}{n}=1-\frac{1}{2}+\frac{1}{3}-\frac{1}{4}+\frac{1}{5}-\frac{1}{6}+\cdots=\ln 2 \tag{4}$$

得

$$U=-\frac{\ln 2}{2\pi\varepsilon_0}\frac{q}{a} \tag{5}$$

于是得一个正离子与所有其他离子的相互作用能为

$$W = qU = -\frac{\ln 2}{2\pi\varepsilon_0}\frac{q^2}{a} \tag{6}$$

将式(1)、(2)、(3)、(5)中的 q 换成 $-q$，便得一个负离子处，所有其他离子产生的电势为

$$U' = \frac{\ln 2}{2\pi\varepsilon_0}\frac{q}{a} \tag{7}$$

于是得一个负离子与所有其他离子的相互作用能为

$$W' = -qU' = -\frac{\ln 2}{2\pi\varepsilon_0}\frac{q^2}{a} = W \tag{8}$$

3.6 电偶极矩分别为 $\boldsymbol{p}_1$ 和 $\boldsymbol{p}_2$ 的两个电偶极子，相距为 $r=|\boldsymbol{r}|$，$\boldsymbol{r}$ 是从 $\boldsymbol{p}_1$ 到 $\boldsymbol{p}_2$ 的位矢，如图 3.6 所示. 试证明：当它们相距较远(即 r 比每个电偶极子的线度都大很多)时，它们之间的相互作用能为

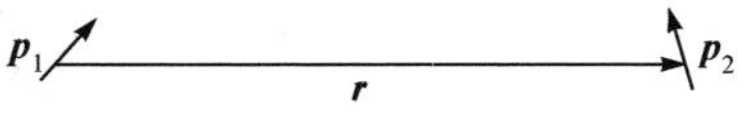

图 3.6

$$W = \frac{r^2\boldsymbol{p}_1\cdot\boldsymbol{p}_2 - 3(\boldsymbol{p}_1\cdot\boldsymbol{r})(\boldsymbol{p}_2\cdot\boldsymbol{r})}{4\pi\varepsilon_0 r^5}$$

【证】 $\boldsymbol{p}_1$ 和 $\boldsymbol{p}_2$ 之间的相互作用能即 $\boldsymbol{p}_2$ 在 $\boldsymbol{p}_1$ 的电场中的电势能，或 $\boldsymbol{p}_1$ 在 $\boldsymbol{p}_2$ 的电场中的电势能. 根据前面 1.4.32 题的式(5)，这个电势能为

$$W = -\boldsymbol{p}_2\cdot\boldsymbol{E}_{21} \tag{1}$$

式中 $\boldsymbol{E}_{21}$ 是 $\boldsymbol{p}_1$ 在 $\boldsymbol{p}_2$ 处产生的电场强度. 又根据前面 1.2.8 题的式(23)，或 1.4.27 题的式(8)，这个电场强度为

$$\boldsymbol{E}_{21} = \frac{1}{4\pi\varepsilon_0 r^5}[3(\boldsymbol{p}_1\cdot\boldsymbol{r})\boldsymbol{r} - r^2\boldsymbol{p}_1] \tag{2}$$

将式(2)代入式(1)，即得

$$\begin{aligned} W &= -\frac{1}{4\pi\varepsilon_0 r^5}[3(\boldsymbol{p}_1\cdot\boldsymbol{r})(\boldsymbol{p}_2\cdot\boldsymbol{r}) - r^2\boldsymbol{p}_1\cdot\boldsymbol{p}_2] \\ &= \frac{r^2\boldsymbol{p}_1\cdot\boldsymbol{p}_2 - 3(\boldsymbol{p}_1\cdot\boldsymbol{r})(\boldsymbol{p}_2\cdot\boldsymbol{r})}{4\pi\varepsilon_0 r^5} \end{aligned} \tag{3}$$

【别证】 根据定义，$\boldsymbol{p}_2$ 在 $\boldsymbol{p}_1$ 的电场中的电势能为

$$\begin{aligned} W &= q_2U_{1+} + (-q_2)U_{1-} = q_2(U_{1+} - U_{1-}) = q_2\Delta U_1 \\ &= q_2(\nabla U_1)\cdot\boldsymbol{l}_2 = q_2\boldsymbol{l}_2\cdot\nabla U_1 = \boldsymbol{p}_2\cdot\nabla\left(\frac{\boldsymbol{p}_1\cdot\boldsymbol{r}}{4\pi\varepsilon_0 r^3}\right) \\ &= \boldsymbol{p}_2\cdot\nabla\left(\frac{p_1\cos\theta}{4\pi\varepsilon_0 r^2}\right) = \frac{p_1}{4\pi\varepsilon_0}\boldsymbol{p}_2\cdot\nabla\left(\frac{\cos\theta}{r^2}\right) \\ &= \frac{p_1}{4\pi\varepsilon_0}\boldsymbol{p}_2\cdot\left[\frac{\partial}{\partial r}\left(\frac{\cos\theta}{r^2}\right)\boldsymbol{e}_r + \frac{\partial}{r\partial\theta}\left(\frac{\cos\theta}{r^2}\right)\boldsymbol{e}_\theta\right] \\ &= \frac{p_1}{4\pi\varepsilon_0}\boldsymbol{p}_2\cdot\left[-\frac{2\cos\theta}{r^3}\boldsymbol{e}_r + \frac{1}{r^3}(-\sin\theta)\boldsymbol{e}_\theta\right] \\ &= \frac{1}{4\pi\varepsilon_0 r^3}\boldsymbol{p}_2\cdot[-3p_1\cos\theta\boldsymbol{e}_r + p_1\cos\theta\boldsymbol{e}_r - p_1\sin\theta\boldsymbol{e}_\theta] \end{aligned}$$

$$=\frac{1}{4\pi\varepsilon_0 r^3}\boldsymbol{p}_2\cdot\left[-\frac{3\boldsymbol{p}_1\cdot\boldsymbol{r}}{r}\boldsymbol{e}_r+\boldsymbol{p}_1\right]$$

$$=\frac{1}{4\pi\varepsilon_0 r^3}\left[-\frac{3(\boldsymbol{p}_1\cdot\boldsymbol{r})(\boldsymbol{p}_2\cdot\boldsymbol{r})}{r^2}+\boldsymbol{p}_1\cdot\boldsymbol{p}_2\right]$$

$$=\frac{r^2\boldsymbol{p}_1\cdot\boldsymbol{p}_2-3(\boldsymbol{p}_1\cdot\boldsymbol{r})(\boldsymbol{p}_2\cdot\boldsymbol{r})}{4\pi\varepsilon_0 r^5} \tag{4}$$

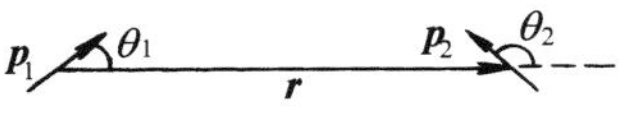

图 3.7

3.7　电偶极矩分别为 $\boldsymbol{p}_1$ 和 $\boldsymbol{p}_2$ 的两个电偶极子，在同一平面内，相距为 r，$\boldsymbol{p}_1$ 和 $\boldsymbol{p}_2$ 与它们中心连线的夹角分别为 θ_1 和 θ_2，如图 3.7 所示. 试证明：它们之间的相互作用能为

$$W=\frac{p_1p_2}{4\pi\varepsilon_0 r^3}(\sin\theta_1\sin\theta_2-2\cos\theta_1\cos\theta_2)$$

【证】　这个系统的相互作用能即 $\boldsymbol{p}_2$ 在 $\boldsymbol{p}_1$ 的电场中的电势能，或 $\boldsymbol{p}_1$ 在 $\boldsymbol{p}_2$ 的电场中的电势能. 根据前面 3.6 题的式(4)，这个电势能为

$$W=\frac{r^2\boldsymbol{p}_1\cdot\boldsymbol{p}_2-3(\boldsymbol{p}_1\cdot\boldsymbol{r})(\boldsymbol{p}_2\cdot\boldsymbol{r})}{4\pi\varepsilon_0 r^5}$$

$$=\frac{r^2p_1p_2\cos(\theta_2-\theta_1)-3(p_1\cos\theta_1 r)(p_2\cos\theta_2 r)}{4\pi\varepsilon_0 r^5}$$

$$=\frac{p_1p_2}{4\pi\varepsilon_0 r^3}[\cos(\theta_2-\theta_1)-3\cos\theta_1\cos\theta_2]$$

$$=\frac{p_1p_2}{4\pi\varepsilon_0 r^3}[\sin\theta_1\sin\theta_2-2\cos\theta_1\cos\theta_2]$$

【别证】　根据定义，$\boldsymbol{p}_2$ 在 $\boldsymbol{p}_1$ 的电场中的电势能为

$$W=q_2U_{1+}+(-q_2)U_{1-}=q_2(U_{1+}-U_{1-})=q_2\Delta U_1$$

$$=q_2(\nabla U_1)\cdot\boldsymbol{l}_2=q_2\boldsymbol{l}_2\cdot\nabla U_1=\boldsymbol{p}_2\cdot\nabla\left(\frac{\boldsymbol{p}_1\cdot\boldsymbol{r}}{4\pi\varepsilon_0 r^3}\right)$$

$$=\frac{p_1}{4\pi\varepsilon_0}\boldsymbol{p}_2\cdot\nabla\left(\frac{\cos\theta_1}{r^2}\right)$$

$$=\frac{p_1}{4\pi\varepsilon_0}\boldsymbol{p}_2\cdot\left[\frac{\partial}{\partial r}\left(\frac{\cos\theta_1}{r^2}\right)\boldsymbol{e}_{r1}+\frac{\partial}{r\partial\theta_1}\left(\frac{\cos\theta_1}{r^2}\right)\boldsymbol{e}_{\theta1}\right]$$

$$=\frac{p_1}{4\pi\varepsilon_0}\boldsymbol{p}_2\cdot\left[-\frac{2\cos\theta_1}{r^3}\boldsymbol{e}_{r1}-\frac{\sin\theta_1}{r^3}\boldsymbol{e}_{\theta1}\right]$$

$$=\frac{p_1}{4\pi\varepsilon_0 r^3}\boldsymbol{p}_2\cdot[-2\cos\theta_1\boldsymbol{e}_{r1}-\sin\theta_1\boldsymbol{e}_{\theta1}]$$

$$=\frac{p_1}{4\pi\varepsilon_0 r^3}\boldsymbol{p}_2\cdot[-3\cos\theta_1\boldsymbol{e}_{r1}+\cos\theta_1\boldsymbol{e}_{r1}-\sin\theta_1\boldsymbol{e}_{\theta1}]$$

$$=\frac{1}{4\pi\varepsilon_0 r^3}\boldsymbol{p}_2\cdot[-3p_1\cos\theta_1\boldsymbol{e}_{r1}+p_1\cos\theta_1\boldsymbol{e}_{r1}-p_1\sin\theta_1\boldsymbol{e}_{\theta1}]$$

$$=\frac{1}{4\pi\varepsilon_0 r^3}\boldsymbol{p}_2\cdot[-3p_1\cos\theta_1\boldsymbol{e}_{r1}+\boldsymbol{p}_1]$$

$$=\frac{1}{4\pi\varepsilon_0 r^3}[-3p_1\cos\theta_1\boldsymbol{p}_2\cdot\boldsymbol{e}_{r1}+\boldsymbol{p}_1\cdot\boldsymbol{p}_2]$$

$$=\frac{1}{4\pi\varepsilon_0 r^3}[-3p_1\cos\theta_1 p_2\cos\theta_2+p_1p_2\cos(\theta_2-\theta_1)]$$

$$=\frac{p_1p_2}{4\pi\varepsilon_0 r^3}[-3\cos\theta_1\cos\theta_2+\cos(\theta_2-\theta_1)]$$

$$=\frac{p_1p_2}{4\pi\varepsilon_0 r^3}[\sin\theta_1\sin\theta_2-2\cos\theta_1\cos\theta_2]$$

式中 $\boldsymbol{e}_{r1}$ 和 $\boldsymbol{e}_{\theta 1}$ 是以 $\boldsymbol{p}_1$ 的中心为原点，以 $\boldsymbol{r}$ 为极轴的极坐标系的基矢.

3.8 两个水分子相距为 0.31nm，它们的电偶极矩大小相等，都是 $6.2\times10^{-30}\text{C}\cdot\text{m}$. 试求下列情况下它们之间的相互作用能：它们的电偶极矩(1)都沿它们的连线且方向相同；(2)一个沿它们的连线，一个与连线垂直；(3)两个都与它们的连线垂直且方向相同.

【解】 根据前面 3.7 题的结果，这两个水分子电偶极矩间的相互作用能为

$$W=\frac{p^2}{4\pi\varepsilon_0 r^3}[\sin\theta_1\sin\theta_2-2\cos\theta_1\cos\theta_2] \tag{1}$$

(1)$\theta_1=0,\theta_2=0$，由式(1)得

$$W=-\frac{2p^2}{4\pi\varepsilon_0 r^3}=-\frac{2\times9.0\times10^9\times(6.2\times10^{-30})^2}{(0.31\times10^{-9})^3}$$

$$=-2.3\times10^{-20}(\text{J})=-0.14(\text{eV}) \tag{2}$$

(2)$\theta_1=0,\theta_2=\pi/2$，由式(1)得

$$W=0 \tag{3}$$

(3)$\theta_1=\pi/2,\theta_2=\pi/2$，由式(1)得

$$W=\frac{p^2}{4\pi\varepsilon_0 r^3}=\frac{9.0\times10^9\times(6.2\times10^{-30})^2}{(0.31\times10^{-9})^3}$$

$$=1.2\times10^{-20}(\text{J})=7.2\times10^{-2}(\text{eV}) \tag{4}$$

3.9 当电荷连续分布时，求静电能量有三个公式

$$W=\int u\mathrm{d}q \tag{Ⅰ}$$

$$W=\frac{1}{2}\int U\mathrm{d}q \tag{Ⅱ}$$

$$W=\frac{1}{2}\iiint\boldsymbol{E}\cdot\boldsymbol{D}\mathrm{d}V \tag{Ⅲ}$$

试分别说明这三个公式的物理意义，并以平行板电容器为例，分别用上列三个公式求它在电容为 C、蓄有电荷量 Q 时的静电能量.

【解】 (1)公式(Ⅰ)的物理意义是，把电荷 $\mathrm{d}q$ 从电势为零处移到电势为 u 处，外力反抗静

电力所要做的功为 $u\mathrm{d}q$，这功在数值上就等于静电能量的增量 $\mathrm{d}W$. 把它积分，就得到系统的静电能量 W. 这里要注意的是，u 是一个变量. 因为电荷的位置移动后，空间的电场便发生了变化，空间各处的电势也就发生了变化.

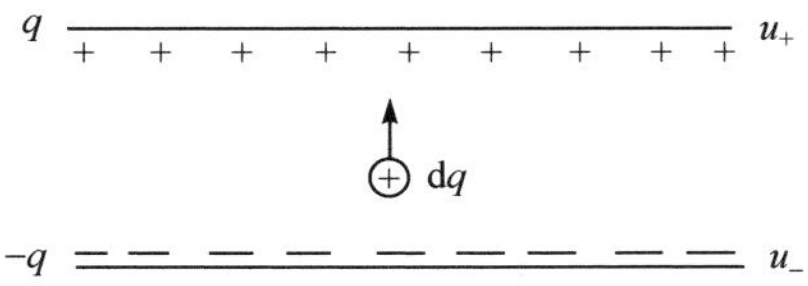

图 3.9

以平行板电容器为例，设极板上的电荷量为 q 时，两极板的电势分别为 u_+ 和 u_-，如图 3.9 所示. 这时两极板的电势差为

$$u = u_+ - u_- \tag{1}$$

这时将电荷量 $-\mathrm{d}q$ 从电势为零处移到负极板上，外力所要做的功为 $u_-(-\mathrm{d}q)$；同时将电荷量 $\mathrm{d}q$ 从电势为零处移到正极板上，外力所要做的功为 $u_+\mathrm{d}q$. 这等于将电荷量 $\mathrm{d}q$ 从负极板上移到正极板上. 故外力所要做的功为 $u_-(-\mathrm{d}q)+u_+\mathrm{d}q=(u_+-u_-)\mathrm{d}q$. 按(Ⅰ)式，电容器的静电能量为

$$W = \int u\mathrm{d}q \tag{2}$$

由电容公式

$$q = Cu \tag{3}$$

得

$$W = \frac{1}{C}\int_0^Q q\mathrm{d}q = \frac{Q^2}{2C} \tag{4}$$

(2)公式(Ⅱ)的物理意义是，电荷已分布完毕，空间各点的电势已定，都不再随时间变化；这时，$\mathrm{d}q$ 所在处的电势为 U，$\mathrm{d}q$ 所具有的电势能为 $U\mathrm{d}q$. 系统的静电能量 W 就等于全部电荷的电势能的一半(公式Ⅱ中的$\frac{1}{2}$). 之所以是一半，是因为电势能是电荷之间的相互作用能，每个电荷都算，就多算了一倍. 如两个电荷量分别为 q_1 和 q_2 的点电荷，相距为 r，它们之间的电势能(相互作用能)为

$$W = \frac{q_1 q_2}{4\pi\varepsilon_0 r} \tag{5}$$

若按每个电荷计算，则 q_1 在 q_2 的电场中的电势能为

$$W_{12} = q_1 U_{12} = q_1 \frac{q_2}{4\pi\varepsilon_0 r} = \frac{q_1 q_2}{4\pi\varepsilon_0 r} \tag{6}$$

q_2 在 q_1 的电场中的电势能为

$$W_{21} = q_2 U_{21} = q_2 \frac{q_1}{4\pi\varepsilon_0 r} = \frac{q_1 q_2}{4\pi\varepsilon_0 r} \tag{7}$$

所以

$$W = \frac{1}{2}(W_{12} + W_{21}) = \frac{1}{2}\sum_i q_i U_i \tag{8}$$

用公式(Ⅱ)计算平行板电容器的静电能量如下：当电容器充完电时，电荷量为 Q，正负极板的电势分别为 U_+ 和 U_-，由公式(Ⅱ)得

$$W = \frac{1}{2}\int U\mathrm{d}q = \frac{1}{2}\left[\int_0^Q U_+\,\mathrm{d}q + \int_0^{-Q} U_-\,\mathrm{d}q\right]$$

$$= \frac{1}{2}\left[U_+ \int_0^Q \mathrm{d}q + U_- \int_0^{-Q} \mathrm{d}q\right]$$

$$= \frac{1}{2}[U_+ Q - U_- Q]$$

$$= \frac{1}{2}(U_+ - U_-)Q = \frac{1}{2}UQ = \frac{1}{2}\frac{Q^2}{C} \tag{9}$$

(3)公式(Ⅲ)的物理意义如下:静电能量分布在电场中,电场的能量密度为

$$w = \frac{1}{2}\boldsymbol{E} \cdot \boldsymbol{D} \tag{10}$$

当电荷分布已定,空间各处的电场便都确定了,不再随时间变化,w 便仅是空间的函数. 这时空间体积元 $\mathrm{d}V$ 内的电场能量为

$$\mathrm{d}W = w\mathrm{d}V = \frac{1}{2}\boldsymbol{E} \cdot \boldsymbol{D}\mathrm{d}V \tag{11}$$

积分便得出总的静电能量.

用公式(Ⅲ)计算平行板电容器的静电能量如下:设极板面积为 S,相距为 d. 略去边缘效应,两极板外电场强度为零,两极板间的电场是均匀电场,电场强度为

$$E = \frac{U}{d} \tag{12}$$

由式(Ⅲ)得

$$W = \frac{1}{2}\iiint \boldsymbol{E} \cdot \boldsymbol{D}\mathrm{d}V = \frac{1}{2}\iiint \varepsilon E^2 \mathrm{d}V = \frac{1}{2}\varepsilon E^2 Sd$$

$$= \frac{1}{2}\varepsilon\left(\frac{U}{d}\right)^2 Sd = \frac{1}{2}CU^2 = \frac{1}{2}\frac{Q^2}{C} \tag{13}$$

其中用到了平行板电容器的电容公式

$$C = \frac{\varepsilon S}{d} \tag{14}$$

【讨论】 上述结果表明,对平行板电容器来说,用三个公式算出的静电能量相同. 对其他问题,也是如此. 因此,在求静电能量时,可以根据具体情况,按方便的原则选用公式. 但从现代的观点看,静电能量分布在电场中,较为合理.

3.10 空气中一半径为 R 的导体球带有电荷量 Q. (1)试求它的静电能量 W;(2)在半径为多大的球面内的电场能量为这能量的一半?

【解】 (1)根据对称性和高斯定理得,球内电场强度为零,球外离球心为 r 处,电场强度为

$$\boldsymbol{E} = \frac{Q}{4\pi\varepsilon_0}\frac{\boldsymbol{r}}{r^3} \tag{1}$$

于是得所求的能量为

$$W = \frac{1}{2}\iiint_V \boldsymbol{E} \cdot \boldsymbol{D}\mathrm{d}V = \frac{\varepsilon_0}{2}\iiint_V E^2 \mathrm{d}V = \frac{\varepsilon_0}{2}\int_R^{\infty}\left(\frac{Q}{4\pi\varepsilon_0 r^2}\right)^2 \cdot 4\pi r^2 \mathrm{d}r$$

$$= \frac{Q^2}{8\pi\varepsilon_0}\int_R^{\infty}\frac{\mathrm{d}r}{r^2} = \frac{Q^2}{8\pi\varepsilon_0 R} \tag{2}$$

(2)从 r 至无穷远的电场能量为

$$W_r = \frac{Q^2}{8\pi\varepsilon_0}\int_r^{\infty}\frac{\mathrm{d}r}{r^2} = \frac{Q^2}{8\pi\varepsilon_0 r} \tag{3}$$

依题意

$$W - W_r = \frac{1}{2}W \tag{4}$$

所以

$$W_r = \frac{1}{2}W \tag{5}$$

由式(2)、(3)、(5)得

$$r = 2R \tag{6}$$

即半径为 $2R$ 的球面内的电场能量等于整个电场能量的一半.

3.11 空气中有一直径为 10cm 的导体球,它的电势为 8000V,试问它外面靠近表面处,电场能量密度是多少?

【解】 设球的半径为 R,球上的电荷量为 Q,则由对称性和高斯定理得,球外靠近表面处,电场强度的大小 E 和电势 U 分别为

$$E = \frac{Q}{4\pi\varepsilon_0 R^2} \tag{1}$$

$$U = \frac{Q}{4\pi\varepsilon_0 R} \tag{2}$$

所以

$$E = \frac{U}{R} \tag{3}$$

故所求的电场能量密度为

$$w = \frac{1}{2}\varepsilon_0 E^2 = \frac{1}{2}\varepsilon_0\left(\frac{U}{R}\right)^2 = \frac{1}{2}\times 8.854\times 10^{-12}\times\left(\frac{8000}{\frac{10}{2}\times 10^{-2}}\right)^2 = 0.11(\mathrm{J/m^3}) \tag{4}$$

3.12 电荷量 Q 均匀分布在半径为 R 的球体内,试求它的静电能量.

【解】 设球体的电荷量 Q 是从无穷远处(电势为零处)一点一点地移来,一层一层地逐渐分布而成的. 当移来的电荷量为 q 时,形成一个半径为 r 的球体,其中电荷量的密度 ρ 与最后的密度相同. 这时球面上的电势为

$$u = \frac{q}{4\pi\varepsilon_0 r} \tag{1}$$

再从无穷远处移来电荷量 $\mathrm{d}q$,放到这球面上,外力反抗 q 的电场力所要做的功便为 $u\mathrm{d}q$,因而静电能量的增量为

$$\mathrm{d}W = u\mathrm{d}q = \frac{q}{4\pi\varepsilon_0 r}\mathrm{d}q \tag{2}$$

因为

$$q = \frac{4\pi}{3}r^3\rho \tag{3}$$

所以

$$\mathrm{d}q = 4\pi\rho r^2\,\mathrm{d}r \tag{4}$$

将式(3)、(4)代入式(2)得

$$\mathrm{d}W = \frac{4\pi}{3\varepsilon_0}\rho^2 r^4\,\mathrm{d}r \tag{5}$$

积分便得所求的静电能量为

$$W=\frac{4\pi}{3\varepsilon_0}\rho^2\int_0^R r^4\,\mathrm{d}r=\frac{4\pi}{15\varepsilon_0}\rho^2R^5=\frac{4\pi}{15\varepsilon_0}\left(\frac{Q}{\frac{4\pi R^3}{3}}\right)^2R^5=\frac{3Q^2}{20\pi\varepsilon_0 R}\tag{6}$$

【别解】 用静电能量的公式

$$W=\frac{1}{2}\int U\mathrm{d}q\tag{7}$$

计算.根据对称性和高斯定理得出电场强度为

$$\boldsymbol{E}_i=\frac{\rho}{3\varepsilon_0}\boldsymbol{r},\quad r\leqslant R\tag{8}$$

$$\boldsymbol{E}_0=\frac{Q}{4\pi\varepsilon_0}\frac{\boldsymbol{r}}{r^3},\quad r\geqslant R\tag{9}$$

球内离球心为 r 处的电势为

$$\begin{aligned}U&=\int_r^\infty\boldsymbol{E}\cdot\mathrm{d}\boldsymbol{r}=\int_r^R\boldsymbol{E}_i\cdot\mathrm{d}\boldsymbol{r}+\int_R^\infty\boldsymbol{E}_0\cdot\mathrm{d}\boldsymbol{r}\\&=\frac{\rho}{3\varepsilon_0}\int_r^R\boldsymbol{r}\cdot\mathrm{d}\boldsymbol{r}+\frac{Q}{4\pi\varepsilon_0}\int_R^\infty\frac{\boldsymbol{r}\cdot\mathrm{d}\boldsymbol{r}}{r^3}=\frac{\rho}{6\varepsilon_0}(R^2-r^2)+\frac{Q}{4\pi\varepsilon_0}\frac{1}{R}\\&=\frac{\rho}{6\varepsilon_0}(R^2-r^2)+\frac{\rho}{3\varepsilon_0}R^2=\frac{\rho}{6\varepsilon_0}(3R^2-r^2)\end{aligned}\tag{10}$$

将式(10)代入式(7)得

$$\begin{aligned}W&=\frac{1}{2}\int U\mathrm{d}q=\frac{1}{2}\int_0^R\frac{\rho^2}{6\varepsilon_0}(3R^2-r^2)\cdot4\pi r^2\mathrm{d}r=\frac{\pi\rho^2}{3\varepsilon_0}\int_0^R(3R^2-r^2)r^2\mathrm{d}r\\&=\frac{4\pi}{15\varepsilon_0}\rho^2R^5=\frac{3Q^2}{20\pi\varepsilon_0R}\end{aligned}\tag{11}$$

【别解】 用场能的公式

$$W=\frac{1}{2}\iiint\boldsymbol{E}\cdot\boldsymbol{D}\mathrm{d}V\tag{12}$$

计算.利用 $\boldsymbol{D}=\varepsilon_0\boldsymbol{E}$,将式(8)、(9)代入式(12)得

$$\begin{aligned}W&=\frac{\varepsilon_0}{2}\iiint E^2\mathrm{d}V=\frac{\varepsilon_0}{2}\int_0^R\left(\frac{\rho}{3\varepsilon_0}r\right)^2\cdot4\pi r^2\mathrm{d}r+\frac{\varepsilon_0}{2}\int_R^\infty\left(\frac{Q}{4\pi\varepsilon_0r^2}\right)^2\cdot4\pi r^2\mathrm{d}r\\&=\frac{2\pi}{45\varepsilon_0}\rho^2R^5+\frac{Q^2}{8\pi\varepsilon_0R}=\frac{Q^2}{40\pi\varepsilon_0R}+\frac{Q^2}{8\pi\varepsilon_0R}=\frac{3Q^2}{20\pi\varepsilon_0R}\end{aligned}\tag{13}$$

3.13 假定电子是球形的,并且它的静止能量 mc^2(m 是它的静质量,c 是真空中光速)就是来自它的静电能量.这样就可以由它的电荷分布算出它的半径来.(1)假定电子的电荷量 e 均匀分布在球面上,试计算电子的半径;(2)假定电子的电荷量 e 均匀分布在球体内,试计算电子的半径;(3)由于假定电荷分布情况不同,算出的电子半径便稍有不同.目前把 $r_e=\frac{1}{4\pi\varepsilon_0}\frac{e^2}{mc^2}$ 称为经典电子半径.已知电子电荷的大小为 $e=1.6\times10^{-19}\mathrm{C}$,静质量为 $m=9.1\times10^{-31}\mathrm{kg}$,光速 $c=3.0\times10^8\mathrm{m/s}$.试计算 r_e 的值.

【解】 (1)设球面的半径为 R,则根据对称性和高斯定理得均匀球面电荷产生的电场强度

为

球内：　$$\boldsymbol{E}=0, \tag{1}$$

球外：　$$\boldsymbol{E}=\frac{e\boldsymbol{r}}{4\pi\varepsilon_0 r^3} \tag{2}$$

于是得静电能量为

$$W=\frac{1}{2}\iiint \boldsymbol{E}\cdot\boldsymbol{D}\mathrm{d}V=\frac{\varepsilon_0}{2}\iiint E^2\mathrm{d}V=\frac{\varepsilon_0}{2}\left(\frac{e}{4\pi\varepsilon_0}\right)^2\int_R^\infty\frac{4\pi r^2\mathrm{d}r}{r^4}$$
$$=\frac{e^2}{8\pi\varepsilon_0}\int_R^\infty\frac{\mathrm{d}r}{r^2}=\frac{e^2}{8\pi\varepsilon_0 R}=mc^2 \tag{3}$$

故得电子的半径为

$$R=\frac{e^2}{8\pi\varepsilon_0 mc^2}=\frac{1}{2}\frac{1}{4\pi\varepsilon_0}\frac{e^2}{mc^2} \tag{4}$$

(2)设球体的半径为R,由于电荷是均匀分布的,故球外的静电能量仍为式(3).只须求球内的静电能量.由对称性和高斯定理得,球内离球心为r处电场强度为

$$\boldsymbol{E}=\frac{e\boldsymbol{r}}{4\pi\varepsilon_0 R^3} \tag{5}$$

式中$\boldsymbol{r}$是球心到场点的位矢,$r=|\boldsymbol{r}|$.球内的静电能量为

$$W_i=\frac{\varepsilon_0}{2}\iiint E^2\mathrm{d}V=\frac{\varepsilon_0}{2}\left(\frac{e}{4\pi\varepsilon_0 R^3}\right)^2\int_0^R r^2\cdot 4\pi r^2\mathrm{d}r=\frac{e^2}{40\pi\varepsilon_0 R} \tag{6}$$

于是得总静电能量为

$$W=\frac{e^2}{8\pi\varepsilon_0 R}+\frac{e^2}{40\pi\varepsilon_0 R}=\frac{3e^2}{20\pi\varepsilon_0 R}=mc^2 \tag{7}$$

故得电子的半径为

$$R=\frac{3e^2}{20\pi\varepsilon_0 mc^2}=\frac{3}{5}\frac{1}{4\pi\varepsilon_0}\frac{e^2}{mc^2} \tag{8}$$

(3)经典电子半径的值为

$$r_e=\frac{1}{4\pi\varepsilon_0}\frac{e^2}{mc^2}=9.0\times10^9\times\frac{(1.6\times10^{-19})^2}{9.1\times10^{-31}\times(3.0\times10^8)^2}$$
$$=2.8\times10^{-15}(\mathrm{m})=2.8(\mathrm{fm}) \tag{9}$$

3.14　设氢原子处在基态时,核外电荷量的密度为$\rho=-\frac{q}{\pi a^3}\mathrm{e}^{-\frac{2r}{a}}$,式中$q$是电子电荷量的绝对值,$a$是玻尔半径,$r$是到核心的距离.试求:(1)这种电荷分布在氢核电场中的电势能;(2)这种电荷分布本身的静电能量.

【解】　(1)这种电荷分布在氢核电场中的电势能为

$$W_1=\int_q U\mathrm{d}q=\iiint_V\frac{q}{4\pi\varepsilon_0 r}\rho\mathrm{d}V=\int_0^\infty\frac{q}{4\pi\varepsilon_0 r}\left(-\frac{q}{\pi a^3}\mathrm{e}^{-\frac{2r}{a}}\right)\cdot 4\pi r^2\mathrm{d}r$$
$$=-\frac{q^2}{\pi\varepsilon_0 a^3}\int_0^\infty r\mathrm{e}^{-\frac{2r}{a}}\mathrm{d}r=-\frac{q^2}{4\pi\varepsilon_0 a} \tag{1}$$

(2)这种分布本身的静电能为

$$W_2 = \frac{1}{2}\int_q U\mathrm{d}q = \frac{1}{2}\iiint_V U\rho\mathrm{d}V \tag{2}$$

这种分布在离球心为 r 处产生的电势为[参见前面 1.4.57 题的式(6)]

$$U = \frac{q}{4\pi\varepsilon_0}\left[\left(\frac{1}{a}+\frac{1}{r}\right)\mathrm{e}^{-\frac{2r}{a}} - \frac{1}{r}\right] \tag{3}$$

于是得

$$\begin{aligned} W_2 &= \frac{1}{2}\frac{q}{4\pi\varepsilon_0}\int_0^\infty \left[\left(\frac{1}{a}+\frac{1}{r}\right)\mathrm{e}^{-\frac{2r}{a}} - \frac{1}{r}\right]\left(-\frac{q}{\pi a^3}\mathrm{e}^{-\frac{2r}{a}}\right)\cdot 4\pi r^2\mathrm{d}r \\ &= -\frac{q^2}{2\pi\varepsilon_0 a^3}\left[\int_0^\infty\left(\frac{r^2}{a}+r\right)\mathrm{e}^{-\frac{4r}{a}}\mathrm{d}r - \int_0^\infty r\mathrm{e}^{-\frac{2r}{a}}\mathrm{d}r\right] \\ &= -\frac{q^2}{2\pi\varepsilon_0 a^3}\left[\frac{1}{a}\frac{2}{(4/a)^3} + \frac{1}{(4/a)^2} - \frac{1}{(2/a)^2}\right] \\ &= \frac{5q^2}{64\pi\varepsilon_0 a} \end{aligned} \tag{4}$$

3.15　导体上的电荷是这样分布的：在达到静电平衡时，使得电场的能量为最小(汤姆孙定理). 以一个有厚度的金属球壳为例，当它带电时，在电荷是球对称分布的情况下，试论证：只有电荷全部分布在外表面上，电场的能量才是最小.

【论证】　在电荷是球对称分布的情况下，根据对称性和高斯定理得球外的电场强度为

$$\boldsymbol{E} = \frac{Q}{4\pi\varepsilon_0 r^3}\boldsymbol{r} \tag{1}$$

式中 Q 是球壳上的电荷量，$r=|\boldsymbol{r}|$，$\boldsymbol{r}$ 是自球心到场点的位矢. 于是得球外的电场能量为

$$W_0 = \frac{\varepsilon_0}{2}\iiint_V E^2\mathrm{d}V = \frac{\varepsilon_0}{2}\int_R^\infty\left(\frac{Qr}{4\pi\varepsilon_0 r^3}\right)^2\cdot 4\pi r^2\mathrm{d}r = \frac{Q^2}{8\pi\varepsilon_0 R} \tag{2}$$

若电荷全部分布在外表面上，则外表面以内，电场强度处处为零，故这时电场的能量便为

$$W = W_0 \tag{3}$$

若电荷有一部分分布在外表面以内，如球壳体内或球壳的内表面上，则球壳体内的电场强度便不为零，设为 $\boldsymbol{E}_i$，于是球壳体内的电场能量便为

$$W_i = \frac{\varepsilon_0}{2}\iiint_V E_i^2\mathrm{d}V = \frac{\varepsilon_0}{2}\int_0^R E_i^2\cdot 4\pi r^2\mathrm{d}r = 2\pi\varepsilon_0\int_0^R E_i^2 r^2\mathrm{d}r \tag{4}$$

这时球壳外的电场不变，故球壳外的电场能量仍为 W_0. 于是电场的总能量便为

$$W = W_0 + W_i \tag{5}$$

因为

$$W_i = 2\pi\varepsilon_0\int_0^R E_i^2 r^2\mathrm{d}r \geqslant 0 \tag{6}$$

所以

$$W \geqslant W_0 \tag{7}$$

以上两式只有在 $E_i=0$ 时才用等号. $E_i=0$ 表明，外表面内无电荷，即电荷全部分布在外表面上. 这时 W 为最小，其值为 $W_{\min}=W_0$.

【讨论】　在静电平衡时，导体内的电场强度处处为零，因而导体本身内不能有电荷分布. 本题的例子表明，汤姆孙定理反映了这一点. 关于汤姆孙定理的证明，可参看张之翔《电磁学教学参考》(北京大学出版社，2015)，§4.1，205—208 页.

3.16　一球形电容器由金属球和外面有厚度的同心金属球壳构成，充电后，两极分别带上等量异号电荷. 设电荷都是球对称分布的，试论证：只有电荷全都分布在相向的两个表面上，电场的能量才是最小.

【论证】 设球带电荷量 Q，壳带电荷量 $-Q$. 若 Q 和 $-Q$ 分别球对称地分布在相向的两个表面上，则由对称性和高斯定理得，在离球心为 r 处，电场强度为

$$\boldsymbol{E}_1 = 0, \quad r < R_1 \text{ 或 } r > R_2 \tag{1}$$

$$\boldsymbol{E}_2 = \frac{Q\boldsymbol{r}}{4\pi\varepsilon_0 r^3}, \quad R_1 < r < R_2 \tag{2}$$

式中 R_1 是球的半径，R_2 是壳的内半径，$r=|\boldsymbol{r}|$，$\boldsymbol{r}$ 是球心到场点的位矢. 这时电场的能量为

$$W_0 = \frac{\varepsilon_0}{2}\iiint_V E^2 \mathrm{d}V = \frac{\varepsilon_0}{2}\int_{R_1}^{R_2}\left(\frac{Q\boldsymbol{r}}{4\pi\varepsilon_0 r^3}\right)^2 \cdot 4\pi r^2 \mathrm{d}r = \frac{Q^2}{8\pi\varepsilon_0}\left(\frac{1}{R_1} - \frac{1}{R_2}\right) \tag{3}$$

假定静电平衡时导体内有电荷分布，如 Q 有一部分分布在球体内，$-Q$ 有一部分分布在壳体内，还有一部分分布在壳的外表面上，则球与壳间的电场不变，仍为式(2)，故球与壳间的电场能量仍然为式(3)中的 W_0. 这时壳外的电场强度仍然为零. 但球体内和壳体内的电场强度便不为零. 设为 $\boldsymbol{E}_i$，则因电场能量密度为

$$w = \frac{1}{2}\boldsymbol{E}_i \cdot \boldsymbol{D}_i = \frac{\varepsilon_0}{2}E_i^2 \geqslant 0 \tag{4}$$

等号只在 $\boldsymbol{E}_i=0$ 时用. 因此，球体内和壳体内的电场能量为

$$W_i = \frac{\varepsilon_0}{2}\iiint_V E_i^2 dV \geqslant 0 \tag{5}$$

总的电场能量便为

$$W = W_0 + W_i \geqslant W_0 \tag{6}$$

只有在球体内和壳体内均无电荷时，才能用等号. 这个结果表明：在球对称分布的情况下，电荷只有全都分布在相向的两个表面上，电场的能量才是最小.

3.17　一金属球外有一同心的、有厚度的金属球壳，球和壳原来都不带电，现将相同的电荷量 Q 分别放在球上和壳上，设电荷都是球对称分布的. 试问球上和壳上的电荷各如何分布，才使得电场能量为最小?

【解答】 先考虑球上的电荷分布. 因为是球对称分布，不论 Q 在球上如何分布，由对称性和高斯定理得出，Q 在球外产生的电场强度都相同. 只有 Q 全分布在球的表面上时，球内的电场强度才为零. 这时球上电荷产生的电场能量为最小.

再考虑壳上的电荷分布，壳上的 Q 不论如何分布，只要是球对称分布，就不影响壳外的电场强度，且在壳的内表面以内产生的电场强度恒为零. 由此可知，当壳体本身内的电场强度为零时，电场的能量便为最小. 根据电荷守恒定律和高斯定理可知，这时壳的内表面上应分布着 $-Q$，壳的外表面上应分布着 $2Q$.

总之，球上的 Q 分布在表面上，壳上的 Q 也分布在外表面上；同时，由于静电感应，壳的内表面上分布着 $-Q$，壳的外表面上又加上 Q，故分布着 $2Q$. 这种分布所产生的电场能量为最小.

3.18　在电容率为 ε 的无限大均匀介质中，有一个半径为 R 的导体球带有电

荷量 Q. 试求电场的能量.

【解】 根据对称性和高斯定理,得出介质内离球心为 r 处的电位移为

$$\boldsymbol{D}=\frac{Q}{4\pi}\frac{\boldsymbol{r}}{r^3} \tag{1}$$

式中 $\boldsymbol{r}$ 是球心到场点的位矢,$r=|\boldsymbol{r}|$. 电场强度为

$$\boldsymbol{E}=\frac{Q}{4\pi\varepsilon}\frac{\boldsymbol{r}}{r^3} \tag{2}$$

于是得所求的电场能量为

$$W=\frac{1}{2}\iiint_V \boldsymbol{E}\cdot\boldsymbol{D}\mathrm{d}V=\frac{1}{2}\int_R^{\infty}\left(\frac{Q}{4\pi\varepsilon}\frac{\boldsymbol{r}}{r^3}\right)\cdot\left(\frac{Q}{4\pi}\frac{\boldsymbol{r}}{r^3}\right)\cdot 4\pi r^2\mathrm{d}r=\frac{Q^2}{8\pi\varepsilon}\int_R^{\infty}\frac{\mathrm{d}r}{r^2}=\frac{Q^2}{8\pi\varepsilon R} \tag{3}$$

3.19 半径为 2.0cm 的导体球外套有一个与它同心的导体球壳,壳的内外半径分别为 4.0cm 和 5.0cm,球与壳间以及壳外都是空气. 球和壳原来都不带电,现在使球带电荷量 3.0×10^{-8}C,试求这个系统的静电能量. 如果用导线把球与壳联在一起,结果如何?

【解】 设球的半径为 a,壳的内外半径分别为 b 和 c,球所带的电荷量为 Q,则由对称性和高斯定理得,离球心为 r 处的电场强度为

$$\boldsymbol{E}=0,\qquad r<a \text{ 以及 } b<r<c \tag{1}$$

$$\boldsymbol{E}=\frac{Q\boldsymbol{r}}{4\pi\varepsilon_0 r^3},\quad a<r<b \text{ 以及 } r>c \tag{2}$$

于是得这个系统的静电能量为

$$\begin{aligned}W&=\frac{\varepsilon_0}{2}\iiint_V E^2\mathrm{d}V=\frac{\varepsilon_0}{2}\left(\frac{Q}{4\pi\varepsilon_0}\right)^2\left[\int_a^b+\int_c^{\infty}\right]\frac{1}{r^4}\cdot 4\pi r^2\mathrm{d}r\\&=\frac{Q^2}{8\pi\varepsilon_0}\left[\int_a^b\frac{\mathrm{d}r}{r^2}+\int_c^{\infty}\frac{\mathrm{d}r}{r^2}\right]=\frac{Q^2}{8\pi\varepsilon_0}\left[\frac{1}{a}-\frac{1}{b}+\frac{1}{c}\right]\\&=\frac{1}{2}\times9.0\times10^9\times(3.0\times10^{-8})^2\times\left[\frac{1}{2.0}-\frac{1}{4.0}+\frac{1}{5.0}\right]\times\frac{1}{10^{-2}}\\&=1.8\times10^{-4}(\mathrm{J})\end{aligned} \tag{3}$$

用导线将球与壳联在一起,则球上的电荷 Q 便与壳的内表面上的感应电荷 $-Q$ 中和,从而球与壳间的电场强度变为零;而壳的外表面上的感应电荷 Q 仍然存在,故壳外的电场强度不变. 由式(3)可见,这时系统的静电能量便为

$$W'=\frac{Q^2}{8\pi\varepsilon_0 c}=\frac{1}{2}\times9.0\times10^9\times\frac{(3.0\times10^{-8})^2}{5.0\times10^{-2}}=8.1\times10^{-5}(\mathrm{J}) \tag{4}$$

3.20 一球形电容器由半径分别为 R_1 和 R_2 的两个同心金属薄球壳构成,两壳间是空气. 当它们带有等量异号电荷时,它们的电势差为 U. 试求这电容器所储蓄的静电能量.

【解】 设内外壳所带的电荷量分别为 Q 和 $-Q$,则由对称性和高斯定理得出,离球心为 r 处的电场强度为

$$\boldsymbol{E}=0,\qquad r<R_1 \text{ 或 } r>R_2 \tag{1}$$

$$\boldsymbol{E}=\frac{Q\boldsymbol{r}}{4\pi\varepsilon_0 r^3},\quad R_1<r<R_2 \tag{2}$$

于是得内壳的电势为

$$U_1=\int_{R_1}^{\infty}\boldsymbol{E}\cdot\mathrm{d}\boldsymbol{r}=\int_{R_1}^{R_2}\boldsymbol{E}\cdot\mathrm{d}\boldsymbol{r}+\int_{R_2}^{\infty}\boldsymbol{E}\cdot\mathrm{d}\boldsymbol{r}=\frac{Q}{4\pi\varepsilon_0}\int_{R_1}^{R_2}\frac{\boldsymbol{r}\cdot\mathrm{d}\boldsymbol{r}}{r^3}=\frac{Q}{4\pi\varepsilon_0}\left(\frac{1}{R_1}-\frac{1}{R_2}\right) \tag{3}$$

外壳的电势为

$$U_2=\int_{R_2}^{\infty}\boldsymbol{E}\cdot\mathrm{d}\boldsymbol{r}=0 \tag{4}$$

两壳的电势差为

$$U=U_1-U_2=U_1=\frac{(R_2-R_1)Q}{4\pi\varepsilon_0 R_1R_2} \tag{5}$$

由此得所求的静电能量为

$$\begin{aligned}W&=\frac{1}{2}\int U\mathrm{d}q=\frac{1}{2}\int_0^Q U_1\,\mathrm{d}q+\frac{1}{2}\int_0^{-Q}U_2\,\mathrm{d}q=\frac{1}{2}U_1Q-\frac{1}{2}U_2Q\\&=\frac{1}{2}UQ=\frac{2\pi\varepsilon_0R_1R_2U^2}{R_2-R_1}\end{aligned} \tag{6}$$

【别解】 用电场能量计算.

$$\begin{aligned}W&=\frac{\varepsilon_0}{2}\iiint_V E^2\mathrm{d}V=\frac{\varepsilon_0}{2}\int_{R_1}^{R_2}\left(\frac{Q\boldsymbol{r}}{4\pi\varepsilon_0r^3}\right)^2\cdot4\pi r^2\mathrm{d}r\\&=\frac{Q^2}{8\pi\varepsilon_0}\int_{R_1}^{R_2}\frac{\mathrm{d}r}{r^2}=\frac{Q^2}{8\pi\varepsilon_0}\left(\frac{1}{R_1}-\frac{1}{R_2}\right)\\&=\frac{1}{8\pi\varepsilon_0}\left(\frac{4\pi\varepsilon_0R_1R_2U}{R_2-R_1}\right)^2\frac{R_2-R_1}{R_1R_2}=\frac{2\pi\varepsilon_0R_1R_2U^2}{R_2-R_1}\end{aligned} \tag{7}$$

【别解】 这电容器所储蓄的静电能量等于外力将电荷量 Q 从外壳移到内壳所做的功,即

$$W=\int_0^Q u\mathrm{d}q=\int_0^U uC\mathrm{d}u=\frac{1}{2}CU^2 \tag{8}$$

式中 C 是这电容器的电容,其值可由式(5)得出

$$C=\frac{Q}{U}=\frac{4\pi\varepsilon_0R_1R_2}{R_2-R_1} \tag{9}$$

代入式(8)即得

$$W=\frac{2\pi\varepsilon_0R_1R_2U^2}{R_2-R_1} \tag{10}$$

3.21 电荷量 Q 均匀分布在一球壳体内,壳体的内外半径分别为 a 和 b. 试求这个电荷系统的(1)静电能量和(2)电场的能量.

【解】 (1)设电荷是从无穷远处(电势为零处)一点一点地移来,一层一层地从里到外逐渐分布而成. 当移来的电荷量为 Q_r 时,电荷层的内半径为 a,外半径为 r. 这时电荷 Q_r 外缘处的电势为

$$u_r=\frac{Q_r}{4\pi\varepsilon_0 r} \tag{1}$$

因为 $$Q_r=\frac{4\pi}{3}(r^3-a^3)\rho=\frac{4\pi}{3}(r^3-a^3)\frac{Q}{\frac{4\pi}{3}(b^3-a^3)}=\frac{Q}{b^3-a^3}(r^3-a^3) \tag{2}$$

代入式(1)即得

$$u_r=\frac{Q}{4\pi\varepsilon_0(b^3-a^3)}\left(r^2-\frac{a^3}{r}\right) \tag{3}$$

再从无穷远处移来 $\mathrm{d}Q$,放到 Q_r 的外缘上,外力反抗 Q_r 的电场力所要做的功便为 $u_r\mathrm{d}Q$. 于是静电能量的增量便为

$$\mathrm{d}W_p=u_r\mathrm{d}Q=u_r\cdot\rho(4\pi r^2\mathrm{d}r)=u_r\cdot\frac{3Q}{4\pi(b^3-a^3)}(4\pi r^2\mathrm{d}r) \tag{4}$$

将式(3)代入式(4)得

$$\mathrm{d}W_p=\frac{3Q^2}{4\pi\varepsilon_0(b^3-a^3)^2}(r^4-a^3r)\mathrm{d}r \tag{5}$$

积分便得所求的静电能量为

$$\begin{aligned}W_p&=\frac{3Q^2}{4\pi\varepsilon_0(b^3-a^3)^2}\int_a^b(r^4-a^3r)\mathrm{d}r\\&=\frac{3Q^2}{4\pi\varepsilon_0(b^3-a^3)^2}\left[\frac{b^5-a^5}{5}-\frac{a^3}{2}(b^2-a^2)\right]\\&=\frac{3Q^2}{4\pi\varepsilon_0(b^3-a^3)^2}\left[\frac{2b^5-5b^2a^3+3a^5}{10}\right]\\&=\frac{3Q^2}{40\pi\varepsilon_0(b^3-a^3)^2}\times\left[(b-a)^2(2b^3+4b^2a+6ba^2+3a^3)\right]\\&=\frac{3(3a^3+6a^2b+4ab^2+2b^3)Q^2}{40\pi\varepsilon_0(a^2+ab+b^2)^2}\end{aligned} \tag{6}$$

(2)求电场的能量,须先求电场强度. 由对称性和高斯定理,得电场强度为

$$\boldsymbol{E}_1=0,\quad r<a \tag{7}$$

$$\boldsymbol{E}_2=\frac{Q}{4\pi\varepsilon_0(b^3-a^3)}\left(r-\frac{a^3}{r^2}\right)\boldsymbol{e}_r,\quad a<r<b \tag{8}$$

$$\boldsymbol{E}_3=\frac{Q}{4\pi\varepsilon_0r^2}\boldsymbol{e}_r,\quad r>b \tag{9}$$

式中 $\boldsymbol{e}_r=\frac{\boldsymbol{r}}{r}$,$\boldsymbol{r}$ 是从球心到场点的位矢. 于是得所求的电场能量为

$$\begin{aligned}W_f&=\frac{\varepsilon_0}{2}\iiint_V E^2\mathrm{d}V=\frac{\varepsilon_0}{2}\int_a^b E_2^2\cdot4\pi r^2\mathrm{d}r+\frac{\varepsilon_0}{2}\int_b^\infty E_3^2\cdot4\pi r^2\mathrm{d}r\\&=\frac{\varepsilon_0}{2}\int_a^b\left[\frac{Q}{4\pi\varepsilon_0(b^3-a^3)}\left(r-\frac{a^3}{r^2}\right)\right]^2\cdot4\pi r^2\mathrm{d}r+\frac{\varepsilon_0}{2}\int_b^\infty\left(\frac{Q}{4\pi\varepsilon_0r^2}\right)^2\cdot4\pi r^2\mathrm{d}r\\&=\frac{Q^2}{8\pi\varepsilon_0(b^3-a^3)^2}\int_a^b\left(r^4-2a^3r+\frac{a^6}{r^2}\right)\mathrm{d}r+\frac{Q^2}{8\pi\varepsilon_0}\int_b^\infty\frac{\mathrm{d}r}{r^2}\\&=\frac{Q^2}{8\pi\varepsilon_0(b^3-a^3)^2}\left[\frac{b^5-a^5}{5}-a^3(b^2-a^2)+a^6\left(\frac{1}{a}-\frac{1}{b}\right)\right]+\frac{Q^2}{8\pi\varepsilon_0b}\\&=\frac{Q^2}{8\pi\varepsilon_0(b^3-a^3)^2}\frac{b^6+9ba^5-5b^3a^3-5a^6}{5b}+\frac{Q^2}{8\pi\varepsilon_0b}\end{aligned}$$

$$= \frac{Q^2}{8\pi\varepsilon_0 (b^3-a^3)^2} \frac{b^6+9ba^5-5b^3a^3-5a^6+5(b^3-a^3)^2}{5b}$$

$$= \frac{Q^2}{8\pi\varepsilon_0 (b^3-a^3)^2} \frac{6b^6-15b^3a^3+9ba^5}{5b}$$

$$= \frac{3Q^2}{40\pi\varepsilon_0 (b^3-a^3)^2} [2b^5-5b^2a^3+3a^5]$$

$$= \frac{3Q^2}{40\pi\varepsilon_0 (b^3-a^3)^2} [(b-a)^2(2b^3+4b^2a+6ba^2+3a^3)]$$

$$= \frac{3(3a^3+6a^2b+4ab^2+2b^3)Q^2}{40\pi\varepsilon_0 (a^2+ab+b^2)^2} \tag{10}$$

由式(6)、(10)可见

$$W_f = W_p \tag{11}$$

【讨论】 一些特殊情况

当 $a=b$ 时,式(6)和式(10)便化为

$$W = W_p = W_f = \frac{Q^2}{8\pi\varepsilon_0 a} \tag{12}$$

这便是一个均匀球面电荷的静电能量,即前面 3.10 题的式(2).

当 $a=0$ 时,式(6)和式(10)便化为

$$W = W_p = W_f = \frac{3Q^2}{20\pi\varepsilon_0 b} \tag{13}$$

这便是一个均匀球体电荷的静电能量,即前面 3.12 题的式(6)、式(11)和式(13).

3.22 电荷量 Q 均匀地分布在半径为 a 的球体内,电荷量 $-Q$ 均匀地分布在半径为 b 的同心球面上,如图 3.22 所示. 试求这个系统的静电能量.

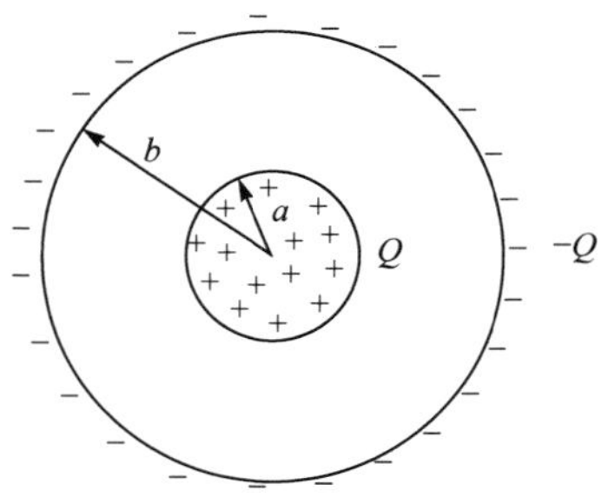

图 3.22

【解】 根据对称性和高斯定理得,离球心为 r 处的电场强度为

$$\boldsymbol{E}_1 = \frac{Q\boldsymbol{r}}{4\pi\varepsilon_0 a^3}, \quad r<a \tag{1}$$

$$\boldsymbol{E}_2 = \frac{Q\boldsymbol{r}}{4\pi\varepsilon_0 r^3}, \quad a<r<b \tag{2}$$

$$\boldsymbol{E}_3 = 0, \quad r>b \tag{3}$$

于是得所求的静电能量为

$$W = \frac{\varepsilon_0}{2}\iiint_V E^2 \mathrm{d}V = \frac{\varepsilon_0}{2}\int_0^a E_1^2 \cdot 4\pi r^2 \mathrm{d}r + \frac{\varepsilon_0}{2}\int_a^b E_2^2 \cdot 4\pi r^2 \mathrm{d}r$$

$$= \frac{Q^2}{8\pi\varepsilon_0 a^6}\int_0^a r^4 \mathrm{d}r + \frac{Q^2}{8\pi\varepsilon_0}\int_a^b \frac{\mathrm{d}r}{r^2}$$

$$= \frac{Q^2}{40\pi\varepsilon_0 a} + \frac{Q^2}{8\pi\varepsilon_0}\left(\frac{1}{a}-\frac{1}{b}\right)$$

$$= \frac{3Q^2}{20\pi\varepsilon_0 a} - \frac{Q^2}{8\pi\varepsilon_0 b} = \frac{Q^2}{4\pi\varepsilon_0}\left(\frac{3}{5a} - \frac{1}{2b}\right) \tag{4}$$

【别解】 这个系统的静电能量等于球体电荷和球面电荷各自的静电能量(自能)加上它们之间的相互作用能.根据前面3.12题的式(6),均匀球体电荷的自能为

$$W_{s1} = \frac{3Q^2}{20\pi\varepsilon_0 a} \tag{5}$$

根据前面3.10题的式(2),均匀球面电荷的自能为

$$W_{s2} = \frac{Q^2}{8\pi\varepsilon_0 b} \tag{6}$$

它们之间的相互作用能即球面电荷$-Q$在球体电荷Q的电场中的电势能,即

$$W_i = \frac{(-Q)Q}{4\pi\varepsilon_0 b} = -\frac{Q^2}{4\pi\varepsilon_0 b} \tag{7}$$

于是得所求的静电能量为

$$W = W_{s1} + W_{s2} + W_i = \frac{3Q^2}{20\pi\varepsilon_0 a} - \frac{Q^2}{8\pi\varepsilon_0 b} = \frac{Q^2}{4\pi\varepsilon_0}\left(\frac{3}{5a} - \frac{1}{2b}\right) \tag{8}$$

3.23 在电容率为ε_1的无限大均匀介质中,有一电容率为ε_2、半径为R的均匀介质球,这球体内均匀地分布着电荷,其电荷量为Q.试求静电能量.

【解】 由对称性和高斯定理得,离球心为r处的电场强度为

$$\boldsymbol{E}_1 = \frac{Q\boldsymbol{r}}{4\pi\varepsilon_2 R^3}, \quad r < R \tag{1}$$

$$\boldsymbol{E}_2 = \frac{Q\boldsymbol{r}}{4\pi\varepsilon_1 r^3}, \quad r > R \tag{2}$$

于是得所求的静电能量为

$$\begin{aligned} W &= \frac{1}{2}\iiint_V \boldsymbol{E} \cdot \boldsymbol{D} \mathrm{d}V = \frac{\varepsilon}{2}\int_0^\infty E^2 \cdot 4\pi r^2 \mathrm{d}r = 2\pi\varepsilon\int_0^\infty E^2 r^2 \mathrm{d}r \\ &= 2\pi\varepsilon_2\int_0^R E_1^2 r^2 \mathrm{d}r + 2\pi\varepsilon_1\int_R^\infty E_2^2 r^2 \mathrm{d}r \\ &= \frac{Q^2}{8\pi\varepsilon_2 R^6}\int_0^R r^4 \mathrm{d}r + \frac{Q^2}{8\pi\varepsilon_1}\int_R^\infty \frac{\mathrm{d}r}{r^2} \\ &= \frac{Q^2}{8\pi\varepsilon_2 R^6}\frac{R^5}{5} + \frac{Q^2}{8\pi\varepsilon_1 R} = \frac{(\varepsilon_1 + 5\varepsilon_2)Q^2}{40\pi\varepsilon_1\varepsilon_2 R} \end{aligned} \tag{3}$$

【讨论】 本题也可以用3.9题的公式(Ⅰ)或公式(Ⅱ)计算.

3.24 一金属球外有一同心的金属球壳,球和壳都带有电荷.试论证,用导线将球和壳连接起来,这个系统的静电能量必定减少.

【论证】 由于球上带有电荷,在球与壳连接之前,球与壳间有电场,壳外也有电场,这个系统的静电能量就等于这两处电场能量之和.由于电场能量密度$w = \frac{1}{2}\boldsymbol{E} \cdot \boldsymbol{D} = \frac{\varepsilon}{2}E^2 > 0$,故两处电场能量均为正.用导线将球和壳连接后,球上电荷便全部跑到壳的外表面上去了.由于电荷都是球对称分布,所以球外的电场不变,因而电场的能量也不变.但球与壳间的电场消失了,因而电场能量为零.由于电场能量为正,故总的电场能量必定减少,所减少的值就等于原来球与壳间

的电场能量.

3.25 半径为 R 的一个雨点，带有电荷量 Q. 今将它打破成为两个完全相同的雨点并分开到相距很远. 试问静电能量改变多少？

【解】 雨点是导体，电荷 Q 均匀分布在表面上，故它的静电能量为

$$W=\frac{1}{2}\int_Q U\mathrm{d}q=\frac{1}{2}\int_Q\frac{Q}{4\pi\varepsilon_0 R}\mathrm{d}q=\frac{Q^2}{8\pi\varepsilon_0 R}\tag{1}$$

分成两个相同的雨点后，每个的电荷量为$\frac{Q}{2}$，每个的半径为$r=\frac{R}{2^{1/3}}$，根据式(1)，每个的静电能量为

$$W'=\frac{(Q/2)^2}{8\pi\varepsilon_0 r}=\frac{2^{1/3}Q^2}{32\pi\varepsilon_0 R}\tag{2}$$

因为相距很远，故可略去相互作用能，于是得静电能量的增量为

$$\Delta W=2W'-W=\frac{2^{1/3}Q^2}{16\pi\varepsilon_0 R}-\frac{Q^2}{8\pi\varepsilon_0 R}=\left(\frac{1}{2^{2/3}}-1\right)\frac{Q^2}{8\pi\varepsilon_0 R}\tag{3}$$

$\Delta W<0$ 表明，分成两个雨点后，静电能量减少了. 其原因是两雨点的电荷同号，在分开时互相排斥，电场力对外做了功.

静电能量减少的比例为

$$\frac{|\Delta W|}{W}=\left(1-\frac{1}{2^{2/3}}\right)=1-0.63=0.37=37\%\tag{4}$$

3.26 铀 235 原子核可当作半径为 $R=9.2\times10^{-15}\,\mathrm{m}$ 的球形，它共有 92 个质子，每个质子的电荷量为 $e=1.6\times10^{-19}\,\mathrm{C}$. 假定这些电荷量均匀分布在上述球体内. (1)试求一个铀 235 原子核的静电能量；(2)当一个铀 235 原子核分裂成两个相同的碎片，每个都可当作均匀带电球体并相距很远时，试求放出的能量；(3)1kg 铀 235 裂变成上述碎片，能放出多少能量？

【解】 (1)设一个铀 235 原子核的电荷量为 $Q=92e$，则根据对称性和高斯定理得，离核心为 r 处的电场强度为

$$\boldsymbol{E}_1=\frac{Q\boldsymbol{r}}{4\pi\varepsilon_0 R^3},\quad r<R\tag{1}$$

$$\boldsymbol{E}_2=\frac{Q\boldsymbol{r}}{4\pi\varepsilon_0 r^3},\quad r>R\tag{2}$$

于是得一个铀 235 原子核的静电能量为

$$\begin{aligned}W&=\frac{1}{2}\iiint_V\boldsymbol{E}\cdot\boldsymbol{D}\mathrm{d}V=\frac{\varepsilon_0}{2}\iiint_V E^2\mathrm{d}V\\&=\frac{\varepsilon_0}{2}\int_0^R E_1^2\cdot4\pi r^2\mathrm{d}r+\frac{\varepsilon_0}{2}\int_R^\infty E_2^2\cdot4\pi r^2\mathrm{d}r\\&=\frac{Q^2}{8\pi\varepsilon_0 R^6}\int_0^R r^4\mathrm{d}r+\frac{Q^2}{8\pi\varepsilon_0}\int_R^\infty\frac{\mathrm{d}r}{r^2}=\frac{Q^2}{40\pi\varepsilon_0 R}+\frac{Q^2}{8\pi\varepsilon_0 R}\\&=\frac{3Q^2}{20\pi\varepsilon_0 R}=\frac{9.0\times10^9}{5}\times\frac{3\times(92\times1.6\times10^{-19})^2}{9.2\times10^{-15}}\\&=1.3\times10^{-10}(\mathrm{J})=7.9\times10^2(\mathrm{MeV})\end{aligned}\tag{3}$$

(2)放出的能量为

$$\delta W = W - W' = \frac{3Q^2}{20\pi\varepsilon_0 R} - \frac{2\times 3(Q/2)^2}{20\pi\varepsilon_0 R/2^{1/3}}$$
$$= \left(1-\frac{2^{1/3}}{2}\right)\frac{3Q^2}{20\pi\varepsilon_0 R} = (1-0.63)\times 7.9\times 10^2$$
$$= 2.9\times 10^2\,(\text{MeV}) \tag{4}$$

(3)因电子质量比质子质量小很多,故 1kg 铀 235 便可当作 1kg 铀 235 原子核,它们都裂变成相等的两个碎片时,所放出的能量为

$$\Delta W = \frac{m}{\mu}N_A\delta W = \frac{1000}{235}\times 6.022\times 10^{23}\times 2.9\times 10^2 = 7.4\times 10^{26}\,(\text{MeV}) \tag{5}$$

【讨论】 本题把铀 235 原子核当作一个均匀带电球体,仅考虑静电能量,而没有考虑表面能和其他有关能量,故所得结果2.9×10^2MeV 比实验值(约 2.1×10^2MeV)大一些. 另一方面,也可看出,铀 235 原子核裂变时放出的能量主要是静电能量.

3.27 半径为 a 的导体圆柱外套有一个内半径为 b 的同轴导体圆筒,它们的长度都是 l,圆柱与圆筒间充满电容率为 ε 的均匀介质. 圆柱带有电荷量 Q,圆筒带有电荷量$-Q$. 略去边缘效应. (1)试求圆柱与圆筒间离轴线为 r 处的电场能量密度 w;(2)试求整个介质内的电场能量 W;(3)试证明:$W=\frac{1}{2}\frac{Q^2}{C}$,式中 C 是圆柱和圆筒间的电容.

【解】 (1)由对称性和高斯定理得,介质内离轴线为 r 处的电场强度为

$$\boldsymbol{E} = \frac{Q}{2\pi\varepsilon r l}\boldsymbol{e}_r \tag{1}$$

式中 $\boldsymbol{e}_r$ 是圆柱体表面外法线方向上的单位矢量. r 处的电场能量密度为

$$w = \frac{1}{2}\boldsymbol{E}\cdot\boldsymbol{D} = \frac{1}{2}\varepsilon E^2 = \frac{Q^2}{8\pi^2\varepsilon r^2 l^2} \tag{2}$$

(2)整个介质内的电场能量为

$$W = \iiint_V w\,\mathrm{d}V = \int_a^b \frac{Q^2}{8\pi^2\varepsilon r^2 l^2}\cdot 2\pi r l\,\mathrm{d}r = \frac{Q^2}{4\pi\varepsilon l}\int_a^b\frac{\mathrm{d}r}{r} = \frac{Q^2}{4\pi\varepsilon l}\ln\frac{b}{a} \tag{3}$$

(3)由式(1)得两极的电势差为

$$U = \int_a^b \boldsymbol{E}\cdot\mathrm{d}\boldsymbol{r} = \int_a^b E\,\mathrm{d}r = \frac{Q}{2\pi\varepsilon l}\int_a^b\frac{\mathrm{d}r}{r} = \frac{Q}{2\pi\varepsilon l}\ln\frac{b}{a} \tag{4}$$

所以

$$C = \frac{Q}{U} = \frac{2\pi\varepsilon l}{\ln\frac{b}{a}} \tag{5}$$

由式(3)、(5)得

$$W = \frac{1}{2}\frac{Q^2}{C} \tag{6}$$

3.28 半径为 a 的长直导线外包有两层均匀介质，内层介质的介电常量为 ε_{r1}，外半径为 b；外层介质的介电常量为 ε_{r2}，外半径为 c. 试证明：当 $b^{(\varepsilon_{r1}+\varepsilon_{r2})}=a^{\varepsilon_{r2}}c^{\varepsilon_{r1}}$ 时，若导线均匀带电，则两层介质内的电场能量相等.

【证】 设导线上单位长度的电荷量为 λ，则由对称性和高斯定理得，两介质中的电场强度分别为

$$\boldsymbol{E}_1=\frac{\lambda}{2\pi\varepsilon_{r1}\varepsilon_0 r}\boldsymbol{e}_r,\quad \boldsymbol{E}_2=\frac{\lambda}{2\pi\varepsilon_{r2}\varepsilon_0 r}\boldsymbol{e}_r \tag{1}$$

式中 $\boldsymbol{e}_r$ 是导线表面外法线方向上的单位矢量. 电场能量密度分别为

$$w_1=\frac{\varepsilon_1}{2}E_1^2=\frac{\varepsilon_{r1}\varepsilon_0}{2}\left(\frac{\lambda}{2\pi\varepsilon_{r1}\varepsilon_0 r}\right)^2=\frac{\lambda^2}{8\pi^2\varepsilon_{r1}\varepsilon_0}\frac{1}{r^2} \tag{2}$$

$$w_2=\frac{\varepsilon_2}{2}E_2^2=\frac{\varepsilon_{r2}\varepsilon_0}{2}\left(\frac{\lambda}{2\pi\varepsilon_{r2}\varepsilon_0 r}\right)^2=\frac{\lambda^2}{8\pi^2\varepsilon_{r2}\varepsilon_0}\frac{1}{r^2} \tag{3}$$

沿轴线长为 l 的一段，ε_1 和 ε_2 中的电场能量分别为

$$W_1=\iiint_V w_1\mathrm{d}V=\frac{\lambda^2}{8\pi^2\varepsilon_{r1}\varepsilon_0}\int_a^b\frac{1}{r^2}\cdot 2\pi rl\,\mathrm{d}r=\frac{\lambda^2 l}{4\pi\varepsilon_{r1}\varepsilon_0}\ln\frac{b}{a} \tag{4}$$

$$W_2=\iiint_V w_2\mathrm{d}V=\frac{\lambda^2}{8\pi^2\varepsilon_{r2}\varepsilon_0}\int_a^b\frac{1}{r^2}\cdot 2\pi rl\,\mathrm{d}r=\frac{\lambda^2 l}{4\pi\varepsilon_{r2}\varepsilon_0}\ln\frac{c}{b} \tag{5}$$

因为

$$b^{(\varepsilon_{r1}+\varepsilon_{r2})}=a^{\varepsilon_{r2}}c^{\varepsilon_{r1}} \tag{6}$$

所以

$$(\varepsilon_{r1}+\varepsilon_{r2})\ln b=\varepsilon_{r2}\ln a+\varepsilon_{r1}\ln c$$

于是

$$\frac{1}{\varepsilon_{r1}}\ln\frac{b}{a}=\frac{1}{\varepsilon_{r2}}\ln\frac{c}{b} \tag{7}$$

由式(4)、(5)、(7)得

$$W_1=W_2 \tag{8}$$

3.29 圆柱电容器由一长直导线和套在它外面的共轴导体圆筒构成，已知导线的半径为 a，圆筒的内半径为 b. 当这电容器蓄电时，略去边缘效应，试证明：这电容器所储存的能量有一半是在半径为 $r=\sqrt{ab}$ 的圆柱体内.

【证】 设导线和圆筒上沿轴线单位长度上的电荷量分别为 λ 和 $-\lambda$，则由对称性和高斯定理得，导线和圆筒间的电场强度为

$$\boldsymbol{E}=\frac{\lambda}{2\pi\varepsilon_0 r}\boldsymbol{e}_r$$

式中 $\boldsymbol{e}_r$ 为导线表面外法线方向上的单位矢量. 导线内和圆筒内以及圆筒外电场强度皆为零. 于是得这电容器所储存的能量为

$$\begin{aligned}W&=\frac{1}{2}\iiint_V\boldsymbol{E}\cdot\boldsymbol{D}\mathrm{d}V=\frac{\varepsilon_0}{2}\iiint_V E^2\mathrm{d}V=\frac{\varepsilon_0}{2}\int_a^b\left(\frac{\lambda\boldsymbol{e}_r}{2\pi\varepsilon_0 r}\right)^2\cdot 2\pi rl\,\mathrm{d}r\\&=\frac{\lambda^2 l}{4\pi\varepsilon_0}\int_a^b\frac{\mathrm{d}r}{r}=\frac{\lambda^2 l}{4\pi\varepsilon_0}\ln\frac{b}{a}\end{aligned} \tag{1}$$

式中 l 是这电容器的长度.

由式(1)可见，半径为 r 的圆柱体内所储存的能量为

$$W_r=\frac{\lambda^2 l}{4\pi\varepsilon_0}\ln\frac{r}{a} \tag{2}$$

令

$$W_r = \frac{1}{2}W \tag{3}$$

由以上三式得

$$\frac{1}{2}\ln\frac{b}{a} = \ln\sqrt{\frac{b}{a}} = \ln\frac{r}{a} \tag{4}$$

所以

$$r = \sqrt{ab} \tag{5}$$

3.30　一厚为 h 的无限大平板均匀带电，电荷量密度为 ρ. 今考虑这带电层内一个柱体，它的轴线垂直于平板表面，它的两底面则在板的两面上，面积都是 A. 试求这柱体内的电场能量.

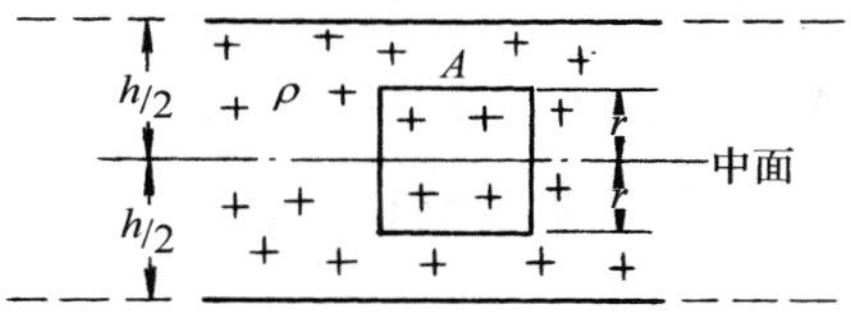

图 3.30

【解】　在带电平板内取一鼓形高斯面 S，两底面积都是 A，它们到中面的距离都是 r，如图 3.30 所示. 由对称性和高斯定理得

$$\oiint_S \boldsymbol{E}\cdot d\boldsymbol{S} = EA + EA = \frac{1}{\varepsilon_0}\rho A(2r) \tag{1}$$

所以

$$E = \frac{\rho}{\varepsilon_0}r \tag{2}$$

故电场能量密度为

$$w = \frac{1}{2}\varepsilon_0 E^2 = \frac{1}{2}\varepsilon_0\left(\frac{\rho}{\varepsilon_0}r\right)^2 = \frac{\rho^2}{2\varepsilon_0}r^2 \tag{3}$$

于是得柱体内的电场能量为

$$W = \iiint_V w\,dV = 2\int_0^{h/2}\frac{\rho^2}{2\varepsilon_0}r^2 A\,dr = \frac{\rho^2 A}{\varepsilon_0}\int_0^{h/2} r^2\,dr = \frac{\rho^2 A h^3}{24\varepsilon_0} \tag{4}$$

3.31　一固体激光闪光灯的电源线路如图 3.31 所示，其中电容 C 储存的能量，通过放电，为闪光灯提供能量. 已知 $C = 6000\mu\text{F}$，球形开关间的击穿电压为 2000V. 试问：(1) 电容器在一次放电过程中，能放出多少能量？(2) 若现有的电容器都是 $500\mu\text{F}$、1000V 的，要用几个这种电容器？应如何连接？

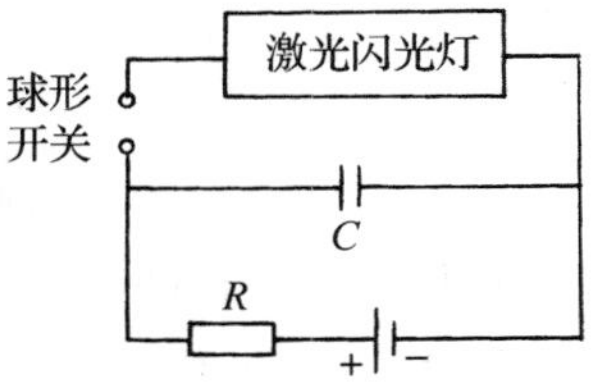

图 3.31

【解】　(1) 一次能放出的能量为

$$W = \frac{1}{2}CU^2 = \frac{1}{2}\times 6000\times 10^{-6}\times 2000^2 = 1.2\times 10^4\,(\text{J})$$

(2)500μF、1000V 的电容器耐压为 1000V，现在需要能耐压 2000V，故需要两个串联才行. 两个串联后，其电容为$\frac{1}{2}\times 500=250(\mu\text{F})$，而现在需要 6000$\mu$F，故须用 6000/250＝24 串. 因此，须用 48 个这种电容器，每两个串联，共 24 串，再将这 24 串并联即可.

3.32 两个电容器的电容之比为 1∶2，将它们串联后接到电源上充电，试问它们所储蓄的能量之比是多少？如果将它们并联充电，能量之比又是多少？

【解】 串联充电时，两电容器上的电荷量相等. 由电容器的能量公式 $W=\frac{1}{2}\frac{Q^2}{C}$得

$$W_1:W_2=\frac{1}{2}\frac{Q^2}{C_1}:\frac{1}{2}\frac{Q^2}{C_2}=C_2:C_1=2:1$$

并联充电时，两电容器上的电压相等. 由电容器的能量公式 $W=\frac{1}{2}CU^2$ 得

$$W_1:W_2=\frac{1}{2}C_1U^2:\frac{1}{2}C_2U^2=C_1:C_2=1:2$$

3.33 两电容器的电容分别为 $C_1=10\text{pF}$，$C_2=20\text{pF}$. 将它们串联后充电到 2.0V. 试问它们各储蓄了多少能量？

【解】 两者串联，$Q_1=Q_2$，即

$$\frac{U_1}{C_1}=\frac{U_2}{C_2} \tag{1}$$

因为

$$U_1+U_2=U \tag{2}$$

故解得

$$U_1=\frac{C_2}{C_1+C_2}U,\quad U_2=\frac{C_1}{C_1+C_2}U \tag{3}$$

于是得所求的能量分别为

$$\begin{aligned}W_1&=\frac{1}{2}C_1U_1^2=\frac{1}{2}C_1\left(\frac{C_2}{C_1+C_2}U\right)^2\\&=\frac{1}{2}\times 10\times 10^{-12}\times\left(\frac{20}{10+20}\times 2.0\right)^2\\&=8.9\times 10^{-12}(\text{J})\end{aligned} \tag{4}$$

$$\begin{aligned}W_2&=\frac{1}{2}C_2U_2^2=\frac{1}{2}C_2\left(\frac{C_1}{C_1+C_2}U\right)^2\\&=\frac{1}{2}\times 20\times 10^{-12}\times\left(\frac{10}{10+20}\times 2.0\right)^2\\&=4.4\times 10^{-12}(\text{J})\end{aligned} \tag{5}$$

3.34 两个相同的平行板电容器，极板都是半径为 10cm 的圆形，极板相距都是 1.0mm. 其中一个的两极板间是空气，另一个的两极板间是介电常量 $\varepsilon_r=26$ 的酒精. 略去边缘效应. 将这两个电容器并联后充电到 120V，试求它们所储蓄的能量之和；再断开电源，将它们带异号电荷的两极板分别联在一起，这时它们所储蓄的能量之和是多少？

【解】 并联充电所储蓄的能量之和为

$$W=\frac{1}{2}(C_1+C_2)U^2=\frac{1}{2}\left(\frac{\varepsilon_0 S}{d}+\frac{\varepsilon_r\varepsilon_0 S}{d}\right)U^2$$
$$=\frac{(\varepsilon_r+1)\varepsilon_0\pi r^2}{2d}U^2$$
$$=\frac{(26+1)\times 8.854\times 10^{-12}\times\pi\times(10\times 10^{-2})^2}{2\times 1.0\times 10^{-3}}\times 120^2$$
$$=5.4\times 10^{-5}(\mathrm{J})$$

断开电源，再将带异号电荷的极板联在一起，总的电荷量为

$$Q=Q_2-Q_1=C_2U_2-C_1U_1=(C_2-C_1)U$$

这时它们所储蓄的能量之和为

$$W'=\frac{1}{2}\frac{Q^2}{C}=\frac{1}{2}\frac{Q^2}{C_1+C_2}=\frac{1}{2}\frac{(C_2-C_1)^2U^2}{C_1+C_2}$$
$$=\frac{1}{2}\frac{(\varepsilon_r-1)^2\varepsilon_0\pi r^2}{(\varepsilon_r+1)d}U^2$$
$$=\frac{1}{2}\times\frac{(26-1)^2\times 8.854\times 10^{-12}\times\pi\times(10\times 10^{-2})^2}{(26+1)\times 1.0\times 10^{-3}}\times 120^2$$
$$=4.6\times 10^{-5}(\mathrm{J})$$

3.35 两电容器的电容分别为 C_1 和 C_2，它们分别蓄有电荷量 Q_1 和 Q_2，用导线连接如图 3.35(1)所示. 试证明：接通电键 K 后，它们所储蓄的电能将损失

$$\frac{(C_2Q_1-C_1Q_2)^2}{2C_1C_2(C_1+C_2)}$$

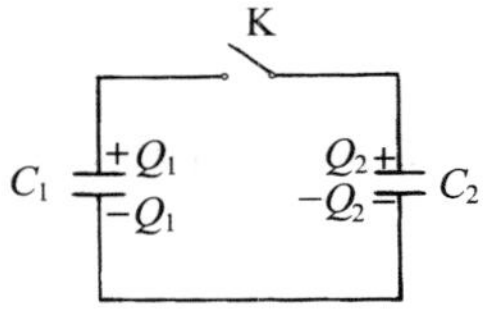

图 3.35(1)

【证】 未接通 K 前的电能为

$$W=W_1+W_2=\frac{1}{2}\frac{Q_1^2}{C_1}+\frac{1}{2}\frac{Q_2^2}{C_2} \qquad (1)$$

K 接通后的电能为

$$W'=\frac{1}{2}\frac{(Q_1+Q_2)^2}{C_1+C_2} \qquad (2)$$

故电能的损失为

$$\Delta W=W-W'=\frac{1}{2}\frac{Q_1^2}{C_1}+\frac{1}{2}\frac{Q_2^2}{C_2}-\frac{1}{2}\frac{(Q_1+Q_2)^2}{C_1+C_2}$$
$$=\frac{1}{2}\left[\frac{C_2Q_1^2+C_1Q_2^2}{C_1C_2}-\frac{(Q_1+Q_2)^2}{C_1+C_2}\right]$$
$$=\frac{1}{2C_1C_2(C_1+C_2)}[(C_1+C_2)(C_2Q_1^2+C_1Q_2^2)-C_1C_2(Q_1+Q_2)^2]$$
$$=\frac{1}{2C_1C_2(C_1+C_2)}[C_2^2Q_1^2+C_1^2Q_2^2-2C_1C_2Q_1Q_2]$$
$$=\frac{(C_2Q_1-C_1Q_2)^2}{2C_1C_2(C_1+C_2)} \qquad (3)$$

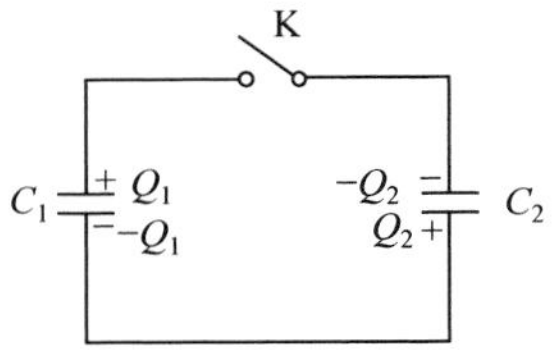

图 3.35(2)

【讨论】 若是异号电荷的两极相联，如图 3.35(2) 所示，则接通 K，电能的损失为

$$\frac{(C_2Q_1+C_1Q_2)^2}{2C_1C_2(C_1+C_2)}$$

请读者自己证明上式.

显然，异号电荷的两极相联时，由于 K 接通后有电荷中和掉，电能损失要大些.

3.36 两平行金属板的面积都是 S，相距为 d，在它们中间平行地插入一块厚为 t、电容率为 ε 的均匀介质片，如图 3.36 所示. 略去边缘效应. 试求下列两种情况下，插入介质片后静电能量变化的值：(1)维持两板上的电荷量(一为 Q、一为 $-Q$)不变时插入介质片；(2)维持两板的电势差 U 不变时插入介质片.

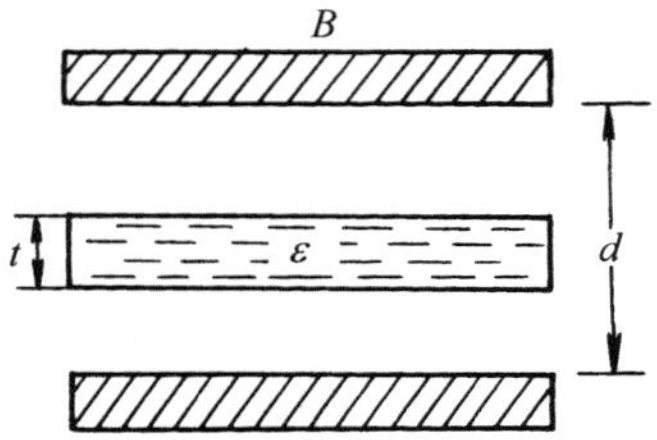

图 3.36

【解】 (1)这两金属板可当成平行板电容器，未插入介质片时，电容为

$$C=\frac{\varepsilon_0 S}{d} \tag{1}$$

插入介质片后，电容为[参见 2.3.8 题的式(5)]

$$C'=\frac{\varepsilon\varepsilon_0 S}{\varepsilon(d-t)+\varepsilon_0 t} \tag{2}$$

维持 Q 不变时插入介质片，静电能量增加的值为

$$(\Delta W)_Q=\frac{1}{2}\frac{Q^2}{C'}-\frac{1}{2}\frac{Q^2}{C}=\frac{Q^2}{2}\left[\frac{1}{C'}-\frac{1}{C}\right]=\frac{Q^2}{2}\left[\frac{\varepsilon(d-t)+\varepsilon_0 t}{\varepsilon\varepsilon_0 S}-\frac{d}{\varepsilon_0 S}\right]$$

$$=-\frac{(\varepsilon-\varepsilon_0)tQ^2}{2\varepsilon\varepsilon_0 S} \tag{3}$$

$(\Delta W)_Q<0$ 表示插入介质后静电能量减少了.

(2)维持 U 不变时插入介质片，静电能量增加的值为

$$(\Delta W)_U=\frac{1}{2}C'U^2-\frac{1}{2}CU^2=\frac{U^2}{2}[C'-C]=\frac{U^2}{2}\left[\frac{\varepsilon\varepsilon_0 S}{\varepsilon(d-t)+\varepsilon_0 t}-\frac{\varepsilon_0 S}{d}\right]$$

$$=\frac{(\varepsilon-\varepsilon_0)\varepsilon_0 tSU^2}{2[\varepsilon(d-t)+\varepsilon_0 t]d} \tag{4}$$

$(\Delta W)_U>0$ 表示插入介质后静电能量增加了. 这时因与电源连接，才能维持 U 不变，所增加的能量来自电源.

3.37 一平行板电容器两极板的面积都是 S，其间充满了电容率为 ε 的均匀介质，介质中的电场强度为 $\boldsymbol{E}$. 略去边缘效应. 试证明：每个极板所受的静电力的大小为 $F=\frac{1}{2}\varepsilon E^2 S$.

【证】 这电容器所储蓄的静电能量为

$$W=\frac{1}{2}CU^2=\frac{1}{2}\frac{\varepsilon S}{d}(Ed)^2=\frac{1}{2}\varepsilon E^2Sd \tag{1}$$

式中 d 是两极板间的距离.

当电荷在电场中位移 $\mathrm{d}\boldsymbol{r}$ 时,电场作用在它上面的力 $\boldsymbol{F}$ 所做的功 $\mathrm{d}A$ 等于电势能减少的值,即

$$\mathrm{d}A=\boldsymbol{F}\cdot\mathrm{d}\boldsymbol{r}=-\mathrm{d}W \tag{2}$$

由此式得

$$\boldsymbol{F}=-\nabla W \tag{3}$$

将式(1)代入式(3)便得:每个极板上的电荷所受的电场力(即每个极板所受的静电力)为

$$\boldsymbol{F}=-\nabla\left(\frac{1}{2}\varepsilon E^2Sd\right)=-\frac{\partial}{\partial d}\left(\frac{1}{2}\varepsilon E^2Sd\right)\boldsymbol{e}_d=-\frac{1}{2}\varepsilon E^2S\boldsymbol{e}_d \tag{4}$$

式中 $\boldsymbol{e}_d$ 为极板间距离方向(极板表面法线方向)上的单位矢量,指向 d 增大的方向.负号表明,$\boldsymbol{F}$ 的方向是指向 d 减小的方向. $\boldsymbol{F}$ 的大小为

$$F=\frac{1}{2}\varepsilon E^2S \tag{5}$$

【讨论】 在前面 2.3.60 题和 2.3.61 题中,曾根据面电荷所在处的电场强度求得了式(5).本题则是从静电能量(电势能)的角度导出式(5)的.

3.38 (1)一空气平行板电容器两极板相距为 1.0mm,加上 1000V 电压.略去边缘效应,试求极板单位面积上所受的静电力;(2)去掉电源,再在两极板间充满介电常量为 $\varepsilon_r=2.0$ 的汽油,极板单位面积上所受的静电力是多少?(3)如果先充汽油,后加上 1000V 电压,这时极板单位面积上所受的静电力又是多少?

【解】 (1)根据前面 3.37 题的式(5),每个极板所受的静电力的大小为

$$F=\frac{1}{2}\varepsilon E^2S \tag{1}$$

故极板单位面积上所受的静电力为

$$f=\frac{F}{S}=\frac{1}{2}\varepsilon E^2=\frac{1}{2}\varepsilon\left(\frac{U}{d}\right)^2 \tag{2}$$

对于空气,$\varepsilon=\varepsilon_0$,代入数值便得

$$f=\frac{1}{2}\times 8.854\times 10^{-12}\times\left(\frac{1000}{1.0\times 10^{-3}}\right)^2=4.4(\mathrm{N/m^2}) \tag{3}$$

(2)去掉电源,$Q=CU=\frac{\varepsilon_0 S}{\mathrm{d}}U$ 不变.再充入汽油,电容便为 $C'=\frac{\varepsilon_r\varepsilon_0 S}{d}$,这时两极板的电势差为

$$U'=\frac{Q}{C'}=\frac{d}{\varepsilon_r\varepsilon_0 S}\frac{\varepsilon_0 S}{d}U=\frac{U}{\varepsilon_r} \tag{4}$$

介质中的电场强度为

$$E'=\frac{U'}{d}=\frac{U}{\varepsilon_r d} \tag{5}$$

代入式(2)便得这时极板单位面积上所受的静电力为

$$f' = \frac{1}{2}\varepsilon\left(\frac{U'}{d}\right)^2 = \frac{1}{2}\varepsilon_r\varepsilon_0\left(\frac{U}{\varepsilon_r d}\right)^2 = \frac{\varepsilon_0}{2\varepsilon_r}\left(\frac{U}{d}\right)^2 = \frac{1}{\varepsilon_r}f = \frac{1}{2.0}\times 4.4 = 2.2(\mathrm{N/m^2}) \tag{6}$$

(3)先充汽油，后加上 1000V 电压. 这时由式(2)得，极板单位面积上所受的静电力为

$$f'' = \frac{1}{2}\varepsilon E^2 = \frac{1}{2}\varepsilon_r\varepsilon_0\left(\frac{U}{d}\right)^2 = \varepsilon_r f = 2.0\times 4.4 = 8.8(\mathrm{N/m^2}) \tag{7}$$

3.39 吸盘静电计(亦称开尔文静电计)是用来测量电势差的一种仪器，它由两块固定的平行金属板 A 和 B 构成，在上板中部挖出一块 C，C 可以上下活动，如图 3.39 所示. 当上下板都不带电时，调整 C 使与 B 对齐，这时维持 C 的力为 F_1；当上下板都带电并有一定的电势差时，令 B 与 C 的电势相同，再调整 C 使与 B 对齐，这时维持 C 的力为 F_2. 由两次维持 C 的力之差 $F=F_2-F_1$ 和 C 的面积 S，以及上下板之间的距离 d，便可以求出上下板的电势差 U 来. 略去边缘效应. (1)试导出计算 U 的公式(以 S、d、F 等表示)；(2)当 $S=100\mathrm{cm^2}$，$d=1.0\mathrm{mm}$，$F=4.43\times 10^{-4}\mathrm{N}$ 时，算出 U 的值；(3)试求灵敏度 $S=\frac{\mathrm{d}F}{\mathrm{d}U}$ 的值.

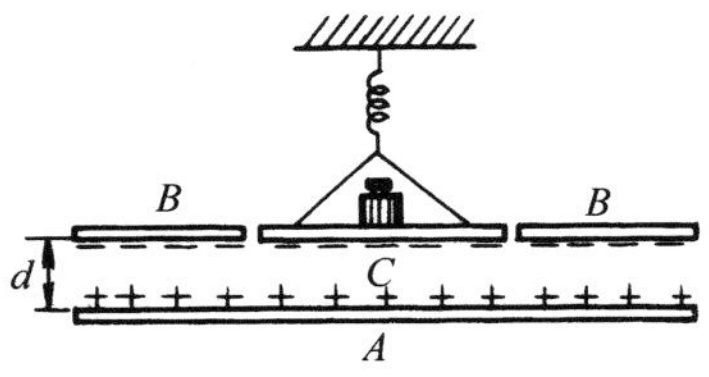

图 3.39

【解】 (1)由图 3.39 可见，

$$F_1 = mg \tag{1}$$

式中 m 是 C 和它上面的物体的质量.

$$F_2 = mg + QE = mg + \frac{1}{2}Q\frac{U}{d} \tag{2}$$

式中 Q 是 C 上电荷量的大小.

所以

$$F = F_2 - F_1 = \frac{1}{2}Q\frac{U}{\mathrm{d}} = \frac{1}{2}\frac{CU^2}{\mathrm{d}} = \frac{1}{2}\varepsilon_0 S\left(\frac{U}{d}\right)^2 \tag{3}$$

于是得所求的电势差为

$$U = \sqrt{\frac{2F}{\varepsilon_0 S}}d \tag{4}$$

(2)代入数值得 U 的值为

$$U = \sqrt{\frac{2\times 4.43\times 10^{-4}}{8.854\times 10^{-12}\times 100\times 10^{-4}}}\times 1.0\times 10^{-3} = 1.0\times 10^2(\mathrm{V}) \tag{5}$$

(3)灵敏度为

$$\begin{aligned} S &= \frac{\mathrm{d}F}{\mathrm{d}U} = \frac{\mathrm{d}}{\mathrm{d}U}\left[\frac{1}{2}\varepsilon_0 S\left(\frac{U}{d}\right)^2\right] = \varepsilon_0 S\frac{U}{d^2} \\ &= 8.854\times 10^{-12}\times 100\times 10^{-4}\times\frac{1.0\times 10^2}{(1.0\times 10^{-3})^2} \\ &= 8.9\times 10^{-6}(\mathrm{N/V}) \end{aligned} \tag{6}$$

3.40 一静电伏特计由六对固定的和五对可转动的扇形金属片构成，相邻两

片间的距离为 d，扇形角为 $90°$，内半径为 r_1，外半径为 r_2，如图 3.40 所示. 六对定片连接在一起成为一组，五对动片也连接在一起成为另一组. 当定片与动片的电势差 U 保持不变，动片转到如图 3.40 所示的位置时，两组片同一边的夹角为 θ，略去边缘效应，试求：(1)这个系统储藏的静电能量 W；(2)电场作用在动片上的力矩 M；(3) $r_1=1.0\text{cm}$，$r_2=3.0\text{cm}$，$d=5.0\text{mm}$，$U=5.0\text{kV}$ 时，M 的值.

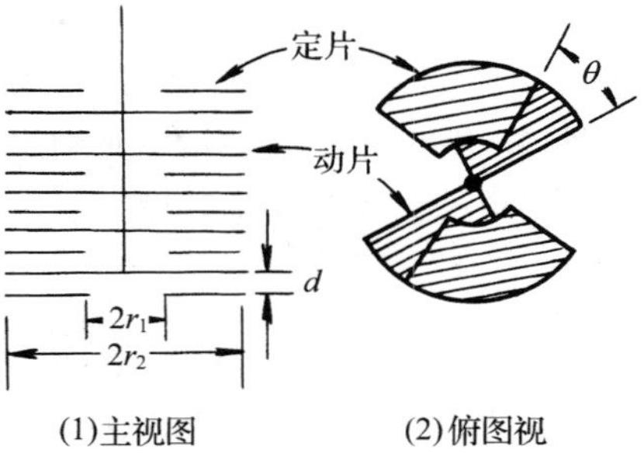

图 3.40

【解】 (1)由图 3.40 可见，动片与定片构成 $n=6+5-1=10$ 个并联的平行板电容器，每个电容器的电容为

$$c_\theta=\frac{\varepsilon_0 S}{d}=\frac{\varepsilon_0}{d}\left(2\,\frac{(r_2^2-r_1^2)}{2}\right)\left(\frac{\pi}{2}-\theta\right)=\frac{\varepsilon_0(r_2^2-r_1^2)}{d}\left(\frac{\pi}{2}-\theta\right) \tag{1}$$

这个系统的电容为

$$C_\theta=10c_\theta=\frac{10\varepsilon_0(r_2^2-r_1^2)}{d}\left(\frac{\pi}{2}-\theta\right) \tag{2}$$

动片与定片的电势差为 U，故这个系统储藏的静电能量为

$$W_\theta=\frac{1}{2}C_\theta U^2=\frac{5\varepsilon_0(r_2^2-r_1^2)U^2}{d}\left(\frac{\pi}{2}-\theta\right) \tag{3}$$

(2)求力矩. 当 θ 增大 $\Delta\theta$ 时，电容 C_θ 的变化为

$$\Delta C_\theta=-\frac{10\varepsilon_0(r_2^2-r_1^2)}{d}\Delta\theta \tag{4}$$

负号表明，θ 增大时，电容 C_θ 减小. 因此，在维持电势差 U 不变的情况下，电容器上电荷量 Q 的增量便为

$$\Delta Q=(\Delta C_\theta)U=-\frac{10\varepsilon_0(r_2^2-r_1^2)U}{d}\Delta\theta \tag{5}$$

负号表明，θ 增大时，电容器的电荷量 Q 减少了. 即电容器向维持 U 不变的电源放电. 这使电源的能量增量为

$$\Delta W_B=-(\Delta Q)U=\frac{10\varepsilon_0(r_2^2-r_1^2)U^2}{d}\Delta\theta \tag{6}$$

同时，由于电容变化 ΔC_θ，电容器所储蓄的能量的增量为

$$\Delta W_\theta=\frac{1}{2}(\Delta C_\theta)U^2=-\frac{5\varepsilon_0(r_2^2-r_1^2)U^2}{d}\Delta\theta \tag{7}$$

将电容器和电源作为一个系统，这个系统的能量增量便为

$$\Delta W=\Delta W_B+\Delta W_\theta=\frac{5\varepsilon_0(r_2^2-r_1^2)}{d}\Delta\theta \tag{8}$$

因 $\Delta W>0$，所以这个系统的能量增加了. 这表明，在维电势差 U 不变的情况下，使 θ 增大 $\Delta\theta$ 的

外力矩 M_0 对这个系统做了正功. 于是得使 θ 增大的外力矩为

$$M_0 = \frac{\partial W}{\partial \theta} = \frac{5\varepsilon_0 (r_2^2 - r_1^2) U^2}{d} \tag{9}$$

维持动片匀角速转动,则动片的动能不变,这时外力矩 M_0 便与电场作用在动片上的力矩 M 达到平衡,于是得所求的力矩为

$$M = -M_0 = -\frac{5\varepsilon_0 (r_2^2 - r_1^2) U^2}{d} \tag{10}$$

式中负号表示,$\boldsymbol{M}$ 的方向是欲使 θ 减小.

(3)将数字代入式(10),便得 M 的值为

$$\begin{aligned} |M| &= \frac{1}{5.0 \times 10^{-3}} \times 5 \times 8.854 \times 10^{-12} \times (3.0^2 - 1.0^2) \times 10^{-4} \times (5.0 \times 10^3)^2 \\ &= 1.8 \times 10^{-4} (\mathrm{N \cdot m}) \end{aligned} \tag{11}$$

3.41　一平行板电容器两极板的面积均为 S,极板间的距离为 d. 将它充电到两极板的电势差为 U 时,断开电源,然后把两极板分开到距离为 $2d$. 略去边缘效应. 试求:(1)分开两极板所需的功;(2)分开后两极板的电势差;(3)分开后电容器所储存的能量.

【解】　(1)分开两极板的外力 F_0 做的功为

$$A = F_0(2d - d) = F_0 d \tag{1}$$

当 F_0 等于作用在极板上的电场力 F 时,极板便作匀速直线运动,其动能不变. 根据前面 3.37 题的(5)式,电场作用在极板上的力为

$$F = \frac{1}{2}\varepsilon_0 E^2 S = \frac{1}{2}\varepsilon_0 \left(\frac{U}{d}\right)^2 S \tag{2}$$

代入式(1)得

$$A = \frac{\varepsilon_0 S U^2}{2d} = W \tag{3}$$

式中 W 是未分开前电容器所储存的能量

(2)分开后两极板的电势差为

$$U' = E' \cdot 2d = \frac{\sigma}{\varepsilon_0} \cdot 2d = \frac{Q}{\varepsilon_0 S} \cdot 2d = \frac{CU}{\varepsilon_0 S} \cdot 2d = 2U \tag{4}$$

(3)这时电容器所储蓄的能量为

$$W' = \frac{1}{2} C' U'^2 = \frac{1}{2} \frac{\varepsilon_0 S}{2d} (2U)^2 = \frac{\varepsilon_0 S U^2}{d} = 2W \tag{5}$$

3.42　一空气平行板电容器两极板的面积都是 $a \times b$,相距为 d,充电到电压为 U 时断开电源,再将电容率为 ε 的均匀介质充满两极板间. 略去边缘效应. 试求引入介质前后的静电能量之差,并证明这能量差等于电场力做的功.

【解】　先求引入介质前后的能量差. 未引入介质时,电容和电荷量分别为

$$C_0 = \frac{\varepsilon_0 ab}{d} \tag{1}$$

$$Q = C_0 U = \frac{\varepsilon_0 abU}{d} \tag{2}$$

所储存的静电能量为

$$W_0 = \frac{1}{2} C_0 U^2 = \frac{\varepsilon_0 abU^2}{2d} \tag{3}$$

断开电源后，Q 不变. 引入介质后，电容为

$$C = \frac{\varepsilon ab}{d} \tag{4}$$

所储存的静电能量为

$$W = \frac{Q^2}{2C} = \frac{d}{2\varepsilon ab}\left(\frac{\varepsilon_0 abU}{d}\right)^2 = \frac{\varepsilon_0^2 abU^2}{2\varepsilon d} \tag{5}$$

故得引入介质前后静电能量之差为

$$\Delta W = W_0 - W = \frac{(\varepsilon - \varepsilon_0)\varepsilon_0 abU^2}{2\varepsilon d} \tag{6}$$

$\Delta W > 0$ 表明，引入介质后，静电能量减少了.

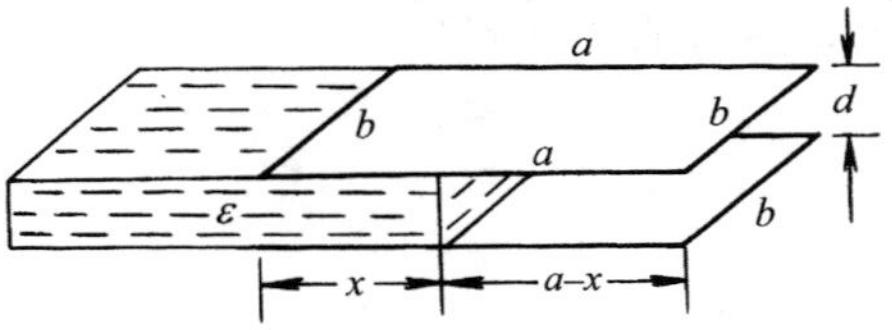

图 3.42

再计算电场力作的功. 当电介质进入两极板间的面积为 bx（图 3.42）时，该部分的电容为

$$C_1 = \frac{\varepsilon bx}{d} \tag{7}$$

未进入部分的电容为

$$C_2 = \frac{\varepsilon_0 b(a-x)}{d} \tag{8}$$

总的电容为两者并联，故

$$C = C_1 + C_2 = \frac{b[\varepsilon_0 a + (\varepsilon - \varepsilon_0)x]}{d} \tag{9}$$

所蓄的电荷量仍为 Q，故所储存的静电能量为

$$W_x = \frac{Q^2}{2C} = \frac{d}{2b[\varepsilon_0 a + (\varepsilon - \varepsilon_0)x]}\left(\frac{\varepsilon_0 abU}{d}\right)^2 = \frac{\varepsilon_0^2 a^2 bU^2}{2d}\frac{1}{\varepsilon_0 a + (\varepsilon - \varepsilon_0)x} \tag{10}$$

这时作用在介质上的电场力为

$$F = -\frac{\partial W_x}{\partial x} = \frac{\varepsilon_0^2 a^2 bU^2}{2d}\frac{\varepsilon - \varepsilon_0}{[\varepsilon_0 a + (\varepsilon - \varepsilon_0)x]^2} \tag{11}$$

于是得，引入介质，电场力做的功为

$$A = \int_0^a F\mathrm{d}x = \frac{\varepsilon_0^2 a^2 bU^2}{2d}\int_0^a \frac{(\varepsilon - \varepsilon_0)\mathrm{d}x}{[\varepsilon_0 a + (\varepsilon - \varepsilon_0)x]^2} = \frac{(\varepsilon - \varepsilon_0)\varepsilon_0 abU^2}{2\varepsilon d} \tag{12}$$

由式(6)和式(12)得

$$A = \Delta W \tag{13}$$

这正是电场力做的功等于静电能量(电势能)减少的值.

3.43 一空气平行板电容器两极板的面积都是 S，相距为 d，两板竖直放着，充电到电压为 U 时断开电源，再将它的下面一半浸入电容率为 ε 的不导电的液体里. 试问这电容器的静电能量减少了多少？减少的能量到哪里去了？(不考虑毛细现象和重力，并略去边缘效应.)

【解】 未浸入介质时的电容为

$$C = \frac{\varepsilon_0 S}{d} \tag{1}$$

所储蓄的静电能量为

$$W = \frac{1}{2}\frac{Q^2}{C} \tag{2}$$

式中 $Q=CU$.

断开电源后，Q 不变. 浸入一半介质后，电容变为

$$C' = \frac{\varepsilon_0 S}{2d} + \frac{\varepsilon S}{2d} = \frac{(\varepsilon + \varepsilon_0)S}{2d} \tag{3}$$

所储蓄的静电能量为

$$W' = \frac{1}{2}\frac{Q^2}{C'} \tag{4}$$

静电能量减少的值为

$$\Delta W = W - W' = \frac{Q^2}{2}\left(\frac{1}{C} - \frac{1}{C'}\right) = \frac{Q^2}{2}\left[\frac{d}{\varepsilon_0 S} - \frac{2d}{(\varepsilon+\varepsilon_0)S}\right]$$

$$= \frac{Q^2 d}{2S}\frac{\varepsilon - \varepsilon_0}{(\varepsilon+\varepsilon_0)\varepsilon_0} = \frac{(\varepsilon-\varepsilon_0)\varepsilon_0 SU^2}{2(\varepsilon+\varepsilon_0)d} \tag{5}$$

这减少的能量转化为介质的动能，最后通过摩擦转化为热能(内能).

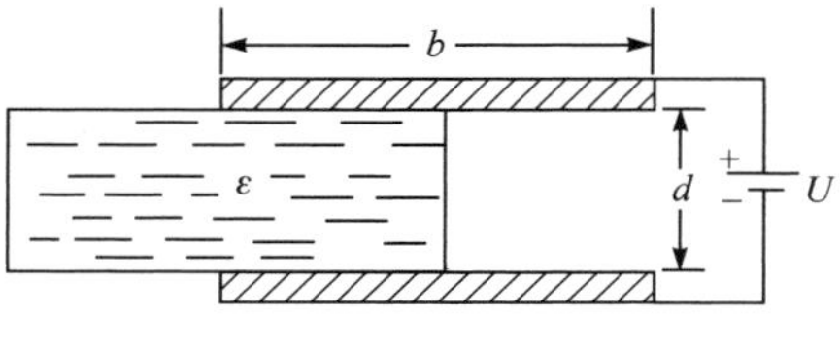

图 3.44

3.44 两平行金属板，面积都是 $a \times b$，相距为 d，其间充满电容率为 ε 的均匀介质，两极板接到电压为 U 的电池两极上；现在将这介质沿平行于 b 边抽出一段，如图 3.44 所示. 略去边缘效应，试求电场把介质拉回去的力.

【解】 设抽出的一段介质长为 x，这时电容器的电容为

$$C_x = \frac{\varepsilon_0 a x}{d} + \frac{\varepsilon a(b-x)}{d} = \frac{a[\varepsilon b - (\varepsilon - \varepsilon_0)x]}{d} \tag{1}$$

所蓄的电荷量为

$$Q = C_x U = \frac{a[\varepsilon b - (\varepsilon - \varepsilon_0)x]U}{d} \tag{2}$$

当 x 增大 $\mathrm{d}x$ 时，电荷量的增量为

$$\mathrm{d}Q=-\frac{(\varepsilon-\varepsilon_0)aU}{d}\mathrm{d}x \tag{3}$$

$\mathrm{d}Q<0$ 表明，介质抽出一段 $\mathrm{d}x$，电容上的电荷量减少了，即电容器向电池放电，这使电池的能量增量为

$$\mathrm{d}W_B=-(\mathrm{d}Q)U=\frac{(\varepsilon-\varepsilon_0)aU^2}{d}\mathrm{d}x \tag{4}$$

同时，电容器所储蓄的静电能量的增量为

$$\mathrm{d}W_C=\mathrm{d}\left(\frac{1}{2}C_xU^2\right)=\frac{U^2}{2}\mathrm{d}C_x=-\frac{(\varepsilon-\varepsilon_0)aU^2}{2d}\mathrm{d}x \tag{5}$$

将电容器和电源当作一个系统，由于介质向外移动 $\mathrm{d}x$，这个系统的能量增量为

$$\mathrm{d}W=\mathrm{d}W_B+\mathrm{d}W_C=\frac{(\varepsilon-\varepsilon_0)aU^2}{2d}\mathrm{d}x \tag{6}$$

于是得电场作用在介质上的力为

$$F=-\frac{\partial W}{\partial x}=-\frac{(\varepsilon-\varepsilon_0)aU^2}{2d} \tag{7}$$

式中负号表示，这力 $\boldsymbol{F}$ 的方向是指向 x 减小的方向，即指向电容器内.

3.45　一平行板电容器的两极板都是面积为 $a\times b$ 的长方形金属片，相距为 d，分别带有电荷量 Q 和 $-Q$. 一块厚为 t、介电常量为 ε_r 的均匀介质片，其面积与极板相同，平行地放在电极板间. 今将这介质片从两极板间沿长度方向平行地抽出，当还有长为 x 的一段尚在两极板间时，如图 3.45 所示. 略去边缘效应，试求电场作用在介质片上的力.

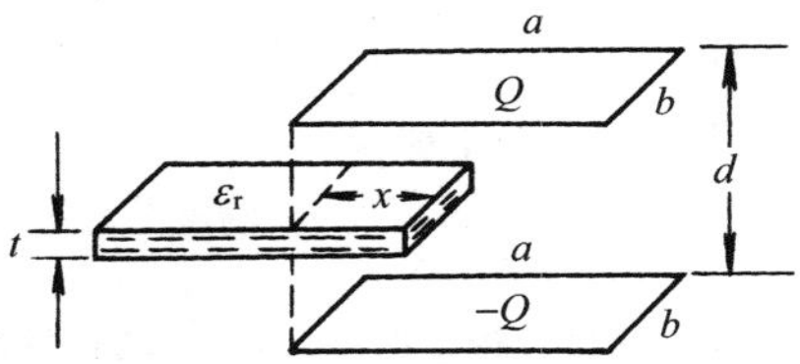

图 3.45

【解】　这时电容器由两部分并联而成，这两部分的电容分别为

$$C_1=\frac{\varepsilon_0 b(a-x)}{d} \tag{1}$$

$$C_2=\frac{\varepsilon\varepsilon_0 bx}{\varepsilon(d-t)+\varepsilon_0 t}=\frac{\varepsilon_r\varepsilon_0 bx}{\varepsilon_r(d-t)+t} \tag{2}$$

电容器的电容为

$$\begin{aligned}C=C_1+C_2&=\frac{\varepsilon_0 b(a-x)}{d}+\frac{\varepsilon_r\varepsilon_0 bx}{\varepsilon_r(d-t)+t}=\varepsilon_0\left[\frac{b(a-x)}{d}+\frac{\varepsilon_r bx}{\varepsilon_r(d-t)+t}\right]\\&=\varepsilon_0\left[\frac{b(a-x)}{d}+\frac{bx}{d-t'}\right]=\frac{\varepsilon_0[ab(d-t')+bxt']}{(d-t')d}\end{aligned} \tag{3}$$

式中

$$t'=\frac{\varepsilon_r-1}{\varepsilon_r}t \tag{4}$$

这时电容器所储蓄的静电能量为

$$W=\frac{Q^2}{2C} \tag{5}$$

作用在介质片上的力为

$$F=-\left(\frac{\partial W}{\partial x}\right)_Q=-\frac{Q^2}{2}\cdot\frac{\partial}{\partial x}\cdot\frac{1}{C}=-\frac{Q^2}{2}\frac{\partial}{\partial x}\frac{(d-t')d}{\varepsilon_0[ab(d-t')+bxt']}$$

$$=-\frac{Q^2}{2\varepsilon_0}\left\{-\frac{bt'(d-t')d}{[ab(d-t')+bxt']^2}\right\}=\frac{Q^2bt'(d-t')d}{2\varepsilon_0[ab(d-t')+bxt']^2} \tag{6}$$

$F>0$ 表示，这个力 $\boldsymbol{F}$ 的方向是 x 增大的方向，即 $\boldsymbol{F}$ 要把介质拉向电容器内.

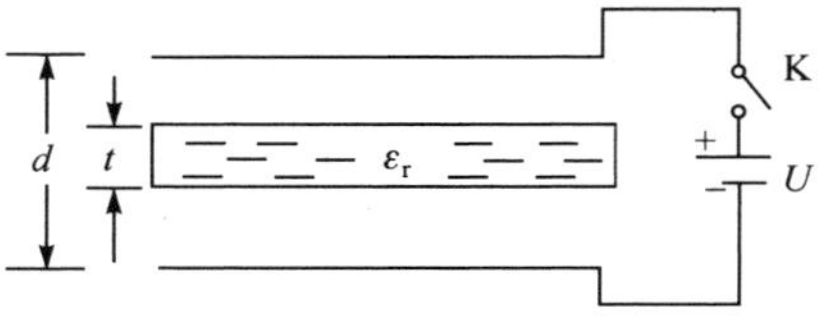

图 3.46

3.46 一平行板电容器两极板的面积都是 S，相距为 d，其间有一块厚为 t、介电常量为 ε_r 的平行介质平板，如图 3.46 所示，接通电键 K，使这电容器充电到电压为 U. 略去边缘效应.（1）断开电源，把介质板抽出，试问需要作多少功？（2）如果在不断开电源的情况下抽出介质板，则要做多少功？

【解】 (1)断开电源，电容器极板上的电荷量 Q 不变. 介质板未抽动时，电容器的电容为

$$C=\frac{\varepsilon\varepsilon_0 S}{\varepsilon d-(\varepsilon-\varepsilon_0)t}=\frac{\varepsilon_r\varepsilon_0 S}{\varepsilon_r d-(\varepsilon_r-1)t} \tag{1}$$

电容器所储蓄的静电能量为

$$W=\frac{Q^2}{2C} \tag{2}$$

式中 $Q=CU$ 是极板上的电荷量. 介质板抽出后，电容为

$$C_0=\frac{\varepsilon_0 S}{d} \tag{3}$$

这时电容器所储蓄的静电能量为

$$W_0=\frac{Q^2}{2C_0} \tag{4}$$

于是得抽出介质板后，电容器所储蓄的静电能量的增量为

$$\Delta W=W_0-W=\frac{Q^2}{2}\left(\frac{1}{C_0}-\frac{1}{C}\right)=\frac{Q^2}{2}\left[\frac{\mathrm{d}}{\varepsilon_0 S}-\frac{\varepsilon_r\mathrm{d}-(\varepsilon_r-1)t}{\varepsilon_r\varepsilon_0 S}\right]$$

$$=\frac{Q^2}{2}\frac{(\varepsilon_r-1)t}{\varepsilon_r\varepsilon_0 S}=\frac{1}{2}\left[\frac{\varepsilon_r\varepsilon_0 SU}{\varepsilon_r d-(\varepsilon_r-1)t}\right]^2\frac{(\varepsilon_r-1)t}{\varepsilon_r\varepsilon_0 S}$$

$$=\frac{\varepsilon_r\varepsilon_0(\varepsilon_r-1)tSU^2}{2[\varepsilon_r d-(\varepsilon_r-1)t]^2} \tag{5}$$

$\Delta W>0$ 表示，抽出介质板后，电容器所储蓄的静电能量增加了. 这增加的能量来自抽出介质板的外力所做的功. 于是得出：在断开电源的情况下，抽出介质板的外力所要做的功为

$$A=\Delta W=\frac{\varepsilon_r\varepsilon_0(\varepsilon_r-1)tSU^2}{2[\varepsilon_r d-(\varepsilon_r-1)t]^2} \tag{6}$$

(2)不断开电源，电容器两极板的电势差 U 不变. 抽出介质板后，电容器上的电荷量为

$$Q_0 = C_0 U \tag{7}$$

故抽出介质后，电容器上电荷量的增量为

$$\Delta Q = Q_0 - Q = (C_0 - C)U = \left[\frac{\varepsilon_0 S}{d} - \frac{\varepsilon_r \varepsilon_0 S}{\varepsilon_r d - (\varepsilon_r - 1)t}\right]U = -\frac{(\varepsilon_r - 1)\varepsilon_0 tSU}{[\varepsilon_r d - (\varepsilon_r - 1)t]d} \tag{8}$$

$\Delta Q<0$ 表示，抽出介质板时，有电荷从电容器流向电源. 因此，也就伴有相应的能量 ΔW_B 从电容器流向电源，ΔW_B 为

$$\Delta W_B = -(\Delta Q)U = \frac{(\varepsilon_r - 1)\varepsilon_0 tSU^2}{[\varepsilon_r d - (\varepsilon_r - 1)t]d} \tag{9}$$

抽出介质板后，电容器所储蓄的静电能量的增量为

$$\Delta W_C = W_0 - W = \frac{1}{2}(C_0 - C)U^2 = \frac{1}{2}\left[\frac{\varepsilon_0 S}{d} - \frac{\varepsilon_r \varepsilon_0 S}{\varepsilon_r d - (\varepsilon_r - 1)t}\right]U^2 = -\frac{(\varepsilon_r - 1)\varepsilon_0 tSU^2}{2[\varepsilon_r d - (\varepsilon_r - 1)t]d} \tag{10}$$

$\Delta W_C<0$ 表示，抽出介质板后，电容器储蓄的静电能量减少了.

将电容器和电源作为一个系统，由于抽出介质板，这个系统的能量增量为

$$\Delta W = \Delta W_B + \Delta W_C = \frac{(\varepsilon_r - 1)\varepsilon_0 tSU^2}{2[\varepsilon_r d - (\varepsilon_r - 1)t]d} \tag{11}$$

$\Delta W>0$ 表明，抽出介质板后，系统的能量增加了. 所增加的能量来自抽出介质板的外力所做的功. 于是得出，在不断开电源的情况下，抽出介质板的外力所要做的功为

$$A = \Delta W = \frac{(\varepsilon_r - 1)\varepsilon_0 tSU^2}{2[\varepsilon_r d - (\varepsilon_r - 1)t]d} \tag{12}$$

3.47 一平行板电容器两极板的面积都是 S，相距为 d，其间有一块厚为 t 的平行导体片，如图 3.47 所示，接通电键 K，使这电容器充电到电压为 U. 略去边缘效应. (1)断开电源，把导体片抽出，试问需要做多少功？(2)如果在不断开电源的情况下抽出导体片，则要做多少功？

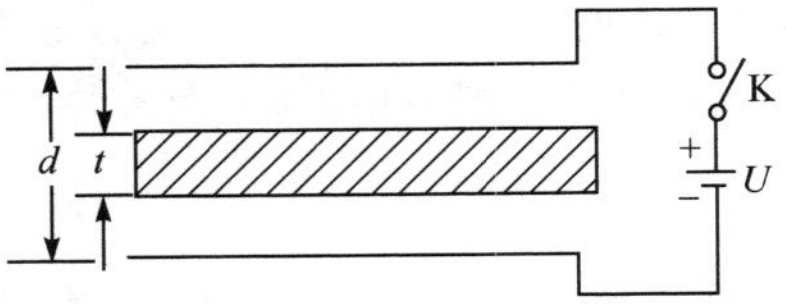

图 3.47

【解】 (1)断开电源，抽出导体片，这时电容器极板上的电荷量 Q 不变. 导体片未抽动时，电容器的电容为

$$C = \frac{\varepsilon_0 S}{d - t} \tag{1}$$

抽出导体片后，电容为

$$C_0 = \frac{\varepsilon_0 S}{d} \tag{2}$$

抽出导体片后，电容器所储蓄的静电能量的增量为

$$\Delta W = \frac{Q^2}{2C_0} - \frac{Q^2}{2C} = \frac{Q^2}{2}\left(\frac{1}{C_0} - \frac{1}{C}\right) = \frac{Q^2 t}{2\varepsilon_0 S} \tag{3}$$

式中

$$Q = CU = \frac{\varepsilon_0 S}{d-t}U \tag{4}$$

代入式(3)得

$$\Delta W = \frac{\varepsilon_0 tSU^2}{2(d-t)^2} \tag{5}$$

$\Delta W>0$ 表明,电容器所储的静电能量增加了,这增加的能量来自外力做的功.于是得出,断开电源抽出导体片,外力需要做的功为

$$A = \Delta W = \frac{\varepsilon_0 tSU^2}{2(d-t)^2} \tag{6}$$

(2)不断开电源,抽出导体片,这时电容器两极板的电势差 U 不变.抽出导体片后,电容器极板上电荷量 Q 的增量为

$$\Delta Q = (C_0 - C)U = -\frac{\varepsilon_0 tSU}{(d-t)d} \tag{7}$$

$\Delta Q<0$ 表明,抽出导体片时,电容器向电源放电.这使电源的能量增量为

$$\Delta W_B = -(\Delta Q)U = \frac{\varepsilon_0 tSU^2}{(d-t)d} \tag{8}$$

抽出导体片后,电容器所储蓄的静电能量的增量为

$$\Delta W_C = \frac{1}{2}(C_0 - C)U^2 = -\frac{\varepsilon_0 tSU^2}{2(d-t)d} \tag{9}$$

将电容器和电源作为一个系统,抽出导体片后,这系统的能量增量为

$$\Delta W = \Delta W_B + \Delta W_C = \frac{\varepsilon_0 tSU^2}{2(d-t)d} \tag{10}$$

$\Delta W>0$ 表明,抽出导体片时,系统的能量增加了,所增加的能量来自抽出导体片的外力所做的功.于是得出:不断开电源抽出导体片,外力所要做的功为

$$A = \Delta W = \frac{\varepsilon_0 tSU^2}{2(d-t)d} \tag{11}$$

【讨论】 一、比较式(6)和式(11)可见,断开电源抽出导体片,外力做的功要大些.

二、3.46 题的结果式(6)和式(12)在 $\varepsilon_r \to \infty$ 时,分别成为本题的结果式(6)和式(11).

第四章　直　流　电

4.1　电　　阻

4.1.1　一种康铜丝的横截面积为 0.10mm^2，电阻率为 $4.9\times10^{-7}\Omega\cdot\text{m}$，试问用它绕制一个 6.0Ω 的电阻，需要多长？

【解】　所需长度为

$$l=\frac{RS}{\rho}=\frac{6.0\times0.10\times10^{-6}}{4.9\times10^{-7}}=1.2(\text{m})$$

4.1.2　一条长为 l 的导线，它的横截面积 A 和电导率 σ 都是 x 的函数，x 是到一端 a 的距离，如图 4.1.2 所示.（1）试问这段导线的电阻 R 如何表示？（2）若这导线是圆台形，a 端的横截面是半径为 a 的圆，b 端的横截面是半径为 b 的圆，而 σ 则是常数. 试求它的电阻.

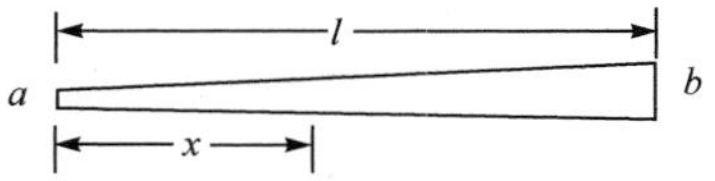

图 4.1.2

【解】　(1)设 x 处的横截面积为 A，则长为 $\mathrm{d}x$ 段的电阻为

$$\mathrm{d}R=\rho\frac{\mathrm{d}x}{A}=\frac{\mathrm{d}x}{\sigma A}\tag{1}$$

故这段导线的电阻为

$$R=\int_0^l\frac{\mathrm{d}x}{\sigma A}\tag{2}$$

(2)设 x 处横截面的半径为 r，则由圆台的关系得

$$\frac{b-r}{l-x}=\frac{b-a}{l}\tag{3}$$

所以

$$r=\frac{b-a}{l}\left(x+\frac{la}{b-a}\right)\tag{4}$$

于是得所求的电阻为

$$\begin{aligned}R&=\int_0^l\frac{\mathrm{d}x}{\sigma A}=\frac{1}{\pi\sigma}\int_0^l\frac{\mathrm{d}x}{r^2}=\frac{l^2}{\pi\sigma(b-a)^2}\int_0^l\frac{\mathrm{d}x}{\left(x+\frac{la}{b-a}\right)^2}\\&=\frac{l^2}{\pi\sigma(b-a)^2}\left[-\frac{1}{x+\frac{la}{b-a}}\right]_{x=0}^{x=l}=\frac{l}{\pi\sigma ab}\end{aligned}\tag{5}$$

4.1.3　一铜圆柱体长为 l，半径为 a，外面套有一个等长的共轴铜圆筒，筒的内半径为 b，在柱与筒之间充满电导率为 σ 的均匀物质，如图 4.1.3 所示. 试求柱与筒之间的电阻.

【解】 在柱与筒之间半径为 r 处，厚为 $\mathrm{d}r$ 的圆筒物质，其电阻为

$$\mathrm{d}R = \frac{\mathrm{d}r}{\sigma \cdot 2\pi rl} = \frac{1}{2\pi\sigma l}\frac{\mathrm{d}r}{r} \tag{1}$$

积分便得筒与柱之间的电阻为

$$R = \frac{1}{2\pi\sigma l}\int_a^b \frac{\mathrm{d}r}{r} = \frac{1}{2\pi\sigma l}\ln\frac{b}{a} \tag{2}$$

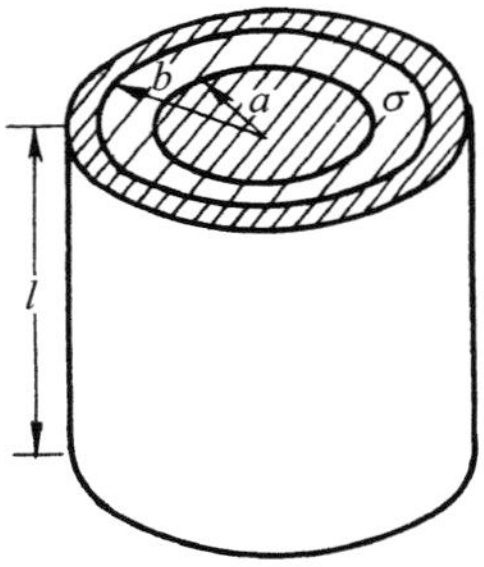

图 4.1.3

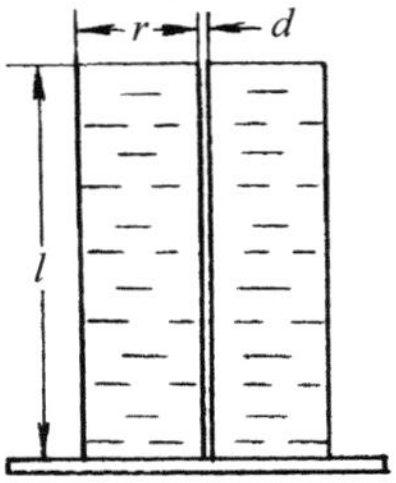

图 4.1.4

4.1.4 一长为 $l=10\mathrm{cm}$、内半径为 $r=3.0\mathrm{cm}$ 的铜圆筒，竖立在玻璃片上，筒内盛满电阻率为 $\rho=33\Omega\cdot\mathrm{cm}$ 的硫酸铜溶液；在溶液内轴线上，有一根直径为 $d=1.0\mathrm{mm}$ 的导线，如图 4.1.4 所示. 现在铜筒和导线间加上 $U=2.0\mathrm{V}$ 的电压，试求电流 I.

【解】 铜筒和导线间的电阻为

$$R = \int_{d/2}^{r}\rho\frac{\mathrm{d}r}{S} = \int_{d/2}^{r}\rho\frac{\mathrm{d}r}{2\pi rl} = \frac{\rho}{2\pi l}\ln\frac{2r}{d} \tag{1}$$

故所求的电流为

$$I = \frac{U}{R} = \frac{2\pi lU}{\rho\ln(2r/d)} = \frac{2\pi\times 10\times 10^{-2}\times 2.0}{33\times 10^{-2}\ln(2\times 3.0/1.0\times 10^{-1})} = 0.93(\mathrm{A}) \tag{2}$$

4.1.5 有两个电阻，并联时总电阻为 2.4Ω，串联时总电阻是 10Ω. 试问这两个电阻各是多少？

【解】 设两个电阻分别为 R_1 和 R_2，则

$$R_1 + R_2 = 10 \tag{1}$$

$$\frac{R_1R_2}{R_1+R_2} = 2.4 \tag{2}$$

联立解得

$$R_1 = 6.0\Omega,\qquad R_2 = 4.0\Omega \tag{3}$$

4.1.6 试证明：一些电阻并联后的总电阻比它们中最小的电阻还要小.

【证】 设 n 个电阻 $R_i(i=1,2,\cdots,n)$ 并联，其中最小的电阻为 $R_{\min}$，并联后的总电阻为 R，则由 $R_i>0$ 和电阻并联公式

$$\frac{1}{R}=\frac{1}{R_1}+\frac{1}{R_2}+\cdots+\frac{1}{R_{\min}}+\cdots+\frac{1}{R_n}$$

得

$$\frac{1}{R}>\frac{1}{R_{\min}}$$

所以 $R<R_{\min}$

4.1.7 四个电阻 R_1、R_2、R_3、R_4，两种联法，分别如图 4.1.7 所示. 设 a、b 间的电阻为 R_{ab}，c、d 之间的电阻为 R_{cd}，(1)试证明：$R_{cd}\leqslant R_{ab}$；(2)在什么情况下，$R_{cd}=R_{ab}$？

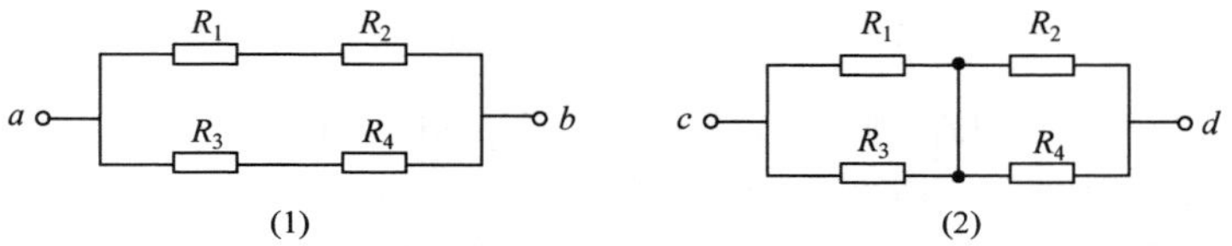

图 4.1.7

【解】 (1)根据电阻串联和并联的规律得

$$R_{ab}=\frac{(R_1+R_2)(R_3+R_4)}{R_1+R_2+R_3+R_4} \tag{1}$$

$$R_{cd}=\frac{R_1R_3}{R_1+R_3}+\frac{R_2R_4}{R_2+R_4} \tag{2}$$

$$\begin{aligned}R_{ab}-R_{cd}&=\frac{(R_1+R_2)(R_3+R_4)}{R_1+R_2+R_3+R_4}-\frac{R_1R_3}{R_1+R_3}-\frac{R_2R_4}{R_2+R_4}\\&=\frac{(R_1+R_2)(R_3+R_4)(R_1+R_3)(R_2+R_4)}{(R_1+R_3)(R_2+R_4)(R_1+R_2+R_3+R_4)}\\&\quad-\frac{[R_1R_3(R_2+R_4)+R_2R_4(R_1+R_3)](R_1+R_2+R_3+R_4)}{(R_1+R_3)(R_2+R_4)(R_1+R_2+R_3+R_4)}\\&=\frac{(R_1R_4-R_2R_3)^2}{(R_1+R_3)(R_2+R_4)(R_1+R_2+R_3+R_4)}\geqslant 0\end{aligned} \tag{3}$$

故得

$$R_{ab}\geqslant R_{cd} \tag{4}$$

(2)由式(3)可见，当

$$R_1R_4=R_2R_3 \tag{5}$$

时，$R_{ab}=R_{cd}$.

【讨论】 本题结果表明，如果 a、b 间有两条支路相通，则当这两条支路之间有地方发生短路时，a、b 间的电阻 R_{ab} 一般会减小，只有在满足式(5)时才不减小.

4.1.8 三个电阻 r_1、r_2 和 r_3 连接成三角形 ABC，另一电阻 r_4，一端接在三角形的顶点 A，另一端接在电阻 r_1 上的 D 点，D 可以在 r_1 上滑动，如图 4.1.8(1)所示. 试证明：A、D 间电阻的最大值为 $(R_{AD})_{\max}=\dfrac{(r_1+r_2+r_3)r_4}{r_1+r_2+r_3+4r_4}$.

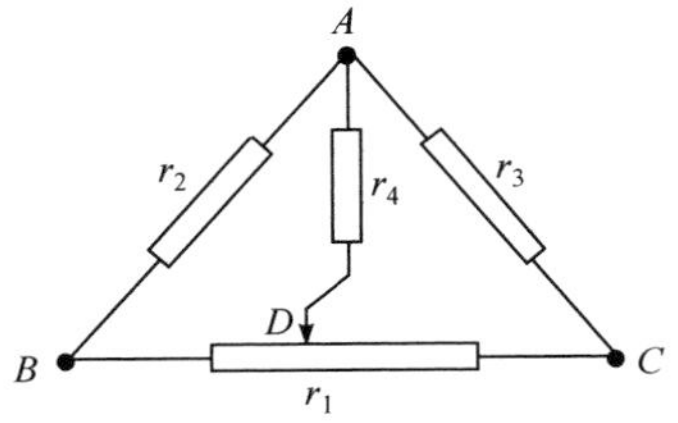

图 4.1.8(1)

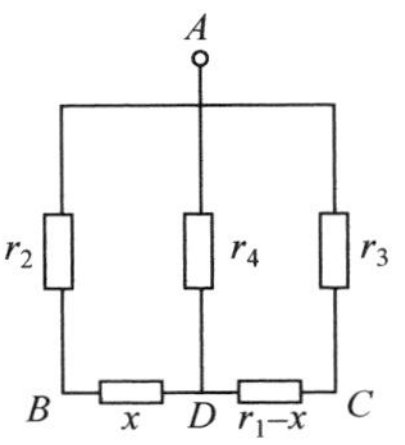

图 4.1.8(2)

【证】 设 r_1 上 B、D 之间的电阻为 x，则 r_1 上 D、C 之间的电阻便为 r_1-x，如图 4.1.8(2) 所示. A、D 之间的电阻由三条支路并联而成，一条是 ABD，电阻为 r_2+x；一条是 ACD，电阻为 r_3+r_1-x；还有一条是 AD，电阻为 r_4. 当 D 点在 r_1 上滑动时，r_4 不变，故只须考虑 ABD 和 ACD 两条支路就行了. 这两条支路并联而成的电阻为

$$R=\frac{(r_2+x)(r_3+r_1-x)}{r_2+x+r_3+r_1-x}=\frac{r_2(r_3+r_1)+(r_3+r_1-r_2)x-x^2}{r_1+r_2+r_3} \tag{1}$$

下面求 R 的极值，对 x 求导得

$$\frac{\mathrm{d}R}{\mathrm{d}x}=\frac{r_3+r_1-r_2-2x}{r_1+r_2+r_3} \tag{2}$$

$$\frac{\mathrm{d}^2R}{\mathrm{d}x^2}=-\frac{2}{r_1+r_2+r_3}<0 \tag{3}$$

式(3)表明，在 $\dfrac{\mathrm{d}R}{\mathrm{d}x}=0$ 时，R 有极大值. 这时

$$x=\frac{1}{2}(r_3+r_1-r_2) \tag{4}$$

将这个 x 的值代入式(1)得

$$R_{\max}=\frac{1}{4}(r_1+r_2+r_3) \tag{5}$$

因 A、D 间的电阻为 r_4 与 R 并联，故

$$\frac{1}{R_{AD}}=\frac{1}{r_4}+\frac{1}{R} \tag{6}$$

当 R 为最大值 $R_{\max}$ 时，R_{AD} 也达到最大值. 于是最后得 R_{AD} 的最大值为

$$(R_{AD})_{\max}=\frac{r_4R_{\max}}{r_4+R_{\max}}=\frac{(r_1+r_2+r_3)r_4}{r_1+r_2+r_3+4r_4} \tag{7}$$

4.1.9 (1)两电阻 R_1 和 R_2 串联后加上电压 U，试分别求 R_1 和 R_2 上的电压 U_1 和 U_2；(2)两电阻并联后通过的总电流为 I，试分别求通过 R_1 和 R_2 的电流 I_1 和 I_2.

【解】 (1)串联时电流 I 相同，如图 4.1.9(1)，

$$(R_1+R_2)I=U \tag{1}$$

所以
$$U_1=R_1I=\frac{R_1U}{R_1+R_2} \tag{2}$$
$$U_2=R_2I=\frac{R_2U}{R_1+R_2} \tag{3}$$
可见每个电阻上的电压与该电阻成正比.

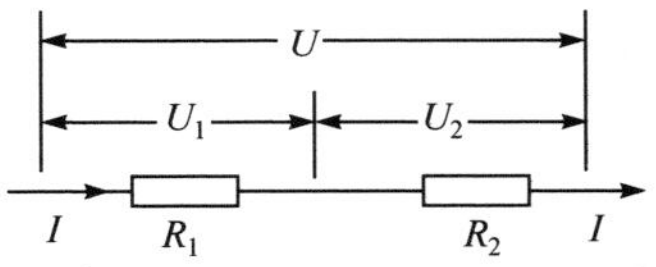

图 4.1.9(1)

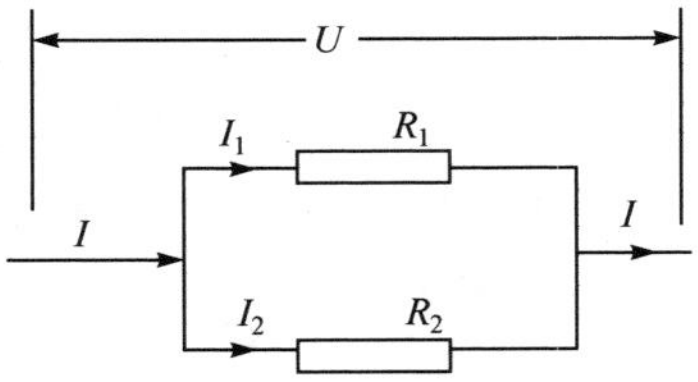

图 4.1.9(2)

(2)并联时电压 U 相同,如图 4.1.9(2),
$$R_1I_1=R_2I_2=U \tag{4}$$
因为
$$I_1+I_2=I \tag{5}$$
解得
$$I_1=\frac{R_2I}{R_1+R_2} \tag{6}$$
$$I_2=\frac{R_1I}{R_1+R_2} \tag{7}$$
可见每个电阻中的电流与另一电阻成正比.

4.1.10　一些电阻连接如图 4.1.10(1)所示,(1)试求 a、b 间的电阻 R_{ab};(2)若 4Ω电阻中的电流为 1A,试求 a、b 间的电势差 U_{ab}.

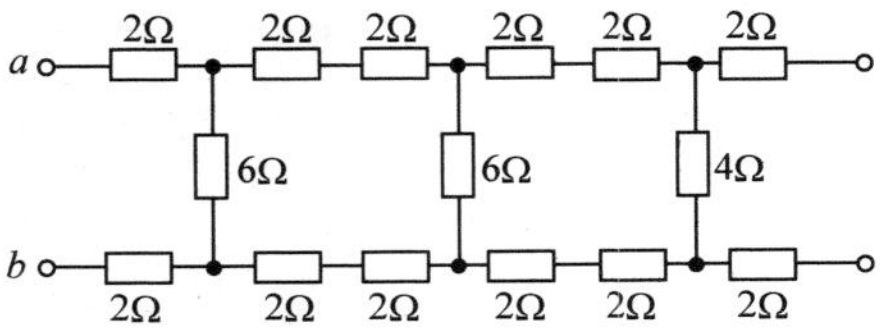

图 4.1.10(1)

【解】　(1)对 a、b 间的电阻来说,根据电阻的串联和并联的规律,图 4.1.10(1)可依次化成图 4.1.10(2)的(i)、(ii)和(iii),由(iii)得
$$R_{ab}=2+4+2=8\Omega \tag{1}$$

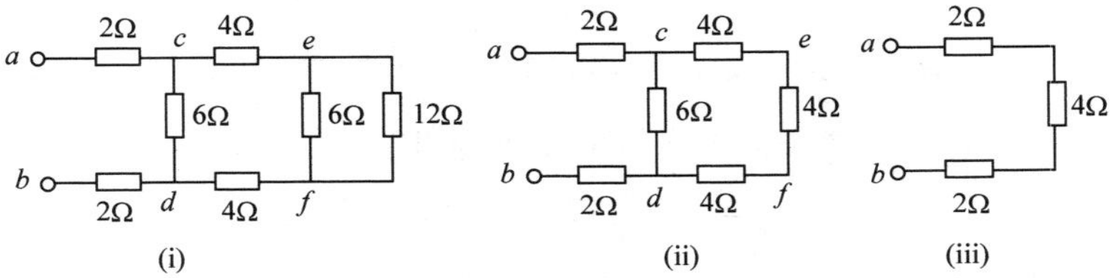

图 4.1.10(2)

(2)由图 4.1.10(2)的(i)可见，e、f 间的电势差为

$$U_{ef}=12\times 1=12(\mathrm{V}) \tag{2}$$

故 e、f 间 6Ω 中的电流为$\frac{12}{6}=2(\mathrm{A})$. 于是得

$$I_{ce}=2+1=3(\mathrm{A}) \tag{3}$$

所以

$$U_{cd}=(4+4+4)\times 3=36(\mathrm{V}) \tag{4}$$

c、d 间 6Ω 中的电流为$\frac{36}{6}=6(\mathrm{A})$. 于是 a、c 间的电流为

$$I_{ac}=6+3=9(\mathrm{A}) \tag{5}$$

最后得 a、b 间的电势差为

$$U_{ab}=8\times 9=72(\mathrm{V}) \tag{6}$$

4.1.11 三种已知电阻 r_1、r_2 和 r_3，连接成一无穷长梯形电路，如图 4.1.11(1)所示. 试求 a、b 间的电阻 R_{ab}.

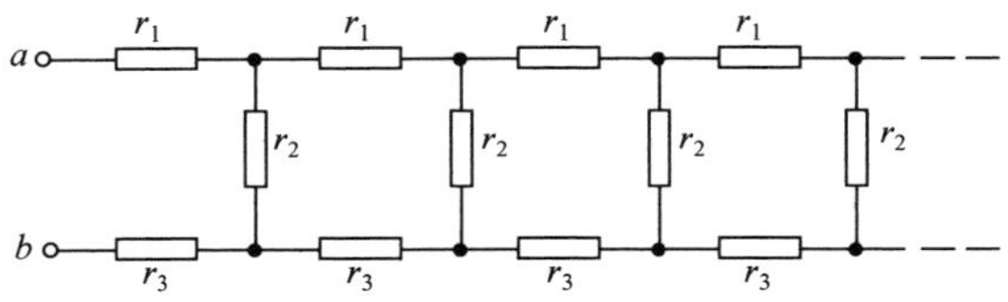

图 4.1.11(1)

【解】 用连分式求解

$$R_{ab}=r_1+r_3+\cfrac{1}{\cfrac{1}{r_2}+\cfrac{1}{r_1+r_3+\cfrac{1}{\cfrac{1}{r_2}+\cfrac{1}{r_1+r_3+\cdots}}}}$$

$$=r_1+r_3+\frac{1}{\frac{1}{r_2}+\frac{1}{R_{ab}}}=r_1+r_3+\frac{r_2R_{ab}}{r_2+R_{ab}} \tag{1}$$

由此得

$$R_{ab}^2-(r_1+r_3)R_{ab}-(r_1+r_3)r_2=0 \tag{2}$$

解得

$$R_{ab}=\frac{1}{2}\left[r_1+r_3\pm\sqrt{(r_1+r_3)(r_1+r_3+4r_2)}\right] \tag{3}$$

因 $R_{ab}\geqslant 0$，故上式中根号前只能是正号. 于是得所求的电阻为

$$R_{ab}=\frac{1}{2}\left[r_1+r_3+\sqrt{(r_1+r_3)(r_1+r_3+4r_2)}\right] \tag{4}$$

【别解】 用加一节的方法求解. 在 a、b 端加一节，如图4.1.11(2)所示. 因为是无穷长，故图 4.1.11(2)中 a'、b'间的电阻 $R_{a'b'}$ 应等于图 4.1.11(1)中 a、b 间的电阻 R_{ab}. 由图 4.1.11(2)可见

$$R_{a'b'}=r_1+r_3+\frac{r_2R_{ab}}{r_2+R_{ab}}=R_{ab} \tag{5}$$

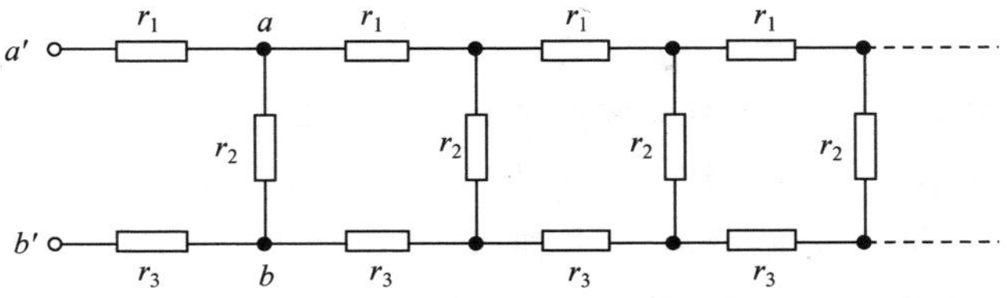

图 4.1.11(2)

式(5)化为式(2),便解得式(3).

【讨论】 关于无穷长梯形电路的一些花样,可参看张之翔《电磁学教学札记》(高等教育出版社,1988),§25,142—149 页;或《电磁学教学参考》(北京大学出版社,2015),§4.3,214—220 页.

4.1.12 无轨电车速度的调节是依靠在直流电动机的回路中,串入不同数值的电阻,从而改变通过电动机的电流,使电动机的转速发生变化.例如,在回路中串接四个电阻 R_1、R_2、R_3 和 R_4,再利用一些开关 K_1、K_2、K_3、K_4 和 K_5,使电阻分别串联或并联,以改变总电阻的数值,如图 4.1.12 所示.设 $R_1=R_2=R_3=R_4=1.0\Omega$,试求下列三种情况下 a、b 间的电阻 R_{ab}:(1)K_1、K_5 接通,K_2、K_3、K_4 断开;(2)K_2、K_3、K_5 接通,K_1、K_4 断开;(3)K_1、K_3、K_4 接通,K_2、K_5 断开.

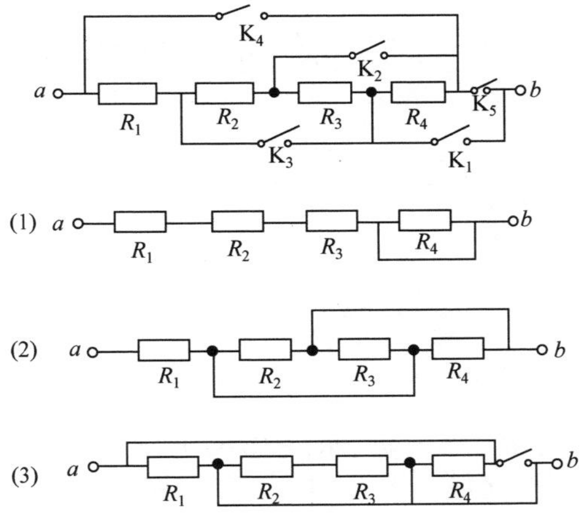

图 4.1.12

【解】 (1)这时 R_4 被短路,如图 4.1.12 的(1),故得

$$R_{ab}=R_1+R_2+R_3=3\Omega$$

(2)这时 R_2、R_3、R_4 三者并联后,再与 R_1 串联,如图 4.1.12 的(2),故得

$$R_{ab}=R_1+\frac{R_2R_3R_4}{R_2R_3+R_3R_4+R_4R_2}=1+\frac{1}{1+1+1}=1+\frac{1}{3}=\frac{4}{3}(\Omega)$$

(3)这时 R_1 和 R_4 并联,R_2 和 R_3 被短路,如图 4.1.12 的(3),故得

$$R_{ab}=\frac{R_1R_4}{R_1+R_4}=\frac{1\times1}{1+1}=\frac{1}{2}(\Omega)$$

4.1.13　图 4.1.13 是电学实验或仪器中调节电阻（从而可以用来调节电压或电流）的装置，其中 R 是一个较大的电阻，r 是一个较小的电阻，R 和 r 都可以改变. 试证明：当 $R\gg r$ 时，r 是粗调，R 是细调（即 r 改变某一数值时，a、b 间的电阻 R_{ab} 改变较大；而 R 改变同一数值时，R_{ab} 则改变较小）.

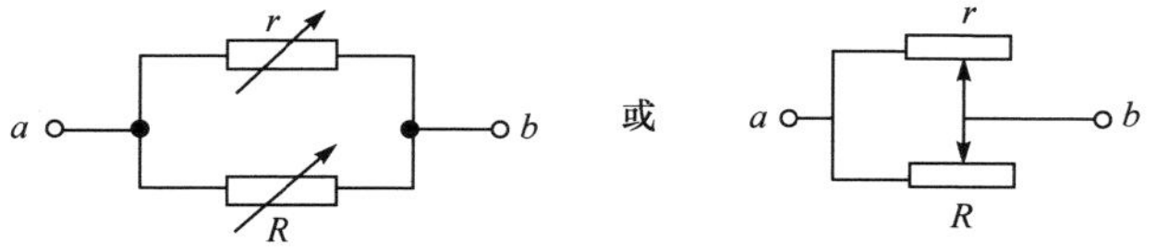

图 4.1.13

【证】　这是 r 和 R 的并联电阻，a、b 间的电阻为

$$R_{ab}=\frac{rR}{r+R}\tag{1}$$

设 R 不变，r 改变 Δr 时，则 R_{ab} 的改变为

$$(\Delta R_{ab})_R=\frac{R\Delta r}{r+R}-\frac{rR\Delta r}{(r+R)^2}=\left(\frac{R}{r+R}\right)^2\Delta r\tag{2}$$

设 r 不变，R 改变 ΔR 时，则 R_{ab} 的改变为

$$(\Delta R_{ab})_r=\frac{r\Delta R}{r+R}-\frac{rR\Delta R}{(r+R)^2}=\left(\frac{r}{r+R}\right)^2\Delta R\tag{3}$$

两者之比为

$$\frac{(\Delta R_{ab})_R}{(\Delta R_{ab})_r}=\left(\frac{R}{r}\right)^2\frac{\Delta r}{\Delta R}\tag{4}$$

当 $\Delta R=\Delta r$ 时，便有

$$\frac{(\Delta R_{ab})_R}{(\Delta R_{ab})_r}=\left(\frac{R}{r}\right)^2\tag{5}$$

因 $R\gg r$，故得

$$(\Delta R_{ab})_R\gg(\Delta R_{ab})_r\tag{6}$$

4.1.14　四个电阻连接如图 4.1.14(1)，已知 $R_1=R_2=8\Omega$，$R_3=4\Omega$，$R_4=2\Omega$，试求 a、b 间的电阻 R_{ab}.

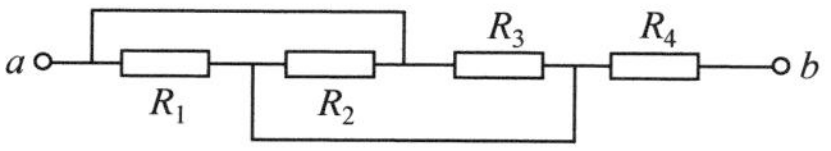

图 4.1.14(1)

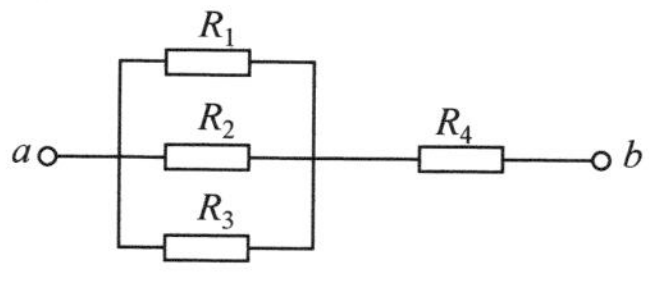

图 4.1.14(2)

【解】 将图 4.1.14(1)化成图 4.1.14(2)就明白了,这是 R_1、R_2 和 R_3 三者并联,再与 R_4 串联而成.设三者并联而成的电阻为 R,则

$$\frac{1}{R}=\frac{1}{R_1}+\frac{1}{R_2}+\frac{1}{R_3}=\frac{R_1R_2+R_2R_3+R_3R_1}{R_1R_2R_3}$$

所以
$$R=\frac{R_1R_2R_3}{R_1R_2+R_2R_3+R_3R_1}$$

于是得

$$R_{ab}=R+R_4=\frac{R_1R_2R_3}{R_1R_2+R_2R_3+R_3R_1}+R_4=\frac{8\times8\times4}{8\times8+8\times4+4\times8}+2=4(\Omega)$$

4.1.15 五个已知电阻 R_1、R_2、R_3、R_4 和 R_5 连接如图 4.1.15(1).试求 a、b 间的电阻 R_{ab}.

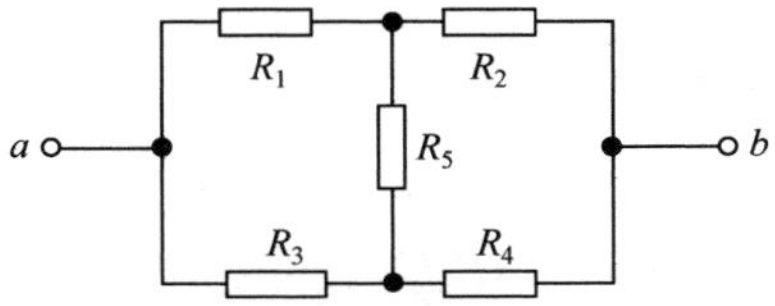

图 4.1.15(1)

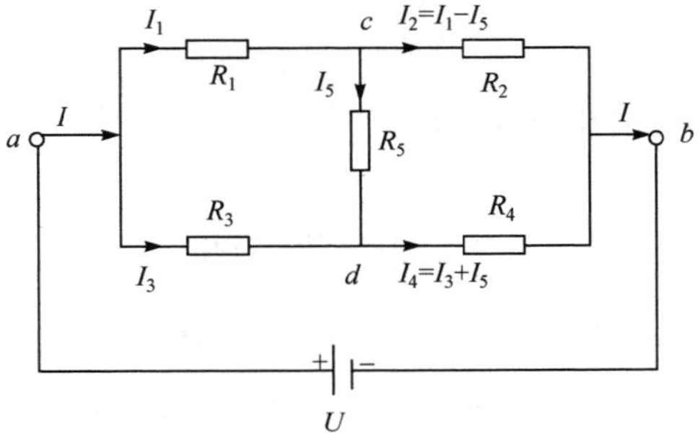

图 4.1.15(2)

【解】 这是一个不能用串联和并联规律直接解决的最简单的电路,我们在这里用电路的基本规律(基尔霍夫电路定律)求解.设在 a、b 间接上电压为 U 的电源(内阻可略去不计),电路中各处的电流如图 4.1.15(2)所示.为了减少变量,在图中 c、d 两点,应用了基尔霍夫第一定律:

$$I_2=I_1-I_5 \tag{1}$$

$$I_4=I_3+I_5 \tag{2}$$

这样便只有 I_1、I_3 和 I_5 三个变量.下面取三个独立回路,用基尔霍夫第二定律求解.

回路 $acda$:$I_1R_1+I_5R_5-I_3R_3=0$ (3)

回路 $cbdc$：$(I_1-I_5)R_2-(I_3+I_5)R_4-I_5R_5=0$ (4)

回路 $acbUa$：$I_1R_1+(I_1-I_5)R_2-U=0$ (5)

由式(3)、(4)、(5)联立解得

$$I_1=\frac{U}{\Delta}[(R_2+R_4)R_3+(R_3+R_4)R_5] \tag{6}$$

$$I_3=\frac{U}{\Delta}[(R_2+R_4)R_1+(R_1+R_2)R_5] \tag{7}$$

$$I_5=\frac{U}{\Delta}(R_2R_3-R_1R_4) \tag{8}$$

式中

$$\Delta=R_1R_2(R_3+R_4)+R_3R_4(R_1+R_2)+(R_1+R_2)(R_3+R_4)R_5 \tag{9}$$

流过 a、b 两点的电流为

$$I=I_1+I_3=\frac{U}{\Delta}[(R_1+R_3)(R_2+R_4)+(R_1+R_2+R_3+R_4)R_5] \tag{10}$$

于是得 a、b 间的电阻为

$$R_{ab}=\frac{U}{I}=\frac{R_1R_2(R_3+R_4)+R_3R_4(R_1+R_2)+(R_1+R_2)(R_3+R_4)R_5}{(R_1+R_3)(R_2+R_4)+(R_1+R_2+R_3+R_4)R_5} \tag{11}$$

【讨论】 一、两种特殊情况

(一)c、d 间短路：$R_5=0$. 这时式(11)化为

$$R_{ab}=\frac{R_1R_3}{R_1+R_3}+\frac{R_2R_4}{R_2+R_4} \tag{12}$$

这就是 R_1 和 R_3 并联，R_2 和 R_4 并联，再将两并联串联的公式.

(二)c、d 间开路：$R_5=\infty$. 这时式(11)化为

$$R_{ab}=\frac{(R_1+R_2)(R_3+R_4)}{R_1+R_2+R_3+R_4} \tag{13}$$

这就是 R_1 和 R_2 串联，R_3 和 R_4 串联，再将两串联并联的公式.

二、平衡电桥　　图 4.1.15 的电路也是惠斯通电桥的电路. 当 $I_5=0$ 时，电桥达到平衡. 这时由式(8)得

$$R_2R_3=R_1R_4 \tag{14}$$

这就是惠斯通电桥的平衡条件. 这时，将式(14)代入式(11)，便得

$$R_{ab}=\frac{(R_1+R_2)R_3}{R_1+R_3} \tag{15}$$

这个结果表明，平衡电桥 a、b 间的电阻 R_{ab} 与桥电阻 R_5 无关. 这个结论在解决一些电路问题中有用[参见下面 4.1.16 题的讨论].

三、电容电桥和电感电桥　　根据用复数表示交流电路元件的规律，电阻 R、电感 L 和电容 C 三者串联的复阻抗为

$$Z=R+\sqrt{-1}\left(\omega L-\frac{1}{\omega C}\right) \tag{16}$$

对于简谐交流电路来说，复数形式的基尔霍夫电路定律成立. 因此，用五个阻抗 Z_1、Z_2、Z_3、Z_4 和 Z_5 分别代替图 4.1.15 中的 R_1、R_2、R_3、R_4 和 R_5，便得出交流电的阻抗电桥. 这时，将式(11)中的 R_1、R_2、R_3、R_4 和 R_5 分别换成 Z_1、Z_2、Z_3、Z_4 和 Z_5，便可得出 a、b 间的阻抗 Z_{ab}. 在特殊情况下，若五个阻抗全是电容，便成为电容电桥；这时，根据式(16)，将式(11)中的 R_1、R_2、R_3、R_4 和 R_5 分别换成$\frac{1}{C_1}$、$\frac{1}{C_2}$、$\frac{1}{C_3}$、$\frac{1}{C_4}$和$\frac{1}{C_5}$，便可得出 a、b 间的电容 C_{ab}，这就是前面 2.3.42 题的式(17). 若五个阻抗全是彼此没有互感的自感，便成为自感电桥；这时，将式(11)中的 R_1、R_2、R_3、R_4 和 R_5 分别换成 L_1、L_2、L_3、L_4 和 L_5，便可得出 a、b 间的自感 L_{ab}，参见后面 8.3.45 题的式(10).

4.1.16 一些相同的电阻 r，分别联成如图 4.1.16 中所示的三种电路(1)、(2)和(3). 试求每种电路 a、b 间的电阻 R_{ab}.

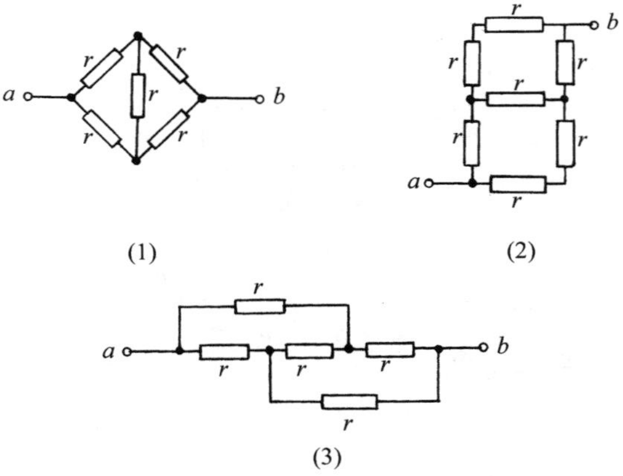

图 4.1.16

【解】 本题三种电路的 R_{ab}，都不能用电阻的串、并联公式直接算出. 正规的解法，是在 a、b 间加上电压 U，根据基尔霍夫电路定律列出方程，解出 a、b 间的电流 I，便可得出 $R_{ab}=\frac{U}{I}$. 由于电阻全是 r，这样求解也不困难，读者可以自己去试作.

因为本题的三种电路都是电桥电路，我们在这里就根据前面 4.1.15 题的结果式(11)，写出它们的 R_{ab} 来.

(1)图 4.1.16 的(1)，因为是平衡电桥，故由 4.1.15 题的式(15)得

$$R_{ab}=\frac{(r+r)r}{r+r}=r \tag{1}$$

(2)将图 4.1.16 的(2)与图 4.1.15 比较，得 $R_1=R_4=r$，$R_2=R_3=2r$. 于是由 4.1.15 题的式

(11)得

$$R_{ab}=\frac{2r^2(2r+r)+2r^2(r+2r)+(r+2r)(2r+r)}{(r+2r)(2r+r)+(r+2r+2r+r)r}=\frac{7}{5}r \tag{2}$$

(3)图 4.1.16 的(3),因为是平衡电桥,故由 4.1.15 题的式(15)得

$$R_{ab}=\frac{(r+r)r}{r+r}=r \tag{3}$$

【讨论】 在图 4.1.16 的(1)和(3)中,由于 $R_1=R_2=R_3=R_4=r$,所以这两个电路都是一种对称电路,在 a、b 间加上电压后,作为"桥"的那个电阻(即前面图 4.1.15 中的 R_5)两端的电势相等,因而没有电流流过,故它的电阻值对电流的分布没有影响. 因此,为方便起见,可以把它去掉. 这样,这两个电路便都化为两 r 串联后,两个串联再并联而成的电路,于是便得

$$R_{ab}=\frac{(r+r)(r+r)}{r+r+r+r}=r$$

4.1.17 试证明:在 $R_1/R_2=R_3/R_4$ 的条件下,图 4.1.17 中三个电路的 a、b 间的电阻 R_{ab} 都相等.

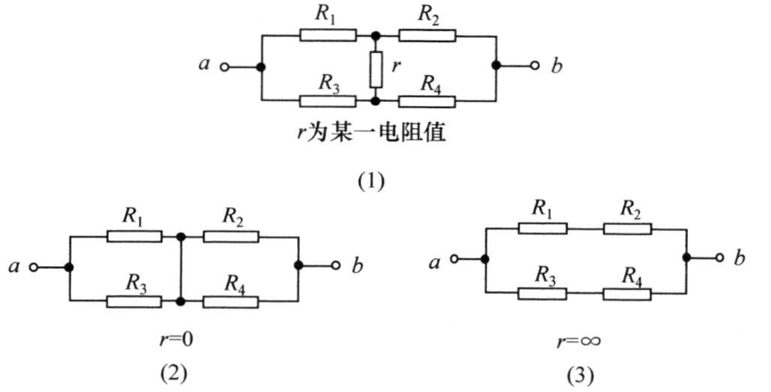

图 4.1.17

【证】 当 $R_1/R_2=R_3/R_4$ 时,图 4.1.17 的(1)是平衡电桥的电路. 根据前面 4.1.15 题的式(15),

$$R_{ab}=\frac{(R_1+R_2)R_3}{(R_1+R_3)} \tag{1}$$

图 4.1.17 的(2)是 R_1 与 R_3 并联,R_2 与 $R_4=R_2R_3/R_1$ 并联,然后两并联再串联而成的电路,故得

$$\begin{aligned}R_{ab}&=\frac{R_1R_3}{R_1+R_3}+\frac{R_2R_4}{R_2+R_4}=\frac{R_1R_3}{R_1+R_3}+\frac{R_2R_2R_3/R_1}{R_2+R_2R_3/R_1}\\&=\frac{R_1R_3}{R_1+R_3}+\frac{R_2R_3}{R_1+R_3}=\frac{(R_1+R_2)R_3}{R_1+R_3}\end{aligned} \tag{2}$$

图 4.1.17 的(3)是 R_1 与 R_2 串联,R_3 与 $R_4=R_2R_3/R_1$ 串联,然后两串联再并联而成的电

路,故得

$$R_{ab}=\frac{(R_1+R_2)(R_3+R_4)}{R_1+R_2+R_3+R_4}=\frac{(R_1+R_2)(R_3+R_2R_3/R_1)}{R_1+R_2+R_3+R_2R_3/R_1}=\frac{(R_1+R_2)R_3}{R_1+R_3} \tag{3}$$

式(1)、(2)、(3)表明,三个电路的 R_{ab} 相等.

4.1.18　五个电阻连接如图 4.1.18,其中电阻都已知.(1)试求 a、b 间的电阻 R_{ab};(2)当 $R_1=4\Omega$,$R_2=2\Omega$,$R=1\Omega$ 时,$R_{ab}=$? (3)若拆去 R,则 $R_{ab}=$?

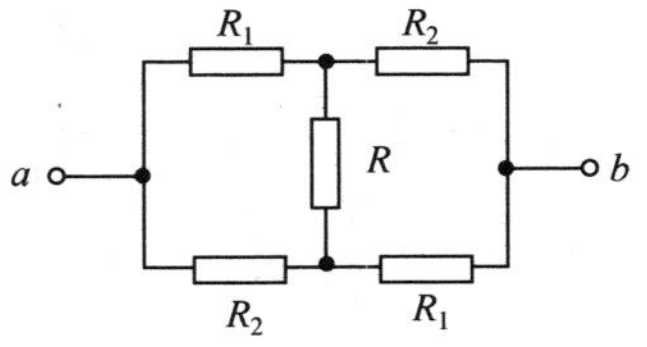

图 4.1.18

【解】　(1)本题的 R_{ab} 不能用电阻的串、并联公式直接算出.正规的解法是在 a、b 间加上电压 U,根据基尔霍夫电路定律列出方程,解出 a、b 间的电流 I,便可得出 $R_{ab}=U/I$.这在前面 4.1.15 题已作过,在此不重复,只将相应的电阻代入该题的结果式(11),算出结果如下:

$$R_{ab}=\frac{R_1R_2(R_2+R_1)+R_2R_1(R_1+R_2)+(R_1+R_2)(R_2+R_1)R}{(R_1+R_2)(R_2+R_1)+(R_1+R_2+R_2+R_1)R}$$

$$=\frac{2R_1R_2+(R_1+R_2)R}{R_1+R_2+2R} \tag{1}$$

(2)$R_1=4\Omega$,$R_2=2\Omega$,$R=1\Omega$ 时,

$$R_{ab}=\frac{2\times4\times2+(4+2)\times1}{4+2+2\times1}=\frac{11}{4}(\Omega) \tag{2}$$

(3)拆去 R,即令 $R=\infty$,代入式(1)得

$$R_{ab}=\frac{R_1+R_2}{2}=\frac{4+2}{2}=3(\Omega) \tag{3}$$

4.1.19　六个相同的电阻 r 连接成如图 4.1.19 的电路,试求 a、b 间的电阻 R_{ab} 以及 a、c 间的电阻 R_{ac}.

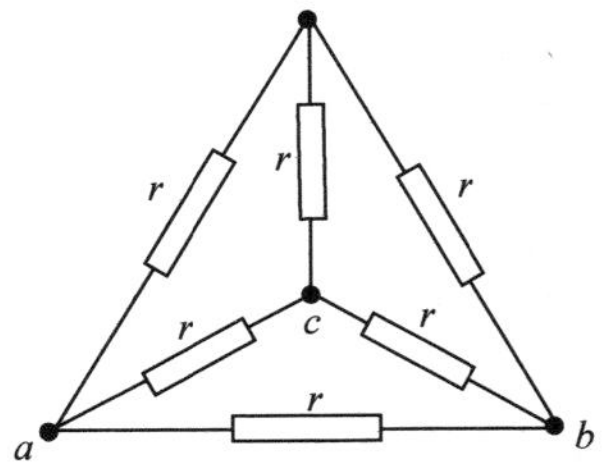

图 4.1.19

【解】　图 4.1.19 中上边五个 r 是桥路电阻,由前面 4.1.15 题的式(11),或直接由前面 4.1.16 题的式(1),这桥路电阻为 r.它与下边的 r 并联,故得 a、b 间的电阻为

$$R_{ab}=\frac{r\cdot r}{r+r}=\frac{r}{2}$$

因为图 4.1.19 的电路构成一个对称的四面体,故由对称性可知

$$R_{ac}=R_{ab}=\frac{r}{2}$$

【讨论】　利用后面 4.1.22 题讲的对称性原则解本题比较简单,参见后面 4.1.23 题

4.1.20　八个相同的电阻 r 连接成如图 4.1.20(1)的电路,试求:(1)a、b 间的电阻 R_{ab};(2)a、c 间的电阻 R_{ac};(3)a、d 间的电阻 R_{ad}.

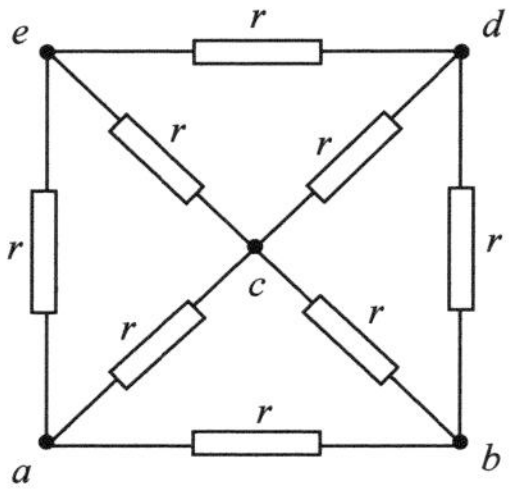

图 4.1.20(1)

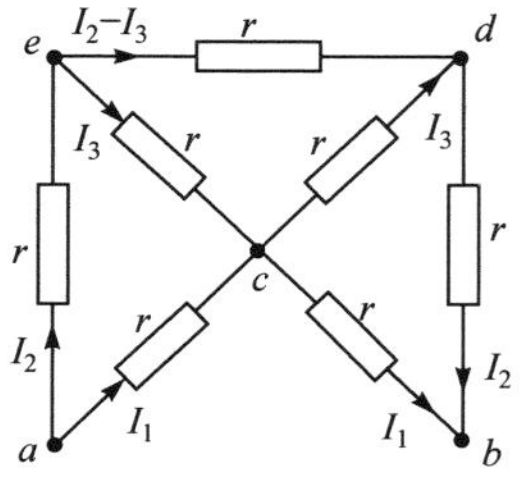

图 4.1.20(2)

【解】 (1)图 4.1.20(1)中 a、b 间的电阻 R_{ab} 是由上边七个电阻联成的电路[图 4.1.20(2)]与下边一个电阻 r 并联而成. 为此，先求图 4.1.20(2)中 a、b 间的电阻 R'_{ab}. 设在 a、b 间加上电压 U，根据对称性和基尔霍夫第一定律，可设电流分布如图 4.1.20(2)所示，则由回路 $aeca$ 得

$$I_2 + I_3 - I_1 = 0 \tag{1}$$

由回路 $edce$ 得

$$I_2 - 3I_3 = 0 \tag{2}$$

由式(1)、(2)解得

$$I_2 = \frac{3}{4} I_1 \tag{3}$$

a、b 间的电流为

$$I = I_1 + I_2 = \frac{7}{4} I_1 \tag{4}$$

由 acb 支路得

$$U = I_1 r + I_1 r = 2I_1 r \tag{5}$$

故得 a、b 间的电阻为

$$R'_{ab} = \frac{U}{I} = \frac{2I_1 r}{7I_1/4} = \frac{8}{7} r \tag{6}$$

于是得图 4.1.20(1)中 a、b 间的电阻为

$$R_{ab} = \frac{rR'_{ab}}{r + R'_{ab}} = \frac{8r^2/7}{r + 8r^2/7} = \frac{8}{15} r \tag{7}$$

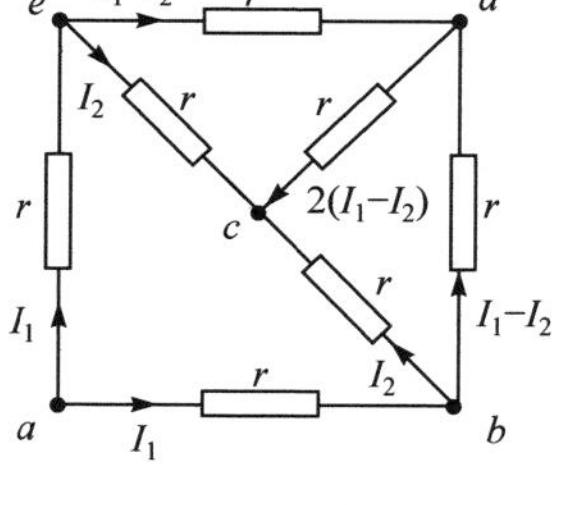

图 4.1.20(3)

(2)图 4.1.20(1)中 a、c 间的电阻 R_{ac} 是由图 4.1.20(3)中 a、c 间的电阻 R'_{ac} 与 r 并联而成. 为此，先求 R'_{ac}. 设在图 4.1.20(3)中 a、c 间加上电压 U，根据对称性和基尔霍夫第一定律，可设电流分布如图 4.1.20(3)所示，则由回路 $edce$ 得

$$I_1 - I_2 + 2(I_1 - I_2) - I_2 = 0 \tag{8}$$

所以

$$I_2 = \frac{3}{4} I_1 \tag{9}$$

由图 4.1.20(3)可见

$$U = I_1 r + I_2 r = \frac{7}{4} I_1 r \tag{10}$$

所以
$$R'_{ac} = \frac{U}{2I_1} = \frac{7}{8} r \tag{11}$$

于是得图 4.1.20(1)中 a、c 间的电阻为

$$R_{ac} = \frac{rR'_{ac}}{r + R'_{ac}} = \frac{7r/8}{1+7/8} = \frac{7}{15} r \tag{12}$$

(3)求图 4.1.20(1)中 a、d 间的电阻　设在 a、d 间加上电压,则根据对称性和基尔霍夫第一定律,可设电流如图 4.1.20(4)所示.由独立回路列出方程如下:

$abca$:
$$I_2 + I_2 - I_3 - I_1 = 0 \tag{13}$$

所以
$$2I_2 - I_3 = I_1 \tag{14}$$

$$edce: I_3 - [I_1 + 2(I_2 - I_3)] - (I_2 - I_3) = 0 \tag{15}$$

所以
$$4I_3 - 3I_2 = I_1 \tag{16}$$

解得
$$I_3 = I_2 = I_1 \tag{17}$$

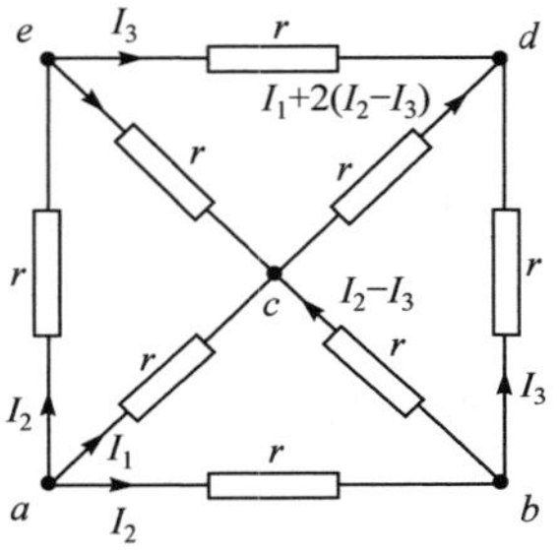

图 4.1.20(4)

由图 4.1.20(4)可见

$$I = I_1 + 2I_2 = 3I_1 \tag{18}$$

$$U = I_2 r + I_3 r = 2I_1 r \tag{19}$$

于是得 a、d 间的电阻为

$$R_{ad} = \frac{U}{I} = \frac{2I_1 r}{3I_1} = \frac{2}{3} r \tag{20}$$

【讨论】　利用后面 4.1.22 题的对称性原则解本题比较简单,参见后面 4.1.24 题.

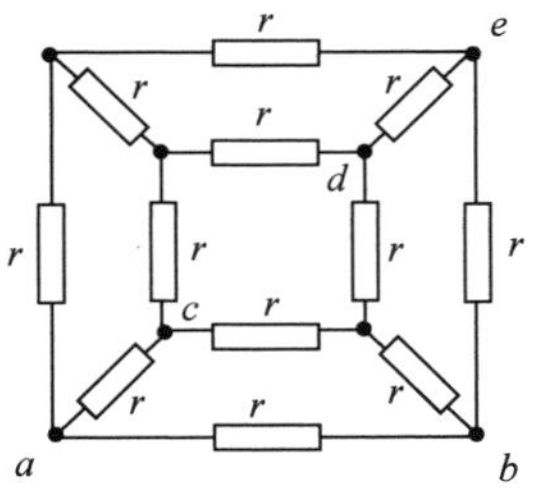

图 4.1.21(1)

4.1.21　十二个相同的电阻 r 连接成如图 4.1.21(1)的电路,试求:(1)a、b 间的电阻 R_{ab};(2)a、c 间的电阻 R_{ac};(3)a、d 间的电阻 R_{ad};(4)a、e 间的电阻 R_{ae}.

【解】　(1)求 R_{ab}.图 4.1.21(1)中 a、b 间的电阻 R_{ab} 是由最下边的 r 与上边十一个 r 构成的网络并联而成;这十一个 r 构成的网络可画成图4.1.21(2),其 a、b 间的电阻 R'_{ab} 可由基尔霍夫定律求出如下:设在 a、b 间加上电压 U,则根据对称性和基尔霍夫第一定律,可设电流如图 4.1.21(2)所示.由回路①得

$$I_1 - I_2 + 2(I_1 - I_2) + I_1 - I_2 - I_2 = 0 \tag{1}$$

所以
$$I_2 = \frac{4}{5} I_1 \tag{2}$$

由图可见

$$U = I_1 r + I_2 r + I_1 r = \frac{14}{5} I_1 r \tag{3}$$

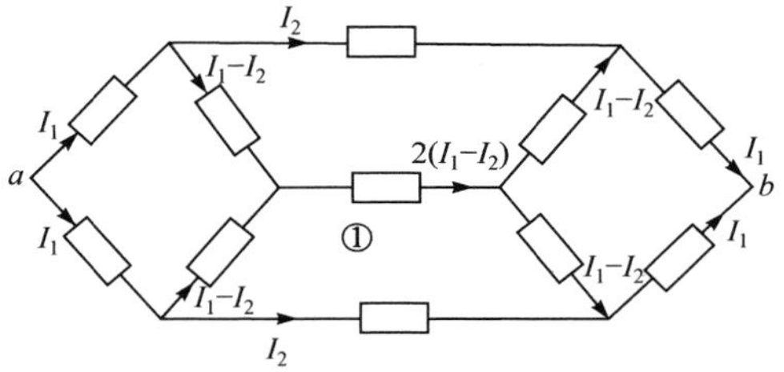

图 4.1.21(2)

于是得

$$R'_{ab}=\frac{U}{I_1+I_1}=\frac{7}{5}r \tag{4}$$

最后便得图 4.1.21(1)中 a、b 间的电阻为

$$R_{ab}=\frac{rR'_{ab}}{r+R'_{ab}}=\frac{7r/5}{1+7/5}=\frac{7}{12}r \tag{5}$$

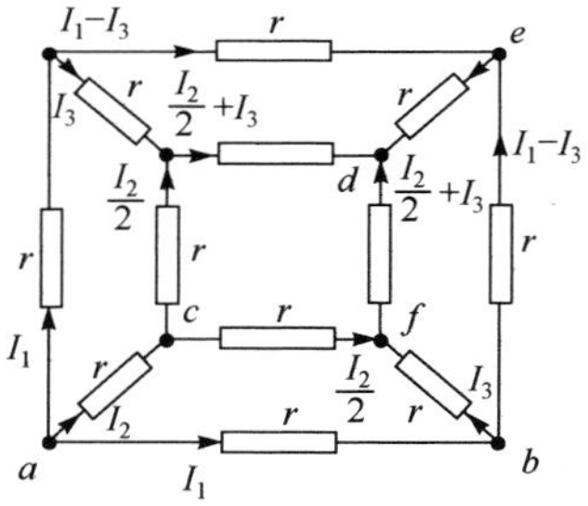

图 4.1.21(3)

(2)求 R_{ac}. 图 4.1.21(1)可看成是一个立方框架,根据对称性可知

$$R_{ac}=R_{ab}=\frac{7}{12}r \tag{6}$$

(3)求 R_{ad}. 设在图4.1.21(1)中 a、d 间加上电压 U,则由对称性和基尔霍夫第一定律,可设电流分布如图 4.1.21(3)所示. 由回路列出方程如下：

$abfca$： $$I_1+I_3-\frac{1}{2}I_2-I_2=0 \tag{7}$$

所以 $$2I_1+2I_3-3I_2=0 \tag{8}$$

$bedfb$： $$I_1-I_3+2(I_1-I_3)-\left(\frac{1}{2}I_2+I_3\right)-I_3=0 \tag{9}$$

所以 $$I_2+10I_3-6I_1=0 \tag{10}$$

解得

$$I_2=I_1 \tag{11}$$

$$I_3=\frac{1}{2}I_1 \tag{12}$$

a、d 间的电流和电压分别为

$$I=2I_1+I_2=3I_1 \tag{13}$$

$$U=I_2r+\frac{1}{2}I_2r+\left(\frac{1}{2}I_2+I_3\right)r=\frac{5}{2}I_1r \tag{14}$$

于是得 a、d 间的电阻为

$$R_{ad}=\frac{U}{I}=\frac{5I_1r/2}{3I_1}=\frac{5}{6}r \tag{15}$$

(4)求 R_{ae}. 设在图 4.1.21(1)中 a、e 间加上电压 U,则由对称性和基尔霍夫第一定律,可设电流分布如图 4.1.21(4)所示. 由回路列出方程如下：

$$abfca:\quad I_1+I_3-\frac{1}{2}I_2-I_2=0 \tag{16}$$

所以

$$2I_1+2I_3-3I_2=0 \tag{17}$$

$$bedfb:\quad I_1-I_3-(I_2+2I_3)-\left(\frac{1}{2}I_2+I_3\right)-I_3=0 \tag{18}$$

$$2I_1-3I_2-10I_3=0 \tag{19}$$

解得

$$I_2=\frac{2}{3}I_1,\quad I_3=0 \tag{20}$$

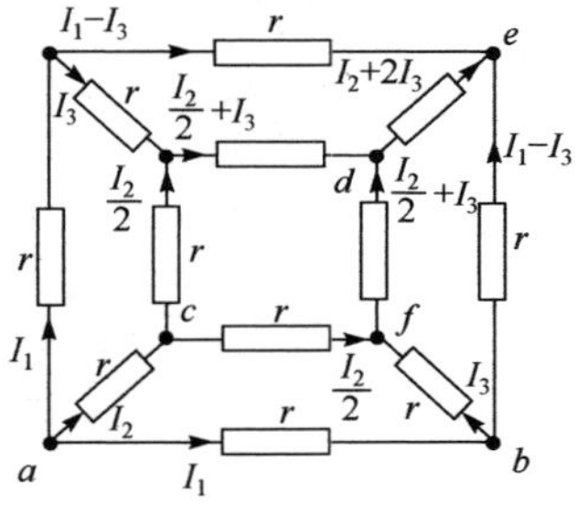

图 4.1.21(4)

a、e 间的电流和电压分别为

$$I=2I_1+I_2=\frac{8}{3}I_1 \tag{21}$$

$$U=I_1r+(I_1-I_3)r=2I_1r \tag{22}$$

于是得 a、e 间的电阻为

$$R_{ae}=\frac{U}{I}=\frac{2I_1r}{8I_1/3}=\frac{3}{4}r \tag{23}$$

4.1.22　图4.1.22(1)中的 X 和 Y 都是由电阻连接而成的电路. 试论证：当 a、b 两端加上电压时，如果 c、d 两点的电势相等(即电阻 r 中的电流为零)，则 a、b 两点间的电阻便与 r 无关.

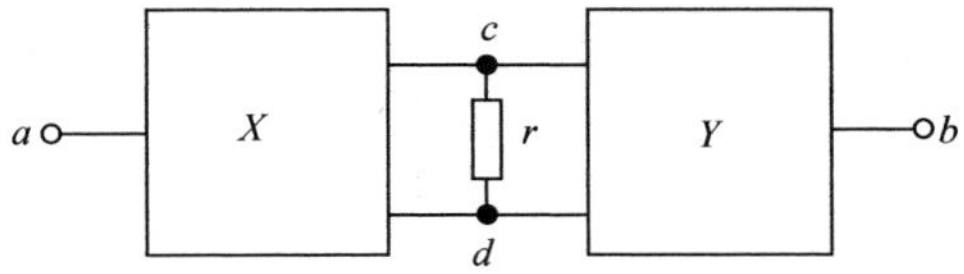

图 4.1.22(1)

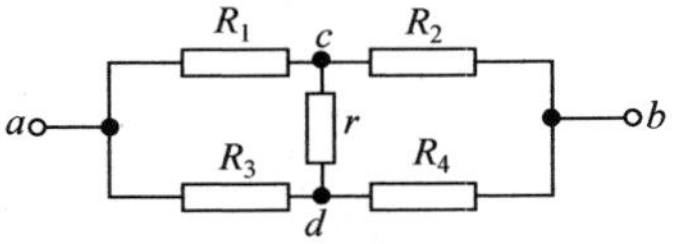

图 4.1.22(2)

【论证】　图 4.1.22(1)中的 X 和 Y 经过简化后，a、b 间的电路最终可以化成图 4.1.22(2)所示的电路，这是一个电桥电路. 在 a、b 间加上电压时，c、d 间电势差为零，即 r 中的电流为零，这时的电桥便是平衡电桥. 根据前面 4.1.15 题后的讨论二，这时 a、b 间的电阻为

$$R_{ab}=\frac{(R_1+R_2)R_3}{R_1+R_3}$$

它与电阻 r 无关.

【讨论】　本题所得出的结论，为求某些网络的电阻提供了一种简便的方法：因 R_{ab} 与 r 无关，故在遇到这种问题时，可以取 $r=\infty$(即去掉 r)，也可以取 $r=0$(即把 r 短路)，这样便可以使问题大为简化. 特别是在一些有对称性的电路中，一看就可以知道哪些电阻可以去掉或短路，所以我们把它叫做对称性原则.

4.1.23　试用前面 4.1.22 题的讨论中所讲的对称性原则解 4.1.19 题(即求

图 4.1.19 中 a、b 间的电阻 R_{ab} 以及 a、c 间的电阻 R_{ac}).

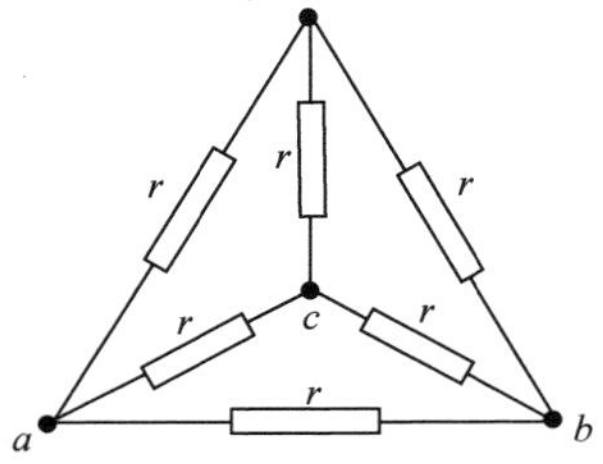

图 4.1.19

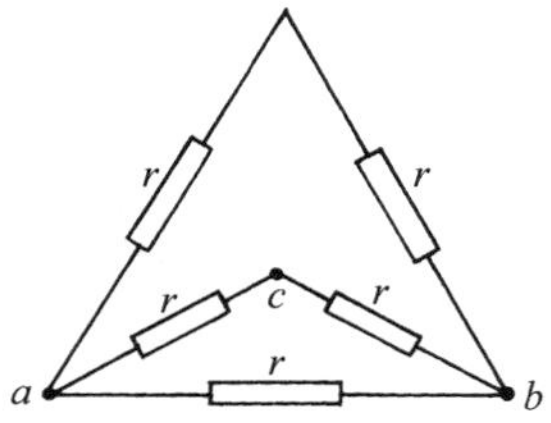

图 4.1.23

【解】 对于图 4.1.19 中的 a、b 两点来说，根据对称性原则，中间竖立的那个 r 可以去掉，于是就成为图 4.1.23. 这便可由电阻的串联和并联规律求出 a、b 间电阻如下：

$$R_{ab}=\frac{1}{\frac{1}{r}+\frac{1}{2r}+\frac{1}{2r}}=\frac{r}{2}$$

又根据对称性可知

$$R_{ac}=R_{ab}=\frac{r}{2}$$

4.1.24 试用前面 4.1.22 题的讨论中所讲的对称性原则解 4.1.20 题，即求图 4.1.20(1)中(1)a、b 间的电阻 R_{ab}；(2)a、c 间的电阻 R_{ac}；(3)a、d 间的电阻 R_{ad}.

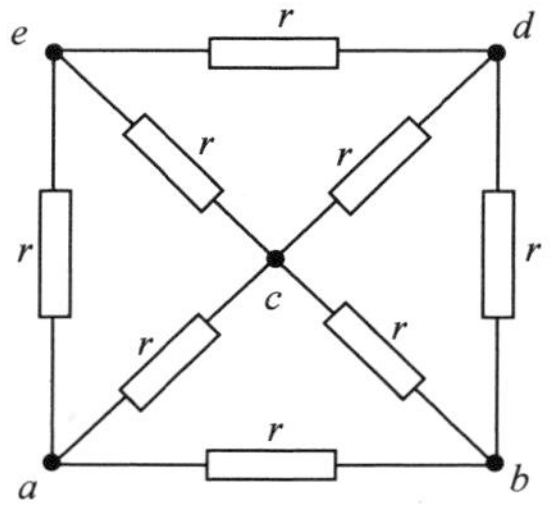

图 4.1.20(1)

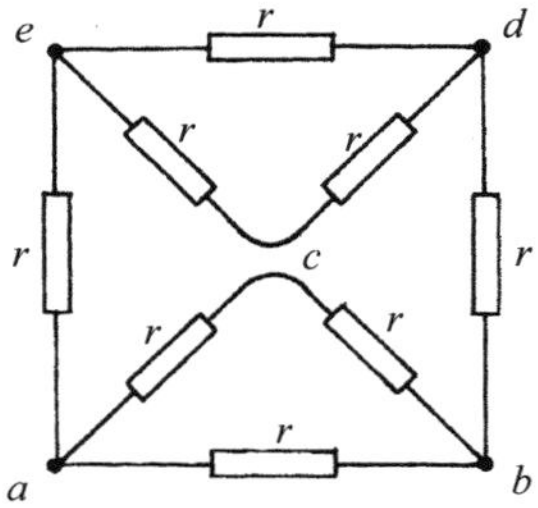

图 4.1.24(2)

【解】 (1)对于图 4.1.20(1)中的 a、b 两点来说，根据对称性原则，c 点可以上下脱开，如图 4.1.24(2)所示. 于是得 a、b 间的电阻为

$$R_{ab}=\frac{1}{\frac{1}{r}+\frac{1}{2r}+\frac{1}{2r+\frac{2}{3}r}}=\frac{8}{15}r$$

(2)对于图 4.1.20(1)中的 a、c 两点来说，根据对称性原则，b、e 两点可以短路，化为图 4.1.24(3)的电路. 此电路是 r 与另一电阻 R'_{ac} 并联而成，其中

$$R'_{ac}=\frac{r}{2}+\frac{\frac{r}{2}\left(\frac{r}{2}+r\right)}{\frac{r}{2}+\frac{r}{2}+r}=\frac{r}{2}+\frac{3r}{8}=\frac{7r}{8}$$

于是得 a、c 间的电阻为

$$R_{ac}=\frac{rR'_{ac}}{r+R'_{ac}}=\frac{r\cdot\frac{7r}{8}}{r+\frac{7r}{8}}=\frac{7r}{15}$$

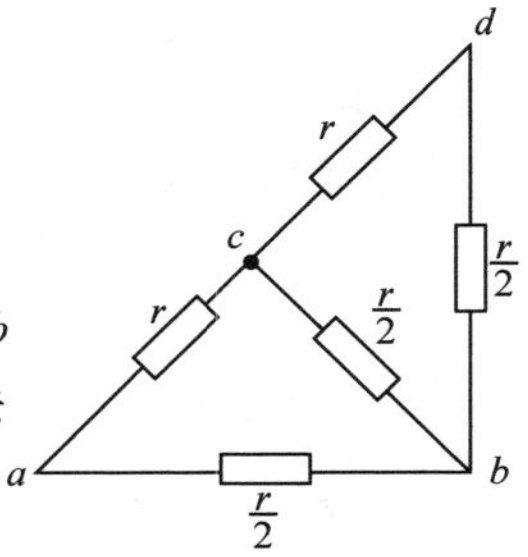

图 4.1.24(3)

(3)对于图 4.1.20(1)中的 a、d 两点来说，根据对称性原则，e、b 两点可以短路，化为图 4.1.24(3)的电路；对于 a、d 两点来说，又可去掉 b、c 间的$\frac{r}{2}$. 于是得

$$R_{ad}=\frac{(r+r)\left(\frac{r}{2}+\frac{r}{2}\right)}{r+r+\frac{r}{2}+\frac{r}{2}}=\frac{2}{3}r$$

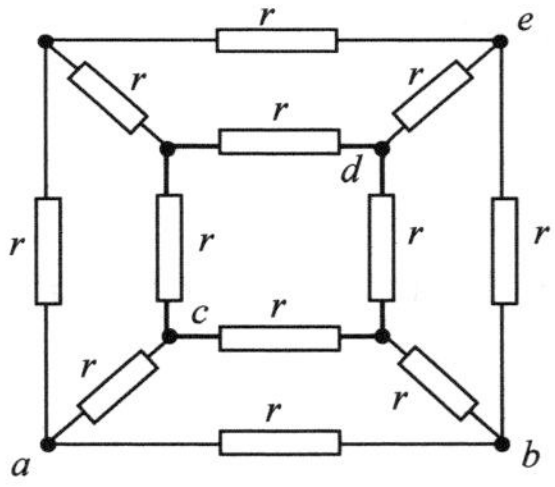

图 4.1.21(1)

4.1.25　试用前面 4.1.22 题的讨论中所讲的对称性原则解 4.1.21 题，即求图 4.1.21(1)中(1)a、b 间的电阻 R_{ab}；(2)a、c 间的电阻 R_{ac}；(3)a、d 间的电阻 R_{ad}；(4)a、e 间的电阻 R_{ae}.

【解】　(1)求 R_{ab}　　图 4.1.21 中 a、b 间的电阻 R_{ab} 是由最下边的 r 与上边十一个 r 构成的网络并联而成；这十一个 r 构成的网络可画成图 4.1.25(1)，对于 a、b 两点来说，根据对称性原则，c、f 两点可以短路，g、e 两点也可以短路，因而图 4.1.25(1)就化成图 4.1.25(2)，这样就可以写出 a、b 间的电阻

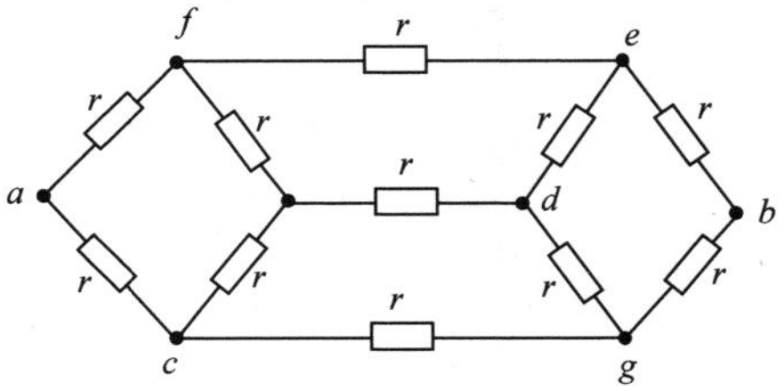

图 4.1.25(1)

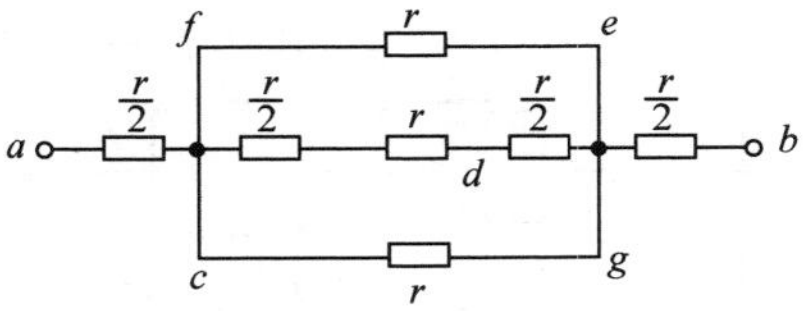

图 4.1.25(2)

$$R'_{ab}=\frac{r}{2}+\frac{1}{\frac{1}{r}+\frac{1}{r/2+r+r/2}+\frac{1}{r}}+\frac{r}{2}=\frac{7}{5}r$$

最后便得图 4.1.21 中 a、b 间的电阻为

$$R_{ab}=\frac{rR'_{ab}}{r+R'_{ab}}=\frac{7r/5}{1+7/5}=\frac{7}{12}r$$

(2)求 R_{ac}　　图 4.1.21 可看成是一个立方框架，根据对称性可知

$$R_{ac}=R_{ab}=\frac{7}{12}r$$

(3)求 R_{ad}　图 4.1.21 可看成是一个立方框架，如图 4.1.25(3)所示，a、d 分别处在斜对角上. 根据对称性，如在 a、d 间加上电压，则 b、c、f 三点电势相等，故可短路(即接在一起)；e、g、h 三点电势相等，故亦可短路. 这样，图 4.1.25(3)便化成图 4.1.25(4). 于是得

$$R_{ad}=\frac{r}{3}+\frac{r}{6}+\frac{r}{3}=\frac{5}{6}r$$

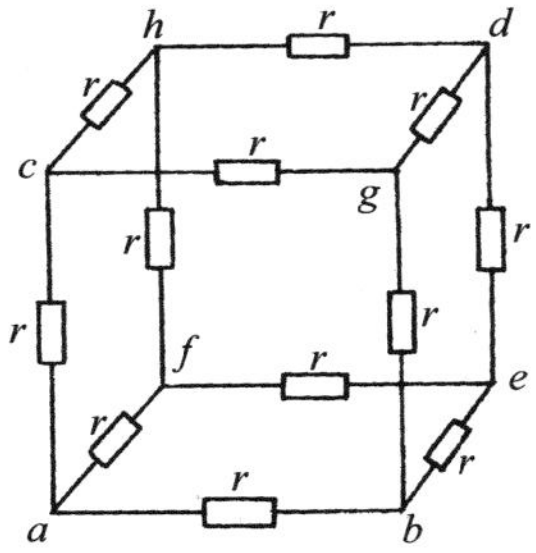

图 4.1.25(3)

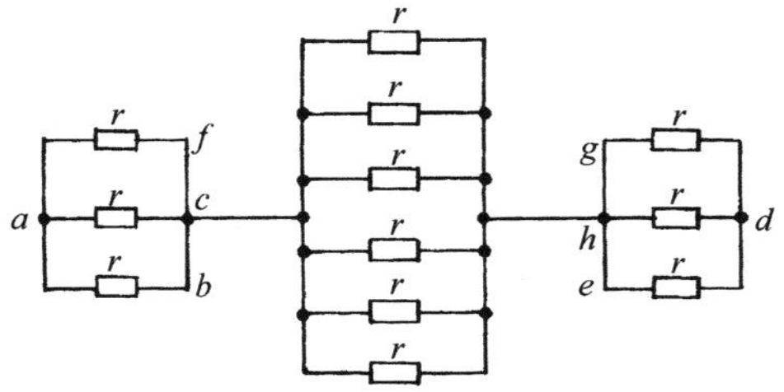

图 4.1.25(4)

(4)求 R_{ae}　由图 4.1.25(3)可见，若在 a、e 间加上电压，则根据对称性，b、g、h、f 四点电势相等，故可接在一起，成为图 4.1.25(5)的电路. 于是得

$$R_{ae}=2\frac{\frac{r}{2}\frac{3r}{2}}{\frac{r}{2}+\frac{3r}{2}}=\frac{3}{4}r$$

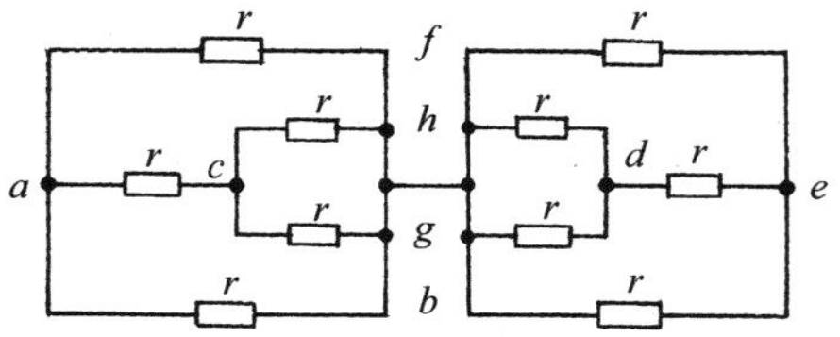

图 4.1.25(5)

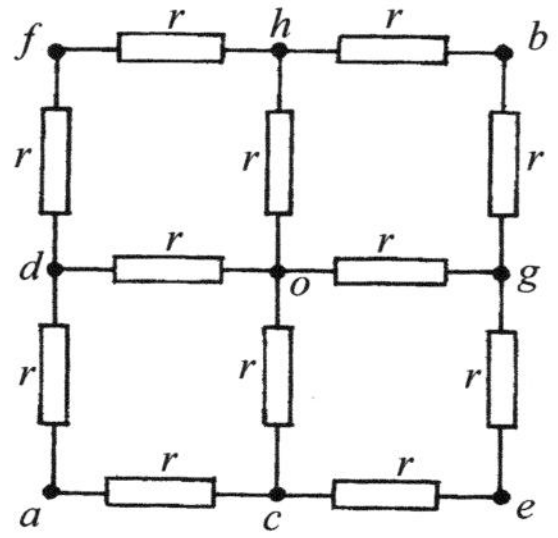

图 4.1.26

4.1.26　12 个相同的电阻 r 连接成每边为两个 r 的正方格子，如图 4.1.26 所示. 试求两对角 a、b 间的电阻 R_{ab}.

【解】 设在 a、b 间加上电压，则由对称性可见，c、d 两点电势相等，可以接在一起；e、o、f 三点电势相等，可以接在一起；g、h 两点电势相等，可以接在一起. 于是得 a、b 间的电阻为

$$R_{ab}=2\left(\frac{r}{2}+\frac{r}{4}\right)=\frac{3}{2}r$$

4.1.27　12 个相同的电阻 r 连接成一个立方框架，如图 4.1.27(1)所示. 试求两对角 a、d 之间的电阻 R_{ad}.

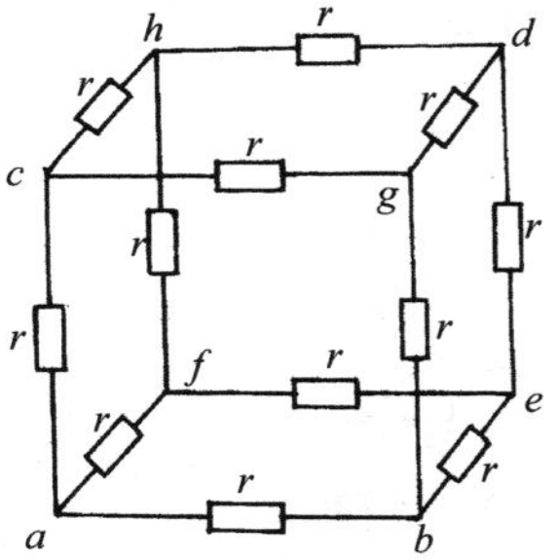

图 4.1.27(1)

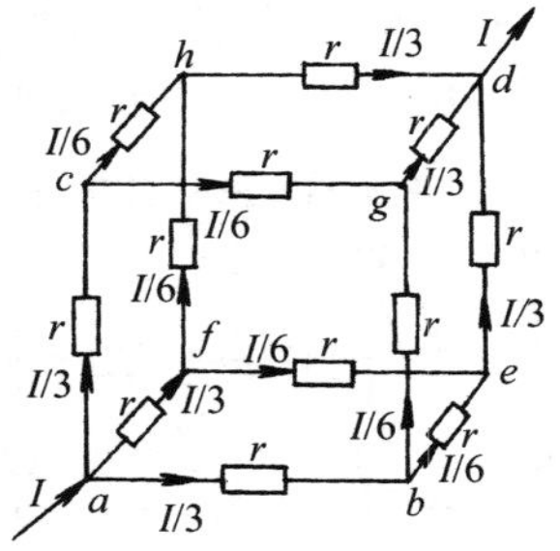

图 4.1.27(2)

【解】 设在 a、d 间加上电压 U,使电流 I 自 a 流入,流经这立方框后从 d 流出,则根据对称性,电流在方框中的分布应如图 4.1.27(2)所示. 于是得

$$U=\frac{I}{3}r+\frac{I}{6}r+\frac{I}{3}r=\frac{5}{6}Ir$$

所以

$$R_{ad}=\frac{U}{I}=\frac{5}{6}r$$

【别解】 参见前面 4.1.21 题的(3)和 4.1.25 题的(3).

4.1.28 6 个相同的电阻 r 连接成正六边形,另外 6 个相同的电阻 $\frac{r}{n}$ 分别连接每个顶角和中心,如图 4.1.28(1)所示. 试求对角 a、b 间的电阻 R_{ab}.

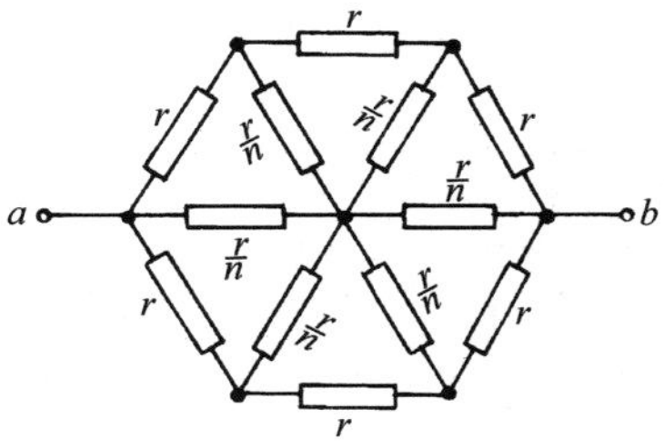

图 4.1.28(1)

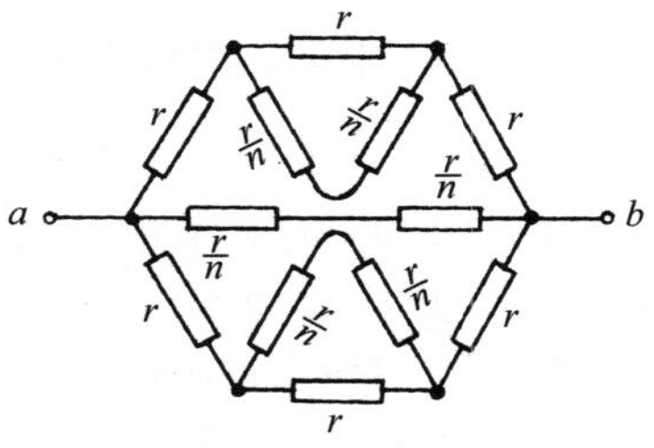

图 4.1.28(2)

【解】 根据 4.1.22 题的讨论中所讲的对称性原则,对于 a、b 两点间的电阻 R_{ab} 来说,中心可以上下拆开,如图 4.1.28(2)所示. 图 4.1.28(2)中上边那条支路的电阻为

$$R'_{ab}=2r+\frac{r\cdot\frac{2r}{n}}{r+\frac{2r}{n}}=\frac{2(n+3)}{n+2}r$$

于是得

$$R_{ab}=\frac{\frac{2r}{n}\ \frac{(n+3)r}{n+2}}{\frac{2r}{n}+\frac{(n+3)r}{n+2}}=\frac{2(n+3)}{(n+1)(n+4)}r$$

4.1.29　24 个相同的电阻 r，连接成每边三个电阻的正方格子，如图 4.1.29(1)所示. 试求对角 a、b 间的电阻 R_{ab}.

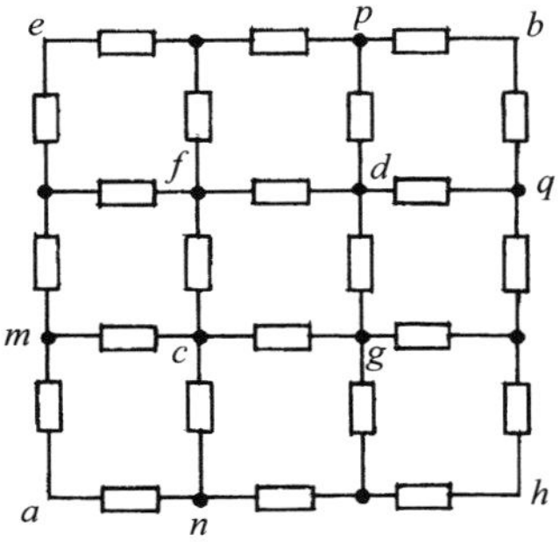

图 4.1.29(1)

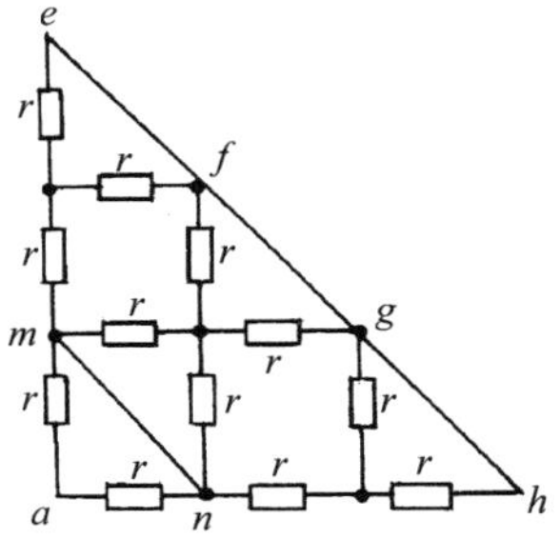

图 4.1.29(2)

【解】　设在图 4.1.29(1)中 a、b 间加电压，由对称性可知，m、n 两点电势相等，e、f、g、h 四点电势相等，p、q 两点电势相等. 于是根据 4.1.22 题的讨论中所讲的对称性原则，m、n 两点可以连接在一起，e、f、g、h 四点可以连接在一起，p、q 两点可以连接在一起，于是电路的一半便如图 4.1.29(2)所示. a 与 $m(n)$ 间的电阻为 $\frac{r}{2}$，$m(n)$ 与 $e(fgh)$ 间的电阻 R 满足

$$\frac{1}{R}=\frac{1}{r}+2\cdot\frac{2}{3r}=\frac{7}{3r}$$

所以

$$R=\frac{3}{7}r$$

于是得图 4.1.29(1)中 a、b 间的电阻为

$$R_{ab}=2\left(\frac{r}{2}+\frac{3}{7}r\right)=\frac{13}{7}r$$

【别解】　对于图 4.1.29(1)中 a、b 间的电阻 R_{ab} 来说，根据 4.1.22 题的讨论中所讲的对称性原则，e、f、g、h 四点可以连接在一起，而 c、d 两点则可以沿对角线拆开，使电路成为左上和右下两半，每半又可分为相等的两部分，其中下边的部分如图 4.1.29(3)所示，为明显起见，画成图 4.1.29(4)的样子，其中 a、h 间的电阻为

$$R_{ah}=r+\frac{2r\cdot\frac{3r}{2}}{2r+\frac{3r}{2}}=r+\frac{6r}{7}=\frac{13}{7}r$$

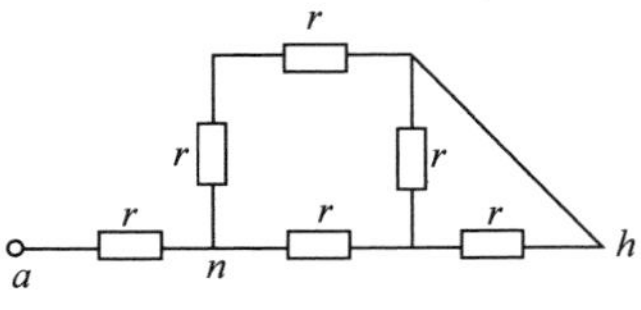

图 4.1.29(3)

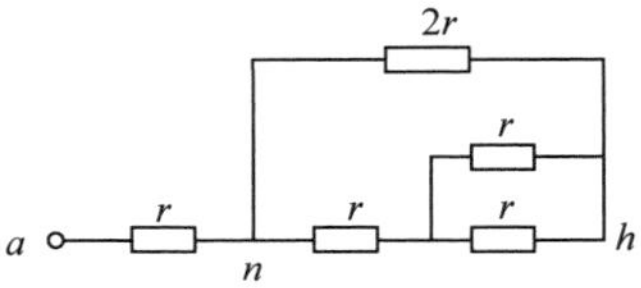

图 4.1.29(4)

图 4.1.29(1)中 a、b 间的电阻 R_{ab} 就等于四个 R_{ah} 两两串联，然后两串并联而成，于是得

$$R_{ab}=\frac{2R_{ah}\cdot 2R_{ah}}{2R_{ah}+2R_{ah}}=R_{ah}=\frac{13}{7}r$$

4.1.30 无穷多个相同的电阻,每个都是 r,连接成一个无穷大的平面正方格子,如图 4.1.30 所示.试论证:相邻的两个节点(如图 4.1.30 中的 a 和 b)之间的电阻为 $\frac{r}{2}$.

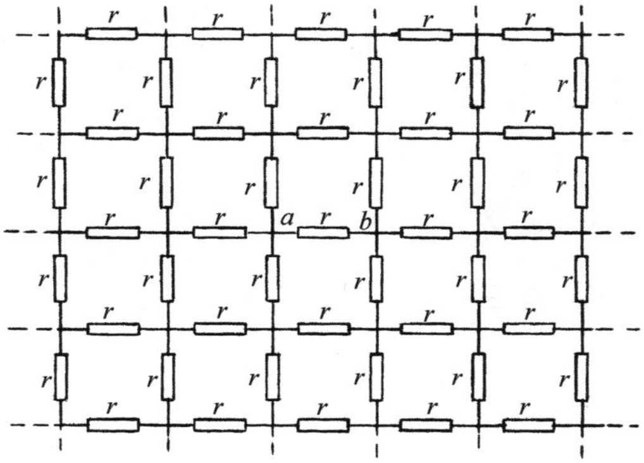

图 4.1.30

【论证】 设在 a 点有电流 I 流入这格子,则根据对称性,与 a 相联的四个电阻中的电流便都是 $\frac{I}{4}$;同样,如果在 b 点有电流 I 流出这格子,则与 b 相联的四个电阻中的电流便都是 $\frac{I}{4}$.若从 a 流入 I,同时从 b 流出 I,则根据叠加原理①,a、b 间的那个电阻 r 中的电流便为 $\frac{I}{4}+\frac{I}{4}=\frac{I}{2}$.因此,若在 a、b 间加上电压 U,使电流 I 从 a 流入,从 b 流出,便有

$$U=\frac{I}{2}r=IR_{ab}$$

式中 R_{ab} 为图 4.1.30 中 a、b 间的电阻,由上式得

$$R_{ab}=\frac{r}{2}.$$

【讨论】 一、若将图 4.1.30 中 a、b 间的电阻 r 去掉,则 a、b 间的电阻为 $R'_{ab}=r$.若将 a、b 间的电阻 r 换成电阻 R,则 a、b 的电阻为 $R''_{ab}=\frac{rR}{r+R}$.

二、求图 4.1.30 中任意两个节点间的电阻,曾是一个难题.这个难题后来被波兰的中学生 Krzysztof Giaro 用二维傅里叶级数解决.[参见《大学物理》,1995 年,12 期,42 页;1996 年,1 期,39 页].

① 叠加原理:若电路中有多个电源,则通过电路中任一支路的电流,等于各个电动势单独存在时,在该支路产生的电流之和.

三、利用本题的论证方法，很容易求得下列几个无穷大电阻格子中相邻两节点 a、b 间的电阻.

（一）平面正三角形格子，如图 4.1.30(1)，$r_{ab}=\dfrac{r}{3}$.

（二）平面正六边形格子，如图 4.1.30(2)，$R_{ab}=\dfrac{2}{3}r$.

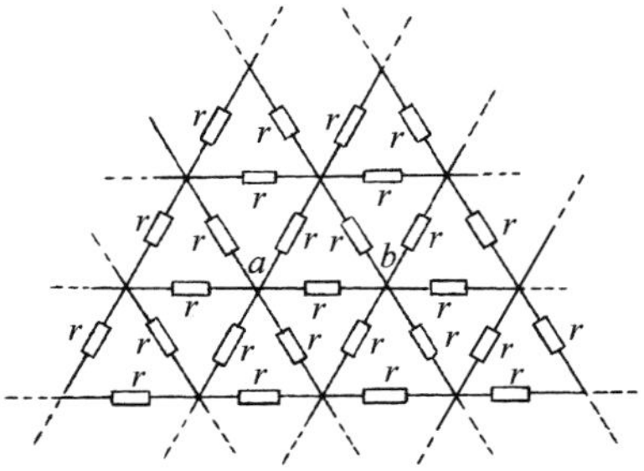

图 4.1.30(1)

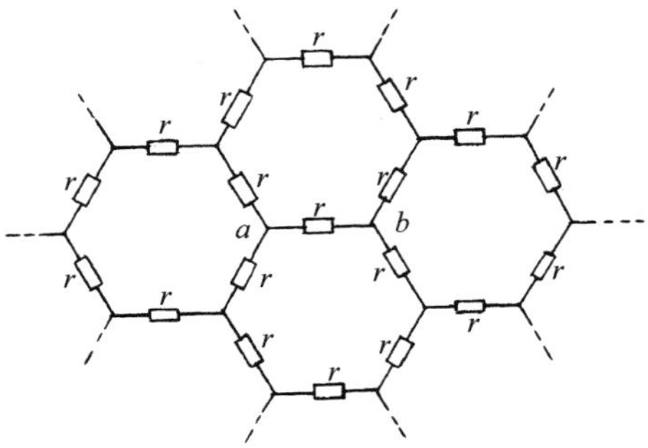

图 4.1.30(2)

（三）空间正立方格子，$R_{ab}=\dfrac{1}{3}r$.

4.1.31　三根等长的均匀电阻丝，电阻均为 r，连接成球形网架，相交处都互相垂直，如图 4.1.31(1)所示．试分别求 a、b 之间的电阻 R_{ab} 和 a、c 之间的电阻 R_{ac}.

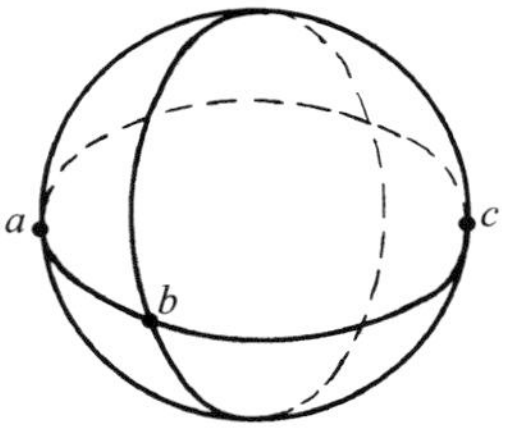

图 4.1.31(1)

【解】　对于图 4.1.31(2)中的 a、b 两点来说，根据前面 4.1.22 题的讨论中所讲的对称性原则，e、f 两点可以短路，成为图 4.1.31(3)所示的电路；这电路中的 O 点可以断开，成为图 4.1.31(4)所示的电路．由此得 a、b 间的电阻为

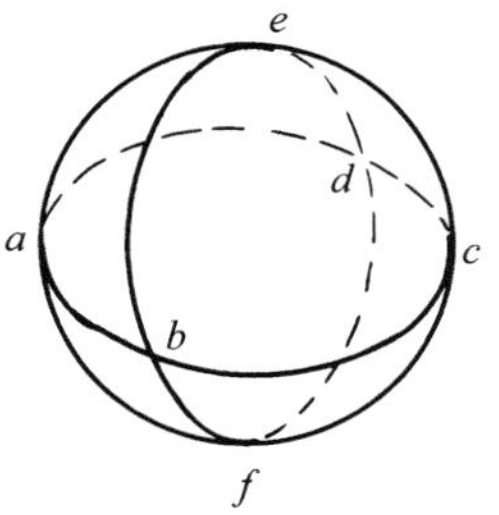

图 4.1.31(2)

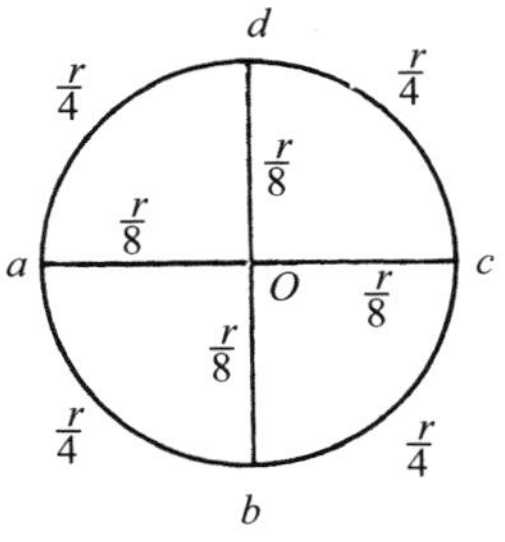

图 4.1.31(3)

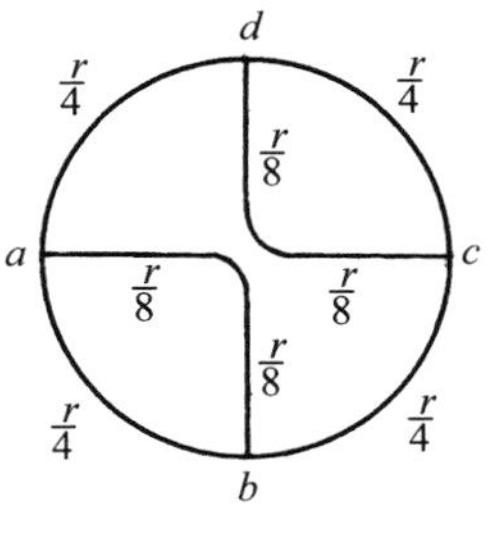

图 4.1.31(4)

$$R_{ab}=\frac{\dfrac{r}{8}\dfrac{5r}{8}}{\dfrac{r}{8}+\dfrac{5r}{8}}=\frac{5}{48}r$$

对于图 4.1.31(2)中的 a、c 两点来说，连接 b、e、d、f 四点的那根电阻丝可以拆去，于是 a、c 间的电阻便是四个$\frac{r}{2}$并联而成，故得

$$R_{ac}=\frac{1}{4}\frac{r}{2}=\frac{1}{8}r$$

4.1.32 三个电阻 R_1、R_2、R_3 连接成三角形，如图 4.1.32 的(1)所示；另有三个电阻 r_1、r_2、r_3 连接成星形，如图 4.1.32 的(2)所示. 如果这两种连法的 1 与 2 之间，2 与 3 之间，3 与 1 之间的电阻都分别相等，则(1)和(2)便互为等效电路. 在解决复杂电路问题时，一个三角形电路(1)可以用它的星形等效电路(2)代替；反之，一个星形电路(2)也可以用它的三角形等效电路(1)代替. (1)设三角形电路的电阻 R_1、R_2 和 R_3 均已知，试求它的星形等效电路的电阻 r_1、r_2 和 r_3；(2)设星形电路的电阻 r_1、r_2 和 r_3 均已知，试求它的三角形等效电路的电阻 R_1、R_2 和 R_3.

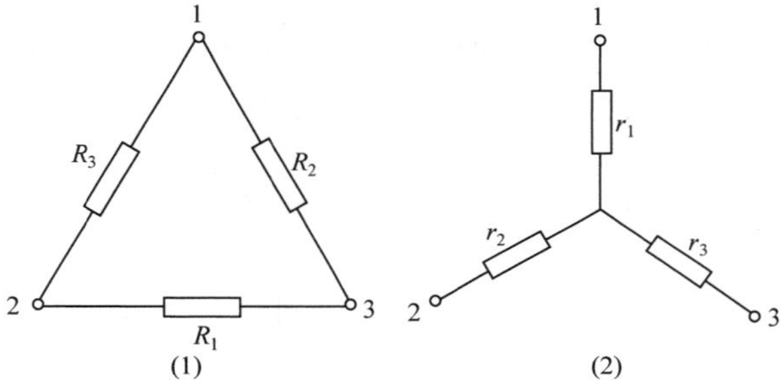

图 4.1.32

【解】 (1)用 R_1、R_2 和 R_3 表示 r_1、r_2 和 r_3

比较图 4.1.32 的(1)和(2)可见，1 与 2 之间的电阻为

$$r_1+r_2=\frac{R_3(R_1+R_2)}{R_1+R_2+R_3} \tag{1}$$

2 与 3 之间的电阻为

$$r_2+r_3=\frac{R_1(R_2+R_3)}{R_1+R_2+R_3} \tag{2}$$

3 与 1 之间的电阻为

$$r_3+r_1=\frac{R_2(R_3+R_1)}{R_1+R_2+R_3} \tag{3}$$

三式相加得

$$r_1+r_2+r_3=\frac{R_1R_2+R_2R_3+R_3R_1}{R_1+R_2+R_3} \tag{4}$$

由式(4)分别减去式(2)、(3)、(1)，便得所求的结果为

$$r_1=\frac{R_2R_3}{R_1+R_2+R_3} \tag{5}$$

$$r_2 = \frac{R_3R_1}{R_1+R_2+R_3} \tag{6}$$

$$r_3 = \frac{R_1R_2}{R_1+R_2+R_3} \tag{7}$$

(2)用 r_1、r_2 和 r_3 表示 R_1、R_2 和 R_3

由式(5)、(6)、(7)得

$$r_1r_2+r_2r_3+r_3r_1 = \frac{R_1R_2R_3}{R_1+R_2+R_3} \tag{8}$$

依次用式(5)、(6)、(7)除式(8),即得所求的结果为

$$R_1 = \frac{r_1r_2+r_2r_3+r_3r_1}{r_1} \tag{9}$$

$$R_2 = \frac{r_1r_2+r_2r_3+r_3r_1}{r_2} \tag{10}$$

$$R_3 = \frac{r_1r_2+r_2r_3+r_3r_1}{r_3} \tag{11}$$

4.1.33　试用前面 4.1.32 题的星形与三角形等效电路(也叫做 Y-Δ 变换)的方法求解前面的 4.1.15 题[即求图 4.1.15(1)中 a、b 间的电阻 R_{ab}].

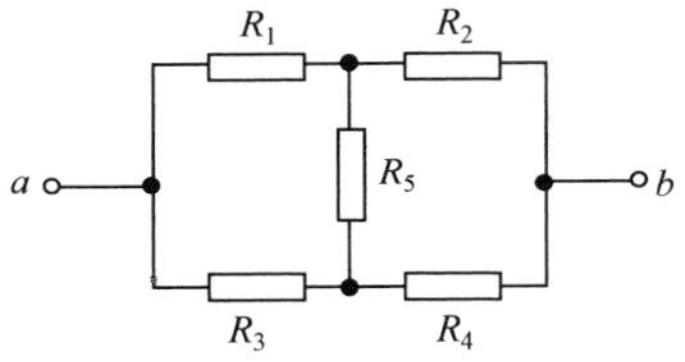

图 4.1.15(1)

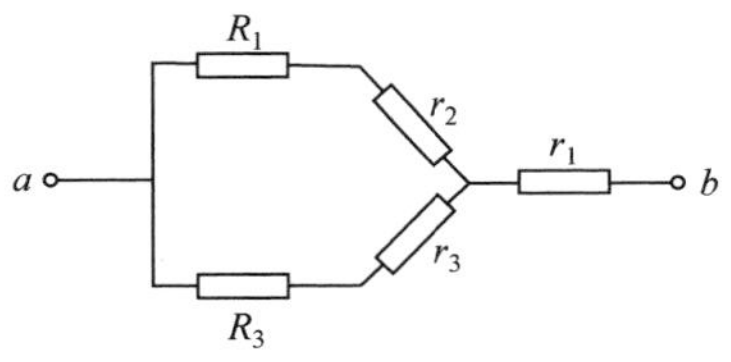

图 4.1.33

【解】　把图 4.1.15(1)右边的 R_2、R_5、R_4 组成的三角形化成星形,如图 4.1.33 所示. 根据前面 4.1.32 题的式(5)、(6)、(7)得出,这星形的三个电阻分别为

$$r_1 = \frac{R_2R_4}{R_2+R_4+R_5} \tag{1}$$

$$r_2 = \frac{R_2R_5}{R_2+R_4+R_5} \tag{2}$$

$$r_3 = \frac{R_4R_5}{R_2+R_4+R_5} \tag{3}$$

由图 4.1.33 可见,a、b 间的电阻为

$$R_{ab} = r_1 + \frac{(R_1+r_2)(R_3+r_3)}{R_1+r_2+R_3+r_3} \tag{4}$$

将式(1)、(2)、(3)代入式(4),经过演算后得

$$R_{ab} = \frac{R_1R_2(R_3+R_4)+R_3R_4(R_1+R_2)+(R_1+R_2)(R_3+R_4)R_5}{(R_1+R_3)(R_2+R_4)+(R_1+R_2+R_3+R_4)R_5} \tag{5}$$

4.1.34　六根电阻丝,长度和外形都相同,连接成如图 4.1.34 所示的正四面体形的框架. 已知这六根电阻丝中有五根的电阻相同,都是 2Ω,另一根的电阻则比

2Ω 差很多. 试用测量电阻的欧姆表对这框架最多作三次测量，以找出这根电阻不同的电阻丝.

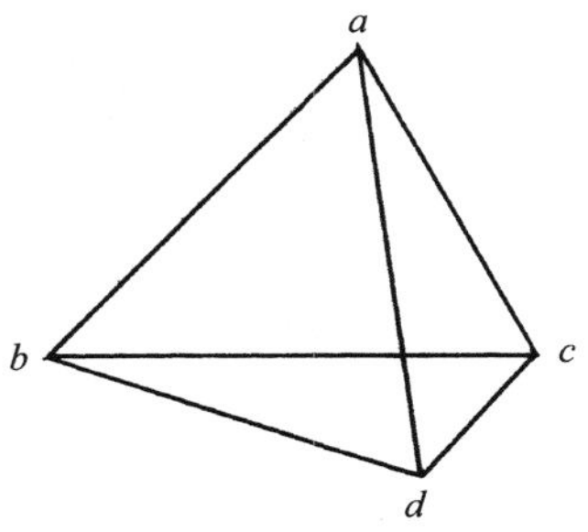

图 4.1.34

【解】 本题由分析判断解决. 设 c、d 间的那根电阻丝的电阻与 2Ω 相差很多，其他电阻丝的电阻都是 2Ω，则由对称性可知，四个顶角 a、b、c、d 之间的六个电阻分为三组：

第一组　$R_{ab}=1\Omega$

第二组　$R_{ac}=R_{ad}=R_{bc}=R_{bd}\neq 1\Omega$

第三组　$R_{cd}\neq 1\Omega, R_{cd}\neq R_{ac}$

根据上面的结论，用欧姆表测量任何一个顶角与其他三个顶角间的电阻（最多测量三次），即可断定哪根电阻丝不是 2Ω. 说明如下.

若有一次测出 1Ω，则与 1Ω 不接触的那根电阻丝（即 cd）便是所要找的电阻丝.

若三次测量都没有 1Ω，则必有两次电阻相等，一次电阻不等. 这电阻不等的两顶角之间的电阻丝便是所要找的电阻丝.

三次测量必须限制在同一顶角（此顶角可任意选定）与其他三个顶角之间进行，是为了避免三次测量都得出相同的电阻（即上面第二组中的任意三个电阻）. 因为三次测量的电阻都相同，就无法找出那根不是 2Ω 的电阻丝来.

4.1.35　一个暗盒有四条导线接到外面，如图 4.1.35(1)所示. 已知盒内有四个相同的电阻，每个电阻都是 r. 现在测得每两个接头之间的电阻分别为 $R_{12}=R_{23}=R_{34}=R_{41}=\frac{r}{2}$，$R_{13}=r$，$R_{24}=0$. 试根据这些数据画出盒内四个电阻与四条导线的连接图.

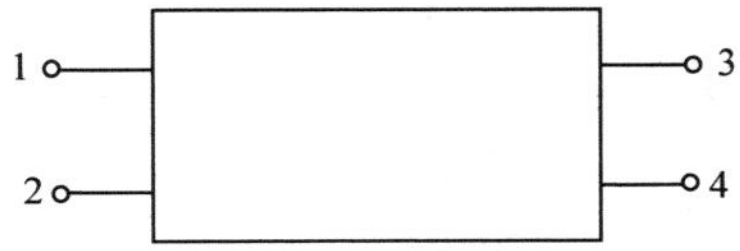

图 4.1.35(1)

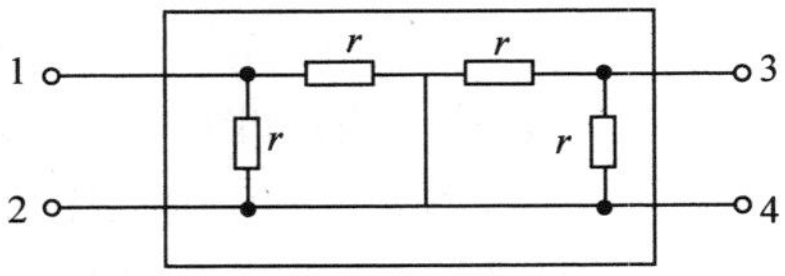

图 4.1.35(2)

【解】 由 $R_{24}=0$ 可知，2 和 4 之间没有电阻，即用导线接通. 由电阻为$\frac{r}{2}$，知 1 和 2 之间，2 和 3 之间，3 和 4 之间，以及 4 和 1 之间都是两个 r 并联. 再结合 $R_{13}=r$，便得出暗盒内四个电阻的连接如图4.1.35(2)所示.

4.1.36　一电动机的磁绕组在温度为 20℃时的电阻为 54Ω，它运行一段时间后，磁绕组的电阻变为 60Ω. 已知磁绕组是由电阻温度系数为 $3.93\times10^{-3}℃^{-1}$ 的铜丝绕成的，试求这时磁绕组的温度.

【解】 电阻与温度的关系为

$$R_t = R_0(1+\alpha t) \tag{1}$$

式中 t 是摄氏温度，α 是电阻温度系数. 由式(1)得

$$\frac{R_t}{R_{20}} = \frac{1+\alpha t}{1+20\alpha} = \frac{60}{54} = \frac{10}{9} \tag{2}$$

解得

$$t = \frac{1+200\alpha}{9\alpha} = \frac{1+200\times 3.93\times 10^{-3}}{9\times 3.93\times 10^{-3}} = 50(℃) \tag{3}$$

4.2 直流电路

【关于欧姆定律】 欧姆定律是德国科学家欧姆(G. S. Ohm，1789—1854)于1826年(我国清代道光六年)由实验总结出来的. 在我们今天看来，欧姆定律是电磁学里最简单的定律. 可是，在历史上，它的建立和被接受，却是很不容易的事. 欧姆创建欧姆定律时，不仅没有测量电势差和电阻等物理量的仪器，而且连这些物理量的概念都不清楚，所以困难是很大的. 物理学上的开创性工作往往如此. 还有，欧姆定律出世后，不仅没有立即得到承认，而且还遭到了德国学术界有势力的一些人的攻击，使欧姆的处境极为困难，他不得不上书向国王申诉. 一直到十多年后，英国和法国的物理学家们开始认识到欧姆定律的价值，1841年英国皇家学会授予欧姆科普利奖章(Copley medal)后，欧姆的地位才逐渐得到改善. 有关资料，请参看张之翔《电磁学教学参考》(北京大学出版社，2015)，§13，304—309页；384页.

4.2.1 在两层楼道之间安装一盏电灯，试设计一个线路，使得在楼上和楼下都能开关这电灯.

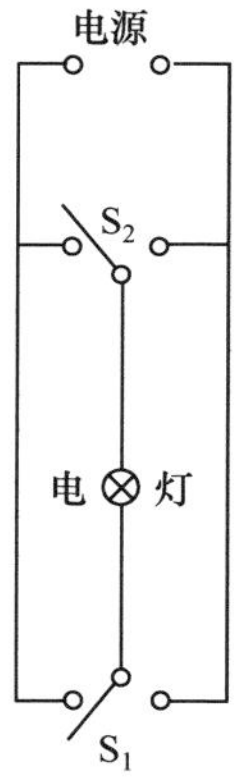

图 4.2.1

【解】 线路如图4.2.1所示. 图中 S_1 和 S_2 都是必接触一边的电灯开关.

4.2.2 一分压器电路如图4.2.2所示，已知 $R_1 = 4.3\text{k}\Omega$，$U=12\text{V}$，现在要使 c、d 间的电压为 2.0V，试求 R_2.

【解】 设流过 R_1 和 R_2 的电流为 I，则

$$U = (R_1+R_2)I \tag{1}$$

c、d 间的电压为

$$U_{cd} = R_2 I \tag{2}$$

所以

$$\frac{R_1+R_2}{R_2} = \frac{U}{U_{cd}} = \frac{12}{2} = 6 \tag{3}$$

于是得

$$R_2 = \frac{R_1}{5} = \frac{4.3\times 10^3}{5} = 8.6\times 10^2(\Omega) \tag{4}$$

4.2.3 变阻器可用做分压器，用法如图4.2.3所示，$\mathscr{E}$ 是电源的电动势，R 是变阻器的电阻，r 是负载电阻，c 是 R 上的滑动接头. 只要滑动 c，就可以得到从零到

$\mathscr{E}$ 之间的任何电压(电源的内阻很小,可略去不计). 设 R 的长度为 $ab=l$,R 上各处单位长度的电阻都相同,a、c 之间的长度为 $ac=x$,试求加到 r 上的电压 U 与 x 的关系.

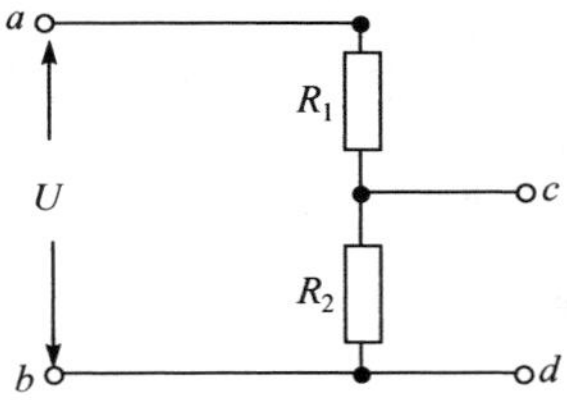

图 4.2.2

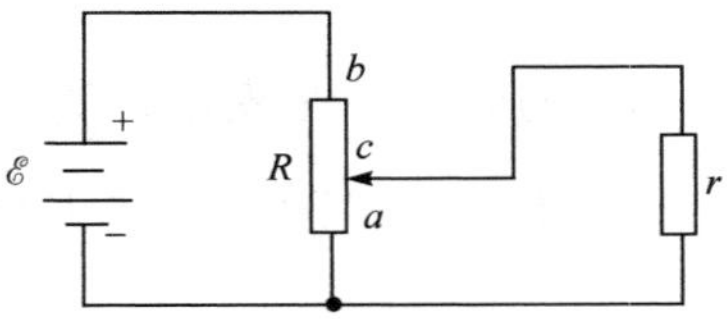

图 4.2.3

【解】 设流过电源的电流为 I,流过 r 的电流为 i,则由欧姆定律得

$$U=(I-i)\frac{R}{l}x \tag{1}$$

$$U=ir \tag{2}$$

$$\mathscr{E}=I\frac{R}{l}(l-x)+(I-i)\frac{R}{l}x \tag{3}$$

解得

$$U=\frac{lr\mathscr{E}x}{R(l-x)x+l^2r} \tag{4}$$

这便是所要求的、分压器分出的电压与 x 的关系.

【讨论】 由式(4)可见,分压器分出的电压 U 与 x 的关系不是正比关系. 只有在 r 很大时,U 才近似地与 x 成正比.

4.2.4 一电路如图 4.2.4 所示,电阻 R_1、R_2 和 R_3 以及电源的电动势 $\mathscr{E}$ 都已知,电源的内阻可略去不计. (1)试求通过安培计 A 的电流 I_A;(2)试证明:当电源和安培计互换位置后,安培计的读数不变.

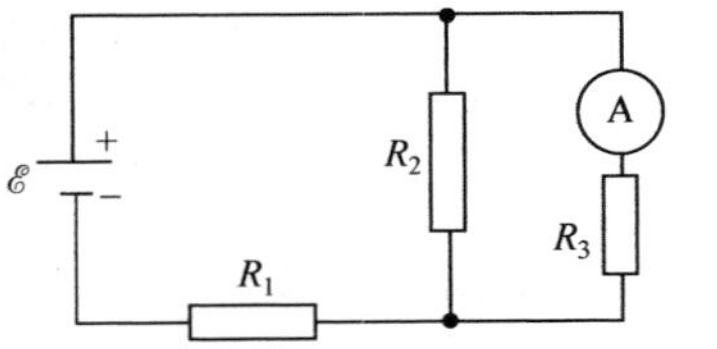

图 4.2.4

【解】 (1)设流过电源的电流为 I_R,则有

$$I=\frac{\mathscr{E}}{R_1+\dfrac{R_2R_3}{R_2+R_3}}=\frac{(R_2+R_3)\mathscr{E}}{R_1R_2+R_2R_3+R_3R_1} \tag{1}$$

根据并联时电流的规律[前面 4.1.9 题解的式(6)、(7)]得

$$I_A=\frac{R_2}{R_2+R_3}I=\frac{R_2\mathscr{E}}{R_1R_2+R_2R_3+R_3R_1} \tag{2}$$

(2)电源和安培计互换位置后,设通过电源的电流为 I',通过安培计的电流为 I'_A,则有

$$I'=\frac{\mathscr{E}}{R_3+\dfrac{R_1R_2}{R_1+R_2}}=\frac{(R_1+R_2)\mathscr{E}}{R_1R_2+R_2R_3+R_3R_1} \tag{3}$$

根据并联时电流的规律得

$$I'_A=\frac{R_2}{R_1+R_2}I'=\frac{R_2\mathscr{E}}{R_1R_2+R_2R_3+R_3R_1} \tag{4}$$

可见 $I'_A = I_A$.

4.2.5 一安培计的电阻为 R_A，一伏特计的电阻为 R_V，用它们来测量电阻 R，有两种接法，分别如图 4.2.5 的(1)和(2)所示. 这两种接法都用 $\frac{U}{I}$ 计算电阻，这里 U 是伏特计测得的电压，I 是安培计测得的电流. 试求每种接法的误差(即 $\frac{U}{I}$ 与 R 的百分误差). 如不需精确测定 R，且 R 的范围大致知道，试问哪种接法较好？

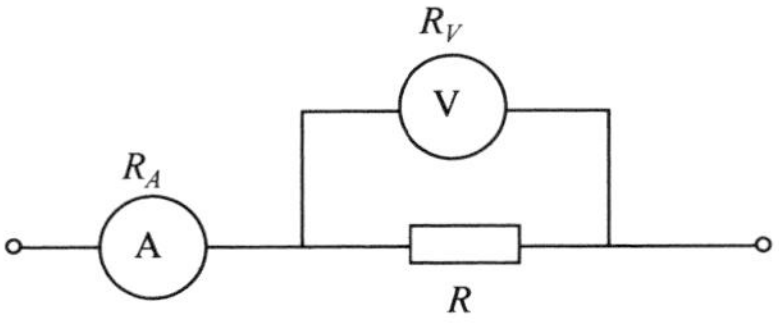

图 4.2.5(1)

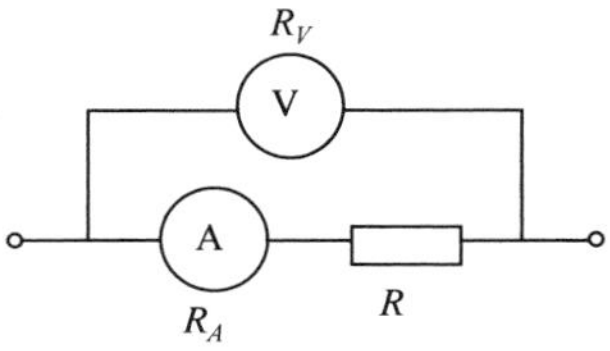

图 4.2.5(2)

【解】 设 R 两端的电压为 U_R，通过 R 的电流为 I_R，则按图 4.2.5(1)的接法，便有

$$U = U_R \tag{1}$$

$$I = I_R + I_V = \frac{U}{R} + \frac{U}{R_V} = \frac{(R+R_V)U}{RR_V} \tag{2}$$

故测出的电阻值为

$$R_{(1)} = \frac{U}{I} = \frac{RR_V}{R+R_V} \tag{3}$$

所以

$$\frac{R_{(1)}-R}{R} = \frac{R_V}{R+R_V} - 1$$

$$= -\frac{R}{R+R_V} = -\frac{1}{1+R_V/R} \tag{4}$$

负号表示，测出的电阻值 $R_{(1)}$ 比 R 小. 故百分误差为

$$\Delta_{(1)} = \frac{100}{1+R_V/R}\% \tag{5}$$

按图 4.2.5(2)的接法，则有

$$I = I_A = I_R \tag{6}$$

$$U = U_A + U_R \tag{7}$$

故测出的电阻值为

$$R_{(2)} = \frac{U}{I} = \frac{U_A+U_R}{I} = R_A + R \tag{8}$$

所以

$$\frac{R_{(2)}-R}{R} = \frac{R_A}{R} \tag{9}$$

故百分误差为

$$\Delta_{(2)}=\frac{100R_A}{R}\%\tag{10}$$

由式(5)、(10)可以看出：当 R 较小时，$\Delta_{(2)}$ 大而 $\Delta_{(1)}$ 小，用图 4.2.5(1)的接法较好；当 R 较大时，$\Delta_{(2)}$ 小而 $\Delta_{(1)}$ 大，用图 4.2.5(2)的接法较好.

4.2.6　量程为 150V 的伏特计，电阻为 20kΩ，当它与一个高电阻 R 串联后接到 110V 电压上，它的读数为 5.0V. 试求 R 的值.

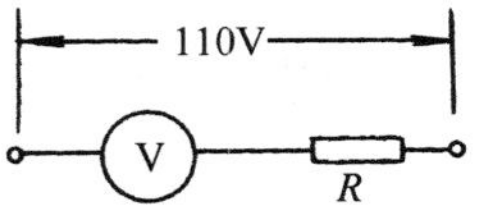

图 4.2.6

【解】　这伏特计满格(即指针指着 150V)时通过它的电流为

$$I_{\max}=\frac{150}{20\times10^3}=\frac{15}{2}\times10^{-3}(\mathrm{A})\tag{1}$$

现在指针指 5.0V，故通过它的电流为

$$I=\frac{5.0}{150}\times\frac{15}{2}\times10^{-3}=\frac{5}{2}\times10^{-4}(\mathrm{A})\tag{2}$$

由图 4.2.6 可见，

$$\frac{110}{R+20\times10^3}=I=\frac{5}{2}\times10^{-4}\tag{3}$$

解得

$$R=4.2\times10^5\,\Omega\tag{4}$$

4.2.7　一电流计的电阻为 500Ω，当通过它的电流为 1.0μA 时，指针偏转满格. 如果将它改装成量程为 150mV 的伏特计，应如何办？用它测量电压时如何接法？试画出电路图.

【解答】　这电流计满格(即指针偏转满格)时通过它的电流为 1.0μA，即通过它的最大电流为

$$I_{\max}=1.0\times10^{-6}\,\mathrm{A}\tag{1}$$

现在要使它满格时被测量的电压为 150mV，故应串联一个高电阻 R，使得

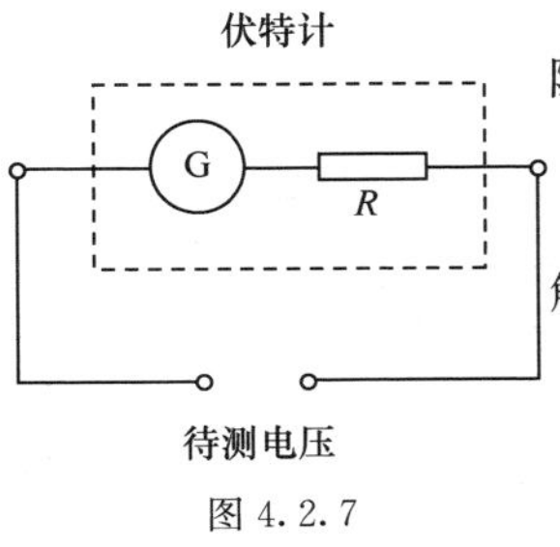

图 4.2.7

$$I_{\max}(R_V+R)=150\times10^{-3}\,\mathrm{V}\tag{2}$$

解得

$$R=\frac{150\times10^{-3}}{1.0\times10^{-6}}-R_V=150\times10^3-500$$
$$=1.5\times10^5(\Omega)\tag{3}$$

用它测量电压时，接法如图 4.2.7 所示.

4.2.8　有一个内阻为 R_g 的电流计，能通过的最大电流为 I_g，因此它能测量的最高电压为 $U_g=I_gR_g$. 现在要将它改装成量程为 $U=nU_g$ 的伏特计($n>1$)，试问应如何办？用它测量电压时如何接法？试画出电路图.

【解答】　本题要求：这电流计通过电流 I_g(即它两端的电压为 $U_g=I_gR_g$)时，被测量的电压

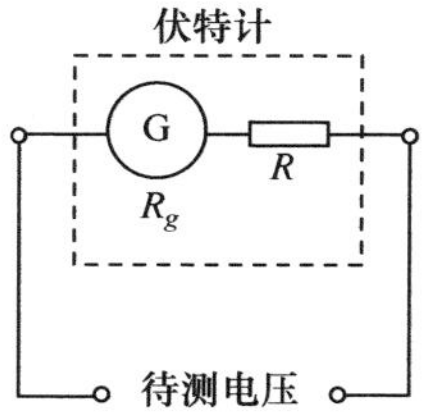

图 4.2.8

为 $U=nU_g$. 故必须将多余的电压 $(n-1)U_g=(n-1)I_gR_g$ 安排在它外边. 因此,要与它串联一个电阻 R,使得

$$I_gR=(n-1)U_g=(n-1)I_gR_g$$

所以
$$R=(n-1)R_g$$

用它测量电压时,接法如图 4.2.8 所示.

4.2.9 有一个内阻为 R_g 的电流计,它的量程为 I_g. (1)现在要把它的量程扩大为 $I=nI_g$, $n>1$,问应如何办? 用它测量电流时如何接法? 试画出电路图. (2)当 $R_g=50\Omega$, $I_g=2.0\text{mA}$, $I=0.50\text{A}$ 时,试算出具体数据.

【解答】 (1)这电流计能通过的最大电流为 I_g,现在要使它通过的电流为 I_g 时,被测量的电流为 nI_g. 故必须使多余的电流 $(n-1)I_g$ 从它外边流过. 因此,要与它并联一个电阻 R,使得

$$(n-1)I_gR=I_gR_g$$

所以
$$R=\frac{R_g}{n-1}$$

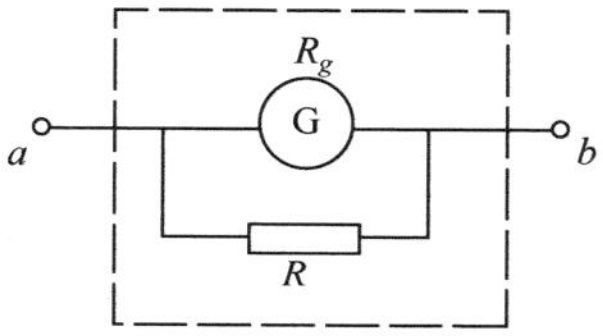

图 4.2.9

用它测量电流时,将它和 R 并联后两端 a、b 接到待测电路中,如图 4.2.9 所示.

(2)当 $R_g=50\Omega$, $I_g=2.0\text{mA}$, $I=0.50\text{A}$ 时, $n=\frac{0.50}{2.0\times10^{-3}}=250$,故得

$$R=\frac{50}{250-1}=0.20(\Omega)$$

4.2.10 一电流计 G 的电阻为 $R_g=25\Omega$,指针偏转满格时,流过它的电流为 10mA. 现在将它改装成 0.10A、1.0A 和 10A 三个量程的安培计,线路接法如图 4.2.10(1)所示. 试求电阻 R_1、R_2 和 R_3 的值.

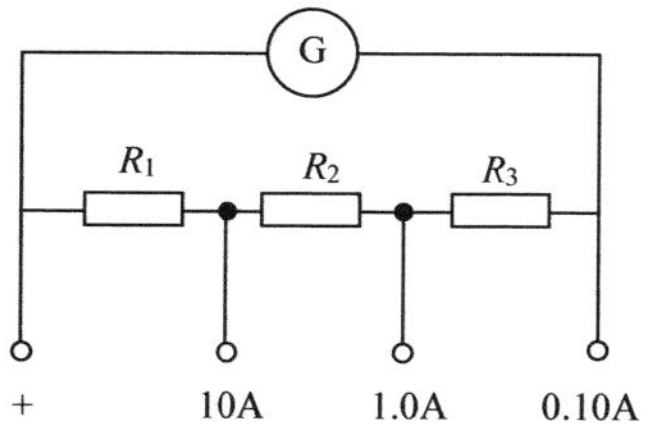

图 4.2.10(1)

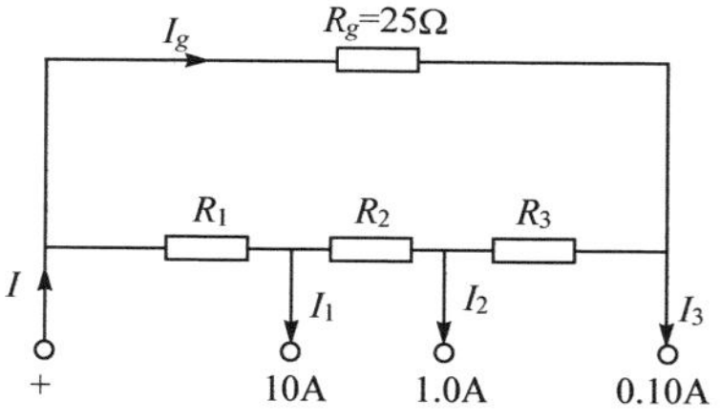

图 4.2.10(2)

【解】 由图 4.2.10(2)可见,当这电流计分别用于 $I_1=10\text{A}$、$I_2=1.0\text{A}$ 和 $I_3=0.10\text{A}$ 时,便分别有

$$I_g(R_g+R_3+R_2)=(I_1-I_g)R_1 \tag{1}$$

$$I_g(R_g+R_3)=(I_2-I_g)(R_1+R_2) \tag{2}$$

$$I_gR_g=(I_3-I_g)(R_1+R_2+R_3) \tag{3}$$

将以上三式化为

$$\left(\frac{I_1}{I_g}-1\right)R_1-R_2-R_3=R_g \tag{4}$$

$$\left(\frac{I_2}{I_g}-1\right)(R_1+R_2)-R_3=R_g \tag{5}$$

$$R_1+R_2+R_3=\frac{I_g}{I_3-I_g}R_g \tag{6}$$

代入数值得

$$999R_1-R_2-R_3=25 \tag{7}$$

$$99R_1+99R_2-R_3=25 \tag{8}$$

$$R_1+R_2+R_3=\frac{25}{9} \tag{9}$$

以上三式联立解得

$$R_1=2.8\times10^{-2}\,\Omega \tag{10}$$

$$R_2=0.25\Omega \tag{11}$$

$$R_3=2.5\Omega \tag{12}$$

4.2.11 一个三量程的伏特计内部线路如图 4.2.11 所示，其中 $R_g=15.0\Omega$ 是转动线圈的电阻；当指针偏转满格时，通过 R_g 的电流为 1.00mA. 试求电阻 R_1、R_2 和 R_3 的值以及每个量程的电阻.

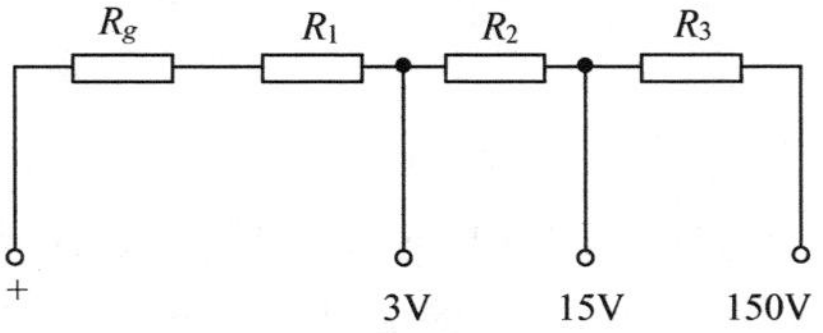

图 4.2.11

【解】 由图 4.2.11 可见，对 3V 的量程有

$$I_g(R_g+R_1)=1.00\times10^{-3}(15.0+R_1)=3.00 \tag{1}$$

所以

$$R_1=2.99\times10^3\,\Omega \tag{2}$$

这个量程的电阻为

$$R_1+R_g=3.00\times10^3\,\Omega \tag{3}$$

对于 15V 的量程有

$$I_g(R_g+R_1+R_2)=1.00\times10^{-3}(3.00\times10^3+R_2)=15.0 \tag{4}$$

所以

$$R_2=1.20\times10^4\,\Omega \tag{5}$$

这个量程的电阻为

$$R_g+R_1+R_2=1.50\times10^4\,\Omega \tag{6}$$

对于 150V 的量程有

$$I_g(R_g+R_1+R_2+R_3)=1.00\times10^{-3}(1.50\times10^4+R_3)=150 \tag{7}$$

所以
$$R_3=1.35\times10^5\,\Omega \tag{8}$$
这个量程的电阻为
$$R_g+R_1+R_2+R_3=1.50\times10^5\,\Omega \tag{9}$$

4.2.12　一伏特计有三个量程，分别为 1.5V、3.0V 和 15V，其中 15V 量程的电阻为 1500Ω.（1）试问其他两个量程的电阻各为多少？（2）将这伏特计接到一电池的两极，当用 1.5V 量程时，读数为 1.42V；若改用 3.0V 量程时，读数为 1.48V. 两个读数为什么不同？用哪个较好？并计算这个电池的电动势和内阻的值.

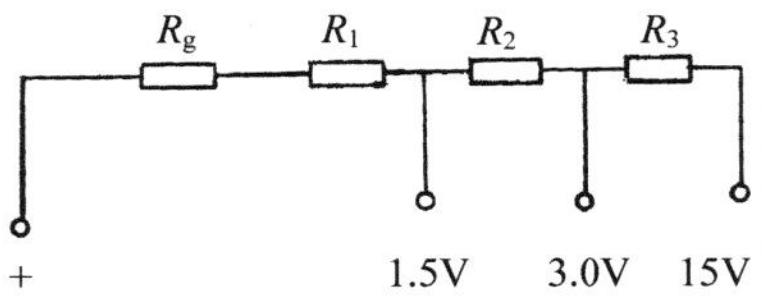

图 4.2.12

【解】（1）这伏特计内部的线路如图 4.2.12 所示，依题意有
$$R_g+R_1+R_2+R_3=1500\Omega \tag{1}$$
故通过的 R_g 最大电流为
$$I_g=\frac{15}{1500}=1.00\times10^{-2}(\mathrm{A}) \tag{2}$$
于是得 3.0V 量程的电阻为
$$R_g+R_1+R_2=\frac{3.0}{1.00\times10^{-2}}=300(\Omega) \tag{3}$$
1.5V 量程的电阻为
$$R_g+R_1=\frac{1.5}{1.00\times10^{-2}}=150(\Omega) \tag{4}$$

（2）用不同量程测量同一个电池，所得读数不同，是因为不同量程的电阻不同所致. 一般在测量电压时，应选用电阻较大而偏转又不太小的量程. 因为电阻较大则对被测量的对象影响较小，偏转不太小则读数尽可能多读一位. 因此，若是测量电池的电动势，用 3.0V 量程较好.

设电池的电动势为 $\mathscr{E}$，内阻为 r，用 1.5V 的量程测量时电流为 I，用 3.0V 的量程测量时，电流为 I'，则有
$$1.42+Ir=\mathscr{E} \tag{5}$$
$$1.48+I'r=\mathscr{E} \tag{6}$$
因为
$$I=\frac{1.42}{150},\quad I'=\frac{1.48}{300} \tag{7}$$
解得
$$\mathscr{E}=1.55\mathrm{V} \tag{8}$$
$$r=13.2\Omega \tag{9}$$
可见用 3.0V 的量程测出的 1.48V，较接近 $\mathscr{E}$.

4.2.13　有三个伏特计 A、B 和 C，它们的量程都相同，但电阻各不相同，$R_A=1200\Omega$，$R_B=800\Omega$，$R_C=1000\Omega$. 当它们连接如图 4.2.13 后，在 a、b 两端加上电压 U，A 的读数为 4.80V，C 的读数为 10.0V. 如果三者串联后加上电压 U，试问每个

伏特计的读数各是多少？

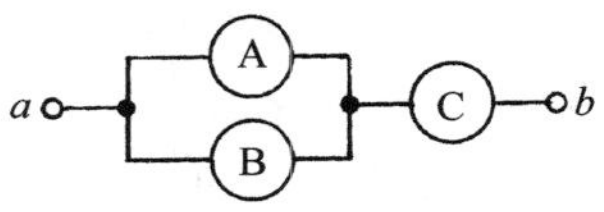

图 4.2.13

【解】　图 4.2.13 中 a、b 间的电阻为

$$R=\frac{R_AR_B}{R_A+R_B}+R_C=\frac{1200\times800}{1200+800}+1000=1480(\Omega) \tag{1}$$

所以

$$U=IR=1480I \tag{2}$$

通过 C 的电流为

$$I=\frac{U_C}{R_C}=\frac{10.0}{1000}=1.00\times10^{-2}(\text{A}) \tag{3}$$

所以

$$U=1480\times1.00\times10^{-2}=14.8(\text{V}) \tag{4}$$

三者串联后，加上 U，电流为

$$I'=\frac{U}{R_A+R_B+R_C}=\frac{14.8}{1200+800+1000}=\frac{14.8\times10^{-3}}{3}(\text{A}) \tag{5}$$

于是得它们的读数分别为

$$U_A=I'R_A=\frac{14.8\times10^{-3}}{3}\times1200=5.92(\text{V}) \tag{6}$$

$$U_B=I'R_B=\frac{14.8\times10^{-3}}{3}\times800=3.95(\text{V}) \tag{7}$$

$$U_C=I'R_C=\frac{14.8\times10^{-3}}{3}\times1000=4.93(\text{V}) \tag{8}$$

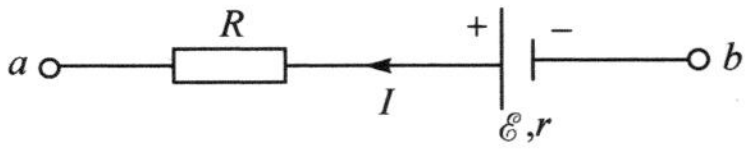

图 4.2.14

4.2.14　一段电路如图 4.2.14，其中 $\mathscr{E}=3.0\text{V}$，$r=2.0\Omega$，$R=8.0\Omega$，$I=1.0\text{A}$. 试问：(1)a 点的电势比 b 点的高多少？(2)电源做功的功率是多少？(3)电源输出的功率是多少？(4)若电流反向，结果如何？

【解】　(1)$U_a-U_b=-IR+\mathscr{E}-Ir=-1.0\times8.0+3.0-1.0\times2.0=-7.0(\text{V})$

负号表示，a 点的电势比 b 点的低.

(2)电源做功(电源中非静电力做功)的功率为

$$P=I\mathscr{E}=1.0\times3.0=3.0(\text{W})$$

(3)电源输出的功率为

$$P_0=IU=I\mathscr{E}-I^2r=3.0-1.0^2\times2.0=1.0(\text{W})$$

(4)若电流 I 反向，则

$$U_a'-U_b'=IR+\mathscr{E}+Ir=1.0\times8.0+3.0+1.0\times2.0=13.0(\text{V})$$

这时 a 点的电势比 b 点的高. 电源做功的功率为

$$P'=-I\mathscr{E}=-1.0\times3.0=-3.0(\text{W})$$

负号表示电源(电源中非静电力)做负功，这时电源充电，外界对电源做正功. 电源输出的功率为

$$P_0'=-IU=-I(\mathscr{E}+Ir)=-1.0\times(3.0+1.0\times2.0)=-5.0(\text{W})$$

负号表示,外界输入电源的功率为 5.0W. 其中 3.0W 储存在电源中,2.0W 则消耗在 r 的焦耳热上.

4.2.15 一部分电路如图 4.2.15 所示,其中 $\mathscr{E}=2.0\text{V}$,$r=2.0\Omega$,$R_1=8.0\Omega$,$R_2=6.0\Omega$,$I_1=1.0\text{A}$,$I_2=0.5\text{A}$. 试求 a、b 两端的电势差 U_{ab}.

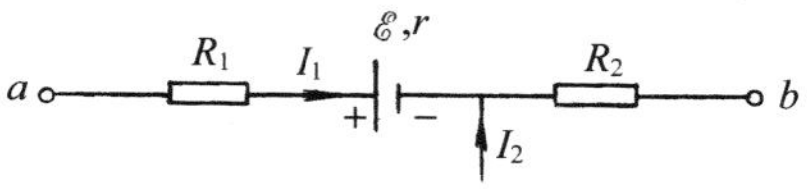

图 4.2.15

【解】
$$\begin{aligned}U_{ab}&=U_a-U_b=I_1R_1+\mathscr{E}+I_1r+(I_1+I_2)R_2\\&=1.0\times8.0+2.0+1.0\times2.0+(1.0+0.5)\times6.0\\&=21.0(\text{V})\end{aligned}$$

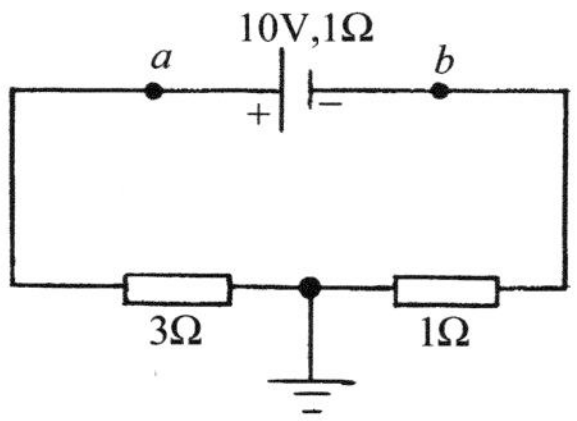

图 4.2.16

4.2.16 一电路如图 4.2.16 所示,以地的电势为零,试分别求 a、b 两点的电势.

【解】 此电路中的电流为

$$I=\frac{10}{3+1+1}=2(\text{A})$$

a 点的电势为

$$U_a=2\times3=6(\text{V})$$

b 点的电势为

$$U_b=-2\times1=-2(\text{V})$$

4.2.17 两个电池的电动势都是 $\mathscr{E}$,内阻分别为 r_1 和 r_2,将它们串联后接到电阻 R 上,如图 4.2.17 所示. (1)试问 R 为什么值时,内阻为 r_1 的电池的端电压为零? (2)这时该电池还起作用吗?

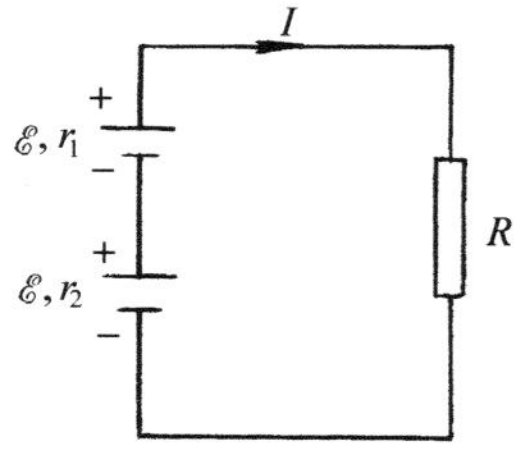

图 4.2.17

【解】 (1)电路中的电流为

$$I=\frac{2\mathscr{E}}{r_1+r_2+R}$$

内阻为 r_1 的电池的端电压为

$$U_1=\mathscr{E}-Ir_1=\mathscr{E}-\frac{2\mathscr{E}r_1}{r_1+r_2+R}=\frac{(r_2-r_1+R)\mathscr{E}}{r_1+r_2+R}$$

由上式可见,当

$$R=r_1-r_2$$

时,$U_1=0$.

(2)这时该电池输出的功率为零,故它对负载 R 不起作用. 但由于有电流流过,它内部所储蓄的能量逐渐转化为它的内阻上消耗的焦耳热,白白浪费掉.

4.2.18　一电路如图 4.2.18 所示，其中 $\mathscr{E}_1$、r_1、$\mathscr{E}_2$、r_2 和 R 都已知. 试求通过 R 的电流 I.

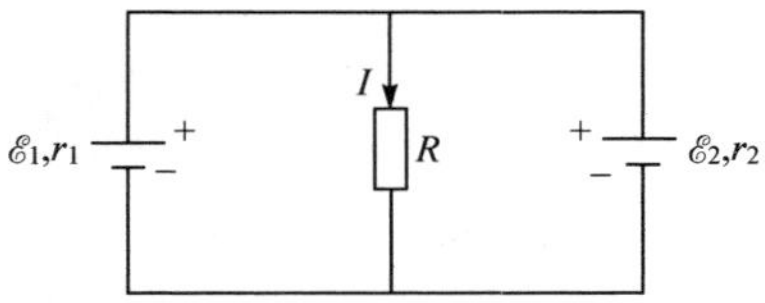

图 4.2.18

【解】设通过 $\mathscr{E}_1$ 的电流为 I_1，通过 $\mathscr{E}_2$ 的电流为 I_2，则由节点得

$$I_1 + I_2 = I \tag{1}$$

由两个回路分别得

$$I_1 r_1 + IR = \mathscr{E}_1 \tag{2}$$

$$I_2 r_2 + IR = \mathscr{E}_2 \tag{3}$$

以上三式联立解得

$$I = \frac{r_1 \mathscr{E}_2 + r_2 \mathscr{E}_1}{R(r_1 + r_2) + r_1 r_2} \tag{4}$$

4.2.19　三个电池并联如图 4.2.19(1)，已知 $\mathscr{E}_1 = 1.40\text{V}$，$\mathscr{E}_2 = 1.50\text{V}$，$\mathscr{E}_3 = 1.80\text{V}$，$r_1 = r_2 = 1.00\Omega$，$r_3 = 1.60\Omega$. 试求每个电池的电流、端电压和输出功率.

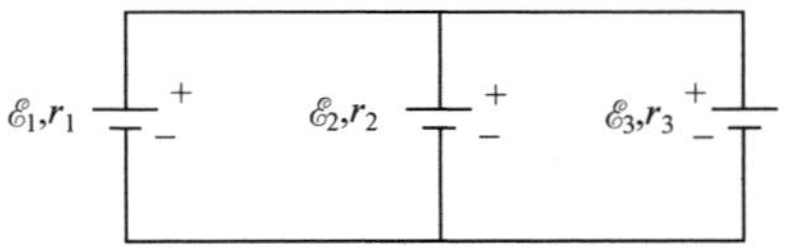

图 4.2.19(1)

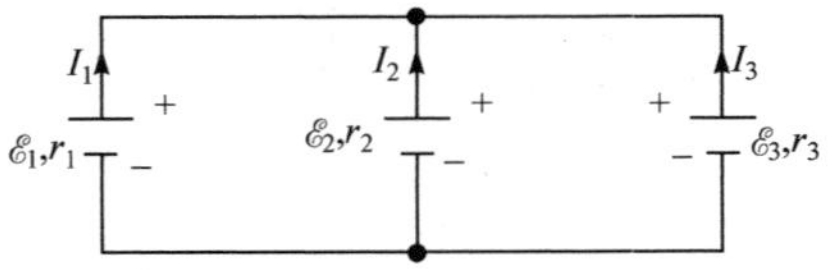

图 4.2.19(2)

【解】设三个电池 $\mathscr{E}_1$、$\mathscr{E}_2$、$\mathscr{E}_3$ 的电流、端电压和输出功率分别为 I_1、I_2、I_3，U_1、U_2、U_3 和 P_1、P_2、P_3，则根据图 4.2.19(2)，由节点得

$$I_1 + I_2 + I_3 = 0 \tag{1}$$

由 $\mathscr{E}_1$ 和 $\mathscr{E}_2$ 回路得

$$I_1 r_1 - I_2 r_2 + \mathscr{E}_2 - \mathscr{E}_1 = 0 \tag{2}$$

由 $\mathscr{E}_1$ 和 $\mathscr{E}_3$ 回路得

$$I_1 r_1 - I_3 r_3 + \mathscr{E}_3 - \mathscr{E}_1 = 0 \tag{3}$$

代入数值得

$$I_1 - I_2 = 1.40 - 1.50 = -0.10 \tag{4}$$

$$I_1 - 1.60 I_3 = 1.40 - 1.80 = -0.40 \tag{5}$$

式(1)、(4)、(5)联立解得

$$I_1 = -0.133\text{A} \tag{6}$$

$$I_2 = -0.033\text{A} \tag{7}$$

$$I_3 = 0.166\text{A} \tag{8}$$

I_1 和 I_2 的负号表示，它们的流向与图 4.2.19(1)中所设的方向相反，即 $\mathscr{E}_1$ 和 $\mathscr{E}_2$ 都在充电. $\mathscr{E}_3$ 则在放电.

三个电池的端电压分别为

$$U_1 = \mathscr{E}_1 - I_1 r_1 = 1.40 + 0.133 \times 1.00 = 1.53(\text{V}) \tag{9}$$

$$U_2 = \mathscr{E}_2 - I_2 r_2 = 1.50 + 0.033 \times 1.00 = 1.53(\text{V}) \tag{10}$$

$$U_3 = \mathscr{E}_3 - I_3 r_3 = 1.80 - 0.166 \times 1.60 = 1.53(\text{V}) \tag{11}$$

三个电池的输出功率分别为

$$P_1 = I_1 U_1 = -0.133 \times 1.53 = -0.20(\text{W}) \tag{12}$$

$$P_2 = I_2 U_2 = -0.033 \times 1.53 = -0.05(\text{W}) \tag{13}$$

$$P_3 = I_3 U_3 = 0.166 \times 1.53 = 0.25(\text{W}) \tag{14}$$

P_1 和 P_2 的负号表示，电池 $\mathscr{E}_1$ 和 $\mathscr{E}_2$ 都输入功率. $P_3>0$ 表示电池 $\mathscr{E}_3$ 输出功率.

4.2.20　一电路如图 4.2.20 所示，已知其中 $\mathscr{E}_1=12.0\text{V}$，$\mathscr{E}_2=\mathscr{E}_3=6.0\text{V}$，$R_1=R_2=R_3=3.0\Omega$，电源的内阻都可略去不计. 试分别求 a、b 两点的电势差 U_{ab}，a、c 两点的电势差 U_{ac} 以及 b、c 两点的电势差 U_{bc}.

【解】　设通过 R_1 的电流为 I，从 $\mathscr{E}_1$ 经 R_1、c 流向 $\mathscr{E}_2$，则有

$$I = \frac{\mathscr{E}_1 - \mathscr{E}_2}{R_1 + R_2} = \frac{12.0 - 6.0}{3.0 + 3.0} = 1.0(\text{A})$$

于是得所求的电势差为

$$U_{ab} = U_a - U_b = -\mathscr{E}_3 + IR_2 = -6.0 + 1.0 \times 3.0 = -3.0(\text{V})$$

$$U_{ac} = U_a - U_c = -\mathscr{E}_3 - \mathscr{E}_2 = -6.0 - 6.0 = -12.0(\text{V})$$

$$U_{bc} = U_b - U_c = -\mathscr{E}_1 + IR_1 = -12.0 + 1.0 \times 3.0 = -9.0(\text{V})$$

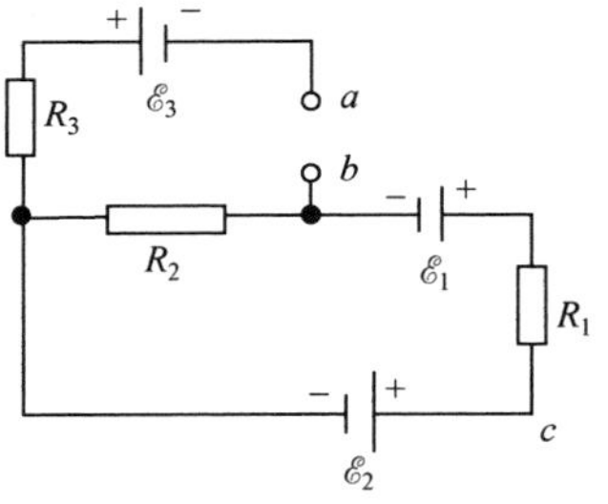

图 4.2.20

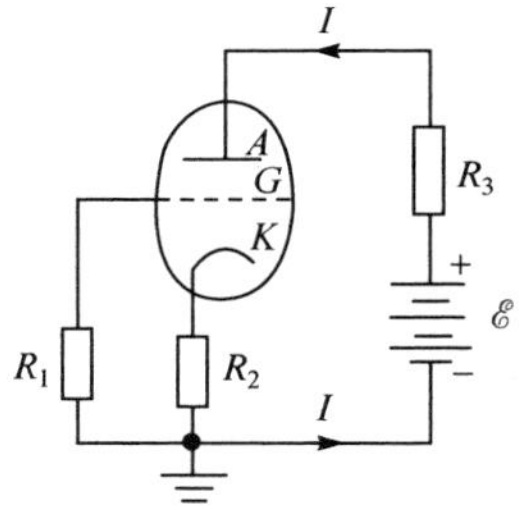

图 4.2.21

4.2.21　图 4.2.21 是一个三极管的电路，其中电流 I 从板极 A 到阴极 K；从板极 A 到栅极 G 的电流可略去不计. 已知 $I=10\text{mA}$，$R_3=10\text{k}\Omega$，$\mathscr{E}=300\text{V}$，$\mathscr{E}$ 的内阻可略去不计. (1)以地的电势为零，试分别求 A 和 G 的电势 U_A 和 U_G；(2)若 $U_G-U_K=-15\text{V}$，试求 R_2 以及 $U_{AK}=U_A-U_K$.

【解】　(1)$U_A=-IR_3+\mathscr{E}=-10\times10^{-3}\times10\times10^3+300=200(\text{V})$

$U_G=I_G R_1=0$

(2)因 $U_G-U_K=-U_K=-IR_2$，故得

$$R_2=\frac{U_K}{I}=\frac{15}{10\times10^{-3}}=1.5\times10^3(\Omega)$$

$$U_{AK}=-I(R_3+R_2)+\mathscr{E}=-10\times10^{-3}(10+1.5)\times10^3+300=185(\text{V})$$

4.2.22　一电路如图 4.2.22，其中 $\mathscr{E}_1=1.5\mathrm{V}$，$\mathscr{E}_2=1.0\mathrm{V}$，电源的内阻都可略去不计. 试求 R_3 中的电流为零时，R_1 与 R_2 的比值 R_1/R_2.

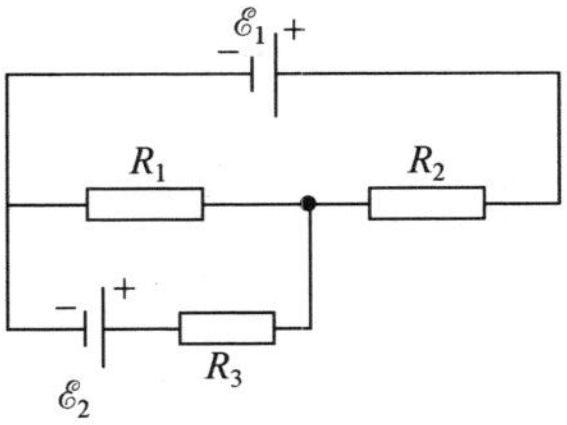

图 4.2.22

【解】 设 R_3 中的电流为零时，R_2 中的电流为 I，则有

$$IR_2+IR_1-\mathscr{E}_1=0$$

所以

$$I=\frac{\mathscr{E}_1}{R_1+R_2}$$

R_1 两端的电势差为

$$U=IR_1=\frac{\mathscr{E}_1R_1}{R_1+R_2}=\mathscr{E}_2$$

解得

$$\frac{R_1}{R_2}=\frac{\mathscr{E}_2}{\mathscr{E}_1-\mathscr{E}_2}=\frac{1.0}{1.5-1.0}=2$$

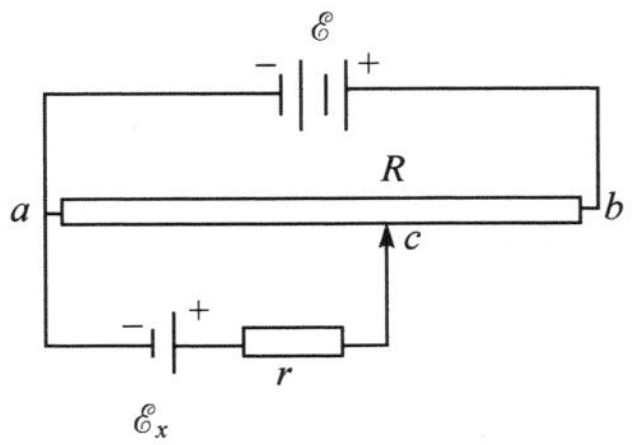

图 4.2.23

4.2.23　电势差计(电位计)是准确测量电势差的仪器，它的线路如图 4.2.23 所示，其中 $\mathscr{E}$ 是辅助电源的电动势，其内阻可略去不计；$\mathscr{E}_x$ 是待测电源(或标准电源)的电动势，其内阻为 r(图中画在电源外)；R 是一个均匀电阻(在它上面各处，单位长度的电阻都相同)，它的长度为 $ab=l$，c 是它上面的一个滑动接头，a 到 c 的长度为 $ac=x$. 设 $\mathscr{E}$、$\mathscr{E}_x$ 和 l 都已知. (1)试求电势差计平衡(即通过 $\mathscr{E}_x$ 的电流为零)时 x 的值 x_0；(2)当 $x\neq x_0$ 时，通过 $\mathscr{E}_x$ 的电流方向如何？(3)若 $\mathscr{E}<\mathscr{E}_x$，结果如何？

【解】 (1)因平衡时通过 $\mathscr{E}_x$ 的电流为零，故有

$$IR=\mathscr{E} \tag{1}$$

式中 I 是通过 R 的电流，从 b 经 R 流向 a.

R 上 a、b 间单位长度的电阻为 R/l，故得

$$\mathscr{E}_x=I\frac{R}{l}x_0 \tag{2}$$

由以上两式得

$$x_0=\frac{\mathscr{E}_x}{\mathscr{E}}l \tag{3}$$

(2)若 $x<x_0$，则 $\mathscr{E}_x$ 放电；若 $x>x_0$，则 $\mathscr{E}_x$ 充电.

(3)若 $\mathscr{E}<\mathscr{E}_x$，则由(3)式得 $x_0>l$. 这不可能. 这表明，当 $\mathscr{E}<\mathscr{E}_x$ 时，电势差计不可能达到平衡.

【讨论】 电势差计能够准确测量电势差，是因为在达到平衡时，它不从被测电路(如图 4.2.23 中的 $\mathscr{E}_x$)中取得电流，故对被测电路无影响. 伏特计则不然，尽管伏特计的电阻很大，它从被测电路取得的电流很小，但总不为零，因而总会对被测

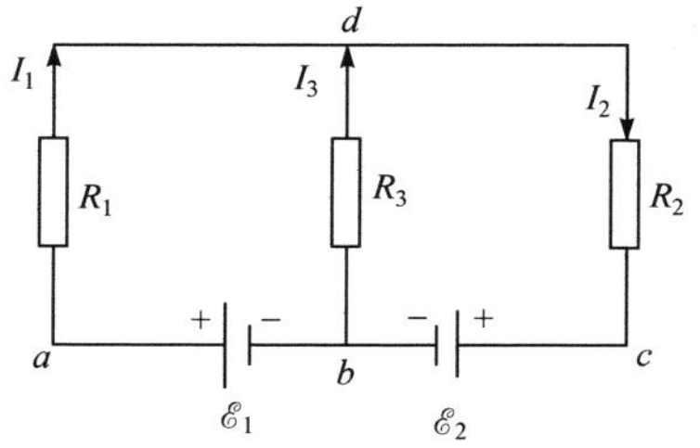

图 4.2.24

电路有影响.

4.2.24　一电路如图 4.2.24 所示，其中 $\mathscr{E}_1$、$\mathscr{E}_2$ 和 R_1、R_2、R_3 都已知，电源的内阻已分算入 R_1 和 R_2 内，试求电流 I_1、I_2 和 I_3.

【解】 由基尔霍夫电路定律得

节点 d：　$I_1+I_3=I_2$　(1)

回路 $adb\mathscr{E}_1a$：　$I_1R_1-I_3R_3-\mathscr{E}_1=0$　(2)

回路 $bdc\mathscr{E}_2b$：　$I_3R_3+I_2R_2+\mathscr{E}_2=0$　(3)

三式联立解得

$$I_1=\frac{(R_2+R_3)\mathscr{E}_1-R_3\mathscr{E}_2}{R_1R_2+R_2R_3+R_3R_1} \tag{4}$$

$$I_2=\frac{R_3\mathscr{E}_1-(R_3+R_1)\mathscr{E}_2}{R_1R_2+R_2R_3+R_3R_1} \tag{5}$$

$$I_3=-\frac{R_2\mathscr{E}_1+R_1\mathscr{E}_2}{R_1R_2+R_2R_3+R_3R_1} \tag{6}$$

负号表示 I_3 的流向如图 4.2.24 中所标的方向相反.

4.2.25　一电路如图 4.2.25 所示，其中 $\mathscr{E}_1=12.0\text{V}$，$\mathscr{E}_2=6.0\text{V}$，$r_1=r_2=R_1=R_2=1.0\Omega$，通过 R_3 的电流为 $I_3=3.0\text{A}$，流向如图所示. 试求通过 R_1 的电流 I_1 和通过 R_2 的电流 I_2 以及 R_3 的值.

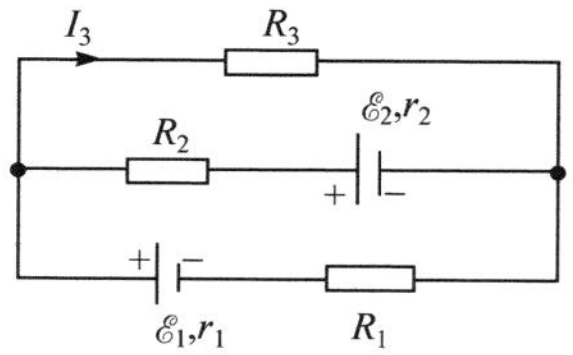

图 4.2.25

【解】 设通过 R_1 的电流为 I_1，自 R_1 流向 $\mathscr{E}_1$ 的负极；通过 R_2 的电流为 I_2，自 $\mathscr{E}_2$ 的正极流向 R_2，则由基尔霍夫第一定律得

$$I_1+I_2=I_3=3.0\text{A} \tag{1}$$

将基尔霍夫第二定律用于回路 $\mathscr{E}_1R_1\mathscr{E}_2R_2\mathscr{E}_1$ 得

$$\mathscr{E}_1-I_1(R_1+r_1)-\mathscr{E}_2+I_2(R_2+r_2)=0 \tag{2}$$

代入数字得

$$12.0-2I_1-6.0+2I_2=0$$

所以

$$I_1-I_2=3.0\text{A} \tag{3}$$

由式(1)、(3)解得

$$I_1=3.0\text{A},\quad I_2=0 \tag{4}$$

因 $I_2=0$，故得

$$R_3=\frac{\mathscr{E}_2}{I_3}=\frac{6.0}{3.0}=2.0(\Omega) \tag{5}$$

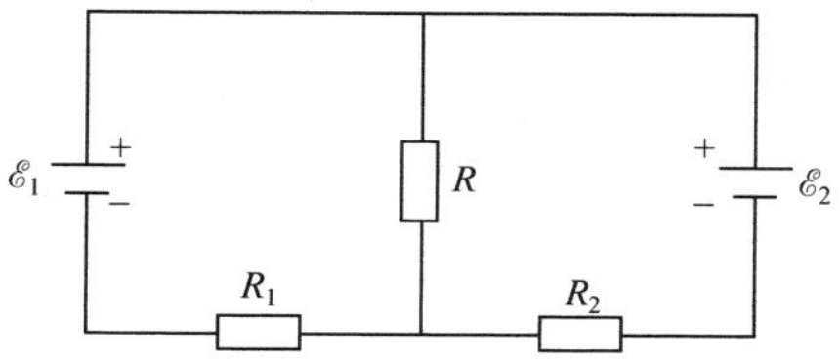

图 4.2.26

4.2.26　一电路如图 4.2.26 所示，其中 $\mathscr{E}_1=1.5\text{V}$，$\mathscr{E}_2=1.0\text{V}$，$R_1=50\Omega$，$R_2=80\Omega$，$R=10\Omega$，电源的内阻都可略去不计，试求通

过 R 的电流 I.

【解】 设电流 I_1 自 $\mathscr{E}_1$ 的正极流出,电流 I_2 自 $\mathscr{E}_2$ 的正极流出,则由基尔霍夫定律有

节点：　$I_1+I_2=I$　　(1)

回路 $\mathscr{E}_1RR_1\mathscr{E}_1$：　$IR+I_1R_1=\mathscr{E}_1$　　(2)

回路 $\mathscr{E}_2RR_2\mathscr{E}_2$：　$IR+I_2R_2=\mathscr{E}_2$　　(3)

由式(1)、(2)、(3)解得

$$I=\frac{R_2\mathscr{E}_1+R_1\mathscr{E}_2}{R_1R_2+R(R_1+R_2)}=\frac{80\times1.5+50\times1.0}{50\times80+10\times(50+80)}=3.2\times10^{-2}(\text{A}) \tag{4}$$

4.2.27　一电路如图 4.2.27(1),其中 $\mathscr{E}_1=3.0\text{V}$,$\mathscr{E}_2=1.5\text{V}$,$\mathscr{E}_3=2.2\text{V}$,$R_1=1.5\Omega$,$R_2=2.0\Omega$,$R_3=1.4\Omega$,电源的内阻都已分别算在 R_1、R_2 和 R_3 内,试求 a、b 两点的电势差 U_{ab}.

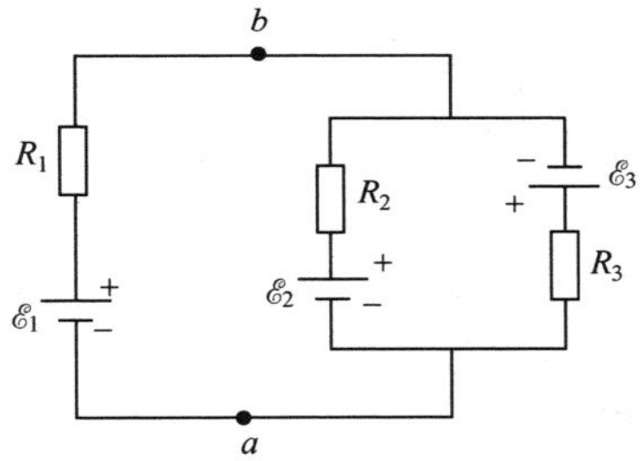

图 4.2.27(1)

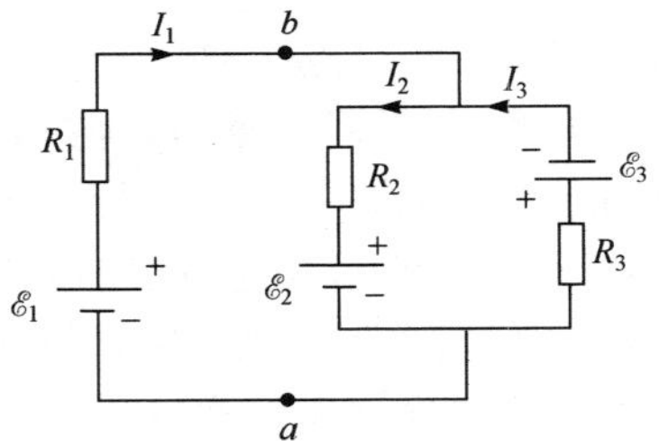

图 4.2.27(2)

【解】 欲求 U_{ab},必须先求流过 R_1 的电流 I_1.设电流分布如图 4.2.27(2)所示,则由基尔霍夫定律有

节点：　$I_1+I_3=I_2$　　(1)

回路 $\mathscr{E}_1\mathscr{E}_2$：　$I_1R_1+I_2R_2+\mathscr{E}_2-\mathscr{E}_1=0$　　(2)

代入数值得

$$1.5I_1+2.0I_2=\mathscr{E}_1-\mathscr{E}_2=3.0-1.5=1.5 \tag{3}$$

回路 $\mathscr{E}_1\mathscr{E}_3$：　$I_1R_1-I_3R_3-\mathscr{E}_3-\mathscr{E}_1=0$　　(4)

代入数值得

$$1.5I_1-1.4I_3=\mathscr{E}_1+\mathscr{E}_3=3.0+2.2=5.2 \tag{5}$$

式(1)、(3)、(5)联立解得

$$I_1=1.58\text{A} \tag{6}$$

于是得

$$U_{ab}=U_a-U_b=-\mathscr{E}_1+I_1R_1=-3.0+1.58\times1.5=-0.63(\text{V}) \tag{7}$$

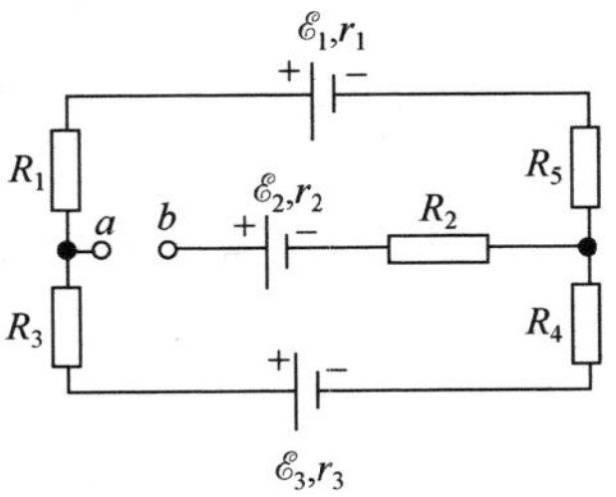

图 4.2.28

4.2.28　一电路如图 4.2.28,其中 $\mathscr{E}_1=12.0\text{V}$,$\mathscr{E}_2=10.0\text{V}$,$\mathscr{E}_3=8.0\text{V}$,$r_1=r_2=r_3=1.0\Omega$,$R_1=R_3=$

$R_4=R_5=2.0\Omega, R_2=3.0\Omega$. 试求：(1)$a$、$b$ 断开时的 U_{ab}；(2)a、b 短路时通过 $\mathscr{E}_1$ 的电流的大小和方向.

【解】 (1)a、b 断开时，通过 $\mathscr{E}_1$ 和 $\mathscr{E}_3$ 的电流为

$$\begin{aligned}I&=\frac{\mathscr{E}_1-\mathscr{E}_3}{R_1+R_3+R_4+R_5+r_1+r_3}\\&=\frac{12.0-8.0}{2.0+2.0+2.0+2.0+1.0+1.0}\\&=0.40(\text{A})\end{aligned}$$

故 a、b 两点的电势差为

$$U_{ab}=U_a-U_b=I(R_3+r_3+R_5)+\mathscr{E}_3-\mathscr{E}_2=0.40\times(2.0+1.0+2.0)+8.0-10.0=0(\text{V})$$

即 a、b 两点电势相等.

(2)因 a、b 两点电势相等，故短路(即接通)后没有电流，所以流过 $\mathscr{E}_1$ 的电流不变，即仍为 $I=0.40$ 安，自 $\mathscr{E}_1$ 的正极流出.

【讨论】 a、b 两点短路后，也可以用基尔霍夫定律求出流过 $\mathscr{E}_1$ 的电流，但要列出几个方程，然后联立求解，经过计算，才能得出结果. 我们在这里只用物理概念，便可直接得知结果. 有些问题，如前面的 4.1.30 题，即使列出方程，也不好解决，但巧妙地运用物理概念，问题便迎刃而解. 可见在解决问题时，深刻理解和灵活运用物理概念，是很重要的. 在国外有所谓“费米问题”，是专门用来测试学生灵活运用物理概念解决问题的能力的，这类问题要想直接求解、算出结果，是很困难的，甚至是不可能的；但巧妙地运用物理概念，却很容易估算出结果来. 例如“试估算地球大气的质量”，乍一看，让人摸不着头脑；但仔细一想，地面大气压强为 76cmHg，因此，地球大气的质量就等于整个地球表面铺上一层 76cm 厚的水银的质量，即

$$\begin{aligned}M&=4\pi R^2h\rho=4\pi\times(6.37\times10^{3+3+2})^2\times76\times13.6\\&=5.3\times10^{21}(\text{g})=5.3\times10^{18}(\text{kg})\end{aligned}$$

4.2.29 一电路如图 4.2.29(1)所示，其中 $\mathscr{E}_1=1.0\text{V}, \mathscr{E}_2=2.0\text{V}, \mathscr{E}_3=3.0\text{V}$, $r_1=r_2=r_3=R_1=1.0\Omega, R_2=3.0\Omega$. 试求：(1)通过 $\mathscr{E}_3$ 的电流；(2)R_2 消耗的功率；(3)$\mathscr{E}_3$ 输出的功率.

【解】 (1)设电流分布如图 4.2.29(2)所示. 由基尔霍夫第一定律得

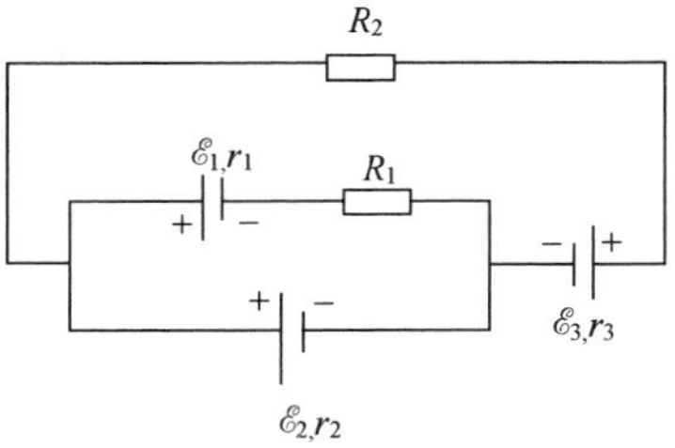

图 4.2.29(1)

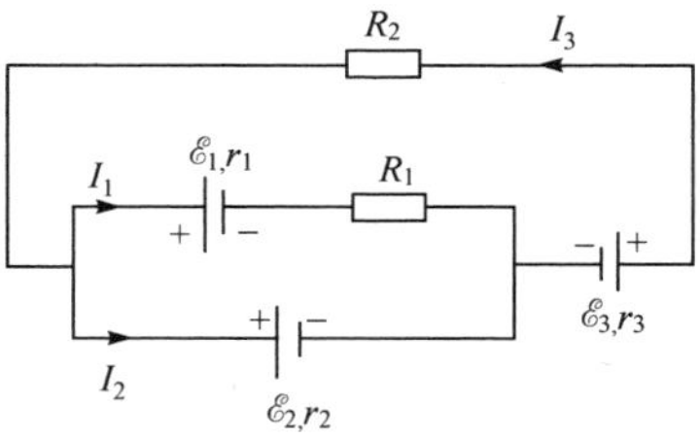

图 4.2.29(2)

$$I_1 + I_2 = I_3 \tag{1}$$

由基尔霍夫第二定律得：

回路 $\mathscr{E}_2\mathscr{E}_3R_2\mathscr{E}_2$：　$I_2r_2 + \mathscr{E}_2 - \mathscr{E}_3 + I_3(r_3 + R_2) = 0$　　(2)

代入数值得

$$I_2 + 4I_3 = 1.0 \tag{3}$$

回路 $\mathscr{E}_1R_1\mathscr{E}_2\mathscr{E}_1$：　$I_1(R_1 + r_1) + \mathscr{E}_1 - I_2r_2 - \mathscr{E}_2 = 0$　　(4)

代入数值得

$$2I_1 - I_2 = 1.0 \tag{5}$$

式(1)、(3)、(5)联立解得

$$I_3 = 0.29\text{A} \tag{6}$$

(2)R_2 消耗的功率为

$$P_2 = I_3^2R_2 = (0.29)^2 \times 3 = 0.25(\text{W}) \tag{7}$$

(3)$\mathscr{E}_3$ 输出的功率为

$$P_3 = I_3(\mathscr{E}_3 - I_3r_3) = 0.29 \times (3.0 - 0.29 \times 1.0) = 0.79(\text{W}) \tag{8}$$

4.2.30　一电路如图 4.2.30 所示，试求其中的 $\mathscr{E}_1$、$\mathscr{E}_2$ 和 U_{ab}.

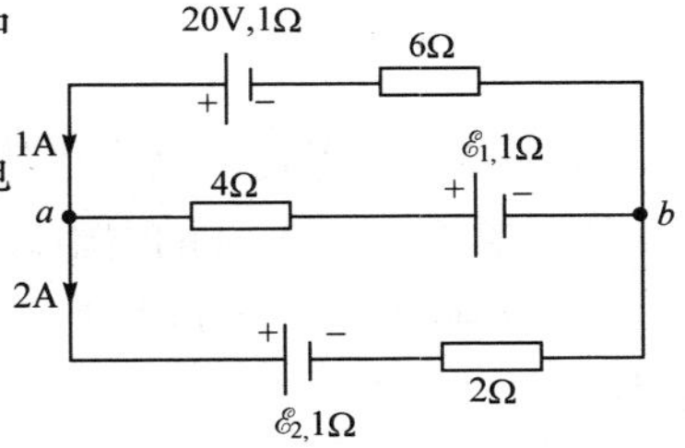

图 4.2.30

【解】　由图 4.2.30 的节点可知，中间 4Ω 电阻中的电流为2－1＝1(A)，从右向左. 于是由上边回路得

$$1 \times (6+1) - 20 - 1 \times (4+1) + \mathscr{E}_1 = 0$$

所以　$\mathscr{E}_1 = 18\text{V}$

由周边回路得

$$1 \times (6+1) - 20 + \mathscr{E}_2 + 2 \times (1+2) = 0$$

所以　$\mathscr{E}_2 = 7\text{V}$

$$U_{ab} = U_a - U_b = \mathscr{E}_2 + 2 \times (1+2) = 7 + 6 = 13(\text{V})$$

4.2.31　一电路如图 4.2.31 所示，已知 $\mathscr{E}_1 = 6.0\text{V}$，$\mathscr{E}_2 = 12.0\text{V}$，它们的内阻都可略去不计；6Ω 电阻中的电流为 $I = 1.0\text{A}$，方向如图所示. (1)试求通过 X 的电流 I_x；(2)X 是什么？

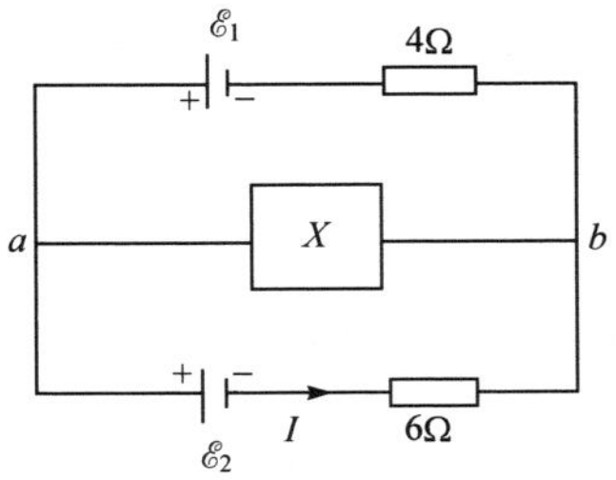

图 4.2.31

【解】　(1)设 $\mathscr{E}_1$ 放电，其电流为 I_1，则由周边回路得

$$\mathscr{E}_1 - 4I_1 - 1 \times 6 - \mathscr{E}_2 = 0$$

所以　$I_1 = \dfrac{\mathscr{E}_1 - \mathscr{E}_2 - 6}{4} = \dfrac{6 - 12 - 6}{4} = -3.0(\text{A})$

负号表示 $\mathscr{E}_1$ 在充电. 于是得通过 X 的电流为

$$I_x = 1.0 + 3.0 = 4.0(\text{A})$$

其方向是从 b 经 X 到 a.

(2)若 X 为电阻，则由图 4.2.31 可知，通过 X 的电流只能是从 a 经 X 到 b，与上面得出的结果相反. 故知 X 是电源，其正极在 a 那边.

4.2.32　甲乙两站相距 50km，其间有两条相同的电话线，有一条因在某处触地而发生故障，甲站的检修人员用图 4.2.32 的办法找出触地处到甲站的距离 x. 让乙站把电话线两端短路(即接在一起)，作为电桥的一臂，调节 r 使通过检流计 G 的电流为零，已知电话线每千米长的电阻为 6.0Ω，测得 $r=360\Omega$. 试求 x.

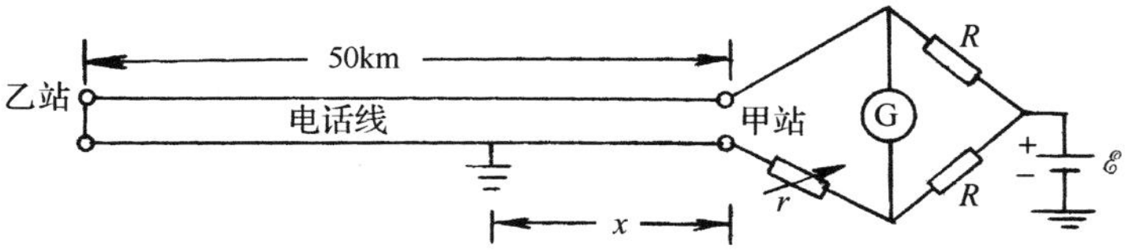

图 4.2.32

【解】　由电桥平衡条件得

$$6.0\times(50+50-x)=6.0x+r=6.0x+360$$

解得

$$x=20\text{km}$$

4.2.33　为了找出电缆在某处由于损坏而触地，可以使用图 4.2.33 的装置. AB 是一条长为 100cm 的电阻线，接头 C 可以在它上面滑动. 已知电缆长 7.8km，设当 C 滑到 $\overline{CB}=41\text{cm}$ 时，通过电流计 G 的电流为零. 试求电缆损坏处到 B 的距离.

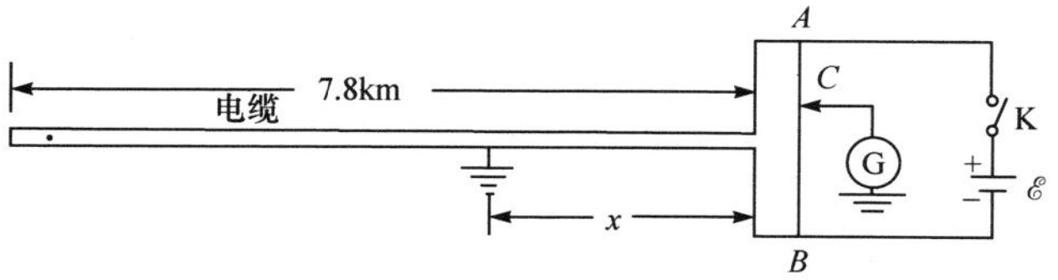

图 4.2.33

【解】　由电桥平衡条件得

$$41\times(2\times7.8-x)=(100-41)x=59x$$

解得

$$x=6.4\text{km}$$

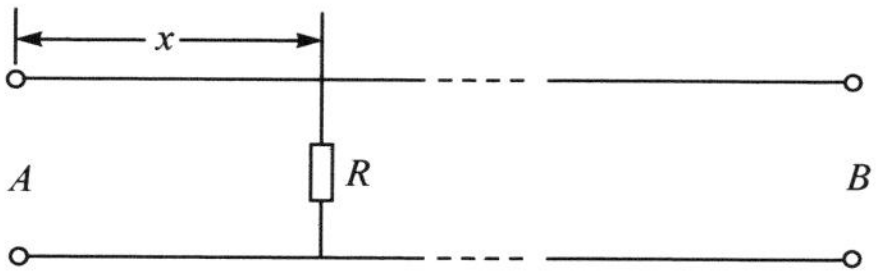

图 4.2.34

4.2.34　一电缆 AB 长 50km，中间某处发生障碍(即漏电). 现在作如下检查(图 4.2.34)：将 B 端断开，在 A 端加上 200V 电压，测得 B 端电压为 40V；再将 A 端断开，在 B 端加上可调的电压，当调到 300V 时,A 端电压为 40V. 试求发生障碍处到 A 端的距离 x.

【解】 设电缆每千米长的电阻为 λ,障碍处漏电电阻为 R,则在 A 端加 200V 电压时,B 端电势为

$$U_B = I_A R = \frac{200R}{2\lambda x + R} = 40$$

所以

$$\lambda x = 2R \tag{1}$$

在 B 端加 300V 电压时,A 端电势为

$$U_A = I_B R = \frac{300R}{2\lambda(50 - x) + R} = 40$$

所以

$$200\lambda - 4\lambda x = 13R \tag{2}$$

式(1)、(2)联立解得

$$x = 19\text{km} \tag{3}$$

4.2.35 惠斯通电桥的电路如图 4.2.35(1)所示,设其中电阻 R_1、R_2、R_3、R_4 和 R_g 以及电源的电动势 $\mathscr{E}$ 和它的内阻 r 都已知. (1)试求通过 R_g 的电流 I_g;(2)在什么情况下,I_g 是从 C 到 D? 在什么情况下,I_g 是从 D 到 C?

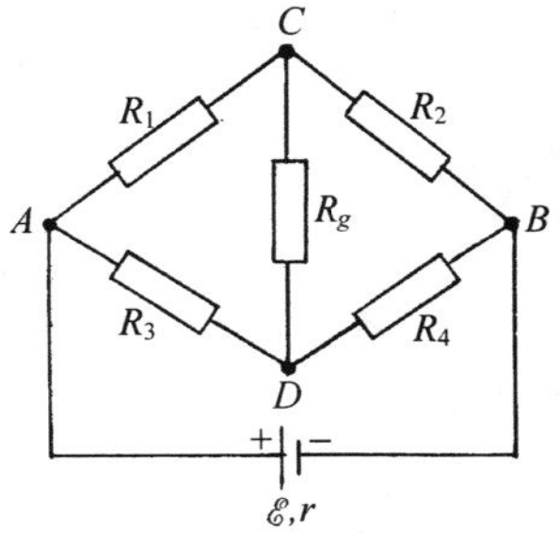

图 4.2.35(1)

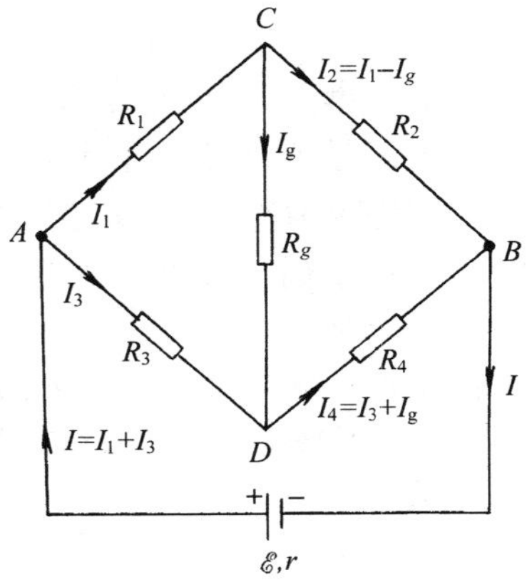

图 4.2.35(2)

【解】 (1)设各支路的电流如图 4.2.35(2)所示,图中已用基尔霍夫第一定律将 R_2 和 R_4 中的电流分别表示成 $I_2 = I_1 - I_g$ 和 $I_4 = I_3 + I_g$ 以减少变量. 再由基尔霍夫第二定律列出独立方程如下:

回路 $ACDA$: $I_1R_1 + I_gR_g - I_3R_3 = 0$ (1)

回路 $CBDC$: $(I_1 - I_g)R_2 - (I_3 + I_g)R_4 - I_gR_g = 0$ (2)

回路 $ACB\mathscr{E}A$: $I_1R_1 + (I_1 - g)R_2 + (I_1 + I_3)r - \mathscr{E} = 0$ (3)

三个变量 I_1、I_3 和 I_g,三个方程(1)、(2)和(3),联立解得

$$I_g = \frac{(R_2R_3 - R_1R_4)\mathscr{E}}{R_1R_2(R_3 + R_4) + R_3R_4(R_1 + R_2) + (R_1 + R_2)(R_3 + R_4)R_g + \Delta} \tag{4}$$

式中

$$\Delta = [(R_1+R_3)(R_2+R_4)+(R_1+R_2+R_3+R_4)R_g]r \tag{5}$$

(2)由式(4)可见，当 $R_2R_3>R_1R_4$ 时，$I_g>0$，故电流 I_g 如图 4.2.35(2)所示，从 C 到 D. 当 $R_2R_3<R_1R_4$ 时，电流 I_g 便从 D 到 C.

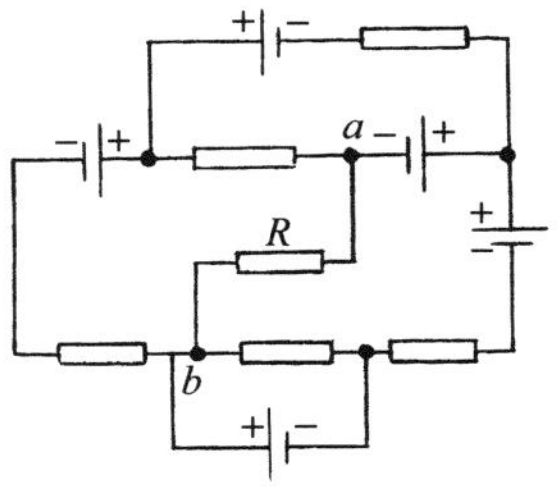

图 4.2.36(1)

【讨论】 当电源的内阻 r 可以略去时，(4)式便成为前面 4.1.15 题的式(8).

4.2.36 有了基尔霍夫定律，任何复杂的稳恒直流电路，在原则上都可以解决；但在实际问题里，直接用基尔霍夫定律解题往往很繁复. 一些特定的问题，用某种特定的规律或方法求解，有时比较简便，戴维南(Thévenin)定理就是这种规律之一. 戴维南定理(有的书上称为等效电源定理)如下：在任何复杂的稳恒直流电路里，任何一个电阻 R [图 4.2.36(1)]中流过的电流 i 都可以用下式表示：

$$i=\frac{u}{R+r}$$

式中 u 是把 R 断开(也就是令 $R=\infty$)时，a、b 之间的电压；r 是把 R 断开并且使电路中所有电源的电动势都为零时，a、b 之间的电阻. 试用戴维南定理求前面 4.2.35 题惠斯通电桥里通过检流计 R_g 的电流 I_g.

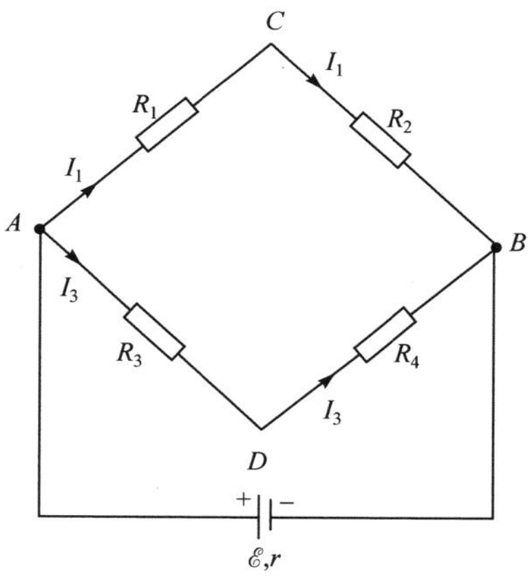

图 4.2.36(2)

【解】 先求 u. 把图 4.2.35(1)中的 R_g 断开(也就是令 $R_g=\infty$)，便成为图 4.2.36(2). 这时 C、D 之间的电势差为

$$\begin{aligned} u &= U_C-U_D=(U_A-U_D)-(U_A-U_C) \\ &= I_3R_3-I_1R_1 \end{aligned} \tag{1}$$

式中 I_1 是流经 R_1 和 R_2 串联支路的电流，I_3 是流经 R_3 和 R_4 串联支路的电流，其和为

$$\begin{aligned} I=I_1+I_3 &= \frac{\mathscr{E}}{r+(R_1+R_2)(R_3+R_4)/(R_1+R_2+R_3+R_4)} \\ &= \frac{(R_1+R_2+R_3+R_4)\mathscr{E}}{(R_1+R_2)(R_3+R_4)+(R_1+R_2+R_3+R_4)r} \end{aligned} \tag{2}$$

根据并联电阻中电流的规律[参见前面 4.1.9 题的式(6)和式(7)]，便得

$$I_1=\frac{(R_3+R_4)I}{R_1+R_2+R_3+R_4}=\frac{(R_3+R_4)\mathscr{E}}{(R_1+R_2)(R_3+R_4)+(R_1+R_2+R_3+R_4)r} \tag{3}$$

$$I_3=\frac{(R_1+R_2)I}{R_1+R_2+R_3+R_4}$$

$$=\frac{(R_1+R_2)\mathscr{E}}{(R_1+R_2)(R_3+R_4)+(R_1+R_2+R_3+R_4)r} \quad (4)$$

把式(3)、(4)代入式(1)，便得

$$u=I_3R_3-I_1R_1$$

$$=\frac{(R_2R_3-R_1R_4)\mathscr{E}}{(R_1+R_2)(R_3+R_4)+(R_1+R_2+R_3+R_4)r} \quad (5)$$

再求 R. 把 R_g 断开，并使 $\mathscr{E}=0$，这时图 4.2.35(1)便化为图 4.2.36(3)，C、D 之间的电阻 R_{CD} 是电桥电阻，由前面 4.1.15 题的式(11)得 $R_{CD}(=R)$，

$$R=\frac{R_1R_3(R_2+R_4)+R_2R_4(R_1+R_3)+(R_1+R_3)(R_2+R_4)r}{(R_1+R_2)(R_3+R_4)+(R_1+R_2+R_3+R_4)r} \quad (6)$$

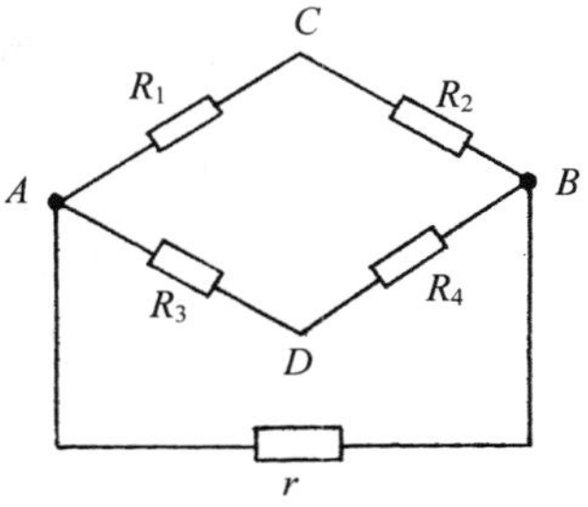

图 4.2.36(3)

于是由戴维南定理得图 4.2.35(1)中通过 R_g 的电流为

$$I_g=\frac{u}{R+R_g}=\frac{(R_2R_3-R_1R_4)\mathscr{E}}{R_1R_2(R_3+R_4)+R_3R_4(R_1+R_2)+(R_1+R_2)(R_3+R_4)R_g+\Delta} \quad (7)$$

式中

$$\Delta=[(R_1+R_3)(R_2+R_4)+(R_1+R_2+R_3+R_4)R_g]r \quad (8)$$

式(7)、(8)便分别是前面 4.2.35 题的式(4)、(5).

4.2.37 六个相同的电阻 $r=1.0\Omega$，连接成如图 4.2.37 所示的电路. 在 a、b 间加上 $U=10\text{V}$ 的电势差，试求每个电阻中的电流.

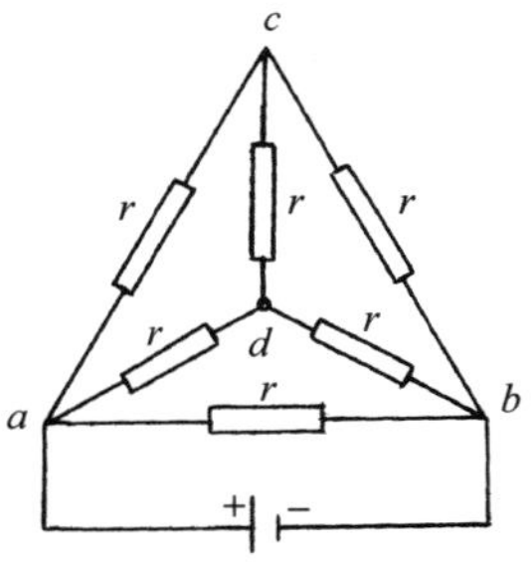

图 4.2.37

【解】 根据前面 4.1.22 题的讨论中所讲的对称性原则，c、d 间那个电阻 r 中的电流为零. 将该电阻去掉，便得上边四个电阻中的电流都是

$$I=\frac{10}{1.0+1.0}=5.0(\text{A})$$

下边 a、b 间的电阻中的电流为

$$I'=\frac{10}{1.0}=10(\text{A})$$

4.2.38 (1)如图 4.2.38(1)中，a、b 间的电阻为 R，试问(i)R 短路(如用导线把 R 两端接在一起)和(ii)R 开路(如 R 断开)时，a、b 间的电阻各是多少？(2)如图 4.2.38(2)中，a、b 间的电容为 C，试问(i)C 短路(如用导线把 C 的两极板接在一起)和(ii)C 开路(如 C 断开)时，a、b 间的电容各是多少？(3)在一电路中，如 a、b 两点间短路，从电阻的角度看，R 为零，从电容的角度看，C 为∞；如 a、b 两点间开路，从电阻的角度看，R 为∞，从电容的角度看，C 为零. 你认为对吗？试略加说明.

【解答】 (1)(i)$R_{ab}=0$；(ii)$R_{ab}=\infty$.

(2)(i)$C_{ab}=\infty$；(ii)$C_{ab}=0$.

(3)对. a、b 间短路：在 a、b 间加上电压，便有非常大的电流流过，故从电阻的角度看，a、b 间

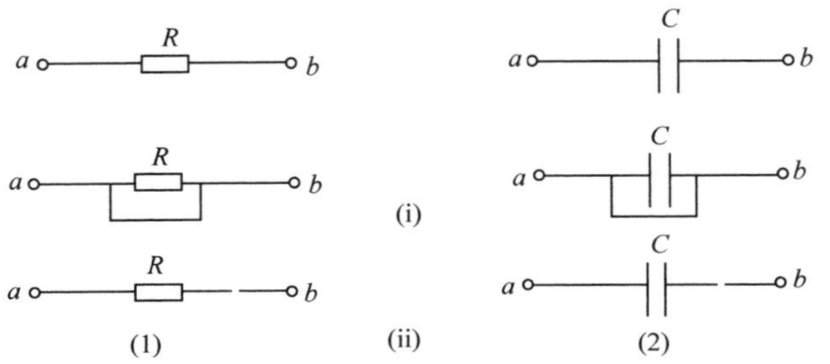

图 4.2.38

的电阻非常小，可看作零；从电容的角度看，电流不断地流，相当于 a、b 间有一个电容为无穷大的电容器.

a、b 间开路：在 a、b 间加上电压，电流为零. 从电阻的角度看，a、b 间的电阻为无穷大；从电容的角度看，电荷不能流入，相当于 a、b 间有一个电容为零的电容器.

4.2.39　一平行板电容器两极板间充满电阻率为 ρ、电容率为 ε 的均匀介质，因而两极板间的电阻为 R(漏电电阻). (1)设这电容器的电容为 C，略去边缘效应，试证明：$RC=\varepsilon\rho$；(2)这电容器充电后，去掉电源，两极板间的电势差便逐渐减小，试证明：电势差下降的速率由介质的特性 ε 和 ρ 决定，而与电容的大小和电容器的形状无关.

【证】　(1)设两极板的面积均为 S，相距为 d，则两板间的电容为 $C=\frac{\varepsilon S}{d}$，两板间的电阻为 $R=\rho\frac{d}{S}$，相乘便得

$$RC=\varepsilon\rho \tag{1}$$

(2)去掉电源后，电势差 U 下降的速率为

$$\frac{\mathrm{d}U}{\mathrm{d}t}=\frac{\mathrm{d}}{\mathrm{d}t}\left(\frac{Q}{C}\right)=\frac{1}{C}\frac{\mathrm{d}Q}{\mathrm{d}t}=-\frac{I}{C}=-\frac{U}{RC}=-\frac{U}{\varepsilon\rho} \tag{2}$$

上式表明，$\frac{\mathrm{d}U}{\mathrm{d}t}$ 由介质的特性 ε 和 ρ 决定，而与 C 和电容器的形状无关.

4.2.40　丹聂耳电池由两个同轴圆筒构成，长为 l，外筒是内半径为 b 的铜，内筒是外半径为 a 的锌，两筒间是电容率为 ε、电阻率为 ρ 的硫酸铜溶液，如图 4.2.40 所示. 略去边缘效应. 试求：(1)这电池的内阻 R；(2)两筒之间的电容 C；(3)R 与 C 之间的关系.

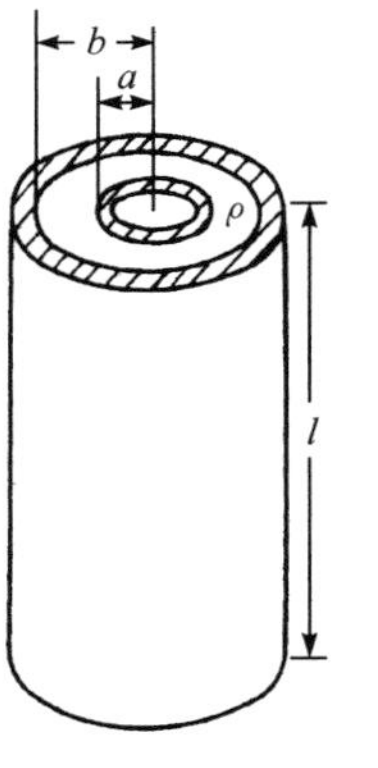

图 4.2.40

【解】　(1)以轴线为轴、r 为半径，在硫酸铜溶液中取一个厚为 $\mathrm{d}r$、长为 l 的圆筒，这圆筒的电阻为

$$\mathrm{d}R=\rho\frac{\mathrm{d}r}{2\pi rl}=\frac{\rho}{2\pi l}\frac{\mathrm{d}r}{r} \tag{1}$$

积分便得

$$R=\frac{\rho}{2\pi l}\int_a^b\frac{\mathrm{d}r}{r}=\frac{\rho}{2\pi l}\ln\frac{b}{a} \tag{2}$$

(2)设两筒的电势差为U,内筒上的电荷量为Q,则由对称性和高斯定理得硫酸铜溶液中的电场强度为

$$\boldsymbol{E}=\frac{\lambda}{2\pi\varepsilon}\frac{\boldsymbol{r}}{r^2}=\frac{Q}{2\pi\varepsilon l}\frac{\boldsymbol{r}}{r^2} \tag{3}$$

式中$\boldsymbol{r}$是从轴线到场点的位矢. 于是得

$$U=\int_a^b\boldsymbol{E}\cdot\mathrm{d}\boldsymbol{r}=\frac{Q}{2\pi\varepsilon l}\int_a^b\frac{\boldsymbol{r}\cdot\mathrm{d}\boldsymbol{r}}{r^2}=\frac{Q}{2\pi\varepsilon l}\ln\frac{b}{a} \tag{4}$$

所以

$$C=\frac{Q}{U}=\frac{2\pi\varepsilon l}{\ln(b/a)} \tag{5}$$

(3)由式(2)、(5)得R与C的关系为

$$RC=\varepsilon\rho \tag{6}$$

4.2.41　一平行板电容器两极板的面积均为S,两板间充满两层均匀介质,它们的厚度分别为d_1和d_2,电容率分别为ε_1和ε_2,电导率分别为σ_1和σ_2,如图4.2.41所示. 当两极板的电势差为U时,略去边缘效应,试求:(1)两介质中的电场强度和电位移;(2)两介质交界面上电荷量的面密度;(3)通过这电容器的电流;(4)$\sigma_1=0$的情况.

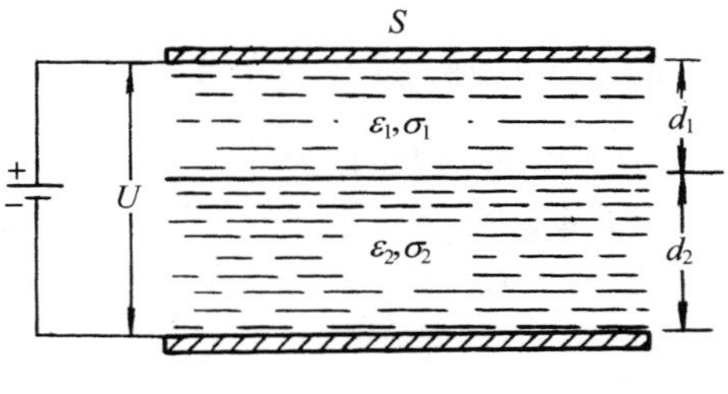

图 4.2.41

【解】　(1)两极板间的电阻为

$$R=\frac{d_1}{\sigma_1 S}+\frac{d_2}{\sigma_2 S}=\frac{\sigma_2 d_1+\sigma_1 d_2}{\sigma_1\sigma_2 S} \tag{1}$$

电流密度$\boldsymbol{j}$的方向向下,$\boldsymbol{j}$的大小为

$$j=\frac{I}{S}=\frac{U}{SR}=\frac{\sigma_1\sigma_2 U}{\sigma_2 d_1+\sigma_1 d_2} \tag{2}$$

故得所求电场强度为

$$\boldsymbol{E}_1=\frac{\boldsymbol{j}}{\sigma_1}=\frac{\sigma_2 U}{\sigma_2 d_1+\sigma_1 d_2}\boldsymbol{e},\quad \boldsymbol{E}_2=\frac{\boldsymbol{j}}{\sigma_2}=\frac{\sigma_1 U}{\sigma_2 d_1+\sigma_1 d_2}\boldsymbol{e} \tag{3}$$

式中$\boldsymbol{e}$为极板法线方向上的单位矢量,方向向下. 所求的电位移为

$$\boldsymbol{D}_1=\varepsilon_1\boldsymbol{E}_1=\frac{\varepsilon_1\sigma_2 U}{\sigma_2 d_1+\sigma_1 d_2}\boldsymbol{e},\quad \boldsymbol{D}_2=\varepsilon_2\boldsymbol{E}_2=\frac{\varepsilon_2\sigma_1 U}{\sigma_2 d_1+\sigma_1 d_2}\boldsymbol{e} \tag{4}$$

(2)设 $\boldsymbol{n}_1$ 和 $\boldsymbol{n}_2$ 都是两介质交界面法线方向上的单位矢量，$\boldsymbol{n}_1$ 向下，$\boldsymbol{n}_2$ 向上，则由前面 2.2.6 题的式(2)得，这交界面上自由电荷量的面密度为

$$\delta=\delta_1+\delta_2=\boldsymbol{n}_1\cdot\boldsymbol{D}_2+\boldsymbol{n}_2\cdot\boldsymbol{D}_1=\frac{\varepsilon_2\sigma_1 U}{\sigma_2 d_1+\sigma_1 d_2}-\frac{\varepsilon_1\sigma_2 U}{\sigma_2 d_1+\sigma_1 d_2}=-\frac{(\varepsilon_1\sigma_2-\varepsilon_2\sigma_1)U}{\sigma_2 d_1+\sigma_1 d_2} \tag{5}$$

由前面 2.2.6 题的式(7)得，这交界面上极化电荷量的面密度为

$$\begin{aligned}\delta'&=\delta_2'+\delta_1'=\frac{\varepsilon_0-\varepsilon_1}{\varepsilon_1}\delta_2+\frac{\varepsilon_0-\varepsilon_2}{\varepsilon_2}\delta_1=-\frac{\varepsilon_0-\varepsilon_1}{\varepsilon_1}\ \frac{\varepsilon_1\sigma_2 U}{\sigma_2 d_1+\sigma_1 d_2}+\frac{\varepsilon_0-\varepsilon_2}{\varepsilon_2}\ \frac{\varepsilon_2\sigma_1 U}{\sigma_2 d_1+\sigma_1 d_2}\\&=-\frac{[(\varepsilon_0-\varepsilon_1)\sigma_2-(\varepsilon_0-\varepsilon_2)\sigma_1]U}{\sigma_2 d_1+\sigma_1 d_2}\end{aligned} \tag{6}$$

(3)通过这电容器的电流为

$$I=\frac{U}{R}=\frac{\sigma_1\sigma_2 SU}{\sigma_2 d_1+\sigma_1 d_2} \tag{7}$$

(4)$\sigma_1=0$，即第一层(图 4.2.41 中的上层)的介质是绝缘体. 这时

$$j=0,\ I=0 \tag{8}$$

$$E_1=\frac{U}{d_1},\quad D_1=\frac{\varepsilon_1 U}{d_1} \tag{9}$$

$$E_2=0,\quad D_2=0 \tag{10}$$

$$\delta=-\frac{\varepsilon_1 U}{d_1},\quad \delta'=-(\varepsilon_0-\varepsilon_1)\frac{U}{d_1} \tag{11}$$

这时就是电容为 $C=\dfrac{\varepsilon_1 S}{d_1}$ 的一个电容器，充电到电压为 U.

4.2.42 导线里的电流 I 既然有方向，为什么不是矢量？

【解答】 电流(电流强度)I 是单位时间内通过给定面积的电荷量，它只有正负(如规定正电荷从该面积的一边流到另一边为正，反过来便为负)，而无方向. 通常说的导线里的 I 的方向，实际上是指它的值的正负.

描述电荷在空间流动状态的量是电流密度 $\boldsymbol{j}$，它是矢量. 电流(电流强度)I 与电流密度 $\boldsymbol{j}$ 的关系为

$$I=\iint_S \boldsymbol{j}\cdot d\boldsymbol{S}$$

式中积分是对某个面积 S 的积分. 由此亦可见 I 不是矢量.

4.2.43 一铜线直径为 1.0cm，载有 200A 的电流，已知铜的电阻率为 $\rho=1.72\times10^{-8}\Omega\cdot\text{m}$，试求这铜线里电场强度的大小 E. 这铜线上相距 100m 的两点电势差是多少？

【解】 铜线里电场强度的大小为

$$E=\frac{j}{\sigma}=\rho j=\rho\frac{I}{\pi r^2}=1.72\times10^{-8}\times\frac{200}{\pi\left(\frac{1.0\times10^{-2}}{2}\right)^2}=4.4\times10^{-2}(\text{V/m})$$

相距 100m 两点的电势差为

$$U = El = 4.4 \times 10^{-2} \times 100 = 4.4(\text{V})$$

4.2.44 在曲面上有一层面电流，面电流密度为 $\boldsymbol{k}$，在这曲面上有一段曲线 ab[图 4.2.44(1)]，试证明：通过这段曲线的电流为 $I = \int_a^b \boldsymbol{k} \cdot (\mathrm{d}\boldsymbol{l} \times \boldsymbol{n})$，式中 $\mathrm{d}\boldsymbol{l}$ 是 ab 曲线上的线元，其方向如图 4.2.44 所示，$\boldsymbol{n}$ 是该曲面在 $\mathrm{d}\boldsymbol{l}$ 处法线方向上的单位矢量.

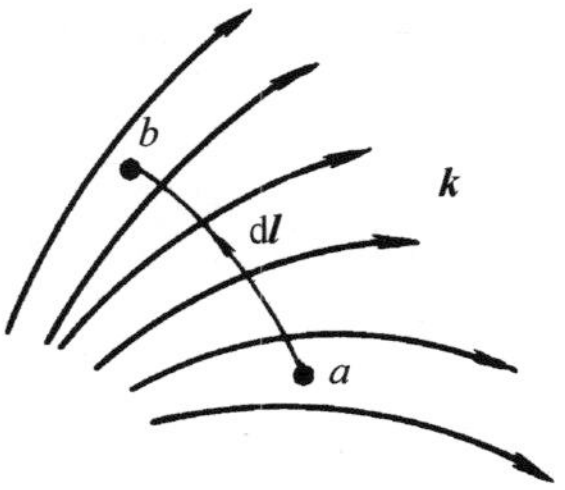

图 4.2.44(1)

【证】 依定义，流过 $\mathrm{d}l$ 的电流为

$$\mathrm{d}I = k(\mathrm{d}l)_{\perp} = k\boldsymbol{t} \cdot \mathrm{d}\boldsymbol{l} \tag{1}$$

式中 $\boldsymbol{t}$ 是电流面上垂直于 $\boldsymbol{k}$ 的单位矢量，用电流面法线方向上的单位矢量 $\boldsymbol{n}$[参见图 4.2.44(2)]表示为

$$\boldsymbol{t} = \boldsymbol{n} \times \frac{\boldsymbol{k}}{k} \tag{2}$$

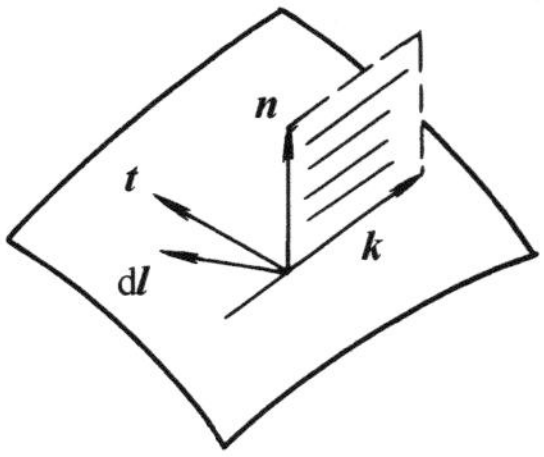

图 4.2.44(2)

于是得

$$\begin{aligned}\mathrm{d}I &= k\boldsymbol{t} \cdot \mathrm{d}\boldsymbol{l} = (\boldsymbol{n} \times \boldsymbol{k}) \cdot \mathrm{d}\boldsymbol{l} = \mathrm{d}\boldsymbol{l} \cdot (\boldsymbol{n} \times \boldsymbol{k}) \\ &= (\mathrm{d}\boldsymbol{l} \times \boldsymbol{n}) \cdot \boldsymbol{k} = \boldsymbol{k} \cdot (\mathrm{d}\boldsymbol{l} \times \boldsymbol{n})\end{aligned} \tag{3}$$

故通过一段曲线 ab 的电流为

$$I = \int_a^b \boldsymbol{k} \cdot (\mathrm{d}\boldsymbol{l} \times \boldsymbol{n}) \tag{4}$$

4.2.45 一个很小的放射源，每秒钟放射出 N 个带电粒子，每个粒子所带的电荷量为 q；设放射是各向同性的，试求离这放射源为 r 处的电流密度 $\boldsymbol{j}$.

【解】 以放射源为中心，r 为半径作球面，单位时间内流出这球面的电荷量为 Nq，依定义得 r 处电流密度的大小为

$$j = \frac{Nq}{4\pi r^2}$$

考虑方向，便得

$$\boldsymbol{j} = \frac{Nq}{4\pi r^3}\boldsymbol{r}$$

式中 $\boldsymbol{r}$ 是放射源到场点的位矢，$|\boldsymbol{r}| = r$.

4.2.46 电荷量 Q 均匀地分布在半径为 R 的球体内，这球以匀角速度 ω 弧度/秒绕它的一个固定的直径旋转. 试求球内离转轴为 r 处的电流密度 $\boldsymbol{j}$.

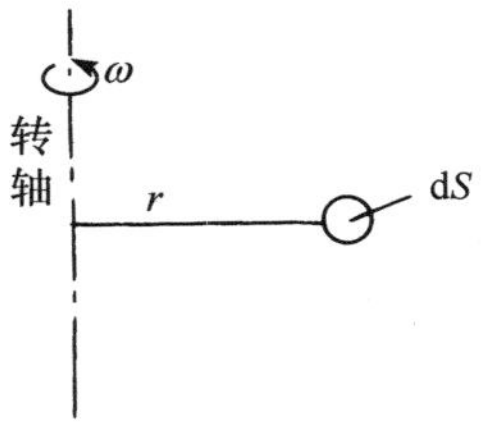

图 4.2.46

【解】 在包括转轴的一固定平面内，离转轴为 r 处，设想一面积元 $\mathrm{d}S$，如图 4.2.46 所示. 当球转动时，这 $\mathrm{d}S$ 在球内划出一个体积为 $2\pi r\mathrm{d}S$ 的环带，其中的电荷量为

$$dQ=\rho\cdot 2\pi r\mathrm{d}S=\frac{3Q}{4\pi R^3}\cdot 2\pi r\mathrm{d}S \tag{1}$$

球转动时，每秒钟通过 $\mathrm{d}S$ 的电荷量为

$$\mathrm{d}I=\frac{\mathrm{d}Q}{T}=\frac{\omega}{2\pi}\mathrm{d}Q=\frac{3Q\omega}{4\pi R^3}r\mathrm{d}S \tag{2}$$

于是 r 处电流密度的大小为

$$j=\frac{\mathrm{d}I}{\mathrm{d}S}=\frac{3Q\omega}{4\pi R^3}r \tag{3}$$

考虑方向，便得

$$\boldsymbol{j}=\frac{3Q}{4\pi R^3}\boldsymbol{\omega}\times\boldsymbol{r} \tag{4}$$

式中 $\boldsymbol{r}$ 是从转轴到 $\mathrm{d}S$ 的位矢，$|\boldsymbol{r}|=r$.

4.2.47　一镍铬合金丝的横截面积为 0.20mm²，电阻率为 $1.0\times10^{-6}\Omega\cdot\mathrm{m}$. 现在用它作电炉的电阻丝，在它两端加上 120V 的直流电压，发热的功率为 600W，试问它的长度应为多少？

【解】　将电压 U 加到电阻 $R=\rho\dfrac{l}{S}$ 上时，R 发热的功率为

$$P=IU=\frac{U^2}{R}=\frac{SU^2}{\rho l}$$

故所求的长度为

$$l=\frac{SU^2}{\rho P}=\frac{0.20\times10^{-6}\times120^2}{1.0\times10^{-6}\times600}=4.8(\mathrm{m})$$

4.2.48　有两个电灯泡，分别标明 110V 40W 和 110V 120W，如果把它们串联起来接到 220V 的电源上，其中一个马上就烧坏了. 哪个灯泡烧坏了？为什么会烧坏？如果两个灯泡都是 110V 40W 的，则如何？

【解答】　110V 40W 灯泡的电阻和额定电流分别为

$$R_1=\frac{U_1^2}{P_1}=\frac{110^2}{40}=303(\Omega)$$

$$I_1=\frac{P_1}{U_1}=\frac{40}{110}=0.364(\mathrm{A})$$

110V 120W 灯泡的电阻和额定电流分别为

$$R_2=\frac{U_2^2}{P_2}=\frac{110^2}{120}=101(\Omega)$$

$$I_2=\frac{P_2}{U_2}=\frac{120}{110}=1.09(\mathrm{A})$$

两灯泡串联后，总电阻为

$$R=R_1+R_2=303+101=404(\Omega)$$

接到 220V 的电压上，通过的电流为

$$I=\frac{U}{R}=\frac{220}{404}=0.545(\mathrm{A})$$

因 I 超出 I_1 很多,故烧坏的是 110V 40W 的灯泡.烧坏的原因是通过的电流太大,发热过多,使灯泡的灯丝熔化而断裂.

如果两个灯泡都是 110V 40W 的,串联后接到 220V 的电源上,则加在每个灯泡上的电压便都是 110V,就能正常发光而不会烧坏.

【讨论】 一般电器上都标明额定电流或额定功率,在使用时不得超过.若超过,就会烧坏.这一点在使用电器时,要特别注意!

4.2.49 在一升 0℃的水里有一个 $R=20\Omega$ 的电阻,现在 R 两端加上 100V 的电压,试问经过多长时间水热到 100℃?此后如继续加热 10min,有多少克的水化为蒸汽?已知水的比热容为 4200J/(kg·℃),汽化热为 539cal/g.假定电阻发的热全部用于升高水温或使水汽化,且电阻随温度的变化可略去不计.

【解】 电阻发热的功率为

$$P=\frac{U^2}{R}=\frac{100^2}{20}=5.0\times10^2(\mathrm{W})$$

一升水(质量为一千克)从 0℃到 100℃所需热量为

$$Q=cm(t-t_0)=4200\times1\times100=4.2\times10^5(\mathrm{J})$$

故所需时间为

$$t_i=\frac{4.2\times10^5}{5\times10^2}=840(\mathrm{s})=14(\mathrm{min})$$

此后继续加热 10 分钟,化为蒸汽的水的质量为

$$m=\frac{5\times10^2\times10\times60}{539\times4.2}=133(\mathrm{g})$$

4.2.50 蓄电池充电的电路如图 4.2.50 所示,其中 R 是可变电阻,L 是规格为 6V 3W 的指示灯,V 是伏特计.接通开关 K,当 R 调到 20Ω 时,指示灯正常发光,伏特计的读数为 52V.已知蓄电池的内阻为 2.0Ω;伏特计消耗的功率很小,可略去不计.试求:(1)充电机输出的功率;(2)输入蓄电池的功率;(3)转化为蓄电池中化学能的功率.

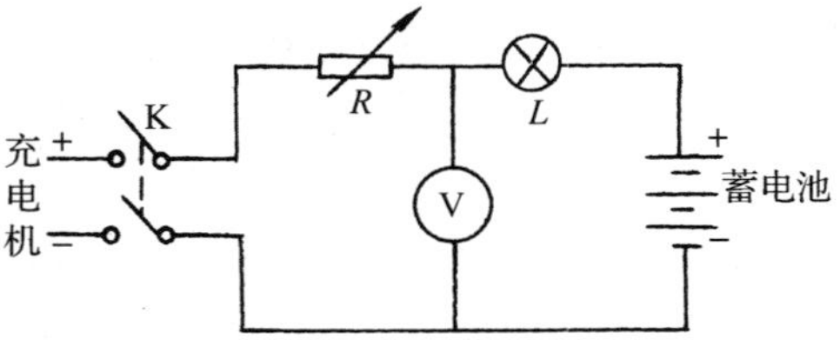

图 4.2.50

【解】 设指示灯的电阻为 R_L,在它正常发光时,通过的电流为 I,则有

$$I^2R_L=3\mathrm{W} \tag{1}$$

$$IR_L=6\mathrm{V} \tag{2}$$

所以

$$I=\frac{3}{6}=0.5(\mathrm{A}) \tag{3}$$

蓄电池的端电压为

$$U_B=52-6=46(\mathrm{V}) \tag{4}$$

因为蓄电池在充电,设它的电动势为 $\mathscr{E}_B$,便有

$$U_B = \mathscr{E}_B + Ir \tag{5}$$

所以

$$\mathscr{E}_B = U_B - Ir = 46 - 0.5 \times 2.0 = 45(\text{V}) \tag{6}$$

故输入蓄电池的功率为

$$P_i = IU_B = 0.5 \times 46 = 23(\text{W}) \tag{7}$$

蓄电池储存的功率(即转化为蓄电池中化学能的功率)为

$$P_d = I\mathscr{E}_B = 0.5 \times 45 = 22.5(\text{W}) \tag{8}$$

充电机输出的功率为

$$P = P_i + I^2R + I^2R_L = 23 + 0.5^2 \times 20 + 3 = 31(\text{W}) \tag{9}$$

4.2.51 在电源输出功率时,有时要考虑效率问题. 如图 4.2.51,电源的电动势为 $\mathscr{E}$,内阻为 r,负载的电阻为 R. 试证明:当 $R=r$ 时,电源的输出功率达到最大;最大功率的值为 $P_{\max}=\dfrac{\mathscr{E}^2}{4R}$.

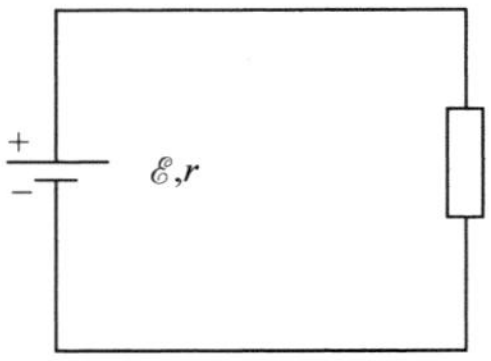

图 4.2.51

【证】 电源输出的功率为

$$P = IU = I^2R = \left(\frac{\mathscr{E}}{R+r}\right)^2 R = \mathscr{E}^2 \frac{R}{(R+r)^2} \tag{1}$$

$$\frac{\mathrm{d}P}{\mathrm{d}R} = \mathscr{E}^2\left[\frac{1}{(R+r)^2} - \frac{2R}{(R+r)^3}\right] = \frac{\mathscr{E}^2}{(R+r)^3}(r-R) \tag{2}$$

由式(2)可见,当 $R=r$ 时,$\dfrac{\mathrm{d}P}{\mathrm{d}R}=0$, P 有极大值或极小值. 由式(2)得

$$\frac{\mathrm{d}^2P}{\mathrm{d}R^2} = \frac{\mathscr{E}^2}{(R+r)^3}\left[-1 - \frac{3(r-R)}{R+r}\right] = -\frac{2\mathscr{E}^2(2r-R)}{(R+r)^4} \tag{3}$$

当 $R=r$ 时,$\dfrac{\mathrm{d}^2P}{\mathrm{d}R^2}<0$,故这时 P 有极大值. 由式(2)可见

$$R<r\text{ 时},\quad \frac{\mathrm{d}P}{\mathrm{d}x}>0 \tag{4}$$

$$R>r\text{ 时},\quad \frac{\mathrm{d}P}{\mathrm{d}x}<0 \tag{5}$$

故知 $R=r$ 时的极大值为最大值. 将 $R=r$ 代入式(1)便得最大值为

$$P_{\max} = \frac{\mathscr{E}^2}{4R} \tag{6}$$

【讨论】 电源向外供电时,若负载电阻等于电源内阻,这时电源输出的功率达到极大,称为匹配. 这在无线电中常用. 因为无线电的电源一般内阻都很高,输出功率都不大,故须要匹配以达到高效输出功率. 至于内阻低、功率大的电源(如电池和发电机),如果匹配,就会电流非常大,要出事故.

4.2.52 有一个标明 1kΩ 40W 的电位器,试问:(1)允许通过它的最大电流是多少?(2)允许加在它两端的最高电压是多少?(3)在它两端加上 10V 电压时,它消耗的功率是多少?

【解答】 (1)允许通过它的最大电流为

$$I_{\max}=\sqrt{\frac{P}{R}}=\sqrt{\frac{40}{10^3}}=0.2(\mathrm{A})$$

(2)允许加在它两端的最高电压为

$$U_{\max}=\frac{P}{I}=\frac{40}{0.2}=200(\mathrm{V})$$

(3)消耗的功率为

$$P=\frac{U^2}{R}=\frac{10^2}{10^3}=0.1(\mathrm{W})$$

4.2.53　一并激直流电动机的电路如图 4.2.53 所示，外加电压为 120V，它的励磁绕组的电阻为 $R=240\Omega$，电枢电阻为 $r=3\Omega$. 电动机运转时，电枢中产生反电动势 $\mathscr{E}$，其方向与加到电枢上的外电压方向相反. 电动机由外面取得的电流为 $I=4.5\mathrm{A}$. 试求：(1)励磁电流 i_R；(2)电枢电流 i；(3)反电动势 $\mathscr{E}$；(4)励磁绕组因发热而消耗的功率 P_R；(5)电枢因发热而消耗的功率 P_r；(6)外面输入这电动机的功率 P_i；(7)这电动机的效率 η(已知由于机械摩擦等损耗的功率为 $P_\mu=50\mathrm{W}$).

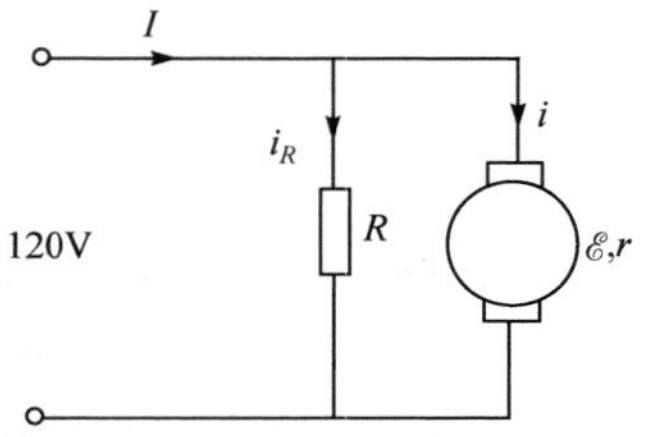

图 4.2.53

【解】　(1)励磁电流为

$$i_R=\frac{U}{R}=\frac{120}{240}=0.5(\mathrm{A})$$

(2)电枢电流为

$$i=I-i_R=4.5-0.5=4.0(\mathrm{A})$$

(3)反电动势为

$$\mathscr{E}=U-ir=120-4.0\times3=108(\mathrm{V})$$

(4)励磁绕组消耗的功率为

$$P_R=i_R{}^2R=0.5^2\times240=60(\mathrm{W})$$

(5)电枢发热消耗的功率为

$$P_r=i^2r=4.0^2\times3=48(\mathrm{W})$$

(6)外面输入这电动机的功率为

$$P_i=IU=4.5\times120=540(\mathrm{W})$$

(7)这电动机的效率为

$$\eta=\frac{P_i-(P_R+P_r+P_\mu)}{P_i}=\frac{540-(60+48+50)}{540}=71\%$$

4.2.54　试证明：电流在导电物体中流过时，该物体单位体积内产生的焦耳热为 $E^2/\rho=\rho j^2=\boldsymbol{j}\cdot\boldsymbol{E}$，式中 ρ 为该物体的电阻率，$\boldsymbol{E}$ 为电场强度，$\boldsymbol{j}$ 为电流密度.

【证】　在电流中取一长为 l、横截面积为 S 的小电流柱体，其轴线沿电流密度 $\boldsymbol{j}$，如图 4.2.54 所示. 这小柱体的电阻为

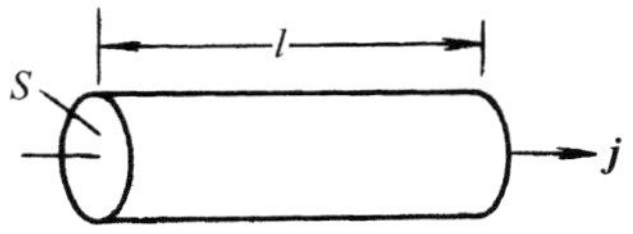

图 4.2.54

$$R = \rho \frac{l}{S}$$

它所产生的焦耳热为

$$P = I^2 R = \left(\frac{U}{R}\right)^2 R = \frac{U^2}{R} = \frac{(El)^2 S}{\rho l} = \frac{E^2}{\rho} Sl$$

故单位体积内产生的焦耳热为

$$\frac{P}{V} = \frac{P}{Sl} = \frac{E^2}{\rho}$$

因为

$$\boldsymbol{E} = \rho \boldsymbol{j}$$

故得

$$\frac{E^2}{\rho} = \rho j^2 = \boldsymbol{j} \cdot \boldsymbol{E}$$

4.2.55 试证明：一定的电流 I 在流经 R_1 和 R_2 并联的电路时，电流在这两条支路里是这样分布的，R_1 和 R_2 消耗的焦耳热之和为最小.

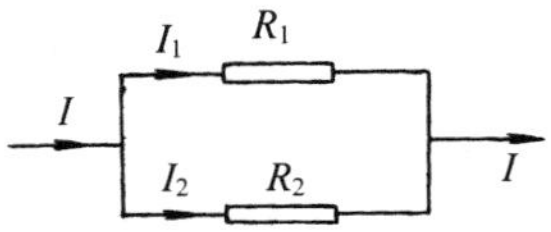

图 4.2.55

【证】 如图 4.2.55 所示，R_1 和 R_2 消耗的焦耳热之和为

$$P = I_1^2 R_1 + I_2^2 R_2 \tag{1}$$

因为

$$I_1 + I_2 = I \tag{2}$$

所以

$$P = I_1^2 R_1 + (I - I_1)^2 R_2 \tag{3}$$

$$\frac{\mathrm{d}P}{\mathrm{d}I_1} = 2I_1 R_1 - 2(I - I_1)R_2 = 2[(R_1 + R_2)I_1 - R_2 I] \tag{4}$$

$$\frac{\mathrm{d}^2 P}{\mathrm{d}I_1^2} = 2(R_1 + R_2) > 0 \tag{5}$$

故由式(4)得

$$I_1 = \frac{R_2}{R_1 + R_2} I \tag{6}$$

时，P 有最小值. 由式(2)、(6)得

$$I_2 = \frac{R_1}{R_1 + R_2} I \tag{7}$$

式(6)、(7)正是由电阻并联规律决定的电流分布规律.[参见前面 4.1.9 题的式(6)、(7)]

4.2.56 电学量的量纲可以用长度 L、质量 M、时间 T 和电流 I 四个基本量表示，如电荷 q 的量纲为 $[q] = TI$. 试导出电场强度 $\boldsymbol{E}$、电势 U、真空电容率 ε_0、电位移 $\boldsymbol{D}$、电偶极矩 $\boldsymbol{p}$、极化强度 $\boldsymbol{P}$、电容 C 和电阻 R 的量纲.

【解】 $[\boldsymbol{E}] = \left[\frac{\boldsymbol{F}}{q}\right] = \left[\frac{ma}{q}\right] = \frac{MLT^{-2}}{TI} = LMT^{-3}I^{-1}$

$[U] = [\boldsymbol{E} \cdot \boldsymbol{l}] = L^2 MT^{-3} I^{-1}$

$[\varepsilon_0] = \frac{[q]}{[r^2][\boldsymbol{E}]} = \frac{TI}{L^2 \cdot LMT^{-3} I^{-1}} = L^{-3} M^{-1} T^4 I^2$

$[\boldsymbol{D}] = [\varepsilon_0 \boldsymbol{E}] = L^{-3} M^{-1} T^4 I^2 \cdot LMT^{-3} I^{-1} = L^{-2} TI$

$$[\boldsymbol{p}]=[q\boldsymbol{l}]=TI\cdot L=LTI$$

$$[\boldsymbol{P}]=\left[\frac{\sum \boldsymbol{p}}{\Delta V}\right]=\frac{[\boldsymbol{p}]}{[V]}=\frac{LTI}{L^3}=L^{-2}TI$$

$$[C]=\left[\frac{q}{U}\right]=\frac{TI}{L^2MT^{-3}I^{-1}}=L^{-2}M^{-1}T^4I^2$$

$$[R]=\left[\frac{U}{I}\right]=\frac{L^2MT^{-3}I^{-1}}{I}=L^2MT^{-3}I^{-2}$$

4.3　电流的微观机制

4.3.1　已知电子电荷量的大小为 1.60×10^{-19}C，试问载有 1.00A 直流电流的导线，每秒钟有多少电子流过它的横截面？

【解】　每秒钟流过横截面的电子数为

$$N=\frac{1.00\times1}{1.60\times10^{-19}}=6.25\times10^{18}(\text{个})$$

4.3.2　一铜线直径为 1.0cm，载有 200A 的电流. 已知铜内自由电子的数密度为 $n=8.5\times10^{22}$个/cm^3，每个电子电荷量的大小为 1.6×10^{-19}C，试求这铜线中电子定向运动的平均速率 $\overline{u}$.

【解】　根据 $j=ne\overline{u}$ 得

$$\overline{u}=\frac{j}{ne}=\frac{I}{neS}=\frac{200}{8.5\times10^{22}\times10^6\times1.6\times10^{-19}\times\pi\times\left(\frac{1.0}{2}\times10^{-2}\right)^2}$$

$$=1.9\times10^{-4}(\text{m/s})$$

【讨论】　可见在载流导线内，自由电子的平均定向速率很小.

4.3.3　一条铝线的横截面积为 0.10mm^2，在室温 300K 时载有 5.0×10^{-4}A 的电流. 设每个铝原子有三个电子参加导电. 已知铝的原子量为 27，室温下铝的密度为 2.7g/cm^3，电阻率为 $2.8\times10^{-8}\Omega\cdot\text{m}$，电子电荷量的大小为 1.6×10^{-19}C，电子质量 $m=9.1\times10^{-31}$kg，阿伏伽德罗常量为 $6.0\times10^{23}\text{mol}^{-1}$，玻尔兹曼常量 $k=1.38\times10^{-23}$J/K. 试求这铝线内：(1)电子定向运动的平均速率 $\overline{u}$；(2)电子热运动的方均根速率 $\sqrt{\overline{v^2}}=\sqrt{3kT/m}$；(3)电场强度的大小 E；(4)使 $\overline{u}=\sqrt{\overline{v^2}}$ 所需的电场强度.

【解】　(1)参加导电的电子数密度为

$$n=3\times\frac{2.7\text{g/cm}^3\times10^6\text{cm}^3/\text{m}^3}{27}\times6.0\times10^{23}=1.8\times10^{29}(\text{个/m}^3)$$

电子的平均定向速率为

$$\overline{u}=\frac{j}{ne}=\frac{I}{neS}=\frac{5.0\times10^{-4}}{1.8\times10^{29}\times1.6\times10^{-19}\times0.10\times10^{-6}}$$

$$=1.7\times10^{-7}(\text{m/s})$$

(2)电子热运动的方均根速率为

$$\sqrt{\overline{v^2}}=\sqrt{3kT/m}=\sqrt{3\times1.38\times10^{-23}\times300/9.1\times10^{-31}}$$
$$=1.2\times10^5\,(\mathrm{m/s})$$

(3)电场强度的大小为

$$E=\rho j=\rho\frac{I}{S}=2.8\times10^{-8}\times\frac{5.0\times10^{-4}}{0.10\times10^{-6}}=1.4\times10^{-4}\,(\mathrm{V/m})$$

(4)使 $\overline{u}=\sqrt{\overline{v^2}}$ 所需的电场强度为

$$E=\rho ne\sqrt{\overline{v^2}}=2.8\times10^{-8}\times1.8\times10^{29}\times1.6\times10^{-19}\times1.2\times10^5$$
$$=9.7\times10^7\,(\mathrm{V/m})$$

4.3.4 一铜棒的横截面积为 $20\times80\mathrm{mm}^2$，长为 2.0m，两端的电势差为 50mV. 已知铜的电导率为 $\sigma=5.7\times10^7\mathrm{S/m}$，铜内自由电子的电荷量密度为 $1.36\times10^{10}\mathrm{C/m}^3$. 试求：(1)它的电阻 R；(2)电流 I；(3)电流密度的大小 j；(4)电场强度的大小 E；(5)所消耗的功率；(6)一小时所消耗的能量；(7)棒内电子定向运动的平均速率 $\overline{u}$.

【解】 (1)电阻为

$$R=\frac{l}{\sigma S}=\frac{2.0}{5.7\times10^7\times20\times80\times10^{-6}}=2.2\times10^{-5}\,(\Omega)$$

(2)电流为

$$I=\frac{U}{R}=\frac{50\times10^{-3}}{2.2\times10^{-5}}=2.3\times10^3\,(\mathrm{A})$$

(3)电流密度的大小为

$$j=\frac{I}{S}=\frac{2.3\times10^3}{20\times80\times10^{-6}}=1.4\times10^6\,(\mathrm{A/m^2})$$

(4)电场强度的大小为

$$E=\frac{j}{\sigma}=\frac{1.4\times10^6}{5.7\times10^7}=2.5\times10^{-2}\,(\mathrm{V/m})$$

(5)所消耗的功率为

$$P=\frac{U^2}{R}=\frac{(50\times10^{-3})^2}{2.2\times10^{-5}}=1.1\times10^2\,(\mathrm{W})$$

(6)一小时所消耗的能量为

$$W=Pt=1.1\times10^2\times60\times60=4.0\times10^5\,(\mathrm{J})$$

(7)电子定向运动的平均速率为

$$\overline{u}=\frac{j}{ne}=\frac{1.4\times10^6}{1.36\times10^{10}}=1.0\times10^{-4}\,(\mathrm{m/s})$$

4.3.5 已知铜的原子量为 63.75，密度为 $8.9\mathrm{g/cm^3}$；阿伏伽德罗常量 $N_A=6.022\times10^{23}\mathrm{mol}^{-1}$，电子电荷量的大小为 $1.602\times10^{-19}\mathrm{C}$，铜导线里每个铜原子都有一个自由电子. 当铜导线里的电流密度 $j=1.0\mathrm{A/cm^2}$ 时，试求电子沿铜线定向运动的平均速率 $\overline{u}$. 既然铜内电子定向运动的平均速率这么小，为什么电源一接通，电路上各处便立刻都有电了？

【解】 铜里自由电子数密度为

$$n=\frac{8.9\times10^{6}}{63.75}\times6.022\times10^{23}=8.4\times10^{28}(\text{个}/\text{m}^{3})$$

所以
$$\overline{u}=\frac{j}{ne}=\frac{1.0\times10^{4}}{8.4\times10^{28}\times1.602\times10^{-19}}=7.4\times10^{-7}(\text{m/s})$$

因为电场沿铜导线的传播速度接近每秒三十万公里，电子在电场的作用下便有定向运动.所以电源一接通，电路上各处便立刻都有电了.

4.3.6 已知铜的原子量为63.75，密度为8.9g/cm^3，在铜导线里，每个铜原子都有一个自由电子，电子电荷量的大小为1.6×10^{-19}C，阿伏伽德罗常量$N_A=6.022\times10^{23}\text{mol}^{-1}$.(1)技术上为了安全，铜线内电流密度不得超过$j_{\max}=6.0\text{A/mm}^2$，试求电流密度为$j_{\max}$时，铜线内电子定向运动的平均速率$\overline{u}_{\max}$；(2)试按下列公式求$T=300$K时铜线内电子热运动的平均速率：$\overline{v}=\sqrt{\frac{8kT}{\pi m}}$，式中$m=9.11\times10^{-31}$kg是电子质量，$k=1.38\times10^{23}\text{J}\cdot\text{K}^{-1}$是玻尔兹曼常量，$T$是绝对温度；(3)$\overline{v}$是$\overline{u}$的多少倍？

【解】 (1) $\overline{u}_{\max}=\frac{j_{\max}}{ne}=\frac{6.0\times10^{6}}{\frac{8.9\times10^{6}}{63.75}\times6.022\times10^{23}\times1.6\times10^{-19}}=4.5\times10^{-4}(\text{m/s})$.

(2) $\overline{v}=\sqrt{\frac{8kT}{\pi m}}=\sqrt{\frac{8\times1.38\times10^{-23}\times300}{\pi\times9.11\times10^{-31}}}=1.1\times10^{5}(\text{m/s})$.

(3) $\overline{v}/\overline{u}_{\max}=1.1\times10^{5}/4.5\times10^{-4}=2.4\times10^{8}$(倍).

4.3.7 在一真空二极管内，阴极和阳极是一对平行的导体片，面积都是$S=2.0\text{cm}^2$，它们之间的电流I，完全由电子从阴极飞向阳极构成；当电流$I=50$mA时，电子到达阳极时的速率是1.2×10^{7}m/s.已知电子电荷量的大小为1.6×10^{-19}C.试求阳极表面外每立方毫米内的电子数.

【解】 电子数密度为

$$n=\frac{j}{e\overline{u}}=\frac{I}{e\overline{u}S}=\frac{50\times10^{-3}}{1.6\times10^{-19}\times1.2\times10^{7}\times2.0\times10^{-4}}=1.3\times10^{14}(\text{个}/\text{m}^{3})$$

故每立方毫米内的电子数为$1.3\times10^{14}\times10^{-9}=1.3\times10^{5}$(个).

4.3.8 电子管内阴极发射电子，阳极的电势比阴极高300V，设电子从阴极出来时速度很小，可略去不计.已知电子质量为$m=9.11\times10^{-31}$kg，电子电荷量为$e=-1.60\times10^{-19}$C.(1)试求电子到达阳极时的速率；(2)电子到达阳极后，经电子管外面的导线和电源又回到阴极.电子在导线中定向运动的平均速率非常小(参见前面4.3.2至4.3.6诸题)，而在电子管内从阴极到阳极的速率却非常大，你认为有矛盾吗？

【解】 (1)设电子到达阳极时的速率为v，则有

$$\frac{1}{2}mv^2 = e(0-300) = -300e$$

所以　$$v=\sqrt{\frac{2(-300e)}{m}}=\sqrt{\frac{2\times(-300)\times(-1.60\times10^{-19})}{9.11\times10^{-31}}}=1.03\times10^7(\mathrm{m/s})$$

(2)没有矛盾.

4.3.9 用X射线使空气电离时，在平衡情况下，每立方厘米内有 1.0×10^7 对正负离子. 已知每个正负离子电荷量的大小都是 1.6×10^{-19}C. 当正离子的平均定向速率为1.27cm/s，负离子的平均定向速率为1.84cm/s时，试求空气中电流密度的大小 j.

【解】 $$j=ne(\overline{u}_+ + \overline{u}_-)=1.0\times10^7\times10^6\times1.6\times10^{-19}\times(1.27+1.84)\times10^{-2}$$
$$=5.0\times10^{-8}(\mathrm{A/m^2})$$

4.3.10 空气中有一对平行金属板，面积都是 $300\mathrm{cm}^2$，相距为2.00cm. 在两板上加150V的电压，这个值远小于使电流达到饱和所需的电压. 现用X射线照射板间的空气，使其电离，于是两板间便有 4.00μA 的电流通过. 已知其中正离子的迁移率(即单位电场强度所产生的平均定向速率)为 $1.37\times10^{-4}\mathrm{m^2/(s\cdot V)}$，负离子的迁移率为 $1.91\times10^{-4}\mathrm{m^2/(s\cdot V)}$，正负离子电荷量的大小都是 1.60×10^{-19}C. 试求这时两板间单位体积内的离子数.

【解】 因单位体积内正负离子数相等，故

$$n_+=n_-=\frac{j}{e(\overline{u}_+ + \overline{u}_-)}=\frac{I}{e(\overline{u}_+ + \overline{u}_-)S}$$
$$=\frac{4.00\times10^{-6}}{1.60\times10^{-19}\times(1.37+1.91)\times10^{-4}\times\left(\dfrac{150}{2.00\times10^{-2}}\right)\times300\times10^{-4}}$$
$$=3.39\times10^{14}(\text{个}/\mathrm{m^3})$$

4.3.11 在地面附近的大气里，由于土壤的放射性和宇宙线的作用，平均每一立方厘米的大气里，约有5对正负离子，已知其中正离子的迁移率(即单位电场强度所产生的平均定向速率)为 $1.37\times10^{-4}\mathrm{m^2/(s\cdot V)}$，负离子的迁移率为 $1.91\times10^{-4}\mathrm{m^2/(s\cdot V)}$，正负离子电荷量的大小都是 1.6×10^{-19}C. 试求地面附近大气的电导率 σ.

【解】 由 $j=\sigma E=ne(\overline{u}_+ + \overline{u}_-)$ 得

$$\sigma=ne\left(\frac{\overline{u}_+}{E}+\frac{\overline{u}_-}{E}\right)=5\times10^6\times1.6\times10^{-19}\times(1.37+1.91)\times10^{-4}$$
$$=3\times10^{-16}(\mathrm{S/m})$$

4.3.12 法拉第由电解实验得出，每通过96494C的电荷量，可析出1mol的电解质. 已知氢原子由一个质子和一个电子组成，氢的原子量为1.008，1mol氢有 6.022×10^{23} 个氢原子. (1)试求每个电子电荷量的大小；(2)设电子质量比质子质量小很多，可略去不计，试求质子的荷质比(即质子的电荷量与它的质量之比).

【解】 (1)电子电荷量的大小为

$$e=\frac{96494}{6.022\times10^{23}}=1.602\times10^{-19}(\mathrm{C})$$

(2)质子的荷质比为

$$\frac{e}{m}=\frac{96494/6.022\times10^{23}}{1.008\times10^{-3}/6.022\times10^{23}}=9.573\times10^{7}(\mathrm{C/kg})$$

4.3.13 将 2.92g 的食盐(NaCl)溶解在 1.0L 水中，测得其中有 44%的NaCl分子离解成为钠离子 Na^+ 和氯离子 Cl^-. 已知 NaCl 的分子量为 58，阿伏伽德罗常量为 $6.022\times10^{23}\mathrm{mol^{-1}}$，每个钠离子 Na^+ 和每个氯离子 Cl^- 所带的电荷量大小都是 1.60×10^{-19}C，钠离子的迁移率(即单位电场强度所产生的平均定向速率)为 $4.50\times10^{-4}\mathrm{m^2/(s\cdot V)}$，氯离子的迁移率为 $6.77\times10^{-4}\mathrm{m^2/(s\cdot V)}$. 试求这食盐溶液的电导率 σ.

【解】 由 $j=\sigma E=ne(\overline{u_+}+\overline{u_-})$得

$$\sigma=ne\left(\frac{\overline{u_+}}{E}+\frac{\overline{u_-}}{E}\right)=\frac{2.92\times0.44\times6.022\times10^{23}}{58\times1.0\times10^{-3}}\times1.60\times10^{-19}\times(4.50+6.77)\times10^{-4}$$

$$=2.4\times10^{3}(\mathrm{S/m})$$

4.3.14 一玻璃管内充有气体，其中有一对平行金属板，相距为 d，两板间加有电压，电势低的金属板(阴极)每秒钟发射 n_0 个电子，在电场作用下奔向电势高的金属板(阳极). 当电压较高时，电子速度较大，在途中与气体分子碰撞，会使气体分子电离，产生正离子和电子. 这产生出来的电子在奔向阳极的路程中，也会使气体分子电离. 设每个电子走过单位距离便使 α 个气体分子电离；正离子的电离作用可略去不计；电子电荷量的大小为 e. 试求阳极的电流 I.

【解】 电子走过距离 $\mathrm{d}x$，它所产生的电子数为

$$\mathrm{d}n=n\alpha\,\mathrm{d}x \tag{1}$$

积分便得，每秒钟到达阳极的电子数为

$$\int_{n_0}^{n}\frac{\mathrm{d}n}{n}=\ln\frac{n}{n_0}=\int_0^d\alpha\,\mathrm{d}x=\alpha d \tag{2}$$

所以

$$n=n_0\,\mathrm{e}^{\alpha d} \tag{3}$$

于是便得阳极的电流为

$$I=en_0\,\mathrm{e}^{\alpha d} \tag{4}$$

第五章　电流的磁场

5.1　电流的磁场

【电流磁效应的发现和影响】　丹麦科学家奥斯特(H. C. Oersted,1777—1851)在 1820 年(我国清代嘉庆二十五年)发现了电流的磁效应,开辟了电磁学的新领域.一些法国科学家得知消息后,立即投入研究,安培(A. M. Ampère,1775—1836)很快作出了一些重要的贡献,并于 1823 年提出了安培环路定理.毕奥(J. B. Biot,1774—1862)和萨伐尔(F. Savart,1791—1841)在 1820 年就得出了电流产生磁场的毕奥—萨伐尔定律.有关资料,请参看张之翔《电磁学教学参考》(北京大学出版社,2015),§12,296—304 页;379—380 页.

【关于磁场】　英国科学家法拉第(M. Faraday,1791—1867)在用铁屑显示磁力线的基础上,于 1845 年提出了磁场的概念,并引入了 field(场)这个词.后来又把它用于电场.场从此成为现代物理学中一个重要的物理概念.爱因斯坦(A. Einstein,1879—1955)对此评价很高,他认为,法拉第关于场的概念其价值比发现电磁感应要高得多.有关资料,请参看张之翔《电磁学教学参考》(北京大学出版社,2015),315—317 页.

5.1.1　一长直导线载有电流 I,试求它上面长为 l_1+l_2 的一段电流在离它为 r 处的 P 点(图 5.1.1)所产生的磁感强度 $\boldsymbol{B}$;当 l_1 和 l_2 都趋于∞时,结果如何?

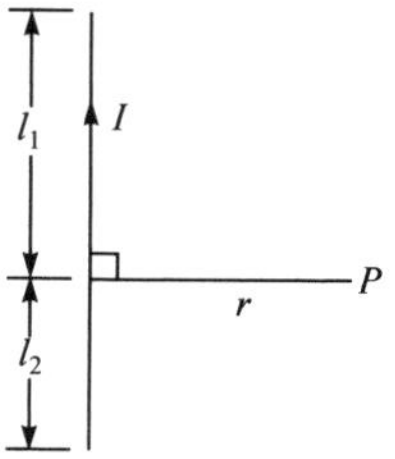

图 5.1.1

【解】　由 Biot-Savart 定律

$$\mathrm{d}\boldsymbol{B}=\frac{\mu_0 I}{4\pi}\frac{\mathrm{d}\boldsymbol{l}\times\boldsymbol{r}}{r^3} \tag{1}$$

知这段电流在 P 点产生的 $\boldsymbol{B}$ 垂直于纸面向内,其大小为

$$\begin{aligned} B &= \frac{\mu_0 I}{4\pi}\int_{-l_2}^{l_1}\frac{\mathrm{d}l}{l^2+r^2}\sin\theta = \frac{\mu_0 I}{4\pi}\int_{-l_2}^{l_1}\frac{\mathrm{d}l}{l^2+r^2}\frac{r}{\sqrt{l^2+r^2}} \\ &= \frac{\mu_0 Ir}{4\pi}\int_{-l_2}^{l_1}\frac{\mathrm{d}l}{(l^2+r^2)^{3/2}} = \frac{\mu_0 Ir}{4\pi}\left[\frac{l}{r^2\sqrt{l^2+r^2}}\right]_{l=-l_2}^{l=l_1} \\ &= \frac{\mu_0 I}{4\pi r}\left(\frac{l_1}{\sqrt{l_1^2+r^2}}+\frac{l_2}{\sqrt{l_2^2+r^2}}\right) \end{aligned} \tag{2}$$

当 l_1 和 l_2 都趋于∞时,由式(2)得

$$B=\frac{\mu_0 I}{2\pi r} \tag{3}$$

5.1.2　一长直导线载有电流 I，试求它上面长为 l 的一段电流在中垂面上距离为 r 处的 P 点(图 5.1.2)所产生的磁感强度 $\boldsymbol{B}$；当 $l\to\infty$ 时结果如何？

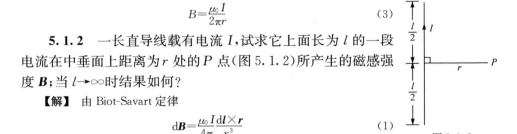

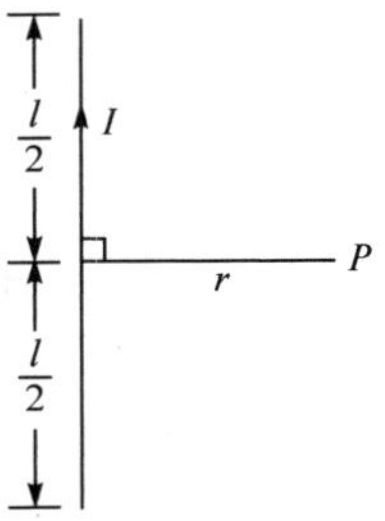

图 5.1.2

【解】　由 Biot-Savart 定律

$$\mathrm{d}\boldsymbol{B}=\frac{\mu_0 I}{4\pi}\frac{\mathrm{d}\boldsymbol{l}\times\boldsymbol{r}}{r^3} \tag{1}$$

知这段电流在 P 点产生的 $\boldsymbol{B}$ 垂直于纸面向内，其大小为

$$B=\frac{\mu_0 I}{4\pi}\int_{-l/2}^{l/2}\frac{\mathrm{d}x}{x^2+r^2}\sin\theta=\frac{\mu_0 I}{4\pi}\int_{-l/2}^{l/2}\frac{\mathrm{d}x}{x^2+r^2}\frac{r}{\sqrt{x^2+r^2}}$$

$$=\frac{\mu_0 Ir}{4\pi}\left[\frac{x}{r^2\sqrt{x^2+r^2}}\right]_{x=-l/2}^{x=l/2}=\frac{\mu_0 I}{2\pi r}\frac{l}{\sqrt{l^2+4r^2}} \tag{2}$$

当 $l\to\infty$ 时，由上式得

$$B_\infty=\frac{\mu_0 I}{2\pi r} \tag{3}$$

【讨论】　在什么情况下，B 与 B_∞ 相差万分之一？

由式(2)、(3)得

$$\frac{B}{B_\infty}=\frac{l}{\sqrt{l^2+4r^2}}=\left[1+\left(\frac{2r}{l}\right)^2\right]^{-1/2}$$

$$\approx 1-2\left(\frac{r}{l}\right)^2=\frac{10000-1}{10000} \tag{4}$$

所以

$$2\left(\frac{r}{l}\right)^2=\frac{1}{10000} \tag{5}$$

于是得

$$\frac{r}{l}=7.07\times10^{-3} \tag{6}$$

或

$$l=141r \tag{7}$$

即长度 l 为距离 r 的 141 倍时，B 与 B_∞ 相差万分之一.

5.1.3　一条很长的直输电线，载有 100A 的电流，试问在离它半米处，它产生的磁感强度有多大？

【解】　因为很长，故由前面 5.1.1 题的式(3)得所求的 B 为

$$B=\frac{\mu_0 I}{2\pi r}=\frac{4\pi\times10^{-7}\times100}{2\pi\times0.5}=4\times10^{-5}(\mathrm{T})$$

5.1.4　一条很长的载流直导线，在离它 1cm 处产生的磁感强度为 1Gs，试问它所载的电流有多大？

【解】　因为很长，故由前面 5.1.1 题的式(3)得所求的电流为

$$I=\frac{2\pi r}{\mu_0}B=\frac{2\pi\times1\times10^{-2}}{4\pi\times10^{-7}}\times1\times10^{-4}=5(\text{A})$$

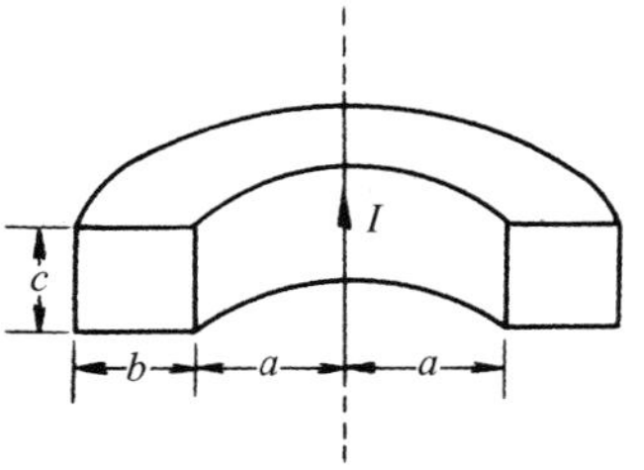

图 5.1.5

5.1.5　一条很长的直导线载有电流 I；在这导线上套有一个圆环，环的轴线与导线重合，环的横截面积是边长分别为 b 和 c 的长方形，环的内半径为 a，环的一半如图 5.1.5 所示. 试求通过这圆环的横截面的磁通量 $\Phi=\int_S \boldsymbol{B}\cdot d\boldsymbol{S}$.

【解】 因为很长，故直线电流在距离为 r 处产生的磁感强度 $\boldsymbol{B}$ 的大小为[参见前面 5.1.1 题的式(3)]

$$B=\frac{\mu_0 I}{2\pi r} \tag{1}$$

$\boldsymbol{B}$ 与圆环的横截面垂直. 故得

$$\Phi=\int_S \boldsymbol{B}\cdot d\boldsymbol{S}=\int_S B\,dS=\int_a^{a+b}\frac{\mu_0 I}{2\pi r}c\,dr=\frac{\mu_0 Ic}{2\pi}\int_a^{a+b}\frac{dr}{r}$$

$$=\frac{\mu_0 Ic}{2\pi}\ln\left(\frac{a+b}{a}\right) \tag{2}$$

5.1.6　载有电流 I 的无穷长直导线在一处折成直角，如图 5.1.6 所示. P 为线外一点，在折线的延长线上，到折点的距离为 a. 试求 P 点的磁感强度 $\boldsymbol{B}$，并计算 $I=20\text{A}$，$a=2.0\text{cm}$ 时 $\boldsymbol{B}$ 的大小.

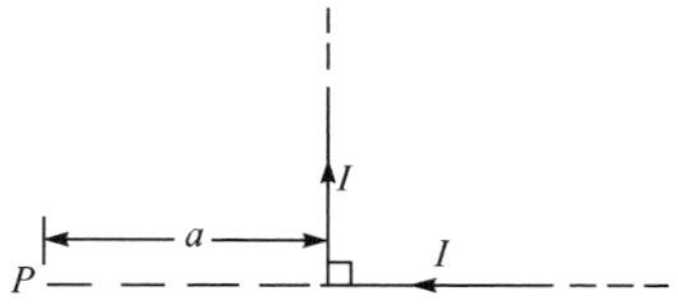

图 5.1.6

【解】 根据 Biot-Savart 定律

$$d\boldsymbol{B}=\frac{\mu_0 I}{4\pi}\int\frac{d\boldsymbol{l}\times\boldsymbol{r}}{r^3}$$

与 P 点在同一直线上的电流在 P 点产生的磁感强度为零，故知图 5.1.6 中水平部分的 I 在 P 点产生的 $\boldsymbol{B}_{\parallel}=0$. 竖直部分的 I 在 P 点产生的磁感强度 $\boldsymbol{B}_{\perp}$ 垂直于纸面向外，其大小为

$$B_{\perp}=\int_0^{\infty}\frac{\mu_0 I}{4\pi}\frac{dl}{r^2}\sin\theta=\frac{\mu_0 I}{4\pi}\int_0^{\infty}\frac{dl}{l^2+a^2}\frac{a}{\sqrt{l^2+a^2}}$$

$$=\frac{\mu_0 Ia}{4\pi}\int_0^{\infty}\frac{dl}{(l^2+a^2)^{3/2}}=\frac{\mu_0 I}{4\pi a} \tag{1}$$

所以

$$B=B_{\perp}=\frac{\mu_0 I}{4\pi a} \tag{2}$$

代入数值得

$$B=\frac{4\pi\times10^{-7}\times20}{4\pi\times2.0\times10^{-2}}=1.0\times10^{-4}(\text{T}) \tag{3}$$

5.1.7　载有电流 I 的导线构成边长为 $2a$ 的正方形，如图 5.1.7(1)所示. (1)试求正方形轴线上离中心 O 为 r 处的磁感强度 $\boldsymbol{B}$ 和磁场强度 $\boldsymbol{H}$；(2)当 $I=5.0\text{A}$，$a=4.0\text{cm}$，$r=10\text{cm}$ 时，试计算 $\boldsymbol{B}$ 和 $\boldsymbol{H}$ 的值.

【解】 (1)长为 l 的一段直线电流 I 在其中垂面上距离为 r 处产生的磁感强度 $\boldsymbol{B}$，方向为 I

的右手螺旋方向，大小为［参见前面 5.1.2 题的式(2)］

$$B=\frac{\mu_0 I}{2\pi r}\frac{l}{\sqrt{l^2+4r^2}} \tag{1}$$

现在，正方形每一边长为 $2a$，P 点到每边的距离为 $\sqrt{r^2+a^2}$，故由式(1)得，每边的电流在图 5.1.7(1)中 P 点产生的磁感强度的大小为

$$B_1=\frac{\mu_0 I}{2\pi\sqrt{r^2+a^2}}\frac{2a}{\sqrt{(2a)^2+4(r^2+a^2)}}=\frac{\mu_0 Ia}{2\pi\sqrt{r^2+a^2}}\frac{1}{\sqrt{r^2+2a^2}} \tag{2}$$

$\boldsymbol{B}_1$ 的方向与轴线 OP 的夹角为 $\theta=\arccos\left(\frac{a}{\sqrt{r^2+a^2}}\right)$，如图 5.1.7(2)所示. 因共有四边，由于对称性，P 点的磁感强度 $\boldsymbol{B}$ 应沿 $\overrightarrow{OP}$ 方向. 于是由式(2)得 $\boldsymbol{B}$ 的大小为

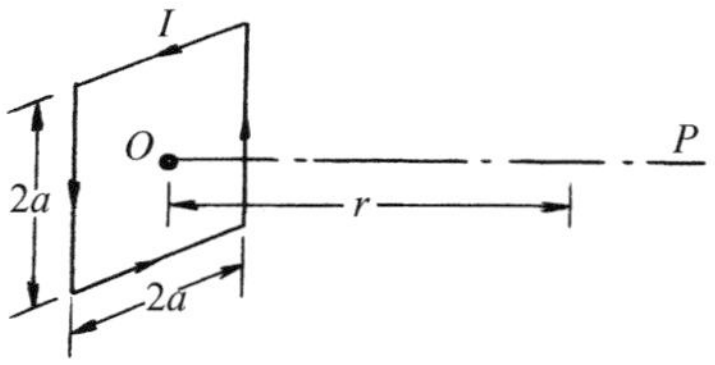

图 5.1.7(1)

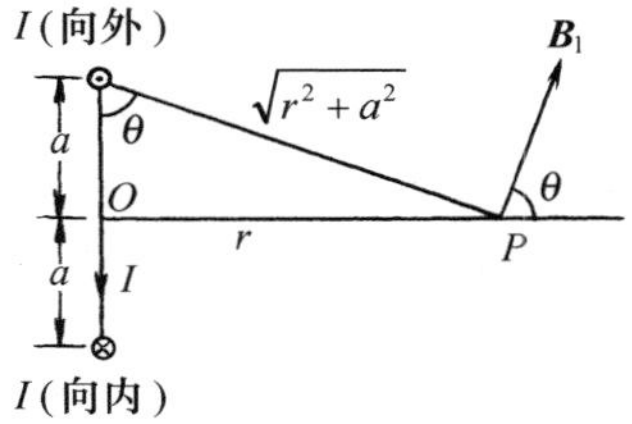

图 5.1.7(2)

$$B=4B_1\cos\theta=4B_1\frac{a}{\sqrt{r^2+a^2}}$$

$$=\frac{2\mu_0 Ia^2}{\pi(r^2+a^2)}\frac{1}{\sqrt{r^2+2a^2}} \tag{3}$$

由关系式

$$\boldsymbol{B}=\mu_0\boldsymbol{H} \tag{4}$$

得 P 点的磁场强度 $\boldsymbol{H}$ 与 $\boldsymbol{B}$ 同方向，其大小为

$$H=\frac{2Ia^2}{\pi(r^2+a^2)}\frac{1}{\sqrt{r^2+2a^2}} \tag{5}$$

(2)将 $I=5.0\text{A}$，$a=4.0\text{cm}$，$r=10\text{cm}$ 代入式(3)得

$$B=\frac{2\times4\pi\times10^{-7}\times5.0\times(4.0\times10^{-2})^2}{\pi\times(10^2+4^2)\times10^{-4}}\frac{1}{\sqrt{(10^2+2\times4.0^2)\times10^{-4}}}$$

$$=4.8\times10^{-6}(\text{T}) \tag{6}$$

$$H=\frac{4.8\times10^{-6}}{4\pi\times10^{-7}}=3.8(\text{A/m}) \tag{7}$$

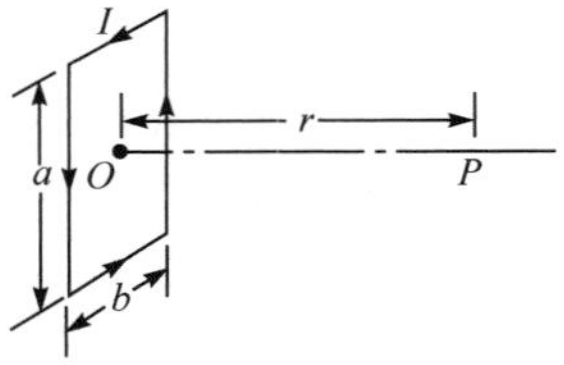

图 5.1.8(1)

5.1.8　载有电流 I 的导线构成边长为 a 和 b 的长方形，如图 5.1.8(1)所示. 试求轴线上离中心 O 为 r 处的磁感强度 $\boldsymbol{B}$ 以及 $r\gg a$ 和 b 处 $\boldsymbol{B}$ 的值.

【解】　由 Biot-Savart 定律得出：长为 l 的一段直线电流 I 在

其中垂面上距离为 r 处产生的磁感强度 $\boldsymbol{B}$ 的大小为[参见前面 5.1.2 题的式(2)]

$$B=\frac{\mu_0 I}{2\pi r}\frac{l}{\sqrt{l^2+4r^2}} \tag{1}$$

$\boldsymbol{B}$ 的方向为 I 的右手螺旋方向.

根据式(1),边长为 a 的电流在图 5.1.8(1)中 P 点产生的磁感强度的大小为

$$B_a=\frac{\mu_0 I}{2\pi r_a}\frac{a}{\sqrt{a^2+4r_a^2}} \tag{2}$$

式中

$$r_a=\sqrt{r^2+\left(\frac{b}{2}\right)^2} \tag{3}$$

边长为 b 的电流在 P 点产生的磁感强度的大小为

$$B_b=\frac{\mu_0 I}{2\pi r_b}\frac{b}{\sqrt{b^2+4r_b^2}} \tag{4}$$

式中

$$r_b=\sqrt{r^2+\left(\frac{a}{2}\right)^2} \tag{5}$$

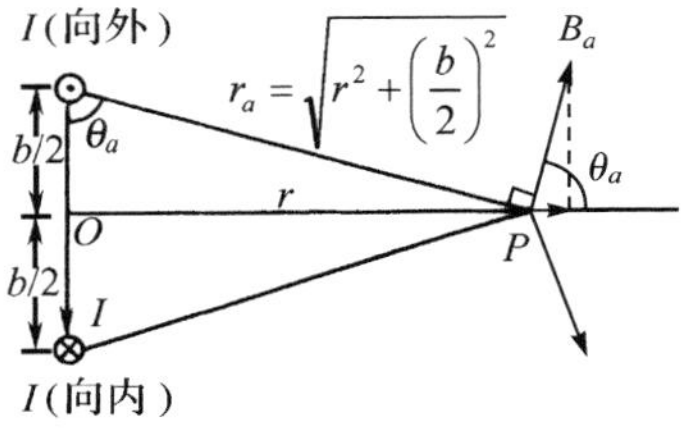

图 5.1.8(2)

由于对称性,四个边的电流在 P 点产生的磁感强度之和 $\boldsymbol{B}$ 应沿 $\overrightarrow{OP}$ 方向,$\boldsymbol{B}$ 的大小由图 5.1.8(2)可见,应为

$$\begin{aligned}B &= 2B_a\cos\theta_a+2B_b\cos\theta_b\\ &=\frac{\mu_0 I}{\pi r_a}\frac{a}{\sqrt{a^2+4r_a^2}}\frac{b/2}{r_a}+\frac{\mu_0 I}{\pi r_b}\frac{b}{\sqrt{b^2+4r_b^2}}\frac{a/2}{r_b}\\ &=\frac{\mu_0 Iab}{2\pi}\left[\frac{1}{r_a^2\sqrt{a^2+4r_a^2}}+\frac{1}{r_b^2\sqrt{b^2+4r_b^2}}\right]\\ &=\frac{2\mu_0 Iab}{\pi\sqrt{4r^2+a^2+b^2}}\left[\frac{1}{4r^2+a^2}+\frac{1}{4r^2+b^2}\right]\\ &=\frac{2\mu_0 Iab(8r^2+a^2+b^2)}{\pi(4r^2+a^2)(4r^2+b^2)\sqrt{4r^2+a^2+b^2}}\end{aligned} \tag{6}$$

在 $r\gg a$ 和 b 处,与 r^2 相比,a^2 和 b^2 都可略去不计,于是由式(6)得

$$B=\frac{\mu_0 Iab}{2\pi r^3} \tag{7}$$

5.1.9 载有电流 I 的导线构成一等边三角形,每边长为 $2a$,试求这三角形轴线上离中心为 r 处 P 点[图 5.1.9(1)]的磁感强度 $\boldsymbol{B}$ 以及 $r\gg a$ 处 $\boldsymbol{B}$ 的值.

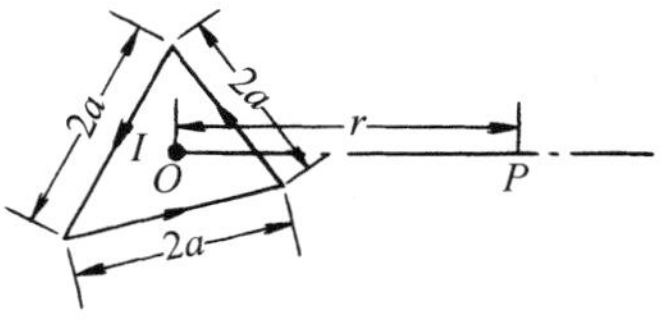

图 5.1.9(1)

【解】 由 Biot-Savart 定律得出:长为 l 的一段直线电流 I 在其中垂面上距离为 r 处产生的磁感强度 $\boldsymbol{B}$ 的大小为[参见前面 5.1.2 题的(2)式]

$$B=\frac{\mu_0 I}{2\pi r}\frac{l}{\sqrt{l^2+4r^2}} \tag{1}$$

$\boldsymbol{B}$ 的方向为 I 的右手螺旋方向.

现在是边长为 $2a$ 的等边三角形，中心 O 到每边中点的距离均为$a/\sqrt{3}$，故每边中点到 P 点的距离均为$\sqrt{r^2+(a/\sqrt{3})^2}=\sqrt{r^2+\frac{a^2}{3}}$，如图 5.1.9(2)所示. 代入式(1)便得每边在 P 点产生的磁感强度 $\boldsymbol{B}_1$ 的大小为

$$B_1=\frac{\mu_0 I}{2\pi\sqrt{r^2+a^2/3}}\frac{2a}{\sqrt{(2a)^2+4(r^2+a^2/3)}}$$
$$=\frac{3\mu_0 Ia}{2\pi}\frac{1}{\sqrt{3r^2+a^2}}\frac{1}{\sqrt{3r^2+4a^2}} \tag{2}$$

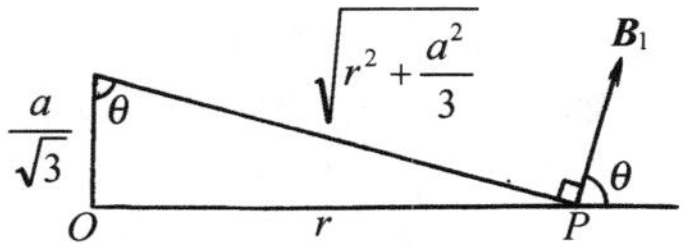

图 5.1.9(2)

根据对称性，三个边的电流在 P 点产生的磁感强度之和 $\boldsymbol{B}$ 应沿 $\overrightarrow{OP}$ 方向，由图 5.1.9(2)可见，$\boldsymbol{B}$ 的大小应为

$$B=3B_1\cos\theta=3B_1\frac{a/\sqrt{3}}{\sqrt{r^2+a^2/3}}$$
$$=\frac{9\mu_0 Ia^2}{2\pi(3r^2+a^2)\sqrt{3r^2+4a^2}} \tag{3}$$

在 $r\gg a$ 处，与 r^2 相比，a^2 可以略去，于是由式(3)得

$$B=\frac{\sqrt{3}\mu_0 Ia^2}{2\pi r^3} \tag{4}$$

5.1.10　在无线电或电子仪器里，通常都把来回线(即载有大小相等而方向相反的电流的外表绝缘线)并在一起或缠扭成一条，以减少它们在周围产生的磁场，试说明这样做的道理.

【解答】　根据 Biot-Savart 定理，靠得很近而方向相反的两条平行线电流，在它们外面任一点产生的磁感强度近乎大小相等而方向相反，故合成的磁感强度几乎为零.

5.1.11　一条载有电流 I 的无穷长直导线，在一处弯折成半径为 R 的$\frac{1}{4}$圆弧，如图 5.1.11 所示. 试求这$\frac{1}{4}$圆弧中心 O 点的磁感强度 $\boldsymbol{B}$.

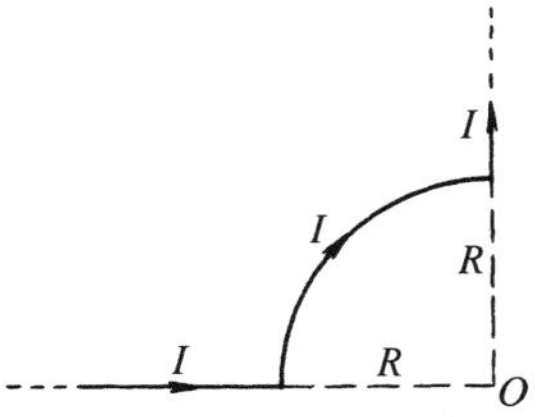

图 5.1.11

【解】　根据 Biot-Savart 定律，两直线部分的电流在 O 点产生的磁感强度均为零，$\frac{1}{4}$圆弧电流在 O 点产生的磁感强度 $\boldsymbol{B}$ 的方向垂直于纸面向里，其大小为

$$B=\int_L\frac{\mu_0 I\mathrm{d}l}{4\pi R^2}=\frac{\mu_0 I}{4\pi R^2}\cdot\frac{1}{4}\cdot 2\pi R=\frac{\mu_0 I}{8R}$$

这便是 O 点的磁感强度.

5.1.12　一条载有电流 I 的无穷长直导线，在一处弯折成半径为 R 的半圆弧，如图 5.1.12 所示. 试求半圆弧中心 O 点的磁感强度 $\boldsymbol{B}$.

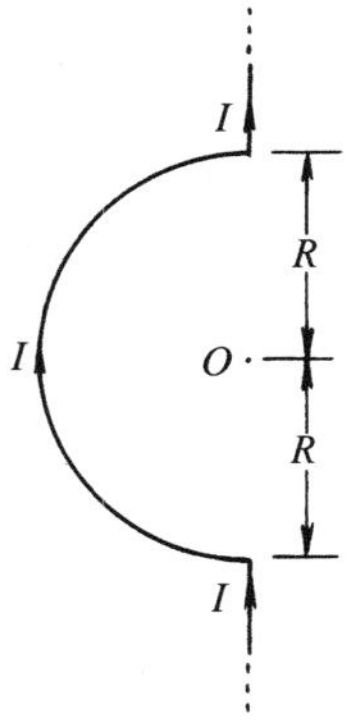

图 5.1.12

【解】　根据 Biot-Savart 定律，两直线部分的电流在 O 点产生的磁感

强度为零,半圆弧电流在 O 点产生的磁感强度 $\boldsymbol{B}$ 垂直于纸面向内,其大小为

$$B=\int_L \frac{\mu_0 I\mathrm{d}l}{4\pi R^2}=\frac{\mu_0 I}{4\pi R^2}\cdot\pi R=\frac{\mu_0 I}{4R}$$

5.1.13 一条载有电流 I 的无穷长直导线,在一处弯折成半径为 R 的半圆弧,试求这半圆弧轴线上离中心 O 为 r 处的磁感强度 $\boldsymbol{B}$[图 5.1.13(1)],并计算 $R=10\mathrm{cm}$, $r=40\mathrm{cm}$, $I=4.0\mathrm{A}$ 时 $\boldsymbol{B}$ 的值.

【解】 以 P 点为原点,PO 为 x 轴取笛卡儿坐标系,z 轴与直线部分平行,y 轴向下,如图 5.1.13(2)所示,则电流 I 所在的平面便是 $x=r$ 平面. 由 Biot-Savart 定律和对称性可知,整个电流在 P 点产生的磁感强度没有 z 分量,即

$$B_z=0 \tag{1}$$

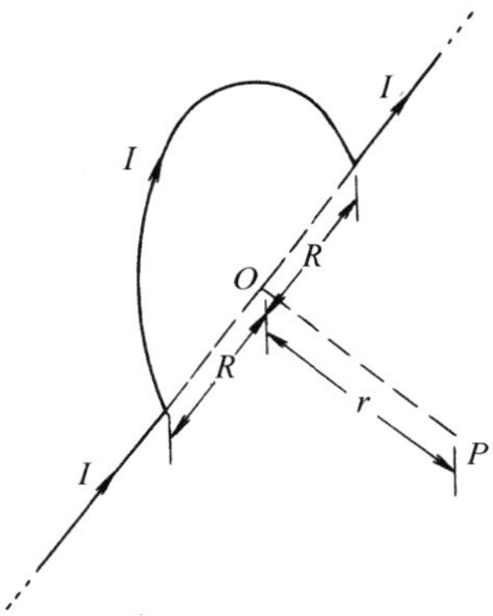

图 5.1.13(1)

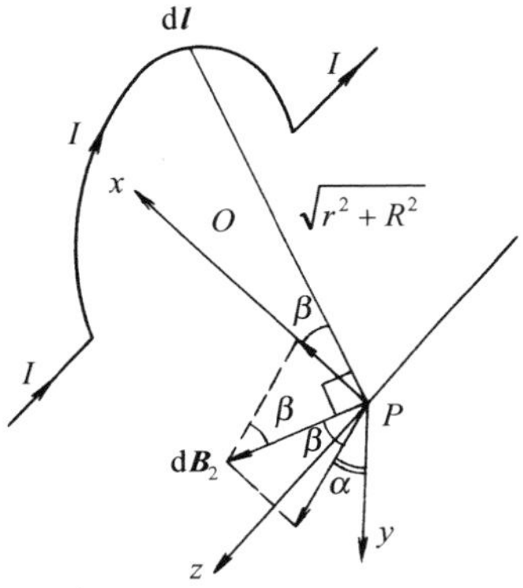

图 5.1.13(2)

两段直线电流在 P 点产生的 $\boldsymbol{B}_1$ 沿 y 方向,其大小为

$$\begin{aligned}B_{1y}&=2\int_R^{\infty}\frac{\mu_0 I\mathrm{d}l}{4\pi(r^2+l^2)}\sin\theta=\frac{\mu_0 I}{2\pi}\int_R^{\infty}\frac{\mathrm{d}l}{r^2+l^2}\,\frac{r}{\sqrt{r^2+l^2}}\\&=\frac{\mu_0 Ir}{2\pi}\int_R^{\infty}\frac{\mathrm{d}l}{(r^2+l^2)^{3/2}}=\frac{\mu_0 Ir}{2\pi}\left[\frac{l}{r^2\sqrt{r^2+l^2}}\right]_{l=R}^{l=\infty}\\&=\frac{\mu_0 I}{2\pi r}\left[1-\frac{R}{\sqrt{r^2+R^2}}\right]\end{aligned} \tag{2}$$

半圆弧电流在 P 点产生的 $\boldsymbol{B}_2$ 其分量如下[参见图 5.1.13(2)]:

$$\begin{aligned}B_{2x}&=\int(\mathrm{d}B_2)\sin\beta=\int\frac{\mu_0 I\mathrm{d}l}{4\pi(r^2+R^2)}\,\frac{R}{\sqrt{r^2+R^2}}=\frac{\mu_0 IR\cdot\pi R}{4\pi(r^2+R^2)^{3/2}}\\&=\frac{\mu_0 IR^2}{4(r^2+R^2)^{3/2}}\end{aligned} \tag{3}$$

$$\begin{aligned}B_{2y}&=\int(\mathrm{d}B_2)\cos\beta\cos\alpha=\int\frac{\mu_0 I\mathrm{d}l}{4\pi(r^2+R^2)}\cos\beta\cos\alpha\\&=\int\frac{\mu_0 IR\mathrm{d}\alpha}{4\pi(r^2+R^2)}\cos\beta\cos\alpha\end{aligned}$$

$$=\frac{\mu_0 IR}{4\pi(r^2+R^2)}\frac{r}{\sqrt{r^2+R^2}}\int_{-\pi/2}^{\pi/2}\cos\alpha \mathrm{d}\alpha=\frac{\mu_0 IRr}{2\pi(r^2+R^2)^{3/2}} \tag{4}$$

于是得 P 点的磁感强度 $\boldsymbol{B}$ 为

$$\begin{aligned}\boldsymbol{B}&=B_{2x}\boldsymbol{e}_x+(B_{1y}+B_{2y})\boldsymbol{e}_y\\&=\frac{\mu_0 IR^2}{4(r^2+R^2)^{3/2}}\boldsymbol{e}_x+\left[\frac{\mu_0 I}{2\pi r}\left(1-\frac{R}{\sqrt{r^2+R^2}}\right)+\frac{\mu_0 IRr}{2\pi(r^2+R^2)^{3/2}}\right]\boldsymbol{e}_y\end{aligned} \tag{5}$$

式中 $\boldsymbol{e}_x$ 和 $\boldsymbol{e}_y$ 分别为 x 和 y 方向上的单位矢量.

下面求 $\boldsymbol{B}$ 的值:由式(5)得

$$\begin{aligned}B_x&=\frac{\mu_0 IR^2}{4(r^2+R^2)^{3/2}}=\frac{4\pi\times10^{-7}\times4.0\times(10\times10^{-2})^2}{4\times[(40\times10^{-2})^2+(10\times10^{-2})^2]^{3/2}}\\&=1.79\times10^{-7}(\mathrm{T})\end{aligned} \tag{6}$$

$$\begin{aligned}B_y&=\frac{\mu_0 I}{2\pi r}\left(1-\frac{R}{\sqrt{r^2+R^2}}\right)+\frac{\mu_0 IRr}{2\pi(r^2+R^2)^{3/2}}\\&=\frac{4\pi\times10^{-7}\times4.0}{2\pi\times40\times10^{-2}}\left[1-\frac{10\times10^{-2}}{\sqrt{(40\times10^{-2})^2+(10\times10^{-2})^2}}\right]\\&\quad+\frac{4\pi\times10^{-7}\times4.0\times10\times10^{-2}\times40\times10^{-2}}{2\pi[(40\times10^{-2})^2+(10\times10^{-2})^2]^{3/2}}\\&=1.51\times10^{-6}+4.57\times10^{-7}=1.97\times10^{-6}(\mathrm{T})\end{aligned} \tag{7}$$

$$\begin{aligned}B&=\sqrt{B_x^2+B_y^2}=\sqrt{(1.79\times10^{-7})^2+(1.97\times10^{-6})^2}\\&=2.0\times10^{-6}(\mathrm{T})\end{aligned} \tag{8}$$

$\boldsymbol{B}$ 与 x 轴的夹角为

$$\theta=\arctan\frac{B_y}{B_x}=\arctan\frac{1.97\times10^{-6}}{1.79\times10^{-7}}=\arctan 11=85^\circ$$

5.1.14　(1)一条载有电流 I 的无穷长直导线在一处分叉成两路后又合而为一,这两路是半径为 R 的圆,如图 5.1.14(1)所示. 试求圆心的磁感强度 $\boldsymbol{B}$. (2)一条载有电流 I 的无穷长直导线在一处弯成半径为 R 的圆形,如图 5.1.14(2)所示,由于导线表面有绝缘层,所以在接触处并不短路. 试求圆心的磁感强度 $\boldsymbol{B}$.

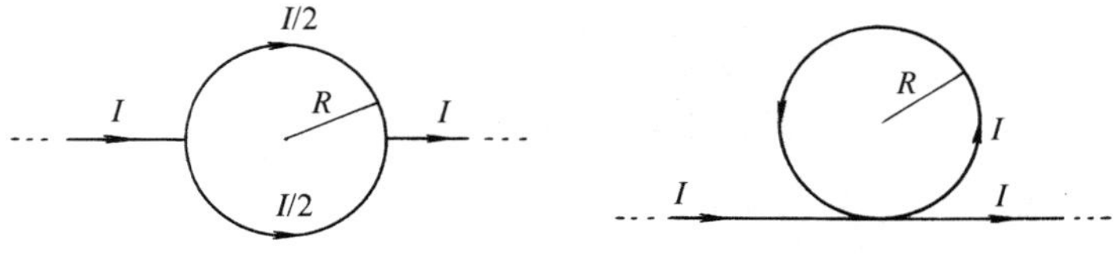

图 5.1.14

【解】　(1)根据 Biot-Savart 定律,两直线电流在圆心产生的磁感强度均为零;两半圆电流在圆心产生的磁感强度大小相等而方向相反. 因此,圆心的磁感强度为零.

(2)根据 Biot-Savart 定律,无穷长直线电流在圆心产生的磁感强度 $\boldsymbol{B}_1$ 垂直于纸面向外,其大小为[参见前面 5.1.1 题的式(3)]

$$B_1=\frac{\mu_0 I}{2\pi R} \tag{1}$$

圆电流在圆心产生的磁感强度 $\boldsymbol{B}_2$ 垂直于纸面向外，其大小为

$$B_2=\frac{\mu_0 I}{4\pi R^2}\cdot 2\pi R=\frac{\mu_0 I}{2R} \tag{2}$$

故得圆心的磁感强度 $\boldsymbol{B}=\boldsymbol{B}_1+\boldsymbol{B}_2$ 的方向垂直于纸面向外，$\boldsymbol{B}$ 的大小为

$$B=B_1+B_2=\frac{(1+\pi)\mu_0 I}{2\pi R} \tag{3}$$

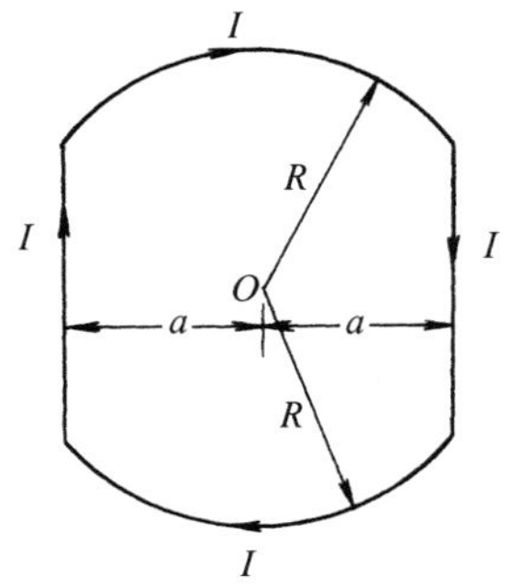

图 5.1.15(1)

5.1.15　一段载有电流 I 的导线弯折成如图 5.1.15(1)所示的环路，两对边是相距为 $2a$ 的平行直线，另外两对边是以 O 为中心、R 为半径的两段圆弧. 试求 O 点的磁感强度 $\boldsymbol{B}$.

【解】 根据 Biot-Savart 定律，导线上任一电流元 $Id\boldsymbol{l}$ 在 O 点产生的磁感强度都与纸面垂直并向内，因此，整个环路上的电流在 O 点产生的磁感强度 $\boldsymbol{B}$ 的方向便垂直于纸面向内.

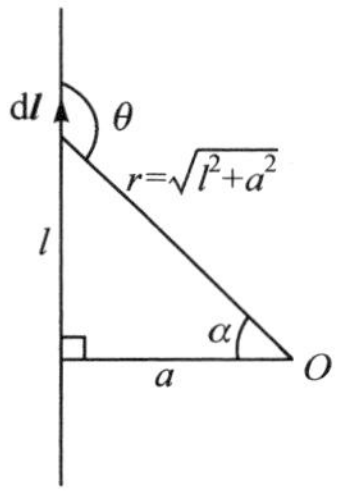

图 5.1.15(2)

下面求 $\boldsymbol{B}$ 的大小. 如图 5.1.15(2)所示，直线上 dl 段电流在 O 点产生的磁感强度的大小为

$$dB_1=\frac{\mu_0 I dl}{4\pi r^2}\sin\theta \tag{1}$$

以 α 为积分变数，因

$$r=\sqrt{l^2+a^2}=a\sec\alpha \tag{2}$$

$$l=a\tan\alpha \tag{3}$$

所以

$$dl=a\sec^2\alpha d\alpha \tag{4}$$

因为

$$\sin\theta=\sin\left(\frac{\pi}{2}+\alpha\right)=\cos\alpha \tag{5}$$

将式(2)至(5)代入式(1)得

$$dB_1=\frac{\mu_0 I}{4\pi}\frac{(a\sec^2\alpha d\alpha)\cos\alpha}{(a\sec\alpha)^2}=\frac{\mu_0 I}{4\pi a}\cos\alpha d\alpha \tag{6}$$

故两直线段的电流在 O 点产生的磁感强度的大小为

$$\begin{aligned}B_1&=2\cdot\frac{\mu_0 I}{4\pi a}\int_{\alpha_1}^{\alpha_2}\cos\alpha d\alpha=\frac{\mu_0 I}{2\pi a}(\sin\alpha_2-\sin\alpha_1)\\&=\frac{\mu_0 I}{2\pi a}\left[\frac{\sqrt{R^2-a^2}}{R}-\left(-\frac{\sqrt{R^2-a^2}}{R}\right)\right]=\frac{\mu_0 I}{\pi a}\frac{\sqrt{R^2-a^2}}{R}\end{aligned} \tag{7}$$

两圆弧段的电流在 O 点产生的磁感强度的大小为

$$\begin{aligned}B_2&=2\cdot\frac{\mu_0 I}{4\pi}\int_0^{R\phi}\frac{dl}{R^2}=\frac{\mu_0 I}{2\pi R^2}R\phi=\frac{\mu_0 I}{2\pi R}\cdot 2\arcsin\frac{a}{R}\\&=\frac{\mu_0 I}{\pi R}\arcsin\frac{a}{R}\end{aligned} \tag{8}$$

于是得 O 点的磁感强度 $\boldsymbol{B}$ 的大小为

$$B=B_1+B_2=\frac{\mu_0 I}{\pi R}\left(\frac{\sqrt{R^2-a^2}}{a}+\arcsin\frac{a}{R}\right) \tag{9}$$

5.1.16　一载有电流 I 的导线弯成半径为 R 的圆弧，弧的两端之间则是一段直线，对圆心 O 的张角为 2θ，如图 5.1.16(1)所示. 试求圆心的磁感强度 $\boldsymbol{B}$.

【解】　所求的 $\boldsymbol{B}$ 由两部分组成，直线电流产生的 $\boldsymbol{B}_1$ 和圆弧电流产生的 $\boldsymbol{B}_2$. 由 Biot-Savart 定律知 $\boldsymbol{B}_1$ 和 $\boldsymbol{B}_2$ 的方向都垂直于纸面向外，故 $\boldsymbol{B}=\boldsymbol{B}_1+\boldsymbol{B}_2$ 垂直于纸面向外.

先求 $\boldsymbol{B}_1$ 的大小 B_1. 如图 5.1.16(2)，

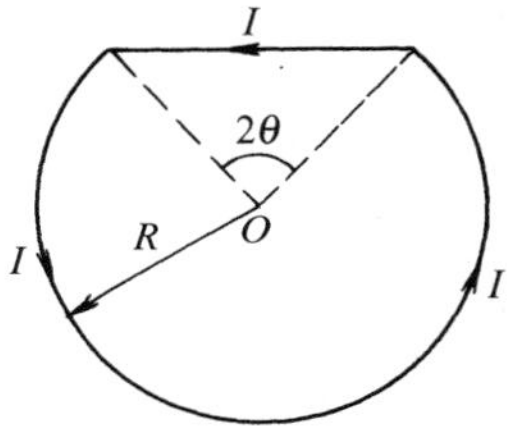

图 5.1.16(1)

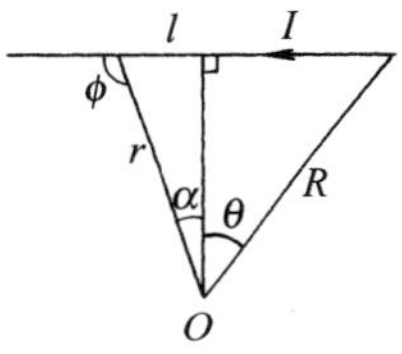

图 5.1.16(2)

$$l=R\cos\theta\tan\alpha \tag{1}$$

$$\mathrm{d}l=R\cos\theta\sec^2\alpha\,\mathrm{d}\alpha \tag{2}$$

$$r=R\cos\theta\sec\alpha \tag{3}$$

$$\mathrm{d}B_1=\frac{\mu_0 I\mathrm{d}l}{4\pi r^2}\sin\phi=\frac{\mu_0 IR\cos\theta\sec^2\alpha\mathrm{d}\alpha}{4\pi(R\cos\theta\sec\alpha)^2}\cos\alpha$$

$$=\frac{\mu_0 I}{4\pi R}\frac{\cos\alpha\mathrm{d}\alpha}{\cos\theta} \tag{4}$$

所以

$$B_1=\frac{\mu_0 I}{4\pi R\cos\theta}\int_{-\theta}^{\theta}\cos\alpha\mathrm{d}\alpha=\frac{\mu_0 I}{2\pi R}\tan\theta \tag{5}$$

再求 $\boldsymbol{B}_2$ 的大小 B_2.

$$\mathrm{d}B_2=\frac{\mu_0 I\mathrm{d}l}{4\pi R^2}=\frac{\mu_0 I}{4\pi R}\mathrm{d}\alpha \tag{6}$$

所以

$$B_2=\frac{\mu_0 I}{4\pi R}\int_0^{2\pi-2\theta}\mathrm{d}\alpha=\frac{\mu_0 I}{2\pi R}(\pi-\theta) \tag{7}$$

于是得

$$B=B_1+B_2=\frac{\mu_0 I}{2\pi R}(\pi-\theta+\tan\theta) \tag{8}$$

5.1.17　一载有电流 I 的导线弯折成如图 5.1.17 所示的环路，其中一部分是半径为 r 的四分之三圆弧，另一部分是半径为 R 的四分之一的同心圆弧，这两圆弧在同一平面内，它们的两端都以直线连接. 当这回路中载有电流 I 时，试求圆心 O 的磁感强度.

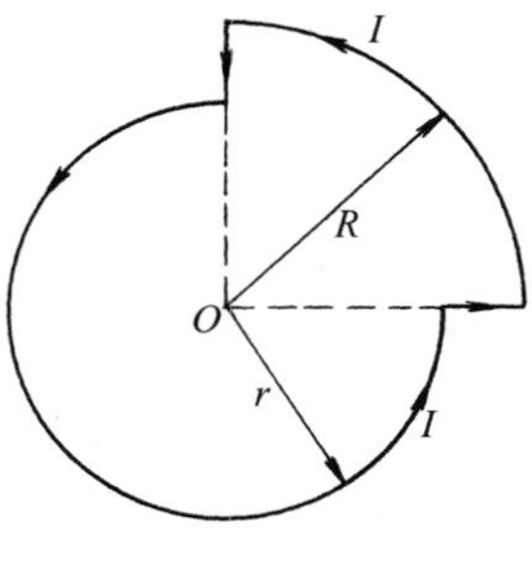

图 5.1.17

【解】 根据 Biot-Savart 定律，两段直线电流在圆心 O 产生的磁感强度为零，两段圆弧在圆心 O 产生的磁感强度 $\boldsymbol{B}_1$ 和 $\boldsymbol{B}_2$ 都与纸面垂直向外，它们的大小分别为

$$B_1=\int_0^{\frac{3}{2}\pi r}\frac{\mu_0 I\mathrm{d}l}{4\pi r^2}=\frac{\mu_0 I}{4\pi r^2}\cdot\frac{3}{2}\pi r=\frac{3\mu_0 I}{8r} \tag{1}$$

$$B_2=\int_0^{\pi R/2}\frac{\mu_0 I\mathrm{d}l}{4\pi R^2}=\frac{\mu_0 I}{4\pi R^2}\cdot\frac{\pi R}{2}=\frac{\mu_0 I}{8R} \tag{2}$$

于是得所求的 $\boldsymbol{B}$ 的大小为

$$B=B_1+B_2=\frac{\mu_0 I}{8}\left(\frac{3}{r}+\frac{1}{R}\right) \tag{3}$$

5.1.18 一载有电流 I 的导线弯折成如图 5.1.18(1)所示的平面环路，其中 $FABCD$ 是边长为 b 的正方形的一部分，DEF 是半径为 a 的四分之三圆弧，圆弧的中心 O 在正方形延长线的顶点. 试求 O 点的磁感强度 $\boldsymbol{B}$.

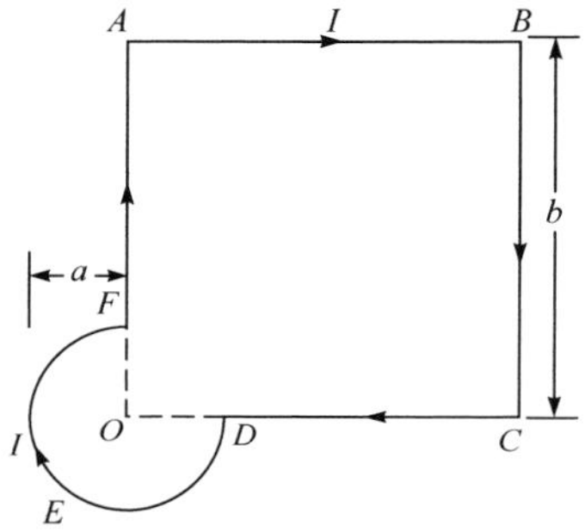

图 5.1.18(1)

【解】 由 Biot-Savart 定律可知，所求的 $\boldsymbol{B}$ 的方向垂直于纸面向内. 因此只须求 $\boldsymbol{B}$ 的大小. 正方形电流的 CD 和 FA 两段，它们的延长线都通过 O 点，故这两段电流在 O 点产生的磁感强度均为零. 由于对称性，AB 和 BC 两段电流在 O 点产生的磁感强度相等，设每段在 O 点产生的磁感强度其大小为 B_1，则由图 5.1.18(2)有

$$\mathrm{d}B_1=\frac{\mu_0 I\mathrm{d}l}{4\pi r^2}\sin\phi=\frac{\mu_0 I\mathrm{d}(b\tan\theta)}{4\pi(b\sec\theta)^2}\cos\theta$$
$$=\frac{\mu_0 I}{4\pi b}\cos\theta\mathrm{d}\theta \tag{1}$$

所以

$$B_1=\frac{\mu_0 I}{4\pi b}\int_0^{\pi/4}\cos\theta\mathrm{d}\theta=\frac{\sqrt{2}\mu_0 I}{8\pi b} \tag{2}$$

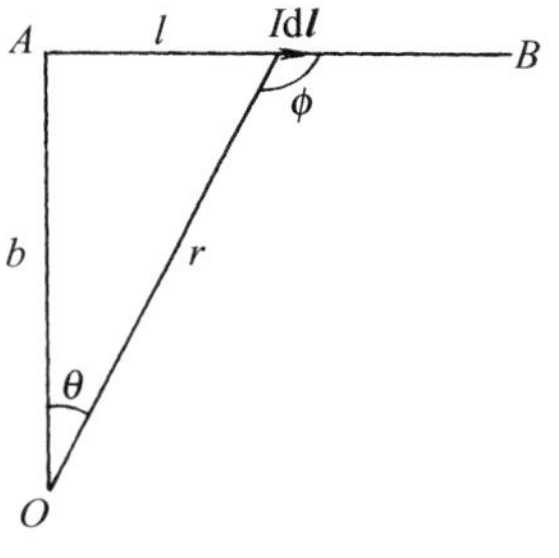

图 5.1.18(2)

圆弧电流在 O 点产生的磁感强度 $\boldsymbol{B}_2$ 的大小为

$$B_2=\int_0^{\frac{3}{2}\pi a}\frac{\mu_0 I\mathrm{d}l}{4\pi a^2}=\frac{\mu_0 I}{4\pi a^2}\cdot\frac{3}{2}\pi a=\frac{3\mu_0 I}{8a} \tag{3}$$

于是得所求的 $\boldsymbol{B}$ 的大小为

$$B=2B_1+B_2=\frac{\sqrt{2}\mu_0 I}{4\pi b}+\frac{3\mu_0 I}{8a}=\frac{\mu_0 I}{4\pi}\left(\frac{\sqrt{2}}{b}+\frac{3\pi}{2a}\right) \tag{4}$$

5.1.19 一无穷长直导线载有电流 I，在中间弯折成一半径为 R 的半圆弧，其余部分则与圆弧的轴线平行，如图 5.1.19 所示. 试求圆弧中心 O 的磁感强度 $\boldsymbol{B}$，并计算 $I=8.0\mathrm{A}$、$R=10.0\mathrm{cm}$ 时 $\boldsymbol{B}$ 的值.

【解】 根据对称性和 Biot-Savart 定律，两段直线电流在 O 点产生的磁感强度大小相等，方向相同，都沿图 5.1.19 中的 z 轴方向. 每一段所产生的 $\boldsymbol{B}_1$ 的大小为

$$B_1 = \int_0^{\infty} \frac{\mu_0 I \mathrm{d}l}{4\pi(l^2+R^2)} \frac{R}{\sqrt{l^2+R^2}}$$
$$= \frac{\mu_0 IR}{4\pi}\int_0^{\infty} \frac{\mathrm{d}l}{(l^2+R^2)^{3/2}}$$
$$= \frac{\mu_0 IR}{4\pi}\left[\frac{l}{R^2\sqrt{l^2+R^2}}\right]_{l=0}^{l=\infty}$$
$$= \frac{\mu_0 I}{4\pi R} \tag{1}$$

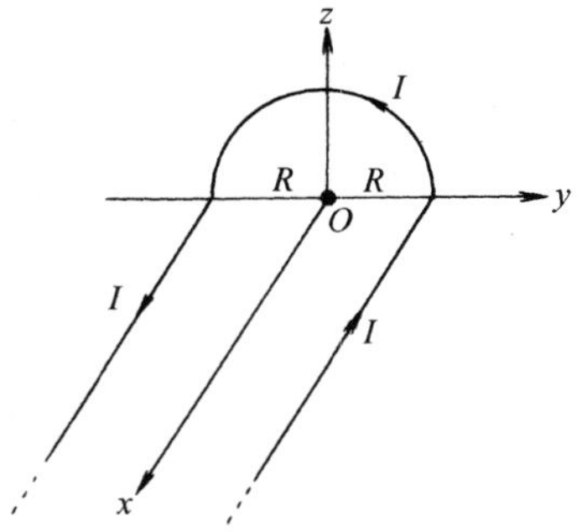

图 5.1.19

半圆电流在 O 点产生的磁感强度 $\boldsymbol{B}_2$ 的方向沿 x 轴方向，其大小为

$$B_2 = \int_0^{\pi R} \frac{\mu_0 I \mathrm{d}l}{4\pi R^2} = \frac{\mu_0 I}{4\pi R^2}\cdot \pi R = \frac{\mu_0 I}{4R} \tag{2}$$

于是得所求的磁感强度为

$$\boldsymbol{B} = 2B_1\boldsymbol{e}_z + B_2\boldsymbol{e}_x = \frac{\mu_0 I}{4R}\boldsymbol{e}_x + \frac{\mu_0 I}{2\pi R}\boldsymbol{e}_z$$
$$= \frac{\mu_0 I}{4R}\left(\boldsymbol{e}_x + \frac{2}{\pi}\boldsymbol{e}_z\right) \tag{3}$$

式中 $\boldsymbol{e}_x$ 和 $\boldsymbol{e}_z$ 分别为 x 和 z 方向上的单位矢量. $\boldsymbol{B}$ 的值为

$$B = \frac{\sqrt{4+\pi^2}\mu_0 I}{4\pi R} = \frac{\sqrt{4+\pi^2}\times 4\pi\times 10^{-7}\times 8.0}{4\pi\times 10.0\times 10^{-2}}$$
$$= 3.0\times 10^{-5}(\mathrm{T}) \tag{4}$$

由式(3)得，$\boldsymbol{B}$ 与 x 轴的夹角为

$$\theta = \arctan\frac{2}{\pi} = 32°29' \tag{5}$$

5.1.20　一载有电流 I 的导线弯成半径为 R 的圆形，如图 5.1.20(1)所示. 试求轴线上离圆心 O 为 r 处的磁感强度 $\boldsymbol{B}$，并计算 $R=11\mathrm{cm}$，$I=14\mathrm{A}$ 时，$r=0$ 和 $r=10\mathrm{cm}$ 处 $\boldsymbol{B}$ 的值.

【解】　由 Biot-Savart 定律

$$\mathrm{d}\boldsymbol{B} = \frac{\mu_0 I \mathrm{d}\boldsymbol{l}\times\boldsymbol{r}}{4\pi r^3} \tag{1}$$

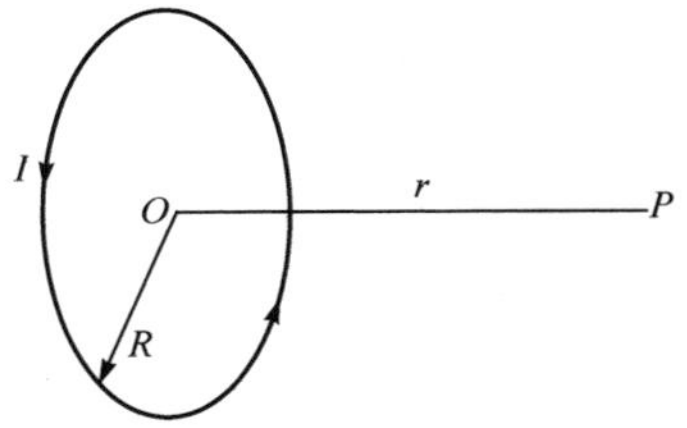

图 5.1.20(1)

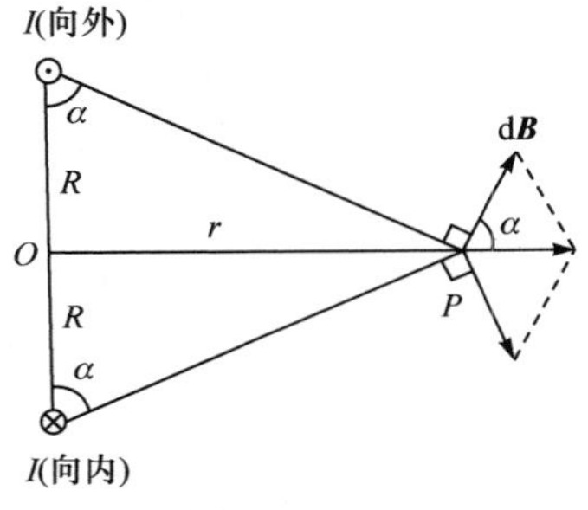

图 5.1.20(2)

和对称性知 P 点的 $\boldsymbol{B}$ 沿$\overrightarrow{OP}$的方向，其大小为[图 5.1.20(2)]

$$B=\oint \frac{\mu_0 I\mathrm{d}l}{4\pi(r^2+R^2)}\cos\alpha=\frac{\mu_0 I\cdot 2\pi R}{4\pi(r^2+R^2)}\frac{R}{\sqrt{r^2+R^2}}=\frac{\mu_0 IR^2}{2(r^2+R^2)^{3/2}} \tag{2}$$

当 $R=11\text{cm}, I=14\text{A}$ 时 B 的值如下：

$$r=0,\ B=\frac{\mu_0 I}{2R}=\frac{4\pi\times10^{-7}\times14}{2\times11\times10^{-2}}=8.0\times10^{-5}(\text{T}) \tag{3}$$

$$r=10\text{cm},\ B=\frac{\mu_0 IR^2}{2(r^2+R^2)^{3/2}}=\frac{4\pi\times10^{-7}\times14\times(11\times10^{-2})^2}{2[(10^2+11^2)\times10^{-4}]^{3/2}}$$

$$=3.2\times10^{-5}(\text{T}) \tag{4}$$

5.1.21 一载流圆线圈共有 10 匝，每匝的电流都是 10A，线圈的直径为 10cm，试求线圈中心磁感强度 $\boldsymbol{B}$ 和磁场强度 $\boldsymbol{H}$ 的值.

【解】 根据 Biot-Savart 定律和对称性，圆电流在圆心产生的磁感强度 $\boldsymbol{B}$ 的方向沿轴线上电流的右旋进方向，其大小为

$$B=\oint\frac{\mu_0 I\mathrm{d}l}{4\pi R^2}=\frac{\mu_0 I}{4\pi R^2}\cdot 2\pi R=\frac{\mu_0 I}{2R} \tag{1}$$

式中 R 为圆的半径. 今有 10 匝，故 $\boldsymbol{B}$ 的值为

$$B=\frac{10\mu_0 I}{2R}=\frac{10\times4\pi\times10^{-7}\times10}{2\times\left(\frac{10}{2}\times10^{-2}\right)}=1.3\times10^{-3}(\text{T}) \tag{2}$$

$\boldsymbol{H}$ 的值为

$$H=\frac{B}{\mu_0}=\frac{10I}{2R}=\frac{10\times10}{2\times\left(\frac{10}{2}\times10^{-2}\right)}=1.0\times10^{3}(\text{A/m}) \tag{3}$$

5.1.22 一载有电流 I 的导线弯成半径为 a 的圆形，如图 5.1.22(1)所示. 试求：(1)$\boldsymbol{r}$ 处 P 点的磁感强度 $\boldsymbol{B}$ 的表达式；(2)$r\gg a$处 $\boldsymbol{B}$ 在 $\boldsymbol{r}$ 方向上的分量 B_r 和 θ 方向上的分量 B_θ.

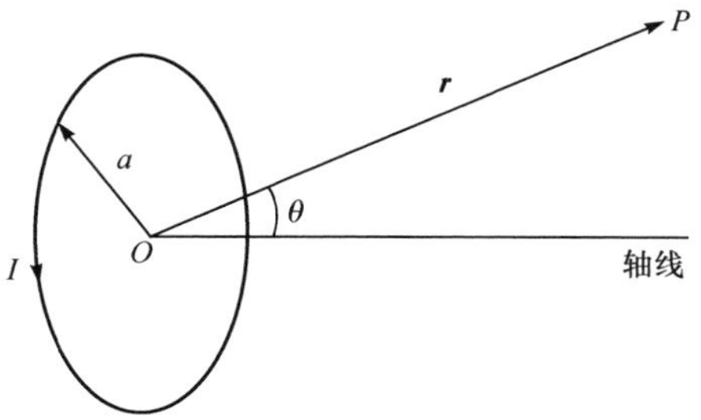

图 5.1.22(1)

【解】 (1)以圆心 O 为心、轴线为极轴，取球坐标系和笛卡儿坐标系如图 5.1.22(2)所示. 由 Biot-Savart 定律和对称性可知，在空间 r,θ 相同的点(即以极轴上任一点为心、并与圆电流平

行的圆周上)，$\boldsymbol{B}$ 的大小必定相同. 因此，取 P 点和极轴构成的平面为方位角 $\phi=0$ 的平面，计算比较方便. 由图 5.1.22(2)得源点和场点的坐标以及一些有关的矢量分别为

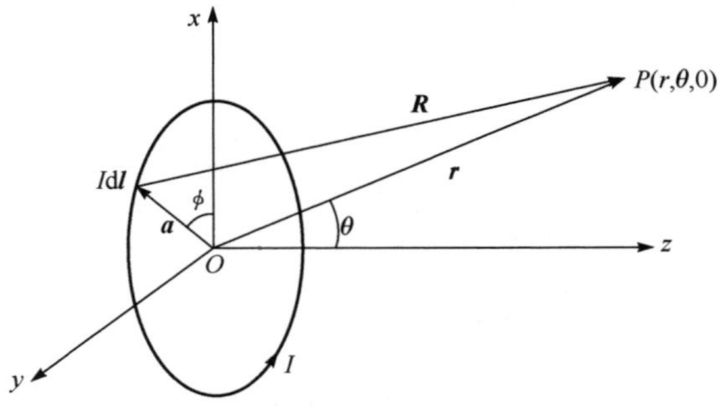

图 5.1.22(2)

源点 $I\mathrm{d}\boldsymbol{l}$：$a,\dfrac{\pi}{2},\phi$

场点 P：$r,\theta,0$

$$\begin{aligned}\boldsymbol{r}&=r\sin\theta\cos0\boldsymbol{e}_x+r\sin\theta\sin0\boldsymbol{e}_y+r\cos\theta\boldsymbol{e}_z\\&=r\sin\theta\boldsymbol{e}_x+r\cos\theta\boldsymbol{e}_z\end{aligned}\tag{1}$$

$$\begin{aligned}\boldsymbol{a}&=a\sin\frac{\pi}{2}\cos\phi\boldsymbol{e}_x+a\sin\frac{\pi}{2}\sin\phi\boldsymbol{e}_y+a\cos\frac{\pi}{2}\boldsymbol{e}_z\\&=a\cos\phi\boldsymbol{e}_x+a\sin\phi\boldsymbol{e}_y\end{aligned}\tag{2}$$

$$\boldsymbol{R}=\boldsymbol{r}-\boldsymbol{a}=(r\sin\theta-a\cos\phi)\boldsymbol{e}_x-a\sin\phi\boldsymbol{e}_y+r\cos\theta\boldsymbol{e}_z\tag{3}$$

$$\begin{aligned}R&=|\boldsymbol{R}|=\sqrt{(r\sin\theta-a\cos\phi)^2+(-a\sin\phi)^2+(r\cos\theta)^2}\\&=\sqrt{r^2+a^2-2ar\sin\theta\cos\phi}\end{aligned}\tag{4}$$

$$\begin{aligned}\mathrm{d}\boldsymbol{l}&=(\mathrm{d}l)_x\,\boldsymbol{e}_x+(\mathrm{d}l)_y\,\boldsymbol{e}_y\\&=-a\sin\phi\mathrm{d}\phi\boldsymbol{e}_x+a\cos\phi\mathrm{d}\phi\boldsymbol{e}_y\end{aligned}\tag{5}$$

$$\begin{aligned}\mathrm{d}\boldsymbol{l}\times\boldsymbol{R}&=R_z(\mathrm{d}l)_y\,\boldsymbol{e}_x-R_z(\mathrm{d}l)_x\,\boldsymbol{e}_y+[R_y(\mathrm{d}l)_x-R_x(\mathrm{d}l)_y]\boldsymbol{e}_z\\&=a\mathrm{d}\phi\{[r\cos\theta\cos\phi]\boldsymbol{e}_x-[r\cos\theta(-\sin\phi)]\boldsymbol{e}_y\\&\quad+[-a\sin\phi(-\sin\phi)-(r\sin\theta-a\cos\phi)\cos\phi]\boldsymbol{e}_z\}\\&=a\mathrm{d}\phi\{[r\cos\theta\cos\phi]\boldsymbol{e}_x+[r\cos\theta\sin\phi]\boldsymbol{e}_y\\&\quad+[a-r\sin\theta\cos\phi]\boldsymbol{e}_z\}\end{aligned}\tag{6}$$

于是得圆电流 I 在 $P(r,\theta,0)$ 点产生的磁感强度 $\boldsymbol{B}$ 的表达式为

$$\begin{aligned}\boldsymbol{B}&=\oint\frac{\mu_0 I\mathrm{d}\boldsymbol{l}\times\boldsymbol{R}}{4\pi R^3}\\&=\frac{\mu_0 Ia}{4\pi}\int_0^{2\pi}\frac{[r\cos\theta\cos\phi\boldsymbol{e}_x+r\cos\theta\sin\phi\boldsymbol{e}_y+(a-r\sin\theta\cos\phi)\boldsymbol{e}_z]\mathrm{d}\phi}{(r^2+a^2-2ar\sin\theta\cos\phi)^{3/2}}\end{aligned}\tag{7}$$

这是 $\boldsymbol{B}$ 的准确表达式，它是一个椭圆积分. [参见张之翔《电磁学教学参考》(北京大学出版社，2015)，96—100 页.]

(2)在 $r\gg a$ 的地方，可取近似如下：

$$(r^2+a^2-2ar\sin\theta\cos\phi)^{-3/2}=(r^2+a^2)^{-3/2}\left[1-\frac{2ar\sin\theta\cos\phi}{r^2+a^2}\right]^{-3/2}$$
$$\approx r^{-3}\left[1-\frac{2a\sin\theta\cos\phi}{r}\right]^{-3/2}\approx\frac{1}{r^3}\left[1+\frac{3a\sin\theta\cos\phi}{r}\right]\tag{8}$$

于是得 $\boldsymbol{B}$ 的近似表达式为

$$\boldsymbol{B}=\frac{\mu_0 Ia}{4\pi r^3}\int_0^{2\pi}\Big[r\cos\theta\cos\phi\boldsymbol{e}_x+r\cos\theta\sin\phi\boldsymbol{e}_y+(a-r\sin\theta\cos\phi)\boldsymbol{e}_z\Big]\left(1+\frac{3a\sin\theta\cos\phi}{r}\right)\mathrm{d}\phi\tag{9}$$

因为

$$\int_0^{2\pi}\sin\phi\mathrm{d}\phi=0,\quad\int_0^{2\pi}\cos\phi\mathrm{d}\phi=0\tag{10}$$

$$\int_0^{2\pi}\sin\phi\cos\phi\mathrm{d}\phi=0,\quad\int_0^{2\pi}\cos^2\phi\mathrm{d}\phi=\pi\tag{11}$$

故积分结果得

$$\boldsymbol{B}=\frac{\mu_0 Ia}{4\pi r^3}\Big[2\pi a\boldsymbol{e}_z+3\pi a\sin\theta\cos\theta\boldsymbol{e}_x-3\pi a\sin^2\theta\boldsymbol{e}_z\Big]$$
$$=\frac{\mu_0 Ia^2}{4r^3}\Big[3\sin\theta\cos\theta\boldsymbol{e}_x+(2-3\sin^2\theta)\boldsymbol{e}_z\Big]\tag{12}$$

笛卡儿坐标系的基矢 $\boldsymbol{e}_x$、$\boldsymbol{e}_y$、$\boldsymbol{e}_z$ 与球坐标系的基矢 $\boldsymbol{e}_r$、$\boldsymbol{e}_\theta$、$\boldsymbol{e}_\phi$ 之间的变换关系为

$$\boldsymbol{e}_x=\sin\theta\cos\phi\boldsymbol{e}_r+\cos\theta\cos\phi\boldsymbol{e}_\theta-\sin\phi\boldsymbol{e}_\phi\tag{13}$$
$$\boldsymbol{e}_y=\sin\theta\sin\phi\boldsymbol{e}_r+\cos\theta\sin\phi\boldsymbol{e}_\theta+\cos\phi\boldsymbol{e}_\phi\tag{14}$$
$$\boldsymbol{e}_z=\cos\theta\boldsymbol{e}_r-\sin\theta\boldsymbol{e}_\theta\tag{15}$$

现在场点的 $\phi=0$，故

$$\boldsymbol{e}_x=\sin\theta\boldsymbol{e}_r+\cos\theta\boldsymbol{e}_\theta\tag{16}$$
$$\boldsymbol{e}_y=\boldsymbol{e}_\phi\tag{17}$$
$$\boldsymbol{e}_z=\cos\theta\boldsymbol{e}_r-\sin\theta\boldsymbol{e}_\theta\tag{18}$$

将式(16)、(18)代入式(12)便得

$$\boldsymbol{B}=\frac{\mu_0 Ia^2}{4r^3}[3\sin\theta\cos\theta(\sin\theta\boldsymbol{e}_r+\cos\theta\boldsymbol{e}_\theta)+(2-3\sin^2\theta)(\cos\theta\boldsymbol{e}_r-\sin\theta\boldsymbol{e}_\theta)]$$
$$=\frac{\mu_0 Ia^2}{4r^3}[2\cos\theta\boldsymbol{e}_r+\sin\theta\boldsymbol{e}_\theta]\tag{19}$$

最后得所求的分量为

$$B_r=\frac{\mu_0 Ia^2\cos\theta}{2r^3}\tag{20}$$

$$B_\theta=\frac{\mu_0 Ia^2\sin\theta}{4r^3}\tag{21}$$

5.1.23　两载流圆线圈共轴，半径分别为 R_1 和 R_2，电流分别为 I_1 和 I_2，电流方向相同，两圆心 O_1 和 O_2 相距为 $2a$，连线的中点为 O，如图 5.1.23 所示．试分别

求轴线上离 O 为 r_1 处 P_1 点和离 O 为 r_2 处 P_2 点的磁感强度 $\boldsymbol{B}_1$ 和 $\boldsymbol{B}_2$.

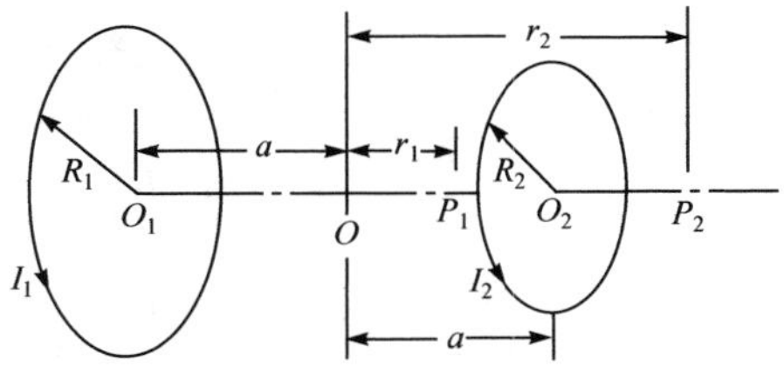

图 5.1.23

【解】 由 Biot-Savart 定律和对称性可知，半径为 R 的圆电流 I 在轴线上离圆心为 r 处产生的磁感强度 $\boldsymbol{B}$ 沿 I 的右旋进方向，其大小为

$$B=\oint\frac{\mu_0 I\mathrm{d}l\sin 90^\circ}{4\pi(r^2+R^2)}\sin\theta=\frac{\mu_0 I\cdot 2\pi R}{4\pi(r^2+R^2)}\frac{R}{\sqrt{r^2+R^2}}$$

$$=\frac{\mu_0 IR^2}{2(r^2+R^2)^{3/2}}\tag{1}$$

于是得出，图 5.1.23 中 P_1 点的磁感强度 $\boldsymbol{B}_1$ 为

$$\boldsymbol{B}_1=\left\{\frac{\mu_0 I_1R_1^2}{2[(r_1+a)^2+R_1^2]^{3/2}}+\frac{\mu_0 I_2R_2^2}{2[(a-r_1)^2+R_2^2]^{3/2}}\right\}\boldsymbol{e}_I\tag{2}$$

式中 $\boldsymbol{e}_I$ 为电流 I 的右旋进方向[即$\overrightarrow{O_1O_2}$方向]上的单位矢量.

P_2 点的磁感强度为

$$\boldsymbol{B}_2=\left\{\frac{\mu_0 I_1R_1^2}{2[(r_2+a)^2+R_1^2]^{3/2}}+\frac{\mu_0 I_2R_2^2}{2[(r_2-a)^2+R_2^2]^{3/2}}\right\}\boldsymbol{e}_I\tag{3}$$

因 $(a-r_1)^2=(r_1-a)^2$，故式(2)与(3)形式相同. 因此，凡在 O 右边离 O 为 r 处轴线上的 P 点，磁感强度 $\boldsymbol{B}$ 可表示为

$$\boldsymbol{B}=\frac{\mu_0}{2}\left\{\frac{I_1R_1^2}{[(r+a)^2+R_1^2]^{3/2}}+\frac{I_2R_2^2}{[(r-a)^2+R_2^2]^{3/2}}\right\}\boldsymbol{e}_I\tag{4}$$

【讨论】 凡在 O 左边离 O 为 r 处轴线上的 P' 点，磁感强度 $\boldsymbol{B}'$ 可表示为

$$\boldsymbol{B}'=\frac{\mu_0}{2}\left\{\frac{I_1R_1^2}{[(r-a)^2+R_1^2]^{3/2}}+\frac{I_2R_2^2}{[(r+a)^2+R_2^2]^{3/2}}\right\}\boldsymbol{e}_I\tag{5}$$

由式(4)、(5)可见，若以 O 为原点，沿轴线取 x 轴，使沿 $\boldsymbol{e}_I$ 方向，则轴线上坐标为 x 处的磁感强度为

$$\boldsymbol{B}=\frac{\mu_0}{2}\left\{\frac{I_1R_1^2}{[(x+a)^2+R_1^2]^{3/2}}+\frac{I_2R_2^2}{[(x-a)^2+R_2^2]^{3/2}}\right\}\boldsymbol{e}_I\tag{6}$$

此式可用于 x 从 $-\infty$ 到 ∞ 的任何值.

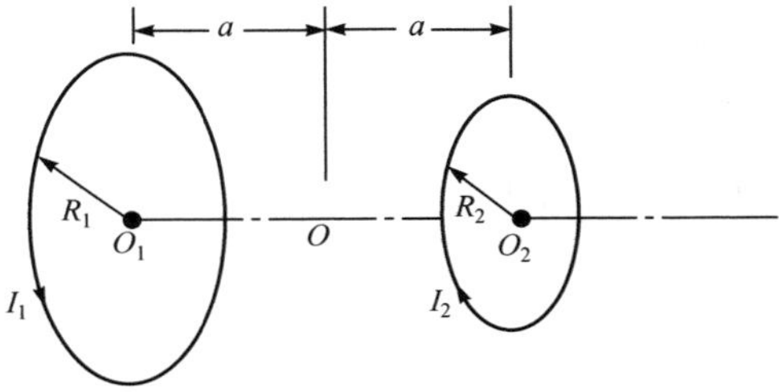

图 5.1.24

5.1.24 两载流圆线圈共轴，半径分别为 R_1 和 R_2，电流分别为 I_1 和 I_2，电流方向相反，两圆心 O_1 和 O_2 相距为 $2a$，连线的中点为 O，如图 5.1.24 所示. 试求轴线上离 O 为 r 处的磁感强度 $\boldsymbol{B}$.

【解】 由 Biot-Savart 定律和对称性可知，半径为 R 的圆电流 I 在轴线上离圆心为 r 处产生的磁感强度 $\boldsymbol{B}$ 沿 I 的右旋进方向，其

大小为

$$B=\oint\frac{\mu_0 I\mathrm{d}l\sin 90^\circ}{4\pi(r^2+R^2)}\sin\theta=\frac{\mu_0 I\cdot 2\pi R}{4\pi(r^2+R^2)}\frac{R}{\sqrt{r^2+R^2}}$$

$$=\frac{\mu_0 IR^2}{2(r^2+R^2)^{3/2}} \tag{1}$$

以图 5.1.24 中的 O 为原点，轴线为 x 轴，并以 $\boldsymbol{e}$ 为 $\overrightarrow{O_1O_2}$ 方向上的单位矢量，设轴线上一点 P 的坐标为 x，则由式(1)得 P 点的磁感强度为

$$\boldsymbol{B}=\frac{\mu_0 I_1R_1^2}{2[(x+a)^2+R_1^2]^{3/2}}\boldsymbol{e}+\frac{\mu_0 I_2R_2^2}{2[(x-a)^2+R_2^2]^{3/2}}(-\boldsymbol{e})$$

$$=\frac{\mu_0}{2}\left\{\frac{I_1R_1^2}{[(x+a)^2+R_1^2]^{3/2}}-\frac{I_2R_2^2}{[(x-a)^2+R_2^2]^{3/2}}\right\}\boldsymbol{e} \tag{2}$$

式中 x 与 r 的关系为：当 $x>0$ 时，$x=r$；当 $x<0$ 时，$x=-r$.

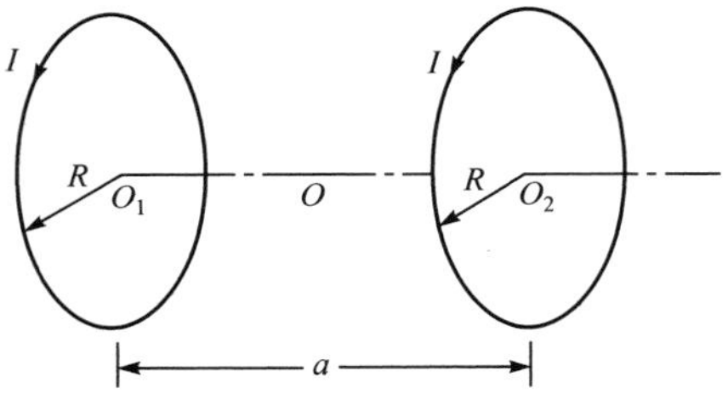

图 5.1.25

5.1.25 两个相同的圆线圈，半径都是 R，载有相同的电流 I，共轴放置，两圆心 O_1 和 O_2 相距为 a，如图 5.1.25 所示，O 是 O_1 和 O_2 连线的中点. 以 O 为原点，轴线为 x 轴. (1)试求轴线上坐标为 x 处的磁感强度 $\boldsymbol{B}$；(2)试证明：当 $a=R$ 时，O 处的磁场近乎均匀磁场.

【解】 (1)本题是前面 5.1.23 题的特殊情况，即 $R_1=R_2=R, I_1=I_2=I$，代入 5.1.23 题的式(6)，并将其中的 a 换成 $\frac{a}{2}$，便得本题所要求的磁感强度为

$$\boldsymbol{B}=\frac{\mu_0 IR^2}{2}\left\{\frac{1}{\left[\left(x+\frac{a}{2}\right)^2+R^2\right]^{3/2}}+\frac{1}{\left[\left(x-\frac{a}{2}\right)^2+R^2\right]^{3/2}}\right\}\boldsymbol{e}_I \tag{1}$$

式中 $\boldsymbol{e}_I$ 是 $\overrightarrow{O_1O_2}$ 方向上的单位矢量.

(2)在 $x=0$ 处(即 O 点)，磁感强度 $\boldsymbol{B}(0)$ 的大小为

$$B(0)=\frac{8\mu_0 IR^2}{(a^2+4R^2)^{3/2}} \tag{2}$$

由式(1)知 x 处 $\boldsymbol{B}$ 的大小 $B(x)$ 是连续的，故在 $x=0$ 附近，$B(x)$ 可由 Taylor 展开为

$$B(x)=B(0)+\left(\frac{\mathrm{d}B}{\mathrm{d}x}\right)_0 x+\frac{1}{2!}\left(\frac{\mathrm{d}^2B}{\mathrm{d}x^2}\right)_0 x^2+\frac{1}{3!}\left(\frac{\mathrm{d}^3B}{\mathrm{d}x^3}\right)_0 x^3+\cdots \tag{3}$$

由式(1)得

$$\frac{\mathrm{d}B(x)}{\mathrm{d}x}=-\frac{3\mu_0 IR^2}{4}\left\{\frac{2\left(x+\frac{a}{2}\right)}{\left[\left(x+\frac{a}{2}\right)^2+R^2\right]^{5/2}}+\frac{2\left(x-\frac{a}{2}\right)}{\left[\left(x-\frac{a}{2}\right)^2+R^2\right]^{5/2}}\right\}$$

$$=-\frac{3\mu_0 IR^2}{2}\left\{\frac{x+\frac{a}{2}}{\left[\left(x+\frac{a}{2}\right)^2+R^2\right]^{5/2}}+\frac{x-\frac{a}{2}}{\left[\left(x-\frac{a}{2}\right)^2+R^2\right]^{5/2}}\right\} \tag{4}$$

$$\frac{d^2B(x)}{dx^2}=-\frac{3\mu_0 IR^2}{2}\left\{\frac{1}{\left[\left(x+\frac{a}{2}\right)^2+R^2\right]^{5/2}}+\frac{1}{\left[\left(x-\frac{a}{2}\right)^2+R^2\right]^{5/2}}-\frac{5\left(x+\frac{a}{2}\right)^2}{\left[\left(x+\frac{a}{2}\right)^2+R^2\right]^{7/2}}-\frac{5\left(x-\frac{a}{2}\right)^2}{\left[\left(x-\frac{a}{2}\right)^2+R^2\right]^{7/2}}\right\} \tag{5}$$

当 $x=0$ 时，由式(4)、(5)得

$$\left(\frac{dB}{dx}\right)_0=0 \tag{6}$$

$$\left(\frac{d^2B}{dx^2}\right)_0=-\frac{3\mu_0 IR^2(R^2-a^2)}{\left[\left(\frac{a}{2}\right)^2+R^2\right]^{7/2}} \tag{7}$$

当 $x=0$ 且 $R=a$ 时，由式(7)得

$$\left(\frac{d^2B}{dx^2}\right)_0=0 \tag{8}$$

将式(6)、(8)代入式(3)得：在 $R=a$ 和 $x=0$ 时有

$$B(x)=B(0)+\frac{1}{3!}\left(\frac{d^3B}{dx^3}\right)_0 x^3+\cdots \tag{9}$$

在 x 很小的范围内，x^3 及高次项都可以略去，故得

$$B(x)\approx B(0) \tag{10}$$

即在 $x=0$ 附近，磁感强度 $\boldsymbol{B}(x)$ 近乎常矢量 $\boldsymbol{B}(0)$，所以 O 处的磁场近乎均匀磁场.

【讨论】 $a=R$ 时，这样的两个载流线圈称为亥姆霍兹线圈，因为它的中心的磁场近乎均匀磁场，故在一些仪器或实验中需要均匀磁场而要求并不太高时常用到.

5.1.26 表面绝缘的细导线密绕成一个平面环带，共有 N 匝，内外半径分别为 a 和 b，如图 5.1.26 所示. 当导线中载有电流 I 时，将每匝中的电流都当作圆电流，试求环带中心 O 的磁感强度.

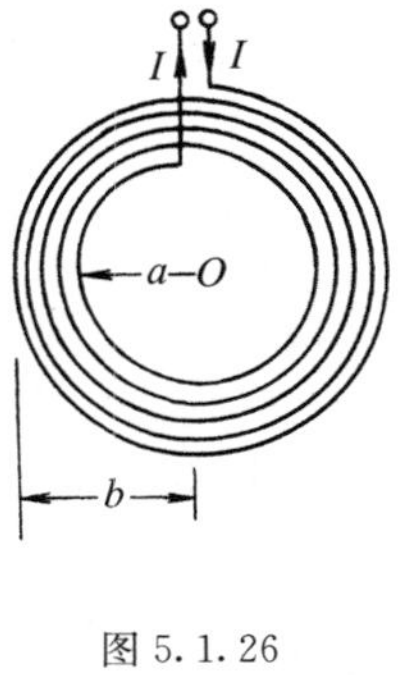

图 5.1.26

【解】 因为电流都在同一平面内，故由 Biot-Savart 定律和图 5.1.26 可知，O 点的磁感强度 $\boldsymbol{B}$ 垂直于纸面向内.

半径为 r 的一匝电流 I 在 O 点产生的磁感强度的大小为

$$B_1=\oint\frac{\mu_0 I dl}{4\pi r^2}=\frac{\mu_0 I}{4\pi r^2}\cdot 2\pi r=\frac{\mu_0 I}{2r} \tag{1}$$

r 处宽为 $\mathrm{d}r$ 的环带的匝数为$\frac{N}{b-a}\mathrm{d}r$,这些匝数中的电流为 $\mathrm{d}I=\frac{NI}{b-a}\mathrm{d}r$,根据式(1),这 $\mathrm{d}I$ 在中心 O 产生的磁感强度的大小为

$$\mathrm{d}B=\frac{\mu_0\mathrm{d}I}{2r}=\frac{\mu_0 NI}{2(b-a)}\frac{\mathrm{d}r}{r} \tag{2}$$

积分便得所求的磁感强度 $\boldsymbol{B}$ 的大小为

$$B=\int\mathrm{d}B=\frac{\mu_0 NI}{2(b-a)}\int_a^b\frac{\mathrm{d}r}{r}=\frac{\mu_0 NI}{2(b-a)}\ln\frac{b}{a} \tag{3}$$

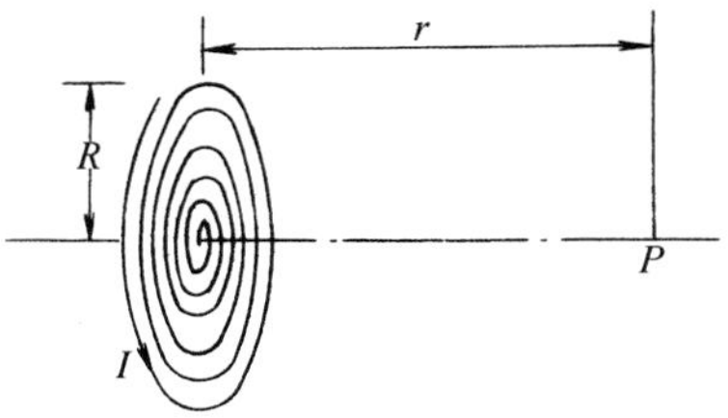

图 5.1.27

5.1.27 表面绝缘的细导线绕成一个半径为 R 的平面圆盘,一头在盘中心,一头在盘边缘,沿半径每单位长度为 n 匝,如图 5.1.27 所示. 当导线中载有电流 I 时,将每匝电流都当作圆电流,试求圆盘轴线上离盘心为 r 处 P 点的磁感强度 $\boldsymbol{B}$.

【解】 由 Biot-Savart 定律和对称性可知,半径为 R 的圆电流 I 在轴线上离圆心为 r 处产生的磁感强度 $\boldsymbol{B}$ 沿 I 的右旋进方向,其大小为

$$B=\oint\frac{\mu_0 I\mathrm{d}l\sin 90^\circ}{4\pi(r^2+R^2)}\sin\theta=\frac{\mu_0 I\cdot 2\pi R}{4\pi(r^2+R^2)}\frac{R}{\sqrt{r^2+R^2}}$$

$$=\frac{\mu_0 IR^2}{2(r^2+R^2)^{3/2}} \tag{1}$$

所以

$$\boldsymbol{B}=\frac{\mu_0 IR^2}{2(r^2+R^2)^{3/2}}\boldsymbol{e}_I \tag{2}$$

式中 $\boldsymbol{e}_I$ 为电流 I 的右旋进方向(即图 5.1.27 中沿轴线向右)的单位矢量.

图 5.1.27 中沿半径上 $\mathrm{d}R$ 长度的匝数为 $n\mathrm{d}R$,其电流为 $\mathrm{d}I=nI\mathrm{d}R$. 由式(2),这电流在 P 点产生的磁感强度为

$$\mathrm{d}\boldsymbol{B}=\frac{\mu_0 nIR^2\mathrm{d}R}{2(r^2+R^2)^{3/2}}\boldsymbol{e}_I \tag{3}$$

积分便得所求的磁感强度为

$$\boldsymbol{B}=\frac{\mu_0 nI\boldsymbol{e}_I}{2}\int_0^R\frac{R^2\mathrm{d}R}{(r^2+R^2)^{3/2}}$$

$$=\frac{\mu_0 nI\boldsymbol{e}_I}{2}\left[\ln\left(\frac{R+\sqrt{r^2+R^2}}{r}\right)-\frac{R}{\sqrt{r^2+R^2}}\right]_{R=0}^{R=R}$$

$$=\frac{\mu_0 nI}{2}\left[\ln\left(\frac{R+\sqrt{r^2+R^2}}{r}\right)-\frac{R}{\sqrt{r^2+R^2}}\right]\boldsymbol{e}_I \tag{4}$$

5.1.28 如图 5.1.28,一半径为 R 的平面圆盘电流,电流的方向与圆的半径垂直,沿半径单位长度的电流为 I. 试证明:它的轴线上离中心为 r 处 P 点的磁感强度为 $\boldsymbol{B}=\frac{\mu_0 I}{2}[\operatorname{arcsinh}(\tan\alpha)-\sin\alpha]\boldsymbol{e}_I$,式中 α 是圆的半径对 P 点所张的角度,$\boldsymbol{e}_I$

是 I 的右旋进方向上(即沿轴线向右)的单位矢量.

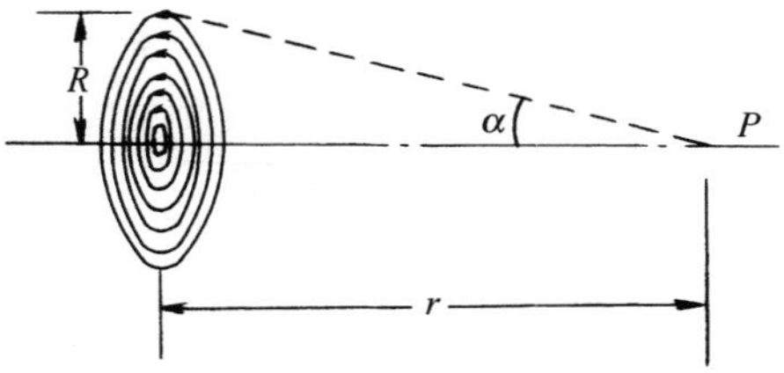

图 5.1.28

【解】 根据 Biot-Savart 定律,半径为 R 的圆电流 I 在轴线上离圆心为 r 处产生的 $\boldsymbol{B}$ 沿轴线上 I 的右旋进方向(即 $\boldsymbol{e}_I$ 的方向),其大小为

$$B=\oint\frac{\mu_0 I\mathrm{d}l\sin 90^\circ}{4\pi(r^2+R^2)}\sin\theta=\frac{\mu_0 I\cdot 2\pi R}{4\pi(r^2+R^2)}\frac{R}{\sqrt{r^2+R^2}}$$

$$=\frac{\mu_0 IR^2}{2(r^2+R^2)^{3/2}} \tag{1}$$

所以

$$\boldsymbol{B}=\frac{\mu_0 IR^2}{2(r^2+R^2)^{3/2}}\boldsymbol{e}_I \tag{2}$$

图 5.1.28 中沿圆面电流半径上 $\mathrm{d}R$ 长度的电流为 $\mathrm{d}I=I\mathrm{d}R$,根据式(2),它在 P 点产生的磁感强度为

$$\mathrm{d}\boldsymbol{B}=\frac{\mu_0 IR^2\mathrm{d}R}{2(r^2+R^2)^{3/2}}\boldsymbol{e}_I \tag{3}$$

积分便得所求的磁感强度为

$$\boldsymbol{B}=\frac{\mu_0 I\boldsymbol{e}_I}{2}\int_0^R\frac{R^2\mathrm{d}R}{(r^2+R^2)^{3/2}}$$

$$=\frac{\mu_0 I\boldsymbol{e}_I}{2}\left[\ln\left(\frac{R+\sqrt{r^2+R^2}}{r}\right)-\frac{R}{\sqrt{r^2+R^2}}\right]_{R=0}^{R=R}$$

$$=\frac{\mu_0 I\boldsymbol{e}_I}{2}\left[\ln\left(\frac{R+\sqrt{r^2+R^2}}{r}\right)-\frac{R}{\sqrt{r^2+R^2}}\right]$$

$$=\frac{\mu_0 I}{2}\left[\operatorname{arcsinh}\left(\frac{R}{r}\right)-\sin\alpha\right]\boldsymbol{e}_I$$

$$=\frac{\mu_0 I}{2}[\operatorname{arcsinh}(\tan\alpha)-\sin\alpha]\boldsymbol{e}_I \tag{4}$$

5.1.29 由表面绝缘的细导线均匀密绕而成的螺线管半径为 R,长为 l,单位长度的匝数为 n,导线中的电流为 I. (1)试求轴线上离管中心为 r 处[图 5.1.29(1)]的磁感强度 $\boldsymbol{B}$;(2)分别求 $r=0$ 和 $l=\infty$ 时 B 的值.

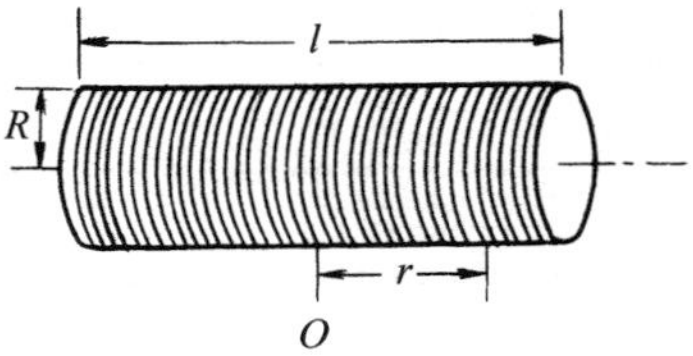

图 5.1.29(1)

【解】 (1)根据 Biot-Savart 定律,半径为 R 的圆电流 I 在轴线上离圆心为 r 处产生的磁感强度 $\boldsymbol{B}$ 的方向为 I 的右旋进方向,其大小为

$$B=\oint\frac{\mu_0 I\mathrm{d}l\sin 90^\circ}{4\pi(r^2+R^2)}\sin\theta=\frac{\mu_0 I\cdot 2\pi R}{4\pi(r^2+R^2)}\frac{R}{\sqrt{r^2+R^2}}$$

$$=\frac{\mu_0 IR^2}{2(r^2+R^2)^{3/2}} \tag{1}$$

所以
$$\boldsymbol{B}=\frac{\mu_0 IR^2}{2(r^2+R^2)^{3/2}}\boldsymbol{e}_I \tag{2}$$

式中 $\boldsymbol{e}_I$ 为电流 I 的右旋进方向上的单位矢量.

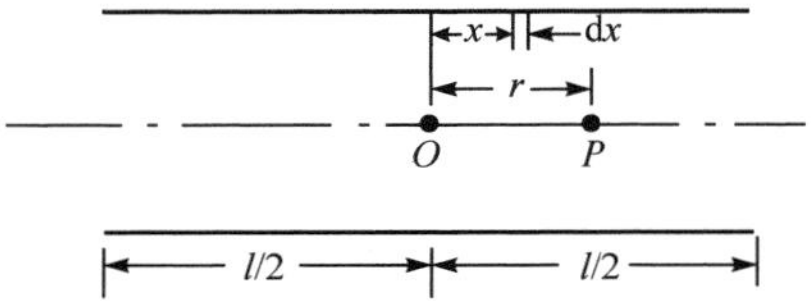

图 5.1.29(2)

把载流螺线管看成是许多共轴的圆电流，每个圆电流在轴线上产生的磁感强度方向都相同，都沿 $\boldsymbol{e}_I$ 的方向. 因此，只须将它们在轴线上一点[离螺线管中心 O 为 r 处的 P 点，如图 5.1.29(2)所示]产生的磁感强度的大小相加，便可得出整个载流螺线管在 P 点的磁感强度 $\boldsymbol{B}$ 的大小来. 如图 5.1.29(2)，离螺线管中心 O 为 x 处，$\mathrm{d}x$ 段的电流为 $\mathrm{d}I=nI\mathrm{d}x$，根据式(1)，它在 P 点产生的磁感强度的大小为
$$\mathrm{d}B=\frac{\mu_0 R^2}{2}\frac{nI\mathrm{d}x}{[(r-x)^2+R^2]^{3/2}} \tag{3}$$

积分得
$$\begin{aligned} B&=\frac{\mu_0 nIR^2}{2}\int_{-l/2}^{l/2}\frac{\mathrm{d}x}{[(r-x)^2+R^2]^{3/2}} \\ &=-\frac{\mu_0 nI}{2}\left[\frac{r-x}{\sqrt{(r-x)^2+R^2}}\right]_{x=-l/2}^{x=l/2} \\ &=\frac{\mu_0 nI}{2}\left[\frac{r+l/2}{\sqrt{(r+l/2)^2+R^2}}-\frac{r-l/2}{\sqrt{(r-l/2)^2+R^2}}\right] \end{aligned} \tag{4}$$

所以
$$\boldsymbol{B}=\frac{\mu_0 nI}{2}\left[\frac{r+l/2}{\sqrt{(r+l/2)^2+R^2}}-\frac{r-l/2}{\sqrt{(r-l/2)^2+R^2}}\right]\boldsymbol{e}_I \tag{5}$$

(2)$r=0$ 是管中心 O，由式(4)得 O 点磁感强度的值为
$$B_0=\frac{\mu_0 nI}{2}\frac{l}{\sqrt{(l/2)^2+R^2}}=\frac{\mu_0 nI}{\sqrt{1+\left(\frac{2R}{l}\right)^2}} \tag{6}$$

$l=\infty$ 是无穷长螺线管，由式(4)得
$$\begin{aligned} B&=\frac{\mu_0 nI}{2}\lim_{l\to\infty}\left[\frac{r+l/2}{\sqrt{(r+l/2)^2+R^2}}-\frac{r-l/2}{\sqrt{(r-l/2)^2+R^2}}\right] \\ &=\mu_0 nI \end{aligned} \tag{7}$$

即无穷长螺线管轴线上每点的磁感强度都相同，其值为 $B=\mu_0 nI$.

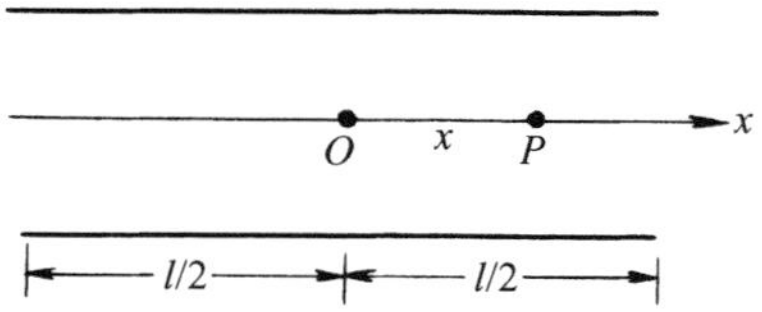

图 5.1.29(3)

【讨论】 一、式(5)中的 $r>0$，它是图 5.1.29(2)中 P 点到管中心 O 的距离；式(5)适用于 P 在 O 的右边，而不适用于 P 在 O 的左边. 如果以螺线管的中心 O 为原点，沿轴线取 x

轴沿 $\boldsymbol{e}_I$ 方向，P 点的坐标为 x，如图 5.1.29(3)所示，则

$$\boldsymbol{B}=\frac{\mu_0 nI}{2}\left[\frac{x+l/2}{\sqrt{(x+l/2)^2+R^2}}-\frac{x-l/2}{\sqrt{(x-l/2)^2+R^2}}\right]\boldsymbol{e}_I \tag{8}$$

既适用于 P 在 O 的右边($x>0$)，也适用于 P 在 O 的左边($x<0$).

二、载流螺线管越长，管内的磁场越接近均匀磁场，当长度 $l\to\infty$ 时，管内磁场便是均匀磁场. 参见后面 5.2.17 题.

5.1.30　一很长的螺线管由外皮绝缘的细导线密绕而成，每厘米有 35 匝，导线中的电流为 2.0A. 试求这螺线管轴线上管中心和管端的磁感强度 $\boldsymbol{B}$ 的值.

【解】　根据前面 5.1.29 题的式(6)，管中心磁感强度的大小为

$$B_0=\frac{\mu_0 nI}{\sqrt{1+(2R/l)^2}} \tag{1}$$

今管很长，即 $l\gg R$，故得

$$\begin{aligned}B_0&=\mu_0 nI=4\pi\times10^{-7}\times35\times100\times2.0\\&=8.8\times10^{-3}(\mathrm{T})\end{aligned} \tag{2}$$

根据前面 5.1.29 题的式(4)，管端 $r=l/2$，所以

$$B_e=\frac{\mu_0 nI}{2}\frac{l}{\sqrt{l^2+R^2}} \tag{3}$$

今 $l\gg R$，故

$$\begin{aligned}B_e&=\frac{\mu_0 nI}{2}=\frac{1}{2}B_0=\frac{1}{2}\times8.8\times10^{-3}\\&=4.4\times10^{-3}(\mathrm{T})\end{aligned} \tag{4}$$

5.1.31　一螺线由外皮绝缘的细导线均匀密绕而成，管长 1.0m，平均直径为 3.0cm，它有五层绕组，每层有 850 匝，导线中的电流为 5.0A. (1)试求管中心的磁感强度 $\boldsymbol{B}$ 的大小；(2)设管中心横截面上 $\boldsymbol{B}$ 是均匀的，试求通过该截面的磁通量 Φ.

【解】　(1)根据前面 5.1.29 题的式(6)，管中心磁感强度的大小为

$$\begin{aligned}B_0&=\frac{\mu_0 nI}{\sqrt{1+(2R/l)^2}}=\frac{4\pi\times10^{-7}\times5\times\frac{850}{1.0}\times5.0}{\sqrt{1+(3.0\times10^{-2}/1.0)^2}}\\&=2.7\times10^{-2}(\mathrm{T})\end{aligned}$$

(2)通过管中心横截面的磁通量为

$$\begin{aligned}\Phi_0&=B_0S=\pi R^2B_0=\pi\times\left(\frac{3.0}{2}\times10^{-2}\right)^2\times2.7\times10^{-2}\\&=1.9\times10^{-5}(\mathrm{Wb})\end{aligned}$$

5.1.32　一长为 l 的螺线管，半径为 R，由表面绝缘的细导线密绕而成，共有 N 匝. 当通过导线的电流为 I 时，试求轴线上 P 点的磁场强度 $\boldsymbol{H}$，P 到一端的距离为 r，如图 5.1.32(1)所示.

【解】　根据 Biot-Savart 定律，半径为 R 的圆电流 I 在轴线上离圆心为 r 处产生的磁场强度

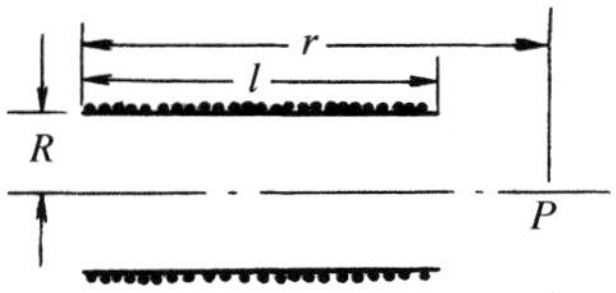

图 5.1.32(1)

$\boldsymbol{H}$ 沿轴线上 I 的右旋进方向，其大小为

$$H=\oint\frac{Idl\sin90^\circ}{4\pi(r^2+R^2)}\sin\theta=\frac{I\cdot2\pi R}{4\pi(r^2+R^2)}\cdot\frac{R}{\sqrt{r^2+R^2}}$$

$$=\frac{IR^2}{2(r^2+R^2)^{3/2}}\tag{1}$$

所以

$$\boldsymbol{H}=\frac{IR^2}{2(r^2+R^2)^{3/2}}\boldsymbol{e}_I\tag{2}$$

式中 $\boldsymbol{e}_I$ 为 I 的右旋进方向上的单位矢量.

如图 5.1.32(2)，螺线管上离一端为 x 处，长为 $\mathrm{d}x$ 的一段线圈中的电流为 $\mathrm{d}I=nI\mathrm{d}x=\frac{N}{l}I\mathrm{d}x$，这电流在 P 点产生的磁场强度由式(2)为

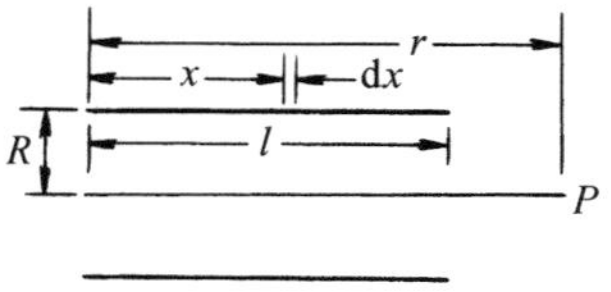

图 5.1.32(2)

$$\mathrm{d}\boldsymbol{H}=\frac{NIR^2}{2l}\frac{\mathrm{d}x}{[(r-x)^2+R^2]^{3/2}}\boldsymbol{e}_I\tag{3}$$

积分便得所求的磁场强度为

$$\boldsymbol{H}=\frac{NIR^2}{2l}\int_0^l\frac{\mathrm{d}x}{[\sqrt{(r-x)^2+R^2}]^3}\boldsymbol{e}_I$$

$$=-\frac{NI}{2l}\left[\frac{r-x}{\sqrt{(r-x)^2+R^2}}\right]\boldsymbol{e}_I\Bigg|_{x=0}^{x=l}$$

$$=\frac{NI}{2l}\left[\frac{r}{\sqrt{r^2+R^2}}-\frac{r-l}{\sqrt{(r-l)^2+R^2}}\right]\boldsymbol{e}_I\tag{4}$$

5.1.33 球形线圈是由表面绝缘的细导线在半径为 R 的球面上沿一固定直径均匀密绕而成，沿该直径单位长度的匝数为 n，并且各处的 n 都相同. 当导线中载有电流 I 时，试求：(1)球心 O 的磁感强度 $\boldsymbol{B}_0$；(2)该直径端点 A 的磁感强度 $\boldsymbol{B}_A$.

【解】 (1)设该直径为 AB，它是线圈的轴线. 因为是细导线密绕，故每匝线圈的电流都可当作圆电流. 根据 Biot-Savart 定律，每匝线圈的电流在轴线上产生的磁感强度都沿轴线方向，故知 $\boldsymbol{B}_0$ 沿轴线方向，即电流 I 的右旋进方向. 下面求 $\boldsymbol{B}_0$ 的大小 B_0.

根据 Biot-Savart 定律，半径为 R 的圆电流 I 在轴线上离圆心为 r 处产生的 $\boldsymbol{B}$ 的大小为

$$B=\oint\frac{\mu_0Idl\sin90^\circ}{4\pi(r^2+R^2)}\sin\theta=\frac{\mu_0I\cdot2\pi R}{4\pi(r^2+R^2)}\frac{R}{\sqrt{r^2+R^2}}$$

$$=\frac{\mu_0IR^2}{2(r^2+R^2)^{3/2}}\tag{1}$$

如图 5.1.33(1)，轴线上 x 处 $\mathrm{d}x$ 段线圈中的电流为 $\mathrm{d}I=nI\mathrm{d}x$，根据式(1)，这 $\mathrm{d}I$ 在球心 O 产生的磁感强度的大小为

$$\mathrm{d}B_0=\frac{\mu_0(nI\mathrm{d}x)(R\sin\alpha)^2}{2[x^2+(R\sin\alpha)^2]^{3/2}}\tag{2}$$

积分便得球心 O 的磁感强度的大小为

$$B_0=\frac{\mu_0 nI}{2}\int_{-R}^{R}\frac{R^2\sin^2\alpha \mathrm{d}x}{[x^2+(R\sin\alpha)^2]^{3/2}} \tag{3}$$

因为
$$x=R\cos\alpha \tag{4}$$

代入式(3)便得

$$B_0=\frac{\mu_0 nI}{2}\int_{-1}^{1}\sin^2\alpha \mathrm{d}\cos\alpha=\frac{\mu_0 nI}{2}\int_{-1}^{1}(1-\cos^2\alpha)\mathrm{d}\cos\alpha$$
$$=\frac{\mu_0 nI}{2}\left[\cos\alpha-\frac{1}{3}\cos^3\alpha\right]_{\alpha=\pi}^{\alpha=0}$$
$$=\frac{2}{3}\mu_0 nI \tag{5}$$

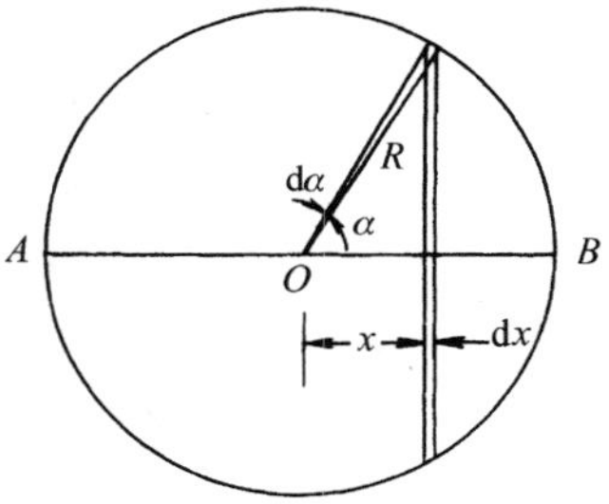

图 5.1.33(1)

(2)求 A 端的磁感强度.

如图 5.1.33(2)，轴线上 x 处 $\mathrm{d}x$ 段线圈中的电流为 $\mathrm{d}I=nI\mathrm{d}x$，根据式(1)，这 $\mathrm{d}I$ 在 A 点产生的磁感强度 B_A 的大小为

$$\mathrm{d}B_A=\frac{\mu_0(nI\mathrm{d}x)(R\sin\alpha)^2}{2[(x+R)^2+(R\sin\alpha)^2]^{3/2}}$$
$$=\frac{\mu_0 nI}{2}\frac{R^2\sin^2\alpha \mathrm{d}x}{[(x+R)^2+(R\sin\alpha)^2]^{3/2}} \tag{6}$$

所以

$$B_A=\frac{\mu_0 nI}{2}\int_{-R}^{R}\frac{R^2\sin^2\alpha \mathrm{d}x}{[(x+R)^2+(R\sin\alpha)^2]^{3/2}} \tag{7}$$

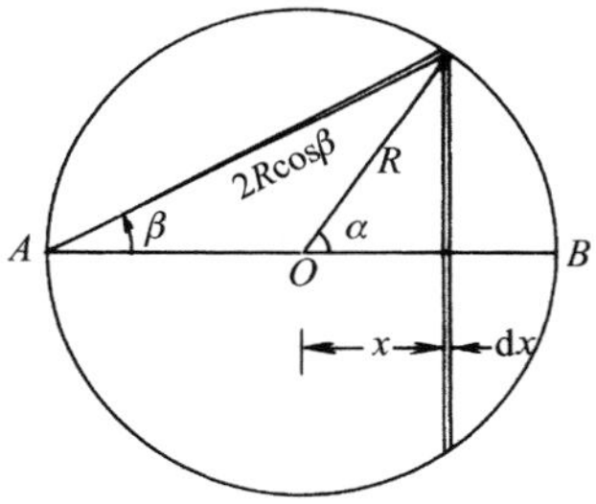

图 5.1.33(2)

由图 5.1.33(2)可见

$$\alpha=2\beta \tag{8}$$
$$x=R\cos\alpha=R\cos2\beta \tag{9}$$
$$(x+R)^2+(R\sin\alpha)^2=(2R\cos\beta)^2 \tag{10}$$

代入式(7)便得

$$B_A=\frac{\mu_0 nI}{2}\int_{-1}^{1}\frac{\sin^2 2\beta \mathrm{d}(\cos2\beta)}{8\cos^3\beta}=-\mu_0 nI\int_{\pi/2}^{0}\sin^3\beta \mathrm{d}\beta$$
$$=-\mu_0 nI\left(-\frac{2}{3}\right)=\frac{2}{3}\mu_0 nI \tag{11}$$

$\boldsymbol{B}_A$ 的方向为电流 I 的右旋进方向.

5.1.34　球形球圈是由表面绝缘的细导线在半径为 R 的球面上沿一固定直径均匀密绕而成，沿该直径单位长度的匝数为 n，并且各处的 n 都相同. 当导线中载有电流 I 时，试求该直径上离球心为 r 处的磁感强度 $\boldsymbol{B}$.

【解】 由于是细导线密绕，故每匝线圈的电流都可当作是圆电流. 由 Biot-Savart 定律可知，圆电流在轴线上任一点产生的磁感强度 $\boldsymbol{B}$ 的方向都沿轴线，即

$$\boldsymbol{B}=B\boldsymbol{e}_I \tag{1}$$

式中 $\boldsymbol{e}_I$ 是电流 I 的右旋进方向上的单位矢量，沿轴线.

根据 Biot-Savart 定律，半径为 R 的圆电流 I 在轴线上离圆心为 r 处产生的磁感强度的大小

为

$$B=\oint \frac{\mu_0 I\mathrm{d}l\sin 90^\circ}{4\pi(r^2+R^2)}\sin\theta=\frac{\mu_0 I\cdot 2\pi R}{4\pi(r^2+R^2)}\frac{R}{\sqrt{r^2+R^2}}$$

$$=\frac{\mu_0 IR^2}{2(r^2+R^2)^{3/2}} \tag{2}$$

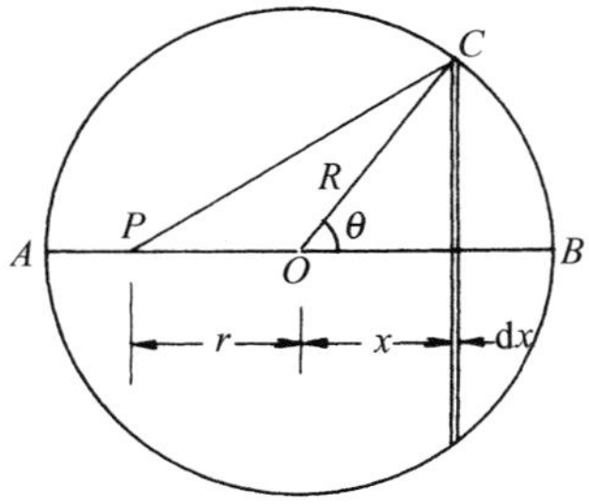

图 5.1.34(1)

先考虑球内轴线上的 $\boldsymbol{B}$，这时 $r<R$. 如图 5.1.34(1)，轴线上 x 处 $\mathrm{d}x$ 段线圈中的电流为 $\mathrm{d}I=nI\mathrm{d}x$，根据式(2)，这 $\mathrm{d}I$ 在离球心为 r 处的 P 点所产生的磁感强度的大小为

$$\mathrm{d}B=\frac{\mu_0(nI\mathrm{d}x)(R\sin\theta)^2}{2[(r+x)^2+(R\sin\theta)^2]^{3/2}}$$

$$=\frac{\mu_0 nIR^2}{2}\frac{\sin^2\theta\mathrm{d}x}{[(r+x)^2+(R\sin\theta)^2]^{3/2}} \tag{3}$$

所以

$$B=\frac{\mu_0 nIR^2}{2}\int_{-R}^{R}\frac{\sin^2\theta\mathrm{d}x}{[(r+x)^2+(R\sin\theta)^2]^{3/2}} \tag{4}$$

因为

$$x=R\cos\theta \tag{5}$$

故式(4)可化为

$$B=\frac{\mu_0 nIR^3}{2}\int_{-1}^{1}\frac{\sin^2\theta\mathrm{d}(\cos\theta)}{[r^2+R^2+2rR\cos\theta]^{3/2}}$$

$$=\frac{\mu_0 nIR^3}{2}\cdot\frac{1}{4r^3R^3}\Bigg[2(r^2+R^2)\sqrt{r^2+R^2+2rR\cos\theta}$$

$$-\frac{1}{3}(r^2+R^2+2rR\cos\theta)^{3/2}+\frac{(R^2-r^2)^2}{\sqrt{r^2+R^2+2rR\cos\theta}}\Bigg]_{\theta=\pi}^{\theta=0}$$

$$=\frac{\mu_0 nI}{8r^3}\Bigg[2(r^2+R^2)(R+r)-\frac{1}{3}(R+r)^3+\frac{(R^2-r^2)^2}{R+r}$$

$$-2(r^2+R^2)(R-r)+\frac{1}{3}(R-r)^3-\frac{(R^2-r^2)^2}{R-r}\Bigg]$$

$$=\frac{2}{3}\mu_0 nI,\quad r<R \tag{6}$$

所以

$$\boldsymbol{B}=\frac{2}{3}\mu_0 nI\boldsymbol{e}_I,\quad r<R \tag{7}$$

可见 $\boldsymbol{B}$ 与 r 无关. 这表明，球内轴线上每点的磁感强度都相同.

再考虑球外轴线上的 $\boldsymbol{B}$，这时 $r>R$. 如图 5.1.34(2)，仿上面 $r<R$ 时的考虑得出，这时 P 点的磁感强度的大小为

$$B=\frac{\mu_0 nIR^2}{2}\int_{-R}^{R}\frac{\sin^2\theta\mathrm{d}x}{[(x+r)^2+(R\sin\theta)^2]^{3/2}} \tag{8}$$

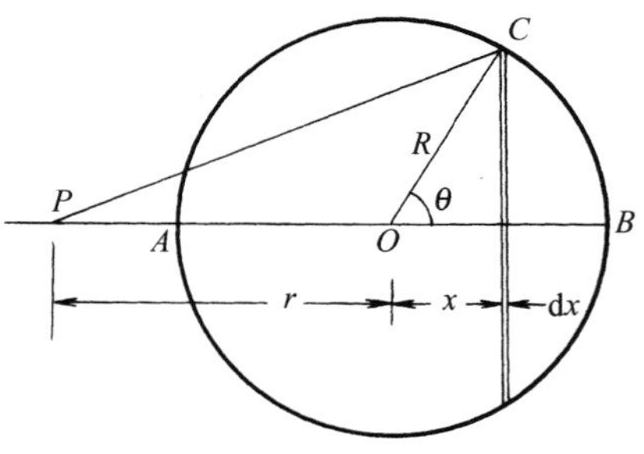

图 5.1.34(2)

这与式(4)在形式上完全相同. 再利用式(5)，便得

$$B=\frac{\mu_0 nIR^3}{2}\int_{-1}^{1}\frac{\sin^2\theta\mathrm{d}(\cos\theta)}{[r^2+R^2+2rR\cos\theta]^{3/2}}$$

$$=\frac{\mu_0 nIR^3}{2}\cdot\frac{1}{4r^3R^3}\Big[2(r^2+R^2)\sqrt{r^2+R^2+2rR\cos\theta}$$

$$-\frac{1}{3}(r^2+R^2+2rR\cos\theta)^{3/2}+\frac{(R^2-r^2)^2}{\sqrt{r^2+R^2+2rR\cos\theta}}\Big]_{\theta=\pi}^{\theta=0}$$

$$=\frac{\mu_0 nI}{8r^3}\Big[2(r^2+R^2)(r+R)-\frac{1}{3}(r+R)^3+\frac{(R^2-r^2)^2}{R+r}$$

$$-2(r^2+R^2)(r-R)+\frac{1}{3}(r-R)^3-\frac{(R^2-r^2)^2}{r-R}\Big]$$

$$=\frac{2}{3}\mu_0 nI\left(\frac{R}{r}\right)^3,\quad r>R \tag{9}$$

所以

$$\boldsymbol{B}=\frac{2}{3}\mu_0 nI\left(\frac{R}{r}\right)^3\boldsymbol{e}_I,\quad r>R \tag{10}$$

可见球外轴线上的 $\boldsymbol{B}$ 与 r(P 到球心的距离)的三次方成反比.

【讨论】 一、式(8)与式(4)完全相同,但由它们得出的式(6)和式(9)却不相同.这是因为,在式(4)和式(8)中,根式$\sqrt{r^2+R^2+2rR\cos\theta}$所代表的是电流 C 到场点 P 之间的距离,应有

$$\sqrt{r^2+R^2+2rR\cos\theta}\geqslant 0 \tag{11}$$

故在 $\theta=\pi$ 时,应取

$$\sqrt{r^2+R^2-2rR}=\begin{cases}R-r, & 当\ r<R\\ r-R, & 当\ r>R\end{cases} \tag{12}$$

二、令 $a=r^2+R^2$, $b=2rR$, $\cos\theta=x$,则式(4)和式(8)中的积分可化为

$$\int_{-1}^{1}\frac{\sin^2\theta\mathrm{d}(\cos\theta)}{(r^2+R^2+2rR\cos\theta)^{3/2}}=\int_{-1}^{1}\frac{(1-x^2)\mathrm{d}x}{(a+bx)^{3/2}}$$

$$=\frac{-2}{3b^3\sqrt{a+bx}}\left[b^2(x^2+3)-4abx-8a^2\right]_{x=-1}^{x=1}$$

$$=\begin{cases}\dfrac{4}{3R^3}, & 当\ r<R\\[2mm] \dfrac{4}{3r^3}, & 当\ r>R\end{cases} \tag{13}$$

三、由上面得出的结果式(7)可以证明,本题载流球形线圈内的磁场是均匀磁场,参见后面 5.2.21 题.

5.1.35 一载有电流 I 的无穷长导线弯成抛物线,如图 5.1.35 所示,焦点到顶点的距离为 a. 试求焦点的磁感强度 $\boldsymbol{B}_F$.

【解】 用平面极坐标,以焦点 F 为极点,如图 5.1.35,抛物线的方程为

$$r=\frac{2a}{1-\cos\theta} \tag{1}$$

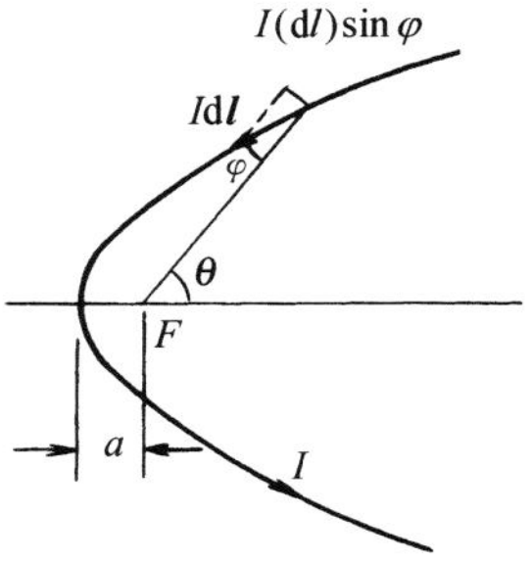

图 5.1.35

根据 Biot-Savart 定律,抛物线上电流元 $I\mathrm{d}\boldsymbol{l}$ 在焦点 F 产生的磁感强度为

$$\mathrm{d}\boldsymbol{B}_F=\frac{\mu_0 I\mathrm{d}\boldsymbol{l}\times\boldsymbol{r}}{4\pi r^3}=\frac{\mu_0 I(\mathrm{d}l)\sin\varphi}{4\pi r^2}\boldsymbol{e}_I$$
$$=\frac{\mu_0 I\mathrm{d}\theta}{4\pi r}\boldsymbol{e}_I \tag{2}$$

式中 $\boldsymbol{e}_I$ 是电流 I 的右手螺旋方向上(垂直于纸面向外)的单位矢量.将式(1)代入式(2)得

$$\mathrm{d}\boldsymbol{B}_F=\frac{\mu_0 I}{4\pi}\frac{(1-\cos\theta)\mathrm{d}\theta}{2a}\boldsymbol{e}_I$$
$$=\frac{\mu_0 I}{8\pi a}(1-\cos\theta)\mathrm{d}\theta\boldsymbol{e}_I \tag{3}$$

积分便得

$$\boldsymbol{B}_F=\frac{\mu_0 I}{8\pi a}\int_0^{2\pi}(1-\cos\theta)\mathrm{d}\theta\boldsymbol{e}_I=\frac{\mu_0 I}{8\pi a}[\theta-\sin\theta]_{\theta=0}^{\theta=2\pi}\boldsymbol{e}_I$$
$$=\frac{\mu_0 I}{4a}\boldsymbol{e}_I \tag{4}$$

【讨论】 由式(4)得,半支抛物线电流在焦点产生的磁感强度为

$$\boldsymbol{B}_{Fh}=\frac{\mu_0 I}{8\pi a}\int_0^{\pi}(1-\cos\theta)\mathrm{d}\theta=\frac{\mu_0 I}{8a}\boldsymbol{e}_I \tag{5}$$

5.1.36 一载有电流 I 的导线弯成椭圆形,椭圆的方程为$\frac{x^2}{a^2}+\frac{y^2}{b^2}=1$,如图 5.1.36 所示.试求 I 在焦点 F 产生的磁感强度 $\boldsymbol{B}_F$.

【解】 本题用平面极坐标求解较方便.以焦点 F 为极点,x 轴为极轴,如图 5.1.36 所示,将椭圆方程用平面极坐标表示为

$$r=\frac{ep}{1-e\cos\theta} \tag{1}$$

式中 p 和 e 与题给的参数 a 和 b 的关系如下:

$$p=\frac{b^2}{c}=\frac{b^2}{\sqrt{a^2-b^2}} \tag{2}$$

$$e=\frac{c}{a}=\frac{\sqrt{a^2-b^2}}{a}=\sqrt{1-\frac{b^2}{a^2}} \tag{3}$$

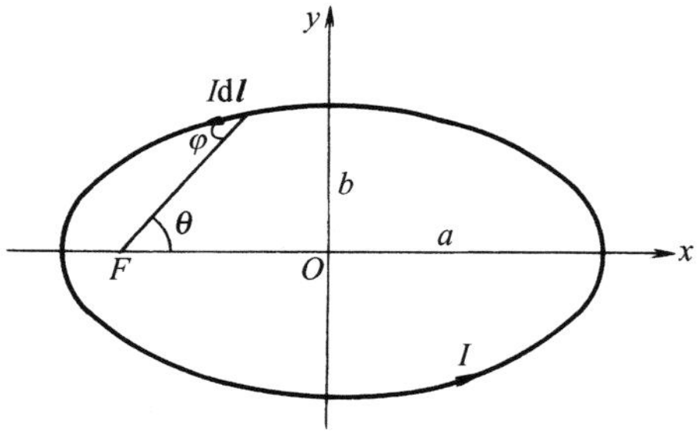

图 5.1.36

代入式(1)得

$$r=\frac{b^2}{a-\sqrt{a^2-b^2}\cos\theta} \tag{4}$$

由 Biot-Savart 定律

$$\mathrm{d}\boldsymbol{B}=\frac{\mu_0 I\mathrm{d}\boldsymbol{l}\times\boldsymbol{r}}{4\pi r^3} \tag{5}$$

和图 5.1.36 可知，焦点的磁感强度 $\boldsymbol{B}_F$ 垂直于纸面向外. 于是得

$$\mathrm{d}\boldsymbol{B}_F=\frac{\mu_0 I(\mathrm{d}l)\sin\varphi}{4\pi r^2}\boldsymbol{e}_I \tag{6}$$

式中 φ 是 $\mathrm{d}\boldsymbol{l}$ 与 $\boldsymbol{r}$（$\mathrm{d}\boldsymbol{l}$ 到焦点 F 的矢量）之间的夹角，$\boldsymbol{e}_I$ 是垂直于纸面向外的单位矢量.

由图 5.1.36 可见

$$(\mathrm{d}l)\sin\varphi=r\mathrm{d}\theta \tag{7}$$

代入式(6)得

$$\mathrm{d}\boldsymbol{B}_F=\frac{\mu_0 I}{4\pi r}\mathrm{d}\theta\boldsymbol{e}_I \tag{8}$$

将式(4)代入式(8)得

$$\mathrm{d}\boldsymbol{B}_F=\frac{\mu_0 I}{4\pi b^2}(a-\sqrt{a^2-b^2}\cos\theta)\mathrm{d}\theta\boldsymbol{e}_I \tag{9}$$

积分得

$$\begin{aligned}\boldsymbol{B}_F&=\frac{\mu_0 I}{4\pi b^2}\int_0^{2\pi}(a-\sqrt{a^2-b^2}\cos\theta)\mathrm{d}\theta\boldsymbol{e}_I\\&=\frac{\mu_0 I}{4\pi b^2}\left[a\theta-\sqrt{a^2-b^2}\sin\theta\right]_{\theta=0}^{\theta=2\pi}\boldsymbol{e}_I\\&=\frac{\mu_0 Ia}{2b^2}\boldsymbol{e}_I\end{aligned} \tag{10}$$

【讨论】 一、由式(9)得，半椭圆电流（图 5.1.36 中 $y\geqslant 0$ 部分）在焦点产生的磁感强度为

$$\boldsymbol{B}_{Fh}=\frac{\mu_0 I}{4\pi b^2}\int_0^{\pi}(a-\sqrt{a^2-b^2}\cos\theta)\mathrm{d}\theta\boldsymbol{e}_I=\frac{\mu_0 Ia}{4b^2}\boldsymbol{e}_I \tag{11}$$

椭圆电流的一部分（从 $\theta=\pi/2$ 到 $\theta=3\pi/2$）在焦点产生的磁感强度为

$$\begin{aligned}\boldsymbol{B}_{Fc}&=\frac{\mu_0 I}{4\pi b^2}\int_{\pi/2}^{3\pi/2}(a-\sqrt{a^2-b^2}\cos\theta)\mathrm{d}\theta\boldsymbol{e}_I\\&=\frac{\mu_0 I}{4\pi b^2}\left[a\theta-\sqrt{a^2-b^2}\sin\theta\right]_{\theta=\pi/2}^{\theta=3\pi/2}\boldsymbol{e}_I\\&=\frac{\mu_0 I}{4\pi b^2}\left[\pi a+2\sqrt{a^2-b^2}\right]\boldsymbol{e}_I\end{aligned} \tag{12}$$

二、当 $a=b$ 时，椭圆便成为圆，焦点便成为圆心，这时(10)式便成为圆电流在圆心产生的磁感强度.

5.1.37 一载有电流 I 的导线弯成椭圆形，椭圆的方程为 $\dfrac{x^2}{a^2}+\dfrac{y^2}{b^2}=1$，$a>b$，如图 5.1.37(1)所示. 试求 I 在椭圆中心 O 产生的磁感强度 $\boldsymbol{B}_0$.

【解】 根据 Biot-Savart 定律，椭圆上的电流元 $I\mathrm{d}\boldsymbol{l}$ 在椭圆中心 O 产生的磁感强度为

$$\mathrm{d}\boldsymbol{B}_0=\frac{\mu_0 I\mathrm{d}\boldsymbol{l}\times\boldsymbol{r}}{4\pi r^3} \tag{1}$$

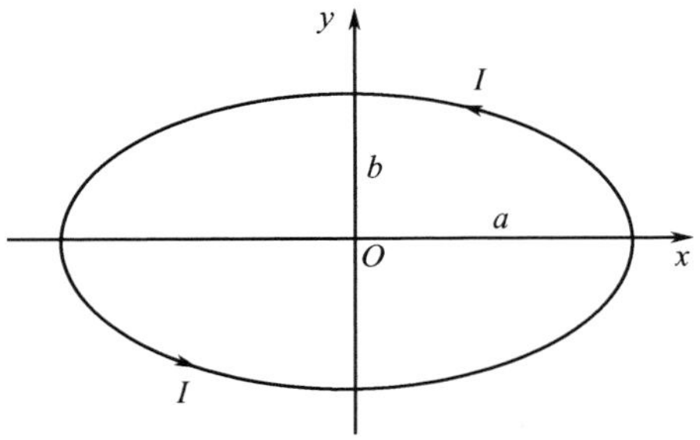

图 5.1.37(1)

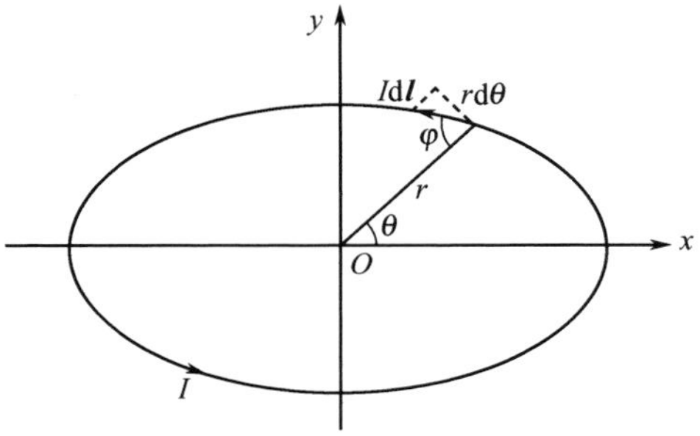

图 5.1.37(2)

式中 $\boldsymbol{r}$ 是电流元 $I\mathrm{d}\boldsymbol{l}$ 到 O 的矢量，

$$\mathrm{d}\boldsymbol{l}\times\boldsymbol{r}=(\mathrm{d}l)r\sin\varphi\boldsymbol{e}_I \tag{2}$$

式中 $\boldsymbol{e}_I$ 为垂直于纸面向外的单位矢量. 由图 5.1.37(2)可见

$$(\mathrm{d}l)\sin\varphi=r\mathrm{d}\theta \tag{3}$$

将式(2)、(3)代入式(1)便得

$$\mathrm{d}\boldsymbol{B}_0=\frac{\mu_0 I}{4\pi}\frac{\mathrm{d}\theta}{r}\boldsymbol{e}_I \tag{4}$$

为了积分，换成用极坐标表示，以椭圆中心 O 为极点，x 轴为极轴，如图 5.1.37(2)，便有

$$x=r\cos\theta,\quad y=r\sin\theta \tag{5}$$

代入椭圆方程

$$\frac{x^2}{a^2}+\frac{y^2}{b^2}=1 \tag{6}$$

得出

$$\frac{1}{r}=\frac{1}{ab}\sqrt{b^2\cos^2\theta+a^2\sin^2\theta} \tag{7}$$

代入式(4)得所求的磁感强度为

$$\boldsymbol{B}_0=\frac{\mu_0 I}{4\pi ab}\int_0^{2\pi}\sqrt{b^2\cos^2\theta+a^2\sin^2\theta}\,\mathrm{d}\theta\boldsymbol{e}_I \tag{8}$$

这个积分是一种椭圆积分. 为了化成标准形式，作如下变换：

$$\psi=\theta+\frac{\pi}{2} \tag{9}$$

所以

$$\begin{aligned}b^2\cos^2\theta+a^2\sin^2\theta&=b^2\sin^2\psi+a^2\cos^2\psi\\&=a^2-(a^2-b^2)\sin^2\psi\end{aligned} \tag{10}$$

代入式(8)，由于 $\sqrt{a^2-(a^2-b^2)\sin^2\psi}$ 是 ψ 的以 π 为周期的函数，便得

$$\begin{aligned}\boldsymbol{B}_0&=\frac{\mu_0 I}{4\pi ab}\int_{\frac{\pi}{2}}^{2\pi+\frac{\pi}{2}}\sqrt{a^2-(a^2-b^2)\sin^2\psi}\,\mathrm{d}\psi\boldsymbol{e}_I\\&=\frac{\mu_0 I}{4\pi ab}\int_0^{2\pi}\sqrt{a^2-(a^2-b^2)\sin^2\psi}\,\mathrm{d}\psi\boldsymbol{e}_I\end{aligned}$$

$$= \frac{\mu_0 I}{4\pi b}\int_0^{2\pi} \sqrt{1-\frac{a^2-b^2}{a^2}\sin^2\psi}\,\mathrm{d}\psi \boldsymbol{e}_I$$

$$= \frac{\mu_0 I}{\pi b}\int_0^{\pi/2} \sqrt{1-e^2\sin^2\psi}\,\mathrm{d}\psi \boldsymbol{e}_I \tag{11}$$

式中

$$e=\frac{\sqrt{a^2-b^2}}{a} \tag{12}$$

是椭圆的偏心率. 式(11)中的积分叫做第二类全椭圆积分,其值为

$$\mathrm{E}=\int_0^{\pi/2} \sqrt{1-e^2\sin^2\psi}\,\mathrm{d}\psi$$

$$=\frac{\pi}{2}\left[1-\left(\frac{1}{2}\right)^2 e^2-\left(\frac{1\cdot 3}{2\cdot 4}\right)^2\frac{e^4}{3}-\left(\frac{1\cdot 3\cdot 5}{2\cdot 4\cdot 6}\right)^2\frac{e^6}{5}-\cdots\right] \tag{13}$$

于是得所求的磁感强度为

$$\boldsymbol{B}_0=\frac{\mu_0 \mathrm{E} I}{\pi b}\boldsymbol{e}_I \tag{14}$$

【讨论】 一、当 $e=0$ 时,$a=b$,椭圆化为圆. 这时 $\mathrm{E}=\frac{\pi}{2}$,由式(14)得

$$\boldsymbol{B}_0=\frac{\mu_0 I}{2a}\boldsymbol{e}_I \tag{15}$$

这正是圆电流 I 在圆心产生的磁感强度.

二、椭圆的周长 L 和面积 S 分别为

$$L=4a\mathrm{E},\quad S=\pi ab \tag{16}$$

故式(14)可化为

$$\boldsymbol{B}_0=\frac{\mu_0 I}{4}\frac{L}{S}\boldsymbol{e}_I=\frac{\mu_0 I}{4}\frac{\text{周长}}{\text{面积}}\boldsymbol{e}_I \tag{17}$$

这个公式对于圆电流和椭圆电流都适用.

5.1.38 电流 I 沿双曲线流动,双曲线方程为

$$\frac{x^2}{a^2}-\frac{y^2}{b^2}=1$$

如图 5.1.38(1)所示. 试求 I 在焦点 F 产生的磁感强度 $\boldsymbol{B}_F$.

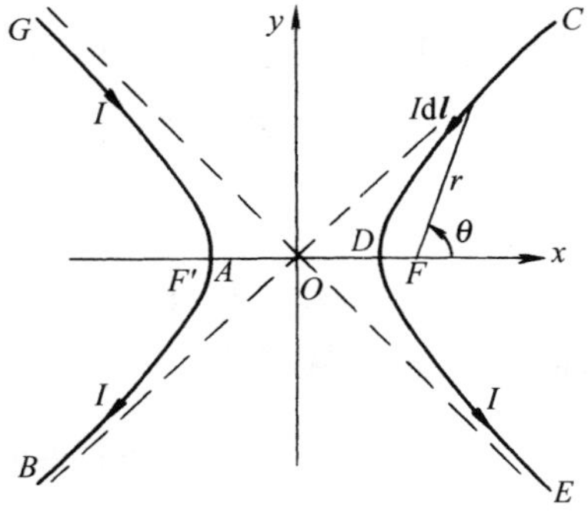

图 5.1.38(1)

【解】 本题用平面极坐标求解较方便,以焦点 F 为极点,x 轴为极轴,如图 5.1.38(1)所示,将双曲线方程用平面极坐标表示为

$$r=\frac{ep}{1-e\cos\theta} \tag{1}$$

式中 p 和 e 与题给的参数 a 和 b 的关系如下:

$$p=\frac{b^2}{c}=\frac{b^2}{\sqrt{a^2+b^2}} \tag{2}$$

$$e=\frac{c}{a}=\frac{\sqrt{a^2+b^2}}{a}=\sqrt{1+\frac{b^2}{a^2}} \tag{3}$$

代入式(1)得

$$r=\frac{b^2}{a-\sqrt{a^2+b^2}\cos\theta} \tag{4}$$

由 Biot-Savart 定律

$$\mathrm{d}\boldsymbol{B}=\frac{\mu_0 I\mathrm{d}\boldsymbol{l}\times\boldsymbol{r}}{4\pi r^3} \tag{5}$$

和图 5.1.38(1)可知,焦点的磁感强度 $\boldsymbol{B}_F$ 垂直于纸面向外. 于是得

$$\mathrm{d}\boldsymbol{B}_F=\frac{\mu_0 I(\mathrm{d}l)\sin\varphi}{4\pi r^2}\boldsymbol{e}_I \tag{6}$$

式中 φ 是 d$\boldsymbol{l}$ 与 $\boldsymbol{r}$(d$\boldsymbol{l}$ 到焦点 F 的矢量)之间的夹角,$\boldsymbol{e}_I$ 是垂直于纸面向外的单位矢量.

由图 5.1.38(1)可见

$$(\mathrm{d}l)\sin\varphi=r\mathrm{d}\theta \tag{7}$$

代入式(6)得

$$\mathrm{d}\boldsymbol{B}_F=\frac{\mu_0 I}{4\pi r}\mathrm{d}\theta\boldsymbol{e}_I \tag{8}$$

将式(4)代入式(8)得

$$\mathrm{d}\boldsymbol{B}_F=\frac{\mu_0 I}{4\pi b^2}(a-\sqrt{a^2+b^2}\cos\theta)\mathrm{d}\theta\boldsymbol{e}_I \tag{9}$$

积分得

$$\begin{aligned}\boldsymbol{B}_F&=\frac{\mu_0 I}{4\pi b^2}\int_0^{2\pi}(a-\sqrt{a^2+b^2}\cos\theta)\mathrm{d}\theta\boldsymbol{e}_I\\&=\frac{\mu_0 I}{4\pi b^2}\left[a\theta-\sqrt{a^2+b^2}\sin\theta\right]_{\theta=0}^{\theta=2\pi}\boldsymbol{e}_I\\&=\frac{\mu_0 Ia}{2b^2}\boldsymbol{e}_I\end{aligned} \tag{10}$$

【讨论】 一、式(10)的 $\boldsymbol{B}_F$ 是双曲线两支上的电流在焦点所产生的磁感强度,说明如下:由式(3)知双曲线的偏心率 $e>1$. 当 $\theta=0$ 时,由式(1)得

$$r=\frac{ep}{1-e}<0 \tag{11}$$

故 $\theta=0$ 的点为图 5.1.38(1)中双曲线左支的顶点 A. θ 从零增大,r 仍小于零,但绝对值增大. 故 θ 从零增大到

$$\theta_a=\arccos\left(\frac{a}{\sqrt{a^2+b^2}}\right)=\arctan\left(\frac{b}{a}\right) \tag{12}$$

时,双曲线上的点便从 A 经 B 到无穷远;式中 θ_a 是双曲线的渐近线之一与 x 轴

（极轴）的夹角，如图 5.1.38(2)所示. 当 θ 从 θ_a 增大时，$r>0$，这时双曲线上的点在右支上部. θ 从 θ_a 增大到 π，双曲线上的点便经 C 到右支的顶点 D. θ 从 π 增大，双曲线上的点便从 D 经 E 趋向无穷远. 当 $\theta=2\pi-\theta_a$ 时，r 便趋于∞. 当 θ 再增大时，$1-e\cos\theta<0$，故 $r<0$，这时双曲线上的点在左支上部. 所以 θ 从 $2\pi-\theta_a$ 增大到 2π 时，双曲线上的点便从无穷远经 G 到 A. 由以上分析可见，θ 从 0 到 2π，双曲线式(1)所表示的点便从 A 出发，依次经 B、C、D、E、G，最后回到 A. 于是得出结论：(10)式的 $\boldsymbol{B}_F$ 是双曲线的左右两支上的电流在焦点上产生的磁感强度.

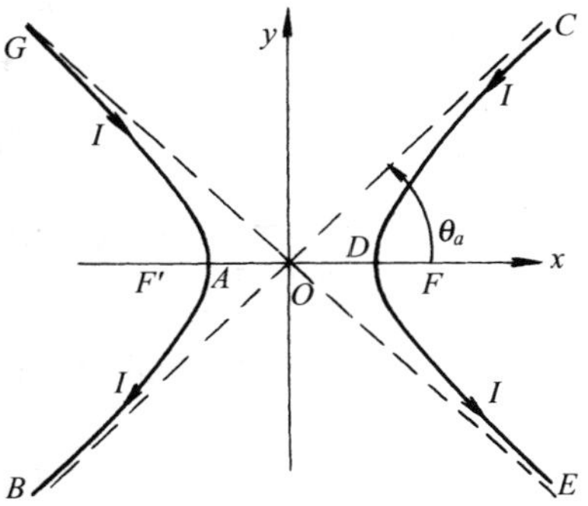

图 5.1.38(2)

二、一支双曲线电流在焦点产生的磁感强度　由以上分析可见，图 5.1.38(1)和图 5.1.38(2)中双曲线的右支是 θ 从 θ_a 到 $2\pi-\theta_a$ 的点构成的，故由(9)式得，右支双曲线电流在焦点 F 产生的磁感强度为

$$\begin{aligned}\boldsymbol{B}_{Fr}&=\frac{\mu_0 I}{4\pi b^2}\int_{\theta_a}^{2\pi-\theta_a}(a-\sqrt{a^2+b^2}\cos\theta)\,\mathrm{d}\theta\,\boldsymbol{e}_I\\&=\frac{\mu_0 I}{4\pi b^2}\left[a\theta-\sqrt{a^2+b^2}\sin\theta\right]_{\theta=\theta_a}^{\theta=2\pi-\theta_a}\boldsymbol{e}_I\\&=\frac{\mu_0 I}{2\pi b^2}\left[\pi a+b-a\arctan\left(\frac{b}{a}\right)\right]\boldsymbol{e}_I\end{aligned}\tag{13}$$

左支双曲线电流在焦点 F 产生的磁感强度为

$$\begin{aligned}\boldsymbol{B}_{Fl}&=\frac{\mu_0 I}{4\pi b^2}\int_{-\theta_a}^{\theta_a}(a-\sqrt{a^2+b^2}\cos\theta)\,\mathrm{d}\theta\,\boldsymbol{e}_I\\&=\frac{\mu_0 I}{4\pi b^2}\left[a\theta-\sqrt{a^2+b^2}\sin\theta\right]_{\theta=-\theta_a}^{\theta=\theta_a}\boldsymbol{e}_I\\&=\frac{\mu_0 I}{2\pi b^2}\left[a\arctan\left(\frac{b}{a}\right)-b\right]\boldsymbol{e}_I\end{aligned}\tag{14}$$

其中利用了

$$\sqrt{a^2+b^2}\sin\theta_a=b\tag{15}$$

5.1.39　宽为 a 的无穷长直导体薄片载有电流 I，I 沿片长的方向流动，并均匀分布在横截面上. 通过片的中线并与片的表面垂直的平面上有一点 P，P 到片的距离为 r，如图 5.1.39(1)所示. 设片的厚度可略去不计，试求 P 点的磁感强度 $\boldsymbol{B}$.

【解】　由 Biot-Savart 定律得出，无穷长直线电流 I 在距离为 r 处产生的磁感强度 $\boldsymbol{B}$ 的方向

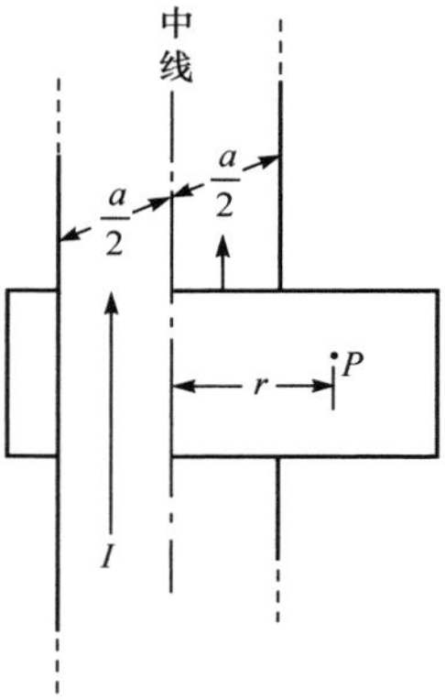

图 5.1.39(1)

为I的右手螺旋方向，其大小为[参见前面 5.1.1 题的式(3)]

$$B=\frac{\mu_0 I}{2\pi r} \tag{1}$$

将电流片分成许多宽为 dl 的无穷长条，其中 l 处的一个长条所载的电流为$\mathrm{d}I=\frac{I}{a}\mathrm{d}l$，这电流在 P 点产生的磁感强度 d$\boldsymbol{B}$ 如图 5.1.39(2)所示. 由于对称性，整片电流在 P 点产生的 $\boldsymbol{B}$ 应与片的表面平行，并沿 I 的右手螺旋方向，其大小由式(1)为

$$\begin{aligned}B&=\int_{-a/2}^{a/2}\frac{\mu_0\frac{I}{a}\mathrm{d}l}{2\pi\sqrt{l^2+r^2}}\cos\theta=\frac{\mu_0 I}{2\pi a}\int_{-a/2}^{a/2}\frac{\mathrm{d}l}{\sqrt{l^2+r^2}}\cos\theta\\&=\frac{\mu_0 I}{2\pi a}\int_{-a/2}^{a/2}\frac{\mathrm{d}l}{\sqrt{l^2+r^2}}\frac{r}{\sqrt{l^2+r^2}}\\&=\frac{\mu_0 Ir}{2\pi a}\int_{-a/2}^{a/2}\frac{\mathrm{d}l}{l^2+r^2}=\frac{\mu_0 Ir}{2\pi a}\left[\frac{1}{r}\arctan\frac{l}{r}\right]_{l=-a/2}^{l=a/2}\\&=\frac{\mu_0 I}{\pi a}\arctan\left(\frac{a}{2r}\right)\end{aligned} \tag{2}$$

【讨论】 当 $a\to\infty$，并维持$\frac{I}{a}=k$ 为常量时，由式(2)得

$$B=\frac{\mu_0 I}{\pi a}\cdot\frac{\pi}{2}=\frac{\mu_0}{2}\frac{I}{a}=\frac{1}{2}\mu_0 k \tag{3}$$

这便是无穷大均匀平面电流 k 所产生的磁感强度.

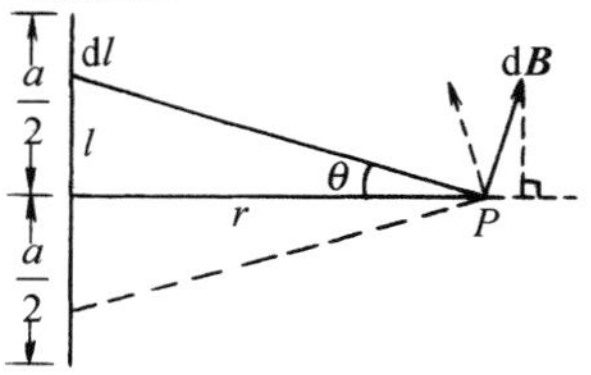

图 5.1.39(2)

5.1.40 一无穷长直导体薄片宽为 $a=a_1+a_2$，载有电流 I，I 沿片长方向流动，并均匀分布在横截面上. 片外一点 P 到片的距离为 r，P 在片上的垂足为 S，如图 5.1.40(1)所示. 设片的厚度可略去不计，试求 P 点的磁感强度 $\boldsymbol{B}$.

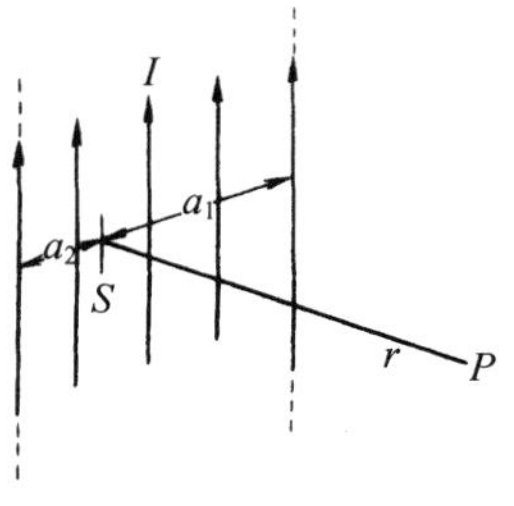

图 5.1.40(1)

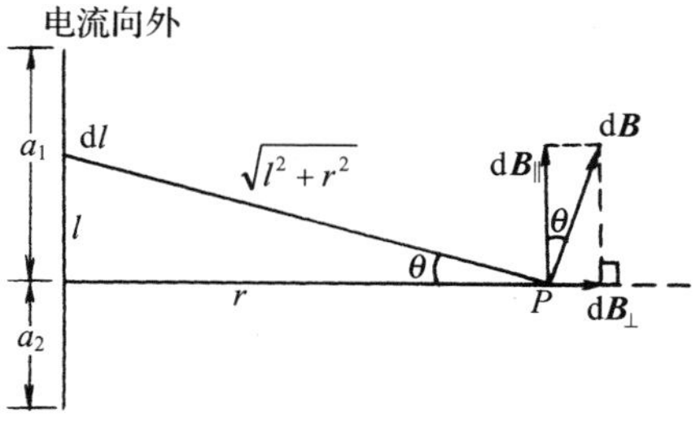

图 5.1.40(2)

【解】 由 Biot-Savart 定律得出，无穷长直线电流 I 在距离为 r 处产生的磁感强度 $\boldsymbol{B}$ 的方向为 I 的右手螺旋方向，其大小为[参见前面 5.1.1 题的式(3)]

$$B=\frac{\mu_0 I}{2\pi r} \tag{1}$$

将电流片分成许多宽为 $\mathrm{d}l$ 的无穷长条，其中 l 处的一个长条所载的电流为 $\mathrm{d}I=\frac{I}{a}\mathrm{d}l$，这电流在 P 点产生的磁感强度 $\mathrm{d}\boldsymbol{B}$ 如图 5.1.40(2)所示. 将 $\mathrm{d}\boldsymbol{B}$ 分为平行于片的表面的分量 $\mathrm{d}\boldsymbol{B}_{\parallel}$ 和垂直于片的表面的分量 $\mathrm{d}\boldsymbol{B}_{\perp}$，则由式(1)有

$$\mathrm{d}B_{\parallel}=(\mathrm{d}B)\cos\theta=\frac{\mu_0\frac{I}{a}\mathrm{d}l}{2\pi\sqrt{l^2+r^2}}\frac{r}{\sqrt{l^2+r^2}}=\frac{\mu_0 Ir}{2\pi a}\frac{\mathrm{d}l}{l^2+r^2} \tag{2}$$

所以

$$\begin{aligned}B_{\parallel}&=\frac{\mu_0 Ir}{2\pi a}\int_{-a_2}^{a_1}\frac{\mathrm{d}l}{l^2+r^2}=\frac{\mu_0 I}{2\pi a}\left[\arctan\frac{l}{r}\right]_{l=-a_2}^{l=a_1}\\&=\frac{\mu_0 I}{2\pi a}\left[\arctan\frac{a_1}{r}+\arctan\frac{a_2}{r}\right]\\&=\frac{\mu_0 I}{2\pi a}\arctan\left[\frac{r(a_1+a_2)}{r^2-a_1a_2}\right]\end{aligned} \tag{3}$$

$$\mathrm{d}B_{\perp}=(\mathrm{d}B)\sin\theta=\frac{\mu_0\frac{I}{a}\mathrm{d}l}{2\pi\sqrt{l^2+r^2}}\frac{l}{\sqrt{l^2+r^2}}=\frac{\mu_0 I}{2\pi a}\frac{l\,\mathrm{d}l}{l^2+r^2} \tag{4}$$

所以

$$\begin{aligned}B_{\perp}&=\frac{\mu_0 I}{2\pi a}\int_{-a_2}^{a_1}\frac{l\,\mathrm{d}l}{l^2+r^2}=\frac{\mu_0 I}{4\pi a}\ln(l^2+r^2)\Big|_{l=-a_2}^{l=a_1}\\&=\frac{\mu_0 I}{4\pi a}\ln\left(\frac{r^2+a_1^2}{r^2+a_2^2}\right)\end{aligned} \tag{5}$$

令 $\boldsymbol{e}_{\parallel}$ 和 $\boldsymbol{e}_{\perp}$ 分别表示平行于和垂直于片的表面的单位矢量，则得所求的磁感强度为

$$\begin{aligned}\boldsymbol{B}&=B_{\parallel}\boldsymbol{e}_{\parallel}+B_{\perp}\boldsymbol{e}_{\perp}\\&=\frac{\mu_0 I}{4\pi a}\left\{2\arctan\left[\frac{r(a_1+a_2)}{r^2-a_1a_2}\right]\boldsymbol{e}_{\parallel}+\ln\left(\frac{r^2+a_1^2}{r^2+a_2^2}\right)\boldsymbol{e}_{\perp}\right\}\end{aligned} \tag{6}$$

5.1.41　一半径为 R 的无穷长直圆柱面上载有电流 I，I 平行于圆柱面的轴线流动，并且均匀分布在圆柱面上. 试求这圆柱面上任一点的磁感强度(即面电流所在处的磁感强度).

【解】 将这圆柱面电流分成无穷多条平行于轴线流动的直线电流；在圆柱面上任取一点 P，过 P 作圆柱的横截面，如图 5.1.41 所示，以 θ 为参数，在 θ 处的一条线电流的电流为

$$\mathrm{d}I=kR\mathrm{d}\theta \tag{1}$$

式中

$$k=\frac{I}{2\pi R} \tag{2}$$

是面电流密度 $\boldsymbol{k}$ 的大小.

根据 Biot-Savart 定律，无穷长直线电流 I 在距离为 r 处产生的磁感强度 $\boldsymbol{B}$ 的方向为 I 的右手螺旋方向，其大小为［参见前面 5.1.1 题的式(3)］

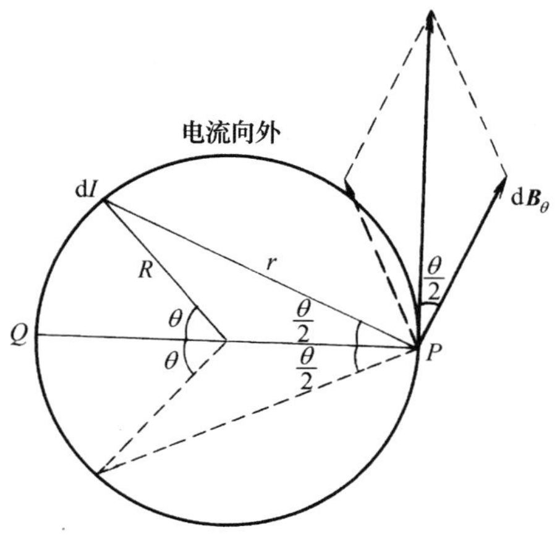

图 5.1.41

$$B=\frac{\mu_0 I}{2\pi r} \tag{3}$$

于是得图 5.1.41 中 θ 处的线电流 dI 在 P 点产生的磁感强度 d$\boldsymbol{B}_\theta$，其方向如图 5.1.41 所示，其大小由式(3)为

$$dB_\theta=\frac{\mu_0 dI}{2\pi r}=\frac{\mu_0 kR d\theta}{2\pi\left(2R\cos\frac{\theta}{2}\right)}=\frac{\mu_0 k}{4\pi}\frac{d\theta}{\cos\frac{\theta}{2}} \tag{4}$$

以图 5.1.41 中的直径 PQ 为对称轴，下边对称处的一条线电流在 P 点产生的磁感强度的大小也由(4)式表示，其方向如图中带箭头的虚线所示. 因此，这两条对称的无穷长直线电流在 P 点产生的磁感强度其大小就等于

$$2(dB_\theta)\cos\frac{\theta}{2}=\frac{\mu_0 k}{2\pi}d\theta \tag{5}$$

其方向是通过 P 点的切线方向，如图 5.1.41 所示. 积分便得整个圆柱面电流在 P 点产生的磁感强度 $\boldsymbol{B}$ 的大小为

$$B=\frac{\mu_0 k}{2\pi}\int_0^\pi d\theta=\frac{1}{2}\mu_0 k \tag{6}$$

于是得所求的磁感强度为

$$\boldsymbol{B}=\frac{1}{2}\mu_0 \boldsymbol{k}\times\boldsymbol{n} \tag{7}$$

式中 $\boldsymbol{k}$ 的方向是电流的方向，$\boldsymbol{n}$ 是圆柱面外法线方向上的单位矢量.

5.1.42　电流 I 均匀分布在无穷长的半圆柱面上，并平行于轴线流动，圆柱面的半径为 R. 试求轴线上任一点的磁感强度 $\boldsymbol{B}$，并计算 $R=1.0$cm，$I=5.0$A 时 $\boldsymbol{B}$ 的值.

【解】　将这半圆柱面电流分成无穷多条平行于轴线流动的直线电流，其横截面如图 5.1.42 所示. 在 θ 处宽为 $R d\theta$ 的一条，其电流为

$$dI=\frac{I}{\pi R}R d\theta=\frac{I}{\pi}d\theta \tag{1}$$

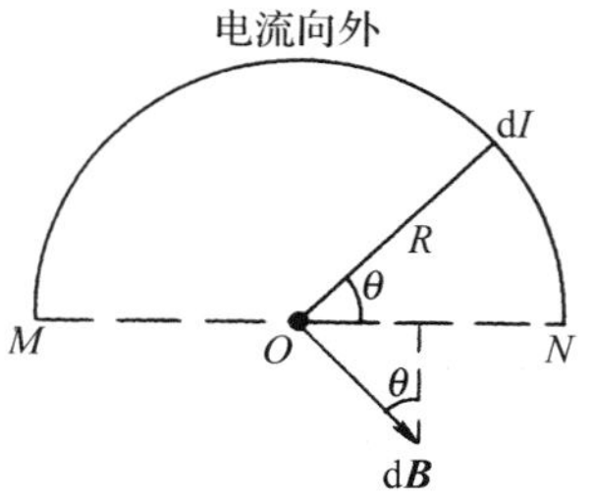

图 5.1.42

根据无穷长直线电流在距离为 r 处产生的磁感强度的公式[前面 5.1.1 题的式(3)]，这 dI 在轴线上产生的磁感强度 d$\boldsymbol{B}$ 如图 5.1.42 所示，即

$$\begin{aligned} d\boldsymbol{B} &=(dB)\sin\theta\boldsymbol{e}_\parallel+(dB)\cos\theta\boldsymbol{e}_\perp \\ &=\frac{\mu_0 dI}{2\pi R}\sin\theta\boldsymbol{e}_\parallel+\frac{\mu_0 dI}{2\pi R}\cos\theta\boldsymbol{e}_\perp \\ &=\frac{\mu_0 I}{2\pi^2 R}(\sin\theta d\theta\boldsymbol{e}_\parallel+\cos\theta d\theta\boldsymbol{e}_\perp) \end{aligned} \tag{2}$$

式中 $\boldsymbol{e}_\parallel$ 和 $\boldsymbol{e}_\perp$ 分别为平行于和垂直于直径 MN 的单位矢量. 积分便得所求的磁感强度为

$$\begin{aligned}\boldsymbol{B}&=\frac{\mu_0 I}{2\pi^2 R}\int_0^{\pi}(\sin\theta\mathrm{d}\theta\boldsymbol{e}_{\parallel}+\cos\theta\mathrm{d}\theta\boldsymbol{e}_{\perp})\\&=\frac{\mu_0 I}{2\pi^2 R}[-\cos\theta\boldsymbol{e}_{\parallel}+\sin\theta\boldsymbol{e}_{\perp}]_{\theta=0}^{\theta=\pi}\\&=\frac{\mu_0 I}{\pi^2 R}\boldsymbol{e}_{\parallel}\end{aligned}\tag{3}$$

当 $R=1.0\text{cm}$，$I=5.0\text{A}$ 时，B 的值为

$$B=\frac{\mu_0 I}{\pi^2 R}=\frac{4\pi\times10^{-7}\times5.0}{\pi^2\times1.0\times10^{-2}}=6.4\times10^{-5}(\text{T})\tag{4}$$

5.1.43　在一条长直导线旁放一个小磁针，当导线里通有电流时，小磁针便会偏转. 根据计算，这时导线里的自由电子以平均定向速度 $\boldsymbol{u}$ 沿导线移动. 如果令这小磁针也以速度 $\boldsymbol{u}$ 平行于导线移动，试问小磁针是否偏转？为什么？

【解答】 小磁针会偏转，而且是相同的偏转. 这是因为，在跟随小磁针运动的参考系里，自由电子虽然相对静止，但导线里的正电荷却以 $-\boldsymbol{u}$ 运动，这种运动所产生的电流与在相对于导线静止的参考系中所观测到的电流相同. 因此，在跟随小磁针运动的参考系里和在相对于导线静止的参考系里，导线中的电流所产生的磁场相同. 所以小磁针的偏转也相同.

5.1.44　氢原子处在基态时，根据经典模型，它的电子在半径为 $a=0.529\times10^{-8}\text{cm}$ 的轨道(玻尔轨道)上作匀速圆周运动，速率为 $v=2.19\times10^{8}\text{cm/s}$，已知电子电荷的大小为 $e=1.60\times10^{-19}\text{C}$. 试求电子的这种运动在轨道中心产生的磁感强度 $\boldsymbol{B}$ 的值.

【解】 根据 Biot-Savart 定律，半径为 R 的圆电流 I 在圆心产生的磁感强度的大小为

$$B=\frac{\mu_0 I}{2R}\tag{1}$$

由式(1)得基态氢原子的电子运动在轨道中心产生的 $\boldsymbol{B}$ 的值为

$$\begin{aligned}B&=\frac{\mu_0 I}{2a}=\frac{\mu_0}{2a}\frac{e}{T}=\frac{\mu_0}{2a}\frac{ev}{2\pi a}=\frac{\mu_0 ev}{4\pi a^2}\\&=\frac{4\pi\times10^{-7}\times1.60\times10^{-19}\times2.19\times10^{8}\times10^{-2}}{4\pi\times(0.529\times10^{-8}\times10^{-2})^2}\\&=12.5(\text{T})\end{aligned}\tag{2}$$

5.1.45　根据经典模型，原子里的电子绕原子核作匀速圆周运动. (1)试证明：这种轨道运动所产生的磁矩 $\boldsymbol{m}$ 与它的角动量 $\boldsymbol{L}$ 的关系为 $\boldsymbol{m}=-\dfrac{e}{2m_{\mathrm{e}}}\boldsymbol{L}$，式中 m_{e} 是电子的质量，e 是电子电荷的大小；(2)$\boldsymbol{L}$ 的大小一般是 $\hbar=1.054573\times10^{-34}\text{J}\cdot\text{s}$ 的数量级，通常把 $m_{\mathrm{B}}=\dfrac{e\hbar}{2m_{\mathrm{e}}}$ 叫做玻尔磁子，是原子磁矩的一种单位. 已知 $m_{\mathrm{e}}=9.10939\times10^{-31}\text{kg}$，$e=1.602177\times10^{-19}\text{C}$. 试计算玻尔磁子的值.

【解】 设原子核位于 O 点，电子的位矢为 $\boldsymbol{r}$，如图 5.1.45 所示. 根据角动量的定义，电子 m_{e} 环绕原子核的角动量为

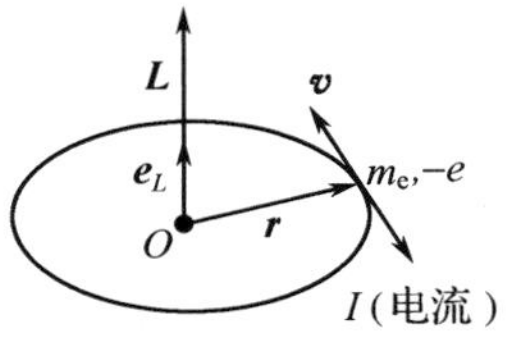

图 5.1.45

$$\boldsymbol{L}=\boldsymbol{r}\times m_e\boldsymbol{v}=rm_e v\boldsymbol{e}_L \tag{1}$$

式中 $\boldsymbol{e}_L$ 是电子轨道运动的右旋进方向上的单位矢量.

根据磁矩的定义,电子轨道运动的磁矩为

$$\boldsymbol{m}=I\boldsymbol{S}=I\pi r^2(-\boldsymbol{e}_L)=-\frac{e}{T}\pi r^2\boldsymbol{e}_L$$

$$=-\frac{ev}{2\pi r}\cdot\pi r^2\boldsymbol{e}_L=-\frac{e}{2}vr\boldsymbol{e}_L$$

$$=-\frac{e}{2m_e}\boldsymbol{L} \tag{2}$$

玻尔磁子的值为

$$m_B=\frac{e\hbar}{2m_e}=\frac{1.602177\times10^{-19}\times1.054573\times10^{-34}}{2\times9.10939\times10^{-31}}$$

$$=9.27402\times10^{-24}(\mathrm{A\cdot m^2}) \tag{3}$$

5.1.46 电荷量 q 均匀地分布在半径为 R 的圆环上,这环以匀角速度 ω 绕它的几何轴旋转,如图 5.1.46 所示. 试求:(1)轴线上离环心 O 为 r 处的磁感强度 $\boldsymbol{B}$;(2)磁矩 $\boldsymbol{m}$.

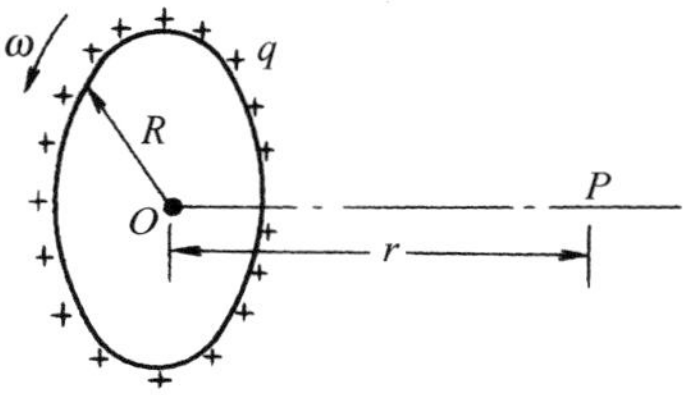

图 5.1.46

【解】 (1)绕轴旋转的带电圆环构成一个圆电流,其电流为

$$I=\frac{q}{T}=\frac{\omega q}{2\pi} \tag{1}$$

根据 Biot-Savart 定律,圆电流 I 在其轴线上离圆心为 r 处产生的磁感强度 $\boldsymbol{B}$ 的大小为

$$B=\oint\frac{\mu_0 I\mathrm{d}l\sin90^\circ}{4\pi(r^2+R^2)}\sin\theta=\frac{\mu_0 I\cdot2\pi R}{4\pi(r^2+R^2)}\frac{R}{\sqrt{r^2+R^2}}$$

$$=\frac{\mu_0 IR^2}{2(r^2+R^2)^{3/2}} \tag{2}$$

将式(1)代入式(2)得

$$B=\frac{\mu_0 qR^2\omega}{4\pi(r^2+R^2)^{3/2}} \tag{3}$$

$\boldsymbol{B}$ 的方向为 I 的右旋进方向,也就是 $\boldsymbol{\omega}$ 的方向. 于是得所求的磁感强度为

$$\boldsymbol{B}=\frac{\mu_0 qR^2\boldsymbol{\omega}}{4\pi(r^2+R^2)^{3/2}} \tag{4}$$

(2)磁矩依定义为

$$\boldsymbol{m}=I\boldsymbol{S}=\frac{q\boldsymbol{\omega}}{2\pi}\cdot\pi R^2=\frac{1}{2}qR^2\boldsymbol{\omega} \tag{5}$$

5.1.47 半径为 R 的圆片上均匀带电,电荷量的面密度为 σ,这圆片以匀角速角 ω 绕它的几何轴旋转,如图 5.1.47 所示. 设片的厚度可略去不计,试求:(1)轴线上离圆心为 r 处的磁感强度 $\boldsymbol{B}$;(2)磁矩 $\boldsymbol{m}$.

【解】 (1)在圆片上取半径为 x,宽为 $\mathrm{d}x$ 的环带,这环带上的电荷量为

$$dq=\sigma\cdot 2\pi x dx=2\pi\sigma x dx \quad (1)$$

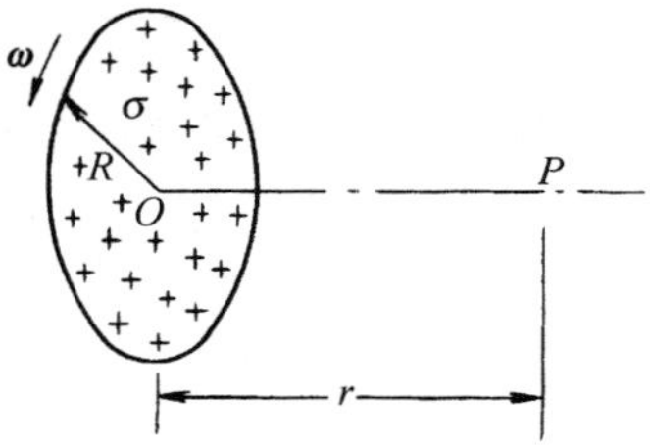

图 5.1.47

圆片旋转时，跟着旋转的 dq 便形成圆电流. 由前面 5.1.46 题的式(4)，它在轴线上离圆片中心为 r 处产生的磁感强度为

$$d\boldsymbol{B}=\frac{\mu_0 x^2\boldsymbol{\omega}dq}{4\pi(r^2+x^2)^{3/2}}=\frac{\mu_0 x^2\boldsymbol{\omega}(2\pi\sigma x dx)}{4\pi(r^2+x^2)^{3/2}}$$

$$=\frac{1}{2}\mu_0\sigma\boldsymbol{\omega}\frac{x^3dx}{(r^2+x^2)^{3/2}} \quad (2)$$

积分便得所求的 $\boldsymbol{B}$ 为

$$\boldsymbol{B}=\frac{1}{2}\mu_0\sigma\boldsymbol{\omega}\int_0^R\frac{x^3dx}{(r^2+x^2)^{3/2}}$$

$$=\frac{1}{2}\mu_0\sigma\boldsymbol{\omega}\left[\sqrt{r^2+x^2}+\frac{r^2}{\sqrt{r^2+x^2}}\right]_{x=0}^{x=R}$$

$$=\frac{1}{2}\mu_0\sigma\boldsymbol{\omega}\left[\sqrt{r^2+R^2}+\frac{r^2}{\sqrt{r^2+R^2}}-2r\right]$$

$$=\frac{1}{2}\mu_0\sigma\left[\frac{2r^2+R^2}{\sqrt{r^2+R^2}}-2r\right]\boldsymbol{\omega} \quad (3)$$

(2)所求的磁矩为

$$\boldsymbol{m}=\int\boldsymbol{S}dI=\int_0^R\pi x^2\frac{\boldsymbol{\omega}}{\omega}\cdot\frac{(2\pi x dx)\sigma}{T}$$

$$=\pi\sigma\boldsymbol{\omega}\int_0^R x^3dx=\frac{1}{4}\pi\sigma R^4\boldsymbol{\omega} \quad (4)$$

5.1.48 电荷量 Q 均匀地分布在半径为 R 的球面上，这球面以匀角速度 ω 绕它的一个固定的直径旋转. 试求：(1)轴线上离球心为 r 处的磁感强度 $\boldsymbol{B}$；(2)磁矩 $\boldsymbol{m}$.

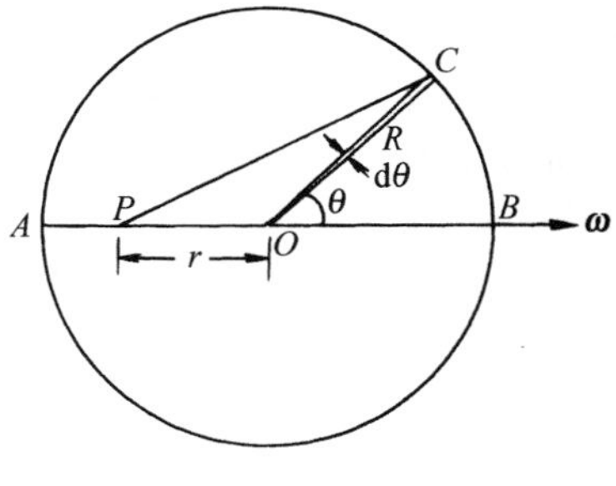

图 5.1.48(1)

【解】 (1)如图 5.1.48(1)，P 为球的旋转轴 AB 上一点，到球心 O 的距离为 r. 球面上 θ 处宽为 $Rd\theta$ 的环带上的电荷量为

$$dQ=\sigma\cdot 2\pi R\sin\theta\cdot Rd\theta$$

$$=2\pi\sigma R^2\sin\theta d\theta \quad (1)$$

式中 σ 是球面上电荷量的面密度，其值为

$$\sigma=\frac{Q}{4\pi R^2} \quad (2)$$

dQ 随球面旋转，形成圆电流

$$dI=\frac{dQ}{T}=\frac{\omega dQ}{2\pi}=\omega\sigma R^2\sin\theta d\theta \quad (3)$$

根据 Biot-Savart 定律，半径为 R 的圆电流 I 在轴线上离圆心为 r 处产生的磁感强度 $\boldsymbol{B}$ 沿 I 的右旋进方向(即 $\boldsymbol{\omega}$ 方向)，其大小为

$$B=\oint\frac{\mu_0 Idl\sin 90^\circ}{4\pi(r^2+R^2)}\sin\theta=\frac{\mu_0 I\cdot 2\pi R}{4\pi(r^2+R^2)}\frac{R}{\sqrt{r^2+R^2}}$$

$$=\frac{\mu_0 IR^2}{2(r^2+R^2)^{3/2}} \tag{4}$$

由式(4)得，dI 在 P 点产生的磁感强度的大小为

$$dB=\frac{\mu_0(R\sin\theta)^2 dI}{2[(r+R\cos\theta)^2+(R\sin\theta)^2]^{3/2}}=\frac{\mu_0 R^2\sin^2\theta\cdot\omega\sigma R^2\sin\theta d\theta}{2[r^2+R^2+2rR\cos\theta]^{3/2}}$$

$$=\frac{\mu_0\omega\sigma R^4}{2}\frac{\sin^3\theta d\theta}{[r^2+R^2+2rR\cos\theta]^{3/2}} \tag{5}$$

积分便得

$$B=\frac{\mu_0\omega\sigma R^4}{2}\int_0^{\pi}\frac{\sin^3\theta d\theta}{[r^2+R^2+2rR\cos\theta]^{3/2}}$$

$$=\frac{\mu_0\omega\sigma R^4}{2}\frac{1}{4r^3R^3}\left[\frac{1}{3}(r^2+R^2+2rR\cos\theta)^{3/2}\right.$$

$$\left.-2(r^2+R^2)\sqrt{r^2+R^2+2rR\cos\theta}-\frac{(R^2-r^2)^2}{\sqrt{r^2+R^2+2rR\cos\theta}}\right]_{\theta=0}^{\theta=\pi}$$

$$=\frac{\mu_0\omega\sigma R^4}{2}\frac{1}{4r^3R^3}\frac{16}{3}r^3=\frac{2}{3}\mu_0\omega\sigma R \tag{6}$$

以上是考虑 P 点在球面内，即 $r<R$ 的情况. 这时在 $\theta=\pi$ 处，$\sqrt{r^2+R^2-2rR}$代表距离 AP，所以取 $\sqrt{r^2+R^2-2rR}=R-r>0$.

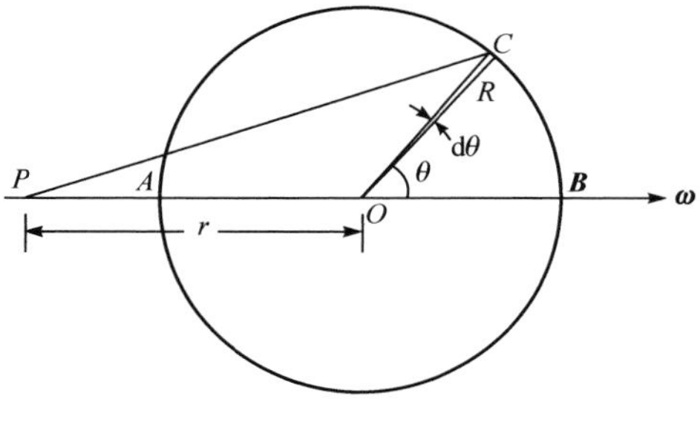

图 5.1.48(2)

于是最后得所求的磁感强度为

$$\boldsymbol{B}=\frac{2}{3}\mu_0\sigma R\boldsymbol{\omega}=\frac{\mu_0 Q}{6\pi R}\boldsymbol{\omega},\quad r<R \tag{7}$$

式(7)表明，P 点的 $\boldsymbol{B}$ 与 r 无关. 这就是说，球面内轴线上每一点的 $\boldsymbol{B}$ 都相等，都由式(7)表示.

再考虑 P 点在球面外，即 $r>R$ 的情况，如图 5.1.48(2)所示. 这时前面式(1)至(5)均成立. 于是得这时 P 点的磁感强度的大小为

$$B=\frac{\mu_0\omega\sigma R^4}{2}\int_0^{\pi}\frac{\sin^3\theta d\theta}{[r^2+R^2+2rR\cos\theta]^{3/2}}$$

$$=\frac{\mu_0\omega\sigma R^4}{2}\frac{1}{4r^3R^3}\left[\frac{1}{3}(r^2+R^2+2rR\cos\theta)^{3/2}\right.$$

$$\left.-2(r^2+R^2)\sqrt{r^2+R^2+2rR\cos\theta}-\frac{(R^2-r^2)^2}{\sqrt{r^2+R^2-2rR\cos\theta}}\right]_{\theta=0}^{\theta=\pi}$$

$$=\frac{\mu_0\omega\sigma R^4}{2}\frac{1}{4r^3R^3}\frac{16}{3}R^3=\frac{2}{3}\mu_0\omega\sigma R\left(\frac{R}{r}\right)^3 \tag{8}$$

在上式的计算中，因 $r>R$，故在 $\theta=\pi$ 处，考虑到 $\sqrt{r^2+R^2-2rR}$ 代表距离 AP，所以取 $\sqrt{r^2+R^2-2rR}=r-R>0$.

于是得所求的磁感强度为

$$\boldsymbol{B}=\frac{2}{3}\mu_0\sigma R\left(\frac{R}{r}\right)^3\boldsymbol{\omega}=\frac{\mu_0 Q}{6\pi R}\left(\frac{R}{r}\right)^3\boldsymbol{\omega},\quad r>R \tag{9}$$

(2)求磁矩 $\boldsymbol{m}$

图 5.1.48(1)中 θ 处宽为 $R\mathrm{d}\theta$ 的环带上，电荷量 $\mathrm{d}Q$ 在球面旋转时形成圆电流

$$\mathrm{d}I=\omega\sigma R^2\sin\theta\mathrm{d}\theta=\frac{Q\omega}{4\pi}\sin\theta\mathrm{d}\theta \tag{10}$$

所以这环带的磁矩为

$$\begin{aligned}\mathrm{d}\boldsymbol{m}&=(\mathrm{d}I)\boldsymbol{S}=\frac{Q\omega}{4\pi}\sin\theta\mathrm{d}\theta\cdot\pi(R\sin\theta)^2\,\frac{\boldsymbol{\omega}}{\omega}\\&=\frac{1}{4}QR^2\boldsymbol{\omega}\sin^3\theta\mathrm{d}\theta\end{aligned} \tag{11}$$

积分便得

$$\boldsymbol{m}=\frac{1}{4}QR^2\boldsymbol{\omega}\int_0^{\pi}\sin^3\theta\mathrm{d}\theta=\frac{1}{3}QR^2\boldsymbol{\omega} \tag{12}$$

5.1.49　电荷量 Q 均匀地分布在半径为 R 的球体内，这球体以匀角速度 ω 绕它的一个固定的直径旋转. 试求：(1)球内离转轴为 r 处电流密度 $\boldsymbol{j}$ 的大小；(2)轴线上离球心为 r 处的磁感强度 $\boldsymbol{B}$；(3)磁矩.

【解】 (1)离转轴为 r 处的电流密度为

$$\boldsymbol{j}=\rho\boldsymbol{v}=\frac{3Q}{4\pi R^3}\boldsymbol{\omega}\times\boldsymbol{r} \tag{1}$$

$\boldsymbol{j}$ 的大小为

$$j=\frac{3Q\omega r}{4\pi R^3} \tag{2}$$

(2)先考虑球内. 如图 5.1.49，P 为转轴上离球心为 $r(r<R)$ 的一点，这点的磁感强度 $\boldsymbol{B}$ 由两部分叠加而成，一部分是半径为 r 的小球在小球外产生的 $\boldsymbol{B}_0$，另一部分是内半径为 r、外半径为 R 的球壳在壳内产生的 $\boldsymbol{B}_i$. 下面依次求 $\boldsymbol{B}_0$ 和 $\boldsymbol{B}_i$.

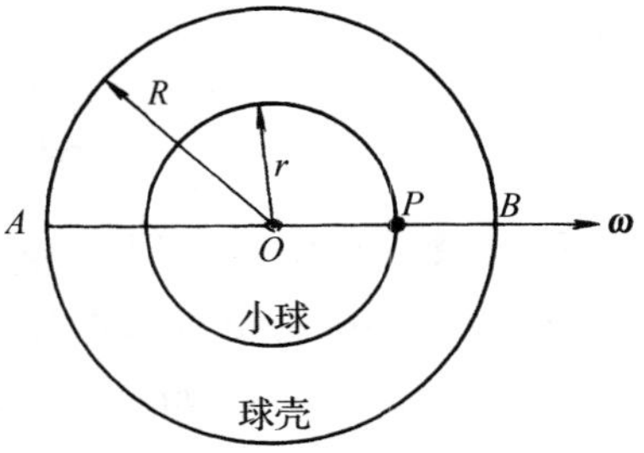

图 5.1.49

先求 $\boldsymbol{B}_0$. 在小球内取一半径为 x、厚为 $\mathrm{d}x$ 的球壳，这壳内的电荷量为

$$\mathrm{d}Q=\rho\mathrm{d}V=\frac{3Q}{4\pi R^3}\cdot 4\pi x^2\mathrm{d}x=\frac{3Q}{R^3}x^2\mathrm{d}x \tag{3}$$

根据前面 5.1.48 题的式(9)，它在 P 点产生的磁感强度为

$$\mathrm{d}\boldsymbol{B}_0=\frac{\mu_0\mathrm{d}Q}{6\pi x}\left(\frac{x}{r}\right)^3\boldsymbol{\omega}=\frac{\mu_0 Q\boldsymbol{\omega}}{2\pi R^3 r^3}x^4\mathrm{d}x \tag{4}$$

积分便得

$$\boldsymbol{B}_0=\frac{\mu_0 Q\boldsymbol{\omega}}{2\pi R^3 r^3}\int_0^r x^4\mathrm{d}x=\frac{\mu_0 Qr^2}{10\pi R^3}\boldsymbol{\omega} \tag{5}$$

再求 $\boldsymbol{B}_i$. 在球壳内取一半径为 y、厚为 $\mathrm{d}y$ 的球壳，这壳内的电荷量为

$$\mathrm{d}Q=\rho\mathrm{d}V=\frac{3Q}{4\pi R^3}\cdot 4\pi y^2\mathrm{d}y=\frac{3Q}{R^3}y^2\mathrm{d}y \tag{6}$$

根据前面 5.1.48 题的式(7)，它在 P 点产生的磁感强度为

$$\mathrm{d}\boldsymbol{B}_i=\frac{\mu_0\mathrm{d}Q}{6\pi y}\boldsymbol{\omega}=\frac{\mu_0}{6\pi y}\frac{3Q}{R^3}y^2\mathrm{d}y\,\boldsymbol{\omega}=\frac{\mu_0 Q\boldsymbol{\omega}}{2\pi R^3}y\mathrm{d}y \tag{7}$$

积分便得

$$\begin{aligned}\boldsymbol{B}_i&=\frac{\mu_0 Q\boldsymbol{\omega}}{2\pi R^3}\int_r^R y\mathrm{d}y=\frac{\mu_0 Q\boldsymbol{\omega}}{4\pi R^3}(R^2-r^2)\\&=\frac{\mu_0 Q}{4\pi R}\left(1-\frac{r^2}{R^2}\right)\boldsymbol{\omega}\end{aligned} \tag{8}$$

于是得 P 点的磁感强度为

$$\boldsymbol{B}=\boldsymbol{B}_0+\boldsymbol{B}_i=\frac{\mu_0 Q}{4\pi R}\left(1-\frac{3}{5}\frac{r^2}{R^2}\right)\boldsymbol{\omega},\quad r<R \tag{9}$$

再考虑球外. 这时 $r>R$. 由式(4)积分得

$$\boldsymbol{B}=\frac{\mu_0 Q\boldsymbol{\omega}}{2\pi R^3 r^3}\int_0^R x^4\mathrm{d}x=\frac{\mu_0 QR^2\boldsymbol{\omega}}{10\pi r^3},\quad r>R \tag{10}$$

(3)求磁矩 $\boldsymbol{m}$.

在球内取半径为 x、厚为 $\mathrm{d}x$ 的球壳，根据前面 5.1.48 题的式(12)，这球壳的磁矩为

$$\begin{aligned}\mathrm{d}\boldsymbol{m}&=\frac{1}{3}(\mathrm{d}Q)x^2\boldsymbol{\omega}=\frac{1}{3}\left(\frac{3Q}{R^3}x^2\mathrm{d}x\right)x^2\boldsymbol{\omega}\\&=\frac{Q\boldsymbol{\omega}}{R^3}x^4\mathrm{d}x\end{aligned} \tag{11}$$

积分便得

$$\boldsymbol{m}=\frac{Q\boldsymbol{\omega}}{R^3}\int_0^R x^4\mathrm{d}x=\frac{1}{5}QR^2\boldsymbol{\omega}. \tag{12}$$

【讨论】 将本题结果与前面 5.1.48 题的结果比较可见，在 Q、R 和 $\boldsymbol{\omega}$ 都相同的情况下，本题的磁矩 $\boldsymbol{m}$ 和球外轴线上的 $\boldsymbol{B}$ 都要小一些. 这是因为，5.1.48 题的 Q 都分布在球面上，而本题的 Q 则分布在球体内，越靠近轴线，电荷的速度越小，所以产生的磁效应也就小.

5.1.50 一个球形的铀块(^{238}U)均匀地向四面八方放射出带正电的 α 粒子，每秒钟共放射出 N 个 α 粒子，每个 α 粒子的电荷量均为 $2e$. 试求离球心为 r 处的电流密度 $\boldsymbol{j}(r)$ 和磁感强度 $\boldsymbol{B}(r)$.

【解】 电流密度 $\boldsymbol{j}(r)$ 为

$$\boldsymbol{j}(r)=\frac{I}{4\pi r^2}\boldsymbol{e}_r=\frac{2Ne}{4\pi r^2}\boldsymbol{e}_r=\frac{Ne\boldsymbol{r}}{2\pi r^3} \tag{1}$$

磁感强度由 Biot-Savart 定律为

$$\boldsymbol{B}(r)=\int\frac{\mu_0 I\mathrm{d}\boldsymbol{l}\times\boldsymbol{r}}{4\pi r^3} \tag{2}$$

对于体分布电流 $\boldsymbol{j}(\boldsymbol{r}')$ 来说. 上式为(参见图 5.1.50)

$$\boldsymbol{B}(\boldsymbol{r})=\frac{\mu_0}{4\pi}\iiint_V\frac{[\boldsymbol{j}(\boldsymbol{r}')\mathrm{d}V']\times(\boldsymbol{r}-\boldsymbol{r}')}{|\boldsymbol{r}-\boldsymbol{r}'|^3}=\frac{\mu_0}{4\pi}\iiint_V\frac{\boldsymbol{j}(\boldsymbol{r}')\times(\boldsymbol{r}-\boldsymbol{r}')\mathrm{d}V'}{|\boldsymbol{r}-\boldsymbol{r}'|^3} \tag{3}$$

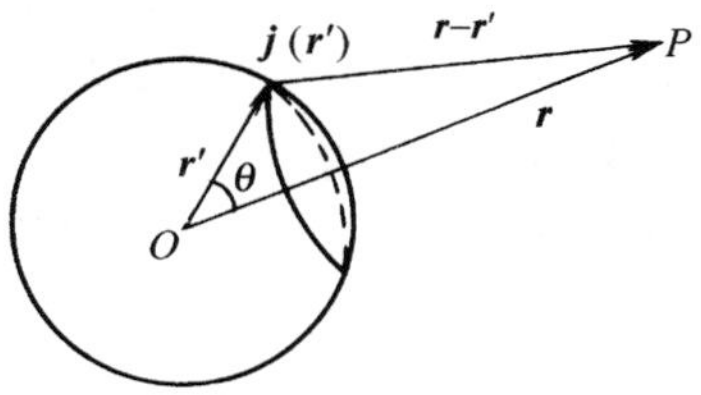

图 5.1.50

将式(1)代入式(3)得

$$\boldsymbol{B}(\boldsymbol{r})=\frac{\mu_0 Ne}{8\pi^2}\iiint_V\frac{\boldsymbol{r}'\times(\boldsymbol{r}-\boldsymbol{r}')\mathrm{d}V'}{r'^3|\boldsymbol{r}-\boldsymbol{r}'|^3}=\frac{\mu_0 Ne}{8\pi^2}\iiint_V\frac{\boldsymbol{r}'\times\boldsymbol{r}\mathrm{d}V'}{r'^3|\boldsymbol{r}-\boldsymbol{r}'|^3} \tag{4}$$

由图 5.1.50 可见,以 $\boldsymbol{r}$ 为轴线,保持 θ 不变,令 $\boldsymbol{r}'$ 绕 $\boldsymbol{r}$ 旋转一周,这时 $r'^3|\boldsymbol{r}-\boldsymbol{r}'|^3$ 的值不变,而一周的 $\boldsymbol{r}'\mathrm{d}V'$ 之和的方向便与 $\boldsymbol{r}$ 的方向重合,故这一圈的积分便因

$$\iiint(\boldsymbol{r}'\mathrm{d}V')\times\boldsymbol{r}=0 \tag{5}$$

而为零. 对于整个空间都可以这样做,结果都是零. 于是得所求的磁感强度为

$$\boldsymbol{B}(\boldsymbol{r})=\frac{\mu_0 Ne}{8\pi^2}\left[\iiint_V\frac{\boldsymbol{r}'\mathrm{d}V'}{r'^3|\boldsymbol{r}-\boldsymbol{r}'|^3}\right]\times\boldsymbol{r}=0 \tag{6}$$

5.2　安培环路定理

5.2.1　一般教科书上推导安培环路定理,都是以无限长直载流导线为例,在垂直于导线的平面内作环路. 如果环路不限定在上述平面内,你能否推导出同样结果?

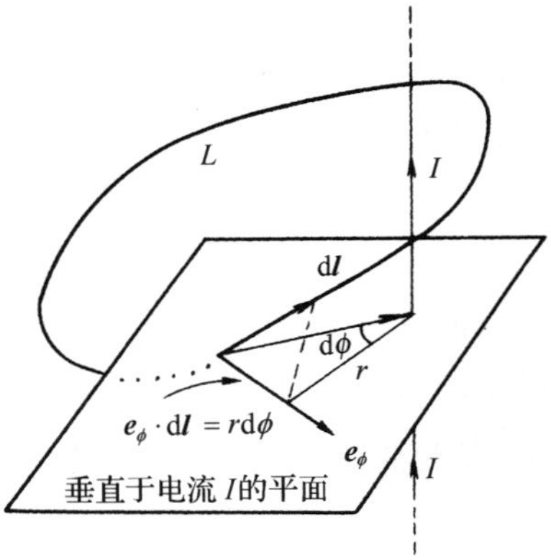

图 5.2.1

【解】　无穷长直线电流 I 在距离为 r 处产生的磁场强度为[参见前面 5.1.1 题的式(3)]

$$\boldsymbol{H}=\frac{I}{2\pi r}\boldsymbol{e}_\phi \tag{1}$$

式中 $\boldsymbol{e}_\phi$ 为电流 I 的右手螺旋方向上的单位矢量. 如果环路 L 不限定在垂直于电流 I 的平面内,如图 5.2.1 所示,则

$$\boldsymbol{H}\cdot\mathrm{d}\boldsymbol{l}=\frac{I}{2\pi r}\boldsymbol{e}_\phi\cdot\mathrm{d}\boldsymbol{l}=\frac{I}{2\pi r}r\mathrm{d}\phi=\frac{I}{2\pi}\mathrm{d}\phi \tag{2}$$

沿环路 L 积分一圈,当 L 套住电流 I 时,便得

$$\oint_L\boldsymbol{H}\cdot\mathrm{d}\boldsymbol{l}=\frac{I}{2\pi}\oint_L\mathrm{d}\phi=\frac{I}{2\pi}\cdot 2\pi=I \tag{3}$$

所以,环路 L 不在垂直于电流 I 的平面内,同样可以推出安培环路定理.

【讨论】　关于安培环路定理的一般证明,请参看张之翔《电磁学教学参考》(北京大学出版社,2015),§2.6,125—128 页.

5.2.2　两条无穷长的平行直导线相距为 $2a$,分别载有方向相同的电流 I_1 和

I_2;空间任一点 P 到 I_1 的垂直距离为 r_1,到 I_2 的垂直距离为 I_2,如图 5.2.2(1)所示. 试求 P 点的磁感强度 $\boldsymbol{B}$.

【解】 由安培环路定理得出,I_1 和 I_2 在 P 点所产生的磁感强度 $\boldsymbol{B}_1$ 和 $\boldsymbol{B}_2$ 分别为 I_1 和 I_2 的右手螺线方向[如图 5.2.2(2)所示],其大小分别为

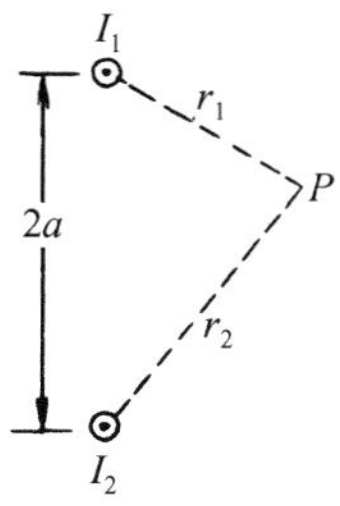

图 5.2.2(1)

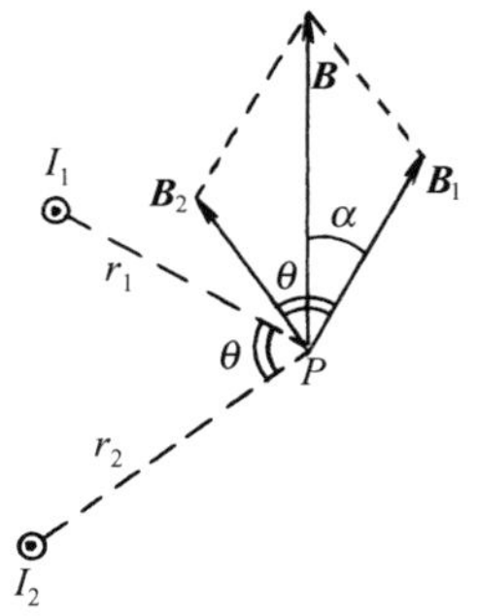

图 5.2.2(2)

$$B_1=\frac{\mu_0 I_1}{2\pi r_1},\quad B_2=\frac{\mu_0 I_2}{2\pi r_2} \tag{1}$$

P 点的磁感强度为

$$\boldsymbol{B}=\boldsymbol{B}_1+\boldsymbol{B}_2 \tag{2}$$

$\boldsymbol{B}$ 的大小为

$$\begin{aligned}B&=\sqrt{B_1^2+B_2^2-2B_1B_2\cos(\pi-\theta)}=\sqrt{B_1^2+B_2^2+2B_1B_2\cos\theta}\\&=\sqrt{\left(\frac{\mu_0 I_1}{2\pi r_1}\right)^2+\left(\frac{\mu_0 I_2}{2\pi r_2}\right)^2+2\left(\frac{\mu_0 I_1}{2\pi r_1}\right)\left(\frac{\mu_0 I_2}{2\pi r_2}\right)\left(\frac{r_1^2+r_2^2-4a^2}{2r_1r_2}\right)}\\&=\frac{\mu_0}{2\pi r_1r_2}\sqrt{I_1^2r_2^2+I_2^2r_1^2+I_1I_2(r_1^2+r_2^2-4a^2)}\end{aligned} \tag{3}$$

$\boldsymbol{B}$ 的方向如图 5.2.2(2)所示. $\boldsymbol{B}_1\perp PI_1$,$\boldsymbol{B}_2\perp PI_2$,$\boldsymbol{B}$ 在 $\boldsymbol{B}_1$ 与 PI_1 之间,$\boldsymbol{B}$ 与 $\boldsymbol{B}_1$ 的夹角 α 满足下式:

$$B_2^2=B_1^2+B^2-2B_1B\cos\alpha \tag{4}$$

代入 B_1、B_2 和 B 之后,解得

$$\cos\alpha=\frac{2I_1r_2^2+I_2(r_1^2+r_2^2-4a^2)}{2r_2\sqrt{I_1^2r_2^2+I_2^2r_1^2+I_1I_2(r_1^2+r_2^2-4a^2)}} \tag{5}$$

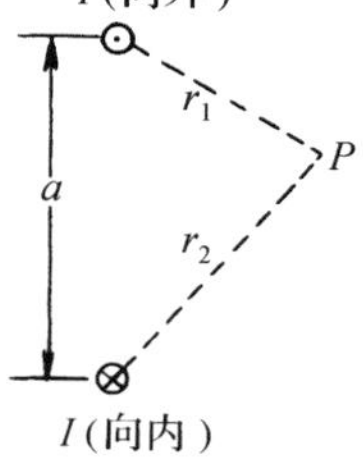

图 5.2.3(1)

5.2.3 两条无穷长的平行直导线相距为 a,载有大小相等而方向相反的电流 I;空间任一点 P 到两导线的垂直距离分别为 r_1 和 r_2,如图 5.2.3(1)所示. 试求 P 点的磁感强度 $\boldsymbol{B}$.

【解】 由安培环路定理得出,两电流在 P 点所产生的磁感强度 $\boldsymbol{B}_1$ 和 $\boldsymbol{B}_2$ 的大小分别为

$$B_1=\frac{\mu_0 I_1}{2\pi r_1},\quad B_2=\frac{\mu_0 I_2}{2\pi r_2} \tag{1}$$

它们的方向如图 5.2.3(2)所示. P 点的磁感强度为

$$\boldsymbol{B}=\boldsymbol{B}_1+\boldsymbol{B}_2 \tag{2}$$

$\boldsymbol{B}$ 的大小为

$$\begin{aligned}B&=\sqrt{B_1^2+B_2^2-2B_1B_2\cos\theta}\\&=\sqrt{B_1^2+B_2^2-2B_1B_2\left(\frac{r_1^2+r_2^2-a^2}{2r_1r_2}\right)}\\&=\frac{\mu_0 I}{2\pi}\sqrt{\frac{1}{r_1^2}+\frac{1}{r_2^2}-\frac{1}{r_1r_2}\left(\frac{r_1^2+r_2^2-a^2}{r_1r_2}\right)}\\&=\frac{\mu_0 Ia}{2\pi r_1r_2}\end{aligned} \tag{3}$$

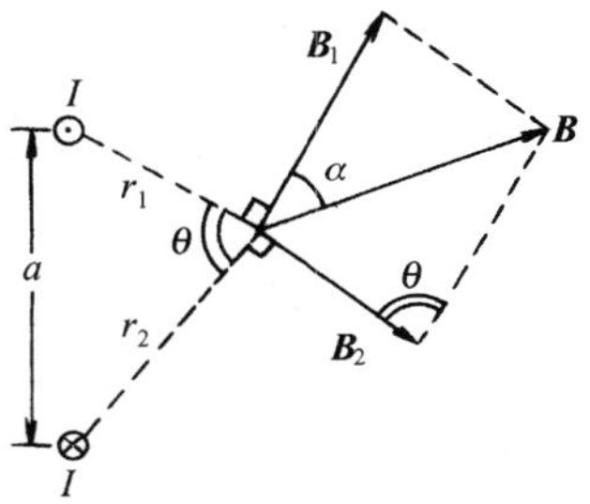

图 5.2.3(2)

$\boldsymbol{B}$ 的方向如图 5.2.3(2)所示,$\boldsymbol{B}$ 与 $\boldsymbol{B}_1$ 的夹角 α 满足下式:

$$B_2^2=B_1^2+B^2-2B_1B\cos\alpha \tag{4}$$

将式(1)、(3)代入式(4),解得

$$\cos\alpha=\frac{a^2+r_2^2-r_1^2}{2ar_2} \tag{5}$$

5.2.4　两条无穷长的平行直导线相距为 a,载有大小相等而方向相反的电流 I;在这两导线构成的平面内有一点 P,P 到其中一导线的距离为 r. 试求 P 点的磁感强度 $\boldsymbol{B}$.

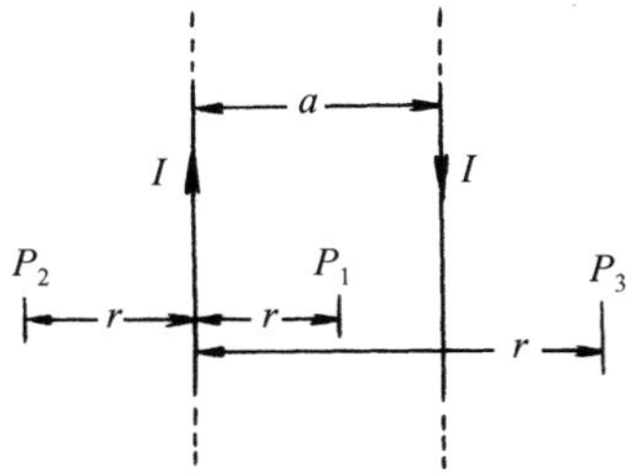

图 5.2.4

【解】　本题有三种情况,即 P 在两线间和两线外.

设 P 在两线间,如图 5.2.4 中的 P_1,到左边导线的距离为 r,则由安培环路定理得所求的磁感强度为

$$\boldsymbol{B}_1=\frac{\mu_0 I}{2\pi r}\boldsymbol{e}+\frac{\mu_0 I}{2\pi(a-r)}\boldsymbol{e}=\frac{\mu_0 Ia}{2\pi r(a-r)}\boldsymbol{e} \tag{1}$$

式中 $\boldsymbol{e}$ 为垂直于纸面向内的单位矢量.

设 P 在两线外左边,如图 5.2.4 中的 P_2,到左边导线的距离为 r,则由安培环路定理得所求的磁感强度为

$$\boldsymbol{B}_2=\frac{\mu_0 I}{2\pi r}(-\boldsymbol{e})+\frac{\mu_0 I}{2\pi(r+a)}\boldsymbol{e}=-\frac{\mu_0 Ia}{2\pi r(r+a)}\boldsymbol{e} \tag{2}$$

设 P 在两线外右边,如图 5.2.4 中的 P_3,到左边导线的距离为 r,则由安培环路定理得所求的磁感强度为

$$\boldsymbol{B}_3=\frac{\mu_0 I}{2\pi r}\boldsymbol{e}+\frac{\mu_0 I}{2\pi(r-a)}(-\boldsymbol{e})=-\frac{\mu_0 Ia}{2\pi r(r-a)}\boldsymbol{e} \tag{3}$$

5.2.5　四条无穷长的平行直导线,它们的横截面是边长为 a 的正方形,每条导线中的电流都是 I,它们的方向如图 5.2.5 所示. 试求正方形中心的磁感强度 $\boldsymbol{B}$;并计算 $a=20\text{cm}$,$I=20\text{A}$ 时 $\boldsymbol{B}$ 的值.

【解】　由安培环路定理得出,每条导线的电流在中心 O 产生的磁感强度的大小均为

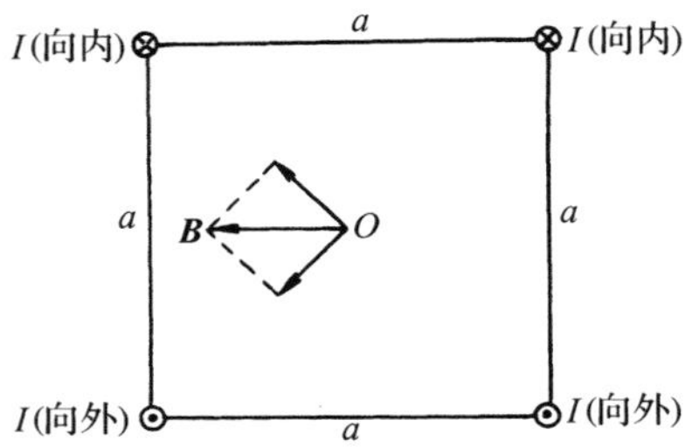

图 5.2.5

$$B_1=\frac{\mu_0 I}{2\pi\left(\frac{\sqrt{2}a}{2}\right)}=\frac{\mu_0 I}{\sqrt{2}\pi a} \tag{1}$$

对角线上两条导线的电流所产生的磁感强度方向相同,都沿另一对角线,如图 5.2.5 所示. 于是得所求的磁感强度 **B** 的大小为

$$B=4B_1\cos 45^\circ=4\cdot\frac{\mu_0 I}{\sqrt{2}\pi a}\cdot\frac{\sqrt{2}}{2}=\frac{2\mu_0 I}{\pi a} \tag{2}$$

B 的方向平行于上下两边并向左.

由式(2)得 B 的值为

$$B=\frac{2\times 4\pi\times 10^{-7}\times 20}{\pi\times 20\times 10^{-2}}=8.0\times 10^{-5}(\text{T}) \tag{3}$$

5.2.6 两条无穷长直导线互相垂直而不相交,其间最近距离为 $a=2.0\text{cm}$,电流分别为 $I_1=4.0\text{A}$ 和 $I_2=6.0\text{A}$. P 点到两导线的垂直距离都是 a,如图 5.2.6 所示. 试求 P 点的磁感强度 $\boldsymbol{B}$.

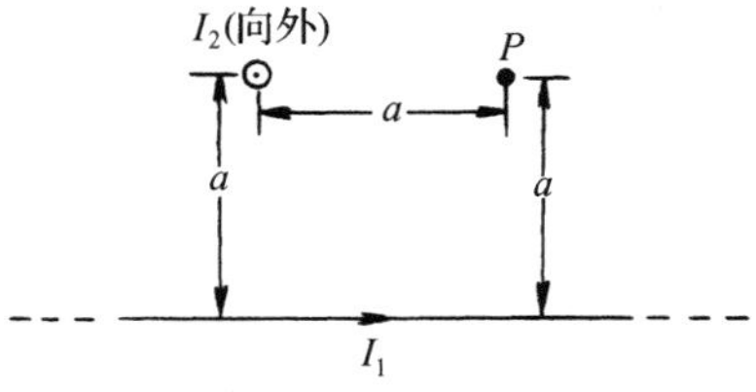

图 5.2.6

【解】 根据安培环路定理,由图 5.2.6 可见,I_1 在 P 点产生的磁感强度 $\boldsymbol{B}_1$ 垂直于纸面向外,其大小为

$$B_1=\frac{\mu_0 I_1}{2\pi a} \tag{1}$$

I_2 在 P 点产生的磁感强度 $\boldsymbol{B}_2$ 垂直于 I_1 并向上,其大小为

$$B_2=\frac{\mu_0 I_2}{2\pi a} \tag{2}$$

所求的磁感强度为

$$\boldsymbol{B}=\boldsymbol{B}_1+\boldsymbol{B}_2 \tag{3}$$

因 $\boldsymbol{B}_2\perp\boldsymbol{B}_1$,故 $\boldsymbol{B}$ 的大小为

$$B=\sqrt{B_1^2+B_2^2}=\frac{\mu_0}{2\pi a}\sqrt{I_1^2+I_2^2} \tag{4}$$

代入数值得

$$B=\frac{4\pi\times 10^{-7}}{2\pi\times 2.0\times 10^{-2}}\sqrt{4.0^2+6.0^2}=7.2\times 10^{-5}(\text{T}) \tag{5}$$

B 的方向如下:**B** 在包含 P 点且与 I_1 垂直的平面内,**B** 与 $\boldsymbol{B}_2$(向上)的夹角为

$$\theta=\arccos\left(\frac{B_2}{\sqrt{B_1^2+B_2^2}}\right)=\arccos\left(\frac{I_2}{\sqrt{I_1^2+I_2^2}}\right)$$
$$=\arccos\left(\frac{6.0}{7.2}\right)=\arccos 0.8333=33.6^\circ \tag{6}$$

5.2.7 一无穷长直线电流 I 沿 z 轴向下流到坐标原点,然后在 x-y 平面上均

匀地散开，向各个方向直流向无穷远去，如图 5.2.7 所示. 试求空间各处的磁感强度.

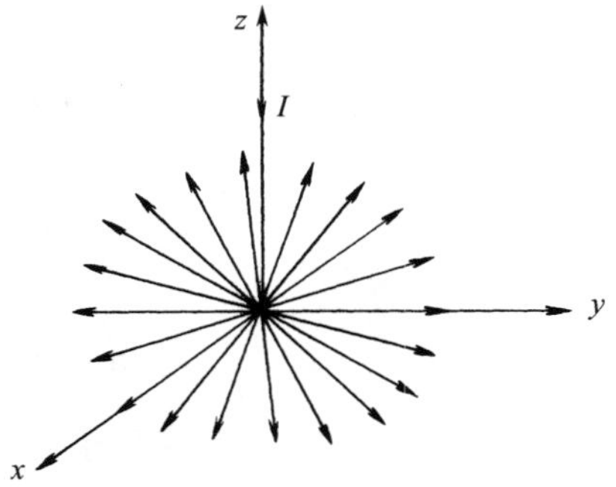

图 5.2.7

【解】 在 z 轴上取一点为圆心，以 r 为半径作一圆，圆的几何轴为 z 轴；根据对称性，在这圆上各点，磁感强度 $\boldsymbol{B}$ 的大小 B 都应相等. 于是由安培环路定理得

$$B=\frac{\mu_0 I}{2\pi r} \tag{1}$$

以 $\boldsymbol{e}_z$ 代表 z 轴方向的单位矢量，$\boldsymbol{r}$ 表示从 z 轴到场点的位矢，$|\boldsymbol{r}|=r$，则 $z>0$ 处的磁感强度可表示为

$$\boldsymbol{B}=\frac{\mu_0 I}{2\pi r^2}\boldsymbol{r}\times\boldsymbol{e}_z,\quad z>0 \tag{2}$$

在 $z<0$ 处，由安培环路定理得

$$\boldsymbol{B}=0,\quad z<0 \tag{3}$$

5.2.8 一载有电流 I 的无穷长直导线垂直到地面，I 到达地面后，便分散开来，均匀地向各个方向流去，如图 5.2.8(1)所示. 把地面当作无穷大的平面，设大地的磁导率为 μ_0，试求地面以上和地面以下各处的磁感强度.

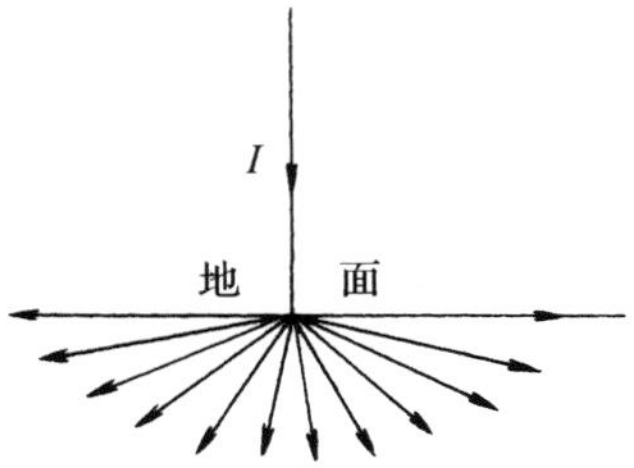

图 5.2.8(1)

【解】 在地面以上，在导线上取一点为圆心，以 r 为半径作一圆，圆的几何轴线为导线；根据对称性，在这圆上各点，磁感强度 $\boldsymbol{B}$ 的大小 B 都应相等. 于是由安培环路定理得

$$B=\frac{\mu_0 I}{2\pi r} \tag{1}$$

以 $\boldsymbol{n}$ 表示垂直于地面向上的单位矢量，$\boldsymbol{r}$ 表示从导线到场点的位矢，$|\boldsymbol{r}|=r$，则地面以上的磁感强度可表示为

$$\boldsymbol{B}=\frac{\mu_0 I}{2\pi r^2}\boldsymbol{r}\times\boldsymbol{n} \tag{2}$$

在地面以下，离地面为 d 处，在 I 的延长线上取一点为圆心，以 r 为半径作一圆，圆的几何轴线与地面上的导线及其延长线重合，如图 5.2.8(2)所示. 根据对称性，这个圆上的各点，磁感强度 $\boldsymbol{B}$ 的大小 B 都应相等；这个圆所套住的(即穿过这个圆的)电流为

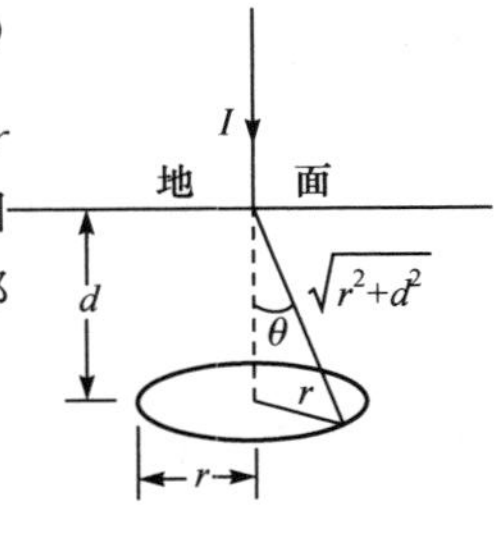

图 5.2.8(2)

$$i=\iint_S \boldsymbol{j}\cdot\mathrm{d}\boldsymbol{S}=\int_0^\theta\int_0^{2\pi}\frac{I}{2\pi(r^2+d^2)}(r^2+d^2)\sin\theta\mathrm{d}\theta\mathrm{d}\phi$$

$$=I\int_0^\theta\sin\theta\mathrm{d}\theta=I(1-\cos\theta)$$

$$=I\left(1-\frac{d}{\sqrt{r^2+d^2}}\right) \tag{3}$$

于是由安培环路定理得

$$B=\frac{\mu_0 i}{2\pi r}=\frac{\mu_0 I}{2\pi r}\left(1-\frac{d}{\sqrt{r^2+d^2}}\right) \tag{4}$$

考虑 $\boldsymbol{B}$ 的方向，便得

$$\boldsymbol{B}=\frac{\mu_0 I}{2\pi r^2}\left(1-\frac{d}{\sqrt{r^2+d^2}}\right)\boldsymbol{r}\times\boldsymbol{n} \tag{5}$$

5.2.9　一无穷大平面上有均匀分布的电流，面电流密度为 $\boldsymbol{k}$，$\boldsymbol{k}$ 的方向是电流流动的方向，$\boldsymbol{k}$ 的大小等于通过单位长度（该面上垂直于 $\boldsymbol{k}$ 的单位长度）的电流. 试求这面电流在离它为 r 处产生的磁感强度 $\boldsymbol{B}$.

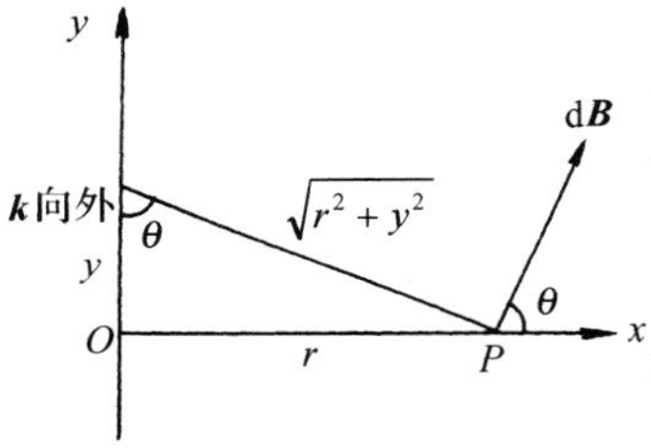

图 5.2.9(1)

【解】　以电流所在的平面为 $x=0$ 平面，取笛卡儿坐标系如图 5.2.9(1)所示，使 $\boldsymbol{k}$ 沿 z 轴方向. 求离电流面为 r 处的 P 点的磁感强度. 在 y 处取宽为 $\mathrm{d}y$ 的无穷长条，这长条上的电流为

$$\mathrm{d}I=k\mathrm{d}y \tag{1}$$

这是一条无穷长的线电流，根据安培环路定理，它在 P 点产生的磁感强度 $\mathrm{d}\boldsymbol{B}$ 的大小为

$$\mathrm{d}B=\frac{\mu_0\mathrm{d}I}{2\pi\sqrt{r^2+y^2}}=\frac{\mu_0 k\mathrm{d}y}{2\pi\sqrt{r^2+y^2}} \tag{2}$$

$\mathrm{d}\boldsymbol{B}$ 在 x 方向上和 y 方向上的分量分别为

$$\mathrm{d}B_x=(\mathrm{d}B)\cos\theta=\frac{\mu_0 k\mathrm{d}y}{2\pi\sqrt{r^2+y^2}}\cos\theta \tag{3}$$

$$\mathrm{d}B_y=(\mathrm{d}B)\sin\theta=\frac{\mu_0 k\mathrm{d}y}{2\pi\sqrt{r^2+y^2}}\sin\theta \tag{4}$$

由图 5.2.9(1)可见

$$\cos\theta=\frac{y}{\sqrt{r^2+y^2}},\quad \sin\theta=\frac{r}{\sqrt{r^2+y^2}} \tag{5}$$

代入式(3)、(4)便得

$$\mathrm{d}B_x=\frac{\mu_0 k}{2\pi}\frac{y\mathrm{d}y}{r^2+y^2} \tag{6}$$

$$\mathrm{d}B_y=\frac{\mu_0 kr}{2\pi}\frac{\mathrm{d}y}{r^2+y^2} \tag{7}$$

积分便得整个面电流在 P 点产生的磁感强度 $\boldsymbol{B}$ 的分量为

$$B_x=\frac{\mu_0 k}{2\pi}\int_{-\infty}^{\infty}\frac{y\mathrm{d}y}{r^2+y^2}=\frac{\mu_0 k}{4\pi}\ln(r^2+y^2)\bigg|_{y=-\infty}^{y=\infty}=0 \tag{8}$$

$$B_y=\frac{\mu_0 kr}{2\pi}\int_{-\infty}^{\infty}\frac{\mathrm{d}y}{r^2+y^2}=\frac{\mu_0 k}{2\pi}\arctan\left(\frac{y}{r}\right)\Bigg|_{y=-\infty}^{y=\infty}=\frac{\mu_0 k}{2} \tag{9}$$

所以
$$B=\sqrt{B_x^2+B_y^2}=B_y=\frac{\mu_0 k}{2} \tag{10}$$

以 $\boldsymbol{n}$ 表示电流面的法线方向上的单位矢量，则所求的 P 点的磁感强度为

$$\boldsymbol{B}=\frac{1}{2}\mu_0\boldsymbol{k}\times\boldsymbol{n} \tag{11}$$

【别解】 根据对称性，知这面电流产生的磁感强度 $\boldsymbol{B}$ 应与电流面平行而与电流成右手螺旋方向. 据此，取安培环路 L 为长方形，长方形的面与 $\boldsymbol{k}$ 垂直，长为 l 的两对边分别处在 $\boldsymbol{k}$ 的两边，并与电流面平行，且到电流面的距离都是 r，如图 5.2.9(2)所示. 于是由安培环路定理得

$$\oint_L\boldsymbol{B}\cdot\mathrm{d}\boldsymbol{l}=2Bl=\mu_0 kl \tag{12}$$

所以
$$B=\frac{1}{2}\mu_0 k \tag{13}$$

考虑 $\boldsymbol{B}$ 的方向，便得

$$\boldsymbol{B}=\frac{1}{2}\mu_0\boldsymbol{k}\times\boldsymbol{n} \tag{14}$$

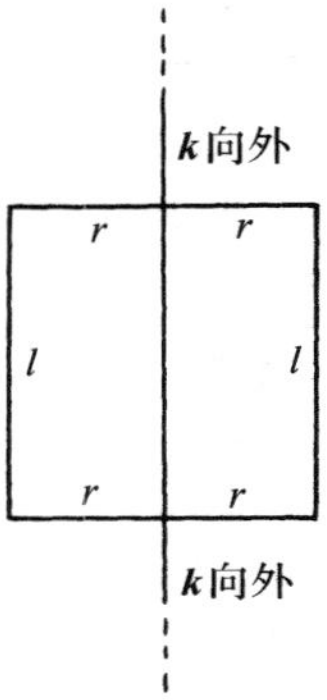

图 5.2.9(2)

【讨论】 由式(11)或式(14)可见，无穷大平面上的均匀电流 $\boldsymbol{k}$ 所产生的磁场是均匀磁场，磁场的 $\boldsymbol{B}$ 与 $\boldsymbol{k}$ 垂直，$\boldsymbol{B}$ 的方向为 $\boldsymbol{k}$ 的右手螺旋方向.

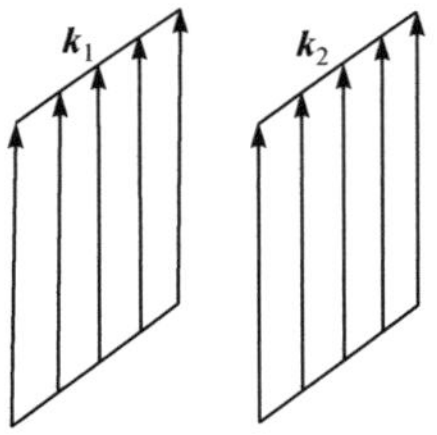

图 5.2.10

5.2.10 两无穷大的平行平面上都有均匀分布的电流，面电流密度分别为 $\boldsymbol{k}_1$ 和 $\boldsymbol{k}_2$，$\boldsymbol{k}_1$ 与 $\boldsymbol{k}_2$ 平行，它们的一部分如图 5.2.10 所示.(1)试求两面之间的磁感强度 $\boldsymbol{B}$；(2)试求两面之外的磁感强度 $\boldsymbol{B}$；(3)当 $\boldsymbol{k}_1=\boldsymbol{k}_2$ 时结果如何？(4)当 $\boldsymbol{k}_1=-\boldsymbol{k}_2$ 时结果如何？

【解】 (1)设 $\boldsymbol{n}_{12}$ 为电流面法线方向上的单位矢量，由 $\boldsymbol{k}_1$ 指向 $\boldsymbol{k}_2$. 根据前面 5.2.9 题的式(11)和磁感强度的叠加原理，得两面之间的磁感强度为

$$\begin{aligned}\boldsymbol{B}&=\frac{1}{2}\mu_0\boldsymbol{k}_1\times\boldsymbol{n}_{12}+\frac{1}{2}\mu_0\boldsymbol{k}_2\times(-\boldsymbol{n}_{12})\\&=\frac{1}{2}\mu_0(\boldsymbol{k}_1-\boldsymbol{k}_2)\times\boldsymbol{n}_{12}\end{aligned} \tag{1}$$

(2)两面之外的磁感强度　如图 5.2.10，$\boldsymbol{k}_1$ 外边的磁感强度为

$$\begin{aligned}\boldsymbol{B}&=\frac{1}{2}\mu_0\boldsymbol{k}_1\times(-\boldsymbol{n}_{12})+\frac{1}{2}\mu_0\boldsymbol{k}_2\times(-\boldsymbol{n}_{12})\\&=-\frac{1}{2}\mu_0(\boldsymbol{k}_1+\boldsymbol{k}_2)\times\boldsymbol{n}_{12}\end{aligned} \tag{2}$$

$\boldsymbol{k}_2$ 外边的磁感强度为

$$\boldsymbol{B}=\frac{1}{2}\mu_0\boldsymbol{k}_1\times\boldsymbol{n}_{12}+\frac{1}{2}\mu_0\boldsymbol{k}_2\times\boldsymbol{n}_{12}$$

$$=\frac{1}{2}\mu_0(\boldsymbol{k}_1+\boldsymbol{k}_2)\times\boldsymbol{n}_{12} \tag{3}$$

(3)当 $\boldsymbol{k}_1=\boldsymbol{k}_2=\boldsymbol{k}$ 时，由以上三式得：

两面间：$\boldsymbol{B}=0$ (4)

两面外：$\boldsymbol{k}_1$ 外：$\boldsymbol{B}=-\mu_0\boldsymbol{k}\times\boldsymbol{n}_{12}$ (5)

$\boldsymbol{k}_2$ 外：$\boldsymbol{B}=\mu_0\boldsymbol{k}\times\boldsymbol{n}_{12}$ (6)

(4)当 $\boldsymbol{k}_1=-\boldsymbol{k}_2$ 时，由式(1)、(2)、(3)得：

两面间：$\boldsymbol{B}=\mu_0\boldsymbol{k}_1\times\boldsymbol{n}_{12}$ (7)

两面外：$\boldsymbol{B}=0$ (8)

5.2.11　两无穷大的平行平面上都有均匀分布的电流，面电流密度分别为 $\boldsymbol{k}_1$ 和 $\boldsymbol{k}_2$，$\boldsymbol{k}_1$ 和 $\boldsymbol{k}_2$ 的夹角为 θ.(1)试求两面之间的磁感强度；(2)试求两面之外的磁感强度；(3)当 $\theta=\pi$，且 $|\boldsymbol{k}_1|=|\boldsymbol{k}_2|$ 时，结果如何？

【解】　(1)根据前面5.2.9题，无穷大平面上的均匀电流 $\boldsymbol{k}$ 所产生的磁场是均匀磁场，其磁感强度 $\boldsymbol{B}$ 为

$$\boldsymbol{B}=\frac{1}{2}\mu_0\boldsymbol{k}\times\boldsymbol{n} \tag{1}$$

式中 $\boldsymbol{n}$ 是由电流面到场点的法线方向上的单位矢量.故 $\boldsymbol{k}_1$ 和 $\boldsymbol{k}_2$ 在两面之间产生的磁感强度为

$$\boldsymbol{B}=\boldsymbol{B}_1+\boldsymbol{B}_2=\frac{1}{2}\mu_0\boldsymbol{k}_1\times\boldsymbol{n}_{12}+\frac{1}{2}\mu_0\boldsymbol{k}_2\times(-\boldsymbol{n}_{12})$$

$$=\frac{1}{2}\mu_0(\boldsymbol{k}_1-\boldsymbol{k}_2)\times\boldsymbol{n}_{12} \tag{2}$$

式中 $\boldsymbol{n}_{12}$ 为电流面法线方向上的单位矢量，由 $\boldsymbol{k}_1$ 指向 $\boldsymbol{k}_2$.$\boldsymbol{B}$ 的大小为

$$B=\sqrt{B_1^2+B_2^2+2B_1B_2\cos(\pi-\theta)}=\sqrt{B_1^2+B_2^2-2B_1B_2\cos\theta}$$

$$=\frac{1}{2}\mu_0\sqrt{k_1^2+k_2^2-2k_1k_2\cos\theta} \tag{3}$$

(2)两面之外的磁感强度

$\boldsymbol{k}_1$ 外边：

$$\boldsymbol{B}=\frac{1}{2}\mu_0\boldsymbol{k}_1\times(-\boldsymbol{n}_{12})+\frac{1}{2}\mu_0\boldsymbol{k}_2\times(-\boldsymbol{n}_{12})$$

$$=-\frac{1}{2}\mu_0(\boldsymbol{k}_1+\boldsymbol{k}_2)\times\boldsymbol{n}_{12} \tag{4}$$

$\boldsymbol{k}_2$ 外边：

$$\boldsymbol{B}=\frac{1}{2}\mu_0\boldsymbol{k}_1\times\boldsymbol{n}_{12}+\frac{1}{2}\mu_0\boldsymbol{k}_2\times\boldsymbol{n}_{12}$$

$$=\frac{1}{2}\mu_0(\boldsymbol{k}_1+\boldsymbol{k}_2)\times\boldsymbol{n}_{12} \tag{5}$$

$\boldsymbol{B}$ 的大小都是

$$B=\sqrt{B_1^2+B_2^2+2B_1B\cos\theta}$$

$$=\frac{1}{2}\mu_0\sqrt{k_1^2+k_2^2+2k_1k_2\cos\theta} \tag{6}$$

(3)当 $\theta=\pi$，且 $|\boldsymbol{k}_1|=|\boldsymbol{k}_2|$ 时，两面之间的磁感强度为

$$\boldsymbol{B}=\frac{1}{2}\mu_0(\boldsymbol{k}_1-\boldsymbol{k}_2)\times\boldsymbol{n}_{12}=\mu_0\boldsymbol{k}_1\times\boldsymbol{n}_{12} \tag{7}$$

两面之外的磁感强度为

$$\boldsymbol{B}=\pm\frac{1}{2}\mu_0(\boldsymbol{k}_1+\boldsymbol{k}_2)\times\boldsymbol{n}_{12}=0 \tag{8}$$

5.2.12 电流 I 均匀分布在半径为 R 的无限长直圆筒面上，平行于圆筒的轴线流动. 试求这电流在离轴线为 r 处产生的磁感强度 $\boldsymbol{B}$.

【解】 根据对称性和安培环路定理得，圆筒内

$$\oint_L \boldsymbol{B}\cdot d\boldsymbol{l}=B\cdot 2\pi r=0$$

所以

$$\boldsymbol{B}=0,\quad r<R \tag{1}$$

圆筒外

$$\oint_L \boldsymbol{B}\cdot d\boldsymbol{l}=B\cdot 2\pi r=\mu_0 I,$$

所以

$$\boldsymbol{B}=\frac{\mu_0 I}{2\pi r^2}\boldsymbol{e}\times\boldsymbol{r},\quad r>R \tag{2}$$

式中 $\boldsymbol{e}$ 为电流 I 的方向上的单位矢量.

【讨论】 圆筒面上（即面电流所在处）的磁感强度不能由安培环路定理求出. 根据前面 5.1.41 题的结果式(7)，圆筒面上面电流所在处的磁感强度为

$$\boldsymbol{B}=\frac{\mu_0 I}{4\pi R}\boldsymbol{e}\times\boldsymbol{n} \tag{3}$$

式中 $\boldsymbol{n}$ 为圆筒面外法线方向上的单位矢量.

由式(1)、(2)可见，当 $r\to R$ 时

圆筒内：

$$\boldsymbol{B}_-=\lim_{r\to R}\boldsymbol{B}=0 \tag{4}$$

圆筒外：

$$\boldsymbol{B}_+=\lim_{r\to R}\frac{\mu_0 I}{2\pi r^2}\boldsymbol{e}\times\boldsymbol{r}=\frac{\mu_0 I}{2\pi R}\boldsymbol{e}\times\boldsymbol{n} \tag{5}$$

由式(3)、(4)、(5)可见：面电流 $\boldsymbol{k}=\frac{I\boldsymbol{e}}{2\pi R}$ 所在处的磁感强度为

$$\boldsymbol{B}=\frac{1}{2}(\boldsymbol{B}_-+\boldsymbol{B}_+) \tag{6}$$

它表明：面电流所在处的任一点的磁感强度 $\boldsymbol{B}$，等于从该面两边趋于该点时磁感强度的极限值（$\boldsymbol{B}_-$ 和 $\boldsymbol{B}_+$）的平均. 这是一个普遍规律，这个规律与面电荷所在处电场强度的规律相同.［参见张之翔，《电磁学教学札记》（高等教育出版社，1987），§8，35—46 页；或《电磁学教学参考》（北京大学出版社，2015），§2.4，105—114 页.］

5.2.13 一无穷长的导体直圆管，内半径为 a，外半径为 b，载有电流 I，I 沿轴线方向流动，并且均匀分布在圆管的横截面上，其中一段如图 5.2.13 所示. 试求离管的轴线为 r 处的磁感强度 $\boldsymbol{B}$.

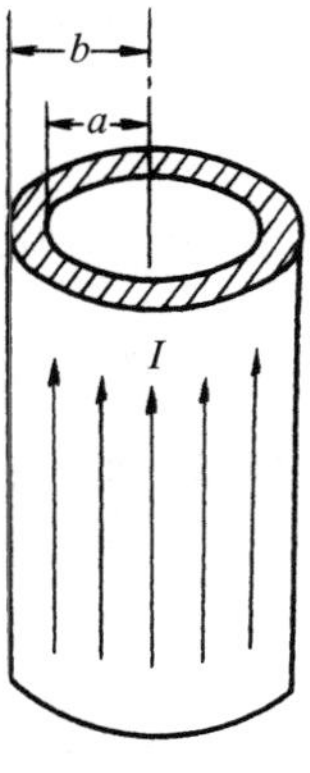

图 5.2.13

【解】 根据对称性和安培环路定理得

$$\oint_L \boldsymbol{B}\cdot d\boldsymbol{l}=B\cdot 2\pi r$$

$$=\begin{cases}0, & r<a\\ \mu_0 I\dfrac{r^2-a^2}{b^2-a^2}, & a<r<b\\ \mu_0 I, & r>b\end{cases} \tag{1}$$

于是得所求的磁感强度为

管内($r<a$):$\boldsymbol{B}=0$ (2)

管体内($a<r<b$):$\boldsymbol{B}=\dfrac{\mu_0 I}{2\pi r^2}\dfrac{r^2-a^2}{b^2-a^2}\boldsymbol{e}\times\boldsymbol{r}$ (3)

管外($r>b$):$\boldsymbol{B}=\dfrac{\mu_0 I}{2\pi r^2}\boldsymbol{e}\times\boldsymbol{r}$ (4)

式中 $\boldsymbol{e}$ 为电流方向上的单位矢量,$\boldsymbol{r}$ 为从轴线到场点的位矢量,$|\boldsymbol{r}|=r$.

5.2.14　一很长的导体直圆管,管厚为 5.0mm,外直径为 50.0mm,载有 50A 的电流,电流沿管的轴线方向流动,并且均匀分布在管的横截面上. 试求下列几处磁场强度 $\boldsymbol{H}$ 的大小 H:(1)管外靠近外壁;(2)管内靠近内壁;(3)内外壁之间的中点.

【解】 (1)将管当作无限长,由对称性和安培环路定理得

$$\oint_L \boldsymbol{H}\cdot d\boldsymbol{l}=H\cdot 2\pi r=I \tag{1}$$

管外靠近管壁处,$r=\dfrac{1}{2}\times 50.0\text{mm}$,故得

$$H=\frac{I}{2\pi r}=\frac{50}{2\pi\times\frac{1}{2}\times 50.0\times 10^{-3}}=3.2\times 10^2(\text{A/m}) \tag{2}$$

(2)管内靠近管壁处

$$\oint_L \boldsymbol{H}\cdot d\boldsymbol{l}=H\cdot 2\pi r=0 \tag{3}$$

所以

$$H=0 \tag{4}$$

(3)管的内外壁之间的中点

$$\oint_L \boldsymbol{H}\cdot d\boldsymbol{l}=H\cdot 2\pi r=\frac{r^2-a^2}{b^2-a^2}I \tag{5}$$

式中 $b=\dfrac{1}{2}\times 50.0=25.0(\text{mm})$为管的外半径,$a=b-5.0=25.0-5.0=20.0(\text{mm})$为管的内半径. 内外壁之间的中点,其半径为 $r=\dfrac{1}{2}(a+b)=\dfrac{1}{2}\times(20.0+25.0)=22.5(\text{mm})$. 于是得这点的磁场强度的大小为

$$\begin{aligned}H&=\frac{I}{2\pi r}\frac{r^2-a^2}{b^2-a^2}=\frac{50}{2\pi\times 22.5\times 10^{-3}}\times\frac{22.5^2-20.0^2}{25.0^2-20.0^2}\\&=1.7\times 10^2(\text{A/m})\end{aligned} \tag{6}$$

5.2.15　一很长的直同轴电缆,里面导线的半径为 a,外面是半径为 b 的导体薄圆管,其厚度可略去不计. 电流 I 由导线流去,由圆管流回,I 均匀分布在导线的

横截面上，也均匀分布在管的横截面上. 试求离轴线为 r 处的磁感强度 $\boldsymbol{B}$ 的大小.

【解】 根据对称性和安培环路定理得

导线内：$\oint_L \boldsymbol{B}\cdot d\boldsymbol{l} = B\cdot 2\pi r = \mu_0 I\dfrac{\pi r^2}{\pi a^2} = \mu_0 I\dfrac{r^2}{a^2}$ (1)

所以
$$B=\frac{\mu_0 Ir}{2\pi a^2},\quad r<a \tag{2}$$

导线与管间：$\oint_L \boldsymbol{B}\cdot d\boldsymbol{l} = B\cdot 2\pi r = \mu_0 I$ (3)

所以
$$B=\frac{\mu_0 I}{2\pi r},\quad a<r<b \tag{4}$$

管外：$\oint_L \boldsymbol{B}\cdot d\boldsymbol{l} = B\cdot 2\pi r = \mu_0 (I-I) = 0$ (5)

所以
$$B=0,\quad r>b \tag{6}$$

5.2.16 电缆由一导体直圆柱和一同轴导体圆管构成，使用时，电流 I 从一导体流去，由另一导体流回，I 均匀分布在圆柱的横截面上，也均匀分布在管的横截面上. 已知圆柱的半径为 r_1，圆管的内外半径分别为 r_2 和 r_3，其中一段如图 5.2.16 所示. 试求离轴线为 r 处的磁场强度 $\boldsymbol{H}$ 的大小.

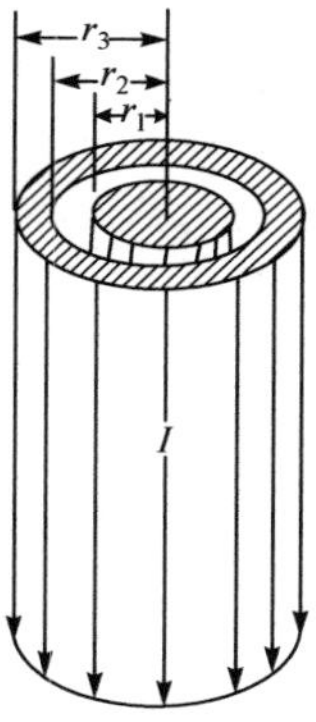

图 5.2.16

【解】 根据对称性和安培环路定理得
$$\oint_L \boldsymbol{H}\cdot d\boldsymbol{l} = H\cdot 2\pi r = I_i \tag{1}$$
式中 I_i 是安培环路 L 所套住的电流的代数和. 于是得所求的磁场强度 $\boldsymbol{H}$ 的大小为
$$H=\frac{I_i}{2\pi r} \tag{2}$$

导线内：$H=\dfrac{I}{2\pi r}\dfrac{\pi r^2}{\pi r_1^2}=\dfrac{Ir}{2\pi r_1^2},\quad r<r_1$ (3)

导线与管间：$H=\dfrac{I}{2\pi r},\quad r_1<r<r_2$ (4)

管体内：$H=\dfrac{I}{2\pi r}\left(1-\dfrac{r^2-r_2^2}{r_3^2-r_2^2}\right)=\dfrac{I}{2\pi r}\dfrac{r_3^2-r^2}{r_3^2-r_2^2},\quad r_2<r<r_3$ (5)

管外：$H=0,\quad r>r_3$ (6)

5.2.17 半径为 R 的无穷长直圆柱面上有一层均匀分布的面电流，电流都环绕着轴线流动并与轴线垂直(图 5.2.17(1))，面电流密度为 $\boldsymbol{k}$，$\boldsymbol{k}$ 的大小等于通过单位长度(该面上垂直于 $\boldsymbol{k}$ 的单位长度)的电流. 试求离轴线为 r 处的磁感强度 $\boldsymbol{B}$.

【解】 先考虑轴线上的磁感强度 $\boldsymbol{B}$. 如图 5.2.17(2)，P 为轴线上的一点，离 P 为 x 处的圆柱面上长为 dx 的一段，其电流为 $dI=k dx$，式中 $k=|\boldsymbol{k}|$. 这是一个圆电流，根据前面 5.1.20 题的式(2)，这 dI 在 P 点产生的磁感强度 $d\boldsymbol{B}$ 沿轴线向右，其大小为
$$dB=\frac{\mu_0 R^2 k dx}{2(x^2+R^2)^{3/2}} \tag{1}$$

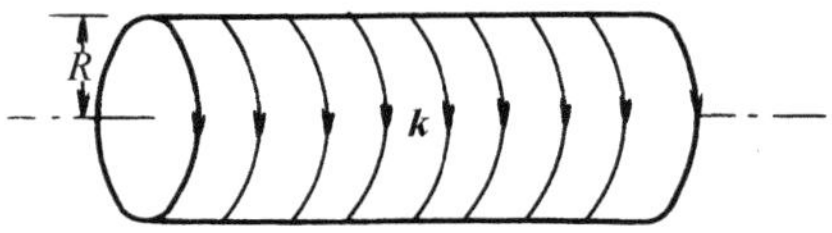

图 5.2.17(1)

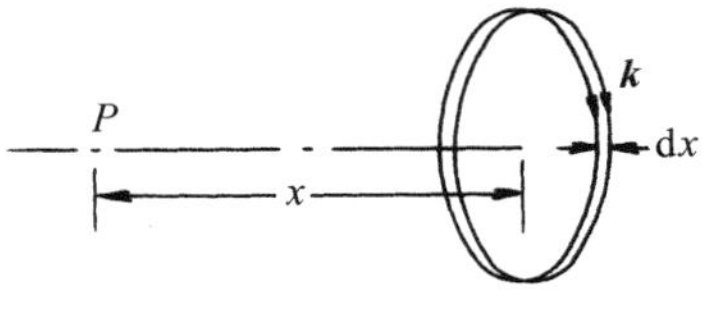

图 5.2.17(2)

积分便得整个圆柱面电流在 P 点产生的磁感强度 $\boldsymbol{B}$ 的大小为

$$B=\frac{\mu_0 kR^2}{2}\int_{-\infty}^{\infty}\frac{\mathrm{d}x}{(x^2+R^2)^{3/2}}=\frac{\mu_0 kR^2}{2}\left[\frac{x}{R^2\sqrt{x^2+R^2}}\right]_{x=-\infty}^{x=\infty}$$

$$=\mu_0 k \tag{2}$$

所以

$$\boldsymbol{B}=\mu_0\boldsymbol{k}\times\boldsymbol{n}_i \tag{3}$$

式中 $\boldsymbol{n}_i$ 是圆柱面内法线方向上的单位矢量，指向轴线. 式(3)表明：轴线上各点的 $\boldsymbol{B}$ 都相同.

根据对称性可知：(一)圆柱面内外任一点的磁感强度其方向必定都平行于轴线；(二)离轴线距离相等的地方，磁感强度的大小必定相等. 利用这两点，作一长方形安培环路 L，使其长为 l 的一边沿轴线，对边在圆柱面内，它上面各点的磁感强度为 $\boldsymbol{B}_i$，则由安培环路定理和式(3)得

$$\oint_L \boldsymbol{B}\cdot\mathrm{d}\boldsymbol{l}=0 \tag{4}$$

得

$$\mu_0\boldsymbol{k}\times\boldsymbol{n}_i\cdot\boldsymbol{l}-\boldsymbol{B}_i\cdot\boldsymbol{l}=0$$

所以

$$\boldsymbol{B}_i=\mu_0\boldsymbol{k}\times\boldsymbol{n}_i,\quad r<R \tag{5}$$

即圆柱面内每一点的磁感强度都相等，都是 $\mu_0\boldsymbol{k}\times\boldsymbol{n}_i$，所以圆柱面内的磁场是均匀磁场.

再求圆柱面外的磁感强度. 这时使安培环路 L 长为 l 的一边沿轴线，对边在圆柱面外，它上面各点的磁感强度为 $\boldsymbol{B}_0$，则得

$$\oint_L \boldsymbol{B}\cdot\mathrm{d}\boldsymbol{l}=\mu_0\boldsymbol{k}\times\boldsymbol{n}_i\cdot\boldsymbol{l}-\boldsymbol{B}_0\cdot\boldsymbol{l}=\mu_0 kl \tag{6}$$

因为

$$\mu_0\boldsymbol{k}\times\boldsymbol{n}_i\cdot\boldsymbol{l}=\mu_0 kl \tag{7}$$

所以

$$\boldsymbol{B}_0=0,\quad r>R \tag{8}$$

即圆柱面外的磁感强度处处为零.

至于 $r=R$ 处(即面电流所在处)的磁感强度，就不能用安培环路定理求出了. 它可以用积分直接算出，也可以用公式

$$\boldsymbol{B}=\frac{1}{2}(\boldsymbol{B}_-+\boldsymbol{B}_+) \tag{9}$$

算出，结果为

$$\boldsymbol{B}_k=\frac{1}{2}\mu_0\boldsymbol{k}\times\boldsymbol{n}_i \tag{10}$$

[参见张之翔《电磁学教学札记》(高等教育出版社，1987)，§8，35—46 页；或《电磁学教学参考》(北京大学出版社，2015)，§2.4，105—114 页.]

5.2.18　半径为 R 的无穷长直圆柱面上有一层均匀分布的面电流，电流都环绕轴线流动并与轴线方向成一角度 θ，即电流在圆柱面上沿螺旋线向前流动，其中

一段如图 5.2.18 所示. 已知面电流密度为 $\boldsymbol{k}$, $\boldsymbol{k}$ 的方向为螺旋线的切线方向, $\boldsymbol{k}$ 的大小等于通过单位长度(该面上垂直于 $\boldsymbol{k}$ 的单位长度)的电流. 试求离轴线为 r 处的磁感强度.

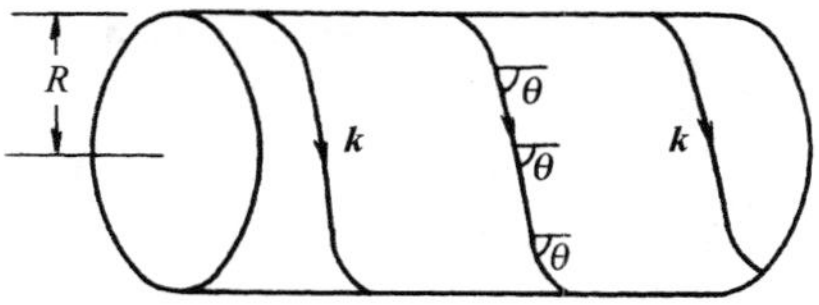

图 5.2.18

【解】 将 $\boldsymbol{k}$ 分解为平行于轴线的分量

$$k_{\parallel}=k\cos\theta \tag{1}$$

和垂直于轴线的分量

$$k_{\perp}=k\sin\theta \tag{2}$$

根据前面 5.2.12 题的结果, $k_{\parallel}$ 产生的磁感强度如下:

圆柱面内:
$$\boldsymbol{B}_1=0,\quad r<R \tag{3}$$

圆柱面外:
$$\boldsymbol{B}_1=\frac{\mu_0 I_{\parallel}}{2\pi r^2}\boldsymbol{e}\times\boldsymbol{r}=\frac{\mu_0\cdot 2\pi Rk\cos\theta}{2\pi r^2}\boldsymbol{e}\times\boldsymbol{r}$$
$$=\frac{\mu_0 Rk\cos\theta}{r^2}\boldsymbol{e}\times\boldsymbol{r},\quad r>R \tag{4}$$

式中 $\boldsymbol{e}$ 为 $\boldsymbol{k}_{\parallel}$ 方向上的单位矢量, $\boldsymbol{r}$ 为从轴线到场点的位矢, $|\boldsymbol{r}|=r$.

圆柱面上:
$$\boldsymbol{B}_1=\frac{\mu_0 I_{\parallel}}{4\pi R}\boldsymbol{e}\times\boldsymbol{n}=\frac{\mu_0\cdot 2\pi Rk\cos\theta}{4\pi R}\boldsymbol{e}\times\boldsymbol{n}$$
$$=\frac{1}{2}\mu_0 k\cos\theta\boldsymbol{e}\times\boldsymbol{n},\quad r=R \tag{5}$$

式中 $\boldsymbol{n}$ 为圆柱面外法线方向上的单位矢量.

又根据前面 5.2.17 题的结果, $k_{\perp}$ 产生的磁感强度如下:

圆柱面内:
$$\boldsymbol{B}_2=\mu_0\boldsymbol{k}_{\perp}\times\boldsymbol{n}_i=\mu_0 k\sin\theta\boldsymbol{e},\quad r<R \tag{6}$$

圆柱面外:
$$\boldsymbol{B}_2=0,\quad r>R \tag{7}$$

圆柱面上:
$$\boldsymbol{B}_2=\frac{1}{2}\mu_0 k\sin\theta\boldsymbol{e},\quad r=R \tag{8}$$

根据磁感强度叠加原理, $\boldsymbol{k}$ 所产生的磁感强度为

$$\boldsymbol{B}=\boldsymbol{B}_1+\boldsymbol{B}_2 \tag{9}$$

于是由式(3)至(8)得

圆柱面内:
$$\boldsymbol{B}=\mu_0 k\sin\theta\boldsymbol{e},\quad r<R \tag{10}$$

圆柱面外:
$$\boldsymbol{B}=\frac{\mu_0 Rk\cos\theta}{r^2}\boldsymbol{e}\times\boldsymbol{r},\quad r>R \tag{11}$$

圆柱面上:
$$\boldsymbol{B}=\frac{1}{2}\mu_0 k(\cos\theta\boldsymbol{e}\times\boldsymbol{n}+\sin\theta\boldsymbol{e}),\quad r=R \tag{12}$$

5.2.19 一螺绕环由表面绝缘的细导线密绕而成,共有 N 匝,中间的半径为 R,横截面是半径为 r 的圆形,如图 5.2.19 所示,已知 $r\ll R$. 当导线中载有电流 I 时,试求环内磁感强度的大小 B.

【解】 沿环的中间作安培环路 L,由对称性和安培环路定理得

$$\oint_L \boldsymbol{B}\cdot d\boldsymbol{l}=B\cdot 2\pi R=\mu_0 NI$$

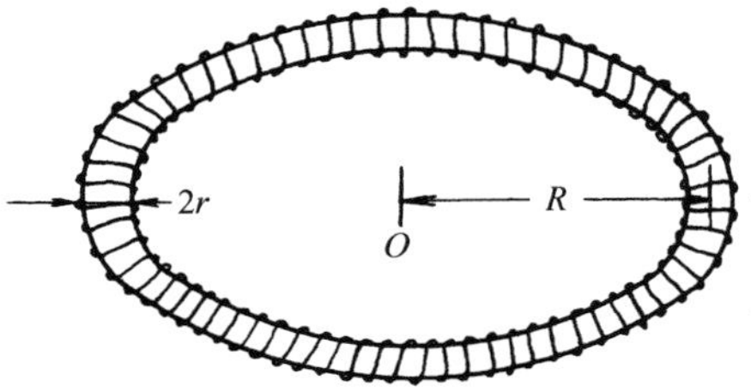

图 5.2.19

所以 $$B=\frac{\mu_0 NI}{2\pi R}$$

【讨论】 由安培环路定理可以推知，环体内越靠近内侧，磁感强度越大，最大值为 $B_{\max}=\frac{\mu_0 NI}{2\pi(R-r)}$；越靠近外侧，磁感强度越小，最小值为 $B_{\min}=\frac{\mu_0 NI}{2\pi(R+r)}$.

5.2.20 试证明：无限长密绕的直螺线管载有电流时，管内磁场是均匀磁场.

【证】 由圆电流在轴线上产生的磁感强度，经过积分得出：无穷长载流螺线管的轴线上的磁感强度为[参见前面 5.1.29 题式(7)]

$$\boldsymbol{B}=\mu_0 nI\boldsymbol{e}_I \tag{1}$$

式中 n 是沿轴线单位长度上的匝数，I 是导线中的电流，$\boldsymbol{e}_I$ 是电流的右旋进方向(沿轴线)上的单位矢量.

由对称性可知，这螺线管内任一点的磁感强度必定沿轴线方向，而且离轴线距离相等的地方，磁感强度的大小必定相等. 利用这两点，作一长方形安培环路 L，使其长为 l 的一边在轴线上，对边在螺线管内[如图 5.2.20(1)所示]，其上面各点的磁感强度为 $\boldsymbol{B}_i$，则由安培环路定理得

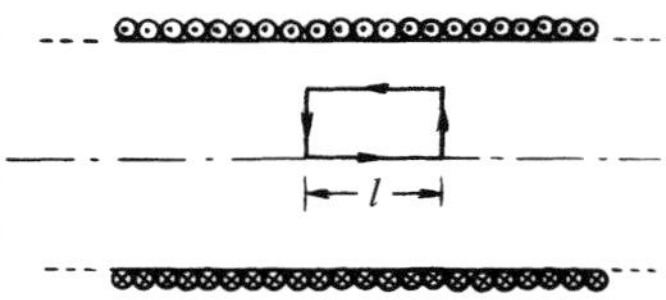

图 5.2.20(1)

$$\oint_L \boldsymbol{B}\cdot d\boldsymbol{l}=\mu_0 nI\boldsymbol{e}_I\cdot\boldsymbol{l}-\boldsymbol{B}_i\cdot\boldsymbol{l}=0 \tag{2}$$

所以
$$\boldsymbol{B}_i=\mu_0 nI\boldsymbol{e}_I \tag{3}$$

即螺线管内任一点的磁感强度都与轴线上的磁感强度相等，所以管内磁场是均匀磁场.

【讨论】 关于无限长载流螺线管内的磁场，有人提出两点：(一)电流是螺旋形的，而不是圆形的，故按圆形电流算出的式(1)只是近似式；(二)电流是一匝一匝的，而不是连续的，故螺线管内的磁场只是近似均匀的磁场.

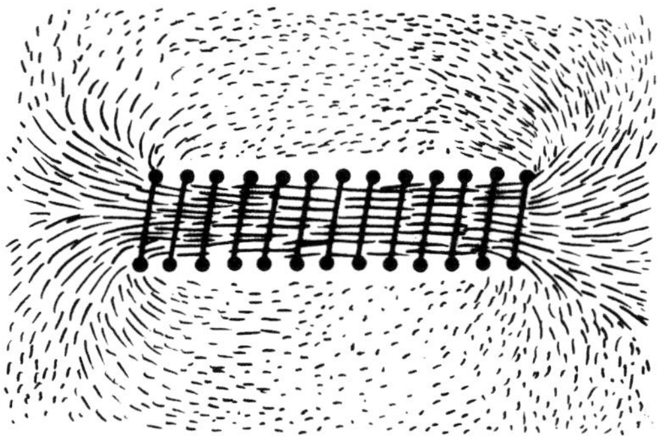

图 5.2.20(2)

对于这两点，我们的看法如下：(一)螺旋形电流可以分解为圆电流 $k_\perp$ 和平行于轴线的电流 $k_\parallel$，而 $k_\parallel$ 在螺线管内产生的磁感强度为零(参见前面 5.2.18 题)，故按圆电流算出的式(1)是准确的. 尽管其中的 I 应换成 $I\sin\theta$，但由于是密绕，θ 接近 90°，故取 $\sin\theta=1$ 也是足够准确的. (二)由于电

流是一匝一匝的，故管内的磁场是近似均匀磁场，这是对的，特别是，越靠近导线，磁场的均匀性就越差.但是，用铁屑作的实验所拍的照片[图 5.2.20(2)]表明，即使是绕得比较稀疏的螺线管，其内部磁场也还是相当均匀的.因此，作为密绕的螺线管来说，其内部的磁场，尤其是轴线附近的磁场，是足够均匀的.

5.2.21　电荷量 Q 均匀分布在半径为 R 的球面上，这球面以匀角速度绕它的一个固定直径旋转.试论证球内磁场是均匀磁场.

【论证】　将球面上的旋转电荷当作是许多圆电流，根据圆电流在轴线上产生磁感强度的公式，可以算出球面内轴线上每一点的磁感强度均为[参见前面 5.1.48 题的式(7)]

$$\boldsymbol{B}=\frac{\mu_0 Q}{6\pi R}\boldsymbol{\omega} \tag{1}$$

式中 R 是球面的半径，$\boldsymbol{\omega}$ 是角速度.

如图 5.2.21(1)，设 c、d、O、e、f 为轴线 ab 上的几点，其中 O 为球心，则有

$$B_c=B_d=B_O=B_e=B_f=\frac{\mu_0 Q\omega}{6\pi R} \tag{2}$$

根据轴对称性，球面内的 $\boldsymbol{B}$ 线只有三种可能性，分别如图 5.2.21(2)、(3)和(4)所示.先看图(2)，其中 $\boldsymbol{B}$ 线在球心处最密集，故轴线 ab 上各点的磁感强度的值应有

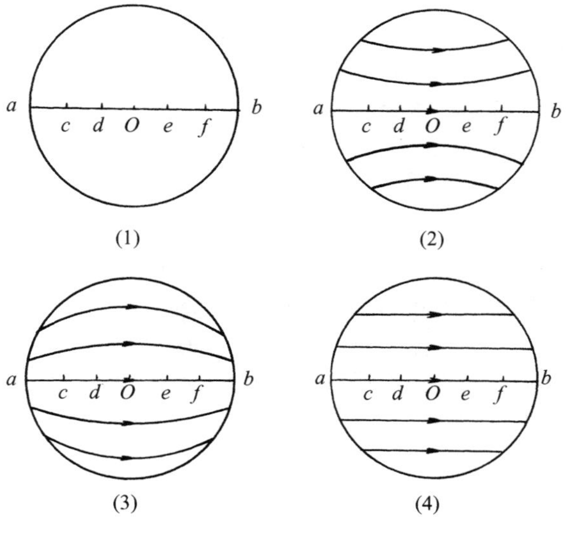

图 5.2.21

$$B_c<B_d<B_O,\quad B_O>B_e>B_f \tag{3}$$

式(3)不满足式(1)，所以球面内的 $\boldsymbol{B}$ 线不能是图 5.2.21(2)的形状.再看图 5.2.21(3)，其中 $\boldsymbol{B}$ 线在球心处最松散，故轴线 ab 上各点的磁感强度的值应有

$$B_c>B_d>B_O,\quad B_O<B_e<B_f \tag{4}$$

式(4)也不满足式(1)，所以球面内的 $\boldsymbol{B}$ 线也不能是图 5.2.21(3)的形状.

于是我们得出结论：球面内的 $\boldsymbol{B}$ 线只能是图 5.2.21(4)的形状，即平行于轴线的直线.

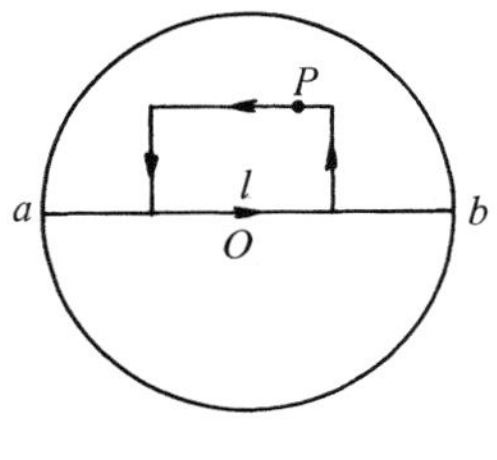

图 5.2.21(5)

再由安培环路定理证明球内磁场是均匀磁场. 如图 5.2.21(5)，设在球内任一点 P，磁感强度为 $\boldsymbol{B}$；取长方形安培环路 L，边长为 l 的一边在轴线上，其对边通过 P 点，则有

$$\oint_L \boldsymbol{B}\cdot \mathrm{d}\boldsymbol{l} = B_0 l - Bl = 0 \tag{5}$$

所以

$$B = B_0 \tag{6}$$

这表明球内任一点的磁感强度都等于球心的磁感强度.

【讨论】 本题可以直接计算球内任一点的磁感强度，得出结果为均匀磁场. 参见林璇英、张之翔《电动力学题解(第二版)》(科学出版社，2009)，2.68 题，237—242 页；或(第三版)，2.71 题，254—259 页.

5.2.22 一载有电流 I 的无穷长直导线，半径为 a，I 均匀分布在横截面上，图 5.2.22 是这导线纵剖面的一部分，其中 $ABCD$ 是一个长方形，AB 边在轴线上，CD 边在表面上，$CD=l$. 试求通过 $ABCD$ 的磁通量.

【解】 由对称性和安培环路定理得，导线内离轴线为 r 处，有

$$\oint_L \boldsymbol{B}\cdot \mathrm{d}\boldsymbol{l} = B\cdot 2\pi r = \mu_0 I\cdot \frac{\pi r^2}{\pi a^2} = \frac{\mu_0 I r^2}{a^2} \tag{1}$$

所以

$$B = \frac{\mu_0 I r}{2\pi a^2} \tag{2}$$

$\boldsymbol{B}$ 的方向与导线的纵剖面垂直. 于是由式(2)得通过 $ABCD$ 的磁通量为

$$\Phi = \iint_S \boldsymbol{B}\cdot \mathrm{d}\boldsymbol{S} = \iint_S B\,\mathrm{d}S = \frac{\mu_0 I l}{2\pi a^2}\int_0^a r\,\mathrm{d}r$$

$$= \frac{\mu_0 I l}{4\pi} \tag{3}$$

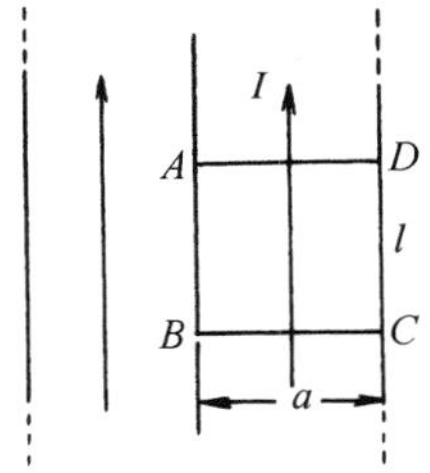

图 5.2.22

5.2.23 半径为 R 的无穷长直圆柱形导体，载有沿轴线方向流动的电流，电流均匀分布在横截面上，电流密度为 $\boldsymbol{j}$. 试求离导体轴线为 r 处的磁感强度.

【解】 根据对称性可知，空间任一点的磁感强度 $\boldsymbol{B}$ 的方向为 $\boldsymbol{j}$ 的右手螺旋方向，离轴线距离相等处，$\boldsymbol{B}$ 的大小相等. 因此，取安培环路 L 为圆形，圆心在轴线上，圆的几何轴线与导体轴线重合，圆的半径为 r. 设 $r<R$，则有

$$\oint_L \boldsymbol{B}\cdot \mathrm{d}\boldsymbol{l} = B\cdot 2\pi r = \mu_0 j\cdot \pi r^2 \tag{1}$$

所以

$$B = \frac{\mu_0}{2} j r \tag{2}$$

考虑方向，便得所求的磁感强度为

$$\boldsymbol{B} = \frac{1}{2}\mu_0 \boldsymbol{j}\times \boldsymbol{r},\quad r<R \tag{3}$$

设 $r>R$，则有

$$\oint_L \boldsymbol{B}\cdot \mathrm{d}\boldsymbol{l} = B\cdot 2\pi r = \mu_0 j\cdot \pi R^2 \tag{4}$$

所以

$$B = \frac{1}{2}\frac{R^2}{r} j \tag{5}$$

考虑方向,便得所求的磁感强度为

$$\boldsymbol{B}=\frac{1}{2}\mu_0\left(\frac{R}{r}\right)^2\boldsymbol{j}\times\boldsymbol{r},\quad r>R \tag{6}$$

5.2.24　外半径为 R 的无穷长直圆柱形导体管,管内空心部分的半径为 r,空心部分的轴线与圆柱的轴线平行,但不重合,相距为 a,管的一段如图 5.2.24 所示. 今有电流 I 沿轴线方向流动,I 均匀分布在管的横截面上. (1)试分别求圆柱轴线上和空心轴线上的磁感强度 $\boldsymbol{B}$ 的大小 B. (2)当 $R=1.0\text{cm}$,$r=0.5\text{mm}$,$a=5.0\text{mm}$ 和 $I=31\text{A}$ 时,试计算上述两处 B 的值.

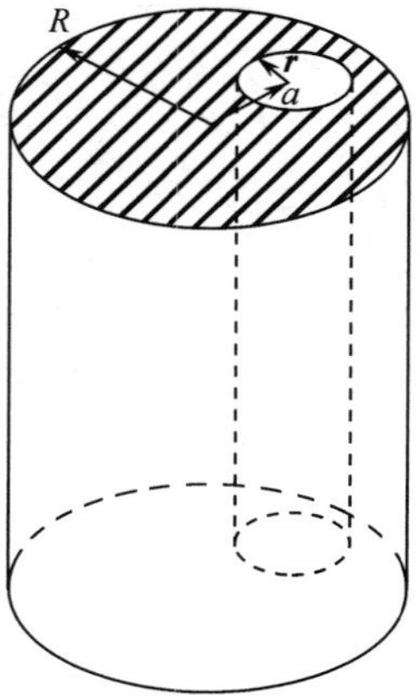

图 5.2.24

【解】　(1)空心部分可看作实心圆柱体的均匀电流加上该部分的反向电流构成. 设实心圆柱体的均匀电流在离轴线为 a 处产生的磁感强度 $\boldsymbol{B}_1$ 的大小为 B_1,则由安培环路定理得

$$\oint_L \boldsymbol{B}_1\cdot \mathrm{d}\boldsymbol{l}=B_1\cdot 2\pi a=\mu_0\frac{I\cdot \pi a^2}{\pi(R^2-r^2)}=\frac{\mu_0 I a^2}{R^2-r^2} \tag{1}$$

所以

$$B_1=\frac{\mu_0 I a}{2\pi(R^2-r^2)} \tag{2}$$

反向的小圆柱电流在大圆柱轴线上(在小圆柱外)产生的磁感强度 $\boldsymbol{B}_2$ 的大小为 B_2,由安培环路定理得

$$\oint_L \boldsymbol{B}_2\cdot \mathrm{d}\boldsymbol{l}=B_2\cdot 2\pi a=\mu_0\frac{I}{\pi(R^2-r^2)}\cdot \pi r^2=\frac{\mu_0 I r^2}{R^2-r^2}, \tag{3}$$

所以

$$B_2=\frac{\mu_0 I r^2}{2\pi a(R^2-r^2)} \tag{4}$$

均匀圆柱电流在各自的轴线上产生的磁感强度均为零. 于是得圆柱轴线上的磁感强度的大小为

$$B=B_2=\frac{\mu_0 I r^2}{2\pi a(R^2-r^2)} \tag{5}$$

空心部分轴线上的磁感强度的大小为

$$B'=B_1=\frac{\mu_0 I a}{2\pi(R^2-r^2)} \tag{6}$$

(2)代入数据得

$$\begin{aligned}B&=\frac{\mu_0 I r^2}{2\pi a(R^2-r^2)}\\&=\frac{4\pi\times10^{-7}\times31\times(0.5\times10^{-3})^2}{2\pi\times5.0\times10^{-3}\times[(1.0\times10^{-2})^2-(0.5\times10^{-3})^2]}\\&=3.1\times10^{-6}(\text{T})\end{aligned} \tag{7}$$

$$\begin{aligned}B'&=\frac{\mu_0 I a}{2\pi(R^2-r^2)}=\frac{4\pi\times10^{-7}\times31\times5.0\times10^{-3}}{2\pi\times[(1.0\times10^{-2})^2-(0.5\times10^{-3})^2]}\\&=3.1\times10^{-4}(\text{T})\end{aligned} \tag{8}$$

5.2.25　一无限长直圆柱体，内有一无限长直圆柱形空洞，空洞的轴线与圆柱的轴线平行但不重合，相距为 a. 今有电流沿轴线方向流动并均匀分布在横截面上，电流密度为 $\boldsymbol{j}$. 试证明：洞内的磁场是均匀磁场，并求出它的磁感强度.

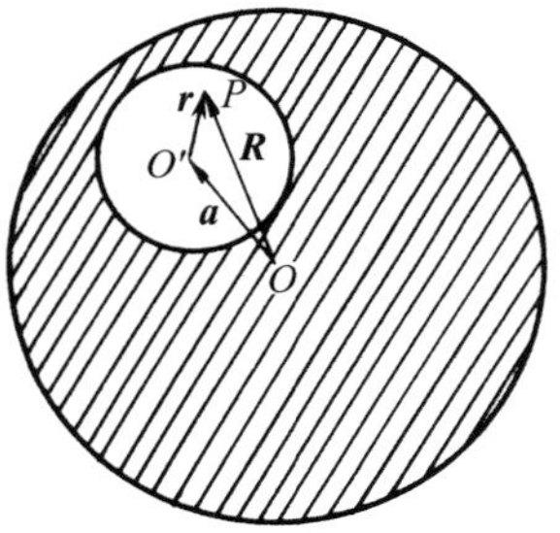

图 5.2.25

【解】　本题可看作是两个均匀电流叠加而成：一个电流均匀分布在实心圆柱体内，电流密度为 $\boldsymbol{j}$；另一个电流则均匀分布在空洞处，电流密度为 $-\boldsymbol{j}$. 根据对称性和安培环路定理，均匀圆柱电流 $\boldsymbol{j}$ 在柱体内产生的磁感强度为[参见前面 5.2.23 题的式(3)]

$$\boldsymbol{B}_1=\frac{1}{2}\mu_0\boldsymbol{j}\times\boldsymbol{R} \tag{1}$$

式中 $\boldsymbol{R}$ 是从圆柱轴线 O 到场点 P 的位矢，如图 5.2.25 所示. 同样，反向电流 $-\boldsymbol{j}$ 在空洞区域内的 P 点所产生的磁感强度为

$$\boldsymbol{B}_2=\frac{1}{2}\mu_0(-\boldsymbol{j})\times\boldsymbol{r}=-\frac{1}{2}\mu_0\boldsymbol{j}\times\boldsymbol{r} \tag{2}$$

式中 $\boldsymbol{r}$ 是从空洞轴线 O' 到场点 P 的位矢.

根据叠加原理，P 点的磁感强度为

$$\boldsymbol{B}=\boldsymbol{B}_1+\boldsymbol{B}_2=\frac{1}{2}\mu_0\boldsymbol{j}\times(\boldsymbol{R}-\boldsymbol{r})$$

$$=\frac{1}{2}\mu_0\boldsymbol{j}\times\boldsymbol{a} \tag{3}$$

式中 $\boldsymbol{a}=\overrightarrow{OO'}$，$|\boldsymbol{a}|=a$. 由式(3)可见，空洞内任一点的磁感强度都相同，所以空洞内的磁场是均匀磁场；该磁场的磁感强度 $\boldsymbol{B}$ 与 $\boldsymbol{a}$ 垂直，并沿 $\boldsymbol{j}$ 的右手螺旋方向.

5.2.26　电流沿直圆柱形长导线的轴线方向流动，导线内离轴线为 r 处，电流密度的大小 j 和磁场强度的大小 H 都是 r 的函数. 试证明：$j=\frac{H}{r}+\frac{\partial H}{\partial r}$.

【证】　以圆柱的轴线为极轴，轴上任一点为原点，取柱坐标系. 因电流平行于轴线，故电流密度为

$$\boldsymbol{j}=(j_r,j_\phi,j_z)=(0,0,j) \tag{1}$$

由于 $j=j(r)$ 只是 r 的函数，故由对称性和 Biot-Savart 定律可知，它产生的磁场也只是 r 的函数，且只有 ϕ 分量，即

$$\boldsymbol{H}=(0,H,0) \tag{2}$$

由安培环路定理得

$$\oint_L\boldsymbol{H}\cdot\mathrm{d}\boldsymbol{l}=I=\iint_S\boldsymbol{j}\cdot\mathrm{d}\boldsymbol{S} \tag{3}$$

根据斯托克斯公式

$$\oint_L\boldsymbol{H}\cdot\mathrm{d}\boldsymbol{l}=\iint_S\nabla\times\boldsymbol{H}\cdot\mathrm{d}\boldsymbol{S} \tag{4}$$

式(3)可化成

$$\iint_S(\nabla\times\boldsymbol{H}-\boldsymbol{j})\cdot\mathrm{d}\boldsymbol{S}=0 \tag{5}$$

式中 S 是以 L 为边界的曲面. 由于 S 是任意曲面,故得

$$\nabla\times\boldsymbol{H}=\boldsymbol{j} \tag{6}$$

此式的 z 分量为

$$\frac{1}{r}\frac{\partial}{\partial r}(rH_{\phi})-\frac{1}{r}\frac{\partial H_r}{\partial\phi}=j_z \tag{7}$$

由式(1)知 $j_z=j$;由式(2)知 $H_r=0$,$H_{\phi}=H$,故得

$$\frac{1}{r}\frac{\partial}{\partial r}(rH)=j \tag{8}$$

所以

$$j=\frac{H}{r}+\frac{\partial H}{\partial r} \tag{9}$$

第六章　洛伦兹力

6.1　洛伦兹力

【关于洛伦兹力公式】　1889年，英国物理学家亥维赛(O. Heaviside，1850—1925)提出带电粒子在磁场中受力的公式 $\boldsymbol{f}=q\boldsymbol{v}\times\boldsymbol{B}$. 1892年，荷兰物理学家洛伦兹(H. A. Lorentz，1853—1928)提出带电粒子在电磁场中的受力公式 $\boldsymbol{f}=q(\boldsymbol{E}+\boldsymbol{v}\times\boldsymbol{B})$，现在通称为洛伦兹力公式.

6.1.1　一电子以 $v=3.0\times10^{7}\,\text{m/s}$ 的速率射入磁感强度为 $\boldsymbol{B}$ 的均匀磁场内，速度 $\boldsymbol{v}$ 与 $\boldsymbol{B}$ 垂直，$\boldsymbol{B}$ 的大小为 $B=10\text{T}$. 已知电子的电荷量为 $e=-1.6\times10^{-19}\text{C}$，质量为 $m=9.1\times10^{-31}\text{kg}$. 试求这电子所受的洛伦兹力，并与它在地面所受的重力比较.

【解】　电子所受的洛伦兹力的大小为

$$F=|e|vB=1.6\times10^{-19}\times3.0\times10^{7}\times10$$
$$=4.8\times10^{-11}(\text{N})$$

电子在地面所受的重力为

$$F_G=mg=9.1\times10^{-31}\times9.81=8.9\times10^{-30}(\text{N})$$

所以

$$\frac{F}{F_G}=\frac{4.8\times10^{-11}}{8.9\times10^{-30}}=5.4\times10^{18}$$

6.1.2　一长直导线载有50A电流，在离它5.0cm处，有一电子以速度 $\boldsymbol{v}$ 运动，$\boldsymbol{v}$ 的大小为 $v=1.0\times10^{7}\,\text{m/s}$，电子的电荷量为 $e=-1.6\times10^{-19}\text{C}$. 试求下列情况下作用在电子上的洛伦兹力：(1) $\boldsymbol{v}$ 平行于导线；(2) $\boldsymbol{v}$ 垂直于导线并向着导线；(3) $\boldsymbol{v}$ 垂直于导线和电子所构成的平面.

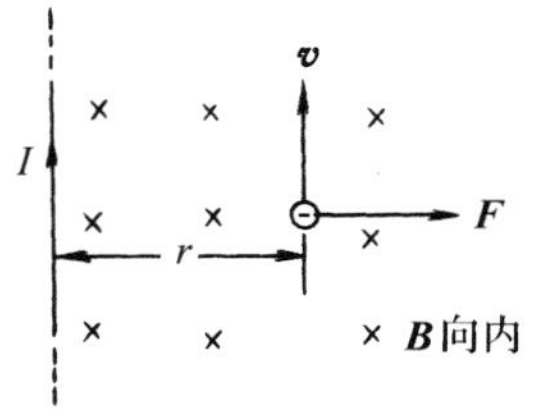

图6.1.2

【解】　(1) $\boldsymbol{v}$ 平行于导线　由电流产生磁场 $\boldsymbol{B}$ 的规律和洛伦兹力公式，作用在电子上的洛伦兹力为

$$\boldsymbol{F}=-e\boldsymbol{v}\times\boldsymbol{B}\qquad(1)$$

$\boldsymbol{F}$ 的方向如图6.1.2所示，$\boldsymbol{F}$ 的大小为

$$F=|e|vB=|e|v\frac{\mu_0 I}{2\pi r}$$
$$=1.6\times10^{-19}\times1.0\times10^{7}\times\frac{4\pi\times10^{-7}\times50}{2\pi\times5.0\times10^{-2}}$$
$$=3.2\times10^{-16}(\text{N})\qquad(2)$$

(2)$\boldsymbol{v}$ 垂直于导线并向着导线　这时作用在电子上的洛伦兹力平行于导线向上,其大小仍为式(2)所示.

(3)$\boldsymbol{v}$ 垂直于导线和电子所构成的平面　这时因 $\boldsymbol{v}\times\boldsymbol{B}=0$,故作用在电子上的洛伦兹力为零.

6.1.3　试证明:带电粒子在磁场中运动时,磁场作用在它上面的洛伦兹力不做功.

【证】 设粒子所带的电荷量为 q,速度为 $\boldsymbol{v}$,磁场的磁感强度为 $\boldsymbol{B}$,则磁场作用在它上面的洛伦兹力为

$$\boldsymbol{F}=q\boldsymbol{v}\times\boldsymbol{B} \tag{1}$$

当粒子的位移为 $\mathrm{d}\boldsymbol{r}$ 时,这力做的功为

$$\boldsymbol{F}\cdot\mathrm{d}\boldsymbol{r}=q\boldsymbol{v}\times\boldsymbol{B}\cdot\mathrm{d}\boldsymbol{r}=q\mathrm{d}\boldsymbol{r}\cdot(\boldsymbol{v}\times\boldsymbol{B})=q(\mathrm{d}\boldsymbol{r}\times\boldsymbol{v})\cdot\boldsymbol{B} \tag{2}$$

因

$$\boldsymbol{v}=\frac{\mathrm{d}\boldsymbol{r}}{\mathrm{d}t} \tag{3}$$

所以

$$\mathrm{d}\boldsymbol{r}\times\boldsymbol{v}=\mathrm{d}\boldsymbol{r}\times\frac{\mathrm{d}\boldsymbol{r}}{\mathrm{d}t}=0 \tag{4}$$

故得

$$\boldsymbol{F}\cdot\mathrm{d}\boldsymbol{r}=0 \tag{5}$$

【别证】 力 $\boldsymbol{F}$ 做功的功率为

$$P=\boldsymbol{F}\cdot\boldsymbol{v} \tag{6}$$

根据式(6),洛伦兹力做功的功率为

$$P=\boldsymbol{F}\cdot\boldsymbol{v}=q\boldsymbol{v}\times\boldsymbol{B}\cdot\boldsymbol{v}=0 \tag{7}$$

所以洛伦兹力不做功.

6.1.4　一电子在 $B=70\mathrm{Gs}$ 的均匀磁场中作圆周运动,圆的半径为 $r=3.0\mathrm{cm}$. 已知电子的质量为 $m=9.1\times10^{-31}\mathrm{kg}$,电荷量为 $e=-1.6\times10^{-19}\mathrm{C}$,$\boldsymbol{B}$ 垂直于纸面向外,电子的轨道在纸面内[图 6.1.4(1)]. 设电子某时刻在 A 点,它的速度 $\boldsymbol{v}$ 向上. (1)试画出电子运动的轨道;(2)试求电子的速率 v 和动能 E_k.

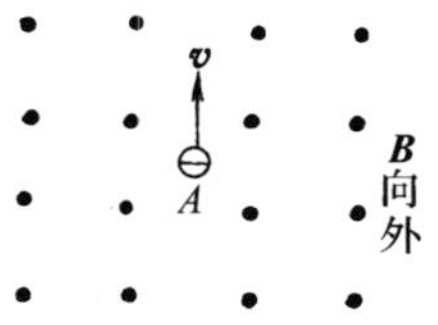

图 6.1.4(1)

【解】 (1)电子的轨道如图 6.1.4(2)所示.

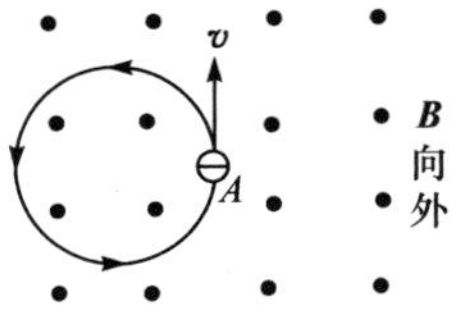

图 6.1.4(2)

(2)电子的速率为

$$v=\frac{|e|rB}{m}=\frac{1.6\times10^{-19}\times3.0\times10^{-2}\times70\times10^{-4}}{9.1\times10^{-31}}=3.7\times10^{7}(\mathrm{m/s})$$

电子的动能为

$$E_k=\frac{1}{2}mv^2=\frac{1}{2}\times9.1\times10^{-31}\times(3.7\times10^{7})^2=6.2\times10^{-16}(\mathrm{J})=3.9\times10^{3}(\mathrm{eV})$$

6.1.5　带电粒子穿过饱和蒸汽时,在它走过的路径上,过饱和蒸汽便凝结成小液滴,从而使得它的运动轨迹(径迹)显示出来,这就是云室的原理. 今在一云室中

有 $B=1.0\mathrm{T}$ 的均匀磁场，观测到一个带电粒子的径迹是一段圆弧，半径为 $r=2.0\mathrm{cm}$；已知这粒子的电荷量为 $1.6\times10^{-19}\mathrm{C}$，质量为 $1.67\times10^{-27}\mathrm{kg}$. 试求它的动能.

【解】 带电粒子的运动方程为

$$m\frac{v^2}{r}=qvB$$

它的动能为

$$E_\mathrm{k}=\frac{1}{2}mv^2=\frac{1}{2}\frac{(rqB)^2}{m}=\frac{(2.0\times10^{-2}\times1.6\times10^{-19}\times1.0)^2}{2\times1.67\times10^{-27}}$$

$$=3.1\times10^{-15}(\mathrm{J})=1.9\times10^4(\mathrm{eV})$$

6.1.6 在极高温度下，轻原子核由于高速热运动而克服库仑力，彼此发生结合，同时放出大量能量，这种现象称为热核反应. 热核反应的磁约束是用磁场把热核拴住，使它们不致迅速飞散. 据估算，氘核需要 $T=1.2\times10^7\mathrm{K}$ 的温度才能发生聚变. 这时要把氘核拴在磁力线上，回旋半径为 10mm，试估算所需的磁感强度 $\boldsymbol{B}$ 的值. 已知氘核的质量为 $m=3.3\times10^{-27}\mathrm{kg}$，电荷量为 $e=1.6\times10^{-19}\mathrm{C}$.

【解】 所需的磁感强度为

$$B=\frac{mv}{er} \tag{1}$$

为了估算 B 的值，我们用氘核的方均根速率 $\sqrt{\overline{v^2}}$ 代替 v，

$$\sqrt{\overline{v^2}}=\sqrt{\frac{3kT}{m}} \tag{2}$$

式中 $k=1.38\times10^{-23}\mathrm{J/K}$ 是玻尔兹曼常量. 将式(2)代入式(1)得

$$B=\frac{\sqrt{3mkT}}{er}=\frac{\sqrt{3\times3.3\times10^{-27}\times1.38\times10^{-23}\times1.2\times10^7}}{1.6\times10^{-19}\times10\times10^{-3}}$$

$$=0.80(\mathrm{T}) \tag{3}$$

【讨论】 氘核热运动的平均速率为

$$\bar{v}=\sqrt{\frac{8kT}{\pi m}} \tag{4}$$

最概然速率为

$$v_p=\sqrt{\frac{2kT}{m}} \tag{5}$$

它们与方均根速率是同一数量级，故用 $\bar{v}$ 或 v_p 估算 B，得出的 B 值也是同一数量级.

6.1.7 测得一太阳黑子的磁场为 $B=4000\mathrm{Gs}$，试问电子在其中以 $5.0\times10^8\mathrm{cm/s}$ 的速度垂直于 $\boldsymbol{B}$ 运动时，受到的洛伦兹力有多大？回旋半径有多大？已知电子电荷量的大小为$1.6\times10^{-19}\mathrm{C}$，质量为 $9.1\times10^{-31}\mathrm{kg}$.

【解】 电子受到的洛伦兹力的大小为

$$F=|e|vB=1.6\times10^{-19}\times5.0\times10^8\times10^{-2}\times4000\times10^{-4}$$

$$=3.2\times10^{-13}(\text{N})$$

回旋半径为

$$r=\frac{mv}{qB}=\frac{9.1\times10^{-31}\times5.0\times10^{8}\times10^{-2}}{1.6\times10^{-19}\times4000\times10^{-4}}$$
$$=7.1\times10^{-5}(\text{m})$$

6.1.8　星际空间里某处有 $B=1.0\times10^{-5}$Gs 的均匀磁场，一电子在其中作螺旋运动，速度沿 $\boldsymbol{B}$ 的分量为光速 c 的百分之一. 试问它沿磁场方向前进一光年(一光年即光走一年的距离)时，它绕磁力线转了多少圈？已知电子的质量为 9.1×10^{-31}kg，电荷量的大小为 1.6×10^{-19}C.

【解】　设电子速度 $\boldsymbol{v}$ 平行于磁场的分量为 $v_{\parallel}$，垂直于磁场的分量为 $v_{\perp}$，则由电子的运动方程

$$\frac{mv_{\perp}^2}{r}=|e|v_{\perp}B \tag{1}$$

得电子绕磁力线转一圈的时间为

$$T=\frac{2\pi r}{v_{\perp}}=\frac{2\pi m}{|e|B} \tag{2}$$

电子沿磁场方向前进一光年所需的时间为

$$t=\frac{365\times24\times60\times60\times3\times10^{8}}{3\times10^{8}/100}=3.15\times10^{9}(\text{s}) \tag{3}$$

在这段时间里，电子绕磁力线转的圈数为

$$N=\frac{t}{T}=\frac{3.15\times10^{9}\times|e|B}{2\pi m}$$
$$=\frac{3.15\times10^{9}\times1.6\times10^{-19}\times1.0\times10^{-5}\times10^{-4}}{2\pi\times9.1\times10^{-31}}$$
$$=8.8\times10^{10} \tag{4}$$

6.1.9　一电子的动能为 10eV，在垂直于均匀磁场的平面内作圆周运动. 已知磁场的磁感强度 $B=1.0$Gs，电子的电荷量 $e=-1.6\times10^{-19}$C，质量 $m=9.1\times10^{-31}$kg. (1)试求电子的轨道半径 r 和回旋周期 T；(2)顺着 $\boldsymbol{B}$ 的方向看，电子是顺时针回旋吗？

【解】　(1)用电子的动能 $E_{\text{k}}=\frac{1}{2}mv^2$ 表示电子的轨道半径 r 为

$$r=\frac{mv}{|e|B}=\frac{\sqrt{2mE_k}}{|e|B}=\frac{\sqrt{2\times9.1\times10^{-31}\times10\times1.6\times10^{-19}}}{1.6\times10^{-19}\times1.0\times10^{-4}}$$
$$=0.11(\text{m})$$

电子的回旋周期为

$$T=\frac{2\pi r}{v}=\frac{2\pi m}{|e|B}=\frac{2\pi\times9.1\times10^{-31}}{1.6\times10^{-19}\times1.0\times10^{-4}}$$
$$=3.6\times10^{-7}(\text{s})$$

(2)是顺时针回旋.

6.1.10　一电子在均匀磁场中作圆周运动，频率为 $f=12.0$MHz，半径为

53.5cm. 已知电子质量为 $m=9.11\times10^{-31}$kg,电荷量为 $e=-1.60\times10^{-19}$C. 试求:(1)磁场的磁感强度 $\boldsymbol{B}$ 的值;(2)电子的动能.

【解】 (1)电子的运动方程为

$$m\frac{v^2}{r}=|e|vB \tag{1}$$

频率为

$$f=\frac{1}{T}=\frac{v}{2\pi r} \tag{2}$$

由以上两式得

$$B=\frac{2\pi mf}{|e|}=\frac{2\pi\times9.11\times10^{-31}\times12.0\times10^{6}}{1.60\times10^{-19}}$$
$$=4.29\times10^{-4}(\mathrm{T}) \tag{3}$$

(2)电子的动能为

$$E_k=\frac{1}{2}mv^2=\frac{1}{2}|e|vrB=2(\pi rf)^2m$$
$$=2\times(\pi\times53.5\times10^{-2}\times12.0\times10^{6})^2\times9.11\times10^{-31}$$
$$=7.41\times10^{-16}(\mathrm{J})=4.63\times10^{3}(\mathrm{eV})$$
$$=4.63(\mathrm{keV}) \tag{4}$$

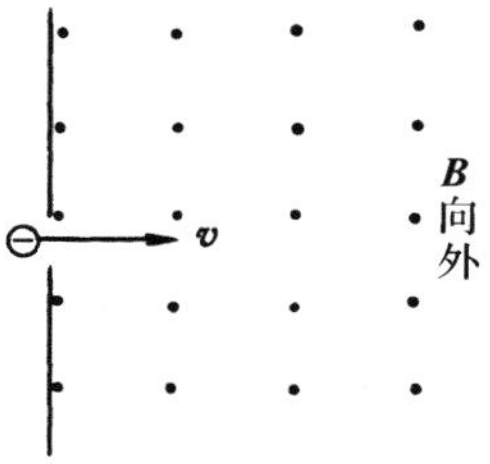

图 6.1.11(1)

6.1.11 一电子的初速度为零,经过电压 U 加速后,进入磁感强度为 $\boldsymbol{B}$ 的均匀磁场,进入磁场时速度为 $\boldsymbol{v}$,$\boldsymbol{v}$ 与 $\boldsymbol{B}$ 垂直,如图 6.1.11(1)所示. 已知电子质量为 m,电荷量为 e. (1)试画出电子的轨道;(2)试求轨道的半径 r;(3)当 $m=9.11\times10^{-31}$kg,$e=-1.60\times10^{-19}$C,$U=3000$V,$B=100$Gs 时,算出 r 的值.

【解】 (1)电子的轨道如图 6.1.11(2)所示.

(2)由电子的运动方程

$$m\frac{v^2}{r}=|e|vB \tag{1}$$

和能量方程

$$\frac{1}{2}mv^2=|e|U \tag{2}$$

得电子的轨道半径为

$$r=\frac{mv}{|e|B}=\frac{1}{B}\sqrt{\frac{2mU}{|e|}} \tag{3}$$

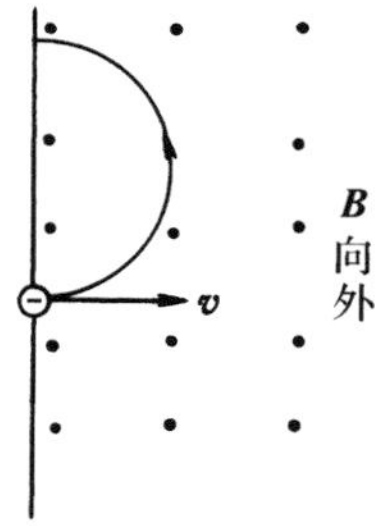

图 6.1.11(2)

(3)r 的值为

$$r=\frac{1}{100\times10^{-4}}\sqrt{\frac{2\times9.11\times10^{-31}\times3000}{1.60\times10^{-19}}}$$
$$=1.85\times10^{-2}(\mathrm{m})$$

6.1.12　已知质子的静质量为 $m_0=1.67\times10^{-27}$ kg，电荷量为 $e=1.60\times10^{-19}$ C，地球半径为 6370km，地球赤道上地面的磁场为 $B=0.32$Gs.（1）要使质子在地球磁场的作用下，沿赤道地面作圆周运动，试求质子的速率 v（提示：应考虑狭义相对论效应）；（2）若要使质子以速率 $v=1.0\times10^7$ m/s，沿赤道地面作圆周运动，试问地磁场的磁感强度应该有多大？

【解】（1）质子的运动方程为

$$m\frac{v^2}{R}=evB \tag{1}$$

考虑狭义相对论，质子的质量 m 与速度 v 的关系为

$$m=\frac{m_0}{\sqrt{1-v^2/c^2}} \tag{2}$$

由以上两式解得

$$\frac{v}{c}=\frac{1}{\sqrt{1+\left(\frac{m_0c}{ReB}\right)^2}} \tag{3}$$

式中

$$\begin{aligned}\frac{m_0c}{ReB}&=\frac{1.67\times10^{-27}\times3\times10^8}{6370\times10^3\times1.60\times10^{-19}\times0.32\times10^{-4}}\\&=1.536\times10^{-2}\ll1\end{aligned} \tag{4}$$

故式(3)可取近似（较好的近似）如下：

$$\begin{aligned}\frac{v}{c}&=1-\frac{1}{2}\left(\frac{m_0c}{ReB}\right)^2=1-\frac{1}{2}\times(1.536\times10^{-2})^2\\&=1-1.2\times10^{-4}\end{aligned} \tag{5}$$

于是得

$$1-\frac{v}{c}=1.2\times10^{-4} \tag{6}$$

（2）地球的磁场应为

$$B=\frac{mv}{eR}=\frac{1.67\times10^{-27}\times1.0\times10^7}{1.60\times10^{-19}\times6370\times10^3}=1.6\times10^{-8}\,(\mathrm{T}) \tag{7}$$

【讨论】　由式(5)或式(6)可见，质子的速度非常接近光速，因此必须考虑狭义相对论效应，即式(2). 这时如果不考虑式(2)，则由式(1)得

$$\begin{aligned}v&=\frac{ReB}{m_0}=\frac{6370\times10^3\times1.6\times10^{-19}\times0.32\times10^{-4}}{1.67\times10^{-27}}\\&=2.0\times10^{10}\,(\mathrm{m/s})\end{aligned} \tag{8}$$

这个结果表明：$v>c$（真空中光速）. 根据狭义相对论，这是不可能的.

6.1.13　在一个电视显像管里，电子沿水平方向从南到北运动，动能是 1.2×

10^4 eV. 该处地球磁场在竖直方向上的分量向下，它的大小是 $B_\perp=0.55$ Gs. 已知电子的质量为 $m=9.1\times10^{-31}$ kg，电荷量为 $e=-1.6\times10^{-19}$ C. 试问：(1)电子受地磁的作用往哪个方向偏转？(2)电子的加速度有多大？(3)电子在电视管内走 20cm，偏转有多大？(4)地磁对于看电视有没有影响？

【解】 (1)根据洛伦兹力公式 $\boldsymbol{F}=q\boldsymbol{v}\times\boldsymbol{B}$，知电子受地磁的作用力向东，故电子向东偏转.

(2)电子加速度的大小为

$$a=\frac{|e|vB_\perp}{m}=\frac{|e|B_\perp}{m}\sqrt{\frac{2E_k}{m}}$$
$$=\frac{1.6\times10^{-19}\times0.55\times10^{-4}}{9.1\times10^{-31}}\sqrt{\frac{2\times1.2\times10^4\times1.6\times10^{-19}}{9.1\times10^{-31}}}$$
$$=6.3\times10^{14}(\mathrm{m/s^2})$$

(3)电子的偏转为

$$s=\frac{1}{2}at^2=\frac{1}{2}\frac{|e|B_\perp l^2}{\sqrt{2mE_k}}$$
$$=\frac{1}{2}\times\frac{1.6\times10^{-19}\times0.55\times10^{-4}\times(20\times10^{-2})^2}{\sqrt{2\times9.1\times10^{-31}\times1.2\times10^4\times1.6\times10^{-19}}}$$
$$=3.0\times10^{-3}(\mathrm{m})=3.0(\mathrm{mm})$$

(4)因为是系统偏转，故没有影响.

【讨论】 电子在均匀磁场中运动时，其轨迹是螺旋线；在垂直于 $\boldsymbol{B}$ 的平面内，螺旋线投影的半径为

$$R=\frac{mv}{|e|B_\perp}=\frac{\sqrt{2mE_k}}{|e|B_\perp}$$
$$=\frac{\sqrt{2\times9.1\times10^{-31}\times1.2\times10^4\times1.6\times10^{-19}}}{1.6\times10^{-19}\times0.55\times10^{-4}}=6.7(\mathrm{m})$$

由于电子所走过的距离 $l=20$ cm，比 R 小得多，故在计算电子的偏转 s 时，可以近似地将电子的加速度 $\boldsymbol{a}$ 看作是方向不变的量而用公式 $s=\frac{1}{2}at^2$.

或者，也可以用圆的方程

$$x^2+(y-R)^2=R^2$$

近似地计算 s，如下：

$$s=R-\sqrt{R^2-l^2}=R-R\sqrt{1-\left(\frac{l}{R}\right)^2}\approx\frac{R}{2}\left(\frac{l}{R}\right)^2$$
$$=\frac{l^2}{2R}=\frac{(20\times10^{-2})^2}{2\times6.7}=3.0\times10^{-3}(\mathrm{m})$$

6.1.14 一质量为 m 的粒子带有电荷量 q，以速度 $\boldsymbol{v}$ 射入磁感强度为 $\boldsymbol{B}$ 的均匀磁场中，$\boldsymbol{v}$ 与 $\boldsymbol{B}$ 垂直；粒子穿过磁场后继续前进，如图 6.1.14(1)所示. 已知磁场在 $\boldsymbol{v}$ 方向(即图中 x 方向)上的宽度为 l，粒子从磁场出来后在 x 方向上前进的距

离为 $L-\frac{l}{2}$，试求粒子的偏转 y；当 $l\ll\frac{mv}{qB}$时，结果如何？

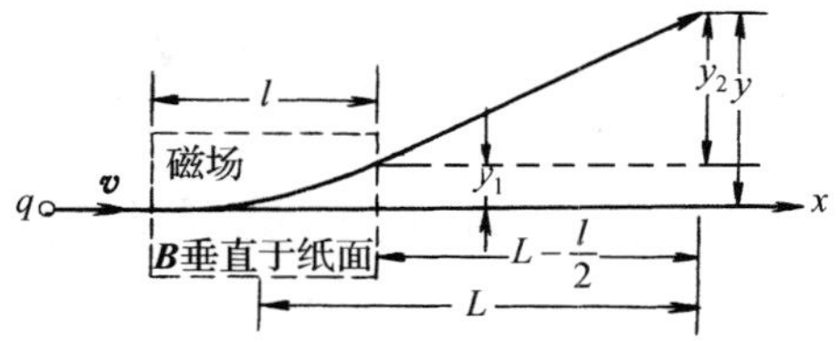

图 6.1.14(1)

【解】 因粒子进入磁场时，速度 $\boldsymbol{v}$ 与 $\boldsymbol{B}$ 垂直，故粒子的轨迹为圆，其半径为

$$R=\frac{mv}{qB} \tag{1}$$

以粒子进入磁场处为原点，取笛卡儿坐标系如图 6.1.14(1)所示，这圆的方程为

$$x^2+(y-R)^2=R^2 \tag{2}$$

粒子出磁场时，$x=l$，故得这时的偏转为

$$y_1=R-\sqrt{R^2-l^2}=\frac{mv}{qB}-\sqrt{\left(\frac{mv}{qB}\right)^2-l^2} \tag{3}$$

粒子在磁场中因受洛伦兹力而偏转，但由于洛伦兹力不做功，故粒子的动能不变，即粒子的速率 v 不变. 在射出磁场时，设粒子的速度与 x 轴的夹角为 θ，如图 6.1.14(2)所示，则它的速度分量便为

$$v_x=v\cos\theta \tag{4}$$

$$v_y=v\sin\theta \tag{5}$$

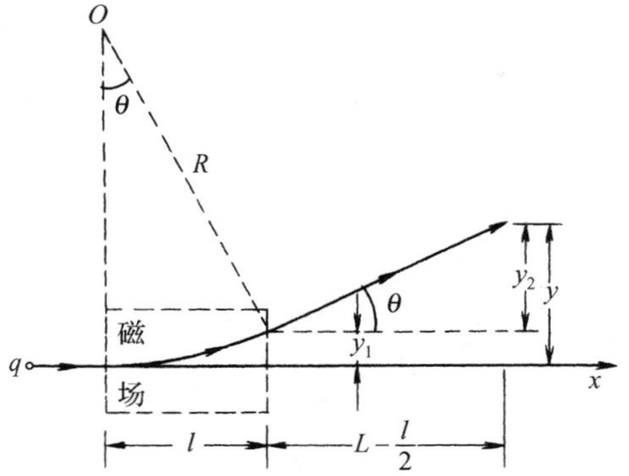

图 6.1.14(2)

粒子出磁场后，不受外力，因而沿直线前进. 当它沿 x 方向前进的距离为 $L-\frac{l}{2}$时，它的偏转便为

$$y_2=\left(L-\frac{l}{2}\right)\tan\theta \tag{6}$$

由图 6.1.14(2)可见

$$\tan\theta=\frac{l}{\sqrt{R^2-l^2}} \tag{7}$$

所以
$$y_2=\frac{\left(L-\frac{l}{2}\right)l}{\sqrt{R^2-l^2}}=\frac{\left(L-\frac{l}{2}\right)l}{\sqrt{\left(\frac{mv}{qB}\right)^2-l^2}} \tag{8}$$

于是得所求的偏转为

$$y=y_1+y_2=\frac{mv}{qB}-\sqrt{\left(\frac{mv}{qB}\right)^2-l^2}+\frac{\left(L-\frac{l}{2}\right)l}{\sqrt{\left(\frac{mv}{qB}\right)^2-l^2}} \tag{9}$$

当 $l\ll\frac{mv}{qB}$时,可取近似如下:

$$\begin{aligned}y_1&=\frac{mv}{qB}-\sqrt{\left(\frac{mv}{qB}\right)^2-l^2}\approx\frac{mv}{qB}-\frac{mv}{qB}\left[1-\frac{1}{2}\left(\frac{qBl}{mv}\right)^2\right]\\&=\frac{1}{2}\frac{qBl^2}{mv}\end{aligned} \tag{10}$$

$$y_2=\frac{\left(L-\frac{l}{2}\right)l}{\sqrt{\left(\frac{mv}{qB}\right)^2-l^2}}\approx\frac{qB\left(L-\frac{l}{2}\right)l}{mv} \tag{11}$$

所以
$$\begin{aligned}y&=y_1+y_2=\frac{1}{2}\frac{qBl^2}{mv}+\frac{qB\left(L-\frac{l}{2}\right)l}{mv}\\&=\frac{qBLl}{mv}\end{aligned} \tag{12}$$

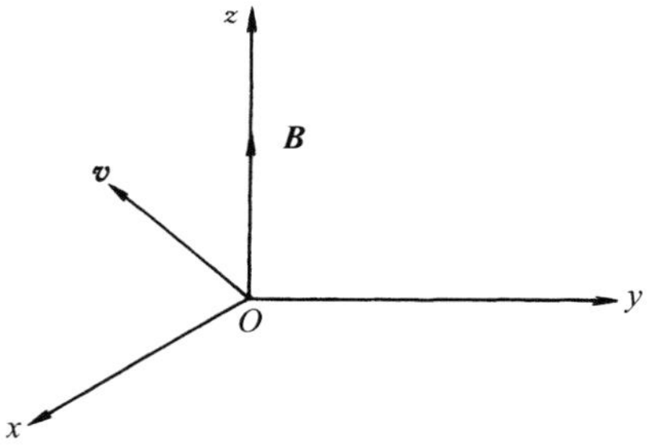

图 6.1.15

6.1.15　一质量为 m、电荷量为 q 的粒子,在 $t=0$ 时刻,以速度 $\boldsymbol{v}=v_x\boldsymbol{i}+v_z\boldsymbol{k}$ 自原点 O 出发,在均匀磁场里运动,磁场的磁感强度为 $\boldsymbol{B}=B\boldsymbol{k}$,如图 6.1.15 所示.(1)试求这粒子的运动轨迹;(2)在 $z=a$ 处,有一平面屏,试求这粒子到达屏上的位置.

【解】 (1)粒子的运动方程为

$$\begin{aligned}m\frac{\mathrm{d}^2\boldsymbol{r}}{\mathrm{d}t^2}&=q\boldsymbol{v}\times\boldsymbol{B}=q\left(\frac{\mathrm{d}x}{\mathrm{d}t}\boldsymbol{i}+\frac{\mathrm{d}y}{\mathrm{d}t}\boldsymbol{j}+\frac{\mathrm{d}z}{\mathrm{d}t}\boldsymbol{k}\right)\times B\boldsymbol{k}\\&=qB\left(\frac{\mathrm{d}y}{\mathrm{d}t}\boldsymbol{i}-\frac{\mathrm{d}x}{\mathrm{d}t}\boldsymbol{j}\right)\end{aligned} \tag{1}$$

其分量式为

$$\frac{\mathrm{d}^2x}{\mathrm{d}t^2}=\frac{qB}{m}\frac{\mathrm{d}y}{\mathrm{d}t} \tag{2}$$

$$\frac{\mathrm{d}^2y}{\mathrm{d}t^2}=-\frac{qB}{m}\frac{\mathrm{d}x}{\mathrm{d}t} \tag{3}$$

$$\frac{\mathrm{d}^2z}{\mathrm{d}t^2}=0 \tag{4}$$

利用初始条件 $t=0$ 时，

$$x_0=0,\quad y_0=0,\quad z_0=0 \tag{5}$$

$$\left(\frac{\mathrm{d}x}{\mathrm{d}t}\right)_0=v_x,\quad \left(\frac{\mathrm{d}y}{\mathrm{d}t}\right)_0=0,\quad \left(\frac{\mathrm{d}z}{\mathrm{d}t}\right)_0=v_z \tag{6}$$

解式(2)、(3)、(4)得

$$x=\frac{mv_x}{qB}\sin\left(\frac{qB}{m}t\right) \tag{7}$$

$$y=\frac{mv_x}{qB}\cos\left(\frac{qB}{m}t\right)-\frac{mv_x}{qB} \tag{8}$$

$$z=v_zt \tag{9}$$

它是一条螺旋线.由式(7)、(8)消去 t 得

$$x^2+\left(y+\frac{mv_x}{qB}\right)^2=\left(\frac{mv_x}{qB}\right)^2 \tag{10}$$

上列关系表明，这螺旋线的轴线与 z 轴平行，它在 x-y 平面内的投影是半径为$\frac{mv_x}{qB}$的圆.

(2)螺旋线与 $z=a$ 平面的交点为

$$x_a=\frac{mv_x}{qB}\sin\left(\frac{qBa}{mv_z}\right) \tag{11}$$

$$y_a=\frac{mv_x}{qB}\cos\left(\frac{qBa}{mv_z}\right)-\frac{mv_x}{qB} \tag{12}$$

$$z_a=a \tag{13}$$

这便是粒子到达屏上的点.

6.1.16　一质量为 m、电荷量为 q 的粒子，在磁感强度为 $\boldsymbol{B}$ 的均匀磁场中运动，开始($t=0$)时，它的位置和速度分别为 $\boldsymbol{r}_0$ 和 $\boldsymbol{v}_0$. 试证明：它在 t 时刻的位置为

$$\boldsymbol{r}(t)=\boldsymbol{r}_0+(\boldsymbol{v}_0\cdot\boldsymbol{e}_B)\boldsymbol{e}_Bt+\frac{\sin\omega t}{\omega}[\boldsymbol{e}_B\times(\boldsymbol{v}_0\times\boldsymbol{e}_B)]+\frac{1-\cos\omega t}{\omega}\boldsymbol{v}_0\times\boldsymbol{e}_B$$

式中 $\boldsymbol{e}_B$ 是 $\boldsymbol{B}$ 方向上的单位矢量，$\omega=qB/m$. 它的轨迹是什么曲线？

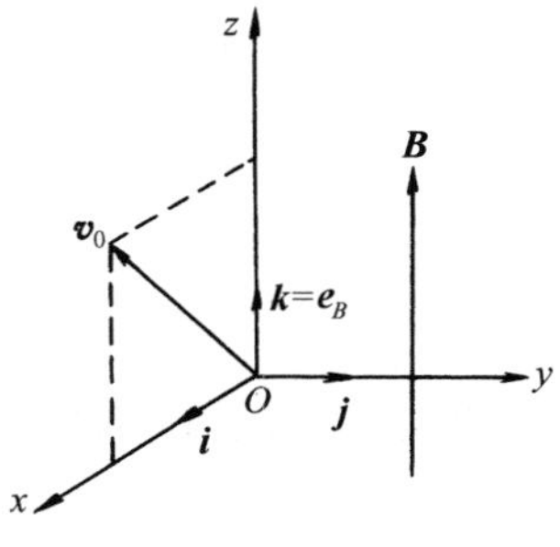

图 6.1.16

【证】　粒子的运动方程为

$$m\frac{\mathrm{d}^2\boldsymbol{r}}{\mathrm{d}t^2}=q\boldsymbol{v}\times\boldsymbol{B}=q\frac{\mathrm{d}\boldsymbol{r}}{\mathrm{d}t}\times\boldsymbol{B} \tag{1}$$

以 $\boldsymbol{r}_0$ 的尾端为原点 O，取笛卡儿坐标系，使 $\boldsymbol{B}$ 沿 z 轴，并使 $\boldsymbol{v}_0$ 在 z-x 平面内，如图 6.1.16 所示. 这样，式(1)便化为

$$\frac{\mathrm{d}^2x}{\mathrm{d}t^2}\boldsymbol{i}+\frac{\mathrm{d}^2y}{\mathrm{d}t^2}\boldsymbol{j}+\frac{\mathrm{d}^2z}{\mathrm{d}t^2}\boldsymbol{k}=\omega\left(\frac{\mathrm{d}x}{\mathrm{d}t}\boldsymbol{i}+\frac{\mathrm{d}y}{\mathrm{d}t}\boldsymbol{j}+\frac{\mathrm{d}z}{\mathrm{d}t}\boldsymbol{k}\right)\times\boldsymbol{k}$$

$$=\omega\left(\frac{\mathrm{d}y}{\mathrm{d}t}\boldsymbol{i}-\frac{\mathrm{d}x}{\mathrm{d}t}\boldsymbol{j}\right) \tag{2}$$

式中

$$\omega=\frac{qB}{m} \tag{3}$$

式(2)的分量式为

$$\frac{\mathrm{d}^2x}{\mathrm{d}t^2}=\omega\frac{\mathrm{d}y}{\mathrm{d}t} \tag{4}$$

$$\frac{\mathrm{d}^2y}{\mathrm{d}t^2}=-\omega\frac{\mathrm{d}x}{\mathrm{d}t} \tag{5}$$

$$\frac{\mathrm{d}^2z}{\mathrm{d}t^2}=0 \tag{6}$$

积分,并利用初始条件:$t=0$ 时,$x_0=y_0=z_0=0$,$\left(\frac{\mathrm{d}x}{\mathrm{d}t}\right)_0=v_{0x}$,$\left(\frac{\mathrm{d}y}{\mathrm{d}t}\right)_0=0$,$\left(\frac{\mathrm{d}z}{\mathrm{d}t}\right)_0=v_{0z}$,便得

$$\frac{\mathrm{d}x}{\mathrm{d}t}=\omega y+v_{0x} \tag{7}$$

$$\frac{\mathrm{d}y}{\mathrm{d}t}=-\omega x \tag{8}$$

$$\frac{\mathrm{d}z}{\mathrm{d}t}=v_{0z} \tag{9}$$

将式(8)代入式(4)得

$$\frac{\mathrm{d}^2x}{\mathrm{d}t^2}+\omega^2x=0 \tag{10}$$

利用初始条件,解得

$$x=\frac{v_{0x}}{\omega}\sin\omega t \tag{11}$$

将式(7)代入式(5)得

$$\frac{\mathrm{d}^2y}{\mathrm{d}t^2}+\omega^2y+\omega v_{0x}=0 \tag{12}$$

利用初始条件,解得

$$y=-\frac{v_{0x}}{\omega}+\frac{v_{0x}}{\omega}\cos\omega t \tag{13}$$

利用初始条件,解式(9)得

$$z=v_{0z}t \tag{14}$$

将式(11)、(13)和(14)写成矢量形成,并考虑 $t=0$ 时,$\boldsymbol{r}=\boldsymbol{r}_0$,便得

$$\begin{aligned}\boldsymbol{r}&=\boldsymbol{r}_0+x\boldsymbol{i}+y\boldsymbol{j}+z\boldsymbol{k}\\&=\boldsymbol{r}_0+\frac{v_{0x}}{\omega}\sin\omega t\boldsymbol{i}+\left(-\frac{v_{0x}}{\omega}+\frac{v_{0x}}{\omega}\cos\omega t\right)\boldsymbol{j}+v_{0z}t\boldsymbol{k}\end{aligned} \tag{15}$$

式中 $v_{0x}\boldsymbol{i}$ 是 $\boldsymbol{v}_0$ 在 x 方向上的分量,可以化成

$$v_{0x}\boldsymbol{i}=(\boldsymbol{e}_B\times\boldsymbol{v}_0)\times\boldsymbol{e}_B \tag{16}$$

$v_{0x}\boldsymbol{j}$ 可以化成

$$v_{0x}\boldsymbol{j}=\boldsymbol{e}_B\times\boldsymbol{v}_0 \tag{17}$$

$v_{0z}\boldsymbol{k}$ 是 $\boldsymbol{v}_0$ 在 z 方向上的分量,可以化成

$$v_{0z}\boldsymbol{k}=(\boldsymbol{v}_0\cdot\boldsymbol{e}_B)\boldsymbol{e}_B \tag{18}$$

将式(16)、(17)、(18)代入式(15),便得式(1)的解,即粒子在 t 时刻的位置为

$$\begin{aligned}\boldsymbol{r}&=\boldsymbol{r}_0+\frac{1}{\omega}\sin\omega t(\boldsymbol{e}_B\times\boldsymbol{v}_0)\times\boldsymbol{e}_B-\frac{1}{\omega}(1-\cos\omega t)\boldsymbol{e}_B\times\boldsymbol{v}_0\\&\quad+(\boldsymbol{v}_0\cdot\boldsymbol{e}_B)t\boldsymbol{e}_B\\&=\boldsymbol{r}_0+(\boldsymbol{v}_0\cdot\boldsymbol{e}_B)\boldsymbol{e}_Bt+\frac{\sin\omega t}{\omega}[\boldsymbol{e}_B\times(\boldsymbol{v}_0\times\boldsymbol{e}_B)]\\&\quad+\frac{1-\cos\omega t}{\omega}\boldsymbol{v}_0\times\boldsymbol{e}_B\end{aligned} \tag{19}$$

由式(11)、(13)和(14)可见,粒子的轨迹是轴线平行于 z 轴($\boldsymbol{B}$ 线)的螺旋线.

【别证】 将题给的 $\boldsymbol{r}$ 对 t 求导得

$$\frac{\mathrm{d}\boldsymbol{r}}{\mathrm{d}t}=(\boldsymbol{v}_0\cdot\boldsymbol{e}_B)\boldsymbol{e}_B+\cos\omega t[\boldsymbol{e}_B\times(\boldsymbol{v}_0\times\boldsymbol{e}_B)]+\sin\omega t\boldsymbol{v}_0\times\boldsymbol{e}_B \tag{20}$$

$$\frac{\mathrm{d}^2\boldsymbol{r}}{\mathrm{d}t^2}=-\omega\sin\omega t[\boldsymbol{e}_B\times(\boldsymbol{v}_0\times\boldsymbol{e}_B)]+\omega\cos\omega t\boldsymbol{v}_0\times\boldsymbol{e}_B \tag{21}$$

由式(21)得

$$m\frac{\mathrm{d}^2\boldsymbol{r}}{\mathrm{d}t^2}=-q\sin\omega t\boldsymbol{e}_B\times(\boldsymbol{v}_0\times\boldsymbol{B})+q\cos\omega t\boldsymbol{v}_0\times\boldsymbol{B} \tag{22}$$

由式(20)得

$$q\frac{\mathrm{d}\boldsymbol{r}}{\mathrm{d}t}\times\boldsymbol{B}=-q\sin\omega t\boldsymbol{e}_B\times(\boldsymbol{v}_0\times\boldsymbol{B})+q\cos\omega t\boldsymbol{v}_0\times\boldsymbol{B} \tag{23}$$

由式(22)和(23)可见,题给的 $\boldsymbol{r}$ 满足粒子的运动方程(1),即 $\boldsymbol{r}$ 是式(1)的解,故 $\boldsymbol{r}$ 是粒子在 t 时刻的位置.

6.1.17 电荷量为 q 的点电荷在磁感强度为 $\boldsymbol{B}$ 的均匀磁场中固定不动;一电子质量为 m、电荷量为 e,在 q 的库仑力作用下,绕 q 作匀速圆周运动,轨道平面与 $\boldsymbol{B}$ 垂直.已知 q 作用在电子上的力的大小等于 $\boldsymbol{B}$ 作用在电子上的力的大小的 N 倍.(1)试求电子的角速度 ω;(2)已知 $m=9.11\times10^{-31}\,\mathrm{kg}$,$e=-1.60\times10^{-19}\,\mathrm{C}$,当 $B=4.27\times10^3\,\mathrm{Gs}$,$N=100$ 时,求 ω 的值.

【解】 (1)电子受的库仑力为

$$\boldsymbol{F}_e=\frac{1}{4\pi\varepsilon_0}\frac{eq}{r^2}\boldsymbol{e}_r \tag{1}$$

电子受的洛伦兹力为

$$\boldsymbol{F}_m=e\boldsymbol{v}\times\boldsymbol{B} \tag{2}$$

当 $\boldsymbol{F}_e$ 与 $\boldsymbol{F}_m$ 方向相同时,使电子环绕 q 运动的力的大小为

$$F_+=F_e+F_m=(N+1)|e|v_+B \tag{3}$$

由电子的运动方程

$$m\frac{v^2}{r}=F \tag{4}$$

得这时电子环绕 q 运动的角速度为

$$\omega_+=\frac{v_+}{r_+}=\frac{(N+1)|e|B}{m} \tag{5}$$

设 $N>1$，则当 $\boldsymbol{F}_e$ 与 $\boldsymbol{F}_m$ 方向相反时，使电子环绕 q 运动的力的大小就是

$$F_-=F_e-F_m=(N-1)|e|v_-B \tag{6}$$

故这时电子环绕 q 运动的角速度为

$$\omega_-=\frac{v_-}{r_-}=\frac{(N-1)|e|B}{m} \tag{7}$$

(2)将数值分别代入式(5)和式(7)，便得所求的 ω 值分别如下：

$$\omega_+=\frac{(100+1)\times1.60\times10^{-19}\times4.27\times10^3\times10^{-4}}{9.11\times10^{-31}}$$
$$=7.57\times10^{12}(\text{rad/s}) \tag{8}$$
$$\omega_-=\frac{(100-1)\times1.60\times10^{-19}\times4.27\times10^3\times10^{-4}}{9.11\times10^{-31}}$$
$$=7.42\times10^{12}(\text{rad/s}) \tag{9}$$

6.1.18　已知 α 粒子的质量为 $m=6.7\times10^{-27}\text{kg}$，电荷量为 $e=3.2\times10^{-19}\text{C}$. 它在 $B=1.2\text{T}$ 的均匀磁场中沿半径为 45cm 的圆周运动. (1)试求它的速率 v、动能 E_k 和回旋周期 T；(2)若它原来是静止的，试问要经过多高的电压加速，它才能达到这个速率?

【解】 (1)由洛伦兹力公式

$$\boldsymbol{F}=e\boldsymbol{v}\times\boldsymbol{B} \tag{1}$$

和运动方程

$$m\frac{v^2}{r}=evB \tag{2}$$

得 α 粒子的速率为

$$v=\frac{reB}{m}=\frac{45\times10^{-2}\times3.2\times10^{-19}\times1.2}{6.7\times10^{-27}}=2.6\times10^7(\text{m/s}) \tag{3}$$

动能为

$$E_\text{k}=\frac{1}{2}mv^2=\frac{1}{2}\times6.7\times10^{-27}\times(2.6\times10^7)^2$$
$$=2.3\times10^{-12}(\text{J})=14(\text{MeV}) \tag{4}$$

回旋周期为

$$T=\frac{2\pi m}{eB}=\frac{2\pi\times6.7\times10^{-27}}{3.2\times10^{-19}\times1.2}=1.1\times10^{-7}(\text{s}) \tag{5}$$

(2)所需电压为

$$U=\frac{E_\text{k}}{e}=\frac{mv^2}{2e}=\frac{6.7\times10^{-27}\times(2.6\times10^7)^2}{2\times3.2\times10^{-19}}$$

$$=7.1\times10^{6}(\mathrm{V})=7.1(\mathrm{MV}) \tag{6}$$

6.1.19 已知氘核的质量比质子大一倍，电荷量与质子相同；α 粒子的质量是质子质量的四倍，电荷量是质子的两倍.(1)试问静止的质子、氘核和 α 粒子经过相同的电压加速后，它们的动能之比是多少？(2)当它们经过这样加速后进入同一均匀磁场，它们都作圆周运动，测得质子圆轨道的半径为 10cm. 试问氘核和 α 粒子轨道的半径各是多少？

【解】 (1)由公式 $E_k=qU$ 可知：质子、氘核、α 粒子的动能之比为

$$E_p:E_d:E_\alpha=q_p:q_d:q_\alpha=1:1:2 \tag{1}$$

(2)质子的轨道半径为

$$R_p=\frac{\sqrt{2m_pE_p}}{q_pB}=10\mathrm{cm} \tag{2}$$

氘核和 α 粒子的轨道半径分别为

$$R_d=\frac{\sqrt{2(2m_p)E_p}}{q_pB}=\sqrt{2}R_p=14\mathrm{cm} \tag{3}$$

$$R_\alpha=\frac{\sqrt{2(4m_p)(2E_p)}}{2q_pB}=\sqrt{2}R_p=14\mathrm{cm} \tag{4}$$

6.1.20 在垂直于均匀磁场的平面内，α 粒子和氘核以相同的初动能沿相同的方向先后从同一点 P 出发，它们走过半圆形轨道如图 6.1.20 所示，所用的时间分别是 t_α 和 t_d. 已知 α 粒子的质量比氘核大一倍，电荷量也比氘核大一倍. 试判断图中到达 S 点的是哪一个？并求比值 t_α/t_d.

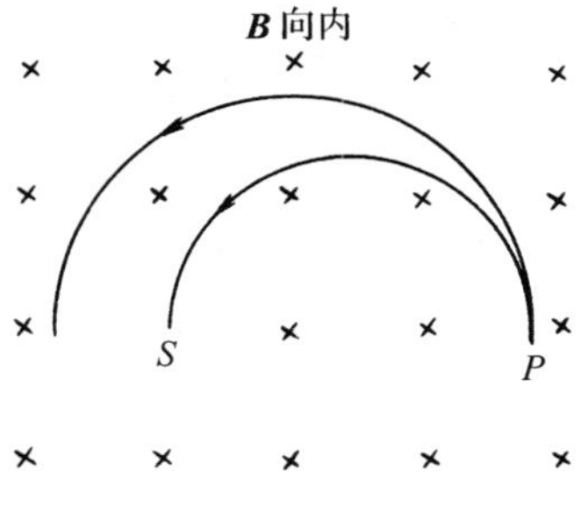

图 6.1.20

【解】 设粒子的质量、电荷量和速率分别为 m、q 和 v，则运动方程为

$$m\frac{v^2}{R}=qvB \tag{1}$$

式中 R 为粒子轨道半径，B 为磁场的磁感强度. 于是得

$$R=\frac{mv}{qB} \tag{2}$$

以下标 α 和 d 分别表示 α 粒子和氘核的有关量，则有

$$\frac{R_\alpha}{R_d}=\frac{m_\alpha v_\alpha}{q_\alpha B}\cdot\frac{q_dB}{m_dv_d}=\frac{m_\alpha}{m_d}\frac{v_\alpha}{v_d}\frac{q_d}{q_\alpha} \tag{3}$$

题给

$$\frac{1}{2}m_\alpha v_\alpha^2=\frac{1}{2}m_dv_d^2 \tag{4}$$

所以

$$\frac{R_\alpha}{R_d}=\frac{m_\alpha}{m_d}\sqrt{\frac{m_d}{m_\alpha}}\frac{q_d}{q_\alpha}=\sqrt{\frac{m_\alpha}{m_d}}\frac{q_d}{q_\alpha}=\sqrt{2}\times\frac{1}{2}=\frac{\sqrt{2}}{2} \tag{5}$$

故知到达 S 点的是 α 粒子.

$$\frac{t_\alpha}{t_d}=\frac{R_\alpha}{R_d}\frac{v_d}{v_\alpha}=\frac{m_\alpha}{m_d}\frac{q_d}{q_\alpha}=2\times\frac{1}{2}=1 \tag{6}$$

6.1.21 一氘核在 $B=1.5\mathrm{T}$ 的均匀磁场中运动，轨迹是半径为 40cm 的圆周. 已知氘核的质量为 $3.34\times10^{-27}\mathrm{kg}$，电荷量为 $1.60\times10^{-19}\mathrm{C}$. (1)试求氘核的速度和走半圈所需的时间；(2)需要多高的电压才能把氘核从静止加速到这个速度？

【解】 (1)氘核的速度为

$$v=\frac{RqB}{m}=\frac{40\times10^{-2}\times1.60\times10^{-19}\times1.5}{3.34\times10^{-27}}$$
$$=2.9\times10^{7}(\mathrm{m/s})$$

走半圈所需的时间为

$$t=\frac{T}{2}=\frac{\pi m}{qB}=\frac{3.34\times10^{-27}\pi}{1.60\times10^{-19}\times1.5}=4.4\times10^{-8}(\mathrm{s})$$

(2)所需电压为

$$U=\frac{mv^2}{2q}=\frac{q(RB)^2}{2m}=\frac{1.6\times10^{-19}\times(40\times10^{-2}\times1.5)^2}{2\times3.34\times10^{-27}}$$
$$=8.6\times10^{6}(\mathrm{V})$$

6.1.22 一质谱仪的构造原理如图 6.1.22 所示，离子源 S 产生质量为 m、电荷量为 q 的离子，离子产生出来时速度很小，可以看作是静止的；离子产生出来后经过电压 U 加速，进入磁感强度为 B 的均匀磁场，沿着半圆周运动而到达记录它的底片 P 上，测得它在 P 上的位置到入口处的距离为 x. (1)试证明这粒子的质量为 $m=\frac{qB^2}{8U}x^2$；(2)用钠离子做实验，得到如下数据：$U=705\mathrm{V}$，$B=3580\mathrm{Gs}$，$x=10\mathrm{cm}$. 试求钠离子的荷质比 q/m.

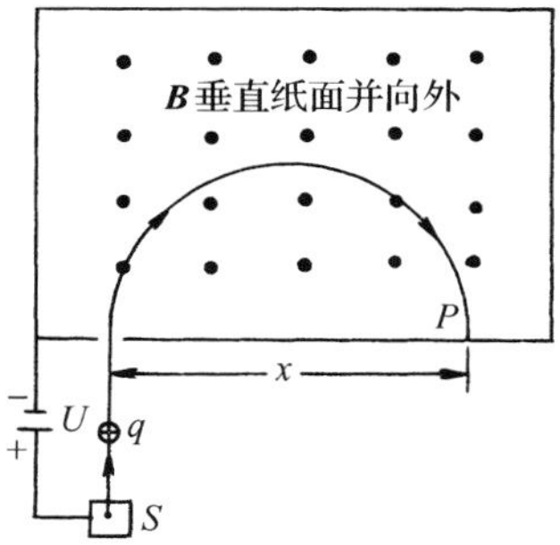

图 6.1.22

【解】 (1)因离子走的是半圆周，故 x 是直径. 由运动方程

$$m\frac{v^2}{r}=qvB \tag{1}$$

和能量关系

$$\frac{1}{2}mv^2=qU \tag{2}$$

得

$$x=2r=\frac{2mv}{qB}=\frac{2m}{qB}\sqrt{\frac{2qU}{m}}=\frac{2}{B}\sqrt{\frac{2mU}{q}} \tag{3}$$

所以

$$m=\frac{qB^2}{8U}x^2 \tag{4}$$

(2)钠离子的荷质比为

$$\frac{q}{m}=\frac{8U}{B^2x^2}=\frac{8\times 705}{(3580\times 10^{-4}\times 10\times 10^{-2})^2}$$
$$=4.4\times 10^6(\text{C/kg}) \tag{5}$$

6.1.23 已知碘离子所带电荷量为 $q=1.6\times 10^{-19}$C,它在 $B=4.5\times 10^{-2}$T的均匀磁场中作圆周运动时,回旋七周的时间为 1.29×10^{-3}s. 试求碘离子的质量.

【解】 由运动方程

$$m\frac{v^2}{R}=qvB \tag{1}$$

和

$$T=\frac{2\pi R}{v} \tag{2}$$

得碘离子的质量为

$$m=\frac{qBT}{2\pi}=\frac{1.6\times 10^{-19}\times 4.5\times 10^{-2}\times 1.29\times 10^{-3}}{2\pi\times 7}$$
$$=2.1\times 10^{-25}(\text{kg}) \tag{3}$$

6.1.24 在粒子的速度比光速 c 小得多的情况下,粒子的质量可当作与速度无关. 试证明:这时D形回旋加速器交变电压的频率与带电粒子作圆周运动的半径无关.

【证】 由粒子的运动方程

$$m\frac{v^2}{R}=qvB \tag{1}$$

得粒子的回旋周期为

$$T=\frac{2\pi R}{v}=\frac{2\pi m}{qB} \tag{2}$$

由此可见,当 m 与 v 无关时,T 便与 v 无关,也与圆周运动的半径 R 无关. 因此,使粒子加速的交变电压的频率便与粒子运动轨迹的半径无关.

6.1.25 回旋加速器的构造原理如图6.1.25所示,用它加速电荷量为 q、质量为 m 的粒子,其加速电压 U 和磁感强度 $\boldsymbol{B}$ 均为已知. 设粒子开始时动能很小,可略去不计. 试问将粒子加速到动能为 E_k,需要多长时间?

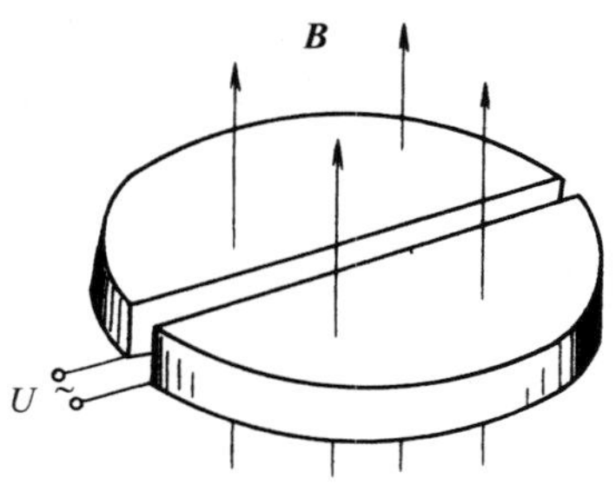

图 6.1.25

【解】 由运动方程

$$m\frac{v^2}{R}=qvB \tag{1}$$

得粒子回旋的周期为

$$T=\frac{2\pi R}{v}=\frac{2\pi m}{qB} \tag{2}$$

粒子在加速器里，每走半圈加速一次，每次增加动能 qU，故单位时间增加的动能为

$$\frac{qU}{T/2}=\frac{2qU}{T}=\frac{q^2UB}{\pi m} \tag{3}$$

于是得所求的时间为

$$t=\frac{E_k}{q^2UB/\pi m}=\frac{\pi mE_k}{q^2UB} \tag{4}$$

6.1.26　一回旋加速器 D 形电极圆周的最大半径为 60cm，用它来加速质量为 1.67×10^{-27}kg、电荷量为 1.6×10^{-19}C 的质子，要把质子从静止加速到4.0MeV 的能量.（1）试求所需的磁感强度 $\boldsymbol{B}$ 的值；（2）设两 D 形电极间的距离为1.0cm，加速电压为 2.0×10^4V，其间电场是均匀的，试求加速到上述能量所需的时间.

【解】（1）由运动方程

$$m\frac{v^2}{R}=qvB \tag{1}$$

和动能

$$E_k=\frac{1}{2}mv^2 \tag{2}$$

得所需的磁感强度为

$$B=\frac{\sqrt{2mE_k}}{Rq}=\frac{\sqrt{2\times1.67\times10^{-27}\times4.0\times10^6\times1.6\times10^{-19}}}{60\times10^{-2}\times1.6\times10^{-19}}$$
$$=0.48(\text{T}) \tag{3}$$

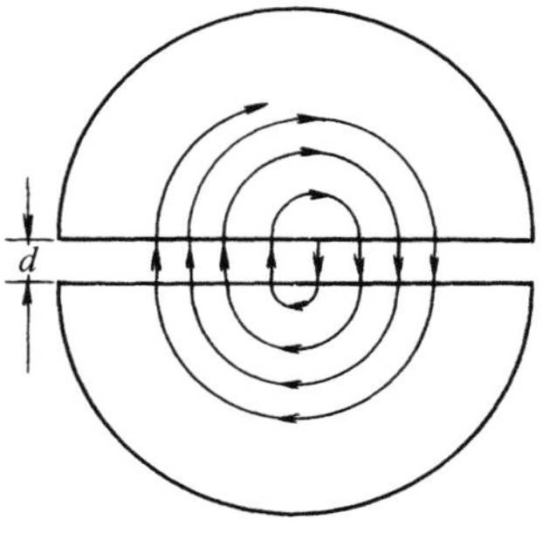

图 6.1.26

（2）求时间 t. 如图 6.1.26，带电粒子在回旋加速器中的运动可分为两部分：一部分是经过 D 形电极间的匀加速直线运动，设所需的时间为 t_1；另一部分是在 D 形盒内的匀速圆周运动，设所需时间为 t_2. 则把粒子加速到 E_k 所需的时间便为

$$t=t_1+t_2 \tag{4}$$

粒子在两极间是匀加速直线运动，进入 D 形盒内，速度方向改变，但速度大小不变. 粒子每走半圈，便经过两极间被加速一次，每次加速，它的动能便增加 qU. 因开始时速度为零，故在它的动能达到 E_k 时，经过两极间加速的次数便为

$$n=\frac{E_k}{qU} \tag{5}$$

在两极间走过的距离为

$$nd=\frac{1}{2}at_1^2=\frac{1}{2}\frac{qE}{m}t_1^2=\frac{1}{2}\frac{qU}{md}t_1^2 \tag{6}$$

所以

$$t_1=\sqrt{\frac{2mn}{qU}}d=\frac{\sqrt{2mE_k}}{qU}d \tag{7}$$

由于粒子经过两极间 n 次，故它在 D 形盒内的半圈匀速运动便有$(n-1)$次. 因为圆周运动的周期为

$$T=\frac{2\pi m}{qB} \tag{8}$$

于是便得

$$t_2=(n-1)\frac{T}{2}=\frac{(n-1)\pi m}{qB} \tag{9}$$

将题给数据分别代入式(5)、(7)和(9)，便得

$$n=\frac{E_k}{qU}=\frac{4.0\times10^6\times1.6\times10^{-19}}{1.6\times10^{-19}\times2.0\times10^4}=200 \tag{10}$$

$$\begin{aligned}t_1&=\frac{\sqrt{2mE_k}}{qU}d\\&=\frac{\sqrt{2\times1.67\times10^{-27}\times4.0\times10^6\times1.6\times10^{-19}}}{1.6\times10^{-19}\times2.0\times10^4}\times1.0\times10^{-2}\\&=1.4\times10^{-7}(\text{s})\end{aligned} \tag{11}$$

$$t_2=\frac{(n-1)\pi m}{qB}=\frac{(200-1)\pi\times1.67\times10^{-27}}{1.6\times10^{-19}\times0.48}=1.4\times10^{-5}(\text{s}) \tag{12}$$

最后得所需时间为

$$t=t_1+t_2=1.4\times10^{-7}+1.4\times10^{-5}=1.4\times10^{-5}(\text{s}) \tag{13}$$

【别解】 (1)如前面的式(3).

(2)因为质子的回旋周期 T 与速度无关，故它的回旋周期都相同；它在每个周期里被加速两次，故每个周期所获得的能量为

$$E=2U=2\times2.0\times10^4=4.0\times10^4(\text{eV}) \tag{14}$$

于是加速到 4.0MeV 所需的周期数便为

$$N=\frac{4.0\times10^6}{4.0\times10^4}=100 \tag{15}$$

因两极间的距离 $d=1.0$cm 比最大回旋半径 60cm 小很多，故质子经过两极间的时间可略去不计，于是得所求时间为

$$\begin{aligned}t&=NT=N\frac{2\pi m}{qB}=100\times\frac{2\pi\times1.67\times10^{-27}}{1.6\times10^{-19}\times0.48}\\&=1.4\times10^{-5}(\text{s})\end{aligned} \tag{16}$$

【讨论】 比较式(11)和(12)可以看出，略去 t_1 的作法是对的.

6.1.27 一电子在 $B=20$Gs 的磁场里沿半径为 $R=20$cm 的螺旋线运动，螺距为 $h=5.0$cm，如图 6.1.27 所示. 已知电子的荷质比为 $|e|/m=1.76\times10^{11}$C/kg，试求这电子的速度.

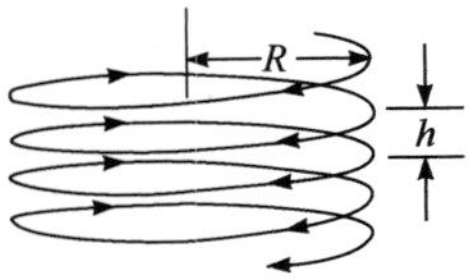

图 6.1.27

【解】 将电子的速度 $\boldsymbol{v}$ 分解为

$$\boldsymbol{v}=\boldsymbol{v}_{\parallel}+\boldsymbol{v}_{\perp} \tag{1}$$

式中 $\boldsymbol{v}_{\parallel}$ 和 $\boldsymbol{v}_{\perp}$ 分别为平行于和垂直于磁感强度 $\boldsymbol{B}$ 的分量. 电子所受的洛伦兹力的大小为

$$F=|e\boldsymbol{v}\times\boldsymbol{B}|=|e|v_{\perp}B \tag{2}$$

由运动方程

$$m\frac{v_\perp^2}{R}=F=|e|v_\perp B \tag{3}$$

得

$$v_\perp=RB\frac{|e|}{m}=20\times10^{-2}\times20\times10^{-4}\times1.76\times10^{11}$$
$$=7.04\times10^{7}(\mathrm{m/s}) \tag{4}$$

又由螺距公式

$$h=v_\parallel T=\frac{2\pi m v_\parallel}{|e|B} \tag{5}$$

得

$$v_\parallel=\frac{hB}{2\pi}\frac{|e|}{m}=\frac{5.0\times10^{-2}\times20\times10^{-4}}{2\pi}\times1.76\times10^{11}$$
$$=2.80\times10^{6}(\mathrm{m/s}) \tag{6}$$

于是得电子速度 $\boldsymbol{v}$ 的大小为

$$v=\sqrt{v_\parallel^2+v_\perp^2}=\sqrt{7.04^2+0.28^2}\times10^{7}$$
$$=7.0\times10^{7}(\mathrm{m/s}) \tag{7}$$

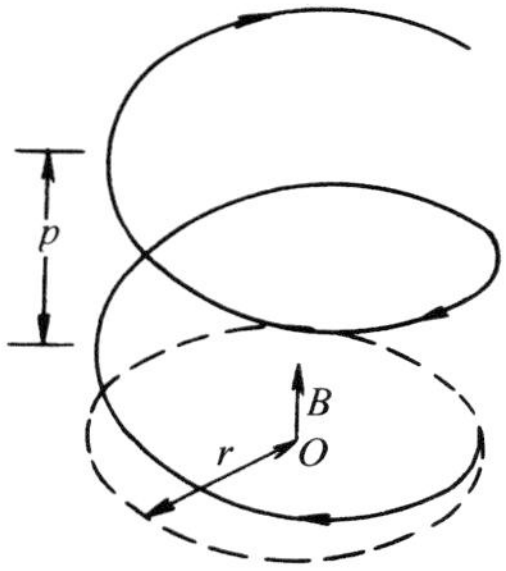

图 6.1.28

6.1.28 动能为 2000eV 的正电子在 $B=1000\mathrm{Gs}$ 的均匀磁场中运动，它的速度 $\boldsymbol{v}$ 与 $\boldsymbol{B}$ 成 89°角，所以它的轨迹是一条螺旋线，如图 6.1.28 所示. 已知正电子的质量为 $m=9.11\times10^{-31}\mathrm{kg}$，电荷量为 $e=1.60\times10^{-19}\mathrm{C}$. 试求这螺旋运动的周期 T、半径 r 和螺距 p.

【解】 将正电子的速度 $\boldsymbol{v}$ 分解为平行于磁场的分量 $v_\parallel$ 和垂直于磁场的分量 $v_\perp$：

$$v_\parallel=v\cos89°,\quad v_\perp=v\sin89° \tag{1}$$

使电子做回旋运动的洛伦兹力的大小为

$$F=e|\boldsymbol{v}\times\boldsymbol{B}|=ev_\perp B=evB\sin89° \tag{2}$$

由运动方程

$$m\frac{v_\perp^2}{r}=F=ev_\perp B \tag{3}$$

和动能

$$E_\mathrm{k}=\frac{1}{2}mv^2 \tag{4}$$

得周期为

$$T=\frac{2\pi r}{v_\perp}=\frac{2\pi m}{eB}=\frac{2\pi\times9.11\times10^{-31}}{1.60\times10^{-19}\times1000\times10^{-4}}$$
$$=3.6\times10^{-10}(\mathrm{s}) \tag{5}$$

半径为

$$r=\frac{mv_\perp}{eB}=\frac{\sin89°}{eB}\sqrt{2mE_\mathrm{k}}=\frac{0.9998}{1.60\times10^{-19}\times1000\times10^{-4}}$$

$$\times\sqrt{2\times 9.11\times 10^{-31}\times 2000\times 1.60\times 10^{-19}}$$
$$=1.5\times 10^{-3}\,(\mathrm{m}) \tag{6}$$

螺距为

$$p=v_{\parallel}T=vT\cos 89°=\sqrt{\frac{2E_k}{m}}T\cos 89°$$
$$=\sqrt{\frac{2\times 2000\times 1.6\times 10^{-19}}{9.11\times 10^{-31}}}\times 3.6\times 10^{-10}\times 0.01745$$
$$=1.7\times 10^{-4}\,(\mathrm{m}) \tag{7}$$

6.1.29 粒子速度选择器(或称滤速器)是由互相正交的均匀电场 $\boldsymbol{E}$ 和均匀磁场 $\boldsymbol{B}$ 构成的,各种速度的粒子射入时,速度都与 $\boldsymbol{E}$ 正交,也都与 $\boldsymbol{B}$ 正交,如图 6.1.29 所示.(1)试说明:当入口和出口都很小时,只有速度的大小 v_c 为某一值的粒子才能通过,而其他的便都不能通过.(2)当 $E=3.0\mathrm{V/m}$,$B=10\mathrm{Gs}$ 时,试计算通过的粒子的速率 v_c.(3)带电粒子的电荷量 q 的大小有没有影响?(4)带电粒子的电荷是正还是负有没有影响?

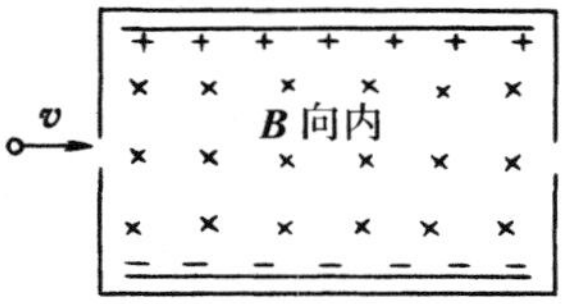

图 6.1.29

【解】 (1)电荷量为 q 的粒子以速度 $\boldsymbol{v}$ 在速度选择器中运动时,它受到的力为

$$\boldsymbol{F}=\boldsymbol{F}_e+\boldsymbol{F}_m=q\boldsymbol{E}+q\boldsymbol{v}\times\boldsymbol{B}$$
$$=q(\boldsymbol{E}+\boldsymbol{v}\times\boldsymbol{B}) \tag{1}$$

当

$$\boldsymbol{E}+\boldsymbol{v}\times\boldsymbol{B}=0 \tag{2}$$

时,粒子所受的力 $\boldsymbol{F}=0$,便以匀速 $\boldsymbol{v}_c$ 直线通过.由式(2)得 $\boldsymbol{v}_c$ 的值为

$$v_c=\frac{E}{B} \tag{3}$$

若粒子的速率 $v>v_c$,则 $F_m>F_e$,$\boldsymbol{F}\neq 0$,粒子便因有横向加速度而发生向上($q>0$)或向下($q<0$)的偏转,通不过速度选择器.若粒子的速率 $v<v_c$,则 $F_m<F_e$,$\boldsymbol{F}\neq 0$,粒子也因有横向加速度而发生向上($q<0$)或向下($q>0$)的偏转,也通不过速度选择器.

(2)通过的粒子的速率为

$$v_c=\frac{E}{B}=\frac{3.0}{10\times 10^{-4}}=3.0\times 10^{3}\,(\mathrm{m/s}) \tag{4}$$

(3)由式(1)至(3)可见,q 的大小对粒子是否通过没有影响.但 q 不能为零,因为 $q=0$ 的粒子所受的力 $\boldsymbol{F}=0$,任何速度都可以通过.当然,实际情况是所有带电粒子的电荷量都是电子电荷量的整数倍,不存在 q 非常小的问题.

(4)由式(2)可见,粒子的电荷是正还是负,对速度的选择没有影响.

6.1.30 空间某一区域里有 $E=1500\mathrm{V/m}$ 的电场和 $B=4000\mathrm{Gs}$ 的磁场,这两个场作用在一个运动电子上的合力为零.当电子的速度 $\boldsymbol{v}\perp\boldsymbol{B}$ 时,试求这个电子的

速率 v,并画出 $\boldsymbol{E}$、$\boldsymbol{B}$ 和 $\boldsymbol{v}$ 三者的相互方向.

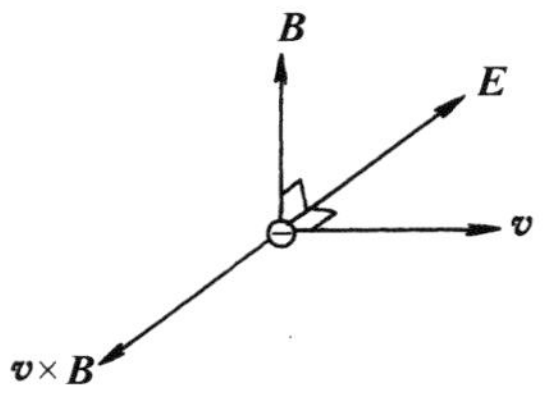

图 6.1.30

【解】 由电子所受的力

$$\boldsymbol{F}=e(\boldsymbol{E}+\boldsymbol{v}\times\boldsymbol{B})=0 \tag{1}$$

可知,$\boldsymbol{v}\times\boldsymbol{B}$ 必定与 $\boldsymbol{E}$ 大小相等而方向相反,其大小为

$$vB\sin\theta=E \tag{2}$$

式中 θ 是 $\boldsymbol{v}$ 与 $\boldsymbol{B}$ 的夹角. 当 $\boldsymbol{v}\perp\boldsymbol{B}$ 时,$\theta=\pi/2$,这时

$$v=\frac{E}{B}=\frac{1500}{4000\times10^{-4}}=3.75\times10^{3}\,(\mathrm{m/s}) \tag{3}$$

$\boldsymbol{E}$、$\boldsymbol{B}$、$\boldsymbol{v}$ 三者的方向如图 6.1.30 所示.

6.1.31 空间某一区域有均匀磁场,磁感强度 $\boldsymbol{B}$ 沿 x 轴方向. 一带电粒子(质量为 m、电荷量为 q)在这磁场中运动,开始时,速度为 $\boldsymbol{v}_0$,$\boldsymbol{v}_0$ 与 z 轴垂直,$\boldsymbol{v}_0$ 与 $\boldsymbol{B}$ 之间的夹角为 α;位置为 $x_0=y_0=0$,$z_0=mv_0\sin\alpha/qB$. 试求这粒子的运动轨迹.

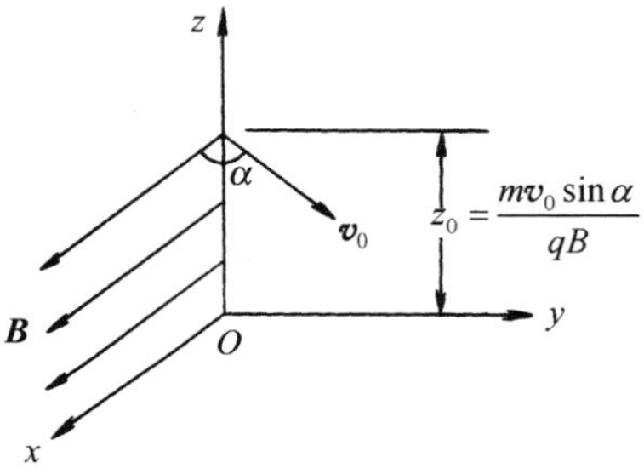

图 6.1.31

【解】 如图 6.1.31,初始条件为:$t=0$ 时

$$x_0=0,\quad y_0=0,\quad z_0=\frac{mv_0\sin\alpha}{qB} \tag{1}$$

$$v_{0x}=v_0\cos\alpha,\quad v_{0y}=v_0\sin\alpha,\quad v_{0z}=0 \tag{2}$$

粒子的运动方程为

$$m\frac{\mathrm{d}^2\boldsymbol{r}}{\mathrm{d}t^2}=q\boldsymbol{v}\times\boldsymbol{B}$$

$$=q\frac{\mathrm{d}\boldsymbol{r}}{\mathrm{d}t}\times\boldsymbol{B} \tag{3}$$

即

$$m\left(\frac{\mathrm{d}^2x}{\mathrm{d}t^2}\boldsymbol{i}+\frac{\mathrm{d}^2y}{\mathrm{d}t^2}\boldsymbol{j}+\frac{\mathrm{d}^2z}{\mathrm{d}t^2}\boldsymbol{k}\right)=q\left(\frac{\mathrm{d}x}{\mathrm{d}t}\boldsymbol{i}+\frac{\mathrm{d}y}{\mathrm{d}t}\boldsymbol{j}+\frac{\mathrm{d}z}{\mathrm{d}t}\boldsymbol{k}\right)\times B\boldsymbol{i} \tag{4}$$

写成分量式为

$$\frac{\mathrm{d}^2x}{\mathrm{d}t^2}=0 \tag{5}$$

$$\frac{\mathrm{d}^2y}{\mathrm{d}t^2}=\frac{qB}{m}\frac{\mathrm{d}z}{\mathrm{d}t} \tag{6}$$

$$\frac{\mathrm{d}^2z}{\mathrm{d}t^2}=-\frac{qB}{m}\frac{\mathrm{d}y}{\mathrm{d}t} \tag{7}$$

结合初始条件,式(5)的解为

$$x=(v_0\cos\alpha)t \tag{8}$$

式(6)、(7)的积分为

$$\frac{\mathrm{d}y}{\mathrm{d}t}=\frac{qB}{m}z \tag{9}$$

$$\frac{\mathrm{d}z}{\mathrm{d}t}=-\frac{qB}{m}y \tag{10}$$

将式(10)代入式(6)得

$$\frac{\mathrm{d}^2 y}{\mathrm{d}t^2}=-\frac{q^2B^2}{m^2}y \tag{11}$$

结合初始条件,其解为

$$y=\frac{mv_0\sin\alpha}{qB}\sin\left(\frac{qB}{m}t\right) \tag{12}$$

将式(9)代入式(7)得

$$\frac{\mathrm{d}^2 z}{\mathrm{d}t^2}=-\frac{q^2B^2}{m^2}z \tag{13}$$

结合初始条件,其解为

$$z=\frac{mv_0\sin\alpha}{qB}\cos\left(\frac{qB}{m}t\right) \tag{14}$$

将式(8)代入式(13)、(14),消去时间 t,便得所求的轨迹为

$$y=\frac{mv_0\sin\alpha}{qB}\sin\left(\frac{qBx}{mv_0\cos\alpha}\right) \tag{15}$$

$$z=\frac{mv_0\sin\alpha}{qB}\cos\left(\frac{qBx}{mv_0\cos\alpha}\right) \tag{16}$$

它是一条以 x 轴为轴线的空间螺旋线.

6.1.32 空间某一区域有均匀电场 $\boldsymbol{E}$ 和均匀磁场 $\boldsymbol{B}$,$\boldsymbol{E}$ 和 $\boldsymbol{B}$ 的方向相同,一电子(质量为 m、电荷量为 e)在这场中运动,试分别求下列情况下电子的加速度和电子的轨迹:开始时(1)初速度 $\boldsymbol{v}_0$ 与 $\boldsymbol{E}$ 方向相同;(2)$\boldsymbol{v}_0$ 与 $\boldsymbol{E}$ 方向相反;(3)$\boldsymbol{v}_0$ 与 $\boldsymbol{E}$ 垂直.

图 6.1.32(1)

【解】 (1)$\boldsymbol{v}_0$ 与 $\boldsymbol{E}$ 方向相同,如图 6.1.32(1)所示.

电子所受的力为

$$\boldsymbol{F}=e(\boldsymbol{E}+\boldsymbol{v}\times\boldsymbol{B}) \tag{1}$$

加速度为

$$\boldsymbol{a}=\frac{\boldsymbol{F}}{m}=\frac{e}{m}(\boldsymbol{E}+\boldsymbol{v}\times\boldsymbol{B}) \tag{2}$$

因开始时 $\boldsymbol{v}_0$ 与 $\boldsymbol{B}$ 同方向,故电子受的洛伦兹力为零,电子受的电场力 $e\boldsymbol{E}$ 与 $\boldsymbol{E}$ 方向相反(因为$e<0$),所以这时电子的加速度为

$$\boldsymbol{a}=\frac{e}{m}\boldsymbol{E} \tag{3}$$

因 $\boldsymbol{a}$ 与 $\boldsymbol{v}_0$ 方向相反,故电子作匀减速直线运动. 当$t=-\dfrac{mv_0}{eE}$时速度为零. 然后在 $\boldsymbol{E}$ 的作用下逆电力线加速运动. 其轨迹是一条直线. 电子的这种运动有如竖直向上抛物体的运动.

(2)$\boldsymbol{v}_0$ 与 $\boldsymbol{E}$ 方向相反 这时洛伦兹力仍为零. 电子的加速度为

$$\boldsymbol{a}=-\frac{e}{m}\boldsymbol{E} \tag{4}$$

因为 $e<0$,故 $\boldsymbol{a}$ 与 $\boldsymbol{E}$ 同方向,这时电子逆电力线加速运动,其轨迹是一条直线. 电子的这种运动有如竖直向下抛物体的运动.

(3) $\boldsymbol{v}_0$ 与 $\boldsymbol{E}$ 垂直,如图 6.1.32(2)所示. 这时电子的加速度由式(2)表示,其中电场产生的加速度 $\frac{e}{m}\boldsymbol{E}$ 与 $\boldsymbol{E}$ 的方向相反,即电子有一个逆电力线的加速度,这个加速度不改变 v_0 的大小. 磁场 $\boldsymbol{B}$ 作用在电子上的力是洛伦兹力,由于洛伦兹力不做功,故电子的动能不因磁场的作用而改变;换句话说,磁场不改变 v_0 的大小,它只是使电子环绕磁力线作圆周运动. 因此,电子一方面逆磁力线加速运动,一方面环绕磁力线作圆周运动,两种运动合起来,电子运动的轨迹便是一条螺距越来越大的螺旋线.

【讨论】 第三种情况的定量计算　以开始时电子的位置为原点 O,取笛卡儿坐标系,使 z 轴沿 $\boldsymbol{E}$、$\boldsymbol{B}$ 方向,初速度 $\boldsymbol{v}_0$ 平行于 y 轴,如图 6.1.32(3)所示. 这样,电子的运动方程便为

$$m\left(\frac{\mathrm{d}^2x}{\mathrm{d}t^2}\boldsymbol{i}+\frac{\mathrm{d}^2y}{\mathrm{d}t^2}\boldsymbol{j}+\frac{\mathrm{d}^2z}{\mathrm{d}t^2}\boldsymbol{k}\right)=eE\boldsymbol{k}+e\left(\frac{\mathrm{d}x}{\mathrm{d}t}\boldsymbol{i}+\frac{\mathrm{d}y}{\mathrm{d}t}\boldsymbol{j}+\frac{\mathrm{d}z}{\mathrm{d}t}\boldsymbol{k}\right)\times B\boldsymbol{k} \tag{5}$$

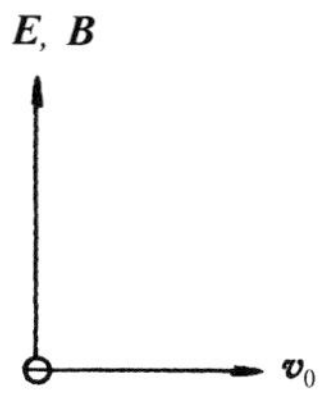

图 6.1.32(2)

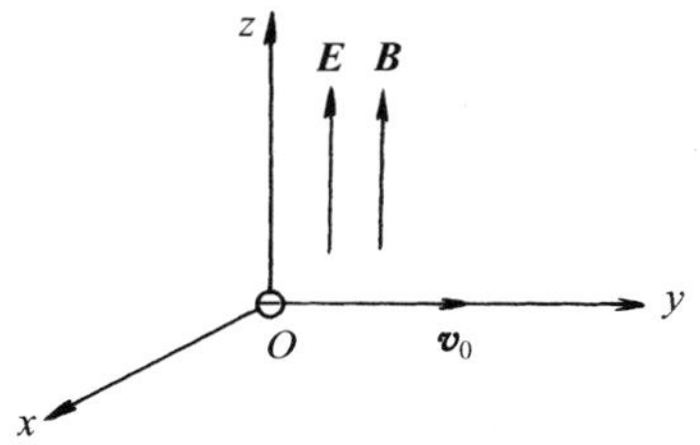

图 6.1.32(3)

其分量式为

$$\frac{\mathrm{d}^2x}{\mathrm{d}t^2}=\frac{eB}{m}\frac{\mathrm{d}y}{\mathrm{d}t} \tag{6}$$

$$\frac{\mathrm{d}^2y}{\mathrm{d}t^2}=-\frac{eB}{m}\frac{\mathrm{d}x}{\mathrm{d}t} \tag{7}$$

$$\frac{\mathrm{d}^2z}{\mathrm{d}t^2}=\frac{eE}{m} \tag{8}$$

初始条件为:$t=0$ 时,

$$x_0=y_0=z_0=0 \tag{9}$$

$$\left(\frac{\mathrm{d}x}{\mathrm{d}t}\right)_0=0,\quad \left(\frac{\mathrm{d}y}{\mathrm{d}t}\right)_0=v_0,\quad \left(\frac{\mathrm{d}z}{\mathrm{d}t}\right)_0=0 \tag{10}$$

利用初始条件，解式(8)得

$$z=\frac{eE}{2m}t^2 \tag{11}$$

将式(6)、(7)对时间 t 积分，并利用初始条件得

$$\frac{\mathrm{d}x}{\mathrm{d}t}=\frac{eB}{m}y \tag{12}$$

$$\frac{\mathrm{d}y}{\mathrm{d}t}=-\frac{eB}{m}x+v_0 \tag{13}$$

将式(13)代入式(6)得

$$\frac{\mathrm{d}^2x}{\mathrm{d}t^2}=-\frac{e^2B^2}{m^2}x+\frac{eB}{m}v_0 \tag{14}$$

利用初始条件解得

$$x=\frac{mv_0}{eB}\left(1-\cos\frac{eB}{m}t\right) \tag{15}$$

将式(12)代入式(7)，利用初始条件解得

$$y=\frac{mv_0}{eB}\sin\frac{eB}{m}t \tag{16}$$

式(11)、(15)、(16)是一条空间螺旋线的参数方程，这螺旋线的轴线平行于 z 轴. 所以电子运动的轨迹是一条轴线平行于 $\boldsymbol{E}$($\boldsymbol{B}$)的空间螺旋线. 它的半径和螺距可求出如下：由式(15)和(16)得

$$\left(x-\frac{mv_0}{eB}\right)^2+y^2=\left(\frac{mv_0}{eB}\right)^2 \tag{17}$$

这是一个圆，它是螺旋线在 $z=0$ 平面(x-y 平面)上的投影. 它表明，螺旋线的半径为

$$R=\frac{mv_0}{|e|B} \tag{18}$$

螺距为

$$\begin{aligned}h&=|v_z|T=\frac{|e|E}{m}t\left(2\pi\frac{m}{|e|B}\right)\\&=2\pi E\frac{t}{B}\end{aligned} \tag{19}$$

h 与时间 t 成正比，即螺距越来越大，如图 6.1.32(4)所示.

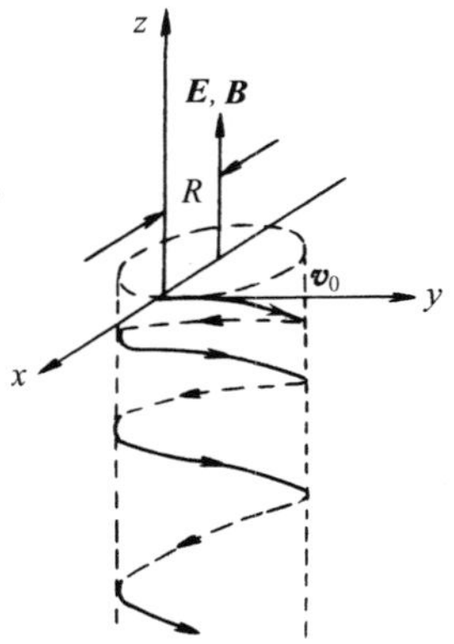

图 6.1.32(4)

6.1.33　一无限大平行板电容器充电后，两极板间产生一均匀电场 $\boldsymbol{E}$，另有一均匀磁场 $\boldsymbol{B}$ 与 $\boldsymbol{E}$ 垂直，如图 6.1.33(1)所示. 一电子(质量为 m，电荷量为 e)从负极板出来，初速度很小，可当作零. 不考虑重力. 试证明：当两极板间的距离 $d>\dfrac{2mE}{|e|B^2}$时，它不可能到达

正极板.

【证】 以负极板的表面为 $x=0$ 平面，电子的出发点为坐标原点，取笛卡儿坐标系如图 6.1.33(2)所示. 电场和磁场分别为

$$\boldsymbol{E}=(-E,0,0) \tag{1}$$

$$\boldsymbol{B}=(0,0,B) \tag{2}$$

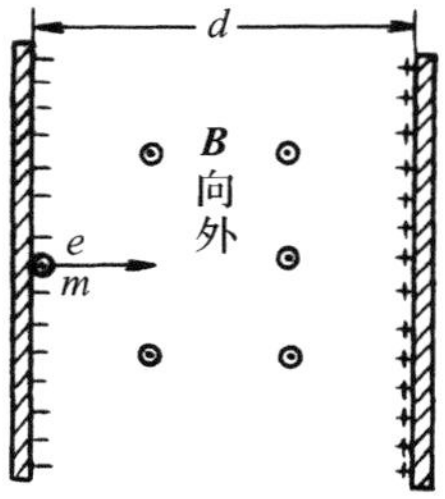

图 6.1.33(1)

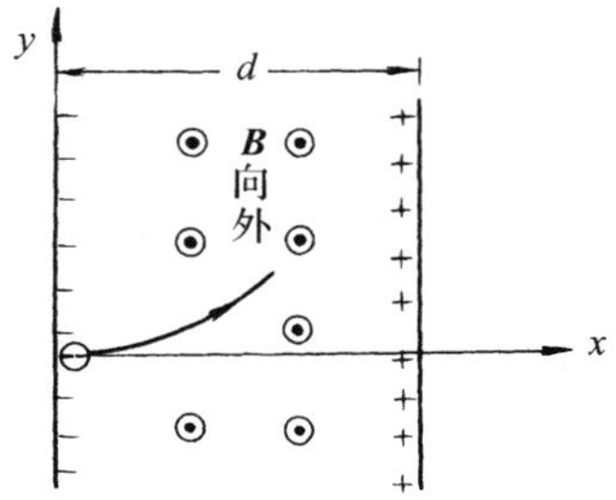

图 6.1.33(2)

初始条件为：$t=0$ 时

$$x_0=0,\quad y_0=0,\quad z_0=0 \tag{3}$$

$$\left(\frac{\mathrm{d}x}{\mathrm{d}t}\right)_0=0,\left(\frac{\mathrm{d}y}{\mathrm{d}t}\right)_0=0,\left(\frac{\mathrm{d}z}{\mathrm{d}t}\right)_0=0 \tag{4}$$

电子的运动方程为

$$m\frac{\mathrm{d}^2\boldsymbol{r}}{\mathrm{d}t^2}=e\boldsymbol{E}+e\frac{\mathrm{d}\boldsymbol{r}}{\mathrm{d}t}\times\boldsymbol{B} \tag{5}$$

写成分量式为

$$m\frac{\mathrm{d}^2x}{\mathrm{d}t^2}=-eE+eB\frac{\mathrm{d}y}{\mathrm{d}t} \tag{6}$$

$$m\frac{\mathrm{d}^2y}{\mathrm{d}t^2}=-eB\frac{\mathrm{d}x}{\mathrm{d}t} \tag{7}$$

$$m\frac{\mathrm{d}^2z}{\mathrm{d}t^2}=0 \tag{8}$$

将式(7)对时间 t 积分并利用初始条件得

$$\frac{\mathrm{d}y}{\mathrm{d}t}=-\frac{eB}{m}x \tag{9}$$

将式(9)代入式(6)得

$$\frac{\mathrm{d}^2x}{\mathrm{d}t^2}=-\frac{e^2B^2}{m^2}\left(x+\frac{mE}{eB^2}\right) \tag{10}$$

利用初始条件解得

$$x=\frac{mE}{eB^2}\left[\cos\left(\frac{eB}{m}t\right)-1\right] \tag{11}$$

由此式得 x 的最大值为

$$x_{max}=-\frac{2mE}{eB^2}=\frac{2mE}{|e|B^2}\quad(因为\ e<0)\tag{12}$$

当 $x_{max}<d$ 时,电子就不可能到达正极板.

【别证】 式(6)、(7)可分别写成

$$m\frac{\mathrm{d}v_x}{\mathrm{d}t}=-eE+eBv_y\tag{13}$$

$$m\frac{\mathrm{d}v_y}{\mathrm{d}t}=-eBv_x\tag{14}$$

相除得

$$\frac{\mathrm{d}v_x}{\mathrm{d}v_y}=\frac{E-Bv_y}{Bv_x}\tag{15}$$

所以

$$Bv_x\mathrm{d}v_x=(E-Bv_y)\mathrm{d}v_y\tag{16}$$

积分并利用初始条件得

$$\frac{1}{2}Bv_x^2=Ev_y-\frac{1}{2}Bv_y^2\tag{17}$$

电子回头时,$v_x=0$,这时

$$v_y=\frac{2E}{B}\tag{18}$$

这时电子的动能为

$$\frac{1}{2}mv^2=\frac{1}{2}mv_y^2=-eEx_{max}\tag{19}$$

所以

$$x_{max}=-\frac{m}{2eE}v_y^2=-\frac{m}{2eE}\left(\frac{2E}{B}\right)^2=\frac{2mE}{|e|B^2}\tag{20}$$

故 $d>\frac{2mE}{|e|B^2}=x_{max}$ 时,电子不可能到达正极板.

6.1.34 在空间有互相垂直的均匀电场 $\boldsymbol{E}$ 和均匀磁场 $\boldsymbol{B}$,$\boldsymbol{B}$ 沿 x 轴方向,$\boldsymbol{E}$ 沿 z 轴方向. 一电子(质量为 m,电荷量为 e)开始从原点出发,以速度 $\boldsymbol{v}_0$ 向 y 轴方向前进,如图 6.1.34 所示. 试求这电子运动的轨迹.

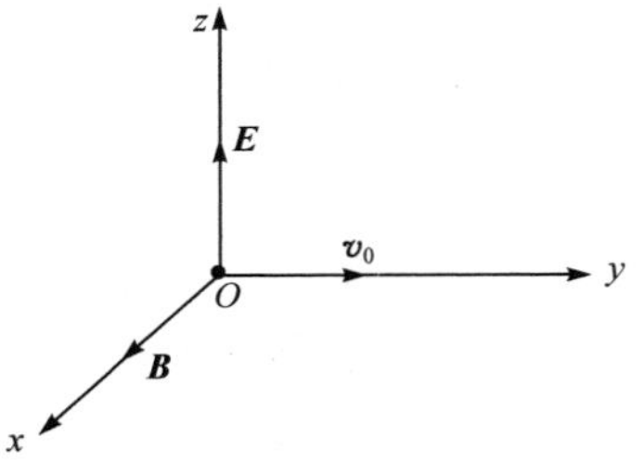

图 6.1.34

【解】 如图 6.1.34,电场和磁场分别为

$$\boldsymbol{E}=(0,0,E)\tag{1}$$

$$\boldsymbol{B}=(B,0,0)\tag{2}$$

初始条件为:$t=0$ 时,

$$x_0=0,\quad y_0=0,\quad z_0=0\tag{3}$$

$$\left(\frac{\mathrm{d}x}{\mathrm{d}t}\right)_0=0,\quad\left(\frac{\mathrm{d}y}{\mathrm{d}t}\right)_0=v_0,\quad\left(\frac{\mathrm{d}z}{\mathrm{d}t}\right)_0=0\tag{4}$$

电子的运动方程为

$$m\frac{d^2\boldsymbol{r}}{dt^2}=e\boldsymbol{E}+e\frac{d\boldsymbol{r}}{dt}\times\boldsymbol{B} \tag{5}$$

写成分量式,并考虑式(1)、(2),便得

$$m\frac{d^2x}{dt^2}=0 \tag{6}$$

$$m\frac{d^2y}{dt^2}=eB\frac{dz}{dt} \tag{7}$$

$$m\frac{d^2z}{dt^2}=eE-eB\frac{dy}{dt} \tag{8}$$

解式(6)并利用初始条件得

$$x=0 \tag{9}$$

这表明,电子在 y-z 平面内运动.

将式(7)对时间 t 积分,并利用初始条件得

$$m\frac{dy}{dt}=eBz+mv_0 \tag{10}$$

将上式代入式(8)得

$$m\frac{d^2z}{dt^2}=-\frac{e^2B^2}{m}\left(z-\frac{mE}{eB^2}+\frac{mv_0}{eB}\right) \tag{11}$$

解得

$$z-\frac{mE}{eB^2}+\frac{mv_0}{eB}=A\cos\left(\frac{eB}{m}t+\varphi_0\right) \tag{12}$$

利用初始条件定出常数 A 和 φ_0,便得

$$z=\frac{m}{eB}\left(v_0-\frac{E}{B}\right)\left[\cos\left(\frac{eB}{m}t\right)-1\right] \tag{13}$$

将上式的 z 代入式(10)得

$$m\frac{dy}{dt}=\left(mv_0-\frac{mE}{B}\right)\cos\left(\frac{eB}{m}t\right)+\frac{mE}{B} \tag{14}$$

积分并利用初始条件得

$$y=\frac{m}{eB}\left(v_0-\frac{E}{B}\right)\sin\left(\frac{eB}{m}t\right)+\frac{E}{B}t \tag{15}$$

式(9)、(13)和(15)是 y-z 平面里的一条摆线(旋轮线),它就是电子运动的轨迹.

6.1.35 按照经典模型,氢原子中的电子沿半径为 r 的圆轨道绕原子核运动,若把氢原子放在磁感强度为 $\boldsymbol{B}$ 的磁场中,使电子的轨道平面与 $\boldsymbol{B}$ 垂直,假定 r 不因 $\boldsymbol{B}$ 而改变,则当观测者顺着 $\boldsymbol{B}$ 的方向看时,(1)若电子是沿顺时针方向旋转,试问电子的角频率(角速度)是增大还是减小?(2)若电子是沿逆时针方向旋转,试问电子的角频率是增大还是减小?

【解答】 电子受的洛伦兹力为

$$\boldsymbol{F}=e\boldsymbol{v}\times\boldsymbol{B}$$

因 $e<0$,故 $\boldsymbol{F}$ 的方向与 $\boldsymbol{v}\times\boldsymbol{B}$ 的方向相反.

(1)当电子沿顺时针方向旋转时,如图 6.1.35 的(1)所示,$\boldsymbol{F}$ 指向原子核,即电子受的向心力增大,故电子的角频率(角速度)增大.

(2)当电子沿逆时针方向旋转时,如图 6.1.35 的(2)所示,$\boldsymbol{F}$ 背向原子核,即电子受的向心力减小,故电子的角频率(角速度)减小.

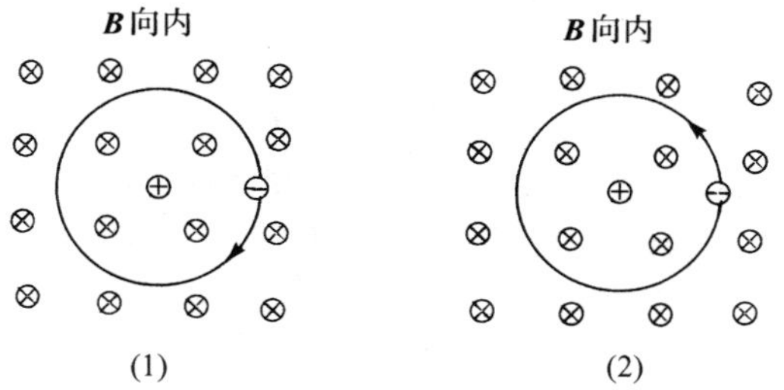

图 6.1.35

6.1.36 氢原子由带正电的质子和带负电的电子构成.按照经典模型,氢原子处在基态时,电子以角速度 ω 绕质子作圆周运动.当加上外磁场 $\boldsymbol{B}$,$\boldsymbol{B}$ 的方向与电子轨道平面垂直时,设电子轨道的半径 r 不变,而角速度则变为 ω'.已知 $r=5.29\times10^{-11}\,\text{m}$,电子质量 $m=9.11\times10^{-31}\,\text{kg}$.试证明:电子角速度的变化近似等于

$$\Delta\omega=\omega'-\omega=\pm\frac{1}{2}\frac{e}{m}B$$

式中 $e<0$ 为电子电荷.

【证】 无磁场时,电子的角速度 ω 满足

$$m\omega^2 r=F_e=\frac{1}{4\pi\varepsilon_0}\frac{e^2}{r^2} \tag{1}$$

加上磁场后,电子的角速度 ω'满足

$$\begin{aligned} m\omega'^2 r &=F_e+F_m=m\omega^2 r\pm ev'B \\ &=m\omega^2 r\pm e\omega' rB \end{aligned} \tag{2}$$

因电子电荷量 $e<0$,故上式右边在洛伦兹力 $\boldsymbol{F}_m$ 与库仑力 $\boldsymbol{F}_e$ 同方向时用负号,反方向时用正号.由式(2)得

$$\omega'^2\pm\frac{eB}{m}\omega'-\omega^2=0 \tag{3}$$

解得

$$\omega'=\pm\frac{eB}{2m}\pm\sqrt{\omega^2+\left(\frac{eB}{2m}\right)^2} \tag{4}$$

其中根号内两项之比由式(1)为

$$\frac{|e|B}{2m}/\omega=B\sqrt{\frac{\pi\varepsilon_0 r^3}{m}} \tag{5}$$

已知电子质量为 $m=9.11\times10^{-31}\,\text{kg}$,对于处在基态的氢原子来说,根据经典模型,$r=5.29\times10^{-11}\,\text{m}$.将这些数据代入式(5)得

$$\frac{|e|B}{2m}/\omega=B\sqrt{\frac{\pi\times 8.854\times 10^{-12}\times(5.29\times 10^{-11})^3}{9.11\times 10^{-31}}}$$

$$=2.1\times 10^{-6}B \tag{6}$$

在一般实验中，B 很少超过 10 特斯拉，即使 $B=100\text{T}$，上述比值也只有万分之二. 因此，式(4)右边根号内的 $\left(\frac{eB}{2m}\right)^2$ 项与 ω^2 项相比，完全可以略去. 故得

$$\omega'=\pm\frac{eB}{2m}\pm\sqrt{\omega^2} \tag{7}$$

因为 $\omega'>0$，所以上式中右边根号项只能取正值，于是便得

$$\omega'=\omega\pm\frac{eB}{2m} \tag{8}$$

所以

$$\Delta\omega=\omega'-\omega=\pm\frac{eB}{2m} \tag{9}$$

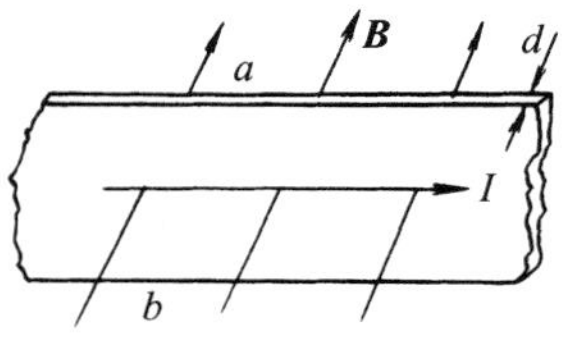

图 6.1.37

6.1.37　一铜片厚为 $d=1.0\text{mm}$，放在 $B=1.5\text{T}$ 的磁场中，磁场方向与铜片表面垂直，如图 6.1.37 所示. 已知铜片里每立方厘米有 8.4×10^{22} 个自由电子，每个电子的电荷量为 $e=-1.6\times 10^{-19}\text{C}$. 当铜片中有 $I=200\text{A}$ 电流时，试求铜片两侧的电势差 U_{ab}.

【解】 设铜片内构成电流的自由电子其平均定向速度为 $\boldsymbol{u}$，则每个参加导电的自由电子所受的洛伦兹力为

$$\boldsymbol{f}_m=e\boldsymbol{u}\times\boldsymbol{B} \tag{1}$$

因 $e<0$，故 $\boldsymbol{f}_m$ 的方向从图 6.1.37 中的 b 边指向 a 边，这使得电子偏向 a 边，于是 a 边带负电，b 边带正电. 结果便在铜片内产生一个从 b 边指向 a 边的电场 $\boldsymbol{E}$. 这电场作用在每个参加导电的电子上的力为

$$\boldsymbol{f}_e=e\boldsymbol{E} \tag{2}$$

因 $e<0$，故 $\boldsymbol{f}_e$ 的方向从 a 边指向 b 边，即与 $\boldsymbol{f}_m$ 的方向相反. 因此，当 $|\boldsymbol{f}_e|=|\boldsymbol{f}_m|$ 时，$\boldsymbol{f}_e+\boldsymbol{f}_m=0$，电子便不再偏转. 由式(1)、(2)得

$$E=uB \tag{3}$$

铜片 a、b 两侧的电势差为

$$U_{ab}=U_a-U_b=\int_a^b\boldsymbol{E}\cdot\mathrm{d}\boldsymbol{l}=-El \tag{4}$$

式中 l 为铜片宽度，负号表示 a 侧电势低于 b 侧电势. 又因

$$I=jS=n|e|uld \tag{5}$$

故由以上诸式得

$$U_{ab}=-\frac{IB}{n|e|d}=-\frac{200\times 1.5}{8.4\times 10^{22}\times 10^6\times 1.6\times 10^{-19}\times 1.0\times 10^{-3}}$$

$$=-2.2\times 10^{-5}(\text{V}) \tag{6}$$

6.1.38　一块样品如图 6.1.38，已知它的横截面积为 S，宽为 l，载有电流 I. 外磁场的磁感强度为 $\boldsymbol{B}$，$\boldsymbol{B}$ 与电流 I 垂直. 设样品单位体积内有 n 个载流子，每个载流子的电荷量为 q，平均定向速率为 u. (1)试证明，这块样品中存在一个大小为

$E=uB$ 的电场；并指出 $\boldsymbol{E}$ 的方向；(2)试求样品两侧的电势差 U_{ab}；哪侧电势高？(3)霍尔系数定义为 $R=\dfrac{ES}{IB}$，试证明：$R=\dfrac{1}{nq}$；(4)试证明：$R=\dfrac{u_m}{\sigma}$，式中 u_m 是载流子的迁移率(即单位电场强度所产生的平均定向速率)，σ 是样品的电导率.

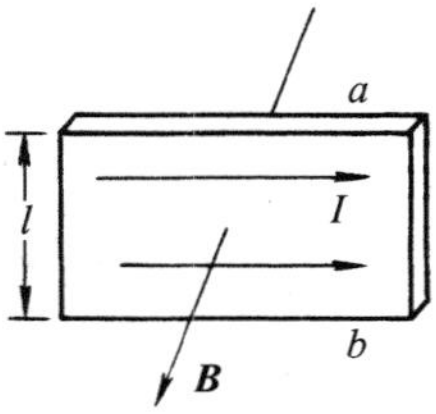

图 6.1.38

【解】 (1)参加导电的每个载流子所受的洛伦兹力为

$$\boldsymbol{f}_m=q\boldsymbol{u}\times\boldsymbol{B} \tag{1}$$

这个力使载流子向 b 侧偏转(当 $q>0$ 时)，或向 a 侧偏转(当 $q<0$ 时). 因此，当 $q>0$ 时，b 侧带正电，a 侧带负电；当 $q<0$ 时，b 侧带负电，a 侧带正电. 结果在样品内便产生一个电场 $\boldsymbol{E}$，它作用在载流子上的力为

$$\boldsymbol{f}_e=q\boldsymbol{E} \tag{2}$$

$\boldsymbol{f}_e$ 的方向与 $\boldsymbol{f}_m$ 的相反. 因此，在它们的大小相等，即

$$E=uB \tag{3}$$

时，载流子便不再偏转而达到稳定的定向流动.

由上面的分析可见，当 $q>0$ 时，$\boldsymbol{E}$ 的方向从 b 向 a；当 $q<0$ 时，$\boldsymbol{E}$ 的方向从 a 向 b.

(2)a、b 两侧的电势差　当 $q>0$ 时，

$$U_{ab}=U_a-U_b=\int_a^b\boldsymbol{E}\cdot\mathrm{d}\boldsymbol{l}=-El=-uBl<0 \tag{4}$$

这时 b 侧电势高.

当 $q<0$ 时，

$$U_{ab}=U_a-U_b=\int_a^b\boldsymbol{E}\cdot\mathrm{d}\boldsymbol{l}=El=uBl>0 \tag{5}$$

这时 a 侧电势高.

(3)霍尔系数为

$$R=\frac{ES}{IB}=\frac{uBS}{nquSB}=\frac{1}{nq} \tag{6}$$

(4)霍尔系数可表示为

$$R=\frac{ES}{IB}=\frac{ES}{jSB}=\frac{Eu}{\sigma EE}=\frac{u/E}{\sigma}=\frac{u_m}{\sigma} \tag{7}$$

【讨论】 由于霍尔系数 R 和电导率都是可以直接测量的量，因而可以用来确定载流子电荷量 q 的正负号、载流子的数密度 n 和迁移率 u_m 等，这在研究半导体时用到. 当霍尔系数 R 已知时，还可通过测量电势差而测量磁感强度 B.

6.1.39 一块半导体样品的体积为 $a\times b\times c$，如图 6.1.39 所示，载有电流 I，处在磁场强度为 $\boldsymbol{H}$ 的外磁场中，I 沿 x 轴方向，$\boldsymbol{H}$ 沿 z 轴方向. 由实验测得的数据为 $a=0.10\text{cm}$，$I=1.0\text{mA}$，$H=3000\text{e}$，片两侧的电势差为 $U_{AB}=6.55\text{mV}$. (1)试问这半导体是正电荷导电(p 型)还是负电荷导电(n 型)？(2)设每个载流子电荷量的大小

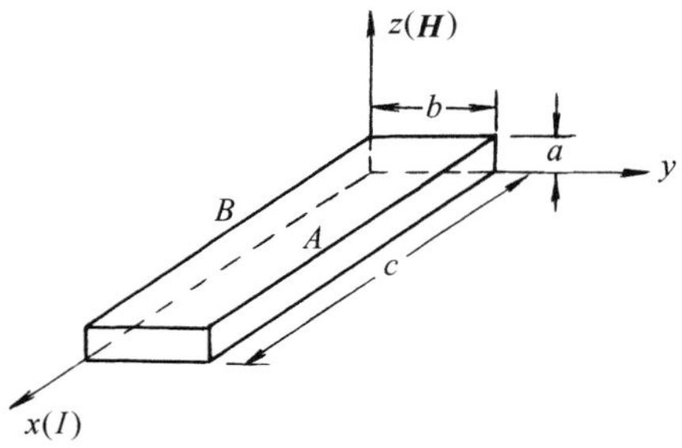

图 6.1.39

为 $q=1.60\times10^{-19}$C,试求载流子浓度(即单位体积内参加导电的带电粒子数).

【解】 (1)因 $U_{AB}=U_A-U_B=6.55\text{mV}>0$,故知这样品是 n 型(即负电荷导电).

(2)样品中的电流为

$$I=jab=nquab \tag{1}$$

式中 n 为载流子浓度,u 为载流子的平均定向运动速度 $\boldsymbol{u}$ 的大小.

磁场 $\boldsymbol{H}$ 使载流子偏转,从而在样品两侧产生正负电荷,在样品中生成一个横向电场 $\boldsymbol{E}$.这时作用在载流子上的偏转力便为

$$\boldsymbol{f}=\boldsymbol{f}_m+\boldsymbol{f}_e=q\boldsymbol{u}\times\boldsymbol{B}+q\boldsymbol{E}=q(\boldsymbol{u}\times\boldsymbol{B}+\boldsymbol{E}) \tag{2}$$

$\boldsymbol{E}$ 与 $\boldsymbol{u}\times\boldsymbol{B}$ 方向相反,因此,当它们的大小相等,即

$$E=uB=\mu_0 uH \tag{3}$$

时,载流子便不再偏转而达到稳定的定向流动. 这时

$$E=\frac{U_{AB}}{b} \tag{4}$$

由以上四式得

$$n=\frac{I}{quab}=\frac{\mu_0 IH}{qaU_{AB}}=\frac{4\pi\times10^{-7}\times1.0\times10^{-3}\times300\times10^3/4\pi}{1.6\times10^{-19}\times0.10\times10^{-2}\times6.55\times10^{-3}}$$

$$=2.9\times10^{19}(\text{个}/\text{m}^3) \tag{5}$$

【讨论】 奥斯特(Oe)是高斯单位制中磁场强度 $\boldsymbol{H}$ 的单位,它与国际单位制(SI)中 $\boldsymbol{H}$ 的单位 A/m 的换算关系为

$$1\text{Oe}=\frac{10^3}{4\pi}\text{A/m} \tag{6}$$

6.1.40 一铜导线载有电流 I,I 均匀分布在它的横截面上;已知导线横截面的半径为 R,铜内参加导电的自由电子数密度为 n,电子的电荷量为 e. 试求这导线的轴线与表面的电势差 U. 当 $R=5.0$mm,$I=50$A,$n=8.4\times10^{22}$个/(cm)^3,$e=-1.6\times10^{-19}$C 时,试计算 U 的值.

【解】 由对称性和安培环路定理得,导线内离轴线为 r 处的磁感强度 $\boldsymbol{B}$ 的大小为

$$B=\frac{\mu_0 I}{2\pi R^2}r \tag{1}$$

$\boldsymbol{B}$ 的方向为电流 I 的右手螺旋方向. 设参加导电的电子的平均定向速度为 $\boldsymbol{u}$,则它将受到洛伦兹力

$$\boldsymbol{f}_m=e\boldsymbol{u}\times\boldsymbol{B} \tag{2}$$

而向轴线偏转,结果使导线里边出现负电荷而外边出现正电荷,从而产生一个垂直于轴线并指向轴线的电场 $\boldsymbol{E}$. 于是导电电子受到的偏转力便为

$$\boldsymbol{f}=e(\boldsymbol{E}+\boldsymbol{u}\times\boldsymbol{B}) \tag{3}$$

当

$$\boldsymbol{E}+\boldsymbol{u}\times\boldsymbol{B}=0 \tag{4}$$

时，电子便不偏转而达到稳定的定流动. 于是所求的电势差便为

$$U=\int_0^R\boldsymbol{E}\cdot\mathrm{d}\boldsymbol{r}=-\int_0^R\boldsymbol{u}\times\boldsymbol{B}\cdot\mathrm{d}\boldsymbol{r}=-\int_0^R uB\mathrm{d}r$$

$$=-\frac{\mu_0 Iu}{2\pi R^2}\int_0^R r\mathrm{d}r=-\frac{\mu_0 Iu}{4\pi} \tag{5}$$

负号表明，导线轴线上的电势低于表面的电势.

电流密度为

$$\boldsymbol{j}=ne\boldsymbol{u} \tag{6}$$

以 $\boldsymbol{j}$ 方向上的单位矢量点乘上式，便得

$$j=-neu \tag{7}$$

又

$$j=\frac{I}{\pi R^2} \tag{8}$$

由式(7)、(8)解出 u，代入式(5)便得所求的电势差为

$$U=\frac{\mu_0 I^2}{4\pi^2 R^2 ne} \tag{9}$$

将数值代入上式，便得

$$U=\frac{4\pi\times10^{-7}\times50^2}{4\pi^2\times(5.0\times10^{-3})^2\times8.4\times10^{22}\times10^6\times(-1.6\times10^{-19})}$$

$$=-2.4\times10^{-10}(\mathrm{V}) \tag{10}$$

6.1.41　把载流铜片放在 $B=100\mathrm{mT}$ 的外磁场中，测量它的霍尔效应，测得纵向电场强度是横向电场强度的 $n=3.1\times10^3$ 倍. 试求这铜片中载流子的迁移率(单位电场强度所产生的平均定向速率).

【解】　设载流子的电荷量为 e，平均定向速度为 $\boldsymbol{u}$，横向电场强度为 $\boldsymbol{E}_t$，则作用在它上面的偏向力为

$$\boldsymbol{f}=\boldsymbol{f}_e+\boldsymbol{f}_m=e(\boldsymbol{E}_t+\boldsymbol{u}\times\boldsymbol{B}) \tag{1}$$

式中 $\boldsymbol{f}_e$ 与 $\boldsymbol{f}_m$ 方向相反，当它们的大小相等，即

$$E_t=uB \tag{2}$$

时，载流子便不偏转而达到稳定的定向流动.

设纵向电场强度的大小为 E，则依定义，载流子的迁移率为 u/E. 今 $E=nE_t$，故得载流子的迁移率为

$$\frac{u}{E}=\frac{E_t}{EB}=\frac{1}{nB}=\frac{1}{3.1\times10^3\times100\times10^{-3}}$$

$$=3.2\times10^{-3}(\mathrm{m^2/s\cdot V}) \tag{3}$$

6.1.42　在宽为 b、厚为 d 的半导体样品中，有沿长度方向流动的电流 I；外加一垂直于 I 的横向磁场，磁感强度为 $\boldsymbol{B}$，如图 6.1.42 所示. 设样品中单位体积内有

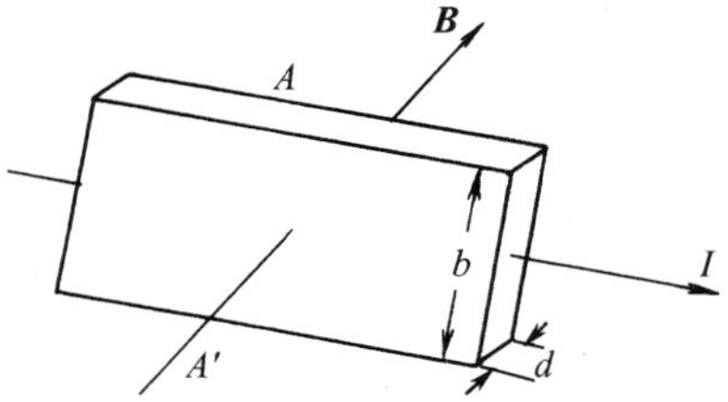

图 6.1.42

n 个载流子参加导电，每个载流子的电荷量为 $e=1.6022\times10^{-19}$ C.（1）试求样品两侧的电势差 $U_H=U_A-U_{A'}$ 和霍尔电阻 $R_H=U_H/I$；（2）1985 年，克利青（K. V. Klitzing）发现，霍尔电阻是量子化的，即

$$R_H=\frac{h}{ie^2}$$

式中 $i=1,2,3,\cdots$；$h=6.6261\times10^{-34}$ J · s 是普朗克常量. 通常把 $R_k=\frac{h}{e^2}$ 叫做量子化霍尔电阻（或克利青常量），它是一个基本物理常量. 试由 h 和 e 的单位和数值求 R_k 的单位和数值.

【解】 （1）设载流子的平均定向速度为 $\boldsymbol{u}$，则它所受的洛伦兹力便为

$$\boldsymbol{f}_m=e\boldsymbol{u}\times\boldsymbol{B} \tag{1}$$

这个力使载流子偏向 A 侧，结果便在样品两侧产生一个电势差 U_H，在样品内产生电场强度为 $\boldsymbol{E}_H$ 的横向电场，其大小为

$$E_H=\frac{U_H}{b} \tag{2}$$

它使载流子受到一个横向力

$$\boldsymbol{f}_e=e\boldsymbol{E}_H \tag{3}$$

$\boldsymbol{f}_e$ 与 $\boldsymbol{f}_m$ 方向相反. 当达到

$$\boldsymbol{f}_e+\boldsymbol{f}_m=e(\boldsymbol{E}_H+\boldsymbol{u}\times\boldsymbol{B})=0 \tag{4}$$

时，载流子便不偏转而达到稳定的定向流动.

这时由以上各式得样品两侧的电势差为

$$U_H=U_A-U_{A'}=\int_0^b\boldsymbol{E}_H\cdot\mathrm{d}\boldsymbol{l}=E_Hb=uBb \tag{5}$$

因为

$$j=\frac{I}{bd}=neu \tag{6}$$

故得

$$U_H=\frac{1}{ne}\frac{IB}{d} \tag{7}$$

于是得所求的霍尔电阻为

$$R_H=\frac{U_H}{I}=\frac{1}{ne}\frac{B}{d} \tag{8}$$

（2）量子化霍尔电阻 R_k 的单位为

$$[R_k]=\left[\frac{h}{e^2}\right]=\frac{[h]}{[e^2]}=\frac{\mathrm{J\cdot s}}{(\mathrm{C})^2}$$

$$=\frac{(\mathrm{C\cdot V})\cdot\mathrm{s}}{(\mathrm{C})^2}=\frac{\mathrm{V\cdot s}}{\mathrm{C}}$$

$$=\frac{\mathrm{V}}{\mathrm{A}}=\Omega \tag{9}$$

R_k 的值为

$$R_k=\frac{6.6261\times10^{-34}}{(1.6022\times10^{-19})^2}=2.5812\times10^4(\Omega) \tag{10}$$

6.2 安 培 力

6.2.1 图 6.2.1 中载流导线与纸面垂直，试根据图 6.2.1(1)和(2)中安培力 $\boldsymbol{F}$ 的方向确定导线中电流的方向，根据图 6.2.1(3)和(4)中电流的方向确定导线所受安培力的方向.

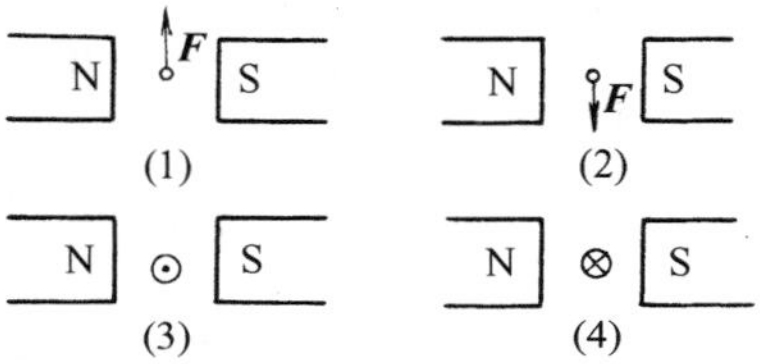

图 6.2.1

【解】 (1)电流向纸面外；(2)电流向纸面内；(3)安培力向上；(4)安培力向下.

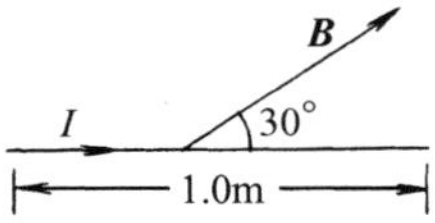

图 6.2.2

6.2.2 载有 $I=10\mathrm{A}$ 的一段直导线，长为 $l=1.0\mathrm{m}$，处在 $B=1.5\mathrm{T}$ 的均匀外磁场中，电流与 $\boldsymbol{B}$ 的夹角为 30°，如图 6.2.2 所示. 试求这段导线所受的安培力.

【解】 力的大小为

$$F=IBl\sin30°=10\times1.5\times1.0\times\frac{1}{2}=7.5(\mathrm{N})$$

力的方向垂直于纸面向外.

6.2.3 有一段长为 l 的直导线，质量为 m，用细丝线平挂在磁感强度为 $\boldsymbol{B}$ 的外磁场中，导线中载有电流 I，I 的方向与 $\boldsymbol{B}$ 垂直，如图 6.2.3 所示. (1)试求丝线中张力为零时的电流 I；当 $l=50\mathrm{cm}$，$m=10\mathrm{g}$，$B=1.0\mathrm{T}$ 时，$I=$？(2)在什么条件下导线会向上运动？

图 6.2.3

【解】 (1)丝线中张力为零时，

$$IlB=mg$$

所以

$$I=\frac{mg}{Bl}$$

代入数值得

$$I=\frac{10\times10^{-3}\times9.81}{1.0\times50\times10^{-2}}=0.20(\mathrm{A})$$

(2)当 $IlB>mg$ 时，导线会向上运动.

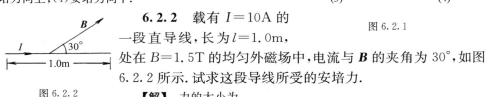

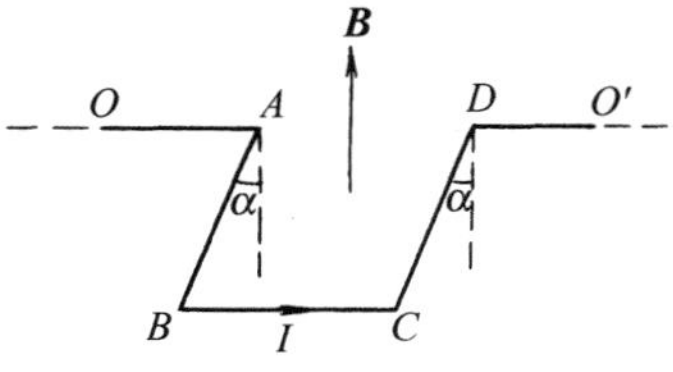

图 6.2.4(1)

6.2.4 一铜线弯成 ┐_┌ 形，如图 6.2.4(1)所示，其中 OA 段和 DO' 段固定在水平方向不动，$ABCD$ 段是边长为 l 的正方形的三边，可以绕 OO' 转动；整个导线放在均匀外磁场中，磁感强度 **B** 竖直向上. 已知铜线的横截面积为 $S=2.0\text{mm}^2$，铜的密度为 8.9g/cm^3. 当这铜线中的电流为 $I=10\text{A}$ 时，在平衡情况下，AB 段和 CD 段与竖直方向的夹角为 $\alpha=15°$. 试求磁感强度 **B** 和磁场强度 **H** 的大小.

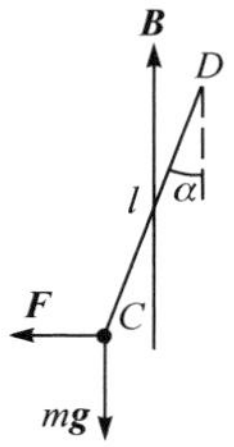

图 6.2.4(2)

【解】 载流铜线的 AB 和 CD 两段所受的安培力大小相等而方向相反，而且力的方向都与轴线 OO' 平行，所以对偏转不起作用. 对偏转起作用的只有 BC 段所受的安培力，其大小为

$$F=IlB \tag{1}$$

它对转轴 OO' 的力矩为[参见图 6.2.4(2)]

$$M=Fl\cos\alpha=IBl^2\cos\alpha \tag{2}$$

另一方面，作用在 BC 段上的重力 $m\boldsymbol{g}$ 对转轴 OO' 的力矩为

$$M_1=mgl\sin\alpha=\rho gSl^2\sin\alpha \tag{3}$$

此外，作用在 AB 和 CD 两段的重力对转轴 OO' 的力矩为

$$M_2=2mg\frac{l}{2}\sin\alpha=\rho gSl^2\sin\alpha \tag{4}$$

当

$$M=M_1+M_2 \tag{5}$$

时，导线便达到平衡. 由以上诸式得所求的磁感强度的大小为

$$B=\frac{2\rho gS}{I}\tan\alpha=\frac{2\times8.9\times10^{-3}\times10^6\times9.81\times2.0\times10^{-6}}{10}\tan15°$$
$$=9.4\times10^{-3}(\text{T}) \tag{6}$$

磁场强度的大小为

$$H=\frac{B}{\mu_0}=\frac{9.4\times10^{-3}}{4\pi\times10^{-7}}=7.4\times10^3(\text{A/m}) \tag{7}$$

6.2.5 一质量为 m 的导线 AB，水平地架在倾角为 θ 的两金属片 C 和 D 上，两片相距为 l，并维持一定的电势差，因而导线中有电流 I_1 流过. 在下边有一条固定的无穷长直水平导线，载有电流 I_2. 两导线构成的平面与金属片的斜面重合，如图 6.2.5 所示. 设电源离 AB 很远，连接电源的导线中的电流对 AB 的作用力可略去不计，AB 与 C、D 间的摩擦力亦可略去不计. 试求 AB 静止时，两导线间的距离 d.

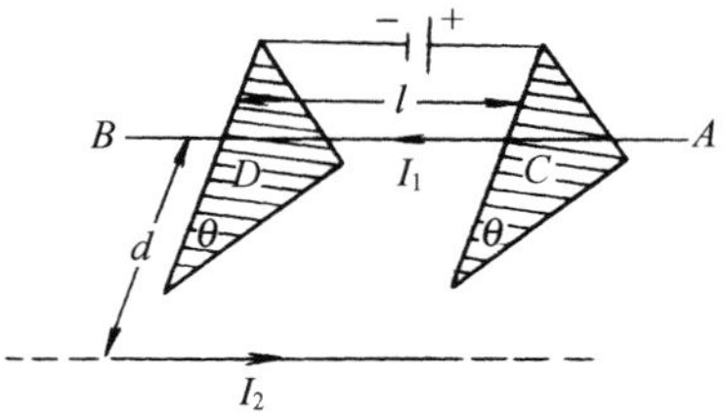

图 6.2.5

【解】 I_2 在 I_1 处产生的磁感强度的大小为

$$B=\frac{\mu_0 I_2}{2\pi d} \tag{1}$$

I_1 受 I_2 作用的安培力 $\boldsymbol{F}$ 的方向沿斜面向上，其大小为

$$F=I_1lB=\frac{\mu_0 I_1 I_2 l}{2\pi d} \tag{2}$$

当 $\boldsymbol{F}$ 与作用在 AB 上的重力沿斜面的分量 $mg\sin\theta$ 大小相等时，AB 便静止. 于是得 AB 静止时两导线间的距离为

$$d=\frac{\mu_0 I_1 I_2 l}{2\pi mg\sin\theta} \tag{3}$$

6.2.6 一均匀圆柱体的质量为 m，半径为 R，长为 l，它上面绕有 N 匝外皮绝缘的细导线，导线与圆柱体的轴线共面. 这圆柱体放在倾角为 θ 的斜面上，轴线是水平的，导线中通有电流 I，整个圆柱体都处在均匀外磁场中，磁感强度 $\boldsymbol{B}$ 的方向竖直向上. 当线圈的平面与斜面夹角为 φ 时，圆柱体正好静止不动，如图 6.2.6(1)所示. 设导线的质量可略去不计，试求导线中电流的大小和方向.

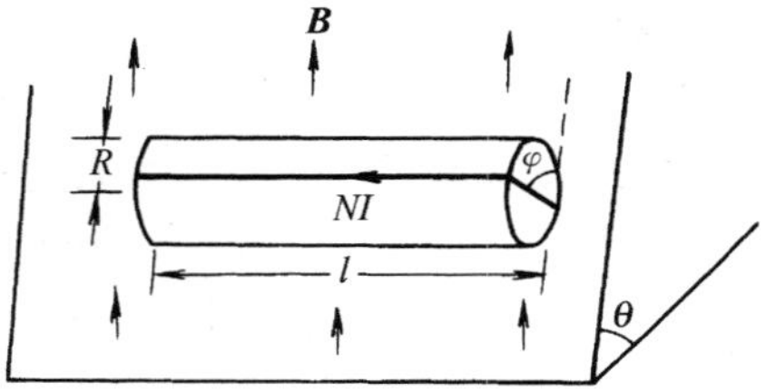

图 6.2.6(1)

【解】 圆柱体静止时，它所受的力和力矩均为零.

圆柱体所受的重力沿斜面向下的分量为

$$F=mg\sin\theta \tag{1}$$

当它在斜面上静止时，斜面作用在它上面的力沿斜面向上的分量应为

$$f_\mu=mg\sin\theta \tag{2}$$

如图 6.2.6(2)所示. 以圆柱体的轴线为转轴，这个力对转轴的力矩为

$$M_\mu=f_\mu R=mgR\sin\theta \tag{3}$$

M_μ 欲使图 6.2.6(2)中的圆柱体反时针方向转动.

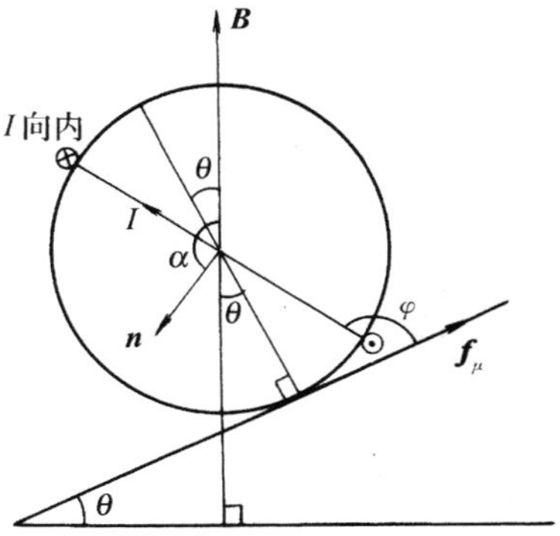

图 6.2.6(2)

圆柱体上的载流线圈在磁场 $\boldsymbol{B}$ 中所受的安培力对转轴的力矩为

$$M=NISB\sin\alpha \tag{4}$$

式中 α 是线圈平面法线方向(电流 I 的右旋进方向)$\boldsymbol{n}$ 与 $\boldsymbol{B}$ 之间的夹角. 由图 6.2.6(2)可见

$$\alpha=\theta+\varphi \tag{5}$$

所以

$$M=NISB\sin(\theta+\varphi) \tag{6}$$

要使线圈静止，首先，M 必须是使圆柱体往顺时针方向转动，也就是 $\alpha<\pi$. 这就要求电流 I 的方向如图 6.2.6(2)中所示. 其次，M 与 M_μ 必须大小相等，即

$$M=M_\mu \tag{7}$$

于是由式(3)、(6)、(7)得

$$I=\frac{mgR\sin\theta}{NSB\sin(\theta+\varphi)} \tag{8}$$

因线圈面积 $S=2Rl$，故得所求电流的大小为

$$I=\frac{mg\sin\theta}{2NlB\sin(\theta+\varphi)} \tag{9}$$

【讨论】 上面的解是以圆柱体的轴线为转轴，两个外力矩 M_μ 和 M 大小相等而转向相反，故达到静止. 也可以取圆柱体与斜面接触处为转轴，来计算力矩. 这时作用在圆柱上的重力的力矩为

$$M_g=mgR\sin\theta \tag{10}$$

作用在载流线圈上的安培力矩是一个力偶矩，因此，它对这个转轴的力矩也是

$$M=NISB\sin\alpha=NISB\sin(\theta+\varphi) \tag{11}$$

M_g 欲使圆柱体反时针方向转动，而 M 则欲使圆柱体顺时针方向转动，故当

$$M=M_g \tag{12}$$

时，圆柱体便达到平衡. 由式(10)、(11)和(12)仍得出式(9).

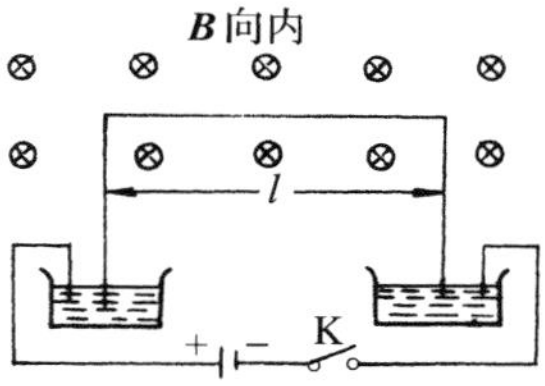

图 6.2.7

6.2.7 质量为 m 的一段导线弯成 ⊓ 形，上面一段长为 l，处在磁感强度为 $\boldsymbol{B}$ 的均匀外磁场中，$\boldsymbol{B}$ 与导线垂直；导线下面两端分别插在两水银杯里，两杯水银则与一带开关 K 的电源连接，如图 6.2.7 所示. 当 K 一接通，导线便会从水银杯里跳起来. 设跳起的高度为 h，试求通过导线的电荷量 q，并计算 $m=10\text{g}$，$l=20\text{cm}$，$h=3.0\text{m}$，$B=0.10\text{T}$ 时 q 的值.

【解】 当导线中通有电流 I 时，导线上面一段所受的安培力 $\boldsymbol{F}$ 的大小为

$$F=IlB \tag{1}$$

$\boldsymbol{F}$ 的方向向上，它使导线跳起. 导线两边的竖直部分所受的安培力都沿水平方向，而且大小相等，方向相反，对导线的运动没有影响. 由牛顿运动定律得

$$m\mathrm{d}\boldsymbol{v}=\boldsymbol{F}\mathrm{d}t \tag{2}$$

因 $\boldsymbol{v}$ 和 $\boldsymbol{F}$ 都向上，故可写作

$$m\mathrm{d}v=F\mathrm{d}t=IlB\mathrm{d}t \tag{3}$$

对时间 t 积分得

$$m\int_0^{v_0}\mathrm{d}v=mv_0=Bl\int_0^t I\mathrm{d}t=Bl\int_0^q \mathrm{d}q=Blq \tag{4}$$

式中

$$v_0=\sqrt{2gh} \tag{5}$$

是导线跳出水银时的速度. 于是得所求的电荷量为

$$q=\frac{m}{Bl}\sqrt{2gh} \tag{6}$$

代入数值得

$$q=\frac{10\times10^{-3}}{0.10\times20\times10^{-2}}\sqrt{2\times9.81\times3.0}=3.8(\text{C}) \tag{7}$$

【讨论】 由式(5)可见,导线跳起的高度 h 从导线下端离开水银面时算起.

6.2.8 一电流秤如图 6.2.8 所示,它的一臂下面挂有一个矩形线圈,共有九匝,这线圈的下部悬在磁感强度为 $\boldsymbol{B}$ 的均匀外磁场内,下边长为 l 的一段与 $\boldsymbol{B}$ 垂直.当线圈的导线中通有电流 I 时,调节砝码使两臂达到平衡;然后使电流反向,但大小仍为 I,这时需要在一臂上加质量为 m 的砝码,才能使两臂再达到平衡.试求磁感强度的大小 B,并计算当 $l=10.0\text{cm}$,$I=0.100\text{A}$,$m=8.78\text{g}$ 时 B 的值.

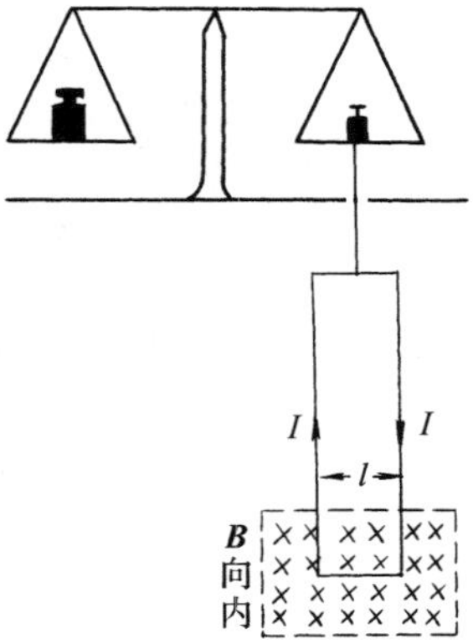

图 6.2.8

【解】 如图 6.2.8 所示,线圈下边的水平部分所受的安培力方向向下,其大小为

$$F=9IlB \tag{1}$$

电流 I 反向后,安培力的大小仍为式(1),但方向则向上.矩形线圈两边的竖直部分所受的安培力都在水平方向,而且大小相等,方向相反,对天平没有影响.于是按题意得

$$mg=2\times9IlB=18IlB \tag{2}$$

所以

$$B=\frac{mg}{18Il} \tag{3}$$

代入数值得

$$B=\frac{8.78\times10^{-3}\times9.81}{18\times0.100\times10.0\times10^{-2}}=0.479(\text{T}) \tag{4}$$

6.2.9 空间某处有两个磁场,它们的磁场强度分别为 $\boldsymbol{H}_1$ 和 $\boldsymbol{H}_2$,$\boldsymbol{H}_1$ 和 $\boldsymbol{H}_2$ 都在水平方向,$\boldsymbol{H}_1$ 向北,大小为 $H_1=1.73\text{Oe}$;$\boldsymbol{H}_2$ 向东,大小为 $H_2=1.00\text{Oe}$.现在该处有一段载流直导线,试问它应如何放置,才能使两磁场作用在它上面的合力为零?

【解】 该处的磁场是这两个磁场叠加而成的磁场,磁场强度 $\boldsymbol{H}$ 的大小为

$$H=\sqrt{H_1^2+H_2^2}=\sqrt{1.73^2+1.00^2}=2.00(\text{Oe})$$

$\boldsymbol{H}$ 的方向为水平方向,北偏东的角度为

$$\theta=\arctan\frac{H_2}{H_1}=\arctan\frac{1.00}{1.73}=30°02'$$

这段载流导线所受的安培力为

$$\mathrm{d}\boldsymbol{F}=I\mathrm{d}\boldsymbol{l}\times\boldsymbol{B}=\mu_0 I\mathrm{d}\boldsymbol{l}\times\boldsymbol{H}$$

要使 $\mathrm{d}\boldsymbol{F}=0$,必须使 $\mathrm{d}\boldsymbol{l}$ 沿着或逆着 $\boldsymbol{H}$ 的方向.即将该导线放置在水平位置,北偏东 $30°02'$.

6.2.10 一段直导线长为 $l=10\text{cm}$,载有 $I=10\text{A}$ 的电流,处在磁感强度为 $\boldsymbol{B}$

的均匀外磁场中，$\boldsymbol{B}$ 与电流垂直，$\boldsymbol{B}$ 的大小为 $B=30\text{Gs}$.（1）试求磁场作用在这段导线上的力 $\boldsymbol{F}$ 的大小；（2）当这段导线以 25cm/s 的速率逆 $\boldsymbol{F}$ 的方向运动时，试求 $\boldsymbol{F}$ 做功的功率 P.

【解】（1）$\boldsymbol{F}$ 的大小为

$$F=IlB=10\times10\times10^{-2}\times30\times10^{-4}$$
$$=3.0\times10^{-3}(\text{N})$$

（2）$\boldsymbol{F}$ 做功的功率为

$$P=\boldsymbol{F}\cdot\boldsymbol{v}=-Fv=-3.0\times10^{-3}\times25\times10^{-2}$$
$$=-7.5\times10^{-4}(\text{W})$$

6.2.11 一正方形线圈由外皮绝缘的细导线绕成，共绕有 200 匝，每边长为 150mm，放在磁感强度为 4.0T 的外磁场中. 当导线中通有 $I=8.0\text{A}$ 的电流时，试求：（1）作用在线圈上的力矩 $\boldsymbol{M}=\boldsymbol{m}\times\boldsymbol{B}$ 的最大值；（2）线圈的磁矩 $\boldsymbol{m}$ 的值.

【解】（1）力矩 $\boldsymbol{M}$ 的最大值为

$$M_{\max}=NISB=200\times8.0\times(150\times10^{-3})^2\times4.0$$
$$=1.4\times10^2(\text{N}\cdot\text{m})$$

（2）线圈的磁矩 $\boldsymbol{m}$ 的值为

$$m=NIS=200\times8.0\times(150\times10^{-3})^2$$
$$=36(\text{A}\cdot\text{m}^2)$$

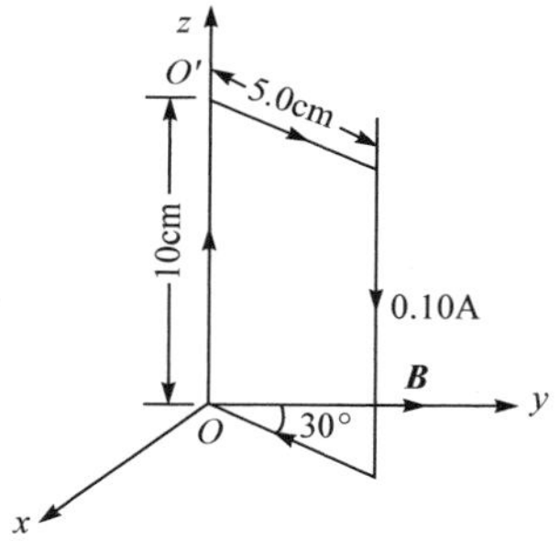

图 6.2.12(1)

6.2.12 一矩形线圈由表面绝缘的细导线密绕而成，共 20 匝，矩形边长分别为 10.0cm 和 5.0cm，导线中载有 0.10A 的电流，这线圈可以绕它的一边 OO' 转动，如图 6.2.12(1)所示. 当加上磁感强度为 $\boldsymbol{B}$ 的均匀外磁场，$\boldsymbol{B}$ 与线圈平面成 30°角，$\boldsymbol{B}$ 的大小为 0.50T 时，试求使这线圈转动的力矩.

【解】 载有电流 I 的导线上的电流元 $I\text{d}\boldsymbol{l}$ 所受的安培力为

$$\text{d}\boldsymbol{F}=I\text{d}\boldsymbol{l}\times\boldsymbol{B} \tag{1}$$

这个力对转轴的力矩为

$$\text{d}\boldsymbol{M}=\boldsymbol{r}\times\text{d}\boldsymbol{F}=I\boldsymbol{r}\times(\text{d}\boldsymbol{l}\times\boldsymbol{B}) \tag{2}$$

式中 $\boldsymbol{r}$ 是从转轴到 $\text{d}\boldsymbol{l}$ 的矢径.

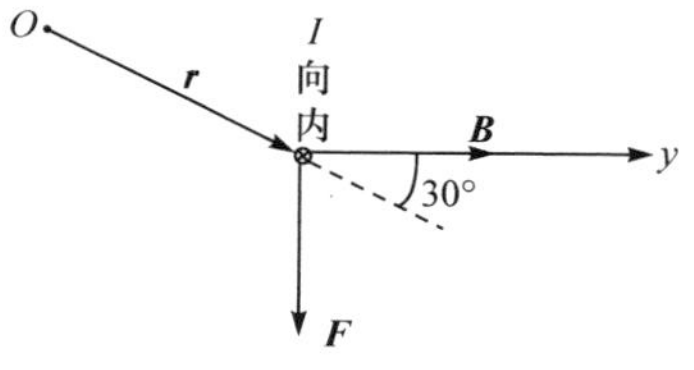

图 6.2.12(2)

使线圈转动的力矩是作用在四条边上的安培力矩之和. 线圈的 OO' 边是转轴，它的 $\boldsymbol{r}=0$，故安培力矩为零. 与 OO' 垂直的两边所受的安培力分别是向上和向下，这两个力对转轴 OO' 的力矩均为零. 因此，只剩下与 OO' 平行的一边了. 这一边所受的安培力为

$$\boldsymbol{F}=N\boldsymbol{Il}\times\boldsymbol{B}=NIlB\boldsymbol{e}\times\boldsymbol{e}_B \tag{3}$$

式中 $\boldsymbol{e}$ 和 $\boldsymbol{e}_B$ 分别是沿 I 和沿 $\boldsymbol{B}$ 方向上的单位矢量. 这个力

对 OO' 轴的力矩为[参见图 6.2.12(2)]

$$\begin{aligned}\boldsymbol{M}&=\boldsymbol{r}\times\boldsymbol{F}=NIlB r\boldsymbol{e}_r\times(\boldsymbol{e}\times\boldsymbol{e}_B)\\&=NIlBr[(\boldsymbol{e}_r\cdot\boldsymbol{e}_B)\boldsymbol{e}-(\boldsymbol{e}_r\cdot\boldsymbol{e})\boldsymbol{e}_B]\\&=NIlBr(\boldsymbol{e}_r\cdot\boldsymbol{e}_B)\boldsymbol{e}=NIlBr\cos30^\circ\boldsymbol{e}\\&=\frac{\sqrt{3}}{2}NIlBr\boldsymbol{e}\end{aligned}\tag{4}$$

$\boldsymbol{M}$ 与 $\boldsymbol{e}$(电流 I)的方向相同,即 $\boldsymbol{M}$ 欲使图 6.2.12(1)中的线圈转向 x 轴. $\boldsymbol{M}$ 的大小为

$$\begin{aligned}M&=\frac{\sqrt{3}}{2}NIlBr\\&=\frac{\sqrt{3}}{2}\times20\times0.10\times10\times10^{-2}\times0.50\times5.0\times10^{-2}\\&=4.3\times10^{-3}(\mathrm{N\cdot m})\end{aligned}\tag{5}$$

【别解】 作用在载流线圈上的安培力矩为

$$\boldsymbol{M}=\boldsymbol{m}\times\boldsymbol{B}=NIS\boldsymbol{n}\times\boldsymbol{B}\tag{6}$$

式中 N 是匝数,S 是线圈面积,$\boldsymbol{n}$ 是线圈法线方向(电流的右旋进方向)上的单位矢量. 由图6.2.12(3)可见,这个力矩欲使线圈的法线方向 $\boldsymbol{n}$ 转向 $\boldsymbol{B}$.

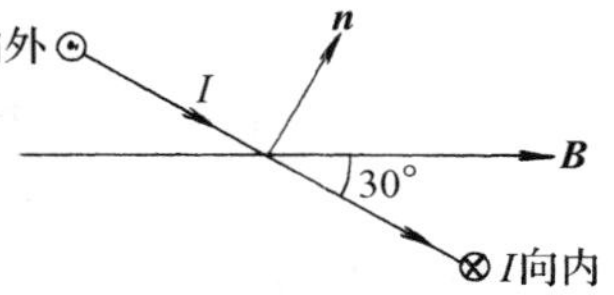

图 6.2.12(3)

由于作用在载流线圈上的安培力矩是一个力偶矩,故它对任何一个垂直于 $\boldsymbol{n}\times\boldsymbol{B}$ 平面的转轴,其力矩都相同. 于是,式(6)的 $\boldsymbol{M}$ 便是所求的力矩,它可以写成

$$\boldsymbol{M}=NISB\sin60^\circ\boldsymbol{e}=\frac{\sqrt{3}}{2}NIlrB\boldsymbol{e}\tag{7}$$

这便是式(4).

6.2.13 一矩形线圈长 20mm,宽 10mm,由外皮绝缘的细导线密绕而成,共有 1000 匝,放在 $B=1000\mathrm{Gs}$ 的均匀外磁场中,当导线中通有 100mA 的电流时,试求图 6.2.13 中两种情况下线圈各边所受的安培力之和 $\boldsymbol{F}$ 以及线圈所受的力矩 $\boldsymbol{M}$:(1)$\boldsymbol{B}$ 与线圈平面的法线平行;(2)$\boldsymbol{B}$ 与线圈平面的法线垂直.

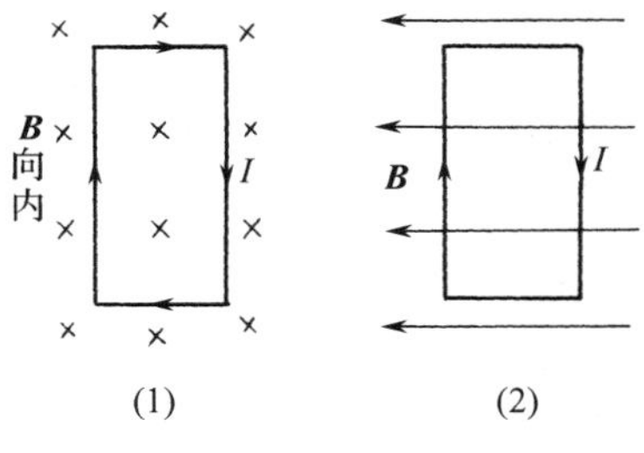

图 6.2.13

【解】 (1)由安培力公式

$$\mathrm{d}\boldsymbol{F}=I\mathrm{d}\boldsymbol{l}\times\boldsymbol{B}\tag{1}$$

得图 6.2.13(3)中线圈的四个边所受的安培力分别如下:

ab 边:$\boldsymbol{F}_1=NIl_1B\boldsymbol{e}_1$　　(2)

式中 N 是线圈匝数,$\boldsymbol{e}_1$ 是向上的单位矢量.

bc 边:$\boldsymbol{F}_2=NIl_2B\boldsymbol{e}_2$　　(3)

式中 $\boldsymbol{e}_2$ 是向右的单位矢量.

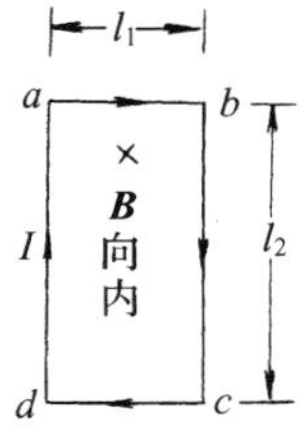

图 6.2.13(3)

cd 边：$\boldsymbol{F}_3=-NIl_1B\boldsymbol{e}_1$　　(4)

da 边：$\boldsymbol{F}_4=-NIl_2B\boldsymbol{e}_2$　　(5)

于是得线圈各边所受的安培力之和为

$$\boldsymbol{F}=\boldsymbol{F}_1+\boldsymbol{F}_2+\boldsymbol{F}_3+\boldsymbol{F}_4=0 \tag{6}$$

线圈所受的力矩为

$$\boldsymbol{M}=\boldsymbol{m}\times\boldsymbol{B}=NIS\boldsymbol{n}\times\boldsymbol{B} \tag{7}$$

因 $\boldsymbol{n}$ 与 $\boldsymbol{B}$ 同方向，故 $\boldsymbol{n}\times\boldsymbol{B}=0$，于是得

$$\boldsymbol{M}=0 \tag{8}$$

(2)由式(1)得图 6.2.13(4)中线圈各边所受的安培力分别如下：

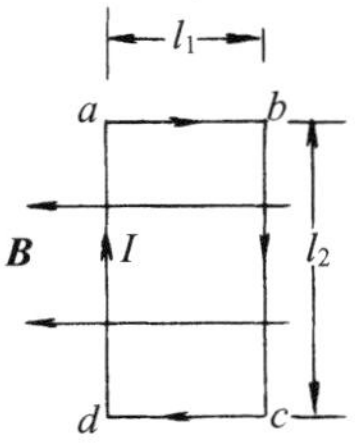

图 6.2.13(4)

ab 边：$\boldsymbol{F}_1'=0$　　(9)

bc 边：$\boldsymbol{F}_2'=NIl_2B\boldsymbol{e}_3$　　(10)

式中 $\boldsymbol{e}_3$ 是垂直于纸面向内的单位矢量.

cd 边：$\boldsymbol{F}_3'=0$　　(11)

da 边：$\boldsymbol{F}_4'=-NIl_2B\boldsymbol{e}_3$　　(12)

于是得线圈各边所受的安培之和为

$$\boldsymbol{F}'=\boldsymbol{F}_1'+\boldsymbol{F}_2'+\boldsymbol{F}_3'+\boldsymbol{F}_4'=0 \tag{13}$$

线圈所受的力矩为

$$\boldsymbol{M}'=\boldsymbol{m}\times\boldsymbol{B}=NIl_1l_2B\boldsymbol{e}_1 \tag{14}$$

式中 $\boldsymbol{e}_1$ 是向上的单位矢量. $\boldsymbol{M}'$的大小为

$$\begin{aligned}M'&=NIl_1l_2B\\&=1000\times100\times10^{-3}\times10\times10^{-3}\times20\times10^{-3}\times1000\times10^{-4}\\&=2.0\times10^{-3}(\mathrm{N\cdot m})\end{aligned} \tag{15}$$

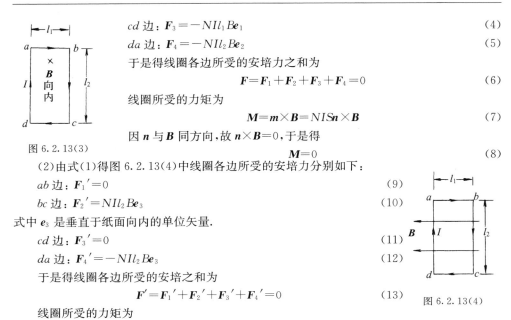

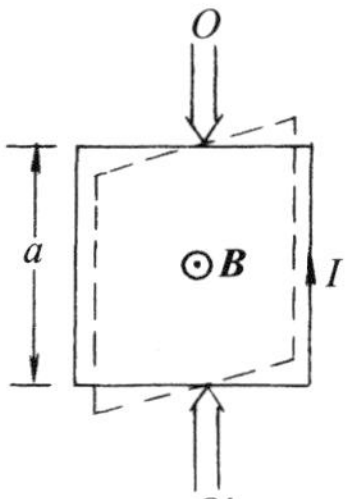

图 6.2.14

6.2.14　一边长为 a 的正方形线圈载有电流 I，处在磁感强度为 $\boldsymbol{B}$ 的均匀外磁场中，$\boldsymbol{B}$ 沿水平方向，线圈可以绕通过中心的竖直轴 OO'(图 6.2.14)转动，转动惯量为 J. 略去轴承上的摩擦，试求这线圈围绕平衡位置作微小振动的周期 T.

【解】　线圈受磁场作用的力矩为

$$\boldsymbol{M}=\boldsymbol{m}\times\boldsymbol{B}=Ia^2\boldsymbol{n}\times\boldsymbol{B} \tag{1}$$

式中 $\boldsymbol{n}$ 是线圈法线方向(电流 I 的右旋进方向)上的单位矢量，$\boldsymbol{M}$ 的大小为

$$M=Ia^2B\sin\theta \tag{2}$$

式中 θ 是 $\boldsymbol{n}$ 与 $\boldsymbol{B}$ 之间的夹角. 当 $\theta=0$ 达到平衡. 当 θ 很小时，线圈便作微小振动. 这时 $\sin\theta\approx\theta$，线圈的运动方程为

$$J\frac{\mathrm{d}^2\theta}{\mathrm{d}t^2}=-M=-Ia^2B\theta \tag{3}$$

所以

$$\frac{\mathrm{d}^2\theta}{\mathrm{d}t^2}+\frac{Ia^2B}{J}\theta=0 \tag{4}$$

这个方程表明，线圈作简谐振动，其振动周期为

$$T=\frac{2\pi}{\omega}=2\pi\sqrt{\frac{J}{Ia^2B}} \tag{5}$$

6.2.15　一导线每厘米长的质量为 0.10g，作成一个矩形线圈 $abcd$，边长分别为 8.0cm 和 6.0cm，如图 6.2.15(1)所示，它可以绕 ab 边自由转动，图中 z-x 平面为水平面，整个线圈处在磁感强度为 $\boldsymbol{B}$ 的均匀外磁场中，$\boldsymbol{B}$ 沿 y 轴方向. 当线圈中载有 $I=10\text{A}$ 电流时，线圈离开垂直位置，偏转 30° 角. (1) 试求磁感强度 $\boldsymbol{B}$ 的值；(2)如果 $\boldsymbol{B}$ 的方向不是沿 y 轴，而是沿 x 轴，线圈将如何？

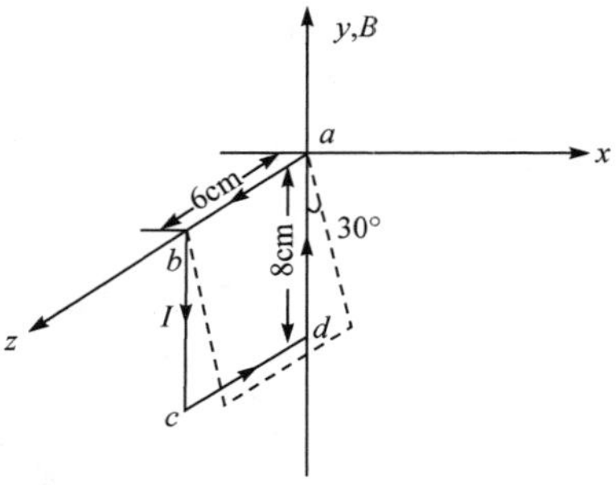

图 6.2.15(1)

【解】　(1)平衡时，对转轴(z 轴)来说，线圈所受的重力矩和安培力矩大小相等而方向相反. 这时对转轴来说，设线圈的边长为 $ab=l_1$，$bc=l_2$，则线圈各边所受的重力矩分别为[参见图 6.2.15(2)]

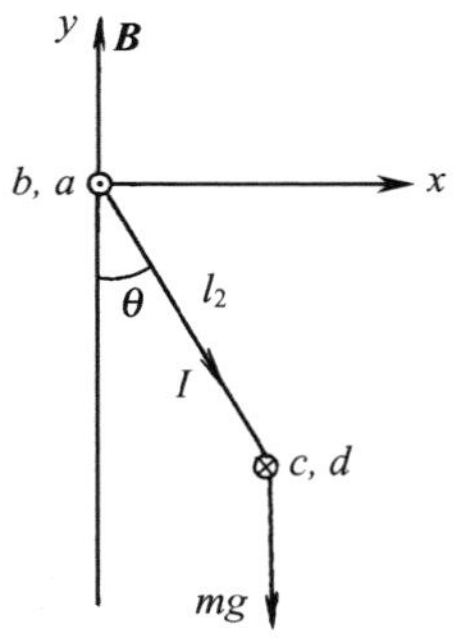

图 6.2.15(2)

$$M_{ab}=0 \tag{1}$$

$$M_{bc}=M_{da}=\frac{1}{2}\rho g l_2^2\sin\theta \tag{2}$$

$$M_{cd}=\rho g l_1 l_2\sin\theta \tag{3}$$

于是得重力矩的大小为

$$\begin{aligned}M_g&=M_{ab}+M_{bc}+M_{cd}+M_{da}\\&=\rho g l_2(l_1+l_2)\sin\theta\end{aligned} \tag{4}$$

$\boldsymbol{M}_g$ 的方向是使角度 θ 减小. 这时安培力矩

$$\boldsymbol{M}=\boldsymbol{m}\times\boldsymbol{B} \tag{5}$$

的方向是使角度 θ 增大，$\boldsymbol{M}$ 的大小为

$$M=mB\sin\left(\frac{\pi}{2}-\theta\right)=Il_1l_2B\cos\theta \tag{6}$$

平衡时有

$$M=M_g \tag{7}$$

于是得所求的磁感强度的值为

$$\begin{aligned}B&=\frac{\rho g(l_1+l_2)}{Il_1}\tan\theta\\&=\frac{0.10\times10^{-3}\times9.81\times(6.0+8.0)}{10\times6.0\times10^{-2}}\tan30^\circ\\&=1.3\times10^{-2}(\text{T})\end{aligned} \tag{8}$$

(2)如果 $\boldsymbol{B}$ 沿 x 轴方向，则安培力矩 $\boldsymbol{M}=\boldsymbol{m}\times\boldsymbol{B}$ 的方向将与重力矩 $\boldsymbol{M}_g$ 的方向相同，这时线圈只有在 $\theta=0$ 时才能达到平衡.

6.2.16　永磁式电流计的主要部分是在永磁场中装一个可以转动的矩形线

圈，线圈的转轴上装有螺旋形弹簧，轴的上端安有一根随轴转动的指针，当电流通过线圈时，指针便随着线圈转动到一定位置；为了使线圈转动的范围内各处的磁场大小都一样，让线圈套在一个圆柱形的软铁芯上，如图 6.2.16 所示. 设线圈长为 a，宽为 b，共有 N 匝，当它的导线中通有电流 I 时，指针偏转的角度为 θ，永磁场的磁感强度大小为 B.（1）试求磁场作用在线圈上的力矩 M 和弹簧的扭转系数 K；（2）当 $B=2000\text{Gs}$，$a=2.0\text{cm}$，$b=1.0\text{cm}$，$N=250$ 匝，$I=0.10\text{mA}$ 时，$\theta=30°$，试计算 K 的值.

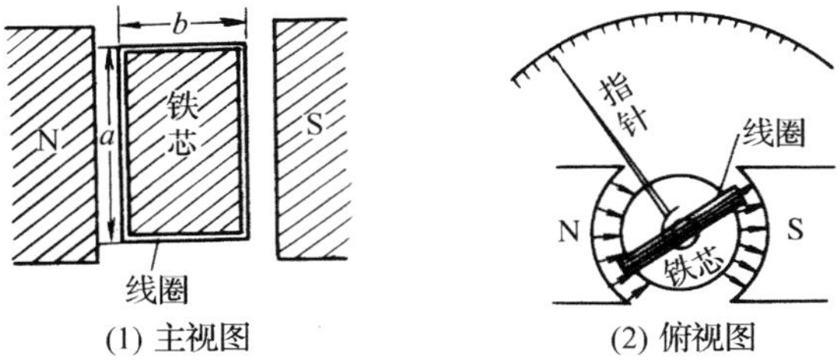

图 6.2.16

【解】（1）由图 6.2.16 可见，线圈与转轴平行的两边都处在辐射形磁场中，即磁力线都指向或背向转轴，因此，不论线圈转到什么位置，线圈的法线方向（电流的右旋进方向）$\boldsymbol{n}$ 总是与 $\boldsymbol{B}$ 垂直，故磁场作用在线圈上的力矩其大小为

$$M=|\boldsymbol{m}\times\boldsymbol{B}|=NIabB \tag{1}$$

弹簧的扭转系数为

$$K=\frac{M}{\theta}=\frac{NIabB}{\theta} \tag{2}$$

（2）代入数值得

$$\begin{aligned}K&=\frac{NIabB}{\theta}\\&=\frac{250\times0.10\times10^{-3}\times2.0\times10^{-2}\times1.0\times10^{-2}\times2000\times10^{-4}}{30}\\&=3.3\times10^{-8}(\text{N}\cdot\text{m/度})\end{aligned} \tag{3}$$

6.2.17　一永磁式电流计中线圈面积为 6.0cm^2，由 50 匝表面绝缘的细导线密绕而成；线圈平面的法线在水平方向，线圈可以绕固定的竖直轴 OO' 转动，永磁体的磁感强度 $\boldsymbol{B}$ 与转轴 OO' 垂直并成辐射状，如图 6.2.17 所示. 线圈的 ab 边和 cd 边所在处的 $B=100\text{Gs}$，导线中通有 1.0mA 的电流. 设线圈轴上游丝的扭转系数为 $K=0.10\ \text{dyn}\cdot\text{cm/度}$，试求线圈偏转的角度.

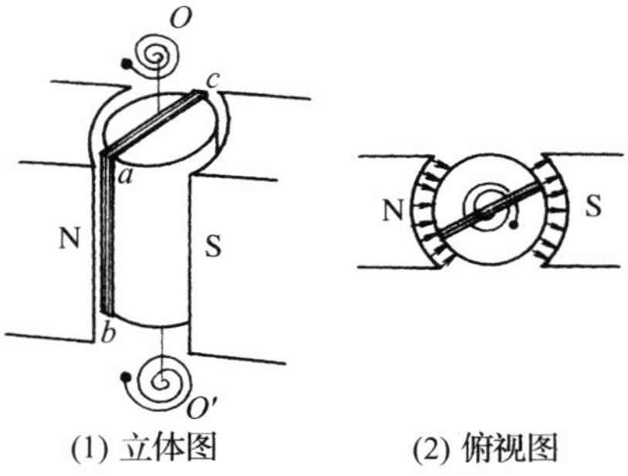

图 6.2.17

【解】 因线圈所在处磁感强度 $\boldsymbol{B}$ 成辐射状，故磁场作用在线圈上的安培力矩 $\boldsymbol{M}$ 的大小为

$$M=NISB \tag{1}$$

式中 N 和 S 分别是线圈的匝数和面积，I 是电流. 设游丝的扭转系数为 K，则当线圈偏转角度为 θ 时，便有

$$M=K\theta \tag{2}$$

于是得

$$\theta=\frac{NISB}{K}=\frac{50\times1.0\times10^{-3}\times6.0\times10^{-4}\times100\times10^{-4}}{0.10\times10^{-5}\times10^{-2}}$$
$$=30° \tag{3}$$

【说明】 达因是力的非法定单位，$1\text{dyn}=10^{-5}\text{N}$.

6.2.18 台式或墙式电流计是一种很灵敏的电流计，它的矩形线圈由金属丝悬挂在圆柱形铁芯和永磁铁之间的狭缝里，这狭缝里的磁力线是辐射状的；金属丝上固定了一个小反光镜，镜前有照明光源和圆弧形标尺（圆弧的中心在线圈的转轴上），如图 6.2.18 所示. 当线圈内有电流 I 通过时，线圈便受力而转动. 已知线圈是由表面绝缘的细导线密绕而成，长为 $a=3.0\text{cm}$，宽为 $b=1.0\text{cm}$，共有 100 匝. 金属丝的扭转系数为 1.0×10^{-5} 克力·厘米/度，磁场强度为 $H=1000\text{Oe}$，弧尺的半径为 $R=1.00\text{m}$. (1)试求电流 $I=1.0\mu\text{A}$ 时，磁场作用在线圈上的力矩 M 和线圈的偏转角度 θ；(2)当弧尺上的光点偏转为 1.0mm 时，通过电流计的电流是多少？

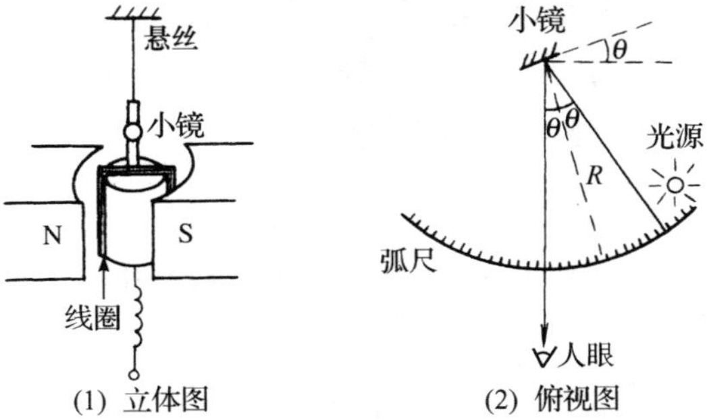

图 6.2.18

【解】 (1)由于线圈所在处的磁场是辐射状，故磁场作用在线圈上的安培力矩的大小为

$$M=NIabB=\mu_0 NIabH \tag{1}$$

式中 N 是线圈的匝数.

设金属丝的扭转系数为 K，则当线圈偏转的角度为 θ 时，便有

$$K\theta=M \tag{2}$$

所以

$$\theta=\frac{\mu_0 NIabH}{K} \tag{3}$$

代入数值得

$$M=\mu_0 NIabH$$
$$=4\pi\times10^{-7}\times100\times1.0\times10^{-6}\times3.0\times10^{-2}\times1.0\times10^{-2}\times1000\times\frac{10^3}{4\pi}$$
$$=3.0\times10^{-9}(\text{N}\cdot\text{m}) \tag{4}$$
$$\theta=\frac{M}{K}=\frac{3.0\times10^{-9}}{1.0\times10^{-5}\times9.81\times10^{-3}\times10^{-2}}$$
$$=3°03' \tag{5}$$

(2)由图 6.2.18(2)可见,弧尺上的光点偏转 1.0mm 时,线圈的偏转角为

$$\theta=\frac{1.0\times10^{-3}}{2\times1.0}=5.0\times10^{-4}(\text{rad}) \tag{6}$$

将式(6)的 θ 值代入式(3)得

$$I=\frac{K\theta}{\mu_0 NabH}$$
$$=\frac{1.0\times10^{-5}\times9.81\times10^{-3}\times10^{-2}\times5.0\times10^{-4}\times180/\pi}{4\pi\times10^{-7}\times100\times3.0\times10^{-2}\times1.0\times10^{-2}\times1000\times10^3/4\pi}$$
$$=9.4\times10^{-9}(\text{A}) \tag{7}$$

【说明】 奥斯特是磁场强度的非法定单位,$1\text{Oe}=\frac{10^3}{4\pi}\text{A/m}$. 克力是力的非法定单位,1 克力是指质量为 1 克的物体在地面所受的重力,所以 1 克力$=9.81\times10^{-3}$N.

6.2.19 一万用电表的表头是一只磁电式电表,它的矩形线圈长 11mm,宽 10mm,由 1500 匝表面绝缘的导线绕成;线圈游丝的扭转系数为 2.2×10^{-8}N·m/度. 若表头的最大偏转角为 90°,表头的灵敏度(即最大偏转时的电流)为 40μA,试求线圈所在处(即磁铁的空隙中)的磁感强度.

【解】 线圈的平衡条件为

$$NIabB=K\theta$$

式中 N、a 和 b 分别是线圈的匝数、长度和宽度,I 是线圈导线中的电流,B 是磁感强度,K 是游丝的扭转系数,θ 是线圈转过的角度. 由上式得

$$B=\frac{K\theta}{NIab}=\frac{2.2\times10^{-8}\times90}{1500\times40\times10^{-6}\times11\times10^{-3}\times10\times10^{-3}}$$
$$=0.30(\text{T})$$

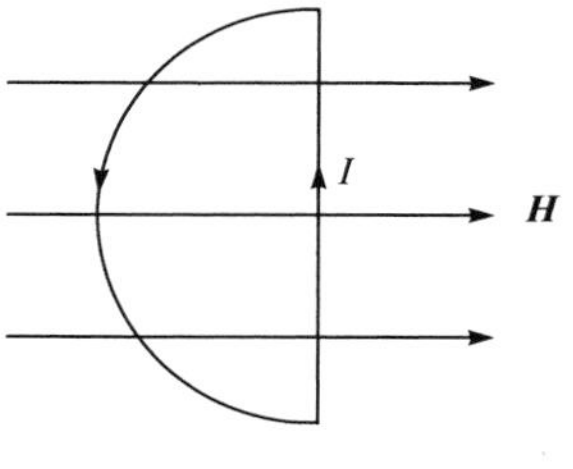

图 6.2.20(1)

6.2.20 一半径为 $R=0.10$m 的半圆形线圈,载有电流 $I=10$A,放在均匀外磁场中,磁场强度 $\boldsymbol{H}$ 的大小为 $H=5.0\times10^3$Oe,方向与线圈平面平行,如图 6.2.20(1)所示. (1)试求线圈所受力矩的大小和方向;(2)在这力矩的作用下,线圈转 90°(即转到线圈平面与 $\boldsymbol{H}$ 垂直),设在转动过程中,线圈中的电流不变,试求力矩做的功.

【解】 (1)线圈所受的力矩为

$$\boldsymbol{M}=\boldsymbol{m}\times\boldsymbol{B}=IS\boldsymbol{n}\times\boldsymbol{B}=\mu_0 IS\boldsymbol{n}\times\boldsymbol{H} \tag{1}$$

式中 S 是线圈面积，$\boldsymbol{n}$ 是线圈法线方向(即电流的右旋进方向)上的单位矢量，在图 6.2.20(1)中垂直于纸面向外. 故 $\boldsymbol{M}$ 的方向向上，$\boldsymbol{M}$ 的大小为

$$M=\mu_0 ISH=4\pi\times10^{-7}\times10\times\frac{1}{2}\times\pi\times(0.10)^2\times5.0\times10^3\times\frac{10^3}{4\pi}$$
$$=7.9\times10^{-2}(\mathrm{N\cdot m}) \tag{2}$$

(2)当 $\boldsymbol{n}$ 与 $\boldsymbol{H}$ 的夹角为 θ 时，力矩的大小为

$$M=\mu_0 ISH\sin\theta \tag{3}$$

设 $\boldsymbol{n}$ 转向 $\boldsymbol{H}$，即 θ 从 $\pi/2$ 到零，则力矩做的功为

$$W=-\int_{\pi/2}^{0}M\mathrm{d}\theta=\mu_0 ISH\int_0^{\pi/2}\sin\theta\mathrm{d}\theta=\mu_0 ISH$$
$$=7.9\times10^{-2}(\mathrm{J}) \tag{4}$$

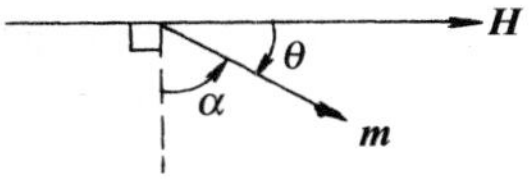

图 6.2.20(2)

【讨论】 一、(4)式中 $-\int_{\pi/2}^{0}M\mathrm{d}\theta$ 有负号，是因为 $\boldsymbol{M}$ 的方向与 θ 的右旋进方向相反. 如果用 $\alpha=\frac{\pi}{2}-\theta$ 作变量，如图 6.2.20(2)所示，则 $\boldsymbol{M}$ 做的功便为

$$M=\int_0^{\pi/2}M\mathrm{d}\alpha=\mu_0 ISH\int_0^{\pi/2}\cos\alpha\mathrm{d}\alpha=\mu_0 ISH \tag{5}$$

结果与式(4)相同.

二、如果 $\boldsymbol{n}$ 是转到与 $\boldsymbol{H}$ 逆平行(即 $\boldsymbol{n}$ 与 $\boldsymbol{H}$ 方向相反)，则 $\boldsymbol{M}$ 做的功便为

$$W=-\int_{\pi/2}^{\pi}M\mathrm{d}\theta=-\mu_0 ISH\int_{\pi/2}^{\pi}\sin\theta\mathrm{d}\theta=-\mu_0 ISH \tag{6}$$

6.2.21 一导线做成的圆环，半径为 R，载有电流 I，放在磁感强度为 $\boldsymbol{B}$ 的均匀外磁场中，$\boldsymbol{B}$ 与圆环的轴线平行并沿电流 I 的右旋进方向. 试求 $\boldsymbol{B}$ 在导线内产生的张力.

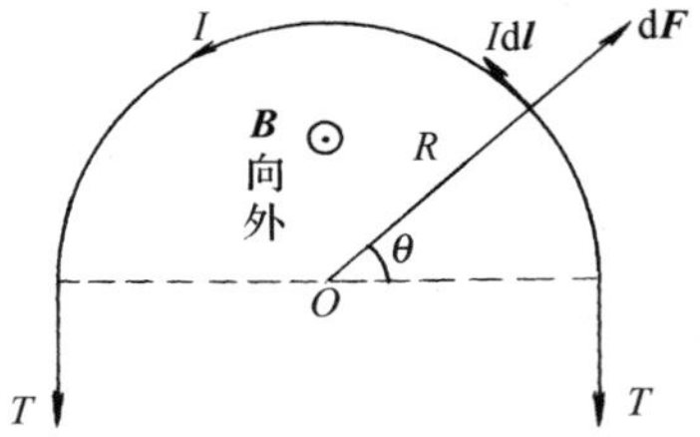

图 6.2.21(1)

【解】 考虑 $\boldsymbol{B}$ 作用在圆环的一半上的安培力. 如图 6.2.21(1)，这半圆环上 θ 处的电流元 $I\mathrm{d}\boldsymbol{l}$ 所受的安培力为

$$\mathrm{d}\boldsymbol{F}=I\mathrm{d}\boldsymbol{l}\times\boldsymbol{B} \tag{1}$$

其方向沿半径向外，其大小为

$$\mathrm{d}F=IB\mathrm{d}l \tag{2}$$

由对称性可见，半圆环所受的安培力 $\boldsymbol{F}$ 的方向必定向上，即在 $\theta=\pi/2$ 的方向上. $\boldsymbol{F}$ 的大小为

$$F=\int(\mathrm{d}F)\sin\theta=IB\int\sin\theta\mathrm{d}l=IBR\int_0^{\pi}\sin\theta\mathrm{d}\theta$$
$$=2IBR \tag{3}$$

于是得所求的张力为

$$T=\frac{F}{2}=IBR \tag{4}$$

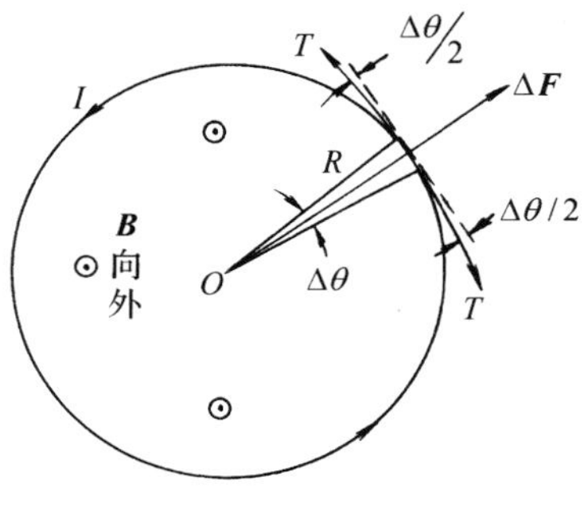

图 6.2.21(2)

【别解】 由安培力公式(1)知圆环上一小段 $I\Delta l=IR\Delta\theta$ 所受的力 $\Delta \boldsymbol{F}$ 沿半径向外，其大小为

$$\Delta F=IBR\Delta\theta \tag{5}$$

如图 6.2.21(2)所示. 这一小段在 $\Delta \boldsymbol{F}$ 和两端所受张力 T 的作用下达到平衡. 于是有

$$\Delta F=2T\sin\left(\frac{\Delta\theta}{2}\right)=2T\left(\frac{\Delta\theta}{2}\right)=T\Delta\theta \tag{6}$$

由式(5)、(6)得

$$T=IBR \tag{7}$$

6.2.22 一个水平放置的铅丝圆环，直径为 $d=10\text{cm}$，铅丝的横截面积为 $S=0.70\text{mm}^2$，当环中载有 $I=7.0\text{A}$ 的电流时，环的温度因此升高到接近熔化的温度，这时铅的断裂强度为 $p_0=0.20\text{kgf}\cdot/\text{mm}^2$. 如果加上均匀的外磁场，磁场强度 $\boldsymbol{H}$ 的方向平行于圆环的轴线并沿电流 I 的右旋进方向，$\boldsymbol{H}$ 的大小为 $H=10000\text{Oe}$，试问这环会不会断裂?

【解】 由前面 6.2.21 题的结果，环内的张力为

$$T=IBR=\mu_0 IHR \tag{1}$$

环的横截面上单位面积所受的张力为

$$p=\frac{T}{S}=\frac{\mu_0 IHR}{S}=\frac{4\pi\times10^{-7}\times7.0\times10000\times\frac{10^3}{4\pi}\times\frac{10}{2}\times10^{-2}}{0.70\times10^{-6}}$$

$$=5.0\times10^5(\text{N/m}^2)=\frac{5.0\times10^5}{9.81}\times10^{-6}(\text{kgf/mm}^2)$$

$$=5.1\times10^{-2}(\text{kgf/mm}^2)<p_0 \tag{2}$$

故铅丝环不会断裂.

【说明】 奥斯特(Oe)是磁场强度的非法定单位，$1\text{Oe}=\frac{10^3}{4\pi}\text{A/m}$. 千克力(kgf)是力的非法定单位，千克力是指质量为 1 千克的物体在地面所受的重力，所以 $1\text{kgf}=9.81\text{N}$.

6.2.23 一条很长的绝缘体圆柱，外面包有一层很薄的金属膜，金属膜载有沿轴线方向流动的电流 I，已知电流均匀分布在金属膜里. 试求由于电流引起的、金属膜对绝缘柱的压强.

【解】 由于金属膜很薄，其中的电流可看成是一层面电流，其面电流密度为

$$\boldsymbol{k}=\frac{I}{2\pi R}\boldsymbol{e} \tag{1}$$

其中 $\boldsymbol{e}$ 是电流 I 方向上的单位矢量. 根据前面 5.1.41 题的结果式(7)，面电流 $\boldsymbol{k}$ 所在处的磁感强度为

$$\boldsymbol{B}=\frac{1}{2}\mu_0\boldsymbol{k}\times\boldsymbol{n} \tag{2}$$

式中 $\boldsymbol{n}$ 是圆柱面外法线方向上的单位矢量.

如图 6.2.23,在金属膜上取长为 dl,宽为 $Rd\theta$ 的面积元 $dS=Rd\theta dl$,根据安培力公式,这面积元上的电流所受的力为

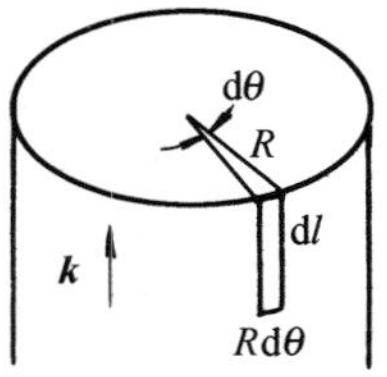

图 6.2.23

$$\begin{aligned}d\boldsymbol{F}&=(Id\boldsymbol{l})\times\boldsymbol{B}=(\boldsymbol{k}dS)\times\boldsymbol{B}=(\boldsymbol{k}dS)\times\left(\frac{1}{2}\mu_0\boldsymbol{k}\times\boldsymbol{n}\right)\\&=-\frac{\mu_0}{2}k^2dS\boldsymbol{n}=-\frac{\mu_0}{2}\left(\frac{I}{2\pi R}\right)^2dS\boldsymbol{n}\\&=-\frac{\mu_0 I^2}{8\pi^2R^2}dS\boldsymbol{n}\end{aligned}\tag{3}$$

负号表示 $d\boldsymbol{F}$ 的方向与 $\boldsymbol{n}$ 相反,即指向轴线. 这力作用在金属膜上,而膜包在绝缘柱上静止不动,故膜必有同样大小的力作用在绝缘柱上. 于是得出,由于电流 I 引起的金属膜对绝缘柱的压强为

$$p=\frac{|d\boldsymbol{F}|}{dS}=\frac{\mu_0 I^2}{8\pi^2R^2}\tag{4}$$

6.2.24 一很长的直螺线管由外表绝缘的细导线在塑料管上密绕而成,单位长度的匝数为 n. 当导线中通有电流 I 时,略去边缘效应(即将螺线管当成无限长),试求导线对塑料管施加的压强由于电流 I 而产生的变化.

【解】 将螺线管当成无限长,由对称性和安培环路定理得磁感强度为

$$\boldsymbol{B}_i=\mu_0 nI\boldsymbol{e}_I\qquad(\text{管内})\tag{1}$$

式中 $\boldsymbol{e}_I$ 是电流 I 的右旋进方向上的单位矢量.

$$\boldsymbol{B}_0=0\qquad(\text{管外})\tag{2}$$

因为是细导线密绕,可以将电流当作一层面电流,则在电流所在处的磁感强度便为[参见前面 5.2.17 题的式(9)和(10)]

$$\boldsymbol{B}=\frac{1}{2}(\boldsymbol{B}_i+\boldsymbol{B}_0)=\frac{1}{2}\mu_0 nI\boldsymbol{e}_I\tag{3}$$

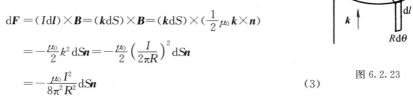

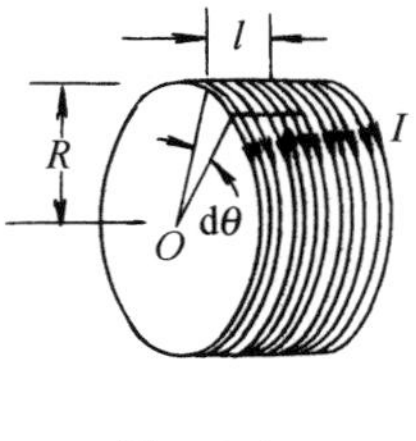

图 6.2.24

如图 6.2.24,螺线管上长为 l 一段的电流元为 $nIlRd\theta\boldsymbol{e}$,这里 R 是螺线管的半径,$d\theta$ 为对轴线的张角,$\boldsymbol{e}$ 为电流方向上的单位矢量. 根据安培力公式,这电流元所受的力为

$$\begin{aligned}d\boldsymbol{F}&=nIlRd\theta\boldsymbol{e}\times\boldsymbol{B}=nIlRd\theta\boldsymbol{e}\times\frac{1}{2}\mu_0 nI\boldsymbol{e}_I\\&=\frac{1}{2}\mu_0n^2I^2lRd\theta\boldsymbol{n}\end{aligned}\tag{4}$$

式中 $\boldsymbol{n}$ 是管面外法线方向上的单位矢量,这个结果表明,$d\boldsymbol{F}$ 的方向向外即垂直于轴线向外.

于是得出,导线对塑料管施加的压强因电流 I 而减小了,所减小的值为

$$\Delta p=\frac{|d\boldsymbol{F}|}{dS}=\frac{|d\boldsymbol{F}|}{lRd\theta}=\frac{1}{2}\mu_0n^2I^2\tag{5}$$

6.2.25 半径为 $R=10$cm 的圆线圈由表面绝缘的细导线密绕而成,共绕有 2000 匝. 当导线中通有 2.0A 的电流时,加上磁感强度为 $\boldsymbol{B}$ 的外磁场,$\boldsymbol{B}$ 的方向与

线圈平面平行，$\boldsymbol{B}$ 的大小为 5.0×10^{-2}T，试求磁场作用在线圈上的力矩 $\boldsymbol{M}$.

【解】 磁场作用在线圈上的力矩为

$$\boldsymbol{M}=\boldsymbol{m}\times\boldsymbol{B}=NISB\boldsymbol{e}_I\times\boldsymbol{e}_B \tag{1}$$

式中 N 和 S 分别是线圈的匝数和面积，$\boldsymbol{e}_I$ 是线圈中电流的右旋进方向上的单位矢量，$\boldsymbol{e}_B$ 是 $\boldsymbol{B}$ 方向上的单位矢量.

因 $\boldsymbol{B}$ 的方向与线圈平面平行，故 $\boldsymbol{M}$ 的大小为

$$\begin{aligned}M&=NISB=2000\times2.0\times\pi\times(10\times10^{-2})^2\times5.0\times10^{-2}\\&=6.3(\mathrm{N\cdot m})\end{aligned} \tag{2}$$

6.2.26 一螺线管横截面的直径为 15mm，由表面绝缘的细导线密绕而成，共绕有 2500 匝.(1)当导线中通有 2.0A 的电流时，试求这螺线管的磁矩；(2)将这载流螺线管放到 $B=4.0$T 的均匀外磁场中，试求它所受力矩的最大值.

【解】 (1)磁矩为

$$\boldsymbol{m}=NIS\boldsymbol{e}_I \tag{1}$$

$\boldsymbol{e}_I$ 为电流 I 的右旋进方向上的单位矢量. $\boldsymbol{m}$ 的值为

$$\begin{aligned}m&=NIS=2500\times2.0\times\pi\times\left(\frac{15\times10^{-3}}{2}\right)^2\\&=0.88(\mathrm{A\cdot m^2})\end{aligned} \tag{2}$$

(2)力矩的最大值为

$$M_{\max}=mB=0.88\times4=3.5(\mathrm{N\cdot m}) \tag{3}$$

6.2.27 试证明：在均匀外磁场中，任何一个闭合电流环路所受到的安培力的主矢(即电流环路各部分所受的安培力之和)为零.

【证】 电流环路中，电流元 $I\mathrm{d}\boldsymbol{l}$ 所受到的安培力为

$$\mathrm{d}\boldsymbol{F}=I\mathrm{d}\boldsymbol{l}\times\boldsymbol{B} \tag{1}$$

整个电流环路所受到的安培力的主矢为

$$\boldsymbol{F}=\oint_L I\mathrm{d}\boldsymbol{l}\times\boldsymbol{B}=I\oint_L \mathrm{d}\boldsymbol{l}\times\boldsymbol{B} \tag{2}$$

因磁场是均匀磁场，故 $\boldsymbol{B}$ 是常矢量，所以

$$\oint_L \mathrm{d}\boldsymbol{l}\times\boldsymbol{B}=\left(\oint_L \mathrm{d}\boldsymbol{l}\right)\times\boldsymbol{B} \tag{3}$$

因为是闭合电流环路，故

$$\oint_L \mathrm{d}\boldsymbol{l}=0 \tag{4}$$

由式(2)、(3)、(4)得

$$\boldsymbol{F}=\oint_L I\mathrm{d}\boldsymbol{l}\times\boldsymbol{B}=0 \tag{5}$$

6.2.28 1820 年 9 月，安培听到奥斯特发现电流可以使磁针偏转的消息后，便想到电流之间也可能有相互作用力.在一个星期里，他就用实验证明了他的想法是对的.可是当时有人说：既然两个电流都与磁针有相互作用力，则两个电流之间

必定有相互作用力；因此，安培的实验是多余的. 你认为这人的说法怎么样？

【解答】 这人的说法不对. 据说当时阿喇果(F. Arago)听到这种说法后，就从口袋里掏出两把铁质的钥匙说："这两把钥匙各自都吸引磁铁，难道你们相信它们也互相吸引吗？"

6.2.29 一无穷长直导线载有电流 I，离这导线为 r 处有一小磁针，这小磁针可以绕它的固定中心自由转动. 试证明：它在电流 I 的作用下，在平衡位置做微小振动的周期为 $T=\sqrt{\dfrac{8\pi^3 rJ}{\mu_0 Im}}$，式中 J 和 m 分别是它的转动惯量和磁矩.

【证】 无穷长直线电流在距离为 r 处产生的磁感强度 $\boldsymbol{B}$ 的大小为

$$B=\frac{\mu_0 I}{2\pi r} \tag{1}$$

$\boldsymbol{B}$ 的方向是电流 I 的右手螺旋方向. 磁场作用在小磁针上的力矩为

$$\boldsymbol{M}=\boldsymbol{m}\times\boldsymbol{B} \tag{2}$$

其大小为

$$M=mB\sin\theta \tag{3}$$

式中 θ 是 $\boldsymbol{m}$ 与 $\boldsymbol{B}$ 的夹角. 当 $\theta=0$ 时，小磁针达到平衡. 在小磁针稍微偏离平衡位置时，θ 很小，它所受的力矩可写作

$$M=mB\sin\theta\approx mB\theta \tag{4}$$

这时小磁针的运动方程为

$$J\frac{\mathrm{d}^2\theta}{\mathrm{d}t^2}=-M=-mB\theta=-\frac{\mu_0 Im}{2\pi r}\theta \tag{5}$$

所以

$$\frac{\mathrm{d}^2\theta}{\mathrm{d}t^2}+\frac{\mu_0 Im}{2\pi rJ}\theta=0 \tag{6}$$

这个方程表明，小磁针作简谐振动，其振动周期为

$$T=\frac{2\pi}{\omega}=2\pi\sqrt{\frac{2\pi rJ}{\mu_0 Im}}=\sqrt{\frac{8\pi^3 rJ}{\mu_0 Im}} \tag{7}$$

6.2.30 一细导线回路由半径为 R 的半圆形和直径构成. 当导线中载有电流 I 时，试求圆心处单位长度的导线所受的力.

【解】 如图 6.2.30，半圆形电流 I 在圆心产生的磁感强度 $\boldsymbol{B}$ 为

$$\boldsymbol{B}=\frac{\mu_0 I}{4R}\boldsymbol{e}_I \tag{1}$$

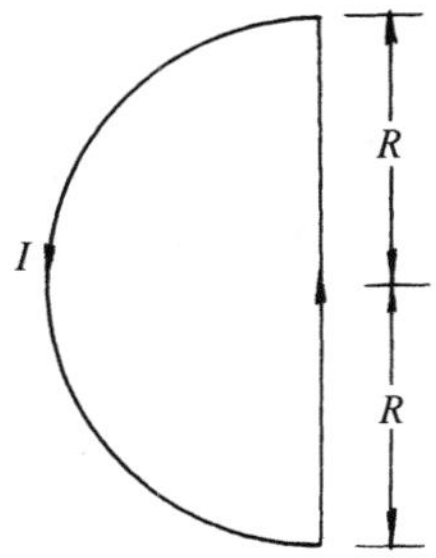

图 6.2.30

式中 $\boldsymbol{e}_I$ 是垂直于纸面向外的单位矢量. 由安培力公式得圆心处电流元 $I\mathrm{d}\boldsymbol{l}$ 所受的力为

$$\begin{aligned}\mathrm{d}\boldsymbol{F}&=I\mathrm{d}\boldsymbol{l}\times\boldsymbol{B}=I\mathrm{d}\boldsymbol{l}\times\left(\frac{\mu_0 I}{4R}\boldsymbol{e}_I\right)=\frac{\mu_0 I^2}{4R}\mathrm{d}\boldsymbol{l}\times\boldsymbol{e}_I\\&=\frac{\mu_0 I^2}{4R}\mathrm{d}l\boldsymbol{e}\end{aligned} \tag{2}$$

式中 $\boldsymbol{e}$ 是垂直于直径向右的单位矢量. 于是得圆心处单位长度的导线所受的力为

$$\frac{\mathrm{d}\boldsymbol{F}}{\mathrm{d}l}=\frac{\mu_0 I^2}{4R}\boldsymbol{e} \tag{3}$$

6.2.31　两条平行的无穷长直导线相距为 d，分别载有电流 I_1 和 I_2.（1）试求每条导线的单位长度受另一导线的作用力；（2）当 $d=1\mathrm{m}$，$I_1=I_2=1\mathrm{A}$ 时，试计算这力的值；（3）试说明力的方向的规律是：电流同向相吸，异向相斥.

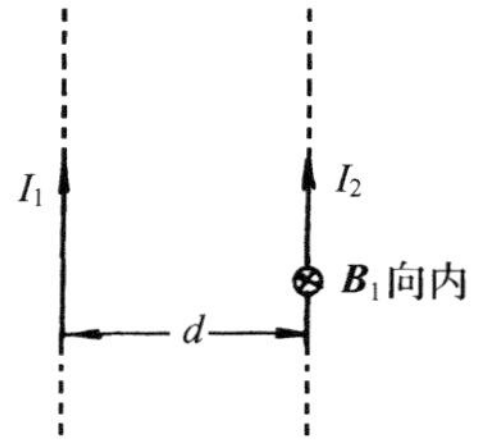

图 6.2.31

【解】（1）由 Biot-Savart 定律得出，I_1 在 I_2 处产生的磁感强度 $\boldsymbol{B}_1$ 为

$$\boldsymbol{B}_1=\frac{\mu_0 I_1}{2\pi d}\boldsymbol{e}_{I_1} \tag{1}$$

式中 $\boldsymbol{e}_{I_1}$ 是电流 I_1 的右手螺旋方向上的单位矢量，它垂直于 I_1 和 I_2 所构成的平面并向内，如图 6.2.31 所示.

I_2 上的电流元 $I_2\mathrm{d}\boldsymbol{l}$ 受 $\boldsymbol{B}_1$ 的作用力为

$$\begin{aligned}\mathrm{d}\boldsymbol{F}_{21}&=I_2\mathrm{d}\boldsymbol{l}\times\boldsymbol{B}_1=I_2\mathrm{d}\boldsymbol{l}\times\left(\frac{\mu_0 I_1}{2\pi d}\boldsymbol{e}_{I_1}\right)\\&=\frac{\mu_0 I_1 I_2}{2\pi d}\mathrm{d}\boldsymbol{l}\times\boldsymbol{e}_{I_1}=\frac{\mu_0 I_1 I_2}{2\pi d}\mathrm{d}l\boldsymbol{e}\end{aligned} \tag{2}$$

式中 $\boldsymbol{e}$ 为垂直于 I_2 并指向 I_1 的单位矢量. 于是得单位长度的 I_2 导线受 I_1 的作用力为

$$\frac{\mathrm{d}\boldsymbol{F}_{21}}{\mathrm{d}l}=\frac{\mu_0 I_1 I_2}{2\pi d}\boldsymbol{e} \tag{3}$$

（2）这力的大小为

$$\left|\frac{\mathrm{d}\boldsymbol{F}_{21}}{\mathrm{d}l}\right|=\frac{\mu_0 I_1 I_2}{2\pi d}=\frac{4\pi\times10^{-7}\times1\times1}{2\pi\times1}=2\times10^{-7}(\mathrm{N}) \tag{4}$$

（3）当 I_1 和 I_2 方向相同时，由图 6.2.31 和式(2)可见，$\mathrm{d}\boldsymbol{F}_{21}$ 指向 I_1. 这表明，I_1 和 I_2 同方向时，它们之间的相互作用力是吸引力. 当 I_1 和 I_2 方向相反时，如图 6.2.31 中的 I_2 反过来向下，则 $I_2\mathrm{d}\boldsymbol{l}$ 便向下，于是 $I_2\mathrm{d}\boldsymbol{l}\times\boldsymbol{B}_1$ 便垂直于 I_2 并背向 I_1. 这表明，I_1 和 I_2 反方向时，它们之间的相互作用是排斥力.

6.2.32　发电厂的汇流条是两条三米长的平行铜棒，相距 50cm；当向外输电时，每条棒中的电流都是 10000A. 作为近似，把两棒都当作无穷长的细导线，试估算它们之间相互作用力的大小.

【解】　无穷长直线电流 I 在距离为 r 处产生的磁感 $\boldsymbol{B}$ 的大小为

$$B=\frac{\mu_0 I}{2\pi r} \tag{1}$$

由于两棒平行，故得两棒之间相互作用力的大小为

$$\begin{aligned}F&=\frac{\mu_0 I_1 I_2 l}{2\pi r}=\frac{4\pi\times10^{-7}\times10000\times10000\times3}{2\pi\times50\times10^{-2}}\\&=1.2\times10^2(\mathrm{N})\end{aligned} \tag{2}$$

6.2.33　两平行导线中电流方向相反时，它们便互相排斥. 有一种磁悬浮列车

便是利用这种排斥力使列车悬浮在车轨上运行的.设想两个相同的共轴圆线圈,半径都是 R,匝数都是N,相距为 r,载有相反的电流 I,如图 6.2.33 所示.假定一个线圈中的电流在另一线圈中产生的磁感强度的大小可近似当作

$$B=\frac{\mu_0 NI}{2\pi r}$$

试估算在 $r=10\text{cm}$,$R=1.0\text{m}$ 时,要使排斥力为 $F=10$ 吨力,所需的安匝数 NI.

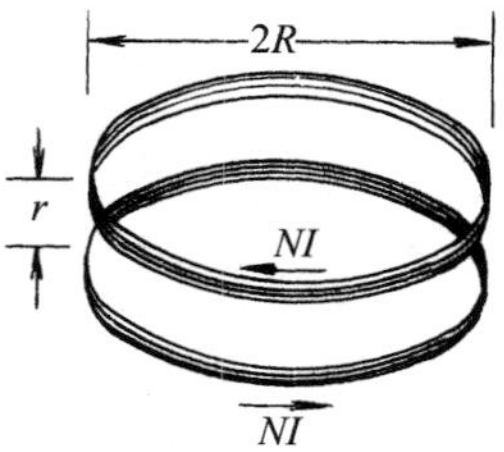

图 6.2.33

【解】 排斥力为

$$F=NIlB=NI\cdot 2\pi R\cdot\frac{\mu_0 NI}{2\pi r}=\frac{\mu_0 (NI)^2 R}{r}$$

故所求的安匝数为

$$NI=\sqrt{\frac{Fr}{\mu_0 R}}=\sqrt{\frac{10\times 9.81\times 10^3\times 10\times 10^{-2}}{4\pi\times 10^{-7}\times 1.0}}$$
$$=8.8\times 10^4\ (\text{A}\cdot\text{匝})$$

【讨论】 安匝数这样大,要将功率 I^2R 限制在实际可能的范围内,只有采用超导材料制成的线圈才行.

6.2.34 两个平行的无穷长导体薄片,宽度都是 b,相距为 a,分别载有方向相反的电流 I_1 和 I_2,其横截面如图 6.2.34(1)所示.设 I_1 和 I_2 都均匀分布在各自的片上,片的厚度均可略去不计.试证明:每片上单位长度受另一片的作用力的大小为

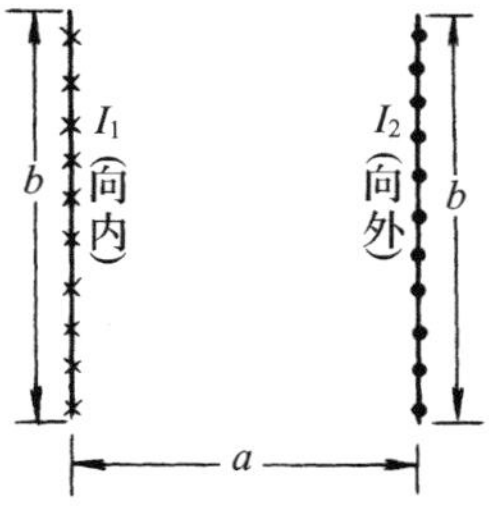

图 6.2.34(1)

$$F=\frac{2\times 10^{-7} I_1 I_2}{b^2}\left[2b\arctan\left(\frac{b}{a}\right)-a\ln\left(\frac{a^2+b^2}{a^2}\right)\right]$$

力的方向是互相排斥.

【证】 先计算一片中的电流在另一片中产生的磁感强度,然后再由安培力公式计算力.

如图 6.2.34(2),将电流 I_1 分成许多无穷长条,其中 l 处的一个长条宽为 $\mathrm{d}l$,所载电流为 $\mathrm{d}I_1=\frac{I_1}{b}\mathrm{d}l$.根据无穷长直线电流产生磁感强度的公式[参见前面 5.1.2 题的式(3)],这电流在 I_2 片上距一边为 x 处的 P 点产生的磁感强度 $\mathrm{d}\boldsymbol{B}_{21}$ 的大小为

$$\mathrm{d}B_{21}=\frac{\mu_0 \mathrm{d}I_1}{2\pi\sqrt{l^2+a^2}}=\frac{\mu_0 I_1 \mathrm{d}l}{2\pi b\sqrt{l^2+a^2}} \tag{1}$$

$\mathrm{d}\boldsymbol{B}_{21}$ 平行于片的表面的分量为

$$\mathrm{d}B_{\parallel}=(\mathrm{d}B_{21})\cos\theta=\frac{\mu_0 I_1 \mathrm{d}l}{2\pi b\sqrt{l^2+a^2}}\frac{a}{\sqrt{l^2+a^2}}$$

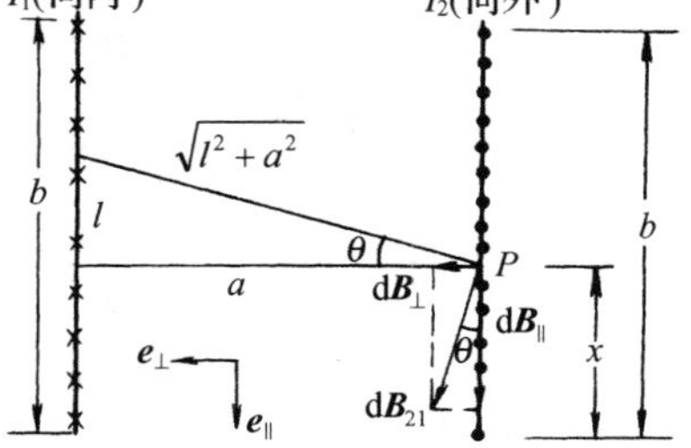

图 6.2.34(2)

$$=\frac{\mu_0 I_1 a}{2\pi b}\frac{\mathrm{d}l}{l^2+a^2} \tag{2}$$

所以

$$B_{\parallel}=\frac{\mu_0 I_1 a}{2\pi b}\int_{-x}^{b-x}\frac{\mathrm{d}l}{l^2+a^2}=\frac{\mu_0 I_1}{2\pi b}\left[\arctan\left(\frac{l}{a}\right)\right]_{l=-x}^{l=b-x}$$

$$=\frac{\mu_0 I_1}{2\pi b}\left[\arctan\left(\frac{b-x}{a}\right)+\arctan\left(\frac{x}{a}\right)\right] \tag{3}$$

$\mathrm{d}\boldsymbol{B}_{21}$垂直于片的表面的分量为

$$\mathrm{d}B_{\perp}=(\mathrm{d}B_{21})\sin\theta=\frac{\mu_0 I_1\mathrm{d}l}{2\pi b\sqrt{l^2+a^2}}\frac{l}{\sqrt{l^2+a^2}}$$

$$=\frac{\mu_0 I_1}{2\pi b}\frac{l\mathrm{d}l}{l^2+a^2} \tag{4}$$

所以

$$B_{\perp}=\frac{\mu_0 I_1}{2\pi b}\int_{-x}^{b-x}\frac{l\mathrm{d}l}{l^2+a^2}=\frac{\mu_0 I_1}{4\pi b}\ln(l^2+a^2)\Big|_{l=-x}^{l=b-x}$$

$$=\frac{\mu_0 I_1}{4\pi b}\ln\left[\frac{a^2+(b-x)^2}{a^2+x^2}\right] \tag{5}$$

于是得整个 I_1 片上的电流在 I_2 片上 x 处的 P 点产生的磁感强度便为

$$\boldsymbol{B}_{21}=\frac{\mu_0 I_1}{4\pi b}\left\{2\left[\arctan\left(\frac{b-x}{a}\right)+\arctan\left(\frac{x}{a}\right)\right]\boldsymbol{e}_{\parallel}+\left[\ln\frac{a^2+(b-x)^2}{a^2+x^2}\right]\boldsymbol{e}_{\perp}\right\} \tag{6}$$

式中 $\boldsymbol{e}_{\parallel}$ 是与片的表面平行并向下的单位矢量，$\boldsymbol{e}_{\perp}$ 是与片的表面垂直并向左的单位矢量.

有了磁感强度，便可以求力. 在 I_2 片上 x 处，取宽为 $\mathrm{d}x$ 的一条无穷长带，这带上的电流为 $\mathrm{d}I_2=\frac{I_2}{b}\mathrm{d}x$，电流的方向向外，即沿 $\boldsymbol{e}_{\perp}\times\boldsymbol{e}_{\parallel}$ 方向. 根据安培力公式

$$\mathrm{d}\boldsymbol{F}=I\mathrm{d}\boldsymbol{l}\times\boldsymbol{B} \tag{7}$$

这无穷长带上的电流元$(\mathrm{d}I_2)\mathrm{d}\boldsymbol{l}=\frac{I_2}{b}\mathrm{d}x\mathrm{d}l\boldsymbol{e}_{\perp}\times\boldsymbol{e}_{\parallel}$ 所受的力为

$$\mathrm{d}\boldsymbol{F}_{21}=\frac{I_2}{b}\mathrm{d}x\mathrm{d}l(\boldsymbol{e}_{\perp}\times\boldsymbol{e}_{\parallel})\times\boldsymbol{B}_{21} \tag{8}$$

单位长度所受的力便为

$$\mathrm{d}\boldsymbol{F}=\frac{\mathrm{d}\boldsymbol{F}_{21}}{\mathrm{d}l}=\frac{I_2}{b}(\boldsymbol{e}_{\perp}\times\boldsymbol{e}_{\parallel})\times\boldsymbol{B}_{21}\mathrm{d}x \tag{9}$$

将式(6)代入式(9)便得

$$\mathrm{d}\boldsymbol{F}=\frac{\mu_0 I_1 I_2}{4\pi b^2}\left\{\left[\ln\frac{a^2+(b-x)^2}{a^2+x^2}\right]\boldsymbol{e}_{\parallel}-2\left[\arctan\left(\frac{b-x}{a}\right)+\arctan\left(\frac{x}{a}\right)\right]\boldsymbol{e}_{\perp}\right\}\mathrm{d}x \tag{10}$$

积分便得 I_2 片上单位长度所受的力为

$$\boldsymbol{F}=\frac{\mu_0 I_1 I_2}{4\pi b^2}\left\{\left[\int_o^b\ln\frac{a^2+(b-x)^2}{a^2+x^2}\mathrm{d}x\right]\boldsymbol{e}_{\parallel}\right.$$

$$-2\left[\int_0^b \arctan\left(\frac{b-x}{a}\right)\mathrm{d}x+\int_0^b \arctan\left(\frac{x}{a}\right)\mathrm{d}x\right]\boldsymbol{e}_{\perp}\Big\} \tag{11}$$

其中第一项积分为

$$\begin{aligned}
&\int_0^b \ln\frac{a^2+(b-x)^2}{a^2+x^2}\mathrm{d}x\\
&=\int_0^b \ln[a^2+(b-x)^2]\mathrm{d}x-\int_0^b \ln(a^2+x^2)\mathrm{d}x\\
&=-\Big\{(b-x)\ln[a^2+(b-x)^2]-2(b-x)\\
&\quad+2a\arctan\left(\frac{b-x}{a}\right)\Big\}_{x=0}^{x=b}-\Big\{x\ln(a^2+x^2)-2x\\
&\quad+2a\arctan\left(\frac{x}{a}\right)\Big\}_{x=0}^{x=b}\\
&=\left\{b\ln(a^2+b^2)-2b+2a\arctan\left(\frac{b}{a}\right)\right\}\\
&\quad-\left\{b\ln(a^2+b^2)-2b+2a\arctan\left(\frac{b}{a}\right)\right\}=0
\end{aligned} \tag{12}$$

第二项的两个积分如下：

$$\begin{aligned}
&\int_0^b \arctan\left(\frac{b-x}{a}\right)\mathrm{d}x\\
&=-a\left\{\frac{b-x}{a}\arctan\left(\frac{b-x}{a}\right)-\frac{1}{2}\ln\left[1+\frac{(b-x)^2}{a^2}\right]\right\}_{x=0}^{x=b}\\
&=b\arctan\left(\frac{b}{a}\right)-\frac{a}{2}\ln\left[1+\frac{b^2}{a^2}\right]
\end{aligned} \tag{13}$$

$$\begin{aligned}
\int_0^b \arctan\left(\frac{x}{a}\right)\mathrm{d}x&=a\left\{\frac{x}{a}\arctan\left(\frac{x}{a}\right)-\frac{1}{2}\ln\left[1+\frac{x^2}{a^2}\right]\right\}_{x=0}^{x=b}\\
&=b\arctan\left(\frac{b}{a}\right)-\frac{a}{2}\ln\left[1+\frac{b^2}{a^2}\right]
\end{aligned} \tag{14}$$

将式(12)、(13)、(14)代入式(11)便得

$$\begin{aligned}
\boldsymbol{F}&=\frac{\mu_0 I_1 I_2}{4\pi b^2}\left\{-4\left[b\arctan\left(\frac{b}{a}\right)-\frac{a}{2}\ln\left(1+\frac{b^2}{a^2}\right)\right]\right\}\boldsymbol{e}_{\perp}\\
&=-\frac{2\mu_0 I_1 I_2}{4\pi b^2}\left\{2b\arctan\left(\frac{b}{a}\right)-a\ln\left(\frac{a^2+b^2}{a^2}\right)\right\}\boldsymbol{e}_{\perp}\\
&=-\frac{2\times10^{-7}I_1 I_2}{b^2}\left\{2b\arctan\left(\frac{b}{a}\right)-a\ln\left(\frac{a^2+b^2}{a^2}\right)\right\}\boldsymbol{e}_{\perp}
\end{aligned} \tag{15}$$

上式表明，力 $\boldsymbol{F}$ 的方向与 $\boldsymbol{e}_{\perp}$ 相反，即 $\boldsymbol{F}$ 是排斥力. $\boldsymbol{F}$ 的大小为

$$F=\frac{2\times10^{-7}I_1 I_2}{b^2}\left\{2b\arctan\left(\frac{b}{a}\right)-a\ln\left(\frac{a^2+b^2}{a^2}\right)\right\} \tag{16}$$

6.2.35 同轴电缆由长直圆柱导体和套在它外面的同轴导体薄圆筒构成，已知圆筒的半径为 R，其厚度可略去不计. 电流 I 沿轴线方向流动，从圆柱流去，沿圆筒流回，I 都均匀分布在横截面上. 试求圆筒单位面积上所受的力.

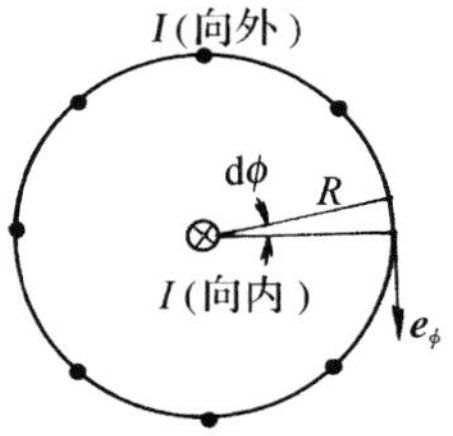

图 6.2.35

【解】 圆柱导体中的电流 I 在圆筒上产生的磁感强度为

$$\boldsymbol{B}_1=\frac{\mu_0 I}{2\pi R}\boldsymbol{e}_\phi \tag{1}$$

式中 $\boldsymbol{e}_\phi$ 为 I 的右手螺旋方向，如图 6.2.35 所示.

同时，圆筒上的电流 I 在圆筒上产生的磁感强度为[参见前面 5.2.12 题的式(6)]

$$\boldsymbol{B}_2=-\frac{\mu_0 I}{4\pi R}\boldsymbol{e}_\phi \tag{2}$$

因此，圆筒上电流所在处的磁感强度便为

$$\boldsymbol{B}=\boldsymbol{B}_1+\boldsymbol{B}_2=\frac{\mu_0 I}{2\pi R}\boldsymbol{e}_\phi-\frac{\mu_0 I}{4\pi R}\boldsymbol{e}_\phi=\frac{\mu_0 I}{4\pi R}\boldsymbol{e}_\phi \tag{3}$$

在圆筒上，取宽为 $R\mathrm{d}\phi$，长为 $\mathrm{d}l$ 的面积元

$$\mathrm{d}S=R\mathrm{d}\phi\mathrm{d}l, \tag{4}$$

这面积元上的电流为

$$\mathrm{d}I=\frac{I}{2\pi R}R\mathrm{d}\phi=\frac{I}{2\pi}\mathrm{d}\phi \tag{5}$$

由安培力公式

$$\mathrm{d}\boldsymbol{F}=I\mathrm{d}\boldsymbol{l}\times\boldsymbol{B} \tag{6}$$

得这面电流元 $\mathrm{d}I\mathrm{d}\boldsymbol{l}$ 所受的力为

$$\begin{aligned}\mathrm{d}\boldsymbol{F}&=(\mathrm{d}I\mathrm{d}\boldsymbol{l})\times\boldsymbol{B}=\left(\frac{I}{2\pi}\mathrm{d}\phi\mathrm{d}\boldsymbol{l}\right)\times\left(\frac{\mu_0 I}{4\pi R}\boldsymbol{e}_\phi\right)\\&=\frac{\mu_0 I^2}{8\pi^2 R}\mathrm{d}\phi\mathrm{d}\boldsymbol{l}\times\boldsymbol{e}_\phi=\frac{\mu_0 I^2}{8\pi^2 R^2}\mathrm{d}S\boldsymbol{n}\end{aligned} \tag{7}$$

式中 $\boldsymbol{n}$ 为圆筒面外法线方向上的单位矢量. 于是得圆筒单位面积上所受的力为

$$\boldsymbol{f}=\frac{\mathrm{d}\boldsymbol{F}}{\mathrm{d}S}=\frac{\mu_0 I^2}{8\pi^2 R^2}\boldsymbol{n} \tag{8}$$

【讨论】 没有考虑 $\boldsymbol{B}_2$，是解本题时容易出的错误.

6.2.36 如图 6.2.36，一无限长直导线 L_1 载有电流 $I_1=2.0\mathrm{A}$，旁边有一段与它垂直且共面的一段导线 L_2，L_2 长为 $l=40\mathrm{cm}$，载有电流 $I_2=3.0\mathrm{A}$，靠近 L_1 的一端到 L_1 的距离也是 $l=40\mathrm{cm}$. 试求 L_1 上的电流作用在 L_2 上的力.

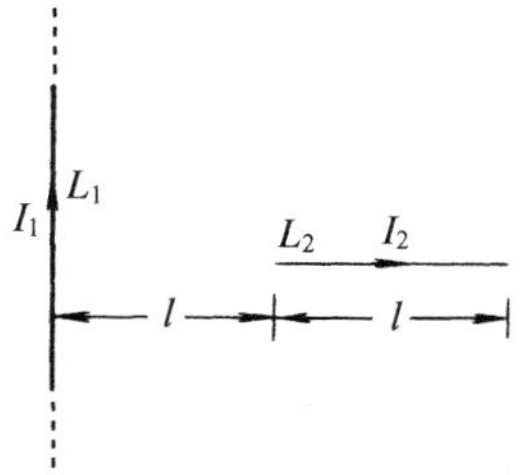

图 6.2.36

【解】 L_1 上的电流 I_1 在距离为 r 处产生的磁感强度为

$$\boldsymbol{B}=\frac{\mu_0 I_1}{2\pi r}\boldsymbol{e}_\phi \tag{1}$$

式中 $\boldsymbol{e}_\phi$ 为电流 I_1 的右手螺旋方向. 设 $\boldsymbol{e}_1$ 和 $\boldsymbol{e}_2$ 分别为电流 I_1 和 I_2 方向上的单位矢量，则由安培力公式

$$\mathrm{d}\boldsymbol{F}=I\mathrm{d}\boldsymbol{l}\times\boldsymbol{B} \tag{2}$$

得 L_2 上的电流元 $I_2\mathrm{d}\boldsymbol{l}$ 受 I_1 的作用力为

$$\mathrm{d}\boldsymbol{F}=I_2\mathrm{d}l\boldsymbol{e}_2\times\boldsymbol{B}=\frac{\mu_0 I_1 I_2}{2\pi r}\mathrm{d}l\boldsymbol{e}_2\times\boldsymbol{e}_\phi$$

$$=\frac{\mu_0 I_1 I_2}{2\pi r}\mathrm{d}r\boldsymbol{e}_1 \tag{3}$$

积分便得所求的力为

$$\boldsymbol{F}=\frac{\mu_0 I_1 I_2}{2\pi}\int_l^{2l}\frac{\mathrm{d}r}{r}\boldsymbol{e}_1=\frac{\mu_0 I_1 I_2}{2\pi}\ln 2\boldsymbol{e}_1 \tag{4}$$

$\boldsymbol{F}$ 的方向平行于 I_1，$\boldsymbol{F}$ 的大小为

$$F=\frac{\mu_0 I_1 I_2}{2\pi}\ln 2=\frac{4\pi\times10^{-7}\times2.0\times3.0}{2\pi}\times0.6931$$

$$=8.3\times10^{-7}(\mathrm{N}) \tag{5}$$

6.2.37　设 $I_1\mathrm{d}\boldsymbol{l}_1$ 和 $I_2\mathrm{d}\boldsymbol{l}_2$ 分别为载流导线 I_1 和 I_2 上的任意两个电流元，从 $I_1\mathrm{d}\boldsymbol{l}_1$ 到 $I_2\mathrm{d}\boldsymbol{l}_2$ 的位矢为 $\boldsymbol{r}_{12}$，如图 6.2.37 所示. 试分别求 $I_1\mathrm{d}\boldsymbol{l}_1$ 作用在 $I_2\mathrm{d}\boldsymbol{l}_2$ 上的力和 $I_2\mathrm{d}\boldsymbol{l}_2$ 作用在 $I_1\mathrm{d}\boldsymbol{l}_1$ 上的力，并从而得出：它们之间的相互作用力一般不遵守牛顿第三定律.

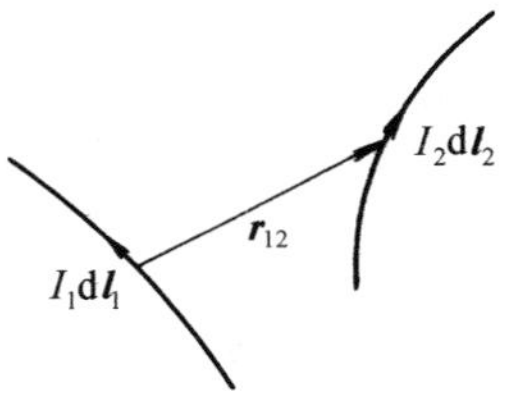

图 6.2.37

【解】　根据电流元产生磁感强度的 Biot-Savart 定律和电流元受力的安培力公式得：$I_1\mathrm{d}\boldsymbol{l}_1$ 作用在 $I_2\mathrm{d}\boldsymbol{l}_2$ 上的力为

$$\mathrm{d}\boldsymbol{f}_{21}=I_2\mathrm{d}\boldsymbol{l}_2\times\left(\frac{\mu_0 I_1\mathrm{d}\boldsymbol{l}_1\times\boldsymbol{r}_{12}}{4\pi r_{12}^3}\right)=\frac{\mu_0 I_1 I_2}{4\pi r_{12}^3}\mathrm{d}\boldsymbol{l}_2\times(\mathrm{d}\boldsymbol{l}_1\times\boldsymbol{r}_{12})$$

$$=\frac{\mu_0 I_1 I_2}{4\pi r_{12}^3}[(\boldsymbol{r}_{12}\cdot\mathrm{d}\boldsymbol{l}_2)\mathrm{d}\boldsymbol{l}_1-(\mathrm{d}\boldsymbol{l}_2\cdot\mathrm{d}\boldsymbol{l}_1)\boldsymbol{r}_{12}] \tag{1}$$

$I_2\mathrm{d}\boldsymbol{l}_2$ 作用在 $I_1\mathrm{d}\boldsymbol{l}_1$ 上的力为

$$\mathrm{d}\boldsymbol{f}_{12}=I_1\mathrm{d}\boldsymbol{l}_1\times\left(\frac{\mu_0 I_2\mathrm{d}\boldsymbol{l}_2\times\boldsymbol{r}_{21}}{4\pi r_{21}^3}\right)=\frac{\mu_0 I_1 I_2}{4\pi r_{21}^3}\mathrm{d}\boldsymbol{l}_1\times(\mathrm{d}\boldsymbol{l}_2\times\boldsymbol{r}_{21})$$

$$=\frac{\mu_0 I_1 I_2}{4\pi r_{21}^3}[(\boldsymbol{r}_{21}\cdot\mathrm{d}\boldsymbol{l}_1)\mathrm{d}\boldsymbol{l}_2-(\mathrm{d}\boldsymbol{l}_1\cdot\mathrm{d}\boldsymbol{l}_2)\boldsymbol{r}_{21}] \tag{2}$$

式中 $\boldsymbol{r}_{21}=-\boldsymbol{r}_{12}$，$r_{21}=r_{12}$.

由式(1)、(2)可见，由于 $\mathrm{d}\boldsymbol{l}_1$ 和 $\mathrm{d}\boldsymbol{l}_2$ 的方向一般不同，故一般地

$$\mathrm{d}\boldsymbol{f}_{12}\neq-\mathrm{d}\boldsymbol{f}_{21} \tag{3}$$

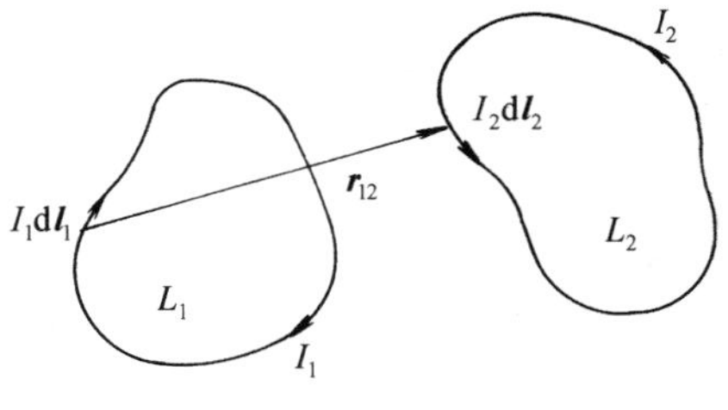

图 6.2.38

【讨论】　虽然两个电流元之间的相互作用力不遵守牛顿第三定律，但可以证明，对于任意两个闭合的载流回路整体来说，彼此间的相互作用力是遵守牛顿第三定律的. 参见下面 6.2.38 题.

6.2.38　任意两个闭合回路 L_1 和 L_2，

电流分别为 I_1 和 I_2，如图 6.2.38 所示. 试证明：L_1 作用在 L_2 上的力 $\boldsymbol{F}_{21}$ 与 L_2 作用在 L_1 上的力 $\boldsymbol{F}_{12}$ 遵守牛顿第三定律，即 $\boldsymbol{F}_{12}=-\boldsymbol{F}_{21}$.

【证】 电流元 $I_1\mathrm{d}\boldsymbol{l}_1$ 作用在电流元 $I_2\mathrm{d}\boldsymbol{l}_2$ 上的力为

$$\mathrm{d}\boldsymbol{f}_{21}=\frac{\mu_0 I_1 I_2}{4\pi}\frac{\mathrm{d}\boldsymbol{l}_2\times(\mathrm{d}\boldsymbol{l}_1\times\boldsymbol{r}_{12})}{r_{12}^3}=\frac{\mu_0 I_1 I_2}{4\pi}\frac{(\boldsymbol{r}_{12}\cdot\mathrm{d}\boldsymbol{l}_2)\mathrm{d}\boldsymbol{l}_1-(\mathrm{d}\boldsymbol{l}_1\cdot\mathrm{d}\boldsymbol{l}_2)\boldsymbol{r}_{12}}{r_{12}^3}$$
$$=\frac{\mu_0 I_1 I_2}{4\pi}\left\{\left[\left(-\nabla\frac{1}{r_{12}}\right)\cdot\mathrm{d}\boldsymbol{l}_2\right]\mathrm{d}\boldsymbol{l}_1-\frac{(\mathrm{d}\boldsymbol{l}_1\cdot\mathrm{d}\boldsymbol{l}_2)\boldsymbol{r}_{12}}{r_{12}^3}\right\}\tag{1}$$

对 $\mathrm{d}\boldsymbol{l}_2$ 积分，便得电流元 $I_1\mathrm{d}\boldsymbol{l}_1$ 作用在 L_2 上的力为

$$\mathrm{d}\boldsymbol{F}_{21}=\frac{\mu_0 I_1 I_2}{4\pi}\left\{-\left[\oint_{L_2}\left(\nabla\frac{1}{r_{12}}\right)\cdot\mathrm{d}\boldsymbol{l}_2\right]\mathrm{d}\boldsymbol{l}_1-\oint_{L_2}\frac{(\mathrm{d}\boldsymbol{l}_1\cdot\mathrm{d}\boldsymbol{l}_2)\boldsymbol{r}_{12}}{r_{12}^3}\right\}\tag{2}$$

其中积分

$$\oint_{L_2}\left(\nabla\frac{1}{r_{12}}\right)\cdot\mathrm{d}\boldsymbol{l}_2=\oint_{L_2}\left(\nabla\frac{1}{r_{12}}\right)\cdot\mathrm{d}\boldsymbol{r}_{12}=\oint_{L_2}\mathrm{d}\left(\frac{1}{r_{12}}\right)=0\tag{3}$$

故得

$$\mathrm{d}\boldsymbol{F}_{21}=-\frac{\mu_0 I_1 I_2}{4\pi}\oint_{L_2}\frac{(\mathrm{d}\boldsymbol{l}_1\cdot\mathrm{d}\boldsymbol{l}_2)\boldsymbol{r}_{12}}{r_{12}^3}\tag{4}$$

将上式对 $\mathrm{d}\boldsymbol{l}_1$ 积分，便得 L_1 作用在 L_2 上的力为

$$\boldsymbol{F}_{21}=-\frac{\mu_0 I_1 I_2}{4\pi}\oint_{L_1}\oint_{L_2}\frac{(\mathrm{d}\boldsymbol{l}_1\cdot\mathrm{d}\boldsymbol{l}_2)\boldsymbol{r}_{12}}{r_{12}^3}\tag{5}$$

再考虑 L_2 作用在 L_1 上的力. 电流元 $I_2\mathrm{d}\boldsymbol{l}_2$ 作用在电流元 $I_1\mathrm{d}\boldsymbol{l}_1$ 上的力为

$$\mathrm{d}\boldsymbol{f}_{12}=\frac{\mu_0 I_1 I_2}{4\pi}\frac{\mathrm{d}\boldsymbol{l}_1\times(\mathrm{d}\boldsymbol{l}_2\times\boldsymbol{r}_{21})}{r_{21}^3}=\frac{\mu_0 I_1 I_2}{4\pi}\frac{(\boldsymbol{r}_{21}\cdot\mathrm{d}\boldsymbol{l}_1)\mathrm{d}\boldsymbol{l}_2-(\mathrm{d}\boldsymbol{l}_1\cdot\mathrm{d}\boldsymbol{l}_2)\boldsymbol{r}_{21}}{r_{21}^3}$$
$$=\frac{\mu_0 I_1 I_2}{4\pi}\left\{\left[\left(-\nabla\frac{1}{r_{21}}\right)\cdot\mathrm{d}\boldsymbol{l}_1\right]\mathrm{d}\boldsymbol{l}_2-\frac{(\mathrm{d}\boldsymbol{l}_1\cdot\mathrm{d}\boldsymbol{l}_2)\boldsymbol{r}_{21}}{r_{21}^3}\right\}\tag{6}$$

对 $\mathrm{d}\boldsymbol{l}_1$ 积分，便得电流元 $I_2\mathrm{d}\boldsymbol{l}_2$ 作用在 L_1 上的力为

$$\mathrm{d}\boldsymbol{F}_{12}=\frac{\mu_0 I_1 I_2}{4\pi}\left\{-\left[\oint_{L_1}\left(\nabla\frac{1}{r_{21}}\right)\cdot\mathrm{d}\boldsymbol{l}_1\right]\mathrm{d}\boldsymbol{l}_2-\oint_{L_1}\frac{(\mathrm{d}\boldsymbol{l}_1\cdot\mathrm{d}\boldsymbol{l}_2)\boldsymbol{r}_{21}}{r_{21}^3}\right\}\tag{7}$$

其中积分

$$\oint_{L_1}\left(\nabla\frac{1}{r_{21}}\right)\cdot\mathrm{d}\boldsymbol{l}_1=\oint_{L_1}\left(\nabla\frac{1}{r_{21}}\right)\cdot\mathrm{d}\boldsymbol{r}_{21}$$
$$=\oint_{L_1}\mathrm{d}\left(\frac{1}{r_{21}}\right)=0\tag{8}$$

故得

$$\mathrm{d}\boldsymbol{F}_{12}=-\frac{\mu_0 I_1 I_2}{4\pi}\oint_{L_1}\frac{(\mathrm{d}\boldsymbol{l}_1\cdot\mathrm{d}\boldsymbol{l}_2)\boldsymbol{r}_{21}}{r_{21}^3}\tag{9}$$

将上式对 $\mathrm{d}\boldsymbol{l}_2$ 积分，便得 L_2 作用在 L_1 上的力为

$$\boldsymbol{F}_{12}=-\frac{\mu_0 I_1 I_2}{4\pi}\oint_{L_1}\oint_{L_2}\frac{(\mathrm{d}\boldsymbol{l}_1\cdot\mathrm{d}\boldsymbol{l}_2)\boldsymbol{r}_{21}}{r_{21}^3}\tag{10}$$

因 $\boldsymbol{r}_{12}=-\boldsymbol{r}_{21}$，故得

$$\boldsymbol{F}_{12}=-\boldsymbol{F}_{21} \tag{11}$$

6.2.39 长直导线与一正方形线圈在同一平面内，它们分别载有电流 I_1 和 I_2；正方形的边长为 a，有两边与导线平行，它的中心 O 到直导线的垂直距离为 d，如图 6.2.39 所示.(1)试求这正方形载流线圈各边受 I_1 的作用力以及这些力的主矢(即这些力的矢量和)；(2)当 $I_1=3.0\text{A}$，$I_2=2.0\text{A}$，$a=d=4.0\text{cm}$ 时，试计算主矢的大小.

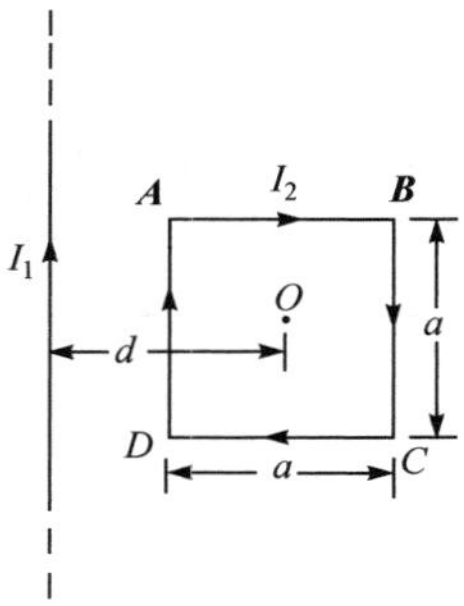

图 6.2.39

【解】 (1)如图 6.2.39，I_1 在 DA 边产生的磁感强度为

$$\boldsymbol{B}_1=\frac{\mu_0 I_1}{2\pi(d-a/2)}\boldsymbol{e}_1 \tag{1}$$

式中 $\boldsymbol{e}_1$ 为垂直于纸面向内的单位矢量. 于是由安培力公式得 DA 边受的力为

$$\boldsymbol{F}_1=I_2 a\boldsymbol{e}_2\times\boldsymbol{B}_1=-\frac{\mu_0 I_1 I_2 a}{2\pi(d-a/2)}\boldsymbol{e}_3 \tag{2}$$

式中 $\boldsymbol{e}_2$ 和 $\boldsymbol{e}_3$ 分别为向上和向右的单位矢量. 式(2)表明，$\boldsymbol{F}_1$ 向左.

BC 边所受的力为

$$\begin{aligned}\boldsymbol{F}_3&=(-I_2 a\boldsymbol{e}_2)\times\boldsymbol{B}_3=-I_2 a\boldsymbol{e}_2\times\left[\frac{\mu_0 I_1}{2\pi(d+a/2)}\boldsymbol{e}_1\right]\\&=\frac{\mu_0 I_1 I_2 a}{2\pi(d+a/2)}\boldsymbol{e}_3\end{aligned} \tag{3}$$

式(3)表明，$\boldsymbol{F}_3$ 向右.

由对称性可知，AB 边所受的力 $\boldsymbol{F}_2$ 和 CD 边所受的力 $\boldsymbol{F}_4$ 大小相等而方向相反，$\boldsymbol{F}_2$ 向上而 $\boldsymbol{F}_4$ 向下. 它们的大小为

$$F_2=F_4=\int_{d-a/2}^{d+a/2}\frac{\mu_0 I_1 I_2}{2\pi x}\mathrm{d}x=\frac{\mu_0 I_1 I_2}{2\pi}\ln\left(\frac{2d+a}{2d-a}\right) \tag{4}$$

这些力的主矢为

$$\begin{aligned}\boldsymbol{F}&=\boldsymbol{F}_1+\boldsymbol{F}_2+\boldsymbol{F}_3+\boldsymbol{F}_4=\boldsymbol{F}_1+\boldsymbol{F}_3=\frac{\mu_0 I_1 I_2 a}{2\pi}\left[-\frac{1}{d-a/2}+\frac{1}{d+a/2}\right]\boldsymbol{e}_3\\&=-\frac{2\mu_0 I_1 I_2 a^2}{\pi(4d^2-a^2)}\boldsymbol{e}_3\end{aligned} \tag{5}$$

式(5)表明，$\boldsymbol{F}$ 的方向向左，即向 I_1.

(2)主矢的大小为

$$\begin{aligned}F&=\frac{2\mu_0 I_1 I_2 a^2}{\pi(4d^2-a^2)}=\frac{2\times4\pi\times10^{-7}\times3.0\times2.0\times(4.0\times10^{-2})^2}{\pi[4\times(4.0\times10^{-2})^2-(4.0\times10^{-2})^2]}\\&=1.6\times10^{-6}(\text{N})\end{aligned} \tag{6}$$

6.2.40 一无穷长直导线载有电流 I_1，旁边有一正方形线圈 $ABCD$ 载有电流 I_2，正方形边长为 $2a$，中心到直导线的垂直距离为 b，电流的方向如图 6.2.40(1)所示. 线圈可以绕平行于直导线的轴 P_1P_2 转动，P_1P_2 通过线圈上下两边的中点. 试

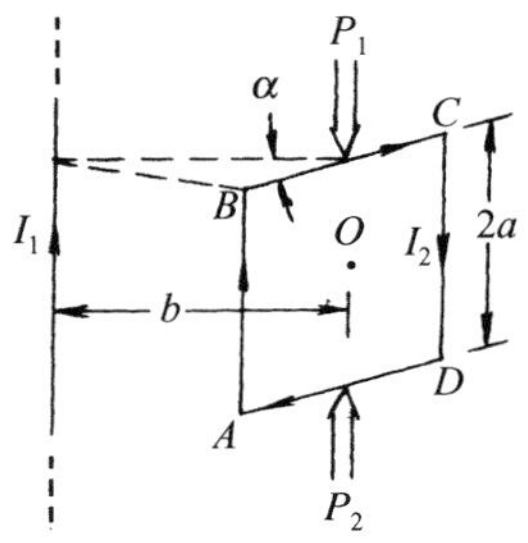

图 6.2.40(1)

求：(1)线圈在 α 角度位置时[如图 6.2.40(1)所示]，I_1 作用在线圈各边上的安培力之和；(2)这些力对转轴 P_1P_2 的力矩之和；(3)线圈平衡时 α 的值；(4)线圈从平衡位置转到 $\alpha=\frac{\pi}{2}$ 时，I_1 作用在线圈上的力做了多少功？

【解】 (1)先计算 I_1 作用在线圈各边上的力. 根据安培力公式

$$\mathrm{d}\boldsymbol{F}=I\mathrm{d}\boldsymbol{l}\times\boldsymbol{B} \tag{1}$$

AB 边所受的力 $\boldsymbol{F}_{AB}$ 方向向着 I_1，其大小为

$$F_{AB}=2aI_2B_1=2aI_2\left(\frac{\mu_0 I_1}{2\pi r_{AB}}\right)=\frac{\mu_0 I_1 I_2 a}{\pi r_{AB}} \tag{2}$$

式中 r_{AB} 是 AB 边到 I_1 的距离，由图 6.2.40(2)可见，

$$r_{AB}=\sqrt{a^2+b^2-2ab\cos\alpha} \tag{3}$$

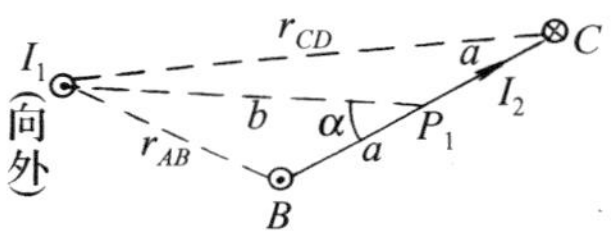

图 6.2.40(2)

CD 边所受的力 $\boldsymbol{F}_{CD}$ 方向背着 I_1，其大小为

$$F_{CD}=2aI_2\left(\frac{\mu_0 I_1}{2\pi r_{CD}}\right)=\frac{\mu_0 I_1 I_2 a}{\pi r_{CD}} \tag{4}$$

式中 r_{CD} 是 CD 边到 I_1 的距离，

$$r_{CD}=\sqrt{a^2+b^2+2ab\cos\alpha} \tag{5}$$

由于位置相同而电流方向相反，BC 边所受的力 $\boldsymbol{F}_{BC}$ 与 DA 边所受的力 $\boldsymbol{F}_{DA}$ 大小相等而方向相反，$\boldsymbol{F}_{BC}$ 方向向上，即与 I_1 同方向；$\boldsymbol{F}_{DA}$ 方向向下，即与 I_1 反方向. 故得

$$\boldsymbol{F}_{BC}+\boldsymbol{F}_{DA}=0 \tag{6}$$

于是得 I_1 作用在线圈上各边的安培力之和为

$$\boldsymbol{F}=\boldsymbol{F}_{AB}+\boldsymbol{F}_{BC}+\boldsymbol{F}_{CD}+\boldsymbol{F}_{DA}=\boldsymbol{F}_{AB}+\boldsymbol{F}_{CD} \tag{7}$$

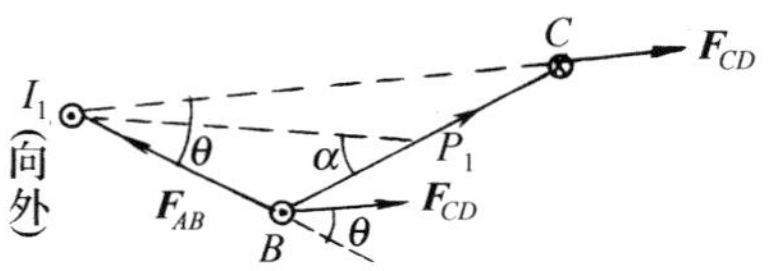

图 6.2.40(3)

由式(7)和图 6.2.40(3)可见，$\boldsymbol{F}$ 的大小为

$$\begin{aligned}F&=\sqrt{F_{AB}^2+F_{CD}^2-2F_{AB}F_{CD}\cos\theta}\\&=\frac{\mu_0 I_1 I_2 a}{\pi}\sqrt{\frac{1}{r_{AB}^2}+\frac{1}{r_{CD}^2}-\frac{2}{r_{AB}r_{CD}}\cos\theta}\end{aligned} \tag{8}$$

式中

$$\cos\theta=\frac{r_{AB}^2+r_{CD}^2-(2a)^2}{2r_{AB}r_{CD}} \tag{9}$$

将式(9)代入式(8)，并利用式(3)、(5)便得

$$F=\frac{2\mu_0 I_1 I_2 a^2}{\pi r_{AB}r_{CD}}=\frac{2\mu_0 I_1 I_2 a^2}{\pi}\frac{1}{\sqrt{(a^2+b^2)^2-4a^2b^2\cos^2\alpha}} \tag{10}$$

再看 $\boldsymbol{F}$ 的方向. 以 I_1 和 P_1P_2 轴构成的平面为 z-x 平面，I_1 和 P_1P_2 间的垂线为 x 轴，取笛卡儿坐标系如图 6.2.40(4)所示. 由图可见，$\boldsymbol{F}$ 在 x 方向和 y 方向的分量分别为

$$F_x=F_{CD}\cos\gamma-F_{AB}\cos\beta \tag{11}$$

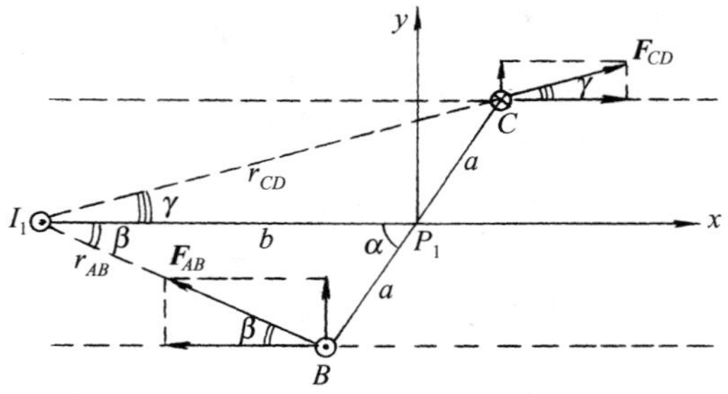

图 6.2.40(4)

$$F_y = F_{CD}\sin\gamma + F_{AB}\sin\beta \tag{12}$$

F 与 x 轴的夹角 φ 为

$$\varphi = \arctan\frac{F_y}{F_x} \tag{13}$$

由图可见，

$$\sin\beta = \frac{a}{r_{AB}}\sin\alpha, \quad \cos\beta = \frac{b-a\cos\alpha}{r_{AB}} \tag{14}$$

$$\sin\gamma = \frac{a}{r_{CD}}\sin\alpha, \quad \cos\gamma = \frac{b+a\cos\alpha}{r_{CD}} \tag{15}$$

将式(14)和(15)代入式(11)和(12)，再代入式(13)，经过化简，便得

$$\varphi = \arctan\left(\frac{a^2+b^2}{a^2-b^2}\tan\alpha\right) \tag{16}$$

(2)再求线圈的四边所受的力对转轴的力矩　由于 BC 和 DA 两边所受的力 $\boldsymbol{F}_{BC}$ 和 $\boldsymbol{F}_{DA}$ 都与转轴 P_1P_2 平行，故它们对转轴的力矩均为零. 于是四边所受的力对转轴的力矩之和便等于 AB 和 CD 两边所受的力对转轴的力矩之和. 由图 6.2.40(4)可见，这个力矩的值为

$$M = F_{AB}a\sin(\alpha+\beta) + F_{CD}a\sin(\alpha-\gamma) = F_{AB}b\sin\beta + F_{CD}b\sin\gamma = \frac{\mu_0 I_1 I_2 ab}{\pi}\left[\frac{\sin\beta}{r_{AB}} + \frac{\sin\gamma}{r_{CD}}\right]$$

$$= \frac{\mu_0 I_1 I_2 a^2 b\sin\alpha}{\pi}\left[\frac{1}{r_{AB}^2} + \frac{1}{r_{CD}^2}\right]$$

$$= \frac{2\mu_0 I_1 I_2 a^2 b(a^2+b^2)\sin\alpha}{\pi[(a^2+b^2)^2 - 4a^2b^2\cos^2\alpha]} \tag{17}$$

M 的方向是使 α 减小的方向.

(3)当 $M=0$ 时，线圈达到平衡. 由式(17)得

$$\alpha = 0 \quad (\text{稳定平衡}) \tag{18}$$

$$\alpha = \pi \quad (\text{不稳定平衡}) \tag{19}$$

(4)线圈从 $\alpha=0$ 转到 $\alpha=\frac{\pi}{2}$，I_1 作用在线圈上的力所做的功为

$$W = \int_0^{\pi/2} M\mathrm{d}\alpha$$

$$= \frac{2\mu_0 I_1 I_2 a^2 b(a^2+b^2)}{\pi}\int_0^{\pi/2} \frac{\sin\alpha d\alpha}{(a^2+b^2)^2 - 4a^2b^2\cos^2\alpha}$$

$$= -\frac{\mu_0 I_1 I_2 (a^2+b^2)}{2\pi b}\int_1^0 \frac{d\cos\alpha}{\left(\frac{a^2+b^2}{2ab}\right)^2 - \cos^2\alpha}$$

$$= -\frac{\mu_0 I_1 I_2 a}{2\pi}\ln\frac{a^2+b^2+2ab\cos\alpha}{a^2+b^2-2ab\cos\alpha}\Bigg|_{\alpha=0}^{\alpha=\pi/2}$$

$$= \frac{\mu_0 I_1 I_2 a}{2\pi}\ln\left(\frac{a+b}{a-b}\right)^2 \tag{20}$$

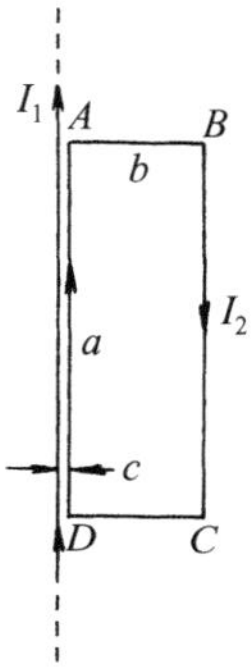

图 6.2.41

6.2.41 一无穷长直导线载有电流 $I_1=30\text{A}$，一长方形回路 $ABCD$ 和它在同一平面内，且 DA 边与导线平行，线圈长为 $a=30\text{cm}$，宽为 $b=8.0\text{cm}$，一边到直导线的距离为 $c=1.0\text{cm}$，载有电流 $I_2=20\text{A}$，如图 6.2.41 所示. 试求直导线上的电流作用在回路各边上的安培力之和.

【解】 根据无穷长直线电流产生磁感强度的公式和电流受磁场作用的安培力公式，DA 边所受的力 $\boldsymbol{F}_{DA}$ 为

$$\boldsymbol{F}_{DA} = I_2 a\boldsymbol{e}_2 \times \left(\frac{\mu_0 I_1}{2\pi c}\boldsymbol{e}_1\right) = -\frac{\mu_0 I_1 I_2 a}{2\pi c}\boldsymbol{e}_3 \tag{1}$$

式中 $\boldsymbol{e}_1$、$\boldsymbol{e}_2$ 和 $\boldsymbol{e}_3$ 分别为向内、向上和向右的单位矢量，关系为 $\boldsymbol{e}_1\times\boldsymbol{e}_2=\boldsymbol{e}_3$.

BC 边所受的力 $\boldsymbol{F}_{BC}$ 为

$$\boldsymbol{F}_{BC} = -I_2 a\boldsymbol{e}_2 \times \left[\frac{\mu_0 I_1}{2\pi(b+c)}\boldsymbol{e}_1\right] = \frac{\mu_0 I_1 I_2 a}{2\pi(b+c)}\boldsymbol{e}_3 \tag{2}$$

由对称性可知，AB 边所受的力 $\boldsymbol{F}_{AB}$ 和 CD 边所受的力 $\boldsymbol{F}_{CD}$ 大小相等而方向相反，$\boldsymbol{F}_{AB}$ 向上而 $\boldsymbol{F}_{CD}$ 向下. 故

$$\boldsymbol{F}_{AB} + \boldsymbol{F}_{CD} = 0 \tag{3}$$

于是得回路各边受 I_1 作用的安培力之和为

$$\begin{aligned}\boldsymbol{F} &= \boldsymbol{F}_{DA}+\boldsymbol{F}_{AB}+\boldsymbol{F}_{BC}+\boldsymbol{F}_{CD} = \boldsymbol{F}_{DA}+\boldsymbol{F}_{BC}\\ &= -\frac{\mu_0 I_1 I_2 a}{2\pi c}\boldsymbol{e}_3 + \frac{\mu_0 I_1 I_2 a}{2\pi(b+c)}\boldsymbol{e}_3\\ &= -\frac{\mu_0 I_1 I_2 ab}{2\pi c(b+c)}\boldsymbol{e}_3\end{aligned} \tag{4}$$

$\boldsymbol{F}$ 的大小为

$$\begin{aligned}F &= \frac{\mu_0 I_1 I_2 ab}{2\pi c(b+c)} = \frac{4\pi\times10^{-7}\times30\times20\times30\times10^{-2}\times8.0\times10^{-2}}{2\pi\times1.0\times10^{-2}\times(8.0\times10^{-2}+1.0\times10^{-2})}\\ &= 3.2\times10^{-3}(\text{N})\end{aligned} \tag{5}$$

$\boldsymbol{F}$ 的方向向左，即向 I_1.

6.2.42 载有电流 I_1 的无穷长直导线旁，有一与它共面的正三角形线圈，边长为 a，载有电流 I_2，一边与它平行，中心 O 到它的距离为 b，如图 6.2.42(1)所示.

试求直导线上的电流 I_1 作用在三角形线圈上各边的安培力之和.

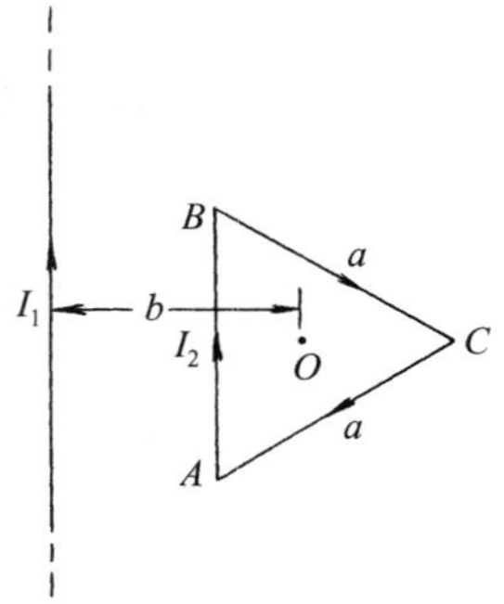

图 6.2.42(1)

【解】 根据无穷长直线电流产生磁感强度的公式和电流受磁场作用的安培力公式,AB 边所受的力为

$$\boldsymbol{F}_{AB}=I_2a\boldsymbol{e}_2\times\left[\frac{\mu_0I_1}{2\pi(b-\sqrt{3}a/6)}\boldsymbol{e}_1\right]=-\frac{3\mu_0I_1I_2a}{\pi(6b-\sqrt{3}a)}\boldsymbol{e}_3 \tag{1}$$

式中 $\boldsymbol{e}_1$、$\boldsymbol{e}_2$ 和 $\boldsymbol{e}_3$ 分别为向内、向上和向右的单位矢量,关系为 $\boldsymbol{e}_1\times\boldsymbol{e}_2=\boldsymbol{e}_3$.

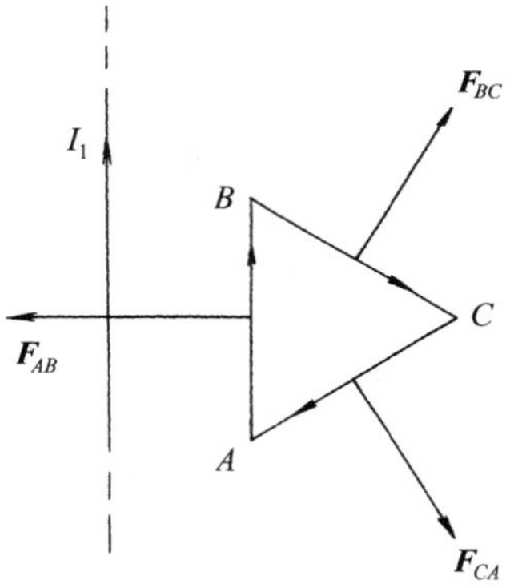

图 6.2.42(2)

BC 和 CA 两边由于位置相当,它们所受的力 $\boldsymbol{F}_{BC}$ 和 $\boldsymbol{F}_{CA}$ 大小相等,方向都在三角形的平面内,并分别与两边垂直,如图 6.2.42(2)所示. 它们的大小为

$$\begin{aligned}F_{BC}=F_{CA}&=\int_0^a I_2\mathrm{d}l\left(\frac{\mu_0I_1}{2\pi r}\right)\\&=\frac{\mu_0I_1I_2}{2\pi}\int_0^a\frac{\mathrm{d}l}{r}\\&=\frac{\mu_0I_1I_2}{2\pi}\int_0^a\frac{\mathrm{d}l}{b-\frac{\sqrt{3}}{6}a+\frac{\sqrt{3}}{2}l}\\&=\frac{\mu_0I_1I_2}{\sqrt{3}\pi}\ln\left(b-\frac{\sqrt{3}}{6}a+\frac{\sqrt{3}}{2}l\right)\Bigg|_{l=0}^{l=a}\\&=\frac{\mu_0I_1I_2}{\sqrt{3}\pi}\ln\left(\frac{6b+2\sqrt{3}a}{6b-\sqrt{3}a}\right)\end{aligned} \tag{2}$$

由于 $\boldsymbol{F}_{BC}$ 和 $\boldsymbol{F}_{CA}$ 对于三角形的顶角 C 是对称的,故它们平行于 I_1 的分量大小相等而方向相反,于是它们之和为

$$\boldsymbol{F}_{BC}+\boldsymbol{F}_{CA}=2F_{BC}\cos60^\circ\boldsymbol{e}_3=F_{BC}\boldsymbol{e}_3=\frac{\mu_0I_1I_2}{\sqrt{3}\pi}\ln\left(\frac{6b+2\sqrt{3}a}{6b-\sqrt{3}a}\right)\boldsymbol{e}_3 \tag{3}$$

最后得三角形线圈三边所受的安培力之和为

$$\begin{aligned}\boldsymbol{F}&=\boldsymbol{F}_{AB}+\boldsymbol{F}_{BC}+\boldsymbol{F}_{CA}\\&=-\frac{3\mu_0I_1I_2a}{\pi(6b-\sqrt{3}a)}\boldsymbol{e}_3+\frac{\mu_0I_1I_2}{\sqrt{3}\pi}\ln\left(\frac{6b+2\sqrt{3}a}{6b-\sqrt{3}a}\right)\boldsymbol{e}_3\\&=\frac{\mu_0I_1I_2}{\pi}\left[\frac{1}{\sqrt{3}}\ln\left(\frac{6b+2\sqrt{3}a}{6b-\sqrt{3}a}\right)-\frac{3a}{6b-\sqrt{3}a}\right]\boldsymbol{e}_3\end{aligned} \tag{4}$$

6.2.43 一无穷长直导线载有电流 I_1,旁边有一个与它共面的圆线圈,圆线圈的

半径为 R，载有电流 I_2，圆心 O 到直导线的距离为 l，电流的方向如图 6.2.43(1) 所示. 试求直线电流 I_1 作用在圆线圈上的力.

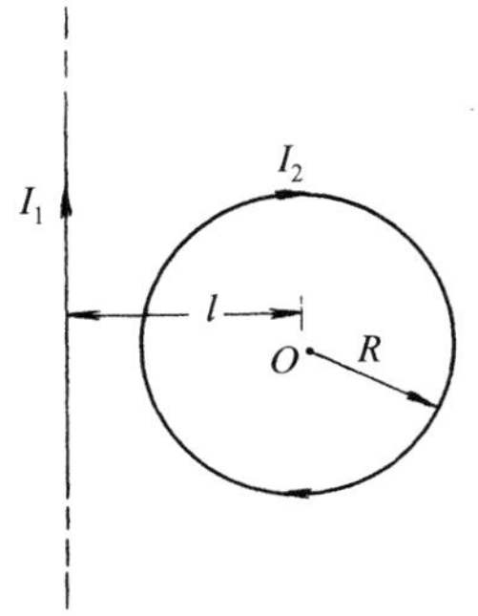

图 6.2.43(1)

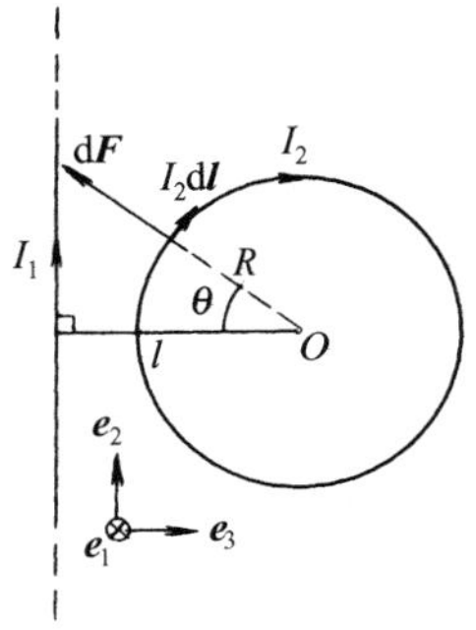

图 6.2.43(2)

【解】 如图 6.2.43(2)，令 $\boldsymbol{e}_1$、$\boldsymbol{e}_2$ 和 $\boldsymbol{e}_3$ 分别为向内、向上和向右的单位矢量，它们的关系为 $\boldsymbol{e}_1\times\boldsymbol{e}_2=\boldsymbol{e}_3$. 根据无限长直线电流产生磁感强度的公式和电流受磁场作用的安培力公式，圆线圈上电流元 $I_2\mathrm{d}\boldsymbol{l}$ 受 I_1 的作用力为

$$\mathrm{d}\boldsymbol{F}=I_2\mathrm{d}\boldsymbol{l}\times\boldsymbol{B}=I_2R\mathrm{d}\theta(\cos\theta\boldsymbol{e}_2+\sin\theta\boldsymbol{e}_3)\times\left(\frac{\mu_0 I_1}{2\pi r}\boldsymbol{e}_1\right)$$

$$=\frac{\mu_0 I_1 I_2 R}{2\pi}\frac{\sin\theta\boldsymbol{e}_2-\cos\theta\boldsymbol{e}_3}{r}\mathrm{d}\theta$$

$$=\frac{\mu_0 I_1 I_2 R}{2\pi}\frac{\sin\theta\boldsymbol{e}_2-\cos\theta\boldsymbol{e}_3}{l-R\cos\theta}\mathrm{d}\theta \tag{1}$$

积分便得 I_1 作用在圆线圈上的力为

$$\boldsymbol{F}=\frac{\mu_0 I_1 I_2 R}{2\pi}\int_0^{2\pi}\frac{\sin\theta\boldsymbol{e}_2-\cos\theta\boldsymbol{e}_3}{l-R\cos\theta}\mathrm{d}\theta \tag{2}$$

其中积分

$$\int_0^{2\pi}\frac{\sin\theta\mathrm{d}\theta}{l-R\cos\theta}=\frac{1}{\mathrm{R}}\ln(l-R\cos\theta)\Bigg|_{\theta=0}^{\theta=2\pi}=0 \tag{3}$$

$$\int_0^{2\pi}\frac{\cos\theta\mathrm{d}\theta}{l-R\cos\theta}=\left[-\frac{\theta}{R}+\frac{l}{R}\frac{2}{\sqrt{l^2-R^2}}\arctan\left(\sqrt{\frac{l+R}{l-R}}\tan\frac{\theta}{2}\right)\right]_{\theta=0}^{\theta=2\pi}$$

$$=-\frac{2\pi}{R}+\frac{2l}{R\sqrt{l^2-R^2}}\pi$$

$$=\frac{2\pi}{R}\left(\frac{l}{\sqrt{l^2-R^2}}-1\right) \tag{4}$$

将式(3)、(4)代入式(2)便得

$$\boldsymbol{F}=\mu_0 I_1 I_2\left(1-\frac{l}{\sqrt{l^2-R^2}}\right)\boldsymbol{e}_3 \tag{5}$$

因 $l/\sqrt{l^2-R^2}>1$，故 $\boldsymbol{F}$ 与 $\boldsymbol{e}_3$ 反方向，即 $\boldsymbol{F}$ 指向 I_1.

【别解】 根据对称性，由图 6.2.43(3)可见，圆的上下两半相应位置的电流元 $I_2\mathrm{d}\boldsymbol{l}$ 所受的力 $\mathrm{d}\boldsymbol{F}$ 平行于直线的分量大小相等而方向相反，故相加的结果为零；垂直于直线的分量大小相等而方向相同，故整个圆线圈所受的力 $\boldsymbol{F}$ 的大小就等于

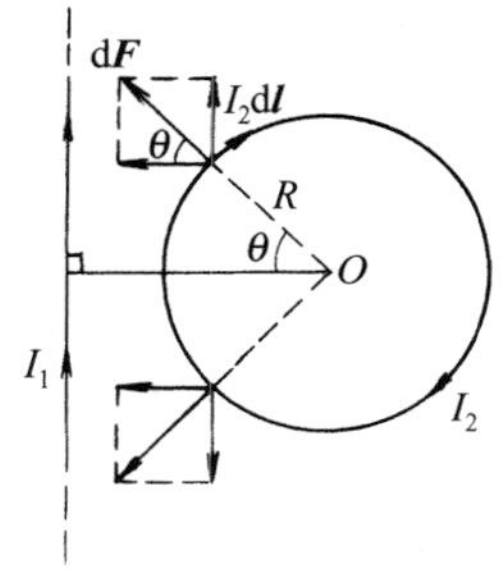

图 6.2.43(3)

$$F=2\int_0^{\pi}(\mathrm{d}F)\cos\theta=2\int_0^{\pi}(I_2R\mathrm{d}\theta)\left[\frac{\mu_0 I_1}{2\pi(l-R\cos\theta)}\right]\cos\theta$$

$$=\frac{\mu_0 I_1 I_2 R}{\pi}\int_0^{\pi}\frac{\cos\theta\mathrm{d}\theta}{l-R\cos\theta}$$

$$=\frac{\mu_0 I_1 I_2 R}{\pi}\left[-\frac{\theta}{R}+\frac{l}{R}\ \frac{2}{\sqrt{l^2-R^2}}\arctan\left(\sqrt{\frac{l+R}{l-R}}\tan\frac{\theta}{2}\right)\right]_{\theta=0}^{\theta=\pi}$$

$$=\mu_0 I_1 I_2\left(\frac{l}{\sqrt{l^2-R^2}}-1\right) \tag{6}$$

$\boldsymbol{F}$ 的方向向 I_1.

6.2.44 两个圆线圈的半径分别为 R_1 和 R_2，所载电流分别 I_1 和 I_2，圆心相距为 l，线圈 2 的直径在线圈 1 的轴线上，如图 6.2.44 所示. 当 l 比 R_1 和 R_2 都大很多时，试求 I_1 作用在线圈 2 上的力矩.

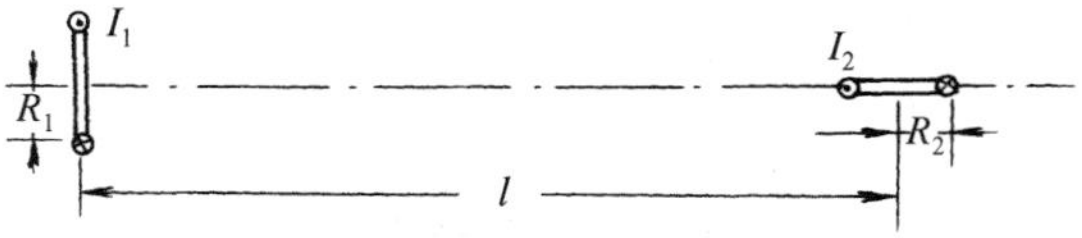

图 6.2.44

【解】 圆电流 I_1 在轴线上离圆心为 l 处产生的磁感强度为[参见前面 5.1.20 题的式(2)]

$$\boldsymbol{B}_1=\frac{\mu_0 I_1 R_1^2}{2(l^2+R_1^2)^{3/2}}\boldsymbol{e}_1 \tag{1}$$

式中 $\boldsymbol{e}_1$ 是电流 I_1 右旋进方向上的单位矢量. 今 $l\gg R_1$，故 $\boldsymbol{B}_1$ 可近似为

$$\boldsymbol{B}_1=\frac{\mu_0 I_1 R_1^2}{2l^3}\boldsymbol{e}_1 \tag{2}$$

由于 $l\gg R_2$，故在线圈 2 所在处，$\boldsymbol{B}_1$ 可当作均匀磁场，于是 I_1 作用在线圈 2 上的力矩为

$$\boldsymbol{M}=\boldsymbol{m}\times\boldsymbol{B}_1=I_2(\pi R_2^2)\boldsymbol{e}_2\times\left(\frac{\mu_0 I_1 R_1^2}{2l^3}\boldsymbol{e}_1\right)$$

$$=\frac{\pi\mu_0 I_1 I_2 R_1^2 R_2^2}{2l^3}\boldsymbol{e}_2\times\boldsymbol{e}_1 \tag{3}$$

式中 $\boldsymbol{e}_2$ 是电流 I_2 的右旋进方向上的单位矢量.

第七章 磁 介 质

7.1 一均匀磁化棒直径为 10mm,长为 30mm,磁化强度为 1200A/m. 试求它的磁矩.

【解】 磁矩的大小为

$$m = MV = \pi R^2 lM = \pi \times \left(\frac{10}{2}\times 10^{-3}\right)^2 \times 30\times 10^{-3}\times 1200$$
$$= 2.8\times 10^{-3}(\text{A}\cdot\text{m}^2)$$

7.2 一细长的均匀磁化棒,磁化强度为 $\boldsymbol{M}$,$\boldsymbol{M}$ 沿棒长方向,如图 7.2(1)所示. 试分别求图中 1 至 7 各点的磁场强度 $\boldsymbol{H}$ 和磁感强度 $\boldsymbol{B}$.

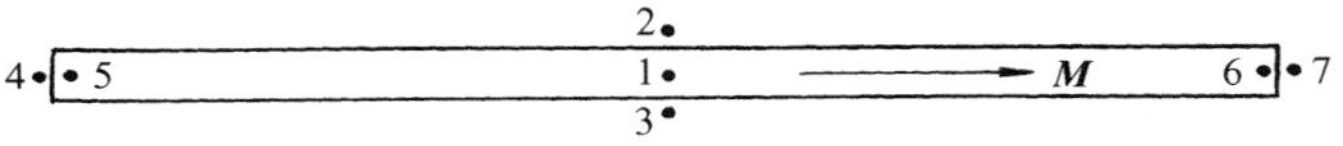

图 7.2(1)

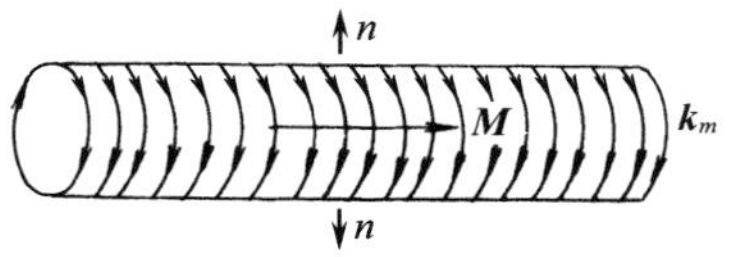

图 7.2(2)

【解】 用分子电流的观点求解

因为是均匀磁化,故磁棒内各处的分子电流互相抵消,只在磁棒的表面,有一层未被抵消的分子电流,成为磁化面电流 I_{m},如图 7.2(2)所示. 设想一长方形闭合环路 L,长为 b 的一边在磁棒内沿轴线,对边在磁棒外,则由公式

$$\oint_L \boldsymbol{M}\cdot \mathrm{d}\boldsymbol{l} = I_{\text{m}}(\text{被 } L \text{ 套住的磁化电流}) \quad (1)$$

得

$$Mb = I_{\text{m}} \quad (2)$$

于是得沿棒长方向上单位长度的磁化电流便为

$$\frac{I_{\text{m}}}{b} = M \quad (3)$$

这相当于一个长螺线管,单位长度的匝数为 n,其单位长度的电流为

$$nI = M \quad (4)$$

设螺线管长为 l,横截面的半径为 R,则由前面 5.1.29 题的式(6),管中心的磁感强度的大小为

$$B_0 = \frac{\mu_0 nI}{\sqrt{1+(2R/l)^2}} = \frac{\mu_0 M}{\sqrt{1+(2R/l)^2}} \quad (5)$$

考虑到方向,便得所求的磁感强度为

$$\boldsymbol{B}_1=\frac{\mu_0\boldsymbol{M}}{\sqrt{1+(2R/l)^2}}\approx\mu_0\boldsymbol{M}-2\mu_0\left(\frac{R}{l}\right)^2\boldsymbol{M}\approx\mu_0\boldsymbol{M} \tag{6}$$

图 7.2(1)中 2、3 两点都在长螺线管中部外边，故得

$$\boldsymbol{B}_2=\boldsymbol{B}_3\approx 0 \tag{7}$$

图 7.2(1)中 4、5、6、7 等点都在长螺线管的管口处，根据前面 5.1.30 题的式(3)，磁感强度为

$$\boldsymbol{B}_e=\frac{1}{2}\frac{\mu_0\boldsymbol{M}}{\sqrt{1+(R/l)^2}}\approx\frac{1}{2}\mu_0\boldsymbol{M}-\frac{1}{4}\mu_0\left(\frac{R}{l}\right)^2\boldsymbol{M}\approx\frac{1}{2}\mu_0\boldsymbol{M} \tag{8}$$

因此，这四点的磁感强度为

$$\boldsymbol{B}_4=\boldsymbol{B}_5=\boldsymbol{B}_6=\boldsymbol{B}_7=\frac{1}{2}\mu_0\boldsymbol{M}-\frac{1}{4}\mu_0\left(\frac{R}{l}\right)^2\boldsymbol{M}\approx\frac{1}{2}\mu_0\boldsymbol{M} \tag{9}$$

再求磁场强度 $\boldsymbol{H}$. 根据定义式

$$\boldsymbol{H}=\frac{\boldsymbol{B}}{\mu_0}-\boldsymbol{M} \tag{10}$$

得各处的 $\boldsymbol{H}$ 如下：

$$\boldsymbol{H}_1=\boldsymbol{M}-2\left(\frac{R}{l}\right)^2\boldsymbol{M}-\boldsymbol{M}=-2\left(\frac{R}{l}\right)^2\boldsymbol{M}\approx 0 \tag{11}$$

$$\boldsymbol{H}_2=0-0=0 \tag{12}$$

$$\boldsymbol{H}_3=0-0=0 \tag{13}$$

$$\boldsymbol{H}_4=\frac{1}{2}\boldsymbol{M}-\frac{1}{4}\left(\frac{R}{l}\right)^2\boldsymbol{M}-0\approx\frac{1}{2}\boldsymbol{M} \tag{14}$$

$$\boldsymbol{H}_5=\frac{1}{2}\boldsymbol{M}-\frac{1}{4}\left(\frac{R}{l}\right)^2\boldsymbol{M}-\boldsymbol{M}\approx-\frac{1}{2}\boldsymbol{M} \tag{15}$$

$$\boldsymbol{H}_6=\frac{1}{2}\boldsymbol{M}-\frac{1}{4}\left(\frac{R}{l}\right)^2\boldsymbol{M}-\boldsymbol{M}\approx-\frac{1}{2}\boldsymbol{M} \tag{16}$$

$$\boldsymbol{H}_7=\frac{1}{2}\boldsymbol{M}-\frac{1}{4}\left(\frac{R}{l}\right)^2\boldsymbol{M}-0=\frac{1}{2}\boldsymbol{M} \tag{17}$$

【讨论】 一、磁棒上磁化电流的分布，可以根据磁化电流与磁化强度的一般关系式得出，关系式是

$$\text{磁化电流密度：}\quad \boldsymbol{j}_{\mathrm{m}}=\nabla\times\boldsymbol{M} \tag{18}$$

$$\text{磁化面电流密度：}\boldsymbol{k}_{\mathrm{m}}=-\boldsymbol{n}\times\boldsymbol{M} \tag{19}$$

现在 $\boldsymbol{M}$ 是常矢量，故得磁棒内磁化电流密度为

$$\boldsymbol{j}_{\mathrm{m}}=\nabla\times\boldsymbol{M}=0 \tag{20}$$

磁棒表面磁化电流的面密度为

$$\boldsymbol{k}_{\mathrm{m}}=-\boldsymbol{n}\times\boldsymbol{M} \tag{21}$$

其大小为

$$\boldsymbol{k}_{\mathrm{m}}=M \tag{22}$$

其方向如图 7.2(2)所示.

二、本题和后面一些题(如 7.3 题,7.5 题)都是概念性的题,即用物理概念和一些规律推得所要求的量. 显然,由于题目所给的尺寸和位置等都不够准确,故所得出的量只能是近似的,而不是准确的.

【别解】 用磁荷的观点求解

根据磁库仑定律,磁荷量为 q_m 的静止点磁荷在 $\boldsymbol{r}$ 处产生的磁场强度为

$$\boldsymbol{H}=\frac{1}{4\pi\mu_0}\frac{q_m}{r^3}\boldsymbol{r} \tag{23}$$

磁极化强度(单位体积内的磁偶极矩)$\boldsymbol{P}_m$ 与磁化强度 $\boldsymbol{M}$ 的关系为

$$\boldsymbol{P}_m=\mu_0\boldsymbol{M} \tag{24}$$

磁荷量密度与磁极化强度的关系为

$$\text{磁荷量密度：}\quad \rho_m=-\nabla\cdot\boldsymbol{P}_m=-\mu_0\nabla\cdot\boldsymbol{M} \tag{25}$$

$$\text{磁荷量的面密度：}\sigma_m=\boldsymbol{n}\cdot\boldsymbol{P}_m=\mu_0\boldsymbol{n}\cdot\boldsymbol{M} \tag{26}$$

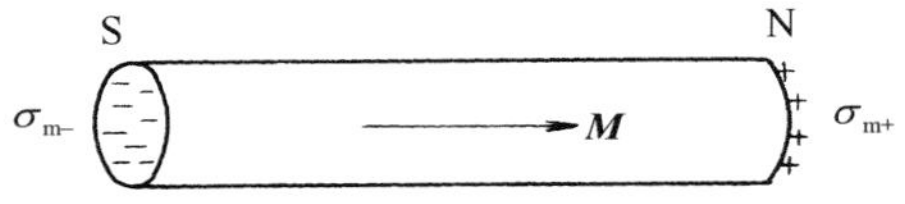

图 7.2(3)

由于磁荷产生磁场强度的规律与电荷产生电场强度的规律相同,故各种分布的磁荷所产生的磁场强度便可仿效求同样分布的电荷所产生的电场强度的方法,求出相应的磁场强度来. 例如,半径为 R 的圆面均匀带电,电荷量的面密度为 σ,在轴线上离圆心为 r 处产生的电场强度为[参见前面 1.2.21 题的式(4)]

$$\boldsymbol{E}=\frac{\sigma}{2\varepsilon_0}\left(1-\frac{r}{\sqrt{r^2+R^2}}\right)\boldsymbol{e}_r,\quad r>0 \tag{27}$$

式中 $\boldsymbol{e}_r$ 为从圆心指向场点的单位矢量. 仿此得:半径为 R 的圆面上均匀分布着磁荷,磁荷量的面密度为 σ_m,在轴线上离圆心为 r 处产生的磁场强度便为

$$\boldsymbol{H}=\frac{\sigma_m}{2\mu_0}\left(1-\frac{r}{\sqrt{r^2+R^2}}\right)\boldsymbol{e}_r,\quad r>0 \tag{28}$$

现在回到本题. 根据式(25)和(26),磁棒内磁荷量密度为

$$\rho_m=-\mu_0\nabla\cdot\boldsymbol{M}=0 \tag{29}$$

磁棒表面磁荷量的面密度为

$$\sigma_{m+}=\mu_0\boldsymbol{n}_+\cdot\boldsymbol{M}=\mu_0 M\qquad(\text{N 端面}) \tag{30}$$

$$\sigma_{m-}=\mu_0\boldsymbol{n}_-\cdot\boldsymbol{M}=-\mu_0 M\qquad(\text{S 端面}) \tag{31}$$

$$\sigma_m=\mu_0\boldsymbol{n}\cdot\boldsymbol{M}=0\qquad(\text{侧面}) \tag{32}$$

因此,从磁荷的观点看,均匀磁化棒除两端面有磁荷分布外,其他地方没有磁荷. 于是磁棒所产生的磁场便是它的两端面上的磁荷所产生的磁场. 设棒长为 l,棒的半径为 R,则两端面上的磁荷在磁棒中心产生的磁场强度,由式(28)和(30)、(31)为

$$\boldsymbol{H}_1=\frac{M}{2}\left[1-\frac{l/2}{\sqrt{(l/2)^2+R^2}}\right](-\boldsymbol{e}_r)$$

$$+\frac{-M}{2}\left[1-\frac{l/2}{\sqrt{(l/2)^2+R^2}}\right]\boldsymbol{e}_r$$

$$=M\left[\frac{l/2}{\sqrt{(l/2)^2+R^2}}-1\right]\boldsymbol{e}_r \tag{33}$$

式中 $\boldsymbol{e}_r$ 代表从 S 端指向 N 端的单位矢量，即 $\boldsymbol{M}$ 方向上的单位矢量．因为是细长棒，故 $l\gg R$，于是由式(33)得

$$\boldsymbol{H}_1=M\left[\left\{1+\left(\frac{2R}{l}\right)^2\right\}^{-1/2}-1\right]\boldsymbol{e}_r\approx M\left[-\frac{4}{2}\left(\frac{R}{l}\right)^2\right]\boldsymbol{e}_r$$

$$=-2\left(\frac{R}{l}\right)^2\boldsymbol{M}\approx 0 \tag{34}$$

靠近 S 端的 5 处，设该点到端面的距离为 δ，则磁场强度为

$$\boldsymbol{H}_5=\frac{M}{2}\left[1-\frac{l}{\sqrt{l^2+R^2}}\right](-\boldsymbol{e}_r)+\frac{-M}{2}\left[1-\frac{\delta}{\sqrt{\delta^2+R^2}}\right]\boldsymbol{e}_r \tag{35}$$

因 $l\gg R\gg\delta$，故上式可化为

$$\boldsymbol{H}_5\approx-\frac{1}{4}\left(\frac{R}{l}\right)^2\boldsymbol{M}-\frac{1}{2}\boldsymbol{M}\approx-\frac{1}{2}\boldsymbol{M} \tag{36}$$

靠近 N 端的 6 处，同样得磁场强度为

$$\boldsymbol{H}_6=\frac{M}{2}\left[1-\frac{\delta}{\sqrt{\delta^2+R^2}}\right](-\boldsymbol{e}_r)+\frac{-M}{2}\left[1-\frac{l}{\sqrt{l^2+R^2}}\right]\boldsymbol{e}_r$$

$$\approx-\frac{1}{2}\boldsymbol{M}-\frac{1}{4}\left(\frac{R}{l}\right)^2\boldsymbol{M}\approx-\frac{1}{2}\boldsymbol{M} \tag{37}$$

S 端外的 4 处，磁场强度为

$$\boldsymbol{H}_4=\frac{M}{2}\left[1-\frac{l+\delta}{\sqrt{(l+\delta)^2+R^2}}\right](-\boldsymbol{e}_r)$$

$$+\frac{-M}{2}\left[1-\frac{\delta}{\sqrt{\delta^2+R^2}}\right](-\boldsymbol{e}_r)$$

$$\approx-\frac{1}{4}\left(\frac{R}{l+\delta}\right)^2\boldsymbol{M}+\frac{1}{2}\boldsymbol{M}\approx\frac{1}{2}\boldsymbol{M} \tag{38}$$

N 端外的 7 处，磁场强度为

$$\boldsymbol{H}_7=\frac{M}{2}\left[1-\frac{\delta}{\sqrt{\delta^2+R^2}}\right]\boldsymbol{e}_r+\frac{-M}{2}\left[1-\frac{l+\delta}{\sqrt{(l+\delta)^2+R^2}}\right]\boldsymbol{e}_r$$

$$\approx\frac{1}{2}\boldsymbol{M}-\frac{1}{4}\left(\frac{R}{l+\delta}\right)^2\boldsymbol{M}\approx\frac{1}{2}\boldsymbol{M} \tag{39}$$

磁棒中部外边的 2、3 两处，根据对称性，其磁场强度应相同，即 $\boldsymbol{H}_2=\boldsymbol{H}_3$；由于是细长棒，$\boldsymbol{H}_2$ 和 $\boldsymbol{H}_3$ 均应平行于磁棒．取一个长方形小回路 L，使长为 l 的一边沿轴线并通过棒中心的 1 处，对边通过棒外的 2 处，则由安培环路定理

$$\oint_L\boldsymbol{H}\cdot\mathrm{d}\boldsymbol{l}=I(L\text{ 所套住的自由电流}) \tag{40}$$

得 $H_1l-H_2l=0$，于是得

$$\boldsymbol{H}_2=\boldsymbol{H}_3=\boldsymbol{H}_1\approx 0 \tag{41}$$

再由式(10)得各点的磁感强度如下：

$$\boldsymbol{B}_1=\mu_0(\boldsymbol{H}_1+\boldsymbol{M}_1)=\mu_0(0+\boldsymbol{M})=\mu_0\boldsymbol{M} \tag{42}$$

$$\boldsymbol{B}_2=\mu_0(\boldsymbol{H}_2+\boldsymbol{M}_2)=\mu_0(0+0)=0 \tag{43}$$

$$\boldsymbol{B}_3=\mu_0(\boldsymbol{H}_3+\boldsymbol{M}_3)=\mu_0(0+0)=0 \tag{44}$$

$$\boldsymbol{B}_4=\mu_0(\boldsymbol{H}_4+\boldsymbol{M}_4)=\mu_0\left(\frac{1}{2}\boldsymbol{M}+0\right)=\frac{1}{2}\mu_0\boldsymbol{M} \tag{45}$$

$$\boldsymbol{B}_5=\mu_0(\boldsymbol{H}_5+\boldsymbol{M}_5)=\mu_0\left(-\frac{1}{2}\boldsymbol{M}+\boldsymbol{M}\right)=\frac{1}{2}\mu_0\boldsymbol{M} \tag{46}$$

$$\boldsymbol{B}_6=\mu_0(\boldsymbol{H}_6+\boldsymbol{M}_6)=\mu_0\left(-\frac{1}{2}\boldsymbol{M}+\boldsymbol{M}\right)=\frac{1}{2}\mu_0\boldsymbol{M} \tag{47}$$

$$\boldsymbol{B}_7=\mu_0(\boldsymbol{H}_7+\boldsymbol{M}_7)=\mu_0\left(\frac{1}{2}\boldsymbol{M}+0\right)=\frac{1}{2}\mu_0\boldsymbol{M} \tag{48}$$

【讨论】 式(23)定义的磁荷量 q_m 的单位为 Wb，1Wb＝1V·s. 参见：张之翔《电磁学教学参考》(北京大学出版社，2015)，§3.10，169—174 页.

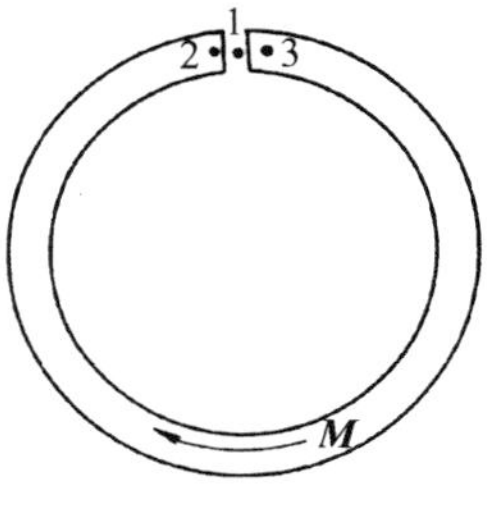

图 7.3

7.3 一铁环均匀磁化，磁化强度为 $\boldsymbol{M}$，$\boldsymbol{M}$ 沿环的方向；环上有一很窄的空气隙，如图 7.3 所示. 已知环的横截面的半径比环长小很多，试分别求图中 1、2 和 3 等点的磁场强度 $\boldsymbol{H}$ 和磁感强度 $\boldsymbol{B}$.

【解】 用分子电流的观点求解

因为铁环是均匀磁化的，故其内部各处的分子电流互相抵消，因而磁化电流密度为零，只在环的表面有一层未被抵消的分子电流，成为磁化面电流，这磁化面电流密度为

$$\boldsymbol{k}_m=-\boldsymbol{n}\times\boldsymbol{M} \tag{1}$$

式中 $\boldsymbol{n}$ 是环的表面外法线方向上的单位矢量. $\boldsymbol{k}_m$ 的方向是 $\boldsymbol{M}$ 的右手螺旋方向，$\boldsymbol{k}_m$ 的大小为 $k_m=M$. 因此，铁环内的磁感强度 $\boldsymbol{B}$ 便和一个载流螺绕环的磁感强度相同；$\boldsymbol{B}$ 的方向为 $\boldsymbol{M}$ 的方向，$\boldsymbol{B}$ 的大小等于 $\mu_0 M$. 于是得

$$\boldsymbol{B}_2=\boldsymbol{B}_3=\mu_0\boldsymbol{M} \tag{2}$$

由于 $\boldsymbol{B}$ 的法向分量连续，故得

$$\boldsymbol{B}_1=\boldsymbol{B}_2=\boldsymbol{B}_3=\mu_0\boldsymbol{M} \tag{3}$$

式中 $\boldsymbol{M}$ 的方向是 2 或 3 处 $\boldsymbol{M}$ 的方向.

各点的磁场强度分别为

$$\boldsymbol{H}_1=\frac{\boldsymbol{B}_1}{\mu_0}-\boldsymbol{M}_1=\boldsymbol{M}-0=\boldsymbol{M} \tag{4}$$

$$\boldsymbol{H}_2=\frac{\boldsymbol{B}_2}{\mu_0}-\boldsymbol{M}_2=\boldsymbol{M}-\boldsymbol{M}=0 \tag{5}$$

$$\boldsymbol{H}_3=\frac{\boldsymbol{B}_3}{\mu_0}-\boldsymbol{M}_3=\boldsymbol{M}-\boldsymbol{M}=0 \tag{6}$$

【讨论】 参见前面 7.2 题解后的讨论二.

【别解】 用磁荷的观点求解

因均匀磁化,故环内磁荷量密度为

$$\rho_m = -\nabla\cdot\boldsymbol{P}_m = -\mu_0\nabla\cdot\boldsymbol{M} = 0 \tag{7}$$

环的表面磁荷量的面密度为

$$\sigma_{m+} = \boldsymbol{n}_+\cdot\boldsymbol{P}_m = \mu_0\boldsymbol{n}_+\cdot\boldsymbol{M} = \mu_0 M \quad (\text{N 端面}) \tag{8}$$

$$\sigma_{m-} = \boldsymbol{n}_-\cdot\boldsymbol{P}_m = \mu_0\boldsymbol{n}_-\cdot\boldsymbol{M} = -\mu_0 M \quad (\text{S 端面}) \tag{9}$$

$$\sigma_m = \boldsymbol{n}\cdot\boldsymbol{P}_m = \mu_0\boldsymbol{n}\cdot\boldsymbol{M} = 0 \quad (\text{侧面}) \tag{10}$$

可见有空气间隙的均匀磁化铁环只在两个端面上有磁荷,其他地方没有磁荷. 由于空气隙很窄,故其间的磁场强度等于两个很大的均匀面磁荷所产生的磁场强度. 以 $\boldsymbol{e}_m$ 表示 $\boldsymbol{M}$ 方向上的单位矢量,便有

$$\boldsymbol{H}_1 = \frac{\sigma_{m+}}{2\mu_0}\boldsymbol{e}_m + \frac{\sigma_{m-}}{2\mu_0}(-\boldsymbol{e}_m) = M\boldsymbol{e}_m = \boldsymbol{M} \tag{11}$$

$$\boldsymbol{H}_2 = \frac{\sigma_{m-}}{2\mu_0}(-\boldsymbol{e}_m) + \frac{\sigma_{m-}}{2\mu_0}(-\boldsymbol{e}_m) = 0 \tag{12}$$

$$\boldsymbol{H}_3 = \frac{\sigma_{m+}}{2\mu_0}\boldsymbol{e}_m + \frac{\sigma_{m-}}{2\mu_0}\boldsymbol{e}_m = 0 \tag{13}$$

由定义式

$$\boldsymbol{H} = \frac{\boldsymbol{B}}{\mu_0} - \boldsymbol{M} \tag{14}$$

得各点的磁感强度分别为

$$\boldsymbol{B}_1 = \mu_0(\boldsymbol{H}_1 + \boldsymbol{M}_1) = \mu_0(\boldsymbol{M} + 0) = \mu_0\boldsymbol{M} \tag{15}$$

$$\boldsymbol{B}_2 = \mu_0(\boldsymbol{H}_2 + \boldsymbol{M}_2) = \mu_0(0 + \boldsymbol{M}) = \mu_0\boldsymbol{M} \tag{16}$$

$$\boldsymbol{B}_3 = \mu_0(\boldsymbol{H}_3 + \boldsymbol{M}_3) = \mu_0(0 + \boldsymbol{M}) = \mu_0\boldsymbol{M} \tag{17}$$

7.4 一磁棒均匀磁化,磁化强度沿棒长方向. 试证明:在棒的中垂面上,棒表面附近内外的 1 和 2 两点(图 7.4)的磁场强度相等. 这两点的磁感强度相等吗?

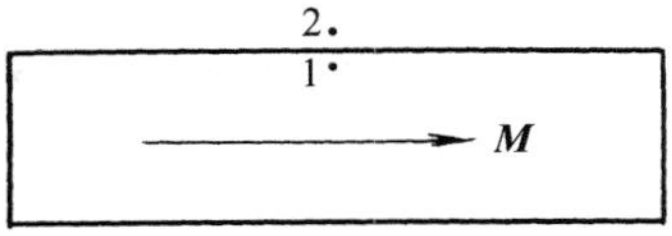

图 7.4

【证】 由于对称性,1、2 两点的磁场强度都应平行于磁棒. 据此,作一小长方形的安培环路 L,使其长为 l 的相对两边平行于棒长并分别通过 1 和 2 两点,则由安培环路定理有

$$\oint_L \boldsymbol{H}\cdot d\boldsymbol{l} = \boldsymbol{H}_1\cdot\boldsymbol{l} - \boldsymbol{H}_2\cdot\boldsymbol{l} = 0 \tag{1}$$

所以

$$(\boldsymbol{H}_1 - \boldsymbol{H}_2)\cdot\boldsymbol{l} = 0 \tag{2}$$

因 $\boldsymbol{l}\neq 0$,故得

$$\boldsymbol{H}_1 = \boldsymbol{H}_2 \tag{3}$$

根据定义式

$$\boldsymbol{H} = \frac{\boldsymbol{B}}{\mu_0} - \boldsymbol{M} \tag{4}$$

得这两点的磁感强度如下：

$$\boldsymbol{B}_1 = \mu_0(\boldsymbol{H}_1 + \boldsymbol{M}_1) = \mu_0(\boldsymbol{H}_1 + \boldsymbol{M}) \tag{5}$$

$$\boldsymbol{B}_2 = \mu_0(\boldsymbol{H}_2 + \boldsymbol{M}_2) = \mu_0(\boldsymbol{H}_2 + 0) = \mu_0 \boldsymbol{H}_2 = \mu_0 \boldsymbol{H}_1 \tag{6}$$

可见 $\boldsymbol{B}_1 \neq \boldsymbol{B}_2$.

【别证】 根据对称性，知 1 和 2 两点的磁场强度 $\boldsymbol{H}_1$ 和 $\boldsymbol{H}_2$ 都平行于该处棒的表面，由磁场强度的边值关系（在两介质交界面上两边，磁场强度的切向分量相等），便得

$$\boldsymbol{H}_1 = \boldsymbol{H}_2 \tag{7}$$

由于 1、2 两点的磁导率不相等，故

$$\boldsymbol{B}_1 = \mu_1 \boldsymbol{H}_1 \neq \mu_2 \boldsymbol{H} = \boldsymbol{B}_2 \tag{8}$$

7.5　一半径为 R、厚为 δ 的圆形薄磁片（磁壳）均匀磁化，磁化强度为 $\boldsymbol{M}$，$\boldsymbol{M}$ 与两面垂直，如图 7.5 所示，图中 1、2、3 等点分别在磁片中心和磁片两面外靠近中心处. 试分别用（1）分子电流观点和（2）磁荷观点求这三点的磁感强度 $\boldsymbol{B}$ 和磁场强度 $\boldsymbol{H}$.

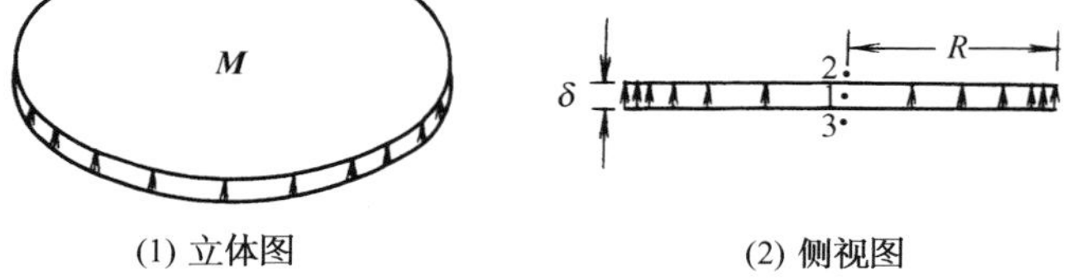

图 7.5

【解】 （1）用分子电流观点求解

根据磁化电流与磁化强度的关系，磁片内的磁化电流密度为

$$\boldsymbol{j}_m = \nabla \times \boldsymbol{M} = 0 \tag{1}$$

表面的磁化面电流密度为

$$\text{两平面：} \boldsymbol{k}_m = -\boldsymbol{n} \times \boldsymbol{M} = 0 \tag{2}$$

$$\text{侧面：} \boldsymbol{k}_m = -\boldsymbol{n} \times \boldsymbol{M} \tag{3}$$

所以整个磁片上只有侧面上有磁化面电流，其大小为 $k_m = M$，其方向为 $\boldsymbol{M}$ 的右手螺旋方向. 因此，它产生的磁场便等于一个载流圆线圈产生的磁场. 设相当的圆线圈有 N 匝，每匝的电流为 I，便有

$$NI = k_m \delta = M\delta \tag{4}$$

载流圆线圈在中心产生的磁感强度为［参见前面 5.1.21 题的式（1）和式（2）］

$$\boldsymbol{B} = \frac{\mu_0 NI}{2R} \boldsymbol{e}_I \tag{5}$$

式中 $\boldsymbol{e}_I$ 为电流 I 的右旋进方向上的单位矢量. 于是得圆磁片在中心产生的磁感强度为

$$\boldsymbol{B}_1=\frac{\mu_0 M\delta}{2R}\boldsymbol{e}_I=\frac{\mu_0\delta}{2R}\boldsymbol{M} \tag{6}$$

因为是薄片,故 $\delta/R\ll 1$. 因此,磁片中心的磁感强度 $\boldsymbol{B}_1$ 很小.

由 $\boldsymbol{B}$ 的法向分量连续,得

$$\boldsymbol{B}_2=\boldsymbol{B}_3=\boldsymbol{B}_1=\frac{\mu_0\delta}{2R}\boldsymbol{M} \tag{7}$$

各点的磁场强度分别为

$$\boldsymbol{H}_1=\frac{\boldsymbol{B}_1}{\mu_0}-\boldsymbol{M}_1=\frac{\delta}{2R}\boldsymbol{M}-\boldsymbol{M}\approx-\boldsymbol{M} \tag{8}$$

$$\boldsymbol{H}_2=\frac{\boldsymbol{B}_2}{\mu_0}-\boldsymbol{M}_2=\frac{\delta}{2R}\boldsymbol{M}-0=\frac{\delta}{2R}\boldsymbol{M} \tag{9}$$

$$\boldsymbol{H}_3=\frac{\boldsymbol{B}_3}{\mu_0}-\boldsymbol{H}_3=\frac{\delta}{2R}\boldsymbol{M}-0=\frac{\delta}{2R}\boldsymbol{M} \tag{10}$$

(2)用磁荷观点求解

根据磁荷观点,这磁片内的磁荷量密度为

$$\rho_{\mathrm{m}}=-\nabla\cdot\boldsymbol{P}_{\mathrm{m}}=-\mu_0\,\nabla\cdot\boldsymbol{M}=0 \tag{11}$$

表面上磁荷量的面密度为

$$\sigma_{\mathrm{m}+}=\boldsymbol{n}_+\cdot\boldsymbol{P}_{\mathrm{m}}=\mu_0\boldsymbol{n}_+\cdot\boldsymbol{M}=\mu_0 M\quad(\text{N 面}) \tag{12}$$

$$\sigma_{\mathrm{m}-}=\boldsymbol{n}_-\cdot\boldsymbol{P}_{\mathrm{m}}=\mu_0\boldsymbol{n}_-\cdot\boldsymbol{M}=-\mu_0 M\quad(\text{S 面}) \tag{13}$$

$$\sigma_{\mathrm{m}}=\boldsymbol{n}\cdot\boldsymbol{P}_{\mathrm{m}}=\mu_0\boldsymbol{n}\cdot\boldsymbol{M}=0\quad(\text{侧面}) \tag{14}$$

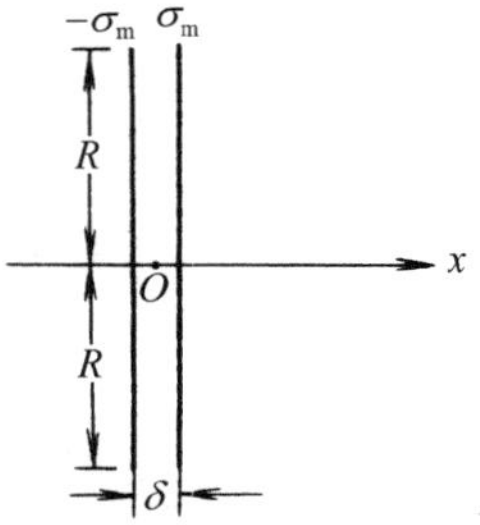

图 7.5(3)

于是磁片所产生的磁场强度便等于磁荷量面密度分别为 $\sigma_{\mathrm{m}+}=\mu_0 M$ 和 $\sigma_{\mathrm{m}-}=-\mu_0 M$ 的两个平行的共轴均匀圆面磁荷所产生的磁场强度. 以两圆面间的中点 O 为原点,沿轴线取 x 轴如图7.5(3)所示,则由前面 1.2.22 题两个共轴圆面电荷在轴线上产生电场强度的公式(7)和式(8)得

$$\boldsymbol{H}=\frac{\sigma_{\mathrm{m}}R^2\delta}{2\mu_0(x^2+R^2)^{3/2}}\boldsymbol{e}_x,\quad |x|>\delta/2 \tag{15}$$

$$\boldsymbol{H}=-\frac{\sigma_{\mathrm{m}}}{2\mu_0}\left[2+\frac{x-\delta/2}{\sqrt{(x-\delta/2)^2+R^2}}-\frac{x+\delta/2}{\sqrt{(x+\delta/2)^2+R^2}}\right]\boldsymbol{e}_x,\quad |x|<\delta/2 \tag{16}$$

式中 $\sigma_{\mathrm{m}}=\mu_0 M$. 因 $\boldsymbol{e}_x$ 与 $\boldsymbol{M}$ 同方向,故$\frac{\sigma_{\mathrm{m}}}{\mu_0}\boldsymbol{e}_x=\boldsymbol{M}$. 于是由式(16)得 $x=0$ 处的磁场强度为

$$\boldsymbol{H}_1=-\frac{\boldsymbol{M}}{2}\left[2-\frac{\delta}{\sqrt{R^2+(\delta/2)^2}}\right]\approx-\boldsymbol{M}+\frac{\delta}{2R}\boldsymbol{M}\approx-\boldsymbol{M} \tag{17}$$

由式(15)得

$$\boldsymbol{H}_2=\boldsymbol{H}_3\approx\frac{\delta}{2R}\boldsymbol{M} \tag{18}$$

各点的磁感强度分别为

$$\boldsymbol{B}_1 = \mu_0(\boldsymbol{H}_1 + \boldsymbol{M}_1) = \mu_0\left(-\boldsymbol{M} + \frac{\delta}{2R}\boldsymbol{M} + \boldsymbol{M}\right) = \frac{\mu_0\delta}{2R}\boldsymbol{M} \tag{19}$$

$$\boldsymbol{B}_2 = \boldsymbol{B}_3 = \mu_0(\boldsymbol{H}_2 + \boldsymbol{M}_2) = \mu_0\boldsymbol{H}_2 = \frac{\mu_0\delta}{2R}\boldsymbol{M} \tag{20}$$

7.6　用5号吕臬古做的圆柱形磁铁，直径为10mm，长为100mm，沿长度方向均匀磁化后磁极化强度为1.2Wb/m^2. 试求：(1)它两端的磁极强度q_m；(2)它的磁矩m和磁偶极矩p_m；(3)当它放在磁感强度为$\boldsymbol{B}$的外磁场中，$\boldsymbol{B}$与它垂直，$B=10\text{Gs}$时，它所受的力矩；(4)已知该磁铁的矫顽力为$H_C=4.4\times10^4\text{A/m}$，上述外磁场的$\boldsymbol{H}$的大小与$H_C$之比.

【解】　(1)磁极强度(磁荷)为

$$q_m = S\sigma_m = S\boldsymbol{n}\cdot\boldsymbol{P}_m = SP_m = \pi\left(\frac{10\times10^{-3}}{2}\right)^2\times1.2$$
$$= 9.4\times10^{-5}(\text{Wb})$$

(2)磁偶极矩的大小为

$$p_m = P_m V = P_m lS = 1.2\times100\times10^{-3}\times\pi\times\left(\frac{10\times10^{-3}}{2}\right)^2$$
$$= 9.4\times10^{-6}(\text{Wb}\cdot\text{m})$$

磁矩为

$$m = \frac{p_m}{\mu_0} = \frac{9.4\times10^{-6}}{4\pi\times10^{-7}} = 7.5(\text{A}\cdot\text{m}^2)$$

(3)在外磁场中受的力矩的大小为

$$M = |\boldsymbol{m}\times\boldsymbol{B}| = mB = 7.5\times10\times10^{-4}$$
$$= 7.5\times10^{-3}(\text{N}\cdot\text{m})$$

(4)磁场强度之比为

$$\frac{H}{H_C} = \frac{B}{\mu_0 H_C} = \frac{10\times10^{-4}}{4\pi\times10^{-7}\times4.4\times10^4} = 1.8\%$$

7.7　一磁铁棒长5.0cm，横截面积为1.0cm^2，密度为7.9g/cm^3. 设棒内所有铁原子的磁矩都沿棒长方向整齐排列，每个铁原子的磁矩为$1.8\times10^{-23}\text{A}\cdot\text{m}^2$. 已知铁的原子量为55.85，阿伏伽德罗常量为$6.022\times10^{23}\text{mol}^{-1}$. (1)试求这铁磁棒的磁矩和磁偶极矩；(2)当这铁磁棒处在$B=1.5\text{T}$的外磁场中并与$\boldsymbol{B}$垂直时，$\boldsymbol{B}$使它转动的力矩有多大？

【解】　(1)设磁棒共有N个铁原子，每个铁原子的磁矩为m_i，则磁棒的磁矩为

$$m = Nm_i = \frac{\rho V}{55.85}N_A m_i$$
$$= \frac{7.9\times5.0\times1.0}{55.85}\times6.022\times10^{23}\times1.8\times10^{-23} = 7.7(\text{A}\cdot\text{m}^2)$$

磁棒的磁偶极矩为

$$p_m = \mu_0 m = 4\pi\times10^{-7}\times7.7 = 9.7\times10^{-6}(\text{Wb}\cdot\text{m})$$

(2)$\boldsymbol{B}$ 使磁棒转动的力矩为

$$M = |\boldsymbol{m}\times\boldsymbol{B}| = mB = 7.7\times1.5 = 12(\text{N}\cdot\text{m})$$

7.8　一圆柱形磁棒，长为 75mm，直径为 25mm，沿轴线方向均匀磁化，其磁矩为 $12\text{A}\cdot\text{m}^2$. 试求它表面上磁化面电流密度的大小.

【解】　磁化面电流密度的大小为

$$k_\text{m} = |-\boldsymbol{n}\times\boldsymbol{M}| = M = \frac{m}{V}$$

$$= \frac{12}{\pi\times\left(\frac{25\times10^{-3}}{2}\right)^2\times75\times10^{-3}} = 3.3\times10^5(\text{A/m})$$

7.9　真空中有一磁棒长为 l，磁极强度为 q_m，试证明：它在很远处产生的磁感强度 $\boldsymbol{B}$ 的分量为

$$B_r = \frac{q_\text{m}l\cos\theta}{2\pi r^3},\quad B_\theta = \frac{q_\text{m}l\sin\theta}{4\pi r^3}$$

式中 $r(\gg l)$是棒中心到场点 P 的距离，θ 是 r 与棒长之间的夹角[图 7.9(1)]，B_r 和 B_θ 分别是 $\boldsymbol{B}$ 在 $\boldsymbol{r}$ 方向上和 θ 方向上的分量.

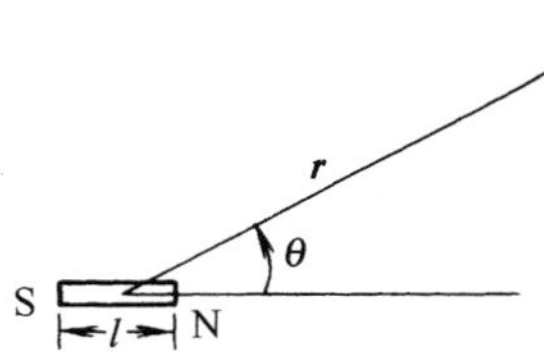

图 7.9(1)

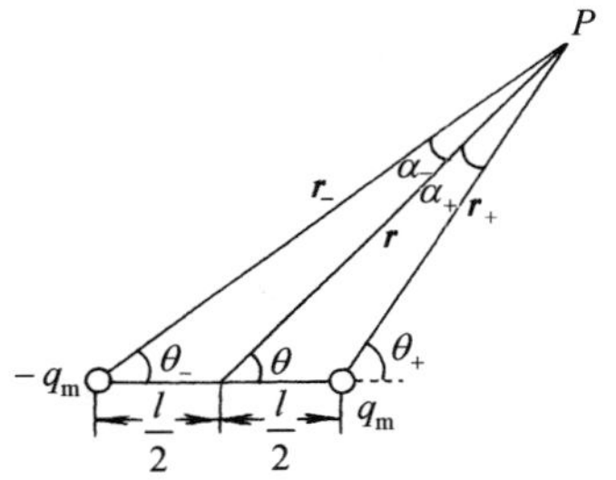

图 7.9(2)

【证】　根据磁库仑定律，磁极强度 q_m 在 $\boldsymbol{r}$ 处产生的磁场强度 $\boldsymbol{H}$ 和磁感强度 $\boldsymbol{B}$ 分别为

$$\boldsymbol{H} = \frac{q_\text{m}}{4\pi\mu_0}\frac{\boldsymbol{r}}{r^3} \tag{1}$$

$$\boldsymbol{B} = \mu_0\boldsymbol{H} = \frac{q_\text{m}}{4\pi}\frac{\boldsymbol{r}}{r^3} \tag{2}$$

如图 7.9(2)，磁棒在 P 点产生的磁感强度为

$$\boldsymbol{B} = \frac{q_\text{m}}{4\pi}\frac{\boldsymbol{r}_+}{r_+^3} + \frac{-q_\text{m}}{4\pi}\frac{\boldsymbol{r}_-}{r_-^3} = \frac{q_\text{m}}{4\pi}\left(\frac{\boldsymbol{e}_+}{r_+^2} - \frac{\boldsymbol{e}_-}{r_-^2}\right) \tag{3}$$

式中

$$r_+ = \sqrt{r^2+(l/2)^2-rl\cos\theta} \tag{4}$$

$$r_- = \sqrt{r^2+(l/2)^2+rl\cos\theta} \tag{5}$$

$$e_+ = \frac{\boldsymbol{r}_+}{r_+}, \quad e_- = \frac{\boldsymbol{r}_-}{r_-} \tag{6}$$

因 $r \gg l$，故

$$\frac{1}{r_+^2} \approx \frac{1}{r^2 - rl\cos\theta} = \frac{1}{r^2}\frac{1}{1 - l\cos\theta/r} \approx \frac{1}{r^2}\left(1 + \frac{l}{r}\cos\theta\right) \tag{7}$$

$$\frac{1}{r_-^2} \approx \frac{1}{r^2 + rl\cos\theta} = \frac{1}{r^2}\frac{1}{1 + l\cos\theta/r} \approx \frac{1}{r^2}\left(1 - \frac{l}{r}\cos\theta\right) \tag{8}$$

代入式(3)得

$$\boldsymbol{B} = \frac{q_m}{4\pi r^2}\left[\boldsymbol{e}_+ - \boldsymbol{e}_- + \frac{l}{r}\cos\theta(\boldsymbol{e}_+ + \boldsymbol{e}_-)\right] \tag{9}$$

由图 7.9(2)可见，

$$\boldsymbol{e}_+ = \cos\alpha_+ \, \boldsymbol{e}_r + \sin\alpha_+ \, \boldsymbol{e}_\theta \tag{10}$$

$$\boldsymbol{e}_- = \cos\alpha_- \, \boldsymbol{e}_r - \sin\alpha_- \, \boldsymbol{e}_\theta \tag{11}$$

因 $r \gg l$，故 α_+ 和 α_- 都很小，于是得

$$\begin{aligned}\boldsymbol{e}_+ + \boldsymbol{e}_- &= (\cos\alpha_+ + \cos\alpha_-)\boldsymbol{e}_r + (\sin\alpha_+ - \sin\alpha_-)\boldsymbol{e}_\theta \\ &\approx 2\boldsymbol{e}_r \end{aligned} \tag{12}$$

$$\begin{aligned}\boldsymbol{e}_+ - \boldsymbol{e}_- &= (\cos\alpha_+ - \cos\alpha_-)\boldsymbol{e}_r + (\sin\alpha_+ + \sin\alpha_-)\boldsymbol{e}_\theta \\ &\approx 2\sin\alpha_+ \, \boldsymbol{e}_\theta \approx \frac{l}{r}\sin\theta \boldsymbol{e}_\theta \end{aligned} \tag{13}$$

其中用到了

$$\frac{l}{2}\sin\theta = r_+ \sin\alpha_+ = r_- \sin\alpha_- \tag{14}$$

将式(12)和(13)代入式(9)，便得

$$\boldsymbol{B} = \frac{q_m l}{4\pi r^3}[2\cos\theta \boldsymbol{e}_r + \sin\theta \boldsymbol{e}_\theta] \tag{15}$$

于是得

$$B_r = \frac{q_m l\cos\theta}{2\pi r^3}, \quad B_\theta = \frac{q_m l\sin\theta}{4\pi r^3} \tag{16}$$

【讨论】 本题也可用前面 1.2.6 题的方法计算.

7.10 一平面线圈的面积为 S，载有电流 I，试证明：它在很远处产生的磁感强度 $\boldsymbol{B}$ 的分量为

$$B_r = \frac{\mu_0 IS\cos\theta}{2\pi r^3}, \quad B_\theta = \frac{\mu_0 IS\sin\theta}{4\pi r^3}$$

式中 $r(r \gg \sqrt{S})$ 是线圈中心到场点 P 的距离，θ 是 r 与线圈平面的法线之间的夹角(图 7.10)，B_r 和 B_θ 分别是 $\boldsymbol{B}$ 在 $\boldsymbol{r}$ 方向上和 θ 方向上的分量.(提示：与前面 7.9 题对比)

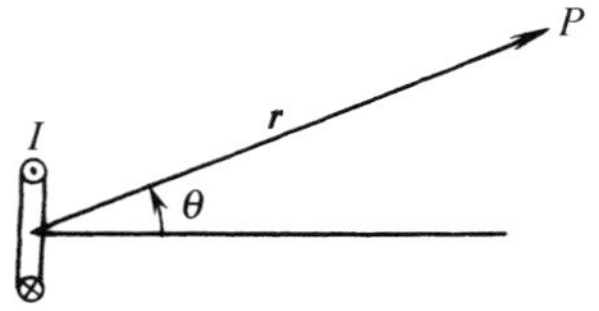

图 7.10

【证】 载流线圈的磁偶极矩为

$$\boldsymbol{p}_{\mathrm{m}} = \mu_0 \boldsymbol{m} = \mu_0 IS\boldsymbol{n} \tag{1}$$

式中 $\boldsymbol{n}$ 是电流 I 的右旋进方向(线圈平面法线方向上)的单位矢量. 因此,这载流线圈在远处产生的磁场相当于磁极强度为

$$q_{\mathrm{m}} = \frac{p_{\mathrm{m}}}{l} = \frac{\mu_0 IS}{l} \tag{2}$$

的磁棒在远处产生的磁场. 故将式(2)代入前面 7.9 题的结果式(16),便得本题的磁感强度为

$$B_r = \frac{\mu_0 IS\cos\theta}{2\pi r^3}, \quad B_\theta = \frac{\mu_0 IS\sin\theta}{4\pi r^3} \tag{3}$$

【别解】 设线圈为圆线圈,用 Biot-Savart 定律求它产生的磁感强度 $\boldsymbol{B}$,$\boldsymbol{B}$ 的准确表达式是一个椭圆积分,再求 $r \gg a$(圆的半径)处的近似表达式,即得式(3). 具体计算见前面 5.1.22 题.

7.11 一圆磁片(磁壳)的半径为 R,厚为 l,片的两面均匀分布着磁荷,磁荷量的面密度分别为 σ_{m} 和 $-\sigma_{\mathrm{m}}$,如图 7.11 所示. 试求轴线上离圆片中心为 r 处 P 点的磁势 U_{m} 和磁场强度 $\boldsymbol{H}$.

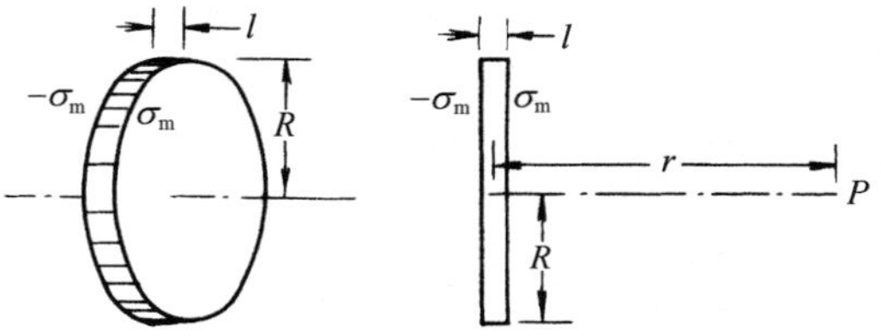

图 7.11

【解】 一个均匀圆面磁荷(磁荷量的面密度为 σ_{m})在轴线上离圆心为 r 处产生的磁势为

$$\begin{aligned} U_{\mathrm{m}} &= \int_0^R \frac{\sigma_{\mathrm{m}}(2\pi x\mathrm{d}x)}{4\pi\mu_0\sqrt{r^2+x^2}} = \frac{\sigma_{\mathrm{m}}}{2\mu_0}\int_0^R \frac{x\mathrm{d}x}{\sqrt{r^2+x^2}} \\ &= \frac{\sigma_{\mathrm{m}}}{2\mu_0}\sqrt{r^2+x^2}\Big|_{x=0}^{x=R} \\ &= \frac{\sigma_{\mathrm{m}}}{2\mu_0}(\sqrt{r^2+R^2}-r), \quad r>0 \end{aligned} \tag{1}$$

由式(1)得出,圆磁片两面上的磁荷在 P 点产生的磁势为

$$\begin{aligned} U_{\mathrm{m}} = U_{\mathrm{m}+} + U_{\mathrm{m}-} &= \frac{\sigma_{\mathrm{m}}}{2\mu_0}[\sqrt{(r-l/2)^2+R^2}-(r-l/2)] \\ &+ \frac{-\sigma_{\mathrm{m}}}{2\mu_0}[\sqrt{(r+l/2)^2+R^2}-(r+l/2)] \\ &= \frac{\sigma_{\mathrm{m}}}{2\mu_0}[\sqrt{(r-l/2)^2+R^2}-\sqrt{(r+l/2)^2+R^2}+l], \quad r>l/2 \end{aligned} \tag{2}$$

所求的磁场强度为

$$\boldsymbol{H}=-\nabla U_{\mathrm{m}}=-\frac{\sigma_{\mathrm{m}}}{2\mu_0}\frac{\partial}{\partial r}\Big[\sqrt{(r-l/2)^2+R^2}$$
$$-\sqrt{(r+l/2)^2+R^2}+l\Big]\boldsymbol{e}_r$$
$$=\frac{\sigma_{\mathrm{m}}}{2\mu_0}\left[\frac{r+l/2}{\sqrt{(r+l/2)^2+R^2}}-\frac{r-l/2}{\sqrt{(r-l/2)^2+R^2}}\right]\boldsymbol{e}_r,$$
$$r>l/2 \tag{3}$$

式中 $\boldsymbol{e}_r$ 代表轴线上从圆片中心指向 P 点的单位矢量.

7.12 一永磁薄圆片,半径为 $R=1.0\mathrm{cm}$,其磁化方向与它的轴线平行.测得轴线上离片中心为 $r=10\mathrm{cm}$ 处的磁感强度为 $B=30\mu\mathrm{T}$.试计算这圆磁片边缘的磁化电流 I_{m}.

【解】 将这永磁片看作是半径为 R 的圆电流 I_{m},由前面 5.1.20 题的式(2),它在离圆心为 r 处产生的磁感强度的大小为

$$B=\frac{\mu_0 I_{\mathrm{m}}R^2}{2(r^2+R^2)^{3/2}}$$

由此得

$$I_{\mathrm{m}}=\frac{2B(r^2+R^2)^{3/2}}{\mu_0 R^2}$$
$$=\frac{2\times 30\times 10^{-6}\times[(10^2+1.0^2)\times 10^{-4}]^{3/2}}{4\pi\times 10^{-7}\times(1.0\times 10^{-2})^2}=4.8\times 10^2(\mathrm{A})$$

7.13 (1)半径为 R 的圆线圈载有电流 I,试求它在磁感强度为 $\boldsymbol{B}$ 的均匀外磁场中所受的力矩 $\boldsymbol{M}$;(2)半径为 R 的圆磁片(磁壳),厚为 l,两面均匀分布着磁荷,磁荷量的面密度分别为 σ_{m} 和 $-\sigma_{\mathrm{m}}$,试求它在磁感强度为 $\boldsymbol{B}$ 的均匀外磁场中所受的力矩 $\boldsymbol{M}'$;(3)若 $\boldsymbol{M}'=\boldsymbol{M}$,则圆磁片就叫做圆电流的等效磁壳.试求圆电流与它的等效磁壳的关系.

【解】 (1)载流圆线圈所受的力矩为

$$\boldsymbol{M}=\boldsymbol{m}\times\boldsymbol{B}=IS\boldsymbol{n}\times\boldsymbol{B}=\pi R^2 I\boldsymbol{n}\times\boldsymbol{B} \tag{1}$$

式中 $\boldsymbol{n}$ 为线圈平面法线方向(电流 I 的右旋进方向)上的单位矢量.

(2)圆磁片所受的力矩为

$$\boldsymbol{M}'=\boldsymbol{p}_{\mathrm{m}}\times\boldsymbol{H}=\boldsymbol{p}_{\mathrm{m}}\times\frac{\boldsymbol{B}}{\mu_0}=\pi R^2\sigma_{\mathrm{m}}l\boldsymbol{e}_{\mathrm{m}}\times\frac{\boldsymbol{B}}{\mu_0}$$
$$=\frac{\pi R^2\sigma_{\mathrm{m}}l}{\mu_0}\boldsymbol{e}_{\mathrm{m}}\times\boldsymbol{B} \tag{2}$$

式中 $\boldsymbol{e}_{\mathrm{m}}$ 是圆磁片轴线上从 $-\sigma_{\mathrm{m}}$ 指向 σ_{m} 的单位矢量.

(3)当 $\boldsymbol{M}'=\boldsymbol{M}$ 时,由式(1)、(2)得圆电流与它的等效磁壳的关系为

$$I\boldsymbol{n}=\frac{\sigma_{\mathrm{m}}l}{\mu_0}\boldsymbol{e}_{\mathrm{m}} \tag{3}$$

7.14 用磁荷观点处理一些问题,有时有方便之处.根据这种观点,磁荷之间

的相互作用力遵守库仑定律，即磁荷量 $\mathrm{d}q_\mathrm{m}$ 在距离 $\boldsymbol{r}$ 处产生的磁场强度和磁势分别为

$$\mathrm{d}\boldsymbol{H}=\frac{1}{4\pi\mu_0}\frac{\mathrm{d}q_\mathrm{m}}{r^3}\boldsymbol{r},\quad \mathrm{d}U_\mathrm{m}=\frac{1}{4\pi\mu_0}\frac{\mathrm{d}q_\mathrm{m}}{r}$$

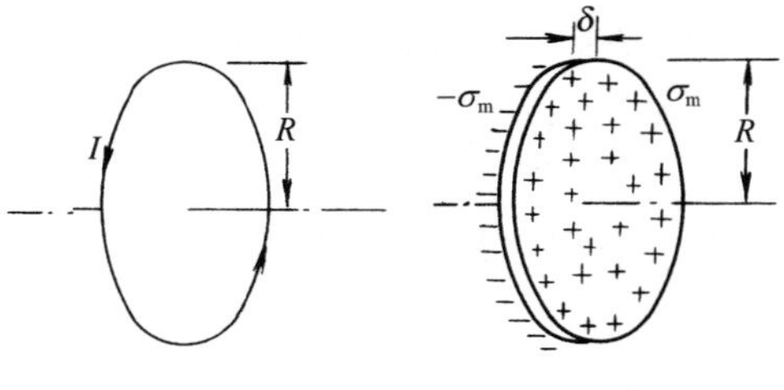

图 7.14

一个半径为 R 的圆电流 I，可以看成是半径相同的一个薄磁片，片的两面分别均匀地分布着面密度为 σ_m(N 极)和 $-\sigma_\mathrm{m}$(S 极)的磁荷量，如图 7.14 所示. 当片的厚度 $\delta\to0$，面密度 $\sigma_\mathrm{m}\to\infty$，而 $\sigma_\mathrm{m}\delta=$常量时，这种磁片就叫做该电流的等效磁壳. (1)试求薄圆磁片轴线上离中心为 r 处的磁场强度 $\boldsymbol{H}$；(2)把所得结果与圆电流在轴线上产生的 $\boldsymbol{H}$ 比较，两者关系如何？(3)以圆心为极点、轴线为极轴取极坐标系，空间任一点 P 的坐标为 r,θ(θ 是圆心到 P 的连线与极轴的夹角)，试求薄圆磁片在 $r\gg R$ 处 P 点产生的磁势 U_m，然后由磁场强度 $\boldsymbol{H}$ 与 U_m 的关系 $\boldsymbol{H}=-\nabla U_\mathrm{m}$ 求 $\boldsymbol{H}$. 这样求得的 $\boldsymbol{H}$ 也就是相应圆电流产生的磁场强度.

【解】 (1)先求一个均匀圆面磁荷产生的磁场. 设磁荷均匀分布在半径为 R 的圆面上，磁荷量的面密度为 σ_m，则在轴线上离圆心为 r 处产生的磁场强度为[参见前面 1.2.21 题的式(1)至(3)]

$$\boldsymbol{H}=\frac{1}{4\pi\mu_0}\int_0^R\frac{2\pi x\sigma_\mathrm{m}\mathrm{d}x}{r^2+x^2}\frac{r}{\sqrt{r^2+x^2}}\boldsymbol{e}_\mathrm{m}=\frac{\sigma_\mathrm{m}r}{2\mu_0}\int_0^R\frac{x\mathrm{d}x}{(r^2+x^2)^{3/2}}\boldsymbol{e}_\mathrm{m}$$

$$=\frac{\sigma_\mathrm{m}}{2\mu_0}\left[1-\frac{r}{\sqrt{r^2+R^2}}\right]\boldsymbol{e}_\mathrm{m}\qquad(1)$$

式中 $\boldsymbol{e}_\mathrm{m}$ 为轴线上从圆心指向场点的单位矢量.

再考虑薄圆磁片产生的磁场. 以薄圆磁片的中心为原点，轴线为极轴，则由式(1)，它在轴线上离原点为 r 处产生的磁场强度为[参见前面 1.2.22 题的式(5)]

$$\boldsymbol{H}=\frac{\sigma_\mathrm{m}}{2\mu_0}\left[1-\frac{r-\delta/2}{\sqrt{(r-\delta/2)^2+R^2}}\right]\boldsymbol{e}_\mathrm{m}$$

$$+\frac{-\sigma_\mathrm{m}}{2\mu_0}\left[1-\frac{r+\delta/2}{\sqrt{(r+\delta/2)^2+R^2}}\right]\boldsymbol{e}_\mathrm{m}$$

$$=\frac{\sigma_\mathrm{m}}{2\mu_0}\left[\frac{r+\delta/2}{\sqrt{(r+\delta/2)^2+R^2}}-\frac{r-\delta/2}{\sqrt{(r-\delta/2)^2+R^2}}\right]\boldsymbol{e}_\mathrm{m},\quad r>\delta/2\qquad(2)$$

(2)半径为 R、载有电流 I 的圆线圈在轴线上离中心为 r 处产生的磁场强度为[参见前面5.1.20题的式(2)]

$$\boldsymbol{H}=\frac{\boldsymbol{B}}{\mu_0}=\frac{IR^2}{2(r^2+R^2)^{3/2}}\boldsymbol{e}_I \tag{3}$$

式中 $\boldsymbol{e}_I$ 为电流 I 的右旋进方向.

当 δ 很小,即 $\delta \ll R$ 时,式(2)方括号内可以简化如下:

$$\frac{r+\delta/2}{\sqrt{(r+\delta/2)^2+R^2}}-\frac{r-\delta/2}{\sqrt{(r-\delta/2)^2+R^2}}\approx\frac{1}{\sqrt{r^2+R^2}}$$
$$\times\left[(r+\delta/2)\left(1-\frac{r\delta/2}{r^2+R^2}\right)-(r-\delta/2)\left(1+\frac{r\delta/2}{r^2+R^2}\right)\right]=\frac{R^2\delta}{(r^2+R^2)^{3/2}} \tag{4}$$

故式(2)化为

$$\boldsymbol{H}=\frac{\sigma_{\mathrm{m}}R^2\delta}{2\mu_0(r^2+R^2)^{3/2}}\boldsymbol{e}_{\mathrm{m}} \tag{5}$$

比较式(3)、(5)得两者关系为

$$I=\frac{\sigma_{\mathrm{m}}\delta}{\mu_0} \tag{6}$$

(3)薄圆磁片的磁偶极矩为

$$\boldsymbol{p}_{\mathrm{m}}=\sigma_{\mathrm{m}}(\pi R^2\delta)\boldsymbol{e}_{\mathrm{m}}=\pi\sigma_{\mathrm{m}}R^2\delta\boldsymbol{e}_{\mathrm{m}} \tag{7}$$

式中 $\boldsymbol{e}_{\mathrm{m}}$ 为圆磁片轴线方向上的单位矢量,方向从 $-\sigma_{\mathrm{m}}$ 指向 σ_{m}. 在 $r\gg R$ 处,它可当作一个磁偶极子,故它产生的磁势为

$$U_{\mathrm{m}}=\frac{\boldsymbol{p}_{\mathrm{m}}\cdot\boldsymbol{r}}{4\pi\mu_0 r^3}=\frac{p_{\mathrm{m}}}{4\pi\mu_0}\frac{\cos\theta}{r^2}=\frac{\sigma_{\mathrm{m}}R^2\delta}{4\mu_0}\frac{\cos\theta}{r^2},\quad r\gg R \tag{8}$$

由此得它产生的磁场强度为

$$\boldsymbol{H}=-\nabla U_{\mathrm{m}}=-\frac{\sigma_{\mathrm{m}}R^2\delta}{4\mu_0}\left[\frac{\partial}{\partial r}\left(\frac{\cos\theta}{r^2}\right)\boldsymbol{e}_r+\frac{1}{r}\frac{\partial}{\partial\theta}\left(\frac{\cos\theta}{r^2}\right)\boldsymbol{e}_\theta\right]$$
$$=\frac{\sigma_{\mathrm{m}}R^2\delta}{4\mu_0 r^3}[2\cos\theta\boldsymbol{e}_r+\sin\theta\boldsymbol{e}_\theta],\quad r\gg R \tag{9}$$

将关系式(6)代入上式,便得载流圆线圈产生的磁场强度为

$$\boldsymbol{H}=\frac{IR^2}{4r^3}[2\cos\theta\boldsymbol{e}_r+\sin\theta\boldsymbol{e}_\theta],\quad r\gg R \tag{10}$$

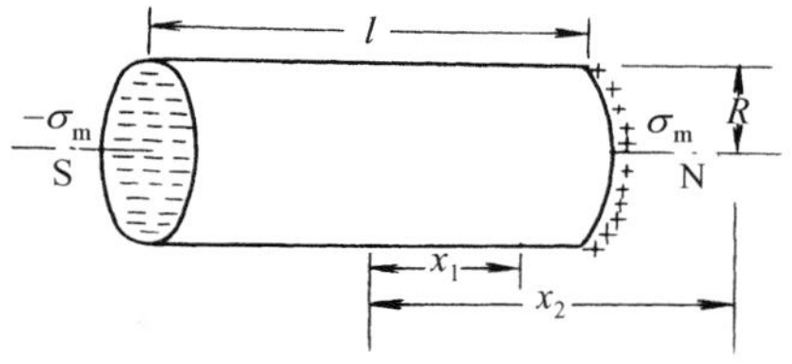

图 7.15(1)

7.15 (1)一个圆柱形磁棒长为 l,横截面的半径为 R,它可以看作是两端面上均匀分布着磁荷的圆柱体,N、S两端面上面磁荷密度分别为 σ_{m} 和 $-\sigma_{\mathrm{m}}$,如图7.15(1)所示. 试分别求轴线上离中心为 x_1(棒内)和 x_2(棒外)处的磁场强度 $\boldsymbol{H}$;(2)一密绕螺线管长为 l,横截面的半径为 R,共有 N 匝,每匝电流为 I. 试分别求管内外轴线上的磁场强

度 $\boldsymbol{H}$;(3)将以上两者的 $\boldsymbol{H}$ 作一比较.

【解】 (1)一个均匀圆面电荷 σ_m 产生的磁场强度为[参见前面 7.14 题的式(1)]

$$\boldsymbol{H}=\frac{\sigma_m}{2\mu_0}\left[1-\frac{r}{\sqrt{r^2+R^2}}\right]\boldsymbol{e}_m \tag{1}$$

式中 r 是圆心到场点的距离,$\boldsymbol{e}_m$ 为轴线上从圆心指向场点的单位矢量.

由式(1)得,磁棒在轴线上产生的磁场强度如下:棒内($-l/2<x<l/2$)

$$\begin{aligned}\boldsymbol{H}=&\frac{\sigma_m}{2\mu_0}\left[1-\frac{l/2-x}{\sqrt{(l/2-x)^2+R^2}}\right](-\boldsymbol{e}_m)\\&+\frac{-\sigma_m}{2\mu_0}\left[1-\frac{x+l/2}{\sqrt{(x+l/2)^2+R^2}}\right]\boldsymbol{e}_m\\=&\frac{\sigma_m}{2\mu_0}\left[\frac{x+l/2}{\sqrt{(x+l/2)^2+R^2}}-\frac{x-l/2}{\sqrt{(x-l/2)^2+R^2}}-2\right]\boldsymbol{e}_m\end{aligned} \tag{2}$$

棒外($x>l/2$)

$$\begin{aligned}\boldsymbol{H}=&\frac{\sigma_m}{2\mu_0}\left[1-\frac{x-l/2}{\sqrt{(x-l/2)^2+R^2}}\right]\boldsymbol{e}_m\\&+\frac{-\sigma_m}{2\mu_0}\left[1-\frac{x+l/2}{\sqrt{(x+l/2)^2+R^2}}\right]\boldsymbol{e}_m\\=&\frac{\sigma_m}{2\mu_0}\left[\frac{x+l/2}{\sqrt{(x+l/2)^2+R^2}}-\frac{x-l/2}{\sqrt{(x-l/2)^2+R^2}}\right]\boldsymbol{e}_m\end{aligned} \tag{3}$$

(2)半径为 R 的圆电流 I 在轴线上离圆心为 r 处产生的磁场强度为[参见前面 5.1.20 的式(2)]

$$\boldsymbol{H}=\frac{\boldsymbol{B}}{\mu_0}=\frac{IR^2}{2(r^2+R^2)^{3/2}}\boldsymbol{e}_I \tag{4}$$

式中 $\boldsymbol{e}_I$ 为电流右旋进方向上的单位矢量.

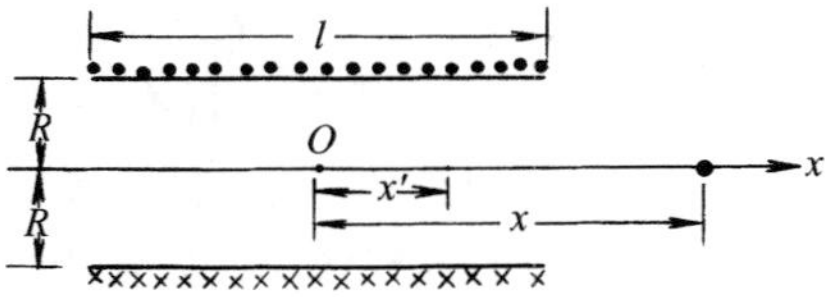

图 7.15(2)

以螺线管中心 O 为原点,轴线为 x 轴,如图 7.15(2)所示,则由式(4)得:轴线上 x 处的磁场强度为

$$\begin{aligned}\boldsymbol{H}=&\frac{NIR^2\boldsymbol{e}_I}{2l}\int_{-l/2}^{l/2}\frac{\mathrm{d}x'}{[(x-x')^2+R^2]^{3/2}}\\=&\frac{NI\boldsymbol{e}_I}{2l}\left[\frac{x'-x}{\sqrt{(x-x')^2+R^2}}\right]_{x'=-l/2}^{x'=l/2}\\=&\frac{NI}{2l}\left[\frac{x+l/2}{\sqrt{(x+l/2)^2+R^2}}-\frac{x-l/2}{\sqrt{(x-l/2)^2+R^2}}\right]\boldsymbol{e}_I\end{aligned} \tag{5}$$

(3)比较式(3)和式(5)可见,在

$$\sigma_m=\frac{\mu_0 NI}{l} \tag{6}$$

的条件下,磁棒和载流螺线管在外部($x>l/2$)轴线上产生的磁场强度相同. 比较式(2)和式(5)

可见，即使在式(6)的条件下，它们在内部($-l/2<x<l/2$)轴线上产生的磁场强度也是不相同的，相差一个常矢量，即

$$\boldsymbol{H}_{管}-\boldsymbol{H}_{棒}=\frac{\sigma_{\mathrm{m}}}{\mu_0}\boldsymbol{e}_{\mathrm{m}} \tag{7}$$

【讨论】 磁棒与载流螺线管在外部轴线上产生的磁场强度 $\boldsymbol{H}$ 相同，故它们在外部轴线上产生的磁感强度 $\boldsymbol{B}=\mu_0\boldsymbol{H}$ 也相同.

在内部，对载流螺线管来说，磁化强度

$$\boldsymbol{M}=0 \tag{8}$$

故磁感强度为

$$\boldsymbol{B}_{管}=\mu_0(\boldsymbol{H}_{管}+\boldsymbol{M})=\mu_0\boldsymbol{H}_{管} \tag{9}$$

对磁棒来说，磁化强度为

$$\boldsymbol{M}=\frac{\boldsymbol{P}_{\mathrm{m}}}{\mu_0}=\frac{\pi R^2 l\sigma_{\mathrm{m}}\boldsymbol{e}_{\mathrm{m}}}{\mu_0\pi R^2 l}=\frac{\sigma_{\mathrm{m}}}{\mu_0}\boldsymbol{e}_{\mathrm{m}} \tag{10}$$

故磁感强度为

$$\boldsymbol{B}_{棒}=\mu_0(\boldsymbol{H}_{棒}+\boldsymbol{M})=\mu_0 H_{棒}+\sigma_{\mathrm{m}}\boldsymbol{e}_{\mathrm{m}} \tag{11}$$

由式(7)、(9)和(11)可见

$$\boldsymbol{B}_{棒}=\boldsymbol{B}_{管} \tag{12}$$

这表明，不论是在内部还是在外部，磁棒与载流螺线管在轴线上产生的磁感强度都相同.

【结论】 在真空中，磁棒与载流螺线管在外部轴线上产生的 $\boldsymbol{H}$ 相同，$\boldsymbol{B}$ 也相同；在内部轴线上产生的 $\boldsymbol{B}$ 相同，而 $\boldsymbol{H}$ 则不同，其关系为式(7).

7.16 一螺线管由表面绝缘的细导线在纸筒上密绕而成，导线中通有电流；另有一均匀磁化的磁棒. 试定性地画出它们的 $\boldsymbol{H}$ 线和 $\boldsymbol{B}$ 线.

【解】 两者的 $\boldsymbol{H}$ 线和 $\boldsymbol{B}$ 线分别如图 7.16(1)的(a)、(b)和图 7.16(2)的(a)、(b)所示.

由图 7.16(1)和 7.16(2)可见，载流螺线管的 $\boldsymbol{H}$ 线和 $\boldsymbol{B}$ 线相同；磁棒的 $\boldsymbol{H}$ 线和 $\boldsymbol{B}$ 线在棒外

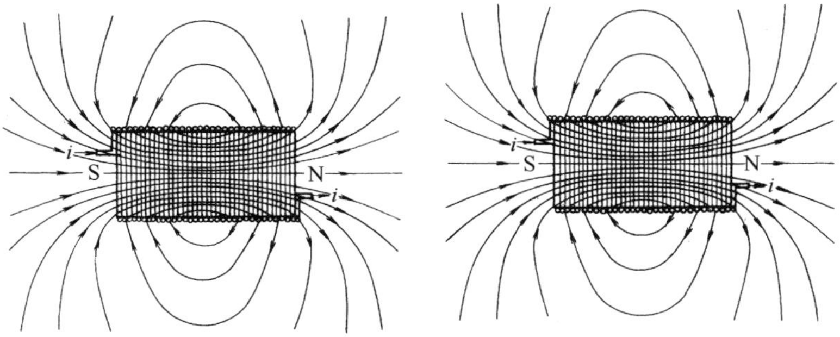

(a) $\boldsymbol{H}$线　　(b) $\boldsymbol{B}$线

图 7.16(1) 载流螺线管的(a)$\boldsymbol{H}$ 线和(b)$\boldsymbol{B}$ 线

相同,在棒内则不同.磁棒内 $\boldsymbol{H}$ 线自 N 极至 S 极,而 $\boldsymbol{B}$ 线则自 S 极至 N 极.

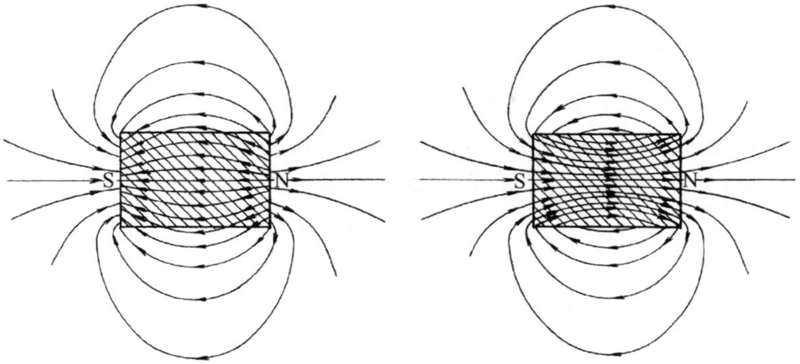

(a) $\boldsymbol{H}$线 (b) $\boldsymbol{B}$线

图 7.16(2) 磁棒的(a)$\boldsymbol{H}$ 线和(b)$\boldsymbol{B}$ 线

7.17 一半径为 R 的无限长直螺线管,由表面绝缘的细导线密绕而成,单位长度的匝数为 n,管内充满磁导率为 μ 的均匀磁介质.当导线中载有电流 I 时,设 I 的右旋进方向上的单位矢量为 $\boldsymbol{e}_I$.试求:(1)管内介质中的磁场强度 $\boldsymbol{H}$、磁感强度 $\boldsymbol{B}$ 和磁化强度 $\boldsymbol{M}$;(2)介质表面的磁化面电流密度 $\boldsymbol{k}_{\mathrm{m}}$,$I$ 和 $\boldsymbol{k}_{\mathrm{m}}$ 产生的磁感强度.

【解】 (1)由圆电流在轴线上产生的磁场经过积分得出[参见前面 5.1.29 题的式(7),或前面 7.15 题的式(5)中令 $l\to\infty$],或由对称性和安培环路定理得出,轴线上的磁场强度为 $\boldsymbol{H}=nI\boldsymbol{e}_I$.可以证明[参见前面 5.2.20 题],螺线管内的磁场是均匀磁场.于是便得所求的磁场强度和磁感强度分别为

$$\boldsymbol{H}=nI\boldsymbol{e}_I \tag{1}$$

$$\boldsymbol{B}=\mu\boldsymbol{H}=\mu nI\boldsymbol{e}_I \tag{2}$$

介质的磁化强度为

$$\boldsymbol{M}=\frac{\boldsymbol{B}}{\mu_0}-\boldsymbol{H}=\frac{\mu nI}{\mu_0}\boldsymbol{e}_I-nI\boldsymbol{e}_I$$

$$=\frac{\mu-\mu_0}{\mu_0}nI\boldsymbol{e}_I \tag{3}$$

(2)介质表面的磁化面电流密度为

$$\boldsymbol{k}_{\mathrm{m}}=-\boldsymbol{n}\times\boldsymbol{M}=\frac{\mu-\mu_0}{\mu_0}nI\boldsymbol{e}_I\times\boldsymbol{n} \tag{4}$$

式中 $\boldsymbol{n}$ 为介质表面外法线方向上的单位矢量.可见当磁介质为顺磁质($\mu>\mu_0$)时,$\boldsymbol{k}_{\mathrm{m}}$ 与导线中的电流 I 同方向.

取长方形安培环路 L,使其长为 l 的一边沿轴线,其对边在管外,设 I 和 $\boldsymbol{k}_{\mathrm{m}}$ 产生的磁感强度之和为 $\boldsymbol{B}'$,则由对称性和安培环路定理得

$$\oint_L \boldsymbol{B}' \cdot \mathrm{d}\boldsymbol{l} = B'l = \mu_0\left[nI + \frac{\mu-\mu_0}{\mu_0}nI\right]l$$
$$= \mu nIl \tag{5}$$

所以
$$\boldsymbol{B}' = \mu nI\boldsymbol{e}_I \tag{6}$$

可见 $\boldsymbol{B}'=\boldsymbol{B}$. 这表明,$\boldsymbol{B}$ 就是 I 和 $\boldsymbol{k}_{\mathrm{m}}$ 产生的磁感强度之和.

7.18 一无限长圆柱形直铜线,横截面的半径为 R,线外包有一层相对磁导率为 μ_{r} 的均匀磁介质,层厚为 d,导线中通有电流 I,I 均匀分布在横截面上. 试求:(1)离轴线为 r 处的磁场强度 $\boldsymbol{H}$ 和磁感强度 $\boldsymbol{B}$ 的大小;(2)磁介质内、外表面上的磁化电流.

【解】 (1)以轴线上一点为圆心,r 为半径,在垂直于轴线的平面内作圆形环路 L,则由对称性和安培环路定理得

$$\oint_L \boldsymbol{H} \cdot \mathrm{d}\boldsymbol{l} = 2\pi rH = I_0(L\text{ 所套住的自由电流}) \tag{1}$$

在铜线内,$r<R$,这时

$$I_0 = \pi r^2 \frac{I}{\pi R^2} = \frac{r^2 I}{R^2} \tag{2}$$

于是得

$$H = \frac{I}{2\pi R^2}r \tag{3}$$

$$B = \mu_0 H = \frac{\mu_0 I}{2\pi R^2}r \tag{4}$$

在介质层内,$R<r<R+d$,这时

$$I_0 = I \tag{5}$$

于是得

$$H = \frac{I}{2\pi r} \tag{6}$$

$$B = \mu_{\mathrm{r}}\mu_0 H = \frac{\mu_{\mathrm{r}}\mu_0 I}{2\pi r} \tag{7}$$

在介质层外,$r>R+d$,这时式(5)仍成立,于是得

$$H = \frac{I}{2\pi r} \tag{8}$$

$$B = \mu_0 H = \frac{\mu_0 I}{2\pi r} \tag{9}$$

(2)由式(6)、(7)得介质的磁化强度为

$$\boldsymbol{M} = \frac{\boldsymbol{B}}{\mu_0} - \boldsymbol{H} = (\mu_{\mathrm{r}}-1)\frac{I}{2\pi r}\boldsymbol{e}_I \tag{10}$$

式中 $\boldsymbol{e}_I$ 为电流 I 的右手螺旋方向(即 $\boldsymbol{H}$ 和 $\boldsymbol{B}$ 的方向)上的单位矢量. 于是得介质表面的磁化面电流密度如下($\boldsymbol{e}$ 为电流 I 方向上的单位矢量):

内表面:$\boldsymbol{k}_{\mathrm{m}i} = -\boldsymbol{n}_i \times \boldsymbol{M}_i = -(\mu_{\mathrm{r}}-1)\frac{I}{2\pi R}\boldsymbol{n}_i \times \boldsymbol{e}_I$

$$=\frac{(\mu_r-1)I}{2\pi R}\boldsymbol{e} \tag{11}$$

外表面：$\boldsymbol{k}_{m0}=-\boldsymbol{n}_0\times\boldsymbol{M}_0=-(\mu_r-1)\dfrac{I}{2\pi(R+d)}\boldsymbol{n}_0\times\boldsymbol{e}_I$

$$=-\frac{(\mu_r-1)I}{2\pi(R+d)}\boldsymbol{e} \tag{12}$$

若磁介质为顺磁质或铁磁质，$\mu_r-1=\chi_m>0$，这时 $\boldsymbol{M}$ 与 $\boldsymbol{B}$ 同方向，$\boldsymbol{k}_{mi}$ 与电流 I 同方向，而 $\boldsymbol{k}_{m0}$ 则与电流 I 反方向. 若磁介质为抗磁质，$\mu_r-1=\chi_m<0$，这时 $\boldsymbol{M}$ 与 $\boldsymbol{B}$ 反方向，$\boldsymbol{k}_{mi}$ 与电流 I 反方向，而 $\boldsymbol{k}_{m0}$ 则与电流 I 同方向.

【说明】 铜是抗磁质，其磁化率(20℃时)$\chi_m=-9.8\times10^{-6}$，$\mu_r=1+\chi_m\approx1$，故式(4)中用 $\boldsymbol{B}=\mu_0\boldsymbol{H}$.

7.19 在空气($\mu_r=1$)和软铁($\mu_r=7000$)的交界面上，软铁上的磁感强度与交界面法线的夹角为 85°，试求空气中磁感强度与交界面法线的夹角.

【解】 $\boldsymbol{B}$ 的边值关系为

$$B_{2n}=B_{1n} \tag{1}$$

$\boldsymbol{H}$ 的边值关系为

$$H_{2t}=H_{1t} \tag{2}$$

以软铁为介质 1，空气为介质 2，则由式(2)得

$$\frac{B_{2t}}{\mu_0}=\frac{B_{1t}}{\mu} \tag{3}$$

由式(1)、(3)得

$$\tan\theta_2=\frac{B_{2t}}{B_{2n}}=\frac{\mu_0}{\mu}\frac{B_{1t}}{B_{1n}}=\frac{1}{\mu_r}\tan\theta_1 \tag{4}$$

故所求的角度为

$$\theta_2=\arctan\left(\frac{1}{\mu_r}\tan\theta_1\right)=\arctan\left(\frac{1}{7000}\tan85^\circ\right)$$

$$=\arctan\left(\frac{11.43}{7000}\right)=5.6' \tag{5}$$

7.20 磁导率分别为 μ_1 和 μ_2 的两种均匀磁介质各充满一半空间，它们的交界面是一无限大平面，一条外皮绝缘的无穷长直导线载有电流 I，正处在交界面上. 试求 I 所产生的磁感强度.

【解】 设 μ_1 和 μ_2 中的磁感强度分别为 $\boldsymbol{B}_1$ 和 $\boldsymbol{B}_2$，磁场强度分别为 $\boldsymbol{H}_1$ 和 $\boldsymbol{H}_2$，则根据对称性可知，$\boldsymbol{B}_1$ 和 $\boldsymbol{B}_2$ 都与交界面垂直；由于它们的法向分量是连续的，故交界面上两边有

$$\boldsymbol{B}_1=\boldsymbol{B}_2 \tag{1}$$

设 r 为到导线的垂直距离，则由安培环路定理得

$$\oint_L\boldsymbol{H}\cdot d\boldsymbol{l}=\pi rH_1+\pi rH_2=I \tag{2}$$

所以

$$\pi r\left(\frac{B_1}{\mu_1}+\frac{B_2}{\mu_2}\right)=I \tag{3}$$

于是由式(1)、(3)得所求的磁感强度为

$$B = \frac{\mu_1\mu_2}{\mu_1+\mu_2}\frac{I}{\pi r} \tag{4}$$

7.21　一半径为 R 的磁介质球均匀磁化，磁化强度为 $\boldsymbol{M}$，如图 7.21 所示.(1)根据分子电流的观点，试求它的磁化电流和磁矩；(2)根据磁荷观点，试求它的磁荷和磁偶极矩.

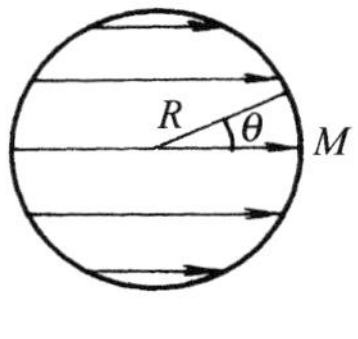

图 7.21

【解】　(1)根据磁化电流与磁化强度的关系，球内的磁化电流密度为

$$\boldsymbol{j}_{\mathrm{m}} = \nabla\times\boldsymbol{M} = 0 \tag{1}$$

球面上 θ 处的磁化面电流密度为

$$\boldsymbol{k}_{\mathrm{m}} = -\boldsymbol{n}\times\boldsymbol{M} = M\sin\theta\boldsymbol{e}_M \tag{2}$$

式中 $\boldsymbol{e}_M$ 为 $\boldsymbol{M}$ 的右手螺旋方向上的单位矢量.

球的磁矩为

$$\boldsymbol{m} = V\boldsymbol{M} = \frac{4\pi}{3}R^3\boldsymbol{M} \tag{3}$$

(2)球的磁极化强度为

$$\boldsymbol{P}_{\mathrm{m}} = \mu_0\boldsymbol{M} \tag{4}$$

球内的磁荷密度为

$$\rho_{\mathrm{m}} = -\nabla\cdot\boldsymbol{P}_{\mathrm{m}} = -u_0\ \nabla\cdot\boldsymbol{M} = 0 \tag{5}$$

球面上 θ 处磁荷量的面密度为

$$\sigma_{\mathrm{m}} = \boldsymbol{n}\cdot\boldsymbol{P}_{\mathrm{m}} = \mu_0\boldsymbol{n}\cdot\boldsymbol{M} = \mu_0 M\cos\theta \tag{6}$$

球的磁偶极矩为

$$\boldsymbol{p}_{\mathrm{m}} = V\boldsymbol{P}_{\mathrm{m}} = \frac{4\pi}{3}R^3\boldsymbol{P}_{\mathrm{m}} = \frac{4\pi\mu_0}{3}R^3\boldsymbol{M} \tag{7}$$

7.22　一介质球均匀磁化，磁化强度为 $\boldsymbol{M}$. 试求沿 $\boldsymbol{M}$ 的直径上离球心为 r 处的磁感强度.

【解】　用分子电流观点求解.

根据前面 7.21 题，球内磁化电流密度为零，球面上有一层磁化面电流

$$\boldsymbol{k}_{\mathrm{m}} = M\sin\theta\boldsymbol{e}_M \tag{1}$$

式中 $\boldsymbol{e}_M$ 为 $\boldsymbol{M}$ 的右手螺旋方向上的单位矢量. 球内的磁场便是这层面电流产生的.

过球心 O 取沿 $\boldsymbol{M}$ 方向的直径 AB，P 为这直径上的一点，到 O 的距离为 r. 如图 7.22，球面上 θ 处的环带 $R\mathrm{d}\theta$ 上的磁化电流为

$$\mathrm{d}I_{\mathrm{m}} = k_{\mathrm{m}}R\mathrm{d}\theta = RM\sin\theta\mathrm{d}\theta \tag{2}$$

式中 R 为球的半径. 根据前面 5.1.20 题的式(2)，这 $\mathrm{d}I_{\mathrm{m}}$ 在 P 点产生的磁感强度为

$$\mathrm{d}\boldsymbol{B}_P = \frac{\mu_0(R\sin\theta)^2\mathrm{d}I_{\mathrm{m}}}{2[(r+R\cos\theta)^2+(R\sin\theta)^2]^{3/2}}\boldsymbol{e}_M \tag{3}$$

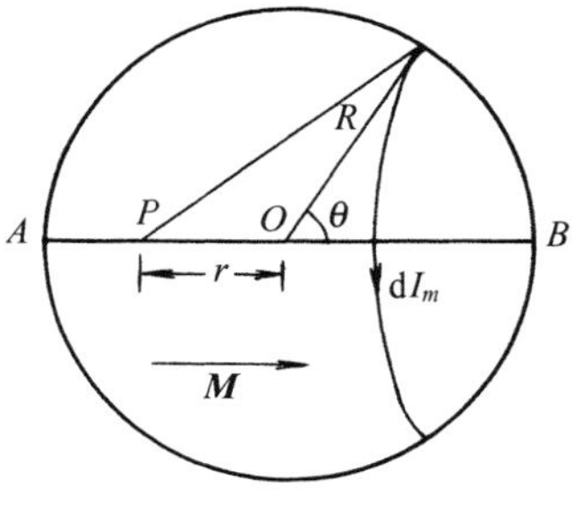

图 7.22

式中 $\boldsymbol{e}$ 为 $\boldsymbol{M}$ 方向上的单位矢量. 将式(2)代入式(3)得

$$\mathrm{d}\boldsymbol{B}_P=\frac{\mu_0R^3\boldsymbol{M}}{2}\frac{\sin^3\theta\mathrm{d}\theta}{(r^2+R^2+2rR\cos)^{3/2}}\tag{4}$$

积分便得

$$\boldsymbol{B}_P=\frac{\mu_0R^3\boldsymbol{M}}{2}\int_0^{\pi}\frac{\sin^3\theta\mathrm{d}\theta}{(r^2+R^2+2rR\cos\theta)^{3/2}}\tag{5}$$

其中积分在 $r<R$ 时为

$$\begin{aligned}&\int_0^{\pi}\frac{\sin^3\theta\mathrm{d}\theta}{(r^2+R^2+2rR\cos\theta)^{3/2}}\\&=\frac{1}{4r^3R^3}\Big[-2(r^2+R^2)\sqrt{r^2+R^2+2rR\cos\theta}\\&\quad+\frac{1}{3}(r^2+R^2+2rR\cos\theta)^{3/2}-\frac{(R^2-r^2)^2}{\sqrt{r^2+R^2-2rR\cos\theta}}\Big]_{\theta=0}^{\theta=\pi}\\&=\frac{4}{3R^3}\end{aligned}\tag{6}$$

代入式(5)便得所求的磁感强度为

$$\boldsymbol{B}_P=\frac{2}{3}\mu_0\boldsymbol{M}\tag{7}$$

这个结果表明,$\boldsymbol{B}_P$ 与 r 无关. 这就告诉我们,AB 直径上每一点的磁感强度都相同,都由式(7)表示.

【讨论】 一、本题也可用磁荷观点,仿前面 1.2.29 题的方法求解.

二、根据前面 5.2.21 题的方法,可以论证球内磁场是均匀磁场.

7.23 中子星是超新星爆发所产生的一种天体,具有很强的磁场. 假设中子星是由中子密集构成的球体,它的磁场来自中子的磁矩 $\boldsymbol{\mu}_\mathrm{n}$,$\boldsymbol{\mu}_\mathrm{n}$ 都沿同一方向排列. 已知中子的半径为 $a=8\times10^{-16}\,\mathrm{m}$,中子磁矩的大小为 $\mu_\mathrm{n}=9.66\times10^{-27}\,\mathrm{A\cdot m^2}$. 试求中子星表面磁场最强处磁感强度的值.

【解】 将中子星看作是一个磁化球,由于中子星内的中子是密集的,故磁化是均匀的,其磁化强度为

$$\boldsymbol{M}=n\boldsymbol{\mu}_\mathrm{n}\tag{1}$$

式中 n 是单位体积(一立方米)内的中子数,其值为

$$n=\frac{1}{\frac{4\pi}{3}a^3}\tag{2}$$

由以上两式得中子星的磁化强度 $\boldsymbol{M}$ 的大小为

$$M=n\mu_\mathrm{n}=\frac{3\mu_\mathrm{n}}{4\pi a^3}=\frac{3\times9.66\times10^{-27}}{4\pi\times(8\times10^{-16})^3}=5\times10^{18}\,(\mathrm{A/m})\tag{3}$$

由于是均匀磁化,故中子星内的磁化电流密度为

$$\boldsymbol{j}_\mathrm{m}=\nabla\times\boldsymbol{M}=0\tag{4}$$

中子星表面的磁化面电流密度为

$$\boldsymbol{k}_m = -\boldsymbol{n} \times \boldsymbol{M} \tag{5}$$

如图 7.23(1)所示. 中子星表面磁场最强处在 N、S 两极. 下面我们就由 $\boldsymbol{k}_m$ 求 N 极的磁感强度 B_{max}.

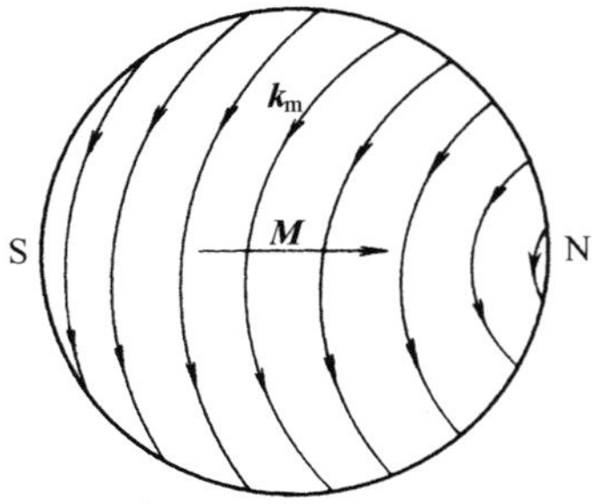

图 7.23(1)

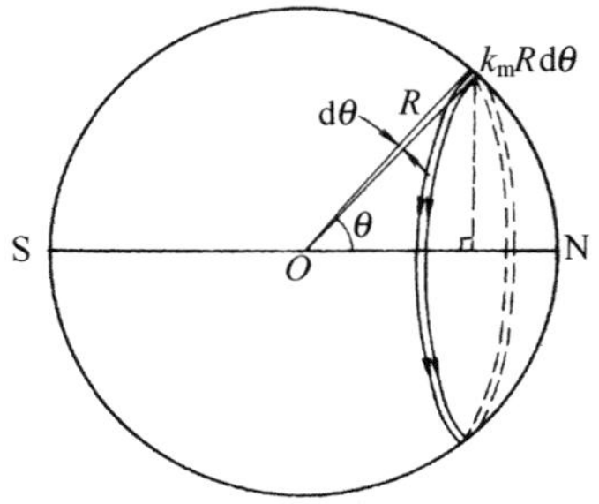

图 7.23(2)

根据前面 5.1.20 题的式(2),半径为 R 的圆电流 I 在轴线上离圆心为 r 处产生的磁感强度的大小为

$$B = \frac{\mu_0 IR^2}{2(r^2 + R^2)^{3/2}} \tag{6}$$

如图 7.23(2),中子星表面 θ 处的环带 $Rd\theta$ 上,磁化电流为

$$dI_m = k_m R d\theta = MR\sin\theta d\theta \tag{7}$$

由式(6),这电流在图 7.23(2)中的 N 点产生的磁感强度的大小为

$$dB_{max} = \frac{\mu_0 (R\sin\theta)^2 MR\sin\theta d\theta}{2[(R - R\cos\theta)^2 + (R\sin\theta)^2]^{3/2}} = \frac{\sqrt{2}\mu_0 M}{8} \frac{\sin^3\theta d\theta}{(1-\cos\theta)^{3/2}} \tag{8}$$

积分便得 N 点的磁感强度为

$$B_{max} = \frac{\sqrt{2}\mu_0 M}{8}\int_0^\pi \frac{\sin^3\theta d\theta}{(1-\cos\theta)^{3/2}} \tag{9}$$

令 $x=\cos\theta$,则上式的积分可积出如下:

$$\int_0^\pi \frac{\sin^3\theta d\theta}{(1-\cos\theta)^{3/2}} = -\int_1^{-1} \frac{(1-x^2)dx}{(1-x)^{3/2}} = \int_{-1}^{1} \frac{(1+x)dx}{\sqrt{1-x}}$$

$$= \left[-2\sqrt{1-x} - \frac{2}{3}(2+x)\sqrt{1-x}\right]_{x=-1}^{x=1} = \frac{8\sqrt{2}}{3} \tag{10}$$

将此值代入式(9)便得

$$B_{max} = \frac{2}{3}\mu_0 M = \frac{2}{3} \times 4\pi \times 10^{-7} \times 5 \times 10^{18}$$

$$= 4 \times 10^{12}(\text{T}) \tag{11}$$

【讨论】 根据天文观测,金牛座蟹状星云中心的中子星表面磁感强度为 10^8 T,有些中子星的磁感强度达 10^9 T 甚至更高,但没有发现磁感强度超过 B_{max} 的

中子星.

7.24　一块很大的铁磁介质，相对磁导率为 $\mu_r=200$，内部有磁感强度为 $B=2.0\text{T}$的磁场. 在它里面有两个小空穴，一个是两面垂直于 $\boldsymbol{B}$ 的薄圆盘形，另一个是平行于 $\boldsymbol{B}$ 的细长针形. 试分别求这两空穴中心的磁场强度 $\boldsymbol{H}$.

【解】　薄圆盘形空穴：因 $\boldsymbol{B}$ 的法向分量连续，故空穴中心的 $\boldsymbol{B}$ 等于铁磁介质里的 $\boldsymbol{B}$，于是空穴中心的磁场强度为

$$\boldsymbol{H}=\frac{\boldsymbol{B}}{\mu_0} \tag{1}$$

$\boldsymbol{H}$ 的大小为

$$H=\frac{B}{\mu_0}=\frac{2.0}{4\pi\times10^{-7}}=1.6\times10^{6}(\text{A/m}) \tag{2}$$

细长针形空穴：因 $\boldsymbol{H}$ 的切向分量连续，故空穴中心的 $\boldsymbol{H}$ 等于铁磁介质里的 $\boldsymbol{H}$，于是空穴中心的磁场强度为

$$\boldsymbol{H}=\frac{\boldsymbol{B}}{\mu}=\frac{\boldsymbol{B}}{\mu_r\mu_0} \tag{3}$$

$\boldsymbol{H}$ 的大小为

$$H=\frac{B}{\mu_r\mu_0}=\frac{2.0}{200\times4\pi\times10^{-7}}=8.0\times10^{3}(\text{A/m}) \tag{4}$$

7.25　有些铁氧体（如锰镁铁氧体和锂锰铁氧体）的磁滞回线接近矩形，称为矩磁材料，它们在电流的磁场中磁化后，当电流变到零时，便处在 $H=0$ 处的 B_r 或 $-B_r$ 这两个剩磁状态之一，如图 7.25(1)所示. 这个特点符合电子计算机的二进位制，可以让其中一个状态代表 0，另一个状态代表 1，因此，在电子计算机里用作存储元件. 一矩磁材料做的磁芯存储器为环形，其外直径为 0.8mm，它的矫顽力为 $H_c=2\text{Oe}$；在它的轴线上有一条长直导线，通过导线中的电流 I 以改变它所处的状态. 设它处在剩磁状态之一(B_r)，其方向如图 7.25(2)所示. 现在要用导线中的脉冲电流 I 使环内磁场全部翻转到另一剩磁状态($-B_r$)，试问 I 的峰值至少要多大?

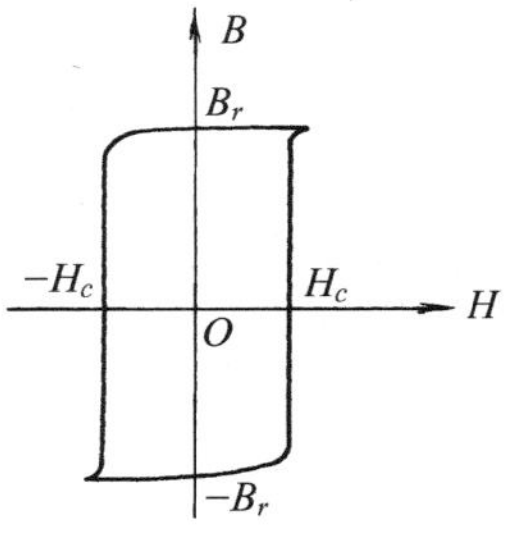

图 7.25(1)

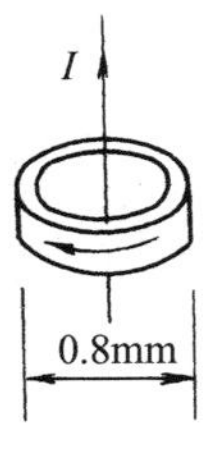

图 7.25(2)

【解】 电流 I 在环形磁芯最外边产生的磁场强度为

$$H=\frac{I}{2\pi r}=\frac{I}{2\pi\times\left(\frac{0.8}{2}\right)\times10^{-3}} \tag{1}$$

要使环内磁场全部翻转，必须是

$$H>H_c \tag{2}$$

由以上两式得

$$I>2\pi\times\left(\frac{0.8}{2}\right)\times10^{-3}\times2\times\frac{10^3}{4\pi}=0.4(\mathrm{A}) \tag{3}$$

即 I 的峰值至少要大于 0.4A.

【说明】 奥斯特是高斯单位制里磁场强度的单位. $1\mathrm{Oe}=\frac{10^3}{4\pi}\mathrm{A/m}$.

7.26 据测量得出，地球的磁矩为 $m=8.0\times10^{22}\mathrm{A\cdot m^2}$. (1)如果在地磁赤道上套一个铜环，在这环里通以电流 I，使它的磁矩等于地球的磁矩，已知地球的半径为 6400km. 试求 I 的值；(2)如果这电流的磁矩与地球的磁矩正好方向相反，试问这样能不能完全抵消地球表面的磁场？

【解】 (1)电流 I 的值为

$$I=\frac{m}{S}=\frac{m}{\pi R^2}=\frac{8.0\times10^{22}}{\pi\times(6400\times10^3)^2}=6.2\times10^8(\mathrm{A})$$

(2)不能.

【讨论】 在一般电磁学书中，载流平面线圈的磁矩定义为 $\boldsymbol{m}=IS\boldsymbol{e}_I$，式中 $\boldsymbol{e}_I$ 为电流 I 的右旋进方向(线圈平面的法线方向)上的单位矢量. 本题里地球磁矩 m 的值就是根据这个定义来的. 但在有些手册里，将 $\frac{m}{4\pi}$ 定义为地球的磁矩，所以它们所给出的地球磁矩的值是 $\frac{m}{4\pi}$ 的值.

7.27 地磁场可以近似地看做是位于地心的一个磁偶极子产生的，在地磁纬度 45°处，地磁的水平分量平均为 0.23Oe. 已知地球的平均半径为 6370km，试求上述磁偶极子的磁矩.

【解】 磁矩为 $m=IS$ 的磁偶极子产生的磁场强度为[参见前面 5.1.22 题的式(20)和(21)，或 7.10 题的式(3)]

$$H_r=\frac{m\cos\theta}{2\pi r^3},\quad H_\theta=\frac{m\sin\theta}{4\pi r^3} \tag{1}$$

今已知

$$\theta=90^\circ-\phi=90^\circ-45^\circ=45^\circ \tag{2}$$

$$H_\theta=0.23\mathrm{Oe}=0.23\times\frac{10^3}{4\pi}\mathrm{A/m} \tag{3}$$

故得地球的磁矩为

$$m=\frac{4\pi r^3 H_\theta}{\sin\theta}=\frac{4\pi\times(6370\times10^3)^3\times0.23\times10^3/4\pi}{\sin45^\circ}$$
$$=8.4\times10^{22}(\mathrm{A\cdot m^2}) \tag{4}$$

7.28 地球的磁场可以近似地看做是位于地心的一个磁偶极子产生的，如图 7.28 所示. 试证明：(1)磁倾角(地磁场的方向与当地水平面之间的夹角)i 与地磁纬度 φ 的关系为 $\tan i=2\tan\varphi$；(2)地磁北极处的地磁竖直分量等于地磁赤道上地磁水平分量的两倍.

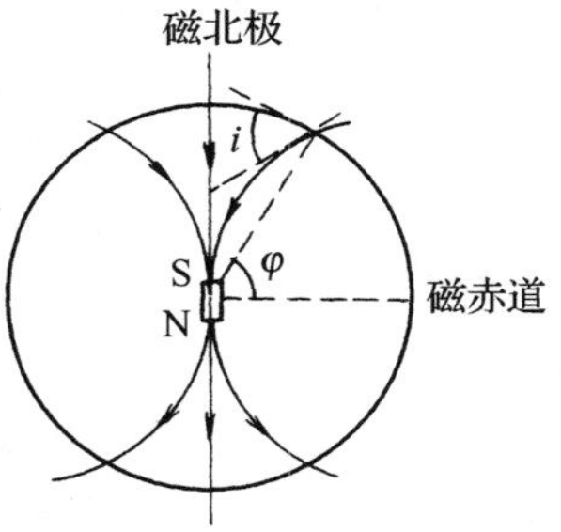

图 7.28

【证】 (1)磁矩为 m 的磁偶极子在 $P(r,\theta)$ 点产生的磁场强度的分量为[参见前面 5.1.22 题的式(20)和(21)，或 7.10 题的式(3)]

$$H_r=\frac{m\cos\theta}{2\pi r^3},\quad H_\theta=\frac{m\sin\theta}{4\pi r^3} \tag{1}$$

由图 7.28 可见，θ 与地磁纬度 φ 的关系为

$$\theta=\frac{\pi}{2}+\varphi \tag{2}$$

用磁倾角 i 表示，磁场强度的分量为

$$H_r=-H\sin i \tag{3}$$

$$H_\theta=H\cos i \tag{4}$$

所以

$$\tan i=-\frac{H_r}{H_\theta} \tag{5}$$

将式(1)代入式(5)，并利用式(2)，便得

$$\tan i=-2\frac{\cos\theta}{\sin\theta}=-2\frac{\cos\left(\frac{\pi}{2}+\varphi\right)}{\sin\left(\frac{\pi}{2}+\varphi\right)}=2\frac{\sin\varphi}{\cos\varphi}=2\tan\varphi \tag{6}$$

(2)在地磁北极处，由式(1)得地磁的竖直分量为

$$H_\pi=|H_r|=\left|\frac{m\cos\pi}{2\pi r^3}\right|=\frac{m}{2\pi r^3} \tag{7}$$

在地磁赤道上，地磁的水平分量为

$$H_{\pi/2}=\frac{m}{4\pi r^3} \tag{8}$$

由式(7)、(8)得

$$H_\pi=2H_{\pi/2} \tag{9}$$

【讨论】 在导出式(9)时，略去了地磁北极和地磁赤道两地到地心距离的差别.

7.29 根据经典模型，氢原子处在基态时，电子环绕氢核(质子)作匀速圆周运动，轨道半径为 5.29×10^{-11} m，频率为 6.58×10^{15} Hz. 已知电子电荷量的大小为 1.60×10^{-19} C. 试求电子沿轨道运动的磁矩 μ_B(这种轨道运动磁矩通常叫做玻尔磁子)和磁偶极矩 p_B.

【解】 电子环绕氢核运动所形成的电流为

$$I=\frac{e}{T}=\nu e \tag{1}$$

故电子的轨道运动磁矩为

$$\begin{aligned}\mu_B&=\pi a^2 I=\pi a^2\nu e\\&=\pi\times(5.29\times10^{-11})^2\times6.58\times10^{15}\times1.60\times10^{-19}\\&=9.26\times10^{-24}(\mathrm{A\cdot m^2})\end{aligned} \tag{2}$$

磁偶极矩为

$$p_B=\mu_0\mu_B=4\pi\times10^{-7}\times9.26\times10^{-24}=1.16\times10^{-29}(\mathrm{Wb\cdot m}) \tag{3}$$

7.30 已知质子的电荷量为 1.60×10^{-19}C，磁矩为 $1.41\times10^{-26}\mathrm{A\cdot m^2}$，质子的体积非常小.(1)在质子磁矩的中垂面上离质子为 0.529Å(1Å$=10^{-10}$m)处，质子所产生的电场强度和磁感强度各有多大？(2)按照经典模型，氢原子处在基态时，电子在上述距离处环绕氢核(质子)作匀速圆周运动，速率为 2.19×10^6 m/s. 试求电子受到的洛伦兹力与库仑力之比.

【解】 (1)质子电荷所产生的电场强度为

$$\begin{aligned}E&=\frac{e}{4\pi\varepsilon_0 r^2}=\frac{1.60\times10^{-19}}{4\pi\times8.854\times10^{-12}\times(5.29\times10^{-11})^2}\\&=5.14\times10^{11}(\mathrm{V/m})\end{aligned}$$

质子磁矩产生的磁感强度为

$$B=\frac{\mu_0 m}{4\pi r^3}=\frac{4\pi\times10^{-7}\times1.41\times10^{-26}}{4\pi\times(5.29\times10^{-11})^3}=9.52\times10^{-3}(\mathrm{T})$$

(2)电子受到的洛伦兹力 f_m 与库仑力 f_e 之比为

$$\frac{f_m}{f_e}=\frac{evB}{eE}=\frac{2.19\times10^6\times9.52\times10^{-3}}{5.14\times10^{11}}=4.06\times10^{-8}$$

【讨论】 一、空气的电介质强度(击穿场强)为 $E_m=3\times10^6$V/m. 由上述结果可见，基态氢原子中，质子在电子处产生的电场强度是 E_m 的 17 万倍.

二、基态氢原子中，电子所受的洛伦兹力远远小于它所受的库仑力.

7.31 一螺绕环由表面绝缘的导线在铁环上密绕而成，每厘米绕有 10 匝；当导线中载有 2.0A 的电流时，测得铁环内部的磁感强度为 1.0T. 试求：(1)铁环内部的磁场强度 H；(2)铁环的磁化强度 M 和相对磁导率 μ_r.

【解】 (1)铁环内部的磁场强度为

$$H=nI=10\times100\times2.0=2.0\times10^3(\mathrm{A/m})$$

(2)铁环的磁化强度为

$$M=\frac{B}{\mu_0}-H=\frac{1.0}{4\pi\times10^{-7}}-2.0\times10^3=7.9\times10^5(\mathrm{A/m})$$

相对磁导率为

$$\mu_r = \frac{B}{\mu_0 H} = \frac{1.0}{4\pi\times10^{-7}\times2.0\times10^3} = 4.0\times10^2$$

7.32 一铁环中心线的周长为 30cm，横截面积为 1.0cm²，在环上紧密地绕有 300 匝表面绝缘的导线；当导线中通有 32mA 的电流时，测得通过环的横截面的磁通量为 2.0×10^{-6}Wb. 试求：(1)铁环内部磁感强度的大小 B 和磁场强度的大小 H；(2)铁环的磁化强度的大小 M；(3)铁环的磁化率 χ_m、相对磁导率 μ_r 和磁导率 μ.

【解】 (1) 磁感强度的大小为

$$B = \Phi/S = 2.0\times10^{-6}/1.0\times10^{-4} = 2.0\times10^{-2}(\text{T})$$

磁场强度的大小为

$$H = \frac{NI}{l} = \frac{300\times32\times10^{-3}}{30\times10^{-2}} = 32(\text{A/m})$$

(2)磁化强度的大小为

$$M = \frac{B}{\mu_0} - H = \frac{2.0\times10^{-2}}{4\pi\times10^{-7}} - 32 = 1.6\times10^4(\text{A/m})$$

(3)磁化率、相对磁导率和磁导率分别为

$$\chi_m = \frac{M}{H} = \frac{1.6\times10^4}{32} = 5.0\times10^2$$

$$\mu_r = 1+\chi_m = 1+5.0\times10^2 = 5.0\times10^2$$

$$\mu = \mu_r\mu_0 = 5.0\times10^2\times4\pi\times10^{-7} = 6.3\times10^{-4}(\text{H/m})$$

7.33 一铁芯螺绕环由表面绝缘的导线在铁环上密绕而成，环的中心长度为 600mm，横截面积为 1000mm². 现在要在环内部产生 $B=1.0$T 的磁感强度，由铁的 B-H 曲线得这时铁的 $\mu_r=795$，试求所需的安匝数. 如果在铁环上有一个 2.0mm 宽的空气隙，试求所需的安匝数.

【解】 因 $B=\mu H=\mu_r\mu_0\dfrac{NI}{l}$，故所需的安匝数为

$$NI = \frac{lB}{\mu_r\mu_0} = \frac{600\times10^{-3}\times1.0}{795\times4\pi\times10^{-7}} = 6.0\times10^2(\text{安匝}) \tag{1}$$

设环的中心长度为 l，空气隙的宽度为 δ，隙中的磁场强度为 H_g，则由安培环路定理得

$$\begin{aligned} NI &= H(l-\delta)+H_g\delta = \frac{B(l-\delta)}{\mu_r\mu_0}+\frac{B\delta}{\mu_0} \\ &= \frac{B}{\mu_0}\left[\frac{l-\delta}{\mu_r}+\delta\right] = \frac{1.0}{4\pi\times10^{-7}}\times\left[\frac{(600-2)\times10^{-3}}{795}+2.0\times10^{-3}\right] \\ &= 2.2\times10^3(\text{安匝}) \end{aligned} \tag{2}$$

【讨论】 一、本题给出的“横截面积为 1000mm²”，在计算中并未用到. 但它并不是多余的，它表明，铁环横截面的线度为 $\sqrt{1000}\approx32$mm，比中心周长 600mm 小很多，故上面的计算可用；另一方面也表明，这些计算都是近似的.

二、在处理螺绕环内的磁铁有间隙的问题时，关键是用安培环路定理

$$\oint_L \boldsymbol{H} \cdot \mathrm{d}\boldsymbol{l} = I \tag{3}$$

这个式子左边的 $\boldsymbol{H}$ 包括导线中的电流产生的磁场强度和磁铁产生的磁场强度，右边的 I 只是安培环路 L 所套住的自由电流的代数和，而不包括磁铁上的磁化电流. 在电工学里，通常将安培环路定理化为与基尔霍夫电路定律

$$\mathscr{E} = I\sum_i R_i \tag{4}$$

相似的形式：

$$\mathscr{E}_{\mathrm{m}} = \Phi\sum_i R_{\mathrm{m}i} \tag{5}$$

称为磁路定理，式中

$$\mathscr{E}_{\mathrm{m}} = NI \tag{6}$$

与电动势 $\mathscr{E}$ 相当，称为磁动势或磁化力；Φ(磁通量)与电流 I 相当；而

$$R_{\mathrm{m}i} = \int \frac{\mathrm{d}l_i}{\mu_i S_i} \tag{7}$$

则与电阻 R_i 相当，称为磁阻，式中 l_i 是长度，S_i 是横截面积，μ_i 是磁导率(相当于电导率). 于是磁路定理为

$$NI = \Phi\sum_i \frac{l_i}{\mu_i S_i} \tag{8}$$

前面的式(2)便是磁路定理的一个具体例子.

7.34　一铁环中心线的半径为 200mm，横截面积为 $150\mathrm{mm}^2$，在它上面绕有表面绝缘的导线 N 匝，导线中通有电流 I. 在铁环上有一个空气隙，宽为 1.0mm. 现在要在空气隙内产生 $B=0.50\mathrm{T}$ 的磁感强度，由铁的 B-H 曲线得出这时铁的 $\mu_{\mathrm{r}}=250$，试求所需的安匝数 NI.

【解】　设铁环中心长为 l，空气隙的宽度为 δ，隙中的磁场强度为 H_g，则由安培环路定理得所需的安匝数为

$$NI = H(l-\delta) + H_g\delta = \frac{B}{\mu_{\mathrm{r}}\mu_0}(l-\delta) + \frac{B}{\mu_0}\delta = \frac{B}{\mu_0}\left[\frac{l-\delta}{\mu_{\mathrm{r}}} + \delta\right] \tag{1}$$

其中用到了 $\boldsymbol{B}$ 的法向分量的连续性，即铁环内和空气隙内磁感强度相等. 代入数值便得

$$\begin{aligned} NI &= \frac{0.50}{4\pi\times10^{-7}}\left[\frac{(2\pi\times200-1.0)\times10^{-3}}{250} + 1.0\times10^{-3}\right] \\ &= 2.4\times10^3\,(\text{安匝}) \end{aligned} \tag{2}$$

【别解】　用磁路定理求解　由前面 7.33 题的式(8)得

$$NI = \Phi\left(\frac{l-\delta}{\mu S} + \frac{\delta}{\mu_0 S}\right) = \frac{\Phi}{S}\left(\frac{l-\delta}{\mu_{\mathrm{r}}\mu_0} + \frac{\delta}{\mu_0}\right) = \frac{B}{\mu_0}\left(\frac{l-\delta}{\mu_{\mathrm{r}}} + \delta\right) \tag{3}$$

这就是式(1).

7.35　一铁环中心线的半径为 $R=20\mathrm{cm}$，横截面是边长为 4.0cm 的正方形.

环上均匀绕有 500 匝表面绝缘的导线，导线中载有 1.0A 的电流，这时铁的相对磁导率为 $\mu_r=400$.(1)试求通过铁环的横截面的磁通量 Φ；(2)如果在这铁环上锯开一个宽为 1.0mm 的空气隙，试问通过铁环的横截面的磁通量减少了多少？

【解】 (1)所求的磁通量为

$$\begin{aligned}\Phi &= BS = \mu_r\mu_0 HS = \mu_r\mu_0 NIS/l \\ &= 400\times4\pi\times10^{-7}\times500\times1.0\times(4.0\times10^{-2})^2/(2\pi\times20\times10^{-2}) \\ &= 3.2\times10^{-4}(\text{Wb})\end{aligned} \tag{1}$$

(2)由磁路定理[参见前面 7.33 题的式(8)]

$$NI=\Phi\left(\frac{l-\delta}{\mu S}+\frac{\delta}{\mu_0 S}\right) \tag{2}$$

得这时的磁通量为

$$\begin{aligned}\Phi' &= \frac{\mu_r\mu_0 NIS}{l+(\mu_r-1)\delta}=\frac{400\times4\pi\times10^{-7}\times500\times1.0\times(4.0\times10^{-2})^2}{2\pi\times20\times10^{-2}+(400-1)\times1.0\times10^{-3}} \\ &= 2.4\times10^{-4}(\text{Wb})\end{aligned} \tag{3}$$

故磁通量减少的值为

$$\Phi-\Phi'=3.2\times10^{-4}-2.4\times10^{-4}=8\times10^{-5}(\text{Wb}) \tag{4}$$

【讨论】 式(2)也可以由安培环路定理直接得出，参见前面 7.34 题的式(1).

7.36 一铁环中心线的直径为 $D=40\text{cm}$，环上均匀地绕有一层表面绝缘的导线，导线中通有不变的电流. 若在这铁环上锯一个宽为 1.0mm 的空气隙，则通过环的横截面的磁通量为3.0×10^{-4} Wb；若空气隙的宽度为 2.0mm，则通过环的横截面的磁通量为 2.5×10^{-4} Wb. 略去漏磁，试求这铁环的磁导率.

【解】 根据磁路定理[参见前面 7.33 题的式(8)]

$$NI=\Phi\left[\frac{l-\delta}{\mu_r\mu_0 S}+\frac{\delta}{\mu_0 S}\right] \tag{1}$$

设空气隙宽为 δ_1 时，磁通量为 Φ_1；空气隙宽为 δ_2 时，磁通量为 Φ_2，则有

$$NI=\Phi_1\left[\frac{\pi D-\delta_1}{\mu_r\mu_0 S}+\frac{\delta_1}{\mu_0 S}\right]=\Phi_2\left[\frac{\pi D-\delta_2}{\mu_r\mu_0 S}+\frac{\delta_2}{\mu_0 S}\right] \tag{2}$$

式中 S 为铁环的横截面积. 由上式得

$$\Phi_1[\pi D+(\mu_r-1)\delta_1]=\Phi_2[\pi D+(\mu_r-1)\delta_2] \tag{3}$$

解得

$$\begin{aligned}\mu_r &= 1+\frac{\pi D(\Phi_1-\Phi_2)}{\Phi_2\delta_2-\Phi_1\delta_1} \\ &= 1+\frac{\pi\times40\times10^{-2}\times(3.0-2.5)\times10^{-4}}{2.5\times10^{-4}\times2.0\times10^{-3}-3.0\times10^{-4}\times1.0\times10^{-3}} \\ &= 3.2\times10^2\end{aligned} \tag{4}$$

【讨论】 式(2)也可以直接由安培环路定理得出如下：

$$\oint_L \boldsymbol{H}\cdot d\boldsymbol{l}=(\pi D-\delta)H+H_g\delta=(\pi D-\delta)\frac{B}{\mu_r\mu_0}+\frac{B}{\mu_0}\delta$$

$$=\Phi\left[\frac{\pi D-\delta}{\mu_r\mu_0 S}+\frac{\delta}{\mu_0 S}\right]=NI \tag{5}$$

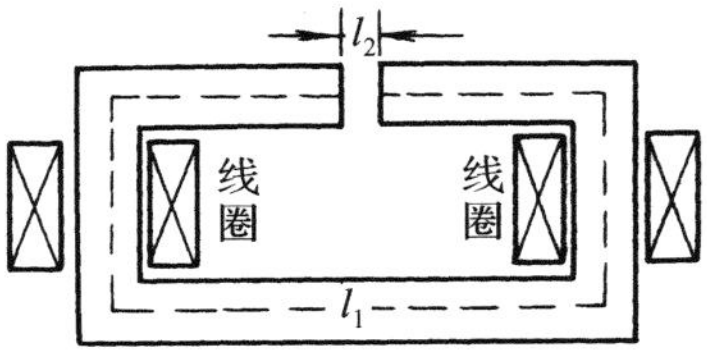

图 7.37

7.37 一个利用空气间隙获得较强磁场的装置如图 7.37 所示，铁芯是相对磁导率为 $\mu_r=5000$ 的硅钢，它的中心线的长度为 $l_1=500$mm，空气隙的宽度为 $l_2=20$mm. 要在空气隙中得到 $B=3000$Gs 的磁场，试求绕在铁芯上的线圈的安匝数 NI.

【解】 由安培环路定理得

$$NI=H_1l_1+H_2l_2=\frac{Bl_1}{\mu_r\mu_0}+\frac{Bl_2}{\mu_0}=\frac{B}{\mu_0}\left(\frac{l_1}{\mu_r}+l_2\right) \tag{1}$$

其中用到了 $\boldsymbol{B}$ 的法向分量是连续的，即 $B_1=B_2=B$. 代入数据得所求的安匝数为

$$NI=\frac{3000\times10^{-4}}{4\pi\times10^{-7}}\times\left(\frac{500\times10^{-3}}{5000}+20\times10^{-3}\right)=4.8\times10^3(\text{安匝}) \tag{2}$$

【讨论】 式(1)也可由磁路定理[参见前面 7.33 题的式(8)]直接得出.

7.38 某电钟里有一铁芯线圈，已知铁芯的磁路长为 14.4cm，空气隙宽为 2.0mm，铁芯的横截面积为 0.60cm^2，铁芯的相对磁导率为 $\mu_r=1600$. (1)现在要使通过空气隙的磁通量为 4.8×10^{-6} Wb，试求绕在铁芯上的线圈的安匝数 NI；(2)若线圈两端电压为 220V，线圈消耗的功率为 2.0W，试求线圈的匝数.

【解】 (1)由磁路定理[参见前面 7.33 题的式(8)]得所求的安匝数为

$$NI=\frac{\Phi}{\mu_0 S}\left(\frac{l_1}{\mu_r}+l_2\right)$$

$$=\frac{4.8\times10^{-6}}{4\pi\times10^{-7}\times0.60\times10^{-4}}\left(\frac{14.4\times10^{-2}}{1600}+2.0\times10^{-3}\right)$$

$$=1.3\times10^2(\text{安匝}) \tag{1}$$

(2)线圈的匝数为

$$N=\frac{NIU}{IU}=\frac{NIU}{P}=\frac{1.3\times10^2\times220}{2.0}=1.4\times10^4(\text{匝}) \tag{2}$$

【讨论】 式(1)也可由安培环路定理导出：

$$\oint_L \boldsymbol{H}\cdot d\boldsymbol{l}=H_1l_1+H_2l_2=\frac{Bl_1}{\mu_r\mu_0}+\frac{Bl_2}{\mu_0}=\frac{\Phi}{\mu_0 S}\left(\frac{l_1}{\mu_r}+l_2\right)$$

其中用到 $\boldsymbol{B}$ 的法向分量连续，即 $B_1=B_2=B$.

7.39 一永磁铁环的平均直径为 20cm，环上有一宽为 2.0mm 的空气间隙，间隙内的磁感强度为 40mT. 略去间隙边缘的漏磁，试估算间隙内和磁铁内磁场强度的值.

【解】 间隙内磁场强度的值为

$$H_0=\frac{B_0}{\mu_0}=\frac{40\times10^{-3}}{4\pi\times10^{-7}}=3.2\times10^4(\mathrm{A/m})$$

再求磁铁内的磁场强度 H_i. 沿磁铁环的平均直径取环路 L,由安培环路定理得

$$\oint_L \boldsymbol{H}\cdot \mathrm{d}\boldsymbol{l}=H_i\cdot\pi d-H_0\delta=0$$

所以 $$H_i=\frac{H_0\delta}{\pi d}=\frac{3.2\times10^4\times2.0\times10^{-3}}{\pi\times20\times10^{-2}}=1.0\times10^2(\mathrm{A/m})$$

7.40 一磁偶极子的磁偶极矩为 $\boldsymbol{p}_{\mathrm{m}}$,处在磁场强度为 $\boldsymbol{H}$ 的非均匀外磁场中,$\boldsymbol{p}_{\mathrm{m}}$ 与 $\boldsymbol{H}$ 平行或逆平行.(1)试证明,它受磁场 $\boldsymbol{H}$ 的作用力 $\boldsymbol{f}$ 的大小为 $f=p_{\mathrm{m}}\left|\frac{\partial H}{\partial l}\right|$,式中$\frac{\partial H}{\partial l}$是 $\boldsymbol{H}$ 的大小沿 $\boldsymbol{p}_{\mathrm{m}}$ 方向的微商;(2)$\boldsymbol{f}$ 的方向如何?

【解】 (1)设磁偶极子的磁极强度为 q_{m},长为 δ,则它受磁场 $\boldsymbol{H}$ 的作用力为

$$\begin{aligned}\boldsymbol{f}&=q_{\mathrm{m}}\boldsymbol{H}_++(-q_{\mathrm{m}})\boldsymbol{H}_-=q_{\mathrm{m}}(\boldsymbol{H}_+-\boldsymbol{H}_-)\\&=q_{\mathrm{m}}\Delta\boldsymbol{H}=q_{\mathrm{m}}\frac{\partial\boldsymbol{H}}{\partial l}\delta=\pm q_{\mathrm{m}}\boldsymbol{\delta}\frac{\partial H}{\partial l}\\&=\pm\boldsymbol{p}_{\mathrm{m}}\frac{\partial H}{\partial l}\end{aligned}\qquad(1)$$

式中 $\boldsymbol{p}_{\mathrm{m}}=q_{\mathrm{m}}\boldsymbol{\delta}$,当 $\boldsymbol{p}_{\mathrm{m}}$ 与 $\boldsymbol{H}$ 平行时,用正号;当 $\boldsymbol{p}_{\mathrm{m}}$ 与 $\boldsymbol{H}$ 逆平行时,用负号. 于是得

$$f=|\boldsymbol{f}|=p_{\mathrm{m}}\left|\frac{\partial H}{\partial l}\right|\qquad(2)$$

(2)$\boldsymbol{f}$ 的方向由式(1)可见,若$\frac{\partial H}{\partial l}>0$,则 $\boldsymbol{p}_{\mathrm{m}}$ 与 $\boldsymbol{H}$ 同方向时,$\boldsymbol{f}$ 与 $\boldsymbol{H}$ 同方向;$\boldsymbol{p}_{\mathrm{m}}$ 与 $\boldsymbol{H}$ 反方向时,$\boldsymbol{f}$ 与 $\boldsymbol{H}$ 反方向. 若$\frac{\partial H}{\partial l}<0$,则 $\boldsymbol{p}_{\mathrm{m}}$ 与 $\boldsymbol{H}$ 同方向时,$\boldsymbol{f}$ 与 $\boldsymbol{H}$ 反方向;$\boldsymbol{p}_{\mathrm{m}}$ 与 $\boldsymbol{H}$ 反方向时,$\boldsymbol{f}$ 与 $\boldsymbol{H}$ 同方向.

7.41 一永磁体的磁偶极子,其磁矩为 $\boldsymbol{m}$,处在磁感强度为 $\boldsymbol{B}$ 的外磁场(静磁场)中. 试证明,它的磁势能为 $W_{\mathrm{m}}=-\boldsymbol{m}\cdot\boldsymbol{B}$.

【证】 设磁偶极子的磁极强度(磁荷量)为 q_{m},长为 δ,则它的磁矩为

$$\boldsymbol{m}=\frac{1}{\mu_0}q_{\mathrm{m}}\boldsymbol{\delta}\qquad(1)$$

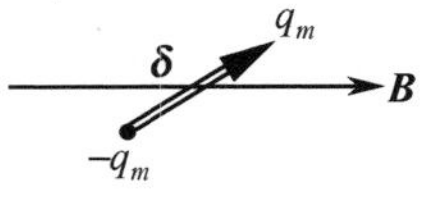

图 7.41

式中 $\boldsymbol{\delta}$ 是从 $-q_{\mathrm{m}}$ 到 q_{m} 的矢量,$|\boldsymbol{\delta}|=\delta$,如图 7.41 所示.

设 $\boldsymbol{m}$ 所在的区域没有自由电流,则这个区域里的外磁场便是势场,即存在磁势(磁标势)U_{m},使得磁场强度为

$$\boldsymbol{H}=-\nabla U_{\mathrm{m}}\qquad(2)$$

于是 $\boldsymbol{m}$ 在这个磁场中的势能便为

$$W_{\mathrm{m}}=q_{\mathrm{m}}U_{\mathrm{m}+}+(-q_{\mathrm{m}})U_{\mathrm{m}-}=q_{\mathrm{m}}(U_{\mathrm{m}+}-U_{\mathrm{m}-})$$

$$= q_m \Delta U_m = q_m \nabla U_m \cdot \boldsymbol{\delta} = q_m \boldsymbol{\delta} \cdot \nabla U_m$$
$$= \mu_0 \boldsymbol{m} \cdot (-\boldsymbol{H}) = -\boldsymbol{m} \cdot (\mu_0 \boldsymbol{H}) = -\boldsymbol{m} \cdot \boldsymbol{B} \tag{3}$$

【讨论】 一、磁矩 $\boldsymbol{m}$ 在外磁场中的势能 $W_m = -\boldsymbol{m} \cdot \boldsymbol{B}$ 并不是磁矩 $\boldsymbol{m}$ 在外磁场中的总能量. 如果磁矩 $\boldsymbol{m}$ 是载有电流的小线圈的磁矩,则当 $\boldsymbol{m}$ 的位形发生变化时,要使 $\boldsymbol{m}$ 的大小保持不变,就必须保持它的电流不变,这样外界就必须做功. 关于这一点,参见:1、J. D. 杰克逊著,朱培豫译,《经典电动力学》,上册,人民教育出版社(1979),204—205 页;2、蔡圣善等编著,《经典电动力学》,复旦大学出版社(1985),194—195 页.

二、磁矩 $\boldsymbol{m}$ 在外磁场中的势能表达式 $W_m = -\boldsymbol{m} \cdot \boldsymbol{B}$,在原子物理学中研究原子能级的精细结构和超精细结构时,都要用到.

7.42 原子和分子的磁矩一般是玻尔磁子 $\mu_B = \dfrac{e\hbar}{2m} = 9.274 \times 10^{-24}\,\text{A} \cdot \text{m}^2$ 的数量级. 试问:(1)一个玻尔磁子在磁感强度为 $B = 10\text{T}$ 的外磁场中,当 $\boldsymbol{\mu}_B$ 与 $\boldsymbol{B}$ 逆平行时,它的势能是多少?(2)这势能与室温下分子热运动的能量(数量级为 kT)比较,哪个大?大多少倍?

【解答】 (1)$\boldsymbol{\mu}_B$ 与 $\boldsymbol{B}$ 逆平行时,它的势能为

$$W_m = -\boldsymbol{\mu}_B \cdot \boldsymbol{B} = \mu_B B = 9.274 \times 10^{-24} \times 10 = 9.274 \times 10^{-23}(\text{J})$$
$$= 5.8 \times 10^{-4}(\text{eV})$$

(2)室温下分子热运动能量的数量级为

$$E = kT = 1.38 \times 10^{-23} \times 300 = 4.14 \times 10^{-21}(\text{J})$$
$$= 2.6 \times 10^{-2}(\text{eV})$$

可见 $E > W_m$,比值为

$$\frac{E}{W_m} = \frac{2.6 \times 10^{-2}}{5.8 \times 10^{-4}} = 45$$

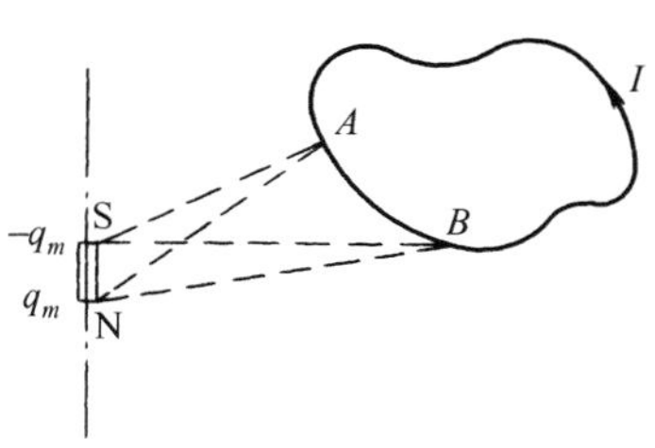

图 7.43(1)

7.43 载有电流 I 的导线是一条平面曲线,在同一平面内有一小磁棒,它两极的磁极强度(磁荷量)分别为 q_m 和 $-q_m$,这导线上任何一段 AB[图 7.43(1)]都将受到磁棒的作用力. 试证明:这力对于转轴 NS 的力矩的大小为 $M = \dfrac{q_m I}{4\pi}(\cos\angle ANS + \cos\angle ASN - \cos\angle BNS - \cos\angle BSN)$.

【证】 以纸面为载流导线和小磁棒所在的平面,如图7.43(2)所示,小磁棒的 N 极(q_m)在 $\boldsymbol{r}_+$ 处产生的磁感强度为

$$\boldsymbol{B}_+ = \mu_0 \boldsymbol{H}_+ = \mu_0 \frac{q_m}{4\pi\mu_0} \frac{\boldsymbol{r}_+}{r_+^3} = \frac{q_m}{4\pi} \frac{\boldsymbol{r}_+}{r_+^3} \tag{1}$$

电流元 $I\mathrm{d}\boldsymbol{l}$ 受小磁棒 N 极的作用力为

$$\mathrm{d}\boldsymbol{F}_+ = I\mathrm{d}\boldsymbol{l}\times\boldsymbol{B}_+ = \frac{q_\mathrm{m}I}{4\pi}\frac{\mathrm{d}\boldsymbol{l}\times\boldsymbol{r}_+}{r_+^3} \tag{2}$$

$\mathrm{d}\boldsymbol{F}_+$ 的大小为

$$\mathrm{d}F_+ = \frac{q_\mathrm{m}I}{4\pi}\frac{\mathrm{d}l}{r_+^2}\sin\theta_+ \tag{3}$$

$\mathrm{d}\boldsymbol{F}_+$ 的方向垂直于纸面向外,如图 7.43(2)所示.

$\mathrm{d}\boldsymbol{F}_+$ 对 NS 轴线的力矩为

$$\mathrm{d}M_+ = r_+\sin\alpha_+\,\mathrm{d}F_+ = \frac{q_\mathrm{m}I\sin\alpha_+}{4\pi}\frac{(\mathrm{d}l)\sin\theta_+}{r_+} \tag{4}$$

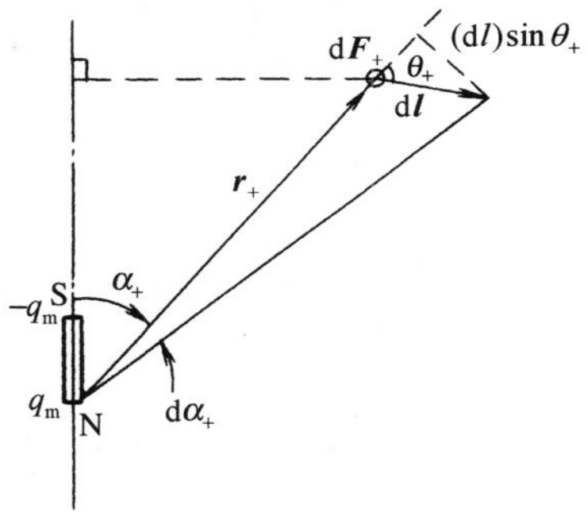

图 7.43(2)

由图 7.43(2)可见,

$$\frac{(\mathrm{d}l)\sin\theta_+}{r_+} = \mathrm{d}\alpha_+ \tag{5}$$

将式(5)代入式(4)得

$$\mathrm{d}M_+ = \frac{q_\mathrm{m}I}{4\pi}\sin\alpha_+\,\mathrm{d}\alpha_+ \tag{6}$$

于是图 7.43(1)中从 A 到 B 的一段载流导线受 q_m 作用的力矩为

$$\begin{aligned} M_+ &= \frac{q_\mathrm{m}I}{4\pi}\int_A^B \sin\alpha_+\,\mathrm{d}\alpha_+ = \frac{q_\mathrm{m}I}{4\pi}[-\cos\alpha_+]_A^B = \frac{q_\mathrm{m}I}{4\pi}[-\cos\alpha_{+B}+\cos\alpha_{+A}] \\ &= \frac{q_\mathrm{m}I}{4\pi}[\cos\angle ANS - \cos\angle BNS] \end{aligned} \tag{7}$$

电流元 $I\mathrm{d}\boldsymbol{l}$ 受小磁棒 S 极的作用力为

$$\mathrm{d}\boldsymbol{F}_- = I\mathrm{d}\boldsymbol{l}\times\boldsymbol{B}_- = I\mathrm{d}\boldsymbol{l}\times\left(\frac{-q_\mathrm{m}}{4\pi}\frac{\boldsymbol{r}_-}{r_-^3}\right) = -\frac{q_\mathrm{m}I}{4\pi}\frac{\mathrm{d}\boldsymbol{l}\times\boldsymbol{r}_-}{r_-^3} \tag{8}$$

$\mathrm{d}\boldsymbol{F}_-$ 的大小为

$$\mathrm{d}F_- = \frac{q_\mathrm{m}I}{4\pi}\frac{(\mathrm{d}l)\sin\theta_-}{r_-^2} \tag{9}$$

$\mathrm{d}\boldsymbol{F}_-$ 的方向垂直于纸面向内. $\mathrm{d}\boldsymbol{F}_-$ 对 NS 轴的力矩为

$$\begin{aligned} \mathrm{d}M_- &= -r_-\sin\alpha_-\,\mathrm{d}F_- = -\frac{q_\mathrm{m}I\sin\alpha_-}{4\pi}\frac{(\mathrm{d}l)\sin\theta_-}{r_-} \\ &= -\frac{q_\mathrm{m}I}{4\pi}\sin\alpha_-\,\mathrm{d}\alpha_- \end{aligned} \tag{10}$$

式中负号表示 $\mathrm{d}M_-$ 与 $\mathrm{d}M_+$ 的转动方向相反. 积分得

$$\begin{aligned} M_- &= -\frac{q_\mathrm{m}I}{4\pi}\int_A^B \sin\alpha_-\,\mathrm{d}\alpha_- = \frac{q_\mathrm{m}I}{4\pi}[\cos\alpha_-]_A^B = \frac{q_\mathrm{m}I}{4\pi}[\cos\alpha_{-B}-\cos\alpha_{-A}] \\ &= \frac{q_\mathrm{m}I}{4\pi}[\cos(\pi-\angle BSN)-\cos(\pi-\angle ASN)] \\ &= \frac{q_\mathrm{m}I}{4\pi}[\cos\angle ASN - \cos\angle BSN] \end{aligned} \tag{11}$$

由式(7)和(11)得出,AB 段所受的力矩为

$$M = M_+ + M_- = \frac{q_m I}{4\pi}[\cos\angle ANS + \cos\angle ASN - \cos\angle BNS - \cos\angle BSN] \quad (12)$$

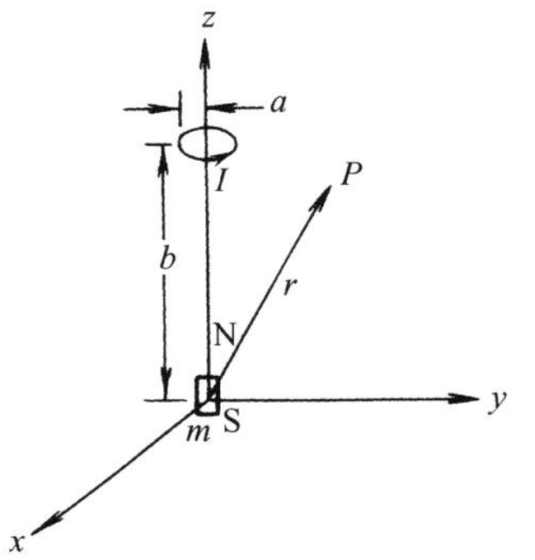

图 7.44(1)

7.44 在原点有一磁矩为 $\boldsymbol{m}$ 的磁偶极子,$\boldsymbol{m}=m\boldsymbol{k}$,$m>0$,$\boldsymbol{m}$ 在 $\boldsymbol{r}$ 处产生的磁感强度为

$$\boldsymbol{B} = \frac{\mu_0}{4\pi r^3}\left[\frac{3(\boldsymbol{m}\cdot\boldsymbol{r})\boldsymbol{r}}{r^2} - \boldsymbol{m}\right]$$

另一圆电流 I,半径为 a,中心在$(0,0,b)$处,其轴线与 z 轴重合,如图 7.44(1)所示. 试求它们之间的相互作用力.

【解】 磁偶极子作用在电流元 $I\mathrm{d}\boldsymbol{l}$ 上的力为

$$\mathrm{d}\boldsymbol{F} = I\mathrm{d}\boldsymbol{l}\times\boldsymbol{B} = I\mathrm{d}\boldsymbol{l}\times\frac{\mu_0}{4\pi r^3}\left[\frac{3(\boldsymbol{m}\cdot\boldsymbol{r})\boldsymbol{r}}{r^2} - \boldsymbol{m}\right] = \frac{\mu_0 I}{4\pi}\left[\frac{3(\boldsymbol{m}\cdot\boldsymbol{r})\mathrm{d}\boldsymbol{l}\times\boldsymbol{r}}{r^5} - \frac{\mathrm{d}\boldsymbol{l}\times\boldsymbol{m}}{r^2}\right] \quad (1)$$

积分便得

$$\boldsymbol{F} = \frac{\mu_0 I}{4\pi}\oint\frac{3(\boldsymbol{m}\cdot\boldsymbol{r})\mathrm{d}\boldsymbol{l}\times\boldsymbol{r}}{r^5} - \frac{\mu_0 I}{4\pi}\oint\frac{\mathrm{d}\boldsymbol{l}\times\boldsymbol{m}}{r^2} \quad (2)$$

其中

$$\oint\frac{\mathrm{d}\boldsymbol{l}\times\boldsymbol{m}}{r^2} = \left(\oint\mathrm{d}\boldsymbol{l}\right)\times\frac{\boldsymbol{m}}{a^2+b^2} = 0 \quad (3)$$

$$\boldsymbol{m}\cdot\boldsymbol{r} = mr\cos\theta \quad (4)$$

$$r = \sqrt{a^2+b^2} \quad (5)$$

$\mathrm{d}\boldsymbol{l}\times\boldsymbol{r}$ 的大小为$(\mathrm{d}l)r\sin 90° = r\mathrm{d}l$,其方向垂直于 $\boldsymbol{r}$,如图 7.44(2)所示. 在沿圆线圈积分一圈时,$\mathrm{d}\boldsymbol{l}\times\boldsymbol{r}$ 垂直于轴线的分量由于对称性,积分结果为零. 故积分后便只剩下逆平行于轴线的分量,

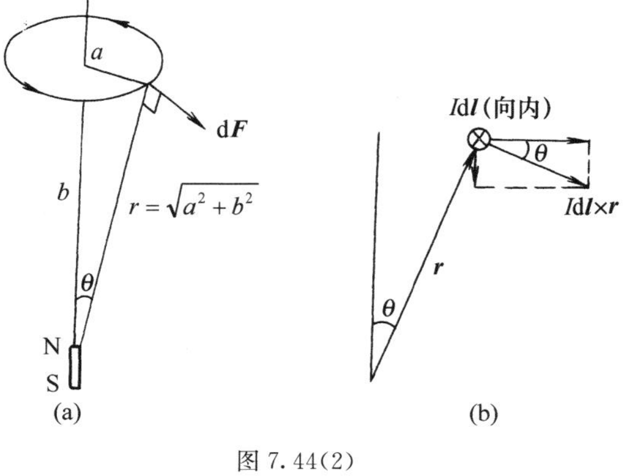

图 7.44(2)

于是得

$$\boldsymbol{F}=\frac{3\mu_0 I}{4\pi}\oint\frac{mr\cos\theta}{r^5}r(\mathrm{d}l)\sin\theta(-\boldsymbol{k})=\frac{3\mu_0 Im\sin\theta\cos\theta}{4\pi r^3}\left(\oint\mathrm{d}l\right)(-\boldsymbol{k})$$

$$=-\frac{3\mu_0 Ima}{2r^3}\sin\theta\cos\theta\boldsymbol{k}=-\frac{3\mu_0 Ima^2 b}{2(a^2+b^2)^{5/2}}\boldsymbol{k} \tag{6}$$

式中 $\boldsymbol{k}$ 是 z 轴方向的单位矢量；负号表示，磁偶极子作用在载流线圈上的力是吸引力.

7.45 两磁偶极子在同一条直线上，它们的磁偶极矩分别为 $\boldsymbol{p}_1$ 和 $\boldsymbol{p}_2$，相距为 r. 试证明，它们之间相互作用力的大小为 $f=3p_1p_2/2\pi\mu_0 r^4$；在什么情况下它们互相吸引？

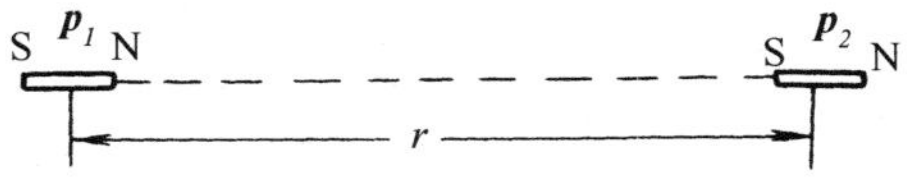

图 7.45

【解】 如图 7.45，$\boldsymbol{p}_1$ 在 $\boldsymbol{p}_2$ 处产生的磁场强度 $\boldsymbol{H}_1$ 由前面 7.44 题为

$$\boldsymbol{H}_1=\frac{\boldsymbol{B}_1}{\mu_0}=\frac{1}{4\pi\mu_0 r^3}\left[\frac{3(\boldsymbol{p}_1\cdot\boldsymbol{r})\boldsymbol{r}}{r^2}-\boldsymbol{p}_1\right]=\frac{2\boldsymbol{p}_1}{4\pi\mu_0 r^3} \tag{1}$$

根据前面 7.40 题的式(1)，$\boldsymbol{p}_2$ 处在非均匀的外磁场 $\boldsymbol{H}_1$ 中，它所受的力为

$$f=\pm\boldsymbol{p}_2\frac{\partial H_1}{\partial r} \tag{2}$$

当 $\boldsymbol{p}_2$ 与 $\boldsymbol{p}_1$ 方向相同时(如图 7.45)用正号；当 $\boldsymbol{p}_2$ 与 $\boldsymbol{p}_1$ 方向相反时用负号. 由式(1)得

$$\frac{\partial H_1}{\partial r}=-\frac{3p_1}{2\pi\mu_0 r^4} \tag{3}$$

代入式(2)得

$$f=\pm\frac{3p_1\boldsymbol{p}_2}{2\pi\mu_0 r^4} \tag{4}$$

当 $\boldsymbol{p}_2$ 与 $\boldsymbol{p}_1$ 方向相同时，用负号，这时它们互相吸引；当 $\boldsymbol{p}_2$ 与 $\boldsymbol{p}_1$ 方向相反时，用正号，这时它们互相排斥.

【别解】 参见前面 1.2.39 题的解法.

7.46 两磁偶极子的磁矩分别为 $\boldsymbol{m}_1$ 和 $\boldsymbol{m}_2$，$\boldsymbol{r}$ 是从 $\boldsymbol{m}_1$ 到 $\boldsymbol{m}_2$ 的矢径. 试证明：$\boldsymbol{m}_1$ 作用在 $\boldsymbol{m}_2$ 上的力为

$$\boldsymbol{f}=\frac{3\mu_0}{4\pi r^5}\left[(\boldsymbol{m}_1\cdot\boldsymbol{r})\boldsymbol{m}_2+(\boldsymbol{m}_2\cdot\boldsymbol{r})\boldsymbol{m}_1+(\boldsymbol{m}_1\cdot\boldsymbol{m}_2)\boldsymbol{r}-\frac{5(\boldsymbol{m}_1\cdot\boldsymbol{r})(\boldsymbol{m}_2\cdot\boldsymbol{r})}{r^2}\boldsymbol{r}\right]$$

【证】 设 $\boldsymbol{m}_2=\frac{q_\mathrm{m}}{\mu_0}\boldsymbol{l}$，$q_\mathrm{m}$ 是它的磁极强度(磁荷量)，$\boldsymbol{m}_1$ 在 $\boldsymbol{m}_2$ 中心产生的磁场强度为 $\boldsymbol{H}_1$，则 $\boldsymbol{m}_1$ 在 $\boldsymbol{m}_2$ 的正负磁荷处产生的磁场强度分别为

$$\boldsymbol{H}_+=\boldsymbol{H}_1+\left(\frac{1}{2}\boldsymbol{l}\cdot\nabla\right)\boldsymbol{H}_1 \tag{1}$$

$$\boldsymbol{H}_-=\boldsymbol{H}_1+\left(-\frac{1}{2}\boldsymbol{l}\cdot\nabla\right)\boldsymbol{H}_1 \tag{2}$$

故 $\boldsymbol{m}_2$ 所受的力为

$$\begin{aligned}\boldsymbol{f}&=q_{\mathrm{m}}\boldsymbol{H}_{+}+(-q_{\mathrm{m}})\boldsymbol{H}_{-}=q_{\mathrm{m}}(\boldsymbol{l}\cdot\nabla)\boldsymbol{H}_1=(\boldsymbol{p}_2\cdot\nabla)\boldsymbol{H}_1\\&=\mu_0(\boldsymbol{m}_2\cdot\nabla)\boldsymbol{H}_1\end{aligned}\tag{3}$$

根据前面 7.44 题,或前面 1.2.8 题,$\boldsymbol{m}_1$ 产生的磁场强度为

$$\boldsymbol{H}_1=\frac{\boldsymbol{B}}{\mu_0}=\frac{1}{4\pi}\left[\frac{3(\boldsymbol{m}_1\cdot\boldsymbol{r})\boldsymbol{r}}{r^5}-\frac{\boldsymbol{m}_1}{r^3}\right]\tag{4}$$

将 $\boldsymbol{H}_1$ 代入式(3)得

$$\begin{aligned}\boldsymbol{f}&=\frac{\mu_0}{4\pi}(\boldsymbol{m}_2\cdot\nabla)\left[\frac{3(\boldsymbol{m}_1\cdot\boldsymbol{r})\boldsymbol{r}}{r^5}-\frac{\boldsymbol{m}_1}{r^3}\right]\\&=\frac{\mu_0}{4\pi}\left(m_{2x}\frac{\partial}{\partial x}+m_{2y}\frac{\partial}{\partial y}+m_{2z}\frac{\partial}{\partial z}\right)\left[\frac{3(\boldsymbol{m}_1\cdot\boldsymbol{r})\boldsymbol{r}}{r^5}-\frac{\boldsymbol{m}_1}{\boldsymbol{r}^3}\right]\end{aligned}\tag{5}$$

其中

$$\begin{aligned}&m_{2x}\frac{\partial}{\partial x}\left[\frac{3(\boldsymbol{m}_1\cdot\boldsymbol{r})\boldsymbol{r}}{r^5}-\frac{\boldsymbol{m}_1}{r^3}\right]\\&=\frac{3m_{1x}m_{2x}\boldsymbol{r}+3(\boldsymbol{m}_1\cdot\boldsymbol{r})m_{2x}\boldsymbol{i}}{r^5}-\frac{15(\boldsymbol{m}_1\cdot\boldsymbol{r})\boldsymbol{r}}{r^6}\frac{m_{2x}x}{r}+\frac{3\boldsymbol{m}_1m_{2x}x}{r^5}\\&=\frac{3m_{1x}m_{2x}\boldsymbol{r}+3(\boldsymbol{m}_1\cdot\boldsymbol{r})m_{2x}\boldsymbol{i}+3m_{2x}x\boldsymbol{m}_1}{r^5}-\frac{15(\boldsymbol{m}_1\cdot\boldsymbol{r})m_{2x}x\boldsymbol{r}}{r^7}\end{aligned}\tag{6}$$

$$\begin{aligned}&m_{2y}\frac{\partial}{\partial y}\left[\frac{3(\boldsymbol{m}_1\cdot\boldsymbol{r})\boldsymbol{r}}{r^5}-\frac{\boldsymbol{m}_1}{r^3}\right]\\&=\frac{3m_{1y}m_{2y}\boldsymbol{r}+3(\boldsymbol{m}_1\cdot\boldsymbol{r})m_{2y}\boldsymbol{j}+3m_{2y}y\boldsymbol{m}_1}{r^5}-\frac{15(\boldsymbol{m}_1\cdot\boldsymbol{r})m_{2y}y\boldsymbol{r}}{r^7}\end{aligned}\tag{7}$$

$$\begin{aligned}&m_{2z}\frac{\partial}{\partial z}\left[\frac{3(\boldsymbol{m}_1\cdot\boldsymbol{r})\boldsymbol{r}}{r^5}-\frac{\boldsymbol{m}_1}{r^3}\right]\\&=\frac{3m_{1z}m_{2z}\boldsymbol{r}+3(\boldsymbol{m}_1\cdot\boldsymbol{r})m_{2z}\boldsymbol{k}+3m_{2z}z\boldsymbol{m}_1}{r^5}-\frac{15(\boldsymbol{m}_1\cdot\boldsymbol{r})m_{2z}z\boldsymbol{r}}{r^7}\end{aligned}\tag{8}$$

将式(6)、(7)、(8)代入式(5)便得

$$\begin{aligned}\boldsymbol{f}&=\frac{3\mu_0}{4\pi}\left[\frac{(\boldsymbol{m}_1\cdot\boldsymbol{r})\boldsymbol{m}_2+(\boldsymbol{m}_2\cdot\boldsymbol{r})\boldsymbol{m}_1+(\boldsymbol{m}_1\cdot\boldsymbol{m}_2)\boldsymbol{r}}{r^5}-\frac{5(\boldsymbol{m}_1\cdot\boldsymbol{r})(\boldsymbol{m}_2\cdot\boldsymbol{r})\boldsymbol{r}}{r^7}\right]\\&=\frac{3\mu_0}{4\pi r^5}\left[(\boldsymbol{m}_1\cdot\boldsymbol{r})\boldsymbol{m}_2+(\boldsymbol{m}_2\cdot\boldsymbol{r})\boldsymbol{m}_1+(\boldsymbol{m}_1\cdot\boldsymbol{m}_2)\boldsymbol{r}-\frac{5(\boldsymbol{m}_1\cdot\boldsymbol{r})(\boldsymbol{m}_2\cdot\boldsymbol{r})\boldsymbol{r}}{r^2}\right]\end{aligned}\tag{9}$$

【别证】 因矢量 $\boldsymbol{m}_1$ 和 $\boldsymbol{m}_2$ 都是常矢量,故利用矢量分析公式

$$\nabla(\boldsymbol{f}\cdot\boldsymbol{g})=\boldsymbol{f}\times(\nabla\times\boldsymbol{g})+\boldsymbol{g}\times(\nabla\times\boldsymbol{f})+(\boldsymbol{f}\cdot\nabla)\boldsymbol{g}+(\boldsymbol{g}\cdot\nabla)\boldsymbol{f}\tag{10}$$

便有

$$\begin{aligned}\nabla(\boldsymbol{m}_2\cdot\boldsymbol{H}_1)&=\boldsymbol{m}_2\times(\nabla\times\boldsymbol{H}_1)+\boldsymbol{H}_1\times(\nabla\times\boldsymbol{m}_2)\\&\quad+(\boldsymbol{m}_2\cdot\nabla)\boldsymbol{H}_1+(\boldsymbol{H}_1\cdot\nabla)\boldsymbol{m}_2\\&=(\boldsymbol{m}_2\cdot\nabla)\boldsymbol{H}_1\end{aligned}\tag{11}$$

其中利用了

$$\nabla\times\boldsymbol{H}_1=\frac{1}{4\pi}\nabla\times\left[\frac{3(\boldsymbol{m}_1\cdot\boldsymbol{r})\boldsymbol{r}}{r^5}-\frac{\boldsymbol{m}_1}{r^3}\right]=0 \tag{12}$$

将式(4)代入式(3)并利用式(11),便得

$$\begin{aligned}\boldsymbol{f}&=\frac{\mu_0}{4\pi}\nabla\left[\frac{3(\boldsymbol{m}_1\cdot\boldsymbol{r})(\boldsymbol{m}_2\cdot\boldsymbol{r})}{r^5}-\frac{\boldsymbol{m}_1\cdot\boldsymbol{m}_2}{r^3}\right]\\&=\frac{\mu_0}{4\pi}\left[\frac{3(\boldsymbol{m}_2\cdot\boldsymbol{r})\nabla(\boldsymbol{m}_1\cdot\boldsymbol{r})+3(\boldsymbol{m}_1\cdot\boldsymbol{r})\nabla(\boldsymbol{m}_2\cdot\boldsymbol{r})}{r^5}\right.\\&\quad\left.-\frac{15(\boldsymbol{m}_1\cdot\boldsymbol{r})(\boldsymbol{m}_2\cdot\boldsymbol{r})\boldsymbol{r}}{r^7}+\frac{3(\boldsymbol{m}_1\cdot\boldsymbol{m}_2)\boldsymbol{r}}{r^5}\right]\\&=\frac{3\mu_0}{4\pi r^5}\left[(\boldsymbol{m}_1\cdot\boldsymbol{r})\boldsymbol{m}_2+(\boldsymbol{m}_2\cdot\boldsymbol{r})\boldsymbol{m}_1+(\boldsymbol{m}_1\cdot\boldsymbol{m}_2)\boldsymbol{r}\right.\\&\quad\left.-\frac{5(\boldsymbol{m}_1\cdot\boldsymbol{r})(\boldsymbol{m}_2\cdot\boldsymbol{r})\boldsymbol{r}}{r^2}\right]\end{aligned} \tag{13}$$

其中利用了关系式

$$\nabla(\boldsymbol{m}_1\cdot\boldsymbol{r})=\boldsymbol{m}_1,\quad \nabla(\boldsymbol{m}_2\cdot\boldsymbol{r})=\boldsymbol{m}_2 \tag{14}$$

$$\nabla r=\frac{\boldsymbol{r}}{r} \tag{15}$$

7.47　磁偶极矩分别为 $\boldsymbol{p}_1$ 和 $\boldsymbol{p}_2$ 的两个小磁针固定在一起,中心重合,$\boldsymbol{p}_1$ 与 $\boldsymbol{p}_2$ 的夹角为 $\theta=\theta_1+\theta_2$,用细线拴住它们的重心,悬挂着使它们处在水平面内并可以自由转动. 加上一个水平的均匀外磁场 $\boldsymbol{B}$,当它们达到静止时,$\boldsymbol{p}_1$ 和 $\boldsymbol{p}_2$ 与 $\boldsymbol{B}$ 的夹角分别为 θ_1 和 θ_2,如图 7.47(1)所示(图面是水平面). 试证明:

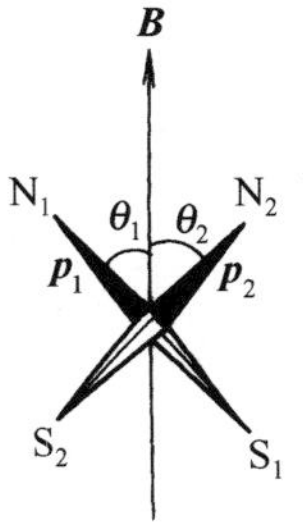

图 7.47(1)

$$\frac{\sin\theta_1}{p_2}=\frac{\sin\theta_2}{p_1}=\frac{\sin\theta}{\sqrt{p_1^2+p_2^2+2p_1p_2\cos\theta}}$$

【证】　平衡时,作用在这个系统上的外力矩为零,即

$$\boldsymbol{p}_1\times\boldsymbol{B}-\boldsymbol{p}_2\times\boldsymbol{B}=0 \tag{1}$$

因为

$$|\boldsymbol{p}_1\times\boldsymbol{B}|=p_1B\sin\theta_1 \tag{2}$$

$$|\boldsymbol{p}_2\times\boldsymbol{B}|=p_2B\sin\theta_2 \tag{3}$$

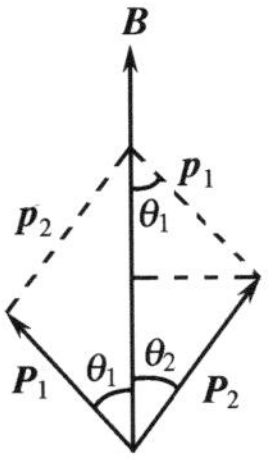

图 7.47(2)

由以上三式得

$$\frac{\sin\theta_1}{p_2}=\frac{\sin\theta_2}{p_1} \tag{4}$$

由图 7.47(2)可见,

$$\begin{aligned}p_1\cos\theta_1+p_2\cos\theta_2&=\sqrt{p_1^2+p_2^2-2p_1p_2\cos(\pi-\theta_1-\theta_2)}\\&=\sqrt{p_1^2+p_2^2+2p_1p_2\cos\theta}\end{aligned} \tag{5}$$

$$\frac{\sin\theta_1}{p_2}=\frac{\sin(\pi-\theta_1-\theta_2)}{p_1\cos\theta_1+p_2\cos\theta_2}=\frac{\sin\theta}{\sqrt{p_1^2+p_2^2+2p_1p_2\cos\theta}} \tag{6}$$

由式(4)、(6)得

$$\frac{\sin\theta_1}{p_2}=\frac{\sin\theta_2}{p_1}=\frac{\sin\theta}{\sqrt{p_1^2+p_2^2+2p_1p_2\cos\theta}} \tag{7}$$

7.48　试论证:在非铁磁质里的任一点,磁感强度 B 的值(以高斯为单位)等于磁场强度 H 的值(以 Oe 为单位).

【论证】　在国际单位制(SI)里,磁感强度 B 与磁场强度 H 的关系为

$$B=\mu_r\mu_0 H \tag{1}$$

其中 B 的单位为特斯拉(T),H 的单位为安/米(A/m),$\mu_0=4\pi\times10^{-7}$ H/m,$\mu_r=1+\chi_m$ 是无量纲的纯数.

高斯(Gs)和奥斯特(Oe)分别是高斯单位制里磁感强度的单位和磁场强度的单位,它们与国际单位制的换算关系为

$$1\text{T}=10^4\text{Gs} \tag{2}$$

$$1\text{A/m}=\frac{4\pi}{10^3}\text{Oe} \tag{3}$$

当某点的磁感强度为 a 高斯时,即

$$B=a(\text{Gs})=a\times10^{-4}\text{T} \tag{4}$$

按式(1),该点的磁场强度即为

$$\begin{aligned}H&=\frac{B}{\mu_r\mu_0}=\frac{a\times10^{-4}}{4\pi\times10^{-7}\mu_r}=\frac{10^3}{4\pi}\frac{a}{\mu_r}(\text{A/m})\\&=\frac{a}{\mu_r}\frac{10^3}{4\pi}\cdot\frac{4\pi}{10^3}(\text{Oe})=\frac{a}{\mu_r}(\text{Oe})\end{aligned} \tag{5}$$

对于非铁磁介质来说,χ_m 最大不过万分之三(3×10^{-4}).因此,在万分之几的精确度范围内,有

$$\mu_r=1+\chi_m\approx1 \tag{6}$$

这时,式(5)便化为

$$H=a(\text{Oe}) \tag{7}$$

(4)、(7)两式表明:在该点,磁感强度 B 的值(以 Gs 为单位)等于磁场强度 H 的值(以 Oe 为单位).

【别解】　在高斯单位制里,B 与 H 的关系为

$$B=\mu_r H \tag{8}$$

因为在高斯单位制里,磁感强度 B 以 Gs 为单位,磁场强度 H 以 Oe 为单位,故由式(8)即可得出上述结论.

第八章　电磁感应

8.1　电磁感应定律

【法拉第发现电磁感应】 1820 年奥斯特(H. C. Oersted,1777—1851)发现电流磁效应的消息传到英国后,法拉第(M. Faraday,1791—1867)就想到,既然电能够产生磁,反过来,磁也应该能够产生电.他断断续续地花了十年时间,才于 1831 年发现了电磁感应.有关资料,请参看张之翔《电磁学教学参考》(北京大学出版社,2015),311—315 页.

8.1.1 法拉第电磁感应定律为 $\mathscr{E}=-\frac{\mathrm{d}\Phi}{\mathrm{d}t}$.有人说:(1)这个式子不是法拉第提出来的;(2)式中的负号是人为规定的结果.你认为这个人说的两点是对的还是错的?

【解答】 这个人说的两点都是对的.

(1)法拉第因出生在贫寒的铁匠家庭,没有受过正规教育,数学知识很少,所以他未能用数学公式表示电磁感应定律.他是根据实验,用导体切割磁力线的数目表述电磁感应定律的.他在 1851 年的《论磁力线》一文中写道:"导线的运动不论是垂直地还是倾斜地、也不论是从一个方向还是从其他方向跨过力线,它总是把由它所跨过的线所代表的总力加在一起."因此,"普遍地,被推入电流的电量是直接地与切割的线的总数成正比的."虽然 $\mathscr{E}=-\frac{\mathrm{d}\Phi}{\mathrm{d}t}$这个式子不是法拉第提出来的,但它所表示的规律都是法拉第在实验中发现的,所以后人就一直称它为法拉第电磁感应定律.

(2)再讲 $\mathscr{E}=-\frac{\mathrm{d}\Phi}{\mathrm{d}t}$中的负号,为具体起见,以导线构成的平面线圈为例.$\Phi$ 是通过线圈的磁通量,$\mathscr{E}$ 是线圈里产生的感应电动势,它们的定义如下:

$$\Phi=\iint_S \boldsymbol{B}\cdot\mathrm{d}\boldsymbol{S}=\iint_S \boldsymbol{B}\cdot\boldsymbol{n}\mathrm{d}S \tag{1}$$

$$\mathscr{E}=\oint_L \boldsymbol{E}_i\cdot\mathrm{d}\boldsymbol{l} \tag{2}$$

式中 $\boldsymbol{n}$ 是线圈平面法线方向上的单位矢量;$\boldsymbol{E}_i$ 是在导线内由于 Φ 的变化而产生的涡旋电场的电场强度(导线里的感应电流便是在 $\boldsymbol{E}_i$ 的作用下产生的),$\mathrm{d}\boldsymbol{l}$ 则是沿导线 L 的线元.电磁感应的自然规律如下:

大小:$\mathscr{E}=\left|\frac{\mathrm{d}\Phi}{\mathrm{d}t}\right|$

方向:$\boldsymbol{E}_i$ 的方向如图 8.1.1(1)所示

为了表示出以上两点,通常规定(约定):$\boldsymbol{n}$ 为 $\mathrm{d}\boldsymbol{l}$ 的右旋进方向上的单位矢量,如图 8.1.1

(2)的(a)所示.这样就出现了负号,即

$$\mathscr{E}=-\frac{\mathrm{d}\Phi}{\mathrm{d}t}\quad(\boldsymbol{n}\text{ 为 }\mathrm{d}\boldsymbol{l}\text{ 的右旋进方向})\tag{3}$$

如果规定 $\boldsymbol{n}$ 为 $\mathrm{d}\boldsymbol{l}$ 的左旋进方向上的单位矢量,如图8.1.1(2)的(b)所示,就不会出现负号,这时电磁感应定律便为

$$\mathscr{E}=\frac{\mathrm{d}\Phi}{\mathrm{d}t}\quad(\boldsymbol{n}\text{ 为 }\mathrm{d}\boldsymbol{l}\text{ 的左旋进方向})\tag{4}$$

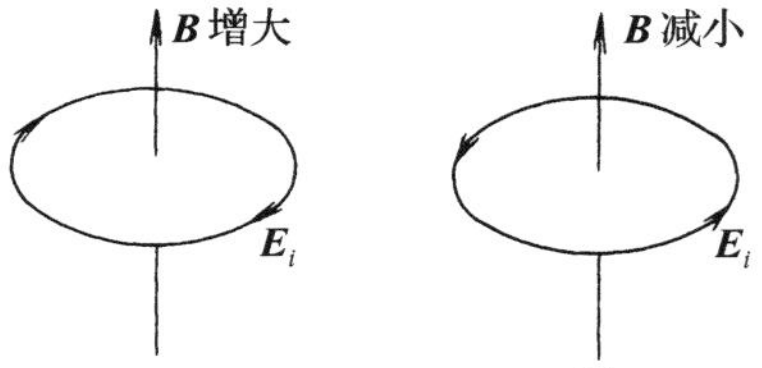

图 8.1.1(1)

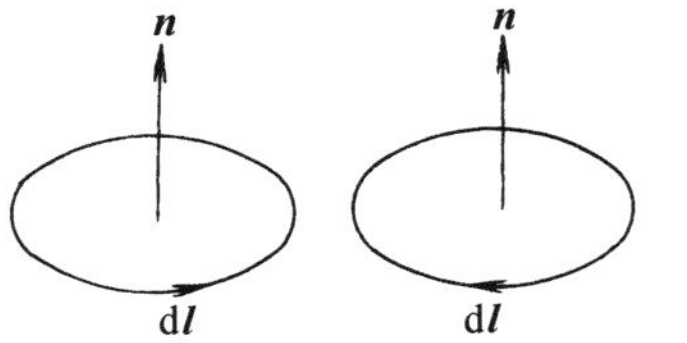

图 8.1.1(2)

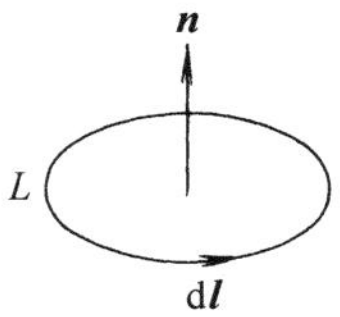

图 8.1.2

由此可见,$\mathscr{E}=-\frac{\mathrm{d}\Phi}{\mathrm{d}t}$中的负号,是为了表示出电磁感应的自然规律,人为地规定的结果.

8.1.2 感应电动势 $\mathscr{E}$ 是标量,不是矢量,通常说:"感应电动势的方向"是什么意思?对于一个导线回路,如何由 $\mathscr{E}=-\frac{\mathrm{d}\Phi}{\mathrm{d}t}$确定 $\mathscr{E}$ 的方向?

【解答】 感应电动势的方向是指它的非静电力($\boldsymbol{E}_i$)的方向.

确定 $\mathscr{E}$ 的方向的方法如下:沿回路 L 任意规定一个绕行方向,即线元 $\mathrm{d}\boldsymbol{l}$ 的方向,以此绕行方向的右旋进方向为回路 L 的法线方向 $\boldsymbol{n}$,如图 8.1.2 所示,则有

$$\mathscr{E}=\oint_L\boldsymbol{E}_i\cdot\mathrm{d}\boldsymbol{l}=-\frac{\mathrm{d}}{\mathrm{d}t}\iint_S\boldsymbol{B}\cdot\boldsymbol{n}\mathrm{d}S$$

若$-\frac{\mathrm{d}}{\mathrm{d}t}\iint_S\boldsymbol{B}\cdot\boldsymbol{n}\mathrm{d}S>0$,则 $\mathscr{E}>0$,即 $\mathscr{E}$ 与 $\mathrm{d}\boldsymbol{l}$ 方向相同;若$-\frac{\mathrm{d}}{\mathrm{d}t}\iint_S\boldsymbol{B}\cdot\boldsymbol{n}\mathrm{d}S<0$,则 $\mathscr{E}<0$,即 $\mathscr{E}$ 与 $\mathrm{d}\boldsymbol{l}$ 方向相反.

8.1.3 法拉第电磁感应定律为 $\mathscr{E}=-\frac{\mathrm{d}\Phi}{\mathrm{d}t}$,试说明式中的负号表示楞次定律.

【解答】 在磁通量 $\Phi=\iint_S\boldsymbol{B}\cdot\mathrm{d}\boldsymbol{S}$ 和感应电动势 $\mathscr{E}=\oint_L\boldsymbol{E}_i\cdot\mathrm{d}\boldsymbol{l}$ 这两个定义式中,面积元$\mathrm{d}\boldsymbol{S}=\boldsymbol{n}\mathrm{d}S$ 的方向规定为 $\mathrm{d}\boldsymbol{l}$ 的右旋进方向,如图 8.1.3(1)所示.在这种规定下,$\mathscr{E}=-\frac{\mathrm{d}\Phi}{\mathrm{d}t}$中的负号便表示楞次定律,说明如下:

如图 8.1.3(2),取 $\boldsymbol{n}$ 与 $\boldsymbol{B}$ 的夹角小于 90°,则 $\mathrm{d}\boldsymbol{l}$ 便按规定为 $\boldsymbol{n}$ 的右手螺旋方向.这时 $\Phi=\iint_S\boldsymbol{B}\cdot\mathrm{d}\boldsymbol{S}>0$.若 $\boldsymbol{B}$ 增大,Φ 也增大,故$\frac{\mathrm{d}\Phi}{\mathrm{d}t}>0$,$\mathscr{E}=\oint_L\boldsymbol{E}_i\cdot\mathrm{d}\boldsymbol{l}=-\frac{\mathrm{d}\Phi}{\mathrm{d}t}<0$,所以 $\boldsymbol{E}_i$ 与 $\mathrm{d}\boldsymbol{l}$ 方向相反.若

$\boldsymbol{B}$ 减小，Φ 也减小，故 $\frac{d\Phi}{dt}<0$，$\mathscr{E}=\oint_L \boldsymbol{E}_i \cdot d\boldsymbol{l}=-\frac{d\Phi}{dt}>0$，所以 $\boldsymbol{E}_i$ 与 $d\boldsymbol{l}$ 方向相同. 可见负号表示了楞次定律所规定的 $\boldsymbol{E}_i$ 的方向，即感应电流的方向.

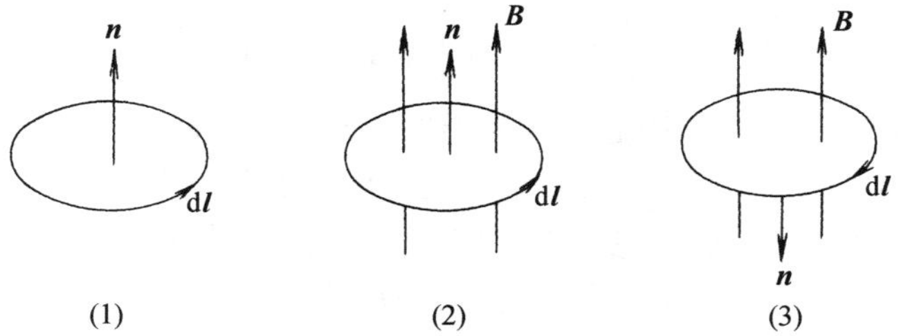

图 8.1.3

如果取 $\boldsymbol{n}$ 与 $\boldsymbol{B}$ 的夹角大于 90°，如图 8.1.3(3)所示，$d\boldsymbol{l}$ 按规定仍为 $\boldsymbol{n}$ 的右手螺旋方向. 这时 $\Phi=\iint_S \boldsymbol{B}\cdot d\boldsymbol{S}<0$. 若 $\boldsymbol{B}$ 增大，Φ 便减小，故 $\frac{d\Phi}{dt}<0$，$\mathscr{E}=\oint_L \boldsymbol{E}_i \cdot d\boldsymbol{l}=-\frac{d\Phi}{dt}>0$，所以 $\boldsymbol{E}_i$ 与 $d\boldsymbol{l}$ 方向相同. 若 $\boldsymbol{B}$ 减小，Φ 便增大，故 $\frac{d\Phi}{dt}>0$，$\mathscr{E}=\oint_L \boldsymbol{E}_i \cdot d\boldsymbol{l}=-\frac{d\Phi}{dt}<0$，所以 $\boldsymbol{E}_i$ 与 $d\boldsymbol{l}$ 方向相反.

由以上分析可见，不论是哪种情况，只要规定了 $\boldsymbol{n}$ 为 $d\boldsymbol{l}$ 的右旋进方向，则 $\mathscr{E}=-\frac{d\Phi}{dt}$ 中的负号就表示了 $\boldsymbol{E}_i$ 的方向，即楞次定律所规定的方向.

8.1.4 试用简单的例子说明，楞次定律是能量守恒所必须的. 换句话说，如果电磁感应的规律正好与楞次定律相反，则能量守恒定律便不成立.

【解答】 如图 8.1.4，外力 $\boldsymbol{F}$ 作用在磁棒上，使它的 N 极向线圈运动；根据楞次定律，线圈里产生感应电流 I_i，I_i 的磁场反抗磁棒 N 极向线圈的运动. 因此，要使磁棒向线圈运动，外力必须反抗 I_i 的磁场做功. 这功的能量就转化成线圈电流所产生的焦耳热.

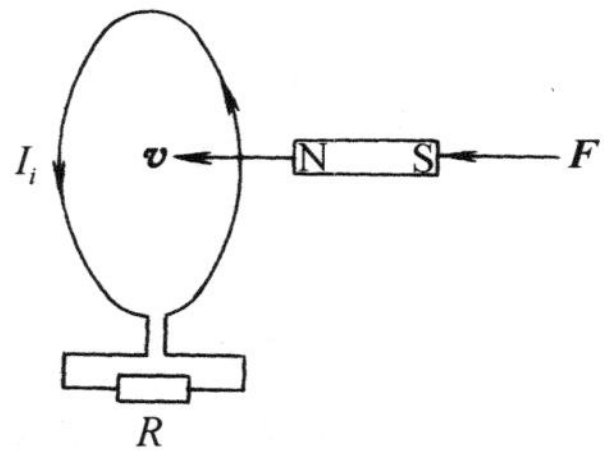

图 8.1.4

如果电磁感应的规律正好与楞次定律相反，即 I_i 的方向与图 8.1.4 中的相反，则 I_i 的磁场作用在磁棒上的力便是吸引力，使之向线圈加速运动. 这样，I_i 便对磁棒做功，同时还产生焦耳热. 于是能量守恒定律便不成立了.

8.1.5 试证明 $\frac{d\Phi}{dt}$ 的单位为伏特.

【证】 由 $\Phi=\iint \boldsymbol{B}\cdot d\boldsymbol{S}$ 得

$$\text{韦伯} = \text{特斯拉}\cdot\text{米}^2 \tag{1}$$

由 $\boldsymbol{F}=q\boldsymbol{v}\times\boldsymbol{B}$ 得

$$\text{韦伯} = \frac{\text{牛顿}\cdot\text{米}^2}{\text{库仑}\cdot\text{米}/\text{秒}} = \frac{\text{牛顿}\cdot\text{米}\cdot\text{秒}}{\text{库仑}} \tag{2}$$

再由 $\boldsymbol{F}=q\boldsymbol{E}$ 得

$$韦伯 = \frac{伏特 \cdot 米 \cdot 秒}{米} = 伏特 \cdot 秒 \tag{3}$$

于是得$\frac{\mathrm{d}\Phi}{\mathrm{d}t}$的单位为伏特.

【别证】 因 $\mathscr{E}=-\frac{\mathrm{d}\Phi}{\mathrm{d}t}$，$\mathscr{E}$ 的单位为伏特，故$\frac{\mathrm{d}\Phi}{\mathrm{d}t}$的单位为伏特.

8.1.6 试评论下列几种说法：(1)感应电动势的方向是指感应电场的电场强度（非静电力）的方向；(2)在一个线圈里，感应电动势的方向是指其中电流的方向；(3)在磁场变化所产生的感应电场中，两点的电势差是没有意义的；(4)导体处在磁场变化所产生的电场中，它上面两点的电势差是没有意义的.

【解答】 (1)和(3)都是对的.

(2)不对. 由于还可能有其他原因（如电池）产生电流，线圈里电流的方向不一定与感应电动势的方向相同；还有，线圈若不构成闭合回路，其中便没有电流，但仍可有感应电动势存在.

(4)不对. 感应电场 $\boldsymbol{E}_i$ 使导体内的自由电荷运动，结果在导体表面上产生电荷，这电荷产生静电场 $\boldsymbol{E}_s$，使得导体内 $\boldsymbol{E}_i+\boldsymbol{E}_s=0$，达到平衡. 由于静电场的存在，导体上面两点的电势差便是这静电场的电势差，是有意义的.

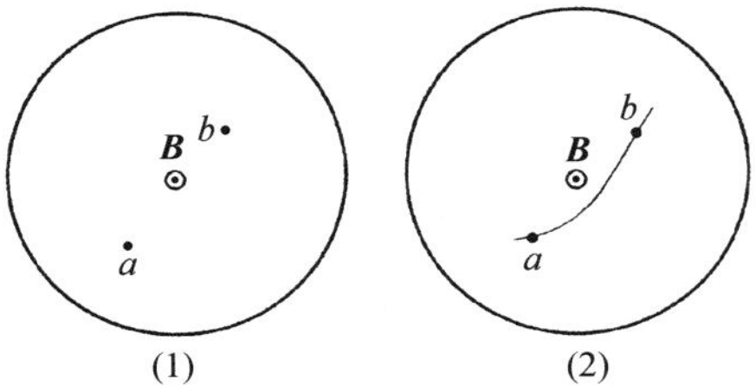

图 8.1.7

8.1.7 在一圆柱形空间里有均匀磁场，磁感强度 $\boldsymbol{B}$ 平行于轴线，其横截面如图 8.1.7(1)所示. 当 $\boldsymbol{B}$ 的大小发生变化时，空间两点 a、b 间有电势差吗？如果在这磁场中放一根导线，使其经过 a、b 两点，如图 8.1.7(2)所示. 这时导线上的 a、b 两点有电势差吗？

【解答】 在图 8.1.7(1)中，$\boldsymbol{B}$ 的大小变化所产生的感应电场 $\boldsymbol{E}_i$ 是涡旋电场，对这种电场是不能定义电势的. 因此，图 8.1.7(1)中，“a、b 两点的电势差”是没有意义的.

如果在其中放一根通过 a、b 两点的导线，则这导线上 a、b 两点的电势差便有意义. 这时导线上 a、b 两点的电势差就是涡旋电场 $\boldsymbol{E}_i$ 使导线两端或其他地方出现电荷所产生的静电场（或稳恒电场）的电势差.

8.1.8 磁场变化产生的感应电场是涡旋电场，对于这种电场，是不能定义电势的. 为什么处在这电场中的导体上不同地方可以有电势差呢？

【解答】 处在感应电场中的导体就成为一个电源，导体内的感应电场的电场强度 $\boldsymbol{E}_i$ 就是这电源的非静电力，它驱使导体内的自由电子往 $\boldsymbol{E}_i$ 的反方向运动，从而使导体上有的地方出现正电荷，有的地方出现负电荷，这些电荷产生的电场是静电场或稳恒电场，导体上不同地方的电势差就是这种电场的电势差，而不是感应电场的电势差. 感应电场是不能定义电势的.

8.1.9 导体在磁场中运动时，它里面的自由电子因受到洛伦兹力的作用，从而产生感应电流，可以对外做功. 但洛伦兹力是不做功的. 那么，感应电流对外做功的能量是从哪里来的呢？试说明原因.

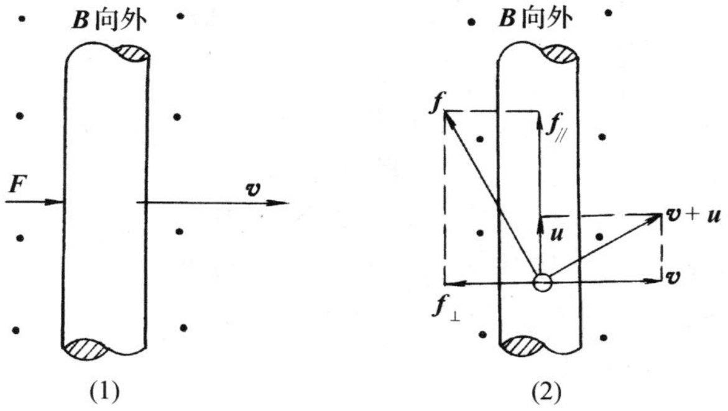

图 8.1.9

【解答】 如图 8.1.9(1)，导体在外力 $\boldsymbol{F}$ 的作用下，以速度 $\boldsymbol{v}$ 在磁感强度为 $\boldsymbol{B}$ 的磁场中运动，$\boldsymbol{B}$ 垂直于纸面向外. 在 $\boldsymbol{B}$ 的作用下，导体里的自由电子以平均定向速度 $\boldsymbol{u}$ 相对于导体运动. 这样，自由电子的速度便为 $\boldsymbol{u}+\boldsymbol{v}$，它所受的洛伦兹力为

$$\boldsymbol{f}=-e(\boldsymbol{u}+\boldsymbol{v})\times\boldsymbol{B} \tag{1}$$

$\boldsymbol{f}$ 与 $\boldsymbol{u}+\boldsymbol{v}$ 垂直，故 $\boldsymbol{f}$ 做功的功率为零.

由图 8.1.9(2)可见，$\boldsymbol{f}$ 可分解为平行于 $\boldsymbol{u}$ 的分量 $\boldsymbol{f}_{\parallel}$ 和垂直于 $\boldsymbol{u}$ 的分量 $\boldsymbol{f}_{\perp}$，即

$$\boldsymbol{f}=\boldsymbol{f}_{\parallel}+\boldsymbol{f}_{\perp} \tag{2}$$

其中 $\boldsymbol{f}_{\parallel}$ 做功的功率为

$$\boldsymbol{f}_{\parallel}\cdot(\boldsymbol{u}+\boldsymbol{v})=\boldsymbol{f}_{\parallel}\cdot\boldsymbol{u}>0 \tag{3}$$

$\boldsymbol{f}_{\perp}$ 做功的功率为

$$\boldsymbol{f}_{\perp}\cdot(\boldsymbol{u}+\boldsymbol{v})=\boldsymbol{f}_{\perp}\cdot\boldsymbol{v}<0 \tag{4}$$

即 $\boldsymbol{f}_{\parallel}$ 对形成感应电流的自由电子做了正功，而 $\boldsymbol{f}_{\perp}$ 则做了负功，正负功之和为零.

对于运动的导体来说，$\boldsymbol{f}_{\perp}$ 是阻力. 因此，使导体运动的外力便要克服阻力 $\boldsymbol{f}_{\perp}$ 而做正功. 当导体以匀速 $\boldsymbol{v}$ 运动时，$\boldsymbol{f}_{\perp}=-\boldsymbol{F}$. 这时外力 $\boldsymbol{F}$ 对导体做的正功便正好等于 $\boldsymbol{f}_{\parallel}$ 对自由电子做的正功. 这就表明，外力 $\boldsymbol{F}$ 做功所支出的能量通过洛伦兹力转化为感应电流的能量. 所以感应电流对外做功的能量是从使导体运动的外力 $\boldsymbol{F}$ 来的. 洛伦兹力 $\boldsymbol{f}$ 起了中介的作用，它的 $\boldsymbol{f}_{\perp}$ 接受了 $\boldsymbol{F}$ 做正功所给予的能量，同时它的 $\boldsymbol{f}_{\parallel}$ 对自由电子做正功，将这部分能量转给了感应电流.

8.1.10 法拉第发现电磁感应现象的实验如图 8.1.10 所示：在一铁环上绕有两组线圈 A 和 B，A 与电池接成回路，B 则自成回路，它的导线经过一个小磁针的上方. 试问当接通电键 K 时，小磁针如何运动？

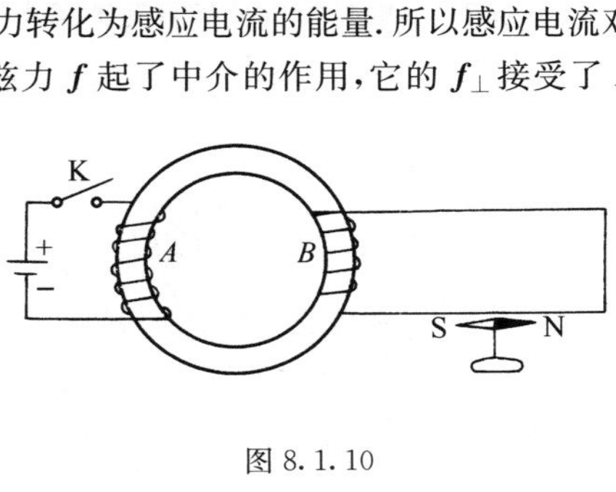

图 8.1.10

【解答】 K 接通时，小磁针上方回路中的感应电流是逆时针方向流动，因此，小磁针的 N 极向纸面内转动，同时它的 S 极则向纸面外转动.

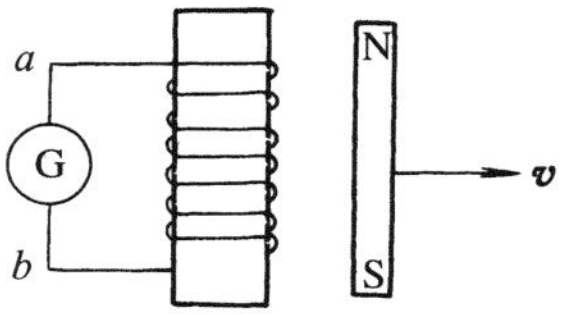

图 8.1.11

8.1.11　一螺线管与电流计 G 连接成闭合回路，一磁棒与这螺线管平行，并以速度 $\boldsymbol{v}$ 离开螺线管，如图 8.1.11 所示. 试问电流计 G 中有无电流？若有电流，试指出其方向.

【解答】　有电流. 电流的方向是从 a 经 G 到 b.

8.1.12　如图 8.1.12，试判定下列情况下电阻 R 里感应电流的方向：(1)电流从 a 到 a' 并增大；(2)电流从 a' 到 a 并减小；(3)电流从 a' 到 a 并增大.

【解答】　(1)从 d 经 R 到 c；(2)从 d 经 R 到 c；(3)从 c 经 R 到 d.

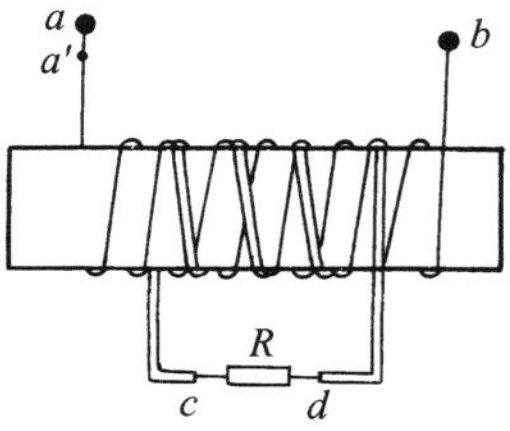

图 8.1.12

8.1.13　两个变压器连接如图 8.1.13，当线圈 A 中的电流 I 增大时，试指出线圈 B 中感应电动势的方向(即非静电力的方向).

【解答】　从 c 到 d.

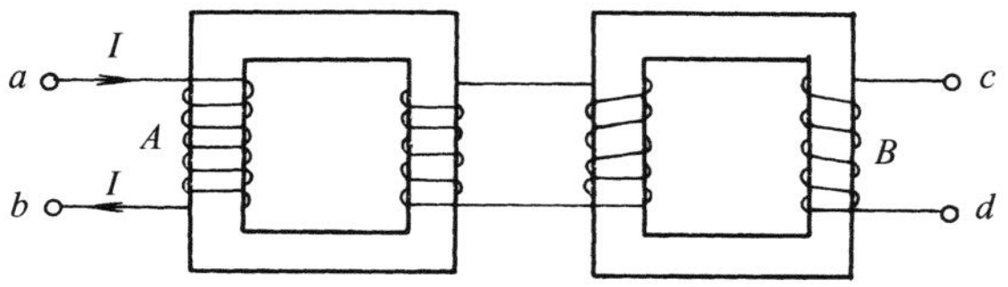

图 8.1.13

8.1.14　圆环 A 均匀地带有负电荷，在它外面有一和它共面的金属圆环 B. 现在让 A 环绕它的几何轴旋转，要在 B 环中产生逆时针方向的电流 I，如图 8.1.14 所示. 试问 A 环应如何旋转？

【解答】　逆时针方向旋转且转速越来越快. 或者，顺时针方向旋转且转速越来越慢.

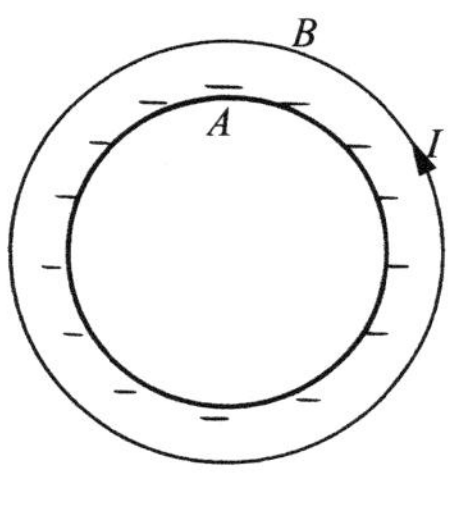

图 8.1.14

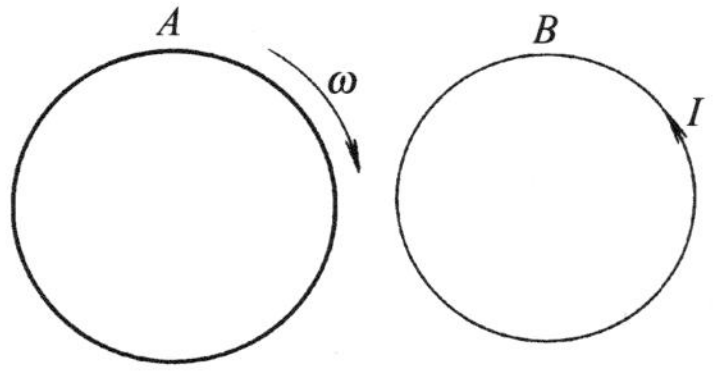

图 8.1.15

8.1.15　两个导体圆环 A 和 B 在同一平面内，A 带有电荷，并绕它的几何轴顺时针旋转，B 则静止不动；现观测到 B 中有逆时针方向的电流，如图 8.1.15 所示. 试问 A 带的是正电荷还是负电荷？它的转动状态如何？

【解答】 A 带正电荷，转速越来越慢. 或者，A 带负电荷，转速越来越快.

8.1.16　一金属圆环 A 带负电荷，绕它的几何轴顺时针方向转动；另外两个金属圆环 B 和 C，与它在同一平面内，如图 8.1.16 所示. 当 A 的转速越来越快时，试问 B、C 两环内感应电流的方向各如何？

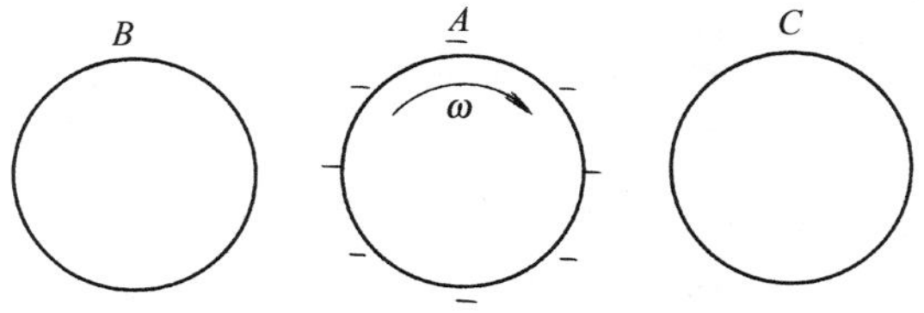

图 8.1.16

【解答】 B、C 两环内的感应电流都是逆时针方向.

8.1.17　为了减少涡流损耗，变压器一般都是用表面绝缘的硅钢片作铁芯的. 一变压器的外形如图 8.1.17 所示，试问它的铁芯的硅钢片平行于哪个面？

【解答】 硅钢片平行于 $DCGE$ 平面.

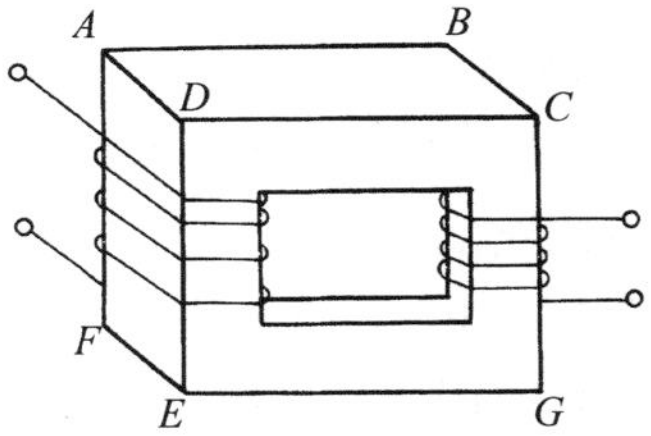

图 8.1.17

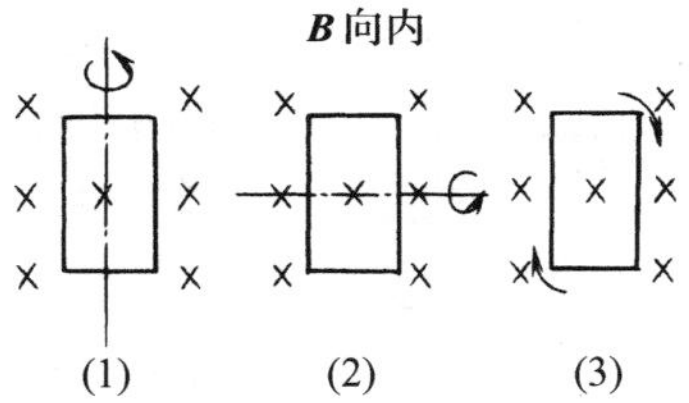

图 8.1.18

8.1.18　矩形线圈在磁感强度为 $\boldsymbol{B}$ 的均匀外磁中转动，转轴通过线圈中心，如图 8.1.18 所示. 转轴：(1)与 $\boldsymbol{B}$ 垂直并与长边平行；(2)与 $\boldsymbol{B}$ 垂直并与短边平行；(3)与 $\boldsymbol{B}$ 平行并与线圈平面垂直. 试指出上述三种情况下线圈中感应电流的方向.

【解答】 在图 8.1.18 所示的时刻，(1)和(2)中的线圈平面正好与 $\boldsymbol{B}$ 垂直，$\frac{\mathrm{d}\Phi}{\mathrm{d}t}=0$，所以这时都没有感应电流；从这个位置转过 90°的过程中，(1)和(2)中的感应电流都是顺时针方向. 图中的(3)因为通过线圈的磁通量不变，故无感应电流.

8.1.19　图 8.1.19 中磁场的磁感强度 $\boldsymbol{B}$ 垂直于纸面并向内，磁场中有一段运动的导体细杆，试问在下列运动状态下，杆内感应电动势的方向各如何？(1)以 $\boldsymbol{B}$ 为轴线绕杆的中心转动；(2)绕杆的中心转动，轴线与杆垂直并与 $\boldsymbol{B}$ 垂直；(3)沿长度方向平动，速度 $\boldsymbol{v}$ 与 $\boldsymbol{B}$ 垂直；(4)以速度 $\boldsymbol{v}$ 平动，$\boldsymbol{v}$ 与杆垂直并与 $\boldsymbol{B}$ 垂直.

【解答】 (1)从中心向两端；(2)无感应电动势；(3)无感应电动势；(4)向上.

8.1.20　两根导体杆 $ABCD$ 和 $EFGH$，AB 和 EF 部分平行，相距为 L；CD 和

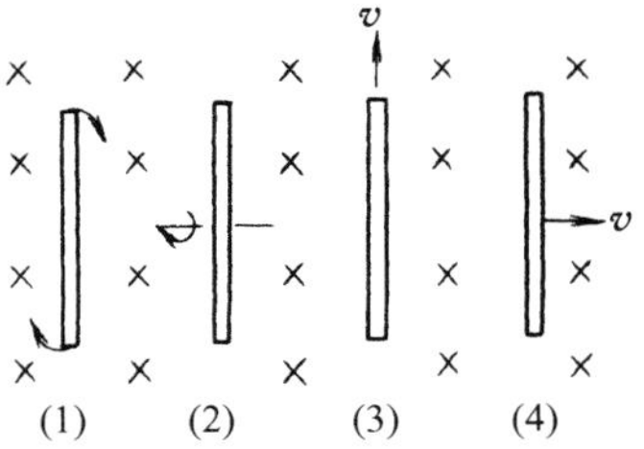

图 8.1.19

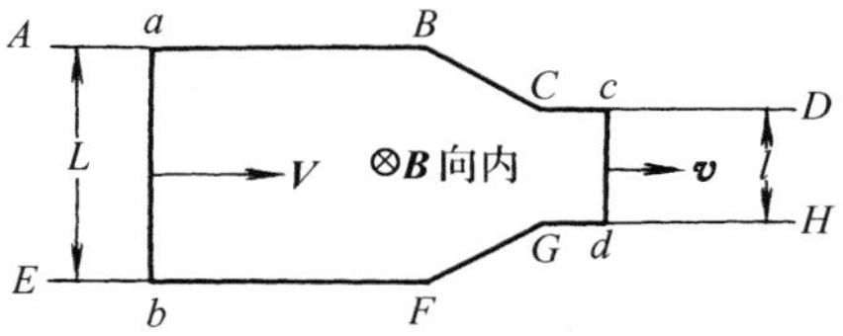

图 8.1.20

GH 部分平行，相距为 l. 两杆处在磁感强度为 $\boldsymbol{B}$ 的均匀磁场中，$\boldsymbol{B}$ 与两杆构成的平面垂直并向内，如图 8.1.20 所示. 另有两导体杆 ab 和 cd，分别横跨在两平行部分，以速度 $\boldsymbol{V}$ 和 $\boldsymbol{v}$ 平行于导体杆运动. 试求闭合回路 $abdc$ 中的感应电动势，并指出感应电流沿 $abdc$ 方向流动的条件.

【解】 感应电动势为

$$\mathscr{E}=B(lv-LV)$$

感应电流沿 $abdc$ 方向流动的条件为

$$v>\frac{L}{l}V$$

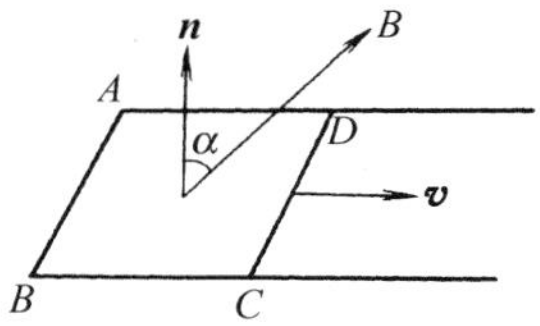

图 8.1.21

8.1.21 一矩形导体回路 $ABCD$ 放在均匀外磁场中，磁场的磁感强度 $\boldsymbol{B}$ 的大小为 $B=6.0\times10^3$ Gs，$\boldsymbol{B}$ 与矩形平面的法线 $\boldsymbol{n}$ 夹角为 $\alpha=60°$；回路的 CD 段长为 $l=1.0$ m，以速度 $v=5.0$ m/s 平行于两边向外滑动，如图 8.1.21 所示. 试求回路中的感应电动势，并指出感应电流的方向.

【解】 回路中的感应电动势为

$$\begin{aligned}\mathscr{E}&=-\frac{\mathrm{d}\Phi}{\mathrm{d}t}=-\frac{\mathrm{d}}{\mathrm{d}t}(BS\cos\alpha)=-B\frac{\mathrm{d}S}{\mathrm{d}t}\cos\alpha\\&=-Blv\cos\alpha=-6.0\times10^3\times10^{-4}\times1.0\times5.0\times\cos60°\\&=-1.5(\mathrm{V})\end{aligned}$$

负号表示 $\mathscr{E}$ 的方向（非静电力的方向）为 $D\to C\to B\to A\to D$，这个方向，就是感应电流的方向.

8.1.22 三条平行导线 AB、CD 和 EF 在同一平面内，AB 和 CD 相距为 l_1，CD 和 EF 相距为 l_2，A、E 之间以电阻 R 连接，B、D 之间以电阻 r 连接；一条导体杆 ab 横跨在这三条导线上，以匀速 $\boldsymbol{v}$ 在磁感强度为 $\boldsymbol{B}$ 的均匀磁场中滑动，$\boldsymbol{v}$ 平行于三条导线，$\boldsymbol{B}$ 垂直于三条导线所构成的平面并向外，如图 8.1.22 所示. 试分别求通过

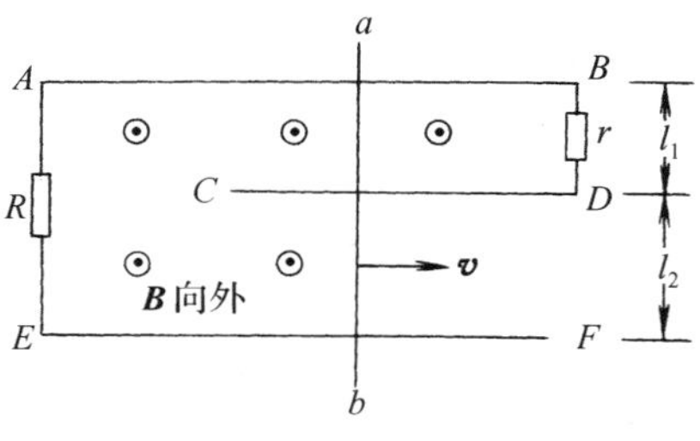

图 8.1.22

R 和 r 的电流.

【解】 通过 R 的电流为

$$I=\frac{\mathscr{E}}{R}=-\frac{1}{R}\frac{\mathrm{d}\Phi}{\mathrm{d}t}=-\frac{1}{R}\frac{\mathrm{d}}{\mathrm{d}t}(BS)=-\frac{B(l_1+l_2)v}{R}$$

负号表示 I 的方向是自 E 经 R 到 A.

通过 r 的电流为

$$i=\frac{\mathscr{E}'}{r}=-\frac{1}{r}\frac{\mathrm{d}\Phi'}{\mathrm{d}t}=-\frac{1}{r}\frac{\mathrm{d}(BS')}{\mathrm{d}t}=\frac{Bl_1v}{r}$$

i 的方向是自 D 经 r 到 B.

8.1.23 两根平行的导线 ab 和 cd，长度都是 l，各有一端与弯成乙形的金属细杆接触，它们都在同一平面内，并处在磁感强度为 $\boldsymbol{B}$ 的均匀磁场中，$\boldsymbol{B}$ 与这平面垂直并向内，如图 8.1.23所示. 试求下列两种情况下 a、d 两端的电势差：(1)细杆和两导线都以速度 $\boldsymbol{v}$($\boldsymbol{v}$ 与导线垂直)运动；(2)细杆不动，两导线都以速度 $\boldsymbol{v}$ 运动.

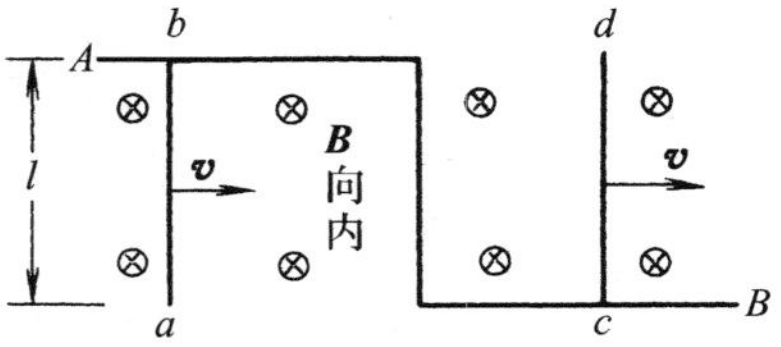

图 8.1.23

【解】 (1)a、d 两端的电势差为

$$U_{ad}=U_a-U_d=\int_a^d \boldsymbol{E}_s\cdot\mathrm{d}\boldsymbol{l}=\int_a^d(-\boldsymbol{v}\times\boldsymbol{B})\cdot\mathrm{d}\boldsymbol{l}$$

$$=-\int_a^b(\boldsymbol{v}\times\boldsymbol{B})\cdot\mathrm{d}\boldsymbol{l}=-\int_0^l vB\mathrm{d}l=-Blv$$

负号表明 a 端电势比 d 端低.

(2)这时 a、d 两端的电势差为

$$U_{ad}'=-Blv-Blv=-2Blv$$

负号表明 a 端电势比 d 端低.

8.1.24 铁路的两条铁轨相距为 1435mm，火车以每小时 100km 的速度前进，火车所在处地磁场的磁感强度 $\boldsymbol{B}$ 在竖直方向上的分量为 0.15Gs. 两条铁轨除与车轮接通外，彼此是绝缘的. 试求两条铁轨间的电势差 U.

【解】 $U=B_\perp lv=0.15\times10^{-4}\times1435\times10^{-3}\times\frac{100\times10^3}{60\times60}=6.0\times10^{-4}(\mathrm{V})$

8.1.25 飞机以 $v=200\mathrm{m/s}$ 的速度水平飞行，机翼两端相距 30m，两端之间可当作连续导体. 已知飞机所在处地磁场的磁感强度 $\boldsymbol{B}$ 在竖直方向上的分量为 0.20Gs. 试求机翼两端的电势差 U.

【解】 $U=B_\perp lv=0.20\times10^{-4}\times30\times200=0.12(\mathrm{V})$

8.1.26 一导体杆弯折成 N 形，其中平行的两段长为 l. 当这导体杆以匀速 $\boldsymbol{v}$ 在磁感强度为 $\boldsymbol{B}$ 的均匀磁场中运动时，设 $\boldsymbol{B}$ 与导体杆构成的平面垂直并向外，$\boldsymbol{v}$ 与 $\boldsymbol{B}$ 垂直，$\boldsymbol{v}$ 也与导体杆平行的两段垂直，如图 8.1.26 所示. 试求导体杆两端 a、d

间的电势差 U_{ad}.

【解】 $U_{ad}=U_a-U_d=\int_a^d \boldsymbol{E}_s\cdot \mathrm{d}\boldsymbol{l}=\int_a^d(-\boldsymbol{v}\times\boldsymbol{B})\cdot\mathrm{d}\boldsymbol{l}$

$$=-\int_a^b(\boldsymbol{v}\times\boldsymbol{B})\cdot\mathrm{d}\boldsymbol{l}-\int_b^c(\boldsymbol{v}\cdot\boldsymbol{B})\cdot\mathrm{d}\boldsymbol{l}-\int_c^d(\boldsymbol{v}\times\boldsymbol{B})\cdot\mathrm{d}\boldsymbol{l}$$

其中

$$-\int_a^b(\boldsymbol{v}\times\boldsymbol{B})\cdot\mathrm{d}\boldsymbol{l}-\int_b^c(\boldsymbol{v}\times\boldsymbol{B})\cdot\mathrm{d}\boldsymbol{l}=vBl-vBl=0$$

故得

$$U_{ab}=-\int_c^d(\boldsymbol{v}\times\boldsymbol{B})\cdot\mathrm{d}\boldsymbol{l}=vBl.$$

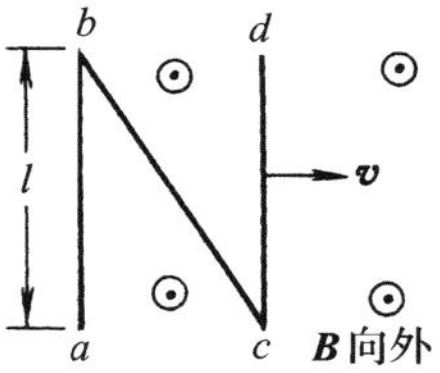

图 8.1.26

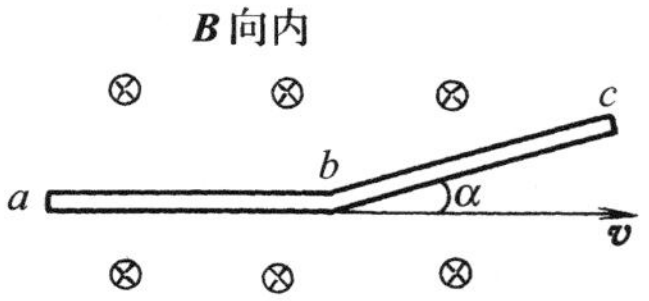

图 8.1.27

8.1.27 一段直导线长为 $l=20\mathrm{cm}$,在中点 b 折成 $\alpha=30°$角,如图 8.1.27 所示. 磁场的磁感强度 $\boldsymbol{B}$ 与这导线的两段都垂直. 这导线以速度 $\boldsymbol{v}$ 运动,$\boldsymbol{v}$ 的方向与 ab 段一致,$v=2.0\mathrm{m/s}$,$B=2.5\times10^2\mathrm{Gs}$. 试求 a、c 两端的电势差 U_{ac},哪端电势高?

【解】 $U_{ac}=U_a-U_c=\int_a^c\boldsymbol{E}_s\cdot\mathrm{d}\boldsymbol{l}=\int_a^c(-\boldsymbol{E}_i)\cdot\mathrm{d}\boldsymbol{l}$

$$=\int_c^a\boldsymbol{E}_i\cdot\mathrm{d}\boldsymbol{l}=\int_c^a\boldsymbol{v}\times\boldsymbol{B}\cdot\mathrm{d}\boldsymbol{l}$$

$$=\int_c^b\boldsymbol{v}\times\boldsymbol{B}\cdot\mathrm{d}\boldsymbol{l}+\int_b^a\boldsymbol{v}\times\boldsymbol{B}\cdot\mathrm{d}\boldsymbol{l}$$

$$=\int_c^b\boldsymbol{v}\times\boldsymbol{B}\cdot\mathrm{d}\boldsymbol{l}=-vB\frac{l}{2}\sin\alpha$$

$$=-2.0\times2.5\times10^2\times10^{-4}\times\frac{20\times10^{-2}}{2}\sin30°$$

$$=-2.5\times10^{-3}(\mathrm{V})$$

负号表示 c 端电势高.

8.1.28 一根直导线 ab,在磁感强度为 $\boldsymbol{B}$ 的均匀磁场中以速度 $\boldsymbol{v}$ 平行移动,如图 8.1.28 所示. 设 $\boldsymbol{r}=\overrightarrow{ab}$,试证明 a、b 两端的电势差为 $U_{ab}=\boldsymbol{B}\times\boldsymbol{v}\cdot\boldsymbol{r}$.

【证】 $U_{ab}=U_a-U_b=\int_a^b\boldsymbol{E}_s\cdot\mathrm{d}\boldsymbol{l}=\int_a^b(-\boldsymbol{E}_i)\cdot\mathrm{d}\boldsymbol{l}$

$$=\int_b^a\boldsymbol{E}_i\cdot\mathrm{d}\boldsymbol{l}=\int_b^a\boldsymbol{v}\times\boldsymbol{B}\cdot\mathrm{d}\boldsymbol{l}=\boldsymbol{v}\times\boldsymbol{B}\cdot\int_b^a\mathrm{d}\boldsymbol{l}$$

$$=\boldsymbol{v}\times\boldsymbol{B}\cdot(-\boldsymbol{r})=\boldsymbol{B}\times\boldsymbol{v}\cdot\boldsymbol{r}$$

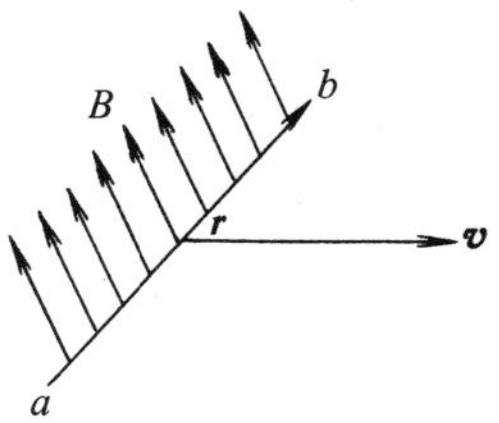

图 8.1.28

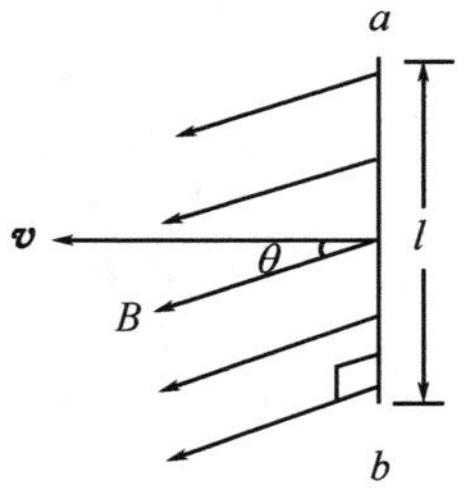

图 8.1.29

8.1.29　长为 l 的一段直导线在磁感强度为 $\boldsymbol{B}$ 的均匀磁场中以速度 $\boldsymbol{v}$ 运动，$\boldsymbol{v}$ 和 $\boldsymbol{B}$ 都与导线垂直，$\boldsymbol{v}$ 与 $\boldsymbol{B}$ 的夹角为 θ，如图 8.1.29 所示.(1)试求导线两端 a、b 的电势差 U_{ab}；(2)当 $l=60\text{cm}$，$v=5.0\text{m/s}$，$B=2.4\times10^{-2}\text{T}$，$\theta=30°$时，试计算 U_{ab} 的值.

【解】　(1) $U_{ab}=U_a-U_b=\int_a^b \boldsymbol{E}_s\cdot d\boldsymbol{l}=\int_a^b(-\boldsymbol{E}_i)\cdot d\boldsymbol{l}$

$$=\int_b^a \boldsymbol{E}_i\cdot d\boldsymbol{l}=\int_b^a \boldsymbol{v}\times\boldsymbol{B}\cdot d\boldsymbol{l}=\boldsymbol{v}\times\boldsymbol{B}\cdot\int_b^a d\boldsymbol{l}$$

$$=\boldsymbol{v}\times\boldsymbol{B}\cdot(\overrightarrow{ba})=vBl\sin\theta$$

(2)代入数值得

$$U_{ab}=5.0\times2.4\times10^{-2}\times60\times10^{-2}\times\sin30°=3.6\times10^{-2}(\text{V})$$

8.1.30　一条导线弯成半径为 R 的半圆弧 $\overset{\frown}{acb}$，放在磁感强度为 $\boldsymbol{B}$ 的均匀磁场中，$\boldsymbol{B}$ 与半圆面垂直并向内，如图 8.1.30(1)所示.当它以速度 $\boldsymbol{v}$($\boldsymbol{v}$ 与 $\boldsymbol{B}$ 垂直，并与 ab 方向成 45°角)运动时，试求：(1)这段导线中的感应电动势 $\mathscr{E}$；(2)导线两端 a、b 的电势差 U_{ab}；(3)导线中点 c 与 b 端的电势差 U_{cb}.

【解】　(1) $\mathscr{E}=\int_b^a \boldsymbol{E}_i\cdot d\boldsymbol{l}=\int_b^a \boldsymbol{v}\times\boldsymbol{B}\cdot d\boldsymbol{l}$　　(1)

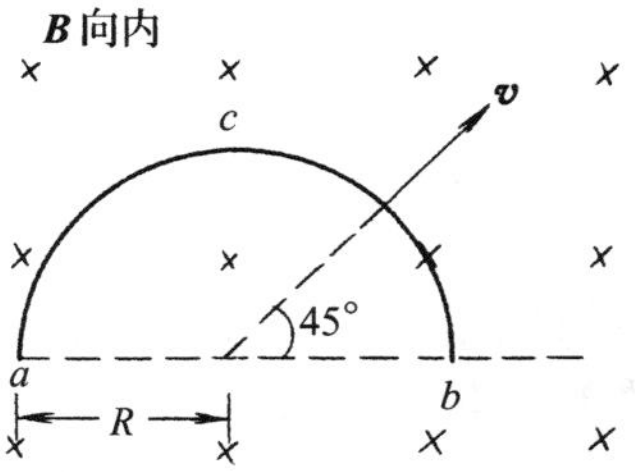

图 8.1.30(1)

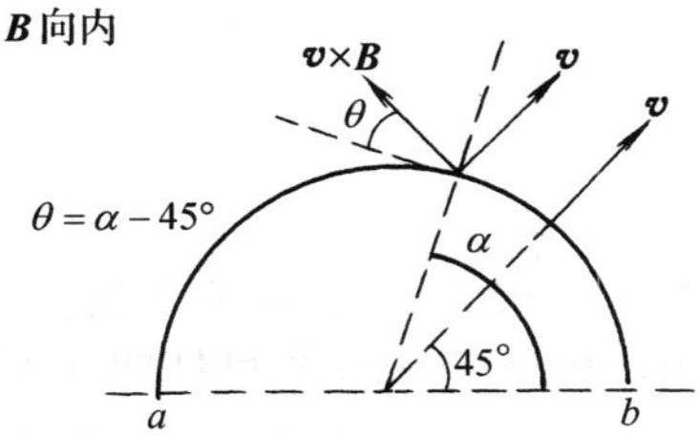

图 8.1.30(2)

由图 8.1.30(2)可见，

$$\boldsymbol{v}\times\boldsymbol{B}\cdot d\boldsymbol{l}=vB(Rd\alpha)\cos\theta=vBR\cos(\alpha-45°)d\alpha \tag{2}$$

所以
$$\mathscr{E}=vBR\int_0^{\pi}\cos(\alpha-45^\circ)\mathrm{d}\alpha=vBR[\sin(\alpha-45^\circ)]_{\alpha=0}^{\alpha=\pi}$$
$$=vBR\left[\frac{\sqrt{2}}{2}-\left(-\frac{\sqrt{2}}{2}\right)\right]=\sqrt{2}vBR \tag{3}$$

(2) $$U_{ab}=U_a-U_b=\int_a^b\boldsymbol{E}_s\cdot\mathrm{d}\boldsymbol{l}=\int_a^b(-\boldsymbol{E}_i)\cdot\mathrm{d}\boldsymbol{l}$$
$$=\int_b^a\boldsymbol{E}_i\cdot\mathrm{d}\boldsymbol{l}=\mathscr{E}=\sqrt{2}vBR. \tag{4}$$

(3) $$U_{cb}=U_c-U_b=\int_c^b\boldsymbol{E}_s\cdot\mathrm{d}\boldsymbol{l}=\int_c^b(-\boldsymbol{E}_i)\cdot\mathrm{d}\boldsymbol{l}=\int_b^c\boldsymbol{E}_i\cdot\mathrm{d}\boldsymbol{l}$$
$$=vBR\int_0^{\pi/2}\cos(\alpha-45^\circ)\mathrm{d}\alpha=vBR[\sin(\alpha-45^\circ)]_{\alpha=0}^{\alpha=\pi/2}$$
$$=vBR\left[\frac{\sqrt{2}}{2}-\left(-\frac{\sqrt{2}}{2}\right)\right]=\sqrt{2}vBR \tag{5}$$

8.1.31 载有电流 I 的无穷长直导线旁边，有一段半径为 R 的半圆形导线，圆心 O 到 I 的距离为 $l(>R)$，半圆形导线和电流 I 在同一平面内，它的两端 a、b 的连线与 I 垂直，如图 8.1.31 所示. 当它以匀速 $\boldsymbol{v}$ 平行于电流 I 运动时，试求它两端 a、b 的电势差 U_{ab}.

【解】 $$U_{ab}=U_a-U_b=\int_a^b\boldsymbol{E}_s\cdot\mathrm{d}\boldsymbol{l}=\int_a^b(-\boldsymbol{E}_i)\cdot\mathrm{d}\boldsymbol{l}$$
$$=\int_b^a\boldsymbol{E}_i\cdot\mathrm{d}\boldsymbol{l}=\int_b^a\boldsymbol{v}\times\boldsymbol{B}\cdot\mathrm{d}\boldsymbol{l}=-\int_b^a vB\mathrm{d}l$$
$$=\int_a^b vB\mathrm{d}l=\frac{\mu_0 Iv}{2\pi}\int_{l-R}^{l+R}\frac{\mathrm{d}l}{l}$$
$$=\frac{\mu_0 Iv}{2\pi}\ln\left(\frac{l+R}{l-R}\right)$$

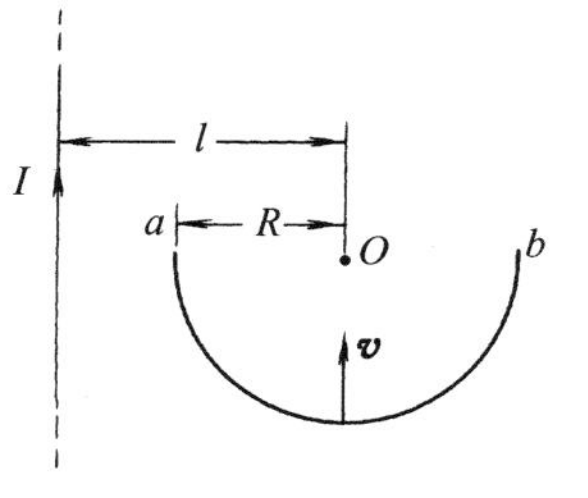

图 8.1.31

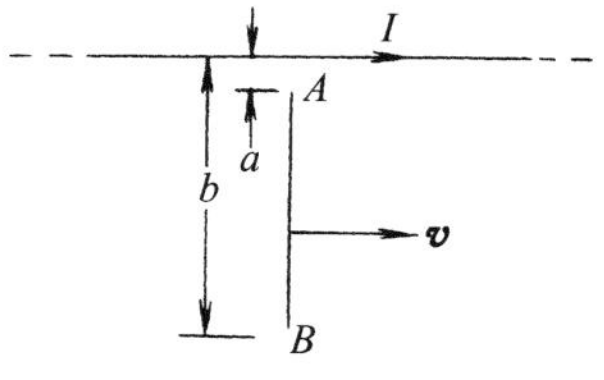

图 8.1.32

8.1.32 一无穷长直导线载有电流 I，在它旁边有一段直导线 AB，AB 与 I 垂直，并且在同一平面内，以速度 $\boldsymbol{v}$ 平行于 I 运动，如图 8.1.32 所示. 已知 $I=10\text{A}$，$v=5.0\text{m/s}$，$a=1.0\text{cm}$，$b=20.0\text{cm}$. (1)试求这段导线中的感应电动势 $\mathscr{E}$；(2)导线 A、B 两端哪端电势高？(3)如果用另一根导线把 A、B 两端连接起来，试问是否有电流流动？

【解】 (1) $\mathscr{E}=\int_B^A \boldsymbol{E}_i \cdot \mathrm{d}\boldsymbol{l}=\int_B^A \boldsymbol{v}\times\boldsymbol{B}\cdot \mathrm{d}\boldsymbol{l}=-\int_B^A vB\mathrm{d}l=\int_A^B vB\mathrm{d}l$

$$=\frac{\mu_0 Iv}{2\pi}\int_A^B \frac{\mathrm{d}l}{l}=\frac{\mu_0 Iv}{2\pi}\ln\frac{b}{a}$$

$$=\frac{4\pi\times10^{-7}\times10\times5.0}{2\pi}\ln\frac{20.0}{1.0}$$

$$=3.0\times10^{-5}(\mathrm{V})$$

(2) $U_{AB}=U_A-U_B=\int_A^B \boldsymbol{E}_s\cdot\mathrm{d}\boldsymbol{l}=\int_A^B(-\boldsymbol{E}_i)\cdot\mathrm{d}\boldsymbol{l}=\int_B^A \boldsymbol{E}_i\cdot\mathrm{d}\boldsymbol{l}=\mathscr{E}$

$$=3.0\times10^{-5}\mathrm{V}>0$$

所以 A 端电势高.

(3)若所用导线的每一部分都以速度 $\boldsymbol{v}$ 运动,则无电流;若有的部分速度不是 $\boldsymbol{v}$,则有电流.

8.1.33 一无穷长直导线线载有 $I=5.0\mathrm{A}$ 的电流,旁边有一个与它共面的矩形线圈,长边与 I 平行,长为 $l=20\mathrm{cm}$,两边到 I 的距离分别为 $a=10\mathrm{cm}$,$b=20\mathrm{cm}$,如图 8.1.33 所示. 线圈共有 $N=1000$ 匝,以 $v=3.0\mathrm{m/s}$ 的速度离开直导线. 试求线圈里的感应电动势 $\mathscr{E}$.

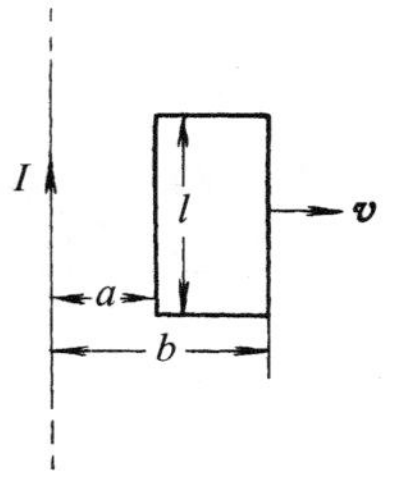

图 8.1.33

【解】 通过线圈的磁链为

$$\Psi=N\Phi=N\iint_S \boldsymbol{B}\cdot\mathrm{d}\boldsymbol{S}=N\iint_S B\mathrm{d}S=N\int_a^b\frac{\mu_0 I}{2\pi r}l\,\mathrm{d}r$$

$$=\frac{\mu_0 NIl}{2\pi}\int_a^b\frac{\mathrm{d}r}{r}=\frac{\mu_0 NIl}{2\pi}\ln\frac{b}{a} \tag{1}$$

感应电动势为

$$\mathscr{E}=-\frac{\mathrm{d}\Psi}{\mathrm{d}t}=-\frac{\mu_0 NIl}{2\pi}\frac{\mathrm{d}}{\mathrm{d}t}\left(\ln\frac{b}{a}\right)=-\frac{\mu_0 NIl}{2\pi}\frac{a}{b}\frac{\mathrm{d}}{\mathrm{d}t}\left(\frac{b}{a}\right)$$

$$=-\frac{\mu_0 NIl}{2\pi}\frac{a}{b}\frac{1}{a^2}\left(a\frac{\mathrm{d}b}{\mathrm{d}t}-b\frac{\mathrm{d}a}{\mathrm{d}t}\right)=-\frac{\mu_0 NIl}{2\pi}\frac{a-b}{ab}v$$

$$=-\frac{4\pi\times10^{-7}\times1000\times5.0\times20\times10^{-2}}{2\pi}\times\frac{10-20}{10\times20\times10^{-2}}\times3.0$$

$$=3.0\times10^{-3}(\mathrm{V}) \tag{2}$$

因 $\mathscr{E}=\oint \boldsymbol{E}_i\cdot\mathrm{d}\boldsymbol{l}>0$,故 $\boldsymbol{E}_i$ 为顺时针方向.

【别解】 $\mathscr{E}=B_aNlv-B_bNlv=\frac{\mu_0 I}{2\pi a}Nlv-\frac{\mu_0 I}{2\pi b}Nlv$

$$=\frac{\mu_0 NIl}{2\pi}\frac{b-a}{ab}v \tag{3}$$

8.1.34 一条直导线横扫过磁感强度为 $\boldsymbol{B}$ 的磁场,$\boldsymbol{B}$ 在一圆柱空间内是均匀的,在外面为零,圆柱面的半径为 R,如图 8.1.34(1)所示. 当导线离圆柱轴线为 r 时,导线的速度为 $\boldsymbol{v}$,$\boldsymbol{v}$ 与导线垂直. 试求这时导线中产生的感应电动势 $\mathscr{E}$.

【解】　$\mathscr{E}=\int \boldsymbol{v}\times\boldsymbol{B}\cdot \mathrm{d}\boldsymbol{l}=vBl=vB\cdot 2\sqrt{R^2-r^2}$

$$=2Bv\sqrt{R^2-r^2} \tag{1}$$

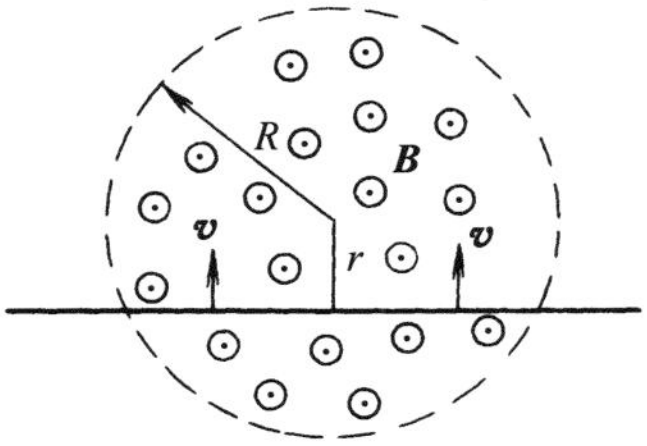

图 8.1.34(1)

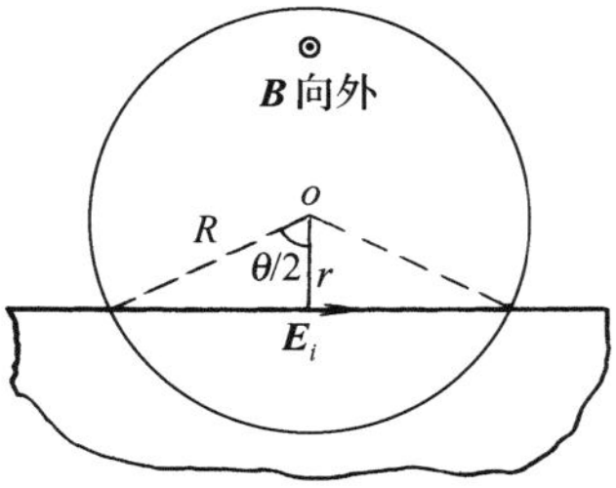

图 8.1.34(2)

【别解】　设想在圆柱外的导线两端,接上一根导线,以构成一个闭合回路,如图 8.1.34(2)所示.通过此回路的磁通量为

$$\Phi=BS=B\left[\frac{1}{2}R^2\theta-2\cdot\frac{1}{2}r\sqrt{R^2-r^2}\right]$$

$$=\frac{1}{2}BR^2\theta-Br\sqrt{R^2-r^2} \tag{2}$$

$$\mathscr{E}=-\frac{\mathrm{d}\Phi}{\mathrm{d}t}=-\frac{1}{2}BR^2\frac{\mathrm{d}\theta}{\mathrm{d}t}+B\sqrt{R^2-r^2}\frac{\mathrm{d}r}{\mathrm{d}t}-Br\frac{r\dfrac{\mathrm{d}r}{\mathrm{d}t}}{\sqrt{R^2-r^2}} \tag{3}$$

因为

$$\frac{\mathrm{d}r}{\mathrm{d}t}=-v \tag{4}$$

$$r=R\cos\frac{\theta}{2} \tag{5}$$

$$\frac{\mathrm{d}r}{\mathrm{d}t}=-\frac{1}{2}R\sin\frac{\theta}{2}\frac{\mathrm{d}\theta}{\mathrm{d}t} \tag{6}$$

所以

$$\frac{\mathrm{d}\theta}{\mathrm{d}t}=\frac{2v}{R\sin\dfrac{\theta}{2}}=\frac{2v}{\sqrt{R^2-r^2}} \tag{7}$$

将式(4)、(7)代入式(3)得

$$\mathscr{E}=-\frac{1}{2}BR^2\frac{2v}{\sqrt{R^2-r^2}}-Bv\sqrt{R^2-r^2}+\frac{Br^2v}{\sqrt{R^2-r^2}}$$

$$=-\frac{Bv}{\sqrt{R^2-r^2}}\left[R^2+(R^2-r^2)-r^2\right]=-2Bv\sqrt{R^2-r^2} \tag{8}$$

其中负号表示 $\mathscr{E}=\oint \boldsymbol{E}_i\cdot \mathrm{d}\boldsymbol{l}$ 中的 $\boldsymbol{E}_i$ 的方向如图 8.1.34(2)所示.

【讨论】　为什么式(8)的 $\mathscr{E}$ 与式(1)的 $\mathscr{E}$ 差一负号?这是因为,图 8.1.34(2)中的 $\boldsymbol{B}$ 向外,式(2)中用了 $\Phi=BS$,就规定了闭合回路平面 S 的法线 $\boldsymbol{n}$ 其方向也向外,于是 $\boldsymbol{n}$ 的右旋方向便为逆时针方向,结果就导致了式(8)的负号.如果式(2)中用$\Phi=-BS$计算，则S的法线方向就向内，从而其右旋方向便为顺时针方向，这时由式(8)算出的结果便与式(1)的$\mathscr{E}$相同了.

虽然式(2)和式(1)算出的$\mathscr{E}$差一负号，但由两式得出的涡旋电场的电场强度$\boldsymbol{E}_i$是相同的. 这一点请读者自己说明.

8.1.35 一矩形导线回路$abcd$静止在磁感强度为$\boldsymbol{B}$的均匀磁场中，$\boldsymbol{B}$与回路平面垂直并向外，如图 8.1.35 所示. ab边长为l，当这边以速度$\boldsymbol{v}$向右滑动时，试求a、b两点的电势差$U_{ab}=U_a-U_b$. 哪点电势高?

【解】 $$U_{ab}=U_a-U_b=\int_a^b \boldsymbol{E}_s\cdot \mathrm{d}\boldsymbol{l}=\int_a^b(-\boldsymbol{E}_i)\cdot \mathrm{d}\boldsymbol{l}$$

$$=\int_a^b(-\boldsymbol{v}\times\boldsymbol{B})\cdot \mathrm{d}\boldsymbol{l}=-\int_a^b \boldsymbol{v}\times\boldsymbol{B}\cdot \mathrm{d}\boldsymbol{l}=-vBl$$

负号表示，a点的电势比b点低.

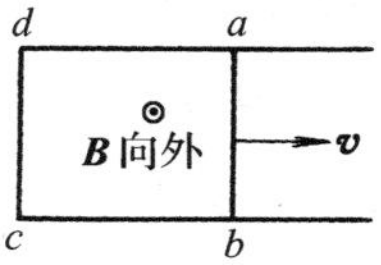

图 8.1.35

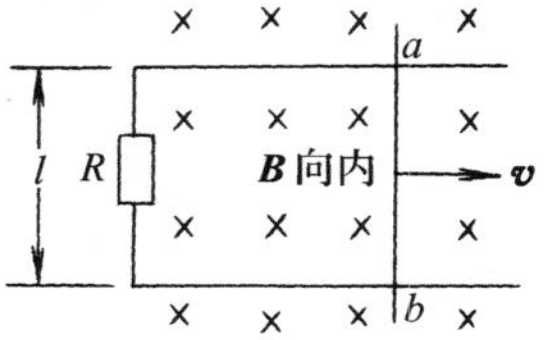

图 8.1.36

8.1.36 两平行导线相距为$l=50\text{cm}$，通过电阻$R=0.20\Omega$连接在一起，放在磁感强度为$\boldsymbol{B}$的均匀磁场中，$\boldsymbol{B}$与导线平面垂直并向内，如图 8.1.36 所示，$B=0.50\text{T}$；另一条导线ab横跨在两平行导线上，以匀速$\boldsymbol{v}$向右滑动，$\boldsymbol{v}$与两导线平行，$v=4.0\text{m/s}$. 试求：(1)导线ab的运动在闭合回路中所产生的感应电动势$\mathscr{E}$；(2)电阻R所消耗的功率P；(3)磁场$\boldsymbol{B}$作用在导线ab上的力$\boldsymbol{F}$.

【解】 (1)$\mathscr{E}=vBl=4.0\times0.50\times50\times10^{-2}=1.0(\text{V})$.

(2)$P=\mathscr{E}I=\dfrac{\mathscr{E}^2}{R}=\dfrac{1.0^2}{0.20}=5.0(\text{W})$.

(3)$F=BlI=Bl\,\dfrac{\mathscr{E}}{R}=0.50\times50\times10^{-2}\times\dfrac{1.0}{0.20}=1.3(\text{N})$

$\boldsymbol{F}$的方向与速度$\boldsymbol{v}$相反.

8.1.37 一横日字形导线框，如图 8.1.37(1)所示，已知$ab=bc=cd=de=ef=fa=0.10\text{m}$，$ab$、$fc$和$ed$各段电阻均为$3.0\Omega$，$cd$和$fe$两段电阻均为$1.5\Omega$，而$bc$和$af$两段电阻均为零. 这导线框处在磁感强度为$\boldsymbol{B}$的均匀磁场中，$\boldsymbol{B}$的方向与框面垂直并向内，$\boldsymbol{B}$的大小为$1.0\text{T}$；磁场的边界与$de$边平行，如图中虚线所示. 今以匀速$\boldsymbol{v}$将导线框从磁场中拉出，$\boldsymbol{v}$与$de$边垂直，$v=2.4\text{m/s}$. 试求拉出导线框的力所做的功.

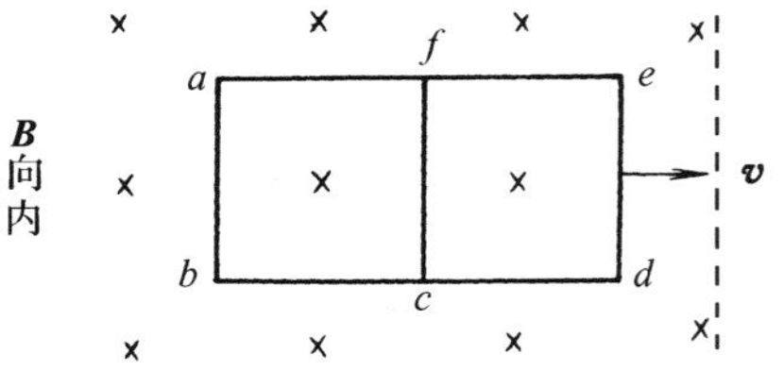

图 8.1.37(1)

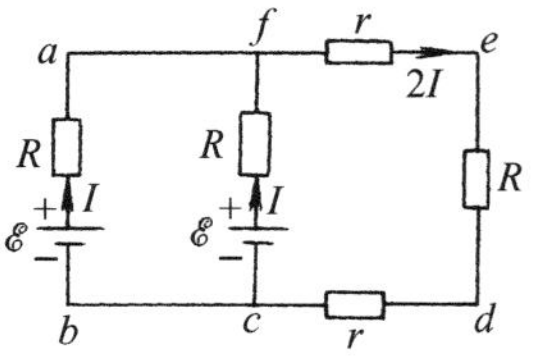

图 8.1.37(2)

【解】 ed 边未出磁场时，ab、fc 和 ed 三边切割磁力线，所产生的感应电动势都是 $\mathscr{E}=Blv$，但感应电流为零. 故不需做功.

ed 边出磁场后，ab 边和 fc 边切割磁力线，产生感应电动势 $\mathscr{E}=Blv$. 故在第一阶段，即从 ed 边出磁场后到 fc 边出磁场前，这导线框便形成如图 8.1.37(2)所示的电路，其中 $R=3.0\Omega$，$r=1.5\Omega$. 于是便有

$$IR+2I(R+2r)=Blv \tag{1}$$

所以

$$I=\frac{Blv}{3R+4r}=\frac{1.0\times0.10\times2.4}{3\times3.0+4\times1.5}=1.6\times10^{-2}(\mathrm{A}) \tag{2}$$

这时 ab 边和 fc 边所受的安培力 $\boldsymbol{F}$ 的方向与 $\boldsymbol{v}$ 相反，其大小均为

$$F=BlI \tag{3}$$

其他四边所受的安培力之和为零. 因匀速拉出，故拉力所做的功便为

$$\begin{aligned}W_1&=2Fl=2Bl^2I=2\times1.0\times(0.10)^2\times1.6\times10^{-2}\\&=3.2\times10^{-4}(\mathrm{J})\end{aligned} \tag{4}$$

第二阶段，即从 fc 边出磁场到 ab 边出磁场期间，只有 ab 边切割磁力线，所产生的感应电动势为 $\mathscr{E}=Blv$，这时导线框便形成如图8.1.37(3)所示的电路. 于是便有

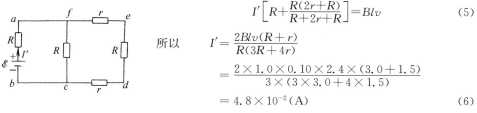

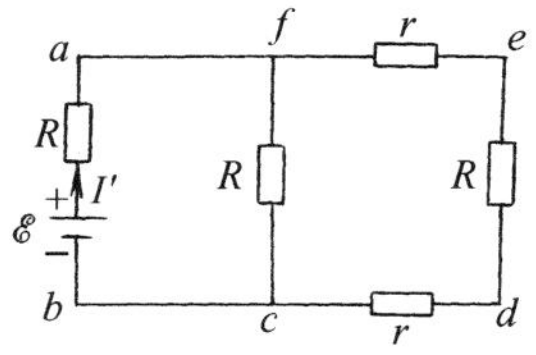

图 8.1.37(3)

$$I'\left[R+\frac{R(2r+R)}{R+2r+R}\right]=Blv \tag{5}$$

所以

$$\begin{aligned}I'&=\frac{2Blv(R+r)}{R(3R+4r)}\\&=\frac{2\times1.0\times0.10\times2.4\times(3.0+1.5)}{3\times(3\times3.0+4\times1.5)}\\&=4.8\times10^{-2}(\mathrm{A})\end{aligned} \tag{6}$$

这时磁场作用在 ab 边上的安培力仍为式(3)，其他两边所受的安培力之和为零. 所以这期间拉力所做的功便为

$$W_2=Fl=Bl^2I'=1.0\times(0.10)^2\times4.8\times10^{-2}=4.8\times10^{-4}(\mathrm{J}) \tag{7}$$

最后得拉出导线框的外力所做的功为

$$W=W_1+W_2=3.2\times10^{-4}+4.8\times10^{-4}=8.0\times10^{-4}(\mathrm{J}) \tag{8}$$

【讨论】 也可以用回路中磁通量的变化率求感应电动势，然后再求电流、安培力和外力做的功.

【别解】 因导线框是匀速运动，故根据能量守恒定律，电阻上消耗的能量(焦耳热)便等于

外力做的功. 第一阶段,由图8.1.37(2)可见,电阻上消耗的能量为

$$W_1'=[2I^2R+(2I)^2(R+2r)]\frac{l}{v}=2I^2(3R+4r)\frac{l}{v}$$
$$=2\times(1.6\times10^{-2})^2\times(3\times3.0+4\times1.5)\times0.1/2.4$$
$$=3.2\times10^{-4}(\text{J}). \tag{9}$$

第二阶段,由图 8.1.37(3)可见,电阻上消耗的功率为

$$W_2'=I^2\left[R+\frac{R(2r+R)}{R+2r+R}\right]\frac{l}{v}=I^2\frac{R(3R+4r)}{2(R+r)}\frac{l}{v}$$
$$=(4.8\times10^{-2})^2\times\frac{3.0\times(3\times3.0+4\times1.5)}{2\times(3.0\times1.5)}\times\frac{0.1}{2.4}$$
$$=4.8\times10^{-4}(\text{J}) \tag{10}$$

于是得外力做的功为

$$W'=W_1'+W_2'=3.2\times10^{-4}+4.8\times10^{-4}=8.0\times10^{-4}(\text{J}) \tag{11}$$

8.1.38　一矩形导线回路两边相距为 l,另一边 ab 以匀速 $\boldsymbol{v}$ 向右滑动,$\boldsymbol{v}$ 与两边平行;整个回路都在磁感强度为 $\boldsymbol{B}$ 的均匀磁场中,$\boldsymbol{B}$ 与回路平面垂直并向外,如图 8.1.38 所示. $\boldsymbol{B}$ 随时间作如下变化:$B=B_0\cos\omega t$. 试求 ab 到左边的距离为 x 时,回路中的感应电动势 $\mathscr{E}$.

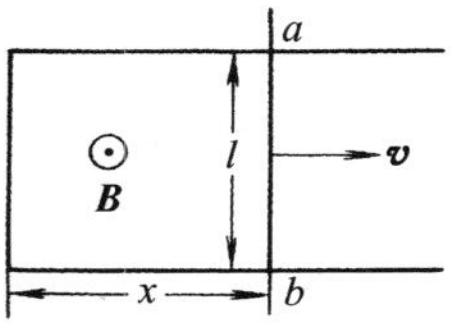

图 8.1.38

【解】　通过回路的磁通量为

$$\Phi=B_0\cos\omega t\,lx=B_0lx\cos\omega t \tag{1}$$

所求的感应电动势为

$$\mathscr{E}=-\frac{\mathrm{d}\Phi}{\mathrm{d}t}=-B_0l\frac{\mathrm{d}x}{\mathrm{d}t}\cos\omega t+B_0lx\omega\sin\omega t$$
$$=B_0l(\omega x\sin\omega t-v\cos\omega t)$$
$$=B_0l\sqrt{\omega^2x^2+v^2}\sin\left(\omega t-\arctan\frac{v}{\omega x}\right) \tag{2}$$

8.1.39　两根竖直的金属杆相距为 l,上端通过电动势为 $\mathscr{E}$、内阻为 r 的电池连接在一起,如图 8.1.39 所示. 一质量为 m、电阻为 R 的均质导体棒,两端分别套在两杆上,用手扶住让它静止. 在空间有均匀磁场,磁感强度 $\boldsymbol{B}$ 与杆棒构成的平面垂直. 现放手让导体棒下落. 设棒与杆间的摩擦力和杆本身的电阻都可略去不计,且杆足够长. 试求棒下落的最大速度.

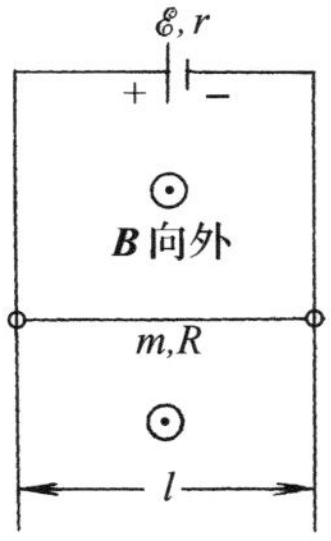

图 8.1.39

【解】　设棒向下的加速度为 a,则棒的运动方程为

$$ma=mg+BlI \tag{1}$$

式中 I 是通过棒的电流,其值为

$$I=\frac{\mathscr{E}-Blv}{R+r} \tag{2}$$

式中 v 是棒下落的速度,减号是因为感应电动势 Blv 与电池的电动势相反. 将 I 代入式(1)得

$$a = g + \frac{Bl\mathscr{E}}{m(R+r)} - \frac{B^2 l^2 v}{m(R+r)} \tag{3}$$

随着 v 的增大，a 减小；当 $a=0$ 时，v 达到极大值 $v_{\max}$. 这时由式(3)得

$$v_{\max} = \frac{mg(R+r)}{B^2 l^2} + \frac{\mathscr{E}}{Bl} \tag{4}$$

【讨论】 一、若 $\boldsymbol{B}$ 的方向与图 8.1.39 中的方向相反，则安培力的方向向上，这时棒的运动方程便为

$$ma = mg - BlI \tag{5}$$

通过棒的电流为

$$I = \frac{\mathscr{E} + Blv}{R+r} \tag{6}$$

将式(6)代入式(5)得

$$a = g - \frac{Bl}{m}\frac{\mathscr{E} + Blv}{R+r} \tag{7}$$

随着 v 的增大，a 减小；当 $a=0$ 时，v 达到极大值 $v'_{\max}$. 这时由式(7)得

$$v'_{\max} = \frac{mg(R+r)}{B^2 l^2} - \frac{\mathscr{E}}{Bl} \tag{8}$$

比较式(4)、(8)可见

$$v'_{\max} < v_{\max} \tag{9}$$

二、考虑摩擦力　　设摩擦力 f_μ 与速度成正比，比例系数为 k，即

$$f_\mu = kv \tag{10}$$

$\boldsymbol{B}$ 的方向仍如图 8.1.39 所示，则棒的运动方程为

$$ma = mg + BlI - kv \tag{11}$$

$$I = \frac{\mathscr{E} - Blv}{R+r} \tag{12}$$

令 $a=0$，由式(11)和(12)解得

$$v''_{\max} = \frac{mg(R+r) + Bl\mathscr{E}}{B^2 l^2 + k(R+r)} \tag{13}$$

这时，若 $\boldsymbol{B}$ 的方向与图 8.1.39 中的方向相反，则棒的运动方程为

$$ma = mg - BlI - kv \tag{14}$$

$$I = \frac{\mathscr{E} + Blv}{R+r} \tag{15}$$

令 $a=0$，由式(14)和(15)得

$$v'''_{\max} = \frac{mg(R+r) - Bl\mathscr{E}}{B^2 l^2 + k(R+r)} \tag{16}$$

比较式(13)、(16)可见

$$v'''_{\max} < v''_{\max} \tag{17}$$

8.1.40 半径分别为 R 和 r 的两个大小圆线圈共轴，中心相距为 x，大线圈载有电流 I，如图 8.1.40 所示. 设 $x \gg R$，大线圈中的电流 I 在小线圈处所产生的磁场可当作均匀磁场. 当小线圈以速度 v 沿轴线平行移动时，试求小线圈内的感应电动势.

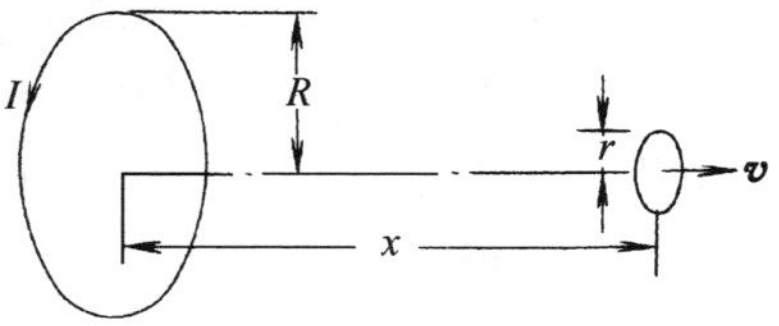

图 8.1.40

【解】 大线圈中的电流 I 在轴线上离中心为 x 处产生的磁感强度 $\boldsymbol{B}$ 的方向沿轴线，其大小为[参见前面 5.1.20 题的式(2)]

$$B = \frac{\mu_0 IR^2}{2(x^2 + R^2)^{3/2}} \tag{1}$$

因 $x \gg R > r$，故上式可近似为

$$B = \frac{\mu_0 IR^2}{2x^3} \tag{2}$$

通过小线圈的磁通量为

$$\Phi = BS = \pi r^2 B = \frac{\pi\mu_0 Ir^2 R^2}{2x^3} \tag{3}$$

于是得小线圈内的感应电动势为

$$\mathscr{E} = -\frac{\mathrm{d}\Phi}{\mathrm{d}t} = -\frac{\pi\mu_0 Ir^2 R^2}{2}\frac{\mathrm{d}}{\mathrm{d}t}\frac{1}{x^3} = \frac{3\pi\mu_0 Ir^2 R^2 v}{2x^4} \tag{4}$$

8.1.41 一根金属杆，上端 a 有一小孔，套在固定的水平轴上，杆可以在磁场中来回摆动，磁场的磁感强度 $\boldsymbol{B}$ 与摆动平面垂直并向内，如图 8.1.41 所示. 试问什么时候杆下端 b 的电势高于上端 a 的电势?

【解答】 b、a 两端的电势差为

$$U_b - U_a = \int_b^a \boldsymbol{E}_s \cdot \mathrm{d}\boldsymbol{l} = \int_b^a (-\boldsymbol{E}_i) \cdot \mathrm{d}\boldsymbol{l}$$

$$= \int_a^b \boldsymbol{E}_i \cdot \mathrm{d}\boldsymbol{l} = \int_a^b \boldsymbol{v} \times \boldsymbol{B} \cdot \mathrm{d}\boldsymbol{l}$$

由上式可见，当 $\boldsymbol{v} \times \boldsymbol{B}$ 与 $\overrightarrow{ab}$ 的方向相同时，$U_b - U_a > 0$，这时由图 8.1.41 可见，杆应向左摆动. 即杆向左摆时，它下端的电势比上端的高.

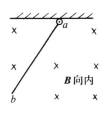

图 8.1.41

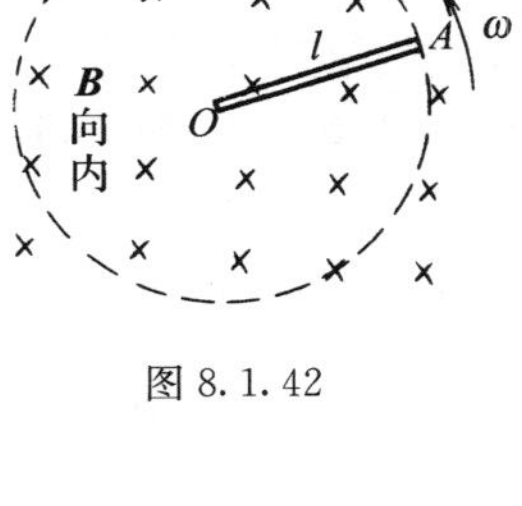

图 8.1.42

8.1.42　长为 l 的一根铜棒，在均匀磁场中以匀角速度 ω 转动，磁场的磁感强度 $\boldsymbol{B}$ 与棒垂直，转轴通过棒的一端并与 $\boldsymbol{B}$ 平行，如图 8.1.42 所示.(1)试求铜棒两端的电势差 U_{OA}，哪端电势高？(2)当 $l=50\text{cm}$，$B=100\text{Gs}$，转速为每秒 50 圈时，试计算 U_{OA} 的值.

【解】　(1)
$$U_{OA}=U_O-U_A=\int_O^A \boldsymbol{E}_s\cdot d\boldsymbol{l}=\int_O^A(-\boldsymbol{E}_i)\cdot d\boldsymbol{l}$$
$$=\int_O^A(-\boldsymbol{v}\times\boldsymbol{B})\cdot d\boldsymbol{l}=\int_O^A vB\,dl=\int_O^A \omega Bl\,dl$$
$$=\frac{1}{2}Bl^2\omega$$

因 $U_O-U_A>0$，故 O 端电势高.

(2) $U_{OA}=\dfrac{1}{2}\times100\times10^{-4}\times(50\times10^{-2})^2\times2\pi\times50=0.39(\text{V})$

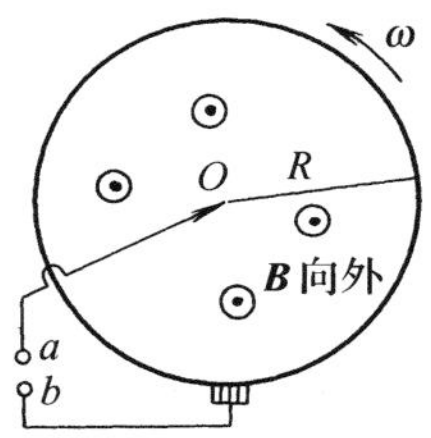

图 8.1.43

8.1.43　只有一根辐条的轮子在均匀磁场中转动，转动轴与磁感强度 $\boldsymbol{B}$ 平行，如图 8.1.43 所示.轮子和辐条都是导体，辐条长为 R，轮子每秒转 N 圈.两条导线 a 和 b 通过各自的刷子分别与轮轴和轮缘接触.(1)试求 a、b 间的感应电动势 $\mathscr{E}$；(2)若在 a、b 间接一个电阻，使辐条中的电流为 I，试问 I 的方向如何？(3)试求这时磁场作用在辐条上的力矩 $\boldsymbol{M}$；(4)当轮子反转时，I 是否也会反向？

【解】　(1)
$$\mathscr{E}=\int_0^R \boldsymbol{E}_i\cdot d\boldsymbol{l}=\int_0^R \boldsymbol{v}\times\boldsymbol{B}\cdot d\boldsymbol{l}=\int_0^R vB\,dl$$
$$=\int_0^R \omega lB\,dl=\frac{1}{2}B\omega R^2=\frac{1}{2}B\cdot2\pi N\cdot R^2=N\pi BR^2$$

(2)电流 I 沿辐条向外.

(3)以 $\boldsymbol{e}_\omega$ 为转动角速度 $\boldsymbol{\omega}$ 方向上的单位矢量，如图 8.1.43，其方向与 $\boldsymbol{B}$ 相同，则有
$$d\boldsymbol{M}=\boldsymbol{r}\times d\boldsymbol{F}=\boldsymbol{r}\times(Id\boldsymbol{l}\times\boldsymbol{B})=\boldsymbol{r}\times(Id\boldsymbol{r}\times\boldsymbol{B})=-IBr\,dr\boldsymbol{e}_\omega$$
所以
$$\boldsymbol{M}=-IB\int_0^R r\,dr\boldsymbol{e}_\omega=-\frac{1}{2}IBR^2\boldsymbol{e}_\omega$$
负号表明，力矩 $\boldsymbol{M}$ 阻止轮子转动.

(4)电流 I 会反向.

8.1.44　半径为 R 的金属圆盘，放在磁感强度为 $\boldsymbol{B}$ 的均匀磁场中，$\boldsymbol{B}$ 与盘面法线 $\boldsymbol{n}$ 的夹角为 θ，如图 8.1.44 所示.当这圆盘以每秒 N 圈的转速绕它的几何轴旋转时，试求盘中心与边缘的电势差.

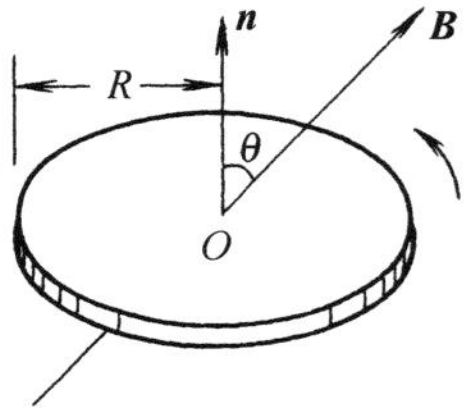

图 8.1.44

【解】　盘中心 O 与边缘 A 的电势差为
$$U_{OA}=U_O-U_A=\int_0^R \boldsymbol{E}_s\cdot d\boldsymbol{l}=\int_0^R(-\boldsymbol{E}_i)\cdot d\boldsymbol{l}$$

$$=-\int_0^R \boldsymbol{v}\times\boldsymbol{B}\cdot\mathrm{d}\boldsymbol{l}=-\int_0^R \boldsymbol{v}\times(\boldsymbol{B}_{\parallel}+\boldsymbol{B}_{\perp})\cdot\mathrm{d}\boldsymbol{l} \tag{1}$$

式中 $\boldsymbol{B}_{\parallel}$ 和 $\boldsymbol{B}_{\perp}$ 分别为 $\boldsymbol{B}$ 的平行于和垂直于 $\boldsymbol{n}$ 的分量. 因 $\boldsymbol{B}_{\perp}$ 与 $\boldsymbol{v}$ 在同一平面(垂直于 $\boldsymbol{n}$ 的平面)内,故 $\boldsymbol{v}\times\boldsymbol{B}_{\perp}$ 便平行于 $\boldsymbol{n}$,所以

$$\boldsymbol{v}\times\boldsymbol{B}_{\perp}\cdot\mathrm{d}\boldsymbol{l}=0 \tag{2}$$

于是得

$$U_{OA}=-\int_0^R \boldsymbol{v}\times\boldsymbol{B}_{\parallel}\cdot\mathrm{d}\boldsymbol{l}=-\int_0^R \boldsymbol{v}\times(B\cos\theta\boldsymbol{n})\cdot\mathrm{d}\boldsymbol{l}$$

$$=-B\cos\theta\int_0^R \boldsymbol{v}\times\boldsymbol{n}\cdot\mathrm{d}\boldsymbol{l} \tag{3}$$

由图 8.1.44 可见,

$$\boldsymbol{v}\times\boldsymbol{n}\cdot\mathrm{d}\boldsymbol{l}=v\mathrm{d}l=2\pi Nl\mathrm{d}l \tag{4}$$

代入式(3)便得

$$U_{OA}=-2\pi NB\cos\theta\int_0^R l\mathrm{d}l=-\pi NBR^2\cos\theta \tag{5}$$

负号表示 $U_A>U_O$,即盘边缘的电势比盘中心的电势高.

8.1.45　由金属制成的直角三角形框架,勾 BC 长为 a,放在磁感强度为 $\boldsymbol{B}$ 的均匀磁场中,股 AB 与 $\boldsymbol{B}$ 平行,如图 8.1.45(1)所示. 当这框架以股 AB 为轴,每秒旋转 n 圈时,试求勾 BC 里产生的感应电动势 $\mathscr{E}_{BC}$ 和整个框里产生的感应电动势 $\mathscr{E}$.

【解】　$\mathscr{E}_{BC}=\int_0^a \boldsymbol{E}_i\cdot\mathrm{d}\boldsymbol{l}=\int_0^a \boldsymbol{v}\times\boldsymbol{B}\cdot\mathrm{d}\boldsymbol{l}=\int_0^a vB\mathrm{d}l$

$$=\int_0^a 2\pi nlB\mathrm{d}l=n\pi a^2B \tag{1}$$

$$\mathscr{E}=\mathscr{E}_{BC}+\mathscr{E}_{CA}+\mathscr{E}_{AB} \tag{2}$$

因为股 AB 是轴线,其上 $\boldsymbol{v}=0$,故

$$\mathscr{E}_{AB}=\int_A^B \boldsymbol{v}\times\boldsymbol{B}\cdot\mathrm{d}\boldsymbol{l}=0 \tag{3}$$

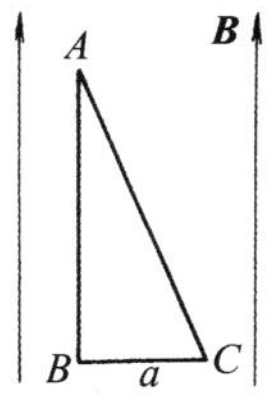

图 8.1.45(1)

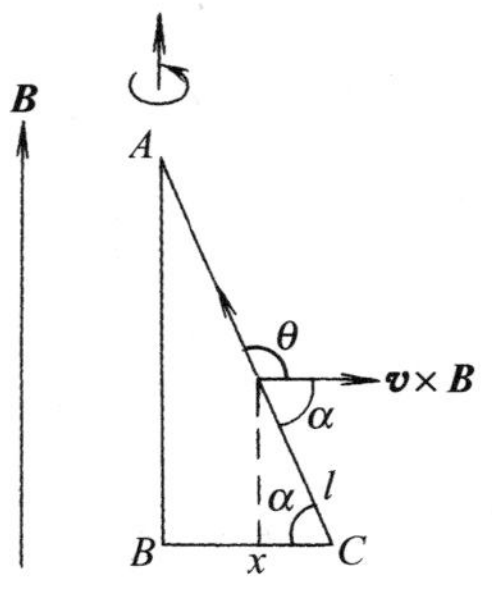

图 8.1.45(2)

弦 CA 中的感应电动势为[图 8.1.45(2)]

$$\begin{aligned}\mathscr{E}_{CA} &= \int_C^A \boldsymbol{v}\times\boldsymbol{B}\cdot \mathrm{d}\boldsymbol{l} = \int_C^A vB\cos\theta \mathrm{d}l = -\int_C^A vB\cos\alpha \mathrm{d}l \\ &= -\int_C^B vB\mathrm{d}x = -\int_0^a 2\pi n(a-x)B\mathrm{d}x \\ &= n\pi B(a-x)^2\Big|_{x=0}^{x=a} = -n\pi a^2 B \end{aligned} \tag{4}$$

所以
$$\mathscr{E} = \mathscr{E}_{BC} + \mathscr{E}_{CA} = n\pi a^2 B + (-n\pi a^2 B) = 0 \tag{5}$$

另外，当三角形框架转动时，通过三角形面积的磁通量不变(恒为零)，由此也可知 $\mathscr{E}=0$.

8.1.46 一根 50cm 长的金属棒 ab 水平放置，以长度的 $\frac{1}{5}$ 处为轴心，在水平面内旋转，每秒转两圈；已知该处地磁场的磁感强度 $\boldsymbol{B}$ 在竖直方向上的分量 $B_\perp=0.50\text{Gs}$，如图 8.1.46(1)所示. 试求棒两端的电势差 U_{ab}.

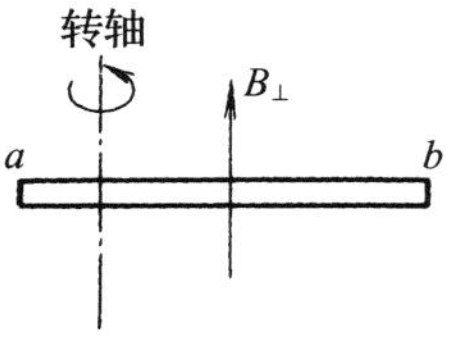

图 8.1.46(1)

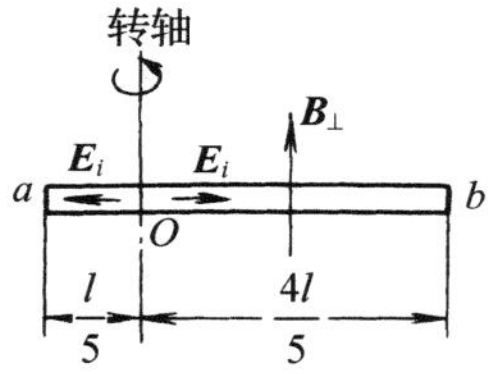

图 8.1.46(2)

【解】 由图 8.1.46(2)可见，

$$\begin{aligned} U_{ab} &= U_a - U_b = \int_a^b \boldsymbol{E}_s\cdot \mathrm{d}\boldsymbol{l} = \int_a^b (-\boldsymbol{E}_i)\cdot \mathrm{d}\boldsymbol{l} = -\int_a^b \boldsymbol{E}_i\cdot \mathrm{d}\boldsymbol{l} \\ &= -\int_a^b \boldsymbol{v}\times\boldsymbol{B}_\perp\cdot \mathrm{d}\boldsymbol{l} = -\int_a^b (\boldsymbol{\omega}\times\boldsymbol{r})\times\boldsymbol{B}_\perp\cdot \mathrm{d}\boldsymbol{r} \\ &= -\int_a^O (\boldsymbol{\omega}\times\boldsymbol{r})\times\boldsymbol{B}_\perp\cdot \mathrm{d}\boldsymbol{r} - \int_O^b (\boldsymbol{\omega}\times\boldsymbol{r})\times\boldsymbol{B}_\perp\cdot \mathrm{d}\boldsymbol{r} \\ &= \int_a^O \omega B_\perp r\mathrm{d}r - \int_O^b \omega B_\perp r\mathrm{d}r = \frac{\omega}{2}B_\perp r^2\Big|_{r=0}^{r=l/5} - \frac{\omega}{2}B_\perp r^2\Big|_{r=0}^{r=4l/5} \\ &= \frac{\omega}{2}B_\perp\left(\frac{l}{5}\right)^2 - \frac{\omega}{2}B_\perp\left(\frac{4l}{5}\right)^2 = -\frac{3}{10}\omega B_\perp l^2 \end{aligned}$$

式中 l 为棒长. 代入数据得

$$\begin{aligned} U_{ab} = U_a - U_b &= -\frac{3}{10}\times 2\pi\times 2\times 0.50\times 10^{-4}\times(50\times 10^{-2})^2 \\ &= -4.7\times 10^{-5}(\text{V}) \end{aligned}$$

负号表示 a 端电势比 b 端低.

8.1.47 横截面很小的金属丝弯成一圆环，半径为 a，以角速度 $\boldsymbol{\omega}$ 绕它的一个固定直径 AB 旋转；在它的中心，有一个磁矩为 $\boldsymbol{m}$ 的小磁棒，其长度比 a 小很多，$\boldsymbol{m}$

与 $\boldsymbol{\omega}$ 同方向，如图 8.1.47(1)所示，C 为 A、B 间的中点.(1)试求 A、C 之间的感应电动势 $\mathscr{E}$；(2)怎样测量这个电动势？

【解】 (1)圆环旋转时切割磁力线，在 A、C 之间产生的感应电动势为[图 8.1.47(2)]

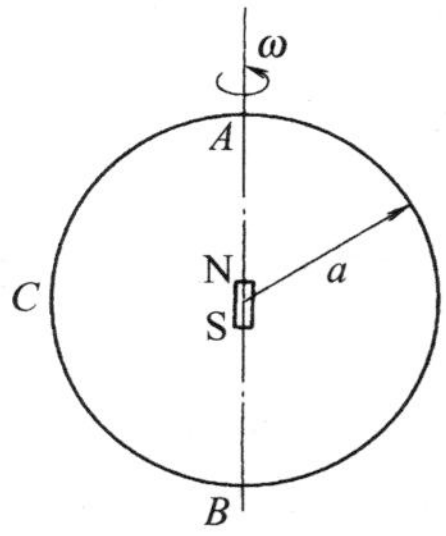

图 8.1.47(1)

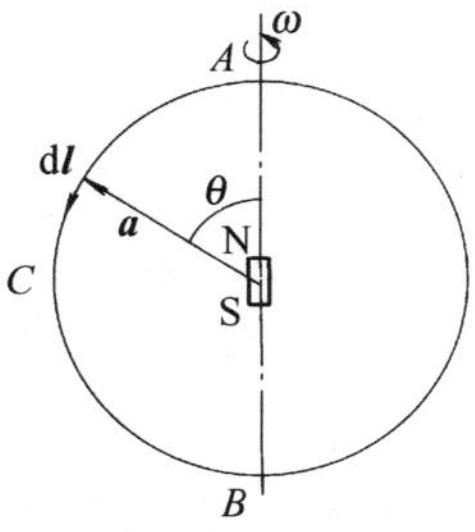

图 8.1.47(2)

$$\mathscr{E}=\int_A^C \boldsymbol{E}_i\cdot \mathrm{d}\boldsymbol{l}=\int_A^C \boldsymbol{v}\times\boldsymbol{B}\cdot\mathrm{d}\boldsymbol{l}=\int_A^C[(\boldsymbol{\omega}\times\boldsymbol{a})\times\boldsymbol{B}]\cdot\mathrm{d}\boldsymbol{l}$$

$$=\int_A^C[(\boldsymbol{\omega}\cdot\boldsymbol{B})\boldsymbol{a}-(\boldsymbol{a}\cdot\boldsymbol{B})\boldsymbol{\omega}]\cdot\mathrm{d}\boldsymbol{l} \tag{1}$$

因为

$$\boldsymbol{a}\cdot\mathrm{d}\boldsymbol{l}=0$$

所以

$$\mathscr{E}=-\int_A^C(\boldsymbol{a}\cdot\boldsymbol{B})\boldsymbol{\omega}\cdot\mathrm{d}\boldsymbol{l}=-\int_A^C(\boldsymbol{a}\cdot\boldsymbol{B})\cos\left(\frac{\pi}{2}+\theta\right)\omega\mathrm{d}l$$

$$=\omega a\int_A^C(\boldsymbol{a}\cdot\boldsymbol{B})\sin\theta\mathrm{d}\theta \tag{2}$$

磁矩为 $\boldsymbol{m}$ 的磁偶极子在环上 $\boldsymbol{a}$ 处产生的磁感强度为[参见前面 7.44 题]

$$\boldsymbol{B}=\frac{\mu_0}{4\pi a^3}\left[\frac{3(\boldsymbol{m}\cdot\boldsymbol{a})}{a^2}\boldsymbol{a}-\boldsymbol{m}\right] \tag{3}$$

$$\boldsymbol{a}\cdot\boldsymbol{B}=\frac{\mu_0}{4\pi a^3}[3(\boldsymbol{m}\cdot\boldsymbol{a})-\boldsymbol{a}\cdot\boldsymbol{m}]=\frac{\mu_0}{2\pi a^3}\boldsymbol{m}\cdot\boldsymbol{a}=\frac{\mu_0 m}{2\pi a^2}\cos\theta \tag{4}$$

代入式(2)得

$$\mathscr{E}=\omega a\int_A^C\frac{\mu_0 m}{2\pi a^2}\cos\theta\sin\theta\mathrm{d}\theta=\frac{\mu_0 m\omega}{2\pi a}\int_0^{\pi/2}\sin\theta\cos\theta\mathrm{d}\theta$$

$$=\frac{\mu_0 m\omega}{2\pi a}\left[\frac{1}{2}\sin^2\theta\right]_{\theta=0}^{\theta=\pi/2}=\frac{\mu_0 m\omega}{4\pi a} \tag{5}$$

(2)从 A 接出一条导线，在 C 外装一个金属圆圈，圆圈的几何轴与转轴 AB 重合；圆圈与导线都不动，并使 C 转动时保持与圆圈接触.测出导线与圆圈之间的电势差，便等于 A、C 之间的电动势 $\mathscr{E}$.

8.1.48 由表面绝缘的细导线绕成正方形线圈，每边长 100mm，在地磁场中转动，每秒转 30 圈，转轴通过中心并与一边平行.(1)试问转轴与地磁场的磁感强度 $\boldsymbol{B}$ 的夹角为什么值时，线圈中产生的感应电动势最大？(2)设线圈所在处地磁的 $B=0.55\text{Gs}$，这时要在线圈中产生有效值为 10mV 的感应电动势，试求线圈的匝数 N.

【解】 (1)转轴与地磁场的 $\boldsymbol{B}$ 的夹角为 90°时，$\frac{\mathrm{d}\Phi}{\mathrm{d}t}$的值最大，故产生的 $\mathscr{E}$ 也最大.

(2)在转轴与 $\boldsymbol{B}$ 垂直时，感应电动势为

$$\mathscr{E}=-\frac{\mathrm{d}\Psi}{\mathrm{d}t}=-N\frac{\mathrm{d}\Phi}{\mathrm{d}t}=-N\frac{\mathrm{d}}{\mathrm{d}t}BS\cos\omega t=NBS\omega\sin\omega t$$

所以
$$N=\frac{\sqrt{2}\mathscr{E}}{BS\omega}=\frac{1.414\times10\times10^{-3}}{0.55\times10^{-4}\times(100\times10^{-3})^2\times2\pi\times30}=1.4\times10^2$$

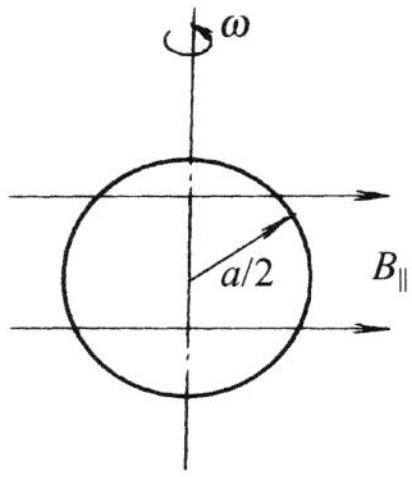

图 8.1.49

8.1.49 横截面积为 $1.0\mathrm{mm}^2$ 的铜线，弯成直径为 $a=20\mathrm{cm}$ 的圆环，环面与地面垂直，该处地磁 $\boldsymbol{B}$ 的水平分量 $B_{\parallel}=0.18\mathrm{Gs}$，如图 8.1.49 所示. 已知铜的电阻率为 $\rho=1.75\times10^{-8}\ \Omega\cdot\mathrm{m}$. 当这圆环以每分钟 300 圈的匀角速度绕它的竖直直径转动时，试求：(1)每秒产生的焦耳热；(2)外加转矩的最大值.

【解】 (1)因圆环中的感应电流是交流电流，设电流的有效值为 i_e 则

$$i_e=\frac{\mathscr{E}_e}{R} \tag{1}$$

式中 $\mathscr{E}_e$ 是感应电动势的有效值. 感应电动势为

$$\mathscr{E}=-\frac{\mathrm{d}\Phi}{\mathrm{d}t}=-\frac{\mathrm{d}}{\mathrm{d}t}(B_{\parallel}S\cos\omega t)=B_{\parallel}S\omega\sin\omega t \tag{2}$$

所以
$$\mathscr{E}_e=\frac{B_{\parallel}S\omega}{\sqrt{2}} \tag{3}$$

每秒产生的焦耳热为

$$\begin{aligned}P&=i_e^2R=\frac{\mathscr{E}_e^2}{R}=\frac{(B_{\parallel}S\omega/\sqrt{2})^2}{\pi a\rho/A}=\frac{(B_{/\!/}S\omega)^2A}{2\pi a\rho}\\&=\frac{\left[0.18\times10^{-4}\times\pi\times\left(\frac{20\times10^{-2}}{2}\right)^2\times2\pi\times\frac{300}{60}\right]^2\times1.0\times10^{-6}}{2\pi\times20\times10^{-2}\times1.75\times10^{-8}}\\&=1.4\times10^{-8}(\mathrm{J/s})\end{aligned} \tag{4}$$

(2)最大的转矩为

$$\begin{aligned}M_{\max}&=ISB_{\parallel}=\frac{B_{\parallel}S\omega}{R}SB_{\parallel}=\frac{B_{\parallel}^2S^2\omega A}{\pi a\rho}\\&=\frac{\left[0.18\times10^{-4}\times\pi\times\left(\frac{20\times10^{-2}}{2}\right)^2\right]^2\times2\pi\times\frac{300}{60}\times1.0\times10^{-6}}{\pi\times20\times10^{-2}\times1.75\times10^{-8}}\\&=9.1\times10^{-10}(\mathrm{N\cdot m})\end{aligned} \tag{5}$$

【讨论】 焦耳热若用卡表示，则为

$$P=1.44\times10^{-8}/4.1855=3.4\times10^{-9}(\mathrm{cal/s}) \tag{6}$$

8.1.50 最简单的交流发电机是在均匀磁场中转动的线圈，转轴 OO' 与磁场的磁感强度 $\boldsymbol{B}$ 垂直，如图 8.1.50 所示. 已知 $B=8400\mathrm{Gs}$，线圈面积 $S=25\mathrm{cm}^2$，线

圈匝数 $N=20$，每秒转 50 圈. 设开始时线圈平面的法线与 $\boldsymbol{B}$ 平行. 试求线圈中的电动势 $\mathscr{E}$.

【解】 $\mathscr{E}=-\dfrac{\mathrm{d}\Psi}{\mathrm{d}t}=-N\dfrac{\mathrm{d}\Phi}{\mathrm{d}t}=-N\dfrac{\mathrm{d}}{\mathrm{d}t}BS\cos\omega t$

$$=NBS\omega\sin\omega t$$
$$=20\times 8400\times 10^{-4}\times 25\times 10^{-4}\times 2\pi\times 50\sin 2\pi\times 50t$$
$$=13\sin 100\pi t(\mathrm{V})$$

式中 t 以秒为单位.

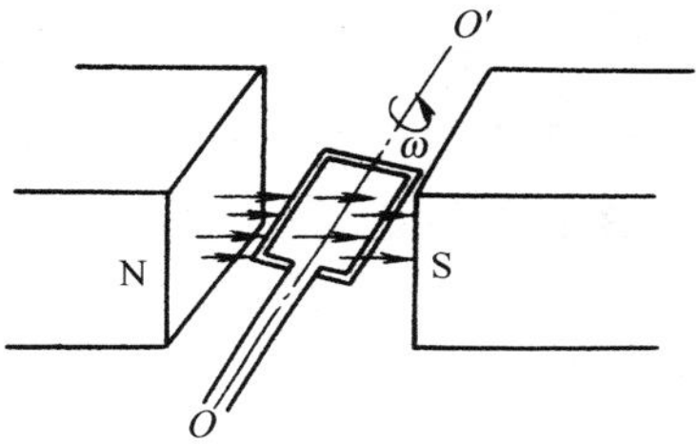

图 8.1.50

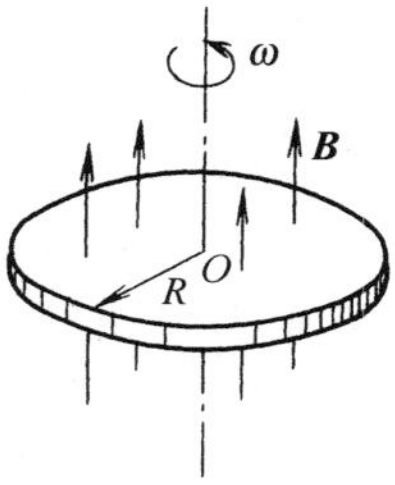

图 8.1.51

8.1.51　法拉第圆盘发电机是一个在磁场中转动的导体圆盘. 设圆盘的半径为 R，转动轴线与它的几何轴重合，磁感强度 $\boldsymbol{B}$ 平行于轴线，转动的角速度为 ω，如图 8.1.51 所示. (1) 试求盘的边缘与中心的电势差 U_{RO}，并计算 $R=15\mathrm{cm}$，$B=0.60\mathrm{T}$，转速为每秒 30 圈时 U_{RO} 的值；(2) 当盘反转时，边缘与中心电势的高低是否也会倒过来？

【解】 (1) $U_{RO}=U_R-U_O=\int_R^0\boldsymbol{E}_s\cdot\mathrm{d}\boldsymbol{l}=\int_R^0(-\boldsymbol{E}_i)\cdot\mathrm{d}\boldsymbol{l}$

$$=\int_0^R\boldsymbol{E}_i\cdot\mathrm{d}\boldsymbol{l}=\int_0^R\boldsymbol{v}\times\boldsymbol{B}\cdot\mathrm{d}\boldsymbol{l}=\int_0^R[(\boldsymbol{\omega}\times\boldsymbol{r})\times\boldsymbol{B}]\cdot\mathrm{d}\boldsymbol{r}$$
$$=\int_0^R[(\boldsymbol{\omega}\cdot\boldsymbol{B})\boldsymbol{r}-(\boldsymbol{r}\cdot\boldsymbol{B})\boldsymbol{\omega}]\cdot\mathrm{d}\boldsymbol{r}=\int_0^R\omega Br\mathrm{d}r$$
$$=\frac{1}{2}\omega BR^2 \tag{1}$$

$U_R-U_O>0$ 表明，盘边缘的电势比中心的电势高. U_{RO} 的值为

$$U_{RO}=\frac{1}{2}\times 2\pi\times 30\times 0.60\times(15\times 10^{-2})^2=1.3(\mathrm{V}) \tag{2}$$

(2) 当盘反转时，盘边缘的电势比盘中心的电势低.

8.1.52　一外表绝缘的导线，扭成如图 8.1.52 所示的三个圆形的平面闭合回路，它们的半径分别为 a、b、c，$a>b>c$. 这回路中都有磁感强度为

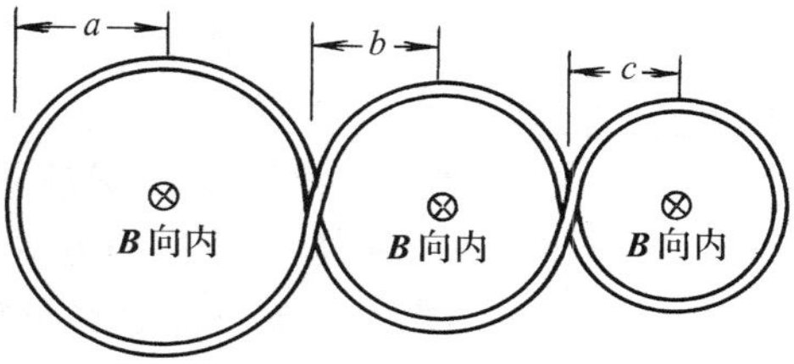

图 8.1.52

B 的均匀磁场，且 **B** 与回路的平面垂直并向内，而回路外则无磁场. 当 **B** 的大小以速率 $\dot{B}$ 增大时，试求回路中的感应电动势 $\mathscr{E}$，并指出中间圆 b 里感应电流的方向.

【解】 $\mathscr{E}=\mathscr{E}_a+\mathscr{E}_b+\mathscr{E}_c=-\frac{\mathrm{d}}{\mathrm{d}t}(\Phi_a+\Phi_b+\Phi_c)$

$$=-\frac{\mathrm{d}}{\mathrm{d}t}(\pi a^2B-\pi b^2B+\pi c^2B)$$

$$=-\pi(a^2-b^2+c^2)\dot{B}$$

负号表示 $\mathscr{E}$(即涡旋电场)在大圆 a 里是逆时针方向.

中间圆 b 里的感应电流是顺时针方向.

8.1.53 用细导线做成一个半径为 a 的圆环，其电阻为 R；另一根长为 $2a$ 的导线，两端分别接在环上 P、Q 两点，$\widehat{PQ}$为四分之一圆周，导线折成直角，中点 O 在圆心，如图 8.1.53(1)所示. 这环内有磁感强度为 **B** 的均匀磁场，且 **B** 与圆面垂直并向内，而环外则无磁场. 当 **B** 的大小以速率 $\dot{B}$ 增大时，试求导线 PO 中的电流.

【解】 设导线 POQ 的电阻为 r，PO 中的电流为 i，四分之三圆弧中的电流为 I，如图 8.1.53(2)所示，则由基尔霍夫电路定律得

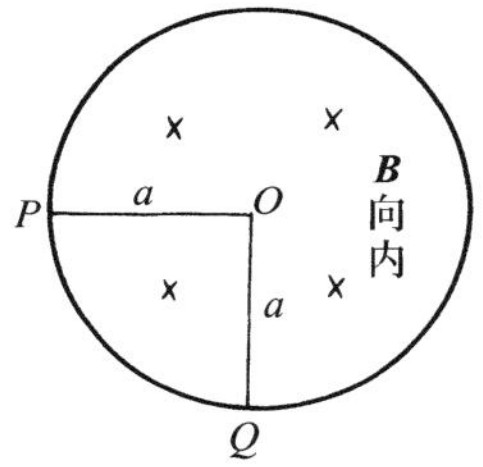

图 8.1.53(1)

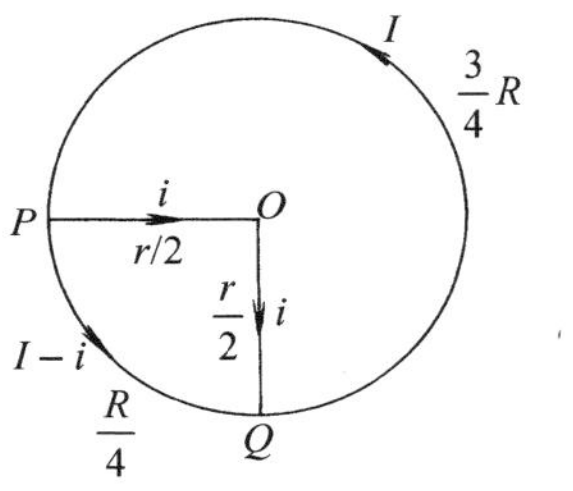

图 8.1.53(2)

$$\frac{3}{4}RI+ri=\frac{3}{4}\pi a^2\dot{B} \tag{1}$$

$$\frac{1}{4}R(I-i)-ri=\frac{1}{4}\pi a^2\dot{B} \tag{2}$$

两式相加得

$$RI-\frac{1}{4}Ri=\pi a^2\dot{B} \tag{3}$$

由式(1)、(3)解得

$$i=0 \tag{4}$$

8.1.54 一很长的直导线载有交流电流 $I=I_0\sin\omega t$，它旁边有一长方形线圈 $ABCD$，长为 l，宽为 $b-a$，线圈和导线在同一平面内，其长边与导线平行，如图 8.1.54 所示. 试求：(1)穿过回路 $ABCD$ 的磁通量 Φ；(2)回路 $ABCD$ 中的感应电动势 $\mathscr{E}$.

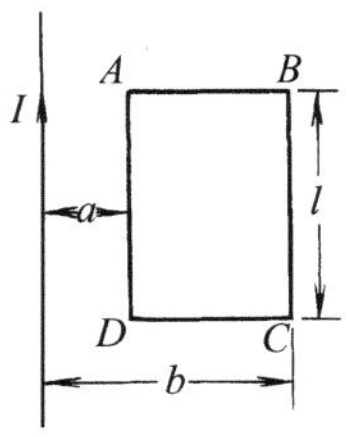

图 8.1.54

【解】 (1) $\Phi=\int_a^b Bl\mathrm{d}r=\int_a^b \frac{\mu_0 I}{2\pi r}l\mathrm{d}r=\frac{\mu_0 I_0 l\sin\omega t}{2\pi}\int_a^b \frac{\mathrm{d}r}{r}=\frac{\mu_0 I_0 l}{2\pi}\left(\ln\frac{b}{a}\right)\sin\omega t$

(2) $\mathscr{E}=-\frac{\mathrm{d}\Phi}{\mathrm{d}t}=-\frac{\mu_0 I_0\omega l}{2\pi}\left(\ln\frac{b}{a}\right)\cos\omega t$

8.1.55 两条很长的平行输电线，相距为 l，载有大小相等而方向相反的电流 $I=I_0\cos\omega t$；旁边有一长为 a、宽为 b 的矩形线圈，它们在同一平面内，长边与输电线平行，到最近一条的距离为 d，如图 8.1.55 所示. 试求线圈中的感应电动势 $\mathscr{E}$.

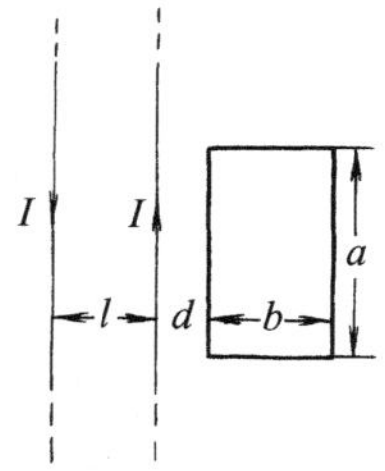

图 8.1.55

【解】 先求通过线圈的磁通量

$$\mathrm{d}\Phi=\boldsymbol{B}\cdot\mathrm{d}\boldsymbol{S}=B\mathrm{d}S=\frac{\mu_0 I_0\cos\omega t}{2\pi}\left(\frac{1}{r_1}-\frac{1}{r_2}\right)a\mathrm{d}r \tag{1}$$

$$\Phi=\frac{\mu_0 aI_0\cos\omega t}{2\pi}\left[\int_d^{d+b}\frac{\mathrm{d}r_1}{r_1}-\int_{l+d}^{l+d+b}\frac{\mathrm{d}r_2}{r_2}\right]$$

$$=\frac{\mu_0 aI_0\cos\omega t}{2\pi}\ln\frac{(d+b)(l+d)}{(l+d+b)d} \tag{2}$$

再求感应电动势

$$\mathscr{E}=-\frac{\mathrm{d}\Phi}{\mathrm{d}t}=\frac{\mu_0 I_0\omega a}{2\pi}\ln\frac{(d+b)(l+d)}{(l+b+d)d}\sin\omega t \tag{3}$$

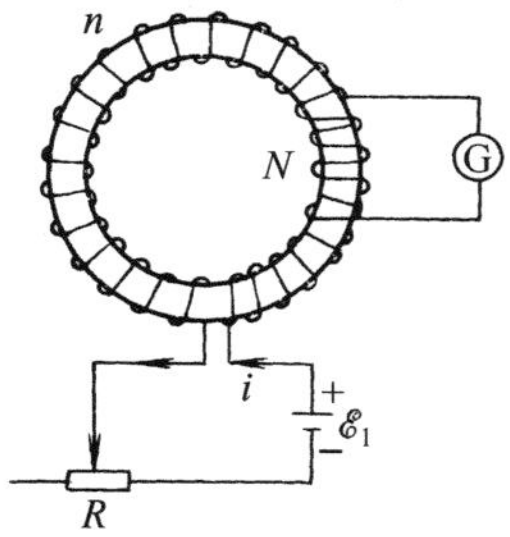

图 8.1.56

8.1.56 一横截面积为 $S=20\mathrm{cm}^2$ 的空心螺绕环，每厘米上绕有 50 匝线圈；环外绕有 $N=5$ 匝的副线圈，副线圈与电流计 G 串联，构成一个电阻为 $r=2.0\Omega$ 的闭合回路，如图 8.1.56 所示. 今改变 R 使螺绕环中的电流 i 每秒减少 20A. 试求副线圈中的感应电动势 $\mathscr{E}$ 和感应电流 I.

【解】 通过副线圈的磁链为

$$\Psi=N\Phi=NBS=N\mu_0 niS=\mu_0 NnSi \tag{1}$$

所以
$$\mathscr{E}=-\frac{\mathrm{d}\Psi}{\mathrm{d}t}=\mu_0 NnS\left(-\frac{\mathrm{d}i}{\mathrm{d}t}\right)$$

$$=4\pi\times10^{-7}\times5\times50\times10^2\times20\times10^{-4}\times20$$

$$=4\pi\times10^{-4}=1.3\times10^{-3}(\mathrm{V}) \tag{2}$$

$$I=\frac{\mathscr{E}}{r}=\frac{4\pi\times10^{-4}}{2.0}=6.3\times10^{-4}(\mathrm{A}) \tag{3}$$

8.1.57 一电子计算机里的存储元件是用矩磁材料(磁滞回线接近矩形的铁氧体)作成的小圆环，横截面积为 $0.15\times0.30\mathrm{mm}^2$，如图 8.1.57(1)所示. 回路 1 中的电流 I 使圆环由原来的剩磁状态 B_r 翻转到另一剩磁状态 $-B_r$[图 8.1.57(2)]. 已知 $B_r=0.17\mathrm{T}$，翻时间为 $\Delta t=0.45\mu\mathrm{s}$. 试求回路 2 中感生电动势的大小.

【解】 因回路 2 有两匝，故其中感生电动势的大小为

$$\mathscr{E}=\left|\frac{\Delta\Psi}{\Delta t}\right|=2\left|\frac{\Delta\Phi}{\Delta t}\right|=2S\left|\frac{\Delta B}{\Delta t}\right|=2S\frac{[B_r-(-B_r)]}{\Delta t}$$

$$=\frac{4SB_r}{\Delta t}=\frac{4\times0.15\times0.30\times10^{-6}\times0.17}{0.45\times10^{-6}}$$

$$=6.8\times10^{-2}(\mathrm{V})$$

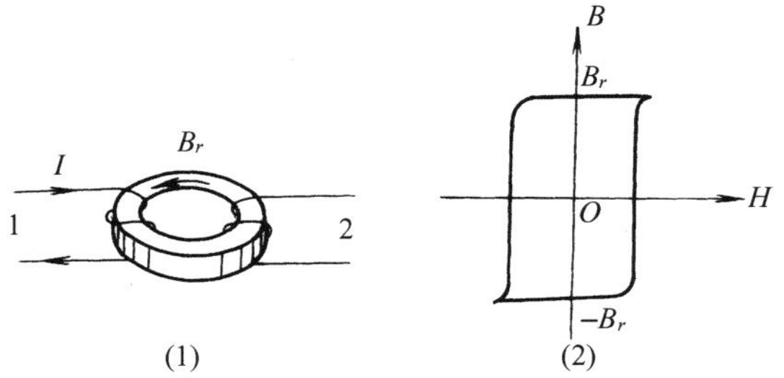

图 8.1.57

8.1.58　一闭合线圈共有 N 匝，电阻为 R. 试证明：当通过这线圈的磁通量改变 $\Delta\Phi$ 时，线圈内流过的电荷量为 $\Delta q=\frac{N\Delta\Phi}{R}$.

【证】　磁通量发生变化时，线圈中的感应电动势为

$$\mathscr{E}=-\frac{\mathrm{d}\Psi}{\mathrm{d}t}=-N\frac{\mathrm{d}\Phi}{\mathrm{d}t} \tag{1}$$

这时线圈中的电流为

$$i=\frac{\mathrm{d}q}{\mathrm{d}t}=\frac{\mathscr{E}}{R}=-\frac{N}{R}\frac{\mathrm{d}\Phi}{\mathrm{d}t} \tag{2}$$

所以

$$\mathrm{d}q=-\frac{N}{R}\mathrm{d}\Phi \tag{3}$$

只考虑大小，故得

$$\Delta q=\frac{N\Delta\Phi}{R} \tag{4}$$

8.1.59　图 8.1.59 是测量螺线管内磁场的一种装置. 将一个很小的线圈放在待测处，这线圈与测量电荷量的冲击电流计 G 串联. 当用反向开关 K 使螺线管的电流反向时，测量线圈中就产生感应电动势，从而产生电荷量 Δq 的迁移；由 G 测出 Δq，就可以算出测量线圈所在处磁感强度的大小 B 来. 已知测量线圈有 2000 匝，它的直径为 2.5cm，它和 G 串联回路的电阻为 1000Ω，在 K 反向时测得 $\Delta q=2.5\times10^{-7}$C. 试求被测处 B 的值.

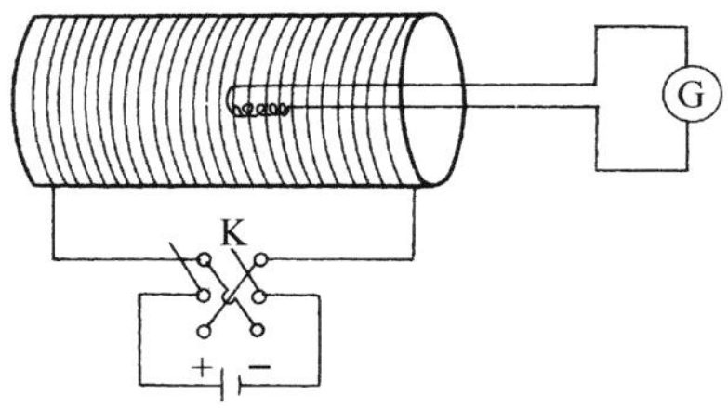

图 8.1.59

【解】 设测量线圈的横截面积为 S,匝数为 N,它与 G 的回路电阻为 R,电流为 i,则有

$$i=\frac{\mathrm{d}q}{\mathrm{d}t}=\frac{\mathscr{E}}{R}=-\frac{N}{R}\frac{\mathrm{d}\Phi}{\mathrm{d}t}=-\frac{NS}{R}\frac{\mathrm{d}B}{\mathrm{d}t} \tag{1}$$

所以

$$\mathrm{d}q=-\frac{NS}{R}\mathrm{d}B \tag{2}$$

因螺线管的电流反向,$\boldsymbol{B}$ 跟着反向,故由式(2)得

$$\int_0^{\Delta q}\mathrm{d}q=\Delta q=-\frac{NS}{R}(-B-B)=\frac{2NSB}{R} \tag{3}$$

解出 B 并代入数据便得

$$B=\frac{R\Delta q}{2NS}=\frac{1000\times 2.5\times 10^{-7}}{2\times 2000\times \pi\times\left(\frac{2.5\times 10^{-2}}{2}\right)^2}=1.3\times 10^{-4}(\mathrm{T}) \tag{4}$$

8.1.60 横截面直径为 d 的无限长直螺线管,由表面绝缘的细导线密绕而成,单位长度的匝数为 n,当它的导线中的电流按 $I=kt$(k 为常数)的规律增大时,试求下列三处感应电场强度的大小:(1)管内轴线上;(2)管内离轴线为 r 处;(3)管外离轴线为 R 处.

【解】 (1)无限长直载流螺线管内的磁场是均匀磁场,磁感强度为(参见前面 5.2.20 题)

$$\boldsymbol{B}=\mu_0 nI\boldsymbol{e}_I \tag{1}$$

式中 $\boldsymbol{e}_I$ 为电流 I 的右旋进方向上的单位矢量.

(2)在管内离轴线为 r 处,设感应电场强度为 $\boldsymbol{E}_i$,则由对称性有

$$\oint\boldsymbol{E}_i\cdot\mathrm{d}\boldsymbol{l}=E_i\cdot 2\pi r=\left|-\frac{\mathrm{d}\Phi}{\mathrm{d}t}\right|=\frac{\mathrm{d}}{\mathrm{d}t}(\pi r^2\mu_0 nkt)=\pi r^2\mu_0 nk \tag{2}$$

故得 $\boldsymbol{E}_i$ 的大小为

$$\boldsymbol{E}_i=\frac{1}{2}\mu_0 nkr,\quad r<\frac{d}{2} \tag{3}$$

由式(3)得轴线上的 $\boldsymbol{E}_i$ 为

$$E_i=0(\text{轴线上}) \tag{4}$$

(3)在管外,由于螺线管的电流在轴线方向上的分量很小(参见前面 5.2.18 题),故略去,于是得管外的磁感强度为零[参见前面 5.2.17 题的式(8)]. 在管外离轴线为 R 处,设感应电场强度为 $\boldsymbol{E}_i$,则根据对称性有

$$\oint\boldsymbol{E}_i\cdot\mathrm{d}\boldsymbol{l}=E_i\cdot 2\pi R=\left|-\frac{\mathrm{d}\Phi}{\mathrm{d}t}\right|=\frac{\mathrm{d}}{\mathrm{d}t}\left[\pi\left(\frac{d}{2}\right)^2\mu_0 nkt\right]=\frac{1}{4}\pi\mu_0 nkd^2 \tag{5}$$

故得 $\boldsymbol{E}_i$ 的大小为

$$E_i=\frac{\mu_0 nkd^2}{8R},\quad R>\frac{d}{2} \tag{6}$$

8.1.61 在圆柱形空间里有磁感强度为 $\boldsymbol{B}$ 的均匀磁场,$\boldsymbol{B}$ 平行于圆柱轴线,$\boldsymbol{B}$ 的大小 B 随时间 t 的变化关系为 $B=B_0-kt$,式中 B_0 和 k 都是常量. 在这磁场里,有一条长为 l 的直导线 ab,位于圆柱的横截面内,到圆柱轴线的距离为 h,如图

8.1.61(1)所示.试求这段导线里的感生电动势.

【解】 设感应电场强度为 $\boldsymbol{E}_i$，则离轴线为 r 处有

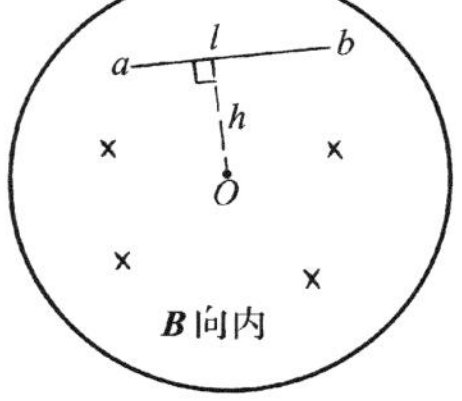

图 8.1.61(1)

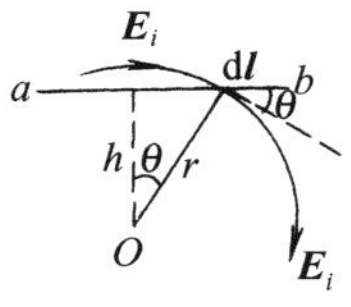

图 8.1.61(2)

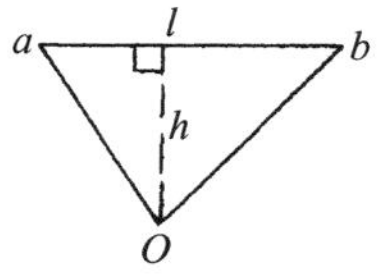

图 8.1.61(3)

$$\oint \boldsymbol{E}_i \cdot \mathrm{d}\boldsymbol{l} = E_i \cdot 2\pi r = -\frac{\mathrm{d}\Phi}{\mathrm{d}t} = -\frac{\mathrm{d}B}{\mathrm{d}t} \cdot \pi r^2 = \pi r^2 k \tag{1}$$

所以

$$E_i = \frac{1}{2}kr \tag{2}$$

由图 8.1.61(2)可见，导线 ab 上 $\mathrm{d}\boldsymbol{l}$ 段的感应电动势为

$$\mathrm{d}\mathscr{E} = \boldsymbol{E}_i \cdot \mathrm{d}\boldsymbol{l} = E_i \cos\theta \mathrm{d}l = \frac{1}{2}kr\cos\theta \mathrm{d}(h\tan\theta) = \frac{1}{2}h^2 k \mathrm{d}(\tan\theta) \tag{3}$$

积分便得 ab 导线上的感应电动势为

$$\begin{aligned}\mathscr{E} &= \frac{1}{2}h^2 k\int_a^b \mathrm{d}(\tan\theta) = \frac{1}{2}h^2 k(\tan\theta_b - \tan\theta_a) \\ &= \frac{1}{2}hk(h\tan\theta_b - h\tan\theta_a) = \frac{1}{2}hkl\end{aligned} \tag{4}$$

【别解】 以导线连接 a、b 两端和轴线，构成一个三角形回路 Oab，如图 8.1.61(3)所示. $\boldsymbol{B}$ 变化时，这个三角形回路中产生的感应电动势为

$$\mathscr{E} = -\frac{\mathrm{d}\Phi}{\mathrm{d}t} = -\frac{\mathrm{d}B}{\mathrm{d}t}S = kS = k \cdot \frac{1}{2}hl = \frac{1}{2}hkl \tag{5}$$

根据对称性可知，感应电场强度与圆柱横截面的半径垂直，即 $\boldsymbol{E}_i$ 与 Oa 与 Ob 两边都垂直，故这两边里的感生电动势分别为

$$\mathscr{E}_{Oa} = \int_O^a \boldsymbol{E}_i \cdot \mathrm{d}\boldsymbol{l} = 0 \tag{6}$$

$$\mathscr{E}_{Ob} = \int_O^b \boldsymbol{E}_i \cdot \mathrm{d}\boldsymbol{l} = 0 \tag{7}$$

于是得 ab 导线里的电动势为

$$\mathscr{E}_{ab} = \mathscr{E} = \frac{1}{2}hkl \tag{8}$$

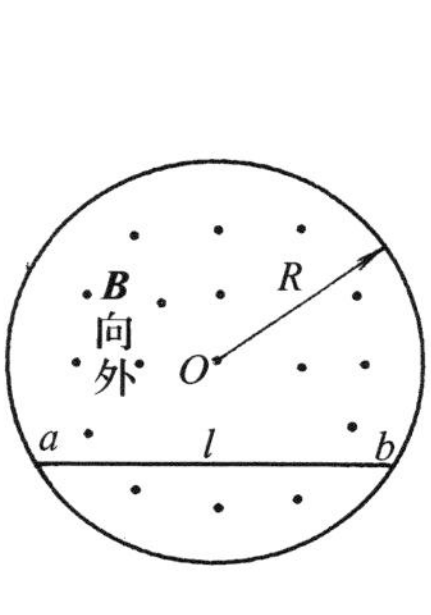

图 8.1.62(1)

8.1.62 一圆柱形空间内有磁感强度为 $\boldsymbol{B}$ 的均匀磁场，其横截面的半径为 R，$\boldsymbol{B}$ 平行于轴线向外，如图 8.1.62(1)所示.在这横截面内有一条长为 l 的直导线，其两端 a、b 在圆柱面上.当 $\boldsymbol{B}$ 的大小以速率 $\dot{B}$ 增大时，试求导线两端的电势差 U_{ab}.

【解】 如图 8.1.61(2)所示，当 $\boldsymbol{B}$ 向外并增大时，它所产生的涡旋

电场(感生电场)$\boldsymbol{E}_i$ 为顺时针方向,其大小根据法拉第电磁感应定律为

$$E_i = \frac{1}{2\pi r}\left|\frac{\mathrm{d}\Phi}{\mathrm{d}t}\right| = \frac{1}{2\pi r}\cdot\pi r^2\dot{B} = \frac{1}{2}\dot{B}r \tag{1}$$

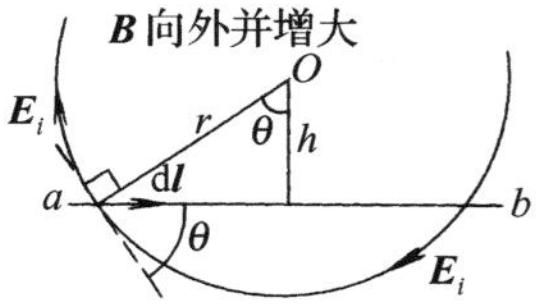

图 8.1.62(2)

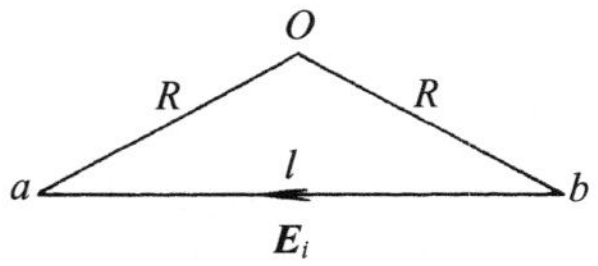

图 8.1.62(3)

导线 ab 上一段 $\mathrm{d}\boldsymbol{l}$ 的电势差为

$$\mathrm{d}U_{ab} = \boldsymbol{E}_s\cdot\mathrm{d}\boldsymbol{l} = -\boldsymbol{E}_i\cdot\mathrm{d}\boldsymbol{l} = E_i\cos\theta\mathrm{d}l = \frac{1}{2}\dot{B}r\cos\theta\mathrm{d}l = \frac{1}{2}\dot{B}h\,\mathrm{d}l \tag{2}$$

式中

$$h = \sqrt{R^2 - l^2/4} \tag{3}$$

积分便得 a、b 两端的电势差为

$$U_{ab} = U_a - U_b = \int_a^b \frac{1}{2}\dot{B}h\,\mathrm{d}l = \frac{1}{2}\dot{B}h\int_0^l \mathrm{d}l$$
$$= \frac{1}{2}\dot{B}hl = \frac{1}{2}\dot{B}l\sqrt{R^2 - l^2/4} \tag{4}$$

$U_a > U_b$ 表示 a 端电势高.

【别解】 设想用导线将 a、b 两端都沿半径连接到圆心 O,构成一个三角形闭合回路. $\boldsymbol{B}$ 变大时,这回路内产生的感生电动的方向如图 8.1.62(3)中的 $\boldsymbol{E}_i$ 所示,其大小为

$$\mathscr{E} = \left|-\frac{\mathrm{d}\Phi}{\mathrm{d}t}\right| = \dot{B}S = \frac{1}{2}\dot{B}l\sqrt{R^2 - l^2/4} \tag{5}$$

由于对称性,aO 和 bO 两条导线中的感生电动势为零,故导线 ab 中的感生电动势便为 $\mathscr{E}$. 因此,放在这磁场中的导线 ab 相当于一个电动势为 $\mathscr{E}$ 的电源,a 端为正极,b 端为负极. 故得

$$U_{ab} = U_a - U_b = \mathscr{E} = \frac{1}{2}\dot{B}l\sqrt{R^2 - l^2/4} \tag{6}$$

8.1.63 在半径为 R 的圆柱形空间里有磁感强度为 $\boldsymbol{B}$ 的均匀磁场,$\boldsymbol{B}$ 与圆柱的轴线平行,$\boldsymbol{B}$ 的大小随时间 t 变化的规律为 $B = B_0 + kt$,式中 B_0 和 k 都是常量;圆柱外的空间里磁感强度为零. 有一条长为 $2R$ 的直导线 ab 在圆柱的横截面内,它的一端 a 和中点 c 都在圆柱面上,如图 8.1.63(1)所示. 试求这导线两端的电势差 U_{ab}.

【解】 设圆柱内外的感应电场强度分别为 $\boldsymbol{E}_i$ 和 $\boldsymbol{E}_i'$,则由法拉第电磁感应定律有

$$\oint \boldsymbol{E}_i\cdot\mathrm{d}\boldsymbol{l} = E_i\cdot 2\pi r = -\frac{\mathrm{d}\Phi}{\mathrm{d}t} = -\pi r^2\frac{\mathrm{d}B}{\mathrm{d}t} = -\pi r^2 k \tag{1}$$

所以

$$E_i = -\frac{1}{2}kr,\qquad r < R \tag{2}$$

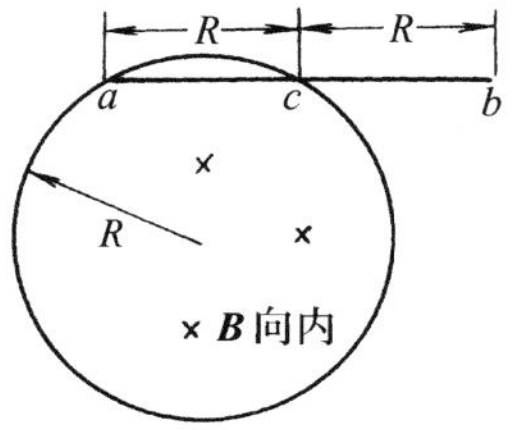

图 8.1.63(1)

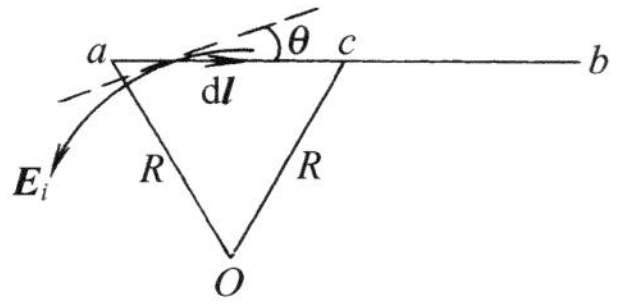

图 8.1.63(2)

负号表示 $\boldsymbol{E}_i$ 的方向在图 8.1.63(1)中为逆时针方向.

$$\oint \boldsymbol{E}_i' \cdot \mathrm{d}\boldsymbol{l} = E_i' \cdot 2\pi r' = -\frac{\mathrm{d}\Phi}{\mathrm{d}t} = -\pi R^2 \frac{\mathrm{d}B}{\mathrm{d}t} = -\pi R^2 k \tag{3}$$

所以

$$E_i' = -\frac{1}{2}\frac{kR^2}{r'}, \quad r' > R \tag{4}$$

负号表示 $\boldsymbol{E}_i'$ 的方向在图 8.1.63(1)中为逆时针方向.

a、b 两端的电势差为

$$U_{ab} = U_a - U_b = \int_a^b \boldsymbol{E}_s \cdot \mathrm{d}\boldsymbol{l} = \int_a^c (-\boldsymbol{E}_i) \cdot \mathrm{d}\boldsymbol{l} + \int_c^b (-\boldsymbol{E}_i') \cdot \mathrm{d}\boldsymbol{l} \tag{5}$$

由图 8.1.63(2)可见,其中

$$\begin{aligned}\int_a^c (-\boldsymbol{E}_i) \cdot \mathrm{d}\boldsymbol{l} &= \int_a^c \frac{1}{2} kr\cos\theta \mathrm{d}l = \int_a^c \frac{1}{2} k\sqrt{R^2 - \left(\frac{R}{2}\right)^2}\mathrm{d}l \\ &= \frac{\sqrt{3}}{4} kR \int_a^c \mathrm{d}l = \frac{\sqrt{3}}{4} kR^2\end{aligned} \tag{6}$$

$$\begin{aligned}\int_c^b (-\boldsymbol{E}_i') \cdot \mathrm{d}\boldsymbol{l} &= \int_c^b \frac{1}{2}\frac{kR^2}{r'}\cos\theta' \mathrm{d}l = \frac{1}{2}kR^2 \int_c^b \frac{\cos\theta' \mathrm{d}l}{r'} \\ &= \frac{1}{2}kR^2 \int_c^b \mathrm{d}\theta' = \frac{1}{2}kR^2(\theta_b' - \theta_c') \\ &= \frac{1}{2}kR^2\left(\frac{\pi}{3} - \frac{\pi}{6}\right) = \frac{\pi}{12}kR^2\end{aligned} \tag{7}$$

于是得

$$U_{ab} = U_a - U_b = U_{ac} + U_{cb} = \frac{\sqrt{3}}{4}kR^2 + \frac{\pi}{12}kR^2 = \frac{3\sqrt{3}+\pi}{12}kR^2 \tag{8}$$

8.1.64　一半径为 a 的无限长直圆筒均匀带电,电荷量的面密度为 σ,从 $t=0$ 时刻由静止开始,以匀角加速度 α 绕它的几何轴旋转.试求 t 时刻下列三处的感应电场强度:(1)轴线上的 $\boldsymbol{E}_0$;(2)筒内离轴线为 r 处的 $\boldsymbol{E}_r$;(3)筒外离轴线为 R 处的 $\boldsymbol{E}_R$.

【解】　筒上电荷在随筒旋转时形成电流,沿轴线单位长度的电流为

$$\frac{2\pi a\sigma}{T} = \omega a\sigma = a\sigma\alpha t \tag{1}$$

这电流在筒内产生的磁感强度 $\boldsymbol{B}$ 的方向沿轴线,$\boldsymbol{B}$ 的大小为[参见前面 5.2.17 题]

$$B = \mu_0 a\sigma\alpha t \tag{2}$$

由法拉第电磁感应定律有

$$\oint \boldsymbol{E}_r \cdot \mathrm{d}\boldsymbol{l} = E_r \cdot 2\pi r = -\frac{\mathrm{d}\Phi}{\mathrm{d}t} = -\frac{\mathrm{d}}{\mathrm{d}t}(\pi r^2 \cdot \mu_0 a\sigma\alpha t) = -\pi\mu_0 a\sigma\alpha r^2 \tag{3}$$

所以

$$E_r = -\frac{1}{2}\mu_0 a\sigma\alpha r, \qquad r < a \tag{4}$$

式中负号表示 $\boldsymbol{E}_r$ 的方向与旋转方向相反.

对于筒外则有

$$\oint \boldsymbol{E}_R \cdot \mathrm{d}\boldsymbol{l} = E_R \cdot 2\pi R = -\frac{\mathrm{d}\Phi}{\mathrm{d}t} = -\frac{\mathrm{d}}{\mathrm{d}t}(\pi a^2 \cdot \mu_0 a\sigma\alpha t) = -\pi\mu_0 a^3\sigma\alpha \tag{5}$$

所以

$$E_R = -\frac{\mu_0 a^3\sigma\alpha}{2R}, \quad R > a \tag{6}$$

式中负号表示 $\boldsymbol{E}_R$ 与旋转方向相反.

根据式(4)、(6)，并考虑方向，便得所求的感应电场强度如下：

(1)轴线上，$r=0$：

$$\boldsymbol{E}_0 = 0 \tag{7}$$

(2)筒内离轴线为 r 处：

$$\boldsymbol{E}_r = \frac{1}{2}\mu_0 a\sigma\boldsymbol{r} \times \boldsymbol{\alpha}, \quad r < a \tag{8}$$

式中 $\boldsymbol{r}$ 是从轴线到场点的位矢，$|\boldsymbol{r}| = r$.

(3)筒外离轴线为 R 处：

$$\boldsymbol{E}_R = \frac{\mu_0 a^3\sigma\boldsymbol{R} \times \boldsymbol{\alpha}}{2R^2}, \quad R < a \tag{9}$$

式中 $\boldsymbol{R}$ 是从轴线到场点的位矢，$|\boldsymbol{R}| = R$.

8.1.65　半径为 r 的金属圆环，由两个半圆弧连接而成，一半 aR_1b 的电阻为 R_1，另一半 aR_2b 的电阻为 R_2；这圆环放在有均匀磁场的圆柱形空间里，它们的几何轴重合，磁感强度 $\boldsymbol{B}$ 与几何轴平行并向内，如图 8.1.65(1)所示.(1)设 $\boldsymbol{B}$ 的大小 B 以 $\frac{\mathrm{d}B}{\mathrm{d}t} = k(>0)$ 增大时，试求 a、b 两点的电势差 $U_{ab} = U_a - U_b$；(2)导体内的感应电动势的方向(即涡旋电场 $\boldsymbol{E}_i$ 的方向)是否总是由低电势指向高电势?

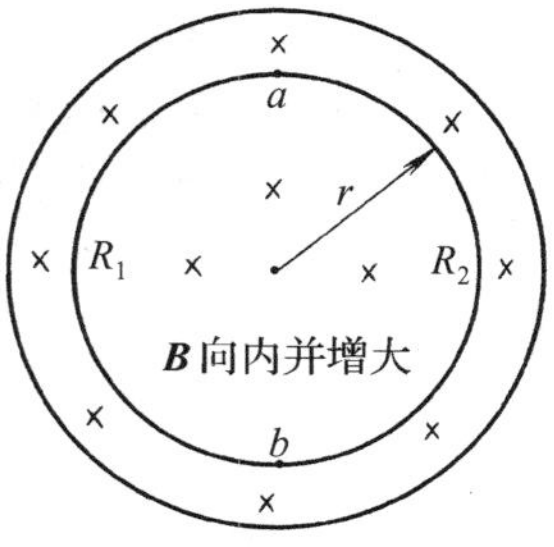

图 8.1.65(1)

【解】　(1)根据法拉第电磁感应定律，由 $\boldsymbol{B}$ 的增大而产生的感应电场(涡旋电场)$\boldsymbol{E}_i$ 在图 8.1.65(1)中为逆时针方向，这 $\boldsymbol{E}_i$ 在金属环里产生的感应电动势为

$$\begin{aligned}\mathscr{E} &= \oint \boldsymbol{E}_i \cdot \mathrm{d}\boldsymbol{l} = -\frac{\mathrm{d}\Phi}{\mathrm{d}t} = -\frac{\mathrm{d}}{\mathrm{d}t}\int \boldsymbol{B} \cdot \mathrm{d}\boldsymbol{S} = -\frac{\mathrm{d}}{\mathrm{d}t}(-\pi r^2 \cdot B) \\ &= \pi r^2 \frac{\mathrm{d}B}{\mathrm{d}t} = \pi r^2 k\end{aligned} \tag{1}$$

它在金属环里产生的感应电流 I 与 $\boldsymbol{E}_i$ 同方向，其大小为

$$I = \frac{\mathscr{E}}{R_1 + R_2} \tag{2}$$

对于环的 aR_2b 半边来说，是一个内阻为 R_2 的电源，其电动势为$\frac{1}{2}\mathscr{E}$；因 $\boldsymbol{E}_i$ 是逆时针方向，即从 b 经 R_2 到 a，故 a 是这电源的正极. 于是 a、b 两点的电势差为

$$U_{ab} = U_a - U_b = \frac{\mathscr{E}}{2} - IR_2 \tag{3}$$

将式(1)、(2)代入式(3)，便得所求的电势差为

$$U_{ab} = U_a - U_b = \frac{\pi r^2 k(R_1 - R_2)}{2(R_1 + R_2)} \tag{4}$$

(2)式(4)表明，$R_1 < R_2$ 时，$U_a - U_b < 0$，即 a 点的电势比 b 点的低. 这时导体 bR_2a 中的感应电动势的方向（即 $\boldsymbol{E}_i$ 的方向）便由高电势指向低电势. 这表明，导体内的感应电动势的方向（即 $\boldsymbol{E}_i$ 的方向）并不总是由低电势指向高电势.

【讨论】 一、也可以用 aR_1b 半边来计算 U_{ab}. 这时 $\boldsymbol{E}_i$ 是从 a 经 R_1 到 b，故 a 是这半边的负极. 于是 a、b 两点的电势差为

$$U_{ab} = U_a - U_b = IR_1 - \frac{\mathscr{E}}{2} = \frac{\mathscr{E}R_1}{R_1 + R_2} - \frac{\mathscr{E}}{2} = \frac{\pi r^2 k(R_1 - R_2)}{2(R_1 + R_2)} \tag{5}$$

二、圆环 aR_1bR_2a 可看成是两个电源 aR_1b 和 bR_2a 串联而成的电路，它们的电动势相等，即 $\mathscr{E}_1 = \mathscr{E}_2 = \frac{\mathscr{E}}{2}$，它们的内阻分别为 R_1 和 R_2，如图 8.1.65(2)所示.

$U_{ab} = U_a - U_b$ 是电源 $\mathscr{E}_2$（即 bR_2a）的端电压，同时也是电源 $\mathscr{E}_1$（即 aR_1b）的端电压的负值. $U_a - U_b > 0$ 表示电源 bR_2a 的端电压为正，而电源 aR_1b 的端电压为负. 它表明，这时电源 bR_2a 的电动势大于内阻 R_2 产生的电势降，它的电动势的方向（$\boldsymbol{E}_i$ 的方向）由低电势指向高电势；而电源 aR_1b 则正好相反，它的电动势则小于内阻 R_1 产生的电势降，它的电动势的方向（$\boldsymbol{E}_i$ 的方向）由高电势指向低电势.

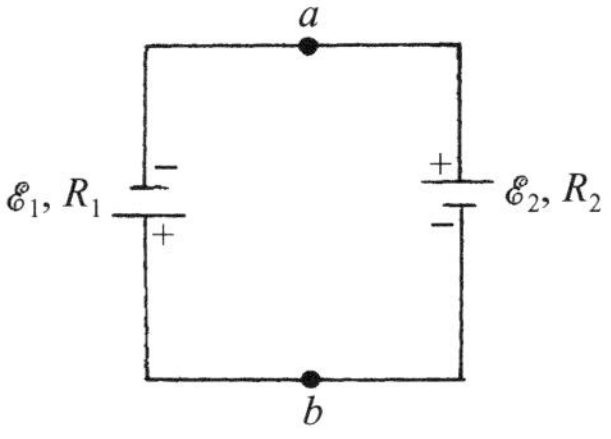

图 8.1.65(2)

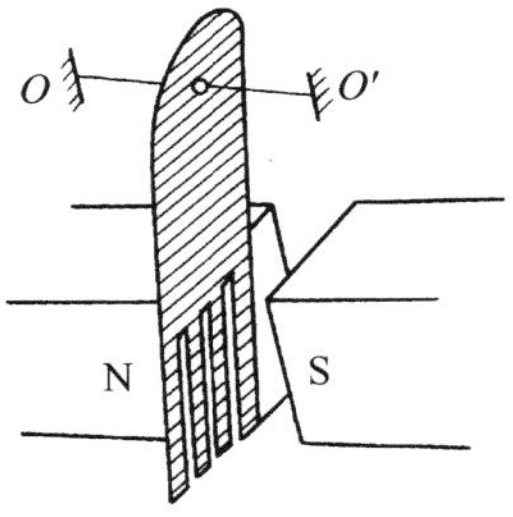

图 8.1.66

8.1.66 如图 8.1.66，一铜片可以绕 OO' 轴摆动，摆动时扫过磁场，磁场的磁感强度 $\boldsymbol{B}$ 与铜片表面垂直.(1)如果铜片扫过磁场的部分是像图上那样的长齿，则铜片的摆动同没有磁场时差不多，要来回摆动很多次才逐渐停止；(2)如果铜片上

扫过磁场的部分不是长齿，而是整片，则铜片的摆动很快就会停止下来. 这种现象在仪表中常用来使运动的部件(如指针)很快停止下来. 为什么铜片的形状对摆动有影响？试说明其道理.

【解答】 整块铜片在磁场中摆动时，因切割磁力线而产生感应电流(涡流)，磁场作用在这电流上的力阻止铜片运动，所以铜片很快就会停止下来. 如果铜片扫过磁场的部分是像图 8.1.66 那样的长齿，则齿槽阻止了涡流的形成，所以磁场阻止铜片运动的力就很小，因而铜片要摆动很多次才能停止下来.

8.1.67 汽车上有一种转速表，如图 8.1.67 所示，其中永磁铁与汽车发动机的转轴相连，当汽车行驶时，永磁铁被带动旋转；磁铁的旋转使它上面的铝盘 A 受到力矩的作用而发生偏转，铝盘的轴上装有弹簧 S 和指针 P. 当铝盘所受的力矩与弹簧的反力矩平衡时，铝盘便偏转在某个位置，这时指针 P 就指出车速的值. 试说明铝盘转动的道理.

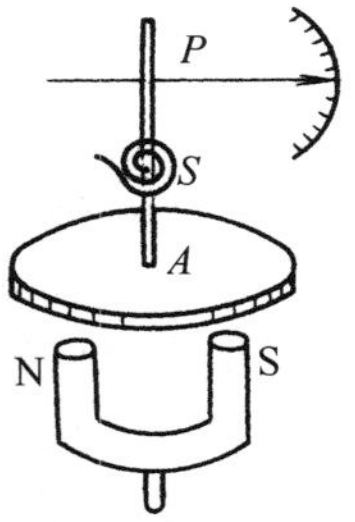

图 8.1.67

【解答】 铝盘与永磁铁有相对运动时，铝盘切割磁力线产生感应电流，感应电流受永磁铁的磁场作用力(安培力)使铝盘跟随永磁铁转动.

8.1.68 鼠笼式感应电动机是小功率(如几千瓦)交流电动机中最常用的一种. 它的转子是在两个铜(或铝)环上，安装一些铜(或铝)条而成，形如鼠笼，可以绕它的几何轴 OO' 转动，如图 8.1.68(1)(a)所示. 在使用时，电源来的电并不通过转子，而是通过转子外面的定子(线圈)，定子中的电流在转子所在处产生一个旋转磁场，这磁场的方向与转子的轴线 OO' 垂直，并且绕着 OO' 旋转，如图 8.1.68(1)(b)所示. 在这种磁场的作用下，转子便会跟随磁场转动. 试说明：(1)转子转动的道理；(2)转子的转速恒小于磁场的转速.

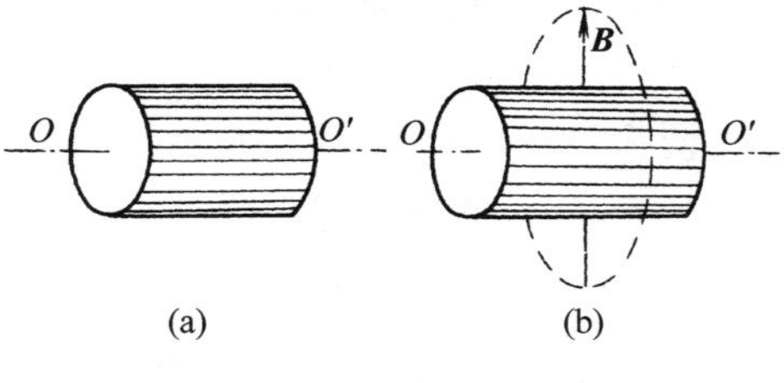

图 8.1.68(1)

【解答】 (1)如图 8.1.68(2)(a)，设 $\boldsymbol{B}$ 正向纸面内旋转，这等于 $\boldsymbol{B}$ 不动，铜(或铝)条向外运动所产生的效果. 这时感应电动势的非静电力 $\boldsymbol{E}_i=\boldsymbol{v}\times\boldsymbol{B}$ 使铜条内的感应电流 I 沿 $\boldsymbol{E}_i$ 的方向流动. 磁场 $\boldsymbol{B}$ 作用在这电流上的安培力 $\mathrm{d}\boldsymbol{F}=I\mathrm{d}\boldsymbol{l}\times\boldsymbol{B}$ 其方向如图 8.1.68(2)(b)所示，垂直于纸面向内，即 $\mathrm{d}\boldsymbol{F}$ 的方向是向着 $\boldsymbol{B}$ 旋转的方向. 因此，转子受这安培力的作用，便跟着磁场转动.

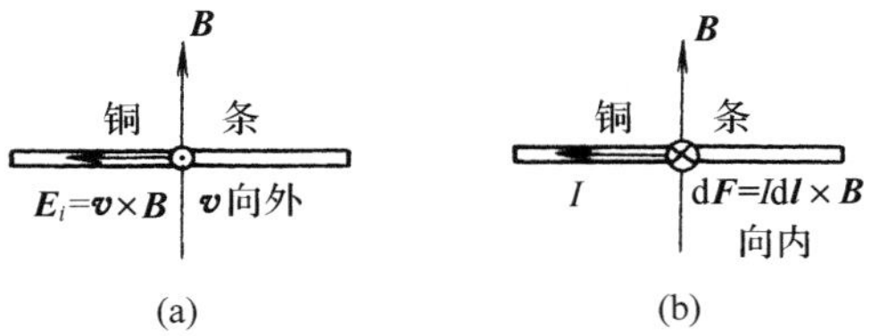

图 8.1.68(2)

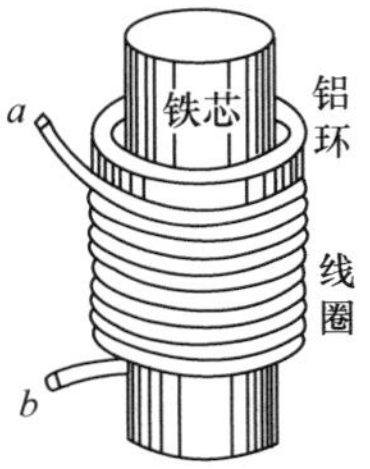

图 8.1.69(1)

(2)只有转子的转速小于磁场的转速时，铜条才能切割磁力线，这时才有使转子转动的安培力. 若转子的转速达到磁场的转速，便没有使转子转动的安培力，这时轴上的摩擦力便会使转子减速. 因此，转子的转速恒小于磁场的转速.

8.1.69　在竖立的铁芯上绕有线圈，在它上面放一个铝环，如图 8.1.69(1)所示. 当把线圈的两头 a 和 b 接到适当的交流电源上时，铝环便立刻跳将起来. (1)试说明铝环为什么会跳起来；(2)如果让线圈持续接通交流电源，铝环将会怎样？并说明原因.

【解答】　(1) 由于互感，线圈中的交流电在铝环中产生感应电流，这电流在相位上比线圈中的电流落后，落后的值大于 $\pi/2$，在 $\pi/2$ 到 π 之间. 因此在每个周期里，这两个电流的方向在多半时间里都是相反的，所以它们之间安培力的平均值是排斥力. 当这排斥力超过铝环的重量时，铝环便跳起.

(2) 这时铝环便悬浮在线圈上的一定高度处，因为铝环离线圈越远，它所受到的安培力就越小；当铝环在某一高度处，安培力与重力达到平衡，铝环便悬浮在该处. 这是一个很容易演示的实验.

【讨论】　计算铝环中的电流与线圈中的电流之间的相位差.

设铝环与线圈的互感为 M，铝环的电阻为 R，自感为 L，线圈中的电流为

$$\tilde{I}=I_0\mathrm{e}^{\mathrm{j}\omega t} \tag{1}$$

则 $\tilde{I}$ 通过铝环中的磁通量便为

$$\tilde{\Phi}=M\tilde{I}=MI_0\mathrm{e}^{\mathrm{j}\omega t} \tag{2}$$

铝环中的电动势便为

$$\tilde{\varepsilon}=-\frac{\mathrm{d}\tilde{\Phi}}{\mathrm{d}t}=-\mathrm{j}\omega MI_0\mathrm{e}^{\mathrm{j}\omega t}=\omega M\tilde{I}\mathrm{e}^{-\mathrm{j}\frac{\pi}{2}} \tag{3}$$

于是得铝环中的电流为

$$\tilde{i}=\frac{\tilde{\varepsilon}}{\tilde{z}}=\frac{\omega M\tilde{I}\mathrm{e}^{-\mathrm{j}\frac{\pi}{2}}}{R+\mathrm{j}\omega L}=\frac{\omega M\tilde{I}\mathrm{e}^{-\mathrm{j}\frac{\pi}{2}}}{\sqrt{R^2+\omega^2L^2}\,\mathrm{e}^{\mathrm{j}\arctan\frac{\omega L}{R}}}$$

$$=\frac{\omega M}{\sqrt{R^2+\omega^2L^2}}\tilde{I}\mathrm{e}^{-\mathrm{j}\left(\frac{\pi}{2}+\arctan\frac{\omega L}{R}\right)} \tag{4}$$

可见铝环中的电流 $\tilde{i}$ 在相位上比线圈中的电流 $\tilde{I}$ 落后的值为

$$\varphi=\frac{\pi}{2}+\arctan\frac{\omega L}{R} \tag{5}$$

其中

$$\varphi_L=\arctan\frac{\omega L}{R} \tag{6}$$

为铝环的自感 L 引起的落后值；就是由于这个值，使得每个周期里 $\tilde{i}$ 与 $\tilde{I}$ 互相排斥的时间比互相吸引的时间长，结果使得它们之间的排斥力超过吸引力，从而使铝环跳起.

我们来看一个具体的例子. 一个演示实验用的铝质跳环，如图 8.1.69(2)所示，图中 $2a=0.5\text{cm}$，$2b=6.0\text{cm}$，$c=1.5\text{cm}$. 已知铝的电阻率为 $\rho=2.72\times10^{-6}\Omega\cdot\text{cm}$，所以这铝环的电阻

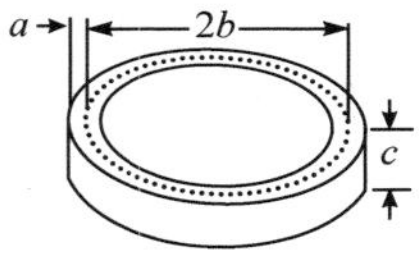

图 8.1.69(2)

$$R=\rho\frac{l}{s}=2.72\times10^{-6}\times\frac{2\pi\times3.0}{1.5\times0.5}$$
$$=6.84\times10^{-5}(\Omega) \tag{7}$$

铝环的自感，我们根据近似公式[参见 W. R. 斯迈思著，戴世强译，《静电学和电动力学》下册(科学出版社，1982)，483 页.]

$$L=b\left[\mu_0\left(\ln\frac{8b}{a}-2\right)+\frac{1}{4}\mu\right] \tag{8}$$

估算，式中 b 是铝环中心线的半径，a 是铝环横截面的半径，μ 是铝环的磁导率，可视为 μ_0. 故式(8)化为

$$L=\mu_0 b\left(\ln\frac{8b}{a}-\frac{7}{4}\right) \tag{9}$$

将图 8.1.69(2)中的数据代入式(9)，便得

$$L=4\pi\times10^{-7}\times3.0\times10^{-2}\left(\ln\frac{8\times3.0}{0.5/2}-\frac{7}{4}\right)$$
$$=1.06\times10^{-7}(\text{H}) \tag{10}$$

故由于铝环的自感 L 所引起的 $\tilde{i}$ 在相位上落后于 $\tilde{I}$ 的值为

$$\varphi_L=\arctan\frac{\omega L}{R}=\arctan\frac{2\pi\times50\times1.06\times10^{-7}}{6.84\times10^{-5}}=26^\circ \tag{11}$$

这里需要指出，式(8)是 $a\ll b$ 时的近似公式，并且圆环的横截面是圆形，而图 8.1.69(2)的圆环的横截面是长方形. 所以上面估算出的结果只能是一个供参考的粗糙近似值.

线圈中的电流 $\tilde{I}$ 和铝环中的电流 $\tilde{i}$ 如图 8.1.69(3)所示.

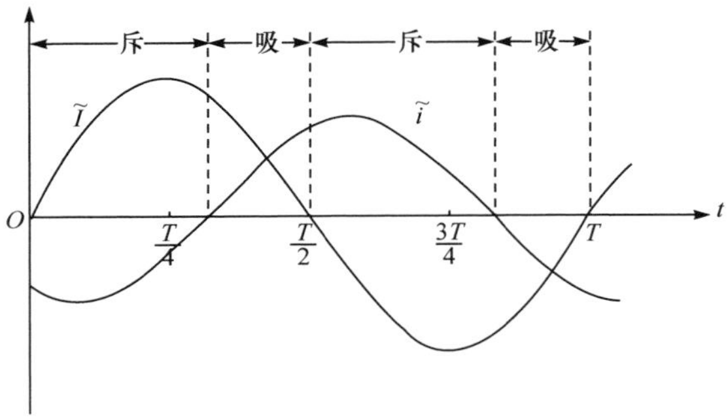

图 8.1.69(3)

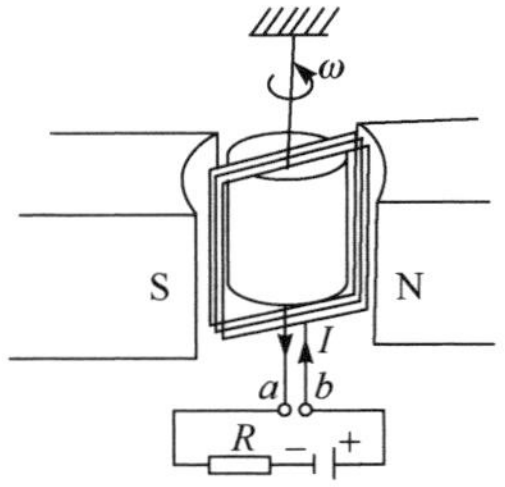

图 8.1.70

8.1.70 灵敏电流计由悬挂在永磁场(磁感强度为 $\boldsymbol{B}$)中的线圈构成，如图 8.1.70 所示. 线圈的面积为 S，匝数为 N，电阻为 R_g. 将电流通入线圈时，线圈便以悬丝为轴转动，转动惯量为 J，悬丝的扭转常数为 D，线圈以外的电阻为 R. (1)试列出线圈运动的微分方程；(2)试求线圈停止时偏转的角度(以通过线圈的电流$I=0$ 时，线圈停止的位置为零点)；(3)线圈到达偏转角最快而不振荡称为中肯状态，试求使电流计处于中肯状态的条件.

【解】 (1)线圈载有电流 I 时，它的磁矩为 $\boldsymbol{m}=NIS\boldsymbol{n}$，式中 $\boldsymbol{n}$ 为线圈电流 I 的右旋进方向(线圈法线方向)上的单位矢量. 在磁场 $\boldsymbol{B}$ 中，线圈受到的力矩为

$$\boldsymbol{M}_1=\boldsymbol{m}\times\boldsymbol{B}=NIS\boldsymbol{n}\times\boldsymbol{B} \tag{1}$$

由于线圈是套在圆柱形铁芯上，故 $\boldsymbol{n}\perp\boldsymbol{B}$，于是得

$$M_1=NBSI \tag{2}$$

这是使线圈转动的力矩.

当线圈偏转的角度为 θ 时，悬丝作用在线圈上的力矩为

$$M_2=-D\theta \tag{3}$$

负号表示 M_2 是阻止线圈偏转的力矩.

线圈在磁场中运动，它的两边要切割磁力线，会产生感应电流 i，i 在磁场 $\boldsymbol{B}$ 中所受的力矩 M_3 阻止线圈运动，根据式(2)，这力矩为

$$M_3=-NBSi=-NBS\frac{\mathscr{E}}{R+R_g} \tag{4}$$

式中 $\mathscr{E}$ 是线圈两边切割磁力线产生的感应电动势：

$$\begin{aligned}\mathscr{E}&=2N\int\boldsymbol{v}\times\boldsymbol{B}\cdot\mathrm{d}\boldsymbol{l}=2N\int vB\mathrm{d}l=2NvBl=2N\omega rBl\\&=NBS\omega=NBS\frac{\mathrm{d}\theta}{\mathrm{d}t}\end{aligned} \tag{5}$$

代入式(4)得

$$M_3 = -\frac{N^2B^2S^2}{R+R_g}\frac{\mathrm{d}\theta}{\mathrm{d}t} \tag{6}$$

于是得线圈的运动方程为

$$J\frac{\mathrm{d}^2\theta}{\mathrm{d}t^2} = M_1 + M_2 + M_3 = NBSI - D\theta - \frac{N^2B^2S^2}{R+R_g}\frac{\mathrm{d}\theta}{\mathrm{d}t} \tag{7}$$

所以

$$J\frac{\mathrm{d}^2\theta}{\mathrm{d}t^2} + \frac{N^2B^2S^2}{R+R_g}\frac{\mathrm{d}\theta}{\mathrm{d}t} + D\theta = NBSI \tag{8}$$

(2)线圈停止时，$\frac{\mathrm{d}^2\theta}{\mathrm{d}t^2}=0$，$\frac{\mathrm{d}\theta}{\mathrm{d}t}=0$，由式(8)得它的偏转角为

$$\theta = \frac{NBS}{D}I \tag{9}$$

(3)求中肯状态的条件. 令 $\theta'=\theta-\frac{NBSI}{D}$，则式(8)化为

$$\frac{\mathrm{d}^2\theta'}{\mathrm{d}t^2} + \frac{N^2B^2S^2}{J(R+R_g)}\frac{\mathrm{d}\theta'}{\mathrm{d}t} + \frac{D}{J}\theta' = 0 \tag{10}$$

其特征方程为

$$\alpha^2 + \frac{N^2B^2S^2}{J(R+R_g)}\alpha + \frac{D}{J} = 0 \tag{11}$$

当特征方程的两个根都是实根且相等时，线圈便处于中肯状态(即最快地到达偏转角而不发生振荡). 于是由式(11)得

$$\left[\frac{N^2B^2S^2}{J(R+R_g)}\right]^2 - 4\frac{D}{J} = 0 \tag{12}$$

解得

$$R+R_g = \frac{N^2B^2S^2}{2\sqrt{JD}} \tag{13}$$

【讨论】 在使用灵敏电流计时，最好让它处在中肯状态. 由式(13)可见，对于一个给定的灵敏电流计来说，它的 N、B、S、J、D 和 R_g 都已定，不能改变；因此，只能改变外面的电阻 R，使其满足式(13)，以达到中肯状态.

8.1.71 灵敏电流计在回到零点时，一般都要振荡很久才能停下来. 为了防止这种现象发生，可在电流计的两个接头上接上一个阻尼电键，当灵敏电流计回到零点时，接通这个电键，它便立刻停下来. 试说明其道理.

【解答】 阻尼电键接通，灵敏电流计的线圈被短路，电阻立刻由无穷大变到最小，感应电流就立刻由零增加到很大，它受到磁场作用的安培力(阻力)就很大，因而电流计就立刻停下来.

8.1.72 灵敏电流计在回到零点时，一般都要振荡很久才能停下来. 为了防止这种现象发生，可在电流计的线圈上套一个由较粗导线构成的闭合线圈(阻尼线圈)，这样，它就不再振荡了. 试说明其道理.

【解答】 阻尼线圈由于电阻很小，当它随电流计的线圈在磁场中转动时，因切割磁力线而产生很大的感应电流，这电流受磁场的作用力(安培力)就很大，它阻止线圈运动，所以电流计就不振荡了.

8.1.73　利用变化的磁场所产生的感应电场来加速电子的装置叫做电子感应加速器，它的结构如图8.1.73所示. 由交变电流 I 激励的电磁铁产生强磁场 $\boldsymbol{B}$，$\boldsymbol{B}$ 的变化所产生的感应电场（涡旋电场）用来加速电子，同时 $\boldsymbol{B}$ 本身又维持电子在环形真空室内运动. 试分析在简谐交流电 I 的一个周期里，哪一段时间可用来加速电子.

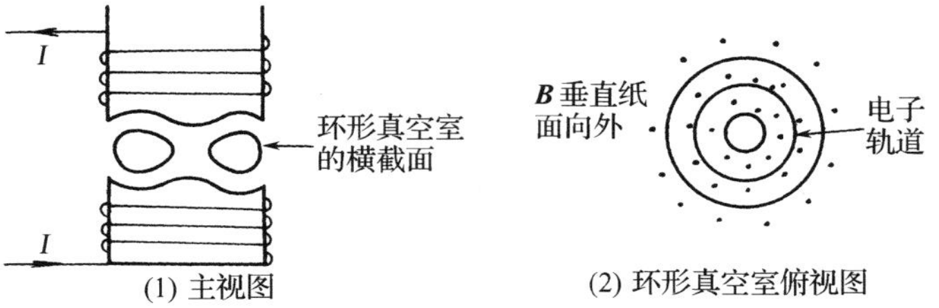

(1) 主视图　　　　　　　　　　　(2) 环形真空室俯视图

图8.1.73

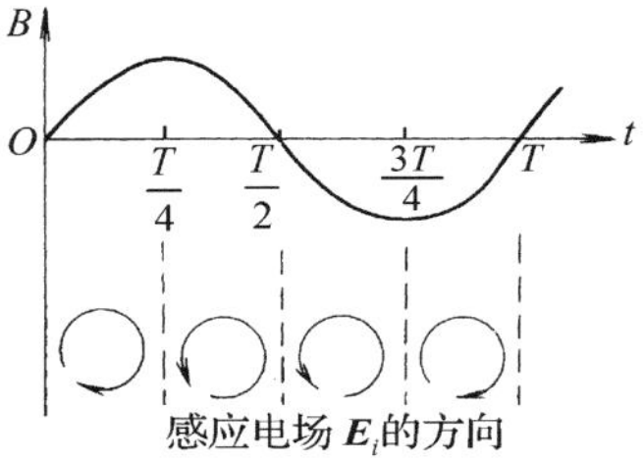

图8.1.73(3)

【解】 因为激励电流 I 是简谐交流电，故所产生的磁场也是简谐形交变磁场，设它的磁感强度为

$$\boldsymbol{B}=\boldsymbol{B}_0\sin\omega t$$

它所产生的感应电场 $\boldsymbol{E}_i$ 的方向如图8.1.73(3)所示. 在第一个$\frac{T}{4}$（T为周期）里和第三个$\frac{T}{4}$里，$\boldsymbol{B}$ 都是 $\boldsymbol{E}_i$ 的左旋进方向，电子逆 $\boldsymbol{E}_i$ 方向加速运动，同时 $\boldsymbol{B}$ 作用在电子上的洛伦兹力向内，故这两段时间均可用来加速电子.

在第二个$\frac{T}{4}$里和第四个$\frac{T}{4}$里，$\boldsymbol{B}$ 都是 $\boldsymbol{E}_i$ 的右旋进方向，电子逆 $\boldsymbol{E}_i$ 方向加速运动时，$\boldsymbol{B}$ 作用在电子上的洛伦兹力向外，故这两段时间均不能用来加速电子.

由于真空室内发射电子的装置只能向一个固定的方向发射电子，故只能用第一个$\frac{T}{4}$或第三个$\frac{T}{4}$，而不能两者都用.

8.1.74　在一电子感应加速器中，电子加速的时间是4.2ms. 电子轨道内磁通量的最大值为1.8Wb. (1)试求电子沿轨道加速时，平均每绕行一圈所获得的能量；(2)设电子开始时速度为零，最后的动能为100MeV，试问它共绕行了多少圈？(3)若轨道半径为84cm，试问它在加速过程中共走了多少路程？

【解】 (1)电子加速过程中，感应电场强度的平均值为

$$\overline{E_i}=\frac{1}{2\pi R}\overline{\frac{\mathrm{d}\Phi}{\mathrm{d}t}}=\frac{1}{2\pi R}\frac{\Phi_{\max}}{t}\tag{1}$$

式中 R 是电子轨道半径，$\Phi_{\max}$ 是电子轨道内磁通量的最大值，t 是电子加速的时间.

电子加速时，平均每圈获得的能量为

$$\varepsilon=e\cdot 2\pi R\overline{E_i}=\frac{e\Phi_{\max}}{t}=\frac{1.6\times10^{-19}\times1.8}{4.2\times10^{-3}}$$

$$= 6.9\times10^{-17}(\text{J}) = 4.3\times10^{2}(\text{eV}) \tag{2}$$

(2)电子绕行的圈数为

$$N = \frac{100\times10^{6}}{4.3\times10^{2}} = 2.3\times10^{5} \tag{3}$$

(3)电子所走过的路程为

$$s = 2\pi RN = 2\pi\times84\times10^{-2}\times2.3\times10^{5}$$

$$= 1.2\times10^{6}(\text{m}) = 1.2\times10^{3}(\text{km}) \tag{4}$$

8.1.75 电子感应加速器是利用变化的磁场 $\boldsymbol{B}$ 所产生的感应电场(涡旋电场) $\boldsymbol{E}_i$ 来加速电子,同时 $\boldsymbol{B}$ 本身又维持电子在固定的圆轨道上运动,如图 8.1.75 所示. 设开始时,$\boldsymbol{B}=0$,电子的初速为零;加速后,电子轨道处磁感强度 $\boldsymbol{B}$ 的大小为 B,电子轨道内的平均磁感强度的大小为 $\overline{B}=\int\boldsymbol{B}\cdot\text{d}\boldsymbol{S}/\pi R^2$(式中 R 为电子轨道半径),则当 $B=\frac{1}{2}\overline{B}$ 时,电子便可在半径为 R 的固定圆轨道上加速运动. 试证明上述结论.

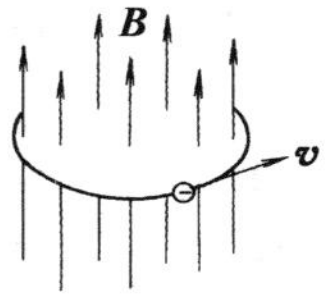

图 8.1.75

【证】 电子沿半径为 R 的圆轨道运动时,它的动量大小为

$$mv = eBR \tag{1}$$

式中 m、v 和 e 分别为电子的质量、速率和电荷量的大小. 磁场变化产生的感应电场为

$$E_i = \frac{1}{2\pi R}\left(-\frac{\text{d}\Phi}{\text{d}t}\right) \tag{2}$$

电子的运动方程为

$$\frac{\text{d}(mv)}{\text{d}t} = -eE_i = \frac{e}{2\pi R}\frac{\text{d}\Phi}{\text{d}t} \tag{3}$$

所以

$$\text{d}(mv) = \frac{e}{2\pi R}\text{d}\Phi \tag{4}$$

积分并利用初始条件得

$$mv = \frac{e}{2\pi R}\Phi = \frac{e}{2\pi R}\iint\boldsymbol{B}\cdot\text{d}\boldsymbol{S} \tag{5}$$

其中

$$\frac{\iint\boldsymbol{B}\cdot\text{d}\boldsymbol{S}}{\pi R^2} = \overline{B} \tag{6}$$

所以

$$mv = \frac{1}{2}e\overline{B}R \tag{7}$$

比较式(1)、(8)便得

$$B = \frac{1}{2}\overline{B} \tag{8}$$

8.2 狭义相对论

【关于狭义相对论】 1905 年(我国清代光绪三十一年),爱因斯坦(A. Einstein,1879—1955)发表了划时代的论文《论运动物体的电动力学》(Zur Elektrodynamik bewegter Körper),为了使电磁场理论(麦克斯韦方程组)在有相对运动的惯性系中都成立,创建了狭义相对论. 根据狭义相对论,同一个电磁场,在有相对运动的两个惯性系中观测,其电磁场的场量会有不同. 两系所测得的电磁场,其变换关系如 8.2.2 题所示. 在这里我们用几个题对此作简单介绍.

8.2.1 将磁棒插入闭合线圈时,线圈里便会产生感应电流. 以线圈为参考系 S,磁棒为参考系 S'. 相对于 S 系静止的观测者看来,线圈不动而磁棒动,磁场发生了变化,产生了感应电场 $\boldsymbol{E}_i$,从而引起感应电流. 相对于 S' 系静止的观测者看来,磁棒不动而线圈在磁棒的磁场里运动,它里面的自由电子因受到洛伦兹力 $\boldsymbol{f}=-e\boldsymbol{v}\times\boldsymbol{B}$ 而产生定向运动,从而形成感应电流. 可见对于线圈里产生感应电流这同一现象,相对于 S 系静止的观测者和相对于 S' 静止的观测者的看法是不同的. (1)你认为上述两种看法哪个对? (2)对同一现象有两种不同的看法,这意味着什么?

【解答】 (1)相对于 S 系静止的观测者来说,磁场变化产生感应电流的看法是对的;相对于 S' 系静止的观测者来说,在磁场中运动的线圈内自由电子因受洛伦兹力而产生感应电流的看法是对的.

(2)这意味着,$\boldsymbol{E}_i$ 和 $\boldsymbol{v}\times\boldsymbol{B}$ 之间有某种关系. 这种关系就是狭义相对论得出的电磁场的变换关系.

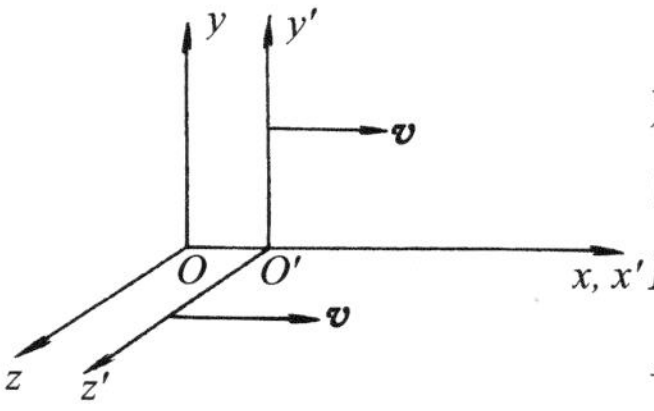

图 8.2.2

8.2.2 设 $S'(x',y',z')$ 系以匀速 $\boldsymbol{v}=(v,0,0)$ 相对于 $S(x,y,z)$ 系运动,如图 8.2.2 所示. 一电磁场的电场强度和磁感强度在 $S(x,y,z)$ 系里测量分别为 $\boldsymbol{E}=(E_x,E_y,E_z)$,$\boldsymbol{B}=(B_x,B_y,B_z)$;在 $S'(x',y',z')$ 系里测量分别为 $\boldsymbol{E}'=(E_x',E_y',E_z')$,$\boldsymbol{B}'=(B_x',B_y',B_z')$. 根据狭义相对论,它们之间的变换关系为

$$E_x'=E_x,\quad E_y'=\gamma(E_y-vB_z),\quad E_z'=\gamma(E_z+vB_y)$$

$$B_x'=B_x,\quad B_y'=\gamma\left(B_y+\frac{v}{c^2}E_z\right),\quad B_z'=\gamma\left(B_z-\frac{v}{c^2}E_y\right)$$

式中 $\gamma=\dfrac{1}{\sqrt{1-\dfrac{v^2}{c^2}}}$,$c$ 为真空中的光速. 试求这个变换的逆变换.

【解】 x 分量的逆变换已有，只须求 y 分量和 z 分量的逆变换，由题给的变换得

$$E_y' + vB_z' = \gamma(E_y - vB_z) + v\gamma(B_z - \frac{v}{c_2}E_y)$$

$$= \gamma(1 - \frac{v^2}{c^2})E_y = \frac{1}{\gamma}E_y \tag{1}$$

所以

$$E_y = \gamma(E_y' + vB_z') \tag{2}$$

$$E_z' - vB_y' = \gamma(E_z + vB_y) - v\gamma(B_y + \frac{v}{c^2}E_z)$$

$$= \gamma(1 - \frac{v^2}{c^2})E_z = \frac{1}{\gamma}E_z \tag{3}$$

所以

$$E_z = \gamma(E_z' - vB_y') \tag{4}$$

$$B_y' - \frac{v}{c^2}E_z' = \gamma(B_y + \frac{v}{c^2}E_z) - \frac{v}{c^2}\gamma(E_z + vB_y)$$

$$= \gamma(1 - \frac{v^2}{c^2})B_y = \frac{1}{\gamma}B_y \tag{5}$$

所以

$$B_y = \gamma(B_y' - \frac{v}{c^2}E_z') \tag{6}$$

$$B_z' + \frac{v}{c^2}E_y' = \gamma(B_z - \frac{v}{c^2}E_y) + \frac{v}{c^2}\gamma(E_y - vB_z)$$

$$= \gamma(1 - \frac{v^2}{c^2})B_z = \frac{1}{\gamma}B_z \tag{7}$$

所以

$$B_z = \gamma(B_z' + \frac{v}{c^2}E_y') \tag{8}$$

于是得所求的逆变换为

$$E_x = E_x',\ E_y = \gamma(E_y' + vB_z'),\ E_z = \gamma(E_z' - vB_y') \tag{9}$$

$$B_x = B_x',\ B_y = \gamma(B_y' - \frac{v}{c^2}E_z'),\ B_z = \gamma(B_z' + \frac{v}{c^2}E_y') \tag{10}$$

【别解】 如果 $S'(x',y',z')$ 系以匀速 $-\boldsymbol{v}=(-v,0,0)$ 相对于 $S(x,y,z)$ 系运动，则在 $S'(x',y',z')$ 系看，$S(x,y,z)$ 系便以匀速 $\boldsymbol{v}=(v,0,0)$ 相对于 $S'(x',y',z')$ 系运动. 因此，这时的正变换便应是题说的逆变换. 所以在题给的变换式中，将 v 换成 $-v$，同时将 $\boldsymbol{E}$ 和 $\boldsymbol{B}$ 与 $\boldsymbol{E}'$ 和 $\boldsymbol{B}'$ 互换，便得出逆变换为式(9)、(10).

8.2.3 在惯性系 $S(x,y,z)$ 内有均匀磁场，其磁感强度为 $\boldsymbol{B}=(0,0,B)$；另一参考系 $S'(x',y',z')$ 以匀速 $\boldsymbol{v}=(v,0,0)$ 相对于 $S(x,y,z)$ 系运动，如图 8.2.3 所示. 试求在 $S'(x',y',z')$ 系观测到的电磁场 $\boldsymbol{E}'$ 和 $\boldsymbol{B}'$.

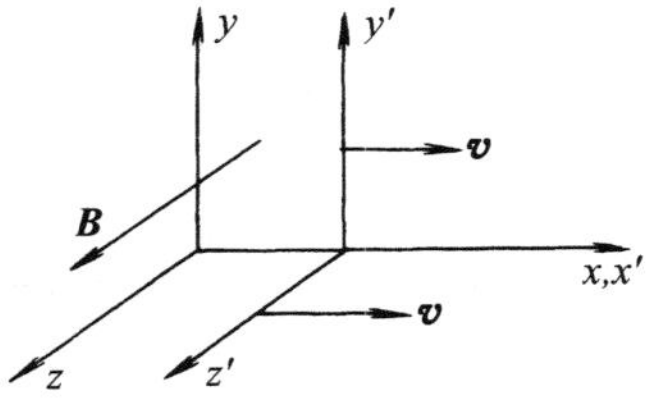

图 8.2.3

【解】 根据狭义相对论，从 $S(x,y,z)$ 到 $S'(x',y',z')$ 系，电磁场的变换关系为[参见前面 8.2.2 题]

$$E_x'=E_x,\quad E_y'=\gamma(E_y-vB_z),\quad E_z'=\gamma(E_z+vB_y) \tag{1}$$

$$B_x'=B_x,\quad B_y'=\gamma\left(B_y+\frac{v}{c^2}E_z\right),\quad B_z'=\gamma\left(B_z-\frac{v}{c^2}E_y\right) \tag{2}$$

现在题给

$$\boldsymbol{E}=(0,0,0),\quad \boldsymbol{B}=(0,0,B) \tag{3}$$

故得

$$E_x'=E_x=0,\quad E_y'=\gamma(0-vB)=-\gamma vB,\quad E_z'=\gamma(0-0)=0$$

$$B_x'=B_x=0,\quad B_y'=\gamma(0-0)=0,\quad B_z'=\gamma(B-0)=\gamma B$$

即所求的电磁场为

$$\boldsymbol{E}'=(0,-\gamma vB,0) \tag{4}$$

$$\boldsymbol{B}'=(0,0,\gamma B) \tag{5}$$

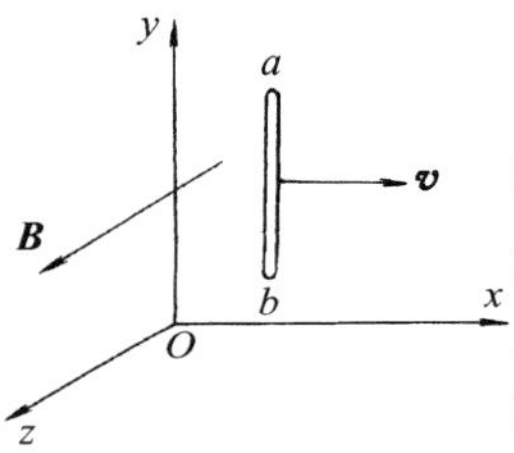

图 8.2.4

8.2.4　在惯性坐标系 $S(x,y,z)$ 中，有一不随时间变化的均匀磁场 $\boldsymbol{B}=(0,0,B)$. 在这磁场中，有一静长为 l_0 的金属杆 ab 平行于 y 轴，并以匀速 $\boldsymbol{v}=(v,0,0)$ 相对于 $S(x,y,z)$ 系运动，如图 8.2.4 所示. (1)试求杆两端的电势差 U_{ab}；(2)在跟随杆运动的坐标系 $S'(x',y',z')$ 中，试求杆两端的电势差 U_{ab}'；(3) U_{ab}' 与 U_{ab} 相等吗？

【解】　(1)在感应电场 $\boldsymbol{E}_i=\boldsymbol{v}\times\boldsymbol{B}$ 的作用下，金属杆上出现电荷，这电荷产生静电场 $\boldsymbol{E}_s$. 平衡时，$\boldsymbol{E}_s=-\boldsymbol{E}_i$. 故得杆两端的电势差为

$$\begin{aligned}U_{ab}=U_a-U_b&=\int_a^b\boldsymbol{E}_s\cdot d\boldsymbol{l}\\&=\int_a^b(-\boldsymbol{E}_i)\cdot d\boldsymbol{l}\\&=-\int_a^b\boldsymbol{v}\times\boldsymbol{B}\cdot d\boldsymbol{l}\\&=-vBl_0\end{aligned} \tag{1}$$

式中负号表示 a 端电势比 b 端低.

(2) 根据狭义相对论的电磁场变换关系[参见前面 8.2.2 题]，$S'(x',y',z')$ 系的电场强度 $\boldsymbol{E}'$ 的分量为

$$E_x'=E_x=0 \tag{2}$$

$$E_y'=\gamma(E_y-vB_z)=-\gamma vB \tag{3}$$

$$E_z'=\gamma(E_z+vB_y)=\gamma(0+0)=0 \tag{4}$$

式中

$$\gamma=\frac{1}{\sqrt{1-\frac{v^2}{c^2}}} \tag{5}$$

于是得 a、b 两端的电势差为

$$U_{ab}'=U_a'-U_b'=\int_a^b\boldsymbol{E}_s'\cdot d\boldsymbol{l}'=\int_a^b(-\gamma vB)dl_y'=-\gamma vBl_0 \tag{6}$$

(3)严格说来，$U'_{ab}\neq U_{ab}$．但实际上，由于 $v\ll c$，故在测量误差范围内，$U'_{ab}=U_{ab}$．

【讨论】　由式(1)和式(6)可见，U'_{ab}与 U_{ab} 相差一个相对论因子式(5)．在一般情况下，物体(如金属杆)运动的速度 $v\ll c$(真空中光速)，γ 可当作1．只有在 v 接近 c 时，γ 才明显大于1．

8.2.5　在惯性坐标系 $S(x,y,z)$ 中，有一不随时间变化的磁场 $\boldsymbol{B}=(0,0,B)$．在这磁场中，有一静长为 l_0 的金属杆 ab 位于 $x-y$ 平面内，与 x 轴的夹角为30°，以匀速 $\boldsymbol{v}=(v,0,0)$ 相对于 $S(x,y,z)$ 系运动，如图8.2.5所示．(1)试求杆两端的电势差 U_{ab}；(2)根据狭义相对论的电磁场变换关系，试求跟随杆运动的坐标系 $S'(x',y',z')$ 中的电场强度 $\boldsymbol{E}'$，并由 $\boldsymbol{E}'$求杆两端的电势差 U'_{ab}．

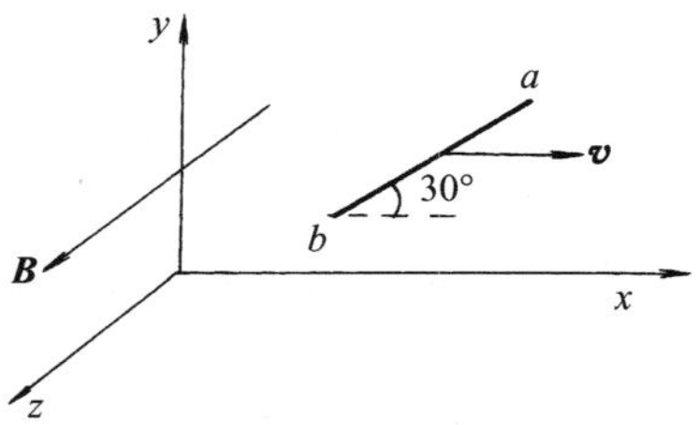

图8.2.5

【解】　(1)$U_{ab}=U_a-U_b=\int_a^b \boldsymbol{E}_s\cdot \mathrm{d}\boldsymbol{l}=\int(-\boldsymbol{E}_i)\cdot \mathrm{d}\boldsymbol{l}$

$$=\int_a^b(-\boldsymbol{v}\times\boldsymbol{B})\cdot \mathrm{d}\boldsymbol{l}=-vB\cos 60^\circ l_0$$

$$=-\frac{1}{2}vBl_0 \qquad (1)$$

负号表示 a 端电势比 b 端低．

(2)根据狭义相对论的电磁场变换关系[参见前面8.2.2题]，$S'(x',y',z')$ 系中的电场强度的分量分别为

$$E'_x=E_x=0 \qquad (2)$$

$$E'_y=\gamma(E_y-vB_z)=-\gamma vB \qquad (3)$$

$$E'_z=\gamma(E_z+vB_y)=\gamma(0+0)=0 \qquad (4)$$

式中

$$\gamma=\frac{1}{\sqrt{1-\frac{v^2}{c^2}}} \qquad (5)$$

所以

$$\boldsymbol{E}'=(0,-\gamma vB,0) \qquad (6)$$

于是得杆两端的电势差为

$$U'_{ab}=U'_a-U'_b=\int_a^b \boldsymbol{E}'_s\cdot \mathrm{d}\boldsymbol{l}'=\int_a^b(-\boldsymbol{E}')\cdot \mathrm{d}\boldsymbol{l}'$$

$$=\int_0^{l_0\cos 60^\circ}(\gamma vB\boldsymbol{e}_y)\cdot \mathrm{d}\boldsymbol{l}'(-\boldsymbol{e}_y)=-\gamma vBl_0\cos 60^\circ$$

$$=-\frac{1}{2}\gamma vBl_0 \qquad (7)$$

8.2.6　一无穷长直导线载有稳定电流 I，一飞机正以匀速 v 飞离这导线，机翼两端 a、b 相距为 l，ab 与导线平行，到导线的距离为 r，如图8.2.6(1)所示．(1)试

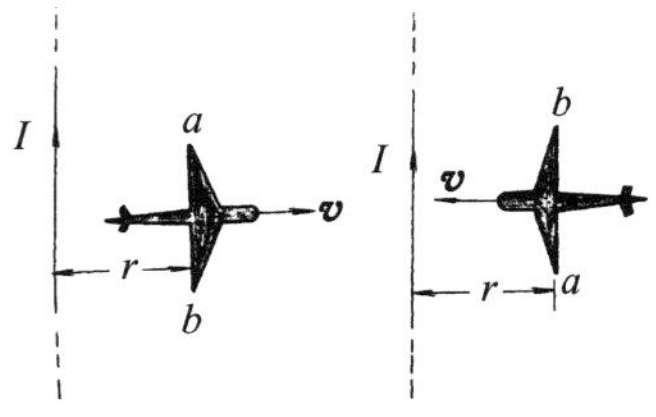

(1)　　　　(2)

图 8.2.6

求在飞机上观测，电流 I 所产生的电场强度 $\boldsymbol{E}'$ 以及机翼两端的电势差 U'_{ab}；(2)若飞机的飞行方向反过来，如图 8.2.6(2)所示，这时在飞机上观测到的电场强度和机翼两端的电势差各如何？

【解】 (1)电流 I 在 r 处产生的磁感强度 $\boldsymbol{B}$ 的方向向图面内，其大小为

$$B=\frac{\mu_0 I}{2\pi r} \tag{1}$$

以 $\boldsymbol{v}$ 的方向为 x 轴，电流 I 为 y 轴，则

$$\boldsymbol{B}=(0,0,-\frac{\mu_0 I}{2\pi r}) \tag{2}$$

以导线为 $S(x,y,z)$ 系，以飞机为 $S'(x',y',z')$ 系，根据狭义相对论的电磁场变换关系(参见前面 6.2.2 题)，得在飞机上观测到的电场强度 $\boldsymbol{E}'$ 的分量为

$$E'_x=E_x=0 \tag{3}$$

$$E'_y=\gamma(E_y-vB_z)=\gamma v\frac{\mu_0 I}{2\pi r} \tag{4}$$

$$E'_z=\gamma(E_z+vB_y)=\gamma(0+0)=0 \tag{5}$$

所以

$$\boldsymbol{E}'=(0,\gamma v\frac{\mu_0 I}{2\pi r},0) \tag{6}$$

机翼两端的电势差为

$$\begin{aligned}U'_{ab}=U'_a-U'_b&=\int_a^b \boldsymbol{E}'_s\cdot \mathrm{d}\boldsymbol{l}'=\int_a^b(-\boldsymbol{E}')\cdot \mathrm{d}\boldsymbol{l}'\\&=\int_0^l(-\gamma v\frac{\mu_0 I}{2\pi r}\boldsymbol{e}_y)\cdot \mathrm{d}l'(-\boldsymbol{e}_y)=\int_0^l \gamma v\frac{\mu_0 I}{2\pi r}\mathrm{d}l'\\&=\gamma v\frac{\mu_0 Il}{2\pi r}=\frac{\mu_0 Ivl}{2\pi r\sqrt{1-\frac{v^2}{c^2}}}\end{aligned} \tag{7}$$

(2)这时只须将式(6)中的 v 换成 $-v$，便得在飞机上观测到的电场强度为

$$\boldsymbol{E}''=(0,-\gamma v\frac{\mu_0 I}{2\pi r},0) \tag{8}$$

机翼两端的电势差为

$$\begin{aligned}U''_{ab}=U''_a-U''_b&=\int_a^b \boldsymbol{E}''_s\cdot \mathrm{d}\boldsymbol{l}''=\int_a^b(-\boldsymbol{E}'')\cdot \mathrm{d}\boldsymbol{l}''\\&=\int_0^l(\gamma v\frac{\mu_0 I}{2\pi r}\boldsymbol{e}_y)\cdot(\mathrm{d}l''\boldsymbol{e}_y)=\int_0^l \gamma v\frac{\mu_0 I}{2\pi r}\mathrm{d}l''\\&=\gamma v\frac{\mu_0 Il}{2\pi r}=\frac{\mu_0 Ivl}{2\pi r\sqrt{1-\frac{v^2}{c^2}}}\end{aligned} \tag{9}$$

8.2.7　一无穷长直导线载有电流 I，另一段直导线 AB 与电流 I 共面，并与 I 垂直，A、B 两端到 I 的距离分别为 a 和 b，这段导线以匀速 $\boldsymbol{v}$ 平行于电流 I 运动，

如图 8.2.7 所示.(1)试求导线两端的电势差 U_{AB};(2)在跟随导线 AB 运动的坐标系里,试求电流 I 所产生的电场强度和导线两端的电势差 U_{AB}';(3)当 $I=5.0\mathrm{A}$,$a=1.0\mathrm{m}$,$b=2.0\mathrm{m}$,$v=1.0\mathrm{m/s}$ 时,试求上述两种电势差的值.

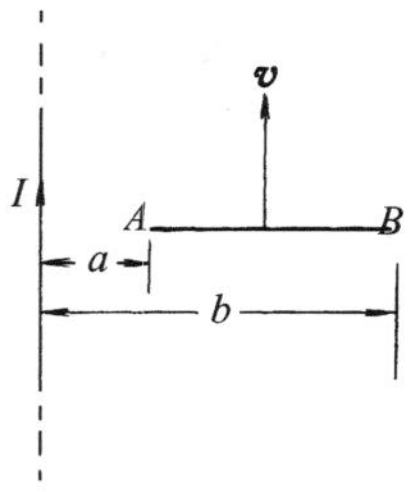

图 8.2.7

【解】 (1)

$$U_{AB}=U_A-U_B=\int_A^B \boldsymbol{E}_s\cdot \mathrm{d}\boldsymbol{l}=\int_A^B(-\boldsymbol{E}_i)\cdot \mathrm{d}\boldsymbol{l}$$

$$=\int_A^B(-\boldsymbol{v}\times\boldsymbol{B})\cdot\mathrm{d}\boldsymbol{l}=\int_a^b vB\mathrm{d}l=\int_a^b v\frac{\mu_0 I}{2\pi r}\mathrm{d}r$$

$$=\frac{\mu_0 Iv}{2\pi}\ln\frac{b}{a}\tag{1}$$

(2)以相对于载流导线静止的参考系为 S 系,相对于导线 AB 静止的参考系为 S' 系,在 S 系测得的电场强度和磁感强度分别为 $\boldsymbol{E}$ 和 $\boldsymbol{B}$,在 S' 系测得同一电磁场的电场强度和磁感强度分别为 $\boldsymbol{E}'$ 和 $\boldsymbol{B}'$,则根据狭义相对论,$\boldsymbol{E}$ 和 $\boldsymbol{B}$ 与 $\boldsymbol{E}'$ 和 $\boldsymbol{B}'$ 之间的变换关系为[参见本题后的讨论]

$$\boldsymbol{E}_{\parallel}'=\boldsymbol{E}_{\parallel},\quad \boldsymbol{E}_{\perp}'=\gamma(\boldsymbol{E}_{\perp}+\boldsymbol{v}\times\boldsymbol{B})\tag{2}$$

$$\boldsymbol{B}_{\parallel}'=\boldsymbol{B}_{\parallel},\quad \boldsymbol{B}_{\perp}'=\gamma\left(\boldsymbol{B}_{\perp}-\frac{1}{c^2}\boldsymbol{v}\times\boldsymbol{E}\right)\tag{3}$$

式中

$$\gamma=\frac{1}{\sqrt{1-\frac{v^2}{c^2}}}\tag{4}$$

下标 ∥ 和 ⊥ 分别表示平行于和垂直于速度 $\boldsymbol{v}$ 的分量.

在 S 系,电流 I 产生的电磁场为

$$\boldsymbol{E}=0,\quad \boldsymbol{B}=\frac{\mu_0 I}{2\pi r}\boldsymbol{e}\tag{5}$$

式中 $\boldsymbol{e}$ 为电流 I 的右手螺旋方向上的单位矢量.由式(2)、(5)得,在 S' 系的电场强度为

$$\boldsymbol{E}_{\parallel}'=\boldsymbol{E}_{\parallel}=0,\quad \boldsymbol{E}_{\perp}'=\gamma(\boldsymbol{E}_{\perp}+\boldsymbol{v}\times\boldsymbol{B})=\gamma\boldsymbol{v}\times\boldsymbol{B}\tag{6}$$

导线两端的电势差为

$$U_{AB}'=U_A'-U_B'=\int_A^B\boldsymbol{E}'_s\cdot\mathrm{d}\boldsymbol{l}'=\int_A^B(-\boldsymbol{E}')\cdot\mathrm{d}\boldsymbol{l}'$$

$$=-\int_A^B\gamma\boldsymbol{v}\times\boldsymbol{B}\cdot\mathrm{d}\boldsymbol{l}'=\gamma v\int_A^B B\mathrm{d}l'=\gamma v\int_a^b\frac{\mu_0 I}{2\pi r}\mathrm{d}r$$

$$=\gamma\frac{\mu_0 Iv}{2\pi}\ln\frac{b}{a}\tag{7}$$

(3)将数据分别代入式(1)和式(7)得

$$U_{AB}=\frac{4\pi\times10^{-7}\times5.0\times1.0}{2\pi}\ln\frac{2.0}{1.0}=6.9\times10^{-7}(\mathrm{V})\tag{8}$$

$$U_{AB}'=\frac{1}{\sqrt{1-\left(\frac{1.0}{3\times10^8}\right)^2}}\times\frac{4\pi\times10^{-7}\times5.0\times1.0}{2\pi}\ln\frac{2.0}{1.0}$$

$$= 6.9 \times 10^{-7}(\mathrm{V}) \tag{9}$$

【讨论】 设坐标系 $S'(x',y',z')$以匀速

$$\boldsymbol{v} = (v,0,0) = v\boldsymbol{e}_x \tag{10}$$

相对于惯性系 $S(x,y,z)$运动，则两系间电磁场的分量的变换关系为

$$E_x' = E_x,\quad E_y' = \gamma(E_y - vB_z),\quad E_z' = \gamma(E_z + vB_y) \tag{11}$$

$$B_x' = B_x,\quad B_y' = \gamma(B_y + \frac{v}{c^2}E_z),\quad B_z' = \gamma(B_z - \frac{v}{c^2}E_y) \tag{12}$$

这是爱因斯坦在 1905 年发表的、建立狭义相对论的论文《论运动物体的电动力学》中得出的基本关系式. 由式(11)可导出式(2)，由式(12)可导出式(3)，如下：由式(10)和式(11)有

$$\boldsymbol{E}_{\parallel}' = E_x'\boldsymbol{e}_x = E_x\boldsymbol{e}_x = \boldsymbol{E}_{\parallel} \tag{13}$$

$$\begin{aligned}\boldsymbol{E}_{\perp}' &= E_y'\boldsymbol{e}_y + E_z'\boldsymbol{e}_z = \gamma[(E_y - vB_z)\boldsymbol{e}_y + (E_z + vB_y)\boldsymbol{e}_z]\\ &= \gamma[E_y\boldsymbol{e}_y + E_z\boldsymbol{e}_z + v(B_y\boldsymbol{e}_z - B_z\boldsymbol{e}_y)]\end{aligned} \tag{14}$$

因为

$$\begin{aligned}\boldsymbol{v}\times\boldsymbol{B} &= v\boldsymbol{e}_x \times (B_x\boldsymbol{e}_x + B_y\boldsymbol{e}_y + B_z\boldsymbol{e}_z)\\ &= v(B_y\boldsymbol{e}_z - B_z\boldsymbol{e}_y)\end{aligned} \tag{15}$$

所以

$$\boldsymbol{E}_{\perp}' = \gamma(\boldsymbol{E}_{\perp} + \boldsymbol{v}\times\boldsymbol{B}) \tag{16}$$

读者可仿此自己由式(12)导出式(3).

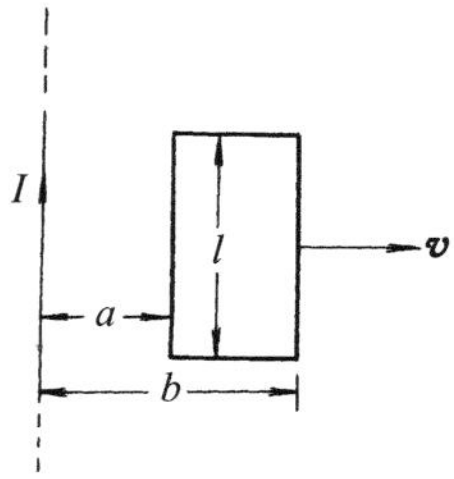

图 8.2.8

8.2.8 一无穷长直导线载有电流 $I=5.0\mathrm{A}$，旁边有一个与它共面的矩形线圈，长边与导线平行，如图 8.2.8 所示. 线圈共有 $N=1000$ 匝，以匀速 $v=3.0\mathrm{m/s}$ 离开导线. 已知 $a=10\mathrm{cm}$，$l=b=20\mathrm{cm}$. (1)试求线圈里的感应电动势 $\mathscr{E}$；(2)以线圈为参照系 S'，试求导线中的电流 I 在 S'系里产生的电场 $\boldsymbol{E}'$，从而由 $\boldsymbol{E}'$求线圈中的电动势 $\mathscr{E}'$.

【解】 (1)

$$\begin{aligned}\mathscr{E} &= N\oint\boldsymbol{E}_i\cdot\mathrm{d}\boldsymbol{l} = N\oint\boldsymbol{v}\times\boldsymbol{B}\cdot\mathrm{d}\boldsymbol{l}\\ &= NvB_a l - NvB_b l = Nvl\frac{\mu_0 I}{2\pi}(\frac{1}{a} - \frac{1}{b})\\ &= 1000\times 3.0\times 20\times 10^{-2}\\ &\quad\times\frac{4\pi\times 10^{-7}\times 5.0}{2\pi}\times(\frac{100}{10} - \frac{100}{20})\\ &= 3.0\times 10^{-3}(\mathrm{V})\end{aligned} \tag{1}$$

(2)在相对于导线静止的参考系(S)中，电磁场为

$$\boldsymbol{E} = 0,\quad \boldsymbol{B} = \frac{\mu_0 I}{2\pi r}\boldsymbol{e} \tag{2}$$

式中 $\boldsymbol{e}$ 为电流 I 的右手螺旋方向上的单位矢量. 在相对于线圈静止的参考系(S')中，根据狭义相对论的电磁场变换关系[参见前 8.2.7 题的式(2)]，电场强度为

$$\boldsymbol{E}_{\parallel}' = \boldsymbol{E}_{\parallel} = 0, \quad \boldsymbol{E}_{\perp}' = \gamma(\boldsymbol{E}_{\perp} + \boldsymbol{v} \times \boldsymbol{B}) = \gamma\boldsymbol{v} \times \boldsymbol{B} \tag{3}$$

于是得所求的电动势为

$$\begin{aligned}\mathscr{E}' &= \oint \gamma\boldsymbol{v} \times \boldsymbol{B} \cdot \mathrm{d}\boldsymbol{l} = \oint \gamma v \frac{\mu_0 NI}{2\pi r}\mathrm{d}r \\ &= \gamma N v l \frac{\mu_0 I}{2\pi}\left(\frac{1}{a} - \frac{1}{b}\right) = \gamma\mathscr{E} \\ &= \frac{1}{\sqrt{1-\left(\frac{3.0}{3\times 10^8}\right)^2}} \times 3.0\times 10^{-3} = 3.0\times 10^{-3}\,(\mathrm{V})\end{aligned} \tag{4}$$

8.2.9　一磁偶极矩为 $\boldsymbol{p}_{\mathrm{m}}$ 的小磁棒产生的磁场为

$$B_r = \frac{p_{\mathrm{m}}\cos\theta}{2\pi r^3}$$

$$B_\theta = \frac{p_{\mathrm{m}}\sin\theta}{4\pi r^3}$$

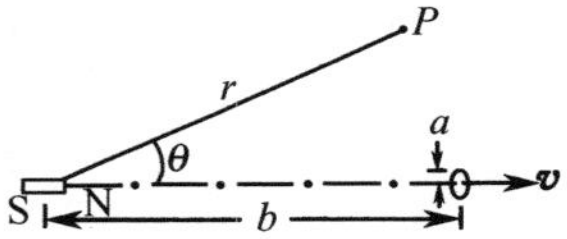

图 8.2.9(1)

离小磁棒为 b 处有一半径为 a 的导线圈，其轴线与小磁棒重合，以匀速 v 沿轴线运动，如图 8.2.9(1)所示. (1)试求导线圈中的感应电动势 $\mathscr{E}$；(2)在相对于导线圈静止的坐标系 S' 中，试求小磁棒所产生的电场强度 $\boldsymbol{E}'$，并由 $\boldsymbol{E}'$ 求导线圈中的感应电动势 $\mathscr{E}'$.

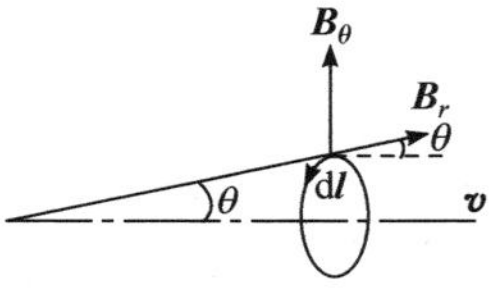

图 8.2.9(2)

【解】(1)导线圈中的感应电动势为

$$\begin{aligned}\mathscr{E} &= \oint \boldsymbol{E}_i \cdot \mathrm{d}\boldsymbol{l} \\ &= \oint (\boldsymbol{v} \times \boldsymbol{B}) \cdot \mathrm{d}\boldsymbol{l} \\ &= \oint \boldsymbol{v} \times (\boldsymbol{B}_r + \boldsymbol{B}_\theta) \cdot \mathrm{d}\boldsymbol{l}\end{aligned} \tag{1}$$

由图 8.2.9(2)可见，

$$(\boldsymbol{v} \times \boldsymbol{B}_r) \cdot \mathrm{d}\boldsymbol{l} = v\sin\theta\mathrm{d}l \tag{2}$$

$$(\boldsymbol{v} \times \boldsymbol{B}_\theta) \cdot \mathrm{d}\boldsymbol{l} = v\sin(\theta + 90°)\mathrm{d}l = v\cos\theta\mathrm{d}l \tag{3}$$

所以

$$\begin{aligned}\mathscr{E} &= \oint v(B_r\sin\theta + B_\theta\cos\theta)\mathrm{d}l \\ &= \oint v\left(\frac{p_m\sin\theta\cos\theta}{2\pi r^3} + \frac{p_m\sin\theta\cos\theta}{4\pi r^3}\right)\mathrm{d}l \\ &= \oint \frac{3p_m\sin\theta\cos\theta v}{4\pi(a^2+b^2)^{3/2}}\mathrm{d}l \\ &= \frac{3p_m\sin\theta\cos\theta v}{4\pi(a^2+b^2)^{3/2}} \cdot 2\pi a \\ &= \frac{3p_m a^2 b v}{2(a^2+b^2)^{5/2}}\end{aligned} \tag{4}$$

(2)在相对于磁棒静止的参考系 S 中,电磁场为

$$\boldsymbol{E}=0,\quad \boldsymbol{B}=\boldsymbol{B}_r+\boldsymbol{B}_\theta \tag{5}$$

根据狭义相对论的电磁场变换关系[参见前面 8.2.7 题的式(2)]得,相对于线圈静止的参考系 S'中,电场强度 $\boldsymbol{E}'$的分量为

$$\boldsymbol{E}_{\parallel}'=\boldsymbol{E}_{\parallel}=0 \tag{6}$$

$$\boldsymbol{E}_{\perp}'=\gamma(\boldsymbol{E}_{\perp}+\boldsymbol{v}\times\boldsymbol{B})=\gamma\boldsymbol{v}\times\boldsymbol{B} \tag{7}$$

式中下标 ∥ 和⊥分别表示电场强度的平行于和垂直于 $\boldsymbol{v}$ 的分量,

$$\gamma=\frac{1}{\sqrt{1-v^2/c^2}} \tag{8}$$

由 $\boldsymbol{E}'$得所求的电动势 $\mathscr{E}'$为

$$\mathscr{E}'=\oint\boldsymbol{E}'\cdot\mathrm{d}\boldsymbol{l}'=\gamma\oint(\boldsymbol{v}\times\boldsymbol{B})\cdot\mathrm{d}\boldsymbol{l}'=\gamma\oint(\boldsymbol{v}\times\boldsymbol{B})\cdot\mathrm{d}\boldsymbol{l}$$

$$=\gamma\mathscr{E}=\gamma\frac{3p_m a^2 bv}{2(a^2+b^2)^{5/2}} \tag{9}$$

8.3　自感和互感

8.3.1　一个自感为 L 的线圈接在电路中,电流 I 自 a 端流入,从 b 端流出,如图 8.3.1(1)所示. 由于有自感电动势 $\mathscr{E}_L=-L\dfrac{\mathrm{d}I}{\mathrm{d}t}$,故 L 便是一个电动势为 $\mathscr{E}_L$ 的电源. 试问这个电源的正极是 a 还是 b?

【解答】 电流 I 流入处 a 为电源 $\mathscr{E}_L$ 的负极,流出处 b 为正极. 说明如下.

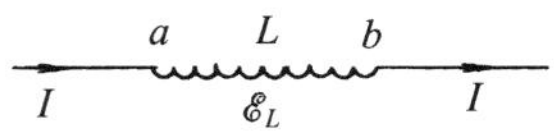

图 8.3.1(1)

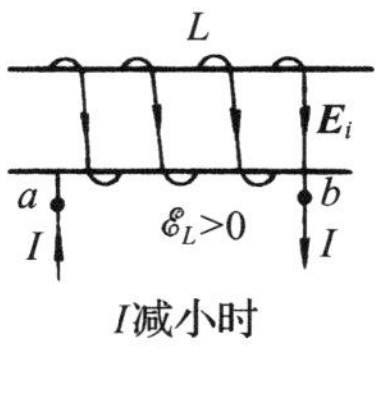

图 8.3.1(2)

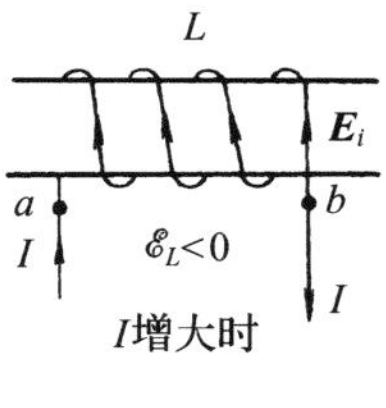

图 8.3.1(3)

如图 8.3.1(2),当 I 减小时,感应电场 $\boldsymbol{E}_i$ 与 I 同方向,故 a 为电源 $\mathscr{E}_L$ 的负极,b 为正极. 这时 $\mathscr{E}_L=-L\dfrac{\mathrm{d}I}{\mathrm{d}t}>0$,与实际情况符合.

如图 8.3.1(3),当 I 增大时,感应电场 $\boldsymbol{E}_i$ 与 I 反方向. 这时 a 为电源 $\mathscr{E}_L$ 的正极,b 为负极,好像与上面所说的"电流 I 流入处 a 为电源 $\mathscr{E}_L$ 的负极"刚好相反. 可是,这时 $\mathscr{E}_L=-L\dfrac{\mathrm{d}I}{\mathrm{d}t}<0$. 一个电动势为负的电源,其正极就是电动势为正的电源的负极. 所以,这时 b 实际上就是负极.

8.3.2　在长 60cm、直径为 5.0cm 的空心纸筒上绕多少匝线圈,才能得到自感为 6.0×10^{-3} H 的线圈?

【解】 根据长螺线管的自感公式

$$L=\mu_0 n^2 V=\mu_0 (\frac{N}{l})^2 V=\mu_0 \frac{N^2 S}{l}$$

所以

$$N=\sqrt{\frac{lL}{\mu_0 S}}=\sqrt{\frac{60\times10^{-2}\times6.0\times10^{-3}}{4\pi\times10^{-7}\times\pi\times(\frac{5.0\times10^{-2}}{2})^2}}$$

$$=1.2\times10^3(\text{匝})$$

8.3.3 一纸筒长 30cm，直径为 3.0cm，上面绕有 500 匝线圈. (1)试求这个线圈的自感 L_0；(2)如果在这线圈内放入 $\mu_r=5000$ 的铁芯，试求这时的自感 L.

【解】 (1)$L_0=\mu_0 n^2 V=\mu_0 (\frac{N}{l})^2 V=\mu_0 \frac{N^2}{l} S$

$$=4\pi\times10^{-7}\times\frac{500^2}{30\times10^{-2}}\times\pi\times\left(\frac{3.0\times10^{-2}}{2}\right)^2$$

$$=7.4\times10^{-4}(\text{H})$$

(2)$L=\mu_r\mu_0 n^2 V=\mu_r L_0=5000\times7.4\times10^{-4}=3.7(\text{H})$

8.3.4 一螺线管由表面绝缘的细导线密绕而成，长为 l，横截面的半径为 R，单位长度的匝数为 n，管内充满磁导率为 μ 的均匀介质. 已知 $R\ll l$. 试求这螺线管的自感 L.

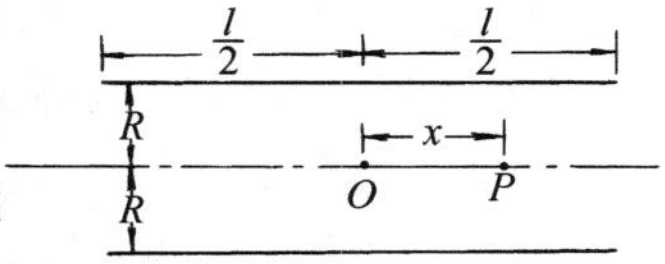

图 8.3.4

【解】 粗糙的近似. 因 $R\ll l$，故可略去边缘效应，把管内磁场近似当作均匀磁场. 这时由安培环路定理得管内的磁场强度为(设导线中电流为 I)

$$H=nI \tag{1}$$

磁感强度为

$$B=\mu H=\mu nI \tag{2}$$

磁链为

$$\Psi=NBS=\pi\mu n^2 R^2 lI \tag{3}$$

故得螺线管的自感为

$$L=\frac{\Psi}{I}=\pi\mu n^2 R^2 l=\mu n^2 V \tag{4}$$

式中 $V=\pi R^2 l$ 是螺线管的体积.

【别解】 较好一些的近似

根据圆电流在轴线上产生的磁感强度的公式[参见前面 5.1.20 题的式(2)]，和磁感强度的叠加原理，求得载流螺线管轴线上离中心为 x 处(图 8.3.4)的磁感强度的大小为[参见前面 5.1.29 题的式(8)]

$$B=\frac{\mu nI}{2}\left[\frac{x+l/2}{\sqrt{(x+l/2)^2+R^2}}-\frac{x-l/2}{\sqrt{(x-l/2)^2+R^2}}\right] \tag{5}$$

由此得 x 处 $dN=ndx$ 匝的磁链为

$$d\Psi = (dN)\Phi = (dN)\pi R^2 B$$
$$= \frac{\pi\mu n^2 R^2 I}{2}\left[\frac{x+l/2}{\sqrt{(x+l/2)^2+R^2}} - \frac{x-l/2}{\sqrt{(x-l/2)^2+R^2}}\right]dx \tag{6}$$

积分得整个载流螺线管的磁链为

$$\Psi = \frac{\pi\mu n^2 R^2 I}{2}\int_{-l/2}^{l/2}\left[\frac{x+l/2}{\sqrt{(x+l/2)^2+R^2}} - \frac{x-l/2}{\sqrt{(x-l/2)^2+R^2}}\right]dx$$
$$= \frac{\pi\mu n^2 R^2 I}{2}\left[\sqrt{(x+l/2)^2+R^2} - \sqrt{(x-l/2)^2+R^2}\right]_{x=-l/2}^{x=l/2}$$
$$= \pi\mu n^2 R^2 I\left[\sqrt{l^2+R^2} - R\right]$$
$$= \mu n^2 VI\left[\sqrt{1+\left(\frac{R}{l}\right)^2} - \frac{R}{l}\right] \tag{7}$$

于是得螺线管的自感为

$$L = \frac{\Psi}{I} = \mu n^2 V\left[\sqrt{1+\left(\frac{R}{l}\right)^2} - \frac{R}{l}\right] \tag{8}$$

【讨论】 式(4)是按无限长螺线管内的磁场计算的结果. 实际螺线管长度有限,总有边缘效应,越靠近两端,管内的磁场越小于式(2)给出的值. 用式(2)计算实际螺线管的磁链,即式(3),显然是算大了. 所以式(4)是螺线管实际自感的较粗略的近似,它比螺线管的实际自感要大些,螺线管越短,大得越多. 在螺线管很短或匝数很少时,式(4)就不能用.

式(8)则是较好一些的近似,较好一些,是因为它考虑了沿轴线各处的 B 值不同. 但是,式(8)也只是螺线管的近似值,而不是准确值. 因为它没有考虑:螺线管的电流(i)不是圆电流而是螺旋形电流;(ii)不是连续电流而是一匝匝的分立电流;(iii)在管内横截面上产生的磁感强度 B 与到轴线的距离有关. 要计算一个螺线管自感的准确值,必须考虑上述这些因素,而这并不是一件容易的事. 所幸的是,载流螺线管的磁场与按连续分布的圆电流算出的磁场差别并不大[参见前面 5.2.20 题的讨论],因而按它推导出式(4)或式(8),虽然都是近似式,但都是可用的式子.

由前面的计算可以看出,螺线管较长,横截面积较小,绕的导线细而密,式(4)或式(8)就较接近螺线管自感的值. 反之,如果螺线管较短,或横截面积较大,或绕的导线粗而疏,则式(4)或式(8)就与螺线管自感的值相差较大.

在实际问题里,可以用式(4)或式(8)估算螺线管自感的近似值,以作参考. 如果需要比较准确的值,可以用实验测出.

8.3.5 在磁导率为 μ 的圆柱形磁介质上,用表面绝缘的细导线绕两个线圈:原线圈 N_1 匝,副线圈 N_2 匝,它们的长度都是 l,横截面积都是 S,如图 8.3.5 所示. 设 $\sqrt{S} \ll l$,略去边缘效应. 试求:(1)两线圈各自的自感 L_1 和 L_2;(2)两线圈之间的互感 M;(3)M 与 L_1 和 L_2 的关系.

【解】 (1)因略去边缘效应，故当原线圈载有电流 I_1 时，管中的磁感强度便为

$$B_1 = \mu H_1 = \mu \frac{N_1}{l} I_1 \tag{1}$$

原线圈的磁链为

$$\Psi_1 = N_1 \Phi_1 = N_1 B_1 S = \mu \frac{N_1^2}{l} S I_1 \tag{2}$$

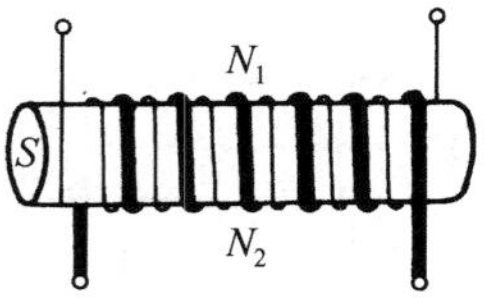

图 8.3.5

所以

$$L_1 = \frac{\Psi_1}{I_1} = \mu \frac{N_1^2}{l} S \tag{3}$$

同样可得

$$L_2 = \mu \frac{{N_2}^2}{l} S \tag{4}$$

(2)原线圈载有电流 I_1 时，通过副线圈的磁链为

$$\Psi_{21} = N_2 \Phi_2 = N_2 B_1 S = \mu \frac{N_1 N_2}{l} S I_1 \tag{5}$$

所以

$$M = \frac{\Psi_{21}}{I_1} = \mu \frac{N_1 N_2}{l} S \tag{6}$$

(3)M 与 L_1 和 L_2 的关系，由式(3)、(4)、(6)得

$$M = \sqrt{L_1 L_2} \tag{7}$$

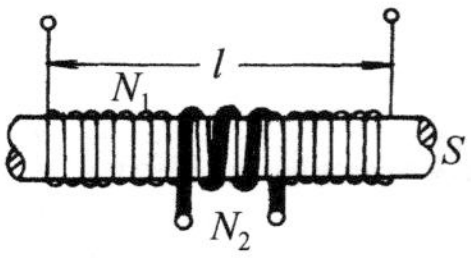

图 8.3.6

8.3.6 一螺线管长为 l，横截面积为 S，由 N_1 匝表面绝缘的细导线密绕而成；在它的中部，绕有 N_2 匝表面绝缘的导线，如图 8.3.6 所示. (1)试求这两线圈的互感 M；(2)当 $l=1.00\text{m}, S=10\text{cm}^2, N_1=1000$ 匝，$N_2=20$ 匝时，试计算 M 的值.

【解】 (1)当 N_1 匝线圈载有电流 I_1 时，通过 N_2 匝线圈的磁链为

$$\Psi_{21} = N_2 \Phi_{21} = N_2 B_1 S = \mu_0 \frac{N_1 N_2}{l} S I_1 \tag{1}$$

所以

$$M = \frac{\Psi_{21}}{I_1} = \mu_0 \frac{N_1 N_2}{l} S \tag{2}$$

(2)M 的值为

$$M = \mu_0 \frac{N_1 N_2}{l} S = 4\pi \times 10^{-7} \times \frac{1000 \times 20}{1.00} \times 10 \times 10^{-4}$$
$$= 2.5 \times 10^{-5}(\text{H}) \tag{3}$$

8.3.7 两螺线管共轴，长度都是 l，里面螺线管的半径为 a_1，匝数为 N_1；外面螺线管的半径为 $a_2(>a_1)$，匝数为 N_2，如图 8.3.7 所示. 略去边缘效应，试求这两螺线管的自感与它们的互感之间的关系.

【解】 因为略去边缘效应，故当里面螺线管载有电流 I_1 时，管内的磁感强度为

$$B_1 = \mu_0 n_1 I_1 = \mu_0 \frac{N_1}{l} I_1 \tag{1}$$

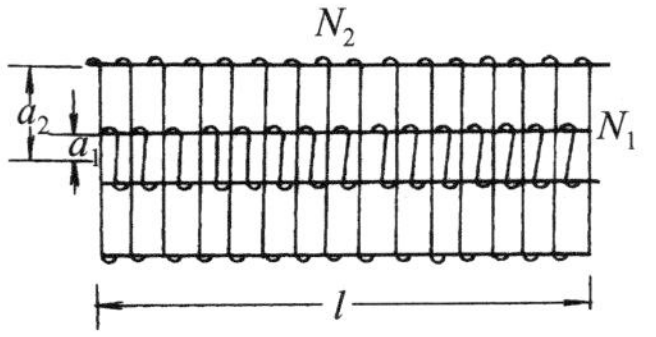

图 8.3.7

磁链为

$$\Psi_1 = N_1\Phi_1 = N_1 B_1 S_1 = \frac{\pi\mu_0 N_1^2 a_1^2}{l_1} I_1 \tag{2}$$

所以

$$L_1 = \frac{\Psi_1}{I_1} = \frac{\pi\mu_0 N_1^2 a_1^2}{l} \tag{3}$$

同样可得外面螺线管的自感为

$$L_2 = \frac{\pi\mu_0 N_2^2 a_2^2}{l} \tag{4}$$

里面螺线管载有电流 I_1 时，通过外面螺线管的磁链为

$$\Psi_{21} = N_2\Phi_{21} = N_2 B_1 S_1 = N_2\mu_0 \frac{N_1}{l} I_1 \cdot \pi a_1^2$$

$$= \frac{\pi\mu_0 N_1 N_2 a_1^2}{l} I_1 \tag{5}$$

故得两螺线管间的互感为

$$M = \frac{\Psi_{21}}{I_1} = \frac{\pi\mu_0 N_1 N_2 a_1^2}{l} \tag{6}$$

由式(3)、(4)、(6)得 L_1、L_2 与 M 之间的关系为

$$M = \frac{a_1}{a_2}\sqrt{L_1 L_2} \tag{7}$$

【讨论】 当 $a_1 = a_2$ 时，式(7)便化为前面 8.3.5 题的式(7).

8.3.8 一螺线管长为 l，横截面积为 S，单位长度的匝数为 n，可以看成是两个长为 $\frac{l}{2}$ 的螺线管在中间串联而成，如图 8.3.8 所示. 如按公式 $L=\mu_0 n^2 Sl$ 计算，则有

$$L = \mu_0 n^2 S\left(\frac{l}{2} + \frac{l}{2}\right)$$
$$= L_1 + L_2$$

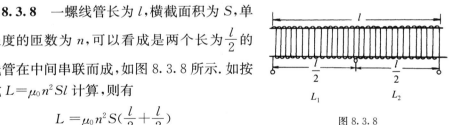

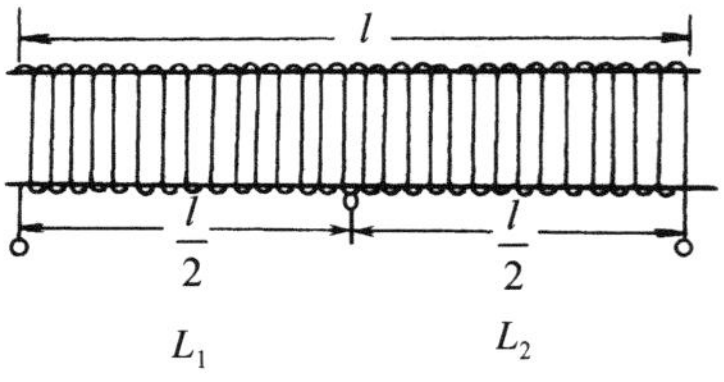

图 8.3.8

如按顺串联的公式计算，则为

$$L = L_1 + L_2 + 2M$$

式中 M 是两个 $\frac{l}{2}$ 的螺线管之间的互感. 比较以上两式，便会得出 $M=0$ 的结论. (1)你认为这个结论是否正确？为什么？(2)问题出在哪里？

【解答】 (1)$M=0$ 的结论显然不正确，因长度都是 $\frac{l}{2}$ 的两个线圈彼此都有磁力线进入对方，故 $M\neq 0$.

(2)问题出在，$L=\mu_0 n^2 Sl$ 不是准确公式，而是在 $\sqrt{S}\ll l$ 的条件下，略去边缘效应而得出的粗糙近似公式，比实际自感大一些(参见前面 8.3.4 题). 因此，公式 $L=\mu_0 n^2 Sl$ 不适用于讨论上面

的问题.如果用较好一些的近似公式[参见前面 8.3.4 题的式(8)] $L=\mu_0 n^2 Sl[\sqrt{1+(\frac{R}{l})^2}-\frac{R}{l}]$(式中 R 为螺线管的半径),就不会得出 $M=0$ 的结论了.

8.3.9 有一种汽车点火线圈由绕在同一轴管上的两个彼此绝缘的线圈构成,长为 $l=10\text{cm}$,半径为 $r=3.0\text{cm}$,其中一个有 $N_1=16000$ 匝,另一个有 $N_2=400$ 匝,如图 8.3.9 所示.当原线圈中的电流在万分之一秒里改变 3.0A 时,试求副线圈里的感应电动势.(这电动势在电花隙中产生火花,以点燃汽油与空气的混合物.)

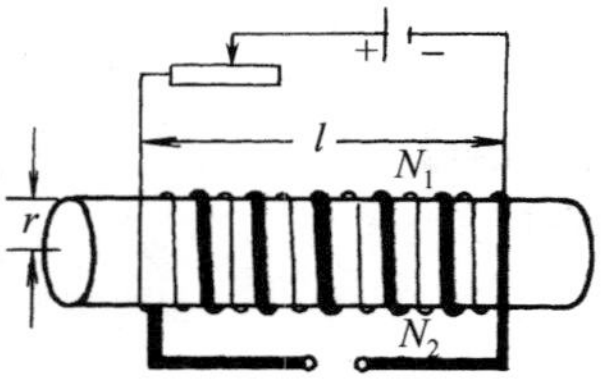

图 8.3.9

【解】 两线圈间的互感为[参见前面 8.3.5 题的式(6)]

$$M=\mu_0\frac{N_1N_2}{l}S$$

故副线圈里感应电动势的大小为

$$|\boldsymbol{E}|=M\frac{\mathrm{d}I}{\mathrm{d}t}=\mu_0\frac{N_1N_2}{l}S\frac{\mathrm{d}I}{\mathrm{d}t}$$
$$=4\pi\times10^{-7}\times\frac{16000\times400}{10\times10^{-2}}\times\pi\times(3.0\times10^{-2})^2\times\frac{3.0}{10^{-4}}$$
$$=6.8\times10^3(\text{V})$$

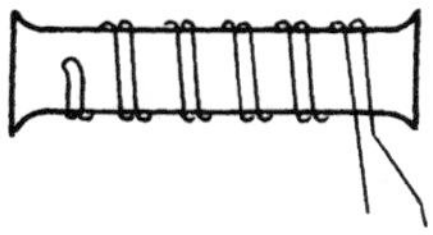
图 8.3.10

8.3.10 有的电阻是用电阻丝绕成的,为了减少自感,常用双绕法,如图 8.3.10 所示.试说明为什么这样绕自感就很小.

【解答】 因为这样绕,反方向的电流其磁场互相削弱,故磁通量很小,所以自感 L 就很小.[参见后面 8.3.35 题(1)]

8.3.11 一螺绕环中心线的长度为 l,横截面积为 S,由 N 匝表面绝缘的导线密绕而成.设 $\sqrt{S}\ll l$,试求它的自感 L,并计算 $l=1.0\text{m}$,$S=10\text{cm}^2$,$N=1000$ 匝时 L 的值.

【解】 因 $\sqrt{S}\ll l$,故环的同一横截面上,磁场可近似看作是均匀的.由安培环路定理得

$$\oint\boldsymbol{H}\cdot\mathrm{d}\boldsymbol{l}=Hl=NI \tag{1}$$

所以

$$B=\mu_0H=\mu_0\frac{NI}{l} \tag{2}$$

磁链为

$$\Psi=N\Phi=NBS=\frac{\mu_0N^2SI}{l} \tag{3}$$

所以

$$L=\frac{\Psi}{I}=\frac{\mu_0N^2S}{l} \tag{4}$$

代入数据得

$$L=\frac{4\pi\times10^{-7}\times1000^2\times10\times10^{-4}}{1.0}=1.3\times10^{-3}(\text{H}) \tag{5}$$

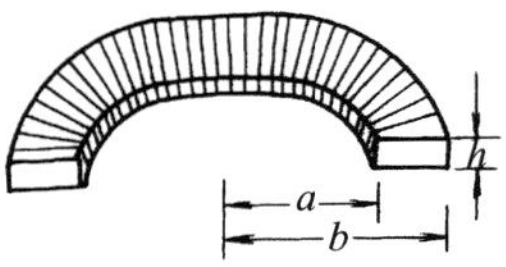

图 8.3.12

8.3.12　一螺绕环由 N 匝表面绝缘的细导线在纸环上密绕而成，横截面是长为 $b-a$、宽为 h 的矩形，环的内外半径分别为 a 和 b，它的一半如图 8.3.12 所示. 试求它的自感 L，并计算当 $N=1000$ 匝，$a=5.0\text{cm}$，$b=10\text{cm}$，$h=1.0\text{cm}$ 时 L 的值.

【解】　以环的中心为圆心，r 为半径，在环内作一圆形安培环路 L，由对称性和安培环路定理得

$$\oint_L \boldsymbol{H}\cdot \mathrm{d}\boldsymbol{l} = 2\pi r H = NI \tag{1}$$

所以

$$B=\mu_0 H=\frac{\mu_0 NI}{2\pi r} \tag{2}$$

磁通量为

$$\Phi=\iint B\mathrm{d}S=\int_a^b \frac{\mu_0 NI}{2\pi r}h\,\mathrm{d}r=\frac{\mu_0 NhI}{2\pi}\ln\frac{b}{a} \tag{3}$$

于是得所求的自感为

$$L=\frac{\Psi}{I}=\frac{N\Phi}{I}=\frac{\mu_0 N^2 h}{2\pi}\ln\frac{b}{a} \tag{4}$$

代入数值得 L 的值为

$$\begin{aligned} L&=\frac{4\pi\times10^{-7}\times1000^2\times1.0\times10^{-2}}{2\pi}\ln\frac{10}{5.0}\\ &=1.4\times10^{-3}(\text{H}) \end{aligned} \tag{5}$$

8.3.13　一螺绕环横截面的半径为 a，中心线的半径为 R，$R\gg a$，它是由表面绝缘的导线密绕而成，共有两个线圈，一个 N_1 匝，另一个 N_2 匝. 试求：(1)两线圈的自感 L_1 和 L_2；(2)两线圈间的互感 M；(3)M 与 L_1 和 L_2 的关系.

【解】　(1)设 N_1 线圈载有电流 I_1，则由对称性和安培环路定理得中心线上的磁场强度为

$$H_1=\frac{N_1 I_1}{2\pi R} \tag{1}$$

因为 $R\gg a$，故环的横截面上各处的磁场强度都可近似当作 H_1，于是通过环的横截面的磁通量便为

$$\Phi_1=\mu_0 H_1 S=\mu_0 H_1\cdot\pi a^2=\frac{\mu_0 N_1 a^2}{2R}I_1 \tag{2}$$

由此得 N_1 匝线圈的自感为

$$L_1=\frac{\Psi_1}{I_1}=\frac{N_1\Phi_1}{I_1}=\frac{\mu_0 N_1^2 a^2}{2R} \tag{3}$$

用同样推导，可得 N_2 匝线圈的自感为

$$L_2=\frac{\mu_0 N_2^2 a^2}{2R} \tag{4}$$

(2)N_1 匝线圈中的电流 I_1 在 N_2 匝线圈中产生的磁链为

$$\Psi_{21}=N_2 B_1 S=N_2\mu_0 H_1 S=\frac{\mu_0 N_1 N_2 a^2}{2R}I_1 \tag{5}$$

由此得两线圈间的互感为

$$M=\frac{\Psi_{21}}{I_1}=\frac{\mu_0 N_1 N_2 a^2}{2R} \tag{6}$$

(3)由式(3)、(4)、(6)得 L_1、L_2、M 的关系为

$$M=\sqrt{L_1 L_2} \tag{7}$$

8.3.14　一正方形铁环，边长为 l，横截面积为 S，磁导率为 $\mu=\mu_r\mu_0$. 已知 $\sqrt{S}\ll l$，$\mu_r\gg 1$. 在它的一边用表面绝缘的导线绕有 N 匝线圈，如图 8.3.14 所示. 试求这线圈的自感 L_{ab}.

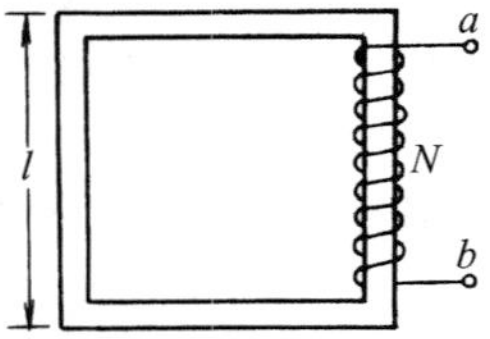

图 8.3.14

【解】　设导线中的电流为 I 时，环内的磁场强度为 H，则因 $\sqrt{S}\ll l$，$\mu_r\gg 1$，故可略去边缘效应，由安培环路定理得

$$\oint_L \boldsymbol{H}\cdot d\boldsymbol{l}=4lH=NI \tag{1}$$

所以

$$H=\frac{NI}{4l} \tag{2}$$

磁感强度为

$$B=\mu H=\frac{\mu NI}{4l} \tag{3}$$

磁链为

$$\Psi=N\Phi=NBS=\frac{\mu N^2 SI}{4l} \tag{4}$$

于是得所求的自感为

$$L_{ab}=\frac{\Psi}{I}=\frac{\mu N^2 S}{4l} \tag{5}$$

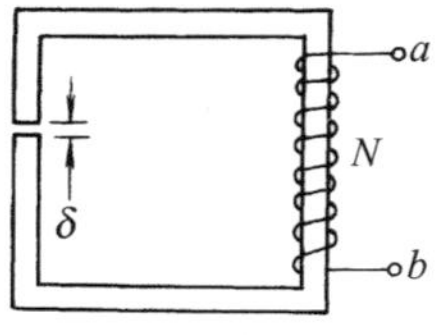

图 8.3.15

8.3.15　一铁芯长为 l，弯成方形，在一边留有宽为 δ 的空气间隙，铁芯的横截面积为 S，磁导率为 $\mu=\mu_r\mu_0$；在它的一边用表面绝缘的导线绕有 N 匝线圈，如图 8.3.15 所示. 已知 $\sqrt{S}\ll l$，$\mu_r\gg 1$. 试求线圈的自感 L_{ab}，并计算 $l=56.5\text{cm}$，$S=3.1\text{cm}^2$，$\delta=1.0\text{mm}$，$\mu_r=500$，$N=1000$ 匝时 L_{ab} 的值.

【解】　沿铁芯中心取安培环路 L 得

$$\oint_L \boldsymbol{H}\cdot d\boldsymbol{l}=H_1 l+H_2\delta=NI \tag{1}$$

式中 H_1 和 H_2 分别为铁芯内和间隙内的磁场强度. 相应的磁感强度分别为

$$B_1=\mu H_1,\quad B_2=\mu_0 H_2 \tag{2}$$

由于 $\boldsymbol{B}$ 的法向分量连续，故有

$$B_1=B_2=B \tag{3}$$

由以上三式得

$$B\left(\frac{l}{\mu}+\frac{\delta}{\mu_0}\right)=NI \tag{4}$$

因$\sqrt{S}\ll l$，故铁芯内的 B 可看作处处相等，于是得通过线圈的磁链为

$$\Psi=N\Phi=NBS=\frac{\mu N^2 SI}{l+\mu_r\delta} \tag{5}$$

于是得所求的自感为

$$L_{ab}=\frac{\Psi}{I}=\frac{\mu N^2 S}{l+\mu_r\delta} \tag{6}$$

代入数据得 L_{ab} 的值为

$$\begin{aligned}L_{ab}&=\frac{500\times 4\pi\times 10^{-7}\times 1000^2\times 3.1\times 10^{-4}}{56.5\times 10^{-2}+500\times 1.0\times 10^{-3}}\\&=0.18(\mathrm{H})\end{aligned} \tag{7}$$

【讨论】 一、式(4)也可直接用磁路定理[参见前面 7.33 题的式(8)]

$$NI=\Phi\sum_i\frac{l_i}{\mu_i S_i} \tag{8}$$

得出.

二、当 $\delta=0$，即铁芯无空气隙时，式(6)即化为前面 8.3.14 题的式(5).

当磁导率很大，以致 $\mu_r\delta\gg l$ 时，式(6)即化为

$$L_{ab}=\frac{\mu_0 N^2 S}{\delta} \tag{9}$$

8.3.16 一空心螺绕环的自感为 L_0，加入铁芯后自感为 L_1，在铁芯上锯开一个很窄的断口后自感为 L_2. 试比较 L_0、L_1、L_2 三者的大小.

【解】 由前面 8.3.13 题式(3)或式(4)，得空心螺绕环的自感为

$$L_0=\frac{\mu_0 N^2 S}{l} \tag{1}$$

式中 N、S 和 l 分别为线圈的匝数、横截面积和中心长度.

加入铁芯(相对磁导率为 μ_r)后，自感便为

$$L_1=\frac{\mu_r\mu_0 N^2 S}{l} \tag{2}$$

因 $\mu_r>1$，故

$$L_1>L_0 \tag{3}$$

在铁芯上锯一个很窄(宽为 δ)的断口后，根据前面 8.3.15 题的式(6)，自感为

$$L_2=\frac{\mu_r\mu_0 N^2 S}{l+\mu_r\delta} \tag{4}$$

比较式(2)、(4)可见 $L_2<L_1$；比较式(1)、(4)，由 $\mu_r\gg 1$ 和 $l\gg\delta$ 得

$$\frac{L_2}{L_0}=\frac{\mu_r l}{l+\mu_r\delta}=\frac{\mu_r}{1+\mu_r\dfrac{\delta}{l}}>1 \tag{5}$$

最后得 L_0、L_1、L_2 三者大小的关系为

$$L_1 > L_2 > L_0 \tag{6}$$

8.3.17 一螺绕环由表面绝缘的细导线在磁导率为 μ 的铁环上密绕 N 匝而成，环的平均半径为 R，横面积为 S，$\sqrt{S} \ll R$，如图 8.3.17 所示. 这螺绕环可以看成是两个 $\frac{N}{2}$ 匝的半环形线圈 ac 和 cb 串联而成. 试求这两个半环形线圈 ac 和 cb 之间的互感.

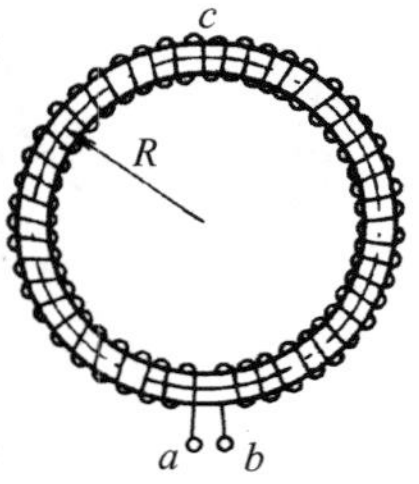

图 8.3.17

【解】 当 $\frac{N}{2}$ 匝线圈 ac 通有电流 I 时，由安培环路定理得，环内的磁场强度为

$$H = \frac{\frac{N}{2}I}{2\pi R} = \frac{NI}{4\pi R} \tag{1}$$

故环内的磁通量为

$$\Phi = BS = \mu HS = \frac{\mu NSI}{4\pi R} \tag{2}$$

这时通过线圈 cb 的磁链为

$$\Psi = \frac{N}{2}\Phi = \frac{\mu N^2 S}{8\pi R} I \tag{3}$$

于是得线圈 ac 和 cb 之间的互感为

$$M = \frac{\Psi}{I} = \frac{\mu N^2 S}{8\pi R} \tag{4}$$

【别解】 根据前面 8.3.14 题的式(5)，线圈 ac 和 cb 的自感为

$$L_{ac} = L_{cb} = \frac{\mu\left(\frac{N}{2}\right)^2 S}{2\pi R} = \frac{\mu N^2 S}{8\pi R} \tag{5}$$

线圈 ab 的自感为

$$L_{ab} = \frac{\mu N^2 S}{2\pi R} \tag{6}$$

因线圈 ac 和 cb 是顺串联，故由两自感的顺串联公式[参见后面 8.3.37 题的式(4)]

$$L_{ab} = L_{ac} + L_{cb} + 2M \tag{7}$$

于是得所求的互感为

$$\begin{aligned} M &= \frac{1}{2}(L_{ab} - L_{ac} - L_{cb}) = \frac{1}{2}L_{ab} - L_{ac} \\ &= \frac{\mu N^2 S}{4\pi R} - \frac{\mu N^2 S}{8\pi R} = \frac{\mu N^2 S}{8\pi R} \end{aligned} \tag{8}$$

8.3.18 一铁环的长度为 l，横截面积为 S，磁导率为 $\mu = \mu_r\mu_0$，已知 $l \gg \sqrt{S}$，$\mu_r \gg 1$. 用表面绝缘的细导线在这铁环上绕两个线圈，一个为 N_1 匝，另一个为 N_2 匝，两线圈的长度相等，都是 $\frac{l}{4}$，如图 8.3.18 所示. 试求这两个线圈的自感 L_{ab} 和

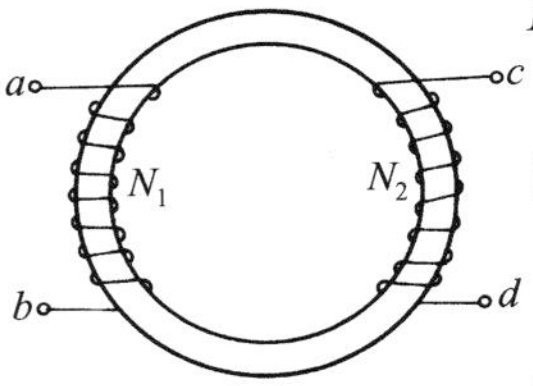

图 8.3.18

L_{cd}以及它们之间的互感M.

【解】 设线圈N_1中载有电流I_1时,线圈内的磁场强度为H_1,则因$l \gg \sqrt{S}$,$\mu_r \gg 1$,故可略去边缘效应,由安培环路定理得

$$\oint \boldsymbol{H} \cdot d\boldsymbol{l} = H_1 l = N_1 I_1 \tag{1}$$

所以

$$H_1 = \frac{N_1 I_1}{l} \tag{2}$$

$$B_1 = \mu H_1 = \frac{\mu N_1 I_1}{l} \tag{3}$$

$$\Psi_1 = N_1 B_1 S = \frac{\mu N_1^2 S}{l} I_1 \tag{4}$$

故得线圈N_1的自感为

$$L_{ab} = \frac{\Psi_1}{I_1} = \frac{\mu N_1^2 S}{l} \tag{5}$$

同样可得线圈N_2的自感为

$$L_{cd} = \frac{\mu N_2^2 S}{l} \tag{6}$$

又I_1在线圈N_2中产生的磁链为

$$\Psi_{21} = N_2 B_1 S = \frac{\mu N_1 N_2 I_1 S}{l} \tag{7}$$

于是得两线圈之间的互感为

$$M = \frac{\Psi_{21}}{I_1} = \frac{\mu N_1 N_2 S}{l} \tag{8}$$

8.3.19 一线圈的自感为L_1,在它旁边有一个自感为L_2、电阻可略去不计的线圈,两线圈之间的互感为M,如图 8.3.19 所示. 试证明:如果把互感的作用也考虑在自感里,则L_1的有效自感为$L_1 - M^2/L_2$.

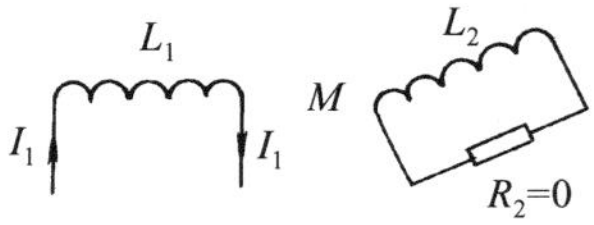

图 8.3.19

【证】 因

$$\mathscr{E}_1 = -L_1 \frac{dI_1}{dt} - M \frac{dI_2}{dt} \tag{1}$$

$$\mathscr{E}_2 = -L_2 \frac{dI_2}{dt} - M \frac{dI_1}{dt} = R_2 I_2 = 0 \tag{2}$$

所以

$$-L_2 \frac{dI_2}{dt} - M \frac{dI_1}{dt} = 0$$

$$\frac{dI_2}{dt} = -\frac{M}{L_2} \frac{dI_1}{dt} \tag{3}$$

将式(3)代入式(1)得

$$\mathscr{E}_1 = -L_1 \frac{dI_1}{dt} + M \frac{M}{L_2} \frac{dI_1}{dt} = -\left(L_1 - \frac{M^2}{L_2}\right) \frac{dI_1}{dt} \tag{4}$$

可见线圈L_1的有效自感为

$$L_{1\text{eff}} = L_1 - \frac{M^2}{L_2} \tag{5}$$

【讨论】 互感 M 越大，有效自感越小；L_2 越大，有效自感越大.

因 $M^2 \leqslant L_1 L_2$，故

$$L_{1\text{eff}} = L_1 - \frac{M^2}{L_2} \geqslant L_1 - \frac{L_1 L_2}{L_2} = 0 \tag{6}$$

8.3.20 两个平面线圈的面积分别为 S_1 和 S_2，所载电流分别为 I_1 和 I_2，如图 8.3.20 所示. 设 I_1 所产生的磁场通过 S_2 的磁通量为 Φ_{21}，I_2 产生的磁场通过 S_1 的磁通量为 Φ_{12}. 试问当 $S_2 = 2S_1$ 和 $I_2 = I_1$ 时，Φ_{21} 与 Φ_{12} 哪个大些？

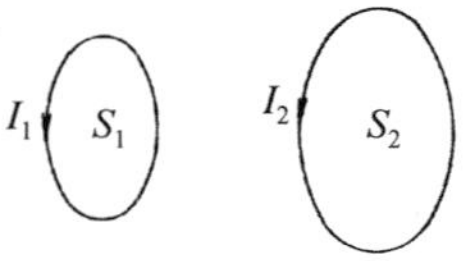

图 8.3.20

【解答】 一样大，即 $\Phi_{21} = \Phi_{12}$.

因 $\Phi_{21} = M_{21} I_1$，$\Phi_{12} = M_{12} I_2$，而 $M_{21} = M_{12}$. 今 $I_2 = I_1$，故得 $\Phi_{21} = \Phi_{12}$.

8.3.21 两个相同的圆线圈共轴，它们的半径都是 a，匝数都是 N，中心相距为 l，如图 8.3.21 所示. 已知 $a \ll l$，试求它们之间的互感.

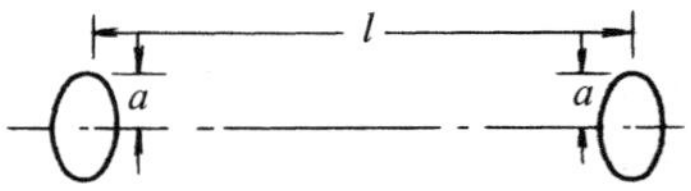

图 8.3.21

【解】 设一个线圈的电流为 I_1，它在另一个线圈中心产生的磁感强度 $\boldsymbol{B}_{21}$ 的大小为[参见前面 5.1.20 题的式(2)]

$$B_{21} = \frac{\mu_0 N I_1 a^2}{2(l^2 + a^2)^{3/2}} \tag{1}$$

$\boldsymbol{B}_{21}$ 的方向沿轴线. 因 $a \ll l$，故线圈内的 $\boldsymbol{B}_{21}$ 可看作近似均匀磁场，于是得通过线圈的磁链为

$$\Psi_{21} = N\Phi_{21} = NB_{21} \cdot \pi a^2 = \frac{\pi\mu_0 N^2 a^4 I_1}{2(l^2 + a^2)^{3/2}} \tag{2}$$

由此得两线圈之间的互感为

$$M = \frac{\Psi_{21}}{I_1} = \frac{\pi\mu_0 N^2 a^4}{2(l^2 + a^2)^{3/2}} \approx \frac{\pi\mu_0 N^2 a^4}{2l^3} \tag{3}$$

8.3.22 共轴的两个圆线圈，半径分别为 a_1 和 a_2，匝数分别为 N_1 和 N_2，圆心相距为 l，如图 8.3.22 所示. 设 $a_2 \ll a_1$ 和 l，试求它们之间的互感 M.

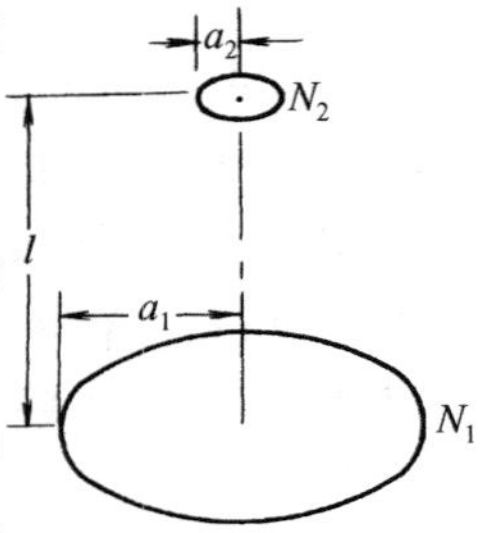

图 8.3.22

【解】 大线圈载有电流 I_1 时，在小线圈中心产生的磁感强度 $\boldsymbol{B}$ 的方向沿轴线，$\boldsymbol{B}$ 的大小为[参见前面 5.1.20 的式(2)]

$$B_{21} = \frac{\mu_0 N_1 I_1 a_1^2}{2(l^2 + a_1{}^2)^{3/2}} \tag{1}$$

因 $a_2 \ll a_1$ 和 l，故在小线圈内，可看作是近似均匀磁场，其磁感强度的大小为 B_{21}. 于是通过小线圈的磁链为

$$\Psi_{21} = N_2 \Phi_{21} = N_2 B_{21} \cdot \pi a_2^2$$

$$= \frac{\pi\mu_0 N_1 N_2 a_1^2 a_2^2 I_1}{2(l^2 + a_1{}^2)^{3/2}} \tag{2}$$

两线圈之间的互感为

$$M = \frac{\Psi_{21}}{I_1} = \frac{\pi\mu_0 N_1 N_2 a_1^2 a_2^2}{2(l^2 + a_1{}^2)^{3/2}} \tag{3}$$

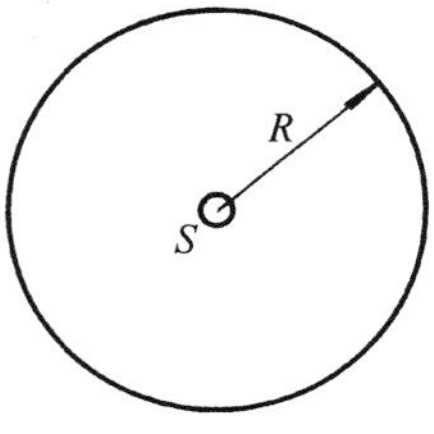

图 8.3.23

8.3.23　一圆线圈由 $n=50$ 匝表面绝缘的细导线绕成，圆面积为 $S=4.0\text{cm}^2$，放在另一个半径为 $R=20\text{cm}$ 的大圆形线圈中心，两者共轴，如图 8.3.23 所示. 已知大线圈由 $N=100$ 匝表面绝缘的导线绕成. (1)试求这两线圈之间的互感 M；(2)当大线圈中的电流每秒减少 50A 时，试求小线圈中的感应电动势 $\mathscr{E}$.

【解】　(1)设大线圈的电流为 I，则由 Biot-Savart 定律，在中心产生的磁感强度 $\boldsymbol{B}$ 的方向沿轴线，其大小为

$$B = \frac{\mu_0 NI}{4\pi}\oint \frac{\mathrm{d}l}{R^2} = \frac{\mu_0 NI}{4\pi}\frac{2\pi R}{R^2} = \frac{\mu_0 NI}{2R} \tag{1}$$

因小线圈的半径比大线圈的小得多，故在小线圈的平面内，磁场可看作是近似均匀的. 于是得通过小线圈的磁链为

$$\Psi_{21} = nBS = n\frac{\mu_0 NS}{2R}I = \frac{\mu_0 nNSI}{2R} \tag{2}$$

所求互感为

$$M = \frac{\Psi_{21}}{I} = \frac{\mu_0 nNS}{2R} = \frac{4\pi\times10^{-7}\times50\times100\times4.0\times10^{-4}}{2\times20\times10^{-2}}$$

$$= 2\pi\times10^{-6} = 6.3\times10^{-6}(\text{H}) \tag{3}$$

(2)小线圈中的感应电动势为

$$\mathscr{E} = -M\frac{\mathrm{d}I}{\mathrm{d}t} = -2\pi\times10^{-6}\times(-50)$$

$$= 3.1\times10^{-4}(\text{V}) \tag{4}$$

8.3.24　半径为 r，匝数为 n 的圆线圈，放在半径为 R、匝数为 N 的大圆线圈中心，两线圈在同一平面内且轴线重合. (1)试证明：当 $R\gg r$ 时，这两线圈的互感近似为 $M=\pi\mu_0 nNr^2/2R$；(2)试用上面的结果证明：当磁矩为 m 的小磁棒放在上述大线圈中心，两者轴线重合时，通过大线圈的磁链近似为 $\Psi=\mu_0 Nm/2R$.

【证】　(1)设大线圈中的电流为 I，则根据 Biot-Savart 定律，中心的磁感强度 $\boldsymbol{B}$ 的方向沿轴线，其大小为

$$B = \frac{\mu_0 NI}{2R} \tag{1}$$

当 $r\ll R$ 时，通过小线圈的磁场可看作是近似均匀的，故通过它的磁链为

$$\Psi = nBS = n\cdot\frac{\mu_0 NI}{2R}\cdot\pi r^2 = \frac{\pi\mu_0 nNr^2}{2R}I \tag{2}$$

所以
$$M=\frac{\Psi}{I}=\frac{\pi\mu_0 nNr^2}{2R} \tag{3}$$

(2)当小线圈中的电流为 i 时，通过大线圈的磁链为
$$\Psi=Mi=\frac{\pi\mu_0 nNr^2 i}{2R}=\frac{\mu_0 N}{2R}\cdot ni\pi r^2=\frac{\mu_0 N}{2R}m \tag{4}$$

式中
$$m=ni\pi r^2=nis \tag{5}$$

为小线圈的磁矩. 因此，当小线圈用磁矩为 m 的小磁棒代替时，通过大线圈的磁链为
$$\Psi=\frac{\mu_0 Nm}{2R} \tag{6}$$

8.3.25 一大圆线圈半径为 a，共有 N 匝. 一磁偶极矩为 p_m 的小磁棒沿它的轴线抽出，在离中心为 x 处时，抽出速度为 $\boldsymbol{v}$，如图 8.3.25 所示. (1)试证明：这时在大线圈中产生的感应电动势的大小近似为 $\mathscr{E}=\frac{3Na^2 p_m xv}{2(x^2+a^2)^{5/2}}$；(2)设大线圈是电阻为 R 的闭合线圈，试证明：当小磁棒从大线圈中心移到无穷远时，大线圈中流过的电荷量近似为 $Q=\frac{Np_m}{2aR}$.

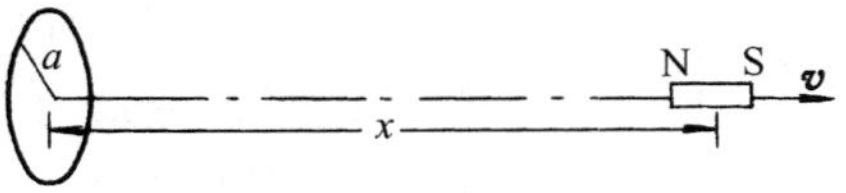

图 8.3.25

【证】 (1)设大圆线圈中的电流为 I，则它在轴线上离中心为 x 处产生的磁感强度 $\boldsymbol{B}$ 的方向沿轴线，其大小为[参见前面 5.1.20 题的式(2)]
$$B=\frac{\mu_0 Na^2 I}{2(x^2+a^2)^{3/2}} \tag{1}$$

设在轴线上离中心为 x 处有一同轴的、面积为 S 的小线圈，则通过这小线圈的磁通量近似为
$$\Phi=BS=\frac{\mu_0 Na^2 SI}{2(x^2+a^2)^{3/2}} \tag{2}$$

于是得两线圈的互感为
$$M=\frac{\Phi}{I}=\frac{\mu_0 Na^2 S}{2(x^2+a^2)^{3/2}} \tag{3}$$

当小线圈载有电流 i 时，它的磁偶极矩为
$$p_{\mathrm{m}}=\mu_0 iS \tag{4}$$

这时通过大线圈的磁链便为
$$\Psi=Mi=\frac{\mu_0 Na^2 Si}{2(x^2+a^2)^{3/2}}=\frac{Na^2 p_{\mathrm{m}}}{2(x^2+a^2)^{3/2}} \tag{5}$$

因此，若用一磁偶极矩为 p_{m} 的小磁棒代替小线圈时，则通过大线圈的磁链仍为式(5). 故当小磁棒以速度 v 沿轴线向外运动时，大线圈中的感应电动势便为
$$\mathscr{E}=-\frac{\mathrm{d}\Psi}{\mathrm{d}t}=-\frac{\mathrm{d}}{\mathrm{d}t}\frac{Na^2 p_{\mathrm{m}}}{2(x^2+a^2)^{3/2}}=-\frac{Na^2 p_{\mathrm{m}}}{2}\frac{\mathrm{d}}{\mathrm{d}t}\frac{1}{(x^2+a^2)^{3/2}}$$

$$= \frac{3Na^2 p_m x}{2(x^2+a^2)^{5/2}} \frac{dx}{dt} = \frac{3Na^2 p_m xv}{2(x^2+a^2)^{5/2}} \tag{6}$$

(2)大线圈中的电流为

$$I = \frac{dq}{dt} = \frac{\mathscr{E}}{R} = -\frac{1}{R}\frac{d\Psi}{dt} = -\frac{Na^2 p_m}{2R}\frac{d}{dt}\frac{1}{(x^2+a^2)^{3/2}} \tag{7}$$

所以
$$dq = -\frac{Na^2 p_m}{2R} d\frac{1}{(x^2+a^2)^{3/2}} \tag{8}$$

积分便得

$$q = -\frac{Na^2 p_m}{2R}\frac{1}{(x^2+a^2)^{3/2}}\Bigg|_{x=0}^{x=\infty} = -\frac{Na^2 p_m}{2R}\left[0-\frac{1}{a^3}\right] = \frac{Np_m}{2aR} \tag{9}$$

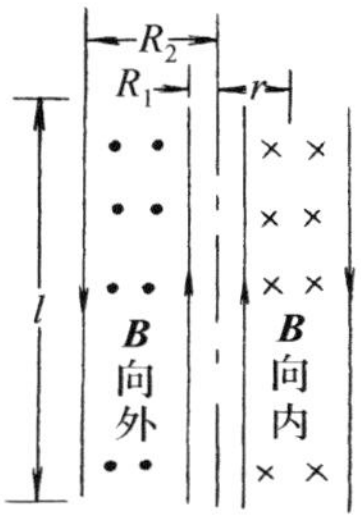

图 8.3.26

8.3.26　一同轴电缆可看作是无限长的两个同轴导体圆筒，内外筒的半径分别为 R_1 和 R_2，电流沿内筒流去，沿外筒流回，电流都均匀分布在筒的横截面上. 两筒间充满磁导率为 μ 的介质. 试求这同轴电缆单位长度的自感.

【解】 根据对称性，由安培环路定理得两筒间的磁场强度为

$$H = \frac{I}{2\pi r}, \quad R_1 < r < R_2 \tag{1}$$

如图 8.3.26，沿轴线长为 l 的一段，磁通量为

$$\Phi = \iint_S \boldsymbol{B}\cdot d\boldsymbol{S} = \iint_S B dS = \int_{R_1}^{R_2} \frac{\mu I}{2\pi r}\cdot l dr = \frac{\mu Il}{2\pi}\ln\frac{R_2}{R_1} \tag{2}$$

这一段的自感为

$$L = \frac{\Phi}{I} = \frac{\mu l}{2\pi}\ln\frac{R_2}{R_1} \tag{3}$$

于是得单位长度的自感为

$$\frac{L}{l} = \frac{\mu}{2\pi}\ln\frac{R_2}{R_1} \tag{4}$$

8.3.27　一同轴传输线由很长的两个同轴导体薄圆筒构成，内筒半径为 $R_1=40$mm，外筒半径为 $R_2=120$mm，两筒间是空气. 在两筒间加上 $U=10$V 电压时，电流由一筒流去，由另一筒流回，大小为 $I=10$mA，电流在两筒上都是均匀分布的. a 是两筒间很靠近内筒的一点，b 是两筒间很靠近外筒的一点. 试求：(1) a、b 两点电场强度和电位移的值；(2) a、b 两点磁场强度和磁感强度的值；(3)单位长度的电容；(4)单位长度的自感.

【解】 (1)设内筒上单位长度的电荷量为 λ，两筒间的电场强度为 $\boldsymbol{E}$，则由对称性和高斯定理得 $\boldsymbol{E}$ 的方向沿径向外，$\boldsymbol{E}$ 的大小为

$$E = \frac{\lambda}{2\pi\varepsilon_0 r}, \quad R_1 < r < R_2 \tag{1}$$

两筒的电势差为

$$U=U_1-U_2=\int_{R_1}^{R_2}\boldsymbol{E}\cdot \mathrm{d}\boldsymbol{r}=\int_{R_1}^{R_2}E\mathrm{d}r=\frac{\lambda}{2\pi\varepsilon_0}\ln\frac{R_2}{R_1} \tag{2}$$

所以
$$\lambda=\frac{2\pi\varepsilon_0 U}{\ln(R_2/R_1)} \tag{3}$$

由式(1)、(3)得所求的电场强度为

$$E_a=\frac{\lambda}{2\pi\varepsilon_0 R_1}=\frac{U}{R_1\ln(R_2/R_1)}=\frac{10}{40\times10^{-3}\ln(120/40)}$$
$$=2.3\times10^2(\mathrm{V/m}) \tag{4}$$

$$E_b=\frac{U}{R_2\ln(R_2/R_1)}=\frac{10}{120\times10^{-3}\ln(120/40)}$$
$$=76(\mathrm{V/m}) \tag{5}$$

电位移为

$$D_a=\varepsilon_0 E_a=8.854\times10^{-12}\times2.3\times10^2$$
$$=2.0\times10^{-9}(\mathrm{C/m^2}) \tag{6}$$

$$D_b=\varepsilon_0 E_b=8.854\times10^{-12}\times76$$
$$=6.7\times10^{-10}(\mathrm{C/m^2}) \tag{7}$$

(2)根据对称性和安培环路定理得,a、b两点的磁场强度分别为

$$H_a=\frac{I}{2\pi R_1}=\frac{10\times10^{-3}}{2\pi\times40\times10^{-3}}=4.0\times10^{-2}(\mathrm{A/m}) \tag{8}$$

$$H_b=\frac{I}{2\pi R_2}=\frac{10\times10^{-3}}{2\pi\times120\times10^{-3}}=1.3\times10^{-2}(\mathrm{A/m}) \tag{9}$$

磁感强度分别为

$$B_a=\mu_0 H_a=4\pi\times10^{-7}\times4.0\times10^{-2}=5.0\times10^{-8}(\mathrm{T}) \tag{10}$$

$$B_b=\mu_0 H_b=4\pi\times10^{-7}\times1.3\times10^{-2}=1.6\times10^{-8}(\mathrm{T}) \tag{11}$$

(3) 由式(1)、(3)得,长为l一段的电容为

$$C=\frac{Q}{U}=\frac{2\pi\varepsilon_0 l}{\ln(R_2/R_1)} \tag{12}$$

故单位长度的电容为

$$\frac{C}{l}=\frac{2\pi\varepsilon_0}{\ln(R_2/R_1)}=\frac{2\pi\times8.854\times10^{-12}}{\ln(120/40)}$$
$$=5.1\times10^{-11}(\mathrm{F/m})=51(\mathrm{pF/m}) \tag{13}$$

(4) 长为l一段的磁通量为(参见前面图8.3.26)

$$\Phi=\iint_S\boldsymbol{B}\cdot\mathrm{d}\boldsymbol{S}=\iint_S B\mathrm{d}S=\int_{R_1}^{R_2}\frac{\mu_0 I}{2\pi r}l\mathrm{d}r$$
$$=\frac{\mu_0 Il}{2\pi}\ln\left(\frac{R_2}{R_1}\right) \tag{14}$$

这一段的自感为

$$L=\frac{\Phi}{I}=\frac{\mu_0 l}{2\pi}\ln(R_2/R_1) \tag{15}$$

故单位长度的自感为

$$\frac{L}{l}=\frac{\mu_0}{2\pi}\ln\left(\frac{R_2}{R_1}\right)=\frac{4\pi\times10^{-7}}{2\pi}\ln\left(\frac{120}{40}\right)$$
$$=2.2\times10^{-7}(\mathrm{H/m}) \tag{16}$$

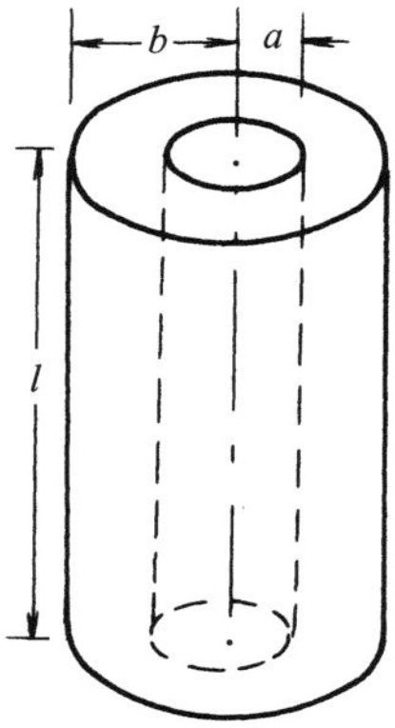

图 8.3.28(1)

8.3.28　一同轴电缆由很长的直导线和套在它外面的同轴导体圆筒构成，导线的半径为 a，圆筒的半径为 b，它们之间介质的 $\mu_r=1$. 使用时，电流沿导线流去，沿圆筒流回. 设电流在圆筒上和在导线的横截面上都是均匀分布的. 试求这电缆单位长度的自感.

【解】　用磁链求自感

根据对称性和安培环路定理可知，在圆筒外没有磁场，磁场局限在导线与圆筒间以及导线内. 考虑这电缆长为 l 的一段，如图 8.3.28(1)所示，设导线与圆筒间的磁场的磁链为 Ψ_e，导线内的磁场的磁链为 Ψ_i，与 Ψ_e 有关的自感叫做外自感，以 L_e 表示，与 Ψ_i 有关的自感叫做内自感，以 L_i 表示，则依定义有

$$L_e=\frac{\Psi_e}{I} \tag{1}$$

$$L_i=\frac{\Psi_i}{I} \tag{2}$$

总的自感为

$$L=L_e+L_i \tag{3}$$

先求 L_e. 导线与圆筒间的磁通量为

$$\Phi_e=\iint_S \boldsymbol{B}\cdot d\boldsymbol{S}=\iint_S B\,dS=\int_a^b Bl\,dr=\frac{\mu_0 Il}{2\pi}\int_a^b\frac{dr}{r}=\frac{\mu_0 Il}{2\pi}\ln\frac{b}{a} \tag{4}$$

由于这个磁通量的磁力线套住了导线中的全部电流 I，故与之相应的磁链便为

$$\Psi_e=\Phi_e=\frac{\mu_0 Il}{2\pi}\ln\frac{b}{a} \tag{5}$$

于是得

$$L_e=\frac{\Psi_e}{I}=\frac{\mu_0 l}{2\pi}\ln\frac{b}{a} \tag{6}$$

再求 L_i. 在导线内，由对称性和安培环路定理得

$$\oint \boldsymbol{H}\cdot d\boldsymbol{l}=H\cdot 2\pi r=\frac{I}{\pi a^2}\cdot\pi r^2 \tag{7}$$

所以

$$H=\frac{Ir}{2\pi a^2} \tag{8}$$

$$B=\frac{\mu_0 Ir}{2\pi a^2} \tag{9}$$

如图 8.3.28(2)所示，在长为 l 的一段导线里，取面积元 $dS=l\,dr$，通过它的磁通量为

$$d\Phi_i=\boldsymbol{B}\cdot d\boldsymbol{S}=Bl\,dr=\frac{\mu_0 Il}{2\pi a^2}r\,dr \tag{10}$$

由于这个磁通量的磁力线并没有套住导线里的全部电流 I，而只套住半径 r 内的电流 I_i，这

I_i 为

$$I_i = \frac{I}{\pi a^2} \cdot \pi r^2 = \frac{r^2}{a^2} I \tag{11}$$

故与 $d\Phi_i$ 相应的磁链便为

$$d\Psi_i = \frac{I_i}{I} d\Phi_i = \frac{r^2}{a^2} d\Phi_i = \frac{\mu_0 Il}{2\pi a^4} r^3 dr \tag{12}$$

因为

$$\frac{I_i}{I} = \frac{r^2}{a^2} < 1 \tag{13}$$

所以有些人便把 I_i/I 称为"分数匝数".

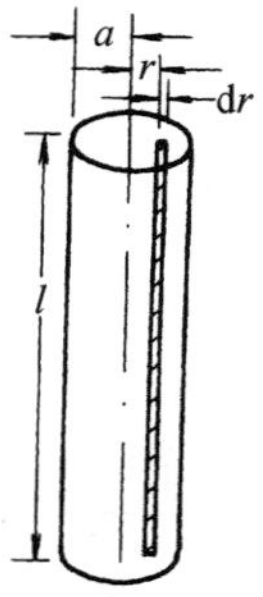

图 8.3.28(2)

将式(12)积分得

$$\Psi_i = \frac{\mu_0 Il}{2\pi a^4} \int_0^a r^3 dr = \frac{\mu_0 Il}{8\pi} \tag{14}$$

由式(2)和式(14)得

$$L_i = \frac{\mu_0 l}{8\pi} \tag{15}$$

将式(6)和(15)代入式(3),便得这电缆长为 l 一段的自感为

$$L = \frac{\mu_0 l}{4\pi}\left(\frac{1}{2} + 2\ln\frac{b}{a}\right) \tag{16}$$

于是得单位长度的自感为

$$\frac{L}{l} = \frac{\mu_0}{4\pi}\left(\frac{1}{2} + 2\ln\frac{b}{a}\right) \tag{17}$$

【别解】 用磁场能量求自感

设导线中电流为 I,则由对称性和安培环路定理得磁场强度的大小为

$$H_i = \frac{I}{2\pi a^2} r, \quad r < a \tag{18}$$

$$H_e = \frac{1}{2\pi r}, \quad a < r < b \tag{19}$$

$$H_0 = 0, \quad r > b \tag{20}$$

故长为 l 的一段电缆所具有的磁场能量为

$$\begin{aligned} W_m &= \iiint_V \frac{1}{2}\mu_0 H^2 dV = \frac{1}{2}\mu_0 l \iint_S H^2 dS = \frac{\mu_0 l}{2}\int_0^b H^2 \cdot 2\pi r dr \\ &= \pi\mu_0 l \int_0^a H_i^2 r dr + \pi\mu_0 l \int_a^b H_e^2 r dr \\ &= \frac{\mu_0 I^2 l}{4\pi a^4}\int_0^a r^3 dr + \frac{\mu_0 I^2 l}{4\pi}\int_a^b \frac{dr}{r} \\ &= \frac{\mu_0 I^2 l}{16\pi} + \frac{\mu_0 I^2 l}{4\pi}\ln\frac{b}{a} \end{aligned} \tag{21}$$

由公式

$$W_m = \frac{1}{2} LI^2 \tag{22}$$

得这一段的自感为

$$L=\frac{2W_m}{I^2}=\frac{\mu_0 l}{4\pi}\left(\frac{1}{2}+2\ln\frac{b}{a}\right) \tag{23}$$

于是得单位长度的自感为

$$\frac{L}{l}=\frac{\mu_0}{4\pi}\left(\frac{1}{2}+2\ln\frac{b}{a}\right) \tag{24}$$

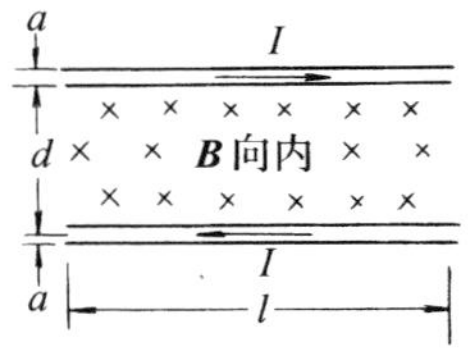

图 8.3.29(1)

【讨论】 关于本题的两种解法所产生的问题,可参看张之翔《电磁学教学参考》(北京大学出版社,2015),§3.6,148—152 页.

8.3.29 两条平行长直导线,横截面的半径都是 a,中心相距为 d,属于同一回路.设两导线内部的磁通量都可略去不计,试求这两导线单位长度的自感.

【解】 如图 8.3.29(1),两导线长为 l 的一段之间的磁通量为

$$\begin{aligned}\Phi&=\iint_S \boldsymbol{B}\cdot d\boldsymbol{S}=\iint_S B\,dS=\int_a^{d-a}Bl\,dr\\&=\int_a^{d-a}\left[\frac{\mu_0 I}{2\pi r}+\frac{\mu_0 I}{2\pi(d-r)}\right]l\,dr\\&=\frac{\mu_0 Il}{2\pi}\int_a^{d-a}\left[\frac{1}{r}+\frac{1}{d-r}\right]dr\\&=\frac{\mu_0 Il}{2\pi}\left[\ln r-\ln(d-r)\right]_{r=a}^{r=d-a}\\&=\frac{\mu_0 Il}{2\pi}\left[\ln\frac{d-a}{a}-\ln\frac{a}{d-a}\right]\\&=\frac{\mu_0 Il}{\pi}\ln\frac{d-a}{a}\end{aligned} \tag{1}$$

这段的自感为

$$L=\frac{\Phi}{I}=\frac{\mu_0 l}{\pi}\ln\frac{d-a}{a} \tag{2}$$

于是得单位长度的自感为

$$\frac{L}{l}=\frac{\mu_0}{\pi}\ln\frac{d-a}{a} \tag{3}$$

【讨论】 上面的式(2)和式(3)都是由两导线外面的磁通量式(1)算出的,这部分自感通量常称为外自感,以 L_e 表示即

$$L_e=\frac{\mu_0 l}{\pi}\ln\frac{d-a}{a} \tag{4}$$

由两导线里面的磁通量所算出的另一部分自感称为内自感,以 L_i 表示.我们现在就来求 L_i.

在一导线内部离该导线中心为 r 处,这导线本身的电流 I 产生的磁感强度为

$$\boldsymbol{B}_i=\frac{\mu_0 Ir}{2\pi a^2}\boldsymbol{e} \tag{5}$$

式中 $\boldsymbol{e}$ 为电流 I 的右手螺旋方向上的单位矢量. 在这导线长为 l 的一段里，取面积元 $\mathrm{d}S=l\mathrm{d}r$，如图 8.3.29(2)通过这 dS 的磁通量为

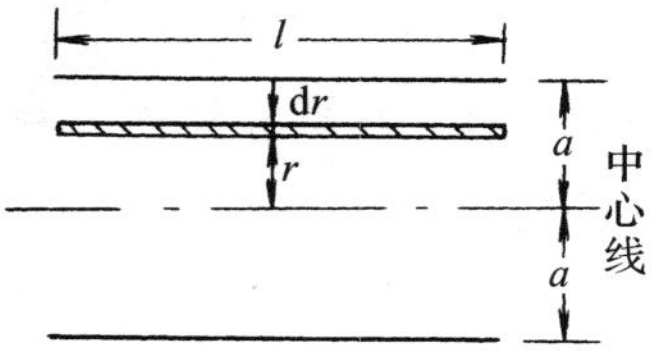

图 8.3.29(2)

$$\mathrm{d}\Phi_{ii}=B_i\mathrm{d}S=B_i l\,\mathrm{d}r=\frac{\mu_0 Il}{2\pi a^2}r\mathrm{d}r \qquad (6)$$

由于这磁通量的磁力线并没有套住导线里的全部电流 I，而只套住半径 r 以内的电流 I_i

$$I_i=\frac{I}{\pi a^2}\cdot\pi r^2=\frac{r^2}{a^2}I \qquad (7)$$

故与 $\mathrm{d}\Phi_{ii}$ 相应的磁链便为

$$\mathrm{d}\Psi_{ii}=\frac{I_i}{I}\mathrm{d}\Phi_{ii}=\frac{\mu_0 Il}{2\pi a^4}r^3\mathrm{d}r \qquad (8)$$

于是，这条导线内由于本身的电流 I 而产生的磁链为

$$\Psi_{ii}=\frac{\mu_0 Il}{2\pi a^4}\int_0^a r^3\mathrm{d}r=\frac{\mu_0 Il}{8\pi} \qquad (9)$$

这条导线内由于另一条导线的电流 I 而产生磁链为

$$\Psi_{ie}=\Phi_{ie}=\iint_S\boldsymbol{B}_e\cdot\mathrm{d}\boldsymbol{S}=\iint_S B_e\mathrm{d}S=\int_{d-a}^{d}B_e l\,\mathrm{d}r$$

$$=\int_{d-a}^{d}\frac{\mu_0 I}{2\pi r}l\,\mathrm{d}r=\frac{\mu_0 Il}{2\pi}\ln\frac{d}{d-a} \qquad (10)$$

所以一条导线内的总磁链便为

$$\Psi_i=\Psi_{ii}+\Psi_{ie}=\frac{\mu_0 Il}{8\pi}+\frac{\mu_0 Il}{2\pi}\ln\frac{d}{d-a} \qquad (11)$$

两条导线内的总磁链之和为

$$2\Psi_i=\frac{\mu_0 Il}{4\pi}+\frac{\mu_0 Il}{\pi}\ln\frac{d}{d-a} \qquad (12)$$

于是得内自感为

$$L_i=\frac{2\Psi_i}{I}=\frac{\mu_0 l}{4\pi}+\frac{\mu_0 l}{\pi}\ln\frac{d}{d-a} \qquad (13)$$

加上前面求出的外自感 L_e，便得这两导线长为 l 一段的自感为

$$L=L_e+L_i=\frac{\mu_0 l}{\pi}\ln\frac{d-a}{a}+\frac{\mu_0 l}{4\pi}+\frac{\mu_0 l}{\pi}\ln\frac{d}{d-a}$$

$$=\frac{\mu_0 l}{4\pi}+\frac{\mu_0 l}{\pi}\ln\frac{d}{a}=\frac{\mu_0 l}{\pi}\left(\frac{1}{4}+\ln\frac{d}{a}\right) \qquad (14)$$

单位长度的自感为

$$\frac{L}{l}=\frac{\mu_0}{\pi}\left(\frac{1}{4}+\ln\frac{d}{a}\right) \qquad (15)$$

两导线距离最近时，导线表面接触(设导线表面有很薄的绝缘层，接触时不致短路)，这时 $d=2a$. 这时外自感为零，只有内自感. 由式(15)或式(13)得这时单位长度的自感为

$$\frac{L}{l}=\frac{\mu_0}{\pi}\left(\frac{1}{4}+\ln 2\right)=\frac{4\pi\times10^{-7}}{\pi}\times(0.25+0.693147)$$
$$=3.7726\times10^{-7}(\mathrm{H/m}) \tag{16}$$

当 d 从 $2a$ 增大时，外自感 L_e 出现. 由式(4)可见，L_e 随 d 的增大而增大. 由式(13)可见，内自感 L_i 则随 d 的增大而减小. 由式(4)和式(13)可见，当

$$\ln\frac{d-a}{a}=\frac{1}{4}+\ln\frac{d}{d-a} \tag{17}$$

时，$L_e=L_i$. 解式(17)得

$$d=2.944a \tag{18}$$

这个结果表明，当两导线最近表面间的距离为 $0.944a$ 时，外自感等于内自感. 这时由式(15)得，单位长度的自感为

$$\frac{L}{l}=\frac{\mu_0}{\pi}\left(\frac{1}{4}+\ln 2.944\right)=4\times10^{-7}\times(0.25+1.0798)$$
$$=5.319\times10^{-7}(\mathrm{H/m}) \tag{19}$$

当 $d\gg a$ 时，由式(15)得单位长度的自感为

$$\frac{L}{l}=\frac{\mu_0}{\pi}\ln\frac{d}{a} \tag{20}$$

这时 $L_e\gg L_i$，故内自感可以略去，所以由式(3)也可得出式(20).

8.3.30　两条平行的长直输电线，属于同一回路，电流方向相反，它们的半径分别为 a 和 b，轴线相距为 d，电流都均匀分布在它们各自的横截面上. 试求它们单位长度的自感，并计算 $a=b=10\text{mm}$，$d=20\text{cm}$ 时单位长度自感的值.

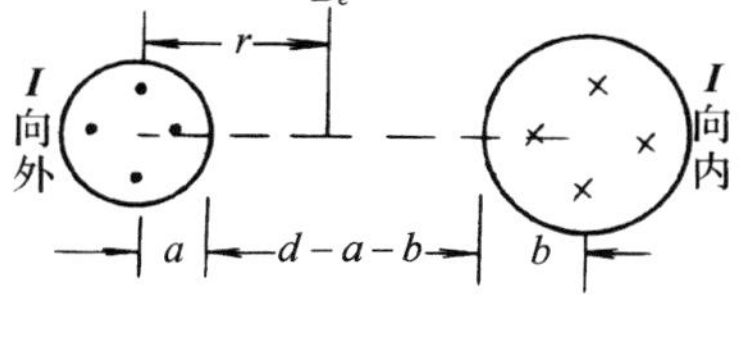

图 8.3.30(1)

【解】　先考虑两导线外的磁链. 在垂直于两导线的横截面内，如图 8.3.30(1)所示，在两轴线的连线上，离 a 的轴线为 r 处，两导线的电流所产生的磁感强度方向相同，都垂直于轴线并向上，其大小为

$$B_e=\frac{\mu_0 I}{2\pi}\left(\frac{1}{r}+\frac{1}{d-r}\right) \tag{1}$$

两导线外，长为 l 一段的磁链为

$$\Psi_e=\Phi_e=\iint_S \boldsymbol{B}_e\cdot\mathrm{d}\boldsymbol{S}=\frac{\mu_0 Il}{2\pi}\int_a^{d-b}\left(\frac{1}{r}+\frac{1}{d-r}\right)\mathrm{d}r$$
$$=\frac{\mu_0 Il}{2\pi}\left[\ln r-\ln(d-r)\right]_{r=a}^{r=d-b}$$
$$=\frac{\mu_0 Il}{2\pi}\ln\frac{(d-a)(d-b)}{ab} \tag{2}$$

故得两导线单位长度的外自感为

$$\frac{L_e}{l}=\frac{\Psi_e}{Il}=\frac{\mu_0}{2\pi}\ln\frac{(d-a)(d-b)}{ab} \tag{3}$$

再考虑两导线内的磁链. 这有两部分，一部分是自身的电流产生的 Ψ_{ii}，另一部分是另一导线的电流产生的 Ψ_{ie}. 先看 a 线. 如图8.3.30(2)，在离轴线为 r 处，由于 a 线本身的电流 I 所产生的磁感强度 $\boldsymbol{B}_i$ 的大小为

$$B_i=\frac{\mu_0 Ir}{2\pi a^2} \tag{4}$$

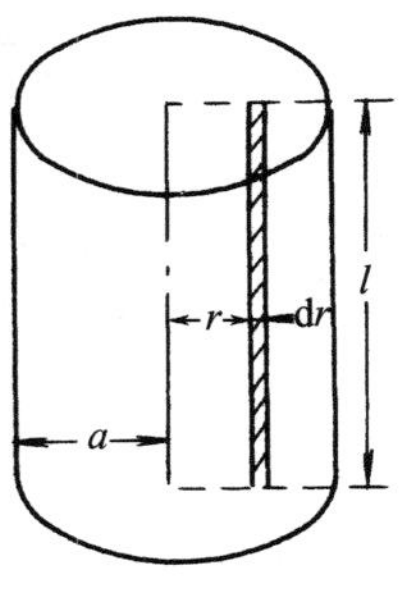

图 8.3.30(2)

$\boldsymbol{B}_i$ 的方向为电流 I 的右手螺旋方向. 这磁场穿过长为 l、宽为 $\mathrm{d}r$ 的面积元的磁通量为

$$\mathrm{d}\Phi_{ii}=B_i l\,\mathrm{d}r=\frac{\mu_0 Il}{2\pi a^2}r\mathrm{d}r \tag{5}$$

因为这个磁通量的磁力线并没有套住导线中的全部电流 I，而只套住半径 r 内的电流 I_i，故与 $\mathrm{d}\Phi_{ii}$ 相应的磁链为

$$\mathrm{d}\Psi_{ii}=\frac{I_i}{I}\mathrm{d}\Phi_{ii}=\frac{\pi r^2}{\pi a^2}\mathrm{d}\Phi_{ii}=\frac{\mu_0 Il}{2\pi a^4}r^3\,\mathrm{d}r \tag{6}$$

积分便得

$$\Psi_{ii}=\frac{\mu_0 Il}{2\pi a^4}\int_0^a r^3\,\mathrm{d}r=\frac{\mu_0 Il}{8\pi} \tag{7}$$

b 线中的电流 I 在 a 线内产生的磁链为

$$\Psi_{ie}=\Phi_{ie}=\int_{d-a}^{d}B_e l\,\mathrm{d}r=\int_{d-a}^{d}\frac{\mu_0 Il}{2\pi r}\mathrm{d}r$$
$$=\frac{\mu_0 Il}{2\pi}\ln\frac{d}{d-a} \tag{8}$$

于是得 a 线内总磁链为

$$\Psi_{ii}+\Psi_{ie}=\frac{\mu_0 Il}{8\pi}+\frac{\mu_0 Il}{2\pi}\ln\frac{d}{d-a} \tag{9}$$

至于 b 线，只需将式(4)至式(9)中的 a 换成 b 即得. 这样，便得出 a、b 两线内部的总磁链为

$$\Psi_i=\frac{\mu_0 Il}{8\pi}+\frac{\mu_0 Il}{2\pi}\ln\frac{d}{d-a}+\frac{\mu_0 Il}{8\pi}+\frac{\mu_0 Il}{2\pi}\ln\frac{d}{d-b}$$
$$=\frac{\mu_0 Il}{4\pi}+\frac{\mu_0 Il}{2\pi}\ln\frac{d^2}{(d-a)(d-b)} \tag{10}$$

故得两导线单位长度的内自感为

$$\frac{L_i}{l}=\frac{\Psi_i}{Il}=\frac{\mu_0}{4\pi}+\frac{\mu_0}{2\pi}\ln\frac{d^2}{(d-a)(d-b)} \tag{11}$$

由式(3)和式(11)得两导线单位长度的自感为

$$\frac{L}{l}=\frac{L_e}{l}+\frac{L_i}{l}=\frac{\mu_0}{2\pi}\ln\frac{(d-a)(d-b)}{ab}$$
$$+\frac{\mu_0}{4\pi}+\frac{\mu_0}{2\pi}\ln\frac{d^2}{(d-a)(d-b)}$$

$$= \frac{\mu_0}{4\pi} + \frac{\mu_0}{2\pi}\ln\left(\frac{d^2}{ab}\right) = \frac{\mu_0}{4\pi}\left[1 + 2\ln\left(\frac{d^2}{ab}\right)\right] \tag{12}$$

将题给数据代入式(12)得单位长度自感的值为

$$\frac{L}{l} = \frac{4\pi \times 10^{-7}}{4\pi}\left[1 + 2\ln\frac{(20 \times 10)^2}{10 \times 10}\right] = 1.3 \times 10^{-6}(\mathrm{H/m})$$

$$= 1.3(\mu\mathrm{H/m}) \tag{13}$$

【讨论】 内自感在自感中的百分比

由式(11)和(12)得

$$\frac{L_i}{L} = \frac{1 + 2\ln\dfrac{d^2}{(d-a)(d-b)}}{1 + 2\ln\dfrac{d^2}{ab}} \tag{14}$$

当 $a=b=d/10$ 时,由式(14)得

$$\frac{L_i}{L} = \frac{1 + 4\ln\dfrac{10}{9}}{1 + 4\ln 10} = 14\% \tag{15}$$

当 $a=b=d/100$ 时,由式(14)得

$$\frac{L_i}{L} = \frac{1 + 4\ln\dfrac{100}{99}}{1 + 4\ln 100} = 5\% \tag{16}$$

由以上结果可见,在两导线半径相同的情况下,当它们轴线间的距离为半径的10倍时,内自感在自感中所占的比例约为14%,一般不能略去.当它们轴线间的距离大于半径的一百倍时,内自感在自感中所占的比例小于5%,如要求不高,便可以略去.轴线间的距离越大,则内自感所占比例越小,便完全可以略去.

8.3.31 一磁导率为 μ 的铁环,内半径为 a,外半径为 b,横截面是高为 h 的矩形,在它上面用表面绝缘的导线绕有 N 匝线圈,如图8.3.31所示.在这导线的几何轴上,有一条无穷长直导线,试求导线与线圈间的互感.

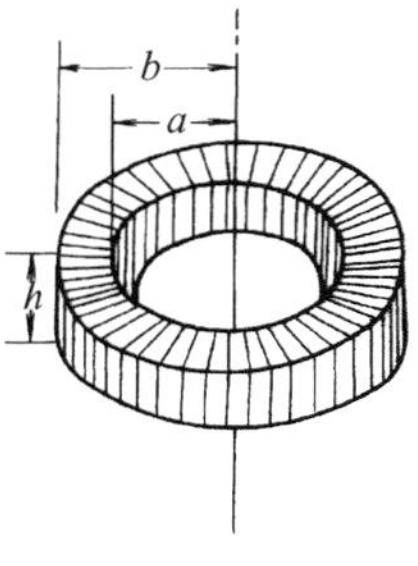

图 8.3.31

【解】 设直导线载有电流 I_1,它在距离导线为 r 处产生的磁场强度的大小为

$$H = \frac{I_1}{2\pi r} \tag{1}$$

这磁场在线圈内产生的磁链为

$$\Psi_{21} = N\Phi_{21} = N\iint_S \boldsymbol{B} \cdot \mathrm{d}\boldsymbol{S} = N\int_a^b \frac{\mu I_1}{2\pi r}h\,\mathrm{d}r = \frac{\mu N h I_1}{2\pi}\ln\frac{b}{a} \tag{2}$$

于是得所求的互感为

$$M = \frac{\Psi_{21}}{I_1} = \frac{\mu N h}{2\pi}\ln\frac{b}{a} \tag{3}$$

8.3.32　一矩形线圈长为 $a=20\text{cm}$，宽为 $b=10\text{cm}$，由100匝表面绝缘的导线绕成，放在一很长的直导线旁边，且与该导线在同一平面内. 该导线是另一闭合回路的一部分，其他部分离线圈都很远，影响可略去不计. 试求图 8.3.32 中(1)和(2)两种情况下，线圈与导线之间的互感.

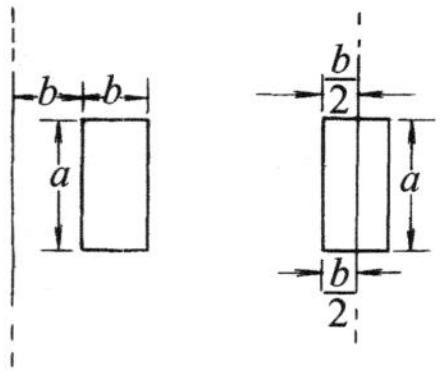

(1)　　(2)

图 8.3.32

【解】(1)图 8.3.32(1)中，设导线载有电流 I，则用对称性和安培环路定理得，离它为 r 处的磁场强度为

$$H=\frac{I}{2\pi r} \tag{1}$$

于是通过矩形线圈的磁链为

$$\Psi=N\Phi=N\iint_S \boldsymbol{B}\cdot \mathrm{d}\boldsymbol{S}=N\iint_S \mu_0 H\mathrm{d}S=\frac{\mu_0 NIa}{2\pi}\int_b^{2b}\frac{\mathrm{d}r}{r}=\frac{\mu_0 NIa}{2\pi}\ln 2 \tag{2}$$

故所求的互感为

$$\begin{aligned}M&=\frac{\Psi}{I}=\frac{\mu_0 NIa}{2\pi}\ln 2\\&=\frac{4\pi\times10^{-7}\times100\times20\times10^{-2}}{2\pi}\times0.6931\\&=2.8\times10^{-6}(\text{H})\end{aligned} \tag{3}$$

(2)因矩形线圈的两半对于载有电流 I 的导线是对称的，故经过两半相应处的磁感强度 $\boldsymbol{B}$ 大小相等而方向相反，所以通线圈的磁通量为零，磁链亦为零，于是 $M=0$.

8.3.33　一无穷长直导线旁边有一与它共面的圆形线圈，半径为 a，圆心到导线的距离为 l，$l>a$，如图 8.3.33(1)所示. 试证明：它们之间的互感为 $M=\mu_0(l-\sqrt{l^2-a^2})$.

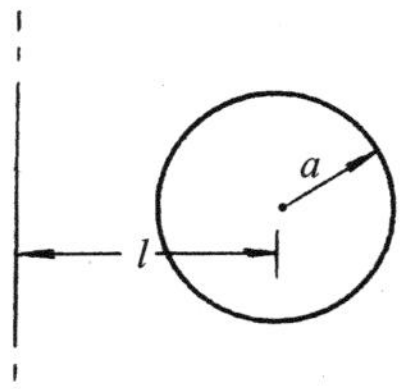

图 8.3.33(1)

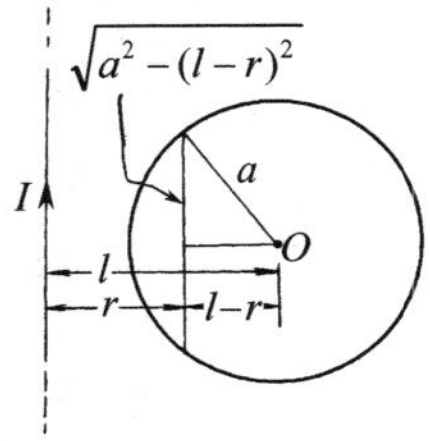

图 8.3.33(2)

【证】如图 8.3.33(1)，设导线载有电流 I，则离导线为 r 处的磁感强度为

$$B=\frac{\mu_0 I}{2\pi r} \tag{1}$$

于是通过圆线圈的磁通量为

$$\Phi=\iint_S \boldsymbol{B}\cdot \mathrm{d}\boldsymbol{S}=\iint_S B\mathrm{d}S=\frac{\mu_0 I}{2\pi}\iint_S \frac{\mathrm{d}S}{r}=\frac{\mu_0 I}{2\pi}\int_{l-a}^{l+a}\frac{2\sqrt{a^2-(l-r)^2}}{r}\mathrm{d}r$$

$$= \frac{\mu_0 I}{\pi}\int_{l-a}^{l+a} \frac{\sqrt{a^2-(l-r)^2}}{r}\mathrm{d}r \tag{2}$$

利用积分公式

$$\int \frac{\sqrt{ax^2+bx+c}}{x}\mathrm{d}x = \sqrt{ax^2+bx+c}+\frac{b}{2}\int\frac{\mathrm{d}x}{\sqrt{ax^2+bx+c}} + c\int\frac{\mathrm{d}x}{x\sqrt{ax^2+bx+c}} \tag{3}$$

现在[见图 8.3.33(2)]

$$\sqrt{a^2-(l-r)^2} = \sqrt{-r^2+2lr+a^2-l^2} \tag{4}$$

所以

$$a=-1,\quad b=2l,\quad c=a^2-l^2<0 \tag{5}$$

$$\Delta = b^2-4ac = 4a^2>0 \tag{6}$$

故式(3)为

$$\int \frac{\sqrt{ax^2+bx+c}}{x}\mathrm{d}x = \sqrt{ax^2+bx+c} -\frac{b}{2}\arcsin\left(\frac{2ax+b}{\sqrt{b^2-4ac}}\right)+\frac{c}{\sqrt{-c}}\arcsin\left(\frac{bx+2c}{x\sqrt{b^2-4ac}}\right) \tag{7}$$

于是式(2)的积分为

$$\begin{aligned}\int_{l-a}^{l+a}\frac{\sqrt{a^2-(l-r)^2}}{r}\mathrm{d}r &= \int_{l-a}^{l+a}\frac{\sqrt{-r^2+2lr+a^2-l^2}}{r}\mathrm{d}r\\ &= \sqrt{a^2-(l-r)^2}\Big|_{r=l-a}^{r=l+a} - l\arcsin\left(\frac{-r+l}{a}\right)\Big|_{r=l-a}^{r=l+a}\\ &\quad -\sqrt{l^2-a^2}\arcsin\left(\frac{lr+a^2-l^2}{ar}\right)\Big|_{r=l-a}^{r=l+a} = \pi(l-\sqrt{l^2-a^2})\end{aligned} \tag{8}$$

代入式(2)便得

$$\Phi = \frac{\mu_0 I}{\pi}\cdot\pi(l-\sqrt{l^2-a^2}) = \mu_0 I(l-\sqrt{l^2-a^2}) \tag{9}$$

于是所求的互感为

$$M=\frac{\Phi}{I}=\mu_0(l-\sqrt{l^2-a^2}) \tag{10}$$

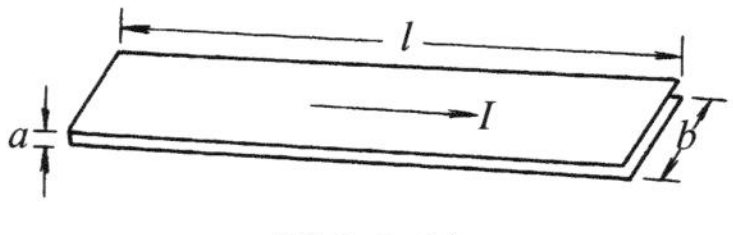

图 8.3.34

8.3.34　一对相同的导体薄片，互相平行放置，长为 l，宽为 b，相距为 a，$a\ll b\ll l$，如图 8.3.34 所示. 当这对导体片用作传输线时，电流沿片长方向流动，自一片流去，由另一片流回. 设电流均匀分布在片的宽度上，略去边缘效应，试求它的自感 L.

【解】　因 $b\gg a$，又略去边缘效应，故两片中的电流所产生的磁场可看作是一对平行的、无穷大的均匀平面电流 $\boldsymbol{k}$ 和 $-\boldsymbol{k}$ 所产生的磁场[参见前面 5.2.10 题的式(7)和式(8)]

两片外：$\boldsymbol{B}=0$　(1)

两片间：$\boldsymbol{B}=\mu_0\boldsymbol{k}\times\boldsymbol{n}$　(2)

式中 $\boldsymbol{n}$ 为片的表面法线方向上的单位矢量，自一板($\boldsymbol{k}$)指向另一板.

可见两片间的磁场是均匀磁场，磁感强度 $\boldsymbol{B}$ 与两片表面平行，并与长度方向垂直，$\boldsymbol{B}$ 的大小为

$$B=\mu_0 k=\mu_0 \frac{I}{b} \tag{3}$$

两片间的磁通量为

$$\Phi=BS=\mu_0 \frac{I}{b}\cdot la=\frac{\mu_0 laI}{b} \tag{4}$$

于是所求的自感为

$$L=\frac{\Phi}{I}=\frac{\mu_0 la}{b} \tag{5}$$

8.3.35 在一纸筒上绕有两个相同的线圈(a,b)和(a',b')，如图 8.3.35 所示，每个线圈的自感都是 0.050H. 试求：(1)a 和 a' 相接时，b 和 b' 间的自感；(2)a' 和 b 相接时，a 和 b' 间的自感.

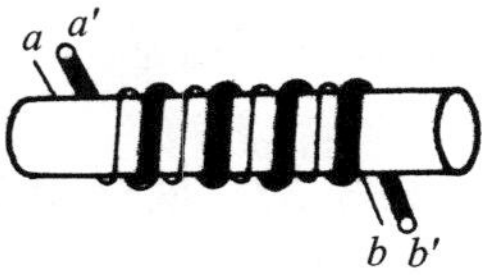

图 8.3.35

【解】 设两线圈都可当作是密绕的长螺线管，边缘效应可略去不计，则对其中一个线圈(长为 l，横截面积为 S，匝数为 N)，当载有电流 I 时，里面的磁感强度为

$$B=\mu_0 \frac{N}{l}I \tag{1}$$

磁链为

$$\Psi=N\Phi=NBS=\mu_0 \frac{N^2}{l}SI \tag{2}$$

其自感为

$$L=\frac{\Psi}{I}=\mu_0 \frac{N^2}{l}S=0.050\text{H} \tag{3}$$

(1)这时两线圈中的电流大小相等而方向相反，故线圈内的 $B=0$，因而磁链 $\Psi=0$，故所求的自感为

$$L_{bb'}=\frac{\Psi}{I}=0 \tag{4}$$

(2)这时两线圈中的电流大小相等而方向相同，因而自感等于匝数为 $2N$ 的线圈的自感，即所求的自感为

$$L_{ab'}=\mu_0 \frac{(2N)^2}{l}S=4\mu_0 \frac{N^2}{l}S=4\times 0.050=0.20(\text{H}) \tag{5}$$

【别解】 (1) 因两线圈相同且绕在一起，故

$$L_1=L_2=M=0.050\text{H} \tag{6}$$

这时两线圈是反串联，故所求的自感为

$$L_{bb'}=L_1+L_2-2M=0 \tag{7}$$

(2)这时两线圈是顺串联，故所求的自感为

$$L_{ab'}=L_1+L_2+2M=4L_1=4\times 0.050=0.20(\text{H}) \tag{8}$$

8.3.36 两线圈的自感分别为 L_1 和 L_2，它们之间的互感可略去不计，试求它

们串联后的总自感 L.

【解】 两线圈中的感应电动势分别为

$$\mathscr{E}_1 = -L_1\frac{dI_1}{dt} \pm M\frac{dI_2}{dt} \tag{1}$$

$$\mathscr{E}_2 = -L_2\frac{dI_2}{dt} \pm M\frac{dI_1}{dt} \tag{2}$$

设 $M>0$,则顺串联时用负号,反串联时用正号.串联后,作为一个线圈的电动势为

$$\mathscr{E} = \mathscr{E}_1 + \mathscr{E}_2 = -L_1\frac{dI_1}{dt} - L_2\frac{dI_2}{dt} \pm M\left(\frac{dI_1}{dt} + \frac{dI_2}{dt}\right) = -L\frac{dI}{dt} \tag{3}$$

因为

$$I_1 = I_2 = I \tag{4}$$

$$M = 0 \tag{5}$$

故得所求的自感为

$$L = L_1 + L_2 \tag{6}$$

8.3.37 两线圈的自感分别为 L_1 和 L_2,它们之间的互感为 M,试求下列两种情况下它们串联后的总自感:(1)顺串联,如图8.3.37(1),1 和 4 之间的自感;(2)反串联,如图 8.3.37(2),1 和 3 之间的自感.

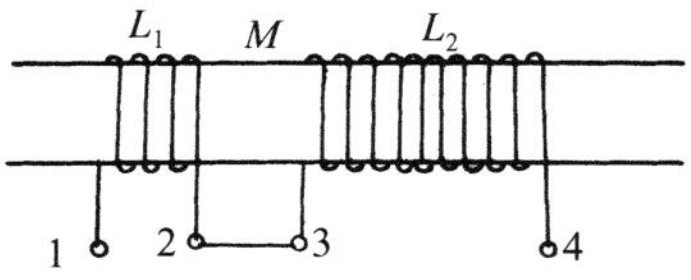

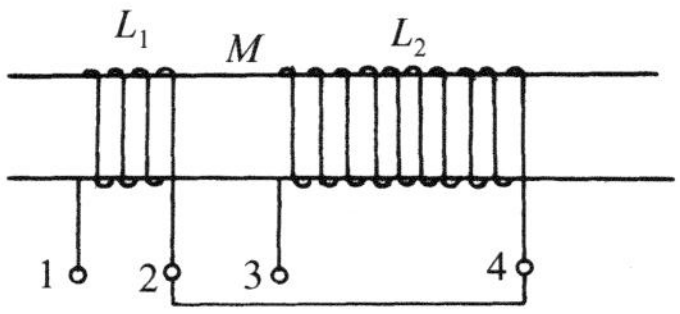

图 8.3.37

【解】 用磁链计算

(1) 顺串联:$I_1 = I_2 = I$

$$\Psi_1 = L_1I_1 + MI_2 = (L_1 + M)I \tag{1}$$

$$\Psi_2 = L_2I_2 + MI_1 = (L_2 + M)I \tag{2}$$

所以

$$\Psi = \Psi_1 + \Psi_2 = (L_1 + L_2 + 2M)I = LI \tag{3}$$

于是得顺串联的自感为

$$L = \frac{\Psi}{I} = L_1 + L_2 + 2M \tag{4}$$

(2)反串联:$I_1 = I_2 = I$

$$\Psi_1 = L_1I_1 - MI_2 = (L_1 - M)I \tag{5}$$

$$\Psi_2 = L_2I_2 - MI_1 = (L_2 - M)I_1 \tag{6}$$

所以

$$\Psi = \Psi_1 + \Psi_2 = (L_1 + L_2 - 2M)I = LI \tag{7}$$

于是得反串联的自感为

$$L = \frac{\Psi}{I} = L_1 + L_2 - 2M \tag{8}$$

【别解】 用感应电动势计算

(1)顺串联：$I_1=I_2=I$

当通过线圈的电流发生变化时，根据电磁感应定律，两线圈中的感应电动势分别为

$$\mathscr{E}_1=-L_1\frac{\mathrm{d}I_1}{\mathrm{d}t}-M\frac{\mathrm{d}I_2}{\mathrm{d}t} \tag{9}$$

$$\mathscr{E}_2=-L_2\frac{\mathrm{d}I_2}{\mathrm{d}t}-M\frac{\mathrm{d}I_1}{\mathrm{d}t} \tag{10}$$

这时 1 和 4 之间的感应电动势为

$$\mathscr{E}=\mathscr{E}_1+\mathscr{E}_2 \tag{11}$$

由以上三式得

$$\mathscr{E}=-(L_1+L_2+2M)\frac{\mathrm{d}I}{\mathrm{d}t} \tag{12}$$

于是得 1、4 之间的自感为

$$L=L_1+L_2+2M \tag{13}$$

(2)反串联：$I_1=I_2=I$

当通过线圈的电流发生变化时，根据电磁感应定律，两线圈中的感应电动势分别为

$$\mathscr{E}_1=-L_1\frac{\mathrm{d}I_1}{\mathrm{d}t}+M\frac{\mathrm{d}I_2}{\mathrm{d}t} \tag{14}$$

$$\mathscr{E}_2=-L_2\frac{\mathrm{d}I_2}{\mathrm{d}t}+M\frac{\mathrm{d}I_1}{\mathrm{d}t} \tag{15}$$

注意，式(14)中互感项是正号，这是因为，第一个线圈中的互感电动势与自感电动势方向是相反的. 式(15)中的正号也是这样来的.

这时 1 和 3 之间的感应电动势为

$$\mathscr{E}=\mathscr{E}_1+\mathscr{E}_2 \tag{16}$$

由以上三式得

$$\mathscr{E}=-(L_1+L_2-2M)\frac{\mathrm{d}I}{\mathrm{d}t} \tag{17}$$

于是得 1、3 之间的自感为

$$L=L_1+L_2-2M \tag{18}$$

【别解】 用磁能计算

一个自感为 L 的线圈载有电流 I 时，它所具有的磁能为

$$W_m=\frac{1}{2}LI^2 \tag{19}$$

两个线圈分别载有电流 I_1 和 I_2，它们的自感分别为 L_1 和 L_2，它们之间的互感为 M，这时它们所具有的磁能为

$$W_m=\frac{1}{2}L_1I_1^2+\frac{1}{2}L_2I_2^2\pm MI_1I_2 \tag{20}$$

式中 M 前的符号在顺串联时用正号，在反串联时用负号.

(1)顺串联：$I_1=I_2=I$

这时式(20)化为

$$W_m = \frac{1}{2}L_1 I^2 + \frac{1}{2}L_2 I^2 + MI^2$$

$$= \frac{1}{2}(L_1 + L_2 + 2M)I^2 \tag{21}$$

与式(19)比较得

$$L = L_1 + L_2 + 2M \tag{22}$$

(2)反串联：$I_1 = I_2 = I$

这时式(20)化为

$$W_m = \frac{1}{2}L_1 I^2 + \frac{1}{2}L_2 I^2 - MI^2$$

$$= \frac{1}{2}(L_1 + L_2 - 2M)I^2 \tag{23}$$

与式(19)比较得

$$L = L_1 + L_2 - 2M \tag{24}$$

8.3.38　两线圈的自感分别为 L_1 和 L_2，它们之间的互感为 M，试求下列两种情况下它们并联后的总自感：(1)顺并联，如图 8.3.38(1)，1 和 2 之间的自感；(2)反并联，如图 8.3.38(2)，1 和 2 之间的自感.

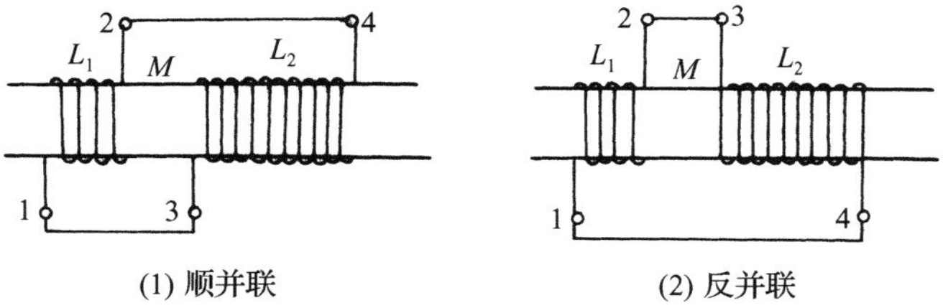

图 8.3.38

【解】　用磁链计算

(1) 顺并联：$I = I_1 + I_2$

这时通过两线圈的磁链分别为

$$\Psi_1 = L_1 I_1 + MI_2 \tag{1}$$

$$\Psi_2 = L_2 I_2 + MI_1 \tag{2}$$

1(3)和 2(4)之间的磁链为

$$\Psi = \Psi_1 = \Psi_2 \tag{3}$$

由式(1)、(2)和(3)得

$$(L_1 - M)I_1 = (L_2 - M)I_2 \tag{4}$$

于是

$$\Psi = LI = L_1 I_1 + MI_2 = L_1 I_1 + M\frac{L_1 - M}{L_2 - M}I_1 = \frac{L_1 L_2 - M^2}{L_2 - M}I_1 \tag{5}$$

$$I = I_1 + I_2 = I_1 + \frac{L_1 - M}{L_2 - M}I_1 = \frac{L_1 + L_2 - 2M}{L_2 - M}I_1 \tag{6}$$

由式(5)、(6)得

$$L=\frac{\Psi}{I}=\frac{L_1L_2-M^2}{L_2-M}\cdot\frac{L_2-M}{L_1+L_2-2M}=\frac{L_1L_2-M^2}{L_1+L_2-2M} \tag{7}$$

(2)反并联：$I=I_1+I_2$

这时通过两线圈的磁链分别为

$$\Psi_1=L_1I_1-MI_2 \tag{8}$$

$$\Psi_2=L_2I_2-MI_1 \tag{9}$$

1(4)和2(3)之间的磁链为

$$\Psi=\Psi_1=\Psi_2 \tag{10}$$

由式(8)、(9)和(10)得

$$(L_1+M)I_1=(L_2+M)I_2 \tag{11}$$

于是

$$\Psi=LI=L_1I_1-MI_2=L_1I_1-M\frac{L_1+M}{L_2+M}I_1=\frac{L_1L_2-M^2}{L_2+M}I_1 \tag{12}$$

$$I=I_1+I_2=I_1+\frac{L_1+M}{L_2+M}I_1=\frac{L_1+L_2+2M}{L_2+M}I_1 \tag{13}$$

由式(12)、(13)得

$$L=\frac{\Psi}{I}=\frac{L_1L_2-M^2}{L_2+M}\frac{L_2+M}{L_1+L_2+2M}=\frac{L_1L_2-M^2}{L_1+L_2+2M} \tag{14}$$

【别解】 用感应电动势计算

(1)顺并联：$I=I_1+I_2$

这时两线圈中的感应电动势分别为

$$\mathscr{E}_1=-L_1\frac{\mathrm{d}I_1}{\mathrm{d}t}-M\frac{\mathrm{d}I_2}{\mathrm{d}t} \tag{15}$$

$$\mathscr{E}_2=-L_2\frac{\mathrm{d}I_2}{\mathrm{d}t}-M\frac{\mathrm{d}I_2}{\mathrm{d}t} \tag{16}$$

由图8.3.38(1)可见，

$$\mathscr{E}=\mathscr{E}_1=\mathscr{E}_2 \tag{17}$$

由式(15)、(16)、(17)得

$$(L_1-M)\frac{\mathrm{d}I_1}{\mathrm{d}t}=(L_2-M)\frac{\mathrm{d}I_2}{\mathrm{d}t} \tag{18}$$

于是

$$\frac{\mathrm{d}I}{\mathrm{d}t}=\frac{\mathrm{d}I_1}{\mathrm{d}t}+\frac{\mathrm{d}I_2}{\mathrm{d}t}=\frac{\mathrm{d}I_1}{\mathrm{d}t}+\frac{L_1-M}{L_2-M}\frac{\mathrm{d}I_1}{\mathrm{d}t}=\frac{L_1+L_2-2M}{L_2-M}\frac{\mathrm{d}I_1}{\mathrm{d}t} \tag{19}$$

由式(17)、(15)、(18)、(19)得

$$\begin{aligned}\mathscr{E}&=-L_1\frac{\mathrm{d}I_1}{\mathrm{d}t}-M\frac{\mathrm{d}I_2}{\mathrm{d}t}=-L_1\frac{\mathrm{d}I_1}{\mathrm{d}t}-M\frac{L_1-M}{L_2-M}\frac{\mathrm{d}I_1}{\mathrm{d}t}\\&=-\frac{L_1L_2-M^2}{L_2-M}\frac{\mathrm{d}I_1}{\mathrm{d}t}=-\frac{L_1L_2-M^2}{L_2-M}\frac{L_2-M}{L_1+L_2-2M}\frac{\mathrm{d}I}{\mathrm{d}t}\end{aligned}$$

$$=-\frac{L_1L_2-M^2}{L_1+L_2-2M}\frac{\mathrm{d}I}{\mathrm{d}t} \tag{20}$$

于是得所求的自感为

$$L=\frac{L_1L_2-M^2}{L_1+L_2-2M} \tag{21}$$

(2)反并联：$I=I_1+I_2$

这时两线圈中的感应电动势分别为

$$\mathscr{E}_1=-L_1\frac{\mathrm{d}I_1}{\mathrm{d}t}+M\frac{\mathrm{d}I_2}{\mathrm{d}t} \tag{22}$$

$$\mathscr{E}_2=-L_2\frac{\mathrm{d}I_2}{\mathrm{d}t}+M\frac{\mathrm{d}I_1}{\mathrm{d}t} \tag{23}$$

注意，式(22)中互感项是正号，这是因为，在图 8.3.38(2)的情况下，当 I_1 和 I_2 都在增大或都在减小时，第一个线圈中的互感电动势与自感电动势方向相反.式(23)中的正号也是这样来的.

由图 8.3.38(2)可见，

$$\mathscr{E}=\mathscr{E}_1=\mathscr{E}_2 \tag{24}$$

由式(22)、(23)和(24)得

$$(L_1+M)\frac{\mathrm{d}I_1}{\mathrm{d}t}=(L_2+M)\frac{\mathrm{d}I_2}{\mathrm{d}t} \tag{25}$$

于是

$$\frac{\mathrm{d}I}{\mathrm{d}t}=\frac{\mathrm{d}I_1}{\mathrm{d}t}+\frac{\mathrm{d}I_2}{\mathrm{d}t}=\frac{\mathrm{d}I_1}{\mathrm{d}t}+\frac{L_1+M}{L_2+M}\frac{\mathrm{d}I_1}{\mathrm{d}t}=\frac{L_1+L_2+2M}{L_2+M}\frac{\mathrm{d}I_1}{\mathrm{d}t} \tag{26}$$

由式(24)、(22)、(25)和(26)得

$$\begin{aligned}\mathscr{E}&=-L_1\frac{\mathrm{d}I_1}{\mathrm{d}t}+M\frac{\mathrm{d}I_2}{\mathrm{d}t}=-L_1\frac{\mathrm{d}I_1}{\mathrm{d}t}+M\frac{L_1+M}{L_2+M}\frac{\mathrm{d}I_1}{\mathrm{d}t}\\&=-\frac{L_1L_2-M^2}{L_2+M}\frac{\mathrm{d}I_1}{\mathrm{d}t}=-\frac{L_1L_2-M^2}{L_2+M}\frac{L_2+M}{L_1+L_2+2M}\frac{\mathrm{d}I}{\mathrm{d}t}\\&=-\frac{L_1L_2-M^2}{L_1+L_2+2M}\frac{\mathrm{d}I}{\mathrm{d}t}\end{aligned} \tag{27}$$

于是得所求的自感为

$$L=\frac{L_1L_2-M^2}{L_1+L_2+2M} \tag{28}$$

【别解】 用磁能计算

(1)顺并联：$I=I_1+I_2$

这时两线圈的磁能之和为

$$W_m=\frac{1}{2}L_1I_1^2+\frac{1}{2}L_2I_2^2+MI_1I_2 \tag{29}$$

顺并联后作为一个线圈的磁能为

$$W_m=\frac{1}{2}LI^2 \tag{30}$$

两式相等便得

$$L=\frac{L_1I_1^2+L_2I_2^2+2MI_1I_2}{(I_1+I_2)^2}=\frac{L_1+L_2\left(\frac{I_2}{I_1}\right)^2+2M\frac{I_2}{I_1}}{(1+I_2/I_1)^2} \tag{31}$$

由式(4)得

$$\frac{I_2}{I_1}=\frac{L_1-M}{L_2-M} \tag{32}$$

代入式(31)得

$$L=\frac{L_1+L_2\left(\frac{L_1-M}{L_2-M}\right)^2+2M\frac{L_1-M}{L_2-M}}{\left(1+\frac{L_1-M}{L_2-M}\right)^2}=\frac{L_1L_2-M^2}{L_1+L_2-2M} \tag{33}$$

(2)反并联：$I=I_1+I_2$

这时两线圈的磁能之和为

$$W_m=\frac{1}{2}L_1I_1^2+\frac{1}{2}L_2I_2^2-MI_1I_2 \tag{34}$$

反并联后作为一个线圈的磁能为

$$W_m=\frac{1}{2}LI^2 \tag{35}$$

两式相等便得

$$L=\frac{L_1I_1^2+L_2I_2^2-2MI_1I_2}{(I_1+I_2)^2}=\frac{L_1+L_2\left(\frac{I_2}{I_1}\right)^2-2M\left(\frac{I_2}{I_1}\right)}{\left(1+\frac{I_2}{I_1}\right)^2} \tag{36}$$

由式(11)得

$$\frac{I_2}{I_1}=\frac{L_1+M}{L_2+M} \tag{37}$$

代入式(36)得

$$L=\frac{L_1+L_2\left(\frac{L_1+M}{L_2+M}\right)^2-2M\left(\frac{L_1+M}{L_2+M}\right)}{\left(1+\frac{L_1+M}{L_2+M}\right)^2}=\frac{L_1L_2-M^2}{L_1+L_2+2M} \tag{38}$$

8.3.39 两线圈的自感分别为 L_1 和 L_2，它们之间的互感为 M，试证明：(1)$M\leqslant\frac{1}{2}(L_1+L_2)$；(2)$M\leqslant\sqrt{L_1L_2}$.

【证】 (1)两线圈反串联时，其自感为[参见前面 8.3.37 题式(8)，或式(18)，或式(24)]

$$L=L_1+L_2-2M \tag{1}$$

因为

$$L\geqslant 0 \tag{2}$$

所以

$$M\leqslant\frac{1}{2}(L_1+L_2) \tag{3}$$

(2)两线圈反并联时，其自感为[参见前面 8.3.38 题式(14)，或式(28)，或式(38)]

$$L=\frac{L_1L_2-M^2}{L_1+L_2+2M} \tag{4}$$

因为
$$L\geqslant 0,\quad M\geqslant 0 \tag{5}$$

所以
$$L_1L_2\geqslant M^2 \tag{6}$$

故得
$$M\leqslant\sqrt{L_1L_2} \tag{7}$$

【讨论】 因

$$L_1+L_2\geqslant 2\sqrt{L_1L_2} \tag{8}$$

故由式(7)、(8)可推出式(3).

8.3.40 两线圈的自感分别为 $L_1=5.0\text{mH}$ 和 $L_2=3.0\text{mH}$，当它们顺串联时(即磁场互相加强时)，总自感为 11.0mH.(1)试求它们之间的互感 M；(2)设这两线圈的形状和位置都不改变，只将其中一个反向串联(反串联)，试求它们反串联后的总自感 L.

【解】 (1)顺串联时的总自感公式为[参见前面 8.3.37 题式(4)，式(13)，或式(22)]

$$L=L_1+L_2+2M \tag{1}$$

故得互感为

$$\begin{aligned}M&=\frac{1}{2}(L-L_1-L_2)=\frac{1}{2}\times(11.0-5.0-3.0)\\&=1.5(\text{mH})=1.5\times10^{-3}(\text{H})\end{aligned} \tag{2}$$

(2)反串联时的总自感公式为[参见前面 8.3.37 题式(8)，式(18)，或式(24)]

$$L=L_1+L_2-2M \tag{3}$$

代入数值便得

$$L=5.0+3.0-2\times1.5=5.0(\text{mH})=5.0\times10^{-3}(\text{H}) \tag{4}$$

8.3.41 两线圈顺串联(磁场互相加强)后总自感为 1.00H；在它们的形状和位置都不变的情况下，反串联(磁场互相削弱)总自感为 0.40H. 试求它们之间的互感.

【解】 两线圈顺串联的总自感公式为[参见前面 8.3.37 题式(4)，式(13)，或式(22)]

$$L=L_1+L_2+2M=1.00 \tag{1}$$

两线圈反串联的总自感公式为[参见前面 8.3.37 题式(8)，式(18)，或式(24)]

$$L'=L_1+L_2-2M=0.40 \tag{2}$$

两式相减得

$$M=\frac{1}{4}(1.00-0.40)=0.15(\text{H}) \tag{3}$$

8.3.42 两线圈的自感分别为 0.5H 和 0.1H，并联后测得总自感为 0.1H. 试求它们之间的互感.

【解】 假定是顺并联，则由前面 8.3.38 题式(7)，或式(21)，或式(33)，总自感为

$$L=\frac{L_1L_2-M^2}{L_1+L_2-2M} \tag{1}$$

代入数值得

$$0.1=\frac{0.5\times0.1-M^2}{0.5+0.1-2M} \tag{2}$$

所以

$$M^2-0.2M+0.01=0 \tag{3}$$

解得

$$M=\frac{1}{2}\left[0.2\pm\sqrt{0.2^2-4\times0.01}\right]=0.1(\mathrm{H}) \tag{4}$$

假定是反并联，则由前面 8.3.38 题式(14)，或式(28)，或式(38)，总自感为

$$L=\frac{L_1L_2-M^2}{L_1+L_2+2M} \tag{5}$$

代入数值得

$$0.1=\frac{0.5\times0.1-M^2}{0.5+0.1+2M} \tag{6}$$

所以

$$M^2+0.2M+0.01=0 \tag{7}$$

解得

$$M=\frac{1}{2}\left[-0.2\pm\sqrt{0.2^2-4\times0.01}\right]=-0.1(\mathrm{H}) \tag{8}$$

因

$$M\geqslant0 \tag{9}$$

故式(8)亦即式(5)不合理，即题给的并联不是反并联，而是顺并联. 于是所求的互感为式(4)，即 $M=0.1\mathrm{H}$.

8.3.43 两线圈的自感分别为 L_1 和 L_2，它们之间的互感为 M. 在它们的形状和位置都不变的情况下，试问由它们最多可以得出几种不同自感的线圈？设 $L_1=20\mathrm{mH}$，$L_2=50\mathrm{mH}$，$M=10\mathrm{mH}$，试求这些不同自感的值.

【解答】 最多可以得出六种不同自感的线圈，它们分别是：(1)单独 L_1；(2)单独 L_2；(3)L_1 和 L_2 顺串联 $L_3=L_1+L_2+2M$；(4)L_1 和 L_2 反串联 $L_4=L_1+L_2-2M$；(5)L_1 和 L_2 顺并联 $L_5=\dfrac{L_1L_2-M^2}{L_1+L_2-2M}$；(6)$L_1$ 和 L_2 反并联 $L_6=\dfrac{L_1L_2-M^2}{L_1+L_2+2M}$.

代入数值得：(1)$L_1=20\mathrm{mH}$；(2)$L_2=50\mathrm{mH}$；(3)$L_3=20+50+2\times10=90(\mathrm{mH})$；(4)$L_4=20+50-2\times10=50(\mathrm{mH})$；(5)$L_5=\dfrac{20\times50-10^2}{20+50-2\times10}=18(\mathrm{mH})$；(6)$L_6=\dfrac{20\times50-10^2}{20+50+2\times10}=10(\mathrm{mH})$.

由于其中 $L_2=L_4=50(\mathrm{mH})$，故这时只能得出五种不同自感的线圈.

【讨论】 关于两线圈顺、反串联的公式，参见前面 8.3.37 题；关于两线圈顺、反并联的公式，参见前 8.3.38 题.

8.3.44 两线圈的自感分别为 L_1 和 L_2，它们之间的互感为 M. 它们顺串联的自感为 $L_{顺串}$，反串联的自感为 $L_{反串}$，顺并联的自感为 $L_{顺并}$，反并联的自感为 $L_{反并}$. 试证明：

$$L_{顺并}L_{反串} = L_{反并}L_{顺串}$$

【证】 根据前面 8.3.37 题,两线圈串联的公式为

$$L_{顺串} = L_1 + L_2 + 2M \tag{1}$$

$$L_{反串} = L_1 + L_2 - 2M \tag{2}$$

根据前面 8.3.38 题,两线圈并联的公式为

$$L_{顺并} = \frac{L_1L_2 - M^2}{L_1 + L_2 - 2M} \tag{3}$$

$$L_{反并} = \frac{L_1L_2 - M^2}{L_1 + L_2 + 2M} \tag{4}$$

由以上四式可见,

$$L_{顺并}L_{反串} = L_1L_2 - M^2 = L_{反并}L_{顺串} \tag{5}$$

8.3.45 自感分别为 L_1、L_2、L_3、L_4 和 L_5 的五个线圈,连接如图 8.3.45(1)所示,它们之间的互感都可略去不计. 试求 a、b 之间的自感 L_{ab}.

【解】 设电流分布如图 8.3.45(2)所示,根据基尔霍夫电路定律,由自感电动势得

$$L_1\frac{dI_1}{dt} + L_5\frac{dI_5}{dt} - L_3\frac{dI_3}{dt} = 0 \tag{1}$$

$$L_2\left(\frac{dI_1}{dt} - \frac{dI_5}{dt}\right) - L_4\left(\frac{dI_3}{dt} + \frac{dI_5}{dt}\right) - L_5\frac{dI_5}{dt} = 0 \tag{2}$$

$$L_{ab}\frac{dI}{dt} = L_1\frac{dI_1}{dt} + L_2\left(\frac{dI_1}{dt} - \frac{dI_5}{dt}\right) \tag{3}$$

$$\frac{dI}{dt} = \frac{dI_1}{dt} + \frac{dI_3}{dt} \tag{4}$$

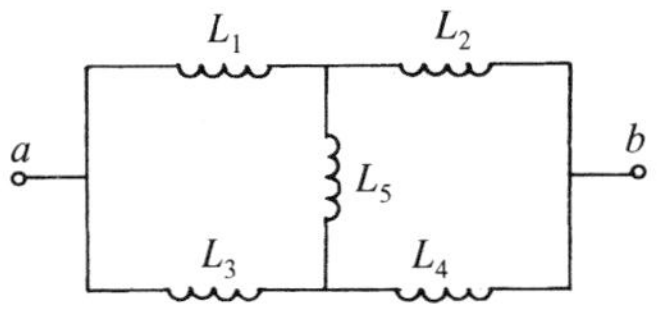

图 8.3.45(1)

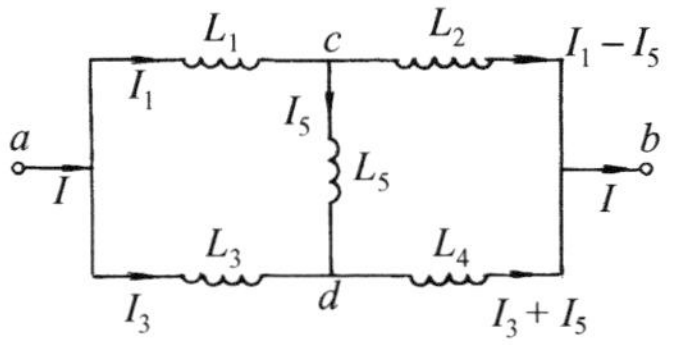

图 8.3.45(2)

由式(1)、(2)解得

$$\frac{dI_5}{dt} = \frac{L_1 + L_2}{L_2 + L_4}\frac{dI_1}{dt} - \frac{L_3 + L_4}{L_2 + L_4}\frac{dI_3}{dt} \tag{5}$$

将式(5)代入式(1)得

$$\frac{dI_3}{dt} = \frac{L_1(L_2 + L_4) + L_5(L_1 + L_2)}{L_3(L_2 + L_4) + L_5(L_3 + L_4)}\frac{dI_1}{dt} \tag{6}$$

将式(6)代入式(5)得

$$\frac{dI_5}{dt} = \frac{L_1 + L_2}{L_2 + L_4}\frac{dI_1}{dt} - \frac{L_3 + L_4}{L_2 + L_4}\frac{L_1(L_2 + L_4) + L_5(L_1 + L_2)}{L_3(L_2 + L_4) + L_5(L_3 + L_4)}\frac{dI_1}{dt}$$

$$=\frac{L_2L_3-L_1L_4}{L_3(L_2+L_4)+L_5(L_3+L_4)}\frac{\mathrm{d}I_1}{\mathrm{d}t} \tag{7}$$

将式(6)代入式(4)得

$$\frac{\mathrm{d}I_1}{\mathrm{d}t}=\frac{L_3(L_2+L_4)+L_5(L_3+L_4)}{(L_1+L_3)(L_2+L_4)+(L_1+L_2+L_3+L_4)L_5}\frac{\mathrm{d}I}{\mathrm{d}t} \tag{8}$$

将式(8)代入式(7)得

$$\frac{\mathrm{d}I_5}{\mathrm{d}t}=\frac{L_2L_3-L_1L_4}{(L_1+L_3)(L_2+L_4)+(L_1+L_2+L_3+L_4)L_5}\frac{\mathrm{d}I}{\mathrm{d}t} \tag{9}$$

将式(8)、(9)代入式(3)得

$$L_{ab}=\frac{(L_1+L_2)L_3(L_2+L_4)+(L_1+L_2)L_5(L_3+L_4)-L_2^2L_3+L_1L_2L_4}{(L_1+L_3)(L_2+L_4)+(L_1+L_2+L_3+L_4)L_5}$$

$$=\frac{L_1L_2(L_3+L_4)+L_3L_4(L_1+L_2)+(L_1+L_2)(L_3+L_4)L_5}{(L_1+L_3)(L_2+L_4)+(L_1+L_2+L_3+L_4)L_5} \tag{10}$$

【讨论】 参见前面 4.1.15 题后的讨论三.

8.3.46 试由基本物理规律推导自感 L 在国际单位制中的量纲.

【解】 根据

$$\mathscr{E}_L=-L\frac{\mathrm{d}I}{\mathrm{d}t} \tag{1}$$

得 L 的量纲为

$$[L]=\left[\frac{\mathscr{E}_L}{\frac{\mathrm{d}I}{\mathrm{d}t}}\right] \tag{2}$$

其中电动势 $\mathscr{E}_L$ 的量纲为

$$[\mathscr{E}_L]=[\boldsymbol{E}_i\cdot\boldsymbol{l}]=\left[\frac{\boldsymbol{F}}{q}\cdot\boldsymbol{l}\right]=\left[\frac{m\boldsymbol{a}}{q}\cdot\boldsymbol{l}\right]$$

$$=\frac{MLT^{-2}}{TI}\cdot L=L^2MT^{-3}I^{-1} \tag{3}$$

将式(3)代入式(2)得

$$[L]=\frac{L^2MT^{-3}I^{-1}}{I/T}=L^2MT^{-2}I^{-2} \tag{4}$$

8.3.47 凭记忆写出或由公式推导出电阻 R、电感 L 和电容 C 在国际单位制(SI)中的量纲和单位,并由此推导出 L/R、RC 和 LC 的量纲和单位.

【解】 (1)R 的量纲　由公式

$$R=\frac{U}{I} \tag{1}$$

得 R 的量纲为

$$[R]=\left[\frac{U}{I}\right]=\left[\frac{\boldsymbol{E}\cdot\boldsymbol{l}}{I}\right]=\left[\frac{\boldsymbol{F}\cdot\boldsymbol{l}}{qI}\right]=\left[\frac{m\boldsymbol{a}\cdot\boldsymbol{l}}{qI}\right]=\frac{MLT^{-2}\cdot L}{ITI}=L^2MT^{-3}I^{-2} \tag{2}$$

(2)L 的量纲　由前面 8.3.46 题的结果为

$$[L] = L^2MT^{-2}I^{-2} \tag{3}$$

(3)C的量纲　由公式

$$Q=CU \tag{4}$$

得C的量纲为

$$[C]=\left[\frac{Q}{U}\right]=\left[\frac{Q}{\boldsymbol{E}\cdot\boldsymbol{l}}\right]=\left[\frac{Q^2}{\boldsymbol{F}\cdot\boldsymbol{l}}\right]=\left[\frac{Q^2}{m\boldsymbol{a}\cdot\boldsymbol{l}}\right]$$

$$=\frac{I^2T^2}{MLT^{-2}\cdot L} = L^{-2}M^{-1}T^4I^2 \tag{5}$$

(4)L/R的量纲为

$$[L/R] = \frac{L^2MT^{-2}I^{-2}}{L^2MT^{-3}I^{-2}} = T \tag{6}$$

(5)RC的量纲为

$$[RC] = L^2MT^{-3}I^{-2}\cdot L^{-2}M^{-1}T^4I^2 = T \tag{7}$$

(6)LC的量纲为

$$[LC] = L^2MT^{-2}I^{-2}\cdot L^{-2}M^{-1}T^4I^2 = T^2 \tag{8}$$

(7)R的单位为欧姆，L的单位为亨利，C的单位为法拉.

(8)L/R的单位　由

$$\mathscr{E}_L = -L\frac{\mathrm{d}I}{\mathrm{d}t} \tag{9}$$

得L/R的单位为

$$\frac{亨利}{欧姆}=\frac{伏特\cdot秒}{安培\cdot欧姆}=秒 \tag{10}$$

(9)RC的单位　由式(1)和式(4)得RC的单位为

$$欧姆\cdot法拉=欧姆\cdot\frac{库仑}{伏特}=欧姆\cdot\frac{安培\cdot秒}{伏特}=秒 \tag{11}$$

(10)LC的单位　由式(9)和式(4)得LC的单位为

$$亨利\cdot法拉=\frac{伏特\cdot秒}{安培}\frac{安培\cdot秒}{伏特}=秒^2 \tag{12}$$

8.4 超　导

8.4.1 超导体与理想导体(或称完全导体)有何异同？

【解答】 超导体与理想导体的共同之处是电阻均为零；不同之处是，超导体内磁感强度 $\boldsymbol{B}$ 恒为零(超导体的完全抗磁性)，而理想导体内却可以有不随时间变化的磁感强度 $\boldsymbol{B}$.

8.4.2 超导材料载有电流时，若电流产生的磁场强度 $H<H_c$(临界磁场)，则超导材料便是超导体；若 $H>H_c$，它就不是超导体. 直径为 1mm 的铅丝，放在 $T=4.2$K的液氦中，成为超导体. 这时铅的临界磁场为 $H_c=4.4\times10^4$ A/m. 试问它能通过多大的电流而仍为超导体？

【解】 当铅丝载有电流 I 时，铅丝表面上的磁场强度为

$$H = \frac{I}{2\pi r} = \frac{I}{\pi d}$$

式是 d 是铅丝的直径. 当 $H < H_c$ 时,铅丝仍为超导体. 故得

$$I < \pi d H_c = \pi \times 1.00 \times 10^{-3} \times 4.4 \times 10^4 = 1.4 \times 10^2 (\mathrm{A})$$

即通过铅丝的电流小于 1.4×10^2 A 时,铅丝仍然是超导体.

8.4.3 超导材料只有在温度低于临界温度(超导转变温度)T_c 时才是超导体,而在温度高于 T_c 时则否. 现将一超导材料做成的圆环放在外磁场 $\boldsymbol{B}$ 中,在 $T_1 > T_c$ 时,通过环的磁通量为 Φ,如图 8.4.3(1)所示. 然后将温度降低到 $T_2 < T_c$,再取消外磁场. (1)试画出环内电流 I 的方向;(2)设环的自感为 L,试证明:$\Phi + LI =$ 常量(不随时间变化).

【解】 (1)环内电流 I 的方向,如图 8.4.3(2)所示.

(2)在取消外磁场时,环内产生感应电动势

$$\mathscr{E} = -\frac{\mathrm{d}\Phi}{\mathrm{d}t} \tag{1}$$

根据电路方程

$$L\frac{\mathrm{d}I}{\mathrm{d}t} + RI = \mathscr{E} \tag{2}$$

和超导体的性质

$$R = 0 \tag{3}$$

得

$$\frac{\mathrm{d}\Phi}{\mathrm{d}t} + L\frac{\mathrm{d}I}{\mathrm{d}t} = 0 \tag{4}$$

积分便得

$$\Phi + LI = \text{常量} \tag{5}$$

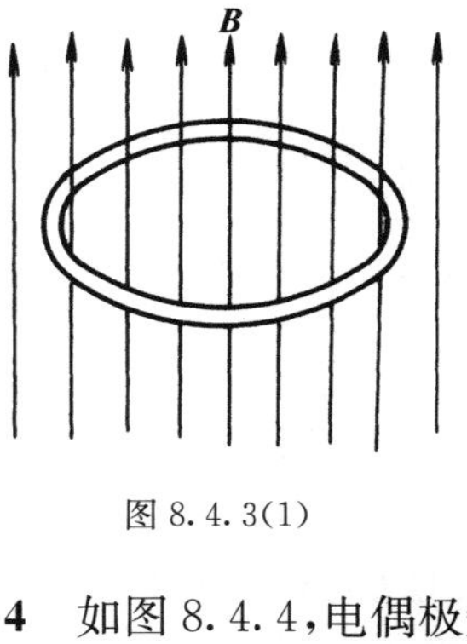

图 8.4.3(1)

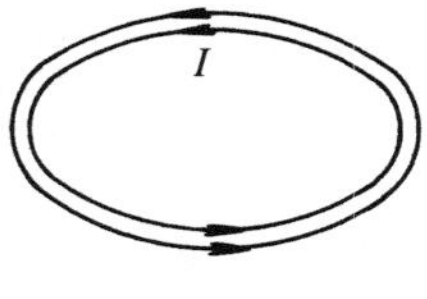

图 8.4.3(2)

8.4.4 如图 8.4.4,电偶极矩为 $\boldsymbol{p}$ 的电偶极子向着导体时[如图 8.4.4(1)]和背着导体时[如图 8.4.4(2)],试问 $\boldsymbol{p}$ 所受的力的方向各如何? 磁矩为 $\boldsymbol{m}$ 的磁偶极子向着超导体时[如图 8.4.4(3)]和背着超导体时[如图 8.4.4(4)],试问 $\boldsymbol{m}$ 所受的力的方向各如何?

【解答】 因为导体上靠近 $\boldsymbol{p}$ 处产生的感应电荷与 $\boldsymbol{p}$ 的电荷符号相反，故图 8.4.4(1)和(2)两种情况，$\boldsymbol{p}$ 受的都是吸引力，即 $\boldsymbol{p}$ 所受的力的方向都向着导体.

因为超导体是完全抗磁体，故图 8.4.4(3)和(4)两种情况，$\boldsymbol{m}$ 所受的都是排斥力，即 $\boldsymbol{m}$ 所受的力的方向都背着超导体.

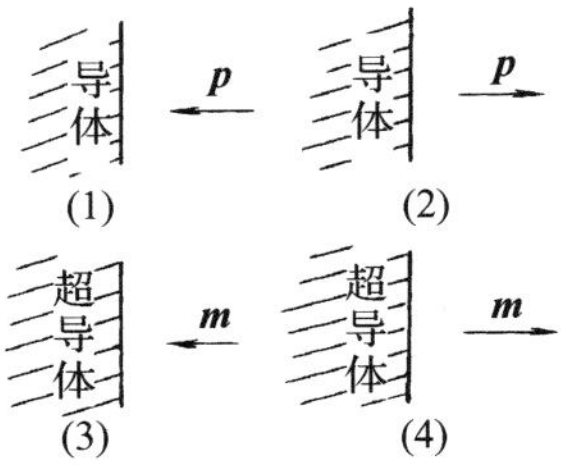

图 8.4.4

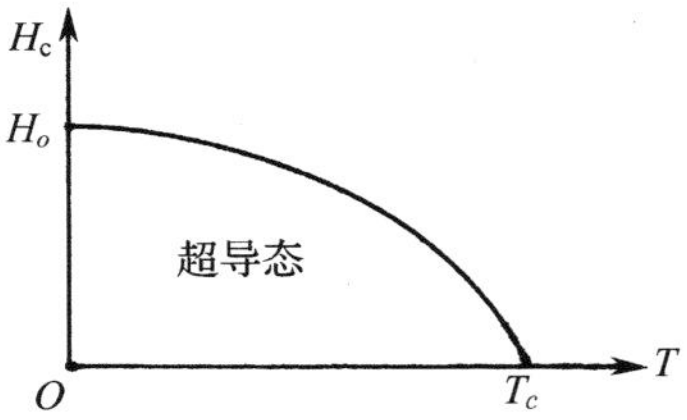

图 8.4.5

8.4.5 超导材料在温度 $T<T_c$(临界温度)时处在超导态，这时如有电流通过它，在它的表面上产生的磁场强度 $H>H_c$，超导态就会被破坏. H_c 称为临界磁场. 实验得出，H_c 与温度 T 的关系为

$$H_c = H_0\left[1-\left(\frac{T}{T_c}\right)^2\right]$$

式中 H_0 是 $T=0$ 时的临界磁场. (1)以 T 为横坐标，H_c 为纵坐标，画出 H_c - T 曲线，并标明超导态的区域；(2)铅的 $T_c=7.2\text{K}$，$H_0=6.39\times10^4\text{A/m}$，试问用铅做成半径为 1.0mm 的导线，在 $T=3.6\text{K}$ 时能通过多大的电流而不破坏超导态？

【解】 (1)超导材料的 H_c - T 曲线如图 8.4.5 所示.

(2)设铅丝的半径为 r，则当它载有电流 I 时，它表面上的磁场强度为

$$H=\frac{I}{2\pi r} \tag{1}$$

当

$$H<H_c=H_0\left[1-\left(\frac{T}{T_c}\right)^2\right] \tag{2}$$

时，铅丝仍为超导态. 由以上两式得

$$\begin{aligned} I &< 2\pi r H_0\left[1-\left(\frac{T}{T_c}\right)^2\right] \\ &= 2\pi\times1.0\times10^{-3}\times6.39\times10^4\times\left[1-\left(\frac{3.6}{7.2}\right)^2\right] \\ &= 3.0\times10^2(\text{A}) \end{aligned} \tag{3}$$

8.4.6 半径为 R 的超导圆环，自感为 L，放在磁感强度为 $\boldsymbol{B}$ 的均匀磁场中，环的轴线与 $\boldsymbol{B}$ 垂直，环内没有电流. 现将这环绕垂直于 $\boldsymbol{B}$ 的直径转 90°，使它的轴线平行于 $\boldsymbol{B}$. 试求：(1)环内的电流 I；(2)外力做的功.

【解】 (1)对于超导线圈来说，通过它的磁通量 Φ 与它的自感 L 和电流 I 的关系为(参见前面 8.4.3 题)

$$\Phi + LI = C(\text{常量}) \tag{1}$$

开始时，$I_0=0$，$\theta=90°$，故

$$\Phi_0 = \iint_S \boldsymbol{B} \cdot \mathrm{d}\boldsymbol{S} = \iint_S B\cos 90° \mathrm{d}S = 0 \tag{2}$$

代入式(1)得

$$C = 0 \tag{3}$$

转 90°后，电流为 I，磁通量为

$$\Phi = \iint_S \boldsymbol{B} \cdot \mathrm{d}\boldsymbol{S} = \iint_S B\cos 0° \mathrm{d}S = \iint_S B\mathrm{d}S = \pi R^2 B \tag{4}$$

于是由式(1)、(3)、(4)得

$$I = -\frac{\Phi}{L} = -\frac{\pi R^2 B}{L} \tag{5}$$

式中负号表示 I 沿 $\boldsymbol{B}$ 的左手螺旋方向，即 I 在环内所产生的磁感强度与 $\boldsymbol{B}$ 的方向相反，这使通过环的总磁通量恒为零.

(2)外力所做的功为

$$w = \frac{1}{2}LI^2 = \frac{1}{2}L\left(-\frac{\pi R^2 B}{L}\right)^2 = \frac{\pi^2 R^4 B^2}{2L} \tag{6}$$

8.4.7 用横截面半径为 $a=1.0\text{mm}$ 的超导线做成圆环，环的半径为 $R=25.0\text{mm}$. 在温度高于临界温度 T_c 时，将这圆环放在磁感强度为 $\boldsymbol{B}$ 的均匀磁场中，圆环的轴线与 $\boldsymbol{B}$ 平行，环内电流为零. 然后将温度降低到 T_c 以下，再撤去磁场. 试求圆环中的电流. 已知 $B=|\boldsymbol{B}|=5.0\text{Gs}$，圆环的自感为 $L=\mu_0 R\left(\ln\frac{8R}{a}-1.75\right)$.

【解】 对于超导线圈来说，它所载的电流 I 和它的自感 L 与通过它的磁通量 Φ 之间的关系为(参见前面 8.4.3 题)

$$\Phi + LI = C(\text{常量}) \tag{1}$$

故撤去磁场后，便有

$$\Phi + LI = LI = \Phi_0 + LI_0 = \Phi_0 = BS = \pi R^2 B \tag{2}$$

于是得

$$I = \frac{\pi R^2 B}{L} = \frac{\pi R B}{\mu_0\left(\ln\frac{8R}{a} - 1.75\right)} \tag{3}$$

代入数据得

$$I = \frac{\pi \times 25.0 \times 10^{-3} \times 5.0 \times 10^{-4}}{4\pi \times 10^{-7}\left(\ln\frac{8 \times 25.0}{1.0} - 1.75\right)} = 8.8(\text{A}) \tag{4}$$

第九章 磁 场 能 量

9.1 一长螺线管的自感为 L，当它的导线中通有电流 I 时，试证明它所储藏的能量为 $W_m=\frac{1}{2}LI^2$；设这能量储存在磁场中，磁场是均匀的，试证明：磁场能量密度（即单位体积内的磁场能量）为 $w_m=\frac{1}{2}\boldsymbol{H}\cdot\boldsymbol{B}$.

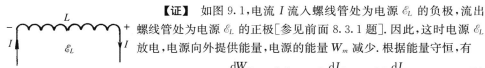

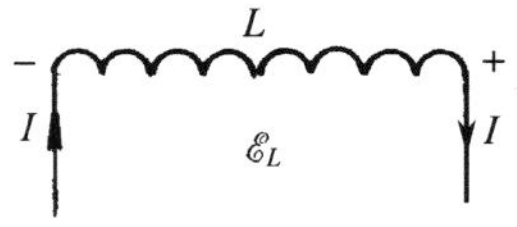

图 9.1

【证】 如图 9.1，电流 I 流入螺线管处为电源 $\mathscr{E}_L$ 的负极，流出螺线管处为电源 $\mathscr{E}_L$ 的正极[参见前面 8.3.1 题]. 因此，这时电源 $\mathscr{E}_L$ 放电，电源向外提供能量，电源的能量 W_m 减少. 根据能量守恒，有

$$-\frac{\mathrm{d}W_m}{\mathrm{d}t}=\mathscr{E}_L I=-L\frac{\mathrm{d}I}{\mathrm{d}t}I=-LI\frac{\mathrm{d}I}{\mathrm{d}t} \tag{1}$$

所以

$$\mathrm{d}W_m=LI\mathrm{d}I \tag{2}$$

积分便得

$$W_m=\frac{1}{2}LI^2+C \tag{3}$$

当 $I=0$ 时，$W_m=0$，故积分常数 $C=0$. 于是得

$$W_m=\frac{1}{2}LI^2 \tag{4}$$

因为是长螺线管，管内磁场是均匀的，由安培环路定理得管内磁场强度的大小为

$$H=nI \tag{5}$$

式中 n 为单位长度匝数. 磁感强度的大小为

$$B=\mu H=\mu nI \tag{6}$$

式中 μ 是管内介质的磁导率. 螺线管外的磁场为零[参见前面 5.2.17 题的式(8)].

因螺线管的自感为[参见前面 8.3.4 题的式(4)]

$$L=\mu n^2V \tag{7}$$

式中 V 是螺线管的体积. 将式(7)代入式(4)得

$$W_m=\frac{1}{2}\mu n^2I^2V \tag{8}$$

用式(5)、(6)的 H 和 B 表示便得

$$W_m=\frac{1}{2}HBV=\frac{1}{2}\boldsymbol{H}\cdot\boldsymbol{B}V \tag{9}$$

于是得磁场能量密度为

$$w_m=\frac{W_m}{V}=\frac{1}{2}\boldsymbol{H}\cdot\boldsymbol{B} \tag{10}$$

9.2 一螺线管长为 $l=300\text{mm}$，横截面的直径为 $d=15\text{mm}$，由表面绝缘的细

导线密绕而成，共有 $N=2500$ 匝. 当导线中通有电流 $I=2.0\text{A}$ 时，试求管中心的磁场强度 $\boldsymbol{H}$、磁感强度 $\boldsymbol{B}$ 和磁场能量密度 w_m 等的值.

【解】 由安培环路定理得管中心磁场强度 $\boldsymbol{H}$ 和磁感强度 $\boldsymbol{B}$ 的大小分别为

$$H=nI=\frac{N}{l}I \tag{1}$$

$$B=\mu_0 H=\mu_0\frac{N}{l}I \tag{2}$$

于是得磁场能量密度为

$$w_m=\frac{1}{2}HB=\frac{1}{2}\mu_0\left(\frac{N}{l}\right)^2 I^2 \tag{3}$$

代入数据得

$$H=\frac{2500}{300\times10^{-3}}\times2.0=1.7\times10^4(\text{A/m}) \tag{4}$$

$$B=4\pi\times10^{-7}\times\frac{2500}{300\times10^{-3}}\times2.0=2.1\times10^{-2}(\text{T}) \tag{5}$$

$$w_m=\frac{1}{2}\times4\pi\times10^{-7}\times\left(\frac{2500}{300\times10^{-3}}\times2.0\right)^2=1.7\times10^2(\text{J/m}^3) \tag{6}$$

【讨论】 一、题给的直径为 $d=15\text{mm}$，在计算中虽未用到，但它告诉我们，螺线管的半径 $\frac{d}{2}\ll l$，故可用近似式(1).

二、若用较好一些的近似式[参见前面 5.1.29 题的式(6)]

$$B=\frac{\mu_0 nI}{\sqrt{1+\left(\frac{2R}{l}\right)^2}}=\frac{\mu_0 NI}{l\sqrt{1+\left(\frac{d}{l}\right)^2}} \tag{7}$$

则直径 d 便用上了. 将数据代入式(7)得

$$B=\frac{4\pi\times10^{-7}\times2500\times2.0}{300\times10^{-3}\times\sqrt{1+\left(\frac{15}{300}\right)^2}}=2.1\times10^{-2}(\text{T}) \tag{8}$$

结果与式(5)相同，即在两位有效数字上，反映不出式(2)与式(7)的差别. 换句话说，在本题所给数据的情况下，可用近似式(1).

9.3 一螺线管长 30cm，横截面的直径为 12cm，由 600 匝表面绝缘的细导线密绕而成. 管内是空气. 当它的导线中通有 1.0A 的电流时，试分别求管中心和管口轴线上的磁场能量密度.

【解】 由圆电流在轴线上产生磁场的公式[参见前面 5.1.20 题的式(2)]，经积分得螺线管中心的磁感强度为[参见前面 5.1.29 题的式(6)]

$$B_0=\frac{\mu_0 nI}{\sqrt{1+\left(\frac{2R}{l}\right)^2}} \tag{1}$$

螺线管口轴线上的磁感强度为[参见前面 5.1.30 题的式(3)]

$$B_e = \frac{1}{2} \frac{\mu_0 nI}{\sqrt{1+\left(\frac{R}{l}\right)^2}} \tag{2}$$

以上两式中 n 为单位长度匝数，I 为电流，l 为螺线管长度，R 为横截面半径.

由式(1)得管中心的磁场能量密度为

$$w_m = \frac{1}{2}H_0B_0 = \frac{1}{2\mu_0}B_0^2 = \frac{1}{2} \frac{\mu_0 n^2 I^2}{1+\left(\frac{2R}{l}\right)^2}$$

$$= \frac{1}{2} \frac{4\pi \times 10^{-7} \times \left(\frac{600}{30 \times 10^{-2}} \times 1.0\right)^2}{1+\left(\frac{12}{30}\right)^2} = 2.2(\text{J/m}^3) \tag{3}$$

由式(2)得管口轴线上的磁场能量密度为

$$w_m = \frac{1}{2}H_eB_e = \frac{1}{2\mu_0}B_e^2 = \frac{1}{8} \frac{\mu_0 n^2 I^2}{1+\left(\frac{R}{l}\right)^2}$$

$$= \frac{1}{8} \frac{4\pi \times 10^{-7} \times \left(\frac{600}{30 \times 10^{-2}} \times 1.0\right)^2}{1+\left(\frac{12}{2 \times 30}\right)^2} = 0.60(\text{J/m}^3) \tag{4}$$

9.4 半径为 a 的无限长直圆柱面均匀带电，单位面积的电荷量为 σ. 当这圆柱面以匀角速度 ω 绕它的几何轴旋转时，试求圆柱内单位长度的磁场能量.

【解】 单位长度的电流为

$$\frac{I}{l} = \frac{Q}{lT} = \frac{Q\omega}{2\pi l} = \frac{2\pi a l \sigma \omega}{2\pi l} = \sigma\omega a \tag{1}$$

由对称性和安培环路定理得出，这时圆柱面内的磁场是均匀磁场[参见前面 5.2.17 题]，磁场强度的方向平行于轴线，其大小为

$$H = \frac{I}{l} = \sigma\omega a \tag{2}$$

于是得单位长度的磁场能量为

$$\frac{W_m}{l} = \frac{\mu_0 H^2 V}{2l} = \frac{\mu_0 \sigma^2 \omega^2 a^2 \cdot \pi a^2 l}{2l} = \frac{1}{2}\pi\mu_0\sigma^2\omega^2 a^4 \tag{3}$$

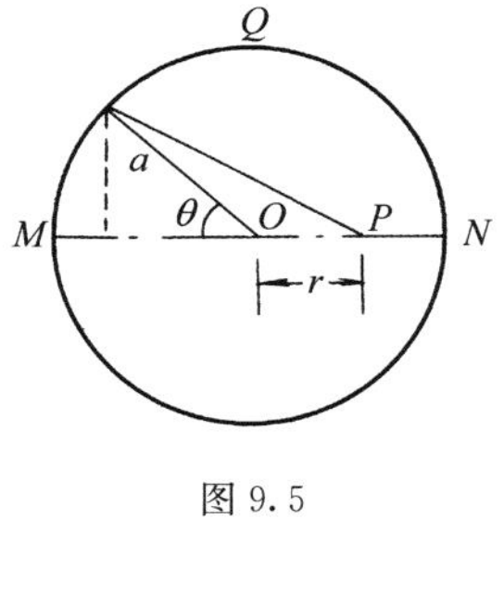

图 9.5

9.5 电荷量 Q 均匀地分布在半径为 a 的球面上，当这球面以匀角速度 ω 绕它的一个固定直径旋转时，试求球内的磁场能量.

【解】 先求球内轴线上任一点 P 的磁感强度 $\boldsymbol{B}$. 如图 9.5，带有电荷量 Q 的球面以匀角速度 ω 绕它的固定直径 MN 旋转，P 为转轴上任一点，到球心的距离为 r. 考虑 θ 处宽为 $a\mathrm{d}\theta$ 的环带，它上面的电荷量为

$$dQ = \sigma \cdot 2\pi a^2 \sin\theta d\theta = \frac{1}{2} Q\sin\theta d\theta \tag{1}$$

这 dQ 以角速度 ω 旋转时形成圆电流

$$dI = \frac{dQ}{T} = \frac{\omega dQ}{2\pi} = \frac{\omega Q}{4\pi}\sin\theta d\theta \tag{2}$$

圆电流 I 在轴线上离圆心为 r 处产生的磁感强度的方向沿轴线，其大小为[参见前面 5.1.20 题的式(2)]

$$B = \frac{\mu_0 a^2 I}{2(r^2 + a^2)^{3/2}} \tag{3}$$

由此得 dI 在 P 点产生的磁感强度的大小为

$$dB = \frac{\mu_0 (a\sin\theta)^2 dI}{2[(a\sin\theta)^2 + (a\cos\theta + r)^2]^{3/2}} = \frac{\mu_0 Q a^2 \omega}{8\pi} \frac{\sin^3\theta d\theta}{(r^2 + a^2 + 2ar\cos\theta)^{3/2}} \tag{4}$$

积分得

$$\begin{aligned} B &= \frac{\mu_0 Q a^2 \omega}{8\pi} \int_0^{\pi} \frac{\sin^3\theta d\theta}{(r^2 + a^2 + 2ar\cos\theta)^{3/2}} \\ &= \frac{\mu_0 Q a^2 \omega}{8\pi} \frac{1}{4a^3 r^3} \left[\frac{1}{3}(r^2 + a^2 + 2ar\cos\theta)^{3/2} \right. \\ &\qquad \left. - 2(r^2 + a^2)\sqrt{r^2 + a^2 + 2ar\cos\theta} - \frac{(a^2 - r^2)^2}{\sqrt{r^2 + a^2 + 2ar\cos\theta}} \right]_{\theta=0}^{\theta=\pi} \\ &= \frac{\mu_0 Q a^2 \omega}{8\pi} \frac{1}{4a^3 r^3} \frac{16}{3} r^3 = \frac{\mu_0 Q \omega}{6\pi a} \end{aligned} \tag{5}$$

B 与 r 无关，故轴线 MN 上任一点的磁感强度都相同，其大小都由式(5)表示. 由此可以论证[参见前面 5.2.21 题]，球内磁场是均匀磁场. 于是得球内磁场的能量为

$$W_m = \frac{4\pi a^3}{3} w_m = \frac{4\pi a^3}{3} \frac{B^2}{2\mu_0} = \frac{4\pi a^3}{3} \frac{1}{2\mu_0} \left(\frac{\mu_0 Q \omega}{6\pi a} \right)^2 = \frac{\mu_0 Q^2 \omega^2 a}{54\pi} \tag{6}$$

9.6 一螺绕环由外表绝缘的导线在硬纸壳上绕 N 匝而成，横截面积为 $a \times b$，内半径为 R，外半径为 $R+b$，它的一半如图 9.6 所示. 当导线内的电流为 I 时，试求这螺绕环体内的磁场能量.

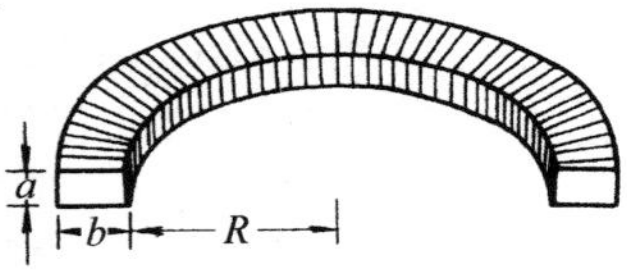

图 9.6

【解】 以环心为心，r 为半径，在环体内取安培环路 L，由对称性和安培环路定理得

$$\oint_L \boldsymbol{H} \cdot d\boldsymbol{l} = H \cdot 2\pi r = NI \tag{1}$$

所以

$$H = \frac{NI}{2\pi r} \tag{2}$$

磁场能量密度为

$$w_m = \frac{1}{2} \boldsymbol{H} \cdot \boldsymbol{B} = \frac{1}{2} HB = \frac{\mu_0}{2} H^2 = \frac{\mu_0 N^2 I^2}{8\pi^2 r^2} \tag{3}$$

积分便得环体内的磁场能量为

$$W_m = \iiint_V w_m \mathrm{d}V = \int_R^{R+b} \frac{\mu_0 N^2 I^2}{8\pi^2 r^2} \cdot a \cdot 2\pi r \mathrm{d}r$$

$$= \frac{\mu_0 N^2 I^2 a}{4\pi} \int_R^{R+b} \frac{\mathrm{d}r}{r} = \frac{\mu_0 N^2 I^2 a}{4\pi} \ln \frac{R+b}{R} \tag{4}$$

9.7　一同轴电缆由很长的直导线和套在它外面的同轴导体圆筒构成，导线的半径为 a，圆筒的半径为 b，圆筒的厚度可略去不计. 电流 I 由圆筒流去，由导线流回，I 在导线和圆筒的横截面上，都是均匀分布的. 试求：(1) 离轴线为 r 处的磁场能量密度 w_m；(2) 这电缆长为 l 的一段所储存的磁场能量 W_m；(3) 当 $a=1.0\text{mm}$，$b=7.0\text{mm}$，$l=1.00\text{m}$ 和 $I=100\text{A}$ 时 W_m 的值.

【解】 (1) 由对称性和安培环路定理得，离轴线为 r 处的磁场强度 $\boldsymbol{H}$ 的方向为导线中电流 I 的右手螺旋方向，其大小为

$$H_1 = \frac{Ir}{2\pi a^2}, \quad 0 \leqslant r \leqslant a \tag{1}$$

$$H_2 = \frac{I}{2\pi r}, \quad a \leqslant r < b \tag{2}$$

$$H_3 = 0, \quad r > b \tag{3}$$

于是得磁场能量密度为

$$w_{m1} = \frac{1}{2}\mu_0 H_1^2 = \frac{\mu_0 I^2 r^2}{8\pi^2 a^4}, \quad 0 \leqslant r \leqslant a \tag{4}$$

$$w_{m2} = \frac{1}{2}\mu_0 H_2^2 = \frac{\mu_0 I^2}{8\pi^2 r^2}, \quad a \leqslant r < b \tag{5}$$

$$w_{m3} = \frac{1}{2}\mu_0 H_3^2 = 0, \quad r > b \tag{6}$$

(2) 长为 l 一段的磁场能量为

$$W_{m1} = \iiint_{V_1} w_{m1} \mathrm{d}V = \int_0^a \frac{\mu_0 I^2 r^2}{8\pi^2 a^4} \cdot l \cdot 2\pi r \mathrm{d}r = \frac{\mu_0 I^2 l}{16\pi} \tag{7}$$

$$W_{m2} = \iiint_{V_2} w_{m2} \mathrm{d}V = \int_a^b \frac{\mu_0 I^2}{8\pi^2 r^2} \cdot l \cdot 2\pi r \mathrm{d}r = \frac{\mu_0 I^2 l}{4\pi} \ln \frac{b}{a} \tag{8}$$

$$W_{m3} = \iiint_{V_3} w_{m3} \mathrm{d}V = 0 \tag{9}$$

所以

$$W_m = W_{m1} + W_{m2} + W_{m3} = \frac{\mu_0 I^2 l}{4\pi}\left(\frac{1}{4} + \ln \frac{b}{a}\right) \tag{10}$$

(3) 代入数据，便得 W_m 的值为

$$W_m = \frac{4\pi \times 10^{-7} \times 100^2 \times 1.00}{4\pi} \times \left(\frac{1}{4} + \ln \frac{7.0}{1.0}\right) = 2.2 \times 10^{-3}(\text{J}) \tag{11}$$

9.8　一同轴传输线由很长的直导线和套在它外面的同轴导体圆管构成，导线的半径为 a，圆管的内半径为 b，外半径为 c. 电流 I 由圆管流去，由导线流回；I 在它们的横截面上都是均匀分布的. (1) 试求下列四处一米长的磁场能量：(i) 导线

内;(ii)导线和圆管之间;(iii)圆管本身内;(iv)圆管外.(2)当 $a=1.0\text{mm}$,$b=4.0\text{mm}$,$c=5.0\text{mm}$,$I=10\text{A}$ 时,试计算上述各处磁场能量的值.磁场能量主要分布在什么地方?

【解】 (1)由对称性和安培环路定理得出,离轴线为 r 处磁场强度 $\boldsymbol{H}$ 的方向为导线中电流 I 的右手螺旋方向,其大小为

$$H_1=\frac{Ir}{2\pi a^2},\quad 0\leqslant r\leqslant a \tag{1}$$

$$H_2=\frac{I}{2\pi r},\quad a\leqslant r\leqslant b \tag{2}$$

$$H_3=\frac{1}{2\pi r}\left[I-\frac{I\cdot\pi(r^2-b^2)}{\pi(c^2-b^2)}\right]=\frac{I}{2\pi r}\frac{c^2-r^2}{c^2-b^2},\quad b\leqslant r\leqslant c \tag{3}$$

$$H_4=0,\quad r>c \tag{4}$$

各处一米长的磁场能量为

(i)导线内

$$W_{m1}=\int_0^a\frac{1}{2}\mu_0H_1^2\cdot 2\pi r\mathrm{d}r=\frac{\mu_0I^2}{4\pi a^4}\int_0^a r^3\mathrm{d}r=\frac{\mu_0I^2}{16\pi} \tag{5}$$

(ii)导线与圆管间

$$W_{m2}=\int_a^b\frac{1}{2}\mu_0H_2^2\cdot 2\pi r\mathrm{d}r=\frac{\mu_0I^2}{4\pi}\int_a^b\frac{\mathrm{d}r}{r}=\frac{\mu_0I^2}{4\pi}\ln\frac{b}{a} \tag{6}$$

(iii)圆管本身内

$$\begin{aligned}W_{m3}&=\int_b^c\frac{1}{2}\mu_0H_3^2\cdot 2\pi r\mathrm{d}r=\frac{\mu_0I^2}{4\pi(c^2-b^2)^2}\int_b^c(c^2-r^2)^2\frac{\mathrm{d}r}{r}\\&=\frac{\mu_0I^2}{4\pi(c^2-b^2)^2}\left[c^4\ln\frac{c}{b}-c^2(c^2-b^2)+\frac{1}{4}(c^4-b^4)\right]\\&=\frac{\mu_0I^2}{16\pi(c^2-b^2)^2}\left[4c^4\ln\frac{c}{b}-(c^2-b^2)(3c^2-b^2)\right]\end{aligned} \tag{7}$$

(iv)圆管外

$$W_{m4}=\int_c^\infty\frac{1}{2}\mu_0H_4^2\cdot 2\pi r\mathrm{d}r=0 \tag{8}$$

(2)代入数据得各处磁场能量的值如下:

(i)导线内

$$W_{m1}=\frac{\mu_0I^2}{16\pi}=\frac{4\pi\times10^{-7}\times10^2}{16\pi}=2.5\times10^{-6}(\text{J/m}) \tag{9}$$

(ii)导线与圆管间

$$W_{m2}=\frac{\mu_0I^2}{4\pi}\ln\frac{b}{a}=\frac{4\pi\times10^{-7}\times10^2}{4\pi}\ln\frac{4.0}{1.0}=1.4\times10^{-5}(\text{J/m}) \tag{10}$$

(iii)圆管本身内

$$W_{m3}=\frac{\mu_0I^2}{16\pi}\frac{1}{(c^2-b^2)^2}\left[4c^4\ln\frac{c}{b}-(c^2-b^2)(3c^2-b^2)\right]$$

$$= \frac{4\pi \times 10^{-7} \times 10^2}{16\pi} \frac{1}{(5.0^2 - 4.0^2)^2}$$

$$\times \left[4 \times 5.0^4 \ln \frac{5.0}{4.0} - (5.0^2 - 4.0^2)(3 \times 5.0^2 - 4.0^2) \right]$$

$$= 8.3 \times 10^{-7} (\mathrm{J/m}) \tag{11}$$

由上面各处磁场能量的值可见，磁场能量主要分布在导线与圆管之间.

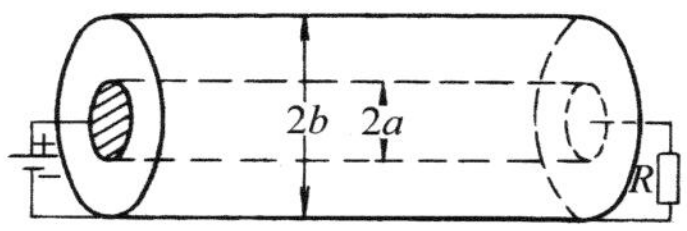

图 9.9

9.9　一同轴电缆由半径为 a 的长直导线和与它共轴的导体薄圆筒构成，圆筒的半径为 b，如图 9.9 所示. 导线与圆筒间充满电容率为 ε、磁导率为 μ 的均匀介质. 当电缆的一端接上负载电阻 R，另一端加上电势差时，试证明：如果 $R=\frac{1}{2\pi}\sqrt{\frac{\mu}{\varepsilon}}\ln\frac{b}{a}$，则导线与圆筒间的电场能量等于磁场能量.

【证】　设导线与圆筒间的电势差为 U，导线上单位长度的电荷量为 λ，则由对称性和高斯定理得离轴线为 r 处，电场强度的大小为

$$E = \frac{\lambda}{2\pi\varepsilon r} \tag{1}$$

$$U = \int_a^b \boldsymbol{E} \cdot \mathrm{d}\boldsymbol{l} = \frac{\lambda}{2\pi\varepsilon}\int_a^b \frac{\mathrm{d}r}{r} = \frac{\lambda}{2\pi\varepsilon}\ln\frac{b}{a} \tag{2}$$

所以

$$E = \frac{1}{r}\frac{U}{\ln\frac{b}{a}} \tag{3}$$

故电场能量密度为

$$W_e = \frac{1}{2}\varepsilon E^2 = \frac{\varepsilon}{2}\frac{U^2}{r^2\left(\ln\frac{b}{a}\right)^2} \tag{4}$$

设导线中的电流为 I，则由对称性和安培环路定理得离轴线为 r 处，磁场强度的大小为

$$H = \frac{I}{2\pi r} = \frac{U}{2\pi R r} \tag{5}$$

故磁场能量密度为

$$W_m = \frac{1}{2}\mu H^2 = \frac{\mu}{2}\frac{U^2}{(2\pi R r)^2} \tag{6}$$

当 $W_m = W_e$ 时，导线与圆筒间的电场能量便等于磁场能量. 于是由式(4)、(6)得

$$\mu\frac{U^2}{(2\pi R r)^2} = \varepsilon\frac{U^2}{r^2\left(\ln\frac{b}{a}\right)^2} \tag{7}$$

所以

$$R = \frac{1}{2\pi}\sqrt{\frac{\mu}{\varepsilon}}\ln\frac{b}{a} \tag{8}$$

9.10 两无限长直导体薄圆筒共轴，半径分别为 R_1 和 $R_2(>R_1)$，载有大小相等而方向相反的电流 I，I 平行于轴线流动，并均匀分布在筒面上. 两筒间充满磁导率为 μ 的均匀介质. 试求下列各处长为 l 一段的磁场能量：(1)内筒内；(2)两筒间；(3)外筒外.

【解】 由对称性和安培环路定理得出，离轴线为 r 处，磁场强度的大小为

$$H_1 = 0,\quad r < R_1 \tag{1}$$

$$H_2 = \frac{I}{2\pi r},\quad R_1 < r < R_2 \tag{2}$$

$$H_3 = 0,\quad r > R_2 \tag{3}$$

(1)由式(1)得，内筒内磁场能量密度 $w_{m1}=0$，故所求磁场能量为零.

(2)由式(2)得，两筒间磁场能量密度为

$$W_{m2} = \frac{1}{2}\mu_0 H_2^2 = \frac{\mu_0 I^2}{8\pi^2 r^2} \tag{4}$$

故长为 l 一段的磁场能量为

$$W_m = \int_{R_1}^{R_2} w_{m2} l \cdot 2\pi r \mathrm{d}r = \frac{\mu_0 I^2 l}{4\pi}\int_{R_1}^{R_2}\frac{\mathrm{d}r}{r} = \frac{\mu_0 I^2 l}{4\pi}\ln\frac{R_2}{R_1} \tag{5}$$

(3)由式(3)得，外筒外磁场能量密度 $w_{m3}=0$，故所求磁场能量为零.

9.11 一条很长的直导线，半径为 R，载有电流 I，I 均匀分布在它的横截面上. 导线外有一层厚为 h 的绝缘皮. (1)试求这导线里单长度的磁场能量；(2)在这导线里取一共轴的小圆柱体，其半径为 $\frac{R}{2}$，试求这小圆柱里单位长度的磁场能量；(3)试求外皮里单位长度的磁场能量.

【解】 由对称性和安培环路定理得，离轴线为 r 处，磁场强度的大小为

$$H = \frac{Ir}{2\pi R^2},\quad 0 \leqslant r \leqslant R \tag{1}$$

$$H = \frac{I}{2\pi r},\quad R \leqslant r \leqslant R+h \tag{2}$$

(1)导线里单位长度的磁场能量为

$$W_m = \int_0^R \frac{1}{2}\mu_0 H^2 \cdot 2\pi r \mathrm{d}r = \frac{\mu_0 I^2}{4\pi R^4}\int_0^R r^3 \mathrm{d}r = \frac{\mu_0 I^2}{16\pi} \tag{3}$$

(2)小圆柱里单位长度的磁场能量为

$$W_m = \int_0^{R/2} \frac{1}{2}\mu_0 H^2 \cdot 2\pi r \mathrm{d}r = \frac{\mu_0 I^2}{4\pi R^4}\int_0^{R/2} r^3 \mathrm{d}r = \frac{\mu_0 I^2}{256\pi} \tag{4}$$

(3)外皮里单位长度的磁场能量为

$$W_m = \int_R^{R+h} \frac{1}{2}\mu_0 H^2 \cdot 2\pi r \mathrm{d}r = \frac{\mu_0 I^2}{4\pi}\int_R^{R+h}\frac{\mathrm{d}r}{r} = \frac{\mu_0 I^2}{4\pi}\ln\left(1+\frac{h}{R}\right) \tag{5}$$

9.12 一铁环上绕有 $N=500$ 匝外皮绝缘的导线，当导线中的电流为 $I=2.0\text{A}$ 时，穿过铁环横截面的磁通量为 $3.0\times10^{-3}\text{Wb}$. 试求铁环内的磁场能量.

【解】 设环长为 l，横截面积为 S，则由对称性和安培环路定理得环内磁场强度的大小为

$$H=\frac{NI}{l} \tag{1}$$

通过环的横截面的磁通量为

$$\Phi=BS=\mu HS=\frac{\mu NIS}{l} \tag{2}$$

环内的磁场能量为

$$W_m=\frac{1}{2}\mu H^2 lS=\frac{1}{2}\frac{\mu N^2 I^2}{l}S=\frac{1}{2}NI\Phi \tag{3}$$

代入数据得

$$W_m=\frac{1}{2}\times 500\times 2.0\times 3.0\times 10^{-3}=1.5(\mathrm{J}) \tag{4}$$

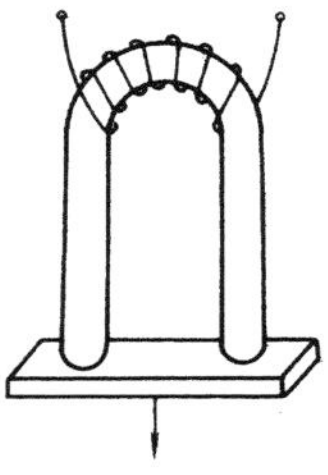

图 9.13

9.13 一起重用的电磁铁由 U 形轭铁和铁块构成，如图 9.13 所示. 设轭铁每个极的面积都是 $S=1.5\times 10^{-2}\mathrm{m}^2$，磁通量都是 $\Phi=1.5\times 10^{-2}\mathrm{Wb}$. 试求这电磁铁的起重力(包括铁块的重量在内).

【解】 设轭铁与铁块之间的间隙为 l，则两极的间隙空间所具有的磁场能量共为

$$W_m=\frac{1}{2\mu_0}B^2\cdot 2Sl=\frac{1}{\mu_0}\left(\frac{\Phi}{S}\right)^2 Sl=\frac{1}{\mu_0}\frac{\Phi^2}{S}l \tag{1}$$

于是得所求的起重力为

$$F=-\frac{\partial W_m}{\partial l}=-\frac{1}{\mu_0}\frac{\Phi^2}{S} \tag{2}$$

负号表示力 $\boldsymbol{F}$ 的方向是使 l 减小的方向. 力的大小为

$$|F|=\frac{1}{\mu_0}\frac{\Phi^2}{S}=\frac{1}{4\pi\times 10^{-7}}\frac{(1.5\times 10^{-2})^2}{1.5\times 10^{-2}}=1.2\times 10^4(\mathrm{N})=1.2\times 10^3(\mathrm{kgf}) \tag{3}$$

9.14 一导线弯成半径为 $R=5.0\mathrm{cm}$ 的圆形，当其中载有 $I=100\mathrm{A}$ 的电流时，试求圆心的磁场能量密度 w_m.

【解】 圆心的磁场强度的大小为

$$H=\frac{I\cdot 2\pi R}{4\pi R^2}=\frac{I}{2R}$$

故得磁场能量密度为

$$w_m=\frac{1}{2}\mu_0 H^2=\frac{1}{2}\mu_0\left(\frac{I}{2R}\right)^2=\frac{\mu_0 I^2}{8R^2}=\frac{4\pi\times 10^{-7}\times 100^2}{8\times(5.0\times 10^{-2})^2}=0.63(\mathrm{J/m^3})$$

9.15 按照玻尔理论，氢原子处在基态时，它的电子沿半径为 $a=5.29\times 10^{-11}$ m 的圆轨道绕氢核(质子)运动. 已知电子的质量为 $m=9.11\times 10^{-31}\mathrm{kg}$，电荷量为 $e=-1.60\times 10^{-19}\mathrm{C}$. 试求电子的这种运动在轨道中心产生的磁场能量密度.

【解】 电子这种运动在轨道中心产生的磁场强度的大小为

$$H=\frac{I}{2a}=\frac{|e|}{2aT}=\frac{|e|v}{4\pi a^2} \tag{1}$$

因为

$$m\frac{v^2}{a}=\frac{e^2}{4\pi\varepsilon_0 a^2} \tag{2}$$

故所求磁场能量密度为

$$\begin{aligned}w_m&=\frac{1}{2}\mu_0 H^2=\frac{\mu_0}{2}\left(\frac{|e|v}{4\pi a^2}\right)^2=\frac{\mu_0 e^2 v^2}{32\pi^2 a^4}=\frac{\mu_0 e^4}{128\pi^3\varepsilon_0 m a^5}\\&=\frac{4\pi\times10^{-7}\times(1.60\times10^{-19})^4}{128\times\pi^3\times8.854\times10^{-12}\times9.11\times10^{-31}\times(5.29\times10^{-11})^5}\\&=6.21\times10^7(\mathrm{J/m^3})\end{aligned} \tag{3}$$

9.16　半径都是 R 的两共轴圆线圈，载有大小和方向都相同的电流 I，它们间的距离等于半径 R（亥姆霍兹线圈）. 试求轴线上离两线圈都相等处的磁场能量密度.

【解】　圆电流 I 在轴线上离圆心为 r 处所产生的磁感强度的大小为［参见前面 5.1.20 题的式(2)］

$$B=\frac{\mu_0 IR^2}{2(r^2+R^2)^{3/2}} \tag{1}$$

由此得亥姆霍兹线圈中心的磁感强度为

$$2B=\frac{\mu_0 IR^2}{\left[\left(\frac{R}{2}\right)^2+R^2\right]^{3/2}}=\frac{8}{5\sqrt{5}}\frac{\mu_0 I}{R} \tag{2}$$

于是得所求的磁场能量密度为

$$w_m=\frac{1}{2\mu_0}\left(\frac{8}{5\sqrt{5}}\frac{\mu_0 I}{R}\right)^2=\frac{32}{125}\frac{\mu_0 I^2}{R^2} \tag{3}$$

9.17　对于一个电源来说，若电流的方向与它的电动势方向（非静电力的方向）相同，即从它的正极出发，经外电路回到负极，如图 9.17(1)所示，则这时电源对外供电，因而它的能量减少；若电流的方向与电动势方向（非静电力的方向）相反，则电源的能量便增多. 上述结论对于载有电流 I 的自感线圈 L 来说，是否正确，试就图 9.17(3)中(i)$\frac{\mathrm{d}I}{\mathrm{d}t}<0$，(ii)$\frac{\mathrm{d}I}{\mathrm{d}t}=0$ 和(iii)$\frac{\mathrm{d}I}{\mathrm{d}t}>0$ 三种情况，分别加以说明.

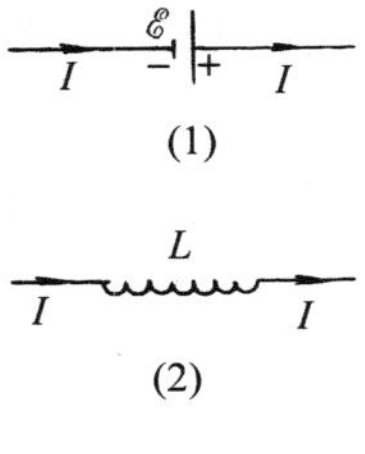

图 9.17

【解】　线圈 L 的自感电动势为

$$\mathscr{E}_L=-L\frac{\mathrm{d}I}{\mathrm{d}t} \tag{1}$$

(i)$\frac{\mathrm{d}I}{\mathrm{d}t}<0$，$I$ 减小，这时

$$\mathscr{E}_L=-L\frac{\mathrm{d}I}{\mathrm{d}t}>0 \tag{2}$$

这时 L 作为电源来说，它的正负极如图9.17(3)的(i)所示［参见前面 8.3.1 题］，电流 I 从正极流

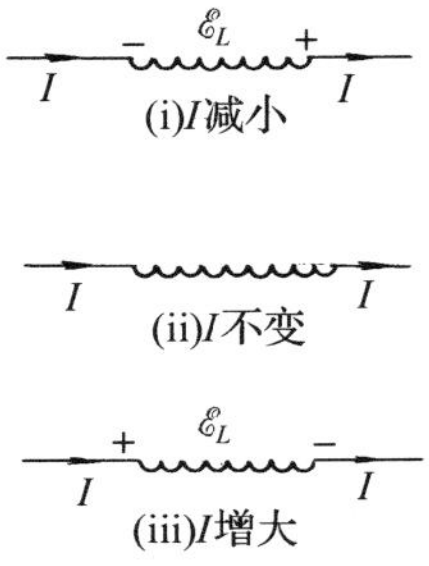

图 9.17(3)

出,故能量减少.

(ii)$\frac{dI}{dt}=0$,I 不变. 这时

$$\mathscr{E}_L=-L\frac{dI}{dt}=0 \tag{3}$$

这时 L 的能量不变.

(iii)$\frac{dI}{dt}>0$,I 增大. 这时

$$\mathscr{E}_L=-L\frac{dI}{dt}<0 \tag{4}$$

这时 L 作为电源来说,它的正负极如图 9.17(3)的(iii)所示,电流 I 从正极流入,故能量增多.

综上所述,可见本题的结论对于载有电流的自感线圈来说,是正确的.

9.18　一线圈的自感为 $L=5.0\text{H}$,电阻为 $R=20\Omega$,将 $U=100\text{V}$ 的不变电压加到它的两端.(1)试求电流达到最大值 $I_0=\frac{U}{R}$时,线圈所储存的磁能 W_m;(2)从线圈两端加上电压开始算起,试问经过多长时间,线圈所储存的能量达到 $W_m/2$?(3)线圈所储存的磁能从 $W_m/2$ 增加到 $0.99W_m$,需要多长时间?

【解】　(1)$W_m=\frac{1}{2}LI_0^2=\frac{1}{2}L\left(\frac{U}{R}\right)^2=\frac{1}{2}\times5.0\times\left(\frac{100}{20}\right)^2=63(\text{J})$　(1)

(2)加上电压 U 后,电路方程为

$$L\frac{dI}{dt}+RI=U \tag{2}$$

利用初始条件 $t=0$ 时,$I=0$,解式(2)得

$$I=\frac{U}{R}(1-e^{-\frac{R}{L}t}) \tag{3}$$

当 L 储存的能量为

$$\frac{1}{2}LI^2=\frac{1}{2}W_m=\frac{1}{4}LI_0^2 \tag{4}$$

时

$$I=\frac{I_0}{\sqrt{2}}=\frac{1}{\sqrt{2}}\frac{U}{R} \tag{5}$$

代入式(3)得

$$1-e^{-\frac{R}{L}t}=\frac{1}{\sqrt{2}} \tag{6}$$

解得

$$t=\frac{L}{R}\ln\sqrt{2}(\sqrt{2}+1)=\frac{5.0}{20}\times\ln(1.414\times2.414)=0.31(\text{s}) \tag{7}$$

(3)当 L 储存的能量为 $0.99W_m$ 时,

$$\frac{1}{2}LI^2=0.99\times\frac{1}{2}LI_0^2 \tag{8}$$

代入式(3)得

$$1-e^{-\frac{R}{L}t'}=\sqrt{\frac{99}{100}}=\frac{3\sqrt{11}}{10} \tag{9}$$

解得

$$t'=\frac{5.0}{20}\ln\left(\frac{10}{10-3\sqrt{11}}\right)=1.3(\text{s}) \tag{10}$$

故得所求的时间为

$$\Delta t=t'-t=1.3-0.31=1.0(\text{s}) \tag{11}$$

9.19 一电路如图 9.19(1),L 和 R 串联,将 K 接到 a,使电流流过 L 和 R.然后将 K 迅速拨向 b,在 $t=0$ 时刻,K 接到 b,这时 L 和 R 中的电流为 I_0.(1)试求此后电流与时间 t 的关系;(2)试证明:L 所储藏的磁能将全部化为 R 上消耗的焦耳热.

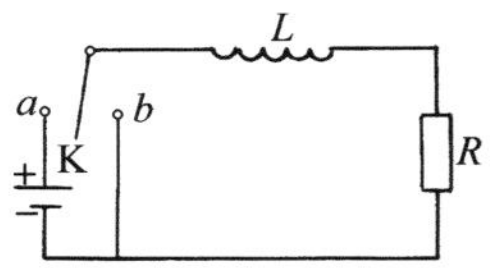

图 9.19(1)

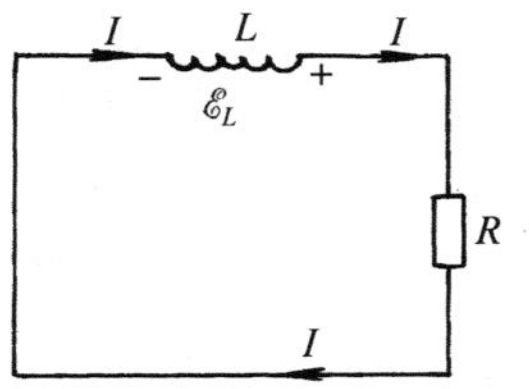

图 9.19(2)

【解】 (1)如图 9.19(2),K 接到 b 后,电流 I 由 L 到 R,这时 L 是一个电源,I 流入处为负极,流出处为正极[参见前面 8.3.1 题],电动势为

$$\mathscr{E}_L=-L\frac{\mathrm{d}I}{\mathrm{d}t} \tag{1}$$

由欧姆定律得

$$RI-\mathscr{E}_L=0 \tag{2}$$

所以

$$L\frac{\mathrm{d}I}{\mathrm{d}t}+RI=0 \tag{3}$$

利用初始条件 $t=0$ 时,$I=I_0$,解得

$$I=I_0e^{-\frac{R}{L}t} \tag{4}$$

(2)开始($t=0$)时,L 所储藏的能量为

$$W_m=\frac{1}{2}LI_0{}^2 \tag{5}$$

R 上消耗的总焦耳热为

$$W=\int_0^{\infty}I^2R\mathrm{d}t=RI_0^2\int e^{-\frac{2Rt}{L}}\mathrm{d}t=RI_0^2\left(-\frac{L}{2R}\right)e^{-\frac{2R}{L}t}\Big|_{t=0}^{t=\infty}$$

$$=-\frac{1}{2}LI_0^2(0-1)=\frac{1}{2}LI_0^2=W_m \tag{6}$$

9.20　如图 9.20(1)，一电容为 C 的电容器蓄有电荷量 Q_0，在 $t=0$ 时刻接通 K，使它经过自感为 L 的线圈放电. 试求：(1)L 内的磁场能量第一次等于 C 内电场能量的时刻 t_1；(2)L 内的磁场能量第二次达到极大值的时刻 t_2.

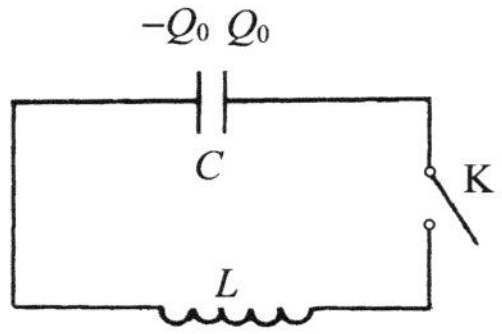

图 9.20(1)

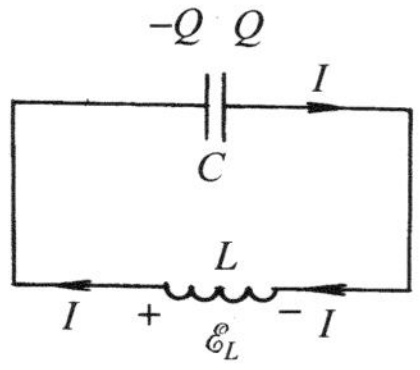

图 9.20(2)

【解】　(1)接通 K 后，电流 I 如图 9.20(2)所示，I 流入处为电源 $\mathscr{E}_L$ 的负极，流出处为正极[参见前面 8.3.1 题]. 由基尔霍夫定律得

$$\mathscr{E}_L + U = 0 \tag{1}$$

所以

$$-L\frac{\mathrm{d}I}{\mathrm{d}t}+\frac{Q}{C}=0 \tag{2}$$

由图可见

$$I=-\frac{\mathrm{d}Q}{\mathrm{d}t} \tag{3}$$

故得

$$L\frac{\mathrm{d}^2 I}{\mathrm{d}t^2}+\frac{I}{C}=0 \tag{4}$$

利用初始条件 $t=0$ 时，$I=0$，$Q=Q_0$，解得

$$I=\frac{Q_0}{\sqrt{LC}}\sin\left(\frac{t}{\sqrt{LC}}\right) \tag{5}$$

$$Q=Q_0\cos\left(\frac{t}{\sqrt{LC}}\right) \tag{6}$$

L 内的磁场能量等于 C 内的电场能量时，

$$\frac{1}{2}LI^2=\frac{1}{2}\frac{Q^2}{C} \tag{7}$$

所以

$$LCI^2=Q^2 \tag{8}$$

$$\sin^2\left(\frac{t}{\sqrt{LC}}\right)=\cos^2\left(\frac{t}{\sqrt{LC}}\right) \tag{9}$$

由此得第一次相等时，$\frac{t_1}{\sqrt{LC}}=\frac{\pi}{4}$，所以

$$t_1=\frac{\pi}{4\sqrt{LC}} \tag{10}$$

(2)由式(5)可见，L 内磁场能量 $\frac{1}{2}LI^2$ 第二次达到极大值的时间为

$$t_2=\frac{3}{4}T=\frac{3}{4}\frac{2\pi}{\omega}=\frac{3\pi}{2\sqrt{LC}} \tag{11}$$

9.21 一电路如图 9.21，已知电阻 $R=5.0\Omega$，电感 $L=0.60\text{H}$，电源的电动势 $\mathscr{E}=12\text{V}$，内阻 $r=1.0\Omega$. 试求接通电键 S 后 0.10s 时，(1)电阻 R 消耗的功率；(2)电感 L 的磁能增加率；(3)电源的输出功率.

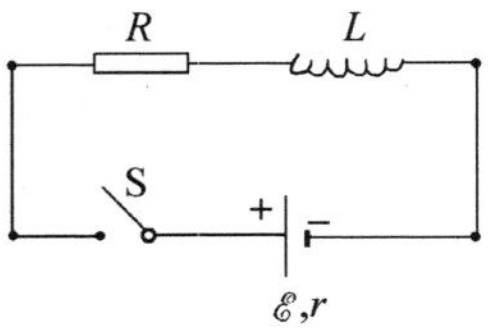

图 9.21

【解】 (1)接通 S 后，电路方程为

$$L\frac{\mathrm{d}I}{\mathrm{d}t}+(R+r)I-\mathscr{E}=0 \tag{1}$$

利用初始条件 $t=0$ 时 $I=0$，解得

$$I=\frac{\mathscr{E}}{R+r}\left(1-\mathrm{e}^{-\frac{R+r}{L}t}\right) \tag{2}$$

当 $t=0.10\text{s}$ 时，

$$I=\frac{12}{5.0+1.0}\left(1-\mathrm{e}^{-\frac{5.0+1.0}{0.60}\times 0.10}\right)=1.26(\text{A}) \tag{3}$$

这时 R 消耗的功率为

$$I^2R=1.26^2\times 5.0=7.9(\text{W/s}) \tag{4}$$

(2)L 的磁能增加率为

$$\frac{\mathrm{d}W_m}{\mathrm{d}t}=LI\frac{\mathrm{d}I}{\mathrm{d}t}=LI\frac{\mathscr{E}}{L}\mathrm{e}^{-\frac{R+r}{L}t}=\mathscr{E}I\mathrm{e}^{-\frac{R+r}{L}t}$$

$$=12\times 1.26\times \mathrm{e}^{-\frac{5.0+1.0}{0.60}\times 0.10}=5.6(\text{W/s}) \tag{5}$$

(3)电源的输出功率为

$$UI=\mathscr{E}I-rI^2=12\times 1.26-1.0\times 1.26^2=13.5(\text{W/s}) \tag{6}$$

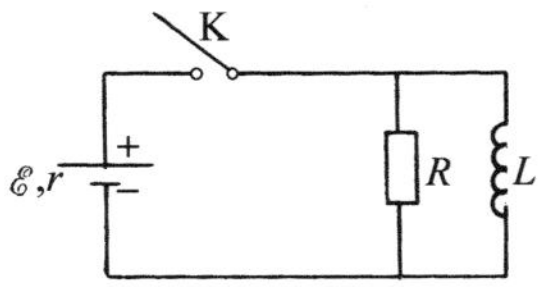

图 9.22

9.22 一电路如图 9.22，其中 $\mathscr{E}$、r、R 和 L 均为已知. (1)试求 K 接通后，电流达到稳定值时，L 所储存的能量；(2)这能量以什么形式储存在 L 中？(3)电流达到稳定值后断开 K，试求 L 所储存的能量随时间的变化率；(4)试证明：K 断开后，R 放出的焦耳热等于 L 所储存的能量.

【解】 (1)K 接通后电流达到的稳定值为

$$I_0=\frac{\mathscr{E}}{r} \tag{1}$$

这时 L 所储存的能量为

$$W_m=\frac{1}{2}LI_0^2=\frac{1}{2}L\left(\frac{\mathscr{E}}{r}\right)^2 \tag{2}$$

(2)这能量以磁场的形式储存在 L 中.

(3)K 断开后，电路方程为

$$L\frac{\mathrm{d}I}{\mathrm{d}t}+RI=0 \tag{3}$$

利用初始条件：$t=0$ 时通过 L 的电流为 I_0，解得

$$I=I_0\mathrm{e}^{-\frac{R}{L}t}=\frac{\mathscr{E}}{r}\mathrm{e}^{-\frac{R}{L}t} \tag{4}$$

于是得 L 所储存的能量随时间的变化率为

$$\frac{\mathrm{d}}{\mathrm{d}t}\left(\frac{1}{2}LI^2\right)=LI\frac{\mathrm{d}I}{\mathrm{d}t}=L\left(\frac{\mathscr{E}}{r}\right)^2\left(-\frac{R}{L}\right)\mathrm{e}^{-\frac{2R}{L}t}=-R\left(\frac{\mathscr{E}}{r}\right)^2\mathrm{e}^{-\frac{2R}{L}t} \tag{5}$$

(4)K 断开后，R 上放出的焦耳热为

$$\int_0^\infty I^2R\mathrm{d}t=R\left(\frac{\mathscr{E}}{r}\right)^2\int_0^\infty \mathrm{e}^{-\frac{2R}{L}t}\mathrm{d}t=R\left(\frac{\mathscr{E}}{r}\right)^2\frac{L}{2R}=\frac{1}{2}L\left(\frac{\mathscr{E}}{r}\right)^2=W_m \tag{6}$$

9.23　任何两个线圈 1 和 2，试用磁场能量的方法证明：1 对 2 的互感 M_{21} 等于 2 对 1 的互感 M_{12}.

【证】　设两线圈的自感分别为 L_1 和 L_2，开始前都不接电源. 先接通 L_1 的电源，使 L_1 中的电流由零增大到 I_1 不变，这时 L_1 的磁场能量为

$$W_{m1}=\frac{1}{2}L_1I_1^2 \tag{1}$$

在维持 I_1 不变的情况下，接通 L_2 的电源，使 L_2 中的电流由零增大到 I_2 不变. 这时 L_2 的磁场能量为

$$W_{m2}=\frac{1}{2}L_2I_2^2 \tag{2}$$

在 L_2 中的电流由零增大到 I_2 时，在线圈 1 中要产生感应电动势

$$\mathscr{E}_{12}=-M_{12}\frac{\mathrm{d}I_2}{\mathrm{d}t} \tag{3}$$

这时要维持 I_1 不变，必须在线圈 1 中附加一个电动势 $\mathscr{E}_1'$ 以抵消 $\mathscr{E}_{12}$，即

$$\mathscr{E}_1'=-\mathscr{E}_{12}=M_{12}\frac{\mathrm{d}I_2}{\mathrm{d}t} \tag{4}$$

这个电动势在 I_1 流动时所作的功为

$$\int_0^t\mathscr{E}_1'I_1\mathrm{d}t=M_{12}I_1\int_0^{I_2}\mathrm{d}I_2=M_{12}I_1I_2 \tag{5}$$

这部分能量便作为互感磁能储存在磁场中. 因此，在 I_1 和 I_2 同时存在的情况下，这个系统所具有的磁场能量便为

$$W_m=\frac{1}{2}L_1I_1^2+\frac{1}{2}L_2I_2^2+M_{12}I_1I_2 \tag{6}$$

同样，如果先接通线圈 2 的电源，使电流由零增大到 I_2，然后在维持 I_2 不变的情况下，接通线圈 1 的电源，使电流由零增大到 I_1，则这个系统所具有的磁场能量便为

$$W_m'=\frac{1}{2}L_2I_2^2+\frac{1}{2}L_1I_1^2+M_{21}I_2I_1 \tag{7}$$

因最后的状态相同，故磁场能量应相等，即 $W_m'=W_m$，于是由式(6)、(7)得

$$M_{21}=M_{12} \tag{8}$$

9.24　根据实验，在北纬 40°某处，地面的电场强度为300V/m，磁感强度为 5.49×10^{-5}T. 试分别求该处的磁场能量密度和电场能量密度以及它们的比值.

【解】　磁场能量密度为

$$w_m=\frac{1}{2}\frac{B^2}{\mu_0}=\frac{(5.49\times10^{-5})^2}{2\times4\pi\times10^{-7}}=1.20\times10^{-3}(\mathrm{J/m^3})$$

电场能量密度为

$$w_e=\frac{1}{2}\varepsilon_0E^2=\frac{1}{2}\times8.854\times10^{-12}\times300^2=3.98\times10^{-7}(\mathrm{J/m^3})$$

比值为

$$\frac{w_m}{w_e}=\frac{1.20\times10^{-3}}{3.98\times10^{-7}}=3.02\times10^3$$

9.25 目前在实验里,利用先进技术,在空气中产生 $B=1.0\mathrm{T}$ 的磁场并不困难.(1)试求这磁场的能量密度;(2)要想产生电场能量密度等于这个值的电场,试问电场强度 $\boldsymbol{E}$ 的值应为多少?这在实验上容易实现吗?

【解】 (1)磁场能量密度为

$$w_m=\frac{1}{2}\frac{B^2}{\mu_0}=\frac{1.0^2}{2\times4\pi\times10^{-7}}=4.0\times10^5(\mathrm{J/m^3})$$

(2)电场强度 $\boldsymbol{E}$ 的值应为

$$E=\sqrt{\frac{2w_e}{\varepsilon_0}}=\sqrt{\frac{2w_m}{\varepsilon_0}}=\sqrt{\frac{2\times4.0\times10^5}{8.854\times10^{-12}}}=3.0\times10^8(\mathrm{V/m})$$

空气的电介质强度(击穿场强)为 $3.0\times10^6\,\mathrm{V/m}$,远小于这个值.故在空气中不能实现.迄今所知道的电介质强度的最大值约为 $1.0\times10^9\,\mathrm{V/m}$,最好的耐压云母的电介质强度也只有 $2.0\times10^8\,\mathrm{V/m}$.所以要在实验上实现上述电场强度,很不容易.

9.26 目前在实验室里产生 $E=10^5\,\mathrm{V/m}$ 的电场或 $B=10^4\,\mathrm{Gs}$ 的磁场是不难做到的.今在边长为 10cm 的立方体空间内产生上述两种均匀场,试问所需的能量各为多少?磁场能量是电场能量的多少倍?

【解】 产生 $E=10^5\,\mathrm{V/m}$ 的电场,所需的能量为

$$W_e=\frac{1}{2}\varepsilon_0E^2V=\frac{1}{2}\times8.854\times10^{-12}\times(10^5)^2\times(10\times10^{-2})^3=4\times10^{-5}(\mathrm{J})$$

产生 $B=10^4\times10^{-4}=1\mathrm{T}$ 的磁场,所需的能量为

$$W_m=\frac{B^2}{2\mu_0}V=\frac{1^2}{2\times4\pi\times10^{-7}}\times(10\times10^{-2})^3=4\times10^2(\mathrm{J})$$

$$\frac{W_m}{W_e}=\frac{4\times10^2}{4\times10^{-5}}=10^7$$

9.27 用超导材料制成的螺线管,可以获得 15T 的强磁场,试求这磁场的能量密度.

【解】 这磁场的能量密度为

$$w_m=\frac{B^2}{2\mu_0}=\frac{15^2}{2\times4\pi\times10^{-7}}=9.0\times10^7(\mathrm{J/m^3})$$

9.28 设一带电粒子是半径为 R 的圆球,所带的电荷量 q 均匀地分布在球面上.当这粒子以匀速 $\boldsymbol{v}(v\ll c)$运动时,在它外面的空间里离球心 O 为 $\boldsymbol{r}$(图 9.28)处产生的磁场强度为

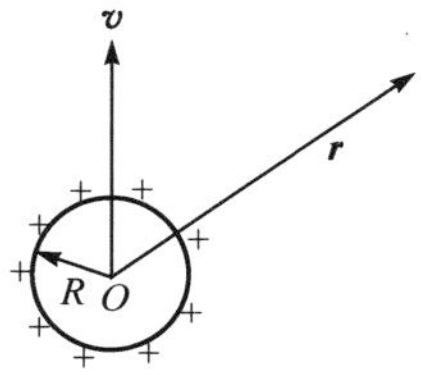

图 9.28

$$\boldsymbol{H}=\frac{q\boldsymbol{v}\times\boldsymbol{r}}{4\pi r^3}$$

试求这磁场的总能量.

【解】 这磁场的能量密度为

$$w_m=\frac{1}{2}\mu_0H^2=\frac{\mu_0}{2}\left(\frac{q\boldsymbol{v}\times\boldsymbol{r}}{4\pi r^3}\right)^2=\frac{\mu_0q^2v^2\sin^2\theta}{32\pi^2r^4} \tag{1}$$

式中 θ 为 $\boldsymbol{v}$ 与 $\boldsymbol{r}$ 之间的夹角.

这磁场的总能量为

$$W_m=\iiint_V w_m\mathrm{d}V=\int_R^\infty\int_0^\pi\int_0^{2\pi}w_m\mathrm{d}r\cdot r\mathrm{d}\theta\cdot r\sin\theta\mathrm{d}\phi$$

$$=\frac{\mu_0q^2v^2}{16\pi}\int_R^\infty\int_0^\pi\frac{\sin^3\theta}{r^2}\mathrm{d}r\mathrm{d}\theta=\frac{\mu_0q^2v^2}{16\pi R}\int_0^\pi\sin^3\theta\mathrm{d}\theta$$

$$=\frac{\mu_0q^2v^2}{16\pi R}\left[\frac{1}{3}\cos^3\theta-\cos\theta\right]_{\theta=0}^{\theta=\pi}=\frac{\mu_0q^2v^2}{12\pi R} \tag{2}$$

9.29 试由电磁学的基本关系推导出下列一些量的单位：$\boldsymbol{E}$、$\boldsymbol{D}$、ε_0、$\boldsymbol{H}$、$\boldsymbol{B}$、μ_0、$\boldsymbol{E}\cdot\boldsymbol{D}$、$\boldsymbol{H}\cdot\boldsymbol{B}$ 和 $\boldsymbol{E}\times\boldsymbol{H}$.

【解】 将某个量加上括号表示它的单位，如电流 (I)＝安培，则上述各量的单位推导如下：

(1)电场强度 $\boldsymbol{E}$ 的单位　　由

$$\mathrm{d}U=-\boldsymbol{E}\cdot\mathrm{d}\boldsymbol{l} \tag{1}$$

得 $\boldsymbol{E}$ 的单位为

$$(\boldsymbol{E})=\frac{(U)}{(l)}=\text{伏}/\text{米} \tag{2}$$

(2)电位移 $\boldsymbol{D}$ 的单位　　由

$$\oiint_S\boldsymbol{D}\cdot\mathrm{d}\boldsymbol{S}=Q \tag{3}$$

得 $\boldsymbol{D}$ 的单位为

$$(\boldsymbol{D})=\frac{(Q)}{(S)}=\text{库仑}/\text{米}^2 \tag{4}$$

(3)ε_0 的单位　　由

$$\boldsymbol{D}=\varepsilon_0\boldsymbol{E}\ \text{和}\ Q=CU \tag{5}$$

得 ε_0 的单位为

$$(\varepsilon_0)=\frac{(\boldsymbol{D})}{(\boldsymbol{E})}=\frac{\text{库仑}}{\text{米}^2}\cdot\frac{\text{米}}{\text{伏特}}=\frac{\text{库仑}}{\text{米}\cdot\text{伏特}}=\frac{\text{法拉}\cdot\text{伏特}}{\text{米}\cdot\text{伏特}}$$

$$=\text{法拉}/\text{米} \tag{6}$$

(4)磁场强度 $\boldsymbol{H}$ 的单位　　由

$$\mathrm{d}\boldsymbol{H}=\frac{I\mathrm{d}\boldsymbol{l}\times\boldsymbol{r}}{4\pi r^3} \tag{7}$$

得 $\boldsymbol{H}$ 的单位为

$$(\boldsymbol{H})=\frac{(I)(l)(r)}{(r^3)}=\text{安培}/\text{米} \tag{8}$$

(5)磁感强度 $\boldsymbol{B}$ 的单位　　由

$$\Phi = BS \tag{9}$$

得 $\boldsymbol{B}$ 的单位为

$$[\boldsymbol{B}]=\frac{[\Phi]}{[S]}=\text{韦伯/米}^2 \tag{10}$$

(6) μ_0 的单位　　由

$$\boldsymbol{B}=\mu_0\boldsymbol{H} \quad \text{和} \quad \Phi = LI \tag{11}$$

得 μ_0 的单位为

$$[\mu_0]=\frac{[\boldsymbol{B}]}{[\boldsymbol{H}]}=\frac{\text{韦伯}}{\text{米}^2}\cdot\frac{\text{米}}{\text{安培}}=\frac{\text{韦伯}}{\text{米}\cdot\text{安培}}=\frac{\text{亨}\cdot\text{安培}}{\text{米}\cdot\text{安培}}=\text{亨/米} \tag{12}$$

(7)$\boldsymbol{E}\cdot\boldsymbol{D}$ 的单位　　由式(2)、式(4)和

$$W_e=\frac{1}{2}CU^2=\frac{1}{2}QU \tag{13}$$

得 $\boldsymbol{E}\cdot\boldsymbol{D}$ 的单位为

$$[\boldsymbol{E}\cdot\boldsymbol{D}]=[\boldsymbol{E}][\boldsymbol{D}]=\frac{\text{伏特}}{\text{米}}\cdot\frac{\text{库仑}}{\text{米}^2}=\text{焦/米}^3 \tag{14}$$

(8)$\boldsymbol{H}\cdot\boldsymbol{B}$ 的单位　　由式(8)、式(10)和

$$W_m=\frac{1}{2}LI^2=\frac{1}{2}\Phi I \tag{15}$$

得 $\boldsymbol{H}\cdot\boldsymbol{B}$ 的单位为

$$[\boldsymbol{H}\cdot\boldsymbol{B}]=[\boldsymbol{H}][\boldsymbol{B}]=\frac{\text{安培}}{\text{米}}\cdot\frac{\text{韦伯}}{\text{米}^2}=\text{焦/米}^3 \tag{16}$$

(9)$\boldsymbol{E}\times\boldsymbol{H}$ 的单位　　由式(2)、式(8)和

$$P=IU \tag{17}$$

得 $\boldsymbol{E}\times\boldsymbol{H}$ 的单位为

$$[\boldsymbol{E}\times\boldsymbol{H}]=[\boldsymbol{E}][\boldsymbol{H}]=\frac{\text{伏特}}{\text{米}}\cdot\frac{\text{安培}}{\text{米}}=\text{瓦/米}^2 \tag{18}$$

第十章 暂态过程

10.1 一电路如图10.1所示，其中L是电感（它的电阻可略去不计），A_1、A_2和A_3是三个小灯泡；先接通电键K，电源的电压使它们都正常发光. 然后断开K，试问三个小灯泡哪个先熄灭？哪个后熄灭？为什么？

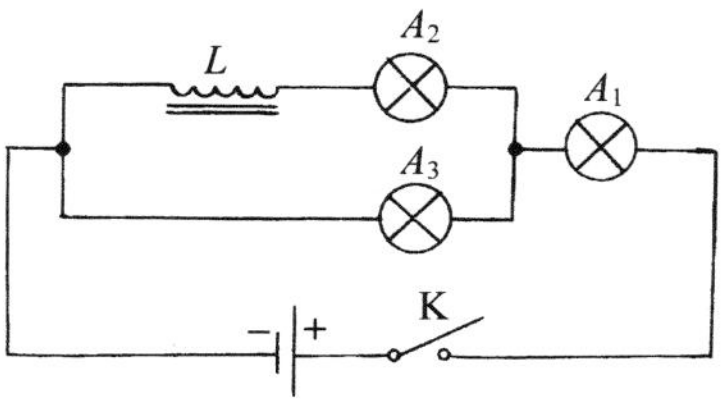

图10.1

【解答】 K断开后，通过A_1的电流为零，故A_1先熄灭，K断开后，L中的感应电动势在LA_2A_3回路中产生的感应电流随时间t指数下降，故A_2和A_3后熄灭，且A_2和A_3同时熄灭.

10.2 一电路如图10.2(1)所示，其中L是电感（它的电阻可略去不计），A_1和A_2是两个相同的小灯泡，电源的电压可以使它们正常发光，K是开关. 在下列两种情况下，各列出了四种现象，试问其中哪种现象是对的？(1)接通K：(a)A_1先亮，A_2后亮；(b)A_2先亮，A_1后亮；(c)A_1和A_2同时亮，且都一直亮下去；(d)A_1和A_2同时亮，A_1随即熄灭. (2)K接通后电流达到稳定，再断开K：(a)A_1和A_2同时熄灭；(b)A_1先熄灭，A_2后熄灭；(c)A_2先熄灭，A_1后熄灭；(d)A_2先熄灭，A_1突然闪亮一下然后熄灭.

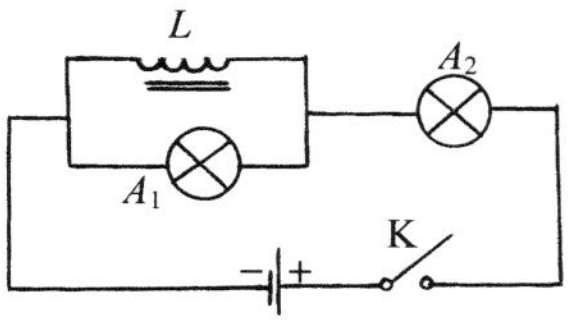

图10.2(1)

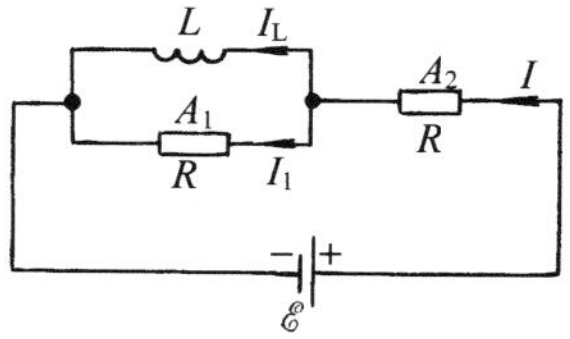

图10.2(2)

【解答】 (1)中(d)是正确的. (2)中(d)是正确的. 说明如下：

(1)K接通，电路如图10.2(2)所示，其中R代表A_1的电阻，也代表A_2的电阻. 这时由基尔霍夫电路定律有

$$I_1 + I_L = I \tag{1}$$

$$IR + I_1R = \mathscr{E} \tag{2}$$

$$I_1R + \mathscr{E}_L = 0 \tag{3}$$

$$\mathscr{E}_L = -L\frac{\mathrm{d}I_L}{\mathrm{d}t} \tag{4}$$

由式(1)、(2)得

$$2I_1 + I_L = \frac{\mathscr{E}}{R} \tag{5}$$

所以

$$\frac{\mathrm{d}I_L}{\mathrm{d}t} = -2\frac{\mathrm{d}I_1}{\mathrm{d}t} \tag{6}$$

由式(3)、(4)、(6)得

$$\frac{\mathrm{d}I_1}{\mathrm{d}t} + \frac{R}{2L}I_1 = 0 \tag{7}$$

利用初始条件 $t=0$ 时，$I_L=0$，$I_1=I=\frac{\mathscr{E}}{2R}$，解式(7)得

$$I_1 = \frac{\mathscr{E}}{2R}\mathrm{e}^{-\frac{R}{2L}t} \tag{8}$$

由式(2)、(8)得

$$I = \frac{\mathscr{E}}{R}\left(1 - \frac{1}{2}\mathrm{e}^{-\frac{R}{2L}t}\right) \tag{9}$$

根据式(8)、(9)得出：(1)中(d)是正确的.

(2)电流稳定后断开 K，这时

$$I_1' + I_L' = I' = 0 \tag{10}$$

$$I_1'R + \mathscr{E}_L = 0 \tag{11}$$

$$\mathscr{E}_L = -L\frac{\mathrm{d}I'_L}{\mathrm{d}t} \tag{12}$$

由式(10)、(11)、(12)得

$$L\frac{\mathrm{d}I'_L}{\mathrm{d}t} = RI'_1 = -RI_L' \tag{13}$$

利用初始条件 $t=0$ 时，$I'_L=\frac{\mathscr{E}}{R}$，解式(13)得

$$I'_L = \frac{\mathscr{E}}{R}\mathrm{e}^{-\frac{R}{L}t} \tag{14}$$

由式(10)和(14)得

$$I'_1 = -\frac{\mathscr{E}}{R}\mathrm{e}^{-\frac{R}{L}t} \tag{15}$$

式中负号表电流 I'_1 的方向与图 10.2(2)中所标明的方向相反.

由式(15)和式(8)可见，K 断开时的 $|I'_1|$ 比 K 接通时的 $|I_1|$ 大一倍. 故 A_1 在断开时，突然闪亮一下，然后熄灭.

10.3 一电路如图 10.3(1)，其中 S_1 和 S_2 是两个相同的小灯泡，自感为 L 的线圈其电阻也是 R. 当开关 K 接通时，两个小灯泡：(1)S_1 先比 S_2 暗，然后趋于同样亮；(2)S_2 先比 S_1 暗，然后趋于同样亮；(3)S_1 和 S_2 同样亮，亮度不变；(4)S_1 和 S_2 都是先暗后亮，两者始终一样亮. 试问上述(1)至(4)四种描述，其中哪个是对的？

【解答】 其中(2)是对的. 分析如下：设 S_1 和 S_2 的电阻均为 r，流过 S_1 的电流为 I_1，流过

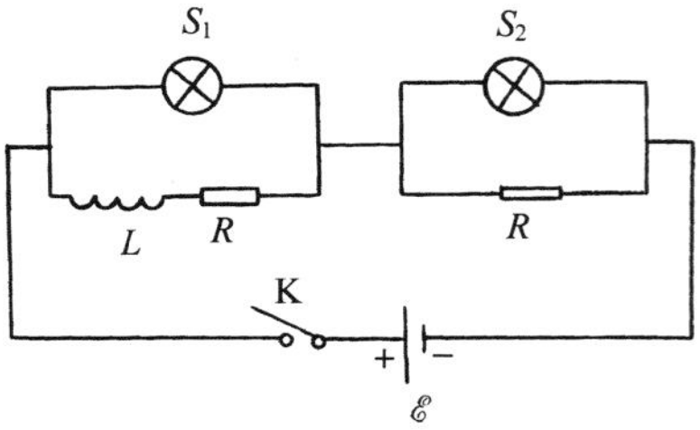

图 10.3(1)

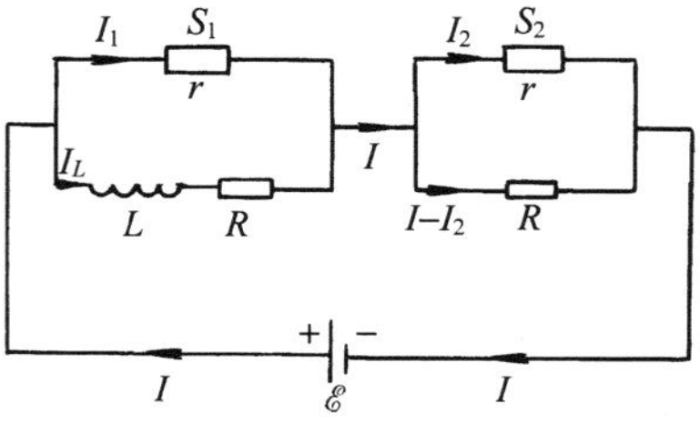

图 10.3(2)

S_2 的电流为 I_2，流过 L 的电流为 I_L，如图 10.3(2)所示. 则由基尔霍夫电路定律有

$$rI_1+\mathscr{E}_L-RI_L=0 \tag{1}$$

$$rI_2-R(I-I_2)=0 \tag{2}$$

$$I_1+I_L=I \tag{3}$$

$$rI_1+rI_2=\mathscr{E} \tag{4}$$

式中 $\mathscr{E}$ 为电源的电动势. 自感 L 的自感电动势为

$$\mathscr{E}_L=-L\frac{\mathrm{d}I_L}{\mathrm{d}t} \tag{5}$$

由式(1)、(5)得

$$L\frac{\mathrm{d}I_L}{\mathrm{d}t}+RI_L-rI_1=0 \tag{6}$$

由式(2)、(3)、(4)消去 I 和 I_2 得

$$I_1=\frac{(R+r)\mathscr{E}}{r(2R+r)}-\frac{R}{2R+r}I_L \tag{7}$$

代入式(6)得

$$\frac{\mathrm{d}I_L}{\mathrm{d}t}=\frac{2R(R+r)}{(2R+r)L}\left[\frac{\mathscr{E}}{2R}-I_L\right] \tag{8}$$

利用初始条件，K 接通时($t=0$)，$I_L=0$，解式(8)得

$$I_L=\frac{\mathscr{E}}{2R}(1-\mathrm{e}^{-\frac{R'}{L}t}) \tag{9}$$

式中

$$R'=\frac{2R(R+r)}{2R+r} \tag{10}$$

将式(9)代入式(7)得

$$I_1=\frac{\mathscr{E}}{2r}+\frac{\mathscr{E}}{2(2R+r)}\mathrm{e}^{-\frac{R'}{L}t} \tag{11}$$

将式(11)代入式(4)得

$$I_2=\frac{\mathscr{E}}{2r}-\frac{\mathscr{E}}{2(2R+r)}\mathrm{e}^{-\frac{R'}{L}t} \tag{12}$$

由式(11)和(12)可见，$t=0$(K 刚接通)时，$I_1>I_2$，所以 S_2 先比 S_1 暗. 当 $t\to\infty$时，$I_1=I_2=\frac{\mathscr{E}}{2r}$.

I_1 和 I_2 与时间 t 的关系如图 10.3(3)所示,图中 $\Delta=\frac{\mathscr{E}}{2(2R+r)}$.

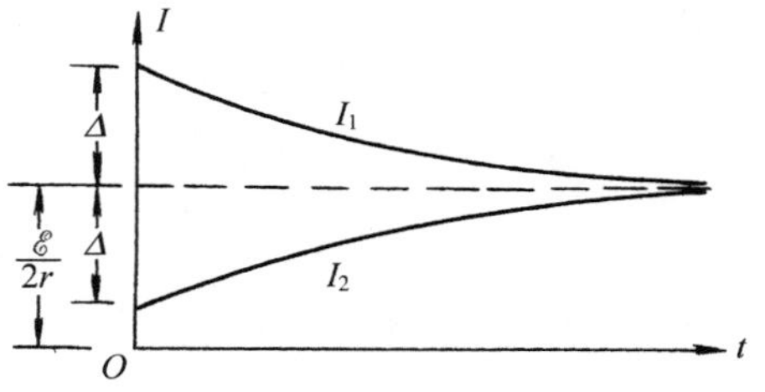

图 10.3(3)

10.4　电阻为 R_1 的小灯泡 S 与自感为 L、电阻为 R_2 的线圈并联后,接到电动势为 $\mathscr{E}$、内阻为 r 的电源上,如图 10.4(1)所示. 接通开关 K,使小灯泡稳定地发光. 为了使 K 断开时,小灯泡闪亮一下再熄灭,所需的条件是:(1)$R_1>r$;(2)$R_2>r$;(3)$R_1>R_2$;(4)$R_2>R_1$. 试问其中哪个是对的?

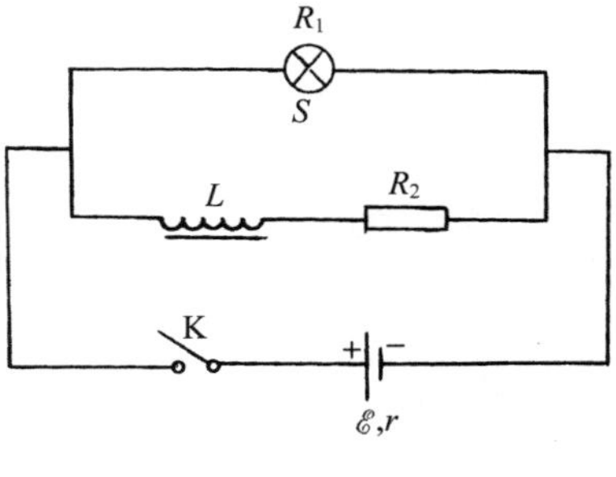

图 10.4(1)

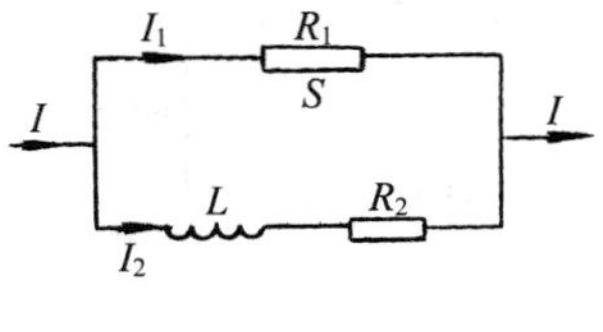

图 10.4(2)

【解答】 其中(3)$R_1>R_2$ 是对的. 说明如下:K 接通后小灯泡稳定地发光时,通过小灯泡的电流为

$$I_{10}=\frac{R_2}{R_1+R_2}I_0=\frac{R_2\mathscr{E}}{R_1r+R_2r+R_1R_2} \tag{1}$$

通过 R_2 的电流为

$$I_{20}=\frac{R_1}{R_1+R_2}I_0=\frac{R_1\mathscr{E}}{R_1r+R_2r+R_1R_2} \tag{2}$$

K 断开后,如图 10.4(2),由基尔霍夫电路定律有

$$I_1+I_2=I=0 \tag{3}$$

$$I_1R_1-I_2R_2+\mathscr{E}_L=0 \tag{4}$$

其中

$$\mathscr{E}_L=-L\frac{\mathrm{d}I_2}{\mathrm{d}t} \tag{5}$$

由式(3)、(4)得

$$\frac{\mathrm{d}I_2}{\mathrm{d}t}=-\frac{R_1+R_2}{L}I_2 \tag{6}$$

利用初始条件 $t=0$ 时，I_2 由式(2)表示为 $I_2=I_{20}$，解式(6)得

$$I_2=I_{20}\mathrm{e}^{-\frac{R_1+R_2}{L}t}=\frac{R_1\mathscr{E}}{R_1r+R_2r+R_1R_2}\mathrm{e}^{-\frac{R_1+R_2}{L}t} \tag{7}$$

由式(3)、(7)得

$$I_1=-\frac{R_1\mathscr{E}}{R_1r+R_2r+R_1R_2}\mathrm{e}^{-\frac{R_1+R_2}{L}t} \tag{8}$$

式中负号表示这时 I_1 的方向与图 10.4(2)所示的方向相反.

要使 K 断开时，小灯泡闪亮一下再熄灭，由式(1)、(8)可见，即 $t=0$ 时，

$$|I_1|=\frac{R_1\mathscr{E}}{R_1r+R_2r+R_1R_2}>\frac{R_2\mathscr{E}}{R_1r+R_2r+R_1R_2} \tag{9}$$

所以
$$R_1>R_2 \tag{10}$$

10.5　一电路如图 10.5，其中电感 $L=200\mathrm{mH}$，电阻 $R=18\Omega$，电源的电动势为 $\mathscr{E}=100\mathrm{V}$，内阻为 $r=2\Omega$. 在 $t=0$ 时接通电键 K. 试分别求 $t=0$ 和 $t=1.0\times10^{-2}\mathrm{s}$ 时的电流 I、电流的变化率$\frac{\mathrm{d}I}{\mathrm{d}t}$和电势差 U_{ab}.

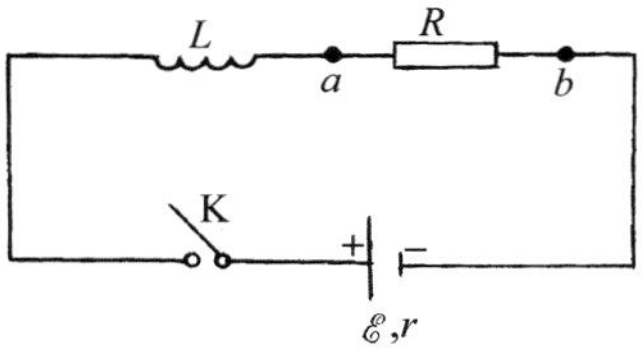

图 10.5

【解】 K 接通后，由基尔霍夫电路定律得

$$IR-\mathscr{E}+Ir-\mathscr{E}_L=0 \tag{1}$$

因为
$$\mathscr{E}_L=-L\frac{\mathrm{d}I}{\mathrm{d}t} \tag{2}$$

所以
$$L\frac{\mathrm{d}I}{\mathrm{d}t}+(R+r)I-\mathscr{E}=0 \tag{3}$$

利用初始条件 $t=0$ 时 $I=0$，解式(3)得

$$I=\frac{\mathscr{E}}{R+r}\left[1-\mathrm{e}^{-\frac{R+r}{L}t}\right] \tag{4}$$

由式(4)得，$t=0$ 时，

$$I=0 \tag{5}$$

$$\frac{\mathrm{d}I}{\mathrm{d}t}=\frac{\mathscr{E}}{L}=\frac{100}{200\times10^{-3}}=5.0\times10^2(\mathrm{A/s}) \tag{6}$$

$$U_{ab}=IR=0 \tag{7}$$

$t=1.0\times10^{-2}\mathrm{s}$ 时，

$$I=\frac{100}{18+2}\left[1-\mathrm{e}^{-\frac{(18+2)\times1.0\times10^{-2}}{200\times10^{-3}}}\right]=3.2(\mathrm{A}) \tag{8}$$

$$\frac{\mathrm{d}I}{\mathrm{d}t}=\frac{100}{200\times10^{-3}}-\frac{18+2}{200\times10^{-3}}\times3.2=1.8\times10^2(\mathrm{A/s}) \tag{9}$$

$$U_{ab}=IR=3.2\times18=58(\mathrm{V}) \tag{10}$$

10.6　一电报发报机的电路如图 10.6 所示，仪器 A 由电源 $\mathscr{E}_2$ 供电，它的开关是继电器 P；而 P 则由另一电路操纵，这电路电源的电动势为 $\mathscr{E}_1=20\mathrm{V}$，总电阻为

$R=80\Omega$，自感为 $L=0.60\text{H}$. 使继电器 P 的电磁铁工作（即 P 把 $\mathscr{E}_2$ 接通）所需的电流是 $I_1\geqslant 0.20\text{A}$. 试问 K 接通后，需要多长时间 P 才能接通 $\mathscr{E}_2$？

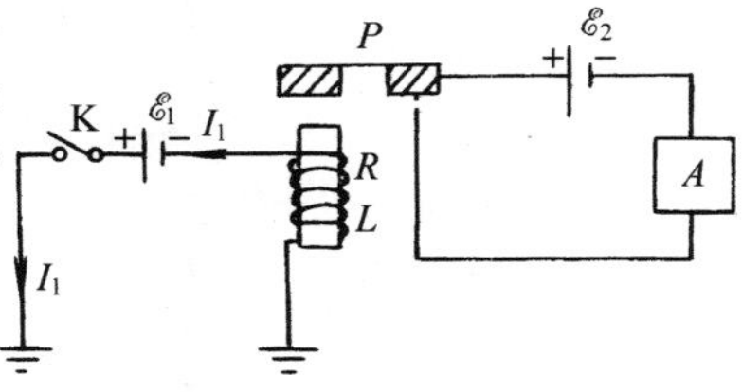

图 10.6

【解】 K 接通后，电路方程为

$$I_1R-\mathscr{E}_L-\mathscr{E}_1=0 \tag{1}$$

因为

$$\mathscr{E}_L=-L\frac{\mathrm{d}I_1}{\mathrm{d}t} \tag{2}$$

所以

$$L\frac{\mathrm{d}I_1}{\mathrm{d}t}+RI_1=\mathscr{E}_1 \tag{3}$$

利用初始条件 $t=0$，$I_1=0$，解式(3)得

$$I_1=\frac{\mathscr{E}_1}{R}(1-\mathrm{e}^{-\frac{R}{L}t}) \tag{4}$$

代入数值得

$$I_1=\frac{20}{80}(1-\mathrm{e}^{-\frac{80}{0.60}t})=\frac{1}{4}(1-\mathrm{e}^{-\frac{400}{3}t})\geqslant 0.20 \tag{5}$$

所以

$$\mathrm{e}^{\frac{400}{3}t}\geqslant\frac{1}{0.20}=5 \tag{6}$$

解得

$$t\geqslant\frac{3}{400}\ln 5=1.2\times 10^{-2}(\text{s}) \tag{7}$$

即 K 接通后 1.2×10^{-2} s，P 便能接通 $\mathscr{E}_2$.

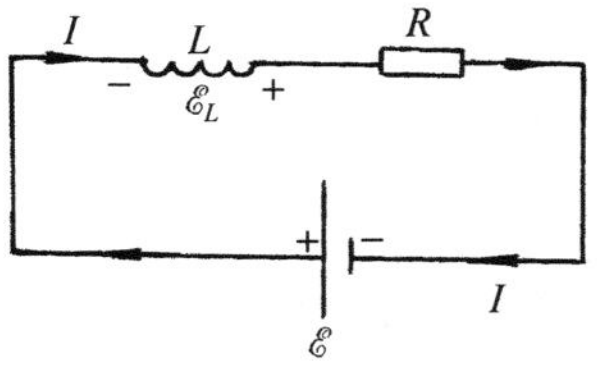

图 10.7

10.7 一个线圈的自感为 $L=3.0\text{H}$，电阻为 $R=6.0\Omega$，接到电动势为 $\mathscr{E}=12\text{V}$ 的电源上，电源的内阻可略去不计，如图 10.7 所示. 试求下列时刻的 $\frac{\mathrm{d}I}{\mathrm{d}t}$：(1)刚接上电源；(2)接上电源后 0.20s；(3) $I=1.0\text{A}$ 时.

【解】 电源接上后，电路如图 10.7 所示，电流 I 流入 L 处为电源 $\mathscr{E}_L$ 的负极[参见前面 8.3.1 题]，故电路方程为

$$IR-\mathscr{E}-\mathscr{E}_L=0 \tag{1}$$

因为

$$\mathscr{E}_L=-L\frac{\mathrm{d}I}{\mathrm{d}t} \tag{2}$$

所以

$$L\frac{\mathrm{d}I}{\mathrm{d}t}+RI=\mathscr{E} \tag{3}$$

利用初始条件 $t=0$ 时，$I=0$，解式(3)得

$$I=\frac{\mathscr{E}}{R}(1-\mathrm{e}^{-\frac{R}{L}t}) \tag{4}$$

(1)刚接上电源时，$I=0$，故由式(3)得

$$\frac{\mathrm{d}I}{\mathrm{d}t}=\frac{\mathscr{E}}{L}=\frac{12}{3.0}=4.0(\text{A/s}) \tag{5}$$

(2) $t=0.20\text{s}$ 时，由式(4)得

$$\frac{\mathrm{d}I}{\mathrm{d}t}=\frac{\mathscr{E}}{L}\mathrm{e}^{-\frac{R}{L}t}=\frac{12}{3.0}\mathrm{e}^{-\frac{6.0}{3.0}\times 0.20}$$
$$=2.7(\mathrm{A/s}) \tag{6}$$

(3) $I=1.0\text{A}$ 时，由式(3)得

$$\frac{\mathrm{d}I}{\mathrm{d}t}=\frac{\mathscr{E}}{L}-\frac{R}{L}I=\frac{12}{3.0}-\frac{6.0}{3.0}\times 1.0$$
$$=2.0(\mathrm{A/s}) \tag{7}$$

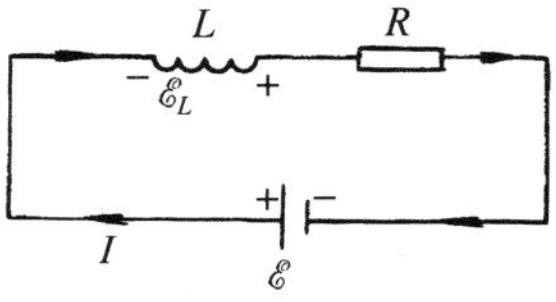

图 10.8

10.8　一螺线管的自感为 $L=5.0\text{H}$，电阻为 $R=20\Omega$，在 $t=0$ 时刻，将它接到电动势为 $\mathscr{E}=100\text{V}$ 的电源上，电源的内阻可略去不计，如图 10.8 所示. 试求：(1)电流 I 与时间 t 的关系；(2)电流达到稳定值(不随时间变化的值)的一半所需要的时间.

【解】 (1)接上电源后，电路如图 10.8 所示，电流 I 流入 L 处为电源 $\mathscr{E}_L$ 的负极[参见前面 8.3.1 题]，故电路方程为

$$-\mathscr{E}_L+IR-\mathscr{E}=0 \tag{1}$$

因为

$$\mathscr{E}_L=-L\frac{\mathrm{d}I}{\mathrm{d}t} \tag{2}$$

所以

$$L\frac{\mathrm{d}I}{\mathrm{d}t}+RI=\mathscr{E} \tag{3}$$

利用初始条件 $t=0$ 时 $I=0$，解式(3)得

$$I=\frac{\mathscr{E}}{R}(1-\mathrm{e}^{-\frac{R}{L}t}) \tag{4}$$

代入数值得

$$I=\frac{100}{20}(1-\mathrm{e}^{-\frac{20}{5.0}t})=5.0(1-\mathrm{e}^{-4.0t}) \tag{5}$$

(2)由式(4)可见，电流的稳定值为 $I=5.0\text{A}$. 设 I 达到稳定值一半所需时间为 t，则由式(5)得

$$1-\mathrm{e}^{-4.0t}=\frac{1}{2} \tag{6}$$

解得

$$t=\frac{1}{4.0}\ln 2=0.17(\mathrm{s}) \tag{7}$$

10.9　一电路如图 10.9，其中的电阻 R_1 和 R_2、电感 L 和电动势 $\mathscr{E}$ 均为已知，电源的内阻可略去不计. 先接通 K_1，使电流 I 达到稳定值. 在 $t=0$ 时刻接通 K_2. (1)试求电流 I 与时间 t 的关系；(2)当 $\mathscr{E}=5.0\text{V}$，$R_1=2.0\Omega$，$R_2=3.0\Omega$，$L=2.0\text{mH}$ 时，试计算 $t=1.0\times 10^{-3}\text{s}$ 时 I 的值.

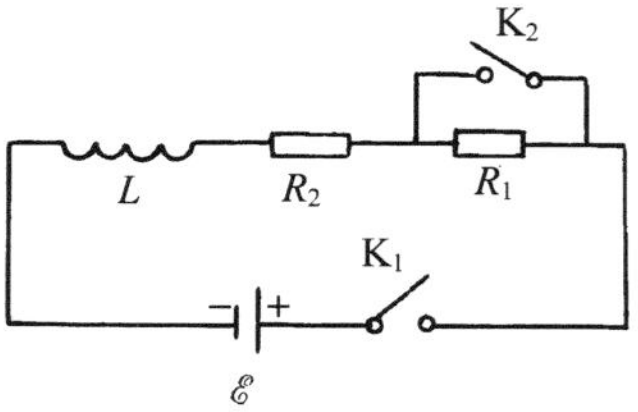

图 10.9

【解】 (1)K_2 接通后,电路方程为

$$IR_2 - \mathscr{E}_L - \mathscr{E} = 0 \tag{1}$$

因为
$$\mathscr{E}_L = -L\frac{dI}{dt} \tag{2}$$

所以
$$L\frac{dI}{dt} + R_2 I = \mathscr{E} \tag{3}$$

利用初始条件:

$$t = 0 \text{ 时}, I = \frac{\mathscr{E}}{R_1 + R_2} \tag{4}$$

解式(3)得 I 与时间 t 的关系为

$$I = \frac{\mathscr{E}}{R_2}\left[1 - \frac{R_1}{R_1 + R_2}e^{-\frac{R_2}{L}t}\right] \tag{5}$$

(2)代入数据得,$t=1.0\times10^{-3}$ s 时 I 的值为

$$I = \frac{5.0}{3.0}\left[1 - \frac{2.0}{2.0+3.0}e^{-\frac{3.0\times1.0\times10^{-3}}{2.0\times10^{-3}}}\right] = 1.5(\text{A}) \tag{6}$$

【讨论】 在处理有自感 L 的支路时,应记住以下三点:

(1) 电源 $\mathscr{E}_L$ 的正负极:标出电流 I 的方向后,I 流入 L 处为电源 $\mathscr{E}_L$ 的负极,I 流出 L 处为电源 $\mathscr{E}_L$ 的正极[参见 8.3.1 题].

(2)电源 $\mathscr{E}_L$ 的电动势:电源 $\mathscr{E}_L$ 的电动势为

$$\mathscr{E}_L = -L\frac{dI}{dt}$$

式中自感 $L>0$.

(3)电流 I 的初始条件:流过 L 的电流 I 不发生突变(即 I 在时间上是连续的). 如原来电流为零,则 $t=0$ 时刻电流为零;如原来电流为 I_0,则 $t=0$ 时刻电流为 I_0. 例如本题,原来电流为 $I_0=\dfrac{\mathscr{E}}{R_1+R_2}$,则接通 K_2 的 $t=0$ 时刻,电流为 $I=I_0=\dfrac{\mathscr{E}}{R_1+R_2}$.

10.10　一电路如图 10.10(1),其中电阻 R 和 r,线圈的自感 L 以及电源的电动势 $\mathscr{E}$ 都已知,电源 $\mathscr{E}$ 和线圈 L 的内阻都可略去不计. (1)试求开关 K 接通后,a、b 间的电压与时间的关系;(2)在电流达到稳定值的情况下,试求 K 断开后,a、b 间的电压与时间的关系.

【解】 (1)K 接通后,电路的电阻就成为$\dfrac{Rr}{R+r}$. 本题便是电路的电阻由 R 突变为$\dfrac{Rr}{R+r}$而引起的变化. K 接通后,电路便如图 10.10(1)所示,这时电路方程便为

$$\frac{Rr}{R+r}I - \mathscr{E}_L - \mathscr{E} = 0 \tag{1}$$

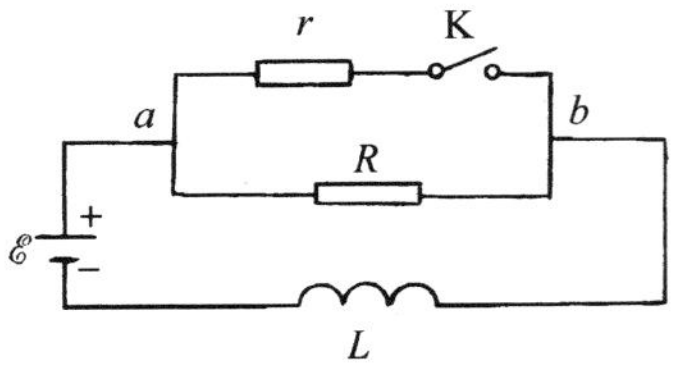

图 10.10(1)

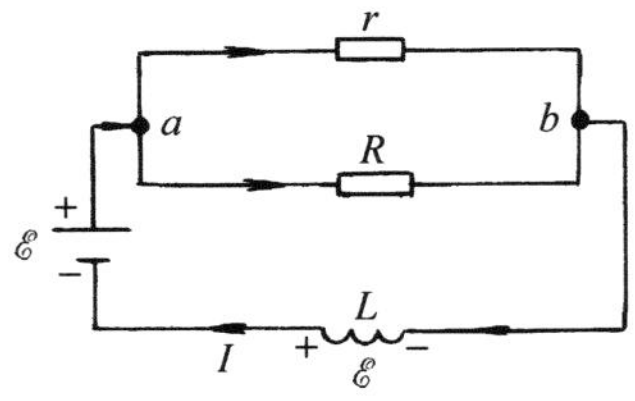

图 10.10(2)

$$L\frac{\mathrm{d}I}{\mathrm{d}t}+\frac{Rr}{R+r}I=\mathscr{E} \tag{2}$$

利用初始条件，$t=0$ 时，

$$I=\frac{\mathscr{E}}{R} \tag{3}$$

解式(2)得

$$I=\frac{(R+r)\mathscr{E}}{Rr}\left[1-\frac{R}{R+r}\mathrm{e}^{-\frac{Rrt}{(R+r)L}}\right] \tag{4}$$

于是得 a、b 间的电压与时间的关系为

$$U_{ab}=\frac{Rr}{R+r}I=\mathscr{E}\left[1-\frac{R}{R+r}\mathrm{e}^{-\frac{Rrt}{(R+r)L}}\right] \tag{5}$$

(2)在电流 I 达到稳定值时断开 K，这时电路方程为

$$RI'-\mathscr{E}'_L-\mathscr{E}=0 \tag{6}$$

所以

$$L\frac{\mathrm{d}I'}{\mathrm{d}t}+RI'=\mathscr{E} \tag{7}$$

初始条件是 K 未断开时 I 的稳定值，由式(4)得这个稳定值为$\frac{(R+r)\mathscr{E}}{Rr}$. 故式(7)的初始条件便为

$$t=0,\qquad I'=\frac{(R+r)\mathscr{E}}{Rr} \tag{8}$$

利用式(8)解式(7)得

$$I'=\frac{\mathscr{E}}{R}\left[1+\frac{R}{r}\mathrm{e}^{-\frac{R}{L}t}\right] \tag{9}$$

于是得 K 断开后，a、b 间的电压与时间的关系为

$$U'_{ab}=RI'=\mathscr{E}\left[1+\frac{R}{r}\mathrm{e}^{-\frac{R}{L}t}\right] \tag{10}$$

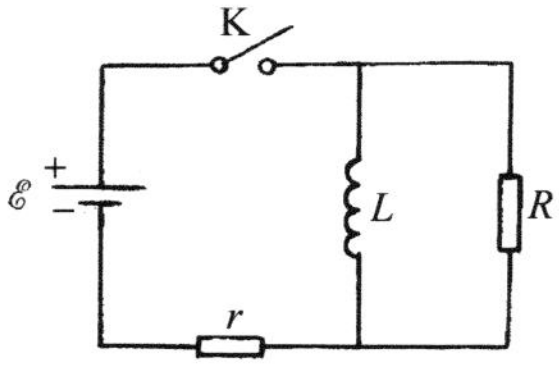

图 10.11

【讨论】 参见前面 10.9 题的讨论.

10.11 一电路如图 10.11，其中电阻 R 和 r，线圈的自感 L 以及电源的电动势 $\mathscr{E}$ 均为已知，电源的内阻已包括在 r 内，线圈的电阻可略去不计. 先接通 K，使电流达到稳定值. 然后在 $t=0$ 时刻断开 K. (1)试求 R 上的电流 I 与

时间 t 的关系；(2)试证明：消耗在 R 上的焦耳热等于开始时储藏在 L 中的磁能.

【解】 (1)K 接通后，电流达到稳定值时，通过 L 的电流为

$$I_0 = \frac{\mathscr{E}}{r} \tag{1}$$

断开 K 后，RL 回路中，电路方程为

$$RI - \mathscr{E}_L = 0 \tag{2}$$

所以

$$L\frac{\mathrm{d}I}{\mathrm{d}t} + RI = 0 \tag{3}$$

利用初始条件式(1)，解式(3)得

$$I = \frac{\mathscr{E}}{r}\mathrm{e}^{-\frac{R}{L}t} \tag{4}$$

(2)开始时，储藏在 L 中的磁能为

$$W_m = \frac{1}{2}LI_0^2 \tag{5}$$

K 断开后，消耗在 R 上的焦耳热为

$$\int_0^\infty I^2R\mathrm{d}t = I_0^2R\int_0^\infty \mathrm{e}^{-\frac{2R}{L}t}\mathrm{d}t = I_0^2R\left(-\frac{L}{2R}\right)\mathrm{e}^{-\frac{2R}{L}t}\Big|_0^\infty$$

$$= \frac{1}{2}LI_0^2 = W_m$$

10.12 一电路如图 10.12(1)，其中电阻 R、线圈的自感 L 以及电源的电动势 $\mathscr{E}$ 和内阻 r 均为已知，线圈的电阻可略去不计. 接通 K 使电流达到稳定值，然后断开 K. 试求 K 刚断开时：(1)a、b 间的电势差 U_{ab}；(2)通过 R 的电流 I_R.

【解】 接通 K，电流达到稳定值时，通过 L 的电流为

$$I_L = \frac{\mathscr{E}}{r} \tag{1}$$

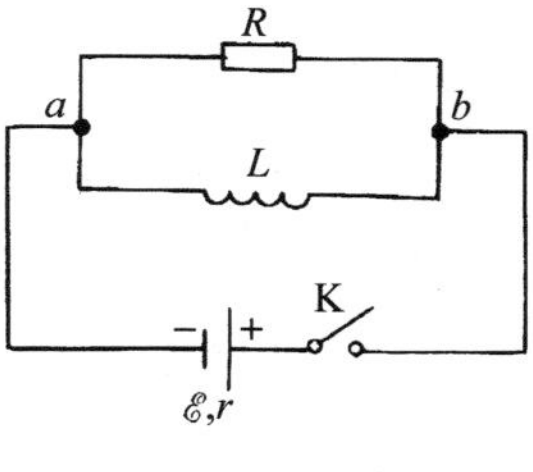

图 10.12(1)

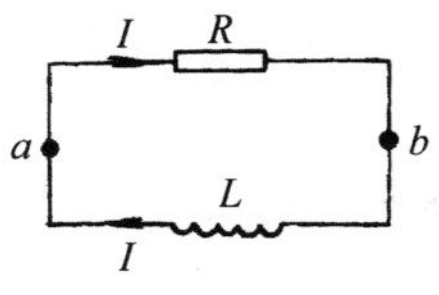

图 10.12(2)

K 再断开时，由于 L 中的电流不发生突变，故 L 中的电流为[参见图 10.12(2)]

$$I = I_L = \frac{\mathscr{E}}{r} \tag{2}$$

这时通过 R 的电流为

$$I_R = I = \frac{\mathscr{E}}{r} \tag{3}$$

a、b 间的电势差为

$$U_{ab}=U_a-U_b=IR=\frac{R}{r}\mathscr{E} \tag{4}$$

10.13　一电路如图 10.13(1)，其中电阻 R_1、R_2 和 R_3，线圈的电感 L 以及电源的电动势 $\mathscr{E}$ 均为已知，电源的内阻包括在 R_1 内，线圈的电阻包括在 R_3 内。(1)在$t=0$ 时刻接通电键 K，试分别求 R_1、R_2 和 R_3 中的电流与时间 t 的关系；(2)K接通后，待电流达到稳定值，再断开 K. 以 K 断开时为 $t'=0$，试求 R_1、R_2 和 R_3 中的电流与时间 t'的关系.

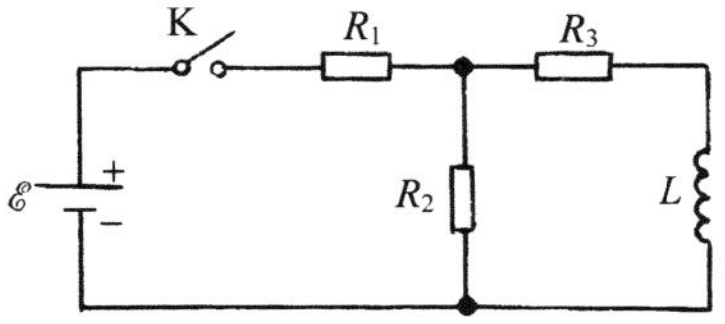

图 10.13(1)

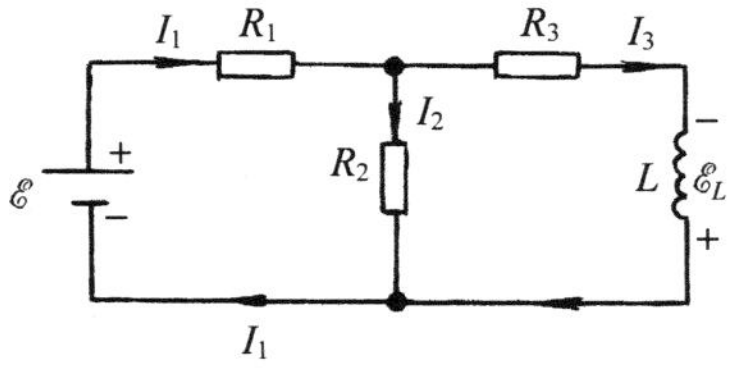

图 10.13(2)

【解】　(1)K 接通后，设通过 R_1、R_2 和 R_3 的电流分别为 I_1、I_2 和 I_3，如图 10.13(2)所示. 这时电路方程为

$$I_1=I_2+I_3 \tag{1}$$

$$I_1R_1+I_2R_2=\mathscr{E} \tag{2}$$

$$I_3R_3-\mathscr{E}_L-I_2R_2=0 \tag{3}$$

因为

$$\mathscr{E}_L=-L\frac{\mathrm{d}I_3}{\mathrm{d}t} \tag{4}$$

故式(3)便为

$$L\frac{\mathrm{d}I_3}{\mathrm{d}t}+I_3R_3=I_2R_2 \tag{5}$$

初始条件为[参见前面 10.9 题后的讨论]

$$t=0\text{ 时},I_3=0 \tag{6}$$

由式(1)、(2)消去 I_1 得

$$I_2=\frac{\mathscr{E}}{R_1+R_2}-\frac{R_1}{R_1+R_2}I_3 \tag{7}$$

将式(7)代入式(5)得

$$L\frac{\mathrm{d}I_3}{\mathrm{d}t}=\frac{R_2\mathscr{E}}{R_1+R_2}-\frac{\alpha}{R_1+R_2}I_3 \tag{8}$$

式中

$$\alpha=R_1R_2+R_2R_3+R_3R_1 \tag{9}$$

利用初始条件式(6)，解式(8)得

$$I_3 = \frac{R_2\mathscr{E}}{\alpha}\left[1 - \mathrm{e}^{-\frac{\alpha t}{L(R_1+R_2)}}\right] \tag{10}$$

将式(10)代入式(7)得

$$I_2 = \frac{R_3\mathscr{E}}{\alpha}\left[1 + \frac{R_1R_2}{(R_1+R_2)R_3}\mathrm{e}^{-\frac{\alpha t}{L(R_1+R_2)}}\right] \tag{11}$$

将式(10)、(11)代入式(1)得

$$I_1 = \frac{(R_2+R_3)\mathscr{E}}{\alpha}\left[1 - \frac{R_2^2}{(R_1+R_2)(R_2+R_3)}\mathrm{e}^{-\frac{\alpha t}{L(R_1+R_2)}}\right] \tag{12}$$

(2)K 再断开后,电路方程为

$$I'_2 + I'_3 = I'_1 = 0 \tag{13}$$

$$I'_3R_3 - \mathscr{E}'_L - I'_2R_2 = 0 \tag{14}$$

$$\mathscr{E}'_L = -L\frac{\mathrm{d}I'_3}{\mathrm{d}t'} \tag{15}$$

由式(13)、(14)、(15)得

$$L\frac{\mathrm{d}I'_3}{\mathrm{d}t'} = -(R_2+R_3)I'_3 \tag{16}$$

由初始条件

$$t' = 0\text{ 时},I'_3 = (I_3)_{t=\infty} = \frac{R_2\mathscr{E}}{\alpha} \tag{17}$$

解式(16)得

$$I'_3 = \frac{R_2\mathscr{E}}{\alpha}\mathrm{e}^{-\frac{R_2+R_3}{L}t'} \tag{18}$$

由式(13)和(18)得

$$I'_2 = -\frac{R_2\mathscr{E}}{\alpha}\mathrm{e}^{-\frac{R_2+R_3}{L}t'} \tag{19}$$

式中负号表示,I'_2 的方向与图 10.13(2)所示的方向相反.

【讨论】 参见前面 10.9 题后的讨论.

10.14 一电路如图 10.14(1),其中电阻 R 和 r、线圈的自感 L 和电源的电动势 $\mathscr{E}$ 都已知,线圈的电阻和电源的内阻都可略去不计. 在 $t=0$ 时刻接通开关 K. 设 $R>r$,试求 R 两端的电势差 U_R 等于 r 两端的电势差 U_r 的时刻.

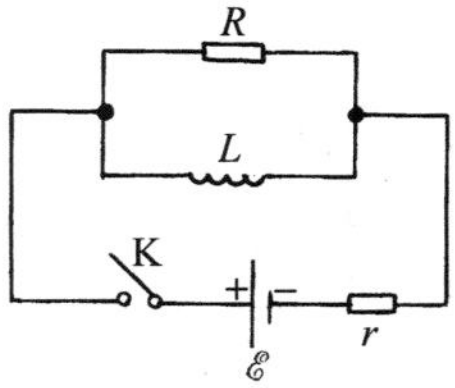

图 10.14(1)

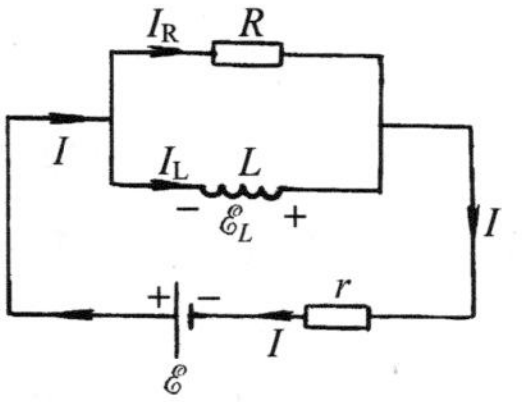

图 10.14(2)

【解】 K 接通后，设通过 R 和 L 的电流分别为 I_R 和 I_L，通过 r 的电流为 I，如图 10.14(2) 所示. 这时电路方程为

$$I = I_R + I_L \tag{1}$$

$$I_R R + Ir = \mathscr{E} \tag{2}$$

$$I_R R + \mathscr{E}_L = 0 \tag{3}$$

因为

$$\mathscr{E}_L = -L\frac{\mathrm{d}I_L}{\mathrm{d}t} \tag{4}$$

所以

$$L\frac{\mathrm{d}I_L}{\mathrm{d}t} = I_R R \tag{5}$$

由式(1)、(2)得

$$I_R = \frac{\mathscr{E}}{R+r} - \frac{r}{R+r}I_L \tag{6}$$

将式(6)代入式(5)得

$$L\frac{\mathrm{d}I_L}{\mathrm{d}t} = \frac{R\mathscr{E}}{R+r} - \frac{Rr}{R+r}I_L \tag{7}$$

利用初始条件[参见前面 10.9 题的讨论]

$$t = 0 \text{ 时}, I_L = 0 \tag{8}$$

解式(7)得

$$I_L = \frac{\mathscr{E}}{r}\left[1 - \mathrm{e}^{-\frac{Rrt}{(R+r)L}}\right] \tag{9}$$

将式(9)代入式(6)得

$$I_R = \frac{\mathscr{E}}{R+r}\mathrm{e}^{-\frac{Rrt}{(R+r)L}} \tag{10}$$

将式(9)、(10)代入式(1)得

$$I = \frac{\mathscr{E}}{r}\left[1 - \frac{R}{R+r}\mathrm{e}^{-\frac{Rrt}{(R+r)L}}\right] \tag{11}$$

令

$$U_R = I_R R = U_r = Ir \tag{12}$$

由式(10)、(11)、(12)得

$$\frac{R}{R+r}\mathrm{e}^{-\frac{Rrt}{(R+r)L}} = 1 - \frac{R}{R+r}\mathrm{e}^{-\frac{Rrt}{(R+r)L}} \tag{13}$$

所以

$$\mathrm{e}^{\frac{Rrt}{(R+r)L}} = \frac{2R}{R+r} \tag{14}$$

由此得所求的时间为

$$t = \frac{(R+r)L}{Rr}\ln\left(\frac{2R}{R+r}\right) \tag{15}$$

【讨论】 由式(15)可见，只有在 $R>r$ 的条件下，才有 $t>0$. 若 $r>R$，本题便无解.

10.15 一电路如图 10.15(1)，其中电阻 R、线圈的自感 L_1 和 L_2、电源的电动势 $\mathscr{E}$ 均为已知，线圈的电阻和它们间的互感以及电源的内阻均可略去不计. 在

$t=0$时刻接通开关K.试求t时刻:(1)a、b间的电势差U_{ab};(2)L_1中的电流I_1.

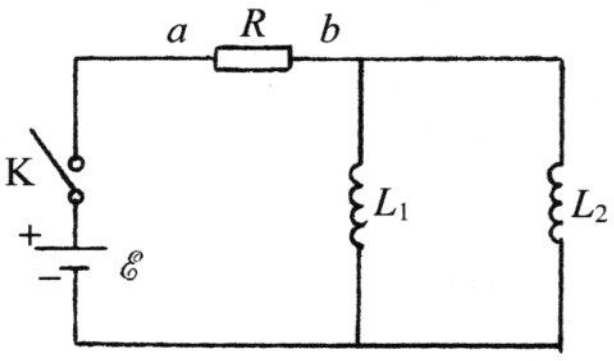

图 10.15(1)

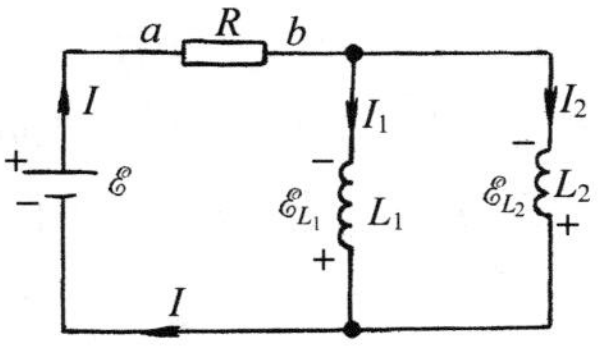

图 10.15(2)

【解】 (1)K接通后,设电流分布如图10.15(2)所示.这时电路方程为

$$I=I_1+I_2 \tag{1}$$

$$IR-\mathscr{E}_{L_1}-\mathscr{E}=0 \tag{2}$$

$$IR-\mathscr{E}_{L_2}-\mathscr{E}=0 \tag{3}$$

因为

$$\mathscr{E}_{L_1}=-L_1\frac{\mathrm{d}I_1}{\mathrm{d}t} \tag{4}$$

$$\mathscr{E}_{L_2}=-L_2\frac{\mathrm{d}I_2}{\mathrm{d}t} \tag{5}$$

故得

$$L_1\frac{\mathrm{d}I_1}{\mathrm{d}t}+RI=\mathscr{E} \tag{6}$$

$$L_2\frac{\mathrm{d}I_2}{\mathrm{d}t}+RI=\mathscr{E} \tag{7}$$

由式(1)、(6)、(7)得

$$L_1L_2\frac{\mathrm{d}I}{\mathrm{d}t}=-R(L_1+L_2)I+(L_1+L_2)\mathscr{E} \tag{8}$$

利用初始条件

$$t=0\text{ 时},I=0 \tag{9}$$

解式(8)得

$$I=\frac{\mathscr{E}}{R}\left[1-\mathrm{e}^{-\frac{R(L_1+L_2)}{L_1L_2}t}\right] \tag{10}$$

于是得所求电势差为

$$U_{ab}=IR=\mathscr{E}\left[1-\mathrm{e}^{-\frac{R(L_1+L_2)}{L_1L_2}t}\right] \tag{11}$$

(2)再求I_1.将式(10)代入式(6)得

$$\frac{\mathrm{d}I_1}{\mathrm{d}t}=\frac{\mathscr{E}}{L_1}-\frac{R}{L_1}I=\frac{\mathscr{E}}{L_1}\mathrm{e}^{-\frac{R(L_1+L_2)}{L_1L_2}t} \tag{12}$$

利用初始条件

$$t=0\text{ 时},I_1=0 \tag{13}$$

将(12)对时间 t 积分,便得

$$I_1=\frac{L_2\mathscr{E}}{R(L_1+L_2)}\left[1-e^{-\frac{R(L_1+L_2)}{L_1L_2}t}\right] \tag{14}$$

【讨论】 图 10.15(2)中的电流 I 亦可求出如下:因 L_1 和 L_2 是并联,其间互感可略去不计,故等效自感为(参见前面 8.3.38 题)

$$L=\frac{L_1L_2}{L_1+L_2} \tag{15}$$

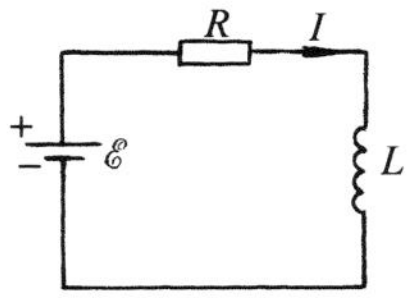

图 10.15(3)

于是图 10.15(2)便化为图 10.5(3),电路方程为

$$IR-\mathscr{E}_L-\mathscr{E}=0 \tag{16}$$

所以

$$L\frac{dI}{dt}+RI=\mathscr{E} \tag{17}$$

利用初始条件式(9),解式(17)得

$$I=\frac{\mathscr{E}}{R}\left[1-e^{-\frac{R}{L}t}\right] \tag{18}$$

将式(15)代入式(18)即得式(10).

10.16 一电路如图 10.16(1),已知电源的电动势为 $\mathscr{E}=220\text{V}$,内阻可略去不计;线圈的自感为 $L=10\text{H}$,电阻可略去不计;两电阻分别为 $R_1=10\Omega$ 和 $R_2=100\Omega$.(1)接通开关 K 并持续很长时间,试求这段时间内 R_2 上放出的焦耳热;(2)然后断开 K 并持续很长时间,试求这段时间内 R_2 上放出的焦耳热.

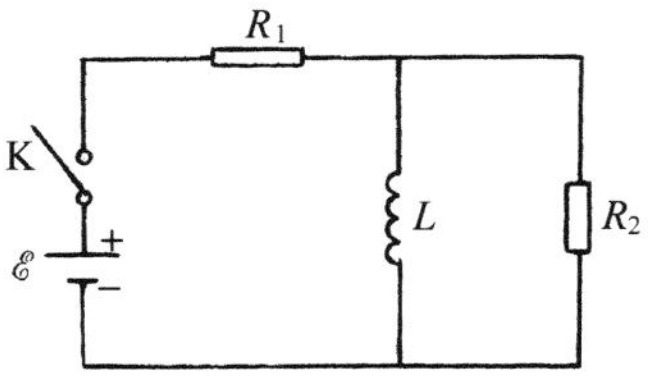

图 10.16(1)

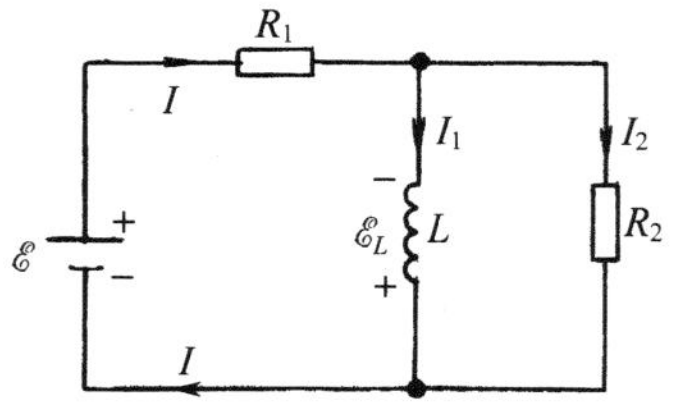

图 10.16(2)

【解】 (1)K 接通后,设电流分布如图 10.16(2)所示.电路方程为

$$I=I_1+I_2 \tag{1}$$

$$IR_1-\mathscr{E}_L-\mathscr{E}=0 \tag{2}$$

$$I_2R_2+\mathscr{E}_L=0 \tag{3}$$

因为

$$\mathscr{E}_L=-L\frac{dI_1}{dt} \tag{4}$$

故得

$$L\frac{dI_1}{dt}=R_2I_2 \tag{5}$$

由式(1)、(2)、(3)消去 I 得

$$(R_1+R_2)I_2+R_1I_1=\mathscr{E} \tag{6}$$

由式(5)、(6)得

$$\frac{\mathrm{d}I_2}{\mathrm{d}t}=-\frac{R_1R_2}{(R_1+R_2)L}I_2 \tag{7}$$

利用初始条件

$$t=0\text{ 时},I_2=\frac{\mathscr{E}}{R_1+R_2} \tag{8}$$

解式(7)得

$$I_2=\frac{\mathscr{E}}{R_1+R_2}\mathrm{e}^{-\frac{R_1R_2t}{(R_1+R_2)L}} \tag{9}$$

从接通到电流稳定,R_2 上放出的焦耳热为

$$\begin{aligned}Q_2&=\int_0^{\infty}I_2{}^2R_2\mathrm{d}t=\frac{\mathscr{E}^2R_2}{(R_1+R_2)^2}\int_0^{\infty}\mathrm{e}^{-\frac{2R_1R_2t}{(R_1+R_2)L}}\mathrm{d}t\\&=\frac{\mathscr{E}^2L}{2R_1(R_1+R_2)}=\frac{220^2\times10}{2\times10\times(10+100)}\\&=2.2\times10^2(\mathrm{J})\end{aligned} \tag{10}$$

(2)K 断开后,电路方程为

$$I'=I'_1+I'_2=0 \tag{11}$$

$$R_2I'_2+\mathscr{E}'_L=0 \tag{12}$$

因为

$$\mathscr{E}'_L=-L\frac{\mathrm{d}I'_1}{\mathrm{d}t'} \tag{13}$$

所以

$$L\frac{\mathrm{d}I'_1}{\mathrm{d}t'}=R_2I'_2=-R_2I'_1 \tag{14}$$

利用初始条件

$$t'=0\text{ 时},I'_1=\frac{\mathscr{E}}{R_1} \tag{15}$$

解式(14)得

$$I'_1=\frac{\mathscr{E}}{R_1}\mathrm{e}^{-\frac{R_2}{L}t'} \tag{16}$$

由式(11)和(16)得

$$I'_2=-\frac{\mathscr{E}}{R_1}\mathrm{e}^{-\frac{R_2}{L}t'} \tag{17}$$

式中负号表示 I'_2 的方向与图 10.16(2)中 I_2 的方向相反.最后得 R_2 上放出的焦耳热为

$$\begin{aligned}Q'_2&=\int_0^{\infty}I'^2_2R_2\mathrm{d}t'=\frac{\mathscr{E}^2R_2}{R_1^2}\int_0^{\infty}\mathrm{e}^{-\frac{2R_2}{L}t'}\mathrm{d}t'\\&=\frac{\mathscr{E}^2L}{2R_1{}^2}=\frac{220^2\times10}{2\times10^2}=2.4\times10^3(\mathrm{J})\end{aligned} \tag{18}$$

【讨论】 Q'_2 也可以由 $t'=0$ 时,储存在 L 中的磁能

$$W_m = \frac{1}{2}LI_1'^2 = \frac{1}{2}L\left(\frac{\mathscr{E}}{R_1}\right)^2 \tag{19}$$

算出.

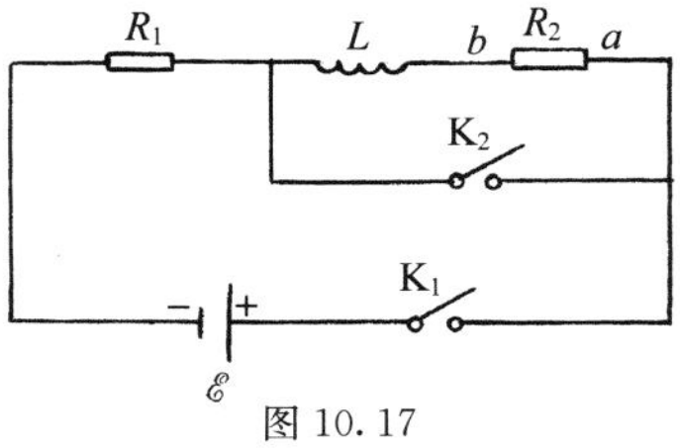

图 10.17

10.17　一电路如图 10.17,其中电阻 R_1 和 R_2、线圈的自感 L 和电源的电动势 $\mathscr{E}$ 均为已知,线圈的电阻可略不计,电源的内阻已包括在 R_1 内.在开关 K_2 断开的情况下,于 $t=0$ 时刻接通开关 K_1,然后在 t_1 时刻接通开关 K_2.试求 $t(>t_1)$时刻 a、b 两点的电势差 U_{ab}.

【解】　在 K_2 断开的情况下接通 K_1,设电流为 I,则电路方程为

$$(R_1+R_2)I-\mathscr{E}_L-\mathscr{E}=0 \tag{1}$$

因为

$$\mathscr{E}_L=-L\frac{\mathrm{d}I}{\mathrm{d}t} \tag{2}$$

所以

$$L\frac{\mathrm{d}I}{\mathrm{d}t}+(R_1+R_2)I=\mathscr{E} \tag{3}$$

利用初始条件

$$t=0\text{ 时},\qquad I=0 \tag{4}$$

解式(3)得

$$I=\frac{\mathscr{E}}{R_1+R_2}\left[1-\mathrm{e}^{-\frac{R_1+R_2}{L}t}\right] \tag{5}$$

t_1 时刻,I 的值为

$$I_1=\frac{\mathscr{E}}{R_1+R_2}\left[1-\mathrm{e}^{-\frac{R_1+R_2}{L}t_1}\right] \tag{6}$$

t_1 时刻接通 K_2,$t(>t_1)$时刻通过 R_2 的电流为

$$I=I_1\mathrm{e}^{-\frac{R_2}{L}(t-t_1)},\qquad t\geqslant t_1 \tag{7}$$

于是得所求的电势差为

$$\begin{aligned}U_{ab}&=U_a-U_b=R_2I=R_2I_1\mathrm{e}^{-\frac{R_2}{L}(t-t_1)}\\&=\frac{R_2\mathscr{E}}{R_1+R_2}\left[1-\mathrm{e}^{-\frac{R_1+R_2}{L}t_1}\right]\mathrm{e}^{-\frac{R_2}{L}(t-t_1)},\qquad t\geqslant t_1\end{aligned} \tag{8}$$

10.18　一电路如图 10.18,R_1 与 L_1 串联,R_2 与 L_2 串联,然后再把它们并联.一电容 C 通过这并联电路放电.试证明:通过这两条支路的电荷量与电阻成反比,即 $Q_1/Q_2=R_2/R_1$.

【解】　接通 K 后,设通过 L_1R_1 支路的电流为 I_1,通过 L_2R_2 支路的电流为 I_2,则有

$$L_1\frac{\mathrm{d}I_1}{\mathrm{d}t}+R_1I_1=L_2\frac{\mathrm{d}I_2}{\mathrm{d}t}+R_2I_2 \tag{1}$$

所以
$$L_1 dI_1 + R_1 I_1 dt = L_2 dI_2 + R_2 I_2 dt \tag{2}$$
对时间 t 积分得
$$L_1\int_0^{\infty} dI_1 + R_1\int_0^{\infty} I_1 dt = L_2\int_0^{\infty} dI_2 + R_2\int_0^{\infty} I_2 dt \tag{3}$$
所以
$$L_1(I_{1\infty} - I_{10}) + R_1 Q_1 = L_2(I_{2\infty} - I_{20}) + R_2 Q_2 \tag{4}$$
式中 I_{10} 和 I_{20} 分别是 I_1 和 I_2 在 $t=0$ 时的值，$I_{1\infty}$ 和 $I_{2\infty}$ 分别是 I_1 和 I_2 在 $t=\infty$ 时的值.
因为
$$I_{10} = I_{20} = 0 \tag{5}$$
$$I_{1\infty} = I_{2\infty} = 0 \tag{6}$$
于是得
$$R_1 Q_1 = R_2 Q_2 \tag{7}$$
所以
$$Q_1/Q_2 = R_2/R_1 \tag{8}$$

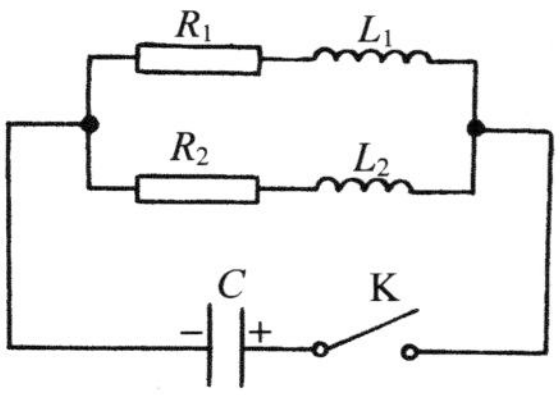

图 10.18

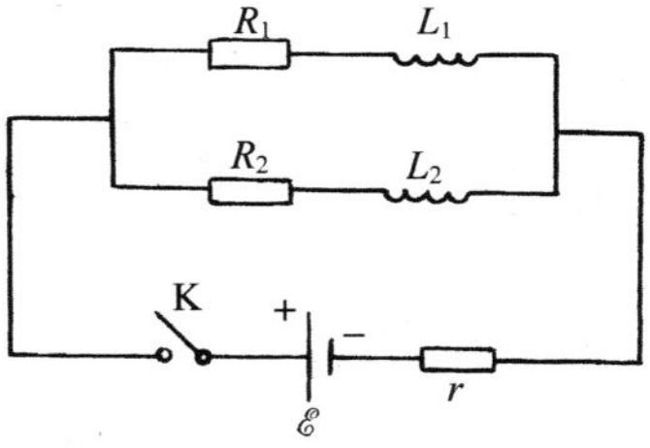

图 10.19

10.19 一电路如图 10.19，其中电阻 R_1、R_2 和 r，自感 L_1 和 L_2，电动势 $\mathscr{E}$ 均为已知；电源的内阻已包括在 r 内，L_1 和 L_2 之间的互感可略去不计. 在 $t=0$ 时刻接通开关 K，试求 t 时刻通过电阻 r 的电流 I.

【解】 接通 K 后，设通过 R_1L_1 支路的电流为 I_1，通过 R_2L_2 支路的电流为 I_2，则有
$$L_1\frac{dI_1}{dt} + R_1 I_1 + rI = \mathscr{E} \tag{1}$$
$$L_2\frac{dI_2}{dt} + R_2 I_2 + rI = \mathscr{E} \tag{2}$$
$$I = I_1 + I_2 \tag{3}$$
由式(1)、(2)得
$$L_1\frac{d^2 I_1}{dt^2} + R_1\frac{dI_1}{dt} + r\frac{dI}{dt} = 0 \tag{4}$$
$$L_2\frac{d^2 I_2}{dt^2} + R_2\frac{dI_2}{dt} + r\frac{dI}{dt} = 0 \tag{5}$$
以 L_2 乘式(4)加上 L_1 乘式(5)，并利用式(3)，便得
$$L_1L_2\frac{d^2 I}{dt^2} + R_1L_2\frac{dI_1}{dt} + R_2L_1\frac{dI_2}{dt} + r(L_1+L_2)\frac{dI}{dt} = 0 \tag{6}$$
其中

$$R_1L_2\frac{dI_1}{dt}+R_2L_1\frac{dI_2}{dt}+r(L_1+L_2)\frac{dI}{dt}$$

$$=R_1L_2\frac{dI_1}{dt}+R_2L_1\frac{dI_2}{dt}+r(L_1+L_2)\frac{dI_1}{dt}+r(L_1+L_2)\frac{dI_2}{dt}$$

$$=[(R_1+r)L_2+(R_2+r)L_1]\frac{dI}{dt}-R_2L_1\frac{dI_1}{dt}-R_1L_2\frac{dI_2}{dt}$$

$$=[(R_1+r)L_2+(R_2+r)L_1]\frac{dI}{dt}-R_2[\mathscr{E}-R_1I_1-rI]$$

$$-R_1[\mathscr{E}-R_2I_2-rI]$$

$$=[(R_1+r)L_2+(R_2+r)L_1]\frac{dI}{dt}$$

$$+(R_1R_2+R_1r+R_2r)I-(R_1+R_2)\mathscr{E} \tag{7}$$

将式(7)代入式(6)便得

$$L_1L_2\frac{d^2I}{dt^2}+[(R_1+r)L_2+(R_2+r)L_1]\frac{dI}{dt}$$

$$+(R_1R_2+R_1r+R_2r)I=(R_1+R_2)\mathscr{E} \tag{8}$$

初始条件为

$$t=0\text{ 时},\qquad I_1=I_2=I=0 \tag{9}$$

将式(9)代入式(1)、(2)得

$$t=0\text{ 时},\qquad \frac{dI}{dt}=\frac{L_1+L_2}{L_1L_2}\mathscr{E} \tag{10}$$

还有边界条件

$$t\to\infty\text{ 时},\qquad I=\frac{(R_1+R_2)\mathscr{E}}{R_1R_2+R_1r+R_2r} \tag{11}$$

利用式(9)、(10)、(11),解式(8)得

$$I=\frac{(R_1+R_2)\mathscr{E}}{R_1R_2+R_1r+R_2r}+\frac{\mathscr{E}}{2\beta}\left[\frac{1}{L_1}+\frac{1}{L_2}-\frac{(R_1+R_2)(\alpha+\beta)}{R_1R_2+R_1r+R_2r}\right]e^{-(\alpha-\beta)t}$$

$$+\frac{\mathscr{E}}{2\beta}\left[\frac{(R_1+R_2)(\alpha-\beta)}{R_1R_2+R_1r+R_2r}-\frac{1}{L_1}-\frac{1}{L_2}\right]e^{-(\alpha+\beta)t} \tag{12}$$

式中

$$\alpha=\frac{R_1+r}{2L_1}+\frac{R_2+r}{2L_2} \tag{13}$$

$$\beta=\sqrt{\left(\frac{R_1+r}{2L_1}-\frac{R_2+r}{2L_2}\right)^2+\frac{r^2}{L_1L_2}} \tag{14}$$

10.20 图 10.20 中有两种电路(1)和(2),它们的电源内阻都可略去不计.试分析下列四种情况下,哪种情况的自感电动势大于电源的电动势 $\mathscr{E}$:(a)K_1 接通时;(b)K_1 接通很久后断开时;(c)K_2 接通时;(d)K_2 接通很久后断开时.

【解】 在下列四种情况下,设通过 rL 支路的电流为 i,L 的自感电动势为 $\mathscr{E}_L$.

(a)K_1 接通后,电路方程为

$$ir-\mathscr{E}_L-\mathscr{E}=0 \tag{1}$$

所以

$$\mathscr{E}_L=-\mathscr{E}+ir \tag{2}$$

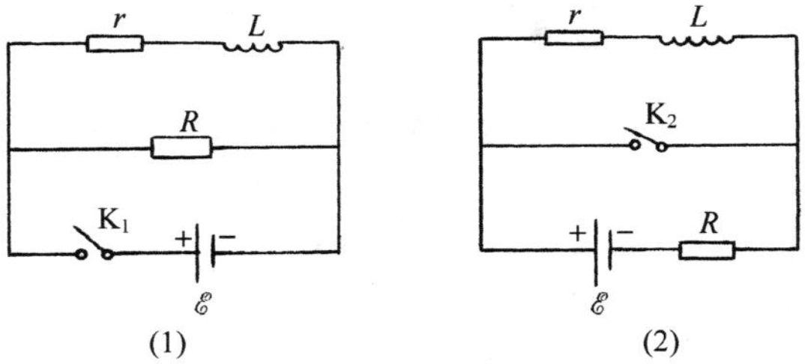

图 10.20

$$|\mathscr{E}_L| = \mathscr{E} - ir \leqslant \mathscr{E} \tag{3}$$

(b)K_1 断开后,电路方程为

$$ir - \mathscr{E}_L + iR = 0 \tag{4}$$

所以

$$\mathscr{E}_L = i(R+r) \tag{5}$$

在 K_1 断开时,L 中有电流. K_1 刚断开时,电流 i 的值为

$$i_0 = \frac{\mathscr{E}}{r} \tag{6}$$

于是这时的自感电动势为

$$\mathscr{E}_{L0} = i_0(R+r) = \frac{R+r}{r}\mathscr{E} > \mathscr{E} \tag{7}$$

(c)K_2 接通后,电路方程为

$$ir - \mathscr{E}_L = 0 \tag{8}$$

在 K_2 接通时,L 中有电流. K_2 刚接通时,电流 i 的值为

$$i_0 = \frac{\mathscr{E}}{R+r} \tag{9}$$

于是这时的自感电动势为

$$\mathscr{E}_{L0} = i_0 r = \frac{r}{R+r}\mathscr{E} < \mathscr{E} \tag{10}$$

(d)K_2 断开后,电路方程为

$$ir - \mathscr{E}_L + iR - \mathscr{E} = 0 \tag{11}$$

所以

$$\mathscr{E}_L = -\mathscr{E} + i(R+r) \tag{12}$$

在 K_2 断开时,L 中有电流. K_2 刚断开时,电流 i 的值为

$$i_0 = 0 \tag{13}$$

于是这时的自感电动势为

$$|\mathscr{E}_{L0}| = \mathscr{E} \tag{14}$$

综观以上四种情况,只有(b)的 $\mathscr{E}_{L0} > \mathscr{E}$.

【讨论】 参见前面 10.9 题的讨论.

10.21 电容为 C 的电容器储有电荷量 Q_0,在 $t=0$ 时刻,接到自感为 L、电阻为 R 的线圈上放电,R 可看作与 L 串联. (1)试求放电电流 I 与时间 t 的关系;

(2)在什么情况下 I 只往一个方向流动？(3)当 $C=1.0\mu F, L=1.6mH$ 时，R 的值应为多少才满足上述条件？

【解】 (1)C 经过 L 和 R 放电时，电路如图 10.21 所示，电路方程为

$$-\mathscr{E}_L+IR-U_C=0 \tag{1}$$

因为

$$\mathscr{E}_L=-L\frac{dI}{dt} \tag{2}$$

$$U_C=\frac{Q}{C} \tag{3}$$

$$I=-\frac{dQ}{dt}\quad（放电） \tag{4}$$

故得

$$L\frac{d^2I}{dt^2}+R\frac{dI}{dt}+\frac{I}{C}=0 \tag{5}$$

利用初始条件

$$t=0\text{时，}\quad Q=Q_0,\quad I=0 \tag{6}$$

解式(5)得电流 I 与时间 t 的关系为

$$I=\frac{Q_0(\alpha^2-\beta^2)}{2\beta}e^{-\alpha t}(e^{\beta t}-e^{-\beta t}) \tag{7}$$

式中

$$\alpha=\frac{R}{2L},\quad \beta=\sqrt{\frac{R^2}{4L^2}-\frac{1}{LC}} \tag{8}$$

(2)由式(7)、(8)可见，当

$$\frac{R^2}{4L^2}-\frac{1}{LC}\geqslant 0\text{，即 }R\geqslant 2\sqrt{\frac{L}{C}} \tag{9}$$

时 β 为实，这时电流便不振荡，即只往一个方向流动.

(3)使 I 只往一个方向流的 R 值为

$$R\geqslant 2\times\sqrt{\frac{1.6\times10^{-3}}{1.0\times10^{-6}}}=80(\Omega) \tag{10}$$

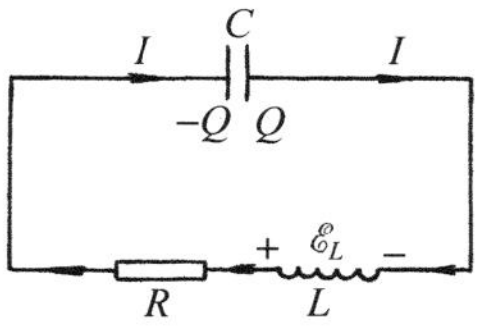

图 10.21

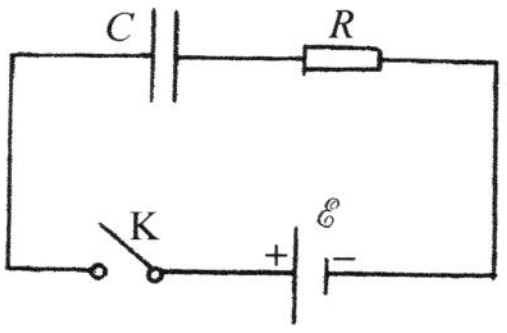

图 10.22

10.22　一电路如图 10.22，其中电阻 R、电容 C 和电源的电动势 $\mathscr{E}$ 均为已知，C 原来不带电. 试求刚接通电键 K 时，线路中的电流 I 和 R 两端的电压 U_R.

【解】 接通 K 后，电路方程为

$$U_C+IR-\mathscr{E}=0 \tag{1}$$

因为
$$U_C=\frac{Q}{C} \tag{2}$$
故得
$$RI+\frac{Q}{C}=\mathscr{E} \tag{3}$$
初始条件为
$$t=0\text{ 时},Q=0 \tag{4}$$
于是得 K 刚接通($t=0$)时,线路中的电流为
$$I_0=\mathscr{E}/R \tag{5}$$
R 两端的电压为
$$U_{R0}=I_0R=\mathscr{E} \tag{6}$$

10.23　一个 $C=1.0\mu F$ 的电容器,储有能量 $W=0.50J$,现在让它通过 $R=1.0\times10^6\,\Omega$ 的电阻放电.试求:(1)放电前电容器上所容的电荷量 Q_0;(2)开始放电($t=0$)时的电流 I_0;(3)t 时电容器上的电压 $U_C(t)$ 和 R 上的电压 $U_R(t)$;(4)t 时刻 R 所消耗的功率 $P(t)$.

【解】 (1)由公式
$$W=\frac{1}{2}\frac{Q^2}{C} \tag{1}$$
得所求电荷量为
$$Q_0=\sqrt{2CW}=\sqrt{2\times1.0\times10^{-6}\times0.50}=1.0\times10^{-3}(\mathrm{C}) \tag{2}$$
(2)放电时,电路方程为
$$IR-U_C=0 \tag{3}$$
因为
$$U_C=\frac{Q}{C} \tag{4}$$
所以
$$IR-\frac{Q}{C}=0 \tag{5}$$
于是得 $t=0$ 时,
$$I_0=\frac{Q_0}{RC}=\frac{1.0\times10^{-3}}{1.0\times10^6\times1.0\times10^{-6}}=1.0\times10^{-3}(\mathrm{A}) \tag{6}$$
(3)t 时刻的 $U_C(t)$ 和 $U_R(t)$　因为是放电,故
$$I=-\frac{\mathrm{d}Q}{\mathrm{d}t} \tag{7}$$
由式(5)、(7)得
$$R\frac{\mathrm{d}I}{\mathrm{d}t}+\frac{I}{C}=0 \tag{8}$$
利用初始条件式(6),解式(8)得

$$I = I_0 e^{-\frac{t}{RC}} = 1.0 \times 10^{-3} e^{-t}(\mathrm{A}) \tag{9}$$

于是得

$$U_R(t) = RI = 1.0 \times 10^6 \times 1.0 \times 10^{-3} e^{-t} = 1.0 \times 10^3 e^{-t}(\mathrm{V}) \tag{10}$$

将式(9)代入式(7),积分,并利用 $t=0$ 时,$Q=Q_0$,便得

$$Q = -\int I \mathrm{d}t = -1.0 \times 10^{-3} \int e^{-t} \mathrm{d}t = 1.0 \times 10^{-3} e^{-t}(\mathrm{C}) \tag{11}$$

于是得

$$U_C(t) = \frac{Q}{C} = \frac{1.0 \times 10^{-3} e^{-t}}{1.0 \times 10^{-6}} = 1.0 \times 10^3 e^{-t}(\mathrm{V}) \tag{12}$$

(4)t 时刻 R 所消耗的功率为

$$P(t) = I^2(t)R = (1.0 \times 10^{-3} e^{-t})^2 \times 1.0 \times 10^6 = 1.0 e^{-2t}(\mathrm{W}) \tag{13}$$

10.24　一电容器的 C 为 $5.0\mu\mathrm{F}$,两极板间的介质不是完全绝缘的,因而有漏电电阻,其值为 $2.0 \times 10^8 \Omega$. 这电容器原来不带电,在 $t=0$ 时刻,将它的两极板分别接到一恒流电源的两极上,恒流为 $I=3.0\mu\mathrm{A}$.(1)试求两极板的电势差 U 与时间 t 的关系;(2)试问经过多长时间 $U=500\mathrm{V}$?

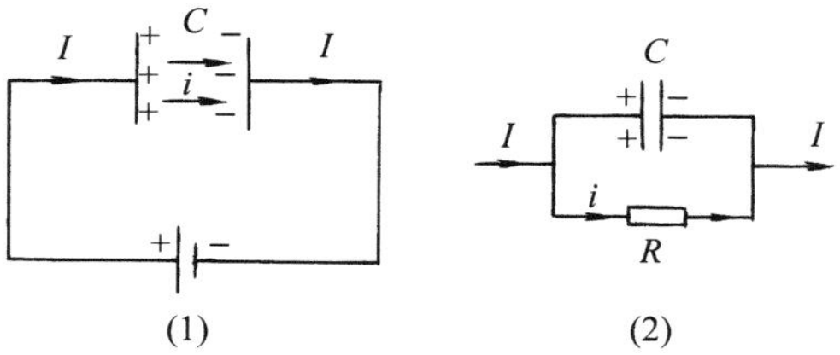

图 10.24

【解】　(1)这电容器接上恒流电源时,如图 10.24(1)所示. 它的漏电电阻 R 可看作是与 C 并联的一个电阻,如图 10.24(2)所示. 于是电容器两极板的电势差为

$$U = \frac{Q}{C} = iR \tag{1}$$

因为

$$Q = It - \int_0^t i \mathrm{d}t \tag{2}$$

所以

$$\frac{\mathrm{d}Q}{\mathrm{d}t} = I - i = I - \frac{Q}{RC} \tag{3}$$

利用初始条件

$$t = 0 \text{ 时}, \quad Q = 0 \tag{4}$$

解式(3)得

$$Q = RCI(1 - e^{-\frac{t}{RC}}) \tag{5}$$

于是得

$$U = \frac{Q}{C} = RI(1 - e^{-\frac{t}{RC}}) \tag{6}$$

代入数值得

$$U = 2.0 \times 10^8 \times 3.0 \times 10^{-6} \times (1 - e^{-\frac{t}{2.0\times10^8\times5.0\times10^{-6}}})$$

$$= 6.0 \times 10^2 (1 - e^{-\frac{t}{1000}})\ (\mathrm{V}) \tag{7}$$

(2)设 t 时刻 $U=500\mathrm{V}$,则由式(7)得

$$600(1 - e^{-\frac{t}{1000}}) = 500 \tag{8}$$

$$1 - e^{-\frac{t}{1000}} = \frac{5}{6}, \qquad e^{\frac{t}{1000}} = 6$$

所以

$$t = 10^3 \ln 6 = 1.8 \times 10^3 (\mathrm{s}) = 30(\mathrm{min}) \tag{9}$$

10.25 一平行板电容器两极板间充满均匀介质,这介质的电容率为 ε,电导率为 σ. 将这电容器充电,试问断开电源后经过多长时间,它的电荷量或电压降到初值的 $e^{-1} = \frac{1}{2.71828}$ 倍?(这段时间称为弛豫时间)

【解】 断开电源后,介质漏电电流为

$$i = -\frac{dQ}{dt} \tag{1}$$

式中 Q 为电容器上的电荷量,这时

$$Ri = U = \frac{Q}{C} \tag{2}$$

式中 R 是介质的漏电电阻,其值为

$$R = \rho \frac{l}{S} = \frac{d}{\sigma S} = \frac{\varepsilon d}{\sigma \varepsilon S} = \frac{\varepsilon}{\sigma} \frac{1}{C} \tag{3}$$

由以上三式得

$$\frac{dQ}{dt} = -\frac{Q}{RC} = -\frac{\sigma}{\varepsilon} Q \tag{4}$$

由初始条件

$$t = 0 \text{ 时}, \quad Q = Q_0 \tag{5}$$

解式(4)得

$$Q = Q_0 e^{-\frac{\sigma}{\varepsilon} t} \tag{6}$$

令 $Q = Q_0 e^{-1}$,便得所求时间为

$$t = \frac{\varepsilon}{\sigma} \tag{7}$$

10.26 一电路如图 10.26,其中电容 C 和电阻 R 以及电源的电动势 $\mathscr{E}$ 和内阻 r 均为已知. 接通电键 K,待电流达到稳定值后,于 $t=0$ 时刻断开 K. 试求 t 时刻 C 上的电荷量 Q 和通过 R 的电流 I.

【解】 由图 10.26 可见，K 接通后，电流稳定时，通过 R 的电流为

$$I_0=\frac{\mathscr{E}}{R+r} \tag{1}$$

这时 C 上的电荷量为

$$Q_0=CU_0=CRI_0=\frac{RC\mathscr{E}}{R+r} \tag{2}$$

K 断开后，C 通过 R 放电，电路方程为

$$IR-U_C=IR-\frac{Q}{C}=0 \tag{3}$$

这时

$$I=-\frac{\mathrm{d}Q}{\mathrm{d}t} \tag{4}$$

由式(3)、(4)得

$$R\frac{\mathrm{d}Q}{\mathrm{d}t}+\frac{Q}{C}=0 \tag{5}$$

利用初始条件 $t=0$ 时，$Q=Q_0=RC\mathscr{E}/(R+r)$，解式(5)得

$$Q=Q_0\mathrm{e}^{-\frac{t}{Rc}}=\frac{RC\mathscr{E}}{R+r}\mathrm{e}^{-\frac{t}{RC}} \tag{6}$$

将式(6)代入式(4)得

$$I=\frac{\mathscr{E}}{R+r}\mathrm{e}^{-\frac{t}{RC}} \tag{7}$$

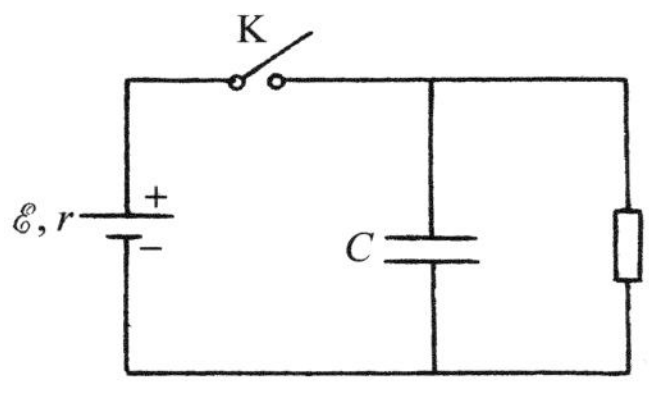

图 10.26

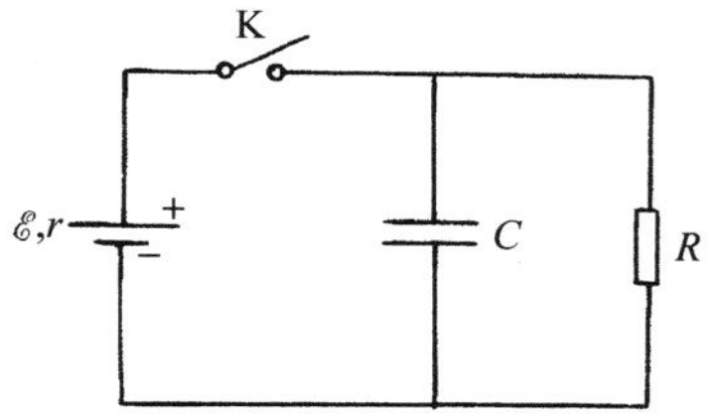

图 10.27

10.27　一电路如图 10.27，电容 C 与电阻 R 并联，接到电动势为 $\mathscr{E}$、内阻为 r 的电源上. 在 $t=0$ 时刻接通电键 K. 试求 t 时刻的(1)通过电源的电流 I；(2)R 两端的电压 U_R.

【解】 接通 K 后，设通过电源的电流为 I，通过 C 的电流为 I_C，C 上的电荷量为 Q，则电路方程为

$$I=I_R+I_C \tag{1}$$

$$I_RR+Ir=\mathscr{E} \tag{2}$$

$$I_RR=\frac{Q}{C} \tag{3}$$

$$I_C=\frac{\mathrm{d}Q}{\mathrm{d}t} \tag{4}$$

本题因知道初始条件为

$$t=0\text{ 时},\quad Q=0 \tag{5}$$

故先从求 Q 入手. 由式(1)、(2)得

$$(R+r)I_R+rI_C=\mathscr{E} \tag{6}$$

将式(3)、(4)代入式(6)得

$$r\frac{\mathrm{d}Q}{\mathrm{d}t}=-\frac{R+r}{RC}Q+\mathscr{E} \tag{7}$$

利用初始条件式(5),解式(7)得

$$Q=\frac{RC\mathscr{E}}{R+r}\left[1-\mathrm{e}^{-\frac{R+r}{RrC}t}\right] \tag{8}$$

代入式(3)得,t 时刻通过 R 的电流为

$$I_R=\frac{\mathscr{E}}{R+r}\left[1-\mathrm{e}^{-\frac{R+r}{RrC}t}\right] \tag{9}$$

因为

$$I_C=\frac{\mathrm{d}Q}{\mathrm{d}t}=\frac{\mathscr{E}}{r}\mathrm{e}^{-\frac{R+r}{RrC}t} \tag{10}$$

故由式(1)、(9)、(10)得通过电源的电流为

$$I=I_R+I_C=\frac{\mathscr{E}}{R+r}\left[1+\frac{R}{r}\mathrm{e}^{-\frac{R+r}{RrC}t}\right] \tag{11}$$

R 两端的电压为

$$U_R=RI_R=\frac{R\mathscr{E}}{R+r}\left[1-\mathrm{e}^{-\frac{R+r}{RrC}t}\right] \tag{12}$$

10.28　一电路如图 10.28,电容 C_1 和 C_2 及电阻 R_1 和 R_2 均为已知,G 是电流计. 试证明:如果 $R_1C_1=R_2C_2$,则接通电键 K 后,G 不会发生偏转.

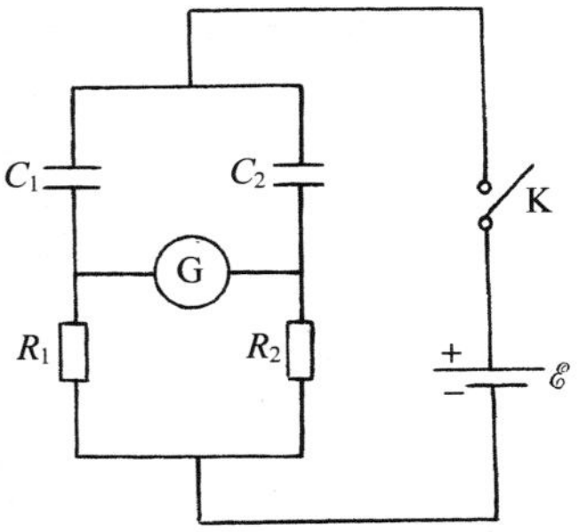

图 10.28

【证】 接通 K 后,设通过 R_1 的电流为 I_1,通过 R_2 的电流为 I_2,则当

$$R_1I_1=R_2I_2 \tag{1}$$

时,G 两端的电势相等,便不会有电流流过 G. 这时

$$I_1=\frac{\mathrm{d}Q_1}{\mathrm{d}t},\qquad I_2=\frac{\mathrm{d}Q_2}{\mathrm{d}t} \tag{2}$$

因为

$$R_1I_1+\frac{Q_1}{C_1}=\mathscr{E}=R_2I_2+\frac{Q_2}{C_2} \tag{3}$$

故由式(1)得

$$\frac{Q_1}{C_1}=\frac{Q_2}{C_2} \tag{4}$$

对时间 t 求导并利用式(2)得

$$\frac{I_1}{C_1}=\frac{I_2}{C_2} \tag{5}$$

由式(1)、(5)得

$$R_1C_1 = R_2C_2 \tag{6}$$

【别证】 C_1 和 C_2 与 R_1 和 R_2 构成一个电桥.电桥的平衡(无电流通过 G)条件为

$$\frac{R_1}{C_2} = \frac{R_2}{C_1} \tag{7}$$

所以

$$R_1C_1 = R_2C_2 \tag{8}$$

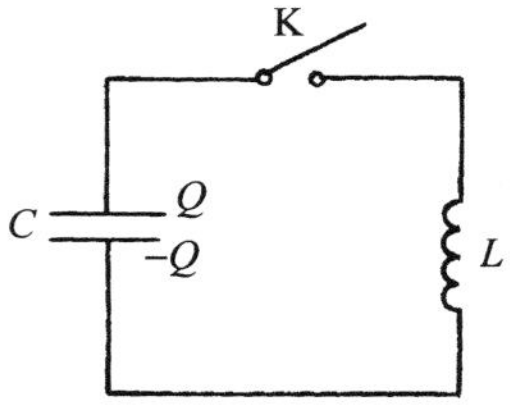

图 10.29

10.29 在 LC 振荡回路中,设开始($t=0$)时 C 上的电荷量为 Q_0,L 中的电流为零.(1)试求 L 中的磁场能量第一次等于 C 中的电场能量的时间 t_1;(2)试求这时 C 上的电荷量 Q_1;(3)当 $L=10\text{mH}$,$C=1.0\mu\text{F}$ 时,试计算 t_1 的值.

【解】 (1)如图 10.29,接通 K 后,电路方程为

$$-\mathscr{E}_L - U_C = 0 \tag{1}$$

因为

$$\mathscr{E}_L = -L\frac{\mathrm{d}I}{\mathrm{d}t} \tag{2}$$

$$U_C = \frac{Q}{C} \tag{3}$$

$$I = -\frac{\mathrm{d}Q}{\mathrm{d}t} \quad (\text{放电}) \tag{4}$$

故得

$$L\frac{\mathrm{d}^2Q}{\mathrm{d}t^2} + \frac{Q}{C} = 0 \tag{5}$$

利用初始条件

$$t = 0\text{ 时},\quad Q = Q_0,\quad I = 0 \tag{6}$$

解式(5)得

$$Q = Q_0\cos\left(\frac{t}{\sqrt{LC}}\right) \tag{7}$$

将式(7)代入式(4)得

$$I = \frac{Q_0}{\sqrt{LC}}\sin\left(\frac{t}{\sqrt{LC}}\right) \tag{8}$$

能量相等:

$$\frac{1}{2}LI^2 = \frac{1}{2}\frac{Q^2}{C} \tag{9}$$

由式(7)、(8)、(9)得

$$\sin\left(\frac{t}{\sqrt{LC}}\right) = \cos\left(\frac{t}{\sqrt{LC}}\right) \tag{10}$$

于是第一次相等时

$$t_1 = \frac{\pi}{4}\sqrt{LC} \tag{11}$$

(2)这时 C 上的电荷量为

$$Q_1 = Q_0 \cos\frac{\pi}{4} = \frac{\sqrt{2}}{2}Q_0 \tag{12}$$

(3)t_1 的值由式(11)为

$$t_1 = \frac{\pi}{4} \times \sqrt{10\times10^{-3}\times1.0\times10^{-6}} = 7.9\times10^{-5}(\mathrm{s}) \tag{13}$$

10.30 一电路如图 10.30(1),$C_1=100\mu\mathrm{F}$,$C_2=900\mu\mathrm{F}$,$L=10\mathrm{H}$. C_2 已充电到 100V,C_1 未充电. 试问怎样利用电键 K_1 和 K_2,使 C_1 充电到 300V?

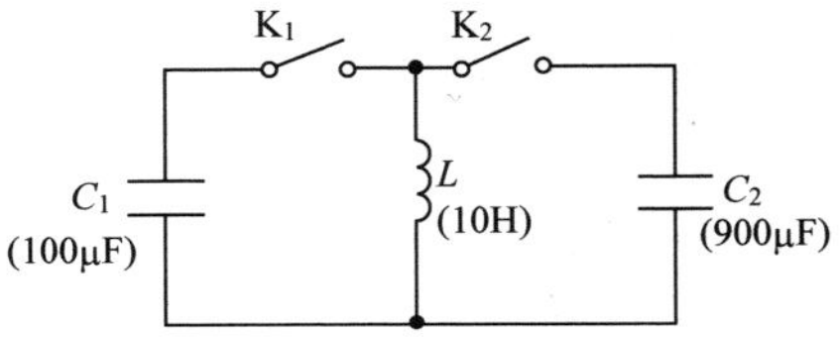

图 10.30(1)

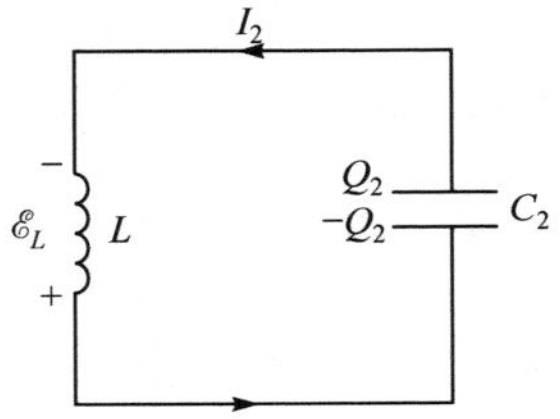

图 10.30(2)

【解】 先接通 K_2,使 C_2 通过 L 放电,如图 10.30(2)所示. 这时电路方程为

$$-\mathscr{E}_L - U_2 = 0 \tag{1}$$

所以

$$L\frac{\mathrm{d}I_2}{\mathrm{d}t} - \frac{Q_2}{C_2} = 0 \tag{2}$$

因为

$$I_2 = -\frac{\mathrm{d}Q_2}{\mathrm{d}t} \quad (C_2\text{ 放电}) \tag{3}$$

由式(2)、(3)得

$$L\frac{\mathrm{d}^2Q_2}{\mathrm{d}t^2} + \frac{Q_2}{C_2} = 0 \tag{4}$$

利用初始条件

$$t = 0\text{ 时},I_{20}=0 \tag{5}$$

$$\begin{aligned} t = 0\text{ 时},Q_{20} &= C_2U_{20} = 900\times10^{-6}\times100 \\ &= 9\times10^{-2}(\mathrm{C}) \end{aligned} \tag{6}$$

解式(4)得

$$\begin{aligned} Q_2 &= C_2U_{20}\cos\left(\frac{t}{\sqrt{LC_2}}\right) \\ &= 9\times10^{-2}\cos\left(\frac{t}{\sqrt{10\times900\times10^{-6}}}\right) \\ &= 9\times10^{-2}\cos\left(\frac{10\sqrt{10}}{3}t\right) \quad (\mathrm{C}) \end{aligned} \tag{7}$$

$$I_2 = 9\times10^{-2}\times\frac{10\sqrt{10}}{3}\sin\left(\frac{10\sqrt{10}}{3}t\right)$$

$$= \frac{3\sqrt{10}}{10}\sin\left(\frac{10\sqrt{10}}{3}t\right) \quad (\mathrm{A}) \tag{8}$$

在 t_1 时刻,I_2 的值为

$$I_2 = \frac{3\sqrt{10}}{10}\sin\left(\frac{10\sqrt{10}}{3}t_1\right) \quad (\mathrm{A}) \tag{9}$$

如果在这时断开 K_2,同时接通 K_1,则由于 L 上电流的连续性,这时开始给 C_1 充电的电流的值便是式(9). 令

$$t' = t - t_1 \tag{10}$$

则 $t'\geqslant 0$ 时电路便如图 10.30(3)所示. 这时电路方程为

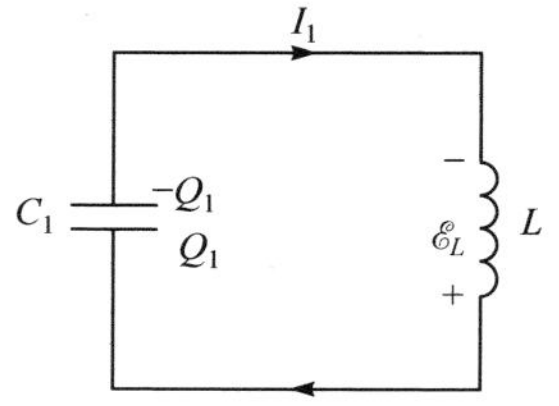

图 10.30(3)

$$-\mathscr{E}_L + U_1 = 0 \tag{11}$$

所以

$$L_1\frac{\mathrm{d}I_1}{\mathrm{d}t'} + \frac{Q_1}{C_1} = 0 \tag{12}$$

因为

$$I_1 = \frac{\mathrm{d}Q_1}{\mathrm{d}t'} \quad (C_1\ \text{充电}) \tag{13}$$

由式(12)、(13)得

$$L\frac{\mathrm{d}^2Q_1}{\mathrm{d}t'^2} + \frac{Q_1}{C_1} = 0 \tag{14}$$

利用初始条件

$$t'=0\ \text{时},Q_1=0 \tag{15}$$

$$t'=0\ \text{时},I_1=\frac{3\sqrt{10}}{10}\sin\left(\frac{10\sqrt{10}}{3}t_1\right) \quad (\mathrm{A}) \tag{16}$$

解式(14)得

$$Q_1 = \frac{3}{100}\sin\left(\frac{10\sqrt{10}}{3}t_1\right)\sin\left(\frac{t'}{\sqrt{LC_1}}\right) \tag{17}$$

因为

$$\sqrt{LC_1} = \sqrt{10\times 100\times 10^{-6}} = \frac{1}{10\sqrt{10}} \tag{18}$$

所以

$$Q_1 = \frac{3}{100}\sin\left(\frac{10\sqrt{10}}{3}t_1\right)\sin(10\sqrt{10}t') \quad (\mathrm{C}) \tag{19}$$

$$I_1 = \frac{\mathrm{d}Q_1}{\mathrm{d}t'} = \frac{3\sqrt{10}}{10}\sin\left(\frac{10\sqrt{10}}{3}t_1\right)\cos(10\sqrt{10}t')(\mathrm{A}) \tag{20}$$

于是得 C_1 上的电压为

$$U_1 = \frac{Q_1}{C_1} = \frac{Q_1}{100\times 10^{-6}}$$

$$= 300\sin\left(\frac{10\sqrt{10}}{3}t_1\right)\sin(10\sqrt{10}t') \quad (\mathrm{V}) \tag{21}$$

由式(21)可见,若使

$$\sin\left(\frac{10\sqrt{10}}{3}t_1\right) = \pm 1 \tag{22}$$

$$\sin(10\sqrt{10}t')=\pm 1 \tag{23}$$

则

$$U_1=\pm 300\text{V} \tag{24}$$

由式(22)得

$$\frac{10\sqrt{10}}{3}t_1=\frac{\pi}{2}+n\pi,\ n=0,1,2,\cdots \tag{25}$$

所以
$$t_1=\frac{3\sqrt{10}}{200}\pi+\frac{3\sqrt{10}}{100}n\pi,\ n=0,1,2,\cdots \tag{26}$$

由式(23)得

$$10\sqrt{10}t'=\frac{\pi}{2}+m\pi,\ m=0,1,2,\cdots \tag{27}$$

所以
$$t'=t-t_1=\frac{\sqrt{10}}{200}\pi+\frac{\sqrt{10}}{100}m\pi,\ m=0,1,2,\cdots \tag{28}$$

由以上分析,我们得出结论:在 K_2 接通后 $t_1=\left(\frac{3\sqrt{10}}{200}\pi+\frac{3\sqrt{10}}{100}n\pi\right)$s,断开 K_2,同时接通 K_1;再经过 $t'=t-t_1=\left(\frac{\sqrt{10}}{200}\pi+\frac{\sqrt{10}}{100}m\pi\right)$s,断开 K_1,则 C_1 便充电到 300V 了.

【讨论】 一、本题的关键是利用电路元件突然改变时,L 中的电流是连续的这一特点.

二、式(22)、(23)、(24)中出现正负号,是因为题目只规定 C_1 上的电压为 300V,而并不要求哪个极板为正.所以结果便有 $\pm$300V 的两种可能性.

10.31 在电阻 $R=5\Omega$,电感 $L=10\text{mH}$,电容 $C=10\mu\text{F}$ 的串联电路两端,加上频率为 $f=50\text{Hz}$ 的简谐交流电压,试问经过该交流电的几个周期后,暂态过程的电流便小于开始后最大值的百分之一?

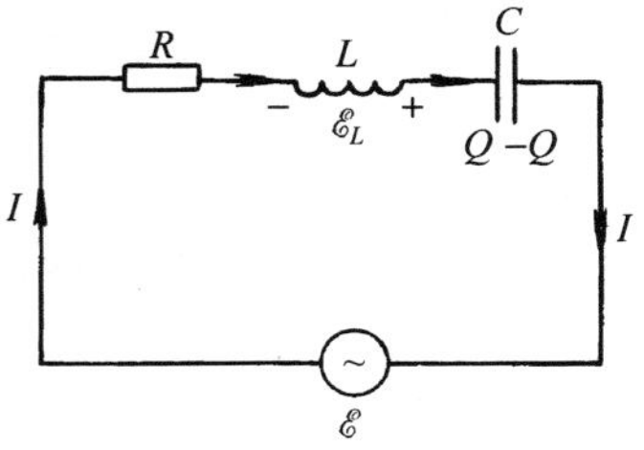

图 10.31

【解】 设在 $t=0$ 时刻加上交流电压 $\mathscr{E}=\mathscr{E}_0\cos\omega t$ 后,电流 I 如图 10.31 所示,则电路方程为

$$IR-\mathscr{E}_L+U_C=\mathscr{E} \tag{1}$$

因为
$$\mathscr{E}_L=-L\frac{\mathrm{d}I}{\mathrm{d}t} \tag{2}$$

$$U_C=\frac{Q}{C} \tag{3}$$

$$I=\frac{\mathrm{d}Q}{\mathrm{d}t} \tag{4}$$

所以
$$L\frac{\mathrm{d}^2I}{\mathrm{d}t^2}+R\frac{\mathrm{d}I}{\mathrm{d}t}+\frac{I}{C}=-\omega\mathscr{E}_0\sin\omega t \tag{5}$$

这个微分方程的特征方程的两个根为

$$D_{1,2}=\frac{1}{2L}\left[-R\pm\sqrt{R^2-4\frac{L}{C}}\right] \tag{6}$$

故暂态过程的电流便含有因子 $e^{-\frac{R}{2L}t}$. 今欲

$$e^{-\frac{R}{2L}t} < 10^{-2} \tag{7}$$

所以

$$e^{\frac{R}{2L}t} > 100 \tag{8}$$

故得

$$t > \frac{2L}{R}\ln 100 = \frac{2\times10\times10^{-3}}{5}\times4.6 = 1.8\times10^{-2}(\mathrm{s}) \tag{9}$$

因周期

$$T = \frac{1}{50} = 2.0\times10^{-2}(\mathrm{s}) \tag{10}$$

故

$$t/T = 1.8\times10^{-2}/2.0\times10^{-2} = 0.9 \tag{11}$$

即加上交流电压,暂态过程的电流达到最大值后,不到一个周期,暂态过程的电流便小于该最大值的百分之一.

10.32　$R=1000\Omega$, $L=0.10\mathrm{H}$, $C=0.010\mu\mathrm{F}$,串联如图 10.32(1)所示. 先使 C 充电到 400V,在 $t=0$ 时接通电键 K. (1)试求电路中电流 I 与时间 t 的关系;(2)在第一个振荡周期里有多少能量变为焦耳热?(3)在全部振荡时间内有多少能量变为焦耳热?(4)电路中应串入多大电阻,才能使它不发生振荡?

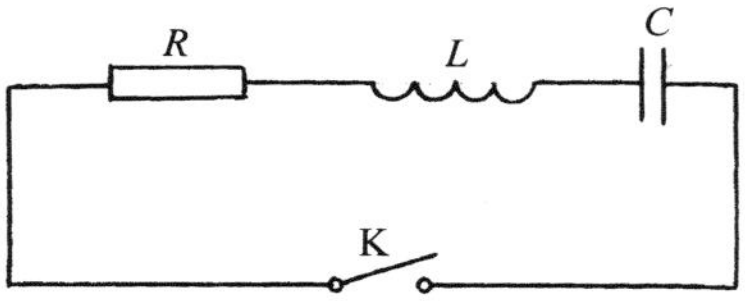

图 10.32(1)

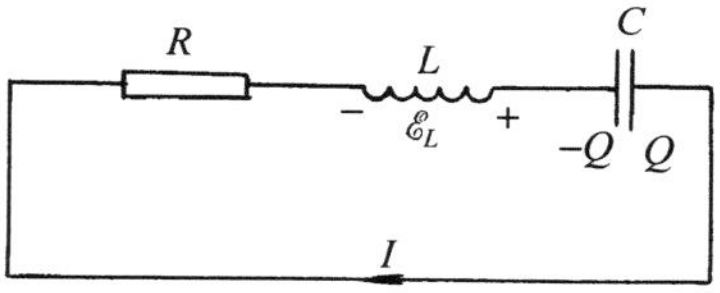

图 10.32(2)

【解】　(1)K 接通后,电路如图 10.32(2)所示,电路方程为

$$RI - \mathscr{E}_L - U_C = 0 \tag{1}$$

因为

$$\mathscr{E}_L = -L\frac{\mathrm{d}I}{\mathrm{d}t} \tag{2}$$

$$U_C = \frac{Q}{C} \tag{3}$$

$$I = -\frac{\mathrm{d}Q}{\mathrm{d}t}\quad（因为 C 放电） \tag{4}$$

故得

$$L\frac{\mathrm{d}^2 I}{\mathrm{d}t^2} + R\frac{\mathrm{d}I}{\mathrm{d}t} + \frac{I}{C} = 0 \tag{5}$$

式(5)的特征方程的两个根为

$$D_{1,2} = -\frac{R}{2L}\pm\sqrt{\frac{R^2}{4L^2}-\frac{1}{LC}} \tag{6}$$

令

$$\alpha=\frac{R}{2L},\quad \beta=\sqrt{\frac{R^2}{4L^2}-\frac{1}{LC}} \tag{7}$$

利用初始条件

$$t=0\text{时},\quad I=0,\quad Q=CU_0 \tag{8}$$

解式(5)得

$$I=\frac{U_0}{2\beta L}e^{-\alpha t}(e^{\beta t}-e^{-\beta t}) \tag{9}$$

代入数值得

$$\alpha=\frac{1000}{2\times 0.10}=5000 \tag{10}$$

$$\beta=\sqrt{\left(\frac{1000}{2\times 0.10}\right)^2-\frac{1}{0.10\times 0.010\times 10^{-6}}}=5\times 10^3\ \sqrt{-39}$$

$$=3.12\times 10^4 j \tag{11}$$

$$\frac{U_0}{2\beta L}=\frac{400}{2\times 3.12\times 10^4 j\times 0.10}=-6.41\times 10^{-2}j \tag{12}$$

将这些值代入式(9)得

$$I=-6.41\times 10^{-2}je^{-5000t}(e^{3.12\times 10^4 jt}-e^{-3.12\times 10^4 jt})$$

$$=-6.41\times 10^{-2}je^{-5000t}(2j\sin 3.12\times 10^4 t)$$

$$=0.128e^{-5000t}\sin 3.12\times 10^4 t\quad (\text{A}) \tag{13}$$

(2)振荡周期为

$$T=\frac{2\pi}{\omega}=\frac{2\pi}{3.12\times 10^4}=2.014\times 10^{-4}(\text{s}) \tag{14}$$

在第一个周期里,变成焦耳热的能量为

$$W_1=\int_0^T I^2R\mathrm{d}t=(0.128)^2\times 1000\int_0^T e^{-10000t}\sin^2 3.12\times 10^4 t\mathrm{d}t$$

$$=16.38\int_0^T e^{-10000t}\sin^2 3.12\times 10^4 t\mathrm{d}t \tag{15}$$

其中积分

$$\int_0^T e^{-10000t}\sin^2 3.12\times 10^4 t\mathrm{d}t$$

$$=-\frac{1}{3.12\times 10^4}\frac{e^{-10000t}}{4+\left(\frac{1}{3.12}\right)^2}$$

$$\times\left[\frac{\sin^2 3.12\times 10^4 t}{3.12}+\sin 6.24\times 10^4 t+6.24\right]_{t=0}^{t=T}$$

$$=-\frac{10^{-4}}{12.8}e^{-10000t}\times\left[\frac{\sin^2 3.12\times 10^4 t}{3.12}+\sin 6.24\times 10^4 t+6.24\right]_{t=0}^{t=2.014\times 10^{-4}}$$

$$=-\frac{10^{-4}}{12.8}e^{-2.014}\left[\frac{\sin^2 2\pi}{3.12}+\sin 4\pi+6.24\right]+\frac{10^{-4}}{12.8}\times 6.24$$

$$= 4.224 \times 10^{-5} \tag{16}$$

所以
$$W_1 = 16.38 \times 4.224 \times 10^{-5} = 6.9 \times 10^{-4}\,(\text{J}) \tag{17}$$

(3)在全部振荡时间内,变成焦耳热的能量为[参考式(16),令 $t=\infty$]

$$W = \int_0^{\infty} I^2 R\mathrm{d}t = 16.38\int_0^{\infty} \mathrm{e}^{-10000t}\sin^2 3.12\times 10^4 t\mathrm{d}t$$
$$= 16.38 \times \frac{10^{-4}}{12.8} \times 6.24 = 8.0 \times 10^{-4}\,(\text{J}) \tag{18}$$

开始时,电容器所储蓄的电能为

$$W_e = \frac{1}{2}CU_0^2 = \frac{1}{2} \times 0.010 \times 10^{-6} \times 400^2$$
$$= 8.0 \times 10^{-4}\,(\text{J}) \tag{19}$$

可见这电能最后全变成焦耳热了.

(4)为了使电路不发生振荡,设所需串联的电阻为 R',则由式(7)中的 β 为实得

$$(R+R')^2 \geqslant 4\frac{L}{C} \tag{20}$$

所以
$$R' \geqslant 2\sqrt{\frac{L}{C}} - R = 2 \times \sqrt{\frac{0.10}{0.010\times 10^{-6}}} - 1000$$
$$= (2\sqrt{10} - 1) \times 10^3 = 5.3 \times 10^3\,(\Omega) \tag{21}$$

【讨论】 题目所给数据只有两位有效数字,故计算结果只能取两位有效数字.由于计算比较复杂,为了保证计算结果的两位有效数字的准确性,在计算过程中就多取了一位甚至两位有效数字.

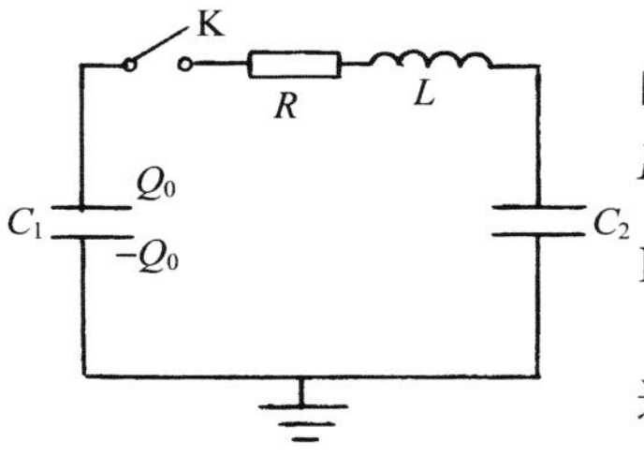

图 10.33

10.33 两电容 C_1 和 C_2,各有一极板接地.开始时,C_1 上有电荷量 Q_0,C_2 不带电,它们与已知的电阻 R 和自感 L 连接如图 10.33 所示.在$t=0$时接通开关K.试证明:若 $R^2 = 4L\left(\frac{1}{C_1}+\frac{1}{C_2}\right)$,则在 $t=2L/R$ 时刻通过 R 的电流为极大,其值为 $I_m = \frac{2Q_0}{\mathrm{e}RC_1}$,式中 e 是自然对数的底.

【证】 K 接通后,电路方程为

$$IR - \mathscr{E}_L + U_{C_2} - U_{C_1} = 0 \tag{1}$$

因为
$$\mathscr{E}_L = -L\frac{\mathrm{d}I}{\mathrm{d}t} \tag{2}$$

$$U_{C_2} = \frac{Q_2}{C_2} \tag{3}$$

$$U_{C_1} = \frac{Q_1}{C_1} \tag{4}$$

$$\frac{\mathrm{d}Q_2}{\mathrm{d}t} = I \quad (\text{因为 } C_2 \text{ 充电}) \tag{5}$$

$$\frac{dQ_1}{dt}=-I \quad (\text{因为}C_1\text{放电}) \tag{6}$$

所以

$$L\frac{dI}{dt}+RI+\frac{Q_2}{C_2}-\frac{Q_1}{C_1}=0 \tag{7}$$

$$L\frac{d^2I}{dt^2}+R\frac{dI}{dt}+\left(\frac{1}{C_1}+\frac{1}{C_2}\right)I=0 \tag{8}$$

这个方程的特征方程的两个根为

$$D_{1,2}=-\frac{R}{2L}\pm\sqrt{\frac{R^2}{4L^2}-\frac{1}{L}\left(\frac{1}{C_1}+\frac{1}{C_2}\right)} \tag{9}$$

题给出条件：

$$R^2=4L\left(\frac{1}{C_1}+\frac{1}{C_2}\right) \tag{10}$$

故特征方程的两根相等，即

$$D_1=D_2=-\frac{R}{2L} \tag{11}$$

于是得这时式(8)的通解为

$$I=(at+b)e^{-\frac{R}{2L}t} \tag{12}$$

式中 a 和 b 都是积分常数，它们的值由初始条件决定. 因

$$t=0\text{ 时}，\quad I=0 \tag{13}$$

故 $b=0$，于是得

$$I=ate^{-\frac{R}{2L}t} \tag{14}$$

由式(14)得

$$t=0\text{ 时}，\quad \left(\frac{dI}{dt}_0\right)=a \tag{15}$$

又 $t=0$ 时，$Q_1=Q_0$，$Q_2=0$. 将这些值和式(15)、(13)代入式(7)，便得

$$t=0\text{ 时}，\quad La-\frac{Q_0}{C_1}=0 \tag{16}$$

所以

$$a=\frac{Q_0}{LC_1} \tag{17}$$

将式(17)代入式(14)，便得所求电流为

$$I=\frac{Q_0}{LC_1}te^{-\frac{R}{2L}t} \tag{18}$$

下面求 I 的极大值. 由式(18)得

$$\frac{dI}{dt}=\frac{Q_0}{LC_1}\left(1-\frac{R}{2L}t\right)e^{-\frac{R}{2L}t} \tag{19}$$

由式(9)知

$$t=\frac{2L}{R} \tag{20}$$

时，I 有极值.由式(19)得

$$t=\frac{2L}{R}\text{时，}\quad \frac{\mathrm{d}^2 I}{\mathrm{d}^2}=-\frac{RQ_0}{2L^2C_1\mathrm{e}}<0 \tag{21}$$

故知这时是 I 的极大值 $I_{\max}$.于是由式(18)得

$$I_{\max}=\frac{Q_0}{LC_1}\frac{2L}{R}\mathrm{e}^{-1}=\frac{2Q_0}{\mathrm{e}RC_1} \tag{22}$$

10.34　电阻 R、电感 L 和电容 C 串联电路的谐振角频率为 ω_0，R 和 L 串联电路的时间常数为 τ_{RL}，R 和 C 串联电路的时间常数为 τ_{RC}.试求 ω_0、τ_{RL} 和 τ_{RC} 三者间的关系.

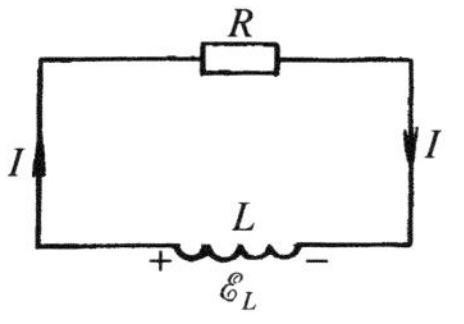

图 10.34(1)

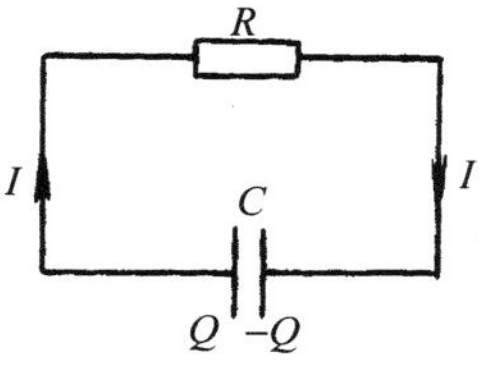

图 10.34(2)

【解】　R 和 L 串联电路如图 10.34(1)，电路方程为

$$IR-\mathscr{E}_L=0 \tag{1}$$

因为
$$\mathscr{E}_L=-L\frac{\mathrm{d}I}{\mathrm{d}t} \tag{2}$$

所以
$$L\frac{\mathrm{d}I}{\mathrm{d}t}+RI=0 \tag{3}$$

设 $t=0$ 时电流为 I_0，解式(3)得

$$I=I_0\mathrm{e}^{-\frac{R}{L}t} \tag{4}$$

故得 RL 串联电路的时间常数为

$$\tau_{RL}=\frac{L}{R} \tag{5}$$

R 和 C 串联电路如图 10.34(2)，电路方程为

$$IR-U_C=0 \tag{6}$$

因为
$$U_C=\frac{Q}{C} \tag{7}$$

$$I=-\frac{\mathrm{d}Q}{\mathrm{d}t}\quad (C\text{放电}) \tag{8}$$

所以
$$R\frac{\mathrm{d}Q}{\mathrm{d}t}+\frac{Q}{C}=0 \tag{9}$$

设 $t=0$ 时 C 上的电荷量为 Q_0，解式(8)得

$$Q=Q_0 e^{-\frac{t}{RC}} \tag{10}$$

故得 RC 串联电路的时间常数为

$$\tau_{RC}=RC \tag{11}$$

R、L、C 串联电路的谐振角频率为

$$\omega_0=\frac{1}{\sqrt{LC}} \tag{12}$$

由式(5)、(11)和(12)得所求的关系为

$$\omega_0{}^2\tau_{RL}\tau_{RC}=1 \tag{13}$$

10.35　一 RLC 串联电路，开始时电容 C 带有电荷量 Q_0，如图 10.35(1)所示. 接通开关 K 后，C 便经过 RL 放电. 因 $R<2\sqrt{L/C}$，电流发生振荡. 试求一个周期里损失的能量 ΔW 与该周期开始时电路里所储存的能量 W 之比 $\Delta W/W$.

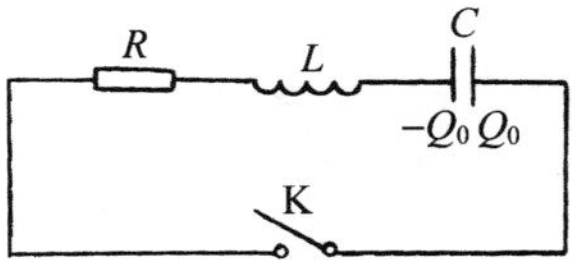

图 10.35(1)

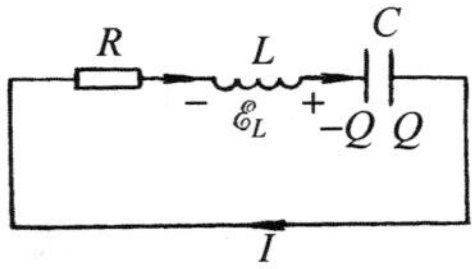

图 10.35(2)

【解】　K 接通后，电路如图 10.35(2)所示，电路方程为

$$IR-\mathscr{E}_L-\frac{Q}{C}=0 \tag{1}$$

因为

$$\mathscr{E}_L=-L\frac{dI}{dt} \tag{2}$$

$$I=-\frac{dQ}{dt}\quad (C\text{ 放电}) \tag{3}$$

所以

$$L\frac{d^2Q}{dt^2}+R\frac{dQ}{dt}+\frac{Q}{C}=0 \tag{4}$$

特征方程的两个根为

$$D_{1,2}=-\frac{R}{2L}\pm\sqrt{\frac{R^2}{4L^2}-\frac{1}{LC}} \tag{5}$$

因为

$$R<2\sqrt{L/C} \tag{6}$$

故电流的振荡角频率为

$$\omega=\sqrt{\frac{1}{LC}-\frac{R^2}{4L^2}} \tag{7}$$

振荡周期为

$$T=\frac{2\pi}{\omega}=\frac{2\pi}{\sqrt{\frac{1}{LC}-\frac{R^2}{4L^2}}} \tag{8}$$

利用初始条件

$$t=0\text{ 时},I=0,Q=Q_0 \tag{9}$$

解式(4)得

$$Q=Q_0\,\mathrm{e}^{-\frac{R}{2L}t}\left(\frac{R}{2\omega L}\sin\omega t+\cos\omega t\right) \tag{10}$$

由式(3)和(10)得

$$I=\frac{Q_0}{\omega LC}\mathrm{e}^{-\frac{R}{2L}t}\sin\omega t \tag{11}$$

取 $\omega t=n\pi$, n 为整数,这时

$$I=0,\qquad Q=\pm Q_0\,\mathrm{e}^{-\frac{R}{2L}t} \tag{12}$$

电路中所储存的能量为

$$W=\frac{1}{2}LI^2+\frac{1}{2}\frac{Q^2}{C}=\frac{Q^2}{2C}=\frac{Q_0^2}{2C}\mathrm{e}^{-\frac{R}{L}t} \tag{13}$$

一周期后,$\omega(t+T)=\omega t+2\pi=(n+2)\pi$,便有

$$I'=0,\qquad Q'=\pm Q_0\,\mathrm{e}^{-\frac{R}{2L}t}\mathrm{e}^{-\frac{R}{2L}T} \tag{14}$$

电路中所储存的能量为

$$W'=\frac{1}{2}LI'^2+\frac{1}{2}\frac{Q'^2}{C}=\frac{Q'^2}{2C}$$

$$=\frac{Q_0^2}{2C}\mathrm{e}^{-\frac{R}{L}t}\mathrm{e}^{-\frac{R}{L}T} \tag{15}$$

于是得一个周期里损失的能量为

$$\Delta W=W-W'=\frac{Q_0^2}{2C}\mathrm{e}^{-\frac{R}{L}t}(1-\mathrm{e}^{-\frac{R}{L}T})$$

$$=W(1-\mathrm{e}^{-\frac{R}{L}T}) \tag{16}$$

故所求的比值为

$$\Delta W/W=1-\mathrm{e}^{-\frac{R}{L}T} \tag{17}$$

【讨论】 一、如果用一周期内电阻 R 上消耗的能量计算 ΔW,所得结果与式(16)相同.

二、当$\frac{R}{L}T=2\pi\frac{R}{\omega L}\ll 1$ 时,

$$1-\mathrm{e}^{-\frac{R}{L}T}=1-\mathrm{e}^{-2\pi\frac{R}{\omega L}}\approx 2\pi\frac{R}{\omega L} \tag{18}$$

10.36 一电路如图 10.36(1),接通开关 K 后,电容 C 经两条支路放电. 设 Q

为C上的电荷量.试证明

$$R'L\frac{\mathrm{d}^3Q}{\mathrm{d}t^3}+\left(RR'+\frac{L}{C}+\frac{L}{C'}\right)\frac{\mathrm{d}^2Q}{\mathrm{d}t^2}$$

$$+\left(\frac{R}{C}+\frac{R}{C'}+\frac{R'}{C}\right)\frac{\mathrm{d}Q}{\mathrm{d}t}+\frac{Q}{CC'}=0$$

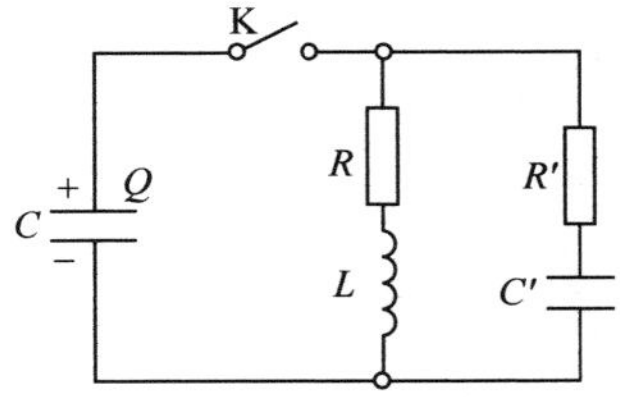

图 10.36(1)

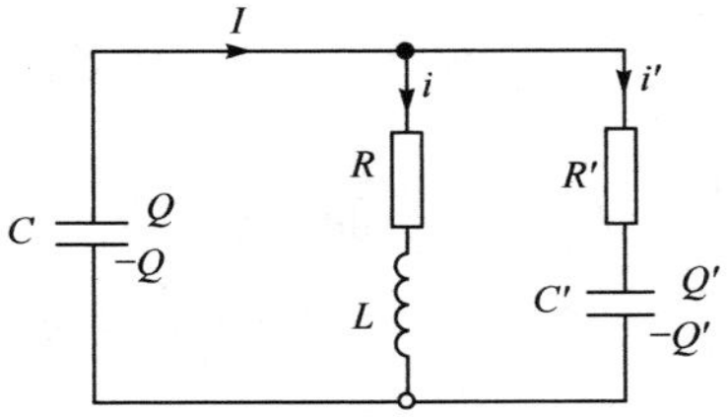

图 10.36(2)

【证】 K 接通后,电路如图 10.36(2),设通过R和R'的电流分别为i和i',C'上的电荷量为Q',则有

$$L\frac{\mathrm{d}i}{\mathrm{d}t}+Ri=\frac{Q}{C}\tag{1}$$

$$R'i'+\frac{Q'}{C'}=\frac{Q}{C}\tag{2}$$

$$I=i+i'=-\frac{\mathrm{d}Q}{\mathrm{d}t}\quad（C\text{放电}）\tag{3}$$

$$i'=\frac{\mathrm{d}Q'}{\mathrm{d}t}\quad（C'\text{充电}）\tag{4}$$

将式(1)、(2)对时间t求导得

$$L\frac{\mathrm{d}^2i}{\mathrm{d}t^2}+R\frac{\mathrm{d}i}{\mathrm{d}t}=\frac{1}{C}\frac{\mathrm{d}Q}{\mathrm{d}t}\tag{5}$$

$$R'\frac{\mathrm{d}i'}{\mathrm{d}t}+\frac{1}{C'}i'=\frac{1}{C}\frac{\mathrm{d}Q}{\mathrm{d}t}\tag{6}$$

由式(6)得

$$R'\frac{\mathrm{d}^2i'}{\mathrm{d}t^2}+\frac{1}{C'}\frac{\mathrm{d}i'}{\mathrm{d}t}=\frac{1}{C}\frac{\mathrm{d}^2Q}{\mathrm{d}t^2}\tag{7}$$

由式(3)有

$$\frac{\mathrm{d}^2i}{\mathrm{d}t^2}+\frac{\mathrm{d}^2i'}{\mathrm{d}t^2}=-\frac{\mathrm{d}^3Q}{\mathrm{d}t^3}\tag{8}$$

以R'乘式(5)加上L乘式(7),并利用式(8),得

$$-R'L\frac{\mathrm{d}^3Q}{\mathrm{d}t^3}+RR'\frac{\mathrm{d}i}{\mathrm{d}t}+\frac{L}{C'}\frac{\mathrm{d}i'}{\mathrm{d}t}-\frac{L}{C}\frac{\mathrm{d}^2Q}{\mathrm{d}t^2}-\frac{R'}{C}\frac{\mathrm{d}Q}{\mathrm{d}t}=0 \tag{9}$$

将式(3)代入式(6)消去 i' 得

$$R'\frac{\mathrm{d}i'}{\mathrm{d}t}-\frac{1}{C'}i=\left(\frac{1}{C}+\frac{1}{C'}\right)\frac{\mathrm{d}Q}{\mathrm{d}t} \tag{10}$$

将式(1)代入式(10)得

$$RR'\frac{\mathrm{d}i'}{\mathrm{d}t}+\frac{L}{C'}\frac{\mathrm{d}i}{\mathrm{d}t}-\frac{Q}{CC'}=\left(\frac{R}{C}+\frac{R}{C'}\right)\frac{\mathrm{d}Q}{\mathrm{d}t} \tag{11}$$

式(9)加式(11)并利用式(3)消去$\frac{\mathrm{d}i}{\mathrm{d}t}+\frac{\mathrm{d}i'}{\mathrm{d}t}$,便得

$$R'L\frac{\mathrm{d}^3Q}{\mathrm{d}t^3}+\left(RR'+\frac{L}{C}+\frac{L}{C'}\right)\frac{\mathrm{d}^2Q}{\mathrm{d}t^2}$$
$$+\left(\frac{R}{C}+\frac{R}{C'}+\frac{R'}{C}\right)\frac{\mathrm{d}Q}{\mathrm{d}t}+\frac{Q}{CC'}=0 \tag{12}$$

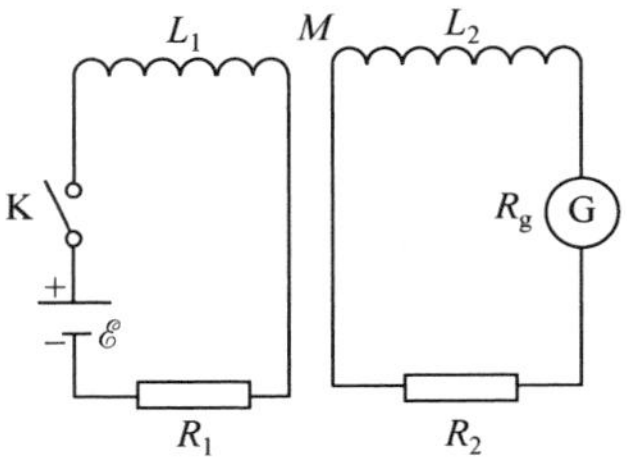

图 10.37

10.37　自感分别为 L_1 和 L_2 的两线圈,其电阻分别为 R_1 和 R_2,它们之间的互感为 M;第一个线圈接在电动势为 $\mathscr{E}$ 的电源上(电源的内阻可略去不计),第二个线圈接在电阻为 R_g 的电流计 G 上,如图 10.37 所示.电键 K 原先是接通的,第一个线圈内电流已达到稳定.设在$t=0$时断开 K,试求流过电流计的电流 I_2 和电荷量 Q.

【解】　断开 K 后,两电路的电路方程分别为

$$L_1\frac{\mathrm{d}I_1}{\mathrm{d}t}+M\frac{\mathrm{d}I_2}{\mathrm{d}t}+R_1I_1=\mathscr{E} \tag{1}$$

$$L_2\frac{\mathrm{d}I_2}{\mathrm{d}t}+M\frac{\mathrm{d}I_1}{\mathrm{d}t}+(R_2+R_g)I_2=0 \tag{2}$$

式中 I_1 为第一个线圈中的电流.

以 L_1 乘式(2),减去 M 乘式(1),消去$\frac{\mathrm{d}I_1}{\mathrm{d}t}$得

$$(L_1L_2-M^2)\frac{\mathrm{d}I_2}{\mathrm{d}t}+L_1(R_2+R_g)I_2=MR_1I_1-M\mathscr{E} \tag{3}$$

对 t 求导,然后利用式(2)消去$\frac{\mathrm{d}I_1}{\mathrm{d}t}$得

$$(L_1L_2-M^2)\frac{\mathrm{d}^2I_2}{\mathrm{d}t^2}+[L_1(R_2+R_g)+L_2R_1]\frac{\mathrm{d}I_2}{\mathrm{d}t}$$
$$+R_1(R_2+R_g)I_2=0 \tag{4}$$

这个微分方程的特征方程为

$$(L_1L_2-M^2)D^2+[L_1(R_2+R_g)+L_2R_1]D+R_1(R_2+R_g)=0 \tag{5}$$

它的两个根为

$$D_{1,2}=-\alpha\pm\beta \tag{6}$$

其中

$$\alpha=\frac{L_1(R_2+R_g)+L_2R_1}{2(L_1L_2-M^2)} \tag{7}$$

$$\beta=\sqrt{\left[\frac{L_1(R_2+R_g)+L_2R_1}{2(L_1L_2-M^2)}\right]^2-\frac{R_1(R_2+R_g)}{L_1L_2-M^2}} \tag{8}$$

于是得式(5)的解为

$$I_2=C_1\mathrm{e}^{(-\alpha+\beta)t}+C_2\mathrm{e}^{-(\alpha+\beta)t} \tag{9}$$

由初始条件

$$t=0\text{ 时},\quad I_2=0 \tag{10}$$

得 $C_2=-C_1$，故得

$$I_2=C_1[\mathrm{e}^{(-\alpha+\beta)t}-\mathrm{e}^{-(\alpha+\beta)t}] \tag{11}$$

下面利用 I_1 的初始条件定系数. 为此，将 I_2 对 t 求导得

$$\frac{\mathrm{d}I_2}{\mathrm{d}t}=C_1[(-\alpha+\beta)\mathrm{e}^{(-\alpha+\beta)t}+(\alpha+\beta)\mathrm{e}^{-(\alpha+\beta)t}] \tag{12}$$

将式(11)和(12)代入式(2)得

$$\begin{aligned}\frac{\mathrm{d}I_1}{\mathrm{d}t}&=-\frac{L_2}{M}\frac{\mathrm{d}I_2}{\mathrm{d}t}-\frac{R_2+R_g}{M}I_2\\&=-\frac{C_1L_2}{M}[(-\alpha+\beta)\mathrm{e}^{(-\alpha+\beta)t}+(\alpha+\beta)\mathrm{e}^{-(\alpha+\beta)t}]\\&\quad-\frac{C_1(R_2+R_g)}{M}[\mathrm{e}^{(-\alpha+\beta)t}-\mathrm{e}^{-(\alpha+\beta)t}]\\&=\frac{C_1}{M}[L_2(\alpha-\beta)-R_2-R_g]\mathrm{e}^{-(\alpha-\beta)t}\\&\quad-\frac{C_1}{M}[L_2(\alpha+\beta)-R_2-R_g]\mathrm{e}^{-(\alpha+\beta)t}\end{aligned} \tag{13}$$

对 t 积分得

$$\begin{aligned}I_1=\frac{C_1}{M}\Bigg\{&\left[\frac{R_2+R_g-L_2(\alpha-\beta)}{\alpha-\beta}\right]\mathrm{e}^{(-\alpha+\beta)t}\\&+\left[\frac{-R_2-R_g+L_2(\alpha+\beta)}{\alpha+\beta}\right]\mathrm{e}^{-(\alpha+\beta)t}\Bigg\}+C\end{aligned} \tag{14}$$

因 $t=\infty$时，$I_1=0$，故积分常数 $C=0$. 又

$$t=0\text{ 时},I_1=\frac{\mathscr{E}}{R_1} \tag{15}$$

将式(15)代入式(14)得

$$C_1=\frac{\alpha^2-\beta^2}{2\beta}\frac{M\mathscr{E}}{R_1(R_2+R_g)} \tag{16}$$

代入式(11)便得所求的电流为

$$I_2=\frac{\alpha^2-\beta^2}{2\beta}\frac{M\mathscr{E}}{R_1(R_2+R_g)}[e^{(-\alpha+\beta)t}-e^{-(\alpha+\beta)t}] \tag{17}$$

所求的电荷量为

$$\begin{aligned}Q&=\int_0^\infty I_2\,dt=\frac{\alpha^2-\beta^2}{2\beta}\frac{M\mathscr{E}}{R_1(R_2+R_g)}\int_0^\infty[e^{(-\alpha+\beta)t}-e^{-(\alpha+\beta)t}]dt\\&=\frac{\alpha^2-\beta^2}{2\beta}\frac{M\mathscr{E}}{R_1(R_2+R_g)}\left[\frac{e^{(-\alpha+\beta)t}}{-\alpha+\beta}+\frac{e^{-(\alpha+\beta)t}}{\alpha+\beta}\right]_{t=0}^{t=\infty}\\&=\frac{\alpha^2-\beta^2}{2\beta}\frac{M\mathscr{E}}{R_1(R_2+R_g)}\left[\frac{1}{\alpha-\beta}-\frac{1}{\alpha+\beta}\right]\\&=\frac{M\mathscr{E}}{R_1(R_2+R_g)}\end{aligned} \tag{18}$$

【讨论】 Q 也可求出如下：K 断开时，第二个线圈中的电动势为

$$\mathscr{E}_2=-L_2\frac{dI_2}{dt}-M\frac{dI_1}{dt} \tag{19}$$

所以

$$\frac{dQ}{dt}=I_2=\frac{\mathscr{E}_2}{R_2+R_g}=-\frac{L_2}{R_2+R_g}\frac{dI_2}{dt}-\frac{M}{R_2+R_g}\frac{dI_1}{dt} \tag{20}$$

$$dQ=-\frac{L_2}{R_2+R_g}dI_2-\frac{M}{R_2+R_g}dI_1 \tag{21}$$

根据题给的边界条件

$$\text{开始}(t=0):I_1(t=0)=\frac{\mathscr{E}}{R_1},\quad I_2(t=0)=0 \tag{22}$$

$$\text{终了}(t\to\infty):I_1(t\to\infty)=0,\quad I_2(t\to\infty)=0 \tag{23}$$

将式(21)积分，便得

$$\begin{aligned}Q&=-\frac{L_2}{R_2+R_g}\int_{I_2(t=0)}^{I_2(t\to\infty)}dI_2-\frac{M}{R_2+R_g}\int_{I_1(t=0)}^{I_1(t\to\infty)}dI_1\\&=-\frac{L_2}{R_2+R_g}[0-0]-\frac{M}{R_2+R_g}\left[0-\frac{\mathscr{E}}{R_1}\right]=\frac{M\mathscr{E}}{R_1(R_2+R_g)}\end{aligned} \tag{24}$$

10.38　一质量为 m 的物体，在弹性力 $-kx$、阻尼力 $-\alpha\frac{dx}{dt}$ 和策动力 $F_0\cos\omega t$ 的作用下，在 x 轴上振动；由于运动方程（微分方程）相似，可以用 R、L、C 串联后加上交流电压 $\mathscr{E}=\mathscr{E}_0\sin\omega t$ 来模拟它的运动. 试求与质量 m、劲度系数 k、阻尼系数 α、策动力的振幅 F_0、固有频率 ω_0 和品质因数等分别相对应的电学量.

【解】 m 的运动方程为

$$m\frac{d^2x}{dt^2}=F_0\cos\omega t-kx-\alpha\frac{dx}{dt} \tag{1}$$

所以

$$m\frac{d^2x}{dt^2}+\alpha\frac{dx}{dt}+kx=F_0\cos\omega t \tag{2}$$

相应的电路方程为

$$L\frac{d^2I}{dt^2}+R\frac{dI}{dt}+\frac{1}{C}I=\omega\mathscr{E}_0\cos\omega t \tag{3}$$

对比式(2)和(3)便得相对应的量如下：

$$m\sim L,\ \alpha\sim R,\ k\sim\frac{1}{C},\ F_0\sim\omega\mathscr{E}_0$$

固有频率 $\omega_0=\sqrt{\frac{k}{m}}\sim\frac{1}{\sqrt{LC}}$

品质因数 $Q=\frac{\sqrt{km}}{\alpha}\sim\frac{1}{R}\sqrt{\frac{L}{C}}$

10.39　如图 10.39，一平面线圈的面积为 S，电阻为 R，自感为 L，在一个不变的均匀磁场(磁感强度为 $\boldsymbol{B}$)中，从 $t=0$ 时刻开始，以匀角速度 ω 绕一固定轴旋转，转轴与线圈共面，$\boldsymbol{B}$ 与转轴垂直，且 $t=0$ 时 $\boldsymbol{B}$ 与线圈的平面垂直. 试求 t 时刻线圈中的电流 I.

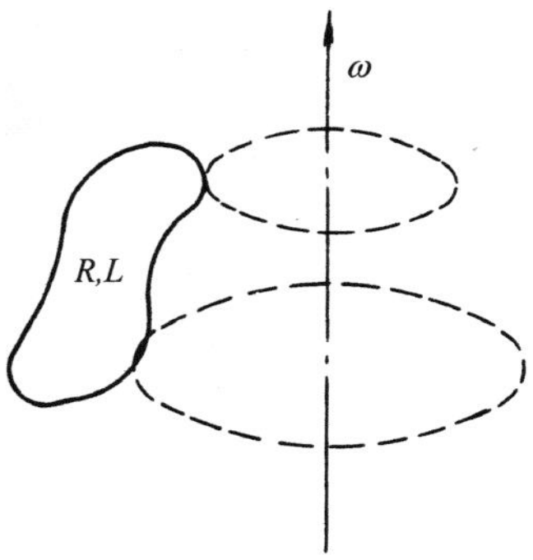

图 10.39

【解】　通过线圈的磁通量为

$$\Phi=BS\cos\omega t \tag{1}$$

电路方程为

$$L\frac{dI}{dt}+RI=\mathscr{E}=-\frac{d\Phi}{dt}=BS\omega\sin\omega t \tag{2}$$

这是一个非齐次的一阶微分方程，它的通解为

$$I=Ce^{-\frac{R}{L}t}+\frac{BS\omega}{L}e^{-\frac{R}{L}t}\int e^{\frac{R}{L}t}\sin\omega t\,dt \tag{3}$$

其中 C 是积分常数. 利用积分公式

$$\int e^{ax}\sin bx\,dx=\frac{e^{ax}}{a^2+b^2}(a\sin bx-b\cos bx) \tag{4}$$

得式(3)中的积分为

$$\begin{aligned}\int e^{\frac{R}{L}t}\sin\omega t\,dt&=\frac{e^{\frac{R}{L}t}}{(\frac{R}{L})^2+\omega^2}\left[\frac{R}{L}\sin\omega t-\omega\cos\omega t\right]\\&=\frac{Le^{\frac{R}{L}t}}{R^2+\omega^2L^2}[R\sin\omega t-\omega L\cos\omega t]\\&=\frac{Le^{\frac{R}{L}t}}{\sqrt{R^2+\omega^2L^2}}\sin\left(\omega t-\arctan\frac{\omega L}{R}\right)\end{aligned} \tag{5}$$

代入式(3)得

$$I=Ce^{-\frac{R}{L}t}+\frac{BS\omega}{\sqrt{R^2+\omega^2L^2}}\sin(\omega t-\arctan\frac{\omega L}{R}) \tag{6}$$

由初始条件

$$t=0\text{ 时},I=0 \tag{7}$$

定积分常数为

$$C=\frac{BS\omega}{\sqrt{R^2+\omega^2L^2}}\sin\left(\arctan\frac{\omega L}{R}\right)$$
$$=\frac{BS\omega}{\sqrt{R^2+\omega^2L^2}}\frac{\omega L}{\sqrt{R^2+\omega^2L^2}} \tag{8}$$

代入式(6)便得所求电流为

$$I=\frac{BS\omega}{\sqrt{R^2+\omega^2L^2}}\left\{\left[\frac{\omega L}{\sqrt{R^2+\omega^2L^2}}\right]e^{-\frac{R}{L}t}+\sin\left(\omega t-\arctan\frac{\omega L}{R}\right)\right\} \tag{9}$$

其中 $e^{-\frac{R}{L}t}$ 项是暂态过程，随着 $t\rightarrow\infty$，这一项便趋于零.

第十一章　交　流　电

11.1　试由 ω 的单位：秒$^{-1}$，L 的单位：亨利，C 的单位：法拉，分别导出 ωL、$\frac{1}{\omega C}$和$\sqrt{\frac{L}{C}}$等的单位.

【解】　ωL 的单位为

$$\frac{1}{秒}\cdot 亨利=\frac{1}{秒}\cdot\frac{伏特\cdot秒}{安培}=欧姆$$

$\frac{1}{\omega C}$的单位为

$$秒\cdot\frac{1}{法拉}=秒\cdot\frac{伏特}{库仑}=\frac{伏特}{安培}=欧姆$$

$\sqrt{\frac{L}{C}}$的单位为

$$\sqrt{\frac{亨利}{法拉}}=\sqrt{\frac{伏特\cdot秒}{安培}\cdot\frac{伏特}{库仑}}=\frac{伏特}{安培}=欧姆$$

11.2　一自感为 $L=10\text{H}$，一电容为 $C=10\mu\text{F}$.(1)试分别求频率为 $\nu=50\text{Hz}$ 和 500Hz 时它们各自的阻抗；(2)在什么频率时它们的阻抗相等？

【解】　(1)$\nu=50\text{Hz}$ 时，阻抗分别为

$$\omega L=2\pi\times50\times10=3.1\times10^{3}(\Omega)$$

$$\frac{1}{\omega C}=\frac{1}{2\pi\times50\times10\times10^{-6}}=3.2\times10^{2}(\Omega)$$

$\nu=500\text{Hz}$ 时，阻抗分别为

$$\omega L=2\pi\times500\times10=3.1\times10^{4}(\Omega)$$

$$\frac{1}{\omega C}=\frac{1}{2\pi\times500\times10\times10^{-6}}=32(\Omega)$$

(2)阻抗相等时，即 $\omega L=\frac{1}{\omega C}$，于是得

$$\nu=\frac{1}{2\pi\sqrt{LC}}=\frac{1}{2\pi\times\sqrt{10\times10\times10^{-6}}}=16(\text{Hz})$$

11.3　自感为 $L=31.8\text{mH}$ 的线圈，其电阻可略去不计. 当加上 220V、50Hz 的交流电压时，试求它的阻抗和通过它的电流.

【解】　阻抗为

$$Z_L=\omega L=2\pi\times50\times31.8\times10^{-3}=10(\Omega)$$

通过它的电流为

$$I=\frac{U}{Z_L}=\frac{220}{10}=22(\text{A})$$

11.4　$C=79.6\mu F$ 的电容，接到 220V、50Hz 的交流电压上，试求它的阻抗和通过它的电流.

【解】 阻抗为

$$Z_C=\frac{1}{\omega C}=\frac{1}{2\pi\times 50\times 79.6\times 10^{-6}}=40(\Omega)$$

通过它的电流为

$$I=\frac{U}{Z_C}=\frac{220}{40}=5.5(\mathrm{A})$$

11.5　在图 11.5 所示的十个电路中，R、L 和 C 都已知. 当用于角频率为 ω 的交流电路中时，试分别求它们的阻抗 Z 和相角 φ（$\varphi=\varphi_U-\varphi_I$，$\varphi_U$ 是该阻抗两端的电压的相位，φ_I 是该阻抗中通过的电流的相位）.

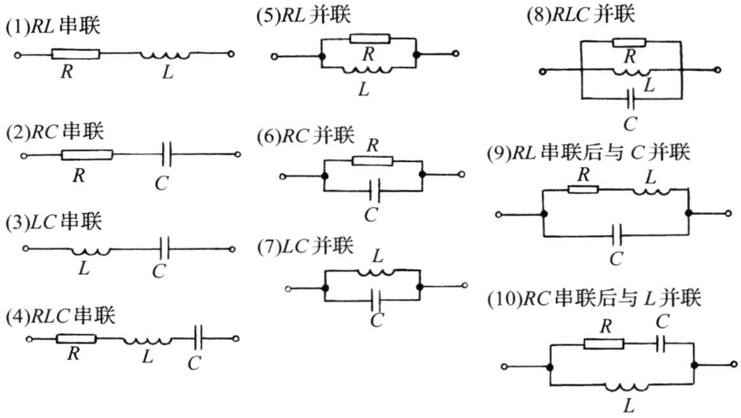

图 11.5

【解】 (1)RL 串联　　复阻抗为

$$\tilde{Z}=R+\mathrm{j}\omega L=\sqrt{R^2+\omega^2L^2}\,\mathrm{e}^{\mathrm{j}\arctan\left(\frac{\omega L}{R}\right)} \tag{1}$$

阻抗和相角分别为

$$Z=\sqrt{R^2+\omega^2L^2} \tag{2}$$

$$\varphi=\arctan\left(\frac{\omega L}{R}\right) \tag{3}$$

(2)RC 串联　　复阻抗为

$$\tilde{Z}=R+\frac{1}{\mathrm{j}\omega C}=R-\mathrm{j}\frac{1}{\omega C}=\sqrt{R^2+\frac{1}{\omega^2C^2}}\,\mathrm{e}^{-\mathrm{j}\arctan\left(\frac{1}{R\omega C}\right)} \tag{4}$$

阻抗和相角分别为

$$Z=\sqrt{R^2+\frac{1}{\omega^2C^2}} \tag{5}$$

$$\varphi = -\arctan\left(\frac{1}{R\omega C}\right) \tag{6}$$

(3)LC 串联　　复阻抗为

$$\widetilde{Z} = \mathrm{j}\omega L + \frac{1}{\mathrm{j}\omega C} = \mathrm{j}\left(\omega L - \frac{1}{\omega C}\right) = \left(\omega L - \frac{1}{\omega C}\right)\mathrm{e}^{\mathrm{j}\frac{\pi}{2}} \tag{7}$$

阻抗和相角分别为

$$Z = \omega L - \frac{1}{\omega C} \tag{8}$$

$$\varphi = \frac{\pi}{2} \tag{9}$$

若取

$$Z = \left| \omega L - \frac{1}{\omega C} \right| \tag{10}$$

则

$$\varphi = \begin{cases} \dfrac{\pi}{2}, & \text{当 } \omega L > \dfrac{1}{\omega C} \text{ 时} \\ -\dfrac{\pi}{2}, & \text{当 } \omega L < \dfrac{1}{\omega C} \text{ 时} \end{cases} \tag{11}$$

(4)RLC 串联　　复阻抗为

$$\widetilde{Z} = R + \mathrm{j}\omega L + \frac{1}{\mathrm{j}\omega C} = \sqrt{R^2 + \left(\omega L - \frac{1}{\omega C}\right)^2}\,\mathrm{e}^{\mathrm{j}\arctan\left(\frac{\omega L - \frac{1}{\omega C}}{R}\right)} \tag{12}$$

阻抗和相角分别为

$$Z = \sqrt{R^2 + (\omega L - \frac{1}{\omega C})^2} \tag{13}$$

$$\varphi = \arctan\left(\frac{\omega L - \frac{1}{\omega C}}{R}\right) \tag{14}$$

(5)RL 并联　　复阻抗为

$$\widetilde{Z} = \frac{R\mathrm{j}\omega L}{R + \mathrm{j}\omega L} = \frac{\mathrm{j}R\omega L(R - \mathrm{j}\omega L)}{R^2 + \omega^2 L^2}$$

$$= \frac{R\omega L}{\sqrt{R^2 + \omega^2 L^2}}\mathrm{e}^{\mathrm{j}\arctan\left(\frac{R}{\omega L}\right)} \tag{15}$$

阻抗和相角分别为

$$Z = \frac{R\omega L}{\sqrt{R^2 + \omega^2 L^2}} \tag{16}$$

$$\varphi = \arctan\frac{R}{\omega L} \tag{17}$$

(6)RC 并联　　复阻抗为

$$\widetilde{Z} = \frac{R\dfrac{1}{\mathrm{j}\omega C}}{R + \dfrac{1}{\mathrm{j}\omega C}} = \frac{R}{1 + \mathrm{j}R\omega C} = \frac{R}{\sqrt{1 + R^2\omega^2 C^2}}\mathrm{e}^{-\mathrm{j}\arctan(R\omega C)} \tag{18}$$

阻抗和相角分别为

$$Z=\frac{R}{\sqrt{1+R^2\omega^2C^2}} \tag{19}$$

$$\varphi=-\arctan R\omega C \tag{20}$$

(7)LC 并联　　复阻抗为

$$\tilde{Z}=\frac{\mathrm{j}\omega L\ \dfrac{1}{\mathrm{j}\omega C}}{\mathrm{j}\omega L+\dfrac{1}{\mathrm{j}\omega C}}=\frac{\mathrm{j}\omega L}{1-\omega^2LC}=\frac{\omega L}{1-\omega^2LC}\ \mathrm{e}^{\mathrm{j}\frac{\pi}{2}} \tag{21}$$

阻抗和相角分别为

$$Z=\frac{\omega L}{1-\omega^2LC} \tag{22}$$

$$\varphi=\frac{\pi}{2} \tag{23}$$

若取

$$Z=\frac{1}{|1-\omega^2LC|} \tag{24}$$

则

$$\varphi=\begin{cases}\dfrac{\pi}{2}, & \text{当 } \omega^2LC<1\\ -\dfrac{\pi}{2}, & \text{当 } \omega^2LC>1\end{cases} \tag{25}$$

(8)RLC 并联　　复阻抗 $\tilde{Z}$ 满足

$$\frac{1}{\tilde{Z}}=\frac{1}{R}+\frac{1}{\mathrm{j}\omega L}+\mathrm{j}\omega C \tag{26}$$

所以

$$\tilde{Z}=\frac{R}{1+\mathrm{j}R\left(\omega C-\dfrac{1}{\omega L}\right)}=\frac{R\omega L}{\omega L+\mathrm{j}R(\omega^2LC-1)}$$

$$=\frac{R\omega L}{\sqrt{\omega^2L^2+R^2(\omega^2LC-1)^2}}\mathrm{e}^{\mathrm{j}\arctan\left[\frac{R(1-\omega^2LC)}{\omega L}\right]} \tag{27}$$

阻抗和相角分别为

$$Z=\frac{R\omega L}{\sqrt{\omega^2L^2+R^2(\omega^2LC-1)^2}} \tag{28}$$

$$\varphi=\arctan\left[\frac{R(1-\omega^2LC)}{\omega L}\right] \tag{29}$$

(9) RL 串联后与 C 并联　　复阻抗 $\tilde{Z}$ 满足

$$\frac{1}{\tilde{Z}}=\frac{1}{R+\mathrm{j}\omega L}+\mathrm{j}\omega C=\frac{R-\mathrm{j}\omega L}{R^2+\omega^2L^2}+\mathrm{j}\omega C$$

$$=\frac{R+\mathrm{j}[\omega C(R^2+\omega^2L^2)-\omega L]}{R^2+\omega^2L^2} \tag{30}$$

所以

$$\tilde{Z}=\frac{R^2+\omega^2L^2}{R+\mathrm{j}[\omega C(R^2+\omega^2L^2)-\omega L]}$$

$$=\frac{R^2+\omega^2L^2}{R^2+[\omega C(R^2+\omega^2L^2)-\omega L]^2}\times\{R-\mathrm{j}[\omega C(R^2+\omega^2L^2)-\omega L]\}$$

$$=\frac{R^2+\omega^2L^2}{\sqrt{R^2+[\omega C(R^2+\omega^2L^2)-\omega L]^2}}\mathrm{e}^{\mathrm{j}\arctan\left[\frac{\omega L-\omega C(R^2+\omega^2L^2)}{R}\right]} \tag{31}$$

阻抗和相角分别为

$$Z=\frac{R^2+\omega^2L^2}{\sqrt{R^2+[\omega C(R^2+\omega^2L^2)-\omega L]^2}}=\sqrt{\frac{R^2+\omega^2L^2}{R^2\omega^2C^2+(1-\omega^2LC)^2}} \tag{32}$$

$$\varphi=\arctan\left[\frac{\omega L-\omega C(R^2+\omega^2L^2)}{R}\right] \tag{33}$$

(10) RC 串联后与 L 并联　复阻抗 $\tilde{Z}$ 满足

$$\frac{1}{\tilde{Z}}=\frac{1}{R+\frac{1}{\mathrm{j}\omega C}}+\frac{1}{\mathrm{j}\omega L}=\frac{\mathrm{j}\omega C}{1+\mathrm{j}\omega CR}-\frac{\mathrm{j}}{\omega L}$$

$$=\frac{\omega CR-\mathrm{j}(1-\omega^2LC)}{\omega L(1+\mathrm{j}\omega CR)} \tag{34}$$

所以

$$\tilde{Z}=\frac{\omega L(1+\mathrm{j}\omega CR)}{\omega CR-\mathrm{j}(1-\omega^2LC)}$$

$$=\frac{\omega L(1+\mathrm{j}\omega CR)[\omega CR+\mathrm{j}(1-\omega^2LC)]}{(\omega CR)^2+(1-\omega^2LC)^2}$$

$$=\frac{\omega L}{(\omega CR)^2+(1-\omega^2LC)^2}\times[\omega^3LC^2R+\mathrm{j}(\omega^2C^2R^2+1-\omega^2LC)]$$

$$=\frac{\omega L}{(\omega CR)^2+(1-\omega^2LC)^2}\times\sqrt{(\omega^3LC^2R)^2+(\omega^2C^2R^2+1-\omega^2LC)^2}\times\mathrm{e}^{\mathrm{j}\arctan\left[\frac{\omega^2C^2R^2+1-\omega^2LC}{\omega^3LC^2R}\right]}$$

$$=\omega L\sqrt{\frac{1+\omega^2C^2R^2}{(\omega CR)^2+(1-\omega^2LC)^2}}\mathrm{e}^{\mathrm{j}\arctan\left[\frac{\omega^2C^2R^2+1-\omega^2LC}{\omega^3LC^2R}\right]} \tag{35}$$

阻抗和相角分别为

$$Z=\omega L\sqrt{\frac{1+\omega^2C^2R^2}{(\omega CR)^2+(1-\omega^2LC)^2}} \tag{36}$$

$$\varphi=\arctan\left[\frac{\omega^2C^2R^2+1-\omega^2LC}{\omega^3LC^2R}\right] \tag{37}$$

11.6　一个 R 和 L 串联电路，接在电压为 100V 的交流电源上.(1)一交流伏特计不论接在 R 两端还是接在 L 两端，其读数都相等，试问读数是多少？(2)若改

变 R 和 L 的大小，使交流伏特计接在 L 两端时读数为 50V；若将它接在 R 两端，试问读数是多少？

【解】 (1)因 R、L 串联，故

$$U_R = IR = \frac{UR}{\sqrt{R^2+\omega^2 L^2}} \tag{1}$$

$$U_L = I\omega L = \frac{U\omega L}{\sqrt{R^2+\omega^2 L^2}} \tag{2}$$

因为

$$U_L = U_R \tag{3}$$

所以

$$\omega L = R \tag{4}$$

于是得

$$U_L = U_R = \frac{U}{\sqrt{2}} = \frac{100}{\sqrt{2}} = 71(\mathrm{V}) \tag{5}$$

(2)这时伏特计的读数为

$$U_R = \sqrt{U^2 - U_L^2} = \sqrt{100^2 - 50^2} = 87(\mathrm{V}) \tag{6}$$

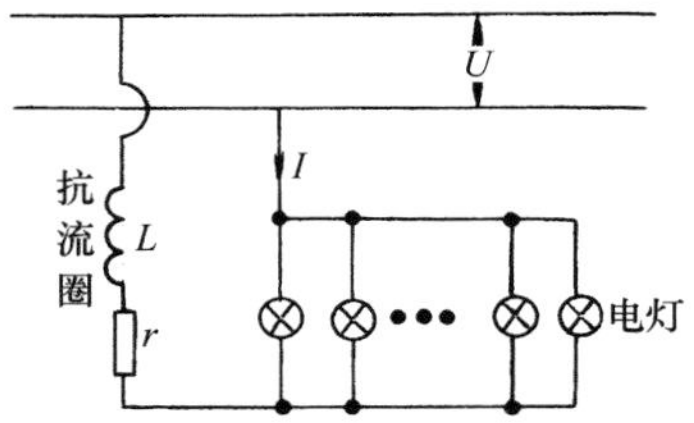

图 11.7

11.7　如图 11.7，输电干线的电压为 $U=220\mathrm{V}$，频率为 $\nu=50.0\mathrm{Hz}$，用户的照明电路与抗流线圈串联后接在两干线间. 抗流线圈的自感为 $L=50.0\mathrm{mH}$，其电阻为 $r=1.0\Omega$. (1)当用户用电 $I=2.00\mathrm{A}$ 时，试问电灯两端的电压是多少？(2)用户电路（包括抗流线圈）能得到的最大功率是多少？(3)当用户发生短路时，抗流线圈中消耗的功率是多少？

【解】 (1)设电灯的电阻为 R，则通过电灯的电流为

$$\begin{aligned} I &= \frac{U}{\sqrt{(R+r)^2+\omega^2 L^2}} \\ &= \frac{220}{\sqrt{(R+1.00)^2+(2\pi\times 50.0\times 50.0\times 10^{-3})^2}} \\ &= 2.00(\mathrm{A}) \end{aligned} \tag{1}$$

所以

$$R+1 = \sqrt{110^2-(5\pi)^2} = 109(\Omega)$$

$$R = 108\Omega \tag{2}$$

电灯两端的电压为

$$U_R = IR = 2.00\times 108 = 216(\mathrm{V}) \tag{3}$$

(2)设用户的电阻为 R_C，则用户得到的功率为

$$P = IU\cos\varphi = \frac{U^2(R_C+r)}{(R_C+r)^2+(\omega L)^2} \tag{4}$$

令

$$\frac{\mathrm{d}P}{\mathrm{d}R_C} = \frac{U^2}{(R_C+r)^2+(\omega L)^2} - \frac{2U^2(R_C+r)^2}{[(R_C+r)^2+(\omega L)^2]^2} = 0 \tag{5}$$

解得

$$R_C + r = \omega L \tag{6}$$

于是得所求的最大功率为

$$P_{\max} = \frac{U^2 \omega L}{(\omega L)^2 + (\omega L)^2} = \frac{U^2}{2\omega L} = \frac{220^2}{2\times 2\pi \times 50.0\times 50.0\times 10^{-3}}$$
$$= 1.54\times 10^3 (\mathrm{W}) \tag{7}$$

这时用户的电阻为

$$R_C = \omega L - r = 2\pi \times 50.0\times 50.0\times 10^{-3} - 1.00$$
$$= 14.7(\Omega) \tag{8}$$

(3)当用户发生短路时，$R_C=0$，抗流线圈中消耗的功率为

$$P = \frac{U^2 r}{r^2 + (\omega L)^2} = \frac{220^2\times 1.00}{1.00^2 + (2\pi\times 50.0\times 50.0\times 10^{-3})^2}$$
$$= 195(\mathrm{W}) \tag{9}$$

由此可见，由于有抗流线圈，即使用户发生短路，消耗的功率也不很大.

11.8　一 RC 串联电路，接到 220V 50Hz 的交流电源上，如图 11.8 所示. 现要求电流为 70mA，R 两端的电压为 8.0V，试求 C 的值.

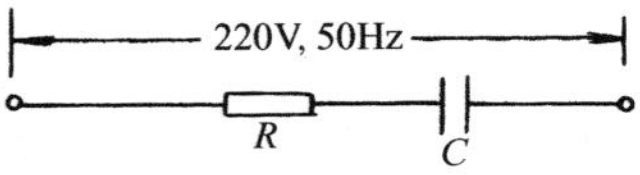

图 11.8

【解】　因

$$R^2 + \frac{1}{\omega^2 C^2} = \left(\frac{U}{I}\right)^2 = \left(\frac{220}{70\times 10^{-3}}\right)^2 = \left(\frac{22}{7}\times 10^3\right)^2 \tag{1}$$

$$R = \frac{U_R}{I} = \frac{8.0}{70\times 10^{-3}} = \frac{800}{7} \tag{2}$$

所以

$$\frac{1}{\omega^2 C^2} = \left(\frac{22}{7}\times 10^3\right)^2 - \left(\frac{800}{7}\right)^2 \tag{3}$$

$$\omega C = \frac{7}{100}\frac{1}{\sqrt{220^2 - 8^2}} = 3.18\times 10^{-4} \tag{4}$$

故得

$$C = \frac{3.18\times 10^{-4}}{2\pi\times 50} = 1.0\times 10^{-6}(\mathrm{F}) = 1.0(\mu\mathrm{F}) \tag{5}$$

11.9　在某个频率下，电容 C 和电阻 R 的阻抗之比为 $Z_C : Z_R = 3:4$. 现将它们串联后加上该频率的交流电压 $U=100\mathrm{V}$. (1)试分别求它们两端的电压 U_R 和 U_C；(2)试求电流 I 与电压 U 之间的相位差 φ.

【解】　(1)R 和 C 串联的阻抗为

$$Z = \sqrt{R^2 + \frac{1}{\omega^2 C^2}} = \sqrt{R^2 + \left(\frac{3}{4}R\right)^2} = \frac{5}{4}R \tag{1}$$

故得

$$U_R = IR = \frac{U}{Z}R = \frac{100}{5R/4}\cdot R = 80(\mathrm{V}) \tag{2}$$

$$U_C = IZ_C = \frac{3}{4}IR = \frac{3}{4} \times 80 = 60(\text{V}) \tag{3}$$

(2)I 与 U 的相位差为[参见前面 11.5 题的式(6)]

$$\varphi = \varphi_U - \varphi_I = -\arctan\left(\frac{1}{\omega CR}\right) = -\arctan\left(\frac{Z_C}{R}\right)$$

$$= -\arctan\frac{3}{4} = -37^\circ \tag{4}$$

其中负号表示电流超前.

11.10　图 11.10 是一个 LC 滤波器，已知频率 $\nu=100\text{Hz}$，$C=10\mu\text{F}$. 现在要使输出的交流电压 U_2 等于输入的交流电压 U_1 的十分之一，试求 L 的值.

【解】　由

$$U_2 = \frac{U_1}{\omega L - \frac{1}{\omega C}} \cdot \frac{1}{\omega C} = \frac{U_1}{\omega^2 LC - 1}$$

得

$$\omega^2 LC - 1 = \frac{U_1}{U_2} = 10$$

解得

$$L = \frac{10+1}{\omega^2 C} = \frac{11}{(2\pi \times 100)^2 \times 10 \times 10^{-6}} = 2.8(\text{H})$$

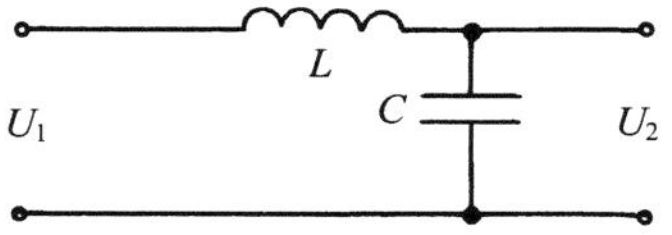

图 11.10

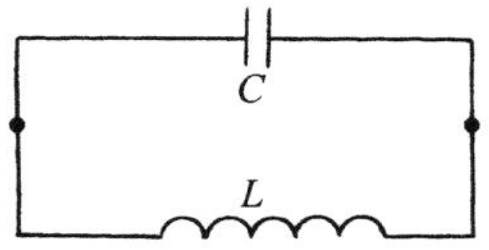

图 11.11

11.11　如图 11.11，已知 $C=300\text{pF}$，谐振频率 $\nu=1.0\text{MHz}$. (1)试求 L 的值；(2)若 L 是一螺线管，横截面的直径为 $d=2.0\text{cm}$，相邻两匝间的距离为 0.50mm，试求匝数 N.

【解】　(1)L 的值为

$$L = \frac{1}{\omega^2 C} = \frac{1}{(2\pi \times 1.0 \times 10^6)^2 \times 300 \times 10^{-12}}$$

$$= 8.4 \times 10^{-5}(\text{H})$$

(2)由螺线管的自感公式

$$L = \mu_0 n^2 V = \mu_0 nN \cdot \pi\left(\frac{d}{2}\right)^2$$

得所求匝数为

$$N = \frac{4L}{\mu_0 n \cdot \pi d^2}$$

$$=\frac{4\times 8.4\times 10^{-5}}{4\pi\times 10^{-7}\times\left(\frac{1}{0.50\times 10^{-3}}\right)\times\pi\times(2.0\times 10^{-2})^2}$$

$$=1.1\times 10^2$$

11.12　一交流电路如图 11.12，已知 $R=20\Omega$，三个伏特计 V_1 的读数为 $U_1=44V$，V_2 的读数为 $U_2=91V$，V 的读数为 $U=120V$. 试求元件 Z 消耗的功率.

【解】 设元件 Z 的复阻抗为

$$\tilde{Z}=r+jX \tag{1}$$

则有

$$\frac{U}{\sqrt{(R+r)^2+X^2}}=I=\frac{U_1}{R} \tag{2}$$

所以

$$(R+r)^2+X^2=\left(\frac{RU}{U_1}\right)^2 \tag{3}$$

因为

$$\frac{U_2}{\sqrt{r^2+X^2}}=I \tag{4}$$

所以

$$r^2+X^2=\left(\frac{U_2}{I}\right)^2=\left(\frac{RU_2}{U_1}\right)^2 \tag{5}$$

式(3)减式(5)得

$$2Rr=\left(\frac{RU}{U_1}\right)^2-\left(\frac{RU_2}{U_1}\right)^2-R^2 \tag{6}$$

所以

$$r=\frac{R}{2}\left[\left(\frac{U}{U_1}\right)^2-\left(\frac{U_2}{U_1}\right)^2-1\right]$$

$$=\frac{20}{2}\left[\left(\frac{120}{44}\right)^2-\left(\frac{91}{44}\right)^2-1\right]=21.6(\Omega) \tag{7}$$

于是得 Z 消耗的功率为

$$P=I^2r=\left(\frac{U_1}{R}\right)^2r=\left(\frac{44}{20}\right)^2\times 21.6=1.0\times 10^2(W) \tag{8}$$

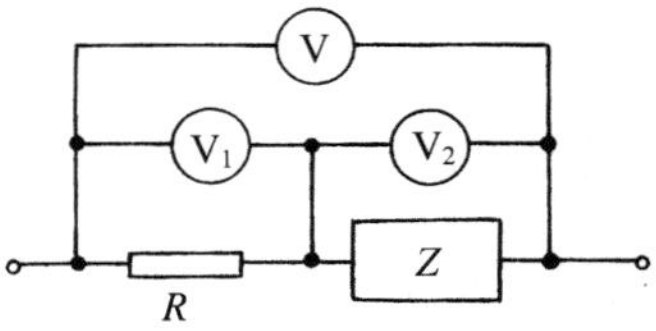

图 11.12

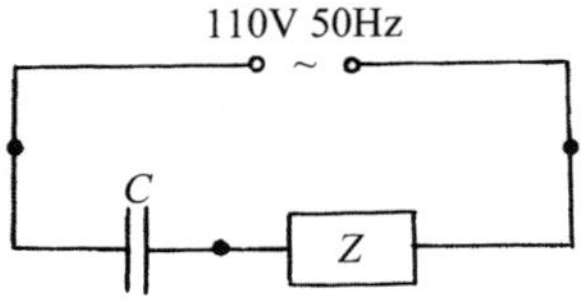

图 11.13

11.13　一个 110V、50Hz 的交流电源，向一负载 Z 供电 330W，负载的功率因数为 0.60，电流的相位落后于电压. (1)若在电路中串入一个电容 C，如图 11.13，将功率因数提高到 1，试求 C 的值；(2)这时电源供给的功率是多少？

【解】 (1)因电流的相位落后，故 Z 是电感性的阻抗，设

$$Z = \sqrt{R^2 + X^2} \tag{1}$$

则由

$$\cos\varphi = \frac{R}{\sqrt{R^2 + X^2}} = 0.60 \tag{2}$$

解得

$$X = \frac{4}{3}R \tag{3}$$

因为

$$P = IU\cos\varphi = I^2 R \tag{4}$$

所以

$$R = \frac{(U\cos\varphi)^2}{P} = \frac{(110\times 0.60)^2}{330} = 13.2(\Omega) \tag{5}$$

所以

$$X = \frac{4}{3}\times 13.2 = 17.6(\Omega)$$

串入电容 C 后，使功率因数为1，即

$$\frac{1}{\omega C} = X \tag{6}$$

所以

$$C = \frac{1}{\omega X} = \frac{1}{2\pi\times 50\times 17.6} = 1.8\times 10^{-4}(\text{F})$$
$$= 1.8\times 10^{2}(\mu\text{F}) \tag{7}$$

(2)这时电源供给的功率为

$$P' = I^2 R = \frac{U^2}{R} = \frac{110^2}{13.2} = 9.2\times 10^2(\text{W}) \tag{8}$$

11.14　有两个复阻抗 $\tilde{Z}_1 = R_1 + \mathrm{j}X_1$ 和 $\tilde{Z}_2 = R_2 + \mathrm{j}X_2$，试证明：(1)当它们串联时，若通过它们的电流的有效值为 I，则它们消耗的功率便为 $P = I^2(R_1 + R_2)$；(2)当它们并联时，若通过它们的电流的有效值分别为 I_1 和 I_2，则它们消耗的功率便为 $P' = I_1^2 R_1 + I_2^2 R_2$.

【证】　复阻抗为

$$\tilde{Z} = R + \mathrm{j}X \tag{1}$$

的电路所消耗的功率(对时间的平均功率)为

$$P = IU\cos\varphi \tag{2}$$

式中 U 是加在 $\tilde{Z}$ 两端的电压的有效值，I 是通过 $\tilde{Z}$ 的电流的有效值，$\cos\varphi$ 是功率因数.因

$$I = \frac{U}{\sqrt{R^2 + X^2}} \tag{3}$$

$$\cos\varphi = \frac{R}{\sqrt{R^2 + X^2}} \tag{4}$$

故代入式(2)便得

$$P = I^2 R \tag{5}$$

(1) $\tilde{Z}_1$ 和 $\tilde{Z}_2$ 串联时，电路的电阻为 $R_1 + R_2$，故由式(5)得它们所消耗的功率为

$$P = I^2(R_1 + R_2) \tag{6}$$

(2) $\tilde{Z}_1$ 和 $\tilde{Z}_2$ 并联时，由式(5)得，每条支路消耗的功率分别为

$$P_1 = I_1^2 R_1, \qquad P_2 = I_2^2 R_2 \tag{7}$$

故总的功率消耗便为

$$P' = P_1 + P_2 = I_1^2 R_1 + I_2^2 R_2 \tag{8}$$

11.15　对于一个给定的交流电源来说，它的电动势和内阻抗都是一定的，设它的内阻抗（复阻抗）为 $\tilde{Z}_i = X + \mathrm{j}Y$，试证明：当负载的复阻抗 $\tilde{Z}$ 等于 $\tilde{Z}_i$ 的共轭复数（即 $\tilde{Z} = X - \mathrm{j}Y$，如图 11.15）时，电源输送到负载上的功率为最大.

【证】　设电源的电动势为 $\tilde{\mathscr{E}}$，负载的复阻抗为

$$\tilde{Z} = x + \mathrm{j}y \tag{1}$$

则负载消耗的功率为

$$P = IU\cos\varphi = I^2 x = \frac{\mathscr{E}^2 x}{(X+x)^2 + (Y+y)^2} \tag{2}$$

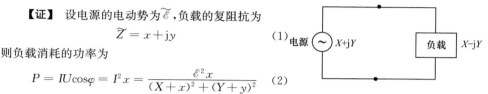

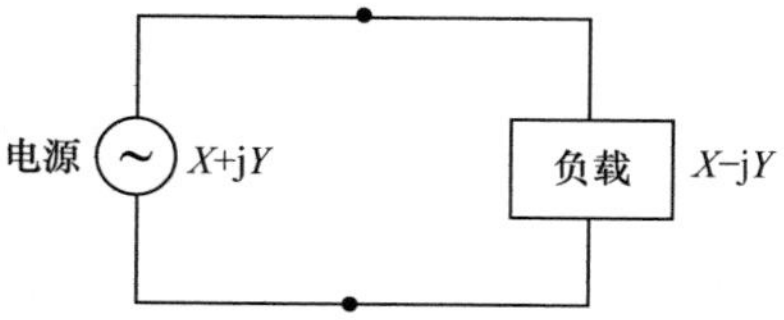

图 11.15

由式(2)得

$$\frac{\partial P}{\partial x} = \frac{\mathscr{E}^2}{(X+x)^2 + (Y+y)^2} - \frac{2\mathscr{E}^2 x(X+x)}{[(X+x)^2 + (Y+y)^2]^2}$$

$$= \frac{\mathscr{E}^2 [X^2 - x^2 + (Y+y)^2]}{[(X+x)^2 + (Y+y)^2]^2} \tag{3}$$

$$\frac{\partial P}{\partial y} = -\frac{2\mathscr{E}^2 x(Y+y)}{[(X+x)^2 + (Y+y)^2]^2} \tag{4}$$

再求导得

$$\frac{\partial^2 P}{\partial x^2} = -\frac{2\mathscr{E}^2 x}{[(X+x)^2 + (Y+y)^2]^2} - \frac{4\mathscr{E}^2 (X+x)[X^2 - x^2 + (Y+y)^2]}{[(X+x)^2 + (Y+y)^2]^3}$$

$$= -\frac{2\mathscr{E}^2 [(X+x)^2 (2X - x) + (Y+y)^2 (2X + 3x)]}{[(X+x)^2 + (Y+y)^2]^3} \tag{5}$$

$$\frac{\partial^2 P}{\partial y^2} = -\frac{2\mathscr{E}^2 x}{[(X+x)^2 + (Y+y)^2]^2} + \frac{8\mathscr{E}^2 x(Y+y)^2}{[(X+x)^2 + (Y+y)^2]^3}$$

$$= \frac{2\mathscr{E}^2 x[3(Y+y)^2 - (X+x)^2]}{[(X+x)^2 + (Y+y)^2]^3} \tag{6}$$

$$\frac{\partial^2 P}{\partial x \partial y} = -\frac{2\mathscr{E}^2 (Y+y)}{[(X+x)^2 + (Y+y)^2]^2} + \frac{8\mathscr{E}^2 x(Y+y)(X+x)}{[(X+x)^2 + (Y+y)^2]^3}$$

$$= \frac{2\mathscr{E}^2 (Y+y)[(X+x)(3x - X) - (Y+y)^2]}{[(X+x)^2 + (Y+y)^2]^3} \tag{7}$$

当

$$\frac{\partial P}{\partial x}=0,\quad \frac{\partial P}{\partial y}=0 \tag{8}$$

时，P 有极值. 由式(3)、(4)、(8)得

$$x=X,\quad y=-Y \tag{9}$$

将式(9)代入式(5)、(6)、(7)得，这时

$$\frac{\partial^2 P}{\partial x^2}=-\frac{\mathscr{E}^2}{8X^3}<0 \tag{10}$$

$$\frac{\partial^2 P}{\partial y^2}=-\frac{\mathscr{E}^2}{8X^3}<0 \tag{11}$$

$$\frac{\partial^2 P}{\partial x\partial y}=0 \tag{12}$$

所以

$$\frac{\partial^2 P}{\partial x^2}\frac{\partial^2 P}{\partial y^2}-\frac{\partial^2 P}{\partial x\partial y}=\frac{\mathscr{E}^4}{64X^6}>0 \tag{13}$$

故知这时 P 的极值是极大值.

因 X 和 x 都大于零，由式(4)可见，

$$\left.\begin{aligned} y<-Y\text{ 时},\quad \frac{\partial P}{\partial y}>0\\ y>-Y\text{ 时},\quad \frac{\partial P}{\partial y}<0\end{aligned}\right\} \tag{14}$$

故 P 只在 $y=-Y$ 处有极大值. 又由式(3)可见，在 $y=-Y$ 处，

$$\left.\begin{aligned} x<X\text{ 时},\quad \frac{\partial P}{\partial x}>0\\ x>X\text{ 时},\quad \frac{\partial P}{\partial x}<0\end{aligned}\right\} \tag{15}$$

故 P 只在 $x=X$ 处有极大值. 因此，在 $x=X$ 和 $y=-Y$ 处，P 有最大值 $P_{\max}$. 由式(2)得

$$P_{\max}=\frac{\mathscr{E}^2}{4X} \tag{16}$$

【讨论】 负载的复阻抗等于电源复阻抗的共轭复数时，称为匹配. 参见前面4.2.51题的讨论.

11.16 在用复数法解交流电路问题时，电压 $\tilde{U}$、电流 $\tilde{I}$ 和阻抗 $\tilde{Z}$ 都用复数表示. 对任何一个阻抗 $\tilde{Z}$ 来说，它两端的电压 $\tilde{U}$ 可由通过它的电流 $\tilde{I}$，用复数形式的欧姆定律 $\tilde{U}=\tilde{I}\tilde{Z}$ 求出. 但它所消耗的功率 P 却不能由 $\tilde{I}\tilde{U}$ 求出. 试证明：用复数表示时，瞬时功率为

$$P(t)=\frac{1}{4}(\tilde{I}\tilde{U}+\tilde{I}^*\tilde{U}+\tilde{I}\tilde{U}^*+\tilde{I}^*\tilde{U}^*)$$

平均功率为

$$P=\frac{1}{4}(\tilde{I}^*\tilde{U}+\tilde{I}\tilde{U}^*)$$

式中 $\tilde{I}^*$ 和 $\tilde{U}^*$ 分别是 $\tilde{I}$ 和 $\tilde{U}$ 的共轭复数，它们的模都是相应量的峰值.

【证】 设阻抗 $\tilde{Z}$ 两端的电压为 $\tilde{U}$，通过它的电流为 $\tilde{I}$，则它的瞬时功率依定义为

$$P(t)=(\mathrm{Re}\tilde{I})(\mathrm{Re}\tilde{U}) \tag{1}$$

因为

$$\mathrm{Re}\tilde{I}=\frac{1}{2}(\tilde{I}+\tilde{I}^*),\quad \mathrm{Re}\tilde{U}=\frac{1}{2}(\tilde{U}+\tilde{U}^*) \tag{2}$$

所以

$$P(t)=\frac{1}{4}(\tilde{I}+\tilde{I}^*)(\tilde{U}+\tilde{U}^*)$$

$$=\frac{1}{4}(\tilde{I}\tilde{U}+\tilde{I}^*\tilde{U}+\tilde{I}\tilde{U}^*+\tilde{I}^*\tilde{U}^*) \tag{3}$$

平均功率的定义为

$$P=\frac{1}{T}\int_0^T P(t)\mathrm{d}t \tag{4}$$

将式(3)代入式(4)得

$$P=\frac{1}{4T}\int_0^T(\tilde{I}\tilde{U}+\tilde{I}^*\tilde{U}+\tilde{I}\tilde{U}^*+\tilde{I}^*\tilde{U}^*)\mathrm{d}t \tag{5}$$

设

$$\tilde{I}=I_0\mathrm{e}^{\mathrm{j}(\omega t-\varphi)},\quad \tilde{U}=U_0\mathrm{e}^{\mathrm{j}\omega t} \tag{6}$$

则

$$\int_0^T\tilde{I}\tilde{U}\mathrm{d}t=I_0U_0\int_0^T\mathrm{e}^{\mathrm{j}(2\omega t-\varphi)}\mathrm{d}t=\frac{I_0U_0\mathrm{e}^{-\mathrm{j}\varphi}}{2\mathrm{j}\omega}[\mathrm{e}^{2\mathrm{j}\omega t}]_{t=0}^{t=T}$$

$$=\frac{I_0U_0\mathrm{e}^{-\mathrm{j}\varphi}}{2\mathrm{j}\omega}[\mathrm{e}^{\mathrm{j}4\pi}-1]=0 \tag{7}$$

$$\int_0^T\tilde{I}^*\tilde{U}^*\mathrm{d}t=I_0U_0\int_0^T\mathrm{e}^{-\mathrm{j}(2\omega t-\varphi)}\mathrm{d}t=\frac{I_0U_0\mathrm{e}^{\mathrm{j}\varphi}}{-2\mathrm{j}\omega}[\mathrm{e}^{-2\mathrm{j}\omega t}]_{t=0}^{t=T}$$

$$=-\frac{I_0U_0\mathrm{e}^{\mathrm{j}\varphi}}{2\mathrm{j}\omega}[\mathrm{e}^{-\mathrm{j}4\pi}-1]=0 \tag{8}$$

$$\frac{1}{T}\int_0^T\tilde{I}\tilde{U}^*\mathrm{d}t=\frac{1}{T}\int_0^T I_0U_0\mathrm{e}^{-\mathrm{j}\varphi}\mathrm{d}t=I_0U_0\mathrm{e}^{-\mathrm{j}\varphi}$$

$$=\tilde{I}\tilde{U}^* \tag{9}$$

$$\frac{1}{T}\int_0^T\tilde{I}^*\tilde{U}\mathrm{d}t=\frac{1}{T}\int_0^T I_0U_0\mathrm{e}^{\mathrm{j}\varphi}\mathrm{d}t=I_0U_0\mathrm{e}^{\mathrm{j}\varphi}$$

$$=\tilde{I}^*\tilde{U} \tag{10}$$

将式(7)至(10)代入式(5)即得用复数表示的平均功率为

$$P=\frac{1}{4}(\tilde{I}^*\tilde{U}+\tilde{I}\tilde{U}^*) \tag{11}$$

【讨论】 因

$$\tilde{I}\tilde{U}^*=I_0\mathrm{e}^{\mathrm{j}(\omega t-\varphi)}U_0\mathrm{e}^{-\mathrm{j}\omega t}=I_0U_0\mathrm{e}^{-\mathrm{j}\varphi} \tag{12}$$

$$\tilde{I}^*\tilde{U}=I_0\mathrm{e}^{-\mathrm{j}(\omega t-\varphi)}U_0\mathrm{e}^{\mathrm{j}\omega t}=I_0U_0\mathrm{e}^{\mathrm{j}\varphi} \tag{13}$$

所以

$$\mathrm{Re}(\tilde{I}\tilde{U}^*)=\mathrm{Re}(\tilde{I}^*\tilde{U})=I_0U_0\cos\varphi \tag{14}$$

$$\tilde{I}\tilde{U}^* + \tilde{I}^*\tilde{U} = 2I_0U_0\cos\varphi \tag{15}$$

故通常将平均功率表示为

$$P = \frac{1}{2}\mathrm{Re}(\tilde{I}\tilde{U}^*) = \frac{1}{2}\mathrm{Re}(\tilde{I}^*\tilde{U}) \tag{16}$$

用实数表示即

$$P = \frac{1}{2}I_0U_0\cos\varphi = IU\cos\varphi \tag{17}$$

式中

$$I = \frac{I_0}{\sqrt{2}}, \quad U = \frac{U_0}{\sqrt{2}} \tag{18}$$

分别是电流和电压的有效值.

11.17 一 RLC 串联电路,已知 $R=400\Omega, L=0.100\mathrm{H}, C=0.500\mu\mathrm{F}$. 试分别求频率为 500Hz 和 1000Hz 时的阻抗 Z 和相角 φ;试问加上电压后,电流是落后还是超前?

【解】 $\nu=500\mathrm{Hz}$ 时,复阻抗为

$$\begin{aligned}\tilde{Z} &= R + \mathrm{j}\left(\omega L - \frac{1}{\omega C}\right) \\ &= 400 + \mathrm{j}\left(2\pi\times500\times0.100 - \frac{1}{2\pi\times500\times0.500\times10^{-6}}\right) \\ &= 400 - 322\mathrm{j}\end{aligned} \tag{1}$$

所以

$$Z = \sqrt{400^2 + 322^2} = 514(\Omega) \tag{2}$$

$$\varphi = \varphi_U - \varphi_I = \arctan\left(\frac{-322}{400}\right) = -38°50' \tag{3}$$

负号表示电流超前.

$\nu=1000\mathrm{Hz}$ 时,复阻抗为

$$\begin{aligned}\tilde{Z}' &= R + \mathrm{j}\left(\omega' L - \frac{1}{\omega' C}\right) \\ &= 400 + \mathrm{j}\left(2\pi\times1000\times0.100 - \frac{1}{2\pi\times1000\times0.500\times10^{-6}}\right) \\ &= 400 + 310\mathrm{j}\end{aligned} \tag{4}$$

所以

$$Z' = \sqrt{400^2 + 310^2} = 506(\Omega) \tag{5}$$

$$\varphi' = \varphi'_U - \varphi'_I = \arctan\left(\frac{310}{400}\right) = 37°47' \tag{6}$$

这时电流落后于电压.

11.18 一电路如图 11.18,已知 $R_1=6.0\Omega, R_2=R_3=3.0\Omega$;在 $\nu=50\mathrm{Hz}$ 时,$X_L=8.0\Omega, X_C=3.0\Omega, U_{ab}=130\mathrm{V}$. 试求:(1)电流 I;(2)a、c 两点间的电压 U_{ac};(3)c、d 两点间的电压 U_{cd}.

【解】 (1)a、b 间的阻抗为

$$Z=\sqrt{(R_1+R_2+R_3)^2+(X_L-X_C)^2}$$
$$=\sqrt{(6.0+3.0+3.0)^2+(8.0-3.0)^2}$$
$$=13\Omega \tag{1}$$

所以
$$I=\frac{U_{ab}}{Z}=\frac{130}{13}=10(\text{A}) \tag{2}$$

(2)a、c 两点间的电压为

$$U_{ac}=IZ_{ac}=10\sqrt{6.0^2+8.0^2}=100(\text{V}) \tag{3}$$

(3)c、d 两点间的电压为

$$U_{cd}=IZ_{cd}=10\sqrt{3.0^2+3.0^2}=42(\text{V}) \tag{4}$$

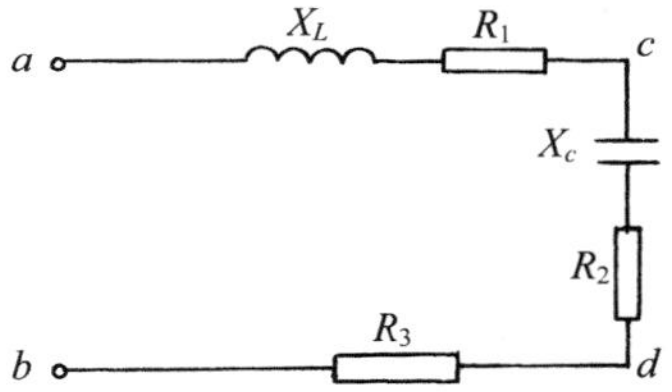

图 11.18

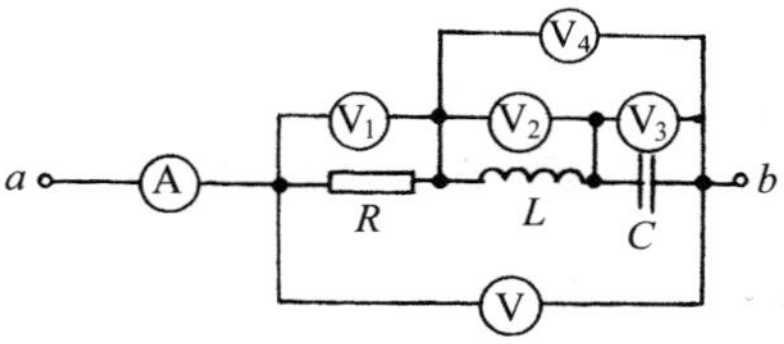

图 11.19

11.19　一 RLC 串联电路如图 11.19，已知 $R=300\Omega$，$L=250\text{mH}$，$C=8.00\mu\text{F}$，A 是交流安培计，V_1、V_2、V_3、V_4 和 V 都是交流伏特计. 现将 a、b 两端分别接到市电(220V、50Hz)电源的两极上. (1)试问 A、V_1、V_2、V_3、V_4 和 V 的读数各是多少？(2)试求 a、b 间消耗的功率.

【解】 (1)先求阻抗

$$\omega L=2\pi\times50\times250\times10^{-3}=78.54(\Omega) \tag{1}$$

$$\frac{1}{\omega C}=\frac{1}{2\pi\times50\times8.00\times10^{-6}}=397.9(\Omega) \tag{2}$$

$$Z=\sqrt{R^2+\left(\omega L-\frac{1}{\omega C}\right)^2}=\sqrt{300^2+(78.54-397.9)^2}$$
$$=438.2(\Omega) \tag{3}$$

各表读数如下：

$$\text{A:}\quad I=\frac{U}{Z}=\frac{220}{438.2}=0.502(\text{A}) \tag{4}$$

$$V_1:\quad U_R=IR=0.502\times300=151(\text{V}) \tag{5}$$

$$V_2:\quad U_L=I\omega L=78.54\times0.502=39.4(\text{V}) \tag{6}$$

$$V_3:\quad U_C=\frac{I}{\omega C}=0.502\times397.9=200(\text{V}) \tag{7}$$

$$V_4:\quad U_{LC}=I\left|\left(\omega L-\frac{1}{\omega C}\right)\right|=0.502\times(397.9-78.54)$$

$$=160(\mathrm{V}) \tag{8}$$

V： $U=220\mathrm{V}$ (9)

(2)a、b 间消耗的功率为

$$P=I^2R=0.502^2\times300=75.6(\mathrm{W}) \tag{10}$$

11.20 一 RLC 串联如图 11.19（见前面 11.19 题），已知 $R=300\Omega$，$L=250\mathrm{mH}$，$C=8.00\mu\mathrm{F}$，A 是交流安培计，V_1、V_2、V_3、V_4 和 V 都是交流伏特计. 现将 a、b 两端加上 220V、频率 ν 可变的交流电压. 试问 ν 为什么值时发生谐振？这时 A、V_1、V_2、V_3、V_4 和 V 的读数各是多少？

【解】 发生谐振的频率为

$$\nu=\frac{1}{2\pi\sqrt{LC}}=\frac{1}{2\pi\times\sqrt{250\times10^{-3}\times8.00\times10^{-6}}}=113(\mathrm{Hz})$$

这时各表的读数为

A： $I=\frac{U}{R}=\frac{220}{300}=0.733(\mathrm{A})$

V_1： $U_R=IR=\frac{220}{300}\times300=220(\mathrm{V})$

V_2： $U_L=I\omega L=\frac{220}{300}\times2\pi\times113\times250\times10^{-3}=130(\mathrm{V})$

V_3： $U_C=\frac{I}{\omega C}=\frac{220}{300}\times\frac{1}{2\pi\times113\times8.00\times10^{-6}}=130(\mathrm{V})$

V_4： $U_{LC}=I\left(\omega L-\frac{1}{\omega C}\right)=0$

V： $U=220\mathrm{V}$

11.21 一 RLC 串联电路，已知 $R=5.00\Omega$，$L=636\mathrm{mH}$，$C=159\mu\mathrm{F}$. 现在它两端加上 $U=311\mathrm{V}$、50.0Hz 的交流电压，试求电路中的电流 I、电流 I 与电压 U 的相位差 φ 以及各元件上的电压.

【解】 L 和 C 的阻抗的值如下：

$$\omega L=2\pi\times50.0\times636\times10^{-3}=199.8(\Omega)$$

$$\frac{1}{\omega C}=\frac{1}{2\pi\times50.0\times159\times10^{-6}}=20.0(\Omega)$$

故 RLC 串联的阻抗为

$$Z=\sqrt{R^2+\left(\omega L-\frac{1}{\omega C}\right)^2}=\sqrt{5.0^2+(199.8-20.0)^2}$$
$$=179.9(\Omega)$$

于是得电流 I 为

$$I=\frac{311}{179.9}=1.73(\mathrm{A})$$

电流 I 与电压 U 的相位差为

$$\varphi=\varphi_U-\varphi_I=\arctan\left(\frac{\omega L-\frac{1}{\omega C}}{R}\right)=\arctan\frac{199.8-20.0}{5.0}$$

$$= 88°24'$$

$\varphi > 0$，故电流落后.

各元件上的电压为

$$U_R = IR = 1.73 \times 5.0 = 8.7(\text{V})$$

$$U_L = I\omega L = 1.73 \times 199.8 = 346(\text{V})$$

$$U_C = \frac{I}{\omega C} = 1.73 \times 20 = 34.6(\text{V})$$

11.22　将已知的电阻 R、自感 L 和电容 C 串联后，接到一个恒压电源上，这电源的频率 ν 可以改变.（1）试求 L 两端电压最高时的频率 ν_L（用 R、L、C 等表示）；（2）试求 C 两端电压最高时的频率 ν_C（用 R、L、C 等表示）.

【解】（1）RLC 串联的阻抗为

$$Z = \sqrt{R^2 + \left(\omega L - \frac{1}{\omega C}\right)^2} \tag{1}$$

L 两端的电压为

$$U_L = I\omega L = \frac{U\omega L}{\sqrt{R^2 + \left(\omega L - \frac{1}{\omega C}\right)^2}} \tag{2}$$

由

$$\frac{\mathrm{d}U_L}{\mathrm{d}\omega} = \frac{UL}{\sqrt{R^2 + \left(\omega L - \frac{1}{\omega C}\right)^2}} - \frac{U\omega L\left(\omega L - \frac{1}{\omega C}\right)\left(L + \frac{1}{\omega^2 C}\right)}{\left[R^2 + \left(\omega L - \frac{1}{\omega C}\right)^2\right]^{3/2}}$$

$$= \frac{UL\left[R^2 - \frac{2}{\omega C}\left(\omega L - \frac{1}{\omega C}\right)\right]}{\left[R^2 + \left(\omega L - \frac{1}{\omega C}\right)^2\right]^{3/2}} = 0 \tag{3}$$

得

$$R^2 = \frac{2}{\omega C}\left(\omega L - \frac{1}{\omega C}\right) \tag{4}$$

解得

$$\omega_L = \sqrt{\frac{2}{C(2L - R^2 C)}} \tag{5}$$

故得所求的频率为

$$\nu_L = \frac{\omega_L}{2\pi} = \frac{1}{2\pi}\sqrt{\frac{2}{C(2L - R^2 C)}} \tag{6}$$

这时

$$\frac{\mathrm{d}^2 U_L}{\mathrm{d}\omega^2} = -\frac{4UL}{\omega^3 C^2\left[R^2 + \left(\omega L - \frac{1}{\omega C}\right)^2\right]^{3/2}} < 0 \tag{7}$$

故知这时 U_L 有极大值.

(2)C 两端的电压为

$$U_C=\frac{I}{\omega C}=\frac{U}{\omega C\sqrt{R^2+\left(\omega L-\frac{1}{\omega C}\right)^2}} \tag{8}$$

由

$$\begin{aligned}\frac{\mathrm{d}U_C}{\mathrm{d}\omega}&=-\frac{U}{\omega^2 C\sqrt{R^2+\left(\omega L-\frac{1}{\omega C}\right)^2}}\\&\quad-\frac{U}{\omega C}\frac{\left(\omega L-\frac{1}{\omega C}\right)\left(L+\frac{1}{\omega^2 C}\right)}{\left[R^2+\left(\omega L-\frac{1}{\omega C}\right)^2\right]^{3/2}}\\&=-\frac{U\left[R^2+2\omega L\left(\omega L-\frac{1}{\omega C}\right)\right]}{\omega^2 C\left[R^2+\left(\omega L-\frac{1}{\omega C}\right)^2\right]^{3/2}}=0\end{aligned} \tag{9}$$

得

$$R^2+2\omega L\left(\omega L-\frac{1}{\omega C}\right)=0 \tag{10}$$

解得

$$\omega_C=\sqrt{\frac{1}{LC}-\frac{R^2}{2L^2}} \tag{11}$$

故得所求的频率为

$$\nu_C=\frac{\omega_C}{2\pi}=\frac{1}{2\pi}\sqrt{\frac{1}{LC}-\frac{R^2}{2L^2}} \tag{12}$$

这时

$$\frac{\mathrm{d}^2U_C}{\mathrm{d}\omega^2}=-\frac{4L^2U}{\omega C\left[R^2+\left(\omega L-\frac{1}{\omega C}\right)^2\right]^{3/2}}<0 \tag{13}$$

故知这时 U_C 有极大值.

11.23　一 RLC 串联电路，$R=3.0\Omega$，$C=50\mu\mathrm{F}$，L 可以在 10mH 到 80mH 之间变化. 现在这电路两端加上有效值为 $U=100\mathrm{V}$、角频率为 $\omega=500\mathrm{rad/s}$ 的电压，但 C 两端电压的最大值不得超过 1200V. 试问这电路中最大容许电流的有效值是多少？L 可以安全地增到多大？

【解】 依题意，C 两端电压的有效值应为

$$U_C=\frac{I}{\omega C}\leqslant\frac{1200}{\sqrt{2}} \tag{1}$$

由此得

$$I\leqslant\frac{1200}{\sqrt{2}}\omega C=\frac{1200}{\sqrt{2}}\times 500\times 50\times 10^{-6}=21(\mathrm{A}) \tag{2}$$

即最大容许电流的有效值为 21A.

再考虑 L. 因

$$I=\frac{U}{\sqrt{R^2+\left(\omega L-\frac{1}{\omega C}\right)^2}}=\frac{100}{\sqrt{3.0^2+\left(\omega L-\frac{1}{\omega C}\right)^2}}\leqslant 21 \tag{3}$$

所以

$$\left(\omega L-\frac{1}{\omega C}\right)^2\geqslant\left(\frac{100}{21}\right)^2-9=13.68 \tag{4}$$

根据题给的值,有

$$\frac{1}{\omega C}=\frac{1}{500\times 50\times 10^{-6}}=40(\Omega) \tag{5}$$

$$\omega L_{\max}=500\times 80\times 10^{-3}=40(\Omega) \tag{6}$$

$$\omega L_{\min}=500\times 10\times 10^{-3}=5(\Omega) \tag{7}$$

故由式(4)知

$$\omega L-\frac{1}{\omega C}\leqslant-\sqrt{13.68}=-3.7 \tag{8}$$

所以

$$\begin{aligned}L&\leqslant\frac{1}{\omega}\left(\frac{1}{\omega C}-3.7\right)=\frac{1}{500}(40-3.7)\\&=7.3\times 10^{-2}(\text{H})=73(\text{mH})\end{aligned} \tag{9}$$

即 L 的值不能超过 73mH.

11.24 一线圈的自感为 $L=0.10$H,电阻为 $R=2.0\Omega$,与电容 C 串联后接到 $\nu=50$Hz 的交流电源上. (1)试问 C 为多大时线圈中的电流为最大? (2)若这电容器的耐压为 400V,试问电源的电压最大不能超过多少?

【解】 (1)通过线圈的电流为

$$I=\frac{U}{\sqrt{R^2+\left(\omega L-\frac{1}{\omega C}\right)^2}} \tag{1}$$

由此式可见,当

$$\omega L=\frac{1}{\omega C} \tag{2}$$

时,电流 I 为最大. 这时

$$\begin{aligned}C&=\frac{1}{\omega^2 L}=\frac{1}{(2\pi\times 50)^2\times 0.10}\\&=1.0\times 10^{-4}(\text{F})=1.0\times 10^2(\mu\text{F})\end{aligned} \tag{3}$$

(2)电容器两端的电压应满足

$$U_C=\frac{I}{\omega C}=\frac{U_{\max}}{\omega CR}<400\text{V} \tag{4}$$

所以

$$\begin{aligned}U_{\max}&<400\omega CR=400\times 2\pi\times 50\times 1.0\times 10^{-4}\times 2.0\\&=25(\text{V})\end{aligned} \tag{5}$$

11.25 一 RLC 串联电路,已知 $R=15\Omega$, $C=370$pF,谐振频率为 $\nu_0=6.0\times$

10^5 Hz,试求这电路的 Q 值($Q=\frac{\omega_0 L}{R}$).

【解】 这电路的 Q 值为

$$Q=\frac{\omega_0 L}{R}=\frac{1}{\omega_0 CR}=\frac{1}{2\pi\times 6.0\times 10^5\times 370\times 10^{-12}\times 15}$$
$$=48$$

11.26 一个由元件 R、L、C 等连接而成的电路,接在低压的交流电源上.当(1)电路在谐振时,(2)电源突然断开时,(3)电源断开以后,电路中都可能出现高压(在用电时应注意这点).试说明出现高压的原因.

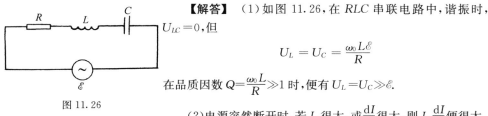

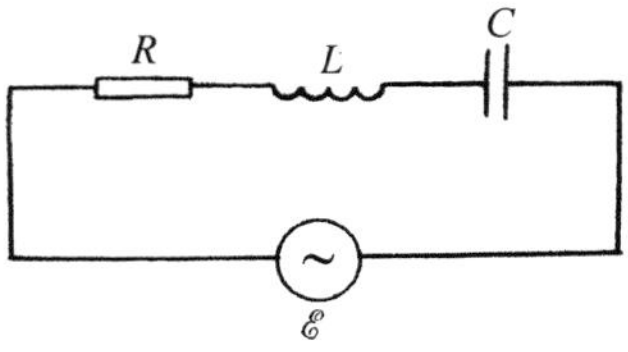

图 11.26

【解答】 (1)如图 11.26,在 RLC 串联电路中,谐振时,$U_{LC}=0$,但

$$U_L=U_C=\frac{\omega_0 L\mathscr{E}}{R}$$

在品质因数 $Q=\frac{\omega_0 L}{R}\gg 1$ 时,便有 $U_L=U_C\gg\mathscr{E}$.

(2)电源突然断开时,若 L 很大,或 $\frac{\mathrm{d}I}{\mathrm{d}t}$ 很大,则 $L\frac{\mathrm{d}I}{\mathrm{d}t}$ 便很大.

(3)电源断开以后,电容上可能储存大量的电荷量,从而出现高压.

11.27 一 RLC 串联电路的谐振频率为 ν_0,试证明,当这电路中的频率与 ν_0 相差为 $\Delta\nu$,而 $\Delta\nu\ll\nu_0$ 时,它的阻抗近似为 $Z=R\sqrt{1+\left(2Q\frac{\Delta\nu}{\nu_0}\right)^2}$,式中 $Q=\frac{\omega_0 L}{R}=\frac{2\pi\nu_0 L}{R}$ 是这电路的 Q 值(品质因数).

【证】 RLC 串联电路的阻抗为

$$Z=\sqrt{R^2+\left(\omega L-\frac{1}{\omega C}\right)^2}=R\sqrt{1+\left(\frac{\omega L}{R}-\frac{1}{\omega CR}\right)^2}\qquad(1)$$

其中

$$\frac{\omega L}{R}=\frac{(\omega_0\pm\Delta\omega)L}{R}=Q\pm\frac{L}{R}\Delta\omega=Q\pm Q\frac{\Delta\omega}{\omega_0}$$
$$=Q\pm Q\frac{\Delta\nu}{\nu_0}\qquad(2)$$

$$\frac{1}{\omega CR}=\frac{1}{(\omega_0\pm\Delta\omega)CR}=\frac{1}{\omega_0 CR\left(1\pm\frac{\Delta\omega}{\omega_0}\right)}=\frac{Q}{\left(1\pm\frac{\Delta\nu}{\nu_0}\right)}$$
$$\approx Q\left(1\mp\frac{\Delta\nu}{\nu_0}\right)\qquad(3)$$

所以

$$\frac{\omega L}{R}-\frac{1}{\omega CR}\approx Q\left(1\pm\frac{\Delta\nu}{\nu_0}\right)-Q\left(1\mp\frac{\Delta\nu}{\nu_0}\right)$$
$$=\pm 2Q\frac{\Delta\nu}{\nu_0}\qquad(4)$$

代入式(1)便得

$$Z \approx R\sqrt{1+\left(2Q\frac{\Delta\nu}{\nu_0}\right)^2} \tag{5}$$

11.28 RLC 串联电路的谐振频率为 $\nu_0=\frac{1}{2\pi}\frac{1}{\sqrt{LC}}$，试推导这个公式. 有一发射天线发出的电磁波的频率为 1.25MHz，试求它的振荡电路的 LC 值.

【解】 RLC 串联电路的复阻抗为

$$\widetilde{Z}=R+\mathrm{j}\left(\omega L-\frac{1}{\omega C}\right)=\sqrt{R^2+\left(\omega L-\frac{1}{\omega C}\right)^2}\,\mathrm{e}^{\mathrm{j}\arctan\left(\frac{\omega L-\frac{1}{\omega C}}{R}\right)}$$

当相角为

$$\varphi=\varphi_U-\varphi_I=\arctan\left(\frac{\omega L-\frac{1}{\omega C}}{R}\right)=0$$

时，电路便处在谐振状态. 由上式得

$$\omega_0 L-\frac{1}{\omega_0 C}=0$$

于是得谐振频率为

$$\nu_0=\frac{\omega_0}{2\pi}=\frac{1}{2\pi}\frac{1}{\sqrt{LC}}$$

该天线的 LC 值为

$$LC=\frac{1}{(2\pi\nu_0)^2}=\frac{1}{(2\pi\times1.25\times10^6)^2}$$

$$=1.62\times10^{-14}(\mathrm{s}^2)$$

11.29 超外差式收音机里的中周谐振频率是 465kHz，在它的调谐回路里，电容常用 200pF. 试问这时中周线圈的自感是多少？

【解答】 中周线圈的自感为

$$L=\frac{1}{\omega_0^2 C}=\frac{1}{(2\pi\times465\times10^3)^2\times200\times10^{-12}}$$

$$=5.86\times10^{-4}(\mathrm{H})$$

11.30 一 RLC 串联电路，$R=5.0\Omega$，$Z_L=20\Omega$，$Z_C=20\Omega$，加上 100V 的交流电压，试求发生谐振时电路中的电流和 R、L、C 上的电压.

【解】 谐振时，电路中的电流为

$$I=\frac{U}{R}=\frac{100}{5.0}=20(\mathrm{A})$$

R、L、C 上的电压分别为

$$U_R = IR = 20\times 5.0 = 100(\text{V})$$

$$U_L = I\omega_0 L = I\sqrt{\frac{L}{C}} = 20\times\sqrt{20\times 20} = 400(\text{V})$$

$$U_C = \frac{I}{\omega_0 C} = I\sqrt{\frac{L}{C}} = 20\times\sqrt{20\times 20} = 400(\text{V})$$

【讨论】 这个 RLC 串联电路在谐振时，U_L 和 U_C 都超过了总电压 U.

11.31 $R_1L_1C_1$ 串联电路的谐振频率与 $R_2L_2C_2$ 串联电路的谐振频率相等，如果将这两个电路串联起来，而 L_1 与 L_2 之间的互感可略去不计，试问整个电路的谐振角频率是多少？

【解】 原来两电路的谐振角频率为

$$\omega_1 = \frac{1}{\sqrt{L_1C_1}} = \omega_2 = \frac{1}{\sqrt{L_2C_2}} \tag{1}$$

两电路串联后，电抗为

$$X = \omega(L_1 + L_2) - \frac{C_1 + C_2}{\omega C_1 C_2} \tag{2}$$

故发生谐振的角频率为

$$\omega = \sqrt{\frac{C_1 + C_2}{(L_1 + L_2)C_1C_2}} = \sqrt{\frac{C_1 + C_2}{\dfrac{C_2}{\omega_1^2} + \dfrac{C_1}{\omega_2^2}}}$$

$$= \omega_1 = \omega_2 = \frac{1}{\sqrt{L_1C_1}} = \frac{1}{\sqrt{L_2C_2}} \tag{3}$$

故整个电路的谐振频率等于原来两个电路的谐振频率.

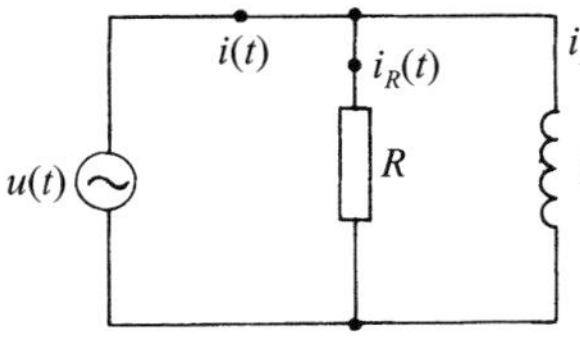

图 11.32(1)

11.32 $R = 10.0\Omega$ 与 $L = 31.8\text{mH}$ 并联后，加上 $u(t) = 156\sin\omega t\,\text{V}$、$\nu = \omega/2\pi = 100\text{Hz}$ 的电压，如图 11.32(1)所示. 试求通过 R 的电流 $i_R(t)$，通过 L 的电流 $i_L(t)$和总电流 $i(t)$.

【解】 通过 R 的电流为

$$i_R(t) = \frac{u(t)}{R} = \frac{156\sin\omega t}{10.0} = 15.6\sin(200\pi t)\ (\text{A}) \tag{1}$$

通过 L 的电流为

$$i_L(t) = \frac{156\sin\left(\omega t - \dfrac{\pi}{2}\right)}{\omega L} = \frac{-156\cos\omega t}{2\pi\times 100\times 31.8\times 10^{-3}}$$

$$= -7.8\cos(200\pi t)\ (\text{A}) \tag{2}$$

总电流为

$$i(t)=i_R(t)+i_L(t)=15.6\sin(200\pi t)-7.8\cos(200\pi t)$$

$$=\sqrt{15.6^2+(-7.8)^2}\sin(200\pi t+\varphi)$$

$$=17.4\sin(200\pi t+\varphi)\ (\text{A}) \tag{3}$$

式中

$$\varphi=\arctan\left(\frac{-7.8}{15.6}\right)=-26°34' \tag{4}$$

所以

$$i(t)=17.4\sin(200\pi t-26°34') \tag{5}$$

【别解】 用矢量图解法求解

$\boldsymbol{I}_R$ 与$\boldsymbol{U}$同相位，$\boldsymbol{I}_L$ 比$\boldsymbol{U}$落后 $\pi/2$，故如图 11.32(2)所示．$\boldsymbol{I}_R$ 和$\boldsymbol{I}_L$ 的大小分别为

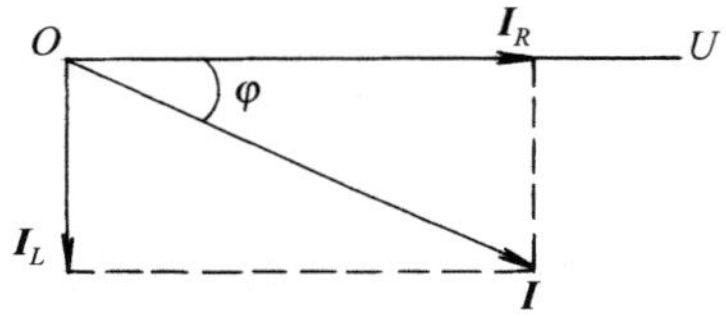

图 11.32(2)

$$I_R=\frac{156}{10.0}=15.6(\text{A}) \tag{6}$$

$$I_L=\frac{156}{2\pi\times100\times31.8\times10^{-3}}=7.8\ (\text{A}) \tag{7}$$

所以

$$I=\sqrt{I_R^2+I_L^2}=\sqrt{15.6^2+7.8^2}=17.4(\text{A}) \tag{8}$$

$$\varphi=\arctan\left(\frac{-7.8}{15.6}\right)=-26°34' \tag{9}$$

于是得

$$i_R(t)=15.6\sin(200\pi t)\ (\text{A}) \tag{10}$$

$$i_L(t)=7.8\sin\left(200\pi t-\frac{\pi}{2}\right)=-7.8\cos(200\pi t)(\text{A}) \tag{11}$$

$$i(t)=17.4\sin\ (200\pi t-26°34')\ (\text{A}) \tag{12}$$

【别解】 用复数法求解

将 $u(t)=156\sin\omega t$ 用复数表示为

$$\tilde{U}=156\ \mathrm{e}^{\mathrm{j}\omega t} \tag{13}$$

$u(t)$为 $\tilde{U}$ 的虚部，即

$$u(t)=\mathrm{Im}\tilde{U}=156\sin\omega t \tag{14}$$

于是得

$$\tilde{I}_R=\frac{\tilde{U}}{\tilde{Z}_R}=\frac{\tilde{U}}{R}=\frac{156\ \mathrm{e}^{\mathrm{j}\omega t}}{10}=15.6\ \mathrm{e}^{\mathrm{j}\omega t} \tag{15}$$

$$\tilde{I}_L=\frac{\tilde{U}}{\tilde{Z}_L}=\frac{\tilde{U}}{\mathrm{j}\omega L}=\frac{156\ \mathrm{e}^{\mathrm{j}\left(\omega t-\frac{\pi}{2}\right)}}{2\pi\times100\times31.8\times10^{-3}}=7.8\ \mathrm{e}^{\mathrm{j}\left(\omega t-\frac{\pi}{2}\right)} \tag{16}$$

RL 并联的复阻抗为

$$\widetilde{Z}=\frac{\widetilde{Z}_R\widetilde{Z}_L}{\widetilde{Z}_R+\widetilde{Z}_L}=\frac{R\mathrm{j}\omega L}{R+\mathrm{j}\omega L}=\frac{R\omega L}{\omega L-\mathrm{j}R} \tag{17}$$

所以
$$\widetilde{I}=\frac{\widetilde{U}}{\widetilde{Z}}=\widetilde{U}\frac{\omega L-\mathrm{j}R}{R\omega L}=\frac{156\ \mathrm{e}^{\mathrm{j}\omega t}\sqrt{R^2+\omega^2L^2}}{R\omega L}\mathrm{e}^{\arctan\left(\frac{-R}{\omega L}\right)}$$

$$=\frac{156\sqrt{R^2+\omega^2L^2}}{R\omega L}\mathrm{e}^{\mathrm{j}\left(\omega t-\arctan\frac{R}{\omega L}\right)}$$

$$=\frac{156\sqrt{10.0^2+(2\pi\times100\times31.8\times10^{-3})^2}}{10.0\times2\pi\times100\times3.18\times10^{-3}}$$

$$\times\mathrm{e}^{\mathrm{j}\left(\omega t-\arctan\frac{10.0}{2\pi\times100\times31.8\times10^{-3}}\right)}$$

$$=17.4\ \mathrm{e}^{\mathrm{j}(\omega t-26°34')} \tag{18}$$

根据式(14),所求的电流如下:

$$i_R(t)=\mathrm{Im}\widetilde{I}_R=15.6\sin\omega t \tag{19}$$

$$i_L(t)=\mathrm{Im}\widetilde{I}_L=7.8\sin\left(\omega t-\frac{\pi}{2}\right)=-7.8\cos\omega t \tag{20}$$

$$i(t)=\mathrm{Im}\widetilde{I}=17.4\sin(\omega t-26°34') \tag{21}$$

11.33 一抗流圈的自感为 $L=50\mathrm{mH}$、电阻为 $r=20\Omega$,与 $R=60\Omega$ 的变阻器并联后,接到 $\nu=50\mathrm{Hz}$ 的交流电源上,如图 11.33(1)所示. 测得通过 L 的电流为 $I_L=4.0\mathrm{A}$,试求通过 R 的电流 I_R 和总电流 I.

【解】 电源的电压为

$$\begin{aligned}U&=I_LZ_L=I_L\sqrt{(\omega L)^2+r^2}\\&=4.0\times\sqrt{(2\pi\times50\times50\times10^{-3})^2+20^2}\\&=102(\mathrm{V})\end{aligned} \tag{1}$$

于是得通过 R 的电流为

$$I_R=\frac{U}{R}=\frac{102}{60}=1.7(\mathrm{A}) \tag{2}$$

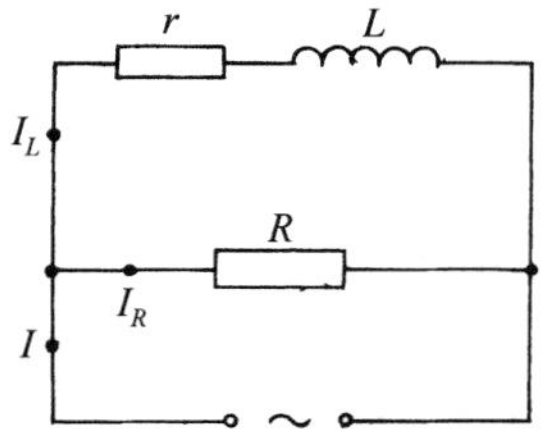

图 11.33(1)

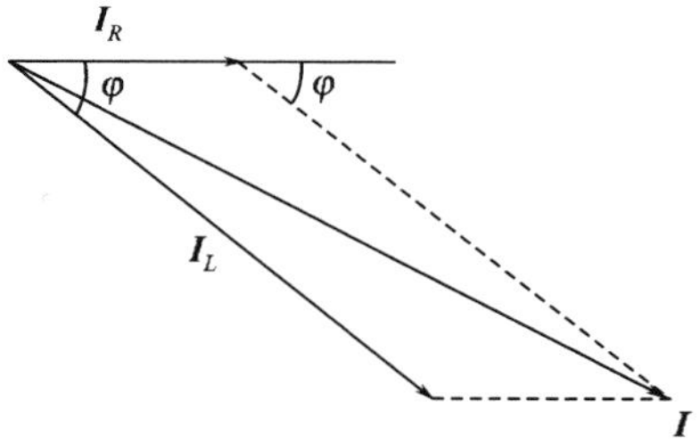

图 11.33(2)

抗流圈的阻抗其相角 φ 满足

$$\cos\varphi = \frac{r}{\sqrt{r^2+\omega^2 L^2}}$$

$$= \frac{20}{\sqrt{20^2+(2\pi\times 50\times 50\times 10^{-3})^2}}$$

$$= 0.7864 \tag{3}$$

由图 11.33(2)得总电流为

$$I = \sqrt{I_R^2+I_L^2+2I_R I_L\cos\varphi}$$

$$= \sqrt{1.7^2+4.0^2+2\times 1.7\times 4.0\times 0.7864}$$

$$= 5.4(\text{A}) \tag{4}$$

11.34　一电路如图 11.34(1)，已知 $R=50\Omega$，$I_R=2.5\text{A}$，$I_Z=2.8\text{A}$，$I=4.5\text{A}$，试求元件 Z 所消耗的功率.

【解】　设 $\boldsymbol{I}_Z$ 与 $\boldsymbol{I}_R$ 的相位差为 φ，如图 11.34(2)所示，则有

$$I^2 = I_R^2+I_Z^2+2I_R I_Z\cos\varphi \tag{1}$$

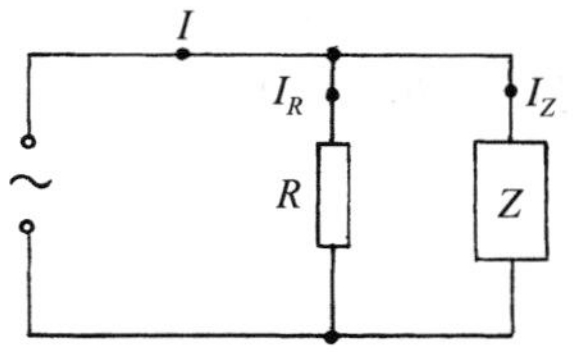

图 11.34(1)

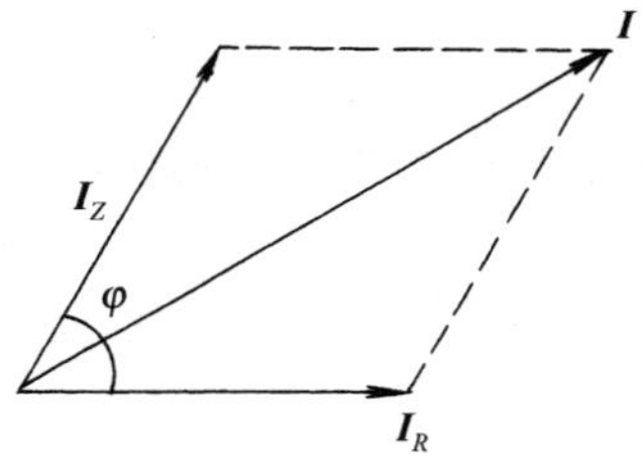

图 11.34(2)

所以

$$\cos\varphi = \frac{I^2-I_R^2-I_Z^2}{2I_R I_Z} = \frac{4.5^2-2.5^2-2.8^2}{2\times 2.5\times 2.8}$$

$$= 0.44 \tag{2}$$

设

$$\tilde{Z} = r+\text{j}X \tag{3}$$

则

$$r = Z\cos\varphi = \frac{U}{I_Z}\cos\varphi = \frac{I_R R}{I_Z}\cos\varphi$$

$$= \frac{2.5\times 50}{2.8}\times 0.44 = 19.6(\Omega) \tag{4}$$

故得 Z 所消耗的功率为

$$P=I_Z^2 r=2.8^2\times 19.6=1.5\times 10^2(\text{W}) \tag{5}$$

【说明】 图 11.34(2)是假定 X 为电容性元件画的,故 I_2 超前于 I_R. 若 X 为自感性元件,则 I_2 应落后于 I_R.

11.35 一电器的工作频率为 50Hz,功率因数为 0.70,有功电阻为 100Ω. 试问并联一个多大的电容 C,可以使整个电路的功率因数提高到 1?

【解】 设该电器的复阻抗为

$$\tilde{Z}=R+\text{j}X \tag{1}$$

因为

$$\cos\varphi=\frac{R}{\sqrt{R^2+X^2}}=0.70 \tag{2}$$

所以

$$\frac{X}{\sqrt{R^2+X^2}}=\sqrt{1-\cos^2\varphi}=\sqrt{1-0.70^2}=0.714 \tag{3}$$

并联电容 C 后,如图 11.35 所示,复阻抗为

$$\frac{(R+\text{j}X)\dfrac{1}{\text{j}\omega C}}{R+\text{j}X+\dfrac{1}{\text{j}\omega C}}=\frac{R+\text{j}X}{1-\omega CX+\text{j}\omega CR}$$

$$=\frac{R+\text{j}(X-\omega CR^2-\omega CX^2)}{(1-\omega CX)^2+\omega^2C^2R^2} \tag{4}$$

要将功率因数提高到 1,即式(4)中的虚部应为零. 于是得所求的电容为

$$C=\frac{X}{\omega(R^2+X^2)}=\frac{X}{\omega\sqrt{R^2+X^2}}\,\frac{1}{\sqrt{R^2+X^2}}=\frac{0.714}{2\pi\times 50}\times\frac{0.70}{100}$$

$$=1.6\times 10^{-5}(\text{F})=16(\mu\text{F}) \tag{5}$$

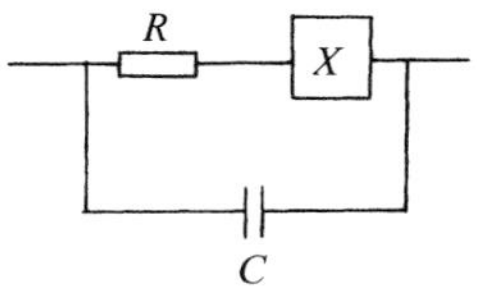

图 11.35

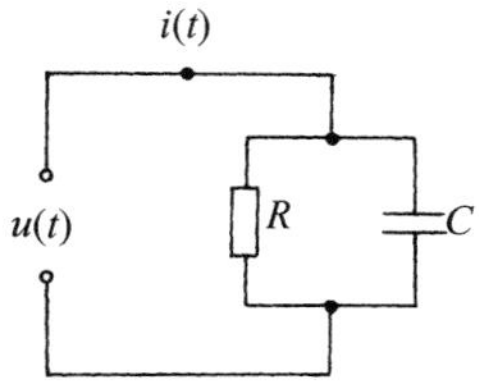

图 11.36

11.36 一 RC 并联电路如图 11.36 所示. 已知 R、C 和电压 $u(t)=U_0\cos\omega t$,试求电流 $i(t)$.

【解】 用复数解法　　复电压为

$$\tilde{U}=U_0\text{e}^{\text{j}\omega t} \tag{1}$$

$$u(t)=\text{Re}\tilde{U}=U_0\cos\omega t \tag{2}$$

复阻抗为

$$\widetilde{Z}=\frac{\widetilde{Z}_R\widetilde{Z}_C}{\widetilde{Z}_R+\widetilde{Z}_C}=\frac{R\cdot\frac{1}{\mathrm{j}\omega C}}{R+\frac{1}{\mathrm{j}\omega C}}=\frac{R}{1+\mathrm{j}\omega CR}=\frac{R(1-\mathrm{j}\omega CR)}{1+\omega^2C^2R^2}$$

$$=\frac{R}{\sqrt{1+\omega^2C^2R^2}}\mathrm{e}^{-\mathrm{j}\arctan\omega CR} \tag{3}$$

所以

$$\widetilde{I}=\frac{\widetilde{U}}{\widetilde{Z}}=\frac{U_0\mathrm{e}^{\mathrm{j}\omega t}}{\frac{R}{\sqrt{1+\omega^2C^2R^2}}\mathrm{e}^{-\mathrm{j}\arctan\omega CR}}$$

$$=\frac{U_0\sqrt{1+\omega^2C^2R^2}}{R}\mathrm{e}^{\mathrm{j}(\omega t+\arctan\omega CR)} \tag{4}$$

于是得所求的电流为

$$i(t)=\mathrm{Re}\,\widetilde{I}=\frac{U_0\sqrt{1+\omega^2C^2R^2}}{R}\cos(\omega t+\arctan\omega CR) \tag{5}$$

【别解】 通过 R 和 C 的复电流分别为

$$\widetilde{I}_R=\frac{\widetilde{U}}{R} \tag{6}$$

$$\widetilde{I}_C=\frac{\widetilde{U}}{\widetilde{Z}_C}=\mathrm{j}\omega C\widetilde{U} \tag{7}$$

所以

$$\widetilde{I}=\widetilde{I}_R+\widetilde{I}_C=\left(\frac{1}{R}+\mathrm{j}\omega C\right)\widetilde{U}$$

$$=\sqrt{\frac{1}{R^2}+\omega^2C^2}\;\mathrm{e}^{\mathrm{j}\arctan\omega CR}\cdot U_0\,\mathrm{e}^{\mathrm{j}\omega t}$$

$$=\frac{U_0\sqrt{1+\omega^2C^2R^2}}{R}\mathrm{e}^{\mathrm{j}(\omega t+\arctan\omega CR)} \tag{8}$$

所以

$$i(t)=\mathrm{Re}\,\widetilde{I}=\frac{U_0\sqrt{1+\omega^2C^2R^2}}{R}\cos(\omega t+\arctan\omega CR) \tag{9}$$

【讨论】 一、$i(t)$ 比 $u(t)$ 超前 $\varphi=\arctan\omega CR$.

二、式(4)或式(8)也可直接由 RC 并联的复阻抗公式[参见前面 11.5 题的式(18)]直接得出.

11.37 一交流电路如图 11.37(1),已知 $R=5.0\mathrm{k\Omega}$,$C=0.010\mu\mathrm{F}$. 试分别求(1)$\nu=465\mathrm{Hz}$ 和(2)$\nu=10\mathrm{kHz}$ 时的比值 I_R/I.

【解】 因 R、C 并联,故有

$$I_RR=\frac{I_C}{\omega C} \tag{1}$$

因$\boldsymbol{I}_C$ 比$\boldsymbol{I}_R$ 超前 90°,如图 11.37(2),故

$$I=\sqrt{I_R^2+I_C^2}=I_R\sqrt{1+\omega^2C^2R^2} \tag{2}$$

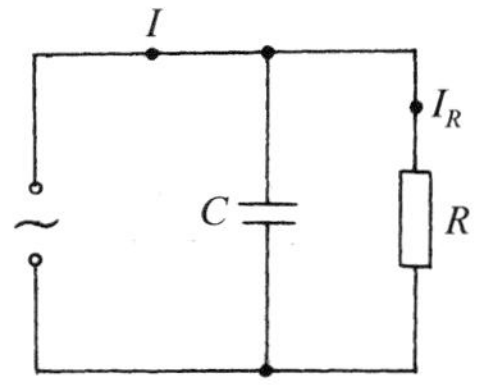

图 11.37(1)

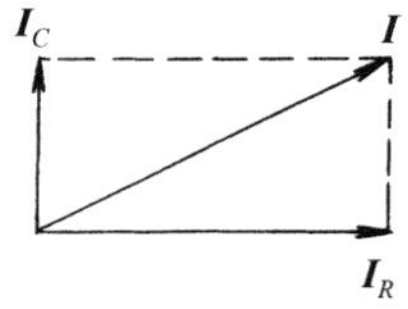

图 11.37(2)

于是得所求的比值为

$$\frac{I_R}{I}=\frac{1}{\sqrt{1+\omega^2C^2R^2}} \tag{3}$$

(1)当 $\nu=465\mathrm{Hz}$ 时,

$$\frac{I_R}{I}=\frac{1}{\sqrt{1+(2\pi\times465\times0.010\times10^{-6}\times5.0\times10^3)^2}}$$
$$=0.99 \tag{4}$$

(2)当 $\nu=10\mathrm{kHz}$ 时,

$$\frac{I_R}{I}=\frac{1}{\sqrt{1+(2\pi\times10\times10^3\times0.010\times10^{-6}\times5.0\times10^3)}}$$
$$=0.30 \tag{5}$$

11.38 如图 11.38(1),RC 并联电路的阻抗,在 $\omega CR\gg1$ 时,近似等于 $C'=C$ 与 $R'=\frac{1}{\omega^2C^2R}$串联电路[如图 11.38(2)]的阻抗. 试证明上述结论.

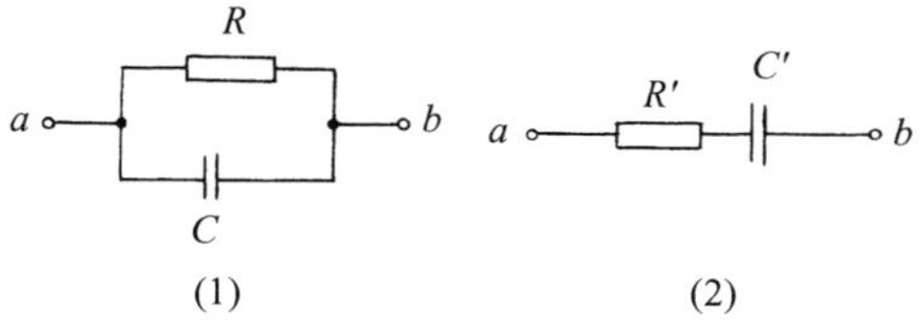

图 11.38

【证】 RC 并联电路的复阻抗为

$$\tilde{Z}=\frac{R\cdot\frac{1}{\mathrm{j}\omega C}}{R+\frac{1}{\mathrm{j}\omega C}}=\frac{R}{1+\mathrm{j}\omega CR}=\frac{R(1-\mathrm{j}\omega CR)}{1+\omega^2C^2R^2} \tag{1}$$

当 $\omega CR\gg1$ 时,上式分母中的 1 可以略去,于是得

$$\tilde{Z}=\frac{1}{\omega^2C^2R}-\mathrm{j}\frac{1}{\omega C}=\frac{1}{\omega^2C^2R}+\frac{1}{\mathrm{j}\omega C} \tag{2}$$

$R'=\frac{1}{\omega^2C^2R}$与$C'$串联电路的阻抗为

$$\tilde{Z}'=R'+\frac{1}{\mathrm{j}\omega C'} \tag{3}$$

由式(2)、(3)可见，当$C'=C$时，$\tilde{Z}=\tilde{Z}'$.

11.39　交流电通过电阻R. 与R并联一电容C后，设电流的大小不变(即通过并联电路的总电流等于未并联C时通过R的电流)，(1)试问R上的电压降低了多少？(2)若$R=30\mathrm{k\Omega}$，$C=0.33\mu\mathrm{F}$，试问在什么频率时，R上的电压下降5%？

【解】　(1)RC并联电路的复阻抗为

$$\tilde{Z}=\frac{R\cdot\frac{1}{\mathrm{j}\omega C}}{R+\frac{1}{\mathrm{j}\omega C}}=\frac{R}{1+\mathrm{j}\omega CR}$$

$$=\frac{R}{\sqrt{1+\omega^2C^2R^2}}\mathrm{e}^{-\mathrm{j}\arctan(\omega CR)} \tag{1}$$

未并联C时，设通过R的电流为I，则R上的电压为

$$U_R=IR \tag{2}$$

并联C后，I不变，故R上的电压为

$$U'_R=IZ=\frac{IR}{\sqrt{1+\omega^2C^2R^2}} \tag{3}$$

于是得R上电压降低的百分比为

$$\frac{U_R-U'_R}{U_R}=1-\frac{U'_R}{U_R}=\left(1-\frac{1}{\sqrt{1+\omega^2C^2R^2}}\right)\% \tag{4}$$

(2) 要求降低5%　由式(4)得

$$\frac{1}{\sqrt{1+\omega^2C^2R^2}}=0.95 \tag{5}$$

所以

$$1+\omega^2C^2R^2=\frac{1}{0.95^2}=1.108 \tag{6}$$

于是得所求的频率为

$$\nu=\frac{\sqrt{1.108-1}}{2\pi CR}=\frac{\sqrt{0.108}}{2\pi\times0.33\times10^{-6}\times30\times10^3}$$

$$=5.3(\mathrm{Hz}) \tag{7}$$

11.40　一LC并联电路，在某个频率时，L和C的阻抗之比为$Z_L：Z_C=2：1$，通过这并联电路的总电流为$I=1.0\mathrm{mA}$. 试分别求通过L的电流I_L和通过C的电

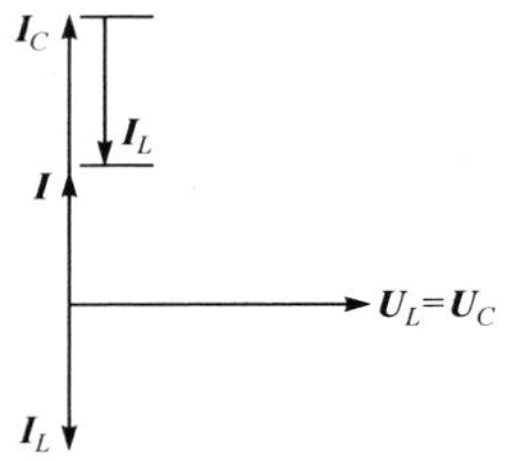

图 11.40

流 I_C.

【解】 I_L 比电压U_L 落后 90°，而I_C 则比U_C 超前 90°；今 LC 并联，$U_L=U_C$，故I_L 比I_C 落后 180°，如图 11.40 所示. 于是得

$$I_C-I_L=I \tag{1}$$

因

$$I_LZ_L=U_L=U_C=I_CZ_C \tag{2}$$

所以

$$I_C=\frac{Z_L}{Z_C}I_L=2I_L \tag{3}$$

由式(1)、(3)解得

$$I_L=I=1.0\text{mA} \tag{4}$$

$$I_C=2I=2.0\text{mA} \tag{5}$$

11.41 中波收音机的输入调谐回路由一可变电容 C 与环式线圈 L 串联而成，C 的变化范围为 30pF 到 300pF，L 则是将外表绝缘的细导线绕在铁氧体环上构成，已知铁氧体的 $\mu_r=200$，磁路长为 3.0cm，横截面积为 0.10cm^2，导线横截面的直径为 0.50mm，电阻率为 $1.7\times10^{-8}\,\Omega\cdot\text{m}$.（1）如果想收听 500kHz 到 1500kHz 波段的电台，试问 L 应该有多少匝？（2）当收听 1151kHz 的节目时，1214kHz 的串音是否严重？

【解】（1）调谐时，

$$\omega^2LC=1 \tag{1}$$

当 $C=30\text{pF}$，$\nu=1500\text{kHz}$ 时，由式(1)得

$$L_1=\frac{1}{\omega_1^2C_1}=\frac{1}{(2\pi\times1500\times10^3)^2\times30\times10^{-12}}$$
$$=3.753\times10^{-4}(\text{H}) \tag{2}$$

当 $C=300\text{pF}$，$\nu=500\text{kHz}$ 时，

$$L_2=\frac{1}{\omega_2^2C_2}=\frac{1}{(2\pi\times500\times10^3)^2\times300\times10^{-12}}$$
$$=3.377\times10^{-4}(\text{H}) \tag{3}$$

根据铁芯螺绕环的自感公式[参见前面 8.3.18 题的式(5)]

$$L=\mu_r\mu_0\frac{N^2S}{l}=200\times4\pi\times10^{-7}\times\frac{0.10\times10^{-4}}{3.0\times10^{-2}}N^2$$
$$=\frac{8\pi}{3}\times10^{-8}N^2 \tag{4}$$

得所需的匝数为

$$N_1=\sqrt{\frac{3L_1}{8\pi}}\times10^4=\sqrt{\frac{3\times3.753\times10^{-4}}{8\pi}}\times10^4$$

$$=66.9(\text{匝}) \tag{5}$$

$$N_2=\sqrt{\frac{3L_2}{8\pi}}\times10^4=\sqrt{\frac{3\times3.377\times10^{-4}}{8\pi}}\times10^4$$

$$=63.5(\text{匝}) \tag{6}$$

取平均值

$$N=65\text{ 匝} \tag{7}$$

经验算，$N=65$ 匝的 L 与 30pF 结合，$\nu>1500$kHz，与 300pF 结合，$\nu<500$kHz. 可见满足要求.

(2)这时线圈的电阻为

$$R=\rho\frac{l}{S}=\rho\frac{2\pi rN}{S}=1.7\times10^{-8}\times\frac{2\pi\times\sqrt{\frac{0.10\times10^{-4}}{\pi}}\times65}{\pi\times\left(\frac{0.50\times10^{-3}}{2}\right)^2}$$

$$=6.3\times10^{-2}(\Omega) \tag{8}$$

收听 1151kHz 时，Q 值为

$$Q=\frac{\omega L}{R}=\frac{2\pi\times1151\times10^3\times\frac{8\pi}{3}\times10^{-8}\times65^2}{6.3\times10^{-2}}$$

$$=4.1\times10^4 \tag{9}$$

这时带宽为

$$\Delta\omega=\frac{\omega_0}{Q} \tag{10}$$

所以

$$\Delta\nu=\frac{\nu_0}{Q}=\frac{1151\times10^3}{4.1\times10^4}=28(\text{Hz}) \tag{11}$$

而

$$1214-1151=63>28(\text{Hz}) \tag{12}$$

故收听 1151kHz 的节目时，1214kHz 的串音不严重.

11.42　试证明：在谐振时，LC 串联的阻抗为 0，LC 并联的阻抗为 0.

【证】　谐振时，L、C 与角频率 ω 的关系为

$$\omega=\frac{1}{\sqrt{LC}} \tag{1}$$

LC 串联的复阻抗为

$$\tilde{Z}_{\text{串}}=\mathrm{j}\omega L+\frac{1}{\mathrm{j}\omega C}=\mathrm{j}\left(\frac{\omega^2LC-1}{\omega C}\right)=\frac{\omega^2LC-1}{\omega C}\mathrm{e}^{\mathrm{j}\frac{\pi}{2}} \tag{2}$$

由式(1)、(2)得谐振时，

$$Z_{串}=\frac{\omega^2 LC-1}{\omega C}=0 \tag{3}$$

LC 并联的复阻抗为

$$\tilde{Z}_{并}=\frac{\mathrm{j}\omega L\cdot\frac{1}{\mathrm{j}\omega C}}{\mathrm{j}\omega L+\frac{1}{\mathrm{j}\omega C}}=\frac{\mathrm{j}\omega L}{1-\omega^2 LC}=\frac{\omega L}{1-\omega^2 LC}\ \mathrm{e}^{\mathrm{j}\frac{\pi}{2}} \tag{4}$$

由式(1)、(4)得，谐振时

$$Z_{并}=\frac{\omega L}{1-\omega^2 LC}=\infty \tag{5}$$

11.43　一 RLC 并联电路如图 11.43(1)，已知 $R=300\Omega$，$L=250\mathrm{mH}$，$C=8.00\mu\mathrm{F}$；A_1、A_2、A_3、A_4 和 A 都是交流安培计，它们本身的阻抗都很小，可略去不计. 现在 a、b 两端加上 220V、50Hz 的交流电压，试求：(1)五个安培计的读数；(2)A_4 中的 I_{RL} 与 U_{ab} 的相位差；(3)a、b 间所消耗的功率.

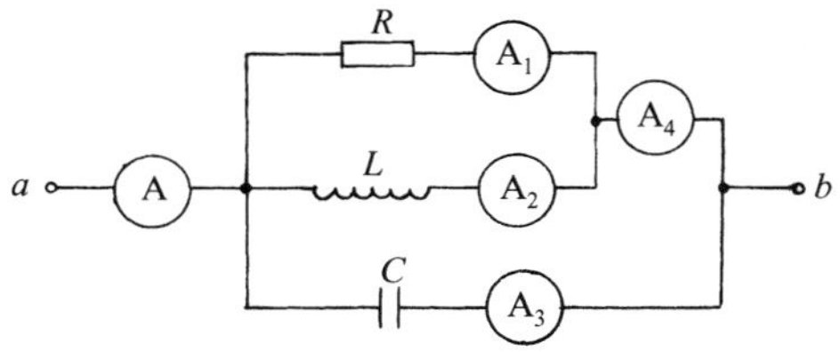

图 11.43(1)

【解】 (1)各安培计的读数如下：

A_1： $I_R=\frac{U}{R}=\frac{220}{300}=0.733(\mathrm{A})$

A_2： $I_L=\frac{U}{\omega L}=\frac{220}{2\pi\times50\times250\times10^{-3}}=2.80(\mathrm{A})$

A_3： $I_C=U\omega C=220\times2\pi\times50\times8.00\times10^{-6}=0.553(\mathrm{A})$

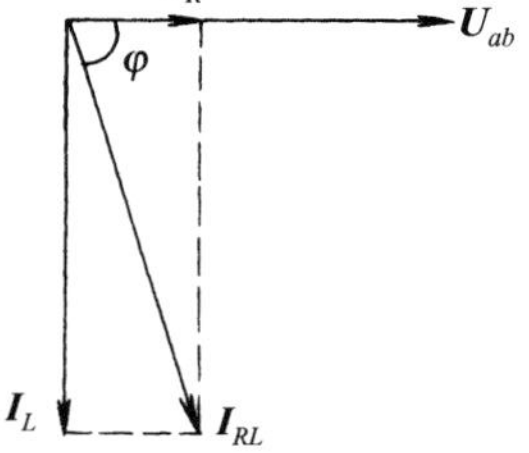

图 11.43(2)

A_4： $I_{RL}=\sqrt{I_R^2+I_L^2}=\sqrt{0.733^2+2.80^2}=2.89(\mathrm{A})$

A： $I=\sqrt{I_R^2+(I_L-I_C)^2}=\sqrt{0.733^2+(2.80-0.553)^2}$

$=2.36(\mathrm{A})$

(2) I_{RL} 与 U_{ab} 的相位差如图 11.43(2)所示，

$$\varphi=\varphi_U-\varphi_I=\arctan\left(\frac{I_L}{I_R}\right)$$

$$=\arctan\frac{2.80}{0.733}=75°20'$$

I_{RL} 落后于 U_{ab}.

(3) a、b 间消耗的功率为

$$P=I_R^2R=0.733^2\times300=161(\mathrm{W})$$

11.44　一 RLC 并联电路如图 11.44，其中 R、L、C、U 和 U 的角频率 ω 都已知，试求：(1)电流 I_1、I_2、I_3 和 I；(2) I 与 I_2 之间以及 I 与 I_3 之间的相位差.

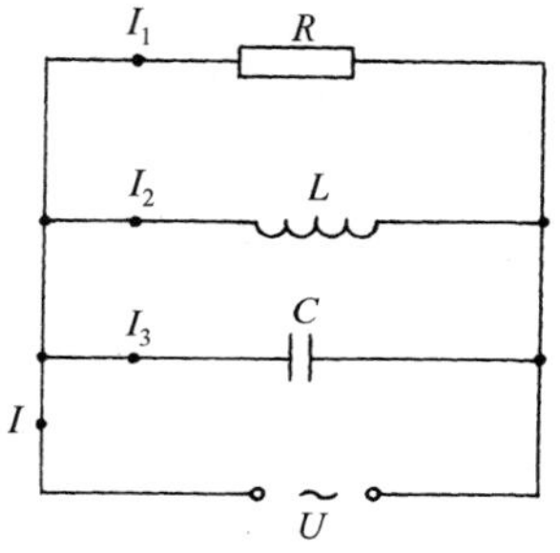

图 11.44

【解】 (1) 用复数法求解. 设电压为

$$\tilde{U}=Ue^{j\omega t} \tag{1}$$

则通过 R、L、C 三条支路的电流分别为

$$\tilde{I}_1=\frac{\tilde{U}}{R}=\frac{U}{R}e^{j\omega t} \tag{2}$$

$$\tilde{I}_2=\frac{\tilde{U}}{j\omega L}=\frac{U}{\omega L}e^{j\left(\omega t-\frac{\pi}{2}\right)} \tag{3}$$

$$\tilde{I}_3=j\omega C\tilde{U}=\omega CUe^{j\left(\omega t+\frac{\pi}{2}\right)} \tag{4}$$

由前面 11.5 题的式(27)，RLC 并联的复阻抗为

$$\tilde{Z}=\frac{R\omega L}{\sqrt{\omega^2L^2+R^2(\omega^2LC-1)^2}}e^{j\varphi} \tag{5}$$

其中

$$\varphi=\arctan\left[\frac{R(1-\omega^2LC)}{\omega L}\right] \tag{6}$$

故通过 RLC 并联的总电流为

$$\tilde{I}=\frac{\tilde{U}}{\tilde{Z}}=\frac{U\sqrt{\omega^2L^2+R^2(\omega^2LC-1)^2}}{R\omega L}e^{j(\omega t-\varphi)} \tag{7}$$

由式(2)、(3)、(4)、(7)得所求电流为

$$I_1=\frac{U}{R} \tag{8}$$

$$I_2=\frac{U}{\omega L} \tag{9}$$

$$I_3=\omega CU \tag{10}$$

$$I=\frac{U\sqrt{\omega^2L^2+R^2(\omega^2LC-1)^2}}{R\omega l} \tag{11}$$

(2)由式(6)、(7)和(3)得，I 与 I_2 之间的相位差为

$$\varphi_I-\varphi_{I_2}=-\arctan\left[\frac{R(1-\omega^2 LC)}{\omega L}\right]+\frac{\pi}{2} \tag{12}$$

由式(6)、(7)和(4)得，I 与 I_3 之间的相位差为

$$\varphi_I-\varphi_{I_3}=-\arctan\left[\frac{R(1-\omega^2 LC)}{\omega L}\right]-\frac{\pi}{2} \tag{13}$$

11.45　一 RLC 并联电路如图 11.45，试证明：在谐振频率 ν_0 附近，这电路的导纳(阻抗的倒数)近似等于 $\widetilde{Y}=\frac{1}{R}+2\mathrm{j}C\delta\omega$，式中 $\delta\omega=\omega-\omega_0=2\pi(\nu-\nu_0)$.

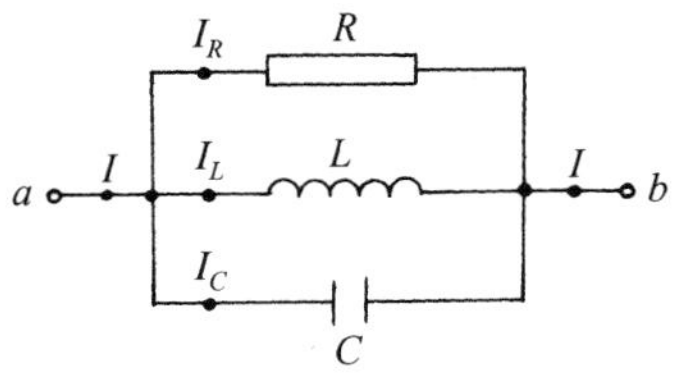

图 11.45

【证】 RLC 并联电路的导纳依定义为

$$\widetilde{Y}=\frac{1}{\widetilde{Z}}=\frac{1}{R}+\frac{1}{\mathrm{j}\omega L}+\mathrm{j}\omega C$$

$$=\frac{1}{R}+\mathrm{j}\left(\omega C-\frac{1}{\omega L}\right) \tag{1}$$

谐振时

$$\omega_0=\frac{1}{\sqrt{LC}} \tag{2}$$

在 ω_0 附近，设

$$\omega=\omega_0+\delta\omega \tag{3}$$

则有

$$\begin{aligned}\omega C-\frac{1}{\omega L}&=(\omega_0+\delta\omega)C-\frac{1}{(\omega_0+\delta\omega)L}\\&=\omega_0 C+C\delta\omega-\frac{1}{\omega_0 L}\frac{1}{1+\delta\omega/\omega_0}\\&\approx\omega_0 C+C\delta\omega-\frac{1}{\omega_0 L}\left(1-\frac{\delta\omega}{\omega_0}\right)\\&=C\delta\omega+\frac{\delta\omega}{\omega_0^2 L}\\&=C\delta\omega+C\delta\omega=2C\delta\omega\end{aligned} \tag{4}$$

代入式(1)便得

$$\widetilde{Y}=\frac{1}{R}+2\mathrm{j}C\delta\omega \tag{5}$$

【讨论】 一个电路的谐振状态定义为：它的复阻抗的虚部(电抗)为零. 根据前面 11.5 题的式(27)，RLC 并联电路的谐振角频率为

$$\omega_0=\frac{1}{\sqrt{LC}}$$

即式(2).

11.46　一电路如图11.46，其中R、r、L和C均已知，试求电路的谐振频率.

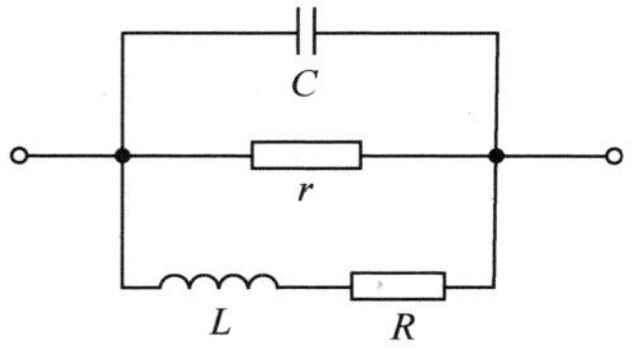

图11.46

【解】　设这电路的复阻抗为$\mathcal{Z}$，则有

$$\frac{1}{\mathcal{Z}}=\frac{1}{r}+\mathrm{j}\omega C+\frac{1}{R+\mathrm{j}\omega L} \tag{1}$$

其中

$$\mathrm{j}\omega C+\frac{1}{R+\mathrm{j}\omega L}=\frac{\mathrm{j}\omega C(R+\mathrm{j}\omega L)+1}{R+\mathrm{j}\omega L}$$

$$=\frac{1-\omega^2LC+\mathrm{j}\omega CR}{R+\mathrm{j}\omega L}=\frac{(1-\omega^2LC+\mathrm{j}\omega CR)(R-\mathrm{j}\omega L)}{R^2+\omega^2L^2}$$

$$=\frac{R+\mathrm{j}\omega[C(R^2+\omega^2L^2)-L]}{R^2+\omega^2L^2} \tag{2}$$

这个式子中的虚部为零时，$\mathcal{Z}$的虚部便为零. 于是得所求的谐振角频率为

$$\omega_0=\sqrt{\frac{L-CR^2}{L^2C}}=\sqrt{\frac{1}{LC}-\frac{R^2}{L^2}} \tag{3}$$

谐振频率为

$$\nu_0=\frac{\omega_0}{2\pi}=\frac{1}{2\pi}\sqrt{\frac{1}{LC}-\frac{R^2}{L^2}} \tag{4}$$

11.47　在频率为$\nu=50\mathrm{Hz}$的交流电路中，电阻R与一个线圈串联，这线圈的自感为$L=0.10\mathrm{H}$，其电阻可略去不计. 通过这电路的电流与加在它两端电压的相位差为$\varphi=30°$.（1）试求R的值；（2）若在这电路两端并联一个电容C，以消除上述相位差，试求C的值；（3）若在这电路中串入一个电容C'，以消除上述相位差，试求C'的值.

【解】（1）因

$$\frac{R}{\sqrt{R^2+\omega^2L^2}}=\cos\varphi=\cos30°=\frac{\sqrt{3}}{2} \tag{1}$$

解得

$$R=\sqrt{3}\omega L=\sqrt{3}\times2\pi\times50\times0.10=54(\Omega) \tag{2}$$

（2）并联C后，设整个电路的复阻抗为$\mathcal{Z}$，则有

$$\frac{1}{\mathcal{Z}}=\mathrm{j}\omega C+\frac{1}{R+\mathrm{j}\omega L}=\frac{\mathrm{j}\omega C(R+\mathrm{j}\omega L)+1}{R+\mathrm{j}\omega L}$$

$$=\frac{1-\omega^2LC+\mathrm{j}\omega CR}{R+\mathrm{j}\omega L}=\frac{(1-\omega^2LC+\mathrm{j}\omega CR)(R-\mathrm{j}\omega L)}{R^2+\omega^2L^2}$$

$$=\frac{R+\mathrm{j}\omega[C(R^2+\omega^2L^2)-L]}{R^2+\omega^2L^2} \tag{3}$$

当上式的虚部为零时，便消除了相位差. 于是得

$$C(R^2+\omega^2L^2)-L=0 \tag{4}$$

解得所求的电容为

$$C=\frac{L}{R^2+\omega^2L^2}=\frac{0.10}{54^2+(2\pi\times50\times0.10)^2}$$

$$=2.6\times10^{-5}(\mathrm{F})=26(\mu\mathrm{F}) \tag{5}$$

(3) 若串联 C'，则整个电路的复阻抗为

$$\tilde{Z}'=R+\mathrm{j}\omega L+\frac{1}{\mathrm{j}\omega C'}=R+\mathrm{j}\left(\omega L-\frac{1}{\omega C'}\right) \tag{6}$$

当上式的虚部为零时，便消除了相位差. 于是得

$$\omega L-\frac{1}{\omega C'}=0 \tag{7}$$

解得所求的电容为

$$C'=\frac{1}{\omega^2L}=\frac{1}{(2\pi\times50)^2\times0.10}=1.0\times10^{-4}(\mathrm{F})$$

$$=1.0\times10^2(\mu\mathrm{F}) \tag{8}$$

11.48　在 RL 串联电路两端加上 $U=220\mathrm{V}$、$\nu=50\mathrm{Hz}$ 的市电，已知 $R=6.0\Omega$，感抗 $X_L=8.0\Omega$. 现在想要将功率因数提高到 0.95，试问：(1) 应在这电路两端并联多大的电容？(2)应在这电路中串入多大的电容？

【解】 (1) 并联电容 C 后，整个电路的复阻抗为

$$\tilde{Z}=\frac{1}{\frac{1}{R+\mathrm{j}\omega L}+\mathrm{j}\omega C}=\frac{R+\mathrm{j}\omega L}{1-\omega^2LC+\mathrm{j}\omega CR}$$

$$=\frac{R+\mathrm{j}[\omega L(1-\omega^2LC)-\omega CR^2]}{(1-\omega^2LC)^2+\omega^2C^2R^2} \tag{1}$$

相位差为

$$\varphi=\varphi_U-\varphi_I=\arctan\left[\frac{\omega L(1-\omega^2LC)-\omega CR^2}{R}\right]$$

$$=\arctan\left[\frac{\omega L-\omega C(R^2+\omega^2L^2)}{R}\right] \tag{2}$$

代入数值得

$$\varphi=\arctan\left[\frac{8.0-\omega C(6.0^2+8.0^2)}{6.0}\right]=\arctan\left[\frac{4-50\omega C}{3}\right] \tag{3}$$

今欲使 $\cos\varphi=0.95$，即

$$\cos\varphi=\frac{1}{\sqrt{1+\tan^2\varphi}}=0.95 \tag{4}$$

所以

$$\tan\varphi=\sqrt{\frac{1}{0.95^2}-1}=\pm0.3287 \tag{5}$$

将此值代入式(3)得

$$4-50\omega C=\pm3\times0.3287=\pm0.9861 \tag{6}$$

取正号得

$$C_+=\frac{4-0.9861}{50\times 2\pi\times 50}=1.9\times 10^{-4}(\mathrm{F})$$

$$=1.9\times 10^2(\mu\mathrm{F}) \tag{7}$$

取负号得

$$C_-=\frac{4+0.9861}{50\times 2\pi\times 50}=3.2\times 10^{-4}(\mathrm{F})$$

$$=3.2\times 10^2(\mu\mathrm{F}) \tag{8}$$

由式(3)可见,并联 C_+ 时,$\varphi=\varphi_U-\varphi_I>0$;并联 C_- 时,$\varphi=\varphi_U-\varphi_I<0$.

(2) 串联电容 C' 后,整个电路的复阻抗为

$$\widetilde{Z}=R+\mathrm{j}\omega L+\frac{1}{\mathrm{j}\omega C'}=R+\mathrm{j}\left(\omega L-\frac{1}{\omega C'}\right) \tag{9}$$

相位差为

$$\varphi=\varphi_U-\varphi_I=\arctan\left[\frac{\omega L-\frac{1}{\omega C'}}{R}\right]=\arctan\left[\frac{8.0-\frac{1}{\omega C'}}{6.0}\right] \tag{10}$$

由式(4)和式(5)得

$$8.0-\frac{1}{\omega C'}=\pm 6\times 0.3287=\pm 1.9722 \tag{11}$$

取正号得

$$C'_+=\frac{1}{\omega(8-1.9722)}=\frac{1}{2\pi\times 50\times 6.2078}=5.3\times 10^{-4}(\mathrm{F})$$

$$=5.3\times 10^2(\mu\mathrm{F}) \tag{12}$$

取负号得

$$C'_-=\frac{1}{\omega(8+1.9722)}=\frac{1}{2\pi\times 50\times 9.9722}=3.2\times 10^{-4}(\mathrm{F})$$

$$=3.2\times 10^2(\mu\mathrm{F}) \tag{13}$$

由式(10)可见,并联 C'_+ 时,$\varphi=\varphi_U-\varphi_I>0$;串联 C'_- 时,$\varphi=\varphi_U-\varphi_I<0$.

11.49 一个 RL 串联后再与 C 并联的电路如图 11.49,其中电阻 R、电感 L 和电容 C 以及电源的角频率 ω 都已知. 试指出下列两点间电流与电压的相位差:(1)a、b;(2)b、c;(3)a、c;(4)d、e;(5)f、g.

【解】 (1) $\varphi_{ab}=\varphi_U-\varphi_I=0$;电阻 R 上的电流 I 与其上的电压 U 同相位.

(2) $\varphi_{bc}=\varphi_U-\varphi_I=\frac{\pi}{2}$;自感 L 上电流 I 的相位比其上电压 U 的相位落后 $\frac{\pi}{2}$.

(3) $\varphi_{ac}=\varphi_U-\varphi_I=\arctan\left(\frac{\omega L}{R}\right)$;参看 11.5 题的式(3).

(4) $\varphi_{de}=\varphi_U-\varphi_I=-\frac{\pi}{2}$;电容 C 上电流 I 的相位比其上电压 U 的相位超前 $\frac{\pi}{2}$.

(5) $\varphi_{fg}=\varphi_U-\varphi_I=\arctan\left[\dfrac{\omega L-\omega C(R^2+\omega^2L^2)}{R}\right]$；参看 11.5 题的式(33).

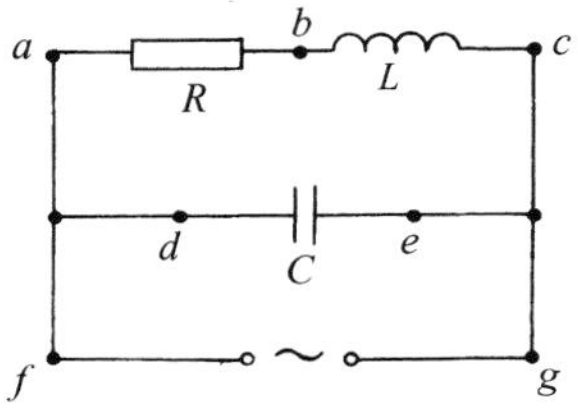

图 11.49

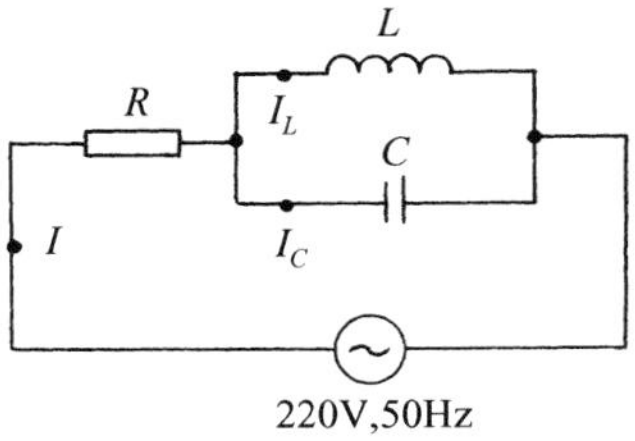

图 11.50

11.50　一交流电路如图 11.50，已知 $R=8.0\Omega$，$L=9.55\text{mH}$，$C=530\mu\text{F}$，交流电源的电压为 220V，频率为 50Hz. (1)试分别求 L 和 C 的阻抗 Z_L 和 Z_C，LC 并联的阻抗 Z_{LC}，以及整个 RLC 电路的阻抗 Z；(2)试求电流 I_L、I_C 和 I；(3)试求 R 两端的电压 U_R 和 LC 两端的电压 U_{LC}.

【解】 (1)求阻抗

$$Z_L=\omega L=2\pi\times50\times9.55\times10^{-3}=3.0(\Omega)$$

$$Z_C=\frac{1}{\omega C}=\frac{1}{2\pi\times50\times530\times10^{-6}}=6.0(\Omega)$$

$$\tilde{Z}_{LC}=\frac{\mathrm{j}\omega L\,\dfrac{1}{\mathrm{j}\omega C}}{\mathrm{j}\omega L+\dfrac{1}{\mathrm{j}\omega C}}=\frac{\mathrm{j}\omega L}{1-\omega^2LC}$$

所以

$$Z_{LC}=\frac{\omega L}{1-\omega^2LC}=\frac{3.0}{1-3.0/6.0}=6.0(\Omega)$$

$$Z=\sqrt{R^2+Z_{LC}^2}=\sqrt{8.0^2+6.0^2}=10.0(\Omega)$$

(2)求电流

$$I=\frac{U}{Z}=\frac{220}{10.0}=22.0(\text{A})$$

$$\frac{I_L}{I_C}=\frac{Z_C}{Z_L}=\frac{6.0}{3.0}=2$$

因 I_L 与 I_C 的相位差为 π，故

$$I=I_L-I_C=22.0\text{A}$$

由以上两式解得

$$I_C=22.0\text{A}$$

$$I_L=44.0\text{A}$$

(3) 求电压

$$U_R = IR = 22.0 \times 8.0 = 176(\text{V})$$
$$U_{LC} = IZ_{LC} = 22.0 \times 6.0 = 132(\text{V})$$

11.51　一π形滤波电路如图11.51，已知 $C_1 = C_2 = 10\mu\text{F}$，$\nu = 100\text{Hz}$. 要求输出电压 U_2 为输入电压 U_1 的 $\frac{1}{10}$，试求 L 的值.

【解】 通过 L 和 C_2 的复电流为

$$\tilde{I}_{LC_2} = \frac{\tilde{U}_1}{\text{j}\left(\omega L - \frac{1}{\omega C_2}\right)} = \frac{\text{j}\omega C_2 \tilde{U}_1}{1 - \omega^2 LC_2} \tag{1}$$

所以

$$\tilde{U}_2 = \tilde{I}_{LC_2} \tilde{Z}_{C_2} = \frac{\text{j}\omega C_2 \tilde{U}_1}{1 - \omega^2 LC_2} \frac{1}{\text{j}\omega C_2}$$
$$= \frac{\tilde{U}_1}{1 - \omega^2 LC_2} \tag{2}$$
$$U_2 = |\tilde{U}_2| = \left| \frac{\tilde{U}_1}{1 - \omega^2 LC_2} \right| = \frac{U_1}{|1 - \omega^2 LC_2|} \tag{3}$$

所以

$$|1 - \omega^2 LC_2| = \frac{U_1}{U_2} = 10 \tag{4}$$
$$1 - \omega^2 LC_2 = \pm 10 \tag{5}$$

因 $\omega^2 LC_2 > 0$，故式(5)右边只能取负号. 于是得

$$L = \frac{1+10}{\omega^2 C_2} = \frac{11}{(2\pi \times 100)^2 \times 10 \times 10^{-6}} = 2.8(\text{H}) \tag{6}$$

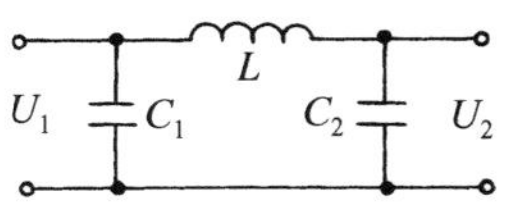

图 11.51

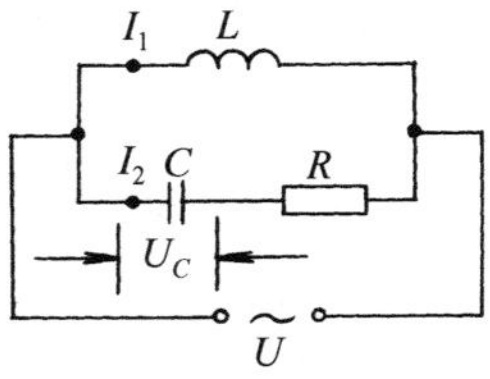

图 11.52

11.52　一交流电路如图11.52，设电阻 R、电感 L、电容 C 和电压 U 的角频率 ω 均为已知，试求：(1) I_1 与 I_2 的相位差；(2) U_C 与 U 的相位差.

【解】 (1)用复数表示，

$$\tilde{I}_1 = \frac{\tilde{U}}{\text{j}\omega L} = \frac{\tilde{U}}{\omega L} \text{e}^{-\text{j}\frac{\pi}{2}} \tag{1}$$

$$\tilde{I}_2 = \frac{\tilde{U}}{R + \frac{1}{\text{j}\omega C}} = \frac{\text{j}\omega C \tilde{U}}{1 + \text{j}\omega CR} = \frac{\omega C(\text{j} + \omega CR)}{1 + \omega^2 C^2 R^2} \tilde{U}$$

$$=\frac{\omega C\widetilde{U}}{\sqrt{1+\omega^2C^2R^2}}\mathrm{e}^{\mathrm{j}\arctan\left(\frac{1}{\omega CR}\right)} \tag{2}$$

故得 I_1 与 I_2 的相位差为

$$\varphi_{I_1}-\varphi_{I_2}=-\frac{\pi}{2}-\arctan\left(\frac{1}{\omega CR}\right)=-\left[\frac{\pi}{2}+\arctan\left(\frac{1}{\omega CR}\right)\right] \tag{3}$$

(2) 用复数表示 U_C 为

$$\widetilde{U}_C=\widetilde{I}_2\frac{1}{\mathrm{j}\omega C}=\frac{\widetilde{U}}{1+\mathrm{j}\omega CR}=\frac{\widetilde{U}(1-\mathrm{j}\omega CR)}{1+\omega^2C^2R^2}$$

$$=\frac{\widetilde{U}}{\sqrt{1+\omega^2C^2R^2}}\mathrm{e}^{-\mathrm{j}\arctan(\omega CR)} \tag{4}$$

故得 U_C 与 U 的相位差为

$$\varphi_{U_C}-\varphi_U=-\arctan(\omega CR) \tag{5}$$

【讨论】 式(5)也可写成

$$\varphi_{U_C}-\varphi_U=\arctan\frac{1}{\omega CR}-\frac{\pi}{2} \tag{6}$$

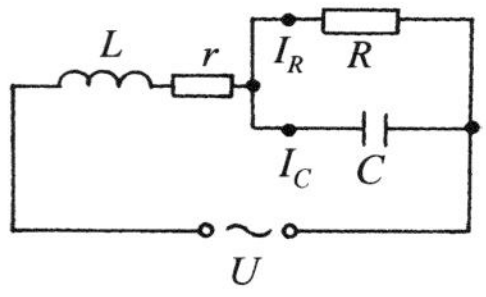

图 11.53

11.53 一交流电路如图 11.53,其中 R、r、L、C、U 和 U 的角频率 ω 都已知,试求下列各量间的相位差:(1)U_C 与 I_R;(2)I_C 与 I_R;(3)U_R 与 U.

【解】 (1)U_C 与 I_R 的相位差

因为
$$\widetilde{U}_C=\widetilde{U}_R=R\widetilde{I}_R \tag{1}$$

所以
$$\varphi_{U_C}-\varphi_{I_R}=0 \tag{2}$$

(2)I_C 与 I_R 的相位差

因为
$$\widetilde{I}_C=\frac{\widetilde{U}_C}{\widetilde{Z}_C}=\mathrm{j}\omega C\widetilde{U}_C$$

$$=\mathrm{j}\omega C\widetilde{U}_R=\omega CR\widetilde{I}_R\,\mathrm{e}^{\mathrm{j}\frac{\pi}{2}} \tag{3}$$

所以
$$\varphi_{I_C}-\varphi_{I_R}=\frac{\pi}{2} \tag{4}$$

(3) U_R 与 U 的相位差

因为
$$\widetilde{U}_R=\widetilde{I}\widetilde{Z}_{RC}=\frac{\widetilde{U}}{\widetilde{Z}}\widetilde{Z}_{RC}=\frac{\widetilde{U}\widetilde{Z}_{RC}}{r+\mathrm{j}\omega L+\widetilde{Z}_{RC}}$$

$$=\frac{\widetilde{U}}{1+\dfrac{r+\mathrm{j}\omega L}{\widetilde{Z}_{RC}}} \tag{5}$$

其中

$$\widetilde{Z}_{RC}=\frac{R\dfrac{1}{\mathrm{j}\omega C}}{R+\dfrac{1}{\mathrm{j}\omega C}}=\frac{R}{1+\mathrm{j}\omega CR} \tag{6}$$

所以
$$\widetilde{U}_R=\frac{\widetilde{U}}{1+\dfrac{(r+\mathrm{j}\omega L)(1+\mathrm{j}\omega CR)}{R}}$$
$$=\frac{R\widetilde{U}}{R+r-\omega^2 LCR+\mathrm{j}(\omega L+\omega CRr)}$$
$$=\frac{R\widetilde{U}}{\sqrt{(R+r-\omega^2 LCR)^2+(\omega L+\omega CRr)^2}}\mathrm{e}^{-\mathrm{j}\arctan\left(\frac{\omega L+\omega CRr}{R+r-\omega^2 LCR}\right)} \tag{7}$$

所以
$$\varphi_{U_R}-\varphi_U=-\arctan\left(\frac{\omega L+\omega CRr}{R+r-\omega^2 LCR}\right) \tag{8}$$

11.54 图 11.54 是为消除分布电容而设计的一种脉冲分压器，要使输出电压 U_2 与输入电压 U_1 之比等于电阻之比［即 $U_2/U_1=R_2/(R_1+R_2)$］而与频率无关，试问 R_1、R_2、C_1、C_2 等应满足什么关系？

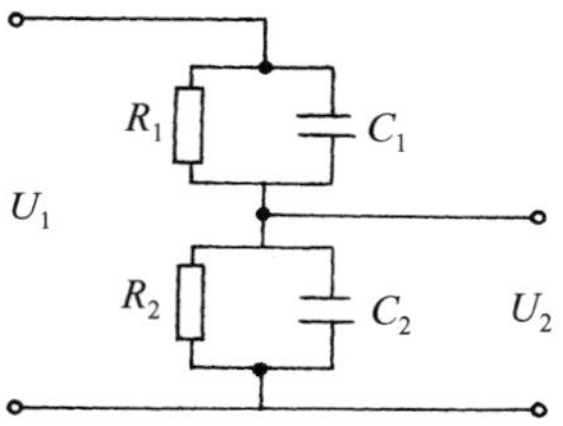

图 11.54

【解】 用复数计算
$$\widetilde{U}_2=\widetilde{I}\widetilde{Z}_2=\frac{\widetilde{U}_1}{\widetilde{Z}}\widetilde{Z}_2=\frac{\widetilde{U}_1}{\widetilde{Z}_1+\widetilde{Z}_2}\widetilde{Z}_2$$
$$=\frac{\widetilde{U}_1}{1+\widetilde{Z}_1/\widetilde{Z}_2} \tag{1}$$

其中
$$\widetilde{Z}_1=\frac{R_1\dfrac{1}{\mathrm{j}\omega C_1}}{R_1+\dfrac{1}{\mathrm{j}\omega C_1}}=\frac{R_1}{1+\mathrm{j}\omega C_1 R_1} \tag{2}$$
$$\widetilde{Z}_2=\frac{R_2\dfrac{1}{\mathrm{j}\omega C_2}}{R_2+\dfrac{1}{\mathrm{j}\omega C_2}}=\frac{R_2}{1+\mathrm{j}\omega C_2 R_2} \tag{3}$$

所以
$$\widetilde{Z}_1/\widetilde{Z}_2=\frac{R_1}{R_2}\frac{1+\mathrm{j}\omega C_2R_2}{1+\mathrm{j}\omega C_1R_1} \tag{4}$$

由式(4)可见，若
$$C_2R_2=C_1R_1 \tag{5}$$

则将式(4)、(5)代入式(1)便得
$$\frac{\widetilde{U}_2}{\widetilde{U}_1}=\frac{1}{1+\widetilde{Z}_1/\widetilde{Z}_2}=\frac{1}{1+R_1/R_2}=\frac{R_2}{R_1+R_2} \tag{6}$$

故式(5)便为所求的关系.

11.55 RC 振荡器的电路如图 11.55 所示，当总电压 $u(t)$ 与分电压 $u_2(t)$ 的相位相同时，电路中的频率称为振荡频率，以 ν_0 表示. 试证明：(1) $\nu_0=\dfrac{1}{2\pi RC}$；(2)当

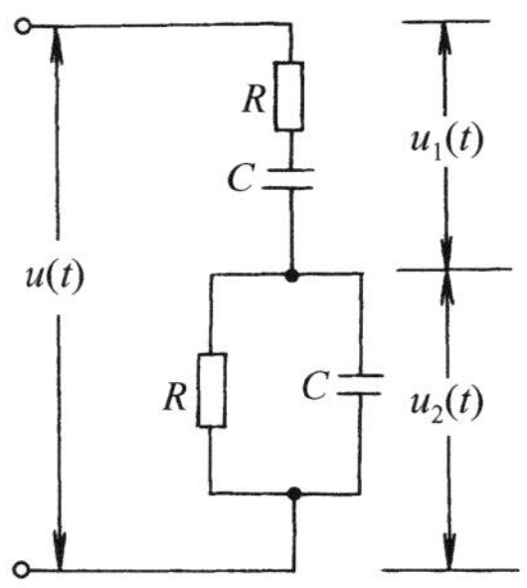

图 11.55

$\nu=\nu_0$ 时，$u(t)$与 $u_2(t)$的峰值的关系为 $U_0=3U_{20}$.

【证】 (1)用复数表示　RC 并联的复阻抗为

$$\tilde{Z}_2=\frac{R\dfrac{1}{j\omega C}}{R+\dfrac{1}{j\omega C}}=\frac{R}{1+j\omega CR} \tag{1}$$

整个电路的阻抗为

$$\tilde{Z}=R+\frac{1}{j\omega C}+\tilde{Z}_2 \tag{2}$$

于是得 $\tilde{U}_2$ 为

$$\tilde{U}_2=\tilde{I}\tilde{Z}_2=\frac{\tilde{U}}{\tilde{Z}}\tilde{Z}_2=\tilde{U}\frac{\tilde{Z}_2}{\tilde{Z}}$$

$$=\tilde{U}\frac{\dfrac{R}{1+j\omega CR}}{R+\dfrac{1}{j\omega C}+\dfrac{R}{1+j\omega CR}}=\frac{R\tilde{U}}{\left(R+\dfrac{1}{j\omega C}\right)(1+j\omega CR)+R}$$

$$=\frac{R\tilde{U}}{3R+j\left(\omega CR^2-\dfrac{1}{\omega C}\right)} \tag{3}$$

由上式可见，当 $\tilde{U}_2$ 与 $\tilde{U}$ 的相位相同时，分母中的虚部应为零. 设这时 $\omega=\omega_0$，便得

$$\omega_0^2C^2R^2=1 \tag{4}$$

$$\omega_0CR=1 \tag{5}$$

所以

$$\nu_0=\frac{\omega_0}{2\pi}=\frac{1}{2\pi RC} \tag{6}$$

(2)将式(4)代入式(3)得

$$\tilde{U}_2=\frac{1}{3}\tilde{U} \tag{7}$$

所以

$$U_0=3U_{20} \tag{8}$$

【别证】 因

$$u(t)=u_1(t)+u_2(t) \tag{9}$$

于是当 $u_2(t)$与 $u(t)$的相位相同时，$u_1(t)$必定与 $u_2(t)$的相位相同. 由

$$\tilde{U}_1=\frac{\tilde{U}}{\tilde{Z}}\tilde{Z}_1,\qquad \tilde{U}_2=\frac{\tilde{U}}{\tilde{Z}}\tilde{Z}_2 \tag{10}$$

可见，$\tilde{Z}_2$ 与 $\tilde{Z}_1$ 必定相角相等. $\tilde{Z}_2$ 的相角为[参见前 11.5 题的式(20)]

$$\varphi_2=-\arctan(R\omega C) \tag{11}$$

$\tilde{Z}_1$ 的相角为[参见前面 11.5 题的式(6)]

$$\varphi_1=-\arctan\left(\frac{1}{R\omega C}\right) \tag{12}$$

令 $\varphi_2=\varphi_1$ 便得

$$R\omega C=\frac{1}{R\omega C} \tag{13}$$

所以

$$R^2\omega^2C^2=1 \tag{14}$$

此即式(4),由此即可得出式(6)和式(8).

11.56 交流电路中的一部分如图 11.56 所示,当 R_1 或 R_2 发生变化时,试问 I_1 与 I_2 之间的相位差是否发生变化?

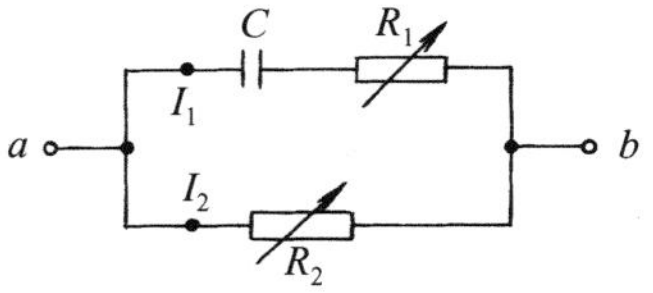

图 11.56

【解答】 因 I_2 与 U_{ab} 同相位,故当 R_2 改变时,I_1 与 I_2 的相位差不变.

I_1 与 U_{ab} 的相位差为

$$\varphi_{I_1}-\varphi_{U_{ab}}=\arctan(1/\omega CR_1)$$

当 R_1 改变时,I_1 与 U_{ab} 之间的相位差会发生变化,而 I_2 与 U_{ab} 同相位,故 I_1 与 I_2 之间的相位差也会发生变化.

11.57 在一环形铁芯上绕有 N 匝外表绝缘的导线,导线两端接到电动势为 $\mathscr{E}$ 的交流电源上. 一电阻为 R、自感可略去不计的均匀细圆环套在这环形铁芯上,细圆环上 a、b 两点间的环长(劣弧)为细圆环长度的 $\frac{1}{n}$. 将电阻为 r 的交流电流计 G 接在 a、b 两点,有两种接法,分别与图 11.57(1)和(2)所示. 试分别求这两种接法时通过 G 的电流.

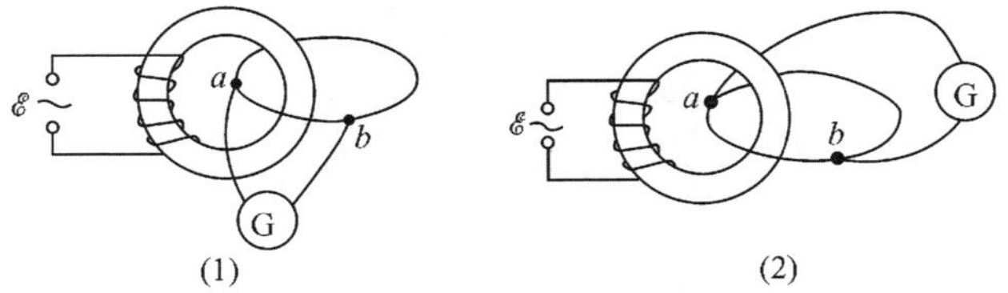

图 11.57

【解】 (1)接法(1) 细圆环中的电动势为

$$\mathscr{E}_R=\frac{\mathscr{E}}{N} \tag{1}$$

细圆环上 ab 段的电阻为

劣弧:

$$R_{ab}=\frac{R}{n} \tag{2}$$

优弧:

$$R'_{ab}=\frac{(n-1)R}{n} \tag{3}$$

如图 11.57(1)接上 G 后,G 的电阻 r 与 R_{ab} 并联,然后再与 R'_{ab} 串联. 这时总电阻便为

$$R_1=\frac{rR_{ab}}{r+R_{ab}}+R'_{ab}=\frac{Rr}{R+nr}+\frac{(n-1)R}{n} \tag{4}$$

于是总电流(即通过优弧 R'_{ab} 的电流)为

$$I_1=\frac{\mathscr{E}_R}{R_1}=\frac{\mathscr{E}}{N}\frac{1}{\frac{Rr}{R+nr}+\frac{(n-1)R}{n}} \tag{5}$$

通过 G 的电流为[参见前面 4.1.9 题式(6)或式(7)]

$$i_1=\frac{\frac{R}{n}}{\frac{R}{n}+r}I_1=\frac{R}{R+nr}I_1$$

$$=\frac{R}{R+nr}\frac{\mathscr{E}}{N}\frac{1}{\frac{Rr}{R+nr}+\frac{(n-1)R}{n}}$$

$$=\frac{n\mathscr{E}}{N[(n-1)R+n^2r]} \tag{6}$$

(2)接法(2)　如图 11.57(2)接上 G 后,G 的电阻 r 与 R'_{ab} 并联,然后再与 R_{ab} 串联.这时总电阻便为

$$R_2=\frac{rR'_{ab}}{r+R'_{ab}}+R_{ab}=\frac{(n-1)Rr}{(n-1)R+nr}+\frac{R}{n} \tag{7}$$

于是总电流(即通过劣弧 R_{ab} 的电流)为

$$I_2=\frac{\mathscr{E}_R}{R_2}=\frac{\mathscr{E}}{N}\frac{1}{\frac{(n-1)Rr}{(n-1)R+nr}+\frac{R}{n}} \tag{8}$$

通过 G 的电流为[参见前面 4.1.9 题的式(6)或式(7)]

$$i_2=\frac{\frac{(n-1)R}{n}}{\frac{(n-1)R}{n}+r}I_2=\frac{(n-1)R}{(n-1)R+nr}I_2$$

$$=\frac{(n-1)R}{(n-1)R+nr}\frac{\mathscr{E}}{N}\frac{1}{\frac{(n-1)Rr}{(n-1)R+nr}+\frac{R}{n}}$$

$$=\frac{n(n-1)\mathscr{E}}{N[(n-1)R+n^2r]} \tag{9}$$

11.58　一交流电桥的电路如图 11.58(1),其中 $\tilde{Z}_1$、$\tilde{Z}_2$、$\tilde{Z}_3$ 和 $\tilde{Z}_4$ 分别为四个臂的复阻抗;当交流检电流计 G 中无电流通过时,交流电桥便达到平衡.试证明:交流电桥的平衡条件为 $\tilde{Z}_2\tilde{Z}_3=\tilde{Z}_4\tilde{Z}_1$.

【证】　设电源的电动势为$\mathscr{E}$,交流检电计的复阻抗为 $\tilde{Z}_5$,通过各支路的复电流如图 11.58(2)所示,其中已用基尔霍夫第一定律,将 $\tilde{Z}_2$ 和 $\tilde{Z}_4$ 中的电流分别表示为 $\tilde{I}_2=\tilde{I}_1-\tilde{I}_5$ 和 $\tilde{I}_4=\tilde{I}_3+\tilde{I}_5$ 以减少变量.再由基尔霍夫第二定律列出独立方程如下:

回路 $ACDA$:　　$\tilde{I}_1\tilde{Z}_1+\tilde{I}_5\tilde{Z}_5-\tilde{I}_3\tilde{Z}_3=0$　　(1)

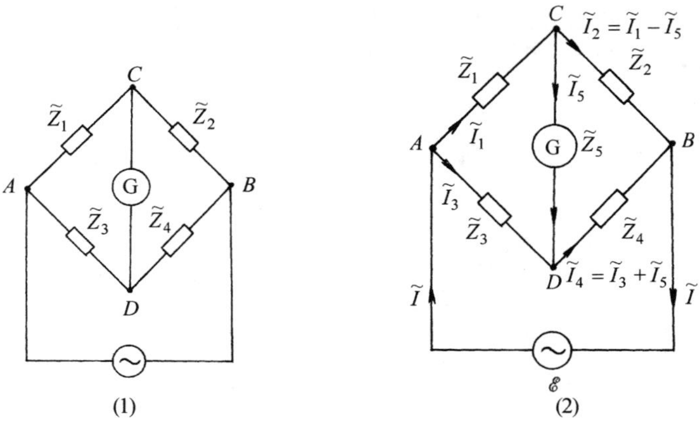

图 11.58

回路 $CBDC$：$(\tilde{I}_1-\tilde{I}_5)\tilde{Z}_2-(\tilde{I}_3+\tilde{I}_5)\tilde{Z}_4-\tilde{I}_5\tilde{Z}_5=0$　　(2)

回路 $ACB\mathscr{E}A$：$\tilde{I}_1\tilde{Z}_1+(\tilde{I}_1-\tilde{I}_5)\tilde{Z}_2-\tilde{\mathscr{E}}=0$　　(3)

下面求通过 G 的 $\tilde{I}_5$. 由式(1)、(2)消去 $\tilde{I}_3$ 得

$$(\tilde{Z}_4\tilde{Z}_1-\tilde{Z}_2\tilde{Z}_3)\tilde{I}_1+(\tilde{Z}_4\tilde{Z}_5+\tilde{Z}_2\tilde{Z}_3+\tilde{Z}_3\tilde{Z}_4+\tilde{Z}_3\tilde{Z}_5)\tilde{I}_5=0 \tag{4}$$

由式(3)、(4)消去 $\tilde{I}_1$，便得

$$\tilde{I}_5=\frac{(\tilde{Z}_2\tilde{Z}_3-\tilde{Z}_4\tilde{Z}_1)\tilde{\mathscr{E}}}{\tilde{Z}_1\tilde{Z}_2(\tilde{Z}_3+\tilde{Z}_4)+\tilde{Z}_3\tilde{Z}_4(\tilde{Z}_1+\tilde{Z}_2)+(\tilde{Z}_1+\tilde{Z}_2)(\tilde{Z}_3+\tilde{Z}_4)\tilde{Z}_5} \tag{5}$$

由式(5)可见，当

$$\tilde{Z}_2\tilde{Z}_3=\tilde{Z}_4\tilde{Z}_1 \tag{6}$$

时，$\tilde{I}_5=0$，即无电流通过 G，这时电桥达到平衡.

【讨论】 有些书上是这样导出交流电桥的平衡条件的：当电桥达到平衡时，通过 G 的电流

$$\tilde{I}_5=0 \tag{7}$$

于是便有

$$\tilde{I}_1=\tilde{I}_2,\qquad \tilde{I}_3=\tilde{I}_4 \tag{8}$$

又因 C、D 两点间电压为零，故有

$$\tilde{I}_1\tilde{Z}_1=\tilde{I}_3\tilde{Z}_3 \tag{9}$$

$$\tilde{I}_1\tilde{Z}_2=\tilde{I}_3\tilde{Z}_4 \tag{10}$$

于是由式(8)、(9)、(10)得

$$\tilde{Z}_2\tilde{Z}_3=\tilde{Z}_4\tilde{Z}_1 \tag{11}$$

上述导出过程[即由式(7)至(10)导出式(11)]表明:式(11)是电桥平衡的结果;但它是否是电桥平衡的充分条件,尚须进一步论证. 而由解电路方程得出的式(5)导出式(6),则清楚地表明,式(6)是交流电桥平衡的必要和充分条件.

11.59　图 11.59 中的(1)和(2)分别是两种交流电桥,试分别求它们各自的平衡条件.

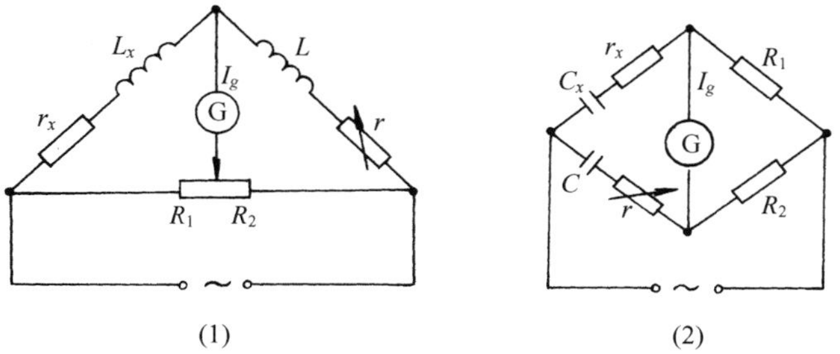

图 11.59

【解】　(1)图 11.59(1). 根据前面 11.58 题的交流电桥平衡条件式(6),得这电桥的平衡条件为

$$R_2(r_x+j\omega L_x)=R_1(r+j\omega L) \tag{1}$$

此式包括下列两式:

$$R_2 r_x=R_1 r \tag{2}$$

$$R_2 L_x=R_1 L \tag{3}$$

只有式(2)、(3)同时满足,交流电桥才达到平衡.

(2) 图 11.59 (2). 根据前面 11.58 题的交流电桥平衡条件式(6),得这电桥的平衡条件为

$$R_2\left(r_x+\frac{1}{j\omega C_x}\right)=R_1\left(r+\frac{1}{j\omega C}\right) \tag{4}$$

此式包括下列两式:

$$R_2 r_x=R_1 r \tag{5}$$

$$R_1 C_x=R_2 C \tag{6}$$

只有式(5)、(6)同时满足,交流电桥才达到平衡.

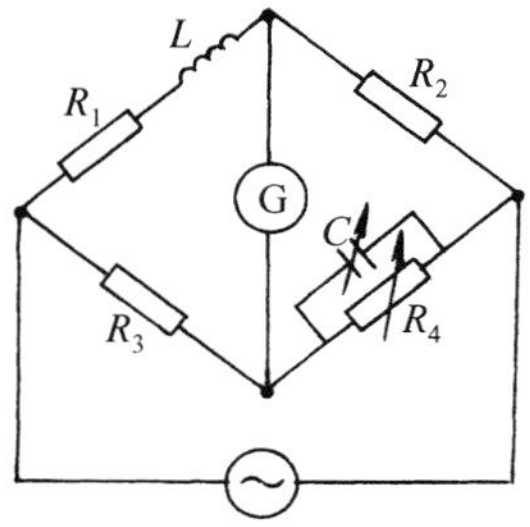

图 11.60

11.60　麦克斯韦电桥是用来测量自感和电容的装置,它的电路如图 11.60 所示. 为了使电桥达到平衡,其中 R_4 和 C 都是可变的. 试证明:它的平衡条件为:$R_2R_3=R_4R_1$ 和 $L=R_2R_3C$.

【证】　根据前面 11.58 题的交流电桥平衡条件式(6),得麦克斯韦电桥的平衡条件为

$$(R_1+\mathrm{j}\omega L)\frac{R_4\frac{1}{\mathrm{j}\omega C}}{R_4+\frac{1}{\mathrm{j}\omega C}}=R_2R_3 \tag{1}$$

所以
$$(R_1+\mathrm{j}\omega L)R_4=R_2R_3(1+\mathrm{j}\omega CR_4)$$

令上式两边实部和虚部分别相等,便得

$$R_2R_3=R_4R_1 \tag{2}$$

$$L=R_2R_3C \tag{3}$$

11.61　奥温(Owen)电桥的线路如图 11.61 所示,其中 R_1 和 R_3 都是可变的,用于调节平衡. 试求这电桥的平衡条件.

【解】 根据前面 11.58 题的交流电桥的平衡条件式(6),得奥温电桥的平衡条件为

$$(R+R_1+\mathrm{j}\omega L)\frac{1}{\mathrm{j}\omega C_4}=R_2\left(R_3+\frac{1}{\mathrm{j}\omega C_3}\right) \tag{1}$$

所以
$$R+R_1+\mathrm{j}\omega L=R_2\left(R_3+\frac{1}{\mathrm{j}\omega C_3}\right)\mathrm{j}\omega C_4$$

$$=R_2\frac{C_4}{C_3}+\mathrm{j}R_2R_3\omega C_4 \tag{2}$$

令上式两边实部和虚部分别相等,便得

$$R=\frac{C_4}{C_3}R_2-R_1 \tag{3}$$

$$L=R_2R_3C_4 \tag{4}$$

式(3)、(4)便是所求的平衡条件;换句话说,只有式(3)、(4)同时满足,奥温电桥才能达到平衡.

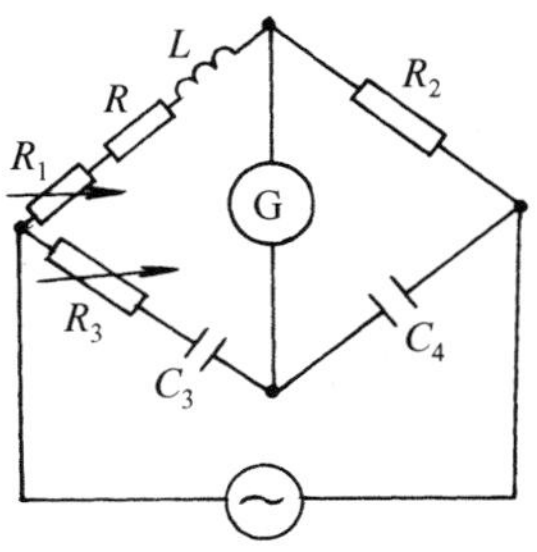

图 11.61

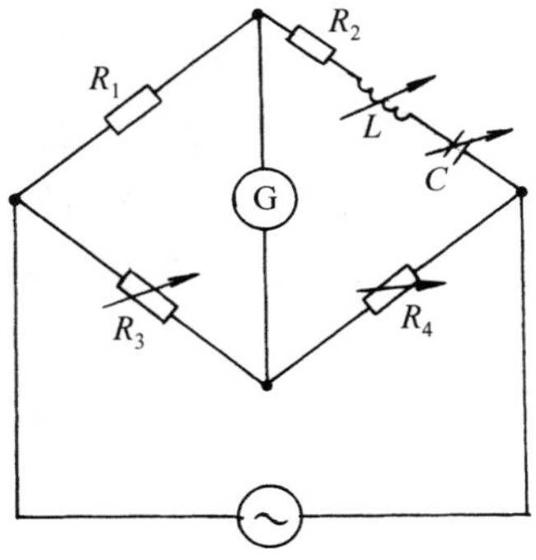

图 11.62

11.62　图 11.62 是测量交流电频率的电桥,其中电阻 R_3 和 R_4、电感 L 和电容 C 都是可变的,用以调节电桥的平衡. 试求这电桥的平衡条件,从而导出所测交流电的频率.

【解】 根据前面 11.58 题的交流电桥的平衡条件式(6),得这电桥的平衡条件为

$$\left(R_2+\mathrm{j}\omega L+\frac{1}{\mathrm{j}\omega C}\right)R_3=R_4R_1 \tag{1}$$

令上式两边实部和虚部分别相等，便得

$$R_2R_3=R_4R_1 \tag{2}$$

$$\omega L=\frac{1}{\omega C} \tag{3}$$

式(2)、(3)便是所求的平衡条件；换句话说，只有式(2)、(3)同时满足，频率电桥才能达到平衡.

调节电桥使达到平衡，由式(3)得所测的交流电的频率为

$$\nu=\frac{\omega}{2\pi}=\frac{1}{2\pi\sqrt{LC}} \tag{4}$$

11.63　一变压器的原线圈为 660 匝，接在 220V 的交流电源上，测得三个副线圈的电压分别为(1)5V，(2)6.3V 和(3)350V. 试分别求它们的匝数. 设这三个副线圈中的电流分别为(1)3A，(2)3A 和(3)280mA，试问通过原线圈的电流是多少?

【解】　三个副线圈的匝数分别为

5V 的：　$N_1=\frac{660}{220}\times5=15$(匝)

6.3V 的：　$N_2=\frac{660}{220}\times6.3=19$(匝)

350V 的：　$N_3=\frac{660}{220}\times350=1050$(匝)

原线圈中的电流为

$$I=\frac{15}{660}\times3+\frac{19}{660}\times3+\frac{1050}{660}\times280\times10^{-3}=0.60(\mathrm{A})$$

11.64　要将一个输入 220V、输出 6.3V 的变压器，改绕成输入 220V、输出 30V 的变压器；现拆出它的次级线圈，数出圈数为 38 匝，试问应改绕成多少匝?

【解】　设所求匝数为 N，则有

$$\frac{N}{30}=\frac{38}{6.3}$$

故得

$$N=\frac{38}{6.3}\times30=181(\text{匝})$$

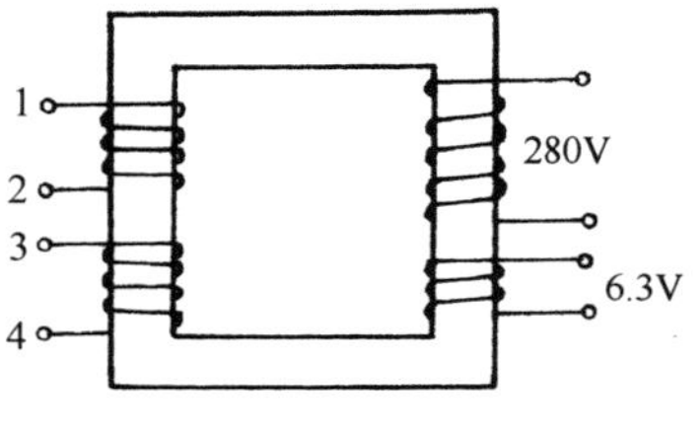

图 11.65

11.65　两用变压器是一种既可用 220V 电源，也可用 110V 电源的变压器，其结构如图 11.65 所示，原线圈是由两组完全相同的线圈 1、2 和 3、4 构成的. 在用 220V 电源时，将 2 和 3 接在一起，再将 1 和 4 分别接到 220V 电源

的两极上；在用 110V 电源时，将 1 和 3 接在一起，2 和 4 接在一起，然后分别接到 110V 电源的两极上. 在这两种情况下，副线圈的电压都相同，即都是 280V 和 6.3V. 试说明它的道理.

【解答】 在两种情况下，通过原线圈的电流相同，因而通过副线圈的磁通量相同，所以产生的电动势相同.

11.66 自耦变压器是绕在铁芯上的一个线圈，按一定的匝数分别接出一些线头而成，如图 11.66 所示. 已知 a、b 间为 100 匝，b、c 间为 200 匝，c、d 间为 300 匝，d、e 间为 400 匝. 当 a、e 间加上 $U_{ae}=120\text{V}$ 的交流电压时，试求 U_{ab}、U_{ac}、U_{bc} 和 U_{de}.

【解】 a、e 间的匝数为

$$N=100+200+300+400=1000(\text{匝})$$

各处电压如下：

$$U_{ab}=\frac{120}{1000}\times100=12(\text{V})$$

$$U_{ac}=\frac{120}{1000}\times(100+200)=36(\text{V})$$

$$U_{bc}=\frac{120}{1000}\times200=24(\text{V})$$

$$U_{de}=\frac{120}{1000}\times400=48(\text{V})$$

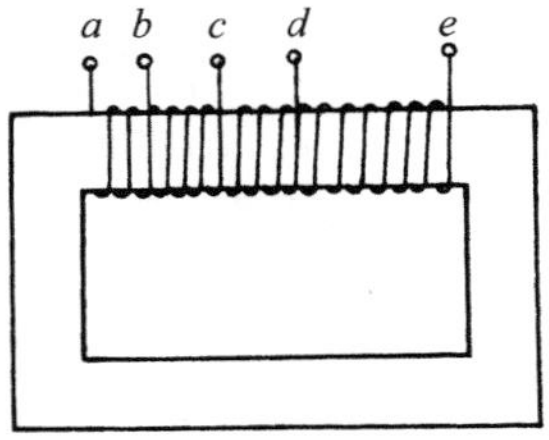

图 11.66

11.67 一升压变压器将 100V 的交流电压升高到 3300V. 现将一条导线套住变压器的铁芯接在交流伏特计 V 上，如图 11.67 所示，这伏特计的读数为 0.50V. 试问这变压器两绕组的匝数各是多少？

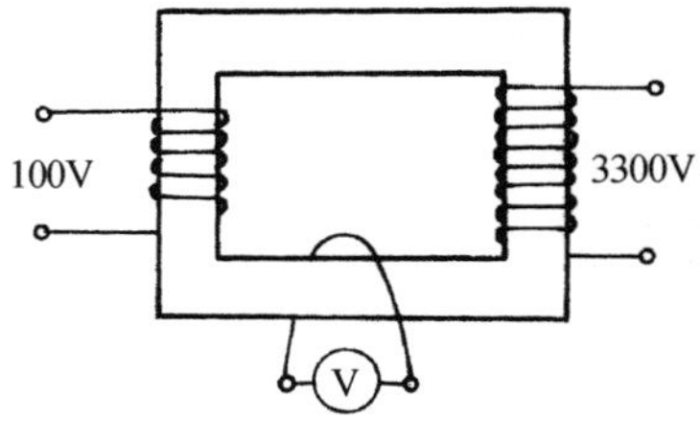

图 11.67

【解】 设原线圈为 N_1 匝，副线圈为 N_2 匝，则有

$$N_2/N_1=3300/100=33 \tag{1}$$

$$N_1/1=100/0.50=200 \tag{2}$$

所以

$$N_1=200\text{ 匝} \tag{3}$$

$$N_2=33N_1=33\times200=6600(\text{匝}) \tag{4}$$

11.68 一交流讯号电源的电动势为 $\mathscr{E}=6.0\text{V}$，内阻为 $r=100\Omega$；一扬声器的电阻为 $R=8.0\Omega$. (1)将讯号电源直接接到扬声器上，如图 11.68(1)所示，试求讯号电源的输出功率；(2)讯号电源通过一耦合变压器(原线圈匝数为 $N_1=350$，副线圈匝数为 $N_2=100$)接到扬声器上，如图 11.68(2)所示，试求这时讯号电源的输出功率.

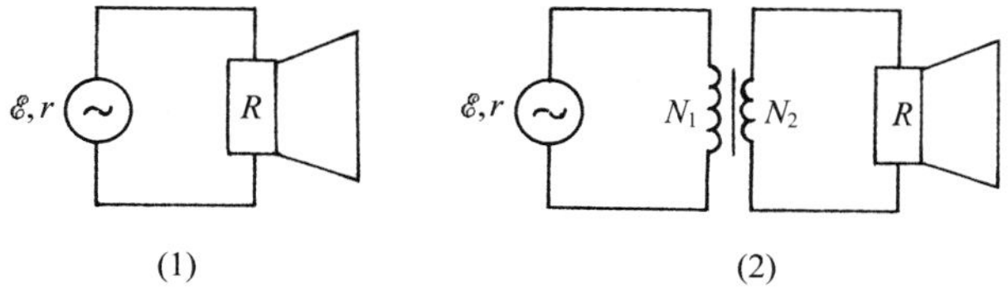

图 11.68

【解】 (1)讯号电源直接接到扬声器上　讯号电源的输出功率为

$$P=IU=I^2R=\left(\frac{\mathscr{E}}{r+R}\right)^2R$$

$$=\left(\frac{6.0}{100+8.0}\right)^2\times8.0=2.5\times10^{-2}(\mathrm{W}) \quad (1)$$

(2)讯号电源通过耦合变压器接到扬声器上,这时对于讯号电源来说,变压器和扬声器的等效阻抗(反射阻抗或折合阻抗)为

$$R'=\left(\frac{N_1}{N_2}\right)^2R=\left(\frac{350}{100}\right)^2\times8.0=98(\Omega) \quad (2)$$

于是得这时讯号电源的输出功率为

$$P'=I'U'=I'^2R'=\left(\frac{\mathscr{E}}{r+R'}\right)^2R'$$

$$=\left(\frac{6.0}{100+98}\right)^2\times98=9.0\times10^{-2}(\mathrm{W}) \quad (3)$$

【讨论】 扬声器的电阻为$R=8.0\Omega$,讯号电源的内阻为$r=100\Omega$,两者相差很大,不匹配.故将讯号电源直接接到扬声器上,电源的输出功率只有2.5×10^{-2}W.在它们间加入耦合变压器后,电源的输出功率便增加到9.0×10^{-2}W,是不加耦合变压器时输出功率的3.6倍.可见电源与负载间耦合匹配的重要性.

前面11.15题曾得出结论:当负载的阻抗等于电源阻抗的共轭复数(即匹配)时,电源输送到负载上的功率为最大,其值为

$$P_{\max}=\frac{\mathscr{E}^2}{4X} \quad (4)$$

将本题的数值代入上式,便得

$$P_{\max}=\frac{6.0^2}{4\times100}=9.0\times10^{-2}(\mathrm{W}) \quad (5)$$

可见加入耦合变压器后,已达到匹配.

11.69　一同轴电缆由半径为a的长直导线和与它同轴的导体薄圆筒构成,圆筒的半径为b.在导线与圆筒间充满介电常量为ε_r、相对磁导率为μ_r的均匀介质.

电缆在使用时，电流均匀分布在导线和圆筒的横截面上. 电缆的特性阻抗定义为 $Z_0=\sqrt{L_1/C_1}$，式中 L_1 为单位长度的自感，C_1 为单位长度的电容. 略去导线内的磁通量. (1)试求这电缆的特性阻抗 Z_0；(2)很多实用电缆都采用 $Z_0=50\Omega$(有时称为 50Ω 电缆)，设其中介质为 $\varepsilon_r=2.3$，$\mu_r=1$ 的聚乙烯，试计算 b/a 的值.

【解】 (1)先求 L_1 和 C_1. 设导线均匀带电，单位长度的电荷量为 λ，则在导线与圆筒间离轴线为 r 处，由对称性和高斯定理得电场强度为

$$\boldsymbol{E}=\frac{\lambda\boldsymbol{r}}{2\pi\varepsilon_r\varepsilon_0 r^2} \tag{1}$$

导线与圆筒的电势差为

$$U_{ab}=\int_a^b \boldsymbol{E}\cdot d\boldsymbol{l}=\frac{\lambda}{2\pi\varepsilon_r\varepsilon_0}\int_a^b\frac{\boldsymbol{r}\cdot d\boldsymbol{r}}{r^2}$$

$$=\frac{\lambda}{2\pi\varepsilon_r\varepsilon_0}\ln\frac{b}{a} \tag{2}$$

于是得

$$C_1=\frac{\lambda}{U_{ab}}=\frac{2\pi\varepsilon_r\varepsilon_0}{\ln\dfrac{b}{a}} \tag{3}$$

设导线所载电流为 I，则由对称性和安培环路定理得出，在导线与圆筒间离轴线为 r 处，磁场强度为

$$\boldsymbol{H}=\frac{I}{2\pi r}\boldsymbol{e} \tag{4}$$

式中 $\boldsymbol{e}$ 为电流 I 的右手螺旋方向. 单位长度导线与圆筒间的磁通量为

$$\Phi_1=\iint_{S_1}\boldsymbol{B}\cdot d\boldsymbol{S}=\iint_{S_1}\mu_r\mu_0\boldsymbol{H}\cdot d\boldsymbol{S}=\frac{\mu_r\mu_0 I}{2\pi}\int_a^b\frac{dr}{r}$$

$$=\frac{\mu_r\mu_0 I}{2\pi}\ln\frac{b}{a} \tag{5}$$

于是得

$$L_1=\frac{\Phi_1}{I}=\frac{\mu_r\mu_0}{2\pi}\ln\frac{b}{a} \tag{6}$$

依定义，由式(3)、(6)得特性阻抗为

$$Z_0=\sqrt{\frac{L_1}{C_1}}=\frac{1}{2\pi}\sqrt{\frac{\mu_r\mu_0}{\varepsilon_r\varepsilon_0}}\ln\frac{b}{a} \tag{7}$$

(2) 50Ω 电缆的特性阻抗为

$$Z_0=\frac{1}{2\pi}\sqrt{\frac{\mu_r\mu_0}{\varepsilon_r\varepsilon_0}}\ln\frac{b}{a}=50 \tag{8}$$

所以

$$\ln\frac{b}{a}=2\pi\times 50\times\sqrt{\frac{2.3\times 8.854\times 10^{-12}}{1\times 4\pi\times 10^{-7}}}=1.26 \tag{9}$$

所以

$$\frac{b}{a}=e^{1.26}=3.5 \tag{10}$$

【讨论】 若考虑导线内的磁通量，则这电缆单位长度的自感为[参见前面8.3.28题的式(17)]

$$L_1=\frac{\mu_r\mu_0}{4\pi}\left(\frac{1}{2}+2\ln\frac{b}{a}\right) \tag{11}$$

这时电缆的特性阻抗便为

$$Z_0=\sqrt{\frac{L_1}{C_1}}=\frac{1}{2\pi}\sqrt{\frac{\mu_r\mu_0}{\varepsilon_r\varepsilon_0}}\sqrt{\left(\ln\frac{b}{a}\right)^2+\frac{1}{4}\ln\frac{b}{a}} \tag{12}$$

对于 50Ω 的电缆，便有

$$\left(\ln\frac{b}{a}\right)^2+\frac{1}{4}\ln\frac{b}{a}=1.26^2=1.59 \tag{13}$$

解得

$$\ln\frac{b}{a}=1.14 \tag{14}$$

所以

$$\frac{b}{a}=3.1 \tag{15}$$

比较式(10)和式(15)，可见相差约 13%.

图 11.70

11.70 平行导体片传输线的一段如图 11.70 所示，两导体薄片的宽度都是 a，相距为 b，中间充满介电常量为 ε_r、相对磁导率为 μ_r 的均匀介质. 使用时，电流沿长度方向流动，从一片流去，另一片流回. 设电流在两片上都是均匀分布，并略去边缘效应. 这传输线的特性阻抗定义为 $Z_0=\sqrt{L_1/C_1}$，式中 L_1 是单位长度的自感，C_1 是单位长度的电容. 试证明：$Z_0=\sqrt{\frac{\mu_r\mu_0}{\varepsilon_r\varepsilon_0}}\ \frac{b}{a}$.

【证】 根据平行板电容器的公式

$$C=\frac{\varepsilon_r\varepsilon_0 S}{d} \tag{1}$$

得单位长度的电容为

$$C_1=\frac{\varepsilon_r\varepsilon_0 a}{b} \tag{2}$$

根据前面 5.2.11 题的式(7)，两片间磁感强度 **B** 的方向与片的表面平行并与长度方向垂直，**B** 的大小为

$$B=\mu_r\mu_0\frac{I}{a} \tag{3}$$

两片间单位长度的磁通量为

$$\Phi_1=Bb=\mu_r\mu_0\frac{Ib}{a} \tag{4}$$

故得单位长度的自感为

$$L_1=\frac{\Phi_1}{I}=\frac{\mu_r\mu_0 b}{a} \tag{5}$$

由式(2)、(5)得特性阻抗为

$$Z_0=\sqrt{L_1/C_1}=\sqrt{\frac{\mu_r\mu_0}{\varepsilon_r\varepsilon_0}}\ \frac{b}{a} \tag{6}$$

11.71　一星形连接的三相对称负载(电动机)，每相的电阻为 $R=6.0\Omega$，电抗为 $X=8.0\Omega$；电源的线电压为 380V，如图 11.71 所示.(1)试求线电流和负载所消耗的功率；(2)如果改接成三角形，试求线电流和负载所消耗的功率.

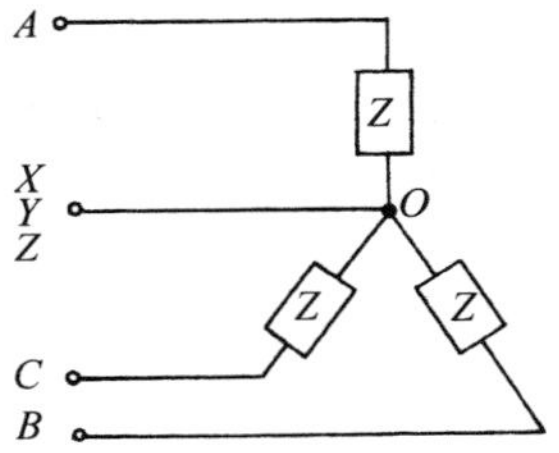

图 11.71

【解】 (1)星形连接　　线电流为

$$I_l=I_\varphi=\frac{U_\phi}{Z}=\frac{U_l}{\sqrt{3}Z}=\frac{380}{\sqrt{3}\sqrt{6.0^2+8.0^2}}=22(\text{A}) \tag{1}$$

负载所消耗的功率为

$$P=\sqrt{3}I_lU_l\cos\varphi=\sqrt{3}\times22\times380\times\frac{6.0}{\sqrt{6.0^2+8.0^2}}$$

$$=8.7\times10^3(\text{W})=8.7\ (\text{kW}) \tag{2}$$

(2) 三角形连接　　线电流为

$$I_l=\sqrt{3}I_\varphi=\sqrt{3}\frac{U_\varphi}{Z}=\sqrt{3}\times\frac{380}{\sqrt{6.0^2+8.0^2}}=66(\text{A}) \tag{3}$$

负载所消耗的功率为

$$P=\sqrt{3}I_lU_l\cos\varphi=\sqrt{3}\times66\times380\times\frac{6.0}{\sqrt{6.0^2+8.0^2}}$$

$$=2.6\times10^4(\text{W})=26\ (\text{kW}) \tag{4}$$

11.72　三相交流电的线电压为 380V，负载是不对称的纯电阻，$R_A=R_B=22\Omega$，$R_C=27.5\Omega$，如图 11.72(1)所示.(1)试求中线电流和负载上各相的相电压；(2)若中线断开，负载上各相的电压将变为多少？

【解】 (1)各线电流为

$$\tilde{I}_A=\frac{380}{\sqrt{3}R_A}e^{j\omega t}=\frac{380}{\sqrt{3}\times 22}e^{j\omega t}=10\ e^{j\omega t} \tag{1}$$

$$\tilde{I}_B=\frac{380}{\sqrt{3}R_B}\ e^{j\left(\omega t-\frac{2\pi}{3}\right)}=\frac{380}{\sqrt{3}\times 22}\ e^{j\left(\omega t-\frac{2\pi}{3}\right)}=10\ e^{j\left(\omega t-\frac{2\pi}{3}\right)} \tag{2}$$

$$\tilde{I}_C=\frac{380}{\sqrt{3}R_C}e^{j\left(\omega t+\frac{2\pi}{3}\right)}=\frac{380}{\sqrt{3}\times 27.5}\ e^{j\left(\omega t+\frac{2\pi}{3}\right)}=8\ e^{j\left(\omega t+\frac{2\pi}{3}\right)} \tag{3}$$

中线电流为

$$\begin{aligned}\tilde{I}_0&=\tilde{I}_A+\tilde{I}_B+\tilde{I}_C=[10+10\ e^{-j\frac{2\pi}{3}}+8\ e^{j\frac{2\pi}{3}}]\ e^{j\omega t}\\&=[10+10\cos(-120^\circ)+10j\ \sin(-120^\circ)+8\cos 120^\circ\\&\quad+8j\ \sin 120^\circ]\ e^{j\omega t}\\&=[1-\sqrt{3}j\ ]e^{j\omega t}=2\ e^{j(\omega t-\arctan\sqrt{3})}=2\ e^{j(\omega t-60^\circ)}\end{aligned} \tag{4}$$

其峰值为

$$I_0=2.0\mathrm{A} \tag{5}$$

负载上各相的相电压分别为

$$U_{AO}=U_{BO}=I_AR_A=10\times 22=220(\mathrm{V}) \tag{6}$$

$$U_{CO}=I_CR_C=8\times 27.5=220(\mathrm{V}) \tag{7}$$

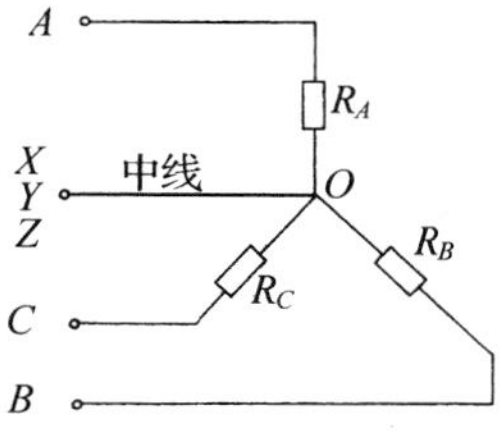

图 11.72(1)

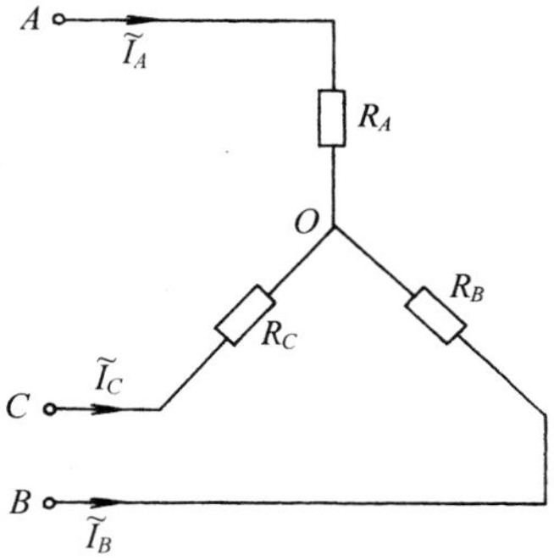

图 11.72(2)

(2) 中线断开　先求电流,再由电流求电压. 如图 11.72(2),由基尔霍夫定律有

$$\tilde{I}_A+\tilde{I}_B+\tilde{I}_C=0 \tag{8}$$

$$R_A\tilde{I}_A-R_B\tilde{I}_B=\tilde{U}_{AB} \tag{9}$$

$$R_A\tilde{I}_A-R_C\tilde{I}_C=\tilde{U}_{AC}=-\tilde{U}_{CA} \tag{10}$$

由以上三式解得

$$\tilde{I}_A=\frac{1}{\Delta}[R_C\tilde{U}_{AB}-R_B\tilde{U}_{CA}] \tag{11}$$

$$\tilde{I}_B = -\frac{1}{\Delta}[(R_A + R_C)\tilde{U}_{AB} + R_A\tilde{U}_{CA}] \tag{12}$$

$$\tilde{I}_C = \frac{1}{\Delta}[R_A\tilde{U}_{AB} + (R_A + R_B)\tilde{U}_{CA}] \tag{13}$$

式中

$$\begin{aligned}\Delta &= R_AR_B + R_BR_C + R_CR_A \\ &= 22\times22 + 22\times27.5 + 27.5\times22 \\ &= 1694(\Omega^2)\end{aligned} \tag{14}$$

因为

$$\tilde{U}_{AB} = Ue^{j\omega t} \tag{15}$$

$$\tilde{U}_{CA} = Ue^{j\left(\omega t + \frac{2\pi}{3}\right)} \tag{16}$$

故得各相电压如下：

$$\begin{aligned}\tilde{U}_{AO} &= R_A\tilde{I}_A = \frac{R_A}{\Delta}[R_C\tilde{U}_{AB} - R_B\tilde{U}_{CA}] \\ &= \frac{R_A Ue^{j\omega t}}{\Delta}[R_C - R_B e^{j\frac{2\pi}{3}}] \\ &= \frac{R_A Ue^{j\omega t}}{2\Delta}[2R_C + R_B - j\sqrt{3}R_B]\end{aligned} \tag{17}$$

所以

$$\begin{aligned}U_{AO} &= |\tilde{U}_{AO}| = \frac{R_AU}{2\Delta}\sqrt{(2R_C + R_B)^2 + 3R_B^2} \\ &= \frac{22\times380}{2\times1694}\times\sqrt{(2\times27.5 + 22)^2 + 3\times22^2} \\ &= 212(\text{V})\end{aligned} \tag{18}$$

$$\begin{aligned}\tilde{U}_{BO} &= R_B\tilde{I}_B = -\frac{R_B}{\Delta}[(R_A + R_C)\tilde{U}_{AB} + R_A\tilde{U}_{CA}] \\ &= -\frac{R_B Ue^{j\omega t}}{\Delta}[R_A + R_C + R_A e^{j\frac{2\pi}{3}}] \\ &= -\frac{R_B Ue^{j\omega t}}{2\Delta}[2R_C + R_A + j\sqrt{3}R_A]\end{aligned} \tag{19}$$

所以

$$\begin{aligned}U_{BO} &= |\tilde{U}_{BO}| = \frac{R_BU}{2\Delta}\sqrt{(2R_C + R_A)^2 + 3R_A^2} \\ &= \frac{22\times380}{2\times1694}\times\sqrt{(2\times27.5 + 22)^2 + 3\times22^2} \\ &= 212(\text{V})\end{aligned} \tag{20}$$

$$\begin{aligned}\tilde{U}_{CO} &= R_C\tilde{I}_C = \frac{R_C}{\Delta}[R_A\tilde{U}_{AB} + (R_A + R_B)\tilde{U}_{CA}] \\ &= \frac{R_C Ue^{j\omega t}}{\Delta}[R_A + (R_A + R_B)e^{j\frac{2\pi}{3}}]\end{aligned}$$

$$=\frac{R_C U\,e^{j\omega t}}{2\Delta}[R_A-R_B+j\sqrt{3}(R_A+R_B)] \tag{21}$$

所以

$$U_{CD}=|\widetilde{U}_{CD}|=\frac{R_C U}{2\Delta}\sqrt{(R_A-R_B)^2+3(R_A+R_B)^2}$$

$$=\frac{27.5\times380}{2\times1694}\times\sqrt{3}\times(22+22)$$

$$=235(\text{V}) \tag{22}$$

第十二章　麦克斯韦方程

12.1　麦克斯韦方程

【关于麦克斯韦方程】　1864 年(我国清代同治三年)，英国物理学家麦克斯韦(J. C. Maxwell，1831—1879)发表重要论文《电磁场的动力学理论》(A Dynamical Theory of Electromagnetic Field)，这篇论文集电磁学之大成，将已发现的电磁现象的规律加以总结和提高，把描述电磁现象的二十个量，用二十个方程表示出来，其中最重要的就是包含电场强度 $\boldsymbol{E}$、电位移 $\boldsymbol{D}$、磁感强度 $\boldsymbol{B}$ 和磁场强度 $\boldsymbol{H}$ 的四个偏微分方程，现在通称为麦克斯韦方程(或麦克斯韦方程组)，是电磁场理论的基础. 这是十九世纪物理学上登峰造极的成就. 美国物理学家费恩曼(R. P. Feynman，1918—1988)说得好："从人类历史的漫长远景来看——比如过一万年之后回头来看——毫无疑问，在 19 世纪中发生的最有意义的事件将判定是麦克斯韦对电磁定律的发现."

12.1.1　试论证：平行板电容器必定有边缘效应，换句话说，在两极板间电场是均匀的，而到外边电场突然变为零[如图 12.1.1(1)那样]，是不可能的.

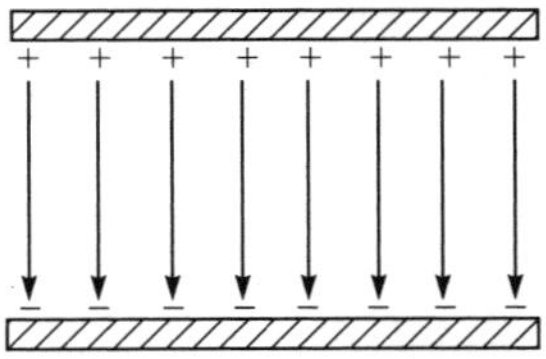

图 12.1.1(1)

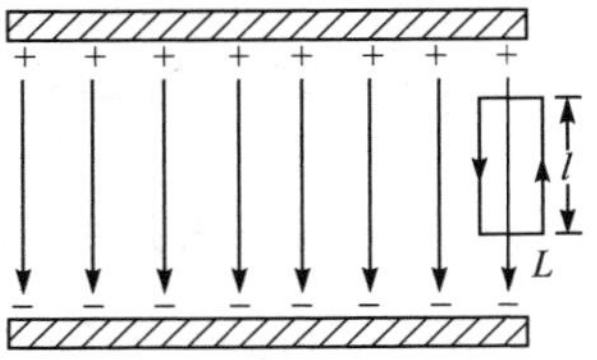

图 12.1.1(2)

【论证】　作一长方形环路 L，使其长为 l 的两对边平行于电场强度 $\boldsymbol{E}$，且一边在电场内，另一边在电场外，如图 12.1.1(2)所示，则根据题目所说条件，$\boldsymbol{E}$ 沿 L 的环量为

$$\oint_L \boldsymbol{E} \cdot \mathrm{d}\boldsymbol{l} = El \tag{1}$$

对于静电场来说，对任何环路 L 都有

$$\oint_L \boldsymbol{E} \cdot \mathrm{d}\boldsymbol{l} = 0 \tag{2}$$

这是静电场的基本性质. 现在式(1)不满足式(2)，说明式(1)不对. 但式(1)在计算上并无问

题，可见问题出在条件上，即题目所说的条件(在两极板间电场是均匀的，而到外边电场突然变为零)是不对的. 也就是说，像图 12.1.1(1)那样的静电场是不存在的.

12.1.2 试论证：磁铁必定有边缘效应，换句话说，在两极间磁场是均匀的，而到外边磁场突然变为零[像图 12.1.2(1)那样]，是不可能的.

【论证】 作一长方形环路 L，使其长为 l 的两对边平行于磁场强度 $\boldsymbol{H}$，且一边在磁场内，另一边在磁场外，如图 12.1.2(2)所示，则根据题目所说条件，$\boldsymbol{H}$ 沿 L 的环量为

$$\oint_L \boldsymbol{H} \cdot \mathrm{d}\boldsymbol{l} = Hl \tag{1}$$

对于静磁场来说，对任何环路 L 都有

$$\oint_L \boldsymbol{H} \cdot \mathrm{d}\boldsymbol{l} = I \tag{2}$$

式中 I 是环路 L 所套住的自由电流的代数和. 式(2)就是安培环路定理，是磁场的基本规律. 将这定理用于图 12.1.2(2)中的环路 L，便得

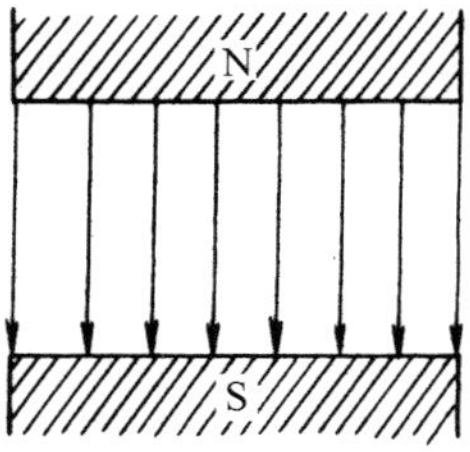

图 12.1.2(1)

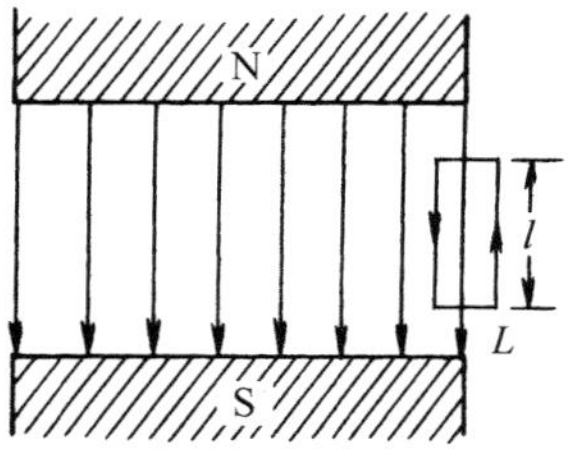

图 12.1.2(2)

$$\oint_L \boldsymbol{H} \cdot \mathrm{d}\boldsymbol{l} = 0 \tag{3}$$

式(1)不满足式(3)，说明式(1)不对. 但式(1)在计算上并无问题，可见问题出在条件上，即题目所说的条件(在两极间磁场是均匀的，而到外边磁场突然变为零)是不对的. 也就是说，像图 12.1.2(1)那样的静磁场是不存在的.

12.1.3 试证明：略去边缘效应时，平行板电容器中的位移电流为 $I_D = \varepsilon S \dfrac{\mathrm{d}E}{\mathrm{d}t}$，式中 ε 是两极板间介质的电容率，S 是极板的面积，E 是极板间电场强度的大小.

【证】 略去边缘效应，平行板电容器中的电场是均匀电场，其电位移为

$$\boldsymbol{D} = \varepsilon \boldsymbol{E} \tag{1}$$

两极板间电位移的通量为

$$\Phi_D = \iint_S \boldsymbol{D} \cdot \mathrm{d}\boldsymbol{S} = \varepsilon ES \tag{2}$$

故依定义，位移电流为

$$I_D = \frac{\mathrm{d}\Phi_D}{\mathrm{d}t} = \varepsilon S \frac{\mathrm{d}E}{\mathrm{d}t} \tag{3}$$

12.1.4　一空气平行板电容器的两极板都是半径为5.0cm的圆形导体片，在充电时，其中电场强度的变化率为$\frac{\mathrm{d}E}{\mathrm{d}t}=1.0\times10^{12}\,\mathrm{V/(m\cdot s)}$. 略去边缘效应，试求:(1) 两极板间的位移电流 I_D;(2)两极板边缘处磁感强度 $\boldsymbol{B}$ 的值.

【解】(1)两极板间的位移电流为

$$I_D=\varepsilon_0 S\frac{\mathrm{d}E}{\mathrm{d}t}=8.854\times10^{-12}\times\pi\times(5.0\times10^{-2})^2\times1.0\times10^{12}$$
$$=7.0\times10^{-2}(\mathrm{A}) \tag{1}$$

(2)极板边缘处的磁感强度 $\boldsymbol{B}$ 的值　　由对称性和安培环路定理得

$$B=\mu_0 H=\frac{\mu_0 I_D}{2\pi r}=\frac{4\pi\times10^{-7}\times7.0\times10^{-2}}{2\pi\times5.0\times10^{-2}}$$
$$=2.8\times10^{-7}(\mathrm{T}) \tag{2}$$

12.1.5　一平行板电容器两极板间充满弱导电的均匀介质，当它充电后，断开电源，电荷便经过介质渐渐漏掉.略去边缘效应,试求漏电时两极板间的磁场.

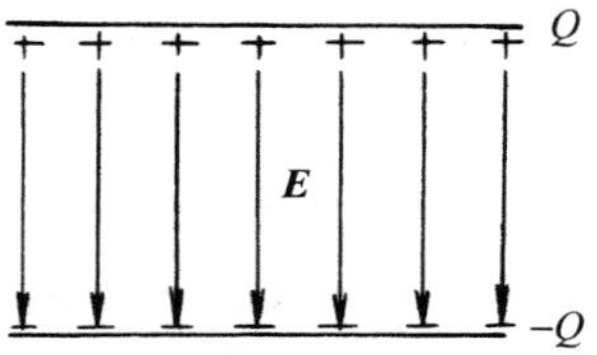

图 12.1.5

【解】设极板上的电荷量为Q，极板间电场强度为$\boldsymbol{E}$，如图12.1.5所示，则漏电电流为

$$I=-\frac{\mathrm{d}Q}{\mathrm{d}t} \tag{1}$$

I 的方向向下.设极板的面积为S,令 $\boldsymbol{e}$ 表示向下(即 $\boldsymbol{E}$ 方向)的单位矢量，则漏电的电流密度为

$$\boldsymbol{j}=\frac{I}{S}\boldsymbol{e}=-\frac{1}{S}\frac{\mathrm{d}Q}{\mathrm{d}t}\boldsymbol{e} \tag{2}$$

两极板间的电位移为

$$\boldsymbol{D}=\sigma\boldsymbol{e}=\frac{Q}{S}\boldsymbol{e} \tag{3}$$

故位移电流密度为

$$\frac{\mathrm{d}\boldsymbol{D}}{\mathrm{d}t}=\frac{1}{S}\frac{\mathrm{d}Q}{\mathrm{d}t}\boldsymbol{e} \tag{4}$$

由式(2)、(4)得

$$\boldsymbol{j}+\frac{\mathrm{d}\boldsymbol{D}}{\mathrm{d}t}=0 \tag{5}$$

这个结果表明，在电容器两极板间的每一点，全电流(传导电流与位移电流之和)密度为零.因此，电容器漏电时，两极板间的磁场为零.

12.1.6　当导线中载有交流电时，试证明:其中传导电流密度 $\boldsymbol{j}$ 与位移电流密度$\frac{\partial\boldsymbol{D}}{\partial t}$的大小之比为$\sigma/\omega\varepsilon_0$，式中 σ 是导线的电导率，$\omega=2\pi\nu$，ν 是交流电的频

率，金属导体的 ε_r 可当作 1. 已知铜的电导率为 $\sigma=5.9\times10^7\,\mathrm{S/m}$，试分别计算铜导线中载有频率为(1)50Hz 和(2)3.0×10^{11} Hz 的交流电时，传导电流密度与位移电流密度的大小之比.

【解】 由欧姆定律的微分形式

$$\boldsymbol{j}=\sigma\boldsymbol{E} \tag{1}$$

得电位移为

$$\boldsymbol{D}=\varepsilon_r\varepsilon_0\boldsymbol{E}=\varepsilon_0\boldsymbol{E}=\frac{\varepsilon_0}{\sigma}\boldsymbol{j} \tag{2}$$

故位移电流密度为

$$\frac{\partial\boldsymbol{D}}{\partial t}=\frac{\varepsilon_0}{\sigma}\frac{\partial\boldsymbol{j}}{\partial t}=\frac{\omega\varepsilon_0}{\sigma}\boldsymbol{j} \tag{3}$$

于是得传导电流密度与位移电流密度的大小之比为

$$\frac{j}{\frac{\partial D}{\partial t}}=\frac{|\boldsymbol{j}|}{\left|\frac{\partial\boldsymbol{D}}{\partial t}\right|}=\frac{\sigma}{\omega\varepsilon_0} \tag{4}$$

当 $\nu=50$Hz 时

$$\frac{j}{\frac{\partial D}{\partial t}}=\frac{5.9\times10^7}{2\pi\times50\times8.854\times10^{-12}}=2.1\times10^{16} \tag{5}$$

当 $\nu=3.0\times10^{11}$ Hz 时

$$\frac{j}{\frac{\partial D}{\partial t}}=\frac{5.9\times10^7}{2\pi\times3.0\times10^{11}\times8.854\times10^{-12}}=3.5\times10^6 \tag{6}$$

【讨论】 上面的结果表明，在铜导线里，从 50Hz 的市电到 3.0×10^{11} Hz 的微波，与传导电流相比，位移电流都小到可以略去不计.

12.1.7 一无穷长直螺线管，横截面的半径为 R，由表面绝缘的细导线密绕而成，单位长度的匝数为 n. 当导线中载有交流电流 $I=I_0\sin\omega t$ 时，试求管内外的位移电流密度的大小.

【解】 管内离轴线为 r 处，感应电场强度的大小为

$$E_i=-\frac{1}{2\pi r}\frac{\mathrm{d}\Phi}{\mathrm{d}t}=-\frac{1}{2\pi r}\frac{\mathrm{d}}{\mathrm{d}t}(\mu_0 nI_0\sin\omega t\cdot\pi r^2)$$

$$=-\frac{1}{2}\mu_0 nI_0\omega r\cos\omega t \tag{1}$$

故得位移电流密度的大小为

$$\frac{\partial D}{\partial t}=\varepsilon_0\frac{\partial E_i}{\partial t}=\frac{1}{2}\varepsilon_0\mu_0 nI_0\omega^2 r\sin\omega t \tag{2}$$

在管外离轴线为 r 处，感应电场强度的大小为

$$E_i=-\frac{1}{2\pi r}\frac{\mathrm{d}\Phi}{\mathrm{d}t}=-\frac{1}{2\pi r}\frac{\mathrm{d}}{\mathrm{d}t}(\mu_0 nI_0\sin\omega t\cdot\pi R^2)$$

$$=-\frac{1}{2r}\mu_0 nI_0\omega R^2\cos\omega t \tag{3}$$

故得位移电流密度的大小为

$$\frac{\partial D}{\partial t}=\varepsilon_0\frac{\partial E_i}{\partial t}=\frac{1}{2r}\varepsilon_0\mu_0 nI_0\omega^2R^2\sin\omega t \tag{4}$$

12.1.8　一圆柱形无穷长直导线，半径为 a，载有稳恒直流 I，I 均匀地分布在横截面上. 试求这导线内外磁场强度 $\boldsymbol{H}$ 的旋度 $\nabla\times\boldsymbol{H}$.

【解】 根据对称性，由安培环路定理得出，在导线内离轴线为 r 处

$$\boldsymbol{H}=\frac{Ir}{2\pi a^2}\boldsymbol{e}_\phi,\quad r<a \tag{1}$$

式中 $\boldsymbol{e}_\phi$ 是电流 I 的右手螺旋方向上的单位矢量. 在导线外离轴线为 r 处

$$\boldsymbol{H}=\frac{I}{2\pi r}\boldsymbol{e}_\phi,\quad r>a \tag{2}$$

以导线的轴线为 z 轴取柱坐标系，并使 z 轴沿电流 I 的方向，则 $\boldsymbol{H}$ 的旋度为

$$\nabla\times\boldsymbol{H}=\left(\frac{1}{r}\frac{\partial H_z}{\partial\phi}-\frac{\partial H_\phi}{\partial z}\right)\boldsymbol{e}_r+\left(\frac{\partial H_r}{\partial z}-\frac{\partial H_z}{\partial r}\right)\boldsymbol{e}_\phi$$

$$+\left[\frac{1}{r}\frac{\partial(rH_\phi)}{\partial r}-\frac{1}{r}\frac{\partial H_r}{\partial\phi}\right]\boldsymbol{e}_z \tag{3}$$

由式(1)、(2)可见，

$$H_r=0,\quad H_z=0,\quad \frac{\partial H_\phi}{\partial z}=0 \tag{4}$$

故得

$$\nabla\times\boldsymbol{H}=\frac{1}{r}\frac{\partial(rH_\phi)}{\partial r}\boldsymbol{e}_z \tag{5}$$

式中 $\boldsymbol{e}_z$ 为沿电流方向的单位矢量.

在导线内：

$$\nabla\times\boldsymbol{H}=\frac{1}{r}\frac{\partial}{\partial r}\left(\frac{Ir^2}{2\pi a^2}\right)\boldsymbol{e}_z=\frac{I}{\pi a^2}\boldsymbol{e}_z,\quad r<a \tag{6}$$

在导线外：

$$\nabla\times\boldsymbol{H}=\frac{1}{r}\frac{\partial}{\partial r}\left(\frac{I}{2\pi}\right)\boldsymbol{e}_z=0,\quad r>a \tag{7}$$

由式(6)、(7)可见，磁场旋度为

$$\nabla\times\boldsymbol{H}=\boldsymbol{j} \tag{8}$$

式中 $\boldsymbol{j}$ 为电流密度. 在导线内，$\boldsymbol{j}=\frac{I}{\pi a^2}\boldsymbol{e}_z$，式(8)即化为式(6)；在导线外，$\boldsymbol{j}=0$，式(8)即化为式(7).

12.1.9　在一圆柱形空间内，有均匀的、但是随时间 t 变化的磁场，其磁感强度为 $\boldsymbol{B}=B(t)\boldsymbol{k}$，$\boldsymbol{k}$ 是沿圆柱轴线方向上的单位矢量. 取笛卡儿坐标系如图 12.1.9(1) 所示，试证明：在此柱体内离轴线为 $r=\sqrt{x^2+y^2}$ 处，电场强度为 $\boldsymbol{E}=\frac{1}{2}(y\boldsymbol{i}-x\boldsymbol{j})\frac{\mathrm{d}B}{\mathrm{d}t}$.

【证】 根据对称性，由麦克斯韦方程

$$\oint_L \boldsymbol{E}\cdot\mathrm{d}\boldsymbol{l}=2\pi rE=-\iint\frac{\partial\boldsymbol{B}}{\partial t}\cdot\mathrm{d}\boldsymbol{S}=-\frac{\mathrm{d}B}{\mathrm{d}t}\cdot\pi r^2 \tag{1}$$

得

$$E=-\frac{r}{2}\frac{\mathrm{d}B}{\mathrm{d}t} \tag{2}$$

式中的负号意义如下：在式(1)中，规定 $\mathrm{d}\boldsymbol{S}$ 的方向是 $\mathrm{d}\boldsymbol{l}$ 的右旋进方向. 当$\frac{\mathrm{d}B}{\mathrm{d}t}>0$ 时，$E<0$，表示 $\boldsymbol{E}$ 的方向与 $\mathrm{d}\boldsymbol{l}$ 方向相反. 当$\frac{\mathrm{d}B}{\mathrm{d}t}<0$ 时，$E>0$，表示 $\boldsymbol{E}$ 的方向与 $\mathrm{d}\boldsymbol{l}$ 方向相同，如图 12.1.9(2) 所示. 因

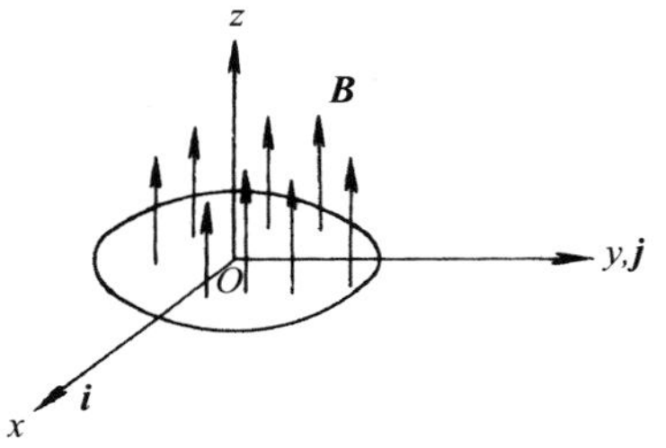

图 12.1.9(1)

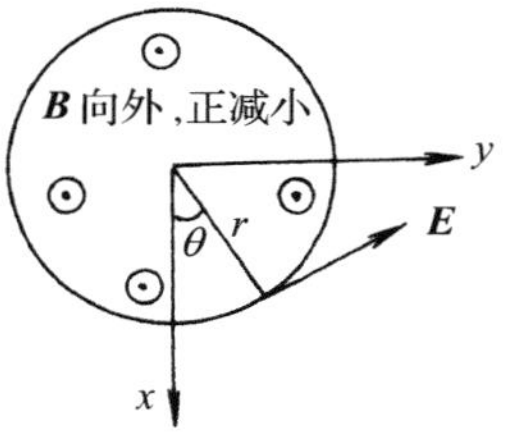

图 12.1.9(2)

$$\boldsymbol{E}=E_x\boldsymbol{i}+E_y\boldsymbol{j} \tag{3}$$

由图 12.1.9(2)可见

$$E_x=-E\sin\theta \tag{4}$$

$$E_y=E\cos\theta \tag{5}$$

所以

$$\boldsymbol{E}=-E\sin\theta\boldsymbol{i}+E\cos\theta\boldsymbol{j}=\frac{r\sin\theta}{2}\frac{\mathrm{d}B}{\mathrm{d}t}\boldsymbol{i}-\frac{r\cos\theta}{2}\frac{\mathrm{d}B}{\mathrm{d}t}\boldsymbol{j}$$

$$=\frac{1}{2}y\frac{\mathrm{d}B}{\mathrm{d}t}\boldsymbol{i}-\frac{1}{2}x\frac{\mathrm{d}B}{\mathrm{d}t}\boldsymbol{j}=\frac{1}{2}(y\boldsymbol{i}-x\boldsymbol{j})\frac{\mathrm{d}B}{\mathrm{d}t} \tag{6}$$

12.1.10　在半径为 R 的圆筒内，有方向与轴线平行的均匀磁场，这磁场的磁感强度 $\boldsymbol{B}$ 以 100Gs/s 的速率减小. 筒内有一电子，到轴线的距离为 $r=5.0\text{cm}$，如图 12.1.10 所示. 已知电子的质量为 $m=9.1\times10^{-31}\text{kg}$，电荷量为 $e=-1.6\times10^{-19}\text{C}$. 试求这电子的加速度. 若这电子处在圆筒的轴线上，它的加速度是多少？

【解】 如图 12.1.10，$\boldsymbol{B}$ 向内，当 $\boldsymbol{B}$ 减小时，所产生的涡旋电场的电场强度 $\boldsymbol{E}$ 为顺时针方

向，由对称性和麦克斯韦方程得

$$\oint_L \boldsymbol{E}\cdot d\boldsymbol{l} = 2\pi rE = -\iint_S \frac{\partial \boldsymbol{B}}{\partial t}\cdot d\boldsymbol{S} = -\pi r^2 \frac{\partial B}{\partial t} \tag{1}$$

所以

$$E = -\frac{r}{2}\frac{dB}{dt} \tag{2}$$

式中负号的意义如下：在式(1)中，规定 $d\boldsymbol{S}$ 的方向是 $d\boldsymbol{l}$ 的右旋进方向. 当 $\frac{dB}{dt}>0$ 时，$E<0$，表示 $\boldsymbol{E}$ 的方向与 $d\boldsymbol{l}$ 的方向相反；当 $\frac{dB}{dt}<0$ 时，$E>0$，表示 $\boldsymbol{E}$ 的方向与 $d\boldsymbol{l}$ 的方向相同.

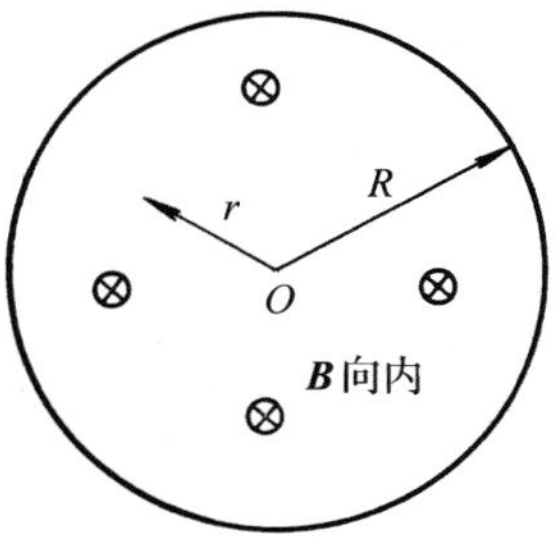

图 12.1.10

在这电场中，电子的加速度为

$$a=\frac{F}{m}=\frac{eE}{m}=-\frac{er}{2m}\frac{dB}{dt}$$

$$=-\frac{-1.6\times10^{-19}\times5.0\times10^{-2}}{2\times9.1\times10^{-31}}\times(-100\times10^{-4})$$

$$=-4.4\times10^{7}(\mathrm{m/s^2}) \tag{3}$$

式中负号的意义是加速渡 $\boldsymbol{a}$ 的方向与 $\boldsymbol{E}$ 的方向相反.

若电子处在圆筒的轴线上，即 $r=0$，则这时 $\boldsymbol{E}=0$，故电子的加速度 $\boldsymbol{a}=0$.

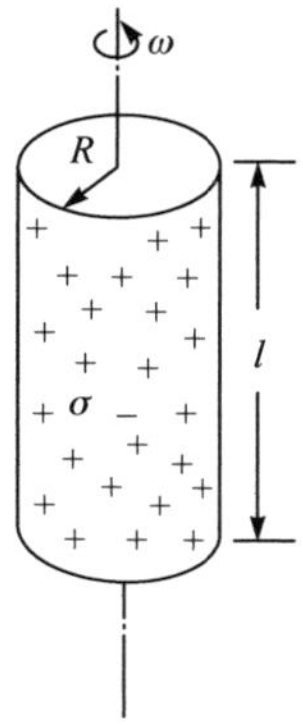

图 12.1.11

12.1.11　一很长的直圆筒，半径为 R，表面上带有一层均匀电荷，电荷量的面密度为 σ. 在外力矩的作用下，从 $t=0$ 时刻开始，以匀角加速度 α 绕它的几何轴转动，如图 12.1.11 所示. (1)试求筒内的磁感强度 $\boldsymbol{B}$；(2)试求筒内接近内表面处的电场强度 $\boldsymbol{E}$ 和坡印亭矢量 $\boldsymbol{S}$；(3)试证明：进入这圆筒长为 l 一段的 $\boldsymbol{S}$ 的通量等于 $\frac{d}{dt}\left(\frac{\pi R^2 l}{2\mu_0}B^2\right)$.

【解】 (1)圆筒旋转时，设角速度为 $\omega=\alpha t$，则单位长度的电流为

$$i=\frac{I}{l}=\frac{2\pi Rl\sigma}{lT}=\sigma R\omega \tag{1}$$

由对称性和安培环路定理得，筒内的磁场强度为

$$\boldsymbol{H}=i\boldsymbol{e}_\omega=\sigma R\boldsymbol{\omega} \tag{2}$$

式中 $\boldsymbol{e}_\omega=\boldsymbol{\omega}/\omega$ 是角速度 $\boldsymbol{\omega}$ 方向上的单位矢量. 于是得筒内的磁感强度为

$$\boldsymbol{B}=\mu_0\boldsymbol{H}=\mu_0\sigma R\boldsymbol{\omega} \tag{3}$$

(2) 在圆筒的横截面内，以轴线为心，r 为半径作一圆，通过这圆面积的磁通量为

$$\Phi=\iint_S \boldsymbol{B}\cdot d\boldsymbol{S}=BS=\pi r^2\mu_0\sigma R\omega \tag{4}$$

由法拉第电磁感应定律得

$$E=-\frac{1}{2\pi r}\frac{d\Phi}{dt}=-\frac{1}{2}\mu_0\sigma Rr\frac{d\omega}{dt} \tag{5}$$

因为

$$\omega=\alpha t \tag{6}$$

所以
$$E=-\frac{1}{2}\mu_0\sigma Rr\alpha \tag{7}$$

考虑到方向，便得
$$\boldsymbol{E}=\frac{1}{2}\mu_0\sigma Rr\alpha\boldsymbol{e}_r\times\boldsymbol{e}_\omega \tag{8}$$

式中 $\boldsymbol{e}_r$ 是垂直于轴线的单位矢量，其方向自轴线指向场点.

在筒内接近内表面处，$r=R$，电场强度为
$$\boldsymbol{E}_R=\frac{1}{2}\mu_0\sigma R^2\alpha\boldsymbol{e}_r\times\boldsymbol{e}_\omega \tag{9}$$

故该处的坡印亭矢量为
$$\begin{aligned}\boldsymbol{S}_R&=\boldsymbol{E}_R\times\boldsymbol{H}_R=\frac{1}{2}\mu_0\sigma R^2\alpha(\boldsymbol{e}_r\times\boldsymbol{e}_\omega)\times(\sigma R\boldsymbol{\omega})\\&=\frac{1}{2}\mu_0\sigma^2R^3\alpha^2t(\boldsymbol{e}_r\times\boldsymbol{e}_\omega)\times\boldsymbol{e}_\omega\\&=-\frac{1}{2}\mu_0\sigma^2R^3\alpha^2t\boldsymbol{e}_r\end{aligned} \tag{10}$$

式中负号表明，$\boldsymbol{S}$ 垂直于筒的内表面并指向筒内.

(3)进入这圆筒长为 l 一段的 $\boldsymbol{S}$ 的通量为
$$\begin{aligned}\Phi_S&=S_R\cdot 2\pi Rl=\frac{1}{2}\mu_0\sigma^2R^3\alpha^2t\cdot 2\pi Rl\\&=\pi\mu_0\sigma^2R^4l\alpha^2t\end{aligned} \tag{11}$$

又
$$\begin{aligned}\frac{\mathrm{d}}{\mathrm{d}t}\left(\frac{\pi R^2l}{2\mu_0}B^2\right)&=\frac{\pi R^2l}{\mu_0}B\frac{\mathrm{d}B}{\mathrm{d}t}\\&=\frac{\pi R^2l}{\mu_0}(\mu_0\sigma R\omega)(\mu_0\sigma R\alpha)\\&=\pi\mu_0\sigma^2R^4l\omega\alpha=\pi\mu_0\sigma^2R^4l\alpha^2t\end{aligned} \tag{12}$$

比较式(11)和(12)，便得
$$\Phi_S=\frac{\mathrm{d}}{\mathrm{d}t}\left(\frac{\pi R^2l}{2\mu_0}B^2\right) \tag{13}$$

【讨论】 筒内磁场是均匀磁场，磁场能量密度为
$$W_m=\frac{1}{2}\boldsymbol{H}\cdot\boldsymbol{B}=\frac{B^2}{2\mu_0} \tag{14}$$

故 $\frac{\pi R^2l}{2\mu_0}B^2$ 是筒内长为 l 一段的磁场能量. 而$\frac{\mathrm{d}}{\mathrm{d}t}\left(\frac{\pi R^2l}{2\mu_0}B^2\right)$则是这段筒内磁场能量的增加率. 式(13)表明，筒内磁场增加的能量等于坡印亭矢量流入的能量. 由于筒未转动时，筒内磁场为零，磁场能量亦为零. 所以筒内的磁场能量，都是经过坡印亭矢量由表面(侧面)输入的.

12. 1. 12 试证明:麦克斯韦方程组的解满足叠加原理，即若 $\boldsymbol{E}_i$、$\boldsymbol{D}_i$、$\boldsymbol{H}_i$、$\boldsymbol{B}_i$ 满

足场源为 ρ_i 和 $\boldsymbol{j}_i$ 的麦克斯韦方程组，则 $\sum_{i=1}^{n}\boldsymbol{E}_i$、$\sum_{i=1}^{n}\boldsymbol{D}_i$、$\sum_{i=1}^{n}\boldsymbol{H}_i$、$\sum_{i=1}^{n}\boldsymbol{B}_i$ 便满足场源为 $\sum_{i=1}^{n}\rho_i$ 和 $\sum_{i=1}^{n}\boldsymbol{j}_i$ 的麦克斯韦方程组.

【证】 已知 $\boldsymbol{E}_i$、$\boldsymbol{D}_i$、$\boldsymbol{H}_i$、$\boldsymbol{B}_i$ 满足场源为 ρ_i 和 $\boldsymbol{j}_i$ 的麦克斯韦方程组，即

$$\nabla\times\boldsymbol{E}_i=-\frac{\partial\boldsymbol{B}_i}{\partial t}\tag{1}$$

$$\nabla\cdot\boldsymbol{D}_i=\rho_i\tag{2}$$

$$\nabla\times\boldsymbol{H}_i=\boldsymbol{j}_i+\frac{\partial\boldsymbol{D}_i}{\partial t}\tag{3}$$

$$\nabla\cdot\boldsymbol{B}_i=0\tag{4}$$

则有

$$\nabla\times\left(\sum_{i=1}^{n}\boldsymbol{E}_i\right)=\sum_{i=1}^{n}\nabla\times\boldsymbol{E}_i=\sum_{i=1}^{n}\left(-\frac{\partial\boldsymbol{B}_i}{\partial t}\right)$$

$$=-\frac{\partial}{\partial t}\left(\sum_{i=1}^{n}\boldsymbol{B}_i\right)\tag{5}$$

$$\nabla\cdot\left(\sum_{i=1}^{n}\boldsymbol{D}_i\right)=\sum_{i=1}^{n}\nabla\cdot\boldsymbol{D}_i=\sum_{i=1}^{n}\rho_i\tag{6}$$

$$\nabla\times\left(\sum_{i=1}^{n}\boldsymbol{H}_i\right)=\sum_{i=1}^{n}\nabla\times\boldsymbol{H}_i=\sum_{i=1}^{n}\left(\boldsymbol{j}_i+\frac{\partial\boldsymbol{D}_i}{\partial t}\right)$$

$$=\sum_{i=1}^{n}\boldsymbol{j}_i+\frac{\partial}{\partial t}\sum_{i=1}^{n}\boldsymbol{D}_i\tag{7}$$

$$\nabla\cdot\left(\sum_{i=1}^{n}\boldsymbol{B}_i\right)=\sum_{i=1}^{n}\nabla\cdot\boldsymbol{B}_i=0\tag{8}$$

式(5)、(6)、(7)、(8) 表明：$\sum_{i=1}^{n}\boldsymbol{E}_i$、$\sum_{i=1}^{n}\boldsymbol{D}_i$、$\sum_{i=1}^{n}\boldsymbol{H}_i$、$\sum_{i=1}^{n}\boldsymbol{B}_i$ 满足场源为 $\sum_{i=1}^{n}\rho_i$ 和 $\sum_{i=1}^{n}\boldsymbol{j}_i$ 的麦克斯韦方程组.

12.1.13 (1)在空间取一任意封闭曲面 S，它所包住的体积为 V，用一任意曲面 S' 把 V 分隔为两部分，因此 S 被分成 S_1 和 S_2 两部分，而 S_1+S' 和 S_2+S' 便都是封闭曲面，如图 12.1.13(1)所示. 试证明：若电场的高斯定理

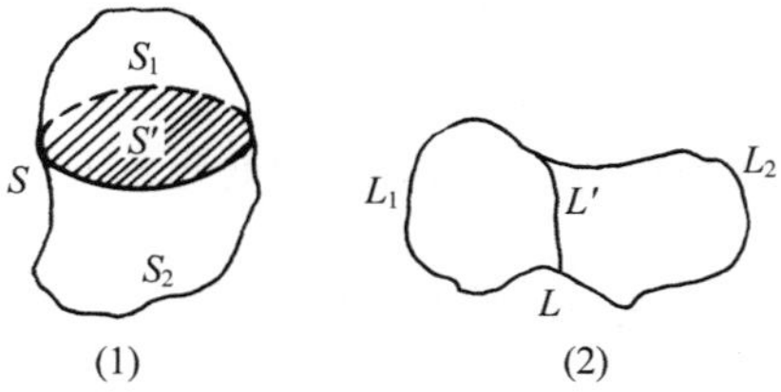

图 12.1.13

$$\oiint_S \boldsymbol{D}\cdot d\boldsymbol{S}=Q$$

和磁场的高斯定理

$$\oiint_S \boldsymbol{B}\cdot d\boldsymbol{S}=0$$

对于 S_1+S' 和 S_2+S' 都成立，则它们对于 S 也必定成立.

(2) 在空间取一条任意闭合曲线 L，过其上任意两点作任一曲线 L'，L' 将 L 分成 L_1 和 L_2 两段，而 L_1+L' 和 L_2+L' 便都是闭合曲线，如图 12.1.13(2)所示. 试证明:若法拉第电磁感应定律

$$\oint_L \boldsymbol{E}\cdot d\boldsymbol{l}=-\frac{d\Phi}{dt}$$

和安培环路定理

$$\oint_L \boldsymbol{H}\cdot d\boldsymbol{l}=I+\frac{d\Phi_D}{dt}$$

对于 L_1+L' 和 L_2+L' 都成立，则它们对于 L 也必定成立.

【证】 (1)设电场的高斯定理对 S_1+S' 和 S_2+S' 都成立，即

$$\oiint_{S_1+S'} \boldsymbol{D}\cdot d\boldsymbol{S}=\iint_{S_1} \boldsymbol{D}\cdot d\boldsymbol{S}_1+\iint_{S'} \boldsymbol{D}\cdot d\boldsymbol{S}'_1=Q_1 \tag{1}$$

$$\oiint_{S_2+S'} \boldsymbol{D}\cdot d\boldsymbol{S}=\iint_{S_2} \boldsymbol{D}\cdot d\boldsymbol{S}_2+\iint_{S'} \boldsymbol{D}\cdot d\boldsymbol{S}'_2=Q_2 \tag{2}$$

式中 Q_1 和 Q_2 分别为封闭曲面 S_1+S' 和 S_2+S' 所包住的自由电荷量的代数和. 以上两式中在 S' 面上的积分，由于 $d\boldsymbol{S}'_1$ 与 $d\boldsymbol{S}'_2$ 方向相反，故有

$$\iint_{S'} \boldsymbol{D}\cdot d\boldsymbol{S}'_1+\iint_{S'} \boldsymbol{D}\cdot d\boldsymbol{S}'_2=0 \tag{3}$$

于是由式(1)、(2)、(3)得

$$\begin{aligned}\oiint_S \boldsymbol{D}\cdot d\boldsymbol{S}&=\iint_{S_1} \boldsymbol{D}\cdot d\boldsymbol{S}+\iint_{S_2} \boldsymbol{D}\cdot d\boldsymbol{S}\\&=\iint_{S_1} \boldsymbol{D}\cdot d\boldsymbol{S}+\iint_{S'} \boldsymbol{D}\cdot d\boldsymbol{S}'_1+\int_{S_2} \boldsymbol{D}\cdot d\boldsymbol{S}\\&\quad+\iint_{S'} \boldsymbol{D}\cdot dS'_2\\&=\oiint_{S_1+S'} \boldsymbol{D}\cdot d\boldsymbol{S}+\oiint_{S_2+S'} \boldsymbol{D}\cdot d\boldsymbol{S}\\&=Q_1+Q_2=Q\end{aligned} \tag{4}$$

式中 $Q=Q_1+Q_2$ 为封闭曲面 S 所包住的自由电荷量的代数和. 式(4)表明，电场的高斯定理对于 S 也成立.

用同样方法，可以证明磁场的高斯定理对于 S 也成立.

(2) 设法拉第电磁感应定律对于 L_1+L' 和 L_2+L' 都成立，即

$$\oint_{L_1+L'} \boldsymbol{E}\cdot d\boldsymbol{l}=\int_{L_1} \boldsymbol{E}\cdot d\boldsymbol{l}+\int_{L'} \boldsymbol{E}\cdot d\boldsymbol{l}'_1=-\frac{d\Phi_1}{dt} \tag{5}$$

$$\oint_{L_2+L'}\boldsymbol{E}\cdot \mathrm{d}\boldsymbol{l}=\int_{L_2}\boldsymbol{E}\cdot \mathrm{d}\boldsymbol{l}+\int_{L'}\boldsymbol{E}\cdot \mathrm{d}\boldsymbol{l}'_2=-\frac{\mathrm{d}\Phi_2}{\mathrm{d}t} \tag{6}$$

式中 Φ_1 和 Φ_2 分别是通过闭合曲线 L_1+L' 和 L_2+L' 的磁通量. 以上两式中沿 L' 的线积分，由于 $\mathrm{d}\boldsymbol{l}'_1$ 和 $\mathrm{d}\boldsymbol{l}'_2$ 方向相反，故有

$$\int_{L'}\boldsymbol{E}\cdot \mathrm{d}\boldsymbol{l}'_1+\int_{L'}\boldsymbol{E}\cdot \mathrm{d}\boldsymbol{l}'_2=0 \tag{7}$$

于是由式(5)、(6)、(7)得

$$\begin{aligned}\oint_{L}\boldsymbol{E}\cdot \mathrm{d}\boldsymbol{l}&=\int_{L_1}\boldsymbol{E}\cdot \mathrm{d}\boldsymbol{l}+\int_{L_2}\boldsymbol{E}\cdot \mathrm{d}\boldsymbol{l}\\&=\int_{L_1}\boldsymbol{E}\cdot \mathrm{d}\boldsymbol{l}+\int_{L'}\boldsymbol{E}\cdot \mathrm{d}\boldsymbol{l}'_1+\int_{L_2}\boldsymbol{E}\cdot \mathrm{d}\boldsymbol{l}+\int_{L'}\boldsymbol{E}\cdot \mathrm{d}\boldsymbol{l}'_2\\&=\oint_{L_1+L'}\boldsymbol{E}\cdot \mathrm{d}\boldsymbol{l}+\oint_{L_2+L'}\boldsymbol{E}\cdot \mathrm{d}\boldsymbol{l}=-\frac{\mathrm{d}\Phi_1}{\mathrm{d}t}-\frac{\mathrm{d}\Phi_2}{\mathrm{d}t}\\&=-\frac{\mathrm{d}(\Phi_1+\Phi_2)}{\mathrm{d}t}=-\frac{\mathrm{d}\Phi}{\mathrm{d}t}\end{aligned} \tag{8}$$

式中 $\Phi=\Phi_1+\Phi_2$ 为通过闭合曲线 L 的磁通量. (8)式表明，法拉第电磁感应定律对于 L 也成立.

用同样方法，可以证明安培环路定理对于 L 也成立.

12.1.14 试由麦克斯韦方程组证明：在介电常量 ε_r 和相对磁导率 μ_r 都是常数的均匀介质中，当自由电荷量密度 ρ 和自由电流密度 $\boldsymbol{j}$ 均为零(即纯粹电磁场)时，$\boldsymbol{E}$ 和 $\boldsymbol{H}$ 都满足波动方程 $\nabla^2\boldsymbol{F}-\dfrac{1}{v^2}\dfrac{\partial^2\boldsymbol{F}}{\partial t^2}=0$，式中 $v=\dfrac{1}{\sqrt{\varepsilon_r\mu_r\varepsilon_0\mu_0}}$ 是电磁波在该介质中的速度.

【证】 这时的麦克斯韦方程组为

$$\nabla\times\boldsymbol{E}=-\frac{\partial\boldsymbol{B}}{\partial t}=-\mu\frac{\partial\boldsymbol{H}}{\partial t} \tag{1}$$

$$\nabla\cdot\boldsymbol{D}=\nabla(\varepsilon\boldsymbol{E})=\varepsilon\nabla\cdot\boldsymbol{E}=0 \tag{2}$$

$$\nabla\times\boldsymbol{H}=\frac{\partial\boldsymbol{D}}{\partial t}=\varepsilon\frac{\partial\boldsymbol{E}}{\partial t} \tag{3}$$

$$\nabla\cdot\boldsymbol{B}=\mu\nabla\cdot\boldsymbol{H}=0 \tag{4}$$

由矢量分析公式

$$\nabla\times(\nabla\times\boldsymbol{F})=\nabla(\nabla\cdot\boldsymbol{F})-\nabla^2\boldsymbol{F} \tag{5}$$

和式(1)、(2)、(3)得

$$\begin{aligned}\nabla\times(\nabla\times\boldsymbol{E})&=\nabla(\nabla\cdot\boldsymbol{E})-\nabla^2\boldsymbol{E}=-\nabla^2\boldsymbol{E}\\&=-\mu\nabla\times\left(\frac{\partial\boldsymbol{H}}{\partial t}\right)=-\mu\frac{\partial}{\partial t}\nabla\times\boldsymbol{H}\\&=-\varepsilon\mu\frac{\partial^2\boldsymbol{E}}{\partial t^2}\end{aligned} \tag{6}$$

所以
$$\nabla^2 \boldsymbol{E}-\frac{1}{v^2}\frac{\partial^2 \boldsymbol{E}}{\partial t^2}=0 \tag{7}$$

由式(5)、(3)、(4)、(1)得

$$\begin{aligned}\nabla\times(\nabla\times\boldsymbol{H})&=\nabla(\nabla\cdot\boldsymbol{H})-\nabla^2\boldsymbol{H}=-\nabla^2\boldsymbol{H}\\&=\varepsilon\nabla\times\frac{\partial\boldsymbol{E}}{\partial t}=\varepsilon\frac{\partial}{\partial t}\nabla\times\boldsymbol{E}\\&=-\varepsilon\mu\frac{\partial^2\boldsymbol{H}}{\partial t^2}\end{aligned} \tag{8}$$

所以
$$\nabla^2 \boldsymbol{H}-\frac{1}{v^2}\frac{\partial^2 \boldsymbol{H}}{\partial t^2}=0 \tag{9}$$

12.1.15　试由麦克斯韦方程组导出电荷守恒定律：

$$\nabla\cdot\boldsymbol{j}+\frac{\partial\rho}{\partial t}=0.$$

【解】　由麦克斯韦方程组的

$$\nabla\times\boldsymbol{H}=\boldsymbol{j}+\frac{\partial\boldsymbol{D}}{\partial t} \tag{1}$$

和

$$\nabla\cdot\boldsymbol{D}=\rho \tag{2}$$

得

$$\begin{aligned}\nabla\cdot\boldsymbol{j}+\nabla\cdot\frac{\partial\boldsymbol{D}}{\partial t}&=\nabla\cdot\boldsymbol{j}+\frac{\partial}{\partial t}\nabla\cdot\boldsymbol{D}\\&=\nabla\cdot\boldsymbol{j}+\frac{\partial\rho}{\partial t}=\nabla\cdot(\nabla\times\boldsymbol{H})\end{aligned} \tag{3}$$

根据矢量分析，对矢量 $\boldsymbol{A}$ 有

$$\nabla\cdot(\nabla\times\boldsymbol{A})=0 \tag{4}$$

故得

$$\nabla\cdot\boldsymbol{j}+\frac{\partial\rho}{\partial t}=0 \tag{5}$$

12.1.16　电磁场的边值关系为：在两个介质交界面的两边上，(1)电场强度 $\boldsymbol{E}$ 的切向分量相等；(2)磁感强度 $\boldsymbol{B}$ 的法向分量相等；(3)当交界面上无自由面电荷时，电位移 $\boldsymbol{D}$ 的法向分量相等；(4)当交界面上无自由面电流时，磁场强度 $\boldsymbol{H}$ 的切向分量相等. 试由麦克斯韦方程推出上述关系.

【解】　(1)$\boldsymbol{E}$ 的边值关系　　在两介质 1 和 2 的边界处，取一小长方形回路 L，使其两长边分别处在介质 1 和 2 内，且平行于交界面，如图 12.1.16(1)所示. 则由麦克斯韦方程的

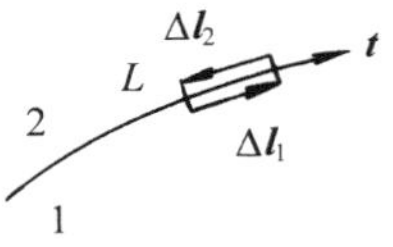

图 12.1.16(1)

$$\oint_L \boldsymbol{E}\cdot d\boldsymbol{l}=-\iint_S\frac{\partial\boldsymbol{B}}{\partial t}\cdot d\boldsymbol{S} \tag{1}$$

得

$$\oint_L \boldsymbol{E}\cdot \mathrm{d}\boldsymbol{l} = \boldsymbol{E}_1\cdot \Delta\boldsymbol{l}_1 + \boldsymbol{E}_2\cdot\Delta\boldsymbol{l}_2 + \int_{\Delta L_3}\boldsymbol{E}\cdot \mathrm{d}\boldsymbol{l}_3 + \int_{\Delta L'_3}\boldsymbol{E}\cdot \mathrm{d}\boldsymbol{l}_3$$
$$= -\iint \frac{\partial \boldsymbol{B}}{\partial t}\cdot \mathrm{d}\boldsymbol{S}$$
$$= -\left|\frac{\partial \boldsymbol{B}}{\partial t}\right| \Delta l_1 \Delta l_3 \cos\theta \tag{2}$$

式中 $\Delta l_1=|\Delta\boldsymbol{l}_1|=|\Delta\boldsymbol{l}_2|$ 为 L 的长边长度，$\Delta l_3=|\Delta\boldsymbol{l}_3|=|\Delta\boldsymbol{l}'_3|$ 为 L 的短边长度，θ 为 $\frac{\partial \boldsymbol{B}}{\partial t}$ 与小长方形 L 平面的法线的夹角.

令 $\Delta\boldsymbol{l}_3\rightarrow 0$，则 $\int_{\Delta l_3}\boldsymbol{E}\cdot \mathrm{d}\boldsymbol{l}_3\rightarrow 0$，$\int_{\Delta l'_3}\boldsymbol{E}\cdot \mathrm{d}\boldsymbol{l}_3\rightarrow 0$，式(2) 右边也趋于零. 于是便得

$$\boldsymbol{E}_1\cdot\Delta\boldsymbol{l}_1+\boldsymbol{E}_2\cdot\Delta\boldsymbol{l}_2=(\boldsymbol{E}_1-\boldsymbol{E}_2)\cdot\Delta\boldsymbol{l}_1=0 \tag{3}$$

设 $\boldsymbol{t}$ 为 $\Delta\boldsymbol{l}_1$ 方向上的单位矢量，即

$$\Delta\boldsymbol{l}_1=\Delta l_1\boldsymbol{t} \tag{4}$$

则由式(3)得

$$(\boldsymbol{E}_1-\boldsymbol{E}_2)\cdot\boldsymbol{t}=0 \tag{5}$$

所以

$$E_{2t}=E_{1t} \tag{6}$$

因 $\boldsymbol{t}$ 是交界面的切线方向，故 $\boldsymbol{E}_1\cdot\boldsymbol{t}=E_{1t}$ 和 $\boldsymbol{E}_2\cdot\boldsymbol{t}=E_{2t}$ 便分别是 $\boldsymbol{E}_1$ 和 $\boldsymbol{E}_2$ 的切向分量. 式(6)表明，在交界面两边上，$\boldsymbol{E}$ 的切向分量相等.

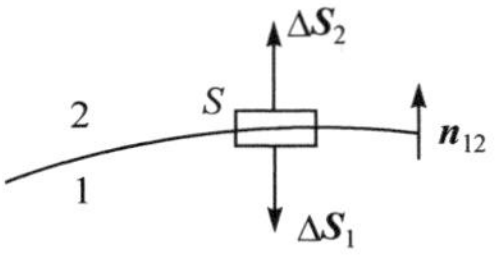

图 12.1.16(2)

(2)$\boldsymbol{D}$ 的边值关系　　在两介质 1 和 2 的交界处，取一小扁鼓形高斯面 S，使其两底面分别处在介质 1 和 2 内，且与交界面平行，如图 12.1.16(2)所示. 则由麦克斯韦方程的

$$\oint\!\!\oint_S \boldsymbol{D}\cdot \mathrm{d}\boldsymbol{S}=Q \tag{7}$$

得

$$\oint\!\!\oint_S \boldsymbol{D}\cdot \mathrm{d}\boldsymbol{S}=\boldsymbol{D}_1\cdot\Delta\boldsymbol{S}_1+\boldsymbol{D}_2\cdot\Delta\boldsymbol{S}_2+\iint_{\Delta S_3}\boldsymbol{D}\cdot \mathrm{d}\boldsymbol{S}_3=\Delta Q \tag{8}$$

式中 ΔS_3 为小扁鼓形的侧面面积，ΔQ 是 S 所包住的自由电荷的代数和. 令小扁鼓形 S 的厚度趋于零，则 $\iint_{\Delta S_3}\boldsymbol{D}\cdot \mathrm{d}\boldsymbol{S}_3\rightarrow 0$；因交界面上无自由电荷，故 $\Delta Q\rightarrow 0$. 于是得

$$\boldsymbol{D}_1\cdot\Delta\boldsymbol{S}_1+\boldsymbol{D}_2\cdot\Delta\boldsymbol{S}_2=(\boldsymbol{D}_2-\boldsymbol{D}_1)\cdot\Delta\boldsymbol{S}_2=0 \tag{9}$$

设 $\boldsymbol{n}_{12}$ 为 $\Delta\boldsymbol{S}_2$ 方向上的单位矢量，即

$$\Delta\boldsymbol{S}_2=\boldsymbol{n}_{12}\Delta S_2 \tag{10}$$

则由式(9)得

$$(\boldsymbol{D}_2-\boldsymbol{D}_1)\cdot\boldsymbol{n}_{12}=0 \tag{11}$$

所以

$$D_{2n}=D_{1n} \tag{12}$$

因 $\boldsymbol{n}_{12}$ 是交界面的法线方向，故 $D_{2n}=\boldsymbol{D}_2\cdot\boldsymbol{n}_{12}$ 和 $D_{1n}=\boldsymbol{D}_1\cdot\boldsymbol{n}_{12}$ 便分别是 $\boldsymbol{D}_2$ 和 $\boldsymbol{D}_1$ 的法向分量. 式(12)表明，若交界面上无自由面电荷，则在交界面两边上，$\boldsymbol{D}$ 的法向分量相等.

(3)$\boldsymbol{H}$ 的边值关系　由麦克斯韦方程的

$$\oint_L \boldsymbol{H}\cdot \mathrm{d}\boldsymbol{l} = I + \iint_S \frac{\partial \boldsymbol{D}}{\partial t}\cdot \mathrm{d}\boldsymbol{S} \tag{13}$$

根据交界面上无自由面电流的条件，仿前面(1)推导 $\boldsymbol{E}$ 的边值关系的方法，便可得

$$H_{2t} = H_{1t} \tag{14}$$

(4)$\boldsymbol{B}$ 的边值关系　由麦克斯韦方程的

$$\oint\!\!\!\oint_S \boldsymbol{B}\cdot \mathrm{d}\boldsymbol{S} = 0 \tag{15}$$

仿前面(2)推导 $\boldsymbol{D}$ 的边值关系的方法，便可得

$$B_{2n} = B_{1n} \tag{16}$$

12.1.17　两介质的电容率和磁导率分别为 ε_1、μ_1 和 ε_2、μ_2，在它们的交界面上既无自由电荷，亦无自由电流；在交界面两边，电场强度与交界面法线的夹角分别为 θ_1 和 θ_2，磁场强度与交界面法线的夹角分别为 φ_1 和 φ_2，如图 12.1.17 所示. 试证明：$\varepsilon_1\cot\theta_1 = \varepsilon_2\cot\theta_2$，$\mu_1\cot\varphi_1 = \mu_2\cot\varphi_2$.

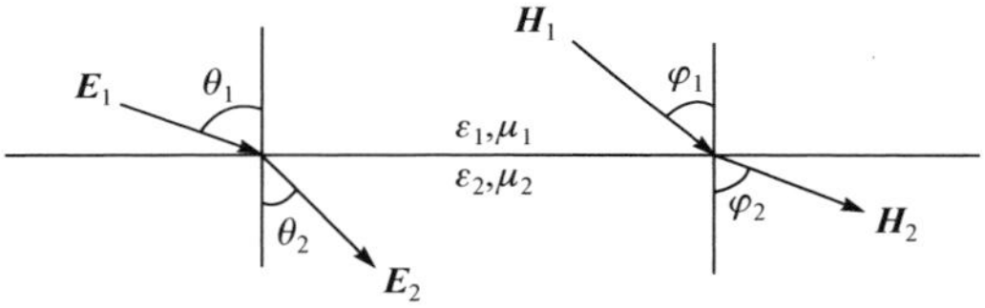

图 12.1.17

【证】　由前 12.1.16 题 $\boldsymbol{E}$ 的边值关系式(6)

$$E_{2t} = E_{1t} \tag{1}$$

和 $\boldsymbol{D}$ 的边值关系式(12)

$$D_{2n} = D_{1n} \tag{2}$$

并参考图 12.1.17 得

$$E_2\sin\theta_2 = E_1\sin\theta_1 \tag{3}$$

$$D_2\cos\theta_2 = D_1\cos\theta_1 \tag{4}$$

因为

$$\boldsymbol{D}_1 = \varepsilon_1\boldsymbol{E}_1 \tag{5}$$

$$\boldsymbol{D}_2 = \varepsilon_2\boldsymbol{E}_2 \tag{6}$$

故将式(4)除以式(3)，并利用式(5)、(6)便得

$$\varepsilon_2\cot\theta_2 = \varepsilon_1\cot\theta_1 \tag{7}$$

由前面 12.1.16 题 $\boldsymbol{H}$ 的边值关系式(14)

$$H_{2t} = H_{1t} \tag{8}$$

和 $\boldsymbol{B}$ 的边值关系式(16)

$$B_{2n} = B_{1n} \tag{9}$$

并参考图 12.1.17 得

$$H_2\sin\varphi_2 = H_1\sin\varphi_1 \tag{10}$$

$$B_2\cos\varphi_2 = B_1\cos\varphi_1 \tag{11}$$

因为
$$\boldsymbol{B}_1=\mu_1\boldsymbol{H}_1 \tag{12}$$
$$\boldsymbol{B}_2=\mu_2\boldsymbol{H}_2 \tag{13}$$
故将式(11)除以式(10)，并利用式(12)、(13)便得
$$\mu_2\cot\varphi_2=\mu_1\cot\varphi_1 \tag{14}$$

12.1.18 试论证：理想导体（即电阻率 $\rho=0$ 的导体）表面外附近的电场强度总是与表面垂直.

【论证】 由 $\boldsymbol{j}=\sigma\boldsymbol{E}=\frac{1}{\rho}\boldsymbol{E}$ 知，理想导体内的电场强度为
$$\boldsymbol{E}=\rho\,\boldsymbol{j}=0$$
根据电场强度的边值关系[参见前面 12.1.16 题的式(6)]，在交界面两边，电场强度 $\boldsymbol{E}$ 的切向分量相等. 今理想导体内 $\boldsymbol{E}=0$，故 $\boldsymbol{E}$ 的切向分量亦为零，于是理想导体表面外附近电场强度的切向分量亦应为零. 所以理想导体表面外附近的电场强度总是与表面垂直.

【讨论】 在静电情况下，导体表面外附近的电场强度 $\boldsymbol{E}$ 与表面垂直[参见前面 2.1.37 题]. 在非静电情况下（如导体内有传导电流），导体内的电场强度不为零，这时导体表面外附近的电场强度便不一定与表面垂直. 但对理想导体来说，不论是静电情况还是非静电情况，其表面外附近的电场强度都与表面垂直.

12.1.19 金属的电导率为 σ，介电常量为 1（即 $\varepsilon_r=1$）. 设在 $t=0$ 时刻，金属中某点的自由电荷量密度为 ρ_0，试求 t 时刻该点的自由电荷量密度 $\rho(t)$. 已知 $\varepsilon_0=8.854\times10^{-12}\,\mathrm{F/m}$，铜的电阻率为 $1.7\times10^{-8}\,\Omega\cdot\mathrm{m}$，试计算铜内自由电荷量密度从 ρ_0 减小到 $\frac{\rho_0}{\mathrm{e}}=\rho_0/2.71828$ 所需的时间 τ（τ 通常叫做弛豫时间）.

【解】 由欧姆定律的微分形式
$$\boldsymbol{j}=\sigma\boldsymbol{E} \tag{1}$$
和
$$\boldsymbol{D}=\varepsilon\boldsymbol{E} \tag{2}$$
得
$$\nabla\cdot\boldsymbol{j}=\nabla\cdot(\sigma\boldsymbol{E})=\sigma\nabla\cdot\boldsymbol{E}=\sigma\nabla\cdot\left(\frac{\boldsymbol{D}}{\varepsilon}\right)$$
$$=\frac{\sigma}{\varepsilon}\nabla\cdot\boldsymbol{D}=\frac{\sigma}{\varepsilon}\rho \tag{3}$$
式中用到了麦克斯韦方程组的 $\nabla\cdot\boldsymbol{D}=\rho$. 再由电荷守恒定律
$$\nabla\cdot\boldsymbol{j}+\frac{\partial\rho}{\partial t}=0 \tag{4}$$
得
$$\frac{\partial\rho}{\partial t}=-\frac{\sigma}{\varepsilon}\rho \tag{5}$$
对时间 t 积分得电荷密度与时间 t 的关系为

$$\rho(t)=\rho_0\ \mathrm{e}^{-\frac{\sigma}{\varepsilon}t}=\rho_0\ \mathrm{e}^{-\frac{t}{\tau}} \tag{6}$$

式中

$$\tau=\frac{\varepsilon}{\sigma} \tag{7}$$

为弛豫时间.

铜的弛豫时间为

$$\begin{aligned}\tau&=\frac{\varepsilon}{\sigma}=\frac{\varepsilon_r\varepsilon_0}{\sigma}=1\times8.854\times10^{-12}\times1.7\times10^{-8}\\&=1.5\times10^{-19}(\mathrm{s})\end{aligned} \tag{8}$$

【讨论】 式(6)表明，在静电平衡时，导体内的自由电荷量密度为零，即导体内不存在自由电荷. 式(8)表明，铜的弛豫时间非常短. 这意味着铜质物体可以非常快地达到静电平衡.

12.1.20 将麦克斯韦方程组写成积分形式，再用于稳定的直流电路，从而导出基尔霍夫电路方程组：(1) 每个分支点 $\sum_i I_i=0$；(2) 每个回路 $\sum_i U_i=\sum_i \mathscr{E}_i$.

【解】 (1)对于稳定的直流电路来说，由麦克斯韦方程得

$$\nabla\times\boldsymbol{H}=\boldsymbol{j} \tag{1}$$

根据矢量分析，对矢量 $\boldsymbol{A}$ 有

$$\nabla\cdot(\nabla\times\boldsymbol{A})=0 \tag{2}$$

由式(1)、(2)得

$$\nabla\cdot\boldsymbol{j}=0 \tag{3}$$

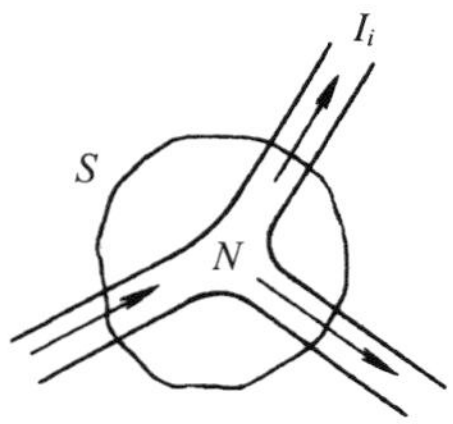

图 12.1.20

如图 12.1.20，取包住分支点 N 的封闭曲面 S，将式(3)对 S 内的体积 V 积分，并利用高斯公式，便得

$$\begin{aligned}\iiint_V \nabla\cdot\boldsymbol{j}\mathrm{d}V&=\oint_S\boldsymbol{j}\cdot\mathrm{d}\boldsymbol{S}=\sum_i\int_i\boldsymbol{j}\cdot\mathrm{d}\boldsymbol{S}\\&=\sum_i I_i=0\end{aligned} \tag{4}$$

式中 I_i 流出 S 者为正，流入 S 者为负.

(2)由于是稳定的直流电路，故由麦克斯韦方程得

$$\nabla\times\boldsymbol{E}=0 \tag{5}$$

在电路中取回路 L，将式(5)对以 L 为边界的曲面 S 积分，并利用斯托克斯公式，便得

$$\iint_S\nabla\times\boldsymbol{E}\cdot\mathrm{d}\boldsymbol{S}=\oint_L\boldsymbol{E}\cdot\mathrm{d}\boldsymbol{l}=0 \tag{6}$$

根据欧姆定律，在没有电源的地方，

$$\begin{aligned}\int_i\boldsymbol{E}\cdot\mathrm{d}\boldsymbol{l}&=\int_i\rho\boldsymbol{j}\cdot\mathrm{d}\boldsymbol{l}=\int_i\rho j\,\mathrm{d}l=\int_i\rho\,\frac{I_i}{S}\,\mathrm{d}l=I_iR_i\\&=U_i\end{aligned} \tag{7}$$

上式中自第二个等号后起，都包含正负号，凡 $\boldsymbol{j}$ 与 $\mathrm{d}\boldsymbol{l}$ 同方向的 I_i 和 U_i 都为正，而 $\boldsymbol{j}$ 与 $\mathrm{d}\boldsymbol{l}$ 反方

向的 I_i 和 U_i 便都为负.

在有电源的地方，设 $\boldsymbol{K}$ 为电源的非静电力，则

$$\int_i \boldsymbol{E}\cdot \mathrm{d}\boldsymbol{l} = \int_i (\rho\boldsymbol{j}-\boldsymbol{K})\cdot \mathrm{d}\boldsymbol{l} = \int_i \rho\boldsymbol{j}\cdot \mathrm{d}\boldsymbol{l} - \int_i \boldsymbol{K}\cdot \mathrm{d}\boldsymbol{l}$$
$$= I_i r_i - \mathscr{E}_i = U_i - \mathscr{E}_i \tag{8}$$

式中 $U_i = I_i r_i$ 是电源内阻所产生的电势差，凡 $\boldsymbol{j}$ 与 $\mathrm{d}\boldsymbol{l}$ 同方向的 I_i 和 U_i 都为正，而 $\boldsymbol{j}$ 与 $\mathrm{d}\boldsymbol{l}$ 反方向的 I_i 和 U_i 都为负. 因为电源的电动势定义为

$$\mathscr{E} = \int_-^+ \boldsymbol{K}\cdot \mathrm{d}\boldsymbol{l} > 0 \tag{9}$$

其中积分是从电源的负极经电源内部到电源的正极，故在式(8)中，凡 $\boldsymbol{K}$ 与 $\mathrm{d}\boldsymbol{l}$ 同方向的 $\mathscr{E}_i$ 为正，$\boldsymbol{K}$ 与 $\mathrm{d}\boldsymbol{l}$ 反方向的 $\mathscr{E}_i$ 为负.

将式(7)、(8)代入式(6)便得，对于每个回路都有

$$\sum_i U_i = \sum_i \mathscr{E}_i \tag{10}$$

式中的 U_i 和 $\mathscr{E}_i$ 的正负已如上述.

12.1.21 在所使用的国际单位制里，$\nabla\cdot\boldsymbol{D}=\rho$，库仑定律为 $\boldsymbol{F}=\dfrac{1}{4\pi\varepsilon_0}\dfrac{q_1q_2}{r^3}\boldsymbol{r}$；在高斯单位制里，$\nabla\cdot\boldsymbol{D}=4\pi\rho$，试问在高斯单位制里，库仑定律的形式如何？

【解答】 在高斯单位制里，$\nabla\cdot\boldsymbol{D}=4\pi\rho$. 对于一个电荷量为 q 的点电荷，利用高斯公式得

$$\oiint_S \boldsymbol{D}\cdot \mathrm{d}\boldsymbol{S} = 4\pi r^2 D = \iiint_V \nabla\cdot\boldsymbol{D}\,\mathrm{d}V = 4\pi\iiint \rho\,\mathrm{d}V$$
$$=4\pi q$$

故得

$$\boldsymbol{D}=\frac{q}{r^3}\boldsymbol{r}$$

在高斯单位制里，在真空中 $\boldsymbol{D}=\boldsymbol{E}$，故得

$$\boldsymbol{E}=\frac{q}{r^3}\boldsymbol{r}$$

于是得高斯单位制里库仑定律的形式为

$$\boldsymbol{F}=\frac{q_1q_2}{r^3}\boldsymbol{r}$$

12.2 电　磁　波

【关于电磁波】 麦克斯韦(J. C. Maxwell, 1831—1879)在1864年的论文《电磁场的动力学理论》中，导出了电磁场的波动方程，算出了电磁波的传播速度，其值与光速相等，他因此认为光就是电磁波. 1886—1887年间，德国物理学家赫兹(H. R. Hertz, 1857—1894)用实验产生了电磁波，他经过实验研究，发现电磁波的性质与麦克斯韦理论预言的完全一致. 有关资料，请参看张之翔《电磁学教学参考》(北京大学出版社，2015)，§16，334—344页.

12.2.1　在空气中有一个单色平面电磁波，它的频率为$1.0\times10^8\,\text{Hz}$，位移电流密度的方均根值为$1.0\times10^{-5}\,\text{A/m}^2$. 试求这电磁波的电场强度和磁场强度的振幅 E_0 和 H_0.

【解】 设这电磁波的电场强度为

$$\boldsymbol{E}=\boldsymbol{E}_0\sin\omega t \tag{1}$$

则它的位移电流密度为

$$\frac{\partial \boldsymbol{D}}{\partial t}=\frac{\partial(\varepsilon_0\boldsymbol{E})}{\partial t}=\varepsilon_0\omega\boldsymbol{E}_0\cos\omega t \tag{2}$$

依定义，位移电流密度的方均根值为

$$\begin{aligned}\sqrt{\frac{1}{T}\int_0^T\left(\frac{\partial \boldsymbol{D}}{\partial t}\right)^2\mathrm{d}t}&=\sqrt{\frac{\varepsilon_0^2\omega^2E_0^2}{T}\int_0^T\cos^2\omega t\,\mathrm{d}t}\\&=\sqrt{\frac{\varepsilon_0^2\omega E_0^2}{2T}[\omega t+\sin\omega t\cos\omega t]_{t=0}^{t=T}}\\&=\frac{1}{\sqrt{2}}\varepsilon_0\omega E_0=1.0\times10^{-5}(\text{A/m}^2)\end{aligned} \tag{3}$$

所以

$$\begin{aligned}E_0&=\frac{\sqrt{2}\times1.0\times10^{-5}}{\varepsilon_0\omega}=\frac{\sqrt{2}\times1.0\times10^{-5}}{8.854\times10^{-12}\times2\pi\times1.0\times10^8}\\&=2.5\times10^{-3}(\text{V/m})\end{aligned} \tag{4}$$

根据单色平面电磁波的电磁场的振幅关系

$$\sqrt{\mu_0}H_0=\sqrt{\varepsilon_0}E_0 \tag{5}$$

得

$$\begin{aligned}H_0&=\sqrt{\frac{\varepsilon_0}{\mu_0}}E_0=\sqrt{\frac{8.854\times10^{-12}}{4\pi\times10^{-7}}}\times2.5\times10^{-3}\\&=6.6\times10^{-6}(\text{A/m})\end{aligned} \tag{6}$$

12.2.2　已知真空中一平面电磁波的电场强度为 $\boldsymbol{E}=\boldsymbol{E}_0\,\mathrm{e}^{\mathrm{j}(\boldsymbol{k}\cdot\boldsymbol{r}-\omega t)}$，式中 $\boldsymbol{E}_0$ 是常矢量，ω 是圆频率，$\boldsymbol{k}$ 是传播矢量，$\boldsymbol{r}$ 是位置矢量，$\mathrm{j}=\sqrt{-1}$，e 是自然对数的底. 试由麦克斯韦方程求这电磁波的磁场强度 $\boldsymbol{H}$.

【解】 利用麦克斯韦方程

$$\nabla\times\boldsymbol{E}=-\frac{\partial \boldsymbol{B}}{\partial t}=-\mu_0\frac{\partial \boldsymbol{H}}{\partial t} \tag{1}$$

求 $\boldsymbol{H}$. 其中

$$\begin{aligned}\nabla\times\boldsymbol{E}&=\nabla\times[\boldsymbol{E}_0\,\mathrm{e}^{\mathrm{j}(\boldsymbol{k}\cdot\boldsymbol{r}-\omega t)}]=[\nabla\mathrm{e}^{\mathrm{j}(\boldsymbol{k}\cdot\boldsymbol{r}-\omega t)}]\times\boldsymbol{E}_0\\&=\mathrm{e}^{\mathrm{j}(\boldsymbol{k}\cdot\boldsymbol{r}-\omega t)}[\nabla\mathrm{j}(\boldsymbol{k}\cdot\boldsymbol{r}-\omega t)]\times\boldsymbol{E}_0\\&=[\mathrm{j}\nabla(\boldsymbol{k}\cdot\boldsymbol{r}-\omega t)]\times\boldsymbol{E}_0\,\mathrm{e}^{\mathrm{j}(\boldsymbol{k}\cdot\boldsymbol{r}-\omega t)}\end{aligned} \tag{2}$$

因为
$$\nabla(\boldsymbol{k}\cdot\boldsymbol{r}-\omega t)=\nabla(\boldsymbol{k}\cdot\boldsymbol{r})=\boldsymbol{k} \tag{3}$$
所以
$$\nabla\times\boldsymbol{E}=\mathrm{j}\boldsymbol{k}\times\boldsymbol{E}_0\mathrm{e}^{\mathrm{j}(\boldsymbol{k}\cdot\boldsymbol{r}-\omega t)} \tag{4}$$

将式(4)代入式(1)，对时间 t 积分便得
$$\boldsymbol{H}=-\frac{\mathrm{j}\boldsymbol{k}\times\boldsymbol{E}_0}{\mu_0}\int\mathrm{e}^{\mathrm{j}(\boldsymbol{k}\cdot\boldsymbol{r}-\omega t)}\mathrm{d}t$$
$$=\frac{1}{\omega\mu_0}\boldsymbol{k}\times\boldsymbol{E}_0\mathrm{e}^{\mathrm{j}(\boldsymbol{k}\cdot\boldsymbol{r}-\omega t)} \tag{5}$$
上式中的积分常矢量与时间 t 无关，因而不属于电磁波，故舍去.

【讨论】 由式(5)得
$$\boldsymbol{H}=\frac{1}{\omega\mu_0}\boldsymbol{k}\times\boldsymbol{E} \tag{6}$$
它表明，这电磁波的磁场强度 $\boldsymbol{H}$ 与电场强度 $\boldsymbol{E}$ 垂直，也与传播矢量 $\boldsymbol{k}$ 垂直.

12.2.3 在一平面电磁波里，同一点电场强度和磁场强度的振幅有如下关系：$\sqrt{\varepsilon}E_0=\sqrt{\mu}H_0$. (1)试由此证明：(i)在平面电磁波里，电场能量的密度与磁场能量的密度相等；(ii)在真空中，电磁波磁感强度的振幅为 $B_0=E_0/c$，c 为真空中光速. (2) 在离一无线电台几千米处，该电台发出的电磁波在小范围内近似于平面波，它的 $E_0=0.10\mathrm{V/m}$，试求该处这电磁波的 B_0 的值.

【解】 (1) (i) 设这电磁波的电场强度为
$$\boldsymbol{E}=\boldsymbol{E}_0\sin(\boldsymbol{k}\cdot\boldsymbol{r}-\omega t) \tag{1}$$
则它的电场能量密度为
$$w_e=\frac{1}{2}\varepsilon E^2=\frac{1}{2}\varepsilon E_0^2\sin^2(\boldsymbol{k}\cdot\boldsymbol{r}-\omega t) \tag{2}$$

由麦克斯韦方程
$$\frac{\partial\boldsymbol{B}}{\partial t}=-\nabla\times\boldsymbol{E} \tag{3}$$
得
$$\frac{\partial\boldsymbol{B}}{\partial t}=-\nabla\times[\boldsymbol{E}_0\sin(\boldsymbol{k}\cdot\boldsymbol{r}-\omega t)]$$
$$=-\nabla[\sin(\boldsymbol{k}\cdot\boldsymbol{r}-\omega t)]\times\boldsymbol{E}_0$$
$$=-\cos(\boldsymbol{k}\cdot\boldsymbol{r}-\omega t)[\nabla(\boldsymbol{k}\cdot\boldsymbol{r})]\times\boldsymbol{E}_0$$
$$=-\cos(\boldsymbol{k}\cdot\boldsymbol{r}-\omega t)\boldsymbol{k}\times\boldsymbol{E}_0 \tag{4}$$
所以
$$\boldsymbol{B}=-\boldsymbol{k}\times\boldsymbol{E}_0\int\cos(\boldsymbol{k}\cdot\boldsymbol{r}-\omega t)\mathrm{d}t$$
$$=\frac{\boldsymbol{k}\times\boldsymbol{E}_0}{\omega}\sin(\boldsymbol{k}\cdot\boldsymbol{r}-\omega t) \tag{5}$$
上式中的积分常矢量与时间 t 无关，不属于电磁波，故舍去.

于是得这电磁波的磁场能量密度为

$$w_m=\frac{1}{2}\frac{B^2}{\mu}=\frac{1}{2}\frac{(\boldsymbol{k}\times\boldsymbol{E}_0)^2}{\omega^2\mu}\sin^2(\boldsymbol{k}\cdot\boldsymbol{r}-\omega t)\tag{6}$$

由麦克斯韦方程得

$$\begin{aligned}\nabla\cdot\boldsymbol{D}&=\nabla\cdot(\varepsilon\boldsymbol{E})=\varepsilon\,\nabla\cdot\boldsymbol{E}=\varepsilon\,\nabla\cdot[\boldsymbol{E}_0\sin(\boldsymbol{k}\cdot\boldsymbol{r}-\omega t)]\\&=\varepsilon[\nabla\sin(\boldsymbol{k}\cdot\boldsymbol{r}-\omega t)]\cdot\boldsymbol{E}_0\\&=\varepsilon\cos(\boldsymbol{k}\cdot\boldsymbol{r}-\omega t)\boldsymbol{k}\cdot\boldsymbol{E}_0=0\end{aligned}\tag{7}$$

故知 $\boldsymbol{k}$ 与 $\boldsymbol{E}_0$ 垂直，所以

$$(\boldsymbol{k}\times\boldsymbol{E}_0)^2=k^2E_0^2\tag{8}$$

又由式(5)有

$$\frac{|\boldsymbol{k}\times\boldsymbol{E}_0|}{\omega}=B_0=\mu H_0=\mu\sqrt{\frac{\varepsilon}{\mu}}E_0=\sqrt{\varepsilon\mu}E_0\tag{9}$$

将式(9)代入式(6)便得

$$w_m=\frac{1}{2}\varepsilon E_0^2\sin^2(\boldsymbol{k}\cdot\boldsymbol{r}-\omega t)=w_e\tag{10}$$

(ii)在真空中，由式(9)得

$$B_0=\sqrt{\varepsilon_0\mu_0}E_0=\frac{E_0}{c}\tag{11}$$

(2) 这电磁波 B_0 的值为

$$B_0=\frac{E_0}{c}=\frac{0.10}{3\times10^8}=3.3\times10^{-10}(\mathrm{T})\tag{12}$$

12.2.4 真空中，一带电粒子在平面电磁波里运动，试证明：电磁波的电场作用在它上面的力大于电磁波的磁场作用在它上面的力.

【证】 设平面电磁波的电场强度为 $\boldsymbol{E}$，磁感强度为 $\boldsymbol{B}$，粒子所带电荷量为 q，运动速度为 $\boldsymbol{v}$，则 $\boldsymbol{E}$ 和 $\boldsymbol{B}$ 作用在它上面的力分别为

$$\boldsymbol{F}_e=q\boldsymbol{E}\tag{1}$$

$$\boldsymbol{F}_m=q\boldsymbol{v}\times\boldsymbol{B}\tag{2}$$

$\boldsymbol{F}_e$ 和 $\boldsymbol{F}_m$ 的大小分别为

$$F_e=qE\tag{3}$$

$$F_m=qvB\sin\theta\tag{4}$$

式中 θ 为 $\boldsymbol{v}$ 与 $\boldsymbol{B}$ 的夹角. 故得

$$\frac{F_e}{F_m}=\frac{E}{vB\sin\theta}\tag{5}$$

由前面 12.2.3 题的式(11)，

$$B=\frac{E}{c}\tag{6}$$

所以

$$\frac{F_e}{F_m}=\frac{c}{v\sin\theta}\tag{7}$$

根据狭义相对论，$v<c$. 故得

$$F_e>F_m\tag{8}$$

12.2.5　一平面线圈的面积为 0.50m²，共有 5 匝，放在频率为 2.0MHz 的电磁波里，它的方位是使电磁波在它里面产生的感应电动势为最大，设这时感应电动势的有效值为 10mV，试求该电磁波的磁场强度 $\boldsymbol{H}$ 的振幅.

【解】 设这电磁波的磁场强度为

$$H=H_0\cos\omega t \tag{1}$$

则通过线圈的磁链为

$$\Psi=N\Phi=N\mu_0 H_0 S\cos\omega t \tag{2}$$

线圈里的感应电动势为

$$\mathscr{E}=-\frac{\mathrm{d}\Psi}{\mathrm{d}t}=\mu_0 NH_0 S\omega\sin\omega t \tag{3}$$

按题意

$$\frac{\mu_0 NH_0 S\omega}{\sqrt{2}}=10\times10^{-3}\,\mathrm{V} \tag{4}$$

故得

$$\begin{aligned}H_0&=\frac{\sqrt{2}\times10\times10^{-3}}{\mu_0 NS\omega}\\&=\frac{\sqrt{2}\times10^{-2}}{4\pi\times10^{-7}\times5\times0.50\times2\pi\times2.0\times10^{6}}\\&=3.6\times10^{-4}\,(\mathrm{A/m})\end{aligned} \tag{5}$$

12.2.6　当太阳光垂直地射到地面上时，每分钟射到地面每平方厘米上的能量为 1.94cal，已知 1cal=4.1868J. 试求地面上太阳光的电场强度 $\boldsymbol{E}$ 和磁场强度 $\boldsymbol{H}$ 的振幅 E_0 和 H_0.

【解】 由单色平面电磁波的电场强度

$$\boldsymbol{E}=\boldsymbol{E}_0\sin\omega t \tag{1}$$

得它的能量密度为

$$\begin{aligned}w&=w_e+w_m=\frac{1}{2}\varepsilon_0 E^2+\frac{1}{2}\mu_0 H^2=\varepsilon_0 E^2\\&=\varepsilon_0 E_0^2\sin^2\omega t\end{aligned} \tag{2}$$

其平均值为

$$\begin{aligned}\overline{w}&=\frac{1}{T}\int_0^T w\mathrm{d}t=\frac{\varepsilon_0 E_0^2}{T}\int_0^T\sin^2\omega t\,\mathrm{d}t\\&=\frac{\varepsilon_0 E_0^2}{\omega T}\left[\frac{1}{2}\omega t-\frac{1}{2}\sin\omega t\cos\omega t\right]_{t=0}^{t=T}\\&=\frac{1}{2}\varepsilon_0 E_0^2\end{aligned} \tag{3}$$

t 时间内射到地面一平方米面积上的太阳光能量为

$$\overline{W}=\overline{w}ct=\frac{1}{2}\varepsilon_0 E_0^2 ct \tag{4}$$

式中 c 为光速. 于是得

$$E_0=\sqrt{\frac{2\overline{W}}{\varepsilon_0 ct}}=\sqrt{\frac{2\times1.94\times10^4\times4.1868}{8.854\times10^{-12}\times3\times10^8\times60}}$$

$$=1.01\times10^3(\mathrm{V/m}) \tag{5}$$

$$H_0=\sqrt{\frac{\varepsilon_0}{\mu_0}}E_0=\sqrt{\frac{8.854\times10^{-12}}{4\pi\times10^{-7}}}\times1.01\times10^3$$

$$=2.68(\mathrm{A/m}) \tag{6}$$

12.2.7 太阳光垂直射到地面上时，地面每平方米接收到太阳光的功率为1.35kW. (1)已知日地距离为 1.5×10^8km,试求太阳发光所输出的功率；(2)已知地球半径为 6.4×10^3km,试求地球接收到太阳光的功率；(3)已知太阳现在的质量为 2.0×10^{30}kg,如果这质量按照爱因斯坦的质能关系式 $E=mc^2$ 转化为太阳光的能量,并以目前的功率向外发出辐射,试问太阳消耗目前质量的百分之一就可以维持多少年?

【解】 (1)太阳发光所输出的功率为

$$P=1.35\times10^3\times4\pi\times(1.5\times10^8\times10^3)^2$$
$$=3.8\times10^{26}(\mathrm{W})$$

(2) 地球接收到太阳光的功率为

$$P_e=1.35\times10^3\times\pi\times(6.4\times10^3\times10^3)^2$$
$$=1.7\times10^{17}(\mathrm{W})$$

(3) 可以维持的时间为

$$t=\frac{2.0\times10^{30}\times0.01\times(3\times10^8)^2}{3.8\times10^{26}}$$
$$=4.7\times10^{18}(\mathrm{s})=1.5\times10^{11}(\text{年})$$

【讨论】 由以上结果得

$$\frac{P_e}{P}=4.5\times10^{-10}$$

可见地球接收到的太阳光的功率还不到太阳发光所输出的功率的一百亿分之五.

12.2.8 实验证明，电磁波有动量，动量密度(单位体积的动量)为 $\boldsymbol{G}=\varepsilon_0\mu_0\boldsymbol{S}$，式中 $\boldsymbol{S}=\boldsymbol{E}\times\boldsymbol{H}$ 是坡印亭矢量. 已知太阳光正入射时，地面上每平方厘米每分钟接收太阳光的能量为 1.94cal，1cal=4.1868J，设射到地面上的太阳光全部被吸收. 已知地球的半径为 6.4×10^3km,试求太阳光作用在整个地球上的力.

【解】 电磁波的动量密度的大小为

$$G=\varepsilon_0\mu_0 S=\frac{S}{c^2} \tag{1}$$

设地球半径为 R，如图 12.2.8 所示，在 t 时间内，射到地球上的太阳光的动量为

$$p=\pi R^2 ctG=\pi R^2 t\,\frac{S}{c} \tag{2}$$

这些动量全部被地球吸收，故地球所受太阳光的作用力为

$$F=\frac{\mathrm{d}p}{\mathrm{d}t}=\frac{\pi R^2}{c}S \tag{3}$$

代入数值为

$$F=\frac{\pi\times(6.4\times10^3\times10^3)^2}{3\times10^8}\times\frac{1.94\times4.1868}{1.0\times10^{-4}\times60}$$
$$=5.8\times10^8(\mathrm{N}) \tag{4}$$

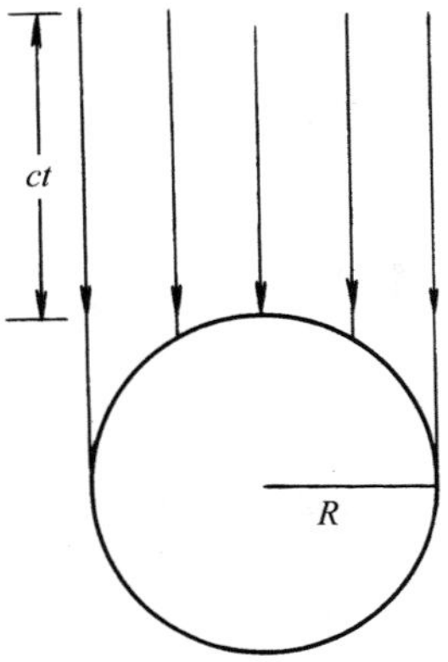

图 12.2.8

【讨论】 这个力约为 6×10^4 吨力. 但比起太阳吸引地球的万有引力

$$F_G=G\frac{mM}{r^2}=6.67\times10^{-11}\times\frac{6.0\times10^{24}\times2.0\times10^{30}}{(1.5\times10^8\times10^3)^2}$$
$$=3.6\times10^{22}(\mathrm{N}) \tag{5}$$

来，却又微不足道.

12.2.9 人造地球卫星由于受到太阳光的压力，会逐渐偏离原来的轨道. 设一人造地球卫星的质量为 $m=100\mathrm{kg}$，外形是半径为 $r=1.0\mathrm{m}$ 的球形，射到它上面的太阳光有 50%被反射，50%被吸收. 已知太阳常数的值为 $1.35\times10^3\mathrm{W/m^2}$（太阳常数是地球轨道处，垂直于太阳光的每平方米面积接受到的太阳光的功率），试求这卫星所受到的太阳光的压力和因此产生的加速度.

【解】 设太阳光的能量密度为 w，则在 t 时间内，射到这人造地球卫星上的太阳光的能量为

$$W=\pi r^2 ctw \tag{1}$$

根据狭义相对论，这能量的相应质量为

$$m=\frac{W}{c^2}=\frac{\pi r^2 tw}{c} \tag{2}$$

相应动量为

$$p=mc=\pi r^2 tw \tag{3}$$

电磁波的能流密度 $\boldsymbol{S}$ 的大小为

$$S=|\boldsymbol{E}\times\boldsymbol{H}|=EH=\sqrt{\frac{\varepsilon_0}{\mu_0}}E^2=\frac{\varepsilon_0 E^2}{\sqrt{\varepsilon_0\mu_0}}=wc \tag{4}$$

将式(4)代入式(3)便得

$$p=\frac{\pi r^2 tS}{c} \tag{5}$$

因 50%的太阳光被吸收，50%的太阳光被反射，故得 t 时间内，太阳光的动量的变化为

$$\frac{1}{2}(p-0)+\frac{1}{2}[p-(-p)]=\frac{3}{2}p \tag{6}$$

于是得太阳光作用在这卫星上的压力为

$$F=\frac{3}{2}\frac{\mathrm{d}p}{\mathrm{d}t}=\frac{3\pi r^2}{2c}S \tag{7}$$

代入数值得

$$F=\frac{3\pi\times1.0^2}{2\times3\times10^8}\times1.35\times10^3$$
$$=2.1\times10^{-5}(\mathrm{N}) \tag{8}$$

此卫星因受太阳光的压力而产生的加速度为

$$a=\frac{F}{m}=\frac{2.1\times10^{-5}}{100}$$
$$=2.1\times10^{-7}(\mathrm{m/s^2}) \tag{9}$$

【讨论】 一、本题的计算，系通过质能关系式，求出太阳光的动量 p 与能流密度 S 的关系式(5). 如果知道电磁波的动量密度 G 与其能流密度 S 的关系式[即 12.2.8 题的式(1)]，便可直接写出式(5)来[参见 12.2.8 题的式(2)].

二、人造地球卫星受太阳光压所产生的加速度 a 虽然很小，但长期作用的结果，也会使卫星偏离轨道很远.

12.2.10 一晶体管收音机的中波灵敏度约为 $E=1.0\ \mathrm{mV/m}$. 设这收音机能清楚地收听到一千公里远某一电台的广播，假定该台的发射是各向同性的，并且电磁波在传播时没有损耗. 试求该电台的发射功率.

【解】 该电台的发射功率为

$$P=4\pi R^2S=4\pi R^2EH=4\pi R^2\sqrt{\frac{\varepsilon_0}{\mu_0}}E^2$$
$$=4\pi\times(1000\times10^3)^2\times\sqrt{\frac{8.854\times10^{-12}}{4\pi\times10^{-7}}}\times(1.0\times10^{-3})^2$$
$$=3.3\times10^4(\mathrm{W})$$

12.2.11 一飞机在离某电台 10 千米处飞行，收到该电台的讯号强度为 $S=10\mu\mathrm{W/m^2}$. 试求：(1)该电台发射的讯号在飞机处的电场强度 $\boldsymbol{E}$ 和磁场强度 $\boldsymbol{H}$ 的值；(2)该电台的发射功率(设发射是各向同性的，并且不考虑地球的反射).

【解】 (1)通过电磁波的横截面 A 的功率为

$$P=SA=EHA=\sqrt{\frac{\varepsilon_0}{\mu_0}}E^2A \tag{1}$$

于是得所求的电场强度 $\boldsymbol{E}$ 的值为

$$E=\sqrt{\sqrt{\frac{\mu_0}{\varepsilon_0}}S}=\sqrt{\sqrt{\frac{4\pi\times10^{-7}}{8.854\times10^{-12}}}\times10\times10^{-6}}$$
$$=6.1\times10^{-2}(\mathrm{V/m}) \tag{2}$$

磁场强度 **H** 的值为

$$H=\sqrt{\frac{\varepsilon_0}{\mu_0}}E=\sqrt{\frac{8.854\times10^{-12}}{4\pi\times10^{-7}}}\times6.1\times10^{-2}$$

$$=1.6\times10^{-4}(\mathrm{A/m}) \tag{3}$$

(2)该电台的发射功率为

$$P_e=4\pi R^2S=4\pi\times(10\times10^3)^2\times10\times10^{-6}$$

$$=1.3\times10^4(\mathrm{W}) \tag{4}$$

12.2.12　试论证:平行板电容器充电时,坡印亭矢量 **S** 指向电容器内部;放电时,**S** 则指向电容器外部.其物理意义是什么?

【论证】　平行板电容器充电时,如图 12.2.12(1)所示,电场强度 **E** 自正极板指向负极板;根据 Biot-Savart 定律,**H** 为电流 I 的右手螺旋方向,故 **S**=**E**×**H** 指向电容器内部.其物理意义为,电容器充电时,电磁场的能量从外面流入电容器内.

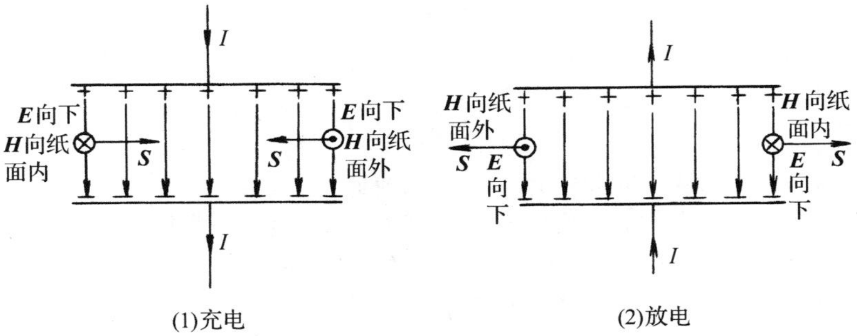

图 12.2.12

放电时,如图 12.2.12(2)所示,电场强度 **E** 自正极板指向负极板,磁场强度 **H** 仍为电流 I 的右手螺旋方向,故 **S**=**E**×**H** 指向电容器外部.其物理意义为,电容器放电时,电磁场的能量从电容器内向外流.

12.2.13　一螺线管长为 l,横截面的半径为 $a(a\ll l)$,由 N 匝表面绝缘的细导线密绕而成.略去边缘效应.(1)当导线中的电流为 I 时,试求管内磁场的能量 W_m;(2)当 I 增大时,试说明能量是怎样进入管内的;(3)当电流从零增大到 I 时,试证明进入管内的能量等于管内的磁场能量.

【解】　(1)这螺线管内的磁感强度 **B** 的大小为[参见前面 5.1.29 题的式(7)]

$$B=\mu_0nI=\mu_0\frac{N}{l}I \tag{1}$$

故所求的磁场能量为

$$W_m=w_m\cdot\pi a^2l=\frac{1}{2}\frac{B^2}{\mu_0}\cdot\pi a^2l=\frac{\pi\mu_0N^2a^2I^2}{2l} \tag{2}$$

用螺线管的自感 L 表示 W_m,由前面 8.3.4 题的式(4),这螺线管的自感为

$$L=\mu_0n^2V=\frac{\pi\mu_0N^2a^2}{l} \tag{3}$$

故得

$$W_m=\frac{1}{2}LI^2 \tag{4}$$

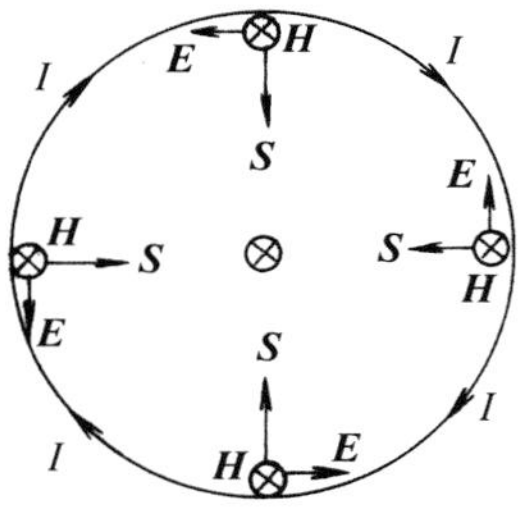

图 12.2.13

(2) 当电流 I 增大时,螺线管的横截面如图 12.2.13 所示. 这时 $\boldsymbol{H}$ 向内. 感应电场(涡旋电场)的 $\boldsymbol{E}$ 与 I 的方向相反,电磁场的能流密度 $\boldsymbol{S}=\boldsymbol{E}\times\boldsymbol{H}$ 向螺线管内部. 这表明,当电流增大时,电磁场的能量是穿过螺线管的侧面进入螺线管内的.

(3)根据 $\boldsymbol{S}=\boldsymbol{E}\times\boldsymbol{H}$ 的物理意义,单位时间内进入螺线管内的能量为

$$\begin{aligned}\frac{\mathrm{d}W_m}{\mathrm{d}t}&=S\cdot 2\pi al=EH\cdot 2\pi al=\frac{1}{2\pi a}\frac{\mathrm{d}\Phi}{\mathrm{d}t}nI\cdot 2\pi al\\&=nIl\frac{\mathrm{d}}{\mathrm{d}t}(\pi a^2\cdot\mu_0 nI)=\pi\mu_0 n^2a^2lI\frac{\mathrm{d}I}{\mathrm{d}t}\\&=\frac{1}{2}\frac{\pi\mu_0N^2a^2}{l}\frac{\mathrm{d}I^2}{\mathrm{d}t}=\frac{\mathrm{d}}{\mathrm{d}t}\left(\frac{1}{2}LI^2\right)\end{aligned} \tag{5}$$

积分便得

$$W_m=\frac{1}{2}LI^2 \tag{6}$$

这个结果表明,进入管内的能量等于管内的磁场能量.

12.2.14 半径为 a 的长直导线载有电流 I,I 沿轴线方向并均匀分布在横截面上. 试证明:(1)在导线表面上,坡印亭矢量 $\boldsymbol{S}$ 的方向处处垂直于表面并向内;(2)导线体内消耗的焦耳热等于 $\boldsymbol{S}$ 输送来的能量.

【证】 (1)在导线里,由欧姆定律的微分形式得

$$\boldsymbol{E}=\rho\boldsymbol{j} \tag{1}$$

式中 ρ 是导线的电阻率,$\boldsymbol{j}$ 是电流密度,$\boldsymbol{E}$ 是电场强度. 根据 $\boldsymbol{E}$ 的切向分量的连续性,知导线表面上的电场强度为

$$\boldsymbol{E}=\rho\boldsymbol{j}=\rho\frac{I}{\pi a^2}\boldsymbol{e} \tag{2}$$

式中 $\boldsymbol{e}$ 为电流方向上的单位矢量.

由对称性和安培环路定理得出,导线表面上的磁场强度为

$$\boldsymbol{H}=\frac{I}{2\pi a}\boldsymbol{e}_\phi \tag{3}$$

式中 $\boldsymbol{e}_\phi$ 为电流 I 的右手螺旋方向上的单位矢量. 于是得导线表面上的坡印亭矢量为

$$\begin{aligned}\boldsymbol{S}&=\boldsymbol{E}\times\boldsymbol{H}=\rho\frac{I}{\pi a^2}\boldsymbol{e}\times\left(\frac{I}{2\pi a}\boldsymbol{e}_\phi\right)\\&=-\rho\frac{I^2}{2\pi^2a^3}\boldsymbol{n}\end{aligned} \tag{4}$$

式中 $\boldsymbol{n}=\boldsymbol{e}_\phi\times\boldsymbol{e}$ 是导线表面法线方向上的单位矢量,方向向外.

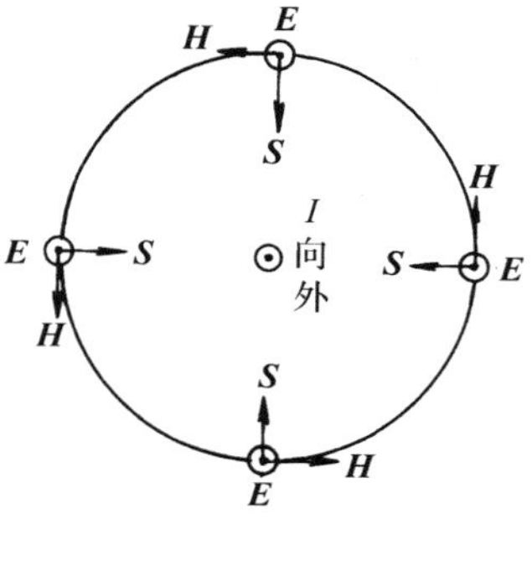

图 12.2.14

式(4)表明,$\boldsymbol{S}$ 的方向处处垂直于导体表面并向内,如图12.2.14所示.

(2)单位时间内,$\boldsymbol{S}$ 输入导线的能量为

$$P=-\boldsymbol{n}\cdot\boldsymbol{S}\cdot 2\pi al=\rho\frac{I^2 l}{\pi a^2} \tag{5}$$

因为

$$\rho\frac{l}{\pi a^2}=R \tag{6}$$

是长为 l 的一段导线的电阻,故得

$$P=I^2R \tag{7}$$

式(7)表明,导线体内消耗的焦耳热等于 $\boldsymbol{S}$ 输入的能量.

12.2.15　一同轴电缆由两个共轴的长直导体薄圆筒构成,它们的半径分别为 a 和 b,如图 12.2.15 所示.当这电缆的一端接上负载 R,另一端加上电压 U 时,电流在两筒上都是均匀分布的.(1)试求电缆内的电场强度 $\boldsymbol{E}$ 和磁场强度 $\boldsymbol{H}$ 以及坡印亭矢量 $\boldsymbol{S}$;(2)试论证,不论电源的正极是接在内筒上还是接在外筒上,$\boldsymbol{S}$ 的方向总是由电源端指向负载端;(3)试证明,穿过两筒间横截面的功率等于 U^2/R,并说明所得结果的物理意义.

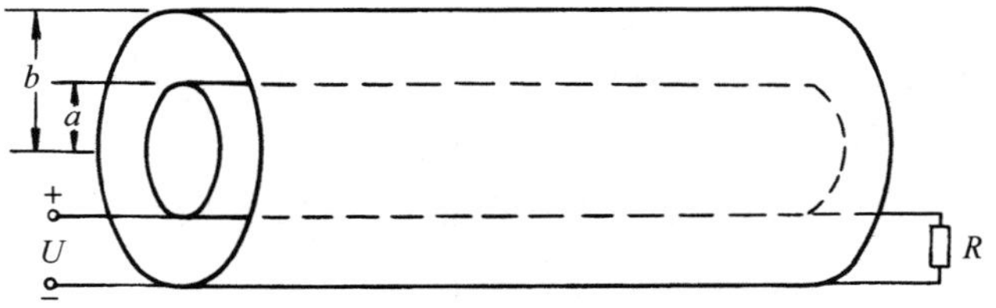

图 12.2.15

【解】　(1)设内筒单位长度的电荷量为 λ,则由对称性和高斯定理得

$$\oint_S \boldsymbol{E}\cdot \mathrm{d}\boldsymbol{S}=E\cdot 2\pi rl=\frac{1}{\varepsilon_0}\lambda l \tag{1}$$

所以

$$\boldsymbol{E}=\frac{\lambda}{2\pi\varepsilon_0 r}\boldsymbol{e}_r,\quad a<r<b \tag{2}$$

式中 $\boldsymbol{e}_r$ 是由轴线指向场点的单位矢量,与轴线垂直.由 $\boldsymbol{E}$ 得

$$U=\int_a^b \boldsymbol{E}\cdot \mathrm{d}\boldsymbol{r}=\frac{\lambda}{2\pi\varepsilon_0}\int_a^b\frac{\boldsymbol{e}_r\cdot \mathrm{d}\boldsymbol{r}}{r}=\frac{\lambda}{2\pi\varepsilon_0}\ln\frac{b}{a} \tag{3}$$

消去 λ 便得所求的电场强度为

$$\boldsymbol{E}=\frac{U}{\ln\dfrac{b}{a}}\frac{\boldsymbol{e}_r}{r},\quad a<r<b \tag{4}$$

又由对称性和安培环路定理得

$$\oint_L \boldsymbol{H}\cdot \mathrm{d}\boldsymbol{l}=H\cdot 2\pi r=I=\frac{U}{R} \tag{5}$$

所以

$$\boldsymbol{H}=\frac{U}{2\pi R}\frac{\boldsymbol{e}\times\boldsymbol{e}_r}{r},\quad a<r<b \tag{6}$$

式中 $\boldsymbol{e}$ 是平行于导线中电流 I 方向的单位矢量. 于是得坡印亭矢量为

$$\boldsymbol{S}=\boldsymbol{E}\times\boldsymbol{H}=\frac{U}{\ln\dfrac{b}{a}}\frac{\boldsymbol{e}_r}{r}\times\left(\frac{U}{2\pi R}\frac{\boldsymbol{e}\times\boldsymbol{e}_r}{r}\right)$$

$$=\frac{U^2}{2\pi R\ln\dfrac{b}{a}}\frac{\boldsymbol{e}}{r^2},\quad a<r<b \tag{7}$$

在内筒内，$r<a$，这时由对称性和高斯定理以及安培环路定理得

$$\boldsymbol{E}=0,\quad \boldsymbol{H}=0,\quad r<a \tag{8}$$

所以

$$\boldsymbol{S}=\boldsymbol{E}\times\boldsymbol{H}=0,\quad r<a \tag{9}$$

(2)以上是电源的正极接在内筒上的情况，由式(7)可见，$\boldsymbol{S}$ 与内筒上的电流同方向，即自电源端指向负载端. 如果电源的负极接在内筒上，而正极接在外筒上，则仿以上推导可得，这时 $\boldsymbol{E}$ 和 $\boldsymbol{H}$ 的大小仍为式(4)、(6)，但方向则与式(4)、(6)所给出的方向都相反. 因而 $\boldsymbol{S}=\boldsymbol{E}\times\boldsymbol{H}$ 便仍为式(7)，即 $\boldsymbol{S}$ 的方向也是由电源端指向负载端.

(3) 由式(7) 得，穿过两筒间横截面的功率为

$$P=\iint_A\boldsymbol{S}\cdot\mathrm{d}\boldsymbol{A}=\frac{U^2}{2\pi R\ln\dfrac{b}{a}}\int_a^b\frac{2\pi r\mathrm{d}r}{r^2}=\frac{U^2}{R} \tag{10}$$

这个结果表明，负载上消耗的能量全是由两筒间的电磁场输送去的.

12.2.16 氢原子由一个质子和一个电子组成，质子的电荷量为 $e=1.60\times10^{-19}\mathrm{C}$，电子的电荷量为 $-e$. 按照经典模型，电子环绕质子作圆周运动. (1)试证明：当电子轨道的半径为 r 时，氢原子的能量为 $W=-\dfrac{1}{8\pi\varepsilon_0}\dfrac{e^2}{r}$；(2) 根据电动力学，带电粒子作加速运动时，会向外发出辐射，对于经典模型的氢原子来说，由计算得出的辐射功率为①

$$P=\frac{e^6}{96\pi^3\varepsilon_0^3c^3m^2r^4}$$

式中 $c=3.00\times10^8\mathrm{m/s}$ 是真空中光速，$m=9.11\times10^{-31}\mathrm{kg}$ 是电子质量. 试由以上两式求 r 与 t 的关系；(3)设开始时，氢原子处在基态，即电子在半径为 $r_0=5.29\times10^{-11}\mathrm{m}$ 的圆轨道上环绕质子运动. 试问它经过多长时间，便会落到质子上去?

【解】 (1)氢原子中，电子的势能为

$$E_p=-\frac{e^2}{4\pi\varepsilon_0 r} \tag{1}$$

电子的动能为

$$E_k=\frac{1}{2}mv^2 \tag{2}$$

① 参见张之翔《电磁学教学札记》，高等教育出版社(1987)，§22，126—129 页. 或《电磁学教学参考》，北京大学出版社(2015)，§3.14，195—198 页.

电子的运动方程为

$$m\frac{v^2}{r}=\frac{e^2}{4\pi\varepsilon_0 r^2} \tag{3}$$

由式(2)、(3)得

$$E_k=\frac{e^2}{8\pi\varepsilon_0 r} \tag{4}$$

于是得氢原子的能量为

$$W=E_k+E_p=\frac{e^2}{8\pi\varepsilon_0 r}-\frac{e^2}{4\pi\varepsilon_0 r}=-\frac{e^2}{8\pi\varepsilon_0 r} \tag{5}$$

(2)由式(5)得氢原子辐射的功率为

$$P=\frac{e^6}{96\pi^3\varepsilon_0^3c^3m^2r^4}=-\frac{\mathrm{d}W}{\mathrm{d}t}=-\frac{e^2}{8\pi\varepsilon_0}\frac{1}{r^2}\frac{\mathrm{d}r}{\mathrm{d}t} \tag{6}$$

所以

$$\frac{\mathrm{d}r}{\mathrm{d}t}=-\frac{e^4}{12\pi^2\varepsilon_0^2c^3m^2r^2} \tag{7}$$

积分得

$$r^3=r_0^3-\frac{e^4}{4\pi^2\varepsilon_0^2c^3m^2}t \tag{8}$$

式中 r_0 是 $t=0$ 时电子的轨道半径.

(3) 由式(8),电子从 $r_0=5.29\times10^{-11}\,\mathrm{m}$ 的轨道落入到质子(氢核)上所需的时间为

$$\begin{aligned}t&=\frac{4\pi^2\varepsilon_0^2c^3m^2r_0^3}{e^4}\\&=\frac{4\pi^2\times(8.854\times10^{-12})^2\times(3.00\times10^8)^3\times(9.11\times10^{-31})^2\times(5.29\times10^{-11})^3}{(1.60\times10^{-19})^4}\\&=1.56\times10^{-11}(\mathrm{s})\end{aligned} \tag{9}$$

【讨论】 上述结果表明,按经典物理学(经典力学和经典电动力学)的规律计算,基态氢原子的寿命仅有 1.56×10^{-11} s. 这显然不符合事实. 这就告诉我们,经典物理学的规律不适用于氢原子. 今天我们知道,原子中的电子所遵循的规律是量子力学的规律,只有用量子力学的规律处理原子的结构问题,才能得到正确的结果.

12.2.17 已知 $\varepsilon_0=8.854\times10^{-12}\,\mathrm{F/m}$, $\mu_0=4\pi\times10^{-7}\,\mathrm{H/m}$,试求 $\frac{1}{\sqrt{\varepsilon_0\mu_0}}$ 的单位和数值.

【解】 $\varepsilon_0\mu_0$ 的单位为

$$\frac{\text{法拉}}{\text{米}}\cdot\frac{\text{亨利}}{\text{米}}=\frac{\text{法拉}\cdot\text{亨利}}{\text{米}^2} \tag{1}$$

由公式

$$Q=CU,\quad \mathscr{E}_L=-L\frac{\mathrm{d}I}{\mathrm{d}t} \tag{2}$$

得

$$\text{法拉}\cdot\text{亨利}=\frac{\text{库仑}}{\text{伏特}}\cdot\frac{\text{伏特}\cdot\text{秒}}{\text{安培}}=\text{秒}^2 \tag{3}$$

故得$\frac{1}{\sqrt{\varepsilon_0\mu_0}}$的单位为

$$\sqrt{\frac{米}{法拉}\cdot\frac{米}{亨利}}=\sqrt{\frac{米^2}{秒^2}}=米/秒 \tag{4}$$

其数值为

$$\frac{1}{\sqrt{\varepsilon_0\mu_0}}=\frac{1}{\sqrt{8.854\times10^{-12}\times4\pi\times10^{-7}}}=2.998\times10^8 \tag{5}$$

最后得

$$\frac{1}{\sqrt{\varepsilon_0\mu_0}}=2.998\times10^8\ \mathrm{m/s} \tag{6}$$

所以

$$\frac{1}{\sqrt{\varepsilon_0\mu_0}}=c\ （真空中光速） \tag{7}$$

【讨论】 1983 年第十七届国际计量大会通过米的定义为："1m 是光在真空中在 1/299792458s 的时间间隔内行程的长度."并明确指出，真空中光速的数值为

$$c=299\ 792\ 458\ \mathrm{m/s} \tag{8}$$

因此，真空中光速的数值就是一个定义值，它的不确定度为零. 由于

$$\mu_0=4\pi\times10^{-7}\ \mathrm{H/m} \tag{9}$$

是精确值，于是

$$\varepsilon_0=\frac{1}{\mu_0c^2}=8.854187817\cdots\times10^{-12}\ \mathrm{F/m} \tag{10}$$

也就成为定义值或精确值了.

附　　录

基本物理常量表

量	符　号	数　值	单　位
真空中光速	c	299792458	$\mathrm{m \cdot s^{-1}}$
真空磁导率	μ_0	$4\pi \times 10^{-7}$	$\mathrm{N \cdot A^{-2}}$
真空电容率	$\varepsilon_0 = \dfrac{1}{\mu_0 c^2}$	8.854187817…	$10^{-12}\,\mathrm{F \cdot m^{-1}}$
万有引力常量	G	6.67259(85)	$10^{-11}\,\mathrm{m^3 \cdot kg^{-1} \cdot s^{-2}}$
普朗克常量	h	6.6260755(40)	$10^{-34}\,\mathrm{J \cdot s}$
基本电荷量	e	1.60217733(49)	$10^{-19}\,\mathrm{C}$
磁通量子	$\Phi_0 = \dfrac{h}{2e}$	2.06783461(61)	$10^{-15}\,\mathrm{Wb}$
量子化霍尔电阻	$R_k = \dfrac{h}{e^2}$	25812.8056(12)	Ω
玻尔磁子	$\mu_B = \dfrac{eh}{4\pi m_e}$	9.2740154(31)	$10^{-24}\,\mathrm{J \cdot T^{-1}}$
电子质量	m_e	9.1093897(54)	$10^{-31}\,\mathrm{kg}$
质子质量	m_p	1.6726231(10)	$10^{-27}\,\mathrm{kg}$
阿伏伽德罗常量	N_A	6.0221367(36)	$10^{23}\,\mathrm{mol^{-1}}$
摩尔气体常量	R	8.314510(70)	$\mathrm{J \cdot mol^{-1} \cdot K^{-1}}$
玻尔兹曼常量	$k = \dfrac{R}{N_A}$	1.380658(12)	$10^{-23}\,\mathrm{J \cdot K^{-1}}$